国防电子信息技术丛书

高频超视距雷达：
基本原理、信号处理与实际应用

High Frequency Over-the-Horizon Radar:
Fundamental Principles, Signal Processing, and Practical Applications

[澳] Giuseppe Aureliano Fabrizio 著

卢 琨 陈建文 雷志勇 等译
陈绪元 赵玉洁 等审校

电子工业出版社
Publishing House of Electronics Industry
北京·BEIJING

内 容 简 介

本书是超视距雷达领域国际顶尖学者及其团队的最新力作，深入浅出地阐述了超视距雷达的基本概念、发展历程、探测原理、信号模型、传播环境、处理算法以及前沿研究进展。本书在超视距雷达信号处理方面，特别是自适应处理算法，进行了卓有成效的整理和综述，并提出了富于开创性的研究成果。本书的一大特点是大量引入实测数据对处理算法进行接近工程化的验证，给出了宝贵的方法、流程和初步结论。这些对于从事超视距雷达系统设计、算法研发、工程实现以及试验评估工作的相关从业者具有无可替代的重要价值。

本书适合雷达工程专业，特别是高频超视距雷达方向的学生、教师、研究员和工程师作为参考书。

Giuseppe Aureliano Fabrizio
High Frequency Over-the-Horizon Radar: Fundamental Principles, Signal Processing, and Practical Applications
978-0-07-162127-4

Copyright © 2013 by McGraw-Hill Education.

All Rights reserved. No part of this publication may be reproduced or transmitted in any form or by any means, electronic or mechanical, including without limitation photocopying, recording, taping, or any database, information or retrieval system, without the prior written permission of the publisher.

This authorized Chinese translation edition is jointly published by McGraw-Hill Education and Publishing House of Electronics Industry. This edition is authorized for sale in the People's Republic of China only, excluding Hong Kong, Macao SAR, and Taiwan.

Translation Copyright © 2019 by McGraw-Hill Education and Publishing House of Electronics Industry.

版权所有。未经出版人事先书面许可，对本出版物的任何部分不得以任何方式或途径复制传播，包括但不限于复印、录制、录音，或通过任何数据库、信息或可检索的系统。

本授权中文简体字翻译版由麦格劳-希尔教育出版公司和电子工业出版社合作出版。此版本经授权仅限在中华人民共和国境内（不包括香港特别行政区、澳门特别行政区和台湾）销售。

版权©2019 由麦格劳-希尔教育出版公司与电子工业出版社所有。

本书封面贴有 McGraw-Hill Education 公司防伪标签，无标签者不得销售。

版权贸易合同登记号　图字：01-2015-4868

图书在版编目(CIP)数据

高频超视距雷达：基本原理、信号处理与实际应用/(澳)朱塞佩·奥雷利亚诺·法布里齐奥著；卢琨等译. —北京：电子工业出版社，2019.9
书名原文：High Frequency Over-the-Horizon Radar: Fundamental Principles, Signal Processing, and Practical Applications
ISBN 978-7-121-37096-0

I.①高… II.①朱… ②卢… III.①高频－超视距雷达 IV.①TN958.93

中国版本图书馆 CIP 数据核字(2019)第 144158 号

责任编辑：窦　昊
印　　刷：三河市鑫金马印装有限公司
装　　订：三河市鑫金马印装有限公司
出版发行：电子工业出版社
　　　　　北京市海淀区万寿路 173 信箱　邮编：100036
开　　本：787×1092　1/16　印张：42.25　字数：1081.6 千字
版　　次：2019 年 9 月第 1 版
印　　次：2019 年 9 月第 1 次印刷
定　　价：199.00 元

凡所购买电子工业出版社图书有缺损问题，请向购买书店调换。若书店售缺，请与本社发行部联系，联系及邮购电话：(010) 88254888，88258888。
质量投诉请发邮件至 zlts@phei.com.cn，盗版侵权举报请发邮件至 dbqq@phei.com.cn。
本书咨询联系方式：(010) 88254466，douhao@phei.com.cn。

译 者 序

在当今形形色色的雷达系统中,高频雷达可算是古老而又独具特色的。雷达诞生于第二次世界大战期间,最早的实用型雷达就工作在高频段,频率范围为 3~30 MHz。随着电子技术的飞速发展,各类更高频段和不同用途的雷达相继涌现,方才呈现出百花齐放、争奇斗艳的态势。

在世界各国学者和工程技术人员的持续研究下,利用无线电波沿电离层折射和沿海面绕射传输两种机理,高频雷达发展出了天波超视距雷达和地波超视距雷达两大类别。由于不受地球曲率的影响,电波能够超越视距探测目标;由于没有微波雷达的低空盲区,可以有效探测掠海飞行的目标;波长为十米量级,具有良好的隐身目标探测效果;能够同时探测空中和海面目标,还可以对弹道导弹的主动段进行告警,这些优点让高频雷达获得了各大国持续的关注和研究。尤其是具有数千千米探测威力的天波超视距雷达,成为各大国战略预警体系中的重要组成部分。

作为雷达行业的经典著作,Merrill I. Skolnik 主编的《雷达手册》(第三版)第 20 章对高频超视距雷达进行了较为全面的专题介绍;国内周文瑜研究员等编著的《超视距雷达技术》一书是高频雷达研究入门必读。然而,近年来在高频雷达的研究中新体制、新技术层出不穷,对最新研究成果进行综述显得尤为迫切,本书的适时出现给广大科研人员带来了福音。

作为长期开展高频雷达研究的国家之一,澳大利亚的学者一直处于研究前沿,先后提出和推动了自适应处理、MIMO、前置接收站、外辐射源等新体制和新技术在高频雷达中的应用。本书作者 Giuseppe Aureliano Fabrizio 博士是澳大利亚高频雷达研究团队的重要成员,1993 年加入澳大利亚国防科学与技术组织(DSTO)的高频雷达部,在澳大利亚 JORN 天波超视距雷达系统自适应处理技术应用方面做出了突出的贡献。

本书包括四部分,共 13 章。第一部分主要介绍高频超视距雷达的基本原理,涵盖工作原理、雷达方程、系统架构、发展历史、电波传输以及信息处理等方面,以天波超视距雷达为主,地波超视距雷达在第 5 章中进行了专门介绍。第二部分主要介绍信号模型及其时空特性,包括雷达信号、电离层信道、干扰及对消等方面,是后续章节自适应处理技术的基础。第三部分主要介绍处理技术,侧重于信号处理和检测,特别是自适应信号处理,包括自适应波束形成、空时自适应处理、目标检测以及盲信号波形估计等方面。其中,还对 MIMO 和单站外辐射源等新体制进行了专门分析。最后一部分为附录和参考文献,给出了书中所涉技术的详细数学推导过程。

由于作者的研究工作与装备研制紧密结合,本书体现出理论性和试验性兼具的特点,从系统架构和传输机理等原理入手,以信号和信道模型为基础,推导出相关自适应处理技术,进而结合试验提出一些新体制和新技术。书中提到的算法均有试验或实际应用背景,具有较大的工程参考价值和借鉴意义。

本书翻译工作得到了南京电子技术研究所、空军预警学院、中国电波传播研究所等单位领导和科研人员的大力支持。各章节主译人员如下：第 1、3 章卢琨，第 2 章李雪，第 4、7、8、9 章和附录陈建文、鲍拯，第 5 章唐晓东、陈建文，第 6 章郑园园、宋培茗，第 10 章周毅、张宇、黄银和，第 11 章雷志勇、于勇，第 12 章周海峰、倪菁、张冰瑞，第 13 章张宇、杨帆、崔炜程。全书由陈绪元、赵玉洁主校。在此对提供建议、帮助和支持的田明宏、李宏、周儒勋、韩彦明、韩蕴洁、康蓬、蒋威、娄鹏、陈志坚、余成钢、祝志勇、赵志国、吴瑕、罗欢、严韬、关泽文、余文启等同志，以及在编辑出版过程中提供帮助的张坚、周琪、怀俊彦、付正茂、王雪、徐蒙兰、李爽、侯乐尧、童辉、刘胜新、梅翔、陈静然、刘丹丹、孙艾嘉等一并表示衷心的感谢。

本书主要面向从事高频雷达研究的技术人员，因时间仓促，翻译工作难免存在错谬不足之处，恳请读者批评指正。

卢 琨
2019 年 9 月于江苏南京

前　　言

　　微波雷达领域中存在众多专业的书籍，但在高频超视距雷达这个方向上，之前仅有一部专著面世，那本书是由 A. A. 科索洛夫等撰写的《超视距雷达原理》，最早以俄文出版（Radio i Svyaz, 1984）。随后，W. F. 巴顿将其翻译成英文（Artech House, Norwood, MA, 1987）。尽管这一专著提供了很有价值的视角，但其内容未能及时更新，相比出版之时，近二十年来超视距雷达领域已经取得了巨大的进步。

　　M. 斯科尼克编著的《雷达手册》一书中的超视距雷达章节由 J. M. 汉德瑞克和 S. J. 安德森合著。该章节对基本概念作了精彩综述，但限于篇幅影响了行文深度，特别是在信号处理方面，而信号处理是提升当前超视距雷达系统性能的关键部分。随着国际社会在国防、商业和学术领域对超视距雷达兴趣的强势复苏，推出第二本完全针对此领域的专著以展示过去二十年间超视距雷达的重大突破，显得恰逢其时。

　　本书主要目的是对超视距雷达系统最新技术进行全面展示，主要在于详述信号处理模型和技术，特别是那些先进超视距雷达所采用但现有文献中尚未深入讨论的内容。本书对超视距雷达设计和运行的原理也进行了描述，以满足更多读者的需求，特别是没有相关背景知识的读者。本书同时致力于将超视距雷达和自适应信号处理领域之前公开发表的大量文献统一至一个框架内，通过给出一个易读的引用列表，厘清这些领域中试验结果和数值仿真之间的内在关系。

　　本书的突出特点是包含大量试验结果，以展示在天波和地波超视距雷达采集数据上应用处理技术的实际情况。这一方式有助于科学家和工程师更深入地理解技术，同时也使雷达研制者和研究者致力于为实际系统研发稳健的信号处理算法。衷心希望本书能够激发起年轻学者和工程师对超视距雷达以及雷达领域的兴趣。

致　　谢

写作并向国际雷达界分享本书是作者极大的荣幸，它是与澳大利亚国防科学与技术组织（DSTO）中由科学家、工程师和专业人士组成的卓越团队共同完成的。特别感谢情报、监视与侦查分部（ISRD）部长托尼·兰德森博士对本书写作计划的支持，感谢高频雷达团队的负责人高登·弗雷泽博士和信号处理与传输团队的负责人迈克·特利博士对作者和本书的长期支持。

由衷感谢 ISRD 前任部长马克姆·高利博士给予作者这样一个年轻工程师以坚定的信心，在超视距雷达自适应处理领域攻读博士学位。高利博士对研究工作的支持及其杰出的领导，对于作者开展专业研究极为重要。感谢道格·格雷教授、尤里·阿布拉莫维奇教授和斯图亚特·安德森教授多年来的指导。事实上，本书第二部分的许多研究是在阿布拉莫维奇教授最早的研究方向基础上进行的。

在本书的写作过程中，一直获得了作者的同事和好友阿方索·法瑞纳教授的鼓励。与法瑞纳教授长期且富成效的技术合作令作者受益良多。作者还感谢法瑞纳教授主持意大利防务科学协会并在 2008 年罗马国际雷达年会中首次组织了超视距雷达教程。这一难得的机会使得本书初具雏形。作者怀着深深的敬意感谢法瑞纳教授作为导师在自己的学术生涯中所给予的重要影响。

本书也从 ISRD 许多离职和现任员工撰写的材料中获益。DSTO 内的多名员工对相应章节的专业审定给予作者极大的帮助，这里特别感谢托尼·兰德森博士，迈克·特利博士，特雷弗·哈里斯博士，曼努埃尔·塞韦拉博士，马克·泰勒博士，戴维·霍尔兹沃思博士，贾斯汀·普朗斯屈福卡博士和林顿·德布里奇博士。特别感谢尼克·斯宾塞先生对部分章节的校对。感谢布雷特·诺西先生，戴维·奈德温博士和安德鲁·海特曼博士提供部分环境数据。感谢凯利·巴恩斯女士和李·海耶斯女士在参考文献输入和校对方面提供的宝贵帮助。

作者对许多尊敬的学者提出的具有建设性的意见和建议同样表示感谢。特别是对于独立章节和技术领域提出友善建议的瑞安·里德斯博士（加拿大国防研发部），拉里·马普尔教授（佐治亚理工学院），戴维·埃梅里博士（BAE 系统公司），杰弗里·圣安东尼奥博士（海军研究实验室），费雷德·厄尔博士（国家系统公司），本·约翰森博士（洛克希德·马丁公司），吉姆·巴纳姆博士（SRI 斯坦福国际研究院），唐纳德·巴里克博士（Codar 海洋传感器公司）和 L. J. 尼基斯博士（西北研究协会）。

与更宽泛的雷达和信号处理界同仁交流对作者和本书起到了重要作用。作者特别珍视与下列专家的友谊与合作：艾利克斯·格什曼教授，福尔维奥·基尼教授和路易斯·沙尔夫教授，他们对书中所述的雷达信号处理技术发展起到了引领作用。感谢休·格里菲斯教授，布拉昂·西莫德博士，赫尔曼·罗琳教授，比尔·梅尔文博士，唐·辛诺德教授和克里斯·巴克尔教授，他们在国际会议上所分享的极具价值的知识和观点，以及持续的关注和支持。

作者衷心感谢麦格劳-希尔出版公司专业技术部门主编温蒂·里纳尔迪女士，以及出版团队全体在本书编写和出版过程中的敬业精神。最后，作者希望向妻子卢克雷齐娅表达深深的爱意，感谢她的不懈支持和耐心，特别是她带着刚出生的宝贝莱昂纳多来到澳大利亚开始新生活的时期。没有她的帮助和鼓励，本书不可能在约定的出版期限内完成。

目　　录

第1章　绪论 ··· 1
  1.1　背景与动机 ··· 3
    1.1.1　视距雷达 ·· 3
    1.1.2　覆盖局限 ·· 4
    1.1.3　超越视距 ·· 6
  1.2　超视距雷达原理 ··· 8
    1.2.1　工作原理 ·· 8
    1.2.2　常规特性 ·· 12
    1.2.3　实际应用 ·· 16
  1.3　高频雷达方程 ··· 19
    1.3.1　斜距 ·· 20
    1.3.2　发射功率 ·· 20
    1.3.3　天线增益 ·· 21
    1.3.4　目标 RCS ·· 22
    1.3.5　积累时间 ·· 22
    1.3.6　总损耗 ·· 22
    1.3.7　传输因子 ·· 23
    1.3.8　大气噪声 ·· 23
    1.3.9　数值示例 ·· 24
  1.4　基本系统性能 ··· 24
    1.4.1　最小和最大距离覆盖 ··· 25
    1.4.2　驻留照射区域 ·· 27
    1.4.3　分辨率和精度 ·· 27

第一部分　基本原理

第2章　天波传播 ··· 32
  2.1　电离层 ··· 32
    2.1.1　历史回顾 ·· 33
    2.1.2　形成和结构 ·· 36
    2.1.3　D 层、E 层和 F 层 ·· 41
  2.2　空间和时间变化性 ·· 46
    2.2.1　无线电波垂直探测 ·· 47
    2.2.2　实测和模型 ·· 52

		2.2.3	电离层骚扰和电离层暴	59
2.3	电离层斜向传播			63
	2.3.1	等价关系		63
	2.3.2	点对点链路		65
	2.3.3	频率、仰角和地面距离		70
2.4	电离层模式			75
	2.4.1	寻常波和异常波		75
	2.4.2	多径传播		79
	2.4.3	幅度和相位衰落		84

第3章 系统特性 … 87

- 3.1 基础知识 … 87
  - 3.1.1 配置与站址选择 … 88
  - 3.1.2 雷达波形 … 91
  - 3.1.3 带外泄漏 … 97
- 3.2 雷达架构 … 103
  - 3.2.1 发射系统 … 103
  - 3.2.2 接收系统 … 111
  - 3.2.3 天线阵列校准 … 124
- 3.3 频率管理 … 131
  - 3.3.1 传输路径评估 … 131
  - 3.3.2 信道占用和噪声 … 136
  - 3.3.3 电离层模式结构 … 138
- 3.4 历史回顾 … 141
  - 3.4.1 过去和当前的系统 … 142
  - 3.4.2 澳大利亚超视距雷达 … 147
  - 3.4.3 未来展望 … 150

第4章 常规处理 … 152

- 4.1 信号环境 … 152
  - 4.1.1 目标回波 … 153
  - 4.1.2 杂波回波 … 160
  - 4.1.3 噪声和干扰 … 168
- 4.2 标准步骤 … 174
  - 4.2.1 脉冲压缩 … 176
  - 4.2.2 阵列波束形成 … 182
  - 4.2.3 多普勒处理 … 189
- 4.3 操作方法 … 196
  - 4.3.1 空中和海上任务 … 197

		4.3.2 瞬态干扰抑制	205
		4.3.3 数据外推和信号调节	209
	4.4	检测和跟踪	213
		4.4.1 恒虚警率处理	213
		4.4.2 阈值检测与峰值估计	221
		4.4.3 跟踪和坐标配准	222

第5章 表面波雷达 227
5.1 一般特性 227
    5.1.1 工作原理 227
    5.1.2 构成和性能 230
    5.1.3 实际应用 239
5.2 传播机理 241
    5.2.1 近距离和远距离 243
    5.2.2 对流层折射 252
    5.2.3 表面粗糙度和混合路径 256
5.3 环境因素 260
    5.3.1 海杂波 260
    5.3.2 电离层杂波 274
    5.3.3 干扰和噪声 279
5.4 实际实现 281
    5.4.1 配置和选址 281
    5.4.2 雷达子系统 284
    5.4.3 信号和数据处理 286
5.5 实际因素 289
    5.5.1 雷达截面积 289
    5.5.2 多频操作 294
    5.5.3 系统实例 298

第二部分 信 号 描 述

第6章 波干涉模型 306
6.1 定性描述 306
    6.1.1 背景和范围 307
    6.1.2 合成波场概略结构 308
    6.1.3 单个模式的精细结构 309
6.2 通道散射函数 311
    6.2.1 电离层模式识别 312
    6.2.2 模式参数 313
    6.2.3 精细结构观测 316

6.3 精细结构解析 ··· 322
    6.3.1 信号描述 ··· 322
    6.3.2 参数估计 ··· 325
    6.3.3 空-时 MUSIC ·· 327
6.4 试验结果 ··· 328
    6.4.1 数据预分析 ·· 328
    6.4.2 模型拟合精度 ·· 331
    6.4.3 总结与讨论 ·· 335

第 7 章 统计信号模型 ··· 336
7.1 平稳过程 ··· 336
    7.1.1 背景和范围 ·· 336
    7.1.2 高频信号测量 ·· 337
    7.1.3 天线阵列拓展 ·· 340
7.2 漫散射 ··· 341
    7.2.1 数学表达式 ·· 342
    7.2.2 时变的电离层结构 ·· 343
    7.2.3 自相关函数 ·· 345
7.3 时域统计特性 ·· 346
    7.3.1 参数估计方法 ·· 347
    7.3.2 假设接受检验 ·· 349
    7.3.3 空间同质性假设 ·· 351
7.4 空间和空时统计 ·· 357
    7.4.1 相关系数 ··· 358
    7.4.2 平均平面波前 ·· 362
    7.4.3 空-时分离特性 ··· 367

第 8 章 高频通道模拟器 ·· 371
8.1 点源和扩展源 ·· 371
    8.1.1 传统阵列处理模型 ·· 371
    8.1.2 相干和非相干射线分布 ·· 372
    8.1.3 分布信号的参量化 ·· 373
8.2 广义 WATTERSON 模型 ··· 374
    8.2.1 数学公式和解释 ·· 374
    8.2.2 时-空起伏 ·· 376
    8.2.3 期望的二阶统计 ·· 378
8.3 参数估计技术 ·· 380
    8.3.1 标准识别过程 ·· 380
    8.3.2 匹配场 MUSIC 算法 ··· 382

           8.3.3 多项式求根法 384
    8.4 实测数据应用 387
           8:4.1 闭合形式的最小二乘法 387
           8.4.2 基于子空间的方法 390
           8.4.3 总结与讨论 393
第9章 干扰对消技术分析 394
    9.1 干扰和噪声抑制技术 394
           9.1.1 空域处理技术 394
           9.1.2 流行的自适应波束形成技术 395
           9.1.3 高频应用 396
    9.2 标准自适应波束形成 397
           9.2.1 采样矩阵求逆技术 398
           9.2.2 算法的实际应用 399
           9.2.3 另一种时变方法 401
    9.3 瞬时性能分析 402
           9.3.1 实测数据采集 402
           9.3.2 CPI 内性能分析 403
           9.3.3 输出 SINR 改善 405
    9.4 统计性能分析 406
           9.4.1 分幅方法 406
           9.4.2 分批方法 407
           9.4.3 实际工作问题 408
    9.5 仿真性能预测 409
           9.5.1 多通道模型参数 409
           9.5.2 波形扰动的影响 410
           9.5.3 总结与讨论 411

第三部分 处 理 技 术

第10章 自适应波束形成 414
    10.1 基本概念 414
           10.1.1 最优和自适应滤波 414
           10.1.2 平稳高斯情况 417
           10.1.3 真实环境 423
    10.2 问题形成 426
           10.2.1 干扰与杂波抑制 427
           10.2.2 多通道数据模型 427
           10.2.3 标准自适应波束形成 430
    10.3 时变方法 431

　　　　10.3.1　随机约束方法 431
　　　　10.3.2　时变空间自适应处理 432
　　　　10.3.3　实验结果 436
　　10.4　后多普勒技术 446
　　　　10.4.1　应用背景 446
　　　　10.4.2　距离相关自适应波束形成 453
　　　　10.4.3　扩展数据分析 457

第11章　空-时自适应处理 463

　　11.1　STAP架构 464
　　　　11.1.1　慢时域STAP 464
　　　　11.1.2　快时域STAP 466
　　　　11.1.3　3D-STAP 468
　　11.2　数据模型 469
　　　　11.2.1　复合信号 470
　　　　11.2.2　冷杂波 471
　　　　11.2.3　热杂波 473
　　11.3　对消技术 477
　　　　11.3.1　标准方案 477
　　　　11.3.2　替代过程 481
　　　　11.3.3　仿真结果 487
　　11.4　后多普勒STAP处理实现 493
　　　　11.4.1　算法描述 494
　　　　11.4.2　实验结果 500
　　　　11.4.3　讨论 504

第12章　GLRT检测方案 506

　　12.1　问题描述 506
　　　　12.1.1　背景和动机 507
　　　　12.1.2　传统假设检验 509
　　　　12.1.3　另一种二元假设 512
　　12.2　测量模型 515
　　　　12.2.1　干扰处理 515
　　　　12.2.2　有用信号 517
　　　　12.2.3　相干干扰 522
　　12.3　处理方案 523
　　　　12.3.1　一阶和二阶GLRT 523
　　　　12.3.2　部分均匀的情况 526
　　　　12.3.3　联合数据集检测 530

12.4 实际应用 ··· 536
    12.4.1 空间处理 ·· 536
    12.4.2 时域处理 ·· 546
    12.4.3 混合技术 ·· 549

第13章 盲波形估计 ·· 551
13.1 问题描述 ··· 552
    13.1.1 多径模型 ·· 552
    13.1.2 处理目标 ·· 558
    13.1.3 动机案例 ·· 561
13.2 标准技术 ··· 562
    13.2.1 盲系统识别 ··· 563
    13.2.2 盲信号分离 ··· 565
    13.2.3 讨论 ··· 570
13.3 GEMS 算法 ··· 570
    13.3.1 无噪声情形 ··· 570
    13.3.2 操作过程 ·· 576
    13.3.3 计算复杂度 ··· 579
13.4 SIMO 实验 ·· 581
    13.4.1 数据采集 ·· 582
    13.4.2 信号复原方法 ··· 583
    13.4.3 GEMS 应用 ·· 584
13.5 MIMO 实验 ··· 589
    13.5.1 数据采集 ·· 589
    13.5.2 源和多径分离 ··· 590
    13.5.3 雷达应用 ·· 592
13.6 单站点地理定位 ·· 594
    13.6.1 背景及动机 ··· 594
    13.6.2 数据采集 ·· 596
    13.6.3 定位方法 ·· 598
    13.6.4 总结及未来工作 ··· 602

第四部分 附 录

附录A 样本 ACS 分布 ··· 606

附录B 空-时分离性 ·· 610

附录C 模型分解 ··· 612

参考文献 ··· 614

第 1 章 绪 论

天波超视距（OTH）雷达工作在短波波段（3~30 MHz），它利用电离层反射机理传输信号来探测和跟踪空中和海面目标，比常规视距雷达获得的探测距离高出一个数量级。国际上在超视距雷达领域进行了半个多世纪的研究，研制了多部成熟的超视距雷达系统，成为极具费效比的广域预警监视手段。超视距雷达系统尤为突出的一个重要优势是对远程区域持续不断的监视能力，这种能力是微波雷达不具备或者不易实现的。

当前实战型超视距雷达系统所具有的优良性能，是在大量理论和试验研究基础上获得的，研究领域包括电离层传输建模、硬件系统设计、智能化资源管理及数字信号处理。超视距雷达系统能在世界范围内成功部署，并通过国际交流合作计划对获得和分享知识起到了关键作用。

自从 20 世纪 50 年代至 70 年代中期首部超视距雷达系统出现以来，在所有方面都做出了明显的改进，但近四十年来取得的进展尤其引人注目。这主要是在关键技术领域的突飞猛进使得超视距雷达系统的指标显著提升。例如，高性能直接数字采样接收机与不断快速提升的计算机处理能力相结合，使得现代自适应信号处理技术能够获得应用，从而在复杂的干扰环境下提升超视距雷达的灵敏度。当代先进理论与技术的应用所带来的性能提升，显著提高了超视距雷达作为一种军用监视手段的实战价值。

对超视距雷达技术保持长期研究热度的原因是，超视距雷达与当前运行在海基、机载和天基平台上的许多其他监视传感器相比较，不仅具有唯一性，更具有互补性。相对于其他监视系统，超视距雷达不仅可应用在防务领域，也可用于民用场合，特别是超视距雷达还可作为一个多层传感器网络的集成中心。

本章介绍超视距雷达的基本原理以展现该系统的概貌，主要目的是将超视距雷达最重要的特性联系起来，建立一个整体框架，作为后续章节详细讨论的基础。1.1 节首先简要介绍半个世纪以前开展超视距雷达研究的背景和动机。天波和地波超视距雷达这两类不同的系统也在 1.1 节进行了区分[①]。尽管在本书的大部分内容中，超视距雷达这个名词指的是天波雷达系统，通过空间直射波和地波传输模式工作的地波超视距雷达也在一个独立的章节中进行了介绍。

1.2 节介绍超视距雷达的工作原理以及在高频环境中工作所面临的主要挑战。此外，这一节还讨论了超视距雷达系统的一般特性和一些实际应用（并不局限于监视）。这些应用展示了超视距雷达包括军用和民用目的在内的多种用途。

1.3 节讨论一个超视距雷达原型系统的基本性能和局限性，并将其与典型的微波雷达进行对比。其中，雷达方程作为一种工具，用于重点描述这两类雷达系统设计中有区别但通常是互补的特性。如此安排的原因，不仅是因为绝大多数雷达都工作在微波频段，采用微波频段的雷达代表了最常见和知名的雷达系统，同时也是为了澄清这样一种认识：尽管超视距雷达与常规雷达在系统架构、工作特性和基本性能上存在重大差异，但它们仍然有许多相同

---

① 地波超视距雷达通常也称为高频地波雷达。

的功能。最后一节综述一部基本的超视距雷达系统所预期达到的典型指标,如覆盖范围、分辨率和精度。

紧接绪论之后,本书的核心分为三部分。每一部分的主题综述如下,概览本书的整体布局。第一部分从基础上广泛地描述超视距雷达原理和技术;第二部分基于试验数据分析,深入地研究实际超视距雷达接收高频信号的建模问题;第三部分主要关注先进处理技术在实际和仿真超视距雷达数据上的应用。尽管这样的章节组织容易产生后续文本是建立在前述内容基础上的感觉,但是单个章节仍然是相对独立的,可以根据个人偏好进行阅读。正文之后是附录和参考文献。

- 第一部分:基本原理(第2~5章)扩展了本章中提到的概念,更详细地探讨广泛的主题,以完整覆盖超视距雷达的基本原理和技术。这些内容均为基本原理,面向完全没有或有较少超视距雷达背景的专业人士。第2章从对电离层及其作为高频电磁波传输媒质特性的基本描述开始。第3章研究超视距雷达系统设计中的要素和主要分系统的关键特性。第4章阐述高频电磁环境下超视距雷达系统接收到的不同信号类型,以及用于目标探测、定位和跟踪的经典信号处理和数据处理步骤。第5章专门针对高频地波雷达,展示与这一特殊超视距雷达系统有关的一系列主题。

  对超视距雷达系统研发历史的综述也插入这些章中,从无线电波通过电离层传输的早期研究开始,直至现代天波和地波超视距雷达系统在世界各国的部署。这些背景描述尽管并不详尽,但也提及了超视距雷达历史上的一些故事,包括在真实背景下对不同系统的比较,主要从技术角度具体描述。

- 第二部分:信号描述(第6~9章)主要对超视距雷达系统经过电离层传输后接收到的窄带高频信号在空域和时域进行数学建模。第6章展示基于波形-干扰模型的确定信号描述,用于表征在典型超视距雷达相干处理周期内接收到的实际高频信号,相干处理周期通常为数秒量级。对于长达数分钟的处理周期,第7章研究了平稳统计模型,用于表征高频信道的空-时二阶统计量,它是构成多种信号类型的基础,这些信号类型包括杂波、干扰和目标回波。第8章描述从实测数据中实时估计模型参数的各基本步骤。第9章通过试验评估多维信号模型和参数估计技术的有效性,这有助于在实际干扰抑制场景中预测自适应波束形成器的性能。

  对于研发高效的超视距雷达信号处理技术,对高频信号特性的理解是十分重要的,这部分内容为第三部分讨论先进信号处理技术的理论推导和实际应用奠定了基础。虽然揭示出所提到信号模型的物理意义,但仍需强调的是,这些模型的主要作用是从信号处理的视角表征超视距雷达系统的数据采样特性。

- 第三部分:处理技术(第10~13章)利用第二部分研究的信号模型,构建适用于配置在超视距雷达系统内的鲁棒自适应信号处理策略。第10章重点考虑应用自适应波束形成技术抑制在超视距雷达相干处理周期内具有时变空间结构的干扰。这一章也讨论了在实际系统中限制自适应波束形成器性能的各种因素,以及实际应用中改善性能的一些常用手段。第11章探索在超视距雷达中空-时自适应处理技术(STAP)的应用,并描述了通过电离层传输的多径干扰抑制算法。第12章把目标检测看成直接以接收数据形式所表述的二元假设检验问题,推导了基于广义似然比检测(GLRT)方法的自适应算法。本章描述理想恒虚警(CFAR)特性下的大量检测场景,这些不同的量测模型呈现出有用信号的不确定性及干扰（杂波或干扰加噪声）的统计不均匀性。最后一章讨论传统的雷达研究领域相对涉及较少的一个方面。第13章在非合作波形场景下通过盲信号处理（通常应用在通信领域中）解决源与多径分离的问题。同时也研究了该技术在高频超视距无源相干定位（PCL）系统及其他领域中的应用。第13章以及本部分其他章节的关键点在于，通过实测和仿真数据的对比处理结果，展示了采用自适应处理技术相对于常规处理所能获得的性能提升。

1.1 背景与动机

1938年部署于不列颠东海岸的"本土链（Chain Home）"雷达网络被认为是第一部军用雷达系统，其防空性能在战争期间得到了令人信服的验证。"本土链"雷达工作在 20~30 MHz 频段，因为高频技术是当时唯一能够产生足够大功率的方式。与如今的天波超视距雷达不同，"本土链"雷达设计用于探测雷达视距目标，而不是超视距覆盖。事实上，从超远距离通过电离层返回的回波对于雷达操作员反而是干扰的组成部分。读者可以参考文献 Neal（1985）中关于"本土链"雷达系统的详细介绍，该系统对不列颠之战产生了决定性的影响。在二战后期，频率扩展到 UHF 和微波谱段的雷达系统成功地在视距监视任务中得到应用。

1.1.1 视距雷达

频段选择对雷达系统的基本性能和物理特性具有重要影响。根据国际电信联盟（ITU）采用字母表示的规定（见表1.1），雷达频段从高频段延伸至微波谱段。世界上绝大多数监视雷达采用 UHF 或更高频率，因为从性价比角度出发，对于视距应用这些频段最具竞争力。

表 1.1　ITU 从高频至微波频率区间的波段代码规定及一些民用和防御雷达应用示例。超视距雷达工作在高频段（3~30 MHz），而大多数常规（视距）监视雷达工作在 UHF 和更高微波频率上。需要注意的是，雷达系统也可以工作在表中未列出的更低和更高频段上

波段	频率	波长	雷达应用示例
HF	3~30 MHz	10~100 m	超视距监视、海洋遥感（天波和地波雷达）
VHF	30~300 MHz	1~10 m	超远程对空监视，探地雷达，风廓线雷达
UHF	300~1000 MHz	0.3~1 m	超远程对空监视/机载预警（AEW）雷达（如BMD）
L	1~2 GHz	15~30 cm	远程对空监视/AEW雷达（最大探测距离约 500 km）
S	2~4 GHz	7.5~15 cm	多功能雷达，空管（ATC）雷达，海用雷达
C	4~8 GHz	3.75~7.5 cm	中近程武器火力控制，天气雷达
X	8~12 GHz	2.5~3.75 cm	机载拦截与攻击，导弹防御雷达，制导
Ku	12~18 GHz	1.67~2.5 cm	近程导引头，船舶导航雷达（民用和军用）
K	18~27 GHz	1.11~1.67 cm	限制使用（由于极强的水汽吸收）
Ka	27~40 GHz	0.75~1.11 cm	超近程导引头，机场动目标监视雷达

例如，机载预警（AEW）雷达工作在 UHF 或 L 波段，舰载平台上监视和武器火力控制通常使用 S 和 C 波段，而 X 及更高频段用于导弹防御和近程制导。一般说来，更高的频率提供更好的分辨率和精度，其特性适用于物理尺寸较小的系统。另一方面，工作在较低频率的雷达获得远程探测能力的优势，并且对于气象杂波和遮蔽效应不敏感。

疑问很自然地产生了：为什么在适合的技术出现之后，用于常规视距探测的监视雷达系统最终舍弃高频频段而采用 UHF 和更高频率？图 1.1 展示了搬移至更高频率的一些突出原

因，主要的技术优势包括：（1）在要求相对宽带工作的系统中具有更大的可用带宽选择，提供更好的距离分辨率；（2）具有采用相对较小的天线口径形成窄（高增益）波束的能力，更容易满足雷达布站条件；（3）相对于低频率处于瑞利-谐振散射区，高频段目标散射截面积位于光学区；（4）较低的环境噪声水平，通常位于接收机内部（热）噪声电平之下；（5）与电离层路径相比，相对稳定和可预测（视距）传输路径易于获得更高的目标定位精度和跟踪性能；（6）在某些实际应用中可通过将雷达天线抬高而削弱覆盖距离内的地表面杂波。对于（地面和机载）LOS 监视雷达系统，一些经典文献进行了综合性描述，包括 Skolnik（2008）具有权威性的贡献，以及 Nathanson, Reilly and Cohen（1999）等众多文献中的工作。

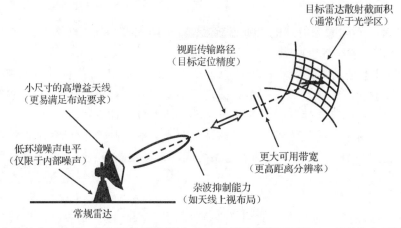

图 1.1　当适合的技术出现后，监视雷达系统采用 UHF 和微波频段而不是 HF 频段的主要技术原因总结

1.1.2　覆盖局限

尽管具有图 1.1 中所列出的明显优势，工作在微波频段的常规雷达存在一个基本局限，即距离覆盖范围被限制在雷达与目标间存在视距（LOS）传输路径的区域中。实际上，地球曲率将微波雷达的距离覆盖范围限制在距地平线不远的地面距离上。在一些情况下，诸如山峰之类的地理特征也会遮蔽向目标照射的雷达波，覆盖将被限制在更近的距离内。特定微波雷达的性能也易受气象因素的影响，如降雨和冰雹，它们产生的气象杂波和附加信号衰减可能降低目标的可见度。

上述常规 LOS 雷达局限的基本概念如图 1.2 所示。图的顶部专门展示了信号遮蔽和衰减效应，它们可能在相对较近的距离上出现。另一方面，图的中间和底部展现了由于地球曲率导致从雷达至海面舰船和飞机目标直射路径的遮蔽，它们分别对应装载于地面和机载雷达平台上的天线。

在正常的大气条件下，由于对流层的折射效应，微波雷达信号将略微向地表面折弯。这一机理将无线电波有效地延展至地平线以外。对于工作在微波频率的地面雷达，因对流层折射引起的无线电视距延展距离通常通过假定等效地球半径为真值的三分之四来估算[②]。这样基本的无线电视距上限可以像几何视距计算一样，利用这一修正因子通过简单的三角几何计算得到。

---

② 乘系数为 4/3 的等效地球半径模型适用于高度在约 1 km 以下，无线电频率在高频段以上的雷达平台（此时假定随高度变化的折射系数是线性变化的）。随着雷达平台高度增加到 1 km 以上和/或无线电频率降低至 VHF 波段以下，乘系数的值逐渐接近于 1。

在偶发或异常大气条件下，微波频率信号的超折射有时可将常规雷达覆盖距离明显地延伸到基本无线电视距以外，这使得对舰船目标和低空目标的探测距离远大于在正常（整体平均）大气条件下所预计的距离。然而，通常称为"波导"的这种传输现象，既不会在某一地点或时间频繁出现，也不可控。因此，实际上它并不能可靠地使常规微波雷达的距离覆盖范围超出基本界限。事实上，与正常大气条件相比，出现另一种异常传输类型会使有效距离覆盖减小。这一过程称为亚折射，它将信号向远离地面的方向弯折。

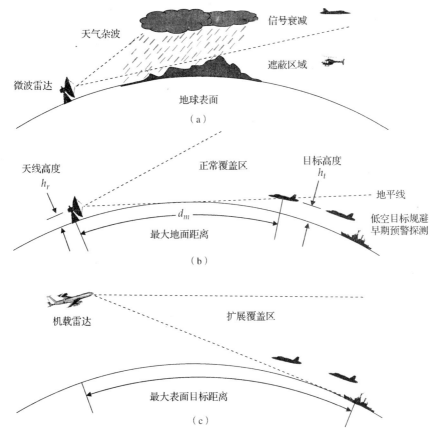

图 1.2 图（b）和图（c）示出了由于受地球曲率的影响对地面和机载监视雷达基本的视距覆盖限制，这一范围以在光滑球面上对舰船和飞机目标的最大探测距离来表示。实际上，由于不理想的气象条件产生的杂波回波和信号衰减，以及诸如山峰和峡谷这样的地理特征导致的遮蔽效应，常规雷达系统的覆盖被限制在近得多的距离内[图（a）]

参考图 1.2(b)，传统视距雷达由于受地球曲率导致的基本距离覆盖限制可用地面距离 d_m 来表示。雷达平台假定将天线抬高到距光滑地球表面的高度为 h_r，地球的等效半径为 r_e，这与在正常大气条件下的折射有关。沿地球表面从雷达下方一点垂直至几何地平线的大地距离可由一个简单的弧长公式 $d = r_e \arccos[r_e/(r_e + h_r)]$ 给出。对于一个处于高度为 h_t 的目标，直线路径仅在最远大地距离 d_m 内存在，d_m 如式（1.1）所示。沿大圆路径在这个大地距离内，雷达和目标可用一条直线连接起来，并与地球表面相切。由于地球曲率的存在，进一步地增大地面距离将导致直接路径的中断。

$$d_m = r_e[\arccos\{r_e/(r_e + h_r)\} + \arccos\{r_e/(r_e + h_t)\}] \qquad (1.1)$$

如图 1.2（b）所示，视距雷达系统明显的局限是低空目标能够规避早期探测，常规微波雷达将直至目标到达非常接近的距离才能发现。由于 h_r 和 h_t（除了极少示例）比地球半径 r_e 小得多，弧长距离可以用勾股定理近似算出，$d_m \approx \sqrt{2h_r r_e + h_r^2} + \sqrt{2h_t r_e + h_t^2}$。既然 $r_e \gg \max(h_r, h_t)$，该式反过来可用视距雷达的最大距离公式近似，见式（1.2）。该式适用于大多数实际的监视雷达场景，但需要注意它不适用于机载雷达。

$$d_m \approx \sqrt{2h_r r_e} + \sqrt{2h_t r_e} \tag{1.2}$$

图 1.3（a）给出了对于低空飞行目标，搭载在地面和舰载平台上的视距雷达系统最大地面距离 d_m 与天线高度的函数关系曲线。标示为"几何视距"的曲线是采用真实地球半径计算得到的，这里取 $r = 6380$ km，而标示为"无线电视距"的曲线则使用等效地球半径 $r_e = kr$，这里 $k = 4/3$。另两条曲线分别计算在地球表面以上 20 m 和 80 m 高度飞行目标。对于高度低于 $h_r = 50$ m 的雷达天线，地基距离大于 $d_m = 30$ km 的表面目标（$h_t = 0$）将落于常规视距雷达的基本距离覆盖之外。因此，地基或舰载微波雷达对表面或低空目标的探测能力不太可靠，这些低空目标将地球曲率作为屏障以避开雷达信号的照射。

图 1.3（b）给出了机载视距雷达对位于地表面和在 2 km 及 8 km 高度飞行目标覆盖的最大地面距离曲线。机载雷达将雷达天线提升至数千米的高度。处于数百千米高度的天基传感器理论上可以将覆盖距离扩展至数千千米。然而，式（1.2）的平方根关系表明距离覆盖增加一个数量级需要将天线高度提升两个数量级。显然，因为视距探测技术本身的局限性，以架高这种方式扩展距离覆盖将面临成指数级增长的成本和复杂度。

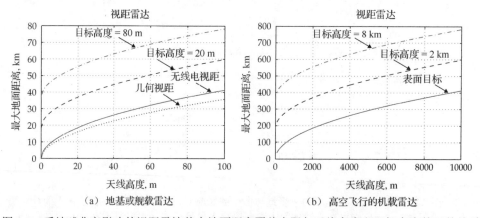

图 1.3 受地球曲率影响的视距雷达基本地面距离覆盖上限与天线高度和目标高度的函数关系

1.1.3 超越视距

当需要连续监视远距离区域，而该区域附近无法或者不易布设永久性的视距监视雷达站点时，常规视距雷达的距离覆盖限制成为一个严重问题。这些区域包括后勤上难以到达的、人烟稀少无法安装基础设施的地区，以及远离领海线的公开海域。如果仅限于单独使用视距雷达系统的话，将在时间或空间上存在难以避免的监视盲区。

机动平台上的视距监视系统将缓解该问题，但是如果没有及时获得可疑目标活动区域信息，机动平台资源的部署低效且昂贵。像澳大利亚和美国这样国土面积广大的国家，要对巨大的地理区域和立体空间进行常态化监视，必须采用一种有效且可靠的方式提供实时的空中和地海面综合态势图，以满足军事和民用需求。当需要例行监视巨大且遥远的区域时，由于每部雷达覆盖区域相对有限，部署大量视距雷达的解决方案在经济上是不可行的。

此外，由于现代高速和隐身突防技术的威胁，监视系统能够及时获得潜在威胁（早期预警）信息变得非常重要，从而降低来袭目标的突然性。就提到的雷达传感器而言，要以一种高性价比方式满足上述目的，需要一种与工作在 UHF 或微波频段的视距雷达根本不同的技术，它将突破常规雷达视距覆盖的限制。因此，这激发起雷达再次使用较低频段的兴趣，确切说是高频段，其特性可避开视距限制从而极大地拓展雷达覆盖距离。

对于雷达设计者而言，高频段（3～30 MHz）最具吸引力的特性就是高频信号能够很好地传输到远距离并照射到超越视距的地球表面。如图 1.4 所示，高频信号的超视距传输可通过两种不同的物理机理实现，分别称为天波和地波传输。天波传输指高频信号被大气上层区域所"反射"，该区域被称为电离层，其中自然形成的电离气体（等离子体）里自由电子大量聚集并达到足够高的浓度，可以明显地影响高频无线电波的传输。电离层可以在 100～600 km 的一个或多个虚拟高度上反射高频信号，使其照射至距离上千千米远的地球表面并具有明显的功率密度。

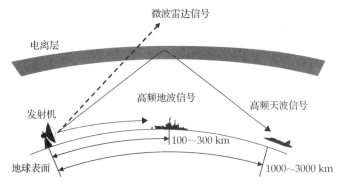

图 1.4　高频信号的超视距传输可通过两种物理机理实现，分别称为天波和地波传输模式，前者只能在高频段（3～30 MHz）。微波雷达信号具有更高的频率，将穿透电离层

地波传输是指垂直极化高频无线电信号模式，其很大一部分能量能够在一定高度区域内沿良导电（咸水）的海平面有效传输，该区域高度一直向下延伸至空海交界面。换句话说，此传输模式可在空海交界面上方的一定高度区域沿地球曲面有效延展至数百千米距离。地波模式不能与异常传输条件或波导相混淆，波导现象是由大气折射导致的。地波传输模式与地球表面的导电特性有关，它甚至可以不依赖于大气层而存在。显然，天波模式的主要特点是超远程传输，地波模式的优势在于稍近但仍处于超视距范围内的距离，该模式将在第 5 章中详细讨论。图 1.4 中也包括了微波雷达的"直线"传输路径，由于频率更高，该路径可穿透电离层。

比高频段频率更低的中频（MF）信号位于 0.3～3 MHz 波段，电离层低区的吸收效应产生高传输衰减，特别是在白天的远距离传输路径上。在高频段以上，电离层很少支持信号频率远高于 30 MHz 的 VHF 信号反射，尽管电离层中的不规则体可能对它们产生漫散射。

从根本上，与高频段相邻近但更低和更高的频率都不会呈现出与高频信号相同的特性，即有效的超视距信号传输，这一特性可用于超视距雷达。因此，在第二次世界大战结束不久，出现了大量采用高频段进行超视距雷达探测的设想。当时，美国一个集合了防务、商业和学术组织的联合体开始高频雷达的早期研究工作，专门研究通过天波传输实现超视距目标探测。

在这个阶段，单程路径的天波传输已经在短波通信和无线电广播领域应用了许多年。事实上，早在1901年12月，马可尼就发射了跨越大西洋的第一个远距离"无线"电报信号。然而，直到25年以后，电离层和天波传输的存在才被实验证实。这实在是一个相当长的时间，在此之前被（错误地）认为是地波模式将马可尼的跨大西洋信号传输到大约3500 km远的距离，从英格兰康沃尔海岸的波尔杜传到加拿大纽芬兰的圣乔治。

从监视雷达的角度，高频信号通过天波模式远距离传输，使发射机能够分别照射到远在视距之外的空中和地（海）面目标。与单程高频通信链路或短波无线电广播相比，从目标表面散射的雷达信号回波需要采用相同的机理传输回接收系统，在双程传输路径上实现目标探测。

相比微波监视雷达，采用天波传输的单部高频雷达系统具有远得多的探测距离以及巨大的表面区域和立体空间覆盖能力，这一优点提供了强大驱动力来研发和评估超视距雷达的潜能。天波超视距雷达的首次突破性试验在20世纪50年代早期由美国海军研究实验室完成。1956年，一系列明确的试验结果令人信服地验证了天波雷达系统能够实现远程飞机目标探测（Thomason 2003）。最初驱使美国海军设计和采购实战型天波超视距雷达的原因是中远程轰炸机编队和导弹载机对海面战斗群的威胁。正如Thomason（2003）提到的，为应对这种威胁，需要能够在整个威胁行动周期内探测目标并且为战术响应及时提供信息的监视系统。

在美国所取得的前期成果的基础上，包括澳大利亚、俄罗斯、中国和法国在内的其他国家也都研发了用于军事和民用用途的天波超视距雷达系统。需要特别说明的是，澳大利亚的高频雷达研发计划（金达莱）在20世纪70年代启动，最终研发完成了三部天波超视距雷达构成金达莱实战型雷达网络（JORN）。JORN是一部实际服役的系统，当前作为主要的广域监视传感器由澳大利亚防务部门负责运行。

1.2 超视距雷达原理

在整个发展过程中，基于其涉及的系统技术和设计理念，天波超视距雷达的研发往往满足多种任务目的，不提经济上的限制，不考虑其实际装备情况、物理特性以及这些系统的独特性能，对基本原理的简介通常围绕着基本设计展开，这些设计或多或少代表了当前实际应用的几部天波超视距雷达中必须考虑的特性。出于这种认识，我们将近来美国和澳大利亚研发的空海目标监视系统作为天波超视距雷达的典型实例，该系统是作为原理性描述合适的参考点。过去和当前许多天波超视距雷达系统设计之间的差异将在第3章讨论。

1.2.1 工作原理

天波超视距雷达的工作原理可由图1.5所示的简单术语描述。发射天线辐射高频雷达信号，具有方向性的波束在方位向进行电扫描以搜索超视距雷达覆盖区内不同探测子区。为了通过天波传输照射超视距雷达覆盖区的不同距离段，发射天线通常具有较宽的垂直方向图，使得电波射线的发射角从近似擦地的仰角（约5°）至约45°。辐射的信号射线在大气层底部（对流层折射可忽略）以近似直线的方式传输，以一定入射角进入到电离层的底部，这里的自由电子浓度已经足够高，可以影响高频无线电波的传播。进入电离层后的射线将面临随高度增加的自由电子浓度。微波频率信号可以继续沿无偏转的路径传输并穿透电离层。高频信号则与之不同，由于自由电子浓度随高度不断变化，也即无线电折射系数的影响，它将被持续向地球表面折射。

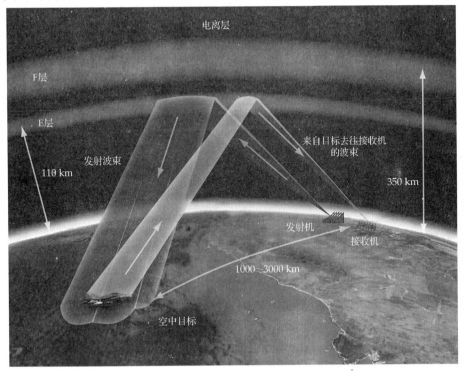

图 1.5　天波超视距雷达的工作原理本身是简单的，但将此原理转化为一套可靠的监视系统将面临许多重要的技术挑战。需要指出的是，这里仅给出了 E 层传输的照射场景，而 1000～3000 km 的基本距离覆盖也包括了 F 层传输

在电离层中的一个或多个高度上，典型值为 100～600 km，沿射线轨迹的电子浓度足够高以产生完全的内部反射。通过此过程，被反射信号射线沿一条折射路径向下传输，并脱离电离层照射到超越视距的地球表面和位于其上的空间内。实际上，发射信号能够返回到距超视距雷达站数千千米的地球表面。雷达信号实际是以曲线路径通过电离层的，因而其照射到的地球表面区域的距离取决于多个关键因素，其中信号频率是最重要的因素之一。操作员可以通过调整信号频率和发射天线波束的扫描方向，在距离和方位向上选择照射子区，从而在不同的地理区域内搜索目标。

在雷达所照射监视空间内，任意地表面和空中目标均截获入射信号功率密度，并向所有方向散射出其截获功率的一部分。目标散射功率中极其微小的一部分，以与照射到目标相似的电离层路径返回到极高灵敏度的超视距雷达接收机。接收机接收到的目标表面回波是有用信号，此外还有无用的杂波信号，主要包括由地面或海面、电离的流星余迹以及电离层不规则体所散射的雷达回波。由高频段其他用户产生的与雷达波形无关的同频信号，有时也会被雷达接收机当作干扰接收到。最后，超视距雷达不可避免地接收到来自于大气和宇宙的高频噪声，它们比内（热）噪声更强，通常被统一称为背景噪声。

需要特别说明的是，极强的杂波回波完全淹没了弱得多的目标回波，它们不能从超视距雷达接收系统的原始数据中直接辨识出。因此，需要采用信号处理技术以可靠的方式从原始数据中检测出非常微弱的有用信号。在多个信号处理步骤中，多普勒处理是从强大的杂波回波中分离出运动目标回波的关键。除了在监视空间内检测目标,数据处理也被用于确定和跟踪目标随时间而变化的位置。确认航迹在地理信息背景上的显示向操作员提供了覆盖区内空海目标运动的清晰场景,这就是超视距雷达系统的最终输出。

超视距雷达整个覆盖距离一般在1000～3000 km,而根据系统设计,方位扇区的角度可以是60°、90°、180°或360°。对于在对流层以内飞行的目标场景,超视距雷达的距离覆盖比地面视距系统高出一个数量级。而对于低空飞行目标和海面舰船,在实际探测距离上比地面常规微波雷达相对提高了两个数量级。这主要由于超视距雷达对电离层以下的全高度目标照射采用了"下视"视角。

高频信号传输的一个重要特性(与天波路径的下视视角相关的)衍射效应是能够有效消除(或者大大削减)覆盖区内的遮蔽区域,目标无法通过诸如山峰或山谷等地形特征规避雷达照射。此外,采用较长波长的超视距雷达可免受各类气象条件的影响,在高频段常规微波雷达由降水影响而产生的信号衰减和杂波将不是问题。严格来说,超视距雷达性能不是完全不受天气的影响,因为雷暴天气中闪电放电将显著提升噪声电平,而高海态会影响海杂波中慢速目标的检测。

单部超视距雷达的完整覆盖区域可达到600万～1200万平方千米。这一广阔的范围如图1.6所示,图中给出了构成澳大利亚JORN网络的三部超视距雷达的地理覆盖范围,三部雷达分别部署于Alice Spring(北领地)、Laverton(西澳大利亚)和Longreach(昆士兰州)。一部典型的地面微波雷达覆盖区也在图1.6中显示出来用于对比。视距雷达覆盖区的外部阴影圈是相对民航班机巡航高度目标的探测范围,而内部小圆圈是对海面和低空目标的探测范围。出于稍后将立即讨论的一些原因,超视距雷达并不能同时监视整个覆盖区域。通常,一系列任务(每个任务由一个或多个监视区域组成)将在雷达时序内进行同步规划,以在一个指定周期内监视整个覆盖区内所选定的部分区域。

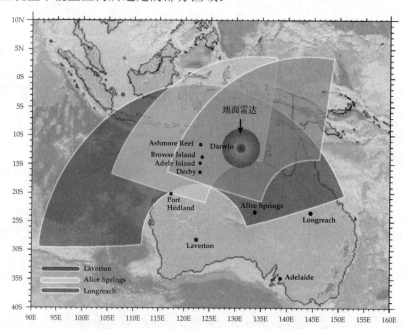

图1.6 澳大利亚JORN超视距雷达网络的地理覆盖图,站点分别位于Alice Spring(北领地)、Laverton(西澳大利亚)和Longreach(昆士兰州)。Darwin附近一部地面微波雷达的覆盖区也显示出来用于对比。三部JORN雷达由南澳大利亚Adelaide附近的一个协同控制中心遥控

任务的种类和目标类型决定着对雷达系统资源的需求,据此实战型天波超视距雷达能够实时探测和跟踪从数万平方千米至超过百万平方千米内的目标。尽管超视距雷达的固定投资成本相对常规视距雷达要高得多,但是以单位面积和体积内海面和空中目标的监视效能而言,超视距雷达的性价比极为突出。然而,超视距雷达的主要优势还是在于能够在广阔的地理区域内提供早期预警和广域监视能力,特别是对于那些不可能或不易通过部署微波雷达或其他视距传感器来实现持久覆盖的地区。

图1.7描绘了超视距雷达的完整覆盖区以及其中被称为雷达(或发射机)波位的一块较小的探测子区,该区域可采用专门选定的信号载频和波束扫描方向同时照射覆盖。波位在距离上的大小主要取决于固定频率上电离层传输的距离深度限制,而方位上则是由于发射天线波束的宽度有限。超视距雷达波位的基本距离和交叉距离大小将在后续进行量化讨论。这里主要强调雷达只能一次搜索一个监视区域内的目标,必须在方位和距离上顺序扫描雷达波位以照射整个覆盖区内的不同区域。

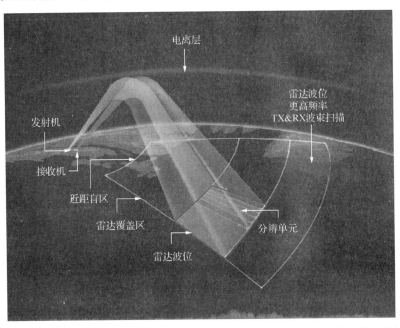

图1.7 示意图显示一部天波超视距雷达的完整覆盖区以及其中被称为雷达波位的一块较小的探测子区。完整覆盖区不能被同时照射,而是一次照射一个探测子区,并在完整覆盖区内通过顺序扫描雷达波位至不同位置。雷达在每个探测子区内驻留一个相干积累时间,以完成多普勒处理

通常,超视距雷达会同时监视若干探测子区,在特定的时间段内扫描完一次感兴趣的地理区域。雷达在某一时刻驻留在特定监视区采集数据,然后按顺序步进至另一探测子区重复采集过程。这样,超视距雷达以规划好的次序重访每个探测子区。每个探测子区的大小由雷达波位的尺寸有效界定。为强调一个探测子区(或发射波位)在雷达驻留时间内是同时照射的,通常也将其称为驻留照射区(DIR)。超视距雷达对不同驻留照射区的访问次序称为扫描序列或是扫描策略。在超视距雷达时序中,由所规划驻留照射区集合所同时覆盖的区域被称为目标检测与跟踪的完整实时覆盖区。

可被同时规划的驻留照射区数量主要取决于每个DIR内进行多普勒处理所必需的相干积累时间和不同DIR间进行有效目标跟踪所需的重访率。如前面所提到的,这些相互矛盾的需

求几乎不可避免地意味着一部超视距雷达实际上工作的实时覆盖区要小于其整个覆盖区。这就产生了几个问题。例如，是什么因素决定了整个覆盖区的大小（包括最小和最大覆盖距离）？一个 DIR 及其里面雷达距离分辨单元的物理尺寸是多少？其他一些重要问题则是，能够规划多少个 DIR 以及超视距雷达如何扫描覆盖区内不同区域的 DIR？回答这些问题涉及对超视距雷达基本性能的初步阐释，这将在本章的稍后部分讨论。

1.2.2 常规特性

尽管电离层的存在使得超视距雷达能够探测和跟踪距离上比常规雷达系统远一个数量级的目标，但是实际上这种传输介质也是许多不确定性和困难的源头。超视距雷达的性能不仅仅由系统设计和工作参数所决定，还严重地受到电离层特性以及在检测背景中占优的高频电磁环境的影响。为方便后续介绍，在这里简要描述电离层和高频信号环境的一般特性与典型超视距雷达系统的主要物理特性。

1.2.2.1 传输媒质

电离层中自然产生的电离气体（等离子体）是由来自太阳的高能粒子和辐射所激发的。在电离层的某一区域自由电子聚集到一定程度，足以通过天波传输模式将高频信号能量反射至地球表面。自由电子的聚集程度，通常被称为电子浓度，在电离层中随高度变化，最大变化范围可达到两个数量级。电离层高度分布图也随时间和地点而变化。尽管夜间没有受到太阳的直接辐射，但是电离层不会完全消失，对超视距雷达工作而言，它始终保持着足够的电离度以反射高频信号。

尽管电离层的存在被认为是确定的，并且在一定程度上其整体特性通常是可以预测的，但是实际上电离层的精细结构是无法精确预报的。除了内在的不可预测性，作为高频信号的传输媒质，电离层还拥有许多独特的属性。其中的一些属性与微波雷达文献中考虑的现象迥然不同。电离层会影响高频信号的传输以及超视距雷达的探测，一些重要特性将在下面介绍。作为高频信号传输媒质，电离层及其特性的更多详细描述见第 2 章。

与采用微波频率的视距传输信道相比，电离层对于高频信号是一种剧烈变化、空间上分布不均匀以及各向异性的传输媒质，并具有频率依赖性，其特性在高频段内具有显著差异。对特定探测子区进行最佳探测所采用的工作频率，随每日的时段（日夜交替）、月份（季节变换）和 11 年太阳活动周期而具有明显的变化。典型情况下，频率需要每 10~30 分钟调整一次以适应电离层大尺度的变化，在晨昏明暗交界时分可能面临更为快速的变化。

照射特定探测子区的最佳工作频率在白天可能是夜间频率的两倍，这充分展示出工作频率的时变性。在某一时刻照射超视距雷达覆盖区内不同距离段所需要的频率比值可能达到 2∶1 或 3∶1。在同一距离段的探测子区工作频率也会因其方位不同而有所差别，特别是穿越晨昏明暗交界时。需要注意的是，用于超视距雷达目标探测与跟踪的天波传输性能是频率、时间和位置的函数，并随之明显变化。

此外，电离层电子浓度在垂直面上呈现出典型的分层特性。这使得高频信号可能被数个可区分的电离层区域或层所反射，这些区域位于不同的高度上。被反射的高频信号通常由多个分量或信号模式叠加组成，这些模式沿不同的路径在地球表面的两点间传输。对于单个目标，有时会出现（或被超视距雷达所分辨出）4 个或更多的主要模式，它们具有差异较大的时延、多普勒漂移以及到达角。一般来说，电离层反射的高频信号多径传输条件比通常视距雷达应用中所考虑的直达波与地表反射路径产生的干扰要复杂得多。

由于地球磁场的影响，电离层对高频信号的无线电折射系数是各向异性的。这使得无线电折射系数与电波极化方式和传输方向相关。因吸收而产生的高频信号衰减也是相当显著的，特别是在电离层的较低高度区域中，该区域被称为 D 层（约 90 km 以下高度）。除了"正常"特性，电离层还会遇到行波扰动、地磁暴以及其他许多现象，这些现象均会严重影响作为无线电波传输媒质的电离层特性（Davies 1990）。高频天波传输信道的常规特性汇总在表 1.2 中。

表 1.2　与超视距雷达设计和工作相关的高频天波传输信道的一些基本特性。这些特性将在第 2 章进一步讨论

特　　性	天　波　传　输
变化性	宽阔的时间尺度：相干处理时间内、任务周期内、一日以内、季节、11 年太阳活动周期
均匀性	小尺度不规则体、在雷达覆盖区和探测子区内变化、磁纬度变化
色散性	随频率、时延（群距离）、多普勒和射线到达角产生色散
各向异性	线极化分解为两个椭圆极化特征波并分别折射
多径	一个天波路径上在 E 区和 F 区的不同层产生多个传输模式
吸收	D 层吸收在白天导致远距离路径产生显著的信号衰减

如前所述，超视距雷达正常工作需要实时选择信号频率，以在探测子区内获得目标最佳探测性能。这要求超视距雷达能够在高频频段中很宽的范围内实现频率捷变。为在整个超视距雷达覆盖区内有效满足全时段工作的要求，载频需要拓展至两个或更多的倍频程。电离层特性采用经验数据库或基于数据库之上的解析模型，均不能满足超视距雷达系统的高精度预报要求，因此需要一个独立的频率管理系统（FMS）为主雷达提供实时且专用的传输条件建议。除了超视距雷达这一与众不同的特性，还需要对高频段的频谱占用度进行持续监视，以避免大量用户造成的干扰。

在多普勒处理之后，对快速运动目标的检测通常是在噪声背景而不是杂波背景之上，因此频率信道评估中的信噪比准则至关重要。战斗机大小或更大的飞行器通常可被超视距雷达探测到。电离层信道也对几分之一秒量级的雷达信号施加了时域调制，从而在相干积累周期内引起幅度和相位结构的失真。此现象在返回的高频信号回波上叠加了多普勒漂移和扩展。对于慢速目标探测场景，频率信道评估中最重要的准则是多普勒谱纯度，因为该场景中，有用信号是在杂波背景下检测而不是在噪声背景下。在合适条件下，超视距雷达能够探测到远洋航行的钢壳船。

1.2.2.2　系统特性

大多数常规微波雷达是单站系统，在完全单站配置情况下采用脉冲波形工作，而许多天波超视距雷达系统采用双站配置和连续波，发射机和接收机分置以起到隔离效果。双站配置最初源自一部早期的超视距雷达，它被称为宽口径研究设施（WARF），1967 年由斯坦福大学的师生在加利福尼亚中部建立，后来它成为斯坦福研究所（SRI）的设备。这一超视距雷达的先驱被认为是有效验证基于双站架构连续波体制的首部雷达系统。WARF 另一个在当前多部超视距雷达中应用的成果是，接收采用基于垂直极化（双极纵向对布置）天线单元的极宽口径均匀线阵，而发射采用相对窄口径的垂直极化对数周期偶极阵列（LPDA）天线单元（Barnum 1993）。图 1.8 给出了金达莱超视距雷达发射天线，位于澳大利亚中部 Alice Springs 东北约 100 km 的 Harts range，而图 1.9 给出了金达莱超视距雷达接收天线，位于 Alice Springs

西北约 40 km 的 Mt Everard。尽管这是双站超视距雷达架构，但是通常被认为是"准单站"配置，因为收发站间距（约 100 km）远远小于雷达覆盖区的距离范围（1000～3000 km）。

图 1.8　金达莱超视距雷达发射天线。双频段线性阵列包括 16 根（高频段）和 8 根（低频段）等间距垂直极化 LPDA 单元，阵列口径约 140 m

图 1.9　金达莱超视距雷达接收天线，包括462个垂直极化双极天线单元的均匀线阵。接收天线阵列口径约2.8 km

微波雷达天线典型的口径尺寸在数米量级，这样系统能够部署在不同平台上。与之不同，超视距雷达接收天线口径为 2～3 km，而发射天线口径为 100～500 m。超视距雷达需要平坦开阔的大面积区域作为站址，并且要求宁静的电磁环境。常规微波雷达作为单通道系统，波束扫描很容易通过整个天线结构的机械旋转实现。超视距雷达则必须基于多通道阵列的天线系统，发射和接收波束均采用电扫描。

除了这些架构上的差异，超视距雷达与常规雷达之间还有一个重要区别。超视距雷达的有效工作依赖于采用一个空间上散布的专用辅助传感器组来监视电离层的状态变化。这个专用传感器组就是前面提到的频率管理系统，它同时也监视信道占用程度以避免来自其他用户的强射频干扰（RFI），从而提供可用的工作频率。FMS 不仅向主雷达自动提供特定任务的最佳工作频率选择建议，还负责将目标航迹从雷达坐标系的到达角和群距离转换至地理位置（纬度和经度），这一过程被称为坐标配准。

尽管超视距雷达需要工作在大部分高频频段内以应对变化的传输条件，但是发射波形具有相对小的带宽，在特定时刻仅占据频谱中非常小的一段。许多双站超视距雷达系统发射线性调频连续波（FMCW），或类似的变体，在最小化带外泄漏的同时获得希望的模糊函数特性。雷达信号在一个相干积累时间（CIT）或驻留时间内照射在探测子区内，其间发射一串线性调频脉冲或扫频信号并由系统接收其回波。主雷达各分系统、线性调频连续波特性以及 FMS 的详细描述见第 3 章。

1.2.2.3 高频环境及信号处理

图 1.10 中的流程图给出了超视距雷达可能接收到的各种信号类型。左右分支分别按照与雷达信号相干或非相干划分。相干信号来自发射的雷达信号，可进一步划分为杂波回波和有用信号（目标回波）。超视距雷达中的杂波回波是由于地球表面区域内的散射体所产生的，或者来自与目标无关的其他无源散射体，如流星尾迹所产生的瞬时电离体反射的回波。

不管雷达发射机是否工作，非相干信号均会存在，进一步可分为人造干扰和自然产生的背景噪声。自然产生的背景噪声可能来自宇宙（如太阳和其他星球），也可能来自大气（如闪电放电）。另一方面，人造干扰分为非蓄意的（如电机）和蓄意的（如调幅广播站）。超视距雷达通常允许在高频频谱中很宽的频带中工作，但是必须避开其他应用。超视距雷达采用的无干扰策略是选取对于其他用户而言是干净的、未被占用的频率信道，这需要遵循国家频谱使用标准和国际电信联盟（ITU）的规定。超视距雷达接收到的干扰和噪声特性不仅取决于同频干扰源的自然和空间分布特性，也与选定工作频率上各类干扰和噪声源进入到超视距雷达接收机链路内传输介质（电离层回路）的特性相关。对于包含了杂波、干扰和噪声的复杂干扰信号，检测性能由信号处理输出端无用信号能量在目标搜索空间（方位-距离-多普勒）内的剩余电平和分布所决定，剩余电平是相对于各类干扰信号在接收机输入端的功率而言，这时已经应用了对消各种无用信号的信号处理技术。

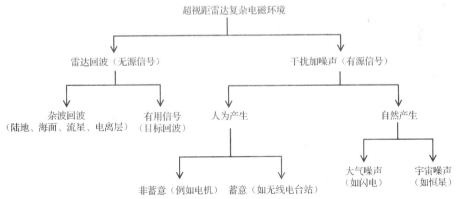

图 1.10　超视距雷达复杂的高频信号环境。相对弱的目标回波信号需要在叠加
混合了杂波、干扰和噪声的背景下检测，这些分量构成了整个干扰信号

在超视距雷达系统中，有效抑制干扰信号需要一体化而不是分立地采用先进信号处理与实时频率管理技术。一般来说，在雷达驻留时间内接收机组获取的数字采样信号被依次进行距离处理、波束形成以及多普勒处理。通常更为精细的信号处理步骤还包括抑制由雷电放电或流星余迹所产生的瞬态干扰信号。这些基本的信号处理步骤将与恒虚警处理、峰值检测与估计、跟踪以及坐标配准等内容一并在第 4 章中介绍。自适应处理技术将在第三部分讨论。

信号处理技术对于超视距雷达的重要性可以用一个简单的例子来说明。地面微波雷达在某些应用中可能需要通过将天线上视的方式来避开工作距离段上的强杂波，而与之相比，超视距雷达目标回波必须在强大的地表面后向散射杂波的背景下检测，地表面与目标在所有距离段中均被雷达同时照射。尽管高频信号能量的大部分在前向散射方向，但是相对大的超视距雷达分辨单元仍然使得在接收机前端杂波回波强度比目标强 40～80 dB。由于系统最大带宽-口径积的限制，实际上雷达分辨单元不能小于某个下限，因此在超视距雷达中多普勒处理对于目标检测而言是必不可少的。

幸运的是，天波高频信号传输路径在数秒的时间间隔内通常频率上是足够平稳的，这样从地表面返回的杂波能量大部分聚集在一个较小的多普勒通带内，这个通带一般位于零赫兹附近并且仅数赫兹宽[③]。另一方面，来自具有相对速度 v_r（定义为回波路径群距离的负变化率）的运动目标回波具有明显的多普勒频移，由著名的公式 $f_d = 2v_rf_c/c$ 给出，这里 f_c 为信号载频。非机动飞行的空中目标会产生稳定多普勒频移的回波，通常在 5～50 Hz，这样就位于杂波所占据的多普勒谱区间之外。

重要的是，接收机必须具有足够的动态范围，以有效保持强杂波和弱得多的目标回波的频谱特性。在动态范围足够的前提下，配以适当选取的窗函数，多普勒处理能够在不同的多普勒单元上将目标回波和杂波分离开。这将使得目标在外部噪声占优的背景上检测，外部背景噪声电平通常比内部接收机噪声要高，但远远低于后向散射杂波的强度。多普勒处理将淹没在杂波中的目标回波显现出来的能力如图 1.11 所示。

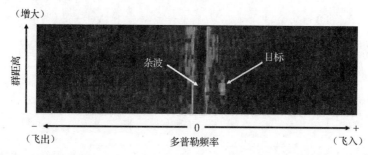

图 1.11 高频超视距雷达波束扫描至某一真实飞机目标时回波强度尺度下的距离-多普勒显示图。多普勒处理将相对微弱的运动目标反射回波（如显示图中所示）与地表杂波回波进行了有效分离，地表杂波回波主要集中在零赫兹多普勒频率附近。这样飞入的飞机目标将在背景噪声下检测，而不是在强得多的杂波背景下，杂波背景下目标回波将被淹没。需注意的是所覆盖的地表面区域后向散射的杂波在所有距离上均存在（如图中零赫兹多普勒频率附近有限宽度内垂直向上的"脊"所示），而飞机目标作为点散射体，回波仅在距离轴（即图中纵轴）上其所在位置出现

1.2.3 实际应用

天波超视距雷达系统主要用于监视，其主要任务是目标探测与跟踪。在监视应用的场景下，天波超视距雷达的输出情报可用于防务和民用用途，并依据通常定义的目标类型不同，如飞机和海面舰船，具有不同的任务优先级。除监视任务之外，天波超视距雷达也可用于遥感应用，包括海洋或电离层研究。在这种场景下，有用信号是自然散射体的回波，而来自人造物体（硬目标）的回波则是杂波。

本章下列各节主要关注超视距雷达的监视而不是遥感应用，内容主要围绕防务及民用目的展开。对于遥感应用，下面进行了简要讨论，但没有详细展开，这主要是因为遥感这一主题足以写成一部专门著述。监视和遥感代表了天波超视距雷达最普遍的两类应用，但也可以用于以下描述之外的其他应用场合。

---

③ 这通常对应于高频信号由"平静"的中纬度电离层所反射的场景，而对于低磁纬度和高磁纬度，电离层扰动更强，频率上平稳性更差。

1.2.3.1 广域早期预警监视

超视距和微波监视雷达通常都能够探测多种目标类型。关注的空中目标包括巡航或弹道导弹、直升机、私人飞机、战斗机和轰炸机大小的军用飞机及大量的民航班机。此外，关注的地表目标包括不同大小的陆上交通工具、小型快艇、远洋渔船及大型钢质军舰，如巡逻艇、巡洋舰、驱逐舰和航空母舰。超视距和微波监视雷达也具有相似的监视功能，它们被分别称为目标探测、定位和跟踪，跟踪的同时扫描覆盖区以搜索其他目标，即边跟边搜。超视距雷达与微波雷达这两类系统之间的一个重要区别在于，尽管比常规微波雷达分辨率和探测精度低，但超视距雷达能够提供广域早期预警监视能力。

超视距雷达探测精度的局限意味着它不能作为国家空间和海面监视系统的完整解决方案。超视距雷达在防务系统中的价值需要以它作为监视装备体系中的一员向国家防务所提供的贡献来衡量，而这一监视装备体系是作为综合监视系统的一个组成部分来进行管理。例如，超视距雷达的广域早期预警监视能力可用于引导更高精度的监视，以及将侦察装备送到探测到异常活动的区域，这些装备通常部署于机动平台上，如巡逻艇、机载预警或指挥飞机。通过综合数据发布及指挥控制网络，实时引导高精度但覆盖范围有限的传感器资源到达关注目标，超视距雷达的这种能力能够提升装备使用效率，为快速响应潜在威胁而必须采购和维护的系统数量也相应减少。

如前所述，超视距雷达实时监视的区域通常划分为一个或多个任务，每个任务反过来又配置一个或多个探测子区。超视距雷达的工作参数可随子区的变化而变化。工作参数主要取决于任务类型和所监视区域的位置。图 1.12 给出了一个假想的超视距雷达系统对应 4 种不同典型任务的场景。不同的任务分别用字母 A~D 标出。雷达驻留（照射）每个 DIR 的时间为一个相干处理周期，然后按照规划的扫描序列依次步进至不同 DIR。各类任务可以不同的优先级插入到雷达时序内，但需要注意的是，应当保持每个 DIR 适当的子区重访速率以避免跟踪性能的下降。

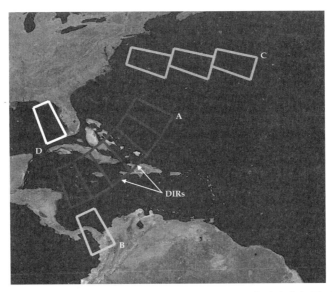

图 1.12　标示为 A~D 的 4 种超视距雷达任务。一个特定任务包含一个或多个探测子区或 DIR，它们以规划的次序进行重访。不同任务和区域通常分配有不同的工作频率，以获得对所探测区域内最佳的天波传输条件。根据任务不同也可采用不同的雷达波形。多任务可被插入到雷达时序内，但空中和舰船目标探测任务最好在不同的时刻分别执行，因为从资源分配的角度它们之间存在冲突

超视距雷达的任务可简单地划分为对空或对海任务,其构成和使用具有不同的战术意义。任务 A 通常被称为"警戒任务",该任务主要进行对空监视,在一个宽阔的方位扇区上探测穿越距离"屏障区"的运动目标。当没有其他任务时,任务 B 可被称为"凝视任务",因为其提供针对单一探测子区连续不间断的覆盖。

任务 C 可被称为"护航"任务。它用于监视空中航路或向指定路径上的海军舰队提供保护。任务 D 是遥感任务,可用于绘制海态和表面风场,或跟踪飓风。由于该任务常常要求全部的雷达资源,因此一般与监视任务分开执行。对空和对海任务常常存在矛盾,必须分别执行,因为前者要求高重访速率而后者要求长驻留时间。任务的选择不仅要从资源规划角度考虑兼容性,还必须考虑当时传输条件与任务的适配性。

来自超视距雷达航迹输出的空海态势可有多种使用方式。如 Cameron(1995)所提到的,超视距雷达输出情报可直接用于支持防空部队,或者通过一段时间内的监视信息累积以提供探测区域基于知识的目标基本活动规律,或者在军事行动期间,以实时轨迹信息提供一个区域内动态的空海态势辅助指挥员完成任务指派和防空力量的战术部署。需要注意的是,除极宽泛的目标分类外,超视距雷达目标识别是十分困难的,测高也一样,尽管后面会提到取得的一些进展。超视距雷达不仅可对关键事件提供及时告警,也能进行远程监视,这种监视能力也被认为是防止冲突规模扩大的有效威慑和遏制手段(Cameron 1995)。

超视距雷达输出也具有民用用途,主要用于常规视距雷达覆盖范围之外的海面和空中管控。例如,超视距雷达通过监视毒贩常用的空中和海面通道,能够在缉毒行动中帮助执法部门。需要专门提到的是,超视距雷达检测并跟踪进行跨国毒品贩运的小型私人飞机,引导海岸警卫队和其他政府部门掌握拦截和抓捕的主动权(Ciboci 1998)。超视距雷达发现不明海面目标后发出查证警报,可用于探测远海的非法捕捞活动,以及保护诸如石油钻井平台这样的离岸装备。超视距雷达的舰船轨迹数据还可以帮助移民和海关部门进行边界保护,特别是通过其他传感器未能覆盖的人烟稀少海岸线的偷渡路线。超视距雷达也可用于辅助搜救行动。

1.2.3.2 遥感

与探测和跟踪人造目标不同,超视距雷达系统也可用于监视大范围区域的环境,特别是难以到达的区域。高频雷达技术在两个主要的遥感方向上建立气候数据库,这两个应用方向是电离层研究以及海态和相关风场图。高频无线电波与电离层和海洋表面的相互关系分别在第 2 章和第 5 章中详细描述。尽管这种关系是以超视距雷达监视应用为背景展开的,但许多信息也适用于遥感应用。本节简略讨论高频雷达的两种主要遥感应用。感兴趣的读者如进行深入研究,可参阅提供的参考文献。

在 20 世纪 20 年代中期,认为是现代高频雷达先驱的方法被用于证明电离层的存在,设计者是英国的 EdWard Appleton 爵士以及美国的 G. Breit 和 M. Tuve。1924 年,Appleton 及其合作者研发出电离层探测仪,在地面采用调频连续波信号开展探测,最终验证了电离层的存在,Appleton 将其命名为 E 层。第二年 Appleton 发现了第二个反射层,并将其命名为 F 层。几乎同时,Breit 和 Tuve 利用脉冲波形的高频探测设备分辨并研究了从不同电离层中反射回来的回波特性。时至今日,基于雷达原理的电离层探测仍是在空间和时间大尺度上分析上部大气层高度结构和电离形态的常规方法,通常利用现代垂直和倾斜入射探测仪进行。

描述无线电波通过电离层传输的物理模型被用于反演接收到的高频回波描迹,以估计不同时间和地点上的电子浓度高度分布图。来自世界各地的探测站所采集的信息将用于创建经验数据库以及随时间和位置变化的电离层模型。这些仪器也用于研究电子浓度不规则体和电离层行波扰动的产生和运动。通过分析信号传输的具体特性，如多径时间散布、幅度衰落深度/速率及多普勒频移/扩展，以指导设计依赖电离层传输的高频系统。采用无线电监测技术遥测采集反映电离层结构和运动数据的详细资料可参阅 Davies（1990）的著作。

高频雷达海态遥感的基础，在于海杂波回波多普勒谱的细微结构中包含与洋流及相关表面风场的重要信息。海表面方向性浪高谱与散射回波多普勒谱结构之间的关联，为利用高频雷达估计和描述海洋学参数提供了理论框架，这一关系由 Barrick（1972a）在相对弱的假设前提下给出。基于 Barrick 的海表面散射场物理模型，雷达在某一分辨单元内的海面回波多普勒谱能反演出空间上可用的海洋学数据。相关表面风场的特性可以从这些数据中推算得到。

天波和地波高频雷达已用于估计海洋方向性浪高谱并映射出表面风速和风向。地波系统通常被认为比天波系统更适合提取海洋学参数。天波系统更易受电离层污染现象的影响，而地波系统则受限于相对近的覆盖距离。对于天波超视距雷达，数据质量很大程度上取决于多径传输和谱污染的严重程度，这是信号经电离层传输后所叠加的影响。由于电离层所引起的多普勒频移，天波传输模式还要求获得零赫兹多普勒参考源（如地表回波）才能估计表面洋流。与高频雷达海态遥感应用相关的更多信息可见 Anderson（1986）及相关参考文献。

1.3　高频雷达方程

常用的一种超视距雷达方程是以信号噪声比（SNR）作为参变量，单站（或者准单站）系统可表示为式（1.3）的形式，这一公式来自 Skolnik（2008b）。基于图 1.13 所示不同项的定义，可以看出超视距雷达方程与熟悉的（脉冲-多普勒体制）微波雷达方程具有相似的数学表达式。然而，当深入研究各项具体意义和量化含义之后，将发现两类雷达系统之间的重要差异。

$$\frac{S}{N} = \frac{P_{ave} G_t G_r T \lambda^2 \sigma F_p}{N_0 L (4\pi)^3 R^4} \tag{1.3}$$

本节讨论式（1.3）等号右边的每一项，并进一步揭示超视距雷达与微波雷达系统之间的基本差异。需要注意的是，雷达方程的这一（SNR）形式适用于提供噪声环境背景下的目标探测性能估计，也即是说，当目标径向速度产生的多普勒频移足够高，使得回波在多普勒频率域上落在噪声而不是杂波占优的区域。

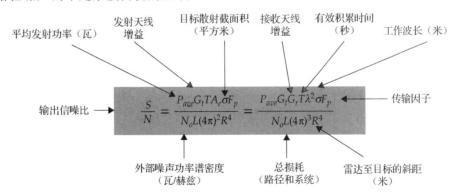

图 1.13　超视距雷达方程噪声限制版本中不同项目的定义

当目标回波的多普勒频率落入杂波而不是噪声占优的区域中时，式（1.3）所示噪声限制版本的雷达方程不适用于评估这些实际场景下的探测性能。在频率稳定的天波传输条件下，超视距雷达杂波在相对小的多普勒频率范围（数赫兹宽并且相对零频附近对称分布）内要强于噪声，因此舰船和飞机目标通常分别在杂波和噪声背景下检测。

在恶劣的传输条件下，电离层中不规则体以每小时数百千米的速度运动，并散射极强的扩展多普勒杂波，从而同时制约了对慢速和快速目标的探测。在杂波限制环境下，信号-杂波比（SCR）是检测性能的首要量度，这时需要采用另一版本的雷达方程。方便起见，我们将在本章讨论式（1.3），而高频雷达方程的 SCR 版本放在第 5 章讨论。

1.3.1 斜距

式（1.3）中的 R 指从雷达通过电离层反射至目标的单程天波信号传输路径长度。与沿地球表面测量的地面距离相对应，这一距离被称为信号路径的斜距。除利用电离层作为传输媒质所带来的困难外，超视距雷达信号路径的整个长度也是重要的设计挑战。特别是在式（1.3）中显示 SNR 随斜距 R 的四次方衰减，哪怕当雷达覆盖被限制在单跳范围内（即探测区域被单次电离层反射所照射），这也会导致极高的传输损耗。

这意味着路径长度 R 增加一个数量级（相对于传统的视距雷达），超视距雷达将由于在双程路径上的扩展引起 40 dB 的相对信噪比损耗。为在超长路径上实现目标探测，超视距雷达需要补偿这些额外的传输损耗。从另一个角度来看，相对于视距雷达在信噪比上有 40 dB 的赤字需要利用超视距雷达的功率预算来弥补，而对于设计者来说，发射功率相对于雷达方程中的其他项目是可以控制的。正如我们将在本节后面所展示的，设计超视距雷达系统的物理和运行特性时将要考虑这些因素。

1.3.2 发射功率

超视距雷达发射系统的平均发射功率 P_{ave} 可从约 10 kW 变化到 1 MW，甚至更高。巨大的变化范围反映了系统设计、任务类型和性能需求中的差异。高发射功率改善信噪比，因而提升在噪声限制环境下的雷达灵敏度。实际上，它主要改善了对快速运动（空中）目标的探测性能，特别是那些具有小散射截面积的目标。在杂波限制环境下，平均发射功率的增大并不能改善目标探测性能。对于慢速（海面）目标，在不影响探测性能的前提下，平均发射功率原则上可以降低到一个临界点，在该临界点上噪声在目标速度搜索范围内的强度开始超过杂波。

更大的发射功率显然有利于飞机探测任务，特别是在夜间场景下，频率和目标 RCS 均降低而大气噪声抬高。由于慢速海面舰船需要在杂波背景下检测，在舰船探测任务中更大的发射功率通常不能带来明显的好处（改善目标探测性能）。

主要用于飞机目标探测和跟踪的实战型超视距雷达，典型的发射平均功率范围为 200～600 kW。值得注意的是，该数值意味着比起平均功率数千瓦的典型空管（ATC）雷达大了 100 倍（20 dB）。根据式（1.3），这为超视距雷达提供了 20 dB 的相对信噪比增益，但仍不足以完全补偿由于双程路径扩散导致的 40 dB 相对信噪比损耗。不管怎样，更高发射功率总是能够明显减少这一 40 dB 的信噪比赤字。

超视距雷达发射和接收系统联合运行，采用恒模、频率或相位调制的具有相同波形的相干脉冲串。比起双站雷达，单站雷达配置具有许多运行和经济上的优势，但需要采用低占空比脉冲波形，这样由于实际发射机有限的峰值功率等级（容量）限制，降低了所能辐射的平均功率。因此在多部超视距雷达设计中均采用占空比为 1 或连续波形，以改善针对噪声的系统灵敏度。除了从信噪比的角度更好地利用发射资源，连续波与带外泄漏相关的其他优点将在第 4 章中描述。

占空比为 1 的波形通常要求发射和接收系统物理上分离以确保有效运行。选择采用这种波形来提高信噪比，反过来要求应用双站（或准单站）超视距雷达的架构。这一架构设计就使得许多超视距雷达与大多数微波雷达有所区别。在干燥的土地上，由于直达波（地波）信号路径上的强衰减，约 100 km 的站间距离就可为超视距雷达发射机和接收机间提供足够的隔离度。这种配置改善了针对噪声的灵敏度，但是成本增大并且产生了严格意义上不完全对称的双程传输。对于准单站，去程和返程传输路径具有空间上邻近的电离层控制点，当具有较小（典型小于 5°）的双站角时，通常可被认为两路径近似对称。

1.3.3 天线增益

超视距雷达（发射或接收）天线增益由天线单元增益和阵列增益的乘积所确定。阵列增益分量与波束的主瓣宽度，进而与天线的空间（方位）分辨率有关。超视距雷达天线特性的详细讨论在第 3 章中进行。本节介绍式（1.3）中与超视距雷达天线有关的一些基本概念，特别是双站系统中发射和接收天线采用不同的天线形式。

为获得高增益和分辨率，相比常规雷达天线，超视距雷达需要巨大的口径，这是因为高频信号比微波频段频率的波长高三个数量级。例如，超视距雷达接收天线口径可达到 3 km 长，这大约是典型空管微波雷达天线基本尺寸的 1000 倍。出于实际工程原因，超视距雷达天线必须布置成由线性阵元组成的固定式多通道阵列，使得发射和接收波束均能够实现电子扫描。

一般来说，超视距雷达接收天线阵列具有非常宽的口径，以（同时）形成一系列"指状"波束。这些波束具有高阵列增益和空间分辨率，从而分别提升在噪声和杂波限制环境中的目标探测性能，同时也可以改善目标跟踪的定位精度。根据工作频率的不同，超视距雷达接收天线波束在整个高频段具有 $G_r=25\sim35$ dB 的增益及 $0.2°\sim2°$ 的主瓣（半功率点）宽度。发射天线增益较低，典型值可能为 $G_t=15\sim25$ dB，其波束也较宽，主瓣宽度为 $10°\sim20°$。相对低的发射天线增益损失了信噪比，但宽波束使得超视距雷达可以采用单一频率（驻留时间内）同时照射更宽的区域，从而在覆盖区域大小及覆盖率上获得补偿。

发射和接收均采用线性阵列口径的超视距雷达可在方位上提供最大达到 90° 的覆盖扇区。覆盖扇区也可扩展至 180° 或 360°，只需利用多个视向不同的均匀线阵，或是将天线单元在地面布置成二维的阵列布局（如 L 形或 Y 形）。如在俯仰上波束不能独立扫描，发射和接收天线需要相对宽的垂直辐射方向图。垂直方向图需在接近擦地入射至约 40° 的俯仰角范围内具有高增益，以随着电离层条件变化确保足够的覆盖距离。

高频天线所在地面的电特性严重影响辐射方向图。地网常常安装在发射和接收天线的下方和前方，用于稳定地表阻抗并改善低仰角增益。对于仰角具有独立扫描波束的天线系统，垂直方向图可以电扫描形成，将辐射能量更有效地集中到照射所监视区域的射线"出发"角上。如果当时的电离层条件允许所监视区域被相对窄的俯仰角所照射，这样做也可能改善雷达灵敏度。

1.3.4 目标 RCS

人造目标（如飞机、导弹、海面舰船和地面车辆）的主要尺寸与高频信号的波长 $\lambda=10\sim100\,\text{m}$ 相当。因此，对于超视距雷达目标，其 RCS 特性落入瑞利-谐振散射区。相比之下，微波频率信号波长在厘米量级，对于常规雷达系统相同目标的 RCS 特性将位于光学区。信号频率上的巨大差距在根本上决定了超视距与微波雷达目标 RCS 特性上的差异。

例如，当超视距雷达工作在高频段的低端附近时，最小的有人目标或与之尺寸相当的无人目标，如 10 m 长的导弹，其 RCS 将落入瑞利区。在此区域，目标 RCS 随频率的降低而急剧下降（近似为频率的四次方），并呈现出较小的方向性。相比之下，当雷达在高频段的高端附近工作时，目标 RCS 将表现出谐振区特性。在谐振区，目标 RCS 将随频率的变化在一个有限区间内起伏，同时呈现出比瑞利区更大的视角敏感度（但平均来说 RCS 要更大一些）。

为提供量化描述，在典型的超视距雷达工作频率上，战斗机大小的飞行器按角度平均的 RCS 值范围在 $\sigma=10\sim20\,\text{dBsm}$。更大的飞行器，如民航班机，平均 RCS 值可能达到 $\sigma=20\sim30\,\text{dBsm}$，而大型金属外壳远洋船舶则可达到 $\sigma=30\sim40\,\text{dBsm}$ 甚至更高。除了前述最小的人造目标，在超视距雷达频率内，散射特性落入谐振区的目标 RCS 值通常要大于在微波频率光学散射区中同类目标（Skolnik 2008b）。

1.3.5 积累时间

多普勒处理在一个雷达驻留时间 T 内执行，驻留时间也被称为相干处理时间或 CPI（等于波形重复时间乘以积累脉冲数目）。超视距雷达的 CPI 典型值变化较大，对空中目标探测是 T 等于 $1\sim4\,\text{s}$，而对舰船探测是 T 等于 $10\sim40\,\text{s}$ 乃至更长。微波雷达系统中所采用的典型 CPI 驻留时间通常在数十毫秒量级，超视距雷达 CPI 是其 $100\sim1000$ 倍长。相比微波雷达，长 CPI 为超视距雷达提供了相对噪声 $20\sim30\,\text{dB}$ 的额外相干得益。综合在平均发射功率上获得的 20 dB 相对得益，这两个因子有效补偿了超视距雷达在路径长度上增长一个数量级所带来的 40 dB 扩展损耗。

需要指出的是，由于超视距雷达系统在距离和方位维分辨率较粗，采用这样长的 CPI 不会产生目标距离或方位单元徙动。超视距雷达长驻留时间也提供了相当精细的多普勒频率分辨率。高多普勒分辨率是将慢速运动目标与地海杂波区分开的必要条件，特别是在舰船探测应用中。例如，在 15 MHz 的载频上，最小 0.1 Hz 的（地面模式）多普勒频率分辨率提供了 1 m/s 的径向速度分辨率（3.6 km/h 或 1.9 节）。在 3 GHz 频段上获得相同速度分辨率则需要 20 Hz 的多普勒频率分辨率（$T=50\,\text{ms}$）。对于超视距雷达，高多普勒频率分辨率也有助于辨识独立的多径回波点，这些回波点来自同一或相邻空间分辨单元内的不同目标，特别是在空中目标探测应用中。

1.3.6 总损耗

式（1.3）中总损耗项 $L=L_pL_s$ 包含传输损耗 L_p 和系统损耗 L_s。当仅考虑单跳路径（即不存在地面二次反射）时，天波传输损耗来自两个方面，分别称之为偏移吸收和非偏移吸收。非偏移吸收主要发生在电离层的 D 层，其高度约为 $60\sim90\,\text{km}$。在 D 层中入射高频信号能量没有被反射或明显的偏转，吸收部分来自自由电子与中性大气分子的碰撞。在高频段，非偏移吸收量近似反比于工作频率的平方，并通常在正午达到最大值，此时 D 层的电子浓度也达到峰值。在正常条件（中纬度 D 层）下，对于白天单跳传输，典型超视距雷达工作频率下双程路径损耗预计为 $L_p=3\sim 6$ dB。

夜晚中纬度地区的 D 层消失，非偏移吸收通常可以忽略不计。另一方面，当无线电波的等效垂直频率接近于反射层的截止频率时会产生偏移吸收。这一类型的吸收和这些频率的定义将在下一章中介绍。较低的电离层也可能阻碍雷达信号到达更高高度的电离层，进而限制信号功率密度传输到达更远的距离，这一过程被称为"遮蔽"。该现象也将在第 2 章讨论。

超视距雷达中的系统损耗与微波雷达的产生原因类似，其中包括接收系统模拟部分（如天线和前端）的损耗，以及数字信号处理环节中的损耗（如为控制频谱泄漏所采用的窗函数）。系统损耗很容易累积至 $L_p=9\sim 12$ dB 甚至更高，特别是在脉冲压缩、多普勒处理和阵列波束形成中采用了低旁瓣窗函数时。系统损耗叠加至日（夜）传输损耗估计值上（不计偏移吸收与遮蔽），将产生尽管粗略但具有典型性的损耗值 L，通常在 $9\sim 18$ dB 之间。

1.3.7 传输因子

传输因子 F_p 聚合了一系列传输现象的影响，这些现象将在第 2 章进行深入探讨。简言之，此项目包括以下效应：（1）由于法拉第旋转效应产生的极化失配损耗（在寻常和异常磁离子分量间的干扰），该效应在双程电离层传输路径上快速改变了信号的极化状态。（2）低角和高角射线的聚焦或散焦效应，以及不可分辨的多径分量干扰，多径来自从不同电离层反射的传输模式。（3）由运动电子浓度不规则体散射所产生的衰减，不规则体位于电离层的 E 层和 F 层，分布在 $100\sim 600$ km 的高度范围内。在理想条件下，传输因子将带来 $3\sim 6$ dB 的信号功率密度增强。

1.3.8 大气噪声

在超视距雷达方程中，噪声功率谱密度 N_0 主要是外部辐射源的贡献。而在微波雷达系统中，N_0 通常主要由接收系统产生的内部（热）噪声构成。由自然辐射源产生的外部背景噪声的功率谱密度，可在高频频谱中未被其他用户占用的区域中观测到，它通常超过超视距雷达接收机内部噪声电平 $10\sim 30$ dB。在偏远地区，大气噪声在高频段的低端占优，而宇宙噪声在高频段的高端占优。超视距雷达与微波雷达的一个本质差异在于 N_0（以及相应的信噪比）的值随每日时段、季节、接收位置、频率、方向性波束天线的方位/俯仰角而显著变化。方位和俯仰上的变化也可通过指向性良好的超视距雷达接收天线观测到。

在偏远地区宁静条件下，接近高频段中端未占用频率信道上的背景噪声谱密度大约为 185 dBW/Hz。来自电器设备的非蓄意人造辐射或是高频段其他用户的带外泄漏不可避免地对背景噪声电平产生贡献。接收站与人口中心的接近程度也会提高"背景噪声"谱密度，相比偏远地区，在乡村地区会提高 10 dB 以上，而居民区提高 20 dB 以上。这里需要强调超视距雷达接收站选址必须远离城市和工业区这一原则的重要性。

重要的是，雷达方程中外部噪声功率密度项 N_0 并不是完全与接收天线增益 G_r 无关的。前面提到接收天线增益可以表述为 $G_r=G_e\times G_a$，这里 G_e 是单个天线阵元（假定所有阵元均相同）的增益方向图而 G_a 是波束电扫描过程带来的阵列贡献。单个阵元的方向图相对较宽，它向信号和噪声提供等效的增益，这意味着 G_e 提高（随之 G_r 也提高），相应地，N_0 也提高。基于此原理可表明，接收天线单元更好地匹配工作频率并不能获得更高的信噪比得益。

在空间外部白噪声的场景下，接收天线增益分量中仅有阵列因子能够提高雷达方程中的信噪比，阵列因子在工程上由阵列单元数目及其相对间距所决定。然而，当外部噪声呈现充分的空间分布结构并且接收天线单元与工作频率匹配时，阵列因子理论上可以降低从非有用信号方向入射的空间上的外部色噪声，将其降低至接近内部噪声电平。这一微妙的联系可能具有重要的启示，即采用更为匹配的接收天线单元来改善信噪比。

1.3.9 数值示例

通过在式（1.3）中代入各变量的典型值，可以得到特定超视距雷达场景下输出信噪比的一阶算式。这些数值以式（1.4）中雷达方程的对数形式代入最为简捷，所有项目表示为 dB 的形式。最终的信噪比不能被看作一部实装超视距雷达系统性能的精确量度，相反，这种简单演算过程仅仅是在假定的示例中对目标探测潜能的可行性进行粗略的展示。

$$\frac{S}{N}(\text{dB}) = \{P_{ave} + G_t + G_r + T + \lambda^2 + \sigma + F_p\} - \{10\log_2(4\pi)^3 + L + N_0 + R^4\} \quad (1.4)$$

详细的信噪比性能分析要求建立复杂的模型，包括雷达系统、传输信道、目标散射以及噪声环境。这些模型需要同时考虑超视距雷达方程中各变量的联合统计特性。例如，基于试验数据库的长期模型用于产生参考电离层条件和噪声环境统计量。此方法在 Root and Headrick（1993）及 Headrick, Root and Thomason（1995）的文献中推导出实际和特定站址的超视距雷达性能评估结果。

设超视距雷达系统平均发射功率为 P_{ave}=200 kW（53 dBW），载频为 f_c=20 MHz，发射天线增益为 G_t=20 dB，而接收天线增益为 G_r=30 dB。相对应的波长为 $\lambda=15$ m（$\lambda^2 = 24$ dBm²）。再假定白天电离层允许该频率照射目标所在区域，目标斜距为 R=3000 km（R^4=259 dBm⁴）。当虚拟反射高度为 h_v=300 km，并且是单跳传输路径时，这一斜距对应的地面距离约为 2900 km。假设在探测子区内有一架战斗机大小的飞行器，其极化平均的雷达散射截面积为 $\sigma = 15$ dBm²，径向速度在 CPI 时间内看作恒定值。目标回波多普勒频移足够高，以使采用时长 T=1 s（T=0 dBs）的 CPI 足以将其与地表杂波很好地分辨。

需要说明的是，经过多普勒处理后目标回波将在外部背景噪声占优的干扰环境中进行检测。双程传输路径假定产生的聚焦增益为 F_p=3 dB，吸收所产生的路径损耗为 L_p=6 dB。将此路径损耗与系统损耗 L_s=10 dB 进行合并，得到总损耗为 L=16 dB。对于位于偏远地区的接收机，频率在 20 MHz 附近干净信道上的背景噪声功率谱密度，白天可用一个基础值 N_0 = −185 dBW/Hz 来近似。将这些数值代入式（1.4），得到的信噪比输出为 22 dB，计算过程见式（1.5）。这一"潦草"的计算过程表明采用噪声基底以上 15 dB 的门限检测空中目标能够保证可接受的虚警率。

$$\frac{S}{N} = \{53 + 20 + 30 + 0 + 24 + 15 + 3\} - \{33 + 16 - 185 + 259\} = 22 \text{ dB} \quad (1.5)$$

1.4 基本系统性能

雷达方程没有提供下列信息：超视距雷达覆盖距离的最大值和最小值、同时照射 DIR 的大小、DIR 内单个分辨单元的大小以及系统在地理坐标系上定位目标所能达到的精度。为完整评估超视距雷达系统的基本性能，必须对这些信息进行量化描述。本节列出了限制超视距雷达系统距离范围、DIR 子区大小以及分辨率和精度的主要因素。

1.4.1 最小和最大距离覆盖

电离层将高频无线电波反射回地球表面的能力与许多因素有关，其中最主要的因素是信号频率和信号射线入射至电离层的角度。图 1.14 给出了通过单一电离层单跳传输中它们之间相互关系的示意图。实际上，信号从电离层反射的过程具有许多未在图 1.14 中展示出的细节，该图仅仅用于展示基本概念。高频信号从电离层反射更为详细的描述见第 2 章。

图 1.14（a）展示了恒定频率的信号以不同仰角发射的三条射线。以较高仰角发射的射线反射到较近的地面距离上，其反射点深入电离层，该处具有相对较高的电子浓度。进入电离层的入射角大于某个临界角度（与频率有关）的信号射线将无法折回地球，而是作为逃逸射线沿一条偏转路径穿透电离层。图 1.14（a）中给出的简单示例假设信号频率 f_1 高于垂直入射条件下电离层所能反射的最大频率（即该层的临界频率）。

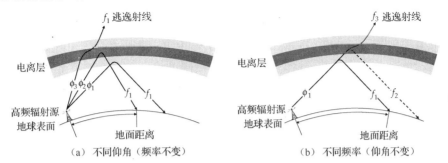

(a) 不同仰角（频率不变）　　　　(b) 不同频率（仰角不变）

图 1.14　示意电离层的电子浓度峰值位于中间区域（深灰色）并随高度升高和降低而逐渐减小（浅灰色）。对于固定信号频率（实线），更高仰角的射线从电离层更高的高度反射，那里的电子浓度更高，并传输到较近的地面距离。当到达临界角时，射线逃逸出电离层。对于恒定的射线仰角，更高频率信号从电离层较高高度反射，那里电子浓度更高，并传输到较远的地面距离直至发生穿透（即信号频率足够高使得射线仰角等于临界角）

工作在临界频率之上时，从发射机至某一位置存在一个最小地面距离。小于该距离的信号射线将无法通过常规的电离层反射过程返回到地球表面。如图 1.14（a）所示，这一最小地面距离所对应的射线具有仰角 ψ_2，被称为跳距射线。这一最小地面距离被称为跳距，小于该距离将不能通过天波传输方式进行照射。从发射机沿各方向至跳距的轨迹所围成的地面区域被称为近距盲区。天波超视距雷达无法监视近距盲区以内区域，这是由于照射至该区域的信号功率密度太低而不能进行有效探测。值得注意的是，地波传输有可能覆盖近距盲区中有限的距离范围。

跳距限制了超视距雷达覆盖区的最小地面距离。跳距是信号频率和电离层条件的函数。在原理上，可以通过降低信号频率来缩短跳距，进而提供对更近区域的覆盖。然而，在实际工程中，应尽量避免使用接近高频段低端的频率，因为工作在这些较低频率上多种因素将联合降低超视距雷达的性能[4]。返回地球表面的信号功率密度常常在紧邻近距盲区的距离上达到最大。当认为信噪比是最重要的性能度量时，超视距雷达通常希望在近距盲区边缘不远的距离范围内开展探测。

为获得可接受的检测灵敏度和坐标配准精度，在大多数天波超视距雷达中，约 1000 km 的近距盲区被认为是可以容忍的。这表征系统基本的最小地面距离，可通过将超视距雷达站

---

[4] 超视距雷达工作频率应尽可能避免低于 7 MHz，其原因将在第 3 章阐明。

址回退至距所覆盖区域最近点相应的位置来实现。这种站址选择的限制条件使得国土面积较小的国家面临较严重的问题，除非其关注的覆盖区远离其国境线。最小地面距离还与采用连续波形的超视距雷达最低频率有关，其数值不是固定的，而是随传输条件的改变在数百千米的范围内变化。与之相比，常规微波雷达的最小距离通常是固定的，与辐射波形的脉冲宽度有关，在该时间宽度内接收机需要保持关闭。

如图1.14（b）所示，增大信号频率将使得仰角恒定的射线能够在电离层更高高度上反射（那里电子浓度更高），并返回至地面到达相对更远的地面距离。图1.14（b）中还显示存在一个最高频率，高于该频率时仰角恒定的射线将不能以斜向入射的方式返回到地球表面，而是作为逃逸射线穿透电离层到达外部空间。因而，单跳天波传输所能覆盖的最大地面距离，由在天线波束最低仰角发射（具有足够增益）的信号射线和电离层反射虚高所决定，这些射线采用穿透效应发生之前的最高频率，在对应虚高点进行反射。

举例说明，具有5度发射仰角（相对发射天线的地平面）的信号射线从虚高300 km处反射，经电离层单跳反射传输后将返回至距离约3000 km的地球表面。实际上，随着电离层条件的变化，单跳天波路径最大地面距离的变化范围可达1000 km，甚至更大。当发射和接收天线在约5度的低仰角具有足够的增益时，超视距雷达的最大地面距离具有约3000 km的标称值。

天波超视距雷达的基本距离覆盖通常被认为近似在1000～3000 km。若天线在极低仰角（接近擦地）上仍有足够高的增益，在理想传输条件下理论的最大距离上限可扩展至4000 km。另一方面，超视距雷达设计允许采用高频段内相对更低的频率，从而可能将最小距离覆盖限制缩短至500 km。然而，这些将超视距雷达单跳距离覆盖扩展至最小和最大基础值以外的努力，常常以性能下降为代价。

超视距雷达在1000～3000 km的基本距离覆盖对应于在接近路径中点进行单次电离层反射的天波传输条件。地球表面向前向散射了单跳传输的大部分能量。前向散射能够再次被电离层反射，通过两跳传输可能达到6000 km甚至更远的地面距离。这一过程的简单重复可以产生多跳传输。多跳传输及后面提到的其他更为奇异的电离层传输模式能够使高频信号传输到超远距离，包括环球绕射。然而，每次跳跃都将使信号产生严重衰减，这主要来自双程路径扩展损耗和对电离层的多次穿越（特别是日照下的D层），其中的地面反射也会吸收信号能量。出于这些原因，天波超视距雷达通常在单跳电离层路径上具有较为满意的性能，地面距离约在1000～3000 km。

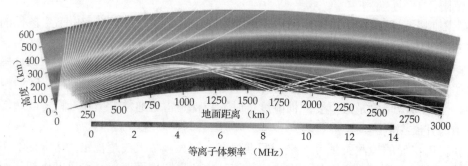

图1.15 通过电离层模型进行的射线追踪显示从发射机以不同仰角辐射的信号射线束的传输路径（采用DSTO开发的PHaRLAP射线追踪引擎生成）。在图中可明显看出高角逃逸射线，在此场景下近距盲区延展至约在1600 km以外的地面距离。最低仰角的射线在3000 km以外返回地面。图中也给出了信号传输地面距离在3000 km远的两跳反射情况

1.4.2 驻留照射区域

图 1.15 中显示了以固定频率在俯仰角范围内辐射高频信号射线束的天波传输路径，这些射线倾斜入射至采用电子浓度分布模型构建的参考电离层。不同信号射线的传输路径通过数值射线追踪计算得到，计算采用 DSTO 开发的 PHaRLAP 软件包（Cevera 2010）。紧邻近距盲区，信号功率密度（照射强度）急剧上升并在该区域内达到最大值，这由称为前沿聚焦的效应所导致。在最大照射强度以远的距离，射向地面的信号功率密度通常随距离的增加而衰减（单调下降）。

在更远的距离上（远离近距盲区的边缘），照射强度最终变得十分微弱而无法实现有效的雷达探测；而在近距盲区之内，通过电离层反射的常规过程返回的信号功率密度几乎完全消失。因而，对于一个特定的频率，存在一个有用的距离范围区间，在其内部返回到地球表面的信号功率密度足够高，以支持有效的超视距雷达探测。这一区间被定义为超视距雷达覆盖区中 DIR 的距离深度。前面提及在超视距雷达术语中，驻留照射区 DIR 也被称为探测子区或发射波位。在所有因素中，距离深度与电离层条件、工作频率及发射/接收天线的垂直向方向图有关。实际工程应用中，距离深度通常在 500～1000 km 之间变化。在白天进行大型目标探测，电离层有时能够支持更大的距离深度。

另一方面，探测子区的横向距离大小由发射天线波束在方位向上的主瓣宽度所决定，并随距离的增加而增大。在许多现有的系统中，倾向于加宽超视距雷达发射波束的主瓣以搜索更宽的区域，同时需保持足够的增益以在噪声背景下探测目标？与天线口径尺寸、工作频率和扫描方位角有关，超视距雷达发射波束在方位向上的基本宽度约为 10°。这在 1000～3000 km 覆盖区内探测子区形成大约 200～500 km 的横向距离。综上所述，超视距雷达的 DIR 在地面距离上长约 500～1000 km，横向距离上宽 200～500 km。DIR 的尺寸限定了一个探测子区，在其范围内的目标能够被超视距雷达同时照射并采用单一频率探测。

在超视距雷达覆盖区内，通过发射波束在方位向上进行电子扫描来覆盖探测子区的位置。发射（和接收）采用单一线性天线口径的超视距雷达通常提供 90°的覆盖扇区，在阵列法线方向±45°的区间内。同时在系统的最小和最大距离范围内，增大和减小雷达信号的载频可以将探测子区分别移远或移近。基于前面提到 DIR 的基本尺寸，整个雷达覆盖区在距离上（1000～3000 km）的监视需要 2～4 个距离深度在 500～1000 km 的发射波位，这些波位在距离上堆积，其 DIR 边界相邻接[5]；而覆盖 90°的方位扇区需要 10 个或者更多发射波束，其指向间隔一个主瓣宽度。这样，整个超视距雷达覆盖区需要 40 个或更多的 DIR 来填满。

由于雷达需要在每个探测子区驻留一个相干积累时间来检测目标，也需要以足够快的速率重访这些子区以实现对可能机动目标的有效跟踪，因此雷达同时仅能扫描有限数目的探测子区。那么在不考虑系统灵敏度下降的情况下，超视距雷达通常不能同时执行对整个覆盖区的监视。超视距雷达因而需要规划一个或多个任务，采用有限数目的探测子区以覆盖作战上选定的区域。选中的探测子区以插入雷达时序的方式进行管理，依据子区重访率要求和分配给每一任务或目的的优先级确定扫描策略，各子区轮流进行扫描访问。

1.4.3 分辨率和精度

超视距雷达 DIR 反过来也是由许多分辨单元所组成的，这些分辨单元在距离和方位上将探测子区划分为栅格。（群）距离分辨率 ΔR，定义为时延分辨率乘以真空中光速 c 的一半，

---

[5] 在实际系统中，DIR 的距离深度常常被实时处理和显示能力所限制，而不是物理特性。

由著名的公式 $\Delta R = c/2B$ 给出，这里 B 是雷达信号带宽。在高频谱段，超视距雷达工作所采用的带宽主要由用户拥挤程度所局限，难以获得干净信道，从而常常工作在相对较小的带宽下，夜间不大于 5~10 kHz，白天不大于 20~30 kHz。次要（物理上）的限制是由于电离层的频率色散，这种效应难以支持大于 100 kHz 带宽的信号进行相干的天波传输。实际上，超视距雷达常常需要采用在 5~50 kHz 量级的窄带宽。因此超视距雷达的距离分辨率在 3~30 km 之间变化。这大约是常规微波雷达距离分辨率的 1/1000。

方位分辨率 $\Delta\theta$ 在波长 λ 下与接收天线口径 D 的长度成反比。对于线性阵列，从侧向在 ±45° 范围内扫描的经典波束半功率点（−3dB）宽度可近似用公式 $\Delta\theta = \lambda/D$ 计算。举例说明，3 km 长的线性阵列在高频段提供了 0.2°~2° 的分辨率。在高频段的中端（f_c=15 MHz，λ=20 m）及超视距雷达距离覆盖的中点附近（r = 2000 km），3 km 长的口径产生的横向距离分辨率 $\Delta l = r\Delta\theta$ 约为 15 km，它与 10 kHz 带宽下典型超视距雷达的距离分辨率相当。

如图 1.16 所示，口径-带宽联合决定了超视距雷达的分辨单元，在前面提到的工作频率和地面距离上，其距离维长约 15 km，横向距离宽 15 km。在此场景下，每一分辨单元覆盖 2.25 亿平方米的区域。这一巨大的后向散射区域是极高（40~80 dB）的杂波-有用信号比的最主要来源之一。更常见的是，分辨单元并不是正方形的，而是在某一维较为细长，这主要依赖于距离和横向距离分辨率的相对值。图 1.16 给出的超视距雷达 DIR 示例有 900 km 长（60 个距离单元）和 300 km 宽（20 个方位单元），总计 1200 个空间分辨单元。

一旦在某个特定的距离-方位单元中检测到目标，需要启动定位进程将其从雷达坐标系变换至地理坐标系。由于经过电离层的高频信号路径具有不确定性，超视距雷达的这一变换过程并不直观。由辅助传感器提供的实时传输路径信息被用于计算坐标配准表，从雷达群距离和到达方位角变换为经纬度形式的地理坐标。坐标配准这一主题的更多讨论见第 4 章。

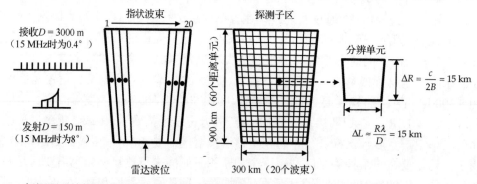

图 1.16 超视距雷达探测子区或 DIR 的距离深度和横向距离尺寸示例。左边的两个框内给出了不同的发射和接收天线口径，接收端形成 20 个高分辨率指状波束覆盖发射波位。右边的两个框图显示 DIR 内的雷达分辨单元以及在 B=10 kHz 和 R=2000 km 场景下单个距离-方位单元的典型大小

超视距雷达的精度指的是被检测目标或散射点所定位的位置与其在地理坐标系下的真实位置之间的接近程度。当目标附近存在一个已知参考点（KRP），其产生的可辨识回波与目标回波同时被同一部雷达所接收并匹配，相对探测精度可能达到 5 km 以内。没有 KRP 的场景下，当能够获得高质量的实时传输路径信息时，绝对距离误差大约为 10~20 km。角度误差一般小于 0.5°，但在恶劣条件下会超过 1°，特别是由于电离层倾斜和经过电离层中行波扰动区域时。

相对于常规微波雷达，超视距雷达的早期预警监视能力是以较低的空间分辨率和较差的目标定位精度为代价的。虽然超视距雷达不能提供精确的目标位置信息，但是其精度足以有

效引导视距传感器至所关注目标上。这再次强调了综合监视系统中互补类型传感器的联合使用能够比使用单一类型传感器的系统获得更为有效的结果（以及更高的资源利用率）。一个假想的但能够代表当代实装的天波超视距雷达，其基本特性和性能在表 1.3 中进行了汇总。

表 1.3 大体上代表澳大利亚和美国当前系统的典型天波超视距雷达系统的基本特性和性能

特　　性	标　称　值	备　　注
工作频率	3～30 MHz	白天较高（如 15～25 MHz）而夜间较低（如 7～12 MHz）
波长	10～100 m	与人造目标（如飞机和舰船）尺寸相当
覆盖面积	600～1200 万平方千米	单个探测子区（DIR）同时覆盖范围约 20 万平方千米
电离层		
高度	100～600 km	要求采用专用电离层探测仪网络进行实时和站址相关的监测
模式数目	1～4	单个目标能够被雷达分辨出的主要模式
频率捷变	5:1	随电离层条件变化在距离覆盖范围内需要扫的 DIR 数目
距离覆盖		
最小距离	500～1000 km	由超视距雷达设计的最低频率近距盲区的大小所确定
最大距离	3000～4000 km	对于单跳路径并且低仰角具有高发射/接收天线增益
DIR 距离深度	500～1000 km	依据电离层传输条件和工作频率
方位覆盖		
线性阵列	60°～90°	在方位上发射和接收阵列采用电子波束扫描（锥角）
2D 阵列	180°～360°	根据单元设计和阵列布局（如 L 形、Y 形）
DIR 横向距离	200～500 km	由发射波束的主瓣宽度和探测子区的距离段所确定
发射		
口径尺寸	100～150 m	以信噪比降低为代价可采用宽发射波束扩大同时覆盖区域
方位波束宽度	8°～12°	要求较少数量的发射波束扫描整个雷达覆盖区
俯仰波束宽度	～40°	提供雷达覆盖区内不同距离段的天波照射的必要条件
天线增益	15～25 dB	在覆盖率或目标跟踪重访时间之间折中
平均功率	200～600 kW	在噪声背景下检测和跟踪快速运动的小 RCS 目标
接收		
口径尺寸	2～3 km	宽天线口径改善噪声和杂波背景下的雷达灵敏度
方位波束宽度	0.2°～2.0°	在高频段按 3 km 长线性阵列计算（瑞利分辨率极限）
天线增益	25～35 dB	与工作频率上的天线单元增益和阵列因子有关
波形		
带宽	5～50 kHz	通常被高频段（在雷达站所观测）用户拥挤程度所制约
CIT	1～40 s	对空（1～4 s），对海（10～40 s），受覆盖率和路径的频率稳定度所限制
PRF	2～60 Hz	对空（20～60 Hz），对海（2～8 Hz），在距离和多普勒模糊间折中
占空比	100%	基于 LFMCW 的双站（准单站）系统
分辨率		
群距离	3～30 km	对海探测（如 5～10 km）比对空探测（15～20 km）精细
横向距离	10～50 km	与接收天线波束宽度有关并随分辨单元所处的距离段增大
多普勒频率	0.025～1 Hz	CIT 常常受目标跟踪要求的子区重访速率所限制
相对速度	0.25～10 m/s	回波群距离的变化率，在 15 MHz 的工作频率上进行评估
模糊性		
群距离	2500～75000 km	距离模糊雷达回波（杂波）仅在对空模式任务中产生影响
相对速度	90～900 km/h	在 15 MHz 频率上对空模式 900 km/h（50Hz PRF），对海模式 90 km/h（5Hz PRF）
方位	可能无	天线阵列设计以抑制栅瓣并对于均匀线阵提供高前后比
定位精度		
绝对精度	10～20 km	要求高质量实时和站址相关的传输路径信息
相对精度	<5km	位于同时返回并具有可识别回波的已知参考点附近的目标

第一部分 基本原理

第2章 天波传播
第3章 系统特性
第4章 常规处理
第5章 表面波雷达

第 2 章 天 波 传 播

对电离层自身特征和其作为高频无线电波传播介质时传播特性的理解，是实现超视距雷达系统设计与运行必不可少的环节。首先，本章从基础层面介绍电离层的一些大尺度特征，包括其形成、结构和变化特性。然后阐述在发射机和接收机位于地球表面的情况下，短波无线电波垂直和倾斜入射电离层时的天波传播基本原理。

感兴趣的读者可以深入阅读一些描述这些主题的权威书籍。鉴于已有大量的文献，就电离层和天波传播问题本章不再进一步阐述，而是主要面向在该领域有一些甚至没有背景的读者。以此为目标，本章对与直接影响超视距雷达系统因素有关的基本概念进行重点阐述。

对电离层中物理和化学过程的深入讨论，或者复杂介质中无线电波传播详细的数学理论，不在本书的范围内。在专门致力于这些主题的一些权威文献中，可以找到这些主题的理论、实验结果的综合报道，这些文献包括分别由 Davies（1990）、Budden（1985a）、Ratcliffe（1972）和 McNamara（1991）撰写的最终版本，以及最近由 Schunk and Nagy（2009）及 Kelly（2009）撰写的一些优秀著作，它们包含了大量重要知识内容，在这些领域中开展重要研究工作时可以查阅这些详尽的综述。

本章包含四部分内容。第一部分，对电离层的研究和早期发现无线电波传播的实验进行简要回顾，然后，对不同高度区域的电离层形成过程和多层结构进行描述，重点突出描述这些层的特性和它们对超视距雷达天波传播的重要性。第二部分，论述电离层空间和时间形态，重点强调其大尺度变化性和它对超视距雷达系统设计及运行的影响。这部分内容描述了无线电垂直入射获取顶部电离层特性的探测技术，以及剧烈影响许多短波系统性能的扰动和风暴的源头。第三部分涉及无线电波从电离层倾斜入射的反射问题，这与超视距雷达直接相关。这部分描述了在一般电离层结构下，信号载波频率、射线仰角和路径地面距离之间存在的天波传播关系。最后一部分描述实际情况中可能存在的各种电离层信号模型，包括无线电波通过磁离子分裂变成寻常波和异常波，以及一些导致电离层反射信号幅度、相位衰减的物理机制。在本章，不讨论描述观测到的衰减过程的具体模型，进一步分析和实验验证详见本书的第二部分。

2.1 电离层

电离层是地球大气层的上部区域，其中自然形成了浓度足够大的电离气体（等离子体），进而影响无线电波的传播。来自太阳的电磁辐射和高能粒子进入地球大气层，将中性原子和分子电离，生成自由电子和正离子，进而形成等离子体。值得注意的是，电离层现象不仅存在于地球，也存在于其他由引力引起中性气体包裹的星球。

一旦电离成型，等离子体会遵循许多不同的过程，包括化学反应、漫射、波扰动、等离子体不稳定和转移现象。这些过程跨越很大的时间和空间尺度，更详细地理解它们需要一些学科的更深入知识，包括等离子体物理、化学动力学、原子理论和流体力学。在本章中，试图给出电离层的基本描述，以及采用相对直接、不需要专业知识要求的方式给出其影响短波信号传播的主要特征。

在电离层中，自由电子的聚集度，通常被称为电子浓度，是影响无线电波传播的直接原因。较重的正离子不容易运动，不会跟自由电子一样对入射电磁波的快速振荡产生响应。电离层电子浓度可以很大，有时随着高度急剧变化。电子浓度高度剖面能够影响较大频率范围的无线电波传播，从极低频（ELF）到甚高频（VHF）。本章重点关注电离层作为短波信号传播介质的特性。

在电离层中，与天波超视距雷达有关的高度区域大致是距离地面 60～600 km 的区域。在该高度区域内，短波信号吸收、折射和反射非常明显。白天，短波信号折射、反射通常发生在 100 km 以上区域，而在大约 90 km 以下的电离层区域主要表现为吸收无线电波能量。在开始详细讨论电离层的形成、结构和形态之前，给出一些电离层发现和使用的历史过程作为背景知识，这些研究都是在超视距雷达之前出现的。

2.1.1 历史回顾

很可能是通过较高大气层可见极光这一自然现象，人类首次观察到了电离层的存在。大约 1621 年，伽利略将这一现象命名为北极光（Eather 1980），而南半球极光（南极光）的首次正式记载是由 James Cook 在 1773 年完成的。在 1839 年，物理学家 Carl Gauss 推测，大气中存在电流可能是引起地磁场观测中微小的规则和不规则日变化的原因，首次提出著名的猜想——在地球大气层中存在电流导电层，也就是现在所知的电离层。根据极光这一神秘现象，Carl Gauss 推测这一电流的存在，但是直到 19 世纪末，仍没有正确推断出引起这些神秘彩色光的物理原因，这些彩色光经常在夜空中表现为发光拱桥或其他形式。

2.1.1.1 早期的无线电实验

在 1864—1873 年期间，苏格兰理论物理学家、数学家麦克斯韦给出了统一的经典电磁理论的简洁表达式，这项著名的工作被认为是最伟大的科学成果之一，被人们认为是与牛顿和爱因斯坦研究成果相媲美的理论。麦克斯韦方程组预测了电磁波的存在，随后在 1887 年，德国物理学家赫兹通过实验证明了电磁波的存在，他是使用实际装置产生、利用无线电波探测的第一人。大约 10 年之后，年轻的意大利发明家马可尼对之前不连贯的知识和技术进行了完善和汇总，研发了第一套无线电通信系统并进行了实验验证。1899 年，该系统发送的编码信息跨越了英吉利海峡。

在 1901 年 12 月 12 日最著名的实验中，马可尼完成了跨越大西洋从英格兰 Cornwall 的 Poldhu 到加拿大 Newfoundland 的 St. John's 的无线电通信信号发射，地面距离大约为 3500 km。使用 120 m 的电线作为接收天线（使用风筝保持在空中），从电话机中马可尼首次听到了莫尔斯码字母 "S" 的滴答声（Maslin 1987）。能够建立如此长距离的无线通信是一项不朽的发明。从麦克斯韦和赫兹的研究可知，无线电波沿着直线传播，仅仅当它们碰到一个不同电特性的介质时才发生偏离。自然而然地，这一事件激发了极大的科学兴趣来解释神秘的现象：无线电波是怎样以"桥梁"的方式跨越大西洋，沿着环绕地球的路径到达这么远的。

2.1.1.2 提出的物理解释

首先，自然而然地推测，似乎是一种衍射方式允许如此长距离的传播。因此，一些物理学家和数学家力图寻找满足麦克斯韦方程组并解决有限导电率球面上波衍射问题的解决方案。最初尝试采用基于表面波的传播模式对马可尼实验结果进行解释，该模型允许在一定高度区域无线电波的很大一部分能量围绕着地球呈弧线流动，这一区域的整个路径向下到（海面-空气）交界面。表面波传播理论的最早提出者是 J. Zenneck 和 A. Sommerfeld。但是，计算结果显示，该传播模式的衍射效应，难以对观测的无线电波弯曲进行充分解释。随着上述证明，表面波模式展示了一个用于较短距离、但依然超视距情况下通信和雷达应用的重要现象。在第 5 章将重新提出该话题。

在 1902 年，马可尼大西洋传输实验的第二年，两个独立开展研究的科学家——英国的 Oliver Heaviside 和美国的 Arthur Kennelly——各自推测在上层大气层存在一个导电层（Ratcliffe 1967）。根据 Kennelly 和 Heaviside 的理论，导电层包含有大量自由电子电荷，电子电荷能够反射无线电波，使电波能够绕着地球弧线被接收。这一最初的设想随后被无线电工程师 W. H. Eccles 完善，他认为大气层中离子个数以高度为函数增加（McNamara 1991）。Eccles 表述了这个想法，即无线电波进入正向离子在垂直方向上呈梯度变化的大气区域，将逐渐遵从绕着地球弧线的一条传播路径。但是，导电层的理论和离子浓度随着高度增加的理论，都缺乏直接的实验验证。在 Heaviside 和 Kennelly 首次假设导电层理论之后超过 20 年，一直都没有相应的实验证明。

在 1902 年，利用 S. S. Philadelphia 船，马可尼认真记录了从海岸到船只的实验结果：随着船只向西远离英国，接收每天从 Poldhu 站发射的无线电信号。在白天马可尼能够接收到信号的距离大约为 1000 km，而在夜间可以达到 3000 km。马可尼首次注意到中长波的无线电传输能够在夜间传播得更远。最早的导电层物理理论可能出现得稍微晚于这些观测结果（Lodge 1902），由 J. E. 泰勒独立提出（Taylor 1903）。他认为导电层是由太阳紫外线在上层大气中的电离活动所生成的。重要的是，这个猜想首次揭示了无线电波传播受到太阳的控制。

2.1.1.3 点对点通信和广播

早期无线电实验表明，波长越长，传播的距离越远，因此，最初计划开发的系统都是工作在短波波段以下的。起初，无线电信技术主要应用于船只到海岸的中频段通信。1912 年，在泰坦尼克号的搜救过程中，无线电信技术扮演了重要的角色，这个引人注目的例子引发了人们对该技术的研究。

大约在 1915 年，马可尼采用较高频率开展了实验，其开展短波实验的出发点主要来自能够制作小尺寸的定向天线，这种天线能够将发射能量集中到较窄波束。马可尼随后发现所谓的短波能够为电波上千千米范围的传播提供可靠的通信能量，且大大低于长波需要的上百千瓦的能量要求。进一步实验显示，他几乎能够在白天或夜间的任意时刻，与世界任何位置建立联系，实现这个目标的关键是选择合适的工作频率。

由于高功率低频通信系统价格昂贵，难以组成大型网络，因此，马可尼的这些观测实验让人们的视线转移到采用定向系统的低功率短波站。这一定向系统用于组成英国无线通信链路，在 1920 年中期，实现了英国、加拿大、澳大利亚、南非和印度等地的连接。这些系统需要具备充分理解传播的高水平操作员。随着基站数量和信号交通的增加，避开其他通信系统也变得重要。在网络中的所有基站需要频率和时间进行配准，以保证系统的顺利运行。1927 年，BBC 向大英帝国进行了短波广播。马可尼是许多技术研发的先驱，1909 年被授予诺贝尔奖以褒奖他在无线电信发展方面的贡献。在马可尼（见图 2.1（a））留下的众多遗迹中，Centro Radioelettrico Sperimentale 坐落于意大利靠近 Santa Marinella 的 Torre Chiaruccia，那是马可尼开展从海岸到 Elettra 号船无线电定位实验的地方。

(a) Marchese Guglielmo Marconi (1874–1937)　　(b) Sir Edward V. Appleton (1892–1965)

图 2.1　因为在无线电信技术发展中的贡献，马可尼获得了诺贝尔奖；因为在电离层知识研究方面的贡献，阿普尔顿爵士获得诺贝尔奖

2.1.1.4　电离层的发现

在 1912—1914 年期间，来自美国联邦电信公司的工程师 Lee de Forest 和 L. F. Fuller，采用了两个频率较近的载波频率（一个主波和一个补偿波），开展了洛杉矶到圣弗朗西斯科的传播实验，两地的地面距离大约为 500 km。同时接收到的主波和补偿波的幅度差别很大，他们认为这是由于经假设导电层传播的反射波和以表面波传播的直达波之间的干涉引起的。根据观测到的衰落特性，计算得到的有效反射高度是 99 km，首次完成了对 Heaviside 和 Kennelly 所猜想的导电层高度的估计。

在 1924 年，Appleton 和 Barnett 的"变频"实验完成了上层大气层中反射层存在的实验验证。该地面探测试验采用了位于 Bournemouth、BBC 的发射机，通过发射载波频率缓慢变化的连续波信号，在剑桥附近的一个站点测量由于表面波和传导层反射波之间干涉引起的衰减特性。通过比较在一个环形和垂直天线上同时接收到的信号强度，Appleton 和 Barnett 证实了下行波——即所谓天波——的存在。借助于已知的收发站间隔，根据路径长度差可以推算出反射层的高度为 100 km（Appleton and Barnett 1925）。

接近日落时分，他们发现反射层变化剧烈。1925 年冬天，通过观测实验，Appleton 首次提出电离层分层特性的猜想，并首次引入了采用 E、F 和 D 的命名习惯，来表示电离层的不同层。在一封 1943 年 3 月 20 日的信中，Appleton 爵士描述了这一命名的原因，并再版于（Silberstein 1959）。Appleton 命名第一层为 E 层来表示下行波的电场。随后，他识别出无线电波在较高位置处的第二层反射，他进而称之为 F 层。Appleton 随后推测可能存在高度较低的层，所以决定命名他发现的前两层为 E 层和 F 层。因此，随着进一步的研究，剩余层的字母命名方式变得更加明确。

在 1925 年，Breit 和 Tuve 采用了几乎垂直的脉冲探测技术开展了实验，实验研究也证明了多个下行波的存在。尤其是，Breit 和 Tuve 研究表明，向上发射的短持续脉冲，在几千米之外的接收机收到了两个（有时多个）回波。第一个回波来自直达波（表面波），随后的回波来自反射层的反射。这项技术能够通过时间延迟使得下行波与直达波进行分离,以至于可以直接测量它们的参数而无须借助干涉效应进行推算。脉冲探测技术可以认为是一种早期的雷达形式,随后该方法广泛应用于研究电离层的结构和变化特性。

人们确信,反射层由被称为离子的带电粒子所组成,所以这个区域称为电离层。Gillmor(1998)给出了电离层命名的详细报告。Robert Watson-Watt(后来的雷达开发者)在一封给英国研究委员会的信中,首次创造出"电离层"这个单词,但直到几年后它才在文献中正式出现(Watson-Watt 1929)。1927 年,Sydney Chapman 推导了一个物理理论来描述电离层中各层的结构。大约同时,电离层研究领域称为电离物理学,其发展受到了图 2.1(b)中阿普尔顿爵士的重要影响,阿普尔顿被授予 1947 年的诺贝尔奖以褒奖他在电离层知识方面的研究(Clark 1971)。

2.1.1.5 战后年代

追溯到第二次世界大战前期,人们对电离层形成、结构和动力学的许多特性已经进行了描述(Green 1946),但还没有充分了解它的详细物理和化学过程。战争为开发无线电通信技术和雷达系统提供了强大动力。战争期间,受全球电波传播条件趋势预测这一需求的激励,电离层探测网急剧扩张,这与最初的电离层探测起因形成鲜明对比,最初是以科学研究为目标,试图发现电离层中不同层的原理和特性。战争年代收集的电离层数据几乎全部出于实用目的,而很少用于研究它的物理机理。

在世界地球物理年(IGY)1957—1958 年期间,随着对数据系统性收集和全球电离层数据组织进行统一规范,电离层研究迈出了重要的一步。除地面站收集的数据外,利用火箭和卫星上仪器的在线测量,为电离层浓度、结构、温度、电磁场和其他特性的研究提供了进一步的信息。战后年代,重新关注于这些数据的科学分析,带来了对电离层物理和化学过程方面的更深入理解。

除了用于远距离点对点的短波通信和广播这一电离层主要传统用途,也开发了采用一个或多个站台的接收信号来定位短波发射器的探测系统,用于民用和军事用途。这些系统需要比短波通信系统更详细的电离层信息,而且是在系统工作的同时需要这些信息。20 世纪 50 年代后期,随着用于大范围监视和海态遥感的超视距雷达系统的引入,电离层实时信息需求进一步得到增强。

2.1.2 形成和结构

电离层是由电磁辐射和来自太阳的离子辐射自然形成的,这些辐射使地球上层大气的中性分子和原子电离,生成自由电子和正离子。由于电离层中带电离子的最大浓度一般小于空气的 1%,生成的电离子气体是一种微弱电离的等离子体。自由电子和正离子是同时形成和消失的,因此,整体上电离层可近似认为是电中性的。

电离层反射短波信号的能力取决于能够驱动自由电子产生、消失和转移的物理化学过程,因此,严重依赖于天波传播的系统(比如超视距雷达)会受到这些变化过程特性的严重影响。下面简要描述电离的产生、消失和转移的基本原理,用于解释大部分基本形态下电离层的形成和结构。

2.1.2.1 产生过程

电离层产生也就是中性原子和分子中电子与正离子的形成过程。参照式(2.1),光致电离用于描述光子激发的过程，一个光子传递它的能量 $h\nu$ 到一个电子，导致它从中性原子或分子 P 上逃离，产生自由电子 e^- 和正离子 P^+。这里，h 表示普朗克常量，ν 表示光子频率。

$$P + h\nu \rightarrow P^+ + e^- \tag{2.1}$$

其中，最重要的反应包含氮分子 N_2，氧分子 O_2 和一氧化氮 NO，尤其在较低高度。而在较高高度氧原子 O 和氢原子 H 会增加。值得注意的是，不同化学成分的分子、原子只能被特定波长的光子所电离。这表明，由太阳激发参与光致电离反应的波长位于超紫外线和 X 射线区域，呈现为离散谱线和连续辐射的形式。

光致电离反应的生成率正比于电离辐射物的浓度和被电离化学物质的浓度。因此，光致电离反应的生成率不仅取决于全频谱入射太阳光的强度，还取决于大气层中不同化学成分中性粒子的浓度。由于辐射强度和粒子浓度都是随高度变化的，大气层中电离生成率也随着高度变化。

最初的 Chapman 理论描述了通过吸收一个单色太阳光所辐射平行光束，在水平分层的大气层中单一成分等温气体的电离化产生率。如 Matsushita and Campbell（1967）所描述，这些简化或许可以用于推导由太阳辐射谱所引起多层大气电离的产生率公式。但是，方程变得更复杂，这违背了它用于解释 Chapman 理论基本原理的这一主要意图。

根据最初用于描述重力影响下理想气体垂直压力分布的静力学方程，在距离地球表面高度 h 处，大气浓度（中性粒子的浓度）可以用式（2.2）中的 ρ 表示，其中，ρ_0 是表面（$h=0$）的中性粒子浓度，$H_p = KT/mg$ 表示压力标高，与粒子质量 m、绝对温度 T、玻尔兹曼常数 K，和重力 g 引起的加速度有关。

$$\rho = \rho_0 e^{-h/H_p} \tag{2.2}$$

现在定义 I_∞ 为单位面积内入射太阳光强度（辐射强度），太阳光以与垂直方向呈 χ 夹角的方向，倾斜进入大气层顶部。由于射线吸收，随着射线穿入大气层，初始辐射强度 I_∞ 降低，因此辐射强度是一个随高度变化的函数 $I(h)$。式（2.3）给出了随高度变化的辐射强度 $\mathrm{d}I(h)$ 的表达式，其中，σ 是粒子吸收系数或气体"横截面"。

$$\mathrm{d}I(h) = I(h)\sigma\rho \sec\chi \, \mathrm{d}h \tag{2.3}$$

将式（2.2）代入式（2.3），对高度 h 积分得到式（2.4）所示的辐射强度高度变化曲线 $I(h)$，其中，$z = (h-h_0)/H_p$、$h_0 = H_p \ln\{\sigma\rho_0 H_p\}$ 分别表示递减高度和参考高度。

$$I(h) = I_\infty \exp[-\sec\chi \, e^{-z}] \tag{2.4}$$

在某一特定高度处，自由电子生成率 q 正比于该高度的吸收率，即 $q = \eta \cos\chi \, \mathrm{d}I(h)/\mathrm{d}h$，其中 η 是由单个光子产生的电离电子对的数量。对式（2.4）求微分，可以得到产生率函数 $q(z,\chi)$ 的表达式（2.5），其中，$q_0 = I_\infty \eta / H_p e$ 是一个常数，e 为自然指数。这个公式被称为 Chapman 函数或 Chapman 公式。可以看出电离产生率 $q(z,\chi)$ 是折算高度 z、天顶角 χ 和常数 q_0 的函数。

$$q(z, \chi) = q_0 \exp[1 - z - \sec\chi \, e^{-z}] \tag{2.5}$$

在电离产生最大高度处，辐射强度和中性气体浓度的乘积是最大的。较低高度处的吸收使得辐射强度降低，同时由于重力影响中性气体的浓度在较高高度下降，这两个因素相互影响的结果是在一定的中间高度产生电离峰值。如随后所述，在这一中间高度处电离峰值最后引起了电离层中一个层的生成。

通过对式（2.5）求差分，最大电离产生高度由式（2.6）的 h_m 给出。值得注意的是，参考高度 h_0 是太阳位于头顶方向（$\chi=0$）时最大电离产生的高度。在高度 h_m 处电离峰值由式（2.6）的 q_m 给出，其中，q_0 是在垂直方向辐射时电离产生的峰值。入射光强度 I_∞ 的变化引起峰值变化，而不是最大产生高度的变化；而天顶角的变化引起峰值和最大产生高度的同时变化。

$$\begin{cases} h_m = h_0 + H_p \ln\{\sec \chi\} \\ q_m = q_0 \cos \chi \end{cases} \quad (2.6)$$

光致电离只会发生在太阳照射在大气层上的白天，但是，光致电离不是自由电子产生的唯一途径。当大气层中中性粒子被来自太阳带电粒子轰击时，会形成一种不同的产生机制，由太阳风暴驱动穿越于行星介质之间的这些能量粒子和地球大气中性粒子之间的撞击，能够形成自由电子和正离子，这一过程被称为碰撞电离。

2.1.2.2 损耗过程

自由电子可能因为复合和吸附这两个主要过程而损耗。相比于只在白天发生的光致电离，损耗过程会在白天和夜间连续发生。尽管在夜间缺少光致电离，这些损耗过程也不会完全削弱电离层的电离程度。在大约 210 km 的高度，电离层自由电子的浓度能够保持足够高的水平，对夜间无线电波的传播产生影响，直到凌晨时分光致电离重现。简而言之，夜间电离层的电离过程会发生衰减但不会完全消失。

根据式（2.7），复合损耗可以看作一个自由电子和一个正离子结合形成中性粒子 P 而额外（辐射）的能量 $h\nu$。

$$e^- + P^+ \rightarrow P + h\nu \quad (2.7)$$

重要的是，电子与分子离子的结合率大约是与原子离子结合率的 5 倍。如式（2.8）所示，在复合发生之前，原子离子 A^+ 首先转换为分子离子 M^+，称为电荷转移反应，它是复合过程的一个中间步骤。

$$A^+ + M \rightarrow M^+ + A + h\nu \quad (2.8)$$

电荷转移反应过程，与原子氧离子 $A^+ = O^+$ 转换为分子氧 $M = O_2$ 的交换电荷有关。不同的电荷转移反应有很多，不仅仅局限于式（2.8）这一形式。一些电荷转移存在于两个不同分子类别之间，而其他的将会生成化学成分不同于反应物质的分子离子。Davies（1990）描述了更为重要的电荷转移反应。

式（2.9）描述的具体反应称为离解复合，其中一个电子 e^- 与一个正分子离子 M^+ 重新结合，形成一个中性分子并以可见光、紫外或红外气辉形式辐射额外能量。值得注意的是，很大程度上离解复合速率决定了复合过程的电子损失率，它比电子和原子离子复合率高出 5 个数量级。参与离解复合反应的主要分子类包括 NO^+、O_2^+ 和 N_2^+。

$$e^- + M^+ \rightarrow M + h\nu \quad (2.9)$$

随高度变化的复合率，取决于不同高度处分子离子的浓度。分子离子的浓度反过来也受到原子粒子和中性分子浓度的影响，如前所述，在两步复合过程的第一步，原子粒子和中性分子通过电荷转移反应转换为分子离子。在电离层中分子浓度越高的区域，电荷转移反应进行得越快。其结果是，通常发现在较低高度重分子离子的浓度越大，而在较高位置轻原子离子会占据更大的比例。

大约在 140 km 以下，由于分子类浓度相对较高，电荷转移反应非常快，电子损耗率受到式（2.9）中离解复合的支配。在这种情况下，损失率 L 正比于电子和分子离子浓度的乘积。由于自由电子浓度 N_e 等于电中性等离子体中正离子的浓度，所以由离解复合引起的损耗率可以由式（2.10）的平方定律所表示，其中 α 是分子离子的平均离解复合系数。

$$L = \alpha N_e^2 \tag{2.10}$$

另一方面，在高度更高的地方，较慢的电子和正原子粒子复合率成为一个重要因素，此时因较重分子在较高位置处的低存在率，原子粒子会呈现较大比例。在大约超过 210 km 的电离层区域，电荷转移反应以较慢速度进行，同时不存在电荷转移反应时正原子离子的生存期相对变长。因此，电荷转移过程在轻原子占多数的较高区域对电子损耗率有较大影响。在这个例子中，电子损耗率与 N_e 线性相关，如式（2.11）所示，其中 β 是正比于中性分子浓度的线性损耗系数。

$$L = \beta N_e \tag{2.11}$$

平方定律和线性损耗公式分别决定了较低高度和较高高度处的离解复合率，作为高度的函数，它们之间的转换不是突变的而是渐变的。在大约 140~210 km 的高度区域的中部，损失率可以被表示为式（2.12）的复杂形式，如 Davies（1990）所述。值得注意的是，当 $\beta \gg \alpha N_e$ 时，式（2.12）变为式（2.10）的平方定律；当 $\beta \ll \alpha N_e$ 时，则变为式（2.11）的线性损耗公式。

$$L = \beta \alpha N_e^2 / (\beta + \alpha N_e) \tag{2.12}$$

电子也能够以式（2.13）这种不同的方式损失，即电子吸附在中性分子上形成负电荷离子。与该过程有关的损耗率称为吸附，它取决于与高度有关的中性粒子浓度。这一过程引起的电子损耗率也可以由式（2.11）的线性关系所表示。在中性粒子浓度较高的电离层较低区域，吸附效应占主要部分。因此，当吸附是主要损耗过程时，大气中分子浓度的变化对电子浓度有着较大的影响。

$$e + M \rightarrow M^- \tag{2.13}$$

2.1.2.3 层的形成

对于超视距雷达和其他依赖于天波传播的短波系统，电离层的重要特性是形成自由电子的浓度，这取决于特定时间、位置、高度处的产生、损耗和转移过程的相互作用。基于粒子守恒原理，电子浓度的增加速度可以由式（2.14）的连续性方程表示。

$$\frac{dN_e}{dt} = \{产生\} - \{消失\} - \{转移\} \tag{2.14}$$

忽略某时刻的转移机制，生成和损耗的差反映了电子浓度的增加率。当电子损耗率由平方定律 $L = \alpha N_e^2$ 表示时，连续性方程可表示为式（2.15）的形式。

$$\frac{dN_e}{dt} = q - \alpha N_e^2 \tag{2.15}$$

当产生和损耗几乎平衡时，电子浓度的变化率接近于零。将 Chapman 函数 $q = q(z, \chi)$ 和条件 $dN_e/dt = 0$ 代入式（2.15），可以得到式（2.16）所示的稳定状态下电子浓度高度曲线 $N_e(h, \chi)$，该曲线被称为 α-Chapman 层。

$$N_e(h, \chi) = N_{e0} \exp\left[\frac{1}{2}(1 - z - \sec\chi\, e^{-z})\right] \tag{2.16}$$

求曲线 $N_e(h, \chi)$ 对 h 的微分，令微分等于零，可以得到式（2.17）的最大电子浓度 $N_m(\chi)$。α-Chapman 层的最大值出现在式（2.6）中的峰值高度 h_m 处。

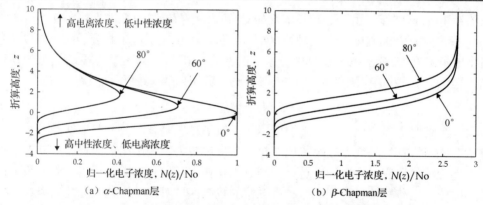

图 2.2 Chapman 公式对应的电离层电子浓度高度剖面随折算高度和太阳天顶角 χ 的变化，以及线性和平方定律的损耗过程

图 2.2（a）中给出了不同天顶角情况下，以折算高度为函数的 α-Chapman 层归一化电子浓度高度剖面。

$$N_m(\chi) = N_{e0}\sqrt{\cos\chi} \tag{2.17}$$

α-Chapman 层是一个可能最适合于较低电离层的模型，在大约 140 km 以下，适用于电子损耗率的平方定律。另一方面，当损耗率服从线性定律 $L = \beta N_e$ 时，式（2.18）给出了连续方程，其中线性损耗系数 β 正比于分子浓度。

$$\frac{dN_e}{dt} = q - \beta N_e \tag{2.18}$$

在平衡条件下，电子浓度高度分布可以表述为式（2.19）的形式，有时称它为 β-Chapman 层。如图 2.2（b）所示，除了在非常高的高度，由于没有足够多的分子用于电离，此时该剖面没有最大值（Davies 1990）。实际上，在适用于线性损耗定律的高度（约高 210 km）处转移现象是较大影响因素，暗示了这一不同的 Chapman 层剖面不能十分准确地描述这一高度处实际电子浓度分布情况。

$$N_e(h, \chi) = N_{e0}\exp(1 - \sec\chi e^{-z}) \tag{2.19}$$

虽然 α 和 β 层高度剖面是在非理想物理条件下推导的，但是 Chapman 理论为更复杂的方法提供了宝贵的基础，形成的基本假设条件使得电子浓度高度剖面的模型更加准确。Davies（1990）给出了许多可用于一个或多个电离层的电子浓度高度剖面的参数化模型。实际上，由于数学上容易处理，多层准抛物（MQP）电离层剖面已经在电离层模型中广泛使用。

产生和损耗过程在很大程度上决定了 140 km 以下电离高度剖面的结构和形态。在高于 210 km 的高度，电离运动对电离峰值的形成更为重要。尤其是中性粒子风、扩散和电磁漂移这 3 个主要的等离子体转移机制。下面会对这 3 个过程进行简要描述。Davies（1990）给出了它们物理原因和特性的进一步描述。

太阳光照射加热时，地球向日面和背日面之间的温度差形成了压力梯度，大气压力梯度系统进一步形成了中性风[①]。在大约 140 km 高度以下，通过碰撞中性风转换成离子，随后通过库伦引力转移到电子上，因此等离子体运动很大程度上由中性风的运动决定。但是，在中性粒子浓度较低的高空，大气风不能使等离子体有效地穿过磁场。当夜间风吹向赤道时，这

[①] 中性风在地球表面旋转方向的差异和纬度有关。

种情况下等离子体将会跟随磁场线升到复合率较低的高空。整个夜间，在较高的高度出现了一种连续电离的重要现象；在白天，中性风吹向极点，等离子体下降到较低高度，这里复合率较高，但是此时光致电离已经再次提升了电子浓度水平。

电离气体中电子和正离子的扩散（"双极性扩散"）与中性气体的扩散不同，它通常是由地球磁场和电荷分离静电场的影响所引起的。由于它与中性粒子浓度的变化相反，在较高位置处扩散速度迅速增加，而且当不存在额外电场时，自由电子受地磁场的阻挡无法穿过地磁场线，因此，它沿着磁场方向达到最大值，这一过程通常被称为场致扩散。例如，场致扩散过程导致的等离子体转移的垂直分量在地磁赤道（地磁场的方向是水平的）上是不存在的。

由于外部电场的存在，等离子体沿着地球磁场线移动的过程，称为电磁漂移过程。由于电场和磁场相互垂直，电子和离子以垂直于包含场线平面的相同方向漂移。相比于在地磁赤道方向上分量为零的垂直散射，电磁漂移机制导致等离子体迅速向上提升至非常高的位置。在白天，当赤道附近由中性风建立起一个朝东指向的电场时，这一现象与中性风紧密相关。

2.1.3 D层、E层和F层

如前所述，多成分气体和宽频谱电离辐射会形成不同电子浓度的电离层，并且在中性粒子和由太阳风携带进入大气层的能量物质之间的碰撞也可能产生电离。在一定时间和地理位置，最后的效果是产生一个电子浓度高度剖面，一般表现为不同高度处的几个局部极大值，局部最大值的数量、量级、高度随着时间和位置变化而改变，但是对短波系统而言，电子浓度峰值出现在电离层的D层、E层和F层这3个主要高度区域。

图2.3给出了一个理论上的电子浓度高度剖面示例，代表夏季中纬度电离层电子浓度分布情况。虽然电离层是轻度电离的等离子体，但电子浓度随高度的变化却能相差两个以上的数量级。D层、E层和F层区域形成的局部峰值，通常称为电离层。不同层的电子浓度高度剖面相互之间会有重合，因此，在多层出现时没有非常明显的电子浓度间隔。如图2.3给出的D层，一层在电子浓度高度剖面上可能更多地表现为弯曲，而不是明确定义的峰值点。

与时间和位置有关的电子浓度高度剖面的形态并非仅取决于产生率和损耗率的变化。在电离层D层和E层，产生和损耗过程起主导作用，但是在F层，由转移机制引起电离重新分配在建立电子浓度整体峰值中扮演重要角色。下一节进一步对电离层大尺度空间、时间变化进行讨论。下面描述不同高度区域处所形成电离层的一般特性。

2.1.3.1 D层

通常认为用于短波信号传播的电离层最低区域是D层。由波长为0.1～1.0 nm的强太阳X射线的分子电离和Lyman-α谱线（121.6 nm）的氧化氮电离，在50～90 km产生D层。长波长的太阳辐射大部分被较高位置的大气层所吸收。

D层的电子浓度通常比E层或F层电子浓度小两到三个量级，这种电离程度不足以反射短波无线电波。从短波传播的观点来看，D层的基本影响是吸收无线电波的能量。换言之，D层不足以改变短波信号传播的方向，但能够极大地衰减达到电离层上层信号的能量密度。

在D层高度，相对较高的空气微粒浓度（相对于E层和F层）增加了电子和中性粒子的碰撞频率。由于信号传播方向基本不受影响，由碰撞引起的无线电波能量损失称为非偏移吸收。吸收量取决于 D 层的电离水平，在中纬度变化规律比较符合于 $\cos\chi$，即通常在白天正午时分吸收是最强烈的，在夏季吸收最强烈的通常发生在赤道附近。

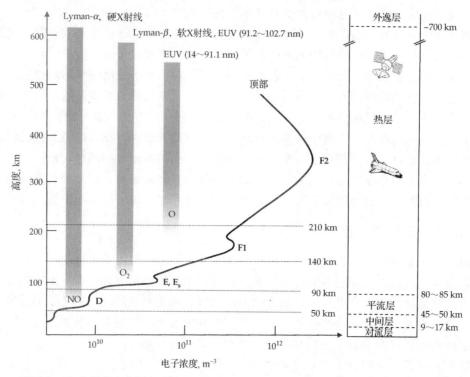

图 2.3 夏季白天，中纬度电离层电子浓度高度剖面理论分布示意图，描述了不同高度区域局部峰值数量或层的形成，并标明了形成电离层和一些电离化学物质的太阳辐射（谱线和连续辐射）主要成分。随着地基短波系统的无线电波传播受到关注，只有低于 F2 层峰值电子浓度高度的电离层底部区域才具有实际意义，在 60～600 km 高度电离层的结构和动力特性通常对于这些系统具有意义

在短波段，非偏移吸收非常接近与无线电频率的平方成反比，因此，短波系统——如超视距雷达——都选择（尽可能）较高频率进行工作。较高频率可以使得经过 D 层的信号衰减达到最小，从而增加了入射到较高反射层的信号功率密度。超视距雷达使用较高频率的一些其他优点将会在第 3 章讨论。

由于强烈的太阳耀斑，D 层所有类型的粒子电离程度都会被强化。这一事件使得穿过受影响区域的传播路径上吸收量显著增大。另外，无线电波每次向上或向下穿过 D 层都会出现吸收，这就意味着在向日面的天波传播实验，单跳传播路径比多跳传播的衰减小。在不利条件下（即高 D 层电离和低工作频率），双向传播路径上每一跳传播路径对应非偏移吸收能够降低信号强度 10～20 dB，这对受限于未经电离层传输的本地噪声源的超视距雷达具有重要意义。

由于日落之后的快速复合和吸附过程，D 层实际上会在夜间消失。D 层吸收的消失能够使短波信号在夜间通过天波模式进行长距离传播，在为（夜间）使用较低频率进行远距离超视距工作提供方便的同时，也会降低短波系统对远距离（自然和人为）噪声和干扰接收的隔离效果。

2.1.3.2 E 层

下一个电离层的高度区域是 E 层，大约在 90～140 km 范围。除了常规 E 层，突发 E 层也可能不定时出现，下面会单独讨论。常规 E 层是由 0.8～14 nm 的软 X 射线辐射、Lyman-β

谱线（102.6 nm）和电离分子氧波长为 91.2～102.7 nm 的 EUV 连续辐射形成的。

E 层的峰值电子浓度一般比 D 层高出两个数量级，通常白天出现在大约 100 km 的高度。E 层受太阳照射形成的电离程度足以反射短波信号，并且，E 层能够提供频率特性最稳定的传播，这对探测和跟踪慢速目标的超视距雷达系统尤其重要，这时需要经多普勒处理从杂波回波中分辨出有用信号。

相比于 F 层，E 层的高度较低。因而，对于单跳传播路径，经 E 层的斜向反射会将短波信号传播限制在地面距离不超过约 2000 km 的天然"地平线"内。假定 E 层反射虚高为 100 km 时，2000 km 地面距离对应的信号发射仰角约为 1°。实际上，通过 E 层反射的单跳传播路径对应的地面距离被限制在 1500 km 以内，这与收发天线的低仰角增益有关。

日落之后，电子和 NO^+、O_2^+ 等分子离子之间的离散复合使得 E 层的电离效应完全消散。在傍晚和夜间，转移机制也能够将 E 层电离重新分配到较高高度。日落之后，常规 E 层实际上消失，只剩小部分残留电离彻夜存留。

在 E 层高度上，由于发生平方定律损耗过程，E 层的电离层结构可以近似为 α-Chapman 剖面。由于该模型没有考虑很多种复杂情况，如标高梯度、离子转移机制，实际上这个理想剖面难以出现。虽然不如 D 层那么显著，在中性粒子浓度相对高的 E 层也会发生部分非偏移吸收。

当无线电波在一层的最大电离高度附近经历反射或传播方向的重大改变，会发生另一种形式的吸收，称为偏移吸收。换而言之，当信号从电离层中电子浓度随高度的变化率接近于零处反射时，偏移吸收尤为显著。E 层和 F 层都会出现这一现象，随后将会从电离层临界频率这一参数的角度进行解释。

2.1.3.3 突发 E 层

突发 E 层是在 E 层高度突然出现的层，但与常规 E 层相比更难预测。与只能在白天出现的常规 E 层不同，突发 E 层可以在白天或夜间出现。如同它的名称，突发 E 层是一个经常短时间存在的短暂现象，通常是几个小时甚至更短。

目前，还不能很好地解释其起因。在中纬度区域，一种理论是突发 E 层的产生，部分是由于剪切风和地磁场的作用，蒸发后的流星中非常细小的金属碎片挤压形成窄且密的反射层（Whitehead 1989）。中纬度的突发 E 层是一个相当薄的层，一般只有几千米厚，有时会分解成随机的云或浓度异常的不规则体块，这种云之间可能存在几十到几百千米的缺口间隔，形成一个部分半透明的层，从而允许短波信号穿越到 F 层。

对中纬度突发 E 层的出现和特性进行预测的尝试是失败的。然而，在中纬度夏季白天和黄昏时分，很容易观测到突发 E 层的出现。虽然对于短波信号传播而言，通常认为突发 E 层是频率特性最稳定的层之一（类似"镜面"反射，频谱污染很少），但是当其分布不均匀时，突发 E 层的空间变化特性会导致多个反射传播路径，以及由于传播时断时续而带来的其他问题。

在低纬度和高纬度地区，突发 E 层的产生机制是完全不同的。在低纬度，突发 E 层的起因被认为是中性风引起的等离子体不稳定，即在大气压力梯度的作用下，中性风在大气层中的循环运动，在 E 层高度激发出增强型电流的汇集，称为"赤道电集流"（Davies 1990）。赤道附近突发 E 层通常是一种白天才会出现的现象，很少随季节变化。在高纬度，突发 E 层的起因被认为是磁层中能量电子的沉淀反应。高纬度突发 E 层也很少呈出季节变化，但通常出现在夜间。

有时，突发 E 层电子浓度比电离层中其他层都要高，并表现为不透明的特性。此时，其强反射特性有效地阻止了短波信号到达 F 层。这种现象称为突发 E 层"遮蔽"。一方面，这种情况下，超视距雷达可以使用高频频段的末端（或甚至超过 30 MHz）的频率，实现频率特性稳定的单模传播，显著改善对海面舰船这类慢速目标的探测和跟踪性能。另一方面，突发 E 层遮蔽现象的出现，使得电波短时间内无法通过 F 层实现远距离传播，将超视距雷达单跳地面距离限制在 2000 km 内。

2.1.3.4 F 层

电离层的最大电子浓度通常出现在 F 层，也是支持天波传播的电离层最高区域。在白天，F 层可以分为两层，即 140～210 km 的 F1 层和一般高于 210 km 的 F2 层。这两个部分，如图 2.3 给出的 F 层电离高度剖面的两个明显峰值（F1 和 F2 层）所示。

更准确地说，白天 F1 层中电子浓度通常要比常规 E 层更大。但是，在 140～210 km 带有明显电子浓度峰值的 F1 层，很大程度上取决于上面 F2 层的特性。通常情况下，这些特性为 F2 层的高度、厚度和峰值高度，而且在事实上其包含了下面相对弱的 F1 层。换言之，在 F2 层的底部，F2 层很容易就掩盖了 F1 层。这就导致白天时在电子浓度高度剖面中只有 F2 层的峰值可见。

相比于 E 层，F1 层的高度较高，其反射一跳天波传播最大地面距离能够达到 2000～3000 km。与 E 层相比，F1 层不太像 α-Chapman，但与 E 层类似，它也会在夜间完全消失，仅仅存在小部分残留电离。正是这个原因，常规 E 层和 F1 层被认为是"跟随太阳"或受太阳控制的层。

不同于常规 E 层和 F1 层，F2 层电离可以以足够高的水平彻夜存在，从而有效地保证超视距雷达系统的运行。F2 层电子浓度比常规 E 层高出一到两个数量级。在中纬度，F2 层电子浓度峰值通常出现在 210～350 km；但在赤道附近区域，它可能出现在更高的高度。F2 层能够使单跳传播的地面距离达到 3000～4000 km。

对于依赖天波传播的超视距雷达和其他短波系统，F2 层是目前为止最重要的层。主要有以下 3 个主要原因。首先，F2 层通常反射的信号频率最高，这通常与超视距雷达的几个显著性能优势有关，包括更低的环境噪声、更高的空间分辨率及增大目标 RCS。其次，F2 层是最高的层，因此能够使得单跳传播的地面距离最远。具体而言，相比于 E 层的传播，F2 层的传播能够增大超视距雷达地面覆盖范围多达 2000 km（也就是约为 2 倍）。最后，F2 层在白天和夜间都会存在，这使得（或者说不会中断）系统可以连续运行。

不考虑突发 E 层，F2 层是电离层各层中最不像 Chapman 的层。F2 层峰值的形成是转移现象而不是复合的结果（Davies 1990），因此，F2 层不如 E 层和 F1 层那样规则。相对于受太阳控制的层，F2 层在空间和时间上表现为可变的，更难以预测。实际上，由于引起 F2 层电离分布的等离子体转移现象受到地球磁场的强烈影响，可以认为 F2 层受到地磁场控制。

F2 层能够长期存在的一个原因是中性风、场致散布和电磁漂移的共同作用，夜间电子重新分配到较高区域。F2 层连续存在的另一原因是高空中性分子浓度相对较低，在 210 km 以上区域离解复合率也相对较低。在高空，较轻的原子离子占的比例更大（尤其是波长范围在 14～91.1 nm 的氧原子离子的辐射），电子和正原子离子的缓慢复合率，都对 F2 层的长期存在有所贡献。由于这些原因，F2 层电子浓度彻夜（尽管会降低）存在，直到第二天光致电离重新开始。

虽然在一定程度上可以对 F2 层基本特性和状态进行预测,但是,相比于受太阳控制的层,很难对 F2 层的结构和动力学特性进行精确预报。更进一步,无法对 F2 层特性进行模型化描述,而这正是优化超视距雷达系统性能所必需的。可以得出一个重要结论,为保证超视距雷达有效运行,需要采用专门的电离层监测站网来对电离层主要状态进行更准确的判断。

电离层监测站网对于确定 F2 层特性(以一种实时且站点相关的方式)具有实际的意义,也可以用于对较低高度上不能完全预测层的观测,尤其是突发 E 层。对于超视距雷达主雷达而言,这些监测站可以看成是附属分系统,在第 3 章将讨论它们的主要作用。图 2.4 采用简单的图例定性地描述了电离层电子浓度高度剖面在白天/夜间的变化。

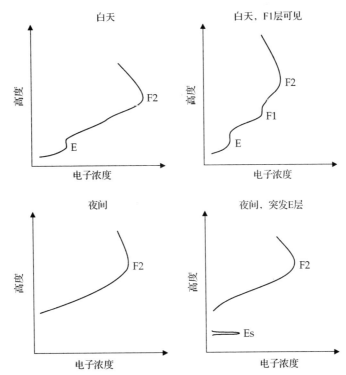

图 2.4　4 张定性描述电离层电子浓度高度剖面日变化的示意图。白天,当 F1 层未被遮蔽时是可见的,而突发 E 层在白天或夜间都可能出现

2.1.3.5　太阳活动

目前还没讨论的一个重要问题是电离层电子浓度严重依赖于太阳活动的变化,它决定了入射到地球大气层的太阳辐射和粒子喷射的强度。通常采用太阳黑子数来描述太阳活动的变化。自 1610 年伽利略发明望远镜以来,人们一直在记录太阳黑子数。长期以来,观测到的太阳黑子数是变化的,高斯推测太阳黑子数和地球磁场的变化存在一定关联性。

大约在 1840 年,一个业余天文学家 Heinrich Schwabe 注意到太阳黑子数的明显的 10 年周期变化规律。这一观测促使苏黎世天文台的专业天文学家 Rudolf Wolf 检查了自 1700 年以来的大量历史数据。1856 年,Wolf 及其团队确定太阳黑子数 11 年的变化规律,即太阳周期。1890 年,Maunder 注意到从 1645 年到 1715 年这 70 年时期几乎没有观察到太阳黑子,这一现象称为"Maunder 最小值",被认为是大尺度(叠加的)变化的表现。如图 2.5 所示,太阳黑子数以 11 年太阳循环准周期振荡,极小年太阳黑子数从 0 到几个,极大年则达到 100 甚至更多。

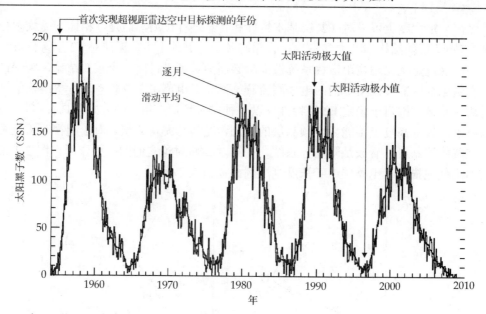

图 2.5 自 20 世纪 50 年代以来，观察到的逐月太阳黑子数（SSN）和 12 个月的太阳黑子数滑动均值（平滑的 SSN）。太阳活动周期中的峰值和谷值对应的年份分别对应于太阳活动极大年和极小年

太阳黑子数的增加通常意味着电离层电离程度更高。在太阳黑子数高时，电子浓度的峰值不仅有较高的数值，还对应更高的峰值高度，尤其是 F 层。这些因素能够严重影响超视距雷达的性能。例如，在太阳活动极大年，超视距雷达能够使用更高的频率，这通常对系统性能有利。

增强的电离同时也会导致给定频率下近距盲区的缩小，即有效地降低最小设计频率所对应的最小探测距离，从而改善雷达覆盖范围。另一方面，电离层高度的上升增加了较高频率下单跳传播的地面距离，从而提升了系统最大探测距离。总之，太阳黑子数较高时可以有效增强天波传播条件，进而扩展超视距雷达整体覆盖范围并提升性能。

但是，强太阳活动也意味着扰动的增加，如太阳耀斑会对天波传播的质量和连续性产生不利影响。太阳扰动可能发生在太阳活动周期内的任何时候，但在太阳活动极大年附近，扰动的出现频率和严重程度都会增大。换言之，在强太阳活动期间电离程度的增强和电离层高度升高的得益，经常伴随着传播稳定性相对较差的代价。

除了个别情况，太阳扰动通常对超视距雷达都产生不利的影响。不同类型太阳扰动的成因、特性及其对短波系统的可能影响，将在下一节讨论。

2.2 空间和时间变化性

当涉及电离层空间和时间形态时，为了便于区分，将太阳引起的变化分为常态或平静态，以及太阳特定区域偶发的非常态形成的扰动态或活动态。这两种形式的变化都会影响短波信号的传播，因此对超视距雷达是非常重要的。本节考虑平静太阳状态下电离层的大尺度变化特性。

本节的第一部分重新回顾了无线电垂直探测，用于测量超视距雷达有关的几个关键电离层参数的基本理论。第二部分描述了电离层空间、时间变化特性，并涉及这些关键参数的测量和模型。由不同类型的太阳事件引起的电离层扰动和风暴的影响在第三部分进行简要分析和讨论。

在平静太阳状态下，电离层的变化在一个大范围的时间和空间区域发生。针对超视距雷达系统，通过改变波形参数，如载波频率、带宽、脉冲重复频率或其他可调的系统参数，如全口径或半口径，操作者需要对电离层的大尺度变化做出反应以使系统工作在探测任务所需的最佳状态。另一方面，电离层的小范围变化要求系统在信号和数据处理层面进行帧间的适应，这期间运行参数保持不变。

电离层大尺度的时间变化性通常涉及日变化过程中小时量级（或者特定条件下的几分钟）的电子浓度变化，这与使用某一固定频率和波形参数的超视距雷达探测任务周期几乎相当。大尺度的空间变化可以认为是以超视距雷达的波位（即从一个监视区域到另一个）为尺度的，系统通过选择工作参数以适应波位间的变化。

概括来说，电离层季节和太阳周期变化，叠加在日变化之中。然而，全球范围内的电离层空间变化存在 3 个地磁纬度区域，分别是低纬度或赤道区域（与赤道倾斜角在 20° 以内的区域）、高纬度或极区（覆盖极盖和极光椭圆区[②]）及中纬度区域。值得注意的是，地球磁场可近似为一个偏移偶极子场[③]，即地磁赤道和极化，被看作是大尺度变化（一个渐变的"平均"电离结构）基础上电子浓度的"随机"波动。后者决定了特定时间和地点的电离层背景状态。但是，时间"平滑"的电离层结构变化，在相对短的间隔内可以认为是基本稳定的，中纬度地区通常不超过 10 分钟。在凌晨和黄昏时，或者当电离扰动和风暴出现时，中纬度地区电离层总体特征变化得更快。

通过地基无线电探测仪器或电离层探测仪，人们获取了大量的电离层大尺度变化数据。全球探测站网的电离层常规测量已经提供了有价值的气候学信息，能够用于统计分析电离层在空间和时间上的变化形态。

本节描述了电离层垂直入射时的无线电波反射基本原理，阐述探测系统获得的电离图轨迹的主要特征。随后分析了从这些记录数据中提取的若干关键电离层参数，以及用于描述电离层大尺度时间和空间变化的经验模型。

2.2.1 无线电波垂直探测

有多种不同类型的常规实验技术可以用于研究电离层，这些技术大体上可以分为遥感和直接观测两类。电离层的直接观测由火箭或卫星上的仪器完成，能够直接收集它的物理特性数据，如离子浓度、化学成分、温度和电磁场。遥感技术可以进一步分为主动或被动技术，后者通过地基或天基平台接收来自自然界的辐射源，例如，北极光、自然大气辐射和宇宙无线电波的吸收，提取电离层信息。

另一方面，主动遥感技术通过发射专门的人工信号探测电离层，如利用来自 GPS 卫星的天基信号测量总电子含量（TEC），利用地基探测器发射和接收短波信号进行电离层无线电探测。这里仅关注经电离层反射的垂直入射信号，这是主动地基遥感技术的基础，称为电离层垂直探测（Hunsucker 1991）。

[②] 以地磁极点（纬度位于约 65°～70°）为中心的区域。
[③] "偏移"这一术语，指的是地磁轴相对于它旋转坐标轴方向的偏移。

2.2.1.1 等离子体和临界频率

垂直入射的无线电波在电离层的一定高度发生反射,此时电子浓度高到足以响应入射电磁波的快速振荡。更确切地说,当电磁波频率不超过等离子体内部振荡的最大频率(称为等离子体频率)时,垂直入射电波发生反射(Davies 1990)。

忽略碰撞和地球磁场的影响时,等离子体频率的表达式可以由式(2.20)表示,其中 N_e 表示电子浓度,q 是电子电荷,m_e 是电子质量,ε_o 是自由空间介电常数。电子的等离子体频率远大于正离子的频率。事实上,后者太重而难以对入射无线电波的快速震荡产生响应,不能对反射过程做出明显贡献。

$$f_N = \left\{ \frac{N_e q^2}{4\pi^2 \varepsilon_0 m_e} \right\}^{\frac{1}{2}} \tag{2.20}$$

当向上发射无线电波并进入发射点顶部电子浓度剖面时,在电离层中等离子频率首次等于(或大于)无线电波频率的高度,垂直入射波发生反射。从式(2.20)可以明显看出,等离子体频率正比于电子浓度 N_e 的平方根。把各常数代入式(2.20),f_N 可以简化为式(2.21),其中 f_N 的单位是赫兹,N_e 是每立方米的电子数。

$$f_N = 9.0\sqrt{N_e} \tag{2.21}$$

电离层临界频率定义为该层最大电离高度处的等离子体频率。对于不同的电离层,这项重要参数通常标记为 f_oE、f_oEs、f_oF1 和 f_oF2。对于一个给定的电离层,临界频率以式(2.22)表示,其中 $\max\{N_e\}$ 表示该层的峰值电子浓度。信号工作频率超过该层的临界频率时,将在垂直入射方向上穿透该层,传播到电离层的更高区域或太空中。

$$f_o = 9.0\sqrt{\max\{N_e\}} \tag{2.22}$$

电离层电子浓度通常在 F2 层峰值高度处达到全局最大值。因此,F2 层的临界频率 f_oF2 通常是垂直入射电波反射回地球的最高工作频率。当垂直入射信号的频率超过最大临界频率时,信号将穿透电离层并传播到太空中。

例如,白天 F2 层的峰值电子浓度 $\max\{N_e\} = 10^{12}$ 时,临界频率 $f_oF2 = 9$ MHz,在这种情况下,频率超过 9 MHz 的信号在垂直入射时将不能通过常规电离层反射回到地球。重要的是,在倾斜探测情况下,电离层能够反射频率高于最大电离层临界频率的信号。倾斜探测过程中反射的内容将在 2.3 节讨论。

2.2.1.2 相折射指数和群折射指数

对于可能是调制无线电波信号的单一频率分量,传播介质 μ 的相折射指数由式(2.23)表示,其中,c 是真空中光速,v_p 是信号在介质中的相速度。相速度表示的是在指定位置处波传播等相位面在介质中传播的速度,即 $v_p = \omega/\kappa$,其中角速度 $\omega = 2\pi f$,介质中所考虑的(单频)分量对应的波数 $\kappa = 2\pi/\lambda$。

$$\mu = \frac{c}{v_p} \tag{2.23}$$

如 Davies(1990)所述,在没有碰撞和叠加磁场的假设下,对应于等离子频率 f_N 和无线电波频率 f 的相折射指数由式(2.24)表示。当等离子体频率等于无线电波频率 $f = f_N$ 时,相折射指数下降到零,此时信号发生反射。

$$\mu^2 = 1 - \frac{f_N^2}{f^2} \qquad (2.24)$$

μ 依赖于 f 和 f_N 意味着对于无线电波传播电离层分别是色散和不均匀的传播介质。Budden (1985a) 给出了包含碰撞和地球磁场影响时 μ 的更复杂表达式。随后将给出用于描述电离层中各向异性折射指数的更复杂表达式。

根据式 (2.24),很明显当 $f_N > 0$ 时相折射指数小于 1,这意味着电磁波的相速度超过了真空中的光速。实际上,波的相速度或许远大于波中不同微粒的速度。但是,波的相速度与能量转换无关,不代表信息调制"波形"在介质中的速度。

在色散介质中,如电离层,相速度一般不同于式 (2.25) 定义的群速度 v_g,即无线电波调制包络穿过介质时的传播速度。

$$v_g = \frac{\partial \omega}{\partial \kappa} \qquad (2.25)$$

与相折射指数相似,群折射指数 μ' 定义为真空中光速 c 与介质中无线电波群速度 v_g 的比值。Davies (1990) 给出了由相折射指数表示的群折射指数,如式 (2.26) 所示,其中使用了代换式 $v_g = \partial \omega / \partial \kappa$、$c = \mu v_p$、$v_p = f \lambda$ 得到式 (2.26) 中最右侧表达式。

$$\mu' = \frac{c}{v_g} = \frac{\partial}{\partial f}(\mu f) \qquad (2.26)$$

将 μ 的表达式 (2.24) 代入式 (2.26),可以很容易地看出群折射与相折射指数成反比,如式 (2.27) 所示。这一简单关系 $\mu \mu' = 1$ 适用于未叠加地磁场情况 (Davies 1990)。

$$\mu' = \frac{1}{\mu} \qquad (2.27)$$

随着等离子体频率从电离层以下区域 $f_N = 0$ 变化为电离层区域 $f_N = f$,群折射指数从 $\mu' = 1$ 变到 $\mu' = \infty$。换而言之,无线电波群速度从进入电离层之前的 $v_g = c$(严格来说,在自由空间)逐渐降低到折射点处的 $v_g = 0$。

2.2.1.3 实高和虚高

电离层不同层的临界频率和信号反射高度是短波系统(如超视距雷达)所关注的重要参数。对于电离层反射信号,最重要的是区分信号反射实高和虚高。实高 h_r 对应于地球表面以上反射发生的真实物理高度。另一方面,式 (2.28) 定义了虚高 h_v,它是位于相同地面位置处的发射和接收获得的信号传播时延 τ (来回时延) 与自由空间光速的乘积然后再除以 2。由于无线电波进入电离层时群速度降低,实高 h_r 始终小于虚高 h_v。

$$h_v = \frac{1}{2} \int_0^\tau c \, \mathrm{d}t \qquad (2.28)$$

重新排列群折射指数公式 $c = \mu' v_g$,值得注意的是,对于垂直探测 $v_g = \mathrm{d}h/\mathrm{d}t$,$c\mathrm{d}t$ 项等同于 $\mu' \mathrm{d}h$,代入式 (2.28) 并用式 (2.29) 所示的实高 h_r 的积分代替沿传播时延的积分,其中积分下限是地面 $h = 0$,积分上限是实高 h_r (不除以 2),这反映了向上和向下信号传播路径的相互作用。这一基本公式把反射虚高(传播时延)和站点上空对应的群折射指数剖面联系起来。在前述无碰撞和叠加磁场的假设下,与 h 相关的群折射指数 $\mu' = 1/\mu$ 的变化,取决于无线电波频率 f 和穿过等离子体频率参数 f_N 的电子浓度高度剖面。

$$h_v = \int_0^{h_r} \mu' \, dh \tag{2.29}$$

虚高也可以表示成式（2.30）所示的等离子体 f_N 的积分。这里，由于信号在等离子体频率首次等于无线电波频率的高度处反射（对于连续分层电子浓度剖面），积分上下限扩展到 $f_N = 0$ 至 $f_N = f$。

$$h_v = \int_0^f \mu' \left\{ \frac{dh}{df_N} \right\} df_N \tag{2.30}$$

式（2.29）和式（2.30）意味着可以通过垂直探测的方式推测站点上空的电子剖面结构，即随 f 变化的 h_v 描迹。在随后的章节，式（2.30）将有助于提供能解释该描迹（也称为垂直探测电离图）重要特征的有用信息。

2.2.1.4 垂测电离图

地基垂直探测发射机（VIS）或电离层探测仪垂直向上发射无线电波，并测量发射信号和接收到经电离层反射向下的回波之间时延，该时延随工作频率变化。时延可以通过两种方式测量，一种是短持续时间的调幅脉冲波（脉冲探测仪），另一种是线性调频连续波（啁啾探测仪），详见 Poole and Evans（1985）。两种方法都有各自的优缺点（Davies 1990）。

信号频率通常覆盖整个短波频段，以获取与频率相关的时延，形成的描迹称为垂直探测电离图。VIS 系统通常在 2~20 MHz 段频率间隔内运行。系统的频率分辨率约 50 kHz，进而群距离分辨率约为 3 km。现代 VIS 系统使用了成熟硬件和信号处理方式，能够得到高分辨率和精度的测量结果（Reinisch 2009）。

图 2.6 从概念上给出了一个理想 VIS 描迹与典型电离层电子浓度高度剖面的关系。由于 D 层的严重吸收，当信号工作频率低于最小频率时，图中标注为 f_{min}，则不会产生可探测回波。提取参数 f_{min} 是非常重要的，它实际上代表了电离图提供的单一吸收指数。

随着工作频率增加直到超过 f_{min}，无线电波实际上能够穿透 D 层，此时由 E 层反射的回波开始出现。一开始信号反射虚高随着频率逐渐增加，但是当工作频率接近 E 层临界频率时虚高迅速增大。当信号从电离层电子浓度峰值实高处反射，随频率变化的电离图描迹就会出现尖峰。

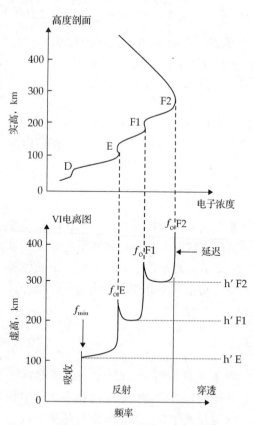

图 2.6 电离层电子浓度高度剖面与垂直探测电离图描迹的相关性原理示意图，其中，信号虚高（时延）随工作频率发生变化

为理解这一原因，我们重新回顾式（2.30）的虚高表达式。注意，当 dh/df_N 项趋于无穷大时，随高度变化的等离子体频率梯度趋于零，即 $dh/df_N \to 0$。这发生在一层的峰值电子浓度高度，此时电子浓度随高度的变化率接近于零。另外，当无线电波从 E 层电子浓度最大处反射时，

例如，有 $f = f_N = f_o\text{E}$，意味着被积函数中群折射率指数 $\mu' \to \infty$。当无线电波频率接近层临界频率时，这些作用的结合导致式（2.30）虚高积分接近于无穷大。

当电波频率接近该层临界频率时，描迹尖峰的斜率变化表明虚高比实高增加得更快。这一现象称为延迟，它出现在整个轨迹上，但在该层临界频率附近最为显著。实际上，实测电离图中描迹尖峰不会延伸到无限的高度。这不仅仅由于实验设备的分辨率有限，还由于在该层临界频率处由于偏移吸收导致反射信号产生极大的衰减。

一旦信号频率超过 E 层临界频率，无线电波将穿透 E 层，进入 F 层。如图 2.6 所示，与描述 E 层的过程相似，给出了电波传播在 F1 和 F2 层上的变化。这些高度较高的层分别对应更高的虚高和频率，直到达到 F2 层的临界频率。越过这一点，发射的信号将不再返回地球而是由垂直方向穿透大气层。从电离图描迹尖峰位置的判断可以估计出电离层临界频率 $f_o\text{E}$、$f_o\text{F1}$ 和 $f_o\text{F2}$。从电离图中提取出的该层（最小）虚高参数用 $h'\text{E}$、$h'\text{F1}$ 和 $h'\text{F2}$ 表示，最小虚高对应的描迹通常是水平的。

许多其他的电离层参数可以根据解释电离图描迹进行推导（Piggot and Rawer 1972）。实际上可以采用数学方法来反演 VIS 描迹，从而估计站点上空电离层电子浓度剖面。除了估计峰值电子浓度，电离图描迹也给出了电离层的实高和层厚度。该反演过程通常需要运用复杂数值计算方法。事实上，从实测电离图描迹并不能直接得到可靠的电离层参数反演结果。但是该过程是非常重要的，因为它可以准实时地获得特定位置处的电离层电子浓度高度剖面。在随后详细描述过程中，实时电离层模型对于超视距雷达精确的坐标配准是很有价值的。

由于一些（及其他）原因，实测电离图比图 2.6 中的理想电离图更加复杂。例如，地球磁场的出现导致入射到电离层的无线电波分裂成两个具有不同极化特性的波（寻常波和异常波）。这两个被称为 O 波和 X 波，它们在电离层中经历不同的折射率指数，分别从不同高度独立的或近似独立的折射，导致电离图中产生分离的描迹。由于一次或多次的地面反射，或者经过两个或更多不同电离层的反射的混合，可能会出现很多个电离层反射回波。另外，由于较低层的屏蔽现象，较高层并不总是产生回波。

由于这些（及其他）原因，与图 2.6 的理论图例相比，实测电离图表现出很多变化特征。为了更好地说明，图 2.7 给出了澳大利亚北部一个站点的冬季实测结果。在该实测图中，可以清楚地看到由于磁化电离探测信号分离成 O 波和 X 波[④]，二者的描迹在图中清晰可辨。图中还能够看到经过地面的二次反射回波，并进行了标注。该电离图的另外一个特征是在低频部分由突发 E 层引起的常规 E 层的部分遮蔽。

第二版的《电离图判读使用手册》（Piggot and Rawer 1972）包含了明确的准则和惯例用于垂测电离图的标绘和提取。该文档为位于不同纬度的站点分别提供了解释电离图应采用和优化的准则。但是，为了能够有效地对不同探测网记录的数据进行比较，该手册（即 UAG-23a）还提供了一种通用的指导意见。

数字电离层探测仪引入了电离图的自动标绘处理，从而避免了手动标绘的烦琐（Reinisch and Huang 1983）。具体而言，一种称为 ARTIST 的标绘处理算法被用于对 VIS 电离图寻常波描迹的自动提取[⑤]。运用一项反演技术可从提取的描迹中计算出电离层电子浓度高度剖面，该技术在 Titheridge（1988）和 Paul（1977）中描述。

[④] 2.4 节会对电离层双折射特性进行讨论。

[⑤] 迄今为止，Reinisch（2009）给出了该程序的最新版本（ARTIST 5）。

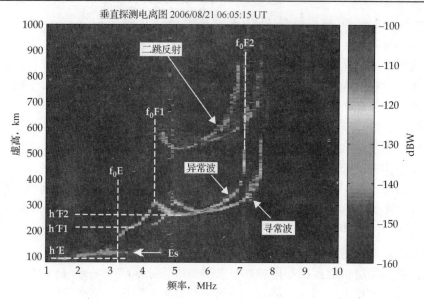

图 2.7 2006 年 8 月 21 日，世界时 06:05（本地时 14:47），澳大利亚北部 Kalkarindji（纬度为 17.444°，经度为 130.829°）获得的实测 VIS 电离图。通过对电离图的手动标绘，可以估计出电离层临界频率和（最小）虚高

2.2.2 实测和模型

电离层模型可分为两大类，一类是描述发生在电离层中的物理化学过程的模型，另一类是描述介质中无线电波传播特性的模型。这两类模型都是基于理论原理、实际观测或两者之混合。虽然前者中的模型可能与后者互为因果，但它们形成和构建的角度大不相同。

就超视距雷达系统设计和运行而言，相比于产生电离层的物理化学过程，人们对电离层、高频信号传播的影响兴趣更为直接。因此，本章节主要阐述电离层中与无线电波传播特性有关的模型。但是，观测到的无线电波传播特性背后的电离层过程也是重要的。这些过程的定量模型描述超出了本书范围，但对某些重要电离层现象的定性解释将会在本单元讨论。

2.2.2.1 气候学电离层模型

自国际地球物理年（1957—1958 年）以来，从全世界探测网收集的实验测量中得到了大量关于电离层的信息。利用大量分布广泛的探测系统记录的以大约小时为时间间隔的数据，可以对探测站点处电离层随地理分布进行有规律地监测。通过对不同站点几十年记录数据的编辑，形成了对研究电离层结构和变化具有重要价值的基本数据库。

通过对数据库的详细分析得出气候学经验模型，以平滑处理的电子浓度分布电离图的方式实现了对观测模式的描述（Rawer and Bilitza 1989）。该气候学模型可用于生成给定地理位置和时间的电离层剖面，成为可免费获得的国际参考电离层（IRI）的一部分（Bilitza，未标明出版日期）。实际上，IRI 气候学模型与数值射线追踪技术[6]相结合，广泛应用于对高频系统中天波传播特性变化的预测。

对于一些特定应用，如点对点电离层链路的高频通信，通过对指定链路传播条件[包括最

---

[6] 基于特定的电离层"快照"，使用射线追踪技术对无线电波传播进行模型化。

大和最小可用频率、仰角、可能的传播模式、时延分布、吸收引起的路径损耗（Ferguson and McNamara 1986）等影响系统性能的参数]的预测，气候学模型可以有助于系统的规划、设计和运行。传播信息可以辅助频段管理局确定适当的日/夜频率信道分配，使得系统稳定工作，降低站间干扰。在缺少观测站点的情况下，气候学模型还可以为超视距雷达系统提供有价值的规划和设计方法。

然而，超视距雷达系统性能对电离层预测结果和实际情况之间的差异高度敏感，从而限制了气候学模型在实时系统中的应用。气候学模型是依据历史数据进行统计分析得到的，历史数据包括在特定时刻和地点电离层临界频率的上十分值、下十分值和中值。

即使在（相对稳定的）中纬度地区，对于超视距雷达应用，电离层日变化的预测也是非常必要的，尤其是对 F2 层和突发 E 层的预测。气候学模型的不足之处在于无法精确预测电离层状态，即在为超视距雷达运行提供实时指导性建议方面存在局限性。选择最佳工作参数时的微小偏差都会对超视距雷达性能产生剧烈影响，因此为保证雷达有效运行，维持一个基于站点实测数据的实时电离层模型（RTIM）是非常关键的。RTIM 的主要特征和在超视距雷达中的应用情况将在第 3 章描述。

2.2.2.2 受太阳控制的层

在不同高度上电离层时间和空间的变化，导致电子浓度分布具有不同的形态。该分布情况可以用一系列简化后的无线电波传播参数[如包括（但不限于）电离层临界频率、反射虚高等]来描述。这里给出了 E 层和 F1 层临界频率随空间和时间变化的广泛分布形态，实现对低电离层变化规律的直观分析。

电离层 E 层和 F1 层通常被称为"太阳追随者"，因为它们的大尺度变化受太阳辐射强度亦即光化电离发生率的强烈影响。如前所述，电离辐射密度受太阳活动等级（通常用太阳黑子数来表示）的显著影响。太阳活跃区域实际上是包含有较多黑子数的谱斑区域，在该区域内电离辐射通量密度增大，由于这些区域并不容易观测，因此将太阳黑子作为衡量太阳活跃性的指标。E 层和 F1 层与太阳活跃的相关性表明，E 层和 F1 层临界频率的长周期变化遵循 11 年太阳活动周期。电离辐射通量密度也和指定时间和地理位置处的太阳天顶角 χ 有关，反过来也表明，E 层和 F1 层临界频率具有日变化和季节变化特性。

Muggleton（1975）给出了一种预测任一时间和地点处常规 E 层临界频率参数 f_oE 的方法。在极区（白天，太阳始终位于地平线以下）以外的区域，使用该预测方法得到的 f_oE 统计精度（预测值和实测值中值差的均方根）约为 0.1 MHz。Muggleton 提供的 f_oE 预测方法已经认为是标准（IRI）处理流程。Trost（1979）的研究成果已经并入 IRI 模型，用于改善夜间参数预测。Muggleton 预测方法计算精度高且相对简单，但是并不是在所有情况下都可以用单一等式来描述。读者可以参见原稿（Muggleton 1975）及 IRI 标准详尽说明中的开源代码（Bilitza，未标明出版日期）。

Davies（1990）给出了一种更为简洁、精度较低但与 f_oE 测量结果一致性较好的经验公式。作为一种近似，白天 E 层临界频率如式（2.31）所示，其中，f_oE 的单位是 MHz，χ 代表太阳天顶角，R_{12} 为 12 个月的太阳黑子数滑动平均值。通过 R_{12} 和 χ 的变化，有效定义了白天 E 层临界频率时间和空间的变化模型。式（2.31）成立的重要条件是地磁纬度不能超过 70°，在地磁纬度大于 70° 的区域，磁层粒子会对 E 层的电离产生显著影响。式（2.31）所示的模型提供的白天 E 层临界频率与观察结果的误差通常小于 0.2 MHz。Davies（1990）还对日出、日落和午夜时分 E 层临界频率的计算方程进行了描述。在夜间，常规 E 层对应的临界频率最小值可达约 0.5 MHz。

$$f_o E = 0.9[(180 + 1.44 R_{12}) \cos \chi]^{0.25} \tag{2.31}$$

当按照式（2.31）给出的 $f_o E$ 大于 1 MHz 时，E 层临界频率随时间和纬度的变化如图 2.8 所示。具体地，图 2.8（a）给出了澳大利亚中部 Kalkarindji 站点处的 $f_o E$ 预测结果的日变化，图中曲线对应的时间分别是 2006 年（接近太阳活动低年）8 月份、12 月份和 2001 年（接近太阳活动高年）8 月份。图 2.8（a）的实线和虚线表明，由于 $f_o E$ 峰值和白天超过某一水平的电离周期以及 $f_o E$ 本身的季节变化特性。而实线和点划线的比较则表明太阳活动周期对 $f_o E$ 峰值产生显著影响。

图 2.8 中的电离层 $f_o E$ 模型与图 2.7 的实测 VI 电离图描迹直接相关。具体而言，在 06:05 UT（14:47 LT）$f_o E$ 预测值约为 3.2 MHz，与图 2.7 中 $f_o E$ 实测结果非常接近，如前所述，式（2.31）预测结果与实测值之间的误差在 0.2 MHz 内。图 2.8（b）给出了相同月份和相同的年份下本地时中午时刻 E 层临界频率随地理纬度（纬度±50°）的分布。很明显，高纬度地区 $f_o E$ 的季节变化最大（实线与虚线的差异）。太阳黑子数变化对 $f_o E$ 的影响要大于纬度变化的影响（对比实线与点划线）。E 层电离峰值高度也会发生变化，但是在白天峰值高度基本在 100～120 km 的范围。

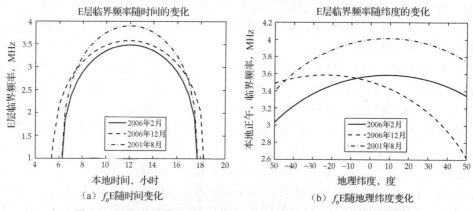

图 2.8 基于经验模型，E 层临界频率随时间（日、季节、太阳活动周期）和地理位置（地磁纬度）变化的大范围分布

只有在白天才会观测到 F 层分离成 F1 层和 F2 层的现象。F1 层是否可见完全取决于 F2 层电子浓度峰值、高度和厚度。当 $f_o F2$ 比较低时，例如，太阳黑子数较少或者电离层暴，通常可观测到 F1 层的峰值。在北半球，F1 层在夏季出现的频率较高，但在南半球却不存在此类现象。F1 层电子浓度峰值高度要比 E 层更多变，但是，其峰值高度通常位于 140～210 km 的范围。实验观察表明，F1 层临界频率的大尺度变化与 R_{12} 近似呈线性关系。日变化、季节变化和地理位置变化叠加在太阳周期的变化之上，其变化与太阳天顶角 χ 有关。

Ducharme，Petrie，and Eyfrig（1971）描述了对地磁纬度处 $f_o F1$ 进行精确估计的普适方法，而 Davies（1990）定义了电离层指数的大小。IRI 标准接受了这一方法，仅作了很小的修改，用磁倾角纬度代替磁偶极纬度（Bilitza，未标明出版日期）。IRI 中关于 $f_o F1$ 的特定计算公式也并非单一等式，这里不再赘述。虽然 IRI 标准并不全面，但是式（2.32）所示的计算 $f_o F1$ 单一等式，作为经验公式，它的计算结果与实测结果符合得较好。

$$f_oF1 = (4.3 + 0.01R_{12})\cos^{0.2}\chi \quad (2.32)$$

与图 2.8 的形式一致，图 2.9 给出了式（2.32）所示 f_oF1 的变化情况。2006 年 8 月 14:47 LT，f_oF1 的预测值约为 4.4 MHz，这与图 2.7 所示的实测值相符。相对于 E 层，F1 层的临界频率更高、随高度变化更明显（当 F1 层从 F2 层分离时），与 R_{12} 呈线性关系，也受到太阳活动周期内变化的影响。

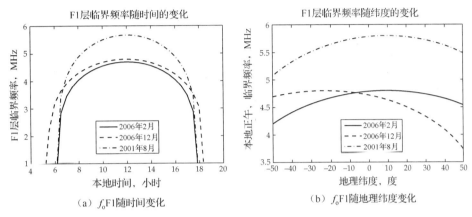

图 2.9　基于经验模型，F1 层临界频率随时间（日、季节、太阳活动周期）和地理位置（地磁纬度）变化的大范围分布直观图

直观上，F1 层临界频率的大尺度变化结构特征与 E 层的变化方式基本相似。对于高频传播而言，E 层和 F1 层是相对稳定的电离层区域，但是它们仅在白天支持高频天波传播模式。而且，E 层和 F1 层是相对较低的电离层区域，其单跳传播路径长度较短，而且相对于 F2 层，仅能够反射高频中间频段的频率。

2.2.2.3　电离层 F2 层

虽然使用明确解析表达式能够取得 E 层和 F1 临界频率相对较好的预测结果，然而还没有公式能够对随时间和地理位置变化的 F2 层临界频率分布进行精确预测。相对于 F2 层以下电离层，F2 层峰值高度会发生显著变化。F2 层不均匀变化特性受到地球磁场的剧烈影响。由于中性风、电磁漂移和场列散布的共同作用，等离子体转移过程显著影响了 F2 层的电子浓度分布。

F2 层时变特性分别如图 2.10 和图 2.11 所示。从位于 Kalkarindji 的 VIS 探测系统在 2008 年 4 月 2 日采集的电离图记录数据，图中给出了 F2 层 f_oF2、h_mF2 等参数的日变化情况，其中 h_mF2 参数表示 F2 层电子浓度最大值对应的高度。值得注意的是，临界频率的最低值出现在日出前。在夜间多数时候，临界频率保持一个相对较高的数值（3～4 MHz），该数值与白天 E 层和 F1 层临界频率最大值相当。

从图 2.10 可以看出，f_oF2 参数在接近正午时达到峰值约 11 MHz，而在下午的早些时段，观测到该参数值下降超过 4 MHz，并且在下午的中间时段参数值又恢复到超过 10 MHz。从该图定量分析可以得到：白天 f_oF2 值远高于 f_oE 和 f_oF1 的预测结果，而且对太阳天顶角的依赖性也高于 f_oE 和 f_oF1。

通过反演处理获得的 h_mF2 估计值，容易受到电离图特征的影响，因此在一定程度上，相比于 f_oF2，电离层高度参数 h_mF2 的分布要杂乱些，如图 2.11 所示。反演流程的分析可以参见 Titheridge（1988）、Paul（1977）等技术文献。在图 2.11 中，夜间 F2 层峰值高度可达到约 325 km，白天则下降到约 225 km，24 小时内 F2 层峰值高度的变化十分显著。该实例表明：即使在相对稳定的中纬度区域，远离日出和日落的时刻，F2 层特性变化也很快。

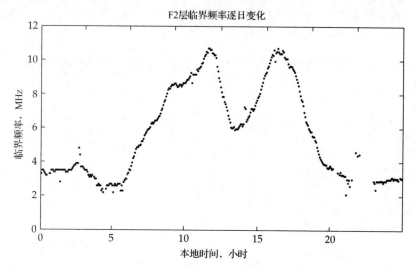

图 2.10　2008 年 4 月 2 日，Kalkarindji 站点处电离层 F2 层临界频率 f_0F2 日变化

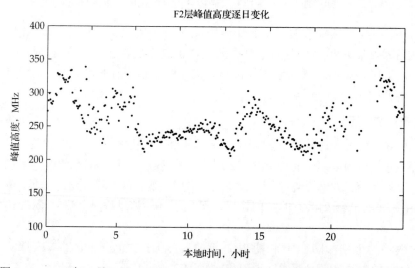

图 2.11　2008 年 4 月 2 日，Kalkarindji 站点处电离层 F2 层临界频率 h_mF2 日变化

从 2008 年 4 月 1 日（第 92 天）开始，Kalkarindji 站点处 f_0F2 和 h_mF2 测量值在连续 4 天内的变化情况，如图 2.12 和图 2.13 所示。宏观上参数每天的日变化整体形态基本相似。但是，在每天的特定时刻，相邻两天 F2 层实测参数的变化量是非常明显的。

从图 2.12 可以非常清楚地看到，对于特定日期，尝试将月中值模型与 F2 层临界频率日变化进行匹配，会导致在一些时刻预测与实测结果发生显著地偏离。在中纬度地区，f_0F2 的上十分值和下十分值远离中值的程度通常为±25%。换句话说，使用历史月中值数据对 f_0F2 进行预测是不准确的。对于 F2 层其他参数，如峰值高度和半厚度，使用月中值模型进行参数预测也是不准确的。

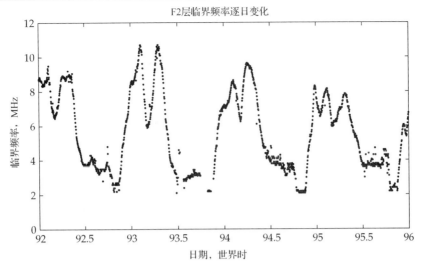

图 2.12　2008 年 4 月的前 4 天，Kalkarindji 站点处电离层 F2 层临界频率 f_oF2 的逐日变化

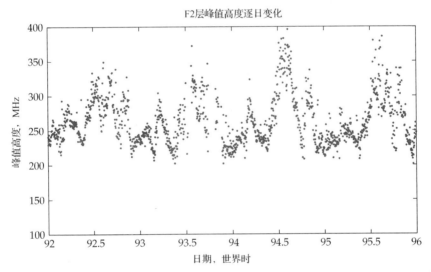

图 2.13　2008 年 4 月的前 4 天，Kalkarindji 站点处电离层 F2 层峰值高度 h_mF2 的逐日变化

气候学模型是以基本数据库为基础，只能从统计意义上预测指定地理位置处实时或未来的电离层状态。就天波传播原理而言，获取实际电离层数值的变化是高频系统的最大需求，关于这方面的预测对于超视距雷达是有重要意义的。传播条件的预测结果和实测值之间即使存在相对较小的差异，也会导致系统性能的显著下降，因此，超视距雷达不能依赖于气候学模型来保障日常工作性能。

为了显著降低统计误差，必须建立一个基于地面观测数据的实时电离层模型（RTIM）。RTIM 不仅能够引导超视距雷达选择工作参数从而改善其目标探测和跟踪性能，而且还提供了精确坐标变换和航迹关联所需的传播路径信息，如第 3 章所述。

虽然，F2 层受太阳影响其特征是不可预测的，但还是可以识别 F2 层的基本特性。在中纬度地区，F2 层临界频率值在日出和日落前通常是最小的，在正午附近是最大的，夏季 f_oF2 的量级通常比冬季要高。然而，在北半球正午时分电子浓度峰值在冬季要比夏季更高，这一现象称为冬季异常，其原因可以认为是 F 层原子和分子相对含量的季节变化，而在夏季，这一生成和消亡的平衡态发生了变化。在南半球中纬度地区不会出现冬季异常，尤其是在太阳活动低年。

在整个太阳周期，F2 层临界频率随太阳黑子数增多而显著增大，更高的临界频率值出现在接近太阳高年，通常伴随有 F2 层峰值高度的提升。f_0F2 月中值全球分布图可参见 Fox and McNamara（1988）等技术文献，电离层 F 层全球化物理模型可参见 Sojka（1989）等。

图 2.10 表明，在晨昏交界处电离层变化最为剧烈，电离层临界频率和高度在以分钟量级的时间内发生明显变化。日出或日落时刻电离层出现显著的水平梯度或"倾斜"，这会在数百千米的空间跨度上形成明显偏离大圆的反射和传播情况的突变。为了有效地适应传播条件的变化，在此期间，超视距雷达需要频繁的更新所使用的 RTIM 和系统工作参数。

2.2.2.4 低纬度和高纬度

在低地磁纬度，受赤道 E 层中性风的影响指向向东的电场，以及近乎水平的南北朝向地磁场线，两者共同作用使得电离层电子在电磁（E×B）漂移的转移过程向上运动（Kelley 2009）。由于电子上升到更高高度，缺少外部电场，垂直于地磁场线的电子进一步垂直运动变得更为受限，使得电子以场向扩散的方式沿着磁场线螺旋下降。

在从高纬度向下到较低纬度形成的地磁赤道±20°的区域内，由于中性风、电场漂移和场向扩散的共同作用，F2 层电子进行了重新排布，这一现象称为喷泉效应。其导致地磁赤道南北方向上出现电离程度增强的峰，该现象称为赤道异常或 Appleton 异常（Appleton 1954）。这些峰值在图 2.14 所示的 f_0F2 的气候学图中清晰可见。

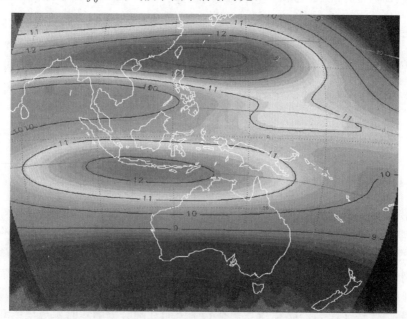

图 2.14　在接近太阳活动最大值时（1999，UT 06:00:00），1 月某天 f_0F2 等值线分布气候学图。赤道异常现象对应的电离程度的增强，也称为 Appleton 异常，在赤道两边清晰可见。值得注意的是，地磁赤道附近的电离峰是沿着地磁赤道发生转移的

赤道异常以一个固定的地磁倾斜呈中心分布趋势，滞后于日下点，沿着地球从东到西延伸。在下午较晚时段和夜间较早时段，其电离程度最大，尤其是在接近太阳活动高年和春分或秋分时更明显。赤道异常现象意味着电离层 f_0F2 和 h_mF2 空间分布的剧烈变化。与赤道异

常现象有关的这种临界频率快速变化和大梯度，以及地磁赤道处电离层高度的提升（F2 层峰值高度可高达 500 km）。在单跳模式下，可能会使高频信号沿着南北跨赤道路径传播得异常远（超过 6000 km）。

由于发射信号在电离层中经过不断变化的场致排列电子浓度不均匀体的散射，经赤道地区电离层的传播路径随频率的变化是不稳定的。对于超视距雷达，接收到的赤道地区返回散射信号通常形成无用的多普勒扩展杂波，这不是雷达系统所需要的。

在极区和极光椭圆区，地磁场线方向和场线的汇集显著影响了电离层时间和空间变化。地磁场线倾角近乎垂直，使得太阳风携带的带电粒子能够透射进入电离层较低区域，导致高纬度地区电离层的急剧变化。被地球捕获的太阳风中带电粒子围绕磁力线做螺旋运动，并沿着磁力线下降到高纬电离层的较低高度，通过碰撞电离增加这些高度的电子浓度，尤其是 D 层和 E 层高度。对于太阳活动事件，极区电离层是完全"不设防"的，尤其是靠近地磁极点处，此处地球磁场场线从闭合（与另外一个半球的镜像区域相连）到开放，即与行星际地磁场相连（Skolnik 2008b）。

在 E 层约 100 km 高度，极光椭圆区的碰撞电离形成北极光和南极光。通过与电离层中中性粒子的碰撞，带电粒子辐射出部分能量，从而出现可见光。D 层电离增大导致电离层对无线电波能量吸收的增大，而极区突发 E 层能够屏蔽射线传播到更高的电离层。对于超视距雷达而言，高纬度地球散射信号特征通常表现为严重的时延和多普勒扩展。

当通过天线副瓣接收或距离模糊时，高纬度电离层的返回散射回波会显著降低系统性能。毫无意外的，大多数天波超视距雷达在设计时都使得信号反射区域位于中纬度地区，此时电离层的频率特性相对稳定，而且，重点考虑如何通过选择波形（适合解距离模糊）和适宜的天线设计形式（提供合适的旁瓣和正反向比），来避免接收到从低纬度和高纬度电离层区域反射的多普勒扩展杂波。

2.2.3 电离层骚扰和电离层暴

太阳辐射能量的速率并非恒定的，它与时间和太阳表面不同区域有关。由于太阳是一个非均匀等离子体，其内部加热和冷却机制导致太阳可见表面出现或强或弱、不断发展的活跃区域。有时，太阳表面部分区域从持续"安静"状态转变为扰动或"活跃"状态。太阳活跃性所带来的扰动可能发生在任何时候，但是这种扰动的发生频率和程度随着 11 年的太阳活动周期而起伏，太阳活动高年对应的扰动发生频率和程度要高于太阳活动低年。

太阳活跃性通常用其表面可见的"黑色"的太阳黑子数或太阳黑子数组来衡量。尽管太阳黑子的观测已经有较长的历史，然而，波长 10.7 cm 的太阳辐射通量也是衡量太阳活跃水平的另外一种常见方式。在最新一个太阳活动周期的前期，多数太阳黑子出现在太阳高纬度地区，而当太阳活动周期内太阳活跃性达到最大值时，越来越多的太阳黑子出现在太阳赤道附近。

太阳活跃性扰动有可能严重影响地球的磁层、等离子体层和电离层，这种扰动引起的地球"磁等离子体"效应反过来会对利用天波进行电波传播的高频系统工作性能产生深远影响，这种影响是由于高频系统的工作依赖于时间、地理位置、太阳表面的扰动形态和太阳磁场的状态而导致的。太阳扰动的成因和影响的详细描述可以参见 Matsushita（1976）、Rishbeth（1991）、Prolss（1995）、Rishbeth and Field（1997）、Field and Rishbeth（1997）、Kelly 等（2004）等。

太阳扰动的剧烈程度可以分成不同级别。在某些情况下，高频电波传播特征发生了超出安静条件下的预期传播特征变化，极端情况下某种电离层电波传播路径完全消失，甚至出现几小时或几天内的电波传播中断。在大多数情况下，太阳扰动会给天波超视距雷达等高频电子系统带来严重的不利影响，但并非总是如此，有时太阳扰动也会增强电离层的传播效应（尽管这种情况很少发生）。太阳扰动是多种多样的，例如，某些扰动可以显著影响白天绝大多数纬度的高频电波传播，而某些扰动所带来的影响发生在白天或夜晚，其剧烈程度与地磁纬度有关。

对于特定的一些太阳活动事件，太阳扰动对天波传播产生危害的时刻要晚于在太阳表面观测到该扰动的时刻，因此对太阳扰动的预测和警报通常是有意义的，这不仅仅是针对为了特定优先任务服务的系统，同时还能够辅助诊断设备的工作性能异常是由于太阳扰动导致的，而不是设备故障。

许多国家都成立了空间天气预报中心或相关机构，例如，澳大利亚政府电离层预报服务机构（www.ips.gov.au）可以提供澳大利亚、大洋洲以及其他区域的空间环境气象预报；以及美国政府官方的空间环境预报中心（www.swpc.noaa.gov）；在 http://esa-spaceweather.net 网站可以获得欧洲太空总署的预报信息。

2.2.3.1 太阳耀斑与突然电离层骚扰

太阳耀斑是由于太阳色球层里靠近太阳黑子附近的光斑区域 X 射线强烈爆发所导致的，该过程可以持续几分钟到几小时，其在太阳活动高年经常发生。太阳耀斑发生约 8 分钟后，喷发的 X 射线到达地球日照面，强烈的 X 射线穿透入地球大气层，引起电离层 D 层光化电离过程加剧，电子浓度短暂激增 10 倍或更多。

电离层 D 层电子浓度增大效应导致天波电波传播过程中电子碰撞激增，电波的非偏移吸收增大。严重时，高频信号吸收程度增大导致几乎所有的无线电波能量损失，几乎没有在电离层更高层反射的电波存在。1937 年，J. H. Dellinger 解释了该现象，因此有时称该现象为 Dellinger 效应。而在大多数情况下，称该现象为短波消逝（SWF）或白天高频无线电通信消逝，因为它只发生在地球的向日面。常常用来描述该类型事件的另一个名词是突然电离层骚扰（SID）。

太阳耀斑的剧烈程度可以用 X 射线通量密度（W/m^2）来衡量，它是卫星通过对波长 10～80 nm 范围内射线的观测所获得的。当 D 层对应的太阳天顶角较小时，X 射线通量密度较大，电波的吸收效应达到最大，此时穿透 D 层向上或向下进入电离层 E 层和 F 层最大电离区域的射线受到的影响最严重。在这种情况下，SWF 效应会严重降低或阻碍向日面的天波电波传播，相对应的，对于工作在地球非向日面区域的高频系统是有利的。SWF 效应导致了另一种方式下传播信号的中断，即减弱了经电离层反射的远距离传播而来的干扰和噪声。

在高频段，非偏移吸收量近似与工作频率的平方成反比。因此，小的太阳耀斑主要影响高频频段内较低的频率，这就使得使用更高频率来降低吸收成为一种可能，电离层 E 层和 F 层也支持更高的频率进行传播。另一方面，大的太阳耀斑会极大地抑制整个高频频段内所有频率的天波电波传播。SWF 效应引起的短波中断是一种暂时的现象，其典型特征是信号的突然中断，然后缓慢恢复。

如图 2.15 所示，频率越高受太阳耀斑的影响越小并恢复的最快，较低频率在 SWF 效应发生后电离层恢复到正常状态的时间，可能需要 1～2 小时。在太阳活动高年，平均每个月有

3 或 4 天,地球电离层受太阳耀斑的影响十分显著(McNamara 1991),而较小的(能量较低)太阳耀斑发生得更为频繁,几乎每天发生十多次,但是它们对高频系统的影响可以忽略。

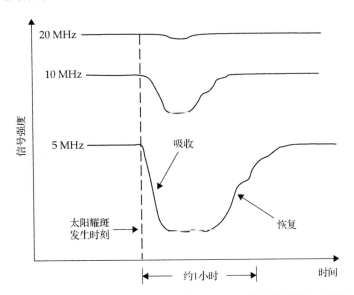

图 2.15　白天,太阳耀斑发出的 X 射线引起的 SID 时,接收到的频率分别为 5 MHz、10 MHz、20 MHz 的天波传播信号强度随时间的变化示意图(McNamara 1991)

2.2.3.2　日冕物质抛射

日冕物质抛射(CME)是由太阳磁力线的重联事件引起的。这些事件也与大的太阳耀斑有关,因此 CME 往往伴随着较大的太阳耀斑。在 CME 过程中,电子、质子和重核的运动速度加快并接近光速。CME 产生的过热电子沿着磁场线的运动速度比太阳风要快,形成一种激震前沿,从而对地球磁场产生影响并产生磁暴(本节稍后进行描述)。

CME 带来的高能等离子体在其爆发 1~4 天后到达地球,进一步引起地磁暴。这种地磁场的 CME 效应,结合摄动行星际磁场与 CME 的相互作用共同引起地磁场的振荡并可能引起重联事件。CME 的高能粒子与地球的相互作用方式与太阳质子事件相似(本节稍后进行描述)。在太阳活动低年,CME 平均每周发生一次,而在太阳活动高年,CME 事件平均每周发生 15~20 次。

2.2.3.3　太阳质子事件

太阳喷发的质子活动性强,当辐射质子进入密集流状的太阳风时,形成大的太阳耀斑或 CME 的弓形激波,高能质子流到达地球的时延约几个小时,这就是"太阳质子事件"。当高能粒子流进入地球磁层时,粒子并不穿过地磁场线而是沿着地磁线螺旋或旋转,该过程使得粒子沿磁场线向极区运动,在那里粒子穿透进入电离层,并引起极区 D 层碰撞电离过程的加剧,电子浓度增大,导致极区反射的电离层传播射线的吸收增大,这就是所谓的极冠吸收(PCA)事件。

PCA 引起的无线电波能量的吸收可能超过 20 dB,但这仍仅局限于极区,通常是地磁极点约为 20°的范围内。由于质子流能量的原因,PCA 可以持续数天,在太阳活动高年,每年都发生数次 PCA 事件。虽然 PCA 的影响严重,但是此类事件仅仅对反射中点在极区的斜向高频传播产生影响,这对于少数系统(如工作在高纬度区的高频雷达系统 SuperDARN)产生抑制作用。由于地球磁场的"屏蔽"效应，中低纬度区域的电离层并不会受到该太阳活动事件的影响。

2.2.3.4 地磁暴与电离层暴

日冕洞、大的太阳耀斑和 CME 都会对太阳粒子流形成增强作用，并可能对地球产生影响。日冕洞是一个太阳磁场线不封闭而向空间开放的区域，该现象使得太阳粒子流不受太阳磁场约束从而反过来增强这些区域的太阳风。当地球突然形成了一个增强的等离子体云时，引发地磁层的电子环状电流从而扰乱地球磁场，这导致磁暴期间，地球的磁场强度和方向可能发生显著变化。地磁场的持续波动引发地磁暴，其强度变化可以超过平静地磁情况下一个数量级。

地磁暴导致电离层 F2 层电子浓度的剧烈变化，这种剧烈变化是上 F 层电离的扰动引起的。因此可以认为地磁暴通常会引起电离层暴。一般而言，由于电离层较低高度区域的电子浓度变化不受地磁场的严格控制，电离层 D 层、E 层、F1 层的电离结构受地磁暴的影响很小。相对于低电离层高度区域，当这样的事件发生时，F2 层在磁暴期间更有可能变得不稳定，临界频率更容易发生显著变化。

随着日冕洞流经地球，或者受 CME 云的影响，或者地磁场线的重新分配，电离层暴可能持续数天。当缓始型地磁暴发生时，（赤道地区）会形成 27 天循环性的电离层暴。此外，电离层暴会影响中、低纬度地区大部分高频系统的电波传播，即当存在两个或两个以上的大电离层暴时，中纬度地区电离层 F2 层的电子浓度和临界频率严重下降。天波传播的条件和信号反射点的稳定性决定了高频系统的性能，因此当电离层暴发生时，高频系统的性能很容易发生衰退。

电离层暴的性质和严重程度很大程度上取决于该事件的能量和地球相对于太阳的位置。猛烈的 CME 发生时，在带电粒子沿着磁力线螺旋发生下降之前，粒子流会更加深入地球磁场，引起电离层暴从磁极到磁赤道的进一步扩展，而较弱的太阳活动事件引起的电离层暴并不向磁赤道渗透。地磁暴的剧烈程度可以用地磁指数来衡量（Davies 1990），地磁暴预警（类似于太阳耀斑）也有助于诊断系统性能衰减是由于传播条件的扰动而不是设备故障所引起的。

2.2.3.5 电离层行波扰动

通过在重力恢复力的作用下绝热置换空气块的振荡，波状扰动能够在中性大气层中传播。浮力作用下围绕着平衡高度的振荡具有的特征频率被称为 Brunt-Vaisala 频率。这些大气层波称为声重力波（AGW），其通过离子与中性粒子的碰撞进行波动传播。可以认为是这种机制产生电离层中的波状扰动，通常称为电离层行波扰动（TID）。TID 现象的详细描述可以参见 Hocke and Schlegel（1996）和 Hunsucker（1990）等。

在 D 层和 E 层，高碰撞频率导致等离子体运动遵循电中性的运动方式，但是在 F 层，较少的电子碰撞导致从中性大气层中得到的离子被约束着沿地磁场线运动。当 TID 经过信号反射区域时，生成一个电离层电子浓度等值线的起伏面。聚焦和散焦现象的发生，可能导致无线电波幅度、多普勒频移、时延和到达方位剧烈且快速的变化。在 F 层，TID 形成的电子浓度振荡周期在 8～60 分钟间变化，随时间变化呈准正弦状态，水平运动波长可达 50～500 千米，运动速度的范围从 E 层区域的 50 m/s 到 F 层区域的 1000 m/s。不同尺度的 TID 通常随时出现。若在目标观测过程中不考虑 TID 效应，TID 将导致超视距雷达产生较大的目标定位和跟踪误差。

2.3 电离层斜向传播

虽然无线电垂直探测能够提供探测点上空电离层高度结构和动力学的有价值信息,但是,人们对斜向传播的兴趣和应用是显而易见的。例如,点对点的高频通信、短波电台广播和超视距雷达。电离层斜向传播信号的反射过程。除了垂直入射时的电子浓度高度剖线和无线电波频率,还需考虑俯仰角和传播路径地面距离的变化。本节描述了与天波斜向传播路径相关的一些主要概念,重点是在给定电离层电子浓度分布下,信号频率、射线仰角和路径长度(地面距离)之间的相关性。

本节首先阐述了斜向传播的基本等价关系,包括正割定律、Martyn 定理和 Breit-Tuve 定理,从反射虚高的角度解释斜向传播基本原则,在此基础上的不同近似能够满足对传播模型精度要求不是特别高的应用需求(如高频通信)。对高精度模型的应用需求,如超视距雷达,本节对基于传播模型的解析和数值射线追踪技术进行了讨论。数值射线追踪技术可以实现在任意给定的电离层三维空间电子浓度分布和地磁场因素的条件下,射线传播路径的精确理论计算。

2.3.1 等价关系

图 2.16 描述了当斜向传播信号在水平均匀平面电离层反射时的典型情况。在 T 点发射频率为 f_0 的一条射线,直线到达电离层底部时的入射角为 ϕ_0,当射线进入电离层时,由于在最大电离高度 h_m 以下电离层电子浓度随高度单调增大,电离层折射指数随高度的变化,导致射线不断向传播方向倾斜,信号历经一个弯曲的路径在电离层中传播,直到到达 B 点并发生反射。

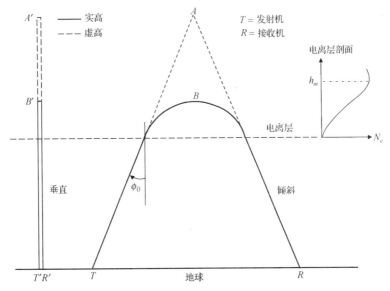

图 2.16 水平均匀平面电离层条件下,斜向反射和垂直反射具有相同的实高(B' 和 B)和虚高(A' 和 A)(Davies 1990)

然后,发射的射线沿着向下弯曲的路径传播,直到到达电离层底部,随后射线直线传播到达地面上 R 点。弯曲的痕迹 TBR 为射线的传播轨迹,三角关系的路径 TAR 并非真实传播信号的路径,它称为反射虚路径。该典型示例说明了水平均匀平面电离层条件下斜向传播信号的一些重要准则。稍后将介绍地球曲率的影响,逐步发展斜向反射过程中的更真实模型。

除了说明斜向反射情况下的反射实路径和反射虚路径,图2.16的左侧还描述了一个垂直反射"等效"关系,即频率 f_v 的垂直入射射线与入射角为 ϕ_o、频率为 f_o 的斜向入射射线在相同的电离层实高反射,频率 f_v 也称为垂直等效频率。

Snell定理可以给出在相同实高处反射的垂测和斜测信号频率之间的关系。当忽略碰撞和地磁场影响时,频率的关系可以用式(2.33)来表示,该式又被称为正割定律。正割定律阐述了一个重要的状态:对于给定实高,正常情况下电离层能够反射斜向传播信号的频率更高。

$$f_o = f_v \sec\phi_o \tag{2.33}$$

Breit-Tuve定理表明:假设无线电波在所有路径以自由空间的光速传播,点 T 和 R(均位于电离层外)之间的电波传播时间,与沿着虚路径 TAR 传播的时间相同。换句话说,Breit-Tuve定理表明,式(2.34)群路径 P' 与路径 TA+AR 相同。虽然实际上射线在电离层中的传播轨迹是弯曲的,但是该定理表明可以用以 A 为顶点"镜面反射"构成的三角几何关系对应的直线路径,替代在 B 点反射的射线真实路径。实际上,$P'= TA+AR$ 是一种近似关系,当应用需求不高时是完全可以接受的。

$$P' = \int_{TBR} \frac{ds}{\mu} \tag{2.34}$$

一个频率为垂直等效频率的斜向传播信号与垂直入射信号在相同电离层实高处反射,即 $B = B'$。Martyn定理指出,频率为 f_o 的斜向入射信号的反射虚高 A 等于频率为垂直等效频率 f_v 的垂直入射信号反射虚高 A'。结合Martyn定理和Breit-Tuve定理可知,在水平均匀平面电离层条件下,等效几何路径 P' 可以用式(2.35)来表示,此处垂直等效频率 f_v 的垂直入射信号反射虚高满足 $h'=A'$。由于无线电波进入电离层后群速度降低,真实路径长度 TBR(也称为群路径)要小于虚路径 P'。

$$P' = 2h' \sec\phi_o \tag{2.35}$$

对于数百千米的地面距离而言,假设地球表面是平面并不合适。一部超视距雷达通常能够覆盖的地面距离达上千千米,对于如此大的地面距离范围,如图2.17所示的地球球形表面是比较合适的。与之前类似的是,图2.17也描述了射线的实路径 TBR 和等效虚路径 TAR。需要注意的是,此时电离层电子浓度高度剖面是球对称的(相对于之前的水平均匀)。

显而易见,群路径 P' 可以用式(2.36)表示,其中 r_e 是地球半径,D 是地面两点 T 和 R 之间的大圆距离(弧长)。在考虑地球表面曲率的条件下,该公式能够准确计算路径反射中

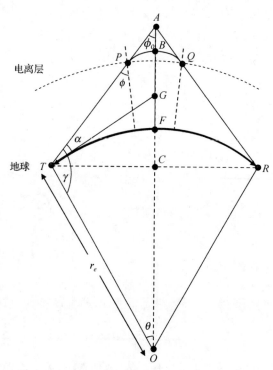

图2.17 斜向传播射线穿过球对称厚曲面电离层的传播示意图。FB 是射线反射实高,FA 是反射虚高。假设 P、Q 两点间电离层电子浓度高度剖面是均匀球对称的,不考虑电子浓度随路径的变化

点处的电离层高度，且弦 TCR 对应大圆路径中点处的高度 $CF = r_e[1-\cos(D/2r_e)]$。当 $D \ll r_e$ 时，式（2.36）可以等同于地球表面为平面条件下的式（2.35）。

$$P' = 2\{h' + r_e[1 - \cos(D/2r_e)]\}\sec\phi_0 \tag{2.36}$$

若假设对于满足式（2.33）正割定律的频率 f_v，式（2.36）成立的话，则若要满足图 2.17 所示的条件 $\phi_o = \phi$，这只能是 P 和 Q 两点间电离层为平面的条件下才能成立。曲面电离层条件下，射线入射角 ϕ 要大于等效几何路径对应的入射角 ϕ_o，而且对于超视距雷达而言，不能忽略地面大圆距离对应的电离层曲率。

Davies（1990）对该效应进行了阐述并改进了正割定律，如式（2.37）所示。该式引入了一个数值范围为 1~1.2 的修正系数 k，$k\sec\phi_o$ 称为倾斜因子。对于特定电离层某层而言，斜向探测时能够反射的最大频率等于该层临界频率与倾斜因子的乘积。

$$f_o = kf_v\sec\phi_o \tag{2.37}$$

到目前为止，都没有考虑 P 点和 Q 点之间传播路径上电离层电子浓度高度剖面的变化，而且在地磁场条件下电波斜向传播问题的研究也没有考虑该影响。尽管这些假设显然是不切实际的，但简单方便，同时，基于这种斜向传播的简化表示，进一步揭示了信号频率、射线仰角和地面大圆距离之间存在的重要关系。

在本节最后，对去除了上述假设条件下的斜向传播模型所对应射线追踪程序进行讨论。

2.3.2 点对点链路

对于给定地面距离 D，天波传播与两个地面固定台站间的点对点高频通信链路直接相关。由于可以认为超视距雷达系统的监测区域是由大量（双向）点对点电路组成的，因此，对固定距离天波传播的研究也与超视距雷达系统有关。对于这样的系统，需要掌握无论来自还是到达移动目标点的斜向电离层传播特性，从而在雷达的群距离和到达角坐标系中，对探测和定位到的某地理位置处目标回波进行标记。

传播路径互易性准则通常适用于单站超视距雷达，由于发射和接收的射线路径表现出的特性可能很相似，因此该准则也近似适用于基地角较小的准单站超视距雷达。实际上，由于发射天线的仰角形式和目标的后向散射形式差别并不大，因此互易性假设的提出通常是合理的，这使得可以从相关的单向传播路径推断出双向点对点传播路径的传播特性。

图 2.17 表明，终端 T 和 R 之间单一频率 f_o 的射线可能经过一条或多条不同的传播路径，也可能不发生传播，这取决于电离层电子浓度高度剖面。即在所假设（球对称）的电子浓度高度剖面条件下，基于上述描述的等效关系对 T 点和 R 点间的斜向传播虚路径的求解。

为了确定存在的射线路径的解，常规方法是将 $\sec\phi_o$ 表示为反射虚高 h' 和点对点链路地面大圆距离 D 的函数。从图 2.17 的几何关系可以看出，利用等式 $\sec^2\phi_o = 1 + \tan^2\phi_o$，$\sec\phi_o$ 可以用式（2.38）表示：

$$\sec\phi_o = \sqrt{1 + \left\{\frac{r_e\sin(D/2r_e)}{h' + r_e[1 - \cos(D/2r_e)]}\right\}^2} \tag{2.38}$$

将式（2.38）代入式（2.37），得到式（2.39），其中 h' 和 f_v 表示已知量 f_o 和 D 对应的自由变量。对于给定的 f_o 和 D，满足式（2.39）的虚高 h' 和垂直等效频率 f_v 的变化曲线称为传输曲线。

$$f_o = k f_v \sqrt{1 + \left\{ \frac{r_e \sin(D/2r_e)}{h' + r_e[1 - \cos(D/2r_e)]} \right\}^2} \qquad (2.39)$$

式（2.39）可以表示为 h' 的等式，此时传输曲线如式（2.40）所示。对于给定的 f_o 和 D，传输曲线展示了站点处 h' 和 f_v 所有可能的组合。当地面距离较小（$D \ll r_e$）时，可以假设地球是平面的，此时根据式（2.40），传输曲线的简化表达式是 $h' = D \big/ \{2\sqrt{(f_o/f_v)^2 - 1}\}$

$$h' = \frac{r_e \sin(D/2r_e)}{\sqrt{[f_o/(kf_v)]^2 - 1}} - r_e[1 - \cos(D/2r_e)] \qquad (2.40)$$

重要的是，电离层电子浓度高度剖面特性也使得 h' 是 f_v 的函数，即垂直探测电离图描迹，如式（2.41）的 $h'(f_v)$ 所示。其中，积分上限 h_r 表示的是电离层等离子体频率 f_N 等于 f_v（发生反射）时的高度，μ' 为电离层随高度变化的群折射指数。

$$h'(f_v) = \int_0^{h_r} \mu' \, dh \qquad (2.41)$$

根据式（2.40）所示的传输曲线和式（2.41）所示的 $h'(f_v)$ 描迹的交叉点，可以获得地面大圆距离 D、斜向反射频率 f_o 对应的等效几何路径的虚高。对于任一层的剖面 $h'(f_v)$，虽然通常无法得到交叉点的解析解，但是可以很容易地通过计算绘图的方式来获得[7]。

根据图 2.17 的几何关系，一旦确定了射线的反射虚高，可以很容易地获得其他射线参数，如仰角 α、群路径 P'。即将式（2.38）给出的群路径代入式（2.36）得到式（2.42），其中，h' 是给定射线路径解对应的反射虚高。当采用地球表面为平面的模型（$D \ll r_e$）时，式（2.42）可以简化为 $P' = 2h'\{1 + (D/2h')^2\}^{1/2}$，而对于垂直探测而言（$D=0$），此时 $P' = 2h'$。

$$P' = 2\{h' + r_e[1 - \cos(D/2r_e)]\} \sqrt{1 + \left\{ \frac{r_e \sin(D/2r_e)}{h' + r_e[1 - \cos(D/2r_e)]} \right\}^2} \qquad (2.42)$$

总之，对于球对称电离层反射的斜向传播信号，上述等效关系将射线路径对应的一些重要变量联系到一起。即满足式（2.40）和式（2.41）的虚高的解，理论上与射线入射仰角 ϕ_0、路径对应地面大圆距离 D、斜向传播信号频率 f_o 和电离层电子浓度高度剖面 $h'(f_v)$ 相关。从图 2.17 的几何关系可以清楚地看到，射线仰角或"起飞"角 α 和群路径 P' 唯一对应于一组 (ϕ_o, D)。

上述描述的过程，可以参考光学射线追踪（VRT），其具体表示是：对于地面任意两点间距离 D，只要电离层电子浓度高度剖面已知，可以从单跳传播路径中点处获得的垂直探测电离图，推断出对应的斜向传播路径信息。这就是路径中点也被称为电离层控制点的原因。

实际上，电离层 E 层和 F 层的多层结构形成了垂直探测电离图描迹 $h'(f_v)$，该描迹的形状同时也受到地磁场的影响。以下用一个相对简单的示例来说明 VRT 方法的应用，首先考虑单一球对称电离层和不添加地磁场的条件。使用如式（2.43）所示的相对简化的抛物型电离层模型，能够很容易的构造相对应的电离图描迹 $h'(f_v)$。如 Davies（1990）所述，h_0 是临界频率为 f_c，半厚度为 y_m 的抛物线型电离层底部的高度。

$$h'(f_v) = h_0 + \frac{1}{2} \ln \left\{ \frac{1 + f_v/f_c}{1 - f_v/f_c} \right\} y_m \qquad (2.43)$$

稍后我们将讨论另一种能够进行解析射线追踪的参数化球对称电离层剖面模型。相对于

---

[7] 若该层的剖面 $h'(f_v)$ 可以用如 2.3.3.3 节所述的准抛物模型剖面来解析表示的话，就很容易获得解析解。

解析射线追踪，基于 Martyn 定理的 VRT 方法更具普遍性，能够应用于任意形式的球对称电子浓度高度剖面情况下。通常基于 VRT 的射线路径计算并不如解析射线追踪的计算精度高。但是，VRT 的优势在于它并不要求电离层剖面有数学上较简单的参数模型。换而言之，在不需要利用参数已知的电离层模型条件下，直接采用从垂直探测电离图获得的精确描迹信息，无论电离层是单层或者是多层，都能计算出路径对应的反射虚高。基于 VRT 的解析和数值射线追踪技术的优点会在后续章节进行说明。

在电离层 F2 层的高度值和半厚值等参数已知情况下，典型抛物型电离层剖面 $h'(f_v)$ 如图 2.18（a）所示。从图 2.7 对应的实测垂直探测电离图观测到的 F2 层临界频率为 $f_c = 7.1\,\mathrm{MHz}$，相应的 F2 层底高为 $h_0 = 210\,\mathrm{km}$、半厚度为 $y_m = 50\,\mathrm{km}$。观察 $h'(f_v)$ 可以看出：在 250～500 km 范围内，信号的反射虚高（垂直探测）随垂直探测频率 f_v 的增大而增大，一直到达该层的临界频率位置处。

虽然仿真获得的 $h'(f_v)$ 描迹并不能完全表示图 2.7 所示的实测描迹，但是典型解析函数也能够或多或少地反映 F2 层的寻常波射线。值得注意的是，在图 2.7 所示的实测垂直探测电离图中，电离层 E 层和 F1 层的存在，遮蔽了频率小于 5 MHz 的 F2 层描迹，由于示例中并未考虑电离层 E 层和 F1 层，因此在图 2.18（a）中，可以看到 $h'(f_v)$ 描迹中包含了频率小于 5 MHz 的描迹信息。

地面距离 $D = 1260\,\mathrm{km}$，斜测频率 f_o 对应的传输曲线组如图 2.18（a）所示。其中，频率 f_o 的传输曲线和电离层剖面 $h'(f_v)$ 的交点即为该频率对应的路径反射虚高。例如，频率 $f_o = 13\,\mathrm{MHz}$ 对应两个交叉点，如图 2.18（a）中的 a 和 b 两点，因此也就存在两个反射虚高，均满足典型电离层模型下的式（2.40）和式（2.43）。a 点所示的较低反射虚高对应的射线仰角较小，称为低角射线。b 点所示的射线称为高角射线或 Pedersen 射线。更常见的是分别将它们简称为低射线和高射线。

如图 2.18（a）所示，随着斜测频率 f_o 的增大，低射线和高射线对应的反射虚高逐渐汇合，直到传输曲线最终与 $h'(f_v)$ 描迹相切，切点记为 c 点，低射线和高射线合并成一条射线，称为"跳距射线"。此时，斜测频率 $f_o = 14.5\,\mathrm{MHz}$ 称为点对点链路上的最大可用频率（MUF）。频率继续增大超过 MUF 时，终端 T 和 R 之间不再有射线斜向传播。另一种表示方式是，当 $f_o > 14.5\,\mathrm{MHz}$ 时，满足式（2.40）和式（2.43）的解不存在。例如，频率 $f_o = 16\,\mathrm{MHz}$ 对应的传输曲线与图 2.18（a）中的 $h'(f_v)$ 描迹不相交。频率高过 MUF 的信号被认为跳过了地面距离 D。

频率为 MUF 的信号反射高度不在电离层最大电离高度，即等离子体频率等于该层临界频率处，这一认识乍看起来是不合常理的。在固定地面距离 D 的情况下，在信号传播路径反射中点处，频率 f_v 的增大意味着 $\sec\phi_o$ 的减小。当 $f_v \sec\phi_o$ 的乘积达到最大值时的高度，就是频率为 MUF 的信号的反射高度。在更大的反射高度，随着频率 f_v 的增大 $\sec\phi_o$ 减小的速度加剧，因此频率为 MUF 的信号的反射高度低于电离层最大电离高度。对于超视距雷达而言，MUF 并不混同于系统最优工作频率。因为雷达工作频率依赖于多种准则，如信噪比、信道频率稳定性和多路径引起的多普勒谱污染。本书第 3 章会对最优工作频率选择问题进行阐述。

当地面距离 D 确定时，可以绘制出斜向传播路径低射线和高射线的反射虚高随信号频率 f_o 变化的图形。对于图 2.18（a）所示的抛物型电离层剖面 $h'(f_v)$，图 2.18（b）给出了地面距离为 $D = 1260\,\mathrm{km}$ 和 $D = 2520\,\mathrm{km}$ 对应的斜测描迹曲线。该类型的描迹称为斜向探测（OI）

电离图。其中，纵坐标反射虚高可以用群路径 P' 来代替，地面距离为 $D = 1260$ km 的 OI 描迹上的 a、b、c 点，对应图 2.18（a）中 VI 描迹上 a、b、c 点。从图 2.18（b）可以看出，低射线和高射线在 MUF 处汇聚成一条射线，这就是 OI 电离图中的"鼻"形现象。

图 2.18（b）对比了相同电离层剖面条件下，地面距离分别为 $D = 1260$ km 和 $D = 2520$ km 的 OI 描迹。为了避免显示杂乱，图 2.18（a）中并没有保留 $D = 2520$ km 对应的传输曲线。地面距离 D 越大，OI 描迹的 MUF 越大、"鼻"形更为尖锐。在本示例中，随着地面距离 D 从 1260 km 翻倍增大到 2520 km，OI 描迹的 MUF 从 14.5 MHz 增大到约 21 MHz，显然，当地面两端距离趋向于零时，MUF 也随之减小趋向于该层的临界频率。

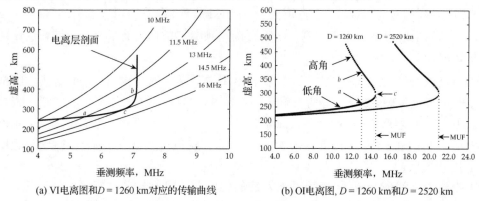

(a) VI 电离图和 $D = 1260$ km 对应的传输曲线
(b) OI 电离图，$D = 1260$ km 和 $D = 2520$ km

图 2.18 单层抛物模型，临界频率 $f_c = 7.1$ MHz 的垂直探测和斜向探测电离图仿真结果。垂测（VI）电离图上 a、b、c 三点，同样也标记在对应地面距离为 $D = 1260$ km 的斜测（OI）电离图上。左图中不再显示 $D = 2520$ km 对应的传输曲线

地面距离为 $D = 1260$ km 时，OI 描迹的群路径 P' 随频率 f_o 的分布如图 2.19（a）所示，而射线仰角 α 随 f_o 的分布如图 2.19（b）所示。与图 2.19 类似，图 2.20 提供了地面距离为 $D = 2520$ km 对应的 OI 描迹信息。对比图 2.19 和图 2.20 可以看出，较低仰角射线传播的地面距离越远，或者说要进行更远距离的传播所需的射线仰角越小。天波超视距雷达的天线在低至 5° 的低仰角射线时增益更高，这对于远距离目标探测和跟踪具有决定意义。

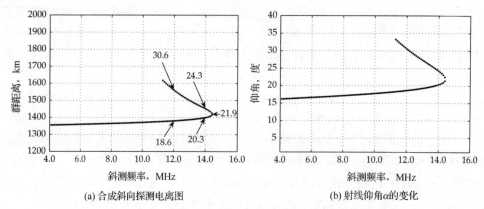

(a) 合成斜向探测电离图
(b) 射线仰角 α 的变化

图 2.19 地面距离为 $D = 1260$ km 对应的斜向探测电离图，纵坐标用群路径 P'（替代反射虚高 h'）表示。图 (a) 中标示出了特定频率下低射线和高射线对应的仰角 α，图 (b) 给出了低射线和高射线对应的仰角 α 随频率的变化。对于给定 $h'(f_v)$ 剖面模型和对应地面距离为 $D = 1260$ km，地面两端间存在频率低于 MUF、仰角在 15°～35° 范围内的天波传播路径

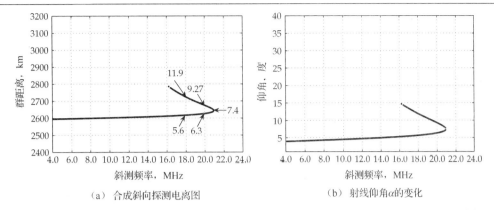

(a) 合成斜向探测电离图　　　　　(b) 射线仰角α的变化

图 2.20　地面距离为 $D = 2520$ km、群路径 P' 随频率变化的斜向探测电离图。图（a）中标示出了特定频率下低射线和高射线对应的仰角 α，图（b）给出了低射线和高射线对应的仰角 α 随频率的变化。对于给定 $h'(f_v)$ 剖面模型和对应地面距离 $D = 2520$ km，地面终端间存在频率低于 MUF、仰角在 $4°\sim 15°$ 范围内的天波传播路径

实测 OI 电离图通常是向日面区域电离层多层结构共同作用的结果，图形形状同时也受包括地球地磁场在内的多种因素影响，产生了寻常波和异常波。因此，实际 OI 电离图结构要远比预先合成的典型描迹复杂得多。图 2.21 给出了一个实测 OI 电离图的示例，其探测时间比图 2.7 所示的 VI 电离图早 5 min，对应的斜向传播地面距离约为 1260 km，路径反射中点处与获取图 2.7 所示 VI 电离图的电离层探测站点距离小于 200 km。

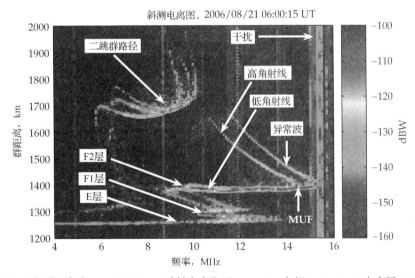

图 2.21　地面距离为 $D = 1260$ km、反射中点位于 Australia 中部 Kalkarindji 电离层 VI 探测站附近的斜向探测电离图。该 OI 电离图与图 2.7 的 VI 电离图的探测时间十分接近。图中标记出了 F2 层高射线和低射线对应的寻常波，与对应的异常波区分明显

如图 2.21 所示，电离层 F2 层高射线和低射线对应的寻常波和异常波清晰可见，这些 OI 描迹与图 2.7 中标记为 F2 层寻常波和异常波的 VI 描迹相关。对于电离层 E 层和 F1 层，获取其高射线和低射线时延非常困难，尤其是相比于 F2 层和 E 层厚度相对较薄时。在图 2.21 中可以看出，F1 层高射线与 F2 层连接在一起。

基于图 2.7 中实测 VI 电离图 F2 层寻常波描迹近似而成的抛物型电离层高度剖面模型，利用等效关系（VRT）进行计算从而得到图 2.19 所示的地面距离为 $D = 1260$ km、群路径 P' 随

频率变化的仿真曲线，可以和图 2.21 中部分实测 OI 电离图 F2 层寻常波描迹对应的高射线和低射线描迹进行对比分析。图 2.19 中的仿真结果预测地面距离 $D = 1260$ km 对应的 MUF 为 14.5 MHz，对应的跳距射线群路径 $P' = 1400$ km，这都与图 2.21 中实测 OI 电离图的观测结果相当接近。简单起见，在分析过程中进行了相当程度的近似处理，但是图 2.21 中实测 OI 电离图 F2 层寻常波的部分描迹与图 2.19 中的仿真描迹的相似程度很高。

2.3.3 频率、仰角和地面距离

在上述描述的斜向传播过程中，对于给定（球对称）电子浓度高度剖面，频率 f_o 和 ϕ_o 改变的同时地面距离参数 D 不变，而现在考虑 f_o 或 ϕ_o 不变的条件下 D 发生变化的情况。除了之前使用的 VRT 方法，对解析和数值射线追踪方法进行讨论，从而实现基于精确电离层剖面获得精确电波传播模型的方法。

实际上，数值射线追踪不再需要球对称电离层模型的设定，而适用于任意形式的电离高度剖面分布。同时，也可以在数值射线追踪中引入地球磁场效应从而构造寻常波和异常波的射线路径。

2.3.3.1 固定频率

固定信号频率 f_o，则射线传播的地面距离 D 是射线仰角 α 的函数。这意味着可以采用单频结合特定天线仰角形式的方式实现超视距雷达距离覆盖。固定频率条件下，地面距离随射线仰角的变化可以基于图 2.22 中典型电离层[⑧]的等效镜面反射路径的方式来示例。

对于相对较小（接近擦地角）的仰角，射线在电离层中的反射虚高较低，称为低角射线，其落到地球表面的点距离发射点的距离也不同。即，每一条低射线所对应的点对点链路的地面距离不同。如图 2.22 所示，最低仰角的射线通常传播的地面距离最远。因此，超视距雷达在特定工作频率下的最远覆盖地面距离，通常由发射天线和接收天线的低仰角增益决定。

随着发射仰角的增大（远离擦地角），射线反射虚高逐渐增大，发射点的电子浓度更高。起初，反射虚高的增大并不显著，且地面距离逐渐减小直到最小值。该最小地面距离被称为跳距，所有方位上的跳距形成的区域称为近距盲区。当射线仰角为最小地面距离对应的仰角时，高射线和低射线汇聚成一条射线称为跳距射线（见图 2.22 中的实线）。高射线和低射线的汇聚使得近距盲区边缘场强增大，该效应称为前沿聚焦。

在近距盲区以内，由于没有斜向传播路径，对于确定频率通常情况下经电离层反射的射线跳距决定了超视距雷达探测的最小地面距离。当工作频率低于电离层临界频率时，对于垂直探测信号并不存在近距盲区。随着工作频率增大超过电离层临界频率，近距盲区增大。

通过地波、表面波和空间波传播的方式，雷达也能够对近距盲区进行覆盖。对超视距雷达远距离地面目标的探测而言，地表条件较好（导体甚至是良导体）时，表面波模式可能传播的最远距离约 50 km，在海面传播的最远距离约 400 km。本书第 5 章会对高频表面波系统的传播进行讨论分析。

随着仰角的增大超过跳距射线的仰角，射线只能以高射线方式传播。由于在电离层底端（即低于电离层峰值高度）电子浓度随高度变化的梯度远大于峰值高度的梯度，且峰值高度处梯度接近于零。在通常情况下，高射线反射虚高随仰角增大而迅速增加。因此，对于高射线，微小的仰角变化导致反射虚高和地面距离的急剧增大。相对于低射线，散布在更远地面

---

⑧ 假定电离层 F2 层具备球对称电子浓度高度剖面。

距离的高射线,其辐射信号能量的仰角范围较小。同时还受到其他因素的影响,高射线的这一特性使得其反射信号能量发生散焦,对于地面给定接收点,接收到的高射线能量通常比低射线的能量低。

当射线仰角继续增大接近垂直探测时,就会出现正割定律给出的垂直等效频率等于电离层临界频率的现象。此时,该仰角称为临界角。当然,临界角小于 90° 而且只有在传输信号频率大于层临界频率时才会出现。射线仰角大于临界角时,信号穿透电离层。此时射线称为"逃逸射线",射线穿透电离层传播到太空之前可能发生偏转。射线仰角从近擦地角到临界角,所有射线反射虚高描迹形成了电离层反射图。

在图 2.22 的底部,对典型情况下超视距雷达接收到的返回散射信号能量均值随地面距离的变化,进行了定性说明。对后向散射系数近似均匀的地表,在特定地面距离范围内,返回散射信号能量均值正比于地表射线照射密度。当射线地面距离接近近距盲区时,返回散射能量迅速形成前沿聚集并达到最大值,照射强度通常也达到最大。

由于低射线和高射线的分离,随地面距离的增大接收到的信号能量逐渐减弱。当超过一定的限制距离范围时,工作频率对应射线的能量太弱而无法实现稳定目标探测(即获取足够的信噪比)。如图 2.22 的底部所示,这将导致在同一时刻,特定频率只能提供距离深度有限的可用覆盖范围。

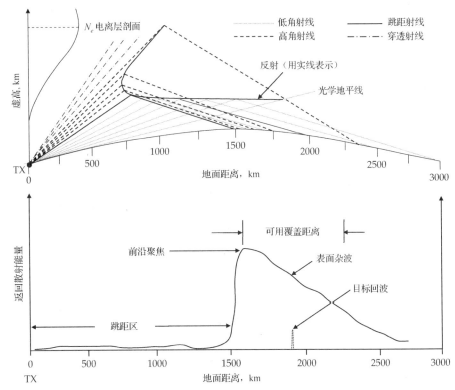

图 2.22 在上部分,当固定一个频率时,射线仰角呈扇形逐渐增大,详细描述了射线地面距离随射线仰角变化的示意图。其中,图例包括电离层不同反射虚高的高射线和低射线、跳距射线和逃逸射线。所有射线反射虚高描迹形成了电离层反射图。在近距盲区,落地的射线密度迅速达到最大值从而形成前沿聚焦(图下部分)。对于单一射线,单跳传播射线密度将会逐渐减弱直到目标回波信噪比太小而使得超视距雷达无法正常探测。在一定的工作频率、电离层条件和天线辐射形式等条件下,超视距雷达监视区域的距离深度通常为 500~1000 km

2.3.3.2 固定仰角

固定射线仰角 ϕ_0，无论是单一射线还是在一定范围呈扇形辐射的多个射线，信号传播路径对应地面距离随频率的改变而变化。当射线仰角固定时，随着信号频率的增大，射线在电离层反射的高度更高。当垂直等效频率等于电离层等离子体频率时，射线发生反射。对应单一电离层如 F2 层，等离子体频率单调增大直到该层峰值高度。

根据 Martyn 定理，等效传播路径的顶点位于反射虚高处，在通常电离层条件下，仰角固定时，随着频率增大射线反射虚高增大。因此，射线到达地球表面时对应的地面距离也越远。当仰角固定，射线在电离层最大电子浓度高度反射时，所能到达的地面距离最远。频率持续增大，射线就会穿透电离层。

超视距雷达的发射天线和接收天线的仰角形式是固定的且相对较宽。因此，雷达探测的有效作用距离（覆盖距离）随着工作频率而变化。频率增高有效作用距离增加（直到一定的极限），而频率降低则雷达作用距离减小直到射线到达近距盲区。照射不同地面距离的射线，仰角的实际范围是频率的函数，即当频率增高，只有低仰角射线能够经电离层反射到达更远地面距离。

如图 2.23 所示的射线追踪图对上述问题进行了说明，这与超视距雷达工作方式直接相关。该图是基于 2001 年 3 月 15 日 07:00 对应的 IRI 模型结果，发射点的地理纬度为 –23.5°、经度为 133.7°（澳大利亚中部 Alice Springs 附近），射线出发方位为 324.7°。没有考虑地磁场的影响，频率分别为 20 MHz 和 30 MHz，相同仰角范围内发射的射线传播路径如图所示。

与 20 MHz 对应的逃逸射线相比，当频率较高（30 MHz）时，穿透电离层的射线仰角相较低。值得注意的是，对于 30MHz 未穿透电离层的低仰角射线，其反射高度也要比 20 MHz 相同仰角的射线更高。这使得有效探测距离（对应于近距盲区）要远将近 900 km（频率 20 MHz 和 30 MHz 的跳距分别从约 1200 km 和 2100 km 开始）。

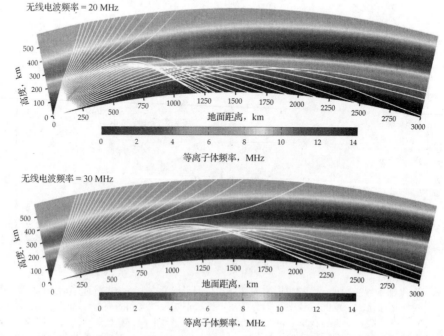

图 2.23 相同电离层模型、两个不同频率，相同仰角范围射线追踪得到的射线传播路径仿真图。频率从 20 MHz 增大到 30 MHz 时，相同仰角的射线在电离层中反射位置不同，超视距雷达对应的有效作用距离（从跳距开始到超过跳距）随着频率升高而更远

从图 2.24 的信号能量密度的分布来看，载频的增大使得跳距的边缘移动到更远的地面距离处。在该示意图中，频率从 f_1 增大到 f_2，近距盲区以远的探测距离增大程度十分显著。相对于频率 f_1 的观测结果，能量密度对应距离的增加，使得信号强度增大，即区域内目标回波 SNR 增大。自然，这一优势只对那些未落入 f_2 射线跳距区的目标成立，对那些落入跳距区的目标，可采用频率 f_1 射线来进行照射。

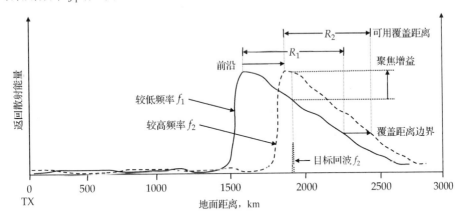

图 2.24　对于两个不同载频 f_1 和 f_2（$f_2 > f_1$），返回散射信号能量随地面距离的变化图。相对于较低频率（f_1），更高的频率（f_2）射线在近距盲区能量聚焦（信号能量增大）形成的前沿向更远地面距离移动，相对于图 2.22 中频率 f_1 对应的目标回波，此时目标回波能量更强，即随着频率从 f_1 增大到 f_2，直到超视距雷达最小至最大探测区域所形成的有效作用距离的"尾沿"，可能移动的有效作用距离范围不同。这与电离层条件有关，通常情况下，频率 f_2 对应的有效探测范围（记为 R_2）小于频率 f_1 对应的有效探测范围（记为 R_1）

实际上，不同工作频率对应的有效作用地面距离范围通常是不同的。按照另一种方式来说，随着频率的增大，有效作用范围的最远边界与最近边界（稍大于跳距）的移动量不同。通常情况下，如图 2.24 所示，随着跳距的增大，超视距雷达覆盖的地面距离范围减小[9]。信号频率、路径长度和射线仰角的相关性对于超视距雷达系统的设计有着重要的意义。好的超视距雷达系统设计，地面距离的覆盖只受到环境条件的制约而不受设备因素的影响。

2.3.3.3　射线追踪

在精度要求不高的场合，几何光学，或基于 Martyn 定理的虚拟射线追踪（VRT），可通过参考模型或实测电离层高度剖面进行传播路径的建模。在 VRT 方法中，假设电子浓度高度剖面是球对称的，并认为电波传播真实路径近似为等效镜面反射路径。

对电离层球对称的假设，意味着并未考虑射线在进入和离开电离层过程中电子浓度高度剖面随地面距离的变化。此外，由于电离层的折射，射线真实（弯曲）路径的群路径特性近似为等效虚（直线）路径。实际上，这进一步降低了电离层球对称假设条件下的电波传播计算精度。

倘若假定的球对称电子浓度高度剖面能够用适当的参数化函数形式来准确描述。射线路径的正则方程可以简化为一组数学简易等式从而获得解析解。通过调用该模型，利用解析射线追踪（ART）可以对模型化电离层条件下的射线折射路径进行计算。

---

[9] 有时，在一定的电离层条件下，覆盖地面距离可能增大。

常用的 ART 方法使用了 Hill（1979）的多层准抛物（MQP）模型，该模型基于 Croft and Hoogasian（1968）阐述的 QP 射线追踪技术。Newton, Dyson, and Bennett（1997）介绍了另一种基于准曲线分层模型的 ART 方法。由于 ART 方法对射线折射路径计算精度高，当假设的电离层模型能够真实反映路径中点附近的真实电离层剖面时，ART 方法比 VRT 方法对电波传播的预测更为精确。

ART 所使用的参数化模型是对电离层电子浓度高度剖面的经验化表述，该剖面是基于气象数据库（如 IRI），或者是一个或多个电离层观测站实时观测数据反演构造的电离层实测"快照"结果所形成的。实际上，专业的 RTIM 通常结合探测网络的实时测量数据与平滑处理后的气象数据，对特定区域的模型进行插值或外推。ART 所使用的 MQP 模型与专业的 RTIM 相匹配，在实际应用过程中对电波传播的预测效果较好。

实际上，与实际电子浓度分布相匹配的剖面参数化模型的准确性，限制了 ART 方法的精度。从实时系统工作的角度来看，ART 方法的显著优势在于：由于实现了群路径、相路径和地面距离等射线传播参数的闭合式公式描述，使得可以使用计算机对射线传播参数进行快速计算。此外，ART 技术提供了一种有效地诊断工具，实现在给定（仿真）条件下，验证对应的数值射线追踪方法计算结果。由于地磁场的存在，当不存在射线三维传播时（即平行或垂直于地磁场的射线传播），可反复验证基于 MPQ 或 OCS 模型的球对称电离层分布条件下的计算结果。

当电子浓度高度剖面随地面距离变化时，解析射线追踪的解并不适用于该条件下的电子浓度分布，同样也不适用于平行或垂直于地磁场的射线传播问题。此时，只能使用基于纯数值的射线追踪方法。复杂数值射线追踪（NRT）方法的应用基础通常是任意电离层的"快照"结果，如专业的 RTIM 直接输出结果，尽管计算量很大，但该方法可能会提供最高精度的电波传播预测。在电离层电子浓度随位置（经度、纬度）和高度的网格化表示的基础上，NRT 方法的应用是高频系统如超视距雷达能够正常运行的关键，因此是必不可少的。

当忽略地磁场的影响时，电波的极化和传播方向与折射指数无关。根据 Haselgrove 方程简化（Haselgrove 1963）的射线正则化等式，连续逐点应用 Snell 定理，从而实现 NRT。仅在 2D 平面内实现 NRT 的计算可以显著提升计算速度，如图 2.23 所示，该图给出了一个 2D 的 NRT 方法实现结果（Coleman 1998）。

Jones and Stephenson（1975）给出了一个更为全面的三维数值射线追踪技术应用实例，该实例对存在地磁场时，磁离子分量的时延和损耗进行了详细描述。得到广泛应用的该技术基于一阶 Haselgrove 方程的积分，并计入了当电波传播路径上地磁场方向并不总是水平或垂直于电波传播方向时的非平面传播。

PHaRLAP（Cervera 2010）是 DSTO 开发的 MATLAB 射线追踪工具箱，它实现了 Jones and Stephenson（1975）对应的磁离子分量三维 NRT 过程传播路径的计算。该代码假设电波环境为冷磁等离子体，没有碰撞效应，而且电离层电子浓度不均匀体的尺度大于无线电波波长，即满足 Fermat 原理。其输出信息包括每条射线的：（1）落地点的地理纬度、经度和地面距离；（2）群路径和相路径；（3）最终的反射高度和方位；（4）偏移吸收损耗；（5）沿路径的电子浓度积分；（6）路径上的极化状态矢量。

图 2.25 给出了利用该工具箱得到的 3D-NRT 示例。由于地磁场的影响，发射信号分离成寻常波和异常波（磁离子分量），接下来的章节将对此做进一步的讨论。在该示例中，这两个磁离子分量并不仅仅是彼此之间到达地面的距离不同，也不同于没有地磁场影响时射线到达地面的距离，而且由于平面外传播，方位角也稍有不同（2D 射线追踪将无法显示）。

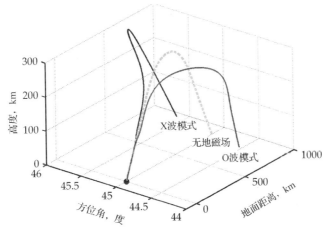

图 2.25　使用 PHaRLAP 工具箱实现的 3D 射线追踪示例，展示了射线寻常波（O 波）和异常波（X 波）磁离子分量和不考虑地磁场影响（无地磁场）时的射线路径的对比。在该示例中，射线进入电离层后分离成 O 波和 X 波分量，从而对应不同的地面距离和方位角（由于平面外传播）

2.4　电离层模式

在不考虑外加磁场的条件下，高频信号在地面发射站和接收站之间传播时可能形成多条传播路径，或者在单一电离层传播时由于电离层"模式"的原因射线出现高角射线和低角射线。地球磁场的存在影响电离层电子浓度分布，改变经电离层传播信号的折射率和传播方向，传播路径发生分离形成寻常波和异常波，也称为磁离子分量。

除了单一电离层条件下高角射线和低角射线的寻常波和异常波，还存在从两个或多个不同电离层高度区域反射形成的多径传播。本节简要概括单一或多个球对称电离层反射形成的电离层传播模式的变化，并对双向传播链路的多径，以及与高频天波系统有关的"异常"传播模式示例进行了讨论。

2.4.1　寻常波和异常波

电波在电离层传播不仅仅与电子浓度的分布有关，地磁场的存在也会对电离层的电波折射率产生影响。在电子浓度各向和外部磁场均匀的电中性冷磁等离子体中，谐振幅度较小的水平极化无线电波对应的相折射指数，可以用著名的 Appleton 公式（Davies 1990）来表示。如式（2.44）所示，其中，$X = N_e q^2 / \epsilon_0 m \omega^2$，$Z = v/\omega$，$Y_L = q B_L / m \omega$，$Y_T = q B_T / m \omega$。

$$\mu^2 = 1 - \frac{X}{1 - iZ - \frac{Y_T^2}{2(1-X-iZ)} \pm \left[\frac{Y_T^4}{4(1-X-iZ)^2} + Y_L^2\right]^{1/2}} \tag{2.44}$$

其中，N_e、q、m 分别代表电子浓度、电荷量和质量，ω 为电波角频率，v 为电子-中性粒子碰撞频率。B_L、B_T 分别代表平行和垂直于电波传播方向的磁场分量。当不考虑碰撞（$Z=0$）和地磁场（$Y_L = Y_T = 0$）时，Appleton 公式可以简化为如式（2.24）所示的折射指数表达式。将这些代入式（2.44）可得 $\mu^2 = 1 - X$，其中，$X = f_N^2 / f^2$，f_N 为式（2.20）定义的等离子体频率。

虽然在电离层 E 层和 F 层区域通常可以忽略碰撞效应的影响，但是地磁场的作用是显著的，不能忽略。重要的是，在磁化等离子体或"磁等离子体"介质中，两种不同极化特征的波沿着完全独立的路径传播，即在式（2.44）中，方括号前的正号表示的是寻常（O）波，负号表示的是异常（X）波。

重要的是，Y_L 和 Y_T 不仅与地磁场强度有关，还与相对于地磁场场线方向的波传播方向有关。Appleton 公式表明，当叠加有地磁场时，对于电波传播而言电离层表现为双折射各向异性的介质。关于 Appleton 公式的推导不属于本文的范畴，具体的磁离子理论的数学表达式可参见 Davies（1990）、Budden（1985a）和 Ratcliffe（1959）等。

2.4.1.1 磁离子磁化电离的分裂和极化

线极化电磁波可以认为是两个同频率、同振幅反向旋转圆极化电磁波的叠加。当线极化电磁波到达电离层底部并进入该磁化等离子体时，显著分离成 O 波和 X 波。总的来说，在 O 波和 X 波经电离层传播过程中，具有反向旋转椭圆极化的特性。沿地磁场的方向观测，不管波是朝向还是远离观测者，X 波电矢量都沿顺时针旋转（即右旋波）。O 波沿相反（逆时针）方向旋转表示为相对地磁场的左旋波。

根据 Appleton 公式，O 波和 X 波在电离层中传播的折射率不同，传播的过程中会有不同的传播时间和反射虚高。如前所述，O 波和 X 波都会产生高角射线和低角射线。因此，对于单向单跳点对点链路，当射线经单一球对称电离层反射时，由于磁离子分裂效应会形成 4 条传播路径。如图 2.7 和 2.21 所示的实测 VI 和 OI 电离图描迹，O 波和 X 波的临界频率和 MUF 都不相同。通常，用寻常波的截止频率来定义链路的 MUF。

为说明斜向传播的 O 波和 X 波，考虑两个特例，其中波法线与地磁场方向分别是平行和垂直的。对于后者，可以认为电波是横向传播，即沿经度方向的分量 Y_L 等于零，而式（2.44）中 $Y_T = Y = qB/m\omega$，其中 B 为地磁场强度。O 波和 X 波的折射指数表达式可以简化为式（2.45）和式（2.46）。此特例中，O 波折射指数与无地磁场条件下的式（2.24）相同。

$$\text{横向传播电波（O 波）：} \mu^2 = 1 - X = 1 - f_N^2/f^2 \quad (2.45)$$

式（2.46）对应的 X 波折射指数数值小于不考虑地磁场时的式（2.45）。单一入射线进入电离层后分裂成 O 波和 X 波，对于横向传播，两种磁离子分量对应的不同传播路径，如图 2.26 所示。电离层中传播的特定仰角的单一射线入射电离层后形成的 O 波和 X 波，对应的地面距离也明显不同，实际上，横向传播电波的情况是当射线发射点位于地磁赤道面，沿着电波 O 波和 X 波传播路径，地磁场线始终在标准电磁波的右侧呈一定夹角。

$$\text{横向传播电波（X 波）：} \mu^2 = 1 - \frac{X(1-X)}{1-X-Y^2} \quad (2.46)$$

在电波平行传播的情况下，$Y_T = 0$，而 $Y_L = Y$。Appleton 公式简化为式（2.47），其中加号表示 O 波，减号表示 X 波。此时，两个折射指数均减至无地磁场条件下的数值 $1-X$，O 波对应的折射指数要大于 X 波，这意味着在相同高度的电离层条件下，O 波传播路径的偏转程度小于 X 波。

$$\text{水平传播：} \mu^2 = 1 - \frac{X}{1 \pm Y^2} \quad (2.47)$$

图 2.27 对水平传播情况下，不考虑地磁场条件时的射线路径和 O 波、X 波传播路径进行了对比。实际在整个传播路径上，反射的电磁波都无法与地磁场线保持平行。在路径最高点，即射线在电离层中的最大折射高度处，电磁波平行于地磁场线，此时可以近似认为电波是水平传播的。当射线沿着子午线发射且路径中点在磁赤道时会发生这种现象。

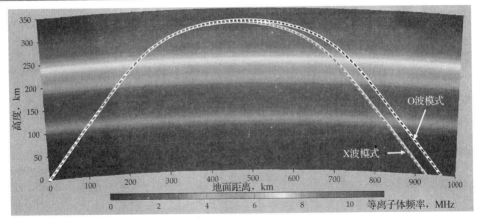

图 2.26 同一入射射线经电离层传播时,分裂成不同传播路径的 O 波和 X 波的数值射线追踪示意图。该图描述了垂直于地磁场的标准电磁波横向传播过程。此时,O 波传播路径与不考虑地磁场条件时的传播路径相同

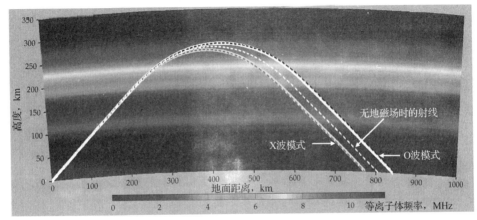

图 2.27 同一入射射线经电离层传播时,分裂成不同传播路径的 O 波和 X 波的数值射线追踪示意图。该图描述了平行于地磁场的标准电磁波水平传播过程。此时,O 波、X 波传播路径与不考虑地磁场条件时的传播路径完全不同

一般来说,波传播方向与地磁场之间的夹角范围在 0°～90° 并随传播路径变化,这不仅因为射线的平面外传播(如图 2.25 描述了所有磁离子分量时的传播),还与射线在电离层中传播路径的极化状态变化有关。O 波和 X 波通常都是椭圆极化波,对于电磁波而言,电场的行为和趋势是沿着射线传播路径连续变化的,直到射线反射从电离层底部穿出为止。

O 波和 X 波在电离层传播过程中发生不同程度的吸收和衰减。在沿着 X 波旋转方向上电场的作用下,地磁场中电子运动速度和对应的半径增加,这直接导致电子与中性粒子碰撞频率的增加。O 波则正相反,旋转方向上的电场使得电子运动速度降低,以及碰撞频率的降低。由于电子-中性粒子碰撞引起的吸收作用导致电波能量的损失,相比于 O 波和 X 波传播过程中表现出更大程度的衰减(尤其是穿越 D 层时),通常导致在斜向探测电离图中 X 波描迹能量相对较弱。

2.4.1.2 法拉第旋转

通过分辨不同回波的时延(群距离)或多普勒频移,超视距雷达有时能够获取经电离层反射传播的 O 波和 X 波。实际上,雷达接收到的电离层 F2 层高角射线磁离子分量,通常表

现出完全不同的斜向传播时间,如图 2.21 所示分离的 O 波和 X 波描迹。在寻常波或异常波为圆极化的条件下,当射线的磁离子分量可分辨时,垂直或水平极化天线单元只能获取回波能量的一半,另外一半能量由于极化失配而损失掉了。

与 F2 层高角射线 O 波和 X 波分离的状态不同,低角射线要分辨出空间传播过程接近的 O 波和 X 波更为困难。类似情况也出现在厚度较薄的电离层,如 E 层。在这种情况下,雷达系统接收到的是不可分辨、相互干扰的磁离子分量所形成的合成波。由于 O 波和 X 波的相路径不同,该极化合成波某一点上的相位与相位差的累积结果有关。在这两种波具有相同衰减的(假设)条件下,合成波为线极化,该效应称为法拉第旋转。

法拉第旋转是双折射传播介质的典型特性。旋转角 Ω 如式(2.48)所示,其中,μ'_0 和 μ'_x 分别为 O 波和 X 波的群折射指数,群路径为 P_O 和 P_X,$k = 2\pi/\lambda$ 表示波数。群折射指数定义为 $\mu' = \partial(\omega\mu)/\partial\omega$,其中,O 波和 X 波的相折射指数 μ 可以用 Appleton 公式表示。

$$\Omega = \frac{k}{2}\left(\int^{P_o} \mu'_o \mathrm{d}s - \int^{P_x} \mu'_x \mathrm{d}s\right) \tag{2.48}$$

需要注意的是,当外加磁场存在时,关系式 $\mu\mu' = 1$ 不再成立[⑩],因此需要对 μ' 提供一个更一般的表达式(Budden 1985a)。多数情况下,O 波和 X 波的衰减不同。实际结果是围绕传播电波旋转的电场必然形成一种椭圆极化波,如图 2.28 所示。

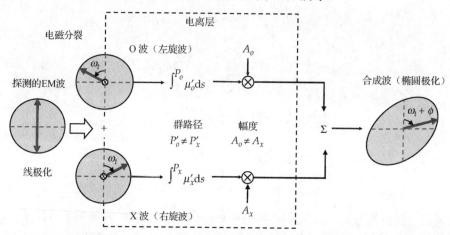

图 2.28 线极化入射 EM 波进入电离层后分裂成 O 波和 X 波的原理图。这两种波为椭圆极化波,具有不同的群路径和衰减。离开电离层后,电波形成一种合成波,通常具有椭圆极化特性。特定条件下,当离开电离层时 O 波和 X 波具有相同的幅度,合成波具有线极化特性,相对于发射电波的旋转角 Ω 如式(2.48)所示

在特定时刻,由于 O 波和 X 波在不同地面距离处相对相位的变化,落地点的合成电波极化状态在空间内是不同的。对于线极化天线单元组成的天线阵,由于该指定时间内波传播的地面距离处对应的极化前沿,形成了空间干涉图。同一时刻不同阵列天线单元接收到的合成信号幅度,随天线孔径宽度而显著波动。该现象使得在远场点源镜面反射平面波结构这种理想情况下的信号波前产生扭曲。

在固定位置,电离层的运动(如不同的多普勒频移)改变了 O 波和 X 波的相路径,合成波的极化状态也随时间变化。电离层反射点随时间的改变,引起非平稳法拉第旋转(即极化

---

⑩ 唯一的例外:对于横向传播的寻常波,$\mu\mu' = 1$ 成立。

前沿随地面距离变化）。对于线极化接收天线，如垂直单极子或水平偶极子，随着时间上的极化衰落，该现象愈加显著。

当干涉的 O 波和 X 波具有相似幅度时，衰落深度可超过 40 dB。而且当 O 波和 X 波传播路径缓慢变化时，深度衰落能够持续很长的周期（如数十秒）。当 O 波和 X 波具有明显不同的多普勒频移时，衰落也可能会非常快（如 1 秒内有多个周期）。

2.4.2 多径传播

截至目前，本书对单一电离层折射的高射线、低射线以及 O 波、X 波的特征进行了介绍。实际上，发射天线射线仰角以连续的方式呈扇形辐射信号。在到达接收天线前，经过相同或不同电离层（如 E 层、突发 E 层和 F2 层）一次（或多次）折射。这就是本节将要讨论的电离层高阶（多跳）和混合传播模式。为便于讨论，暂时不考虑射线是高/低射线还是 O/X 波，仅从射线传播虚路径的角度来反映对应的电离层传播模式。

多径传播对超视距雷达的影响取决于信号代表的到底是干扰、杂波还是目标回波，以及在一些情况下，是否可以在典型雷达坐标系（即群路径-地面距离、到达方向和多普勒频率）的至少一个维度中分离出多径分量。对不同电离层传播模式，先是单向传播的情况，然后讨论双向（点对点和广域返回散射）传播，特性的分析是有意义的。对于超视距雷达，分析单向传播路径特性的意义在于干扰抑制，而分析双向点对点和广域返回散射传播路径特性的意义则分别与获取目标回波和杂波回波有关。

2.4.2.1 一阶和高阶模式

在图 2.29 的左侧展示了典型电离层 Es 层和 F2 层单跳（一阶）传播模式，右侧展示了电离层 Es 层二跳（二阶）传播模式。在二跳传播模式的情况下，假设每次电离层反射虚高都为 h_1，则二阶传播模式垂直等效反射高度为 $2h_1$。

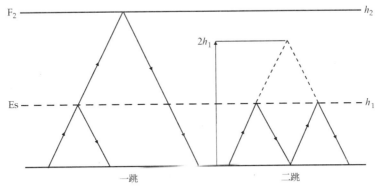

图 2.29 电离层双层情况下传播示意图。左侧：单跳传播模式；右侧：Es 层二跳（二阶）传播模式

地面距离 D 条件下，射线传播路径随射线仰角 α 的分布如图 2.30（a）所示，其中反射虚高 h 是式（2.49）中的参数。通过图 2.17 对应的几何关系可以推导该式。$h_1 = 100$ km 和 $h_2 = 350$ km 表示的是分别经电离层突发 E 层和 F2 层反射时，传播路径对应地面距离的分布曲线，而 $2h_1 = 200$ km 表示的是经突发 E 层反射的二跳传播时地面距离的分布曲线。

$$D = 2r_e \left\{ \frac{\pi}{2} - \alpha - \arcsin\left[\frac{r_e \sin(\alpha + \pi/2)}{r_e + h_v}\right] \right\} \tag{2.49}$$

值得注意的是，相对于仰角低于 10°的 Es 层二跳传播模式，F2 层单跳传播模式对应的地面距离要远约 1000 km。图 2.30（b）给出了给定参数 α 时地面距离 D 随 h 的分布，其中低于 10°的低仰角射线的重要性在于其传播的地面距离可以远达 3000 km。从图 2.30（a）中还可以看出，在相同地面距离（如 1000 km），Es 层单跳和二跳传播模式对应的仰角不同（约 10°和 20°）。

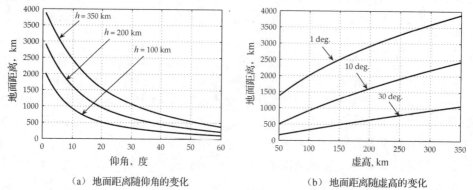

（a）地面距离随仰角的变化　　　　　（b）地面距离随虚高的变化

图 2.30　球形地球表面，电波传播路径对应地面距离随仰角、反射虚高（路径中点处）的变化图

即使通过控制仰角和频率使得射线在单一电离层如 Es 层反射，由于传播模式对应传播群距离的不同，在固定地面距离处接收到的单跳和二跳传播信号对应的时间散布，会引起高频通信系统中频率选择性衰落。在该系统中，多径引起的时间散布引起符号间干扰，这是特定类型数字通信传输时的主要误差源。若不进行抑制，该影响将导致难以降低的误码率，即使是增大发射功率也无力改善。

当射线在同一层发生两次以上的电离层反射时，会产生高阶传播模式。然而，该多跳传播模式通常表现出更高的衰减，尤其是在白天电离层 D 层带来的非偏移吸收条件下更为明显。地面反射分量对应的路径损耗与地球表面的电导率和介电常数有关。对于相对平坦的表面，海面每次前向散射的反射损耗要比干燥地面低 0.5～3 dB。当信号反射发生在电离层电子浓度峰值高度附近时，由于偏移吸收多跳传播模式还可能引入附加损耗。

相比于单跳传播模式的路径，由于穿过电离层 D 层的次数更多，多跳传播模式在白天所引入的路径损耗增大。非偏移吸收反比于工作频率的平方，每一跳射线的吸收值与 D 层电离程度有关，数值范围从 3～10 dB 或者更大。D 层吸收效应使得白天超远距离的多跳传播路径衰减加剧。这明显减少了以相同频率同时工作的高频系统间的相互干扰。

2.4.2.2　混合或联合层传播模式

通常所称的 M 型和 N 型传播模式如图 2.31 所示。例如，当信号从 F2 层反射并未到达地面而是从突发 E 层的上部再次反射（即电离层顶部反射），此时发生 M 型传播。M 型传播模式要求电离层 E 层和 F 层之间存在电子浓度"波谷"。

射线在电离层 Es 层底部反射，经地面反射并再次经 F2 层反射，形成图 2.31 中所示的 N 型传播模式。当存在多个反射层时，单向传播路径对应的多径传播包含了单一层的一阶和高价传播模式，以及 M 型和 N 型传播模式。超过一层反射的传播模式有时称为"混合"或联合层传播模式。

虽然多径传播模式的出现与地面两端间对应的电离层状态有关，但其特性也随着工作频率以及发射和接收天线的仰角形式发生变化。因此，高频系统通过频率选择和仰角形式的控制，可影响接收到的多径特性。与高频系统工作有关的多径特性包括模式强度、时间散布、多普勒扩展和角度占用率。如前所述，单向天波传播的多径特性分析，主要针对超视距雷达的干扰抑制。

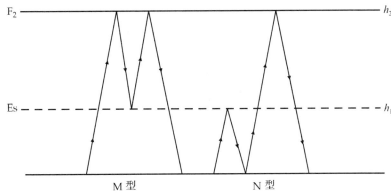

图 2.31　针对单跳传播路径，M 型和 N 型联合层反射模式示意图

在这种情况下，干扰模式的角度占用率十分重要，它可使得雷达多个波位受到干扰影响。图 2.30(b)表明，对于地面距离 $D = 1000$ km，接收到的信号对应的电离层反射虚高为 $100\sim350$ km，仰角范围为 $10°\sim30°$。典型地，单个传播模式的角度扩展仅限定于特定仰角，而不是占用全部仰角区间。然而，不同反射虚高的多条电离层反射路径使得干扰源在俯仰上的空间谱明显展宽。选择不同频率所对应的斜向传播回路中的多径特性差异很大。斜向探测电离图表明，当频率接近于链路对应的 MUF 时，不同层对应的多径趋于减小。选择靠近 MUF 的工作频率能够提供最大程度的多径抑制效果，因为射线仅能通过临界频率最高的电离层反射。工作频率接近 F2 层 MUF 还能减少高角和低角射线引起的多径，当频率为除了临界频率最大的那一层 MUF 时，两射线汇聚为单一射线。

然而，频率为 MUF 时射线路径对应于前沿，此时对于反射点处电离层电子浓度高度剖面细微变化非常敏感。简言之，当 MUF 略微下降，接收点就会进入近距盲区，信号消失。因此，这种多径抑制方法容易受到电离层变化的影响，而且信号强度剧烈变化。

另外，当考虑不同传播模式的强度时，多径传播主模式的理念决定了频率选择方式。例如，夜间电离层 E 层和 F1 层消失，只能接收到经 F2 层反射的多径（无突发 E 层的情况下）。由于频率对应路径远离前沿，电离层反射高度更高（最大电子浓度高度附近）的高角射线，相对于低角射线衰减更为严重。此时低角射线对应的 O 波和 X 波提供主要贡献，且 O 波通常为主模式。

当无法通过频率选择来降低多径传播对系统性能的不利影响时，控制天线辐射仰角形式可以降低无用信号模式的方向增益，提供另一种抑制多径的手段。重要的是，被发射或接收天线抑制的仰角决定了探测链路的地面距离，对超视距雷达等需要覆盖较大距离范围的系统来说，这可能会带来问题。

2.4.2.3　双向传播路径

当信号传播路径包括从发射机发射经电离层到远处某点，然后经后向散射，又从该点传播到与发射机相同（或相似）位置的接收机时，传播模式更为复杂。这种类型传播路径称为双向点对点后向散射路径。当考虑空间连续分布的地面各点时，联合所有双向点到点链路可以称为广域返回散射传播路径。

若发射机和接收机间距远小于传播路径对应的地面距离,即双基地角很小,则相对于返回散射探测的目标,收发天线的仰角方向图相差不大,此时传播路径的互异性假设通常是成立的。换句话说,发射机发射的信号到达远处某点时对应的前向传播路径,可等价于接收机获取的、从该点传播而来的后向信号路径。

存在双层电离层时的单跳传播路径,发射射线经过的层可能与接收射线经过的层不同,如图 2.32 所示。图中两个反射点表明,对于双向传播路径接收到的发射信号对应有 4 种传播模式。通过对前向和后向射线的区分,这些路径包括 E-E、E-F、F-E 和 F-F 模式,其中第一个字母表示前向路径,第二个字母表示返回路径。根据互异性原理,若单向传播路径存在 M 个不同模式,则双向传播存在 M^2 个不同模式。

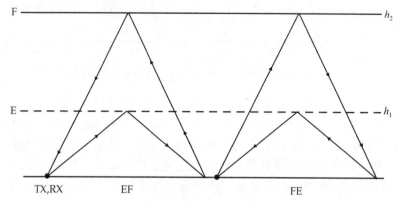

图 2.32 双向点对点后向散射传播路径对应的一阶传播模式示意图。通过箭头的不同,图的左侧表示 E-F 混合传播模式,右侧表示 F-E 混合传播模式。同时还存在经同一层两次反射的 E-E 模式和 F-F 模式,图中并没有用箭头标记出来。当存在双层电离层时,双向点对点传播会产生 4 种传播模式

雷达中多径产生的一个严重后果是单一目标会形成多个回波,它们具有不同的时延、多普勒频移和到达方位。当目标多径在一个或多个雷达处理维度可分辨时,不同回波可能产生各自独立的检测点迹。若对检测点迹进行跟踪处理,可能在雷达坐标系内产生多条航迹,虽然所有检测回波来自一个相同的目标。这就需要对雷达坐标系下形成的多条航迹进行关联,将其对应到地理坐标系中的一个特定目标。

另一方面,无法区分的目标回波(传播模式),如群距离相同的 E-F 和 F-E 路径,虽然不会产生分离的检测点迹,但是由于相互干扰而引起快速且较深的衰落。尽管不会产生多条航迹,但是这种衰落有时影响检测,导致航迹丢失。

超视距雷达的地海杂波是连续地表面(陆地或海洋)各点的回波。多径传播通常使得经地面不同点后向散射的地杂波具有相同的群距离,即经过不同的传播模式,不同物理特性的表面散射雷达回波具有相似的虚路径长度。如图 2.33 左侧所示,从不同地面 P1 和 P2 处(未标注刻度)后向散射的回波,分别经 F 层和 E 层反射具有相同的虚路径。此时,一个模式对应的地杂波路径和另一个模式对应的海杂波路径叠加在同一个空间分辨单元内。

此外,叠加在一起的多个路径对应于不同电离层反射点,这可能给传播信号附加不同的多普勒频移和展宽。因此,当在相同雷达分辨单元内,接收到相对扰动传播模式传输的杂波以及频率稳定模式传输的杂波时,多径传播会导致多普勒频谱污染恶化。扰动模式(如 F-F)传播的杂波,有可能遮蔽稳定模式(如 E-E)传播的目标回波。这种情况在超视距雷达的慢速目标检测中尤其关注,因为杂波多普勒谱的频谱纯度至关重要。

在双向传播场景下，仅控制接收或发射（而非两者同时）仰角方向图，不足以消除多径引起的多普勒谱污染。例如，接收天线选择仰角使得回波通过"稳定"的 E 模式传播。图 2.33 中的右图表明，该仰角不仅包含了希望的 E-E 模式还可能包含了 F-E 模式，该模式前向信号路径经"扰动"的 F 层反射形成了多径污染。E-E 模式和 F-E 模式具有相似的虚路径，但是这两种模式是从不同地面距离处后向散射形成的，如右图中 P1 和 P2 标记处，这两种返回路径对应的仰角差别非常小，以至于接收天线无法分辨。

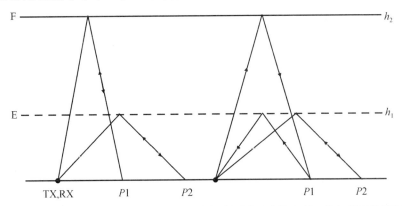

图 2.33 从不同地面 P1、P2 处后向散射的地杂波回波形成的多径，具有相同的群距离（即等效虚路径长度）。左图表示：对于差别较大的仰角，F-F 模式和 E-E 模式具有相同的等效虚路径，右图表示：对于差别较小的仰角，F-E 模式和 E-E 模式具有相同的等效虚路径。在左图和右图中，P1、P2 的对应位置不同，图中并没有标明刻度

另外，通过对发射仰角方向图的控制，原则上可以实现增大传播到 E 层（发射信号）的路径对应的发射天线增益，降低 F 层（发射信号）传播路径对应的发射天线增益，这使得传播模式只包括 E-E 模式和 E-F 模式，而没有 F-E 模式和 F-F 模式。然后，再通过对接收仰角的控制，选择 E 层的回波而抑制 F 层的回波。即针对群距离相似的信号传播模式，选择完全不同的发射和接收仰角。这样，接收机获得的只有所需的 E-E 作为主模式的传播路径。

遗憾的是，通过收发形成单波束方向图实现超视距雷达全距离段完整覆盖，这种"模式选择"方式是不可能实现的。实际上仰角选择和无用信号传播模式不仅是先验未知的，而且会随着雷达覆盖距离变化，因此波束方向图必须是自适应的，并与覆盖距离相关。通过采用多个发射波形的先进技术尝试避免该问题，可参见 Frazer, Abramovich, and Johnson（2009）。

2.4.2.4 跨赤道传播

除了上述已经讨论的电离层各种不同传播模式外，不考虑地面反射，还存在着更为"异常"的传播模式比常规传播距离更远。其中之一就是跨赤道传播（TEP）模式。它是由于在地磁赤道南北约 20 度的电子浓度增强现象，即之前描述的赤道或 Appleton 异常现象所引起的。该异常现象导致电离层 F2 层电子浓度等值线存在陡峭的水平梯度，即从异常现象出现时对应的纬度到地磁赤道处，浓度的分布形成大范围向上倾斜，而且在地磁赤道处 F2 层临界频率对应的高度通常更高。

在特定条件下，这种梯度的分布使得在信号到达地面前，高频信号的反射从一个电子浓度的峰值直接跨越到另一个峰值，如图 2.34 的射线追踪图所示。由于射线在 F 层连续发生两次反射，只有两次穿过吸收层 D 层，因此该传播模式信号强度通常较强。有时 TEP 模式能够

支持的高频信号传播距离远达 6000 km 甚至更远,且信号的损耗和衰落率都很小(McNamara 1973)。

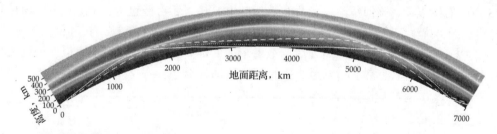

图 2.34 跨赤道传播模式的射线追踪图。该图表明:射线反射点从 Appleton 异常现象的一个峰值到跨越地磁赤道的另一个峰值,传播的地面距离超过 6000 km 且传播过程中不经过地面反射

跨赤道传播模式主要发生在夜间,这种特殊类型的模式可以看作一种"回音廊"模式。由于 F 层场致排列不规则体的出现,形成以低仰角(接近于擦地角)发射的高频信号能够多次反射到达很远距离的"走廊",从而产生该模式。这一导向传播模式有利于地球磁力线(即以赤道为中心对称分布)连接的地面两点间的传播链路。当信号完全限制在 E 层和 F 层,或 F1 层和 F2 层之间形成的电子浓度波谷间传播时,产生一种不同的"波导"型传播模式。

对于上述导引型传播模式,射线经场致排列不规则体发生多次反射,接收到的信号往往表现为快衰落现象,且该传播通常与扩展 F 层(稍后进行讨论)现象有关。对于超视距雷达,经运动的场致排列不规则体散射的传播模式,回波多普勒频率展宽很大。为了使接收到的远距离后向散射且多普勒扩展的杂波最小,需要准确选择合适的载频和波形参数,使距离模糊出现在合适的位置处。

Rumi(1975)还观察到了时延为 138 ms(相当于约 40000 km)的环球波传播模式。不同于穿过 D 层 40~60 次、从地球一端到达地球另一端的多跳传播模式,环球波模式的衰减和散布较低,有时能够观测到该传播模式。

环球波传播模式称为"弦状模式",它假设传播信号在电离层内,从电离层一部分反射传播到另一部分,传播过程中射线不经过地面反射[⑪]。对于特定链路,有时电离层状态满足发射机和接收机之间信号采用弦状和非弦状模式进行传播的条件。

2.4.3 幅度和相位衰落

电离层的小尺度变化或者精细结构对反射信号幅度和相位的影响,在时间尺度上远小于超视距雷达相干处理间隔(秒量级),在空间尺度上远小于接收天线孔径的长度(千米量级)。在这一时空尺度上,经电离层反射信号的复衰落(幅度和相位),对于超视距雷达的信号处理过程而言非常重要。接下来,本文对观测到的天波传播信号衰落机制进行介绍,在第二部分将对电离层反射的单一高频信号模式对应的复杂衰落数值模型进行描述。

2.4.3.1 幅度衰落

经电离层反射的高频信号接收强度随空间和时间发生波动。这一现象被称为幅度衰落,通常采用衰落深度和衰落率进行统计描述。超视距雷达对目标进行连续探测需要具有足够且

---

⑪ 图 2.34 所示的 TEP 传播模式也是一种弦状模式,但是,射线从赤道异常现象形成的地磁赤道两边两个电子浓度增强区域反射之后,信号到达地面。

稳定的目标回波信噪比。因此衰落是雷达探测的一个重要问题。缓慢而浅的衰落通常可以接受，而深度和快衰落是需要避免的。严重时，衰落周期短到几分之一秒，衰落深度可超过 40 dB。高频天波信号的衰落可由多种物理机理引起。

例如，经电离层反射的射线到达地面某点发生聚焦或散焦，形成幅度衰落。在一条链路接近 MUF 的频点上，稍稍超出跳距的区域内，发生前沿聚集现象。相对于更远距离处没有发生聚合的高角射线和低角射线，高角射线和低角射线的聚合增强了回波信号的平均能量。有时，由于电离层变化使得接近 MUF 传播射线时的信号幅度发生变化，称为跳距衰落。电离层行波扰动使得射线的聚焦和散焦而引起幅度衰落。由于射线在波状反射面聚焦和散焦，这些运动的电离层波状结构可能增强或减弱在地面某点接收到的回波信号幅度。

接收天线与发射合成波信号极化状态随时间变化而引起的极化失配也可能导致幅度衰落。寻常波和异常波相位差异随空间和时间发生变化，使得信号极化状态发生变化。相位随时间的变化 $\Omega(t)$ 引起非平稳法拉第旋转，导致 O 波和 X 波在电离层中传播虚路径的改变。例如，不同多普勒频移引起线性变化的 $\Omega(t)$，此时圆极化 O 波和 X 波具有相同幅度，线极化接收天线可以获得调制形式为余弦、幅度包络为 $A(t)$、以时变线极化合成波传播方向为轴的信号。

$$A(t) = A_m |\cos \Omega(t)| \tag{2.50}$$

当 F 层低角射线对应的 O 波和 X 波没有完全分离时，垂直极化天线接收到的信号极化衰落实例如图 2.35 所示。准周期性极化衰落形式类似于调制型余弦，代表了 O 波和 X 波之间多普勒频移的不同。在这种情况下，衰落的周期小于 30 s，衰落深度约 20 dB。对于超视距雷达而言，1 s 或 2 s 的积累时间不会在相参处理间隔（CPI）内引起显著的多普勒扩展。然而，深度衰落会使得低 RCS 目标回波淹没于噪声中，阻碍连续多 CPI 间的目标探测，对航迹性能造成损害。实际上，有限的时间间隔内，法拉第旋转引起的深度极化衰落对超视距雷达路径损耗的影响是可控的。

通过两个正交极化天线接收信号相匹配的合成，能够避免极化失配引起的耦合损耗。理论上，这种天线设计能够选择一种磁离子分量进行处理并排除另一种。当排除某一种磁离子分量时，或者使用极化方式不同的天线，或者在时延上分离两种不同特性的波，相比于 O 波和 X 波相互干涉的情况，衰落显著变慢且变浅。图 2.35 还给出了每个磁离子分量的幅度变化情况，此时 F2 层高角射线的 O 波和 X 波对应有不同的时延。

在波干涉效应（与 O 波和 X 波无关）产生和消亡的情况下，也可能产生衰落。例如，该相干分量可能是在某层反射的高角射线和低角射线，以及不同电离层反射的多种传播模式。由于电离层反射区域电子浓度不均匀体的存在，模式本身也会发生衰落（Fejer and Kelley 1980）。此时，当信号在不断发生变化的电子浓度不均匀体上发生面散射时，对于单一磁离子分量也可能发生快衰落和深度衰落。

如果不均匀体的尺度使得经过其反射的射线时延散布远小于对应信号带宽，并且不均匀体的运动是相对规律的，则散射信号表现为慢衰落，也称平均衰落。另一方面，相比于信号带宽射线的时延散布并非很小，或者不均匀体快速运动且运动方式随机时，形成快速衰落或频率选择性衰落。此时信号的调制包络发生显著扭曲，有时形成急剧衰落。急剧衰落通常与赤道 F 层场致排列不均匀体形成的扩展 F 层有关。

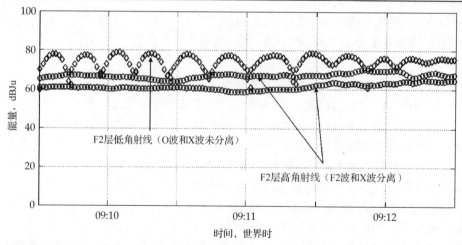

图 2.35　衰落分布对比的实例：当 F 层低角射线对应的 O 波和 X 波在时延上没有完全分离时，以及同时接收到的高角射线对应的 O 波和 X 波在时延上分离时，垂直极化天线接收到的信号极化衰落对比情况

2.4.3.2　相位和频率

实际上，对发射高频信号进行反射的电离层，其电子浓度高度剖面既不是球对称分布也不是静止不变的。有时由于电子浓度不均匀体的存在和运动，电离层等离子体分布是各向异性和动态变化的。电离层大尺度规则运动或多个不均匀体的上下运动会对反射信号叠加一个多普勒频移，不同的不均匀体之间时间上的随机运动（无序运动）也会对调制信号附加不规则相位，表现为多普勒频率展宽。E 层回波的多普勒频移通常为零，反射信号通常为频率稳定的回波信号。F2 层回波多普勒频移很少为零，并且通常表现为较高程度的多普勒谱污染。多普勒处理对于强地海杂波环境下运动目标探测是必需的，因此对于超视距雷达在 CPI 内天波信号的频谱稳定性至关重要。

扩展 F 层现象与无线电波在 F 层中地磁场状场致排列的不均匀体间散射有关（Huang, Kelley, and Hysell 1993）。SDC 经常由某些电离结构体引起，这些结构体的结构相对稳定，但随时间漂移（相对传播路径）。电波经该结构反射，由于电离结构漂移速度使得接收角度出现扩展，从而形成多普勒频移展宽。术语"扩展 F 层"不仅意味着接收回波存在大的时延扩展（即时间展宽），还伴随有频率展宽。在某些情况下，由于扩展 F 层引起的急剧衰落，超视距雷达接收回波对应的多普勒频率宽度可能会覆盖多数或全部（飞机）目标速度检测的谱范围。

对多普勒频率展宽的分辨是十分重要的。例如，单频信号在电离层中传播的频率散布，与信号波形带宽或谱展宽直接相关。相对于与信号多普勒展宽成反比的信号相干时间，频率散布通常可以用相干带宽来衡量。一般情况下，电离层相干带宽小于 50～100 kHz，这对超视距雷达的匹配滤波是有利的。当调幅信号具有更大带宽时，由于电离层折射指数对应的频率散布效应，天波传播信号会发生明显扭曲，对于该现象的讨论见 Paul（1979）。

第3章 系统特性

超视距雷达系统设计受到一系列因素的影响，包括任务需求、技术成熟度、环境条件以及经费的限制。这些因素不仅决定了不同的分系统设计，也影响着全系统的性能和实际运行效果。本章的主要目的是在经典天波超视距雷达架构下描述各个分系统的一般特性。通常分系统包括发射和接收分系统，以及支持主雷达运行的辅助分系统。第二个目的是阐述可能影响超视距雷达分系统关键设计特性的因素。

本章分为 4 节。3.1 节描述超视距雷达配置的一系列选项以及站址选择的考虑。同时也讨论雷达对于应用不同波形类别的各自优点，以及超视距雷达控制带外谱泄漏的要求。为减小对相邻频率信道上其他高频段用户的干扰必须控制带外谱泄漏。3.2 节描述发射和接收分系统，以及现有的几种超视距雷达阵列校准方法。对选择天线单元和阵列布局实现发射和接收功能进行了专门的讨论。此外，将发射和接收系统若干经典设计与现代最新技术进行对比，以展示近来技术发展所带来的得益。

3.3 节描述频率管理系统（FMS），该系统针对不同的任务类型和探测子区，向超视距雷达提供实时的最佳工作频率选择建议。FMS 的输出也可用于指导选择波形参数，包括带宽、波形重复频率和相干处理时间，这些参数共同决定了系统在距离和多普勒上的分辨率和模糊性。FMS 包括用于干净信道选择的高频频谱监视仪，用于传输建议的返回散射仪和倾斜探测/垂直探测仪，以及用于评估杂波多普勒谱的"迷你雷达"。3.4 节通过历史发展脉络介绍数部曾经和现役的超视距雷达系统，重点是美国和澳大利亚的研究发展历程。本章还讨论和综述了下一代超视距雷达的若干可能发展方向。

为建立一个讨论的参考点，这里采用的方法是聚焦在一部"标准"的超视距雷达系统特性上，该典型系统代表了当前在美国和澳大利亚实装运行的系统。而其他国家多部超视距雷达设计中的独特之处将贯穿本章，并举例说明了在实现过程中可能存在的差异性。为覆盖这些内容范围，本章主要提供了超视距雷达设计中可能面临的重要概念以及取舍的评估，但未深入到硬件部件层级对具体工程实现进行细致讨论。这些方面的详细技术资料可从专业的天线、发射机或接收机设计手册以及 RF 器件厂商的说明书中获得。

3.1 基础知识

安装和部署收发分系统的雷达站址选择将严重影响超视距雷达系统的工作特性和性能。出于此原因，雷达部署和站址选择需要与任务类型、覆盖区域和探测目标的类型等要求一致。除了影响系统性能，这些选择还会极大地影响造价和系统复杂度，从而决定实际设计中需要进行哪些折中。

本节的第一部分描述超视距雷达系统中曾经出现过的三种配置方案及其相应优缺点，同时也讨论判断适合高功率发射机和高灵敏度接收机的选址准则。本节的第二部分探讨超视距雷达正常工作必需的波形特性，并在此应用中采用连续波或脉冲波进行对比。本节的第三部分简要描述在高频段中对标准的线性调频连续波（FMCW）进行改进从而满足当前ITU带外泄漏规定的方法。

3.1.1 配置与站址选择

超视距雷达系统工作在三种配置方式下：单站、双站和多站。根据后续讨论的需要，有必要定义"准单站"配置，即从覆盖区内任一点至雷达两个站点连线形成的双站夹角较小（小于约5°）。出于后面将提到的原因，这一配置方式被多部实战型超视距雷达系统所采用。在展开论述之前，有必要深入讨论超视距雷达领域中单站、双站和多站这几个术语的内在含义。

单站指雷达发射机和接收机部署于同一站点。在单站系统中，发射和接收采用同一天线或天线阵列，并且通过一个高功率开关进行切换；也可能采用天线阵列的所有单元进行接收，而仅使用部分单元进行发射。另一种情况下，单站发射和接收也可能采用完全不同的天线单元组合。具有这种特性的单站超视距雷达系统示例将在适当时候进行介绍。单站（唯一站址）系统的一个确定特性是雷达往返覆盖区任意一点的信号传输路径可认为是互逆的。在工程应用中，单站超视距雷达系统必须采用脉冲波形以保护接收机免受大功率发射直达波的冲击。

双站指雷达发射和接收系统布置于两个分离站点。天波超视距雷达中，这种配置方式通常指发射机和接收机相互位于视距之外，发射信号只能通过天波或地波传输被接收机接收。双站系统中，对于覆盖区内的散射体和目标，发射机和接收机具有不同的视角。因而，去程和返程信号的传输路径将经过电离层的不同区域，这些区域特性可能不同。另一方面，由于发射站和接收站之间物理隔离，允许采用连续（占空比为1）波形。

多站配置方式同时部署工作在相同频率的多个接收机和/或发射机。这种配置不常见，但在地波超视距雷达中有应用（Anderson, Bates, and Tyler 1999）。对于覆盖和回波路径组合包含天波、地波或直达波传输模式的高频雷达系统也有采用。例如，Frazer（2007）所描述的多站高频雷达架构，后方部署单部发射机提供天波覆盖，覆盖区内布置多部前置接收机获得视距目标的表面回波。多个接收站产生的目标检测点送至一个集中式跟踪器处理以改善目标航迹性能。本节不对多站系统进行详细讨论。

3.1.1.1 单站系统

美国海军研究实验室在第二次世界大战之后研发的"麦德雷"（MADRE）天波超视距雷达和最近ONERA研发的法国超视距雷达"诺查丹马斯"（Norstradamus），是单站（唯一站址）系统的例子（Bazin et al. 2006）。这种配置方式与双站（两个站址）布局相比具有一些无法否认的优势。以下讨论超视距雷达所关注的最重要优点。

首先，单站配置形成了几乎对称的信号传输路径，即从发射机至目标（去程路径）和从目标至接收机（返程路径）[①]。针对即将来临的任务，这将简化最适合（最佳）工作频率的选择过程。在双站架构下，去程和返程信号路径在电离层中相对分离的控制点进行反射，这可能导致目标照射和回波接收中不同的传输特性。与双站雷达架构相比，除了简化最佳工作频率的选择过程，单站配置的模式识别和坐标配准也得到简化。

收发同址的第二个优势是降低了寻找并确认另一个雷达站址的困难。由于部署超视距雷

[①] 双程天波传输路径的对称性不仅依赖于信号通过电离层中相同的控制点传输，同时也依赖于发射天线俯仰方向图和散射物体的相似性。

达系统严格的"选址"要求,另寻站址在某些情况下会导致一些问题。此外,所有雷达功能的单站集中布置降低了设备保障和人员的需求,这将削减成本。单站同时也不需要进行站间通信和同步。时至今日,相比双站架构单站配置只被认为具有成本上的优势,但是对于早期的超视距雷达系统,精确双站同步带来了严重的技术挑战。

第三,相比双站配置,单站系统提供了一系列扩展的覆盖能力。前面提到天波超视距雷达波位(探测子区)具有有限的距离深度,它可通过变换工作频率在不同距离上移动。有效的双程天波传输通常要求覆盖区距发射机和接收机距离相当,这样可以选择工作频率以同时优化照射和回波路径传输。很明显这一条件对单站配置总是满足的,但是对于双站超视距雷达,它将覆盖区限制在距发射机和接收机接近等距离的区域内。此外,发射和接收天线单元的辐射方向图通常仅在有限的方位扇区内提供足够增益,其交叠区形成了可用的覆盖区域。与单站系统相比,这一因素明显减小了双站超视距雷达的覆盖区。

然而,单站超视距雷达要求保护(隔离)接收机免受来自发射的极强直达波信号的影响。单站超视距雷达因此需要采用脉冲波形以避免接收机饱和(过载)或损伤高灵敏器件。例如,MADRE 超视距雷达采用 100 μs 长度的简单脉冲(幅度调制),以提供约 15 km 的群距离分辨率。典型对空探测模式下,脉冲重复频率(PRF)为 50 Hz,对于 100 μs 脉冲占空比为 0.5%[②]。采用占空比较小的脉冲波形与工作在连续波的双站系统相比,付出了更大的代价。下一节将详细介绍脉冲和连续波形的相对优劣。

3.1.1.2 双站系统

收发站址充分隔离的超视距雷达双站配置能够有效使用连续波形。然而,随着站间距离的增大,信号去程和返程路径将由电离层中相隔较远的控制点反射。随着控制点间距的增加,天波传输的照射和返回路径具有不同特性的可能性也将增大。随着发射-接收基线的延长,最佳工作频率的选择和雷达坐标系至地理位置的映射也因之变得更为困难。

Willis and Griffiths(2007)及后续参考文献中提及的 440-L 前向散射系统是无调制连续波双站超视距雷达的典型例子,它通过识别目标多普勒-时间特征并对不同视角多条路径进行解算的方法来探测和定位导弹的发射过程。发射机部署于西太平洋地区(日本、关岛地区、菲律宾和冲绳地区),而对应的接收机部署在欧洲(意大利、德国和英国)。440-L 系统在 1970～1975 年间投入使用(此后其发射模块成为澳大利亚金达莱超视距雷达计划二期工程的组成部分)。其他实战型的双站超视距雷达(并不限于天波系统)也在文献 Willis and Griffiths(2007)中有所描述。

发射和接收站充分隔离对于探测子区的目标点将产生一个大双站夹角,由于收发波束不同的扫描角,将有助于增大目标 RCS 并减小接收到的距离折叠杂波。然而,由于工作频率选择、覆盖区域和坐标配准等方面的严重缺陷,这一配置未能成为大多数天波超视距雷达系统的选择。另一方面,(相对目标距离)较小的站间间隔使得雷达可使用连续波波形,同时由于覆盖区内所有目标点具有较小的双站夹角从而保持了较好的单站特性。如前所述,这一配置被称为准单站配置。

尽管不是全部,但文献中提到的大多数连续波天波超视距雷达均采用了较小的站间间隔。在这些准单站系统中,发射-接收的间距体现了在两种相互矛盾的目标之间进行的折中。间距的下界需提供足够的收发隔离以采用连续波波形。上界则为了确保到达目标的去程和返程信号

---

② 对空探测模式 PRF 下,调频脉冲占空比可允许扩展至 20%。

路径在电离层中利用差异较小的控制点进行反射。换句话说，准单站配置使得连续波的优势得以体现，同时又尽量保持了单站系统在频率选择、覆盖区域和坐标配准方面的优点。相对于完全单站系统，采用连续波形的准单站配置付出的代价是需要两个雷达站址、重复建设以及解决站间通信和同步问题。

金达莱超视距雷达系统站间间隔约为 100 km。在干燥地面环境下，这一距离可对沿发射机直达路径的地波信号提供足够大的衰减。对于典型的超视距雷达工作频率，100 km 左右的间隔也将接收机置于发射机的近距盲区中。这样的架构有效隔离了通过地波和天波直达路径到达接收的强发射信号。对于覆盖区内的目标，100 km 站间距离所对应的双站夹角也较小。例如，在 1500 km 距离上，100 km 站间距离所对应相对于视向的双站夹角约为 2°（视向指沿发射-接收基线的垂直平分线）。

对于通过特定电离层的天波传输，在准单站配置下去程和返程路径的信号反射点与路径中点距离数十千米。例如，100 km 的双站间距将导致视向上控制点相距约 50 km。对于平静的中纬度电离层，规则 E 层和 F 层的整体结构在数十千米尺度上呈现高空间相关性（远离晨昏交替线时）。突发 E 层是一个例外，当它成片出现时，在很短的距离内呈现出较弱的空间相关性。这样对于间距 100 km 左右的雷达站，照射和回波信号路径通常具有相似的传输特性。

在现代双站超视距雷达系统中，采用接收的 GPS 参考信号对站间进行同步，发射机可在接收站远程遥控。相比单站系统付出了更高的成本和复杂度，双站系统也被证明获得了额外的好处。最突出的优势是采用了连续波形，对于峰值功率一定的发射机，占空比为 1 的波形能够发射更高的平均功率，从而改善在噪声背景下的目标检测性能。此外，在不明显损失目标信号的前提下抑制带外谱泄漏的能力，以及采用连续波形比脉冲信号更容易获得超视距雷达正常工作所需的波形模糊函数特性（更详细的讨论见 3.1.3 节）。

发射和接收站址分离的一个突出优势在于能够独立地半阵工作，两个半阵同时工作在不同的频率下。这种将发射和接收资源划分为独立超视距雷达运行的能力可以灵活地调整实时覆盖区内的探测能力或覆盖率。而单站系统采用半雷达工作模式，带外泄漏可能产生严重的相互干扰。FMS 的发射和接收分别与主雷达布置于同一站点，其情形也与主雷达类似。除了更为灵活的雷达资源分配并支持系统在不同频率上工作，双站架构也有利于保持接收站宁静的电磁环境。发射机处于关闭状态时，设备产生的所谓"黑暗噪声"也会对同址的接收机形成干扰。

3.1.1.3 站址选择

天波超视距雷达系统大型天线阵列选址要求地形相对平坦和电气特性均匀的地表面。波长为 10 m 时，地面的电气特性（电导率和相对介电常数）对高频天线的增益和辐射方向图具有重要影响。例如，地面布置的垂直极化高频天线低仰角增益与其下及附近地表面的电导率密切相关。理想状态下，希望地面呈现相对均匀的电气特性并在超视距雷达发射和接收天线阵列下方及前方扩展区域具有较高的电导率。这将有助于提高远区（单跳）监视时的低仰角增益，并且减小整个阵列口径上天线单元辐射方向图的差异，这种差异表现为阵列校准误差。

常规微波雷达通常需要部署在山顶或架高以增大覆盖距离。与之不同，超视距雷达的站址需要宽广平坦的开放空间。阵地通常需要巨大的基建工作量，包括清理和平整地面，特别是在林区或是密集灌木区。阵地表面必须适合安装大型天线结构，设备掩体和供雷达操作员使用的营房。实际上，在地图上看到位于澳大利亚中部的金达莱超视距雷达接收站初始站址是相当平坦的,但是经过检查后认为不适合,因为在阵地一端存在很多溪流和沼泽地(Sinott 1988)。

在设计优良的超视距雷达接收机中,因自然和人造源所产生的外部高频噪声总是强于内部产生的(热)噪声。实际上,人为噪声的贡献与站址位置关系密切。在接近城市的地区,整个高频谱段中人为噪声都强于环境(大气和宇宙)噪声,这将损害在外部噪声背景下的雷达探测性能。对于接收站而言,需要选择远离大型居住区或工业区电磁环境宁静的地点。在偏远地区,人为噪声通常在整个高频谱段上低于大气和宇宙噪声之和。事实上,超视距雷达发射站也应当远离城市中心。尽管如此,超视距雷达站也需要方便的道路联通,并且与维护中心的距离控制在合理的范围内。接入骨干供电网络是最理想但并非必需的,站内配置的发电机组可以提供动力,特别是当电力中断时可作为备份。

在选择超视距雷达站址时,也需要考虑相对于覆盖区域的近距盲区现象。典型近距盲区的限制约为 1000 km,这就要求超视距雷达布站从所需覆盖区域的最近边缘起后撤足够的距离。这一选址限制给国土面积较小的国家带来了问题,特别是需要监视领土边界附近的区域时。超视距雷达朝向覆盖区的角度也需要仔细选择,这将决定接收到的来自低(磁)纬度和高(磁)纬度的扰动电离层区域的扩展多普勒杂波。例如,由于距离模糊效应,超视距雷达系统在探测子区方向上能够以全增益状态接收到赤道扩展多普勒杂波。而距离上均匀分布的极区扩展多普勒杂波,则通过发射和接收天线方向图的旁瓣或背瓣被接收到。

连续波超视距雷达系统要求抑制来自发射机的自干扰(直达波)信号,使得其能够满足接收机动态范围要求,该动态范围指强后向散射杂波与目标回波功率之比。超视距雷达选址通常也使发射和接收阵列均位于各自的扫描极限之外(也即是说,侧面并排而不是一个阵列在另一个的后面)。这样直达地波信号的强度被发射和接收天线阵列的旁瓣进一步的衰减(除了由于物理隔离所产生的衰减之外)。在准单站配置下,直接天波路径的隔离主要依靠近距盲区现象。此外,在此配置下发射和接收天线在高仰角上的低增益也将有助于削弱来自近垂直入射的散射能量。

3.1.2 雷达波形

雷达波形的粗略分类可以依据信号实现特性,也可以依据模糊函数属性。考虑与检测和估计相关的系统目标,以及环境中各散射体(有用的和无用的)预期的时延-多普勒分布,模糊函数属性为选择适合某种特定应用的波形类别提供了有价值的参考框架。相反,前者的分类基础是在可辨识的波形类别中选择一种信号进行专门的工程设计,能够满足实际系统的限制条件或硬件约束,这些限制条件与波形产生、发射和接收处理的能力有关。

采用信号实现特性对波形进行分类的实例包括连续波或脉冲,周期或非周期以及采用的调制函数。不考虑调整信号极化的可能性,调制可用于改变载频信号的幅度、频率或相位状态。在时间上频率调制可能是线性的或非线性的,而相位调制可采用二相码或多相码。出于后面将提到的原因,雷达波形通常组合成相干的脉冲串。大多数情况下是在一个脉冲重复周期内(脉内)进行调制,尽管也可以应用在一个相干处理周期内的相邻脉冲上(脉间)。雷达波形的详细分类超出了本书的范围,但在 Levanon and Mozeson(2004)的著作中进行了综述。建议把 Rihaczek(1985),Nathanson(1969)和 Cook and Bonfed(1967)等经典著作作为雷达信号理论和应用的入门。

来自具有时延 τ 和多普勒频移 f 的理想点散射体回波,其匹配滤波器(相干接收机)响应由自模糊函数(AF)定义。解析信号 $s(t)$ 的自模糊函数如式(3.1)中的 $\chi(\tau, f)$,这里*表示复共轭,而 j 为虚数单位。AF 的数学特性在 Richard(2005)的书中有所描述。雷达系统所关注的 AF 特性包括分辨率,旁瓣电平以及时延-多普勒平面上的模糊度。

$$\chi(\tau, f) = \int_{-\infty}^{\infty} s(t) s^*(t-\tau) e^{-j2\pi f t} \, dt \tag{3.1}$$

理想波形应具有合适的分辨率,能够以一定的可靠性、极低的旁瓣无模糊地快速搜索目标,然而,这些条件并不现实,因为实际波形能量有限(受系统或运行因素的制约),并且 AF 的体积总是一定。实际上必须在前面提到的 AF 特性中进行精细的取舍。雷达信号设计师的任务就是综合考虑任务目的、系统限制和环境条件以实现最适当的平衡。

3.1.2.1 信号类别

超视距雷达波形的带宽主要受到高频段频谱占用度(用户拥堵)的限制,电离层频率色散是次要的(物理)限制,不需要补偿。此外,出于在覆盖区不同探测子区内建立和维持航迹的要求,有效的目标照射时间或者 CPI 受到重访数据率的限制,特别是对于机动目标。用于空中目标探测的超视距雷达波形时间-带宽积(TBP)通常需要达到 10^4 量级。例如,10 kHz 的带宽和 1 s 的 CPI。由于需要更大的带宽和更长的 CPI,用于舰船目标探测的超视距雷达波形 TBP 要比对空探测高 1~2 个数量级。能够应用于舰船目标探测的 CPI 最大长度常常受到天波传输信道相干时间的限制。无论出于哪种原因,可行性和物理条件二者的联合限制使得超视距雷达波形设计仅能使用有限的 TBP。

尽管可用雷达波形的数量无限多,但事实上只有少量广泛定义的波形类别具有突出的分辨特性(Rihaczek 1971)。采用 Rihaczek(1971)所提出的术语,TBP 量级为 1 的信号被定义为 A 类波形,其具有脊状的模糊函数和相同的分辨单元大小。一个基本的例子是简单的单载频脉冲,不进行相干积累,这种波形对超视距雷达来说没有实际意义。TBP 远大于 1 的波形可在三大类波形中进行选择。它们分别对应图钉状(B1 类)、斜刀刃状(B2 类)和钉床状(C 类)模糊函数。B1 和 B2 类波形也被看作单脉冲信号,但因采用调制使得 TBP 远大于 1。C 类波形是相干脉冲串(即周期性重复脉冲),其脉内带宽相比重复频率大得多。

将单脉冲波形细分为 B1 和 B2 类的原因如图 3.1 所示,图中揭示了带限高斯噪声信号和单个线性调频扫频信号距离-多普勒响应上的显著差别,这两类波形均采用了加权匹配滤波器进行处理以抑制旁瓣。B1 类波形(带限高斯噪声)呈现图钉状响应,其时延-多普勒分辨单元大小为 1/TBP 量级。它没有模糊性,旁瓣基底平均在主瓣功率以下 1/TBP 处。与 B1 类波形不同,B2 类波形(单线性调频扫频信号)具有斜刀刃状模糊函数响应,时延-多普勒分辨单元大小量级为 1。此波形具有低旁瓣特性以及距离-多普勒耦合所产生的模糊性。

从高分辨率和无模糊性的角度,B1 类波形是理想波形。然而,这些益处以相对高的旁瓣基底为代价。基底电平在功率上与 TBP 成反比。在超视距雷达应用中,杂波-目标回波比能够到达 40~80 dB。10^4 的 TBP 将在整个距离-多普勒平面产生仅比主杂波峰值低 40 dB 的旁瓣基底,这使得在存在强信号反射场景下对较弱目标回波的检测出现问题。当采用匹配滤波处理并在超视距雷达波形设计采用可获得的 TBP 时,B1 类波形不能提供足够的杂波中可见度以实现可靠的目标检测。换句话说,由于采用传统的距离-多普勒处理技术时旁瓣基底较高,此类波形不适用于超视距雷达。

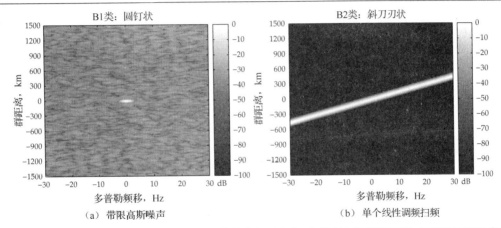

(a) 带限高斯噪声　　　　　　　　　　　　　(b) 单个线性调频扫频

图 3.1　强度调制显示方式展示了理想点散射体经过加权匹配滤波器后的距离-多普勒处理幅度响应，图形以匹配的距离-多普勒点为中心显示为距离和多普勒位移的函数。此响应包括带限高斯噪声信号和单个线性调频扫频信号。两类波形标准带宽均为 10 kHz，时长为 1 s（TBP=10^4）。两类波形的匹配滤波器均采用了相同的加权系数以降低距离和多普勒维的旁瓣

B2 类波形提供了极低的旁瓣，但是严重的距离-多普勒耦合使得多个点目标的分辨能力依赖其相对的距离和多普勒坐标。需特别说明的是，高分辨率仅存在于距离-多普勒坐标未沿斜刀刃脊排列的散射体。这类波形的主要问题是沿斜刀刃脊分布的散射体目标将无法分辨。也就是说，高分辨率可以在距离维或者多普勒维实现，但无法同时在两维独立实现。这可能使得目标回波无法与其多径分量进行分离，或者难以将落入斜刀刃脊的有用信号与不同距离和多普勒单元均存在的杂波回波分辨开来。

尽管超视距雷达杂波通常集中于零多普勒频率附近，但散射体在距离上的分布可能扩展上千千米。图 3.1（b）中的结果显示这会在具有多普勒偏移的目标回波和位于不同距离上的零赫兹杂波回波之间产生严重的干扰效应。而且目标的跟踪依赖于回波在距离和多普勒上的精确定位，这要求波形在这两个维度上耦合度（模糊性）最小。B2 类波形的分辨率和模糊性使得其不适合超视距雷达的杂波环境和目标定位任务。

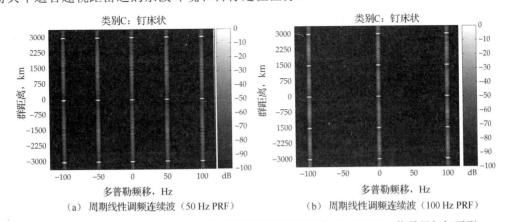

(a) 周期线性调频连续波（50 Hz PRF）　　　　(b) 周期线性调频连续波（100 Hz PRF）

图 3.2　PRF 为 50 Hz 和 100 Hz 的周期线性调频连续波（LFMCW）信号经加权匹配滤波距离-多普勒处理后的幅度响应。两类波形标准带宽均为 10 kHz，时长为 1 s（TBP=10^4）。PRF 决定了距离-多普勒平面上中心模糊"伪峰"的位置

能够在距离和多普勒保证最小耦合度并同时提供低旁瓣电平和高分辨率的唯一一类波形的典型特征是"钉床"状的模糊函数。如前所述，这种 C 类波形为周期脉冲串，其脉内带宽

大于重复频率。显示形式与图 3.1 相同的图 3.2 给出了经典（失配）距离-多普勒处理响应，对应 TBP 为 10^4 的两种脉冲重复频率的周期线性调频连续波形。这里，"失配"这个词指采用了加权匹配滤波器。

从图 3.2 中还可看出 C 类波形获得了低旁瓣和高分辨率的优势，但付出的代价是在距离和多普勒维以规则间隔分布的密集而集中的模糊点。这些模糊点的坐标与 PRF 的选择有关，并且遵循后面章节将提到的方程。对于固定的 TBP，C 类（钉床状）波形与 B1 类（图钉状）波形分辨率相当，而旁瓣电平与 B2 类（斜刀刃状）波形相当。但是，这时 B1 类波形旁瓣基底（或 B2 类波形中斜刀刃脊）中所包含的能量集中到了极强且分离的距离和多普勒模糊点上。

特别地，一阶和高阶模糊点可能使得从极远距离返回的杂波回波折叠进入不模糊覆盖距离内。具有较强能量的运动散射体，会在目标回波所处的多普勒频率上产生这种距离折叠杂波回波。在此情况下，C 类波形的距离模糊点将损害超视距雷达目标检测性能。另一方面，高速运动的目标可能产生足够大的多普勒频移，超出 C 类波形的一阶或高阶多普勒模糊容限，这将导致目标速度估计模糊以及存在为 PRF 倍数的盲速区。在超视距雷达系统中，距离和多普勒模糊对于空中目标探测需要重点关注，但对舰船目标探测影响较小甚至没有影响。

对于 C 类波形，可以通过适当选择 PRF 来控制模糊点的位置。特别是可以选择 PRF 以使在实际环境中的散射点获得预期的距离-多普勒分布特性。关键之处在于，与 C 类波形关联的模糊点出现在散射能量可忽略的距离-多普勒区域时，实际上不会带来性能恶化。在这种情况下，雷达呈现出有效模糊函数，图钉状的散射点在距离-多普勒平面上具有极低的旁瓣。模糊点仍然存在，但是当散射点并未落在目标点坐标上时不会造成干扰，目标点坐标是匹配滤波器处理后在距离-多普勒平面内的位置。

如图 3.2 所示，与低 PRF 相比，高 PRF 具有更小的距离模糊和更大的多普勒模糊。对于某一特定的雷达任务和环境条件，不可能总是将模糊点放置在很少或是没有散射点回波的位置。如果采用恒定 PRF 波形，当这种偶然情况发生时会产生性能恶化。然而，可通过选择 PRF 控制严重模糊点出现的位置，其对性能所产生的恶化，被认为小于在整个距离-多普勒平面上存在较高的旁瓣基底，或是对于具有某种距离和多普勒组合关系的散射点缺乏有效分辨力所带来的性能恶化。

C 类波形被认为是最适合于超视距雷达应用的波形，它具有高动态范围和散射环境的时延-多普勒分布特性，这些与实装系统中可获得的有限 TBP 值相关。点散射体（如目标）场景中，采用不同 PRF 的多种波形能够解距离和多普勒模糊。然而，在存在空间分布散射体时（如地面或海面），多 PRF 波形的使用可能由于引入距离折叠扩展多普勒杂波从而导致目标回波遮蔽问题。在此情况下，脉间调制有助于调整距离-多普勒平面内距离折叠回波能量出现的位置，从而在传统的处理流程之后使之不再遮蔽目标回波（Hartnett, Clancy, and Denton 1998）。

3.1.2.2 脉冲和连续波

在 C 类波形范围内选择专门的超视距雷达信号，要确定信号能够满足系统的运行需求，而这些需求常常受到可实现技术的实际限制。脉冲或连续波的使用是信号设计流程的基本出发点。一旦做出了选择，信号产生所需的其他特性，如调制类型和功能应用，将被依次选定。

正如前面已经提到的，单站超视距雷达配置实际上只能采用占空比小于 1 的波形，而双站超视距雷达系统可采用连续波。

前面提到早期超视距雷达系统，如 MADRE，采用单脉冲（幅度调制）波形工作是当时唯一可行的选择。特别是在 20 世纪 50 年代，还无法产生频谱纯度足够高的调频连续波信号来支持超视距雷达正常工作。在天波系统出现的最早期，距离在 100 km 量级上（以允许采用占空比为 1 的波形）的收发站址间精确同步也是一个挑战。随着技术的进步，在 20 世纪 60 年代采用调频连续波形的双站超视距雷达终于有效运行。

在当前的单站和双站超视距雷达系统中采用脉冲或连续波形，获得好处的同时也面临着问题。脉冲波形一个显而易见而又重要的特性是前面提及的实现单站超视距雷达所引入的运行和经济优势。此外，相对于连续波形，脉冲波形的时间波门特性使得后向散射杂波的瞬时功率来自地表面的有限距离内。这使得波形产生器的动态范围要求更容易实现，并且可以采用效率更高的放大器（Skolnik 2008b）。

脉冲波形也存在一些明显的缺陷。对于峰值功率一定的发射机，脉冲波形相比恒定幅度包络的连续波形平均发射功率更低。与频率或相位调制的连续波形相比，削减平均功率导致目标回波信噪比的下降，其下降程度与波形占空比成正比。连续波形可最大化雷达系统平均发射功率，这将显著增强对高速小 RCS 目标的探测性能，特别是在夜间，此时接收到的最低外部噪声电平功率密度比内部噪声高 20~30 dB。

采用脉冲波形提升噪声背景下探测性能的一种方法是在天线阵列中提高每个发射通道的峰值功率，另一方法则是增加发射通道的数目进而提高天线增益。可以采用任意一种方法或者两者联合使用，但从降低每个发射通道发射机和天线硬件相关要求的角度，增加发射通道数目是更好的选择。然而，由于天线增益与波束宽度成反比，增加发射通道数目会导致缩小覆盖范围或降低覆盖速率。毫无疑问，与采用恒定幅度包络的连续波形相比，采用脉冲波形获得相同的信噪比需要付出更明显的代价。

带外频谱泄漏会对邻近频率信道的其他高频段用户产生影响（干扰），由于脉冲波形具有更小的时宽-带宽积，控制泄漏更为困难（Headrick and Thomason 1998）。实际上，必须在不明显降低雷达波形的模糊函数特性前提下，将带外泄漏控制在可接受的水平。模糊函数特性是满足系统有效完成目标探测和参数估计任务所必需的。采用连续波形可以为控制带外泄漏提供更大的余地，带外泄漏应满足本地机构或国际电信联盟（ITU）规定的要求，同时需保持分辨率和旁瓣特性以满足超视距雷达的运行要求。该内容将在本章的最后部分进行讨论。

3.1.2.3 线性调频连续波

前述章节已经确认需要采用 C 类波形，并且讨论过基于准单站配置（这种设计选型为当前实装的大多数天波超视距雷达系统所采用）连续波运行的显著优点，剩下需要决定每个重复脉冲的调制样式。无论从给定峰值功率限制条件下提升平均功率的角度，还是从适合于固态放大器产生恒定功率的角度，恒模调制包络都是必需的，因为固态放大器提升峰值功率处理容量不能在其连续速率之上（Stove 1992）。发射恒定功率的波形对放大器线性度的要求也不那么严苛。在正常工作过程中，超视距雷达采用固态放大器可在较宽的载频间隔内快速和频繁地切换频率，并且保持很高的线性度和频谱纯度，这些要求对于真空管技术是无法实现的。

具有远大于 1 的时宽带宽积的恒模脉冲可采用相位调制或频率调制方式产生。尽管在连续波雷达中也已提出相位频移键控和非线性频率调制方式，但实际应用中线性调频脉冲仍然具有许多重要的优点。首先,目标距离正比于"触发"频率,可以采用一个基于 FFT 的简单相关器来进行距离处理。其次,在线性调频混频或"去斜"后,可以运用模拟低通滤波来降低信号带宽,从而允许利用 FFT 运算仅处理有用距离覆盖段的距离单元(也即延展处理)。这不仅降低了实时处理负载,也降低了为获得一定动态范围而对模数变换器(ADC)提出的采样频率要求,这样整个计算流程中的数据率和流量也相应减少。

相对于采用其他基于相位编码波形或非线性时频函数的恒模信号,这些特性体现出线性调频调制的重要优点。这些优点被早期超视距雷达所利用,因为当时 ADC 技术尚不成熟,并且以现在的标准来看处理能力也相当有限。具有整数 TBP 的线性调频调制或 chirp 脉冲,促进了现代超视距雷达系统中用于全数字脉冲压缩的高效快速算法的发展(Summer 1995)。除了降低实时处理负载,线性调频脉冲在给定的发射带宽下提供了良好的距离分辨率(Turley 2009),发射带宽通常由线性调频的调频频率宽度所决定。

当线性调频脉冲不断重复形成一个相干脉冲串时,在一个扫频的结束和下一个扫频的开始处产生较大的瞬时频率变化,这将导致明显的带外泄漏。单纯的线性调频脉冲可用幅度加权来"整形",或调整波形在不连续点处的时频特性来降低带外泄漏,这样才能保持较低的距离旁瓣电平。在不显著损失脉冲压缩性能前提下降低带外泄漏的实际方法将在本节的最后部分介绍。

基于前述原因,大多数实装双站超视距雷达系统均采用了基于线性调频脉冲的周期波形。图 3.3 显示了周期线性调频连续波形(LFMCW)的瞬时时频特性,其载频为 f_c,带宽为 B,波形重复周期为 T_p,CPI 为 T。基带信号由 3 个参数所确定,分别是波形重复频率 $f_p = 1/T_p$、线性调频频率的宽度 B 及 CPI 内的脉冲或扫频数目 N。实际上,LFMCW 参数可根据雷达任务类型和当前环境条件实时进行选择。波形带宽和 PRF 的选择也必须是每个扫频周期中采样点数的整数倍。超视距雷达波形参数选择的准则将在第 4 章中讨论。

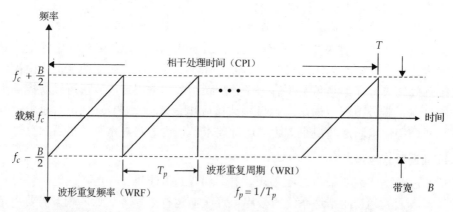

图 3.3 周期线性调频连续波形(LFMCW)的瞬时时频特性,载频为 f_c,标准带宽为 B,脉冲重复频率 f_p 和相干积累时间 T。术语脉冲重复周期(PRF)和波形重复周期(WRF)可通过其重复波形占空比分别是分数和 1 来进行区分,但在文献中这两个术语经常可以互换使用

表 3.1 给出了 LFMCW 在时延和多普勒维上的分辨率和模糊度属性与信号参数之间的关系。这些关系也在表 3.1 中表示成在一个单站双程路径上的群距离和相对速度(群距离的变化率)的形式。采用典型的(对空模式)超视距雷达波形参数,$B = 10 \text{ kHz}$,$f_p = 50 \text{ Hz}$,$T = 1 \text{ s}$ 而 $f = 15 \text{ MHz}$,可以得到 $\Delta R = 15 \text{ km}$,$R_{\text{amb}} = 3000 \text{ km}$,$\Delta v = 36 \text{ km/h}$ 和 $v_{\text{amb}} = \pm 900 \text{ km/h}$。

对于更高的重复频率 $f_p = 100$ Hz，$R_{amb} = 1500$ km，而 $v_{amb} = \pm 1800$ km/h。这些一阶距离和多普勒模糊点可在图 3.2 中看到。

表 3.1 以重复 LFMCW 参数为参量表示的时延（群距离）-多普勒频移（相对速度）分辨率和第一模糊点；参量分别为脉冲重复频率 $f_p = 1/T_p$，带宽 B 和相干积累时间 $T = NT_p$。多普勒频率分辨率和相对速度模糊点有时表示为相对 0 Hz 两段对称的区间形式，如 $\Delta f = \pm 1/(2T)$ Hz 或 $v_{amb} = \pm cf_p/(4f_c)$。在距离和多普勒平面内二阶和更高阶模糊点产生在一阶模糊点的整数倍上。常数 c 为真空中的光速

周期线性调频连续波	时延（s）	群距离（m）	多普勒频移（Hz）	相对速度（m/s）
分辨率	$\Delta \tau = \dfrac{1}{2}$	$\Delta R = \dfrac{c}{2B}$	$\Delta f = \dfrac{1}{T}$	$\Delta v = \dfrac{c}{2f_c T}$
模糊度	$\tau_{amb} = T_p$	$R_{amb} = \dfrac{c}{2f_p}$	$f_{amb} = f_p$	$v_{amb} = \dfrac{cf_p}{2f_c}$

PRF 交替可用于分辨模糊和非模糊回波，因为当 PRF 变化时后者的坐标会在距离和多普勒上保持固定（Richards 2005）。对前后相继的 FMCW 扫频脉冲进行相位编码（脉间调制），可将距离模糊回波移动确知的多普勒偏移，这在 Hartnett, Clancy, and Denton, Jr（1998）及 Clancy, Bascom, and Hartnett（1999）中提出。在拥挤的 HF 谱段中带宽稀缺，为在所希望的频率附近改善距离分辨率，可以综合频谱中两个或多个相邻的子频段。但这要求采用专门的脉冲压缩技术来保持低距离旁瓣（Zhang and Liu 2004）。

3.1.3 带外泄漏

在高频段所分配频率信道上工作的服务必须严格遵循国际电信联盟（ITU）的频谱管理指南（ITU 2006b）。应当从根本上确保所辐射信号的频谱满足 ITU 关于谱边界或是"辐射屏蔽"的规定。这一指南的目的是削弱相邻频段用户间的相互干扰。国家频谱管理委员会应当对未分配的服务进行单独的限制。在一些国家，对于未分配频段的用户，国家频谱管理委员会制定的标准要比 ITU 的规定更为严格。

ITU 也为使用无线电频谱的主要雷达系统提供了相关建议（ITU 2006a）。从 2003 年 1 月至今，从频谱测量和分析流程结果来看，澳大利亚的高频雷达要求符合 ITU 的规定（ITU 2003）。本节的第一部分比较了单个线性调频信号及重复 LFMCW 信号频谱与 ITU 对此类波形的辐射屏蔽要求。本节的第二部分描述了采用幅度加权和局部反馈技术以降低带外泄漏的方法，这些带外泄漏源自扫频交替时瞬时频率的巨大跳变。本节的最后讨论这些脉冲整形技术对雷达性能，特别是旁瓣电平的影响。

3.1.3.1 LFMCW 谱

ITU 频谱辐射屏蔽对采用周期 LFMCW 信号的高频雷达影响分析，详见 Turley（2009）和 Durbridge（2002）。根据式（3.2）所示的 ITU 带宽公式，对于频率 f_c 和必要的带宽 B，LFMCW 谱的辐射包络要求比 0 dB 参考电平（谱峰）低至少 40 dB。此处，B 和 B_{-40} 均定义为以工作频率为中心的双边带宽：

$$B_{-40} = B + 0.0003 f_c \tag{3.2}$$

扫频宽度为 B，扫频周期为 T_p 的单个线性调频扫频信号瞬时频率由式（3.3）中的 $f_i(t)$ 给出，这里 t 指时间而 f_c 为载频。相干扫频串的时频特性在前面图 3.3 中已经给出。

$$f_i(t) = \frac{Bt}{T_p} + f_c - \frac{B}{2}, \quad t \in [0, T_p) \tag{3.3}$$

信号的相位特性很容易由式（3.4）中的 $\phi_p(t)$ 所确定，这里下标 p 指采用 Turley（2009）中标记的单个脉冲或扫频信号。

$$\phi_p(t) = 2\pi \int_0^t f_i(t')dt' = \frac{\pi B t^2}{T_p} + 2\pi \left(f_c - \frac{B}{2}\right)t, \quad t \in [0, T_p) \tag{3.4}$$

这样解析线性调频信号可写为式（3.5）中 $v_p(t)$ 的形式

$$v_p(t) = \begin{cases} e^{j\phi_p(t)} & t \in [0, T_p) \\ 0 & \text{其他} \end{cases} \tag{3.5}$$

该信号的频谱可从其傅里叶变换中得到，如式（3.6）中 $v_p(f)$ 所定义

$$V_p(f) = \int_0^{T_p} v_p(t) e^{-j2\pi ft} dt \tag{3.6}$$

用于比较辐射屏蔽的信号归一化功率谱密度在式（3.7）中给出，这里 $C(x)$ 和 $S(x)$ 为 Fresel 积分（Turley 2009）。根据 Turley（2009）文献，不失一般性可以令 $f_c = 0$，使得积分限为 $x_1 = \sqrt{2T_p B}(f + B/2)$ 和 $x_2 = \sqrt{2T_p B}(f - B/2)$。

$$|\bar{V}_p(f)|^2 = \frac{B}{T_p}|V_p(f)|^2 = \frac{1}{2}\left\{[C(x_2) - C(x_1)]^2 + [S(x_2) - S(x_1)]^2\right\} \tag{3.7}$$

对于更高的频率 $|f| \gg B/2$，归一化功率谱密度 $|\bar{V}_p(f)|^2$ 的包络上界可用式（3.8）近似。这里涉及的是单个扫频信号归一化功率谱密度的大频率近似问题。该表达式最初来自 Regimbal（1965）。

$$|\bar{V}_p^E(f)|^2 = \frac{B}{T_p \pi^2}\left[\frac{f}{f^2 - (B/2)^2}\right]^2, \quad |f| > B/2 \tag{3.8}$$

此式表明对于 $|f| \gg B/2$，单个扫频信号带外下降速率近似为 $1/f^2$。换句话说，单个扫频信号在带外域中的下降速率为 20 dB/倍频（10 倍）。对于 $|f| < B/2$，上界包络的近似解由式（3.9）给出，这也来自 Regimbal（1965）。

$$|\bar{V}_p^E(f)|^2 = \left(1 + \frac{1}{2\pi\sqrt{BT_p}}\frac{B^2}{(B/2)^2 - f^2}\right)^2, \quad |f| < B/2 \tag{3.9}$$

图 3.4（a）比较了在 $f_c = 30$ MHz 处按 ITU 辐射屏蔽要求的单个线性调频脉冲理论半谱，带宽 $B = 10$ kHz，$f_p = 250$ Hz。根据式（3.2）带宽公式，在 –40 dB 频率以外，功率谱在带外域中需要以至少 –20 dB/倍频的速率下降，直至达到 –60 dB。谱还需在剩余的频段内继续保持在这个水平之下，该谱段通常由杂散信号所占据。

可以看到具有波形参数 $BT_p = 250$ 的单个线性调频扫频信号频谱与 $f_c = 30$ MHz 处 ITU 屏蔽值并不相符，在整个高频段也是如此。无限重复序列的扫频信号频谱可由单个样本的频谱导出，通过以重复频率的整数倍对该频谱进行采样，也即 $f = k/T_p$，这里 k 是整数。这就得到如图 3.4（b）所示的无限周期 LFMCW 信号的理论（离散）频谱。

将 $f = k/T_p$ 代入单个扫频信号的频率近似，并采用其（上界）谱包络即可得到式（3.10）中周期 LFMCW 信号的表达式。显然，在式（3.10）中，周期 LFMCW 信号在带外域的下降速率是 40 dB/倍频。

第 3 章 系 统 特 性　　99

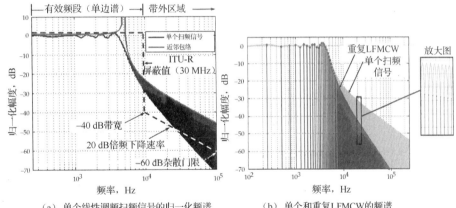

(a) 单个线性调频扫频信号的归一化频谱　　(b) 单个和重复LFMCW的频谱

图 3.4　图(a)给出了单个LFM扫频信号（$B=10\,\text{kHz}$，$f_p=250\,\text{Hz}$）的理论归一化半谱，以及大频率包络近似和 $f_c=30\,\text{MHz}$ 时的ITU屏蔽值。图(b)显示了单个LFM扫频信号（$B=10\,\text{kHz}$，$f_p=250\,\text{Hz}$）以及包含无穷相同LFM扫频信号的周期LFMCW信号的理论归一化半谱

$$|\bar{V}^E(f=k/T_p)|^2 = \frac{B^3}{T_p 4\pi^2}\left[f^2 - B^2/4\right]^{-2}, \quad |f|>B/2 \qquad (3.10)$$

图 3.5（a）比较了式（3.7）中给出的理论单扫频信号频谱，$f=k/T_p$ 处的无限 LFMCW 序列的理论频谱以及无限序列的大频率近似式。$f>B/2$ 时该式如式（3.10）所示，而 $f<B/2$ 时，则如式（3.9）所示。需要注意的是，在高频部分，LFMCW 谱与近似式符合得很好。在式（3.10）中求解对应 $-x$ dB 归一化谱值的频率，再乘以 2 获得双边谱，无限周期 LFMCW 信号的 x dB 带宽表达式如下：

$$f_{-x\,\text{dB}} = B\left(1 + \frac{2}{\pi\sqrt{BT_p}}10^{x/20}\right)^{1/2} \qquad (3.11)$$

这一公式由 Turley（2009）导出，表明带宽因子 $f_{-x\,\text{dB}}/B$ 仅是单扫频信号 $TBP=BT_p$ 和电平 x 的函数。代入 $x=40$ dB 得到式（3.12）中的另一种 -40 dB 带宽公式。图 3.5（a）显示了采用式（3.12）给出的 $f_{-40\,\text{dB}}$ LFMCW 信号的屏蔽值，以及基于式（3.10）的 40 dB/倍频下降速率。采用 $f_c=30\,\text{MHz}$ 的当前 ITU 屏蔽值也画在图 3.5（a）中以进行比较。

$$f_{-40\,\text{dB}} = B\left(1 + \frac{200}{\pi\sqrt{BT_p}}\right)^{1/2} \qquad (3.12)$$

式（3.12）中另一种（理论推导）的屏蔽值满足周期 LFMCW 频谱的 -40 dB 带宽，同时也满足该频谱的下降速率，这里当前 ITU 屏蔽值在邻近的带外域上过于严格而在遥远的带外域上过于宽松。通常来说，ITU 屏蔽值对于低单扫频 TBP 值和低载频联合场景来说是严苛（极难满足）的。对于空中目标探测应用，TBP 值相对较低，必须采用线性调频脉冲整形技术来满足当前的 ITU 规定。

3.1.3.2　脉冲整形技术

周期 LFMCW 信号带外能量的主要来源是从一个扫频结束至下一个扫频开始时的频率回扫所产生的"频谱扩展"。几种脉冲整形技术用于改善这种信号的频谱性能，主要通过衰减或调整回扫部分的频谱特性。首先描述使用幅度调制加权以降低扫频变换处不连续的频率步进的贡献；其次，讨论应用有限而不是瞬时回扫时间的频率规则。上述两种技术均能够使得带外泄漏明显降低。特定系统选择这些技术主要受工程因素的影响，包括硬件上实现高保真度信号的能力以及对目标探测性能的影响。

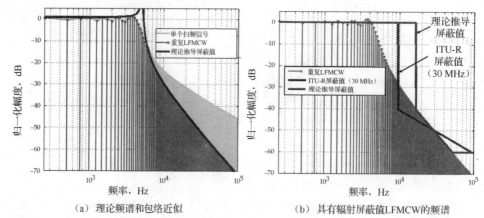

(a) 理论频谱和包络近似　　　　(b) 具有辐射屏蔽值LFMCW的频谱

图3.5　图（a）比较了单个扫频信号和无限周期扫频序列的理论归一化频谱，以及后者采用 $B=10\text{ kHz}$ 和 $f_p=250\text{ Hz}$ 时的大频率包络近似。图（b）比较了ITU-R屏蔽值与理论推导的屏蔽值和无限扫频序列的频谱

可以采用不同的幅度加权函数来控制重复线性FMCW信号的带外频谱泄漏。此方法中，线性调频扫频被乘以一个窗函数并且重复此过程。如Turley（2009）中所述，首先考虑式（3.13）中给出的上升余弦加权函数 $a(t)$ 进行幅度调制的情况。当 $\delta=0.5$ 时，等效于汉宁窗（Hann），而当 $\delta=0.54$ 时，等效于海明窗（Hamming）。

$$a(t) = \delta - (1-\delta)\cos\left(\frac{2\pi t}{T_p}\right), \quad t \in [0, T_p) \tag{3.13}$$

对于大频率幅度调制周期LFMCW信号（有限序列）的上界频谱包络可用式（3.14）来近似。图3.6（a）给出了汉宁加权周期LFMCW信号的理论近似值和实际包络谱。值得注意的是，在 -60 dB 电平之下，大频率近似与真实情况符合得很好。在更高的频率上，对于无限周期序列，汉宁加权能够获得80 dB/倍频的下降速率，而对于单个扫频信号能够达到60 dB/倍频。

$$|\tilde{V}^{RC}(f=k/T_p)|^2 = \frac{B^3}{T_p 4\pi^2}\left[\frac{\delta}{f^2 - B^2/4} - \frac{0.5(1-\delta)}{(f-1/T_p)^2 - B^2/4} - \frac{0.5(1-\delta)}{(f+1/T_p)^2 - B^2/4}\right]^2, \tag{3.14}$$
$$|f| > B/2$$

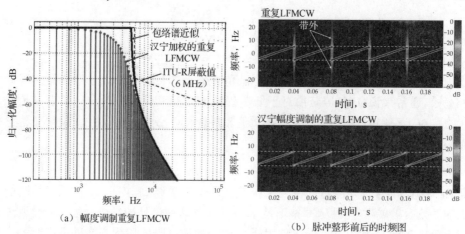

(a) 幅度调制重复LFMCW　　　　(b) 脉冲整形前后的时频图

图3.6　图（a）显示了汉宁加权周期LFMCW的半谱以及 $B=10\text{ kHz}$，$f_p=250\text{ Hz}$ 时的大频率包络近似。图（b）显示采用幅度调制后削弱了扫频边界的带外能量

Turley（2006）中描述的另一种方法是从端点起始扫频的 10%区间内采用余弦 Tukey 幅度加权。此方法可有效满足带外泄漏要求，在相干积累上仅略有损失而具有良好的距离旁瓣性能。然而，基于幅度调制的方法严重依赖高功率放大器（HPA）的线性度，以发射所产生的高保真波形。在 Turley（2006）中，没有验证实际工程中的 HPA 是否能够在波形产生器输出端达到试验所获得的响应。

另一类方法是调整时频特性而不是波形的幅度来满足 ITU 的规定。一种减少频率步进中不连续性的简单方法是，将一个短的反斜率线性调频片段插入到下一个扫频前（也就是一个有限的线性回扫波形）。此方法的详细分析见 Durbridge（2002）。

数字波形产生器提供了精确实现这些波形所必需的灵活性。有限回扫波形的恒模属性对放大器线性度的要求更低，并使 HPA 发射恒定功率。线性有限回扫波形由式（3.15）给出，这里，调整线性调频斜率以保持扫频带宽稳定。

$$v_p(t) = \begin{cases} e^{j(2\pi f_c t + \frac{\pi B t^2}{(1-r)T_p})} & t \in [0, (1-r)T_p) \\ e^{j(2\pi f_c t - \frac{\pi B [t-(1-r)T_p]^2}{rT_p} + \phi)} & t \in [(1-r)T_p, T_p) \end{cases} \quad (3.15)$$

这里 f_c 是扫频的起始频率，B 是扫频带宽，T_p 是扫频周期，r 是回扫比，而 $\phi = \pi B(1-r)T_p$ 确保了相位连续。相对于原始波形（$r=0$），$v_p(t)$ 的 TBP 降低了 r。典型地，r 仅需取小于百分之五的一个非常小的值。图 3.7（a）重绘了 Durbridge（2002）中的图，显示参数为 $B = 8.0$ kHz 和 $f_p = 60.1$ Hz 的百分之一线性回扫波形的频谱。需要指出的是，百分之一的线性回扫谱具有 60 dB/倍频的下降速率并满足当前的 ITU 规定。

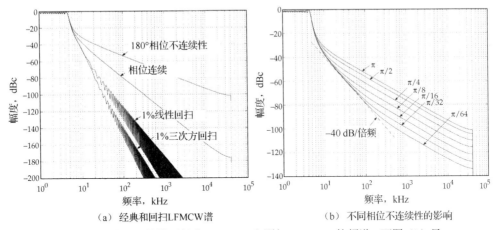

(a) 经典和回扫LFMCW谱　　　　　　(b) 不同相位不连续性的影响

图 3.7　图（a）比较了经典 LFMCW 和回扫 LFMCW 的频谱，而图（b）显示了具有不同（扫频之间）相位不连续性的经典 LFMCW 频谱

图 3.7（a）也显示了相位连续和不连续扫频序列的频谱，分别对应单个扫频（20 dB/倍频下降速率）和重复线性 FMCW（40 dB/倍频下降速率）。图 3.7（a）显示了相位不连续度变化的周期 LFMCW 波形的频谱。如前面所讨论的，这种波形可用于消除距离折叠杂波（Hartnett et al. 1998）。图中曲线表明随着相位不连续度分别在 0～π 之间变化，波形下降速率也在 20～40 dB/倍频变化。

线性回扫波形在扫频边界上采用一个相位和频率上连续的有限过渡代替了不连续的频率步进。此方案在调频扫频和回扫信号之间提供额外的频率变化率的连续性。换句话说，在扫频边界的两边，瞬时频率斜率、相位以及频率都是相等的。式（3.16）中 $\phi(t)$ 给出了三次相位规律,这里 ϕ_i 是调频斜率终点的相位,它被证明满足这三个准则(Durbridge 2002)。

$$\phi(t) = \frac{B}{2r^3(1-r)T_p^3}t^4 - \frac{B}{r^2(1-r)T_p^2}t^3 + \frac{B}{2(1-r)T_p^2}t^2 + (f_c + B)t + \phi_i, \quad t \in [0, rT_p] \quad (3.16)$$

图 3.7(a)显示一个百分之一回扫遵循此三次相位规律的波形频谱,它在调频斜波和回扫部分间提供了平滑过渡。这样的谱也满足 ITU 辐射遮蔽并具有 80 dB/倍频的大频率下降速率。然而,线性回扫已经足以满足当前的 ITU 规定,而目前 OTH 雷达三次回扫波形所带来的复杂度还不能保证实现。

3.1.3.3 距离旁瓣

脉冲整形的效应不仅体现在辐射频谱上,同样重要的是调整波形对距离旁瓣电平的影响,这与目标探测性能相关。Durbridge(2002)中的分析证明了距离旁瓣电平随着线性回扫波形扫频 TBP 和回扫率的增加而降低,但对带宽和 PRF 的单独调整不敏感。旁瓣下降程度在接收机通带的远距离(失配)处更大,相比模拟去斜接收机的延展处理方案,在采用扩展距离处理的全数字脉冲压缩中下降得更为明显。

为满足 ITU 辐射屏蔽要求所必需的小回扫率(1%),对 TBP 约为 100 的空中目标探测扫频信号,在失配较低的距离段上,线性回扫波形距离旁瓣电平的抬升通常不大于 3 dB。当采用距离相关接收机获得完整频谱时,有限回扫波形的影响变得更明显。在最大延迟处(即最大失配距离段,其时延接近重复周期的一半),对于 1%回扫和扫频 TBP 约为 100 的情形,距离旁瓣电平的劣化约为 6 dB。

图 3.8 显示了采用 1%和 5%线性回扫,扫频 TBP 为 133 的距离旁瓣下降程度。当超视距雷达工作在对空模式下时需要采用这样的波形,特别是在较低工作频率时,此时 –40 dB 带宽要求是最严苛的。图 3.9 给出了对于恒定 TBP 为 499 的扫频信号,改变 PRF 在距离旁瓣上所产生的轻微变化。这两幅图中的结果均来自 Durbridge(2002)。

对于一个 1%线性回扫波形,TBP 约为 10000 的舰船检测扫频信号,其距离旁瓣上的损失更为严重。幸运的是,对于典型的舰船探测波形参数集而言,脉冲整形并不是必需的,此时标准的周期 LFMCW 信号已经能够满足当前 ITU 的屏蔽要求。总而言之,回扫波形的距离旁瓣代价主要由时宽-带宽积和回扫速率决定,带宽和 PRF 的选择只有微小的贡献。对于 TBP 大于 100 的扫频信号,一个 1%的线性回扫可以满足当前 ITU 的要求,而 TBP 大于 500 的扫频信号则没有必要采用脉冲整形技术(Durbridge 2002)。

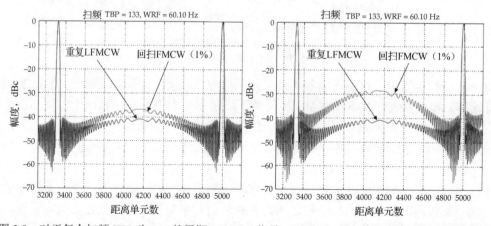

图 3.8 对于每个扫频 TBP 为 133 的周期 LFMCW 信号,1%和 5%回扫率对距离旁瓣电平的影响

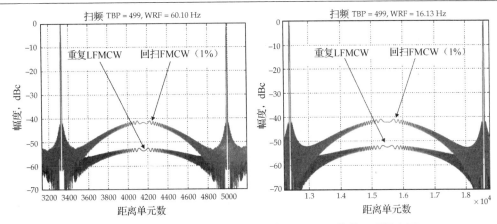

图 3.9 对于扫频 TBP 为 499 的周期 LFMCW 信号,采用和不采用线性回扫,改变 WRF 对距离旁瓣电平的影响

3.2 雷达架构

单个超视距雷达通常既可执行对空任务,也可执行对海任务。据此大多数现役天波超视距雷达系统都将飞机和舰船探测作为其主要和次要任务。本节的第一部分和第二部分将参考一个标准系统描述超视距雷达发射和接收分系统的一般特性。在两种系统中,都需要重点关注天线单元的选择和阵列设计。与波形产生和功率放大有关的主要内容在发射机中覆盖,而超外差和直接数字技术在接收机中讨论。本节的第三部分讨论高频阵列的校准问题,以及利用内部和外部信号源进行校准的一些方法。

3.2.1 发射系统

超视距雷达正常工作所需的平均发射功率与系统设计和任务需求有关。例如,夜间对快速运动的小 RCS 目标探测需要接近 1 MW 的平均发射功率以增大 SNR,而对于性能受到杂波限制的慢速水面目标探测,白天可能仅需 10 kW 的平均发射功率。大多数现役超视距雷达具有数百千瓦的最大平均功率,该功率将通过增益约为 15~25 dB 的天线辐射出去。

3.2.1.1 天线单元

发射天线单元的选择需要在满足设计要求和降低工程造价之间进行折中。发射天线单元需要考虑的因素包括:(1)效率,以最大化辐射功率;(2)在设计频率范围内,将驻波比(VSWR)控制在可接受的水平;(3)方位和俯仰上的波束方向图特性,确保满足覆盖或覆盖率要求而不是照射到其他方向;(4)信号保真度,使辐射所需带宽的波形失真最小,这些失真通常由机械震动所产生的非线性和相位噪声引起;(5)物理结构和尺寸,特别是考虑到互耦效应时在所设计阵列布局下布置天线单元的适应性;(6)地表面和近地效应,以改善低仰角增益并消除接近阵列地面不均匀电导率的影响;(7)全极化或线极化天线单元,前者可进行极化滤波,后者在天线孔径一定时工程造价低。下面对这些因素进行更为详细的讨论。

超视距雷达通过在高频频谱较宽波段上切换工作频率来适应电离层传输条件。当雷达时间线上存在多任务时,要求照射覆盖区内不同距离段的探测子区,必须能在相隔很远的频点间快速切换。对于不同的雷达任务场景,要求宽带发射单元在不同频点保持高辐射效率,特别是当目标探测受到噪声背景限制时。这样,天线单元必须不依赖于机械调节天线结构而在设计频率范围内匹配良好，频率范围可能扩展至一个倍频程甚至更宽。对于空中监视任务，发射天线单元的宽带性能特别重要，该场景下特定工作频率上获得的目标信噪比是影响探测性能的主要因素。

在 10 m 波长上，谐振的天线单元物理尺寸上需要非常巨大的结构。例如，一个垂直极化对数周期天线阵列需要包含 30～40 m 高的半波偶极单元以确保在高频段低段高效率的信号发射。出于下面考虑的实际原因，超视距雷达通常采用分离阵列，即不同发射天线单元分别工作在高频谱段的两个或更多指定频段内。例如，美国 OTH-B 系统采用分别匹配设计频率范围内 6 个子波段的不同发射天线（Georges and Harlan 1994）。更为典型的是，超视距雷达将设计频率范围划分为一个低频段和一个高频段，匹配良好的发射天线单元阵列覆盖相应的频段。

分解定理表明，一个由相同天线单元构成的阵列辐射方向图由单元方向图和阵列因子的乘积得到。阵列因子依赖于馈送给每个天线单元的信号相对幅相。在特定工作频率上，单元方向图可看作是阵列因子的调制包络，调制结果将形成发射波束。这样在单元天线增益较低的方向上将不能电扫描形成高增益的发射波束。因此，为有效的照射超视距雷达覆盖区，发射天线单元方位波束必须具有相应的宽度。

通过单跳天波传输能够有效照射的地面距离，由发射天线的俯仰方向图决定。典型的超视距雷达地面距离覆盖为 1000～3000 km，必须在大约为 5°～45° 的俯仰角范围内提供足够的辐射方向图增益。改变工作频率可以移动发射波位在地面距离上的位置，且照射有效距离深度的俯仰角范围也随之变化，因而必须要求大的俯仰角范围。为有效照射超视距雷达覆盖区内不同地面距离上的探测子区，要求天线单元在俯仰角上具有相对宽的辐射方向图。照射相同距离段所需的俯仰角宽度也随电离层条件而变化。

除了确保天线单元的辐射方向图与覆盖区域相适应，减小对不关注区域方向上的照射也是非常重要的。在不容易通过调整阵列因子来控制发射波束增益的照射方向上，这一点尤为重要。例如，对于线性天线阵列希望高仰角单元方向图出现低增益以削弱来自电离层不规则体和流星余迹的散射杂波，这些杂波从发射机至接收机的直接天波路径上以近似垂直方向入射。对于线性阵列，也希望单元辐射方向图具有良好的前后比，从而抑制可能来自超视距雷达背后扰动电离层区域的扩展多普勒杂波，并削弱探测目标回波到达角估计中可能的模糊性。

高频天线低仰角的辐射方向图受地表面电气特性影响严重，地表面包括天线单元下方和前方，最远到达数倍波长的距离。LPDA 天线的下方和前方地面通常铺设高电导率（金属）地网可以带来两个好处。首先，地网增大低仰角天线增益从而改善远程传输路径上的灵敏度。其次，它稳定表面阻抗以减小阵列中不同单元辐射特性之间的失配。当天线单元通过移相形成发射波束时，这将减少辐射方向图中的失真（特别是旁瓣电平）。对于天波超视距雷达，安装的金属地网从 LPDA 起向前可扩展至 100～200 m。

LPDA 天线与金属地网组合以相对低廉的代价使垂直波束可以覆盖较宽的俯仰角范围，该范围对于单跳天波可传输 1000～3000 km 的地面距离，并覆盖最宽达到 90° 的方位扇区。能够通过加长 LPDA 来保证在整个高频波段内的效率，也即增加更多对应长度的偶极单元以及调整阵列中的单元间距。出于后面提到的理由，采用两个分离阵列的方案更为经济有效，即不同 LPDA 单元分别工作在高频段的高段和低段。当然，对于超视距雷达应用而言，LPDA 是一种简单多样式的天线，能够在宽带性能、方向图特性和经济性之间取得很好的平衡。

然而，当未来的超视距雷达基于其他天线类型设计，特别是希望获取二维发射阵列的优势时，这种 LPDA 发射天线单元将不是最佳选择。实际上，LPDA 的物理结构使得此类天线单元不适合应用于二维阵列构型中。在超视距雷达中，仅有线性阵列 LPDA 得到应用。水平极化笼型双极子和双锥形天线单元分别用于二维垂直面和地面布置的发射阵列中。二维阵列专题将在后面作更为详细的描述。

3.2.1.2 阵列设计

美国和澳大利亚现役天波超视距雷达均采用地面布置由垂直极化 LPDA 发射天线单元所构成的均匀线阵（ULA）。ULA 最具吸引力的特性在于它是获得高方位分辨率的低成本解决方案（不考虑最小冗余线阵的可行性）。此外，对互耦现象的解释和管理，ULA 构型较为简单，而在二维阵列中这是一个极为复杂和具有挑战性的问题。在工程实现上，ULA 构型的另一个优势是可以通过电扫描形成经典的低旁瓣波束，并且可采用模拟或计算效率较高（基于FFT）的数字方法以简单直接的方式进行扫描。最后，对于诸如 LPDA 这样确定的天线单元，ULA 是最自然的一种布局方式，可将谐振偶极单元保持一定间距并排排列成天线幕屏阵列，这一恒定的阵元间距是工作频率的函数。

除了这些突出优势，ULA 构型也具有一些缺点。单 ULA 阵列一个显而易见的缺点就是圆锥模糊（在方位和俯仰角之间存在耦合），这将无法获得相对于杂波和噪声的雷达灵敏度增益，而通过二维阵列在垂直面上的选择性可以获得这些增益。此外，在不缩减发射波束方位宽度的前提下，二维阵列的垂直面增益可提高信噪比，这样可获得比 ULA 阵列更大的覆盖区域或覆盖率。在俯仰上独立控制发射波束形状，也有助于在双程天波路径上正确识别传输模式，从而进行目标坐标配准。

基于 LPDA 单元构成的 ULA 阵列的发射系统将被首先讨论，因为该架构与许多现役超视距雷达系统密切相关。包括与 ULA 设计相关的重要问题，包括口径尺寸、单元间距和方位覆盖范围的选择等。随后讨论过去和当前天波超视距雷达系统中二维阵列的不同实现方式。

具有宽口径的发射 ULA（以间隔近似最高设计频率的半波长分布的许多单元）提供更高增益的波束，以改善在噪声限制背景下的目标探测性能。然而，更高的增益和相应的信噪比得益随着主瓣半功率点（−3 dB）宽度的展宽而降低，但高增益和信噪比得益也使得以特定频率同时照射的探测子区方位范围相应缩小。在超视距雷达中，多普勒处理所需的驻留时间不仅要从 SNR 的角度考虑，还要考虑目标回波与杂波（包括来自其他目标的回波）的分辨率需求。因此，不管由更高的发射天线增益所提供的 SNR 得益多大，驻留时间也不能降低到一定门限之下。

发射波束很窄时，意味着超视距雷达实时覆盖范围需要更多数量的探测子区来"拼接"覆盖，而不管多高的发射天线增益，每个探测子区多普勒处理所需的驻留时间又不能降低到设定门限之下。这样当探测子区数量较多时，特定子区的回扫时间（即子区重访速率）将过长而无法有效跟踪，特别是对于机动目标。采用大发射阵列口径的最终结果是减小了给定子区重访速率下雷达时间线上所能实现的覆盖面积，或是对于给定覆盖面积降低了子区重访速率。

出于以上考虑，发射天线口径选择需在对抗噪声的灵敏度和覆盖面积或覆盖率两方面进行折中。口径尺寸的下界由最小发射天线增益所确定，该增益对应于噪声中可靠探测目标所需的足够信噪比。口径尺寸的上界由系统所需的覆盖面积和覆盖率所决定。在不明显降低目标检测和跟踪性能的前提下，覆盖面积决定了能够实时监视的探测子区数目。值得注意的是，目标的精确定位需要高方位分辨率，但此要求与发射天线阵列设计关系不大，因为它是接收天线口径的函数，接收天线口径通常要长得多。

尽管可以在整个高频段设计一个具有高辐射效率的 LPDA 单元（只要增加更多的偶极子，并使 LPDA 更长即可），但是通常还是选择两个分离的阵列，分别采用不同设计的 LPDA 单元工作在超视距雷达频率范围的低频段和高频段。这样做的目的主要是不同工作频率要求不同的阵元间距。特别是工作在较高频率时，要求阵元间距更小以避免出现栅瓣，这样可采用小天线口径来实现灵敏度（增益）和覆盖范围或覆盖率之间的折中。

如果在整个超视距雷达设计频率范围内采用单个 ULA 发射阵列，要求更长的 LPDA 单元，且高频工作时阵元间距必须更小。采用更长的 LPDA，除了建设和造价方面的问题，高频工作所要求的更小阵元间距在低频工作时出现严重的过采样，这不仅是没有必要的，而且会产生不利的互耦效应，从而明显增大驻波比 VSWR。因此引入了采用较短长度 LPDA 单元的两个分离阵列，两个阵列的 ULA 间距专门设计以分别适应低频和高频工作。

对于 ULA 配置方式，当整个覆盖区的方位范围超出单个天线单元所能照射的方位扇区时，需要采用多个发射阵列。天波超视距雷达系统的方位覆盖有 60°、90°、180° 和 360°。例如，总的覆盖范围被划分为多个方位扇区，不同的 ULA 负责覆盖相应的扇区。位于西澳大利亚 Laverton 的 JORN 超视距雷达，通过部署两个构成直角的 ULA 获得了 180° 的覆盖范围，每个 ULA 的方位覆盖接近 90°（Cameron 1995）。另一个例子是 Nostradamas 超视距雷达（Bazin et al. 2006）提供了 360° 的方位覆盖，它采用的是双锥形天线单元组成的二维阵列，每个单元具有全向的辐射方向图。

图 3.10（a）显示了位于 Laverton 的 JORN 发射站鸟瞰图。注意到此系统采用 4 个 LPDA 单元构成的分离 ULA。在每 90° 的方位扇区内，一对 ULA 分别工作在低频段和高频段。图 3.10（b）显示了位于昆士兰州 Longreach 的 JORN 超视距雷达发射阵列，其采用一对并排共线的 ULA，分别工作在 90° 扇区的低频段和高频段。图 3.11 显示了 Nostradamas 超视距雷达中提供 360° 覆盖的 LPDA 天线和双锥形单元。尽管 ULA 的互耦控制较为简单，但阵元间距小于半波长的频率上在扫描角极端（接近端射）形成波束时仍需注意，互耦主要由于阵列过采样所产生。在这种情况下，相邻阵列存储的无功功率将导致显著的反向功率，馈回放大链电路并可能造成设备的损坏。

JORN 超视距雷达发射阵列的侧视图见图 3.12。由间距 12.5 m 的 14 个 LPDA 单元构成的低频段 ULA 口径长 162.5 m。每个 LPDA 单元连接至一对（组合的）20 kW 发射机以产生高达 560 kW 的总发射功率。由间距 5.75 m 的 28 个 LPDA 单元所构成的高频段阵列口径长 155 m。在此情况下，每个单元连接至一个单独的 20 kW 发射机，获得相同的总发射功率。作为典型的参考基准，150 m 长的口径在 15 MHz 频点上将产生一个方位半功率主瓣宽度约为 9° 的发射波束，这一波束采用了加权来降低旁瓣电平。这样，90° 的方位覆盖范围可以由 10 个发射波束在 20 s 内完成覆盖，每个 CPI 为 2 s。

根据任务需求和环境条件，发射阵列可工作在全阵或半阵模式下，从而在灵敏度（信噪比）和覆盖范围或覆盖率之间灵活选择最适当的组合。在半阵模式下，低频段和高频段阵列可被分为两个独立的半口径，分别包含 7+7 或 14+14 个单元，以提供两倍的覆盖范围或覆盖率。相对于采用全口径（不管是低频段还是高频段工作），同时在发射和接收采用半口径所带来的信噪比损失达到约 9 dB，其中，6 dB 来自发射（半功率和天线增益），3 dB 来自接收。

(a) JORN超视距雷达位于Laverton附近的发射站（180°覆盖）

(b) JORN超视距雷达位于Longreach附近的发射站（90°覆盖）

图3.10 位于西澳大利亚Laverton附近和昆士兰州Longreach JORN超视距雷达的低频段和高频段发射天线阵列鸟瞰图。如文中所述，Laverton附近的JORN超视距雷达采用视向构成直角的两对高低频段ULA从而使得方位覆盖范围翻倍

(a) 垂直极化LPDA天线单元

(b) 双锥形天线单元

图3.11 分别用于JORN和Nostradamas超视距雷达系统的垂直极化对数周期偶极阵列（LPDA）发射天线单元和双锥形（发射和接收）天线单元

图 3.12 Longreach 附近 JORN 超视距雷达发射天线是垂直极化对数周期偶极阵列（LPDA）天线单元的均匀线阵。超视距雷达高频段阵列由间隔 5.75 m 的 28（14+14）个 LPDA 单元组成，工作在 12～32 MHz；而低频段阵列由间隔 12.5m 的 14（7+7）个 LPDA 单元组成，工作在 5～12 MHz。高频段和低频段阵列均可工作在全阵或半阵模式

为在夜间获得足够的信噪比，实现对飞机目标的可靠探测，超视距雷达系统设计要求比白天更大的灵敏度余量。这是因为超视距雷达夜间需要面对的背景噪声谱密度比白天要高出 10～20 dB。此外，白天采用的频率更高，通常小目标的 RCS 也会增大。对于飞机目标探测，在保持足够信噪比的前提下，在白天半阵工作将明显增大覆盖范围或覆盖率。这一模式显然不能用于舰船探测，因为接收要求高方位分辨率以改善杂波中的探测性能。然而，只要发射天线增益仍然足以支持在杂波限制条件下的探测，通过展宽或"延拓"发射波束来增大覆盖范围通常并不会损害舰船探测性能。

当电离层条件满足单一频率支持较长距离深度时，俯仰角上的宽发射波束将明显增大同时覆盖范围。在采用 LPDA 单元的情况下，足以覆盖发射角 5°～45°的射线，而更常见的情形是电离层限制了距离深度而不是发射波束的俯仰方向图。换句话说，照射探测子区的信号射线分布在一个俯仰角范围内，而发射天线波束的主瓣俯仰宽度超过了这一范围。这种情况导致许多功率从相应俯仰角辐射出去，其射线却未能对希望照射的距离段产生有效贡献（例如，以高仰角穿透电离层的逃逸射线）。

二维阵列提供了独立的方位和俯仰波束方向图控制。当照射关注距离深度所需的俯仰角范围相对窄（如 10°～20°宽）时，从原理上二维阵列可以更好地聚焦辐射功率。雷达信号更高的功率密度入射到目标上，这将改善信噪比，同时也因减小了无效俯仰角上的照射而改善信杂比。对于俯仰角上覆盖较宽的发射波束，由于电离层经常限制有效的距离深度，二维阵列垂直选择性所获得的雷达灵敏度得益将存在上限，这一得益也是以覆盖方位或覆盖率为代价的。当俯仰角上形成精细波束"探照"的距离深度比指定工作频率上天波传输所能支持的距离深度更窄，那么当需要同时监视其他区域时，雷达灵敏度增益提高的同时将缩减覆盖范围或降低覆盖率。

在俯仰角上扫描和改变波束方向图的能力，也可用于为照射选择不同的反射层或传输模式。例如，在舰船探测应用中，传输模式选择基于多普勒谱污染最小。特别是，在存在扰动

更剧烈（也即频率稳定性更差）的 F2 层时，专门通过 E 层传输模式来照射水面舰船能够显著提高目标发现概率。然而，相对于 ULA 配置，二维阵列涉及更高的造价（依据单元的数目和布局），其他的限制条件还包括天线单元选择与阵列设计的兼容性，以及与互耦现象有关的重大挑战。

例如，法国超视距雷达"Nostradamas"采用地面布置的双锥形天线单元所构成的 Y 型阵列。另一方面，美国超视距雷达"MADRE"采用了一个由水平极化偶极单元垂直堆叠而成的平面阵列。与地面布置的二维阵列相比，垂直布置阵列的一个显著优势在于能够为低俯仰角信号提供更高的选择性。当扫描至接近擦地角时，地面布置的二维阵列可能面临难以预料的互耦效应，特别是当信号需要"穿越"其他单元进行发射（或接收）时。然而，将天线结构从地面抬高将使得建设相对复杂和昂贵。由于天线结构高度较低，地面布置的阵列降低风噪声通常也相对简单。

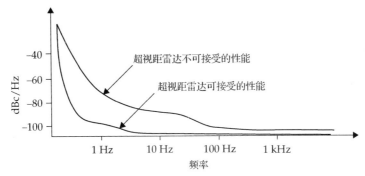

图 3.13　相对于 0 Hz 载频信号电平归一化的相噪频谱理论图，展示了对于超视距雷达监视应用不可接受的和可接受的相噪特性

3.2.1.3　波形产生

在超视距雷达中，通过多普勒处理将弱小目标回波与强杂波回波有效地分离开来，这要求发射的雷达波形具有极高的频谱纯度，以确保系统性能受限于环境因素而不是发射系统所产生的幅相噪声。为防止系统受限于发射站引起的额外噪声，从杂波源返回系统的辐射信号中的幅度和相位噪声在接收波束输出端必须位于背景噪声电平之下。更为重要的是，在接收波束输出端，发射设备引入的辐射信号幅度和相位噪声强于背景噪声时，增大发射功率将不能改善目标信噪比。

具有高发射功率和系统增益的超视距雷达能够在频率稳定的电离层条件下，获得很高的杂波中可见度（SCV）水平。如果想要系统不受发射机噪声的限制，就必须对辐射信号的频谱纯度以及波形产生器提出严苛的要求。雷达工作采用的所有波形参数组合均需达到相同数值，满足无杂散动态范围的要求，以避免这种发射机噪声影响。如图 3.14 所示，一个可用的波形产生器，其噪声特性典型需在偏离载频 1 Hz 处低于 −90 dB/Hz，而在 10 Hz 频率偏移处需低于 −120 dB/Hz。一个确定天波超视距雷达 FMCW 波形产生器频谱纯度要求的试验研究在 Earl（1998）文献中描述。系统研究的结果表明，波形产生器的无杂散动态范围必须在最大杂波中可见度（SCV）之上约 30 dB。

传统上，模拟频率综合器用于产生雷达波形，该参考信号通过可切换的延迟线分布网络被馈送至所有的放大链和天线单元。发射波形通过可变长度电缆实现电子扫描，从而实现模拟（时延）波束形成，应用幅度加权（衰减）可在辐射方向图中降低旁瓣电平。这一架构的局限在于频综器产生的相噪在发射波束中将相干叠加。模拟波束形成的其他缺点包括扫描灵活性不足，仅能在数量有限由硬件决定的发射波束方向图中进行选择，以及剖分发射口径（在半阵模式下）以允许雷达独立工作在两个以上载频的可行性降低。

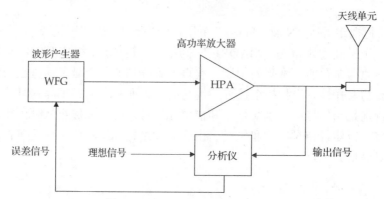

图3.14 反馈回路原理框图，该回路理论上可以将产生的雷达波形与发射机特性自适应匹配，以改善馈送至天线的输出信号频谱纯度。由于发射机缺陷将产生误差信号，该信号用于调整波形脉冲以使发射机输出端的杂散获得衰减

在现代超视距雷达中，倾向于基于每个天线单元采用分离的数字波形产生器架构。这样可以数字化雷达波形，并以软件方式形成发射波束，从而使操作员对发射资源进行更好的调度。除了数字形成发射波束的能力，发射口径也可以被任意划分为不同长度的子阵，在不同频率通道和扫描方向上同时辐射信号。这为超视距雷达同时执行不同类型任务提供了更好的通用性。此外，出于本节最后一幅图中所描述的理由，每单元接一个波形产生器的架构也可在相同频率辐射不同的波形集，如多输入多输出（MIMO）系统中。

各分离（良好隔离的）发射通道中独立的波形产生器所产生的相噪将在通道间呈现较小的（如果存在的话）相关性。因此，每个单元一个波形产生器的架构具有这样的优点，即不同单元的相噪在辐射信号中是非相干累积的。对于具有14~28个单元的发射阵列，每个发射通道的辐射信噪比将提高一个数量级。采用每单元一个波形产生器的架构进行发射波束形成，减小辐射信号相噪，这样对波形产生器中动态范围以及发射通道中其他设备的要求也将明显降低。

经过专门设计的"正交"波形集通过不同天线单元或子阵辐射，信号经发射、散射并接收之后，在接收端可进行有效的发射波束形成。从雷达信号处理的角度，在数据被记录之后可以对发射和接收波束进行联合的自适应优化。在超视距雷达接收端进行距离相关的自适应发射波束形成，包括用于消除扩展多普勒杂波的模式选择性，其优点在Frazer, Abramovich, and Johnson（2009）中进行了讨论。这样做的代价是降低了噪声中的灵敏度，但这在舰船探测任务中不是主要问题，因为其探测性能主要受限于杂波。

3.2.1.4 功率放大

如前所述，超视距雷达的平均发射功率从数十至数百千瓦不等，甚至可达1 MW或更高。这种显著的差异归因于多种因素，包括超视距雷达系统设计、任务类型/优先级、性能要求和系统工作所处的环境条件等。在大多数超视距雷达中，系统的总功率通常分散在许多分离的放大器链路或发射机通道中，每个通道馈送给阵列中的单个天线单元。将整个发射功率指标分散在大量发射单元中，不仅降低了单个放大器链路的最大功率等级，而且在阵列通道故障时提供了宝贵的冗余度。

功率放大器的一些重要属性包括：（1）功率等级，以满足采用脉冲或连续波形的 SNR 要求；（2）高效率，以降低运行成本及对风冷或水冷系统的要求；（3）高线性度，以满足带外泄漏要求并减小信号失真，有助于目标有效探测；（4）宽带工作，以允许在较宽间隔的载频之间快速切换并保持信号的高保真度；（5）反向功率耐受容量，以防止从天线反射回放大器的信号降低性能或损坏设备。毫无疑问，在实际设计中需要对这些相互矛盾的目标进行取舍。

末级放大可采用固态器件（Hoft and Agi 1986）或传统的真空管技术（Division 1975）。真空管相比固态器件方案具有更高的效率，在多部早期超视距雷达系统中使用。然而，固态发射机被现代超视距雷达所采用，如 JORN 和 ROTHR。这主要是由于其具有在较宽间隔工作频率间快速切换的能力，这种切换达到大约每秒一次，而且保持了高线性度和频谱纯度（即宽带工作）。真空管在较宽带宽下正常工作需要进行调谐，因此不适合较宽带宽且大约每秒一次的准实时变频系统。

相对于真空管，固态器件的另一个潜在优势包括紧凑的结构和简单的供电设计。真空管更为笨重，并且需要许多不同种类的电压为管子、电路板和发射机的其他部分供电。普遍认为，在不超出功率等级的情况下，工作固态器件具有更长的寿命，而真空管连续工作时随着管子的老化会烧穿（APRL 1991）。然而，单个晶体管不能承受产生高功率电平时的大电流，因此电流必须分配给许多固态放大器并在达到所需的最终功率之前进行合成。这在实际工程中是个巨大的挑战，可以认为是相对于真空管的一个缺点，因为真空管能够独立产生更高功率电平。

在超视距雷达系统中，每个发射通道的平均输出功率电平可能达到 10~20 kW，这一功率由若干等级为 1 kW 的低功率放大器模块层叠合并而成。这种架构也提供了冗余性，当单个单元失效时，总输出功率仅略微降低。在发射通道这一级，放大器链路通常也可在阵列单元的中间和末端之间切换，这样能够在更低功率下工作以增长寿命周期。值得注意的是，发射波形属性和发射波束方向图主要由靠近阵列口径中间的天线单元连接的发射机性能所影响，它们的输出信号功率更高。在工作过程中，对发射机状态进行监视可以对性能恶化或失效做出快速响应（例如，将阵列中间部分切换至最可靠的发射机通路上）。

通常难以在发射机设计的整个频率范围内同时实现高线性度和功率效率。为减小发射机接近饱和时的非线性特性，需要保证峰值和平均功率比接近于 1，以避免信号失真或出现"削峰"效应。非线性特性在接近零电平交叉点处也较为明显，最可能影响波形中的弱小分量。基于这一原因，对位于放大器特性该区域的失真，控制带外泄漏的缓变加权函数比采用小幅度快速起伏的波形鲁棒性更好。

发射机的输入-输出电压特性随之前信号的幅度特性变化。这可解释为器件记忆效应的一种表现形式，将导致与波形相关的失真。实际上，雷达波形可根据发射机特性进行自适应调整，以确保输出信号不会被谐波或其他与非线性和噪声相关的杂散所污染。图 3.14 给出了一个改善馈送至天线的放大信号频谱纯度的实时（模拟）反馈回路。实际上，为保证在一些波形重复周期下收敛，积累周期中的剩余部分需选用脉冲形状。

3.2.2 接收系统

在双站超视距雷达系统中，接收阵列通常采用与发射阵列天线单元完全不同的单元形式。此外，接收天线口径可能在长度上比发射天线口径高一个数量级。本节的第一、第二部分分别描述选择接收天线单元和阵列设计的主要因素。这也相应解释了双站超视距雷达系统中接收和发射天线阵列之间显著差异的原因。再次强调，出于讨论目的，将美国和澳大利亚当前运行的天波超视距雷达作为基本模型。对其他超视距雷达设计也进行了讨论，并与此参考或"标准"系统进行对比。

本节的第三部分主要描述超视距雷达中常用的超外差（或简单的外差）接收机一般特性，并指出实际工程中限制其性能发挥的一些机理。本节的第四部分综述从传统的每个天线子阵一路外差接收机的架构升级为每个天线单元一路直接数字采样接收机（DDRx）架构的主要优点。在超视距雷达系统中，当前的 DDRx 技术能够使接收信号在非常接近天线单元的射频进行采样。

3.2.2.1 天线单元

发射天线的宽带单元在设计频率范围内要求高效的辐射功率，而通常来说选择接收天线单元不需要在高频频段的低段进行完全匹配。这主要因为在适合超视距雷达工作的未占用频点上，高频频段的外部噪声谱密度通常明显高于接收机内噪声电平，特别是在夜间需使用的较低频段大气噪声电平较高。这样在外部噪声限制的环境中，任何试图改善接收天线效率的措施都将对有用信号和外部噪声产生等量的增益。基于此原因，与高频频段低段频率更好匹配的接收天线并不能带来信噪比上的有效增益。

许多双站超视距雷达遵循此设计原则，选择了相对简单的接收天线单元工作在整个高频频段。此方法在没有"明显"性能损失的前提下削减了成本。既然超视距雷达在白天采用较高工作频率时面临的外部噪声谱密度较低，实际应用中通常选择相对较短的接收天线单元以更好地匹配高频频段的高段，在高频频段高段外部和内部谱密度的差值要低于夜间使用的较低工作频率。此方法降低了在白天变为内部噪声限制系统的可能性。同时需要注意的是，耦合信号进入到具有更好 VSWR 的接收天线单元实际上可能引起性能下降，这主要是因为相邻频点的强信号环境和接收机中的非线性特性。

通常来说，高度较低的紧凑天线和小型基座不仅更为便宜并易于配置成包含数百单元的极宽口径，而且较容易稳固以降低接收机风噪声。尽管实际上采用简单天线，但仍需要确保较低频段接收时天线单元失配引起的性能损失相对小，从而使得系统在夜间仍处于外部噪声限制场景中。在超视距雷达高频段和低频频段工作均使用单一且相同的接收单元能够良好运行，特别是使用经典波束形成时。然而，随着现代超视距雷达系统中复杂自适应信号处理技术的不断采用，这一设计思想（即在较低频段采用失配天线）需要小心审视，因为其对夜间探测性能还是可能产生潜在影响的。

需要专门说明的是，夜间外部噪声场很少是各向同性的或者是空间白化的，而常常呈现一定的方向性。在高频频段低段良好匹配的接收天线将改善外部与内部噪声比和信号与内部噪声比，二者的提升效果近似相同（假定单元具有相对宽的辐射方向图）。然而，当外部与内部噪声比较高时，自适应处理技术从原理上能够更有效地抑制具有方向性的外部噪声。这样相对于采用失配天线，使用匹配天线将在 SNR 上获得增益。问题在于使用自适应处理时天线与夜间频率多高的匹配要求才会不影响检测性能，这主要依赖于背景噪声的相对强度和方向性、天线阵列的阵元布局以及实际接收机抑制带外强信号的选择性。

在 ULA 架构下超视距雷达接收天线单元的经典选择是基于双柱型端射接收对（TWERP）形式。该天线是由一定间隔的垂直极化（单极）单元对组成，输出通过定长电缆（延迟线）进行合成以提供前向端射方向（沿 ULA 的侧向）上的高增益，而在反向形成一定的衰减。

对于天线对的特定间隔和延迟线长度,前后比随工作频率变化但通过配置在最常用频段使其达到最大值。根据所遵循准则优先级,模拟合成器能够优化前后比或前向上的增益。

图 3.15 (a) 给出了澳大利亚中部 Alice Springs 附近的金达莱超视距雷达采用的双扇天线单元,这种单元比简单的鞭状天线宽带频率响应稍好一些。单元高度约为 6 m(12.5 MHz 时的四分之一波长),而垂直于 ULA 的双极间距为 3 m(Earl and Ward 1987)。在这种架构下,后端单元接收信号通过一段 2.4 m 长的电缆传输从而引入了时间延迟,这样两单元输出(后端单元输出反转 180°)的综合在方位上形成了一个心形辐射方向图,在设计频率范围内保证足够的前后比。

(a) 双扇型天线单元　　　　　　　　　　(b) 架高单极双柱型单元

图 3.15　Alice Springs 附近(澳大利亚中部)金达莱超视距雷达接收阵列中的双扇型单元,以及位于 Longreach(昆士兰州)和 Laverton(西澳大利亚)的 JORN 超视距雷达的架高单极双柱型单元

图 3.15 (b) 显示了 JORN 超视距雷达中采用的架高单极双柱型天线单元。相对于扇形单元,使用更坚固的金属管单元而取消加固线,可满足天线结构稳定的要求并能够获得更好的性能。此外,架高也有助于改善低仰角增益。接收单元的辐射方向图相对宽,仰角覆盖从约 5°~45°,而方位覆盖在 ULA 视向的 ±45° 以内。单元方向图的方位覆盖使得通过阵列波束形成可以形成高分辨率接收"指状"波束,并在 ±45° 扇区内进行电子扫描。在高于约 60°~70° 的高仰角方向上,接收单元方向图增益较低以衰减近似垂直入射的直接路径杂波。

当方位覆盖要求大于 90° 时,基于 TWERP 形式的天线单元将不再适合。这类单元也未用于二维阵列中。方位覆盖超过 90° 的一种方法是使用分离具有不同朝向的 ULA,每个 ULA 均采用这类单元,如位于 Laverton 的 JORN 超视距雷达系统。在单站 Nostradamus 超视距雷达系统中,双锥形天线同时用于发射和接收。这类天线提供了宽带性能,方位上的均匀覆盖以及采用 Y 形阵列实现独立的仰角控制(Bazin et al. 2006)。双锥形天线物理尺寸较大(7 m

高，6 m 宽），并且比前面提到的单极双柱型天线要复杂得多。除了考虑包含数百个单元的极宽口径所带来的成本问题，采用匹配天线的二维阵列在工作频率（特别是低仰角情况下）上的互耦问题也是一个挑战。另一个采用大基座天线可能的缺点是在某些阵列配置下限制了阵元间距的选择。

另一种接收天线设计采用了水平极化双极天线，如美国 MADRE 超视距雷达和苏联"钢铁后院"系统所采用的。这些天线垂直排布形成非常高的幕屏阵列，采用背屏以提供足够的前后比。图 3.16 显示了位于切尔诺贝利附近的钢铁后院超视距雷达接收站。相对于地面布置的二维阵列，这种垂直排布设计的优势在于俯仰波束具有更好的分辨率，在接近擦地角上可进行电子扫描。正如这里通过不同超视距雷达系统示例所揭示的，关键之处在于天线单元和阵列布局的选择是相互关联的，必须联合考虑才能确保实现系统目标。

（a）钢铁后院系统的垂直屏幕阵列　　　　　　（b）水平极化双极笼型天线单元

图 3.16　由 NIIDAR 研发的、被西方称为"钢铁后院"或"俄罗斯啄木鸟"的退役超视距雷达系统，在 1976—1989 年经常可在短波无线电频段中听见。首部（东部）雷达位于切尔诺贝利附近，而第二部（西部）雷达位于西伯利亚的阿穆尔共青城。西部系统的发射天线由两个垂直幕屏阵列组成，每个阵列具有 13 个天线塔架，每个塔架布置有 10 个垂直排布的水平极化笼型双极单元，而东部系统的发射天线最初是垂直极化对数周期双极阵列。两套系统的接收天线都由两个相邻的（高频段和低频段）垂直幕屏阵列组成，每个阵列具有 30 个天线塔架，每个塔架布置有 10 个垂直排布的水平极化笼型双极单元。东部系统的接收阵列较大，如图所示，具有约 143 m 高和 500 m 长的二维口径。切尔诺贝利附近的准单站系统收发站间隔约 60 km，采用伪随机二相编码脉冲波形，最大发射功率达到 1 MW。系统设计的工作频率范围为 4～30 MHz，采用脉冲重复频率为 10 或 25 Hz，而带宽在 10～25 kHz 之间。此系统的主要任务是弹道导弹探测，次要任务是飞机探测

高频信号通过电离层后的极化偏转削弱了在超视距雷达阵列中采用全极化天线单元的价值（从性价比角度）。天波超视距雷达在接收端极化分集获得的性能益仍未被验证，是否值得增加相关的硬件和信号处理系统所带来的成本和复杂度。当前运行执行监视任务的实装型天波超视距雷达没有在所有（或者大部分）发射或接收天线单元上采用极化分集设计。

3.2.2.2　阵列设计

发射端方位上的宽波束照射相对宽的探测子区，而接收端需要窄波束提供精细的分辨率以改善杂波和噪声限制条件下的目标探测和跟踪性能。以前和现役天波超视距雷达系统中，接收天线口径尺寸从约 100 m～3 km，单元数量从约 20～500 个不等。任务类型和优先级，以及系统的探测和跟踪性能要求，决定了接收口径长度的下限。另一方面，接收口径上限主要受物理结构、可实现性和经济条件的限制。这主要包括电离层非镜面信号反射引起的空间相干性损失（Sweeney 1970），实时处理负载的增大和操作员显示器的要求，以及与增加设备和维护带来的额外代价。

对于给定数量的接收通道,线性阵列提供的经典波束具有最高的方位分辨率。出于多方面原因,希望接收波束具有精细的方位分辨率。首先,窄波束宽度减少了雷达分辨单元内有效杂波散射 RCS,以及由于杂波谱特性的空间变化所产生的多普勒谱污染现象。这将改善慢速(海面)目标探测性能。其次,更高的增益和更小的方位通带分别为系统提供了更强的、抑制从非主瓣扫描方向进入的噪声和干扰信号的能力。这将改善对快速(飞机)目标回波的检测。第三,高分辨率接收波束将改善目标定位精度以及相应的跟踪性能。

通过采用 FFT 这种高效计算方法,均匀线性阵列(ULA)布局可以数字式地形成接收波束并在不同方向上扫描。此外,在经过校准的 ULA 上,可采用相对直接(仅幅度)的加权函数来降低旁瓣电平。尽管现代计算机性能卓越,但对于当前的超视距雷达系统,空间处理效率仍然非常重要,这样才能在每单元一路接收机的架构上进行实时运算。在包含约 500 个天线单元的接收系统中,在波束形成阶段显著减小计算负载能够处理更多的距离单元,这样可以在电离层条件允许时扩大同时覆盖区域,或者采用更为复杂的自适应处理技术以提升目标检测和跟踪性能。

相对于地面布置的二维阵列口径,ULA 布局的互耦管理较为容易。例如,ULA 可以在口径的两端加上一个或多个"无用"天线单元(未连接接收机)。这将在所有感兴趣 DOA 范围内,改善所有接收单元电磁环境的一致性。此外,用于阵列波束形成的加权函数在两端幅度较小,这有助于减小由 ULA 末端效应引起的互耦校准误差。出于前面提到的原因,基于 TWERP 形式的垂直极化天线 ULA 被美国和澳大利亚的多部现役超视距雷达系统所采用。

在这些系统中,发射波束相对宽的主瓣照射探测子区,而由天线阵列接收的回波在多个同时形成的高分辨"指状"波束中进行处理,这些波束采用电子扫描并以半波束宽度为间隔排布覆盖发射机照射的探测子区。例如,位于阵列法线 45° 夹角范围内扫描,JORN 接收阵列的 2970 m 口径在 15 MHz 时具有大约 0.5° 的方位分辨率。为覆盖 10° 宽的发射波位,共需要 20 个高分辨接收波束。这一照射波位的方位扇区大小与 JORN 发射 ULA 的 160 m 口径相匹配。

JORN 发射天线采用两个阵元间距不同的分离阵列,分别工作于低频段和高频段,而在这一双站设计架构下接收阵列仅采用了单个 ULA。由于接收天线单元方向图在方位上较宽,ULA 阵元间距需要小于半波长以避免因栅瓣产生 DOA 模糊。JORN 接收阵列由 480 对间距为 6.2 m 的单极双柱阵元组成。这样在 24 MHz 附近的白天工作频率上提供了半波长空间采样。在较低(夜间)频率上,如在 7~12 MHz,接收阵列呈现较高的过采样。这将扩大"不可见"空间的范围,该空间中波束与扫描的物理角度不一致。当阵列被校准并且没有强近场源时,这些波束可用于估计接收系统的内部噪声电平。

图 3.17 给出了金达莱超视距雷达的接收口径。此阵列长 2766 m,由 462 个双扇型天线单元组成,被划分为 32 个子阵,每个子阵对应一个接收通道(Sinnott and Haack 1983)。每个子阵综合了 28 个相邻的天线单元,子阵间阵元具有 50% 的交叠,这些阵元在相邻子阵中共享使用。每个子阵的天线单元采用一个模拟(延迟线)波束形成器形成子阵波束方向图,其方位上的主瓣宽度与发射波束相当。由于子阵中心间较大间距(金达莱超视距雷达中为 64 m),采用子阵波束方向图旁瓣的低增益响应来抑制栅瓣。尽管这样避免了栅瓣产生的 DOA 模糊,但此方案相对于每单元一路接收机架构的缺点是接收"指状"波束被限制在子阵方向图的主瓣之内,而单个天线单元的方向图要比这宽得多。

每个子阵一路接收机的架构也有一些优点。一个显而易见的工程优势是明显减少了接收通道数量，这占早期超视距雷达系统造价的很大一部分。此外，信号处理计算量也明显降低，可以采用相对有限的计算资源实现实时处理。需要指出的是，运算量的降低包括每个接收机内的距离处理以及不同接收机上的波束形成。采用子阵输出也降低了接收机动态范围的要求，通过子阵方向图的旁瓣可衰减进入宽带前级的强干扰。这些优点对于早期超视距雷达系统来说都是十分重要的。

图 3.17 位于澳大利亚中部 Alice Springs 西北 20 km 的 Mt Everard 的金达莱超视距雷达接收阵列。该系统以前被称为金达莱 Alice Springs 设施（JFAS），是一部采用线性 FMCW 的准单站超视距雷达，收发站相距大约 100 km。发射天线是一个由 8 个（低频段）和 16 个（高频段）LPDA 单元所组成的双波段 ULA，工作的频率范围在 5～28 MHz。发射口径长 137 m，能够在相对法线±45°的范围内电子扫描。澳大利亚 DSTO 在 1978—1985 年研发的二期工程系统最大发射功率达到 160 kW。接收阵列是一个 462×5.5 m 高双扇型单元组成的线性阵列，被划分为 32 个互相交叠的子阵。接收口径长 2766 m，采用每个子阵接一路接收机的架构（即 32 个接收通道）。接收波束方位扫描范围为±45°，通过模拟（延迟线）波束形成子阵方向图扫描和数字波束形成的组合产生最终的高分辨"指状"波束。JFAS 系统的主要任务是飞机目标探测，次要任务是舰船探测

基于 ULA 布局的超视距雷达天线设计也有一些明显的缺点。特别是方位和俯仰在单个"锥形"角内的耦合，该角度在 ULA 扫描矢量中是单一参量，这样接收波束在方位和仰角上无法独立扫描。这种接收端的模糊性使得无法通过俯仰空间的滤波来选择传输模式。杂波、噪声和干扰等无用信号尽管在方位和俯仰上的到达角距离很远，但通过从电离层 E 层和 F 层中不同虚高反射的多层传输，这些无用信号可能与有用信号以相同锥角入射到雷达。与具有接收波束方位和仰角独立控制能力的两维阵列孔径相比，ULA 的目标探测性能可能较低。

另一个缺陷是定位目标需要测量回波大圆方位，但均匀线阵仅能观察到锥角。对于远离轴线到达仰角位置的回波，方位和仰角的耦合导致了"锥角效应"。这一效应会对目标方位角估计产生模糊。更精确地，将锥角直接当做大圆方位，则信号的视在方位将随着入射仰角的增加而向轴线移动。对主要的天波信号模式，目标回波在电离层中的虚拟反射高度是群距离的函数。这在目标方位估计中用于修正锥角。这一传播路径信息将由后面讨论的实时电离层模型（RTIM）提供。

均匀线阵的限制使得一些超视距雷达设计者采用两维（非线性）接收孔径，如图 3.18 所示诺查丹玛斯系统的 Y 形阵。相对于要求天线单元有足够前后比以避免到达角模糊的单一均

匀线阵，两维阵可采用全向天线单元以提供 360°方位覆盖。这是因为两维阵列波束形成消除了方位和仰角间的模糊。

3.2.2.3 外差接收机

由于系统需根据电离层传播环境变化做出相应调整，天波超视距雷达接收机必须在可能跨越数个倍频程的宽频带范围内工作。此外，由于需根据同时安排在雷达时间线上的不同使命、任务和探测区域而采用最适当方式提取目标信号，天波雷达系统常常需要每秒都在间隔很宽的载频上快速切换工作频率。天波超视距雷达实际工作所需的频率捷变，要求使用具备宽带前端的接收机。射频前端插入可切换的带通（预选）滤波器组网络以选通包含载频的高频频谱段。这些预选滤波器设计为不同的带通特性，联合覆盖系统设计的频带范围。频带切换时间可设计成与超视距雷达变频时的其他固有延迟相一致。

此外，高频雷达接收机要求在极强的地表杂波和功率谱密度不断变化的外部背景噪声中检测非常微弱的目标回波。这要求接收机具有高动态范围以实现有效的多普勒处理，并获得可接受的灵敏度以确保快速运动目标的检测不受机内噪声限制。这些必须在拥挤的高频段实现。这一频段包含大量相邻频谱通道上的强人为信号，通过单向路径传播进入系统。这需要广义上的高选择性接收机，并对线性度和无杂散动态范围提出严苛要求。

在多通道天线阵列中，同样要求接收机传递函数能很好地匹配通带以避免对空间动态范围的严重限制。通常，这包括沿着从天线单元到模拟/数字转换（ADC）输出的信号路径上，接收机链路的所有级。空间动态范围的大幅下降不仅会恶化传统的波束形成性能，特别是抬高旁瓣电平，而且还将降低抑制同频干扰的自适应波束形成的效能。高频接收机设计时，需特别注意避免超视距雷达性能被设备缺陷而不是环境因素所限制（Pearce 1998）。

图 3.18　法国"诺查丹玛斯"天波超视距雷达位于巴黎以西 80 km，采用单站配置使用线性调频连续波和相位编码脉冲波形，阵列天线单元为接收和发射共用的互易天线。特别地，发射天线是由 3×32 个双锥形单元组成的星形（Y 形）阵列，每个单元 7 m 高 6 m 宽，沿三个间隔 120°角的臂上随机分布。每个发射天线臂 128 m 长、80 m 宽。而接收天线是 Y 形阵，包含 3×96 个互易的单元沿着 384 m 上 80 m 宽的三个臂上随机分布。简言之，阵列的三分之一用作发射，全阵用作接收。接收单元分为 3×16 个子阵，每个子阵对应一部数字接收机，形成共 48 个接收通道。这一设计提供了全向（360°）覆盖，在 6～28 MHz 频率范围上，可在方位和仰角上实现电扫。系统最大发射功率约 50 kW。"诺查丹玛斯"雷达由 ONERA 研制，基本任务是飞机探测，其次是舰船探测和遥感。系统开展的首次（报道的）目标探测是在 1994 年

如 Skolnik 2008a 中所论述，最广泛应用的雷达模拟接收机设计基于超外差（或外差）式架构。这类接收机被以前和现代的雷达系统所采用，以达到前述的性能要求。外差接收机的基本原理是使用频率可变的本地振荡器（LO）和混频器将信号频率变换到一个方便的中间频率上（IF）。相比于原始的射频（RF），在所选的中频上，能更有效、更方便地对有用信号进行放大和滤波。

中频级调谐到独立于雷达工作频率的固定频率上。这样可以大为简化为外差接收机提供主要增益和选择性的中频级电路。固定的中频级使得在接收机整个射频调谐范围上能保持相同的增益和选择性。这对需要在宽频带范围上调谐的电路一般而言几乎是无法实现的。简言之，与调谐滤波器和放大器相比，频率可变的本地振荡器加上固定的中频级方式在硬件上更容易实现。采用中频方式也将简化高效率放大器和高选择性滤波器的设计，这样可以应用不可调谐的高 Q 值晶体滤波器技术。

图 3.19 是一个简化的外差接收机框图。这种外差接收机应用在金达莱天波超视距雷达系统二期工程，该系统每个天线子阵使用一个接收通道。每个天线子阵的 28 个天线单元采用道尔夫-切比雪夫加权进行模拟子阵波束形成。这用于控制子阵方向的旁瓣响应。对输出信号线性合成以形成子阵波束输出之前，切换不同长度的电缆网络可控制子阵主瓣指向。每个子阵的模拟波束形成网络位于天线阵列中的相应单元。

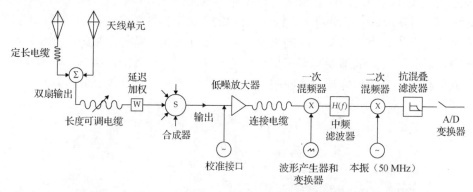

图 3.19　金达莱天波超视距雷达二期工程接收通道硬件结构的简化框图。系统采用（50%的交叠）双极子天线单元对构成的子阵。每个子阵输出连接一个具有去斜处理功能的模拟外差接收机

在图 3.19 中没有显示的是每个子阵输出将通过一个低噪声射频功放和宽频带预选滤波器，预选滤波器提供前级选择性以抑制天波超视距雷达工作频带之外的信号。宽带预选滤波器通常位于外差式接收机的一次混频之前，以减少镜频接收干扰所引起的灵敏度下降和非线性有源器件在后级可能引入的失真。子阵输出通过射频放大器和预选滤波器后，信号被馈送至长电缆，各模拟波束形成的输出通过电缆连接到现场机房的各个接收机中。

在图 3.19 的去斜处理设计中，进入接收机的高频信号首先与线性调频连续波（FMCW）混频。雷达站之间的同步使得这一信号可在本地接收机中产生，作为发射波形的时间延迟和频率变换副本。在混频器输出端，差频信号降到中频通带以上 50 MHz，这里，信号在降频到基带前使用一个 50 MHz 的固定本振频率进行带通滤波。然后将基带信号输入到一个低通（抗锯齿）滤波器，再通过一个等于或高于奈奎斯特速率（通常为数千赫）的模数转换器采样。下面讨论一个外差接收机架构中各个部分（具有或没有延伸处理）的更多细节。

射频放大器的主要功能是提供必要的增益来确保系统的噪声系数，它在有限噪声环境中

限制了雷达灵敏度。接收机噪声系数可以简单地用噪声系数分贝表示，其结果为相对于在标准温度下（通常为 290K）输入端热噪声，可以有效衡量输出信噪比的降低。换言之，噪声系数提供了一种计量电气设备内部产生的额外噪声（相对一种噪声系数为 0 dB 的无噪声设备）的方法。更重要的是揭示接收机噪声系数与外部来源的高频噪声无关，外部噪声被认为是正在讨论的"信号"的一部分。

接收机每级的噪声合成了整体噪声系数。不过，简述其原因，射频放大器采用最小必需增益来确保接收机噪声系数是谨慎明智的。从接收机的中频（或者可能是基带）模块的功放获得合适的电压以驱动 ADC，更高增益可能是必要的。

图 3.19 表明，低噪声功放（LNA）布置在连接子阵输出和相关接收机的长传输线前端。这个长输出线是有损放大器，如果作为接收系统的第一级模块，它能很好地限制长传输线路噪声对噪声系数的贡献。一个有足够增益的低噪声射频放大器放置在长传输线前，以"掩盖"后续增加的噪声。为获得低噪声系数和高动态范围，射频功放不应采用自动增益控制（AGC），因为 AGC 电路将功放的工作特征从 A 类改为非线性模式（美国无线电站联盟 1991）。

在设计良好的接收机链路中，噪声系数主要由于射频放大器或混频级决定。因此，射频功放常常设置高增益来覆盖混频器噪声，但增益不能过高。过高的射频模块增益会导致放大器在某些条件下不稳定和自激。这有可能产生不必要的虚假信号，并在减敏的过程中恶化噪声系数。另外，为防止混频器饱和，应避免射频处理级的增益过高。在非线性处理级，减小进入的信号电平有利于减小后续处理级产生虚假信号的可能。

总之，调节射频放大器增益能给出一个合适的噪声系数，使得目标检测效果取决于外部噪声（或杂波）而不是内部噪声。射频放大器不能由过高增益所驱动，这是为了防止产生过大线性偏离和非线性混频级过载。因此，射频放大器的增益是折中的结果，在保证高线性度和防止混频器过载的情况下取得合适的噪声系数。对超视距雷达而言，确定噪声系数需考虑接收端外部噪声的最小期望电平。接收端外部噪声随时段、季节和 11 年太阳周期而变化。

总的来说，在夜间可以接受较高的接收机噪声系数，它不会影响探测性能。这是因为虽然低频段接收天线的匹配性不及高频段，但夜间天波雷达常使用高频段的低段，而接收天线在低段的功率谱密度相对较高。另一方面，天波雷达白天使用的典型工作频率所对应的接收外部噪声谱密度电平值比夜间可能低 20 dB。这样就为噪声系数设置了一个上限以确保系统灵敏度不受设备的限制。

外差式接收机中混频器的作用是把接收到的射频信号进行放大和滤波，转换成中频信号。在混频器中进行信号放大和滤波比在信号本身频率上实现更为简单有效。混频器的两个输入分别是经射频放大器和预选滤波器的输出信号和本振所产生的信号。混频器的输出为一阶混频分量。

需特别指出的是，通过调节本振的基频或中心频率，在混频器输出的固定中频信号通带中能够获得期望的信号能量。在高边带本振注入情况下，一阶混频分量中期望信号通常是混频器输入信号的差值。在天波雷达应用中，接收机接收到的射频信号通常向上变换为 50～100 MHz 的中频信号。

在外差式接收机中，混频器是最重要的部件之一，混频器性能是影响接收机动态范围的重要因素。接收系统的无杂散动态范围（Spurious-free Dynamic Range，SFDR）可以定义为最大容许输入信号与最小可检测输入信号的分贝差值或比值。可以从噪声系数和接收机带宽中计算得到最小可检测输入信号。

混频器输入信号能量过强时，输出将不再随输入线性变化。这种非线性现象也被称为增益压缩，它降低了混频器通带中所有输入信号的灵敏度。并且，当有多个信号进入混频器通带中，经非线性混频处理后将产生交互式调制失真（InterModulation Distortion，IMD）形式的虚假响应。随着混频器中输入信号电平的增大，高阶 IMD 分量可能超过接收机通带中的噪声门限。混频器输入过载会严重降低 SFDR，这样也降低了系统在接收的强混合信号中检测微弱信号的能力。

非线性混频会产生三种主要类型的中频信号，它们可能掩盖目标回波。进入接收机宽带前端的强干扰信号产生的分量可能与中频带宽部分重叠，两个或以上的强干扰信号非线性混频后可产生带外 IMD 分量。接收机任何处理级的非线性均可导致杂波的自我混频，这样会产生带内 IMD 分量。由于输出端杂波能量占据的多普勒频谱比输入端更宽，带内 IMD 会掩盖目标回波。最终，雷达回波与带外干扰进行非线性混频，经交叉调制，将干扰调制转移到带内信号中去。Willis and Griffiths（2007）中指出，天波雷达输入端典型 IMD 要求的三阶和两阶截止电平分别为 35～40 dBm 和 80～90 dBm。Earl（1987）讨论了交叉调制对高频雷达接收机最大动态范围的影响。

总之，混频器仅能利用预放大来克服混频噪声影响。最好有一个不受干扰影响的强大混频器，能够处理高信号电平，提高接收机的动态范围。当接收机动态范围不够时，通过宽带前端进入混频器的强带外信号会对期望输出带来干扰。当外部噪声超过混频器输入门限时，原则上没有射频放大器的情况下，接收机动态范围也能提高。更多高频雷达系统线性需求分析请参考 Earl（1991）和 Earl, Kerr, and Roberts（1991）。

本振工作要求频率稳定和频谱纯净，且无长期或短期基频漂移，特别是相对基频能量要有低相位噪声谱密度，并且在宽频谱范围内无虚假响应。本振的 SFDR 可定义为基频信号的均方根值与晶振输出频谱中任意位置出现的最大激励均方根值的比。过大的相位噪声电平严重影响混频效果，特别是在天波雷达接收机馈入第一级混频的射频前端选择性不佳的情况下。

本振信号有较好的频谱纯度。与基频峰值相比，尽管基底噪声和激励值较低，但是它们可能分布在一个宽的频谱上。这将成为一个问题，因为宽带前端可使雷达信号频谱附近的合成信号进入混频器。通过相互混频，合成信号引入的干扰将进入中频带通滤波器。相互混频使得带外信号与本振相位噪声激励相互影响。因此，相互混合是一个过程，其中带外信号与本振相位噪声和杂散相互作用，并重叠在中频期望信号上。本振链加入具有高 Q 值的调谐电路以降低进入混频中的相位噪声和杂散。

从根本上说，为了满足实际超视距雷达设计，对于交互调这个最棘手的问题之一，本地振荡器面临两个问题。首先，宽带相位噪声谱密度远远延伸到基带之外，这需要保持极低值以防止带外信号能量出现在期望信号的混频器输出频带上。其次，为了避免在多普勒频率中的杂波能量污染，窄带频谱相位噪声靠近基带是极为重要的。出于这个原因，相位噪声可根据"近"与"远"谱纯度比表示。Earl（1997）对超视距雷达中交互调的具体问题已经进行了研究。

如前面所提到的，中频是本振与所需信号在混频器的输出频率差。中频选择需要较好地避开接收机调谐频率范围和确定的无线电干扰。通常，IF 在接收机射频调谐范围的一个数量级内，并从已确立一组标准纯净的 IF 里进行选择。中频的具体选择需要在多个相互矛盾的目标之间折中。一方面，一个低中频使该固定级所需的高选择性和增益在工程上更易实现。而另一方面，较高中频则可改善外差式接收机的镜频抑制能力。

中频滤波器的主要功能是抑制接收机通带以外的混频器输出。在高边带本振注入的情况下，镜像频率等于在混频器输入所期望信号频率加上两倍的中频。镜像频率的任何信号将落入在混频器输出的中频滤波器通带内，接下来需要在混频前抑制镜像频率干扰。在高频雷达应用中，在不影响整个 HF 频带内频率捷变工作的前提下，有可能首先使用一个足够高的中频，使得固定调谐预选滤波器可滤除在接收机前端的镜像信号。关于超视距雷达镜频抑制，Earl（1995a）进行了研究。

在广义上，选择性是指抑制在接收机部分不想要（频带外）的任何信号能量，并不限定于中频带通滤波器。接收机前端的选择性包括抑制镜频干扰和较强的带外信号，带外信号可能导致接收机后续级过载，它还包括选择性回路或滤波器，用以抑制高于基频能量的本振信号。通过设置中频滤波器网络的 3 dB 带宽，可有效地实现外差接收机的选择性，在本文中选择性贯穿于接收机的所有部分。在 30~100 MHz 频率范围内，电感难以实现高 Q 值，而且由于同轴腔非常大，中频滤波器采用螺旋谐振器是一个很好的选择（ARRL 1991）。高 Q 值晶体滤波器也被用来提供中频带通选择性。

中频滤波器之后通常是一个或多个中频放大器，提供 ADC 所需的附加增益。这种放大器将补偿中频滤波器的插入损耗（在图 3.19 中未标出）。粗略地在量级上看，输入信号可能需要从天线端的微伏级别放大到 ADC 所需的伏特级别。这就要求接收机链路提供 60 dB 左右的电压增益。这个增益需要优化分配到整个射频、中频以及整个接收机的基带处理部分，并保证接收机的低噪声系数和高动态范围。中频放大链通常提供所需的大部分增益。

在图 3.19 所示的去斜处理信号接收机中，固定频率的本地振荡器被用来下变频到带通滤波和放大信号的基带上。低通（抗混叠）滤波器的带宽设置依据 ADC 采样频率，它确定了这类接收机处理所给定雷达信号带宽的最大范围。ADC 定时抖动和量化误差所产生的信号失真需要被最小化，以确保输入信号的频谱特性在与可达到的杂波可见度（SCV）和有效多普勒处理相一致。在超视距雷达系统中，ADC 的动态范围要求在 Earl and Whitington（1999）中得到研究。

在 20 世纪 60 年代中期，WARF 超视距雷达系统首次使用基于去斜处理原理的模拟外差接收机。这种架构后来通过各种形式为金达莱超视距雷达所采用。去斜处理接收机是超视距雷达的里程碑，并在线性调频连续波雷达应用中具有一些无可争议的优点，这些优点不仅仅限于高频系统。出于这个原因，这个类型的接收机在后面的章节中会进行更详细的论述。如今，模拟外差接收机可以对整个雷达信号带宽进行采样，这在原理上允许所有非模糊的距离单元使用全数字脉冲压缩处理。相对于去斜处理接收机，这种设计不限制瞬时范围的超视距雷达系统，并提供杂散抑制与线性调频时间带宽积相称的电平。

根据现有的 ADC 技术，外差接收机可以直接在二中频采样，它可能比 中频低一个数量级。如图 3.19 所示，在直接中频采样外差接收机中，第一混频器可变频率本振输入是一个 CW 信号，而不是所发送波形的时间同步副本，而固定频率的本振输入至第二混频器，把所需要的信号变换到一个较低的中频，而不是基带。这种架构可对接收机增益、选择性、动态范围和噪声系数进行灵活管理。第二级的中频输出信号直接通过 ADC 采样，ADC 具有足够的有效位数和 SFDR。

近来最为先进的 ADC 设备可直接在低噪声放大器后进行采样，采用简易的前端预选滤波器，而不需要模拟混频器。使用直接数字接收机（DDRx）的优势主要体现在可采用全数字下变频把多个射频信号滤波到基带，这一点将在接下来的部分中简要讨论。这里继续讨论模拟外差接收机的去斜处理方法和直接数字中频设置。

为有效进行常规波束形成或自适应处理，天线阵列不同接收通道的传递函数（频率响应）需与接收机通带匹配。如图 3.19 所示，金达莱系统二期工程引入了一个校准信号，该信号在紧邻每个子阵列输出端口后输入。校准信号用于测量信道传递函数，估计不同接收通道沿输入点信号路径所累积的增益和相位响应差异并加以应用。

内部校准信号既可以测量各种宽带器件，如低噪声放大器、预选滤波器和接收机前端的连接电缆，也可以测量各种窄带器件，如中频滤波器和抗混叠滤波器。在接收机通带上以适当的频率分辨率测量每个通道的增益和相位响应，并以校准表的形式数字校正信道传递函数的差异。接收机通道特性随时间漂移，即使超视距雷达工作频率未改变，也要求定期更新校准表。显然，不能使用基于内部信号的校准方式来估计子阵的方向图。

3.2.2.4 直接数字接收机

超视距雷达中应用模拟外差式接收机虽然已证明具有一定的效能，但该设计也有很多缺点。首先，产生并分发一定数量用于混频和变频的固定和可变本振信号并不容易，而系统总体设计上也十分复杂，需要适当地平衡各子系统之间的交互作用（本振、混频器、中频带、分配单元）。其次，模拟设备的工作参数很容易随温度变化（短期）和器件老化（长期）而改变，这就需要定期采用复杂的校准流程。再次，如果在天线单元或子阵后面不并接大量接收机，模拟外差式接收机在某一时间只能处理单个雷达信道，这意味着天线阵列的所有孔径不能同时执行多个雷达任务。最后，高性能外差式接收机都比较昂贵，对于包含数百单元的大型超视距雷达阵列来说，每天线单元对应一路接收机的设计将带来高昂的成本。

基于最先进模数转换器（ADC）的直接数字接收机（DDRx）技术可对整个 HF 频带上对每个天线单元的输出进行直接采样，并且具有适合天波雷达的采样位数和无杂散动态范围。在直接数字接收机中，高性能模拟前端位于数字部分之前，以提供足够的预放大量和选择性。精心设计的数字部分不会限制 DDRx 的性能，它在一定动态范围内保持信号的频谱分量，该动态范围宽到足以在 HF 频带提取目标回波、杂波回波以及其他人造信号。换言之，由 ADC 缺陷产生的加性和乘性失真被控制在低于接收机灵敏度水平（基底噪声）之下，直到进行雷达信号处理。

为了实现高的无杂散动态范围和低噪声系数，需要对 DDRx 中不同部分的增益进行优化分配，这样可在保持灵敏度的同时抑制外部噪声。当前 16 位 ADC 设备的采样带宽是 100 MHz，而超视距雷达的信号带宽只有几十千赫。在这种接收机中，雷达通道带宽只是采样带宽的一小部分，在雷达通道中包含最强杂散的可能性明显降低。此外，在数字脉冲压缩之后，来自 ADC 的连续波（CW）杂散被线性调频时间带宽积所抑制。为检测飞机目标，这一杂散抑制水平通常大于 20 dB；而为检测舰船目标，杂散抑制水平可能需要高达 40 dB。另外，来自不同 ADC 设备的 CW 杂散将在阵列的不同接收信道上呈现不相关性，在数字波束形成后可能会被进一步抑制。

一个能对整个 HF 频段进行采样的 DDRx 允许现代化超视距雷达进行直接下变频（数字混频，选择性滤波和数据降采样）。通过将 ADC 输出送至接收机内大量的内置直接数字下变频器（DDC），实现在多个频率通道上同时接收不同的信号。如果需要从 DDC 输出中提取多个信号，那么每个 DDC 的输出可能被输入到一个信道器中。如果需要一个特定（非整数）的下采样率，每个 DDC 的输出可能被输入到一个任意重采样器中。传递到信号处理阶段的数据输出速率应根据所要求的信号带宽进行抽取，进而降低数据率和计算复杂度。正如下一章中将讨论的，一个可以精确实现分数时间延迟的重采样器在大口径相控阵系统阵列波束形成中非常有用。该 DDRx 方法避免了在超外差接收机中使用模拟设备带来的前述缺陷。特别是，由于所有窄带滤波器都是数字的，阵列校准变得更加简单。不过，即使在一个稍微改进的形式中（Skolnik 2008b），交互调问题仍然存在。更具体地说，交互调现象是由 ADC 时钟的噪声频谱密度产生的。

DDRx 必须能工作在强信号环境中，这个环境包含 AM 电台和其他用户高频发射机产生的强干扰信号。由 ADC 中强度较大信号产生的杂散响应可能会叠加在目标回波上并限制检测性能，这些高功率信号进一步提升了 ADC 的动态范围要求。为了在不降低 DDRx 灵活性的条件下降低对动态范围的要求，一个带通预选滤波器可能被安装在前端用来衰减低于 HF 频带最低设计频率的强广播信号，以及防止超出 ADC 的最大采样频率。已证明相对于最先进的模拟接收机，在前端嵌入一个精心设计的带通预选滤波器的 DDRx 不会导致显著的性能下降（Skolnik 2008b）。

目前一路 DDRx 的成本还不到一路高性能超外差接收机价格的四分之一。因而每个单元配置一路 DDRx 的架构对于大约有 500 个单元的大口径天线阵列，在经济上是可行的。在这种架构中，高分辨率接收波束不再被限制在天线子阵方向图的主瓣中，而是可在天线单元方向图更宽的方位覆盖内任意扫描。此外，DDRx 允许在 HF 频带内的多个频率信道以并行方式同时进行处理。相对于模拟外差式接收机中每个子阵对应一路接收机的架构（这种架构在某一时刻只能在子阵方向图的主瓣内选取单个较窄的频率通道），具有多个下变频器的 DDRx 可以利用接收阵列的全口径。在整个 HF 频带内进行数字化，并且多个频率通道并行处理，再加上在每个阵列单元对应一路 DDRx 的架构中拓展了方位覆盖范围，这些优点有利于同时执行不同的超视距雷达监视任务、例行的频率管理任务以及其他雷达支援任务。

图 3.20 为带有模拟预选滤波器的 DDRx 简化框图。当天线单元和设备方舱之间的馈线很长时，可以在天线的底座安装一个低噪声射频放大器。预选滤波器由一个高通滤波器和一个抗混叠低通滤波器级联组成，其中高通滤波器用于衰减广播频段内（2 MHz 以下）的信号，而抗混叠低通滤波器的截止频率由 ADC 采样率决定。预选滤波器的输出被放大和数字化以产生同相和正交分量（即复采样）。ADC 的输出进入多路 DDC 通道，每通道具有一个数控振荡器、低通滤波器和整数降采样器，用于提取高频频谱的某一指定分量。DDRx 的输出通过多路同时频率通道传递到信号处理部分。

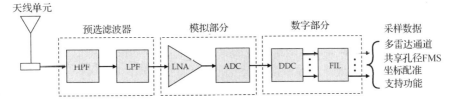

图 3.20　HF 全频段采样的直接数字接收机简化框图。高通滤波器（HPF）用于衰减 HF 频段以下的强广播信号。为了防止信号混叠，后接一个低通滤波器（LPF），其截止频率超过 30 MHz。带有恒定增益的低噪声放大器用来控制输入到模数变换器的信号电平。输出的数字信号为相位正交采样信号，随后进入多路数字下变频器（DDC）。接收机的数字部分在多个频率通道中同时完成信号的下变频和滤波。输出数据率由传递到信号处理的降采样数据通道带宽决定。并行数据流的其他应用如框图的右部分所示

带有多路下变频器的 DDRx 使得系统能够同时获取和处理不同频率和空间分辨率条件下的全阵接收信号。尽管超视距雷达发射天线阵列需要分阵才能在不同载频条件下同时工作，

但接收阵列可做到全增益和全方位覆盖，从而在每一频率上完成雷达探测任务。特别对于飞机目标探测，此方法可在雷达灵敏度和覆盖范围之间进行更为灵活的调度。例如，当发射采用半孔径工作模式时，由于接收阵可以采用全孔径，DDRx 不会产生额外的 3 dB 信噪比损失。如果接收阵列也均分成两部分独立工作将导致 3 dB 损耗，而每个阵元对应一路模拟外差接收机的设计只能在这种分阵模式下工作，同时相对应的波束展宽，使得方向性干扰抑制能力和目标定位精度下降。

在不损失全阵接收空间分辨率的前提下具有不同频率接收能力，可在雷达时间线上同时安排空中和舰船目标探测任务。由于慢速目标检测主要受杂波限制，发射源可使用比空中目标探测少得多的辐射单元来进行舰船目标检测（例如，每阵元对应一个数字波形产生器的架构，发射机只需比半孔径还少的单元）。DDRx 能够同时接收不同空海目标最优探测频率下的雷达信号，并使用全接收天线孔径并行信号处理以提高 SNR 和 SCR。而利用外差接收机，全阵接收条件下的舰船目标探测任务需与空中目标探测在时间上交叉进行。但这种方法效率不高，因为舰船目标检测需要长相干积累时间，而空中目标的跟踪则需要较高的重访率。

除了提升全阵接收条件下的多通道处理和多任务完成能力，每阵元一路 DDRx 的架构也可在共用孔径上实现频率管理功能。其中包括高精度传播路径评估的可能性，该评估结合相干后向散射探测和无源频率通道估计数据，基于方向性 SNR 测量结果对频率通道进行排序。杂波多普勒谱评估能够以超视距雷达主雷达的空间分辨率实现，且不消耗用于监视任务的雷达资源，同时斜测/垂测设备对电离层路径上的模式结构进行详细评估。与使用共置但规模小一个数量级的频率管理系统天线阵列相比，基于共享孔径测量的频率管理系统可提供更精确的实时建议以指导超视距雷达工作。除此以外，下变频器还可分配给诸如遥感任务、坐标配准相关功能（如地海杂波图）以及采用外部辐射源的雷达探测任务。

每阵元一路 DDRx 的架构具有更大的空间自由度和更宽的瞬时方位覆盖范围，从而显著提升自适应处理能力以抑制包括干扰和杂波在内的无用信号。外差接收机的选择性由中频和基带模拟滤波器决定，DDRx 与之不同，其窄带部分是全数字化的，并且对阵列中接收通道的不一致性所导致的空间动态范围下降具有一定的适应能力。相比采用延展处理的模拟接收机，获取包含全雷达信号带宽和相邻频率信道的十进制 A/D 采样数据可以在更宽距离范围内应用信号处理技术。特别是当电离层传输条件支持时，可形成扩展的距离单元以增大同时覆盖距离。

3.2.3 天线阵列校准

常规阵列波束形成产生的接收天线方向图应具有低副瓣电平，尤其在出现强方向性干扰和杂波时。而在实际工程中，多通道天线系统中的设备不确定性和接收站附近的环境因素会产生阵列校准误差。阵列校准误差最终会导致接收天线的实际特性与理论特性不一致，这种不一致会抬高方向图的副瓣电平，并使主瓣变形。对于超视距雷达性能的良好发挥，必须具备估计和补偿不同类型阵列校准误差的能力，因为目标检测性能严重依赖于旁瓣干扰信号的有效抑制能力。

在天线传感器端，阵列校准误差由以下几个因素产生：阵元辐射方向图的不一致性（增益和相位响应），天线孔径附近地面电气特性的各向异性，阵元之间的互耦以及传感器相对位置的不确定性。在天线阵元之后，内部阵列校准误差则由以下几个因素造成：馈电电缆增益和相位的失配，宽带接收机前端的不一致性，以及各路接收机雷达信号带宽内传输函数之间的差异性（即各通道之间通带频响的差异）。最后一个因素对模拟（外差）接收机的窄带部分影响最大。

本章的第一部分对不同类型的阵列校准误差进行广义分类，并简要讨论对信号检测和估计的影响。这引出了本章第二部分和第三部分，分别描述了使用内校准信号和外校准信号来估计不同类型阵列校准误差的补偿方法。由于使用直接数字接收机来减小内部阵列校准误差的优势已经描述，这里为了简化讨论，主要考虑模拟外差接收机。除此以外，本章的目的是描述和比较不同阵列校准方法的优点，而不是研究特定的算法。读者可以参考 Farina（1992）和 Lewis, Kretschmer, and Shelton（1986），深入了解阵列校准原理和技术。

3.2.3.1 校准误差的影响

广义的阵列校准误差可以分为两类：一类是由天线阵元和每个接收通道宽带前端的非理想特性引起的（"宽带"器件）；另一类发生在外差接收机滤波部分到 A/D 变换器的解调之后（"窄带"器件）。天线传感器、馈电电缆和前端低噪声放大器被称为宽带器件，因为它们针对 HF 频谱的宽频带进行设计，而流向 A/D 变换器的信号路径中模拟中频带通和抗混叠滤波器被称为窄带器件，因为它们被设计成仅在相对载频较小的频带内通过信号。宽带器件的阵列校准误差与载频和信号 DOA 相关，但与通频带频率无关。相反，窄带器件的阵列校准误差随着通频带而变化，但不受载频和信号 DOA 的影响。

影响超视距雷达性能的这种天线阵列缺陷主要由阵元辐射方向图的不一致性、互耦合效应、地面电流特性和传感器相对位置误差等因素造成。不同接收通道宽带前端放大器和电缆特性的差异与前述天线阵列缺陷相叠加，也影响雷达性能。与前述宽带器件引起的误差不同，天线后端的宽带器件引起的校准误差不受信号 DOA 的影响。

不受通频带约束的校准误差常涉及阵列流形误差（Ng, Er and Kot 1994）或者阵列导向矢量的失配（Compton 1982）。在窄带系统的每个接收通道中，这类误差使得感知信号波前附加了一个乘性复数标量而不同于入射波前。由馈电电缆、低噪声放大器和接收机宽带前端引起的阵列流形误差不受信号 DOA 影响，可通过每个随载频变化的接收通道采用单个复数（增益和相位）数字校正值来完成校正。不同的是，由天线阵元引起的阵列流形误差普遍依赖于信号 DOA。与阵列流形误差补偿估计相关的信号处理通常称为"阵列校正"。

在均匀线阵中，当互耦成为影响阵列流形误差方位敏感分量的主要因素时，由于任意给定的天线阵元与其若干邻近阵元之间电磁耦合特性，这种影响特性可以近似用一个带状矩阵来表示。在均匀互耦的情况下，这种带状矩阵呈现 Toeplitz 结构，通过合理处置均匀线阵端点附近的阵元可使其影响最小。处置方法包括：配置空阵元以增大均匀线阵；或应用低副瓣阵列加权，端点阵元采用低幅度权值。非均匀互耦的估计补偿问题实际上是非常困难的。读者可以查阅相关资料（Solomon 1998）更深入细致地研究这个课题。

阵列流形误差会在以下几个方面降低超视距雷达性能，包括：（1）目标回波中空间非相干噪声背景下的相干增益损失；（2）主瓣畸变和波束指向误差，使采用幅度插值方法的 DOA 估计精度下降；（3）抬升副瓣电平，从而增大系统有用信号淹没在非主瓣方向干扰和杂波中的风险。这些影响信号检测和估计的重要因素，要求必须对阵列流形误差进行补偿。图 3.21 给出了采用内部和外部校准源进行补偿的阵列校准误差的可能来源及其特点。

除了经典波束形成，阵列失配还将导致自适应波束形成时有用信号被对消，特别是在无监督训练场景下。其原因是阵列流形误差导致了数学上定义良好的导向矢量模型失配，该模型用于保护有用信号不被对消（Kelly 1989）。但是，阵列流形误差不会影响自适应波束形成器或旁瓣对消器的干扰抑制结果，这是因为自适应算法可以自动调整以修正干扰波前的幅相失真（Farina 1992）。在监督训练应用中，通常假定用于计算权值矢量的数据段中没有有用信号，这样较小的阵列流形误差不会明显影响有用信号的接收。

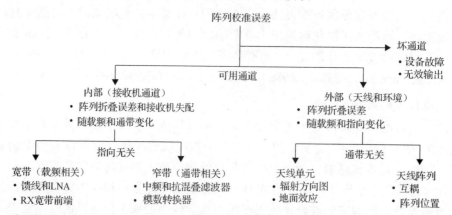

图 3.21　阵列校准误差的可能来源和特性。天线阵元后端的接收通道中的硬件缺陷是误差的内部来源，而天线阵元的不确定性和阵列与环境的相互作用则是误差的外部来源。接收机的失配是指雷达信号通频带上不同通道传输函数存在差异，一般认为阵列流形误差在接收机通频带上为常量。内部校准误差可能与载频和通频带频率两者相关，因为每个接收通道可能同时存在宽带和窄带元件，但这些误差均与信号 DOA 不相关。另一方面，由天线阵元和本地环境不确定性引起的阵列流形误差随载频和信号 DOA 变化，但由于宽带特性，这类误差不受通频带频率的制约

再将关注点移至外差接收机的窄带部分所产生的误差。对于窄带接收机，由于温漂和器件非理想特性，每个模拟滤波器的传输函数会偏离或"失谐"于标称（预期）的频率响应。与阵列流形误差不同，这种在接收机窄带部分产生的增益和相位上相对标称频率响应的偏离与载频无关，但是通常会在整个滤波通带内变化。更为重要的是，这种通带内误差的变化在接收机之间是不一致的。这种不同接收通道通带内频响的差异通常被称为接收机失配。

接收机失配的主要影响是降低了阵列接收信号的空间相干性。采用相同的激励输入，很小的频响失配也会明显减低双通道输出之间的相关系数。在多通道接收系统中，此现象使得输出信号的空间秩比输入信号有所增多，从而降低了阵列的空间动态范围。换言之，一个入射到阵列的宽带信号具有完美的相干波前（秩为 1），而当出现频响失配时，在接收机窄带输出空间协方差的秩将大于 1。

实际上接收机失配会严重影响自适应空间处理器的置零性能。这是因为当在每个（空间）接收通道的复数权值在处理器输出端线性加权至信号上时，不同接收机输出端信号相干性的削弱将降低最大对消比。尽管有用信号也会受到影响，但接收机失配的主要后果是在可获得的干扰对消比上形成一个上限（Abramovich, Kachur, and Struchev 1984）。

接收机失配的补偿，通常在每个接收通道的输出端插入一个自适应调谐的数字横向滤波器（抽头延迟线），或者其频域等效的器件，然后采用一个共同的参考信号源对接收机的通带进行测量（Monzingo and Miller 1980）。然而，基于内部信号的校准技术并不能校正天线-传感器级，或者位于插入信号位置之前接收机部分的不确定性。理论上，阵列流形误差或接收机失配的补偿都是为了使得所有接收通道的全局传输函数实现均衡。采用内部、外部信号源混合的阵列校准方法可以达到上述目的。

以上我们讨论了不同类型的阵列校准误差，它们对性能的影响，以及补偿所必需的方法，这些都基于这样一个假设，即所有天线单元或接收通道都没有发生导致无法工作的故障。实

际上,在大型超视距雷达接收阵列中,会发生部分天线单元或接收机故障情况,导致其输出信号不能用于空域处理。在这种情况下,要求能够识别出"坏"的通道,并在波束形成中采用适当的方法进行弥补。一种方法是基于剩余"好"的通道单元来调整阵列加权权值,直到"坏"通道完成修复。另一种方法则是基于线性预测方法(第 4 章中所讨论)为缺失的通道产生虚拟但统计上具有典型性的数据。对于连接至阵列中间附近天线单元的接收机故障所产生的较严重影响可通过将其切换至一个(以前连接在阵列两端)好的接收机来进行替换。

3.2.3.2 内部校准源

内部信号通常注入阵列的接收通道中,将每个单独通道按预期频率响应特性进行校准。标准流程是采用修正后的信号分配网络将校准信号注入至天线单元后接收机链路的一个或多个点上,这一分配网络将校准端口尽可能安装在接近实际天线馈送点的位置(Pearce 1997)。每个接收通道的宽带部分需要注入与超视距雷达工作载频相同的单频信号,而窄带部分仅需注入产生整个接收机带宽的信号即可。

分析开环接收机输出以估计数字修正值,它是接收机序号和通带频率单元的函数,并表示为一张二维校准表。校准表定期进行计算并应用,以消除接收通道特性随时间的变化。当新任务开始、工作频率改变时,需要重新计算校准表,特别是最近的校准表不是位于相邻工作频率时。理论上,内部信号可以实现对注入点(校准端口)后端信号通路上所有部件的精确校准,但是该方法不能修正天线单元的缺陷。

用于探测接收机通带的内部信号可以是确定信号(例如,频移不同的单载频 CW 集合或线性调频连续波 FMCW),也可以是随机信号(如限带白噪声)。后者用于估计高频多通道接收机系统的数字补偿值,并评估在平面波和接收机注入场景下阵列校准解决方案的性能(Frazer 2001)。由于接收机失配造成的通道误差通常使用抽头延迟线进行补偿。现在对该方案进行简要介绍。

图 3.22 给出了采用抽头延迟线补偿自适应处理器的双通道模型。参考信道和辅助信道的传输函数分别由 $H_R(f)$ 和 $H_A(f)$ 表示。注入强大的宽带噪声源以测量窄带信道的传输函数,并调整横向滤波器复系数使输出的差分信号最小。

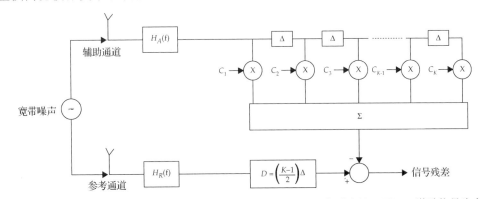

图 3.22 在自消除模型中采用一个双通道抽头延迟线补偿器(自适应处理器),激励信号为宽带噪声。最小化残差信号输出功率的抽头延迟线加权,将对接收机失配实现最优补偿

最优滤波器系数的闭式解可基于无约束最小二乘准则导出,参见 Monzingo and Miller(1980)、Lewis 等(1986)、Farina(1992)。补偿的有效性采用对消比来量度,它是输入

宽带噪声的功率与输出残留功率之比。良好的补偿器可获得高对消比。可达到的对消比取决于频率失配特性、补偿器的维度（即抽头 K 的数量），以及抽头时延和模拟滤波器带宽的乘积。

Lewis 等（1986）采用信道传输函数的零极点模型推导最大可实现对消比的解析表达式，它是自适应补偿系统参数的函数。作者使用这些结果提出了一个流程来优化系统参数和限制约束条件下自适应对消器的设计。在正弦振幅和相位失配情况下对消比和自适应对消系统参数之间的关系在 Monzingo and Miller（1980）中进行了分析，而三角振幅和线性相位失配场景则在 Farina（1992）中研究。

Teitelbaum（1991）采用一个自适应阵列实验系统研究 31 抽头横向数字滤波器对于通道均衡的有效性。对于双通道系统，在 600 kHz 带宽下的传输函数测量结果显示，振幅和相位失配在分别为正负 2 dB 和正负 30°之间。该失配可将对消比限制在大约 20 dB。采用均衡后这一对消比能够恢复约至 65 dB。这些结果表明，很小的接收机失配就可以使对消比下降 45 dB。当存在强干扰时，由于校准误差导致如此大的对消比下降将对系统性能产生重大影响。

对接收机失配进行补偿，可以通过在频域对参考信号和辅助接收通道的输出数据段进行 FFT 来实现（Abramovich et al. 1984）。在这种情况下，补偿可通过在感兴趣的频率范围上对辅助通道 FFT 输出直接进行加权实现。通带特定点的最优权值由该频点上参考与辅助通道频率响应比确定。由有限采样效应引起的频域修正量估计的统计变化由 Abramovich and Kachur（1987）进行了量化。可由一个等效的抽头延迟线提供相同的补偿，它的抽头数与 FFT 的时间采样数目一致，其抽头间隔等于输入 FFT 的采样延迟。在这种情况下，等效抽头延迟线滤波器系数由频域补偿权值的逆 FFT 给出（Compton 1988b）。

图 3.23 比较了使用内部校准信号时参考和辅助超视距雷达接收通道的实测频率响应。对于每一个通道，实验测量均在校准端口注入确定性信号，该端口信号路径上包含低噪声放大器、馈线和外差接收机。两个通道之间的增益失配在通道范围内可达 15%，如图 3.23（a）所示，而相位失配峰峰值大约为 8°（如图 3.23（b）中右纵轴所示）。

这里提供了外差式高频接收机实际应用中可能遇到的增益和相位失配的量化水平。通频带的频率单元可被看作基于线性调频连续波去斜的扩展处理接收机中的距离单元。这些通带相关的失配在自适应空间处理后（Fabrizio, Gray, and Turley 2001）的输出段可使得干扰抑制效果降低 10 dB 以上。

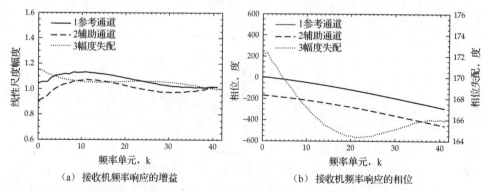

(a) 接收机频率响应的增益　　(b) 接收机频率响应的相位

图 3.23　参考通道传输函数（曲线 1）和辅助通道传输函数（曲线 2）的增益和相位响应。曲线 3 表示在有效通带上增益和相位失配随辅助信道响应率变化的情况。图（b）右边纵轴表示相位失配

图 3.24 比较在两个载波频率间隔约 1 MHz 时,实验测量的参考通道频率响应。这两个测量时间间隔 12 min。需注意的是,增益和相位在两个间隔很宽的载波频率上失配响应,如点线所示,是在通带内微小变化的复常量。这是意料之中的,因为独立于通带的校准误差仅在外差接收机固定窄带部分出现,而模拟滤波器的特性独立于载频。特别地,恒定的相位偏移主要是由信号通路上不同频率对应的馈电电缆长度的变化而引起。宽带前端在 1 MHz 带宽上的增益差可忽略。这些结果表明,模拟超外差接收机中接收通道的宽带部分不会对接收失配产生显著贡献。

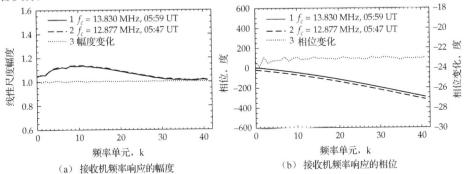

图 3.24　图(a)和图(b)中的曲线 1 和曲线 2 表示(幅度和相位)在两个间隔 12 min 的不同载频上测量的参考通道传递函数。两图曲线 3 表示以右边纵坐标为参考的有效通带上幅度和相位变化

3.2.3.3　外部校准源

仅使用内部信号作校准源的主要缺点在于无法测量天线单元引入的阵列流形误差。为适合对天波雷达巨大的接收天线孔径进行校准,外部源需具备一些特性。在理想情况下,外部源应距天线阵足够远以满足远场条件,具有高的信噪比以达到校准所需的主副瓣比要求,入射到阵列上具有足够的空间分布(平面波前),覆盖雷达的方位与仰角。而且,外部源需在全时段不同频率上进行阵列校准。这些具有挑战性的要求使得在实际工程中解决天波雷达校准问题是十分困难的。

如图 3.25 所示,用于阵列校准的外部源可分为近场和远场源,再细分为主动源和被动源(后者要求雷达的照射源是一个合适的校准信号)。下面将讨论这些校准源相对的优缺点。采用外部偶发源进行阵列校准,由于不需要单独建设站点,对于可搬迁式雷达具有更高性价比,也有利于快速部署(Solomon et al. 1998)。采用外部偶发源的另一个优势在于与标准设备和流程无关,因而当这些设备和流程出现故障时,就体现出特别价值。

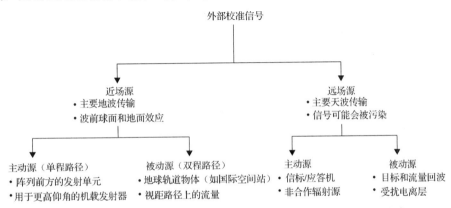

图 3.25　有可能用于接收和发射阵列校准的主动和被动信号源的分类
　　　　(并非全部)。注意地波传播包括了空间波和地波传播的总和

外部源可很方便地放置于阵列前方几百千米处。但位于近场的地面发射器限制了天波雷达阵列校准的效能。首先，校准信号是通过地波传播被接收而非天波。另外，相比于高仰角上接收的天波传播信号，地波传播受地面电特性差异而影响很大。采用这种源的主要问题是从高仰角入射的天波传播信号的阵列流形误差与切向入射的信号有很大差异。

高仰角上的辐射方向图测量和校准可采用视距内的机载信号源。在这种情况下，接收的校准信号主要经空间传播，可能有一些地波分量。例如，信号可通过悬停的直升机发射（或应答机中继）。每次测量完后平台移至下一位置。简单天线，如鞭状天线，被放置于阵面附近以提供参考。被校准的所有天线单元接收的信号直接与参考天线同时接收的信号相比较。相对而言，天线方向图测量具有更好的鲁棒性，不会随传播特性和其他影响而变化。但此方法只适合于对接收和发射天线阵方向图的一次性测试，不适于日常的校准。

阵列校准也可使用视距范围内地球轨道上运行的大目标所反射的高频雷达目标回波来实现。例如，McMillan（2011）介绍了国际空间站（ISS）被用作（被动）点信号源来校准超视距雷达的接收阵列。但这一方法只在夜间效果较好，因为可采用远高于最大截止频率的频点以减小视距传播路径上电离层的影响。McMillan（2011）给出的试验结果证明了这一方法的可行性。但是，由于信号需要穿透电离层，所采用频率必须高于天波雷达夜间工作频率。而白天工作频率的校准，所用频率必须在同一季节的夜间进行。

所接收的阵列远场地面源经天波传播的信号，如信标、应答机或偶发源发射的信号，也可用于阵列校准。例如，Fabrizio 等（2001）介绍了采用偶发调幅广播信号进行校准的技术及测试结果。前述根据偶发调幅源特性对辅助通道进行补偿后，通带失配有所降低，如图 3.26 所示。

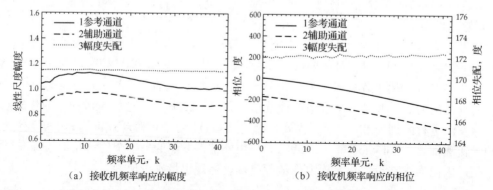

（a）接收机频率响应的幅度　　　　（b）接收机频率响应的相位

图 3.26　曲线 1 表示参考通道的传递函数，曲线 2 表示采用了通道失配补偿后的辅助通道传递函数。曲线 3 表示参考通道和辅助通道在通带上的失配。图（b）的纵坐标表示相位失配

例如，目标或流星回波这样的远场偶发点散射体也用于高频阵列校准，分别在 Fernandez, Vesecky, and Teague（2003）和 Soloman 等（1998）中论述。在后者的研究中，分析了多个回波联合估计阵列流形误差的补偿值，也可参考 Soloman 等（1999）。此方案依赖于足够数量可辨识的离散回波，而这对于具有数百天线阵元的阵列是难以实现的。除了这一要求外，另一个可能的问题是阵列校准需要的双程天波传输散射体，其回波信噪比不够高，难以产生支持低旁瓣电平的校准解。

在使用外部信号的方案中，基于通过单跳天波路径传播的远场源的阵列流形校准技术，目前看起来是最有希望的选择。但是，此技术基于这样一个假设，即经过电离层反射后，入射到阵面上的信号是平面波。这一假设有时可能是精确的，但必须注意电离层可能会引起波

前显著扭曲（Fabrizio 2000）。主要观点仍然认为，采用外部源在天线传感器水平上的阵列流形误差校准，对天波雷达系统的大型天线阵列而言是非常具有挑战性的。

3.3 频率管理

天波雷达性能受工作频率的影响很大。为适应某一特殊任务和监视区域而选择最优载波频率，极大依赖于高频信号叠加噪声为主的环境和电离层传播条件。特别地，若偏离最优载频数百千赫量级，将会显著影响天波传播质量（信噪比或信杂比）。另一方面，数千赫的差异能充分改变干扰电平，这些干扰来自高频谱上其他窄带用户。不仅是最优载频的微小偏移，波形设计和参数选择也同样影响系统性能。工作频率和波形的选择不当将导致目标探测和跟踪性能严重下降。

基于对世界各地采集的历史数据广泛分析而得出的电离层统计描述，可用于预报特定天波路径和时间上月度的中值传播条件。但问题在于，如何利用这些经验大气模型指导天波雷达工作。实际上，我们发现实际电离层环境存在随机变化，采用中值预报将造成天波雷达系统性能低下。基于大气模型的统计预测需要有实时的和特定地点的高频传播信息支撑，从而使天波雷达更高效地工作。

为选择最优载频和波形参数，天波雷达系统必须集成一套辅助传感器，以对雷达站点工作时段的电离层传输条件进行评估，并监测频谱占用情况。换言之，需要一套实时的、特定地点的频率管理系统（FMS），向天波雷达操作员提供高可靠的建议，确保为当前任务选择最合适的载频和波形参数。通过引入一个控制系统来解译传感器数据，并基于任务需求自动配置雷达工作参数，可减少雷达工作中所需的大量人工操作。

天波雷达最优频率选择技术与点对点高频通信系统所采用的技术有显著差异。这是由于天波雷达频率选择的判断准则，如信杂比、多普勒谱污染和多模情况，有相对的优先级，并随着关注目标类型不同而变化。影响天波雷达频率选择的另一个因素是需要同时照射大片的监视区域，而不是局部区域。由于性能度量值的变化是频率、时间和位置的函数，在没有自动频率管理系统的情况下，天波雷达最优频率选择对操作员来说将会非常耗时。

需要高保真的传输路径信息以将雷达坐标精确的变换为地理坐标，从而形成地理坐标下的雷达航迹。除了在工作的天波雷达系统中实时使用频率管理系统数据，对日常积累的大气环境测量数据（甚至在雷达不工作的时候测得的）的离线分析，可用作对雷达性能的定量评估。这对指导未来的系统设计很有价值。这是频率管理系统另一个重要的作用。

本节简要综述由 Earl and Ward（1986）最初为金达莱超视距雷达构建的频率管理系统的主要特性。本节第一部分介绍返回散射仪和微型雷达系统，它们分别提供信号功率和多普勒谱特性信息，以此来评估传输路径。第二部分介绍频率监测和背景噪声测量器，分别用于识别高频段上干净的频点，测量不同方向上的环境噪声功率谱密度。用于提供电离层多模传输构造信息的垂直和斜向入射探测仪和通道散射函数仪在第三部分介绍。本节参考了 Earl and Ward（1986）对金达莱雷达频率管理系统的详细阐述。

3.3.1 传输路径评估

由于天波雷达覆盖区广阔（数百万平方千米），仅依靠点对点（垂直和斜向）的电离层探测器难以完成对整个搜索区域内电离层传输路径的评估。监测大量的电离层监控点，则需要密集的电离层探测网络，在成本上不可接受。而且，在覆盖区内遥远距离的监控点上安装和维护探测设备既不可行也不方便，特别是在国家海岸线和国界以外的地点。

信号通过电离层传输至远区后，经地球表面散射后沿相似的路径到达位于临邻近发射站的接收站，测量这一信号功率密度的技术被称为返回散射探测（BSS）（Croft 1972）。在双站（准单站）配置下，BSS发射和接收子系统布置于天波雷达主设备上，以电离图的形式提供特定站点返回散射信号功率密度测量值。BSS电离图本质上是对覆盖区内陆地和海洋表面（也包括其他散射体）后向散射的信号功率密度进行测量，它是波束指向、群距离和工作频率的函数。这就对不同工作频率信号入射到主雷达监视区域内目标上的功率密度提供了定量的指示。由于地球表面的后向散射系数未知，这一过程中照射的功率密度无法直接测量得到。

返回散射探测用回波信号功率的形式提供对传播条件的评估。将这一信息与同一站点测量的背景噪声功率谱密度相结合，就能将频率信道在特定时间和特定监视区域上按信噪比方式排序。信噪比是对快速运动目标（如飞机）探测性能的主要评估参数。但是，BSS电离图并不提供返回散射回波多普勒谱特性的任何信息。传输路径评估中，对探测慢速运动目标（如舰船）而言杂波多普勒谱污染是最重要的。因此，频率管理系统包含一个低功率的频率捷变微型雷达系统，以测量接收信号的多普勒频谱特性。下面将阐述用于天波传播路径评估的返回散射探测仪和微型雷达系统的关键特性。

3.3.1.1 返回散射探测仪

对于全面评估天波雷达站点广阔区域上的电离层传播条件而言，返回散射探测是一种高效的技术。在金达莱超视距雷达系统中，FMS包含一部独立的对数周期天线阵列，位于发射站（哈茨山脉，Alice Springs东北约100 km，澳大利亚中部），用于照射澳大利亚西北天波雷达的整个覆盖区。在接收站（埃弗拉德，Alice Springs西北约20 km），包含28个双振子天线单元组成的均匀线性天线阵，形成覆盖FMS发射波束内的8个接收波束。

发射的线性调频连续信号以100 kHz/s的速率进行扫频，完成6～30 MHz频带上全部8个FMS波束电离图需要4 min。特别地，采用200 kHz频率步进，群距离分辨率约为50 km，在远至10000 km的群距覆盖上，所测量的接收信号功率是传播时延的函数。值得注意的是，在每200 kHz步进上均获取所有8个波束上杂波功率-时延曲线估计，这里采用的信号带宽为3 kHz。对于远距离的覆盖（多跳），返回散射电离图有助于识别那些由于一阶或高阶距离模糊可能折叠进天波雷达监视区域的潜在杂波源。这将帮助雷达操作员选择一个合适的脉冲重复频率。

图3.27（a）和图3.27（b）显示了两张返回散射电离图。这是金达莱FMS于当地时间19:42在间隔约45°的两个波束上同时录取的。在群时延和频率上的接收信号功率分布存在差异，特别是在远距离上，充分展示了传播条件在方位上的独立性。图3.28（a）和图3.28（b）则分别展示了夜间和上午同一波束上的电离图。两电离图的差异表明天波传播在一天的不同时段也存在差异。BSS数据的更详细特征将在下一节论述。

接收的返回散射信号最小群时延随工作频率的提高而增大，形成所谓的"前沿"，如图3.27（a）中所标注。这是典型的F层传播特征。在夜间，仅有F2层支持10 MHz以上频率的天波传播。在某一特定频率超出前沿的群距离上将无法接收到有效的返回散射回波。这种情况下，BSS电离图中F2层前沿代表了所测群距离中的跳距，该群距离对应于沿FMS波束指向的地面距离。对于给定的群距离，增强照射会使得电离层聚焦，因此在这一频率上形成返回散射回波,并使得群距离立即越过跳距。如图 3.27(a)所示,对于群距离在 2000~3000 km 范围的设定监视区域,在波束 2 方向上接收的最强返回散射能量出现在 18 MHz 左右。在图 3.27(b)中,对于同一群距离范围但方位相差约 45°的监视区域,这一频率在 17 MHz 左右。

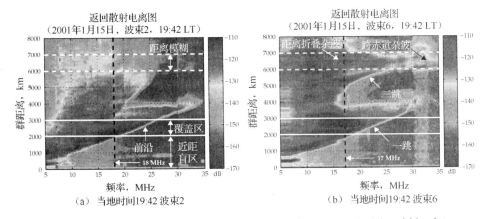

图 3.27　金达莱 FMS 系统在夏季的一天(2001 年 1 月 15 日)同一时刻(本地时间 19:42)在间隔约 45°的两个波束上测量的返回散射电离图

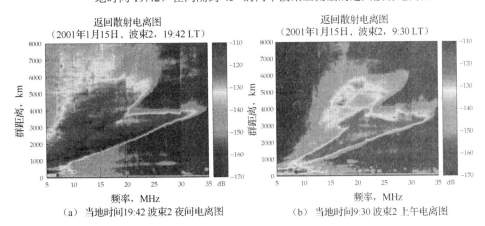

图 3.28　金达莱 FMS 系统在同一天夜间和上午的同一波束上测量的返回散射电离图

　　图 3.27(a)和图 3.27(b)展示了从远区返回的杂波功率经过多跳天波路径,可能穿越赤道的传播模式。夜间飞机探测所采用的典型脉冲重复频率在 30~50 Hz,其一阶模糊距离分别为 5000 km 和 3000 km。如果所选脉冲重复频率的模糊距离上存在强返回散射,潜在的多普勒扩展杂波会折叠到监视区域,从而淹没目标回波。从图 3.27(a)和图 3.27(b)明显看出,采用相同的脉冲重复频率在波束 6 方向上会导致强的距离折叠杂波,但在波束 2 方向上却不会。在这种情况下,载波频率和波形脉冲重复频率需要依据监视区域的指向进行调整。

　　图 3.29 展示了在某特定时刻,两个不同工作频率和波束指向上,接收的返回散射信号功率与群距离的函数关系。如图 3.29 所示,随着频率从 10 MHz 增至 18 MHz,强返回散射功率所在距离区间的群距离大致从 1000 km 移至 2000 km,开始跨越跳距。这清楚表明,具有强返回散射信号功率的监测区范围随着频率的变化而移动距离。图 3.29(b)所示为当传播方向改变时,同样的频率会得到差异较大的返回散射信号功率曲线。

　　由于地球表面的归一化后向散射系数未知,不能获得入射到目标的功率密度真值。归一化后向散射系数在陆地上随地形和湿度而变化，变化多达 20 dB。海上变化更大，取决于海态。例如，非常平静的海洋表面后向散射系数很小，因为大部分信号能量向前"镜面反射"。在这种情况下，所关心区域返回散射能量弱并不一定代表电离层传播很差。实际上，返回散射电离图较好地显示了照射到天波雷达覆盖区不同区域信号功率密度与频率的相对关系。更重要的是，具备这种相对评估能力，就能基于信号功率对某一特定监视区域上的频率进行排序。

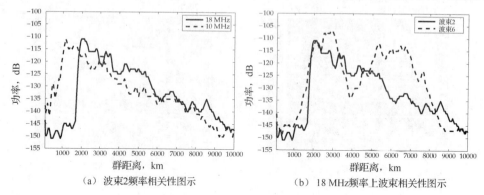

图 3.29 在两个频率，两个波束指向上，金达莱系统接收的返回散射信号功率与群距离的函数曲线。数据在本地时间 2001 年 1 月 15 日 19:42 记录

相比于单程点到点传输的垂测/斜测（VI/OI）探测仪，BSS 系统通常需要更高的发射功率以产生电离图。这是为了补偿更大的双程路径传播损耗，以及白天通过吸收性 D 区域时产生的多径传播。低后向散射系数表面反射的损耗（特别是几乎切向入射到相对平坦的表面）同样会降低接收的回波强度。BBS 系统需要的发射功率约为 10~20 kW，接收-发射天线增益可能需要 10~20 dB。值得注意的是，返回散射探测技术并不仅限于超视距雷达，也可用于高频通信，可有效广播至那些需要保持无线电静默的站点。

3.3.1.2 微型雷达系统

基于返回散射信号功率 BSS 提供了对整个雷达覆盖区传播条件的宽带评估，但不能提供接收回波的多普勒谱特性信息。为评估回波信号谱特性，FMS 集成了一套低功率频率捷变微型雷达，以测量返回散射能量的多普勒谱。系统在一组具有适当频率间隔的窄带信道上进行探测。这些载频是高频频段上的部分抽样频点。在探测的每个频率信道上，微型雷达测量返回散射信号功率在群距离、多普勒频率和波束指向上的分布。实质上，微型雷达的输出是接收信号的经典距离-多普勒谱，在 FMS 的 8 个波束中每一波束上的所有探测频率上进行评估。

接收信号谱的特性取决于回波从陆地还是海面的后向散射，以及双程天波传播特性。在没有电离层谱污染下，陆地回波的多普勒谱具有零频上单一谱峰（因系统点扩展函数而展宽）。而海面回波谱除了连续二阶谱，还会出现两个主谱峰（由于海面洋流影响，谱峰可能并不沿 0 Hz 对称分布）。经电离层传播的每一条路径将偏离理想的多普勒谱，信号相位路径在相干积累时间内的规则变化引入频率偏移（多普勒偏移），信号相位路径在相干积累时间内产生的随机变化还引入多普勒扩展。

实际上，多普勒处理后的慢速海面目标回波检测需在杂波占优的干扰背景下进行。同一距离方位分辨单元内的杂波和目标回波谱特性随工作频率有显著变化。在杂波限制的环境下，工作频率选择明显影响检测性能。因此，舰船探测时多普勒污染是天波雷达选频的首要性能量度。换言之，该任务下回波信号频谱纯度比信噪比更适合作为评估信道质量的指标。重要的是，对于给定的电离层路径，频率最稳定的信道通常信噪比并不是最大的。

金达莱 FMS 的微型雷达采用了与 BSS 相同的发射和接收设备。为了提供特定频率信道的多普勒信息，系统在指定的驻留时间发射和接收窄带的重复线性调频连续波。波形重复频率、扫频带宽、驻留时间在一定取值范围内可变，并随着高频段内工作频率的数量和间隔而变化。为指导舰船探测选频，微型雷达参数可设为 5 Hz 波形重复频率、20 kHz 带宽、25.6 s 驻留时间（128 次扫描）、载频间隔可选择大约为 1 MHz 的干净可用信道。接收 8 个 FMS 波束上的回波，并在下变频和滤波后进行距离-多普勒处理。

金达莱微型雷达的角分辨率是主雷达的十六分之一。其更宽的波束会对来自电离层相对更大的不规则体体积上的返回散射进行采样。这将增强被照射的不规则体间的变化，可能导致对主雷达所观测谱污染度估计更为严重。不过，微型雷达对指导主雷达选频仍是有效的工具。因为它能有效确定舰船探测任务下不同频率间相对的适用程度。Barnes（1996）介绍了主要基于微型雷达测量数据的天波雷达舰船探测频率自动建议系统。

图 3.30 展示了微型雷达上录取的图形，分别在间隔 1 MHz 两个频率和间隔 10°的相邻 FMS 波束上。由于天波传播路径特性的变化，杂波多普勒谱明显在随距离和波束而改变。所获取的包含所有探测频率信道，覆盖 8 个 FMS 波束的全部微型雷达距离-多普勒谱，使得操作员能评估主雷达监视区域内传播路径的频谱特性。以特定站点微型雷达测量的实时多普勒谱污染为基础，可对不同频率信道进行排序。这将极大的帮助操作员针对舰船探测任务选取最优频率。

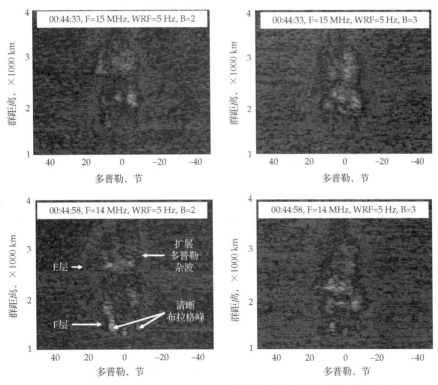

图 3.30 金达莱微型雷达获取的返回散射回波距离-多普勒谱，分别在频率 14 MHz 和 15 MHz，波束 2 和 3（间隔约 10°）上

在多径环境下，来自地球表面不同区域的后向散射杂波回波可能具有相同的群距离和方位角。经过多个传播路径，具有不同多普勒频移和展宽的杂波回波能量相叠加，引起特定距

离方位分辨单元上多普勒域中的杂波展宽。主模式传播的目标回波，有可能被经其他模式传播，相对于主模式有多普勒频移的杂波回波所淹没。对于舰船探测，选频时应考虑多模引起的频谱污染。

3.3.2 信道占用和噪声

与广播、通信和大量其他高频段上的服务相比，天波雷达没有分配频率而是允许使用高频谱上的宽频带。允许雷达发射信号但不能对频谱的其他用户产生可辨识的干扰，也在全时段禁止使用保护频率（如应急信道）。换言之，天波雷达严格坚持工作于无干扰频率的原则，这依靠在其他高频带用户间寻找具备合适带宽的干净频率信道来实现。高频频段信道占用不仅依赖于高频发射机的空间和频谱分布，也依赖于占有的电离层条件。由于所有因素是动态变化和不可预测的，天波雷达采用同址布置的频谱监测器以实时辨识系统频率范围内的干净信道。

在干净频率信道上，来自外部源的高频背景噪声通常会限制对快速目标（如飞机）的探测性能。当出现杂波多普勒谱展宽，或者目标速度和航向原因而产生低径向速度时，杂波可能限制探测性能。在偏远地区，背景噪声以大气和宇宙噪声为主，其功率谱密度随时间、位置、方位和高频段频率而有显著变化。基于信噪比的天波雷达最优频率选择，必须了解接收站在监测区域方向上主要的背景噪声谱密度。

金达莱 FMS 频谱监测子系统包含一个全方位的频谱监测器和一个定向天线，以测量背景噪声功率密度。它有两个功能：（1）评估高频频率占用情况，辨识出干净信道（不在禁用频率表上）并选为雷达可能的工作频率。（2）测量雷达覆盖角方向上的高频背景噪声谱密度，使得可用的干净信道能够基于信噪比量度进行排序。后一步的实现需将同一 FMS 波束上接收到的背景噪声数据和返回散射探测数据相结合。

3.3.2.1 频谱监测器

尽管很多服务已转向卫星、微波和光纤连接，高频段仍然十分拥挤。除了连续占用大段高频谱的调幅广播站和长距离点对点通信系统，还有日益增加的高频雷达。它们用于监视和遥感任务因而需要相对更宽的信号带宽。为最大程度减少高频带用户间的相互干扰，管理频率分配和规划的国内和国际机构将基于区域颁布发射许可证。

在 McNamara（1991）的论述中，频率分配的带宽标称值为 3 kHz。这意味着高频段仅有大约 10000 个信道供所有用户使用。另外，许多系统需要使用不止一个频率信道，以保证在每日、季和太阳周期变化下能有效工作。这进一步增加了对有限频谱资源的需求。毫无疑问的是，在全世界范围内所有的高频带信道被多次分配，在一个国家内也会被多次分配（McNamara 1991）。为更高效地利用频谱，对某些独立工作于相同频率信道的系统，采用联合设计的波形以使在接收机处理后可避免互相干扰。这在原理上是可行的。例如，这一原理可被海洋探测高频雷达联合网络所采用。

位于天波雷达接收站的全向天线用于监测信道占用情况。在金达莱 FMS 中采用全向天线的目的是确保位于方向图零点上的人造发射信号不被漏检，特别是当高频频谱分析仪在 5~45 MHz 频率范围内以 2 kHz 间隔测量干扰加噪声的功率谱密度时。干净频率信道按 2~10 min 的间隔进行更新。为评估信道占用程度，将在频谱的全部 2 kHz 信道上评估接收信号功率电平。这些特定站点的评估值按 10 组进行平均，并采用相关算法将信道分为干净和占用。对于选出的干净信道，基于该信道占用历史给出可用度系数。

禁用频率信道存于查询表中，内建的控制流程将自动禁止雷达使用这些频率，而不需要考虑这些信道是否为干净信道。图 3.31 展示了一个频谱监测数据的例子，这是金达莱 FMS 记录的白天 17～18 MHz 上的情况。接收站测得的占用信道沿着背景噪声估计线和 100 kHz 带宽的干净信道分布，如图中标识所示。

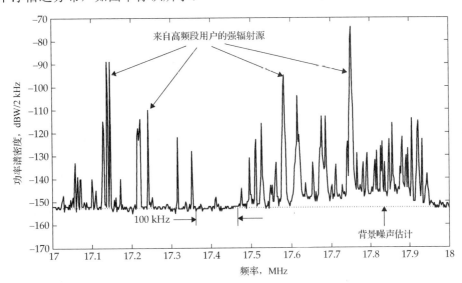

图 3.31 高频段 1 MHz 带宽上包含人为发射干扰和背景噪声的功率谱密度实例。由位于澳大利亚中部远区[23.532°（S），133.678°（E）]的金达莱 FMS 谱监测仪记录的白天频谱数据（当地时间 2002 年 3 月 12:31）。谱图说明存在源于不同高频段使用者的大功率窄带发射信号和带宽为 100 kHz 的未占用频率信道。这一信道的功率谱密度是背景噪声的近似估计，如果这一信道是干净的，也不是禁用频率，则可以提供给超视距雷达使用

3.3.2.2 背景噪声

频谱占用程度测量采用全向天线，而背景噪声功率谱密度测量是在跨越天波雷达覆盖弧形区的 8 个 FMS 波束指向上进行。频谱监测器测出的干净频率信道同时用作评估背景噪声谱密度，在整个谱范围内以 1 MHz 的步进计算平均值。对于位于偏远区域的接收站，干净频率信道上的背景噪声谱密度主要来自大气和宇宙噪声，其分别在高频段低段和高段占优。

图 3.32（a）展示了金达莱雷达接收站在特定 FMS 波束上白天时段背景噪声密度随频率的变化曲线。背景噪声谱密度在中午的频率变化曲线相对一致，但夜间背景噪声谱密度在低频上显著提高。此例中，高频段低段的背景噪声密度的比值在夜间相较白天增加了 20 dB 以上。

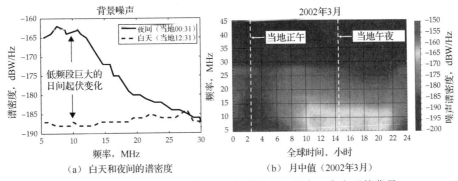

(a) 白天和夜间的谱密度　　(b) 月中值（2002年3月）

图 3.32　由金达莱 FMS 在 2002 年测量的 3 月中一个白天的背景噪声谱密度变化以及月中值背景噪声电平在白天的变化

图 3.32（b）说明了一个月内背景噪声谱密度中值是频率和每天中不同时段的函数。时频函数出现的显著变化是由于夜间缺少 D 层吸收以及夜间 F2 层临界频率降低，这使得夜间在 F2 层临界频率以下的大气噪声能够有效传播非常远的距离。天波超视距雷达因而在夜间面临更高的背景噪声电平，并且相对于白天只能使用更低频率。白天电离层支持更高频率传播。

将同一 FMS 波束上测量得到的实时 BSS 数据和背景噪声值相结合，使得指定监测区域上的干净频率信道能够基于信噪比排序。具有最大信噪比的最优频率将随着时间、方位以及天波雷达覆盖范围内监视区域的距离变化而变化。需注意的是，改变监视区域的范围仅变动信噪比表达式的分子（如信号功率），该表达式是频率的函数，而监视区域方位变化则会改变这一频率函数的信号功率和背景噪声功率。

总之，需要将返回散射探测和背景噪声数据相结合来寻找特定监视区域上基于信噪比的最优对空探测频率。而微型雷达获取的所有距离-多普勒谱可用来选择特定监视区域上最优的舰船探测频率。这基于多普勒谱污染最小准则。对于每一种情况，能向天波雷达操作员自动提供推荐频率的关键在于，获取实时的指定站点的测量值，并于修正后提供覆盖区内所有方位和距离上信噪比和信杂比相结合的性能量度评估。

3.3.3 电离层模式结构

返回散射探测和微型雷达分别代表了测量回波信号功率电平和频谱特性的有效技术。但都不能提供可直接用作解释电离层模式结构的传播路径信息。返回散射电离图和微型雷达距离-多普勒谱非常不适合用于分辨和识别传播模式，如双程 E、F1 和 F2 模式。特别对于 F 层，包括高角和低角射线，每条射线都分裂为寻常波和异常波。而且如第 2 章中所述，双程路径上还会出现"混合"模式。

电离层模式结构的详细信息与雷达和点目标之间的相互作用有关。当信号带宽和天线口径大到能分辨当前电离层传播各模式的传输时延和到达角时，位于固定地面距离和大圆方位上的目标在不同的群距离和方位上产生多个回波。探测器需具备识别特定天波路径上电离层传播模式，确定反射层虚高。这不仅用于雷达对独立目标的探测，也用于精确地将群距离转换为地面距离，方位角转换为大圆方位（甚至是在单一传播模式下）。

倾斜（OI）探测仪提供了单程点对点传播路径下，对接收信号能量与传播时延（群距离）和工作频率间函数关系的直接观测结果。通过称为斜测电离图的二维图像很容易解构斜向路径的传播模式。对于可能出现在同一斜向路径上双程传播时的所谓混合模式，其频率关系和群时延可由对单程测量电离图的自卷积来推断，如采用互易原理。垂直（VI）探测仪基于与斜测相同的原理，只是采用间隔不大合适的收发天线以几乎垂直入射来观测顶上的电离层。

虽然对于特定任务斜测/垂测电离图能辅助进行选频，但倾斜/垂直探测仪的主要任务是对天波雷达覆盖区内选定的电离层监控点进行日常探测，以获取实时电离层模型（RTIM）。关注区域内特定站点的实时电离层模型对关联单个目标的多径航迹，以及坐标配准（CR）非常重要。例如，从雷达坐标系至地理坐标系的航迹变换处理。本节讨论倾斜/垂直探测仪及其与实时电离层模型的关系。本节末尾将论述信道散射函数（CSF），它每次在一个窄带频率信道上提供当前电离层模式的时延和多普勒信息。

3.3.3.1 垂直和倾斜探测仪

金达莱的垂直/倾斜探测仪系统采用线性调频连续波，在高频段上以 100 kHz/s 速率扫描。

在最初的金达莱 FMS 中，垂直探测仪发射站采用了 Delta 天线将信号垂直向上发射，以便接收站天线获取准天顶反射的电离层回波。在斜向路径上，采用位于远区的低功率宽带发射机馈入蝶形天线的形式。在两种情况下，接收信号均被下变频，滤波并在 610 ms 的帧时长上进行分析，其对应的有效带宽为 61 kHz，单程群距离分辨率为 4.9 km。覆盖整个高频段的斜测/垂测电离图曲线在 5 min 内更新。同时采用了"对消"算法以去掉窄带射频干扰，以使显示的电离层描迹更为清晰。

图 3.33 展示了金达莱 FMS 系统从 Darwin 到 Alice Springs 的高频链路（覆盖地面距离约 1250 km）在白天和夜间获取的斜测电离图例子。图例中清楚表明，模式变化是横跨高频段频率的函数，特定频率上的模式随一天的时段而改变。如第 2 章中所述，观察电离图描迹就能识别特定频率上信号传播的电离层模式。由于发射和接收站位置已知，通过功率-时延曲线可估算每一电离层传播层上对应的虚拟反射高度。自动识别特定描迹特征，使得诸如层临界频率和高度这样的电离层参数能通过软件从记录的电离图上提取，而不需要人工判读。

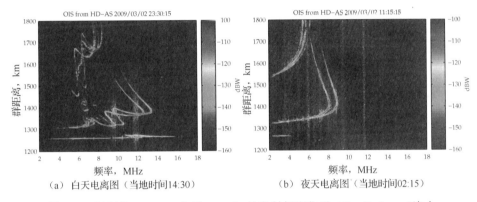

(a) 白天电离图（当地时间14:30）　　(b) 夜天电离图（当地时间02:15）

图 3.33　间距约 1250 km 位于 Darwin 的发射机和位于 Alice Springs（澳大利亚中部）的接收机组成的金达莱 FMS 系统记录的斜测电离图

倾斜探测仪可用来确定电离层模式的强度和时间分布，以优化远距离点对点高频通信系统的频率选择。选择有足够信噪比的单模为主的天波传播频率可改善系统的链路质量。在图 3.33（b）中，几乎为单模传播的最优工作频率范围出现在 6~7 MHz。在这一频率范围内，主要是 F2 层低角射线传播。两种电磁分量都存在，但在群时延上无法分辨。天波雷达在诸如舰船探测和海态遥感应用中，位于监测区域内或附近的倾斜探测仪能帮助选频以减少多径引入的多普勒谱污染。

但是在天波雷达中，相对于频率选择，垂测和斜测数据的作用主要体现在生成和更新实时电离层模型。这需要一个垂测和斜测协同探测网络，对天波雷达覆盖区内选定的电离层监控点进行日常探测。当预期的斜向路径终点无法布设斜测探测站（如在海洋上）时，位于期望路径中点的垂直探测仪可用作监测电离层监控点，以预测所有具有相同端点的斜向回路模式。

对于端点靠近被测路径的天波传输路径，斜测电离图能提供电离层模式结构的精确信息。需特别关注的是，为在天波雷达覆盖区建立高质量的实时电离层模型所需的网络密度，这部分地依赖于特定路径上识别的模式结构与相邻路径的相关程度。由于可用的探测仪数量远少于天波雷达需监测的监控点数目，实时电离层模型常需要从实测数据外推，以预测无实测数据的可用位置上的电离层状态。

典型地，垂测数据可用于预测非日出日落时段平静的中纬度电离层中 F2 层 300~400 km

内的状态。行波电离层扰动会大大减少能以足够精度外推的空间尺度范围。正常的 E 层和 F1 层相对更可预测，基于气候模型推算两层的临界频率具有较为精确的经验公式。相对于 F2 层，突发 E 层更难于刻画细节特性，其预测随着距离和时间变化而迅速失效。随着基于有限数目采样点外推的置信度下降，基于历史（气候）数据库统计平滑的电离层模型逐步引入到实时电离层模型中。

对于天波雷达模式识别和坐标配准，获得高质量大范围的实时电离层模型是基本条件。可对倾斜/垂直探测的频率和虚拟路径长度（时延）的描迹进行逆向处理，以模拟电离层实际高度上的电子浓度变化。相反，多段准抛物线的电子浓度-高度曲线可直接用于电离图描迹。图 3.34 展示了等离子频率-高度的典型电离层模型，以 3 个物理准抛物层（E、F1、F2）参量化，中间段采用反向平滑连接以形成单调递增函数曲线（无谷值）。模型参数随实时电离层模型采用的探测网络在不同时间、位置测得的电离层数据变化而改变。实时电离层模型也随其他类型的输入量变化而改变，例如，已知参考点（KRP）和来自气候模型的电离层数据。

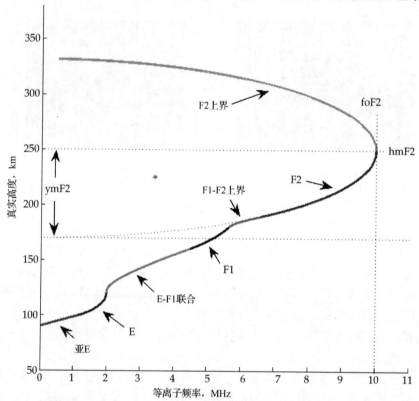

图 3.34　电离层 3 个物理层（E、F1、F2）等离子体频率随高度变化的多段准抛物（MQP）电离层曲线的例子。以 F2 层为例，准抛物线包含 3 个物理参数，F2 层临界频率、F2 层真实高度 hm，F2 层半厚度 ym。在 MQP 模型中，每个独立层的曲线由反向线段平滑连接以形成随高度单调递增的总电子浓度曲线（突发 E 层可能例外）

3.3.3.2　信道散射函数

通过测量接收信号功率分布与路径时延、多普勒频移以及接收机阵列测量到达角之间的函数关系，信道散射函数（CSF）提供了特定高频路径和窄带信道上多模时间和频率分布（偏移和展宽）的详细评估。倾斜探测仪是将特定群距离上整个多普勒域上的全部接收功率进行积累。与之相反，两维的 CSF 谱测量接收信号功率的时延-多普勒耦合。

图 3.35 展示了由单部接收机实测的 CSF 谱。该例说明了主要传播模式在时延-多普勒平面上的偏移和展宽。换言之，CSF 提供了特定高频路径和窄带信道上多模时间和频率分布（偏移和展宽）的详细评估。

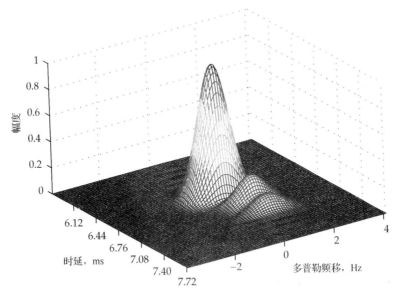

图 3.35　由地面距离约 1850 km 位于邻近澳大利亚 Longreach 和 Darwin 接收站点记录的信道散射函数。最大峰值和最小延时是有包含 O 波和 X 波的 F2 层低角射线形成。另两个具有更小幅度和更大延时的峰值分别由 F2 层高角射线的 O 波和 X 波形成

实质上，CSF 是一单程斜向路径探测雷达的距离多普勒处理结果，该雷达采用低功率发射窄带周期线性调频连续波信号。CSF 的目的不是探测目标，而是提供对窄带高频信号探测限制的详细评估，以及对电离层传播信道的评估。从连接至多通道数字接收机的天线阵列获取发射信号，这将 CSF 探测能力扩展至可测量到达角上的延迟，以及与多普勒相关的偏移量和展宽（如接收信号的三维谱）。

对金达莱超视距雷达接收阵列巨大的天线孔径内所录取的 CSF 数据进行的评估分析，将在本书第二部分介绍，并揭示出天波传播的精细结构，模拟平静中纬度电离层信道角-延时-多普勒特性。阵列上所测量的 CSF 是对采用线极化接收天线的天波雷达所用窄带高频信道特性最基本的指示。

3.4　历史回顾

本节对美国和澳大利亚天波超视距雷达系统的发展历史进行简要的回顾，分别讨论了美国和澳大利亚最重要天波雷达系统的实用意义和主要特点，并提供天波雷达的发展历史。美国和澳大利亚以外其他国家天波雷达的研制和发展也会简要介绍，但不详细描述。作为天波雷达出现的背景，本节首先将简要回顾二战期间英国所使用的早期高频雷达。另外，本节末尾提及对下一代天波雷达系统的未来展望，以说明未来可能的发展路径。

除美国和澳大利亚外，还有许多国家具有早先的或当前的高频雷达计划，虽然仅少数计划形成了实用的天波超视距雷达系统。例如，俄罗斯、乌克兰、中国和法国在研发天波超视距雷达系统上投入了实质性努力。在 Evstratov 等（1994）中介绍了俄罗斯和乌克兰天波雷达

的发展和成就；Bazin（2006）等介绍了法国"诺查丹马斯"超视距雷达；Zhou and Jiao（1994），Li（1998），Guo, Ni, and Liu（2003）等介绍了中国超视距雷达和电离层的研究情况。

3.4.1 过去和当前的系统

二战期间高频雷达发展几乎只能限于视距（LOS）雷达的应用。相对的，这时极少关注超视距上目标探测和跟踪的可能性。1935年在考文垂的试验成功后，本土链系统部署于英国东海岸，构成一个实装的一体化高频视距雷达网络。本土链系统提供的实时空情，使英国皇家空军（RAF）在不列颠空战中能将有限的战斗机资源高效用于需要的时间和空间。这决定性的能力首次证明了战时雷达对于防空的实用价值。

本土链系统工作于350 kW的高峰值功率（后来为750 kW），频率在20～30 MHz上。雷达信号采用简单的调幅脉冲，持续时长20 μs，重复频率为25 Hz或12.5 Hz。发射波形与主频同步，提供共同的时间参考，从而使不同的本土链站点之间不会相互干扰。本土链发射和接收系统是独立分置的，但雷达配置保持了相对于覆盖区的准单站特性。宽的发射波束在整个监视区域上提供了"泛光"照射，由垂直的半波长偶极子（固定在25英尺的木塔上）组成接收天线阵，具有方位和仰角估计的能力。Neale（1985a）中详细介绍了本土链系统。

虽然本土链系统不探测超视距目标，但偶尔会接收到超视距范围内地球表面的后向散射天波信号。对本土链雷达操作员而言，远距离回波表现为令人讨厌的源或杂波。二战后期，在高频频段之上的工作频率，雷达系统已能够产生足够的功率。相对于工作于高频频段的雷达，视距监视雷达采用更高的频率可研发出更紧凑更具竞争力的系统。这推动了视距监视雷达向UHF和微波频段发展。

二战期间，第一部实用的采用非合作辐射源探测和跟踪飞机的收发分置雷达由德国研制。部署于沿英吉利海峡的多个站点上，以利用本土链系统的照射能量。Griffiths and Willis（2010）中介绍了Klein Heidelberg被动雷达系统，以及电子战的发展过程。另一篇论文Griffiths（2013）中讨论了二战期间德国的另两部雷达——ELEFANT和SEE-ELEFANT的现实意义和性能。这些系统开展了可能探测和定位到目标回波的首次双基地雷达试验。

Trenkle（1979）的文献中报道了1944年8月利用位于荷兰卡斯特里克姆的ELEFANT雷达在电离层有利的条件下探测到在扬马延岛附近北极护航的舰船，距离为2200 km。Griffiths（2013）中两篇其他的参考文献也证明了这一报道。然而，并不清楚如何经常可靠地开展这一探测，或者雷达是否有该目标的先验信息。但无论何种情况，这一报道可能表明，这是高频雷达系统使用天波传播模式在超视距上首次进行舰船探测。

3.4.1.1 MADRE超视距雷达

二战后，美国海军研究实验室（NRL）重点考虑使用高频雷达天波传播来探测远距离目标，而不是使用传统的视距雷达。20世纪40年代后期，个别其他国家的研究团队对这一新构想开展了实验研究（Headrick and Thomason 1998）。这一时期，普遍认为高频雷达只能用于斜向返回散射探测，为远距离高频通信系统选频提供传播路径指示，而在其他场合很少有用。

由于天波传播的"下视"方式，在单个雷达脉冲回波内将无法在极强的地表杂波中分辨出超视距的空中和水面目标后向散射回波。除了很高的杂信比，单个雷达脉冲获得的较低信噪比是天波雷达成功的另一个主要障碍。很快就认识到，只有在依靠匹配滤波多普勒处理将运动目标回波从极强但"固定"的地表杂波中区分开，天波雷达才可能成功。这一处理不仅解决了杂波问题,也提供了噪声背景下进行可靠目标检测所需的宝贵的信噪比增益。

要进行有效的匹配滤波多普勒处理,要求高频接收机具有足够高的动态范围以获取弱目标和强杂波回波,同时保持信号的谱特性。在处理周期内还需要对接收回波进行相干积累。而且,要使多普勒处理技术有效,电离层对从一层或多层上经双程路径反射的高频雷达信号不能产生严重的谱污染。因此,有必要测量经过远距离天波路径传播的窄带高频信号的频率稳定性。为确定在所关注区域上全尺寸天波雷达的可行性,这是实质性的第一步。

20世纪50年代,能在磁鼓上存储信号采样值的实验系统问世。基于此,海军研究实验室基于已出现的几种信号处理技术对回放信号进行时间压缩和多普勒处理。这一系统最初设计的工作频率为VHF低段和HF高段,以提升雷达系统信噪比。它的研发处于一个对天波超视距雷达兴趣降低的时期,最初也不是为这一用途而设计的(Headrick and Thomason 1998)。但是,在采用新技术获取经天波传播的高分辨地表后向散射回波多普勒谱后,发现地面回波虽然幅度很强,但其多普勒频率十分固定。这一重要发现重新唤醒了对天波超视距雷达的兴趣。这一方向新研制的设备随后投入使用。

1956年,海军研究实验室完成了一系列权威性的试验,确定了天波雷达飞机探测必需的先决条件可在全尺寸系统上获得满足(Thomason 2003)。对飞机目标探测而言,发现电离层的频率平稳性是足够的。同时,1958年成功使用"磁鼓记录仪"(MADRE)完成对雷达回波的匹配滤波多普勒处理。以这些发展为基础,在美国切萨皮克海湾建造了第一部天波超视距雷达。这部雷达命名为MADRE,它也印证了Headrick and Skolnik(1974)中的观点:"信号处理器是天波雷达研制成功的关键要素"。

MADRE在1961年投入运行,证明了其具备在超过传统微波雷达一个数量级的距离上探测跟踪北大西洋空中航线上飞机目标的能力。随着对信号处理器动态范围的进一步改进,1967年探测和人工跟踪到了水面舰船。Headrick and Skolnik(1974)中有对MADRE系统详细权威的描述,Thomason(2003)中提供了极好的美国天波雷达发展史概述,Headrick and Thomason(1998)中介绍了包括MADRE在内许多高频雷达的特性和应用情况。

MADRE是单站(真正单基地)天波雷达系统,它发射和接收采用同一天线。发射波形采用持续100 ms,平均功率25 kW的单一调幅脉冲相干序列。通过高功率双工器在同一天线上实现信号发射和回波接收。图3.36展示了海军研究实验室在切萨皮克海湾站点架设的MADRE雷达的两个主要天线。图中左部所示为大型固定天线阵列,图中右部为位于塔顶的小型旋转天线。

高增益的主天线是由两个高的、10个宽的角反射器堆叠所构成的水平偶极子组成的固定相控阵列(宽98 m、高43 m)。通过调节馈线电缆长度,可使天线在轴线30°范围上实现方位电扫。对两个水平行列进行相位调整可实现一定角度的仰角扫描。高增益的主天线用作天波传播模式的远距离目标探测和跟踪。架设于200英尺高塔上的由角反射器组成的两个同相水平偶极子构成了低增益主天线。这一小天线靠机械旋转扫描。用作日常监测美国弹道导弹发射。一种垂直极化具有后屏的折叠式三角形单极天线被用作探测海上经地波模式返回的目标信号。

MADRE雷达被广泛认为是第一部在比常规微波雷达远一个数量级距离上探测和跟踪飞机目标的雷达系统。该系统能力有限,并不能代表大范围监测的实用型雷达。它的历史意义在于成功运用了匹配滤波多普勒处理获取多普勒分辨力和相干积累增益。MADRE超视距雷达是具有突破性的系统代表,它证明了通过天波传播模式探测和跟踪数千千米距离上目标的能力。实际上,是该系统首次验证了高频超视距雷达的目标探测能力。

图 3.36　架设于位于切萨皮克海湾的海军研究实验室场站的 MADRE 超视距雷达系统的两个主天线

3.4.1.2　宽孔径研究设备（WARF）

20 世纪 60 年代，美国斯坦福大学的学者和研究团队设计和建造了一个可相互替换的天波超视距雷达系统，部署于加利福尼亚中部山谷的两个主站内，称为宽孔径研究设备（WARF）。这一革命性的系统由国防高级研究计划局（DARPA）赞助，随后于 1967 年变成了斯坦福研究所（SRI）的国际性设备。实验测量了 WARF 接收的天波信号在空间上的相关性，这首次表明 2.5 km 长的天线孔径可用于天波雷达系统，以形成高增益和高分辨率的相干波束。

WARF 的设计思想与 MADRE 超视距雷达明显不同，在许多方面都是颠覆性的。除了对发射和接收采用完全不同的天线单元和阵列设计（下面将详细介绍），WARF 发射和接收站的间距约 100 海里。实际上，WARF 首先在天波雷达体系中采用了线性调频连续波（FMCW）来连接两站，被称为准单站配置。采用具有充足占空比的恒幅度波形，改善了雷达相对于噪声的灵敏度（信噪比）。同时，相比于同样距离分辨率的调幅脉冲波，这一波形具有大时宽带宽积，能够有效抑制带外发射能量，从而令天波雷达在高频谱的占用度变得可以接受。

MADRE 的发射和接收均采用由水平偶极子天线单元组成的垂直面天线阵，与之不同，WARF 系统采用由垂直极化对数周期天线单元构成的双频带均匀线阵（ULA）。双频带设计结合对数周期天线固有的宽带特性，使得 WARF 能够工作在比 MADRE 更宽的频率范围上。WARF 接收系统采用长为 2.55 km 的均匀线阵，由 256 个间距 10 m 的双鞭状端射接收对天线单元组成（Barnum 1986）。接收单元与高频段高端匹配，因而外噪声功率谱密度更低。WARF 宽孔径的接收阵列提供了良好的空间分辨率，这将提高雷达相对于杂波的灵敏度（杂噪比）和空间干扰抑制能力，它也会改善目标定位精度。

WARF 发射天线相对宽的波束用于照射天波雷达覆盖区内的监视区域。同时，一组高分辨率的接收波束通过电子扫描覆盖照射区域，同时获取后向散射回波。WARF 系统首次证明了由于接收天线的空间分辨率，天波雷达同时多波束覆盖可以去除耦合。除了具备对空中目标有效的大范围监视能力，相对于 MADRE，WARF 的架构显著增强了杂波限制环境下的舰船目标探测性能。WARF 在超视距雷达发展史上十分重要，因为美国和澳大利亚当前运行的系统都是在它的基础上设计的。Barnum（1993）中对 WARF 有详细介绍。

3.4.1.3 AN/FPS-95（眼镜蛇雾）

随着 MADRE 的成功，美国空军和英国皇家空军又联合开发了 AN/FPS-95 天波超视距雷达，位于英国萨福克奥福德岬，代号"眼镜蛇雾"（Cobra Mist）。AN/FPS-95 的任务包括在东欧和苏联西部区域上探测和跟踪飞机，以及探测导弹和卫星发射。"眼镜蛇雾"还为研发适应其他任务的天波雷达新技术提供了试验平台。项目站点建设始于 1967 年年中。系统在 1971 年 7 月由承建方美国无线电公司完成架设。

"眼镜蛇雾"是采用调幅脉冲波的单站超视距雷达系统，与 MADRE 相似，但产生的峰值功率要大得多（高达 3.5 MW），MADRE 发射和接收采用了相同的天线，而"眼镜蛇雾"采用了由 18 个对数周期天线单元组成的 2200 英尺（671 m）长的天线阵，包含水平和垂直的偶极子。对数周期天线单元形成一个由中心向外辐射的扇形，以提供不依赖于频率的近似恒定的波束宽度。这些单元间隔 7°，占用了 119° 宽的扇区。6 个相邻单元由电缆切换网络连接以形成波束。AN/FPS-95 是同一时期最大、功率最高、考验最多的超视距后向散射雷达。Fowle 等（1979）对这一系统进行了详细介绍。

高频雷达界都希望"眼镜蛇雾"能在天波雷达性能和能力上确立新的标准。而实际情况却恰恰相反。系统最初计划于 1972 年 7 月投入运行，但由于"眼镜蛇雾"被严重的、来源不明的"杂波相关"噪声问题所困扰，严重限制了杂波可见度，仅有 60 dB。由于在一系列大量的站点测试后仍不能最终确定噪声源，项目在 1973 年 6 月突然终止。系统随后被拆除，部件从站点移走。还不能完全确认是不是由于雷达设备故障引起这一问题。与 MADRE 相比，发射功率有成数量级的提高，以及 AN/FPS-95 天线相对低的空间分辨率，要求接收机有较大的线性和无杂散动态范围，以避免内部原因对性能的限制。

在站点测试中，不能确认或者否定是干扰造成了杂波相关噪声的假定。可能的原因中，高纬度地区电离层产生杂波多普勒扩展的自然现象也被排除，特别是在天线方向图未设计成有效抑制这一信号的情况下。由当年负责解释为何 AN/FPS-95 未能达到期望性能的 MITRE 工程师提供的解密报告（Fowle et al. 1979），详细介绍了确定和修正噪声源的各种努力，但这在今天仍是个谜。

3.4.1.4 AN/FPS-118（OTH-B）

20 世纪 70 年代后期，美国空军和通用电气公司联合研制了一部双站配置的超视距雷达，称为 AN/FPS-118。项目最初阶段是位于缅因州的试验系统，用于技术验证。AN/FPS-118 系统采用"准单基地"配置，站点距离 160 km。系统采用由 WARF 最先使用的线性调频连续波技术，但发射功率比其大一个数量级。如图 3.37 所示，AN/FPS-118 采用了倾斜偶极子天线设计替代了 WARF 所用的对数周期天线。这种天线可提供鲁棒的低仰角性能以降低地面传导率，特别是在天线阵区域被冰雪覆盖下。

20 世纪 80 年代初，与通用电气公司签订合同将 AN/FPS-118 由试验项目转成了研制全尺寸实用型系统（OTH-B）。美国空军 OTH-B 系统（东西海岸各部署三部雷达）的基本任务是在跨越两个 180° 方位扇区的单跳范围上，覆盖大西洋和太平洋上 3000 万平方千米的区域内探测飞机和巡航导弹目标。

在每个 OTH-B 站点，发射天线由三组相邻的 6 波段倾斜偶极子线阵构成，每波段有 12 个天线单元和高 41 m 的反射屏。每个 6 波段线阵采用 304 m、224 m、167 m、123 m、92 m、68 m 的天线孔径，以在 5～28 MHz 工作频率上提供 60° 的方位覆盖。三组相邻发射天线阵分别覆盖 60°以共同提供 900～3000 km 上 180°的方位覆盖。OTH-B 雷达最大发射功率约为 1 MW，采用线性调频信号，脉冲重复频率（PRF）为 10～60 Hz，带宽为 5～40 kHz，相干积累时间为 1～20 s（Skolnik 2008b）。

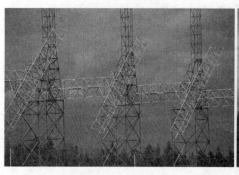

图 3.37 由通用电气公司研制的位于缅因州和俄勒冈州的美国空军 AN/FPS-118（OTH-B）雷达系统发射天线阵列所采用的倾斜偶极子天线单元

OTH-B 雷达接收天线采用三组相邻的线阵，每组由 246×5.4 m 的单极天线及 20 m 的反射屏组成。接收孔径为 1519 m，包含 82 个接收通道。每个阵列提供 60°方位覆盖，中心指向间隔 60°。Georges and Harlan（1994）中报道了确认 OTH-B 对巡航导弹探测能力所开展的一系列测试。系统独有的特点在于，它是美国第一部可用于陆地防空的具有真正大范围监视能力的实用天波超视距雷达（Thomason 1998）。1991 年，由于空中威胁降低，美国空军对 OTH-B 系统进行了"热储备"（Thomason 2003）。

3.4.1.5 AN/FPS-71（ROTHR）

美国海军设计和建造的 AN/FPS-71 系统，也被称为可搬迁式超视距雷达或"ROTHR"，是由应对来自海上战场的远程轰炸机和导弹载机威胁需求所牵引的（Thomason 2003）。在海军作战部长的资助下，空间和海战司令部于 1984 年与雷声公司签订了研制全尺寸 AN/FPS-71 的合同。ROTHR 的概念是能由集装箱空运，并能在预先准备的站点快速装配运行，以应对确知的威胁。

其原型系统在弗吉尼亚建造和测试，而后被重新部署和测试。基于对 ROTHR 的成功评估，总共建造了三部，首部在弗吉尼亚，第二部在得克萨斯，第三部在波多黎各。选择当前的站点是用于监视进入美国的空中和海上的贩毒线路，这在开放海域上空威胁降低的情况下变得越发引起关注。图 3.38 展示了位于弗吉尼亚的 ROTHR 雷达发射站和接收站的航拍图。

ROTHR 在弗吉尼亚的发射系统位于切萨皮克地区占地 20 公顷的站点。发射天线是两频段的由 2×16 个对数周期天线单元组成的线阵（75～125 英尺或 23～28 m 高），设计工作于 5～28 MHz，最大平均功率为 200 kW。与 WARF 相似，ROTHR 准单基地配置使其能采用线性调频工作。脉冲重复频率、带宽和相干积累周期参数的可选范围能够满足飞机和舰船探测任务要求。发射波束可在中心轴±30°方位上扫描。ROTHR 系统在远至 2000 海里（1 海里等于 1.852 km）的距离上，对进入美国的贩毒线路提供大范围监视。

接收孔径是由 372 个垂直双极子天线单元组成的均匀线阵。双极子提供适当的前后比。高 5.8 m、间隔 6.95 m 均匀排列的双极子天线形成 2580 m 长孔径的接收天线阵列。阵列每个天线单元具有一个数字接收通道，接收波束可在法线±45°方位范围上扫描。Headrick and Thomason（1996）介绍了美国海军主要基于 WARF 设计的 ROTHR 系统。

图 3.38　图（a）和图（b）展示了位于弗吉尼亚的切萨皮克和纽肯特的美国海军 AN/FPS-71 可搬迁式超视距雷达（ROTHR）发射站和接收站的照片

3.4.2　澳大利亚超视距雷达

澳大利亚高频雷达计划开始于 20 世纪 50 年代，这包括对天波路径稳定性的试验研究。这是天波雷达成功的先决条件（Sinnott 1988）。但最初研究集中在旨在增强 RCS 的视距观测，例如，从澳大利亚中部伍默拉附近的测试距离上探测火箭飞离和返回地球大气层。发动机喷射的羽流等离子体使得 RCS 增强并被观测，但这一现象只有在导弹到达 100 km 高度后发动机仍在燃烧的情况下才变得明显。这一结果引起了美国的极大兴趣，因为有可能对弹道导弹主动段的发射进行探测。

除早期研究的科学成果外，澳大利亚于 20 世纪 60 年代末在外场试验中也积累了大量的技巧和经验，这对 1969 年与美国签订联合研制超视距后向散射雷达的协议产生了极大帮助，发挥了重要作用。获取美国的科技支持是超视距雷达研发在澳大利亚得以持续的关键性因素。

在当前的 JORN 系统之前还有金达莱项目，分为金达莱一期和二期两个主要阶段。更早期的项目主要测量澳大利亚区域电离层稳定性，称为 GEEBUNG。Sinnott（1988）提供了 20 世纪 50 年代至 80 年代中期的澳大利亚高频雷达发展史，Colegrove（2000）总结了 80 年代中期至 2000 年澳大利亚天波雷达的发展史。本节简要回顾澳大利亚包括 JORN 系统在内的超视距雷达研发的各个阶段。

3.4.2.1　GEEBUNG

虽然在美国已对天波雷达进行过验证，并且能在数千千米距离上探测飞机目标，但仍需确认澳大利亚的电离层条件不会影响天波雷达的工作效能。确认天波雷达在澳大利亚地区可行性的首次试验研究始于 1970 年，称为 GEEBUNG 项目。这一项目采用了美国设计的调频连续波发射机和接收机，通信设备和天线则是自主设计。

该项目对地面距离为 1850 km 的两站间电离层传播特性进行长期监测。发射站位于伍默拉附近的 Mirikata；接收站紧邻布鲁姆，在澳大利亚西北海岸。在 11 个月中，Malcolm Golley 博士对天波传播通道的单程路径损耗和多普勒稳定性开展测量。同时，Fred Earl 博士开展了后向散射试验以评估经陆地和海面散射的双程传播性能。

数据分析后的主要建议，详见 GEEBUNG 的概述报告结尾部分，没有证据表明"澳大利亚的天波雷达工作性能会由于电离层的固有物理限制而降低到不可接受的水平"。这一发现支撑了项目转入下一阶段的建议。GEEBUNG 试验站于 1972 年退役，但数据分析的结论影响深远。试验雷达的概念促使了澳大利亚金达莱天波雷达的诞生。

3.4.2.2 金达莱一期工程

金达莱一期工程正式开始于 1974 年。它是基于 WARF 系统的设计而研制的非扫描超视距后向散射雷达。两站位于澳大利亚中部的偏远地区，距 Alice Springs 不远。发射站位于哈茨山脉（Alice Springs 东北 100 km）。最终选定的接收站点位于埃弗拉德（Alice Springs 西北 40 km）。选定的两站和雷达轴线以观测西北方向国际航线上的目标（主要为民航客机）。其中，一期工程雷达固定的"凝视"波束提供了有限的覆盖扇区以覆盖 A76 空中航线走廊。

一期工程雷达发射天线是向美国借用的 16 个对数周期天线组成的均匀线阵，接收天线是自主设计的由 128 个鞭状天线对组成的长为 640 m 均匀线阵。波形产生器、信号处理机也是自主研制的，技术达到了当时的先进水平。后者由研制 Barra 系统声呐项目中所用的可编程信号处理器改造而来，前者源自对信号频谱纯度有非常严格要求的线性扫频发生器的研发。在澳大利亚建立天波雷达的技术基础被广泛认为是该项目的必要组成部分。

金达莱一期工程雷达于 1976 年开始运行，在数年准备后，在最初的检验阶段探测到了飞机目标（Sinnott 1988）。两年周期内的日常探测记录和录取数据的离线分析表明系统具备可靠的飞机探测能力，同时记录了大量的环境数据以指导天波雷达的后续研发。虽然对一期工程系统的舰船探测能力没有计划或期望，但 1977 年 12 月开展的探测试验，证明探测澳大利亚西北海岸的水面舰船是可行的。

基于一期工程的性能批准了金达莱项目的二期工程。在一期工程完成后的"维持"阶段制定了条款，在开展二期工程研制达成一致之前，需要对一期工程系统成果进行批判性的回顾和评估。为支持二期工程雷达的研发计划，组织了对系统能力的验证试验。安排合作的飞机进行这一特殊试验，并由在 1977 年 4 月受邀访问接收站的高水平代表团进行见证。Sinnott（1988）介绍了试验大获成功，并赢得了出席当天试验的高级官员的支持。

3.4.2.3 金达莱二期工程

基于一期工程的成功，金达莱项目更具雄心的第二阶段于 1978 年获得批准。二期工程将研发和验证可实用的天波雷达。通过采用大量更大功率的发射机和更长的接收阵列，雷达灵敏度得以提高。沿用了一期工程的发射天线，而通过权衡性价比设计了 2.8 km 长孔径的接收阵列，由 462 个均匀排布的双极天线单元组成。接收阵面占地长为 3 km，宽为 100 m。值得纪念的是，一对夫妇在接收站露营工作，用 32 天完成了全部 924（单极）根天线单元的安装（Sinnott 1988）。

在 60° 扇区上边跟踪边扫描的要求，需要具备比一期工程更为强大的运算能力。由于当时还没有满足这一任务要求的商用处理器,为二期工程专门研制了称为"算术型"(ARO)的定制处理器。这一信号处理器的设计及实现,包括编程语言、软件运行系统和数字硬件,确保了二期工程雷达能担负实时监视的任务要求,而不必依赖于将来可用的现成商用技术。

为降低系统成本和降低处理压力,接收阵 462 个天线单元被分为 32 个交叠的子阵。通过模拟波束形成,每个子阵被控制指向发射覆盖区的方向。每个子阵对应一个接收通道的架构显著减少了接收机数量(这是系统成本的主要部分),也降低了对 ARO 信号处理器的要求。同时,依靠数字波束形成,也可在监视区域内形成高分辨的"指状波束"(Sinnott and Haack 1983)。在良好的环境条件下,二期工程系统发射和接收孔径都能独立工作于左右半阵,以提高实时覆盖范围或覆盖率。

二期工程雷达软件控制程度较一期工程高得多,而一期工程更多依靠设置开关和连接电缆进行手动配置(Sinnott 1988)。二期工程以用户友好的界面设计替代了一期工程原始的显示方式,改善了雷达的操控性。频率管理系统也进行大幅改进以适应雷达能力的提升。弧形覆盖区方位展宽意味着需要部署更多的信标以支持二期工程雷达工作。Derby 装置升级为更强大的设备,同时在 Darwin 区域建立了一个主信标点。

二期工程雷达于 1983 年完成了对非合作舰船的探测,1984 年实现对飞机的自动跟踪。1984 年年中,金达莱二期工程雷达完全达到了验证系统满足澳大利亚防御监视要求的目标(Sinnott 1988)。从一期工程过渡到二期工程用了大约 6 年时间。1984—1987 年间,经过一系列成功的评估试验,这一实用系统被移交给国防部队,被称为 Alice Springs 金达莱系统(JFAS)。随着一系列系统升级(Colegrove 2000),JFAS 于 1993 年 1 月 1 日由皇家澳大利亚空军(RAAF)第 1 雷达监视部队接管。

3.4.2.4 金达莱作战雷达网(JORN)

对二期工程后续研究方向深入研讨后,决定发展新的天波雷达网,称为金达莱作战雷达网(JORN)。1986 年部长宣布了这一决定后,对 JFAS 的整修和升级虽然重要但已排在后面了。在建议的计划中,JFAS 将来为 JORN 改进中实施、测试和过渡提供测试台。

介绍 JFAS 向 JORN 过渡的细节超出了本书的范围,权威描述见于 Colegrove(2000)。获取 JORN 架构及其监视能力的一般介绍,可查阅 Cameron(1995)。从国防采购的观点出发,收购和管理 JORN 的深刻案例研究见于文献 Markowski, Hall, and Wylie(2010)。下面将简要总结由澳大利亚电信、英国 GEC-马可尼公司和美国澳大利亚 RLM 联合体研制的 JORN 雷达的主要特性。

靠近 Longrench(昆士兰)和 Laverton(澳大利亚西部)的 JORN 超视距雷达系统在许多方面相似,只是 Laverton 的雷达采用了两套均匀线阵孔径,法向相互垂直,方位覆盖达到 180 度。两系统为准单基地配置,采用线性调频连续波信号以减小带外谱发射泄露能量。波形重复频率、带宽和脉冲重复周期可分别在 4~60 Hz、4~40 kHz、2~40 s 的典型值范围内调整,这取决于对空或对海探测。

以 Laverton 的天波雷达为例,发射和接收站间隔约为 80 km。Laverton 的发射天线采用两个邻近的由对数周期天线单元组成的双频带线阵。发射阵列包含 14 个(低频端)和 28 个(高频段)对数周期单元,形成约 160 m 长的孔径。如 Colegrove(2000)所述,最大平均发射功率约为 560 kW(28 部 20 kW 的固态功放发射机)。发射天线增益在设计的 5~32 MHz 频率范围内的变化为 20~30 dB。每个阵列的发射波束可在轴线±45° 方位上扫描,共同覆盖 180° 方位。

为匹配轴线垂直的两个发射均匀线阵，Laverton 的 JORN 接收天线阵包含两个法向相互垂直的均匀线阵。每个接收孔径长为 2970 m，由 480 个架高以提高低仰角增益的单极子天线单元对组成。图 3.39 展示了从端射面观察的 JORN 接收均匀线阵的照片，每个天线（成对单极子）单元对应一个接收机的架构，使得在轴线上±45°范围上可实现全数字波束形成。JORN 的主要任务是探测飞机，次要任务是舰船探测。JORN 于 2003 年加入皇家澳大利亚空军服役。

图 3.39　金达莱 Laverton 超视距雷达的每个接收天线由 480 个架高的单极子单元对构成。单元间距为 6.2 m（孔径长度为 2970 m），每个单元对应一个接收通道

3.4.3　未来展望

JORN 代表了澳大利亚超过 30 年研制超视距雷达的最高水平。但重要的是要认识到，为了降低风险，JORN 许多方面的设计主要基于早先性能已通过验证的 JFAS 系统。而且，JFAS 系统设计上存在重大的妥协和退让，以在它的多个研制阶段满足压缩预算的限制。因此不必惊讶，终会出现实质性提升天波雷达潜在能力的新研究思路。本节简要介绍新一代天波雷达系统可能超越传统框架，在提升性能和扩展功能上一些可能的突破领域。

虽然天波雷达发射单元所采用的对数周期天线有许多优点，但双极子长阵列会占用很大的区域。另外，对数周期天线的辐射方向图将覆盖区限制在了 90°方位扇区内。而且，天线的谐振区域会随着工作频率的变化而改变位置。整体上看，对数周期天线单元不适合用于构造二维（非线性）阵列。在原理上，两维发射阵列提供了更大的灵活性，使得发射波束可在方位和仰角上控制和整形，从而控制辐射能量的空间分布。采用全向单元组成的两维阵，可在单个天线孔径上实现 360°方位覆盖。

对数周期天线均匀线阵一种可能的替代方案是通过大量独立连接于低功率发射模块的更紧凑更便宜的天线来分配可用功率。众所周知，包含笼形线圈或金属管的天线单元可降低高度并具有宽带性能。具有全向方向图的更紧凑的发射天线可构成两维阵，使得波束可在仰角扫描并具有 360°方位覆盖。而且，短的刚性天线提供更好的抗风噪性能，有助于改善发射信号的频谱纯度。为固定表面阻抗而需采用的大面积地网也可减少。

更紧凑的天线不能像对数周期天线那样具备匹配宽频带的性能，仅能有效工作于一个倍频程。但由大量这种天线单元连接数字波形发射器和功放组成天线阵列，就能以更加灵活的方式控制发射源，还能减少内部产生的相位噪声。这是由于大量天线单元的独立贡献被平均所致的。这是在先前所述基于紧凑刚性天线单元的二维发射阵的额外优势。但这一设计中需小心处理互耦问题，因为二维阵列与互耦关联的现象更加复杂，难以处理。

Frazer 等（2010）描述了模式选择天波雷达所用的二维发射天线阵。在多输入多输出系统中可使用适当选择的正交波形以形成"非因果"自适应距离相关的发射波束，以此改善在扰乱的杂波条件下对海探测效能。Frazer 等（2010），Frazer, Abramovich, and Johnson（2009）和 Abramovich, Frazer, and Johnson（2011）中有模式选择雷达和试验结果的详细介绍。

与发射天线类似，JORN 接收天线也主要采用基于经过验证的 JFAS 阵列（模仿 WARF 系统）。相比于线性阵，采用由适当匹配于工作高频带的接收天线单元构成二维阵孔径，并对接收信号自适应处理，将更有可能增加目标探测性能，因为可以更有效地削弱在空间或时间上有显著分布差异的杂波和噪声。而且，宽带直接采样接收机能够下变频多个同时存在的频率信道，这可能会用于未来的系统，使全接收阵列孔径可用于执行多个任务。在同一时间具备共同的孔径频率管理、坐标配准和其他支持功能。

同时期望分布计算的先进成果能用于未来系统，以支持更复杂的自适应杂波和干扰抑制信号处理算法，也支持对不同信号处理链和跟踪器性能的实时评估，将最优结果送出显示。在系统级，将来可开发雷达资源管理算法。这一算法只基于任务要求和主要的环境条件，帮助自动配置雷达工作，以最大限度减少人工干预。这些概念可能为未来实用天波雷达的激动人心的能力开辟出一条新道路。

第4章 常规处理

信号与数据处理长期以来被认为是超视距雷达成功运行的关键要素。这类系统往往工作在严重杂波、干扰和噪声的环境中，而接收到的目标回波功率通常比这些扰动信号低数个量级。这里，信号处理指一系列将多通道系统每一接收机中经模数转换而来的同相通道和正交通道基带采样数据，转换为雷达斜距、波束方向和多普勒频率三维坐标中复数输出的步骤。这些步骤包含脉冲压缩、阵列波束形成和多普勒处理，其中最为重要的两个目的，一是增强信号-扰动比（SDR），二是在一个或多个雷达坐标中分辨雷达接收回波。这样就改善了后续数据处理阶段的目标检测性能和参数估计精度。

接下来，信号处理输出的幅度包络送往数据处理，通常包含恒虚警（CFAR）处理、谱峰检测和参数估计以及跟踪和坐标变换。最后，数据处理的结果以地理坐标标注的确认雷达航迹显示给操作者。本章的目的是描述超视距雷达系统中信号和数据处理流程的基本步骤。这一流程从基带 A/D 采样数据开始，按上一章中介绍的相关内容，以超视距雷达系统的最终成果——地理航迹显示结束。本章关注的重点在于超视距雷达中的常规处理技术和传统上被认为是标准步骤的改善处理步骤。在具有挑战性的杂波和干扰条件下应用自适应滤波技术来改善系统性能将在本书第三部分中讨论。

本章 4.1 节描述高频信号环境的基本描述。除区分杂波、干扰和噪声的主要来源外，该节还讨论了超视距雷达接收到的不同信号的物理特征。4.2 节描述超视距雷达三个基本信号处理步骤，有脉冲压缩、阵列波束形成和多普勒处理，这与大多数雷达系统相同。在这节中，与这些核心步骤相关的基本概念和特定实现细节都得到关注。4.3 节讨论一些超视距雷达在进行空中和海面目标检测时操作上的考虑，包括根据雷达任务选择合适工作频率和关键波形参数的重要性，以及采用几种改进的信号处理步骤而获得的显著改善。4.4 节讨论 CFAR 处理、峰值检测和估计、跟踪和坐标变换的问题。全章均在必要时提供实测数据处理结果以表明不同处理步骤的实用价值。

4.1 信号环境

超视距雷达在高频环境下接收到的信号是不同类型信号的混合。图 4.1 将接收信号大致分为两类。图中左边为发射信号的回波，而右边则为独立于雷达的干扰和噪声源。前者来源于雷达照射区内物体的散射，自身并不辐射信号，出于这一原因，此类物体有时被称为被动信号源；后者则来源于独立于雷达波形的人为或自然辐射，其频率部分或全部与雷达带宽重叠。这些辐射源经常被称为主动信号源[①]。

雷达回波可进一步分为目标回波和杂波回波。前者代表了雷达感兴趣物体的回波，如监视区域内的飞机或舰船。目标回波在雷达术语中通常也指有用信号或理想信号。来自其他物

---

① 应答机为一类特殊的主动源，它将接收到的雷达信号经延迟和多普勒频移后发射回去，因而并不产生独立的信号。

体的非理想信号统称为杂波。在超视距雷达中，杂波主要由被雷达同时照射到的地球表面（地面或海面）大片区域散射而来。同时，电离层中直接或间接的散射体也会产生杂波。这包括通常在 E 层和 F 层中形成的电子浓度异常造成的散射，以及在上大气层中的电离流星尾迹产生的瞬态回波。参数与当前雷达搜索目标明显失配的目标状信号也被认为是杂波。

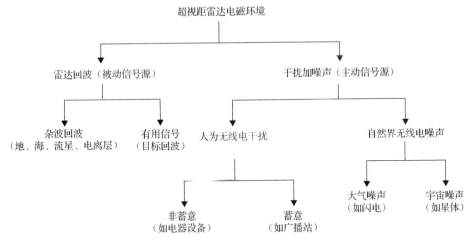

图 4.1　超视距雷达的高频信号环境由杂波回波、可能存在的目标回波，以及自然和人为辐射源信号进入雷达带宽后形成的干扰与噪声所组成

另一方面，外部干扰和噪声可能来源于自然源或人工源。在高频频段，自然噪声的主要来源包括闪电放电引起的大气噪声和太阳及其他星球产生的宇宙噪声。人造信号则可进一步划分为蓄意干扰和非蓄意干扰，前者的例子包括短波无线广播、点对点通信链路、高频雷达系统、电离层监测站以及潜在的敌意干扰。当被超视距雷达系统接收时，此类信号统称为射频干扰（RFI）。非蓄意辐射可能来自工业机器和其他工作中的电气设备，包括车辆点火系统和高空电线，此类信号通常称为人为噪声。杂波、干扰和噪声（人为或自然）的总和代表了雷达必须克服的组合扰动信号。超视距雷达接收机输出中，内部热噪声通常被外部噪声盖过。图 4.1 中并未列出接收机内部噪声。

现在将注意力集中在与超视距雷达接收阵列相位参考阵元相连的接收通道。该通道在 t 时刻获得的基带信号用复标量 $x(t)$ 表示，见式（4.1），该信号由面和体杂波 $c(t)$、外部干扰加噪声 $i(t)$、内部噪声 $n(t)$ 和目标回波 $vs(t)$ 组成。其中，状态变量 $v=0$ 和 $v=1$ 分别表示目标存在与否。本节将对这些信号成分进行描述，并简要考察其物理特性。这不仅为后续章节讨论的信号和数据处理提供了基础，同时也为本书第二部分更加详细的信号模型的提出进行了铺垫。

$$x(t) = vs(t) + c(t) + i(t) + n(t) \tag{4.1}$$

4.1.1　目标回波

大部分监视雷达感兴趣目标的物理尺寸在数米到数百米之间，而超视距雷达空间分辨单元的纵向距离在 5～50 km、横截距离在 15～75 km。通过采用大的信号带宽和宽的合成孔径，高分辨的视距雷达能够分辨飞机或舰船结构上单个的散射中心。与之不同，超视距雷达中一个目标的回波被限制于距离-方位单元内（忽略副瓣和可分辨的多径目标回波）。简而言之，飞机或舰船目标对超视距雷达来说就是一个点目标。

此外，超视距雷达的监视区域位于接收阵列的远场。目标和雷达之间的斜距 R 通常满足式（4.2），其中，D 为接收阵列孔径，λ 为波长。对 $D = 3\,\text{km}$ 的均匀线阵（ULA），当工作频率为 $f_c = 15\,\text{MHz}$（$\lambda = 20\,\text{m}$）时，该条件要求 $R > 900\,\text{km}$，超视距雷达约 $1000\,\text{km}$ 的近距盲区满足这一需求。因而超视距雷达的目标在大多数情况下常建模为发射波形的远场点散射源。

$$R > 2D^2/\lambda \tag{4.2}$$

4.1.1.1 点散射源模型

设雷达发射 N 个长度为 T_p、重复周期为 T 的射频相干脉冲串，其相干积累时间为 NT。系统发射的射频信号 $r(t)$ 如式（4.3）所示，需注意的是，雷达发射的实际波形实际上是该信号的实部 $\Re\{r(t)\}$。在式（4.3）中，$A_r > 0$ 为与发射功率和天线增益有关的幅度因子，f_c 为载频，$\vartheta \in [0, 2\pi)$ 为任意初始相位。

$$r(t) = A_r m(t) e^{j(2\pi f_c t + \vartheta)}, \quad t \in [0, NT) \tag{4.3}$$

$r(t)$ 的复包络为基带调制信号 $m(t)$，也称为雷达波形。设 $m(t)$ 满足式（4.4），其中，$p(t)$ 为带宽为 B 的脉冲波形，$t \in [0, T_p)$。设脉冲波形 $p(t)$ 为窄带（$B \ll f_c$），其脉冲宽度 T_p 不超过脉冲重复周期 T。$T_p < T$ 和 $T_p = T$ 分别表示脉冲波形（PW）和连续波形（CW）。

$$m(t) = \sum_{n=0}^{N-1} p(t - nT) \tag{4.4}$$

平均功率 $P_{ave} = E_p / T$，其中 E_p 为式（4.5）定义的脉冲能量。实际中，发射机在 $|p(t)|$ 的峰值上是有限的。对简单脉冲（幅度调制的），对高平均功率的需求和对距离分辨率的需求是矛盾的。前者要求占空比 T_p / T 较高的长脉冲，而后者要求带宽 $B = 1/T_p$ 较高的短脉冲。相位或频率调制波形的显著优点之一就在于它们提供了对脉冲占空比（平均功率）和脉冲带宽（距离分辨率）有效的独立控制。

$$E_p = \int_0^{T_p} |p(t)|^2 \, dt \tag{4.5}$$

双站超视距雷达系统中通常采用重复的线性频率调制连续波形（FMCW）。幅度归一化带宽为 B 的线性 FM 脉冲由式（4.6）中的恒模波形 $p(t)$ 所示，也称为 chirp 信号。CPI 中的 N 个脉冲有时称为 "sweeps"。双站超视距雷达在峰值 $|p(t)|$ 固定时通过发射占空比为 1（$T_p = T$）的连续脉冲来最大化 P_{ave}。单站超视距雷达需要发射 $T_p < T$ 的线性 FM 波形，这就需要在平均功率和单站结构的优点之间平衡。

$$p(t) = e^{j\pi B t^2 / T_p}, \quad t \in [0, T_p) \tag{4.6}$$

将式（4.6）代入式（4.3），发射的射频 chirp 信号可表示为 $r(t) = A_r e^{j\psi(t)}$，其中 $\psi(t) = 2\pi(f_c t + Bt^2 / 2T_p) + \vartheta, t \in [0, T_p)$。发射信号在某一特定线性调频周期的瞬时频率由式（4.7）中的 $f(t)$ 给出。注意，$f(t)$ 在脉冲重复周期（PRI）内从 f_c 线性增至 $f_c + B$。虽然 f_c 通常定义为雷达信号的中间频率而不是每一周期的初始频率，这里采用后一个解释而不失一般性。

$$f(t) = \frac{1}{2\pi} \frac{\partial \psi(t)}{\partial t} = f_c + Bt/T_p \tag{4.7}$$

设雷达在 CPI 内照射一个 RCS 不变、相对速度为 v 的远场点散射源（目标）。该目标在 t 时刻斜距为 $R(t)$，相对速度 v 定义为斜距的变化率，如式（4.8）所示，其中的负号意味着目标靠近雷达时其相对速度为正。

$$v = -\frac{\partial R(t)}{\partial t} \tag{4.8}$$

在雷达和目标之间传播的信号路径其斜距 $R(t)$ 由式（4.9）给出，其中，$\tau(t)$ 为天线阵列参考阵元接收机在 t 时刻测得的沿着发射机-目标-接收机路径传播的回波时延，c 为自由空间光速。此处参考阵元的定义后续将扩展成空间中天线阵列的目标回波模型。

$$R(t) = \frac{c\tau(t)}{2} \tag{4.9}$$

忽略相对效应，我们可将 $\tau(t) = \tau - 2vt/c$，其中 $\tau = 2R(0)/c$，作为 CPI 开始时（$t=0$）目标距离对应的时延。目标射频回波返回参考接收机，其位置定义为空间坐标系的原点，可表示为式（4.10）中的 $e(t)$，其中 α 为目标回波的复幅度，而 $r(t)$ 为雷达发射的射频信号。

$$e(t) = \alpha r(t - \tau(t)) = \alpha r(t - \tau + 2vt/c) \tag{4.10}$$

利用式（4.3），我们可将 $e(t)$ 写为式（4.11）的形式，其中 $f_d = 2vf_c/c$ 为目标回波的多普勒频移。在该表达式中，α 的幅度和相位解释了所有雷达和目标之间的传播和散射效应（包括距离引起的相位项 $\mathrm{e}^{-\mathrm{j}2\pi f_c \tau}$），以及接收系统特性。

$$e(t) = \alpha m(t[1 + 2v/c] - \tau) \mathrm{e}^{\mathrm{j}2\pi(f_c + f_d)t} \tag{4.11}$$

从式（4.11）可以看出，目标的运动压缩或延展了雷达波形 $m(t)$ 的时间尺度。目标回波双程传播时延在 CPI 上的变化（由 $\tau(NT) - \tau = 2vNT/c$ 给出）要较脉冲带宽 B 的倒数小得多（即无距离走动），因而式（4.12）所示的近似对 $t \in [0, NT)$ 是合理的。这代表了目标回波建模中的一个关键假设。

$$m(t[1 + 2v/c] - \tau) \approx m(t - \tau) \tag{4.12}$$

第二，对典型雷达波形参数和实现目标速度来说，多普勒频移 f_d 远小于脉冲宽度的倒数，这样式（4.13）中的条件通常是成立的。在这一条件下，目标运动引起的多普勒频移在单个 PRI 内会引起固定的相位调制，在 CPI 中 $n = 0, 1, \cdots, N-1$ 的不同脉冲内以 $\mathrm{e}^{\mathrm{j}2\pi f_d nT_p}$ 变化。

$$f_d T_p \ll 1 \tag{4.13}$$

将式（4.12）代入式（4.11），并将 $e(t)$ 乘上 $\exp(-\mathrm{j}2\pi f_c t)$ 以表征雷达接收机中的复（I/Q）下变频后，基带目标回波由式（4.14）所示。也就是说，一个理想的点目标基带回波 $s(t)$ 是雷达波形经时延和多普勒频移后的复尺度版本。

$$s(t) = \alpha m(t - \tau)\mathrm{e}^{\mathrm{j}2\pi f_d t} = \alpha \sum_{n=0}^{N-1} p(t - nT - \tau)\mathrm{e}^{\mathrm{j}2\pi f_d t} \tag{4.14}$$

目标回波幅度 α 的特性影响信扰比（SDR），由此影响雷达对目标的检测和虚警概率。α 的特性还影响目标的分类。另一方面，目标回波参数，包括双程时延 τ、多普勒频移 f_d 和到达角（后续将加入），为分辨回波和其他散射源，以及分辨同一目标的多径回波提供了手段。这些参数的确定同样使以定位和跟踪为目的的目标位置及其速度获取成为可能。

4.1.1.2 雷达截面积

从第 1 章讨论的雷达方程可知，接收目标回波幅度的平方 $|\alpha|^2$ 与目标 RCS 直接成正比。散射源的 RCS 传统上定义为一假想物体的有效面积，该物体截获入射平面波的功率密度并将全部截获功率等向的再次辐射，从而在接收机处产生和散射源同样的功率密度。

从数学上看，物体的 RCS 可由式（4.15）定义。其中 E_i 和平面波入射到物体上的电场强度，E_s 为距离物体 R 处测量的散射波电场强度。极限 $R \to \infty$ 可解释为现实场景中远场（平面波）条件的需求。

$$\sigma = \lim_{R \to \infty} 4\pi R^2 \frac{|E_s|^2}{|E_i|^2} \quad (4.15)$$

雷达目标 RCS 总体上是照射频率、发射和接收极化、单站体制下视角（即目标方位角）或双站系统中散射几何关系的函数。RCS 也取决于目标的物理结构，组件结构和部件尺寸。尽管 RCS 的单位是平方米，它可能比目标对雷达在视线方向上的几何截面积要大或小数个量级。

而且，由于地球表面导致的互耦效应，或如（未分辨）多径等传播效应，实际中目标的有效 RCS 相对其在自由空间中的值可能需要修改。一些影响天波超视距雷达目标 RCS 的主要因素将在后面讨论。对 RCS 有兴趣进一步深入了解的读者可参考 Knott, Shaeffer, and Tuley（1993）。

当照射频率和散射几何关系确定后，目标 RCS 可根据每一种发射和接收极化组合来定义。描述辐射电磁波极化状态的基底选择是任意的，但通常选择将电场分解成水平（H）和垂直（V）成分的平面。这一利用线性（H, V）基底的描述产生了式（4.16）所示的 2×2 极化散射矩阵。

$$\begin{bmatrix} E_s^{[V]} \\ E_s^{[H]} \end{bmatrix} = \begin{bmatrix} S_{VV} & S_{VH} \\ S_{HV} & S_{HH} \end{bmatrix} \begin{bmatrix} E_i^{[V]} \\ E_i^{[H]} \end{bmatrix} \quad (4.16)$$

矩阵元素的第一个下标表示散射回波的 E 矢量极化状态，第二个则表示入射波的 E 矢量极化状态。4 种不同发射接收极化组合对应的目标 RCS 由对应复标量 S_{VV}, S_{VH}, S_{HV} 和 S_{HH} 的模值平方给出。注意对于单基地雷达，交叉极化项 S_{VH} 和 S_{HV} 在互易介质中是相等的。

目标 RCS 的全极化描述在一般雷达系统中可用于对复杂散射过程建模，以识别目标。当目标照射路径或回波返回路径涉及视距或表面波传播时，令人感兴趣的是特定的发射-接收极化组合，尤其是只有与接收天线匹配的极化才能被探测到。然而，电离层中的法拉第旋转改变了照射到目标高频信号的极化状态，使之不同于发射时的状态，同时目标散射信号极化状态也不同于接收状态了。

当信号在电离层中传播时，极化的改变是任意的、时变的。在天波超视距雷达系统中，同时发生在发射机-目标和目标-接收机路径的极化转换是未知的，有人提出目标 RCS 的极化散射矩阵描述是不必要的（Skolnik 2008b）。因此，此类描述通常被（极化平均的）标量 RCS 形式所替代。

对工作于高频频段的监视雷达来说，目标 RCS 特性落入瑞利-谐振区，微波雷达则落入光学区。在波长范围 $\lambda = 10 \sim 100$ m，舰船和载人飞行器的尺寸使其 RCS 落入谐振区。这里，目标 RCS 大于光学区，但随频率变化扰动剧烈。瑞利区的目标 RCS 对目标姿态角或散射几何关系也十分敏感。

在许多场合，目标高频 RCS 更多地取决于散射源的总体尺寸和它们的相对位置，而非反射面的具体形状，尤其是这些形状远小于一个波长时。特别是目标上大导体组件的尺寸，如飞机机翼或机身，在高频 RCS 的确定中起到主要作用。正如 Willis and Griffiths（2007）中指出的，翼展或机身长度与波长 λ 一半相吻合的目标，其 RCS 可达到 λ^2。大部分军用目标自由空间 RCS 的值可从数十到数百平方米（载人飞行器），而对大型舰船，更可高达数万平方米。

在另一个极端，极小飞机（如无人飞行器）和海面舰船（如快艇），以及某些导弹（如巡航导弹）的 RCS 在高频频段的低段将落入瑞利区。在这一区域，RCS 对目标视角的敏感性降低而更加依赖目标的总体尺寸。近似来看，瑞利区内 RCS 与频率的四次方成正比。对小目标，其 RCS 在整个高频频段上的变化显著。

举例来说，长度为 10 m 的导弹在频率为 3 MHz（λ=100 m）时落入瑞利区。相同的目标在频率为 30 MHz（λ=10 m）时落入谐振区。图 4.2 总结了影响超视距雷达目标 RCS 的主要因素，并按大小顺序提供了不同种类目标（粗分类）的标称 RCS。标称 RCS 值的范围只能作为一种粗略的指示，因为目标 RCS 的瞬时 RCS 可能明显不同于（高至 10 db 甚至更多）其标称值或平均值，后者是在不同信号极化和目标视角上取得的平均值。

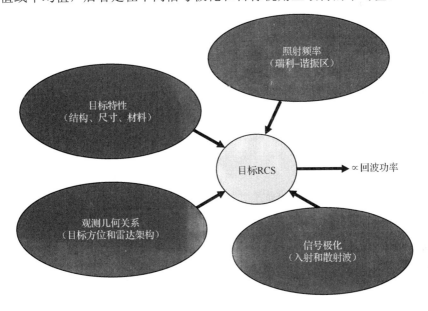

标称RCS	大	中	小
飞机目标	商用飞机 20～30 dBsm	战斗机 10～20 dBsm	导弹 0～10 dBsm
海面目标	远洋货轮 30～50 dBsm	巡逻艇 20～30 dBsm	快艇 0～10 dBsm

图 4.2 影响目标 RCS 主要因素总结及不同种类目标高频 RCS 标称值。该表提供了标称或平均 RCS 值期望范围的指示。对某一特定的观测几何关系、入射和散射极化及工作频率，目标的瞬时 RCS 可能和其标称或平均值有着明显区别

在高频频段内飞机目标自由空间 RCS 可通过在微波实验暗室内用按合理比例频率测量模型得到，也可以利用校正参考散射源或应答机进行全尺寸测量。另外，目标 RCS 还可利用矩量法通过计算机仿真进行估计，如数字电磁代码（NEC）。对表面高度导电的目标，数学建模得到的 RCS 与实验测得结果只相差几分贝。

军用飞机在不同入射和散射信号极化组合下的高频 RCS 矩量模型已在 Skolnik（2008b）有所报道。作为视角函数的 F-18 战斗机单站（后向散射）RCS 已通过 NEC-2 和飞机网格模型（基于一塑料模型）计算得到，计算时频率分别为 12 MHz、18 MHz 和 30 MHz，极化方

式为水平（HH）极化，并有5°的视角倾斜（下视）。计算得到的RCS平均值约为20 dBsm，但随着视角和频率的变化有可能降到10 dBsm以下。

大小海面舰船的全尺寸目标高频RCS测量已经进行。海水的高导电性显著改变了海面目标相对于自由空间的实际RCS值。大小海面舰船建模得到的RCS值在Leong and Wilson（2006）中经试验测量得到了验证。Dinger等（1999）对建模计算和试验测量的两条快艇RCS进行了比较。标准计算方法对大量采用纤维玻璃和木头建造目标的RCS计算不如PEC可靠。

4.1.1.3 复幅度变化

实际上，目标回波的复幅度 α 并不是常数，而是在CPI内随着时间变化而扰动，并且每个CPI的变化都不相同。目标回波在幅度和相位上的衰落可由一系列物理机理引起。举例来说，目标RCS并不稳定，或由于机动其相对速度也不固定。目标的运动可能同时改变接收回波复幅度的幅度和相位。而且，雷达和目标并不处于自由空间，这意味着目标回波复幅度也会由于传播条件的变化而产生扰动。这里面包括双程天波路径上的法拉第旋转（极化衰落）和未分辨多径（波干扰）。目标回波衰落可通过引入一时变的回波复幅度模型 $\alpha(t) = \mu(t)e^{j\gamma(t)}$ 来表示，其幅度 $\mu(t)$ 和相位 $\gamma(t)$ 都是时变的，如式（4.17）所示。

$$s(t) = \alpha(t)m(t-\tau)e^{j2\pi f_d t} = \mu(t)m(t-\tau)e^{j(2\pi f_d t + \gamma(t))} \tag{4.17}$$

在经由分离良好电离层（E层和F层）的双程天波路径（如E-E、F-F模式）上传播的目标回波由于其在群距离上的显著差别可被超视距雷达分辨。然而，混合层路径（如E-F、F-E）和磁离成分（如O波和X波）通常难以从时延、多普勒频率或到达角上进行分辨，未分辨且强度相似电离层模式之间的互扰会引起接收目标回波深且快速的衰落。

实际中，O波和X波的干扰产生了一种极化条纹的空间模式（Barnum 1973），这样飞机目标所穿过电磁场的极化时变，通常每行进10～50 km产生一次完整的旋转（Willis and Griffiths 2007）。对线极化（V或H）的接收天线，时变法拉第旋转导致的衰落也会产生，因为此时只有回波极化的一个成分可被感应到。即使目标回波单一的磁离成分可被雷达分辨出来，也会由于电离层中电子浓度异常对信号的漫散射（而非镜像反射）导致衰落。电离层行波扰动也会因信号的聚焦和散焦效应引起目标回波的显著扰动。

对空中目标，接收回波还可能因地球表面反射引起的未分辨多径而引起复衰落。图4.3说明了雷达和高度为 h 的目标之间直接和间接（地面反射）的射线路径。即使将关注焦点限制在单层电离、镜像反射和平静海平面条件下，也有4条可能（与高度相关的）、从目标返回的多径回波，每个回波之间均存在些许不同的斜距、多普勒频移和DOA。

4条路径中，只涉及一次地球表面反射的混合路径倾射角为 ψ，即路径 AT-$S'B$ 和 BS-TA'。注意，对单站雷达来说，A点、B点、S点分别与A'点、B'点和S'点是重合的。对发射站和接收站分隔良好的超视距雷达系统，发射机-目标和目标-接收机路径将稍有不同，如图4.3所示。稍稍深入地讨论与高度相关的多径现象具有指导意义，因为在超视距雷达背景下，这一问题并不总是被清楚考虑。

直接回波和表面反射回波在斜距、多普勒频移和DOA上的差别取决于目标高度、电离层状态和发射机/接收机相对于目标的位置。实际中，这些差别如此之小，以至于利用单个CPI时，常规超视距雷达参数和传统处理方法难以分辨。因此，高度相关多径效应主要可辨识的现象是在驻留期间和驻留之间目标回波的衰落，这一衰落由幅度和相位时变的未分辨回波叠加而引起。这种多径效应通常只在目标处于海面上空时考虑,这时海面反射的损失相对较小,衰落效应更加复杂。

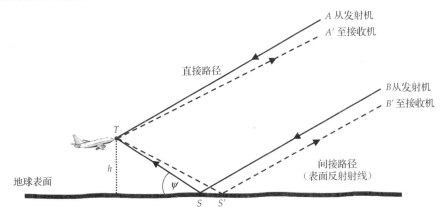

图 4.3　单层电离层传播模式下,高度为 h 飞行目标的直接和间接(地面发射)路径图。出射(发射机-目标)和入射(目标-接收机)信号路径对单基地系统是一样的,但双基地超视距雷达系统则有轻微的不同

对于单站(或准单站)超视距雷达,直接路径 AT 和间接路径 BST 之间的单程斜距差可由式(4.18)所示的 δR 来近似。这一简洁的近似对电离层反射点远离目标和地表反射点且目标和地表反射点之间为平面的情况是正确的。已有文献提出利用高分辨技术在距离和多普勒频率上来分辨直接和间接路径,从而估计目标高度,如 Praschifka, Durbridge, and Lane(2009)及其参考文献所述。

$$\delta R = 2h \sin \psi \tag{4.18}$$

举例来说,设一目标高度 $h=13$ km,距单站超视距雷达地面距离为 1200 km。在虚拟反射高度为 100 km 的 E 层传播条件下,这相当于倾射角 $\psi = 7°$。此时, $\delta R \approx 3$ km,与 Praschifka, Durbridge, and Lane(2009)所载相似实验场景中单程路径的测量结果匹配。高度估计的难点不仅在于单层模式下直接路径和地表反射路径的分辨,更在于多层模式下(包括空间上接近的磁离成分)将这些路径正确联系起来。

从信号处理的角度来看,问题在于目标回波幅度 $\mu(t)$ 和相位 $\gamma(t)$ 上扰动的统计特性。在雷达文献中,目标雷达回波扰动模型由斯威林(Swerling)在 20 世纪 50 年代首次引入,并分别在 1960 年和 1997 年再次发表。其中,斯威林 I 型模型设 $\mu(t)$ 满足瑞利分布,扫描(驻留)间相互独立,但在特定扫描期间内的不同脉冲间保持不变。斯威林 II 型模型与之类似,但扰动更快,在脉冲间独立变化。$\mu(t)$ 的瑞利概率密度意味着 $\alpha(t)$ 的实部和虚部满足零均值 IID 高斯分布,而相位 $\gamma(t)$ 满足 $[0, 2\pi)$ 上的均匀分布。从概念上讲,这代表着目标是由大量散射点组成的,并无主导成分存在。

斯威林 III 型和 IV 型与斯威林 I 型和 II 型在分别代表慢起伏(扫描间)和快起伏(脉冲间)上类似,但 $\mu(t)$ 的概率密度函数为 Ricean 分布而不是瑞利分布。这意味着 $\alpha(t)$ 满足非零均值的复高斯分布。斯威林 III 型和 IV 型代表着目标由一个主散射点(非起伏)和许多较小独立散射点组成。传统斯威林模型可推广为包含瑞利和 Ricean 之外的其他分布这一点在 Shnidman(2003)中有描述。前述具有非起伏复幅度 α 的理想点散射源模型(确定)有时被称为斯威林零型或斯威林 V 型。

实际中,真实目标回波的复幅度扰动通常表现出脉冲间部分相关的特性,也就是说,既不相干也不独立。这一现象从某种程度上说位于斯威林Ⅰ（或Ⅲ）型和斯威林Ⅱ（或Ⅳ）型之间，它们分别代表着相干和非相干两种极端情况。超视距雷达接收到的目标回波通常可由斯威林Ⅰ（或Ⅳ）型而不是斯威林Ⅱ（或Ⅳ）型来近似。其中的原因之一是，目标回波的复幅度常常表现出相对较高的脉间相关系数（接近于1），因而远不能满足脉间独立的条件。另一个原因则在于相对较长的区域重访率，可能比脉冲重复周期要大两到三个数量级，这就造成了复幅度闪烁较低的扫描间相关系数，因而被认为是扫描间近似独立的。

具有较高脉冲间相关系数的目标回波闪烁对相干积累增益不产生大的影响。事实上，相干积累增益对目标回波复幅度在CPI不同脉冲之间小的幅度和相位变化十分稳健。然而，多普勒处理后的副瓣电平就不是这样了。当考虑到强杂波信号的副瓣电平时，常采用低副瓣加权以控制谱泄漏，此时目标（非机动）回波信号通常低于背景噪声基底。基于这些原因，在超视距雷达的CPI限于数秒和距离分辨率大于数千米的条件下（即在CPI内无距离走动），式（4.14）中给出的理想点目标$s(t)$的表达式通常被认为是合理的非机动目标一阶模型。因此，这一模型将作为后续描述目标检测和参数估计所采用常规信号处理和数据处理步骤的基础。

4.1.2 杂波回波

超视距雷达因大范围地球表面散射而接收到强杂波回波，单个距离-方位分辨单元内地表杂波会比飞机目标回波强40～80 dB，这一极低的信杂比（SCR）来自天波超视距雷达下视工作机理和此类系统在距离和横截距离上的粗糙分辨率。对战斗机和民用飞机来说，SCR通常为−40～−60 dB，而大型海面舰船的SCR可能超过−40 dB。杂波和目标回波功率之间的巨大差异，对波形谱纯度和有效多普勒处理所需的接收机动态范围提出了严苛的要求。

超视距雷达的目标检测性能直接受监测区内不同空间分辨单元面杂波、体杂波功率和谱特征的影响。杂波特性同时受到表面散射源和回波传播回接收机所经电离层路径的影响。本节简要描述超视距雷达面杂波和体杂波的主要特性，前面两部分分别讨论影响地海杂波功率、多普勒谱特征和空间变化性，第三部分考虑了流星和电离层异常引起的电离层杂波。

4.1.2.1 地杂波

与目标回波检测相对的地表杂波功率，与目标所处空间分辨单元内杂波散射区的有效后向散射RCS σ_c 成正比。简单起见，设监测区域内只存在单层电离层传播模式和单跳信号路径。对这一模式，设特定空间分辨单元内目标回波和杂波的雷达系统增益及传播信道效应是一样的。这样，接收SCR（多普勒处理前）的一阶表示可由最简形式的式（4.19）近似表示，其中σ为目标RCS。该表达式为后续讨论提供了起点。

$$\text{SCR} = \frac{\sigma}{\sigma_c} \tag{4.19}$$

有效杂波RCS σ_c 可写为式（4.20），其中，σ_0 是归一化散射系数，即单位面积的有效RCS，描述了地表反射特性，A为所考虑空间分辨单元内接收到杂波的散射区面积。无量纲量σ_0（dB）取决于散射地表的电特性和地形地貌，同时与信号频率、入射角及极化有关。为突出重点，设单个空间分辨单元内地表特性是近似各向同性的。

$$\sigma_c = \sigma_0 \times A \tag{4.20}$$

地表面积$A(\text{m}^2)$基本上由雷达系统的地面距离和横截距离分辨率决定，分别表示为ΔR和ΔL，也和天波传播路径的几何关系有关。地面距离分辨率可近似为 $\Delta R = (c/2B)\cos\psi$，其中，$c$ 为自由空间光速，B 为雷达信号带宽，ψ 为天波路径到散射地表的入射倾角。横截距离分辨率 $\Delta L = R\Delta\theta$，其中，$\Delta\theta$ 为接收天线波束的方位分辨率，R 为分辨单元到雷达的距离。方位分辨率可由瑞利限 $\Delta\theta = \lambda/D$ 近似，其中 D 为接收孔径长度，$\lambda = c/f_c$ 为杂波波长。特别地，$\Delta\theta$ 是 ULA 法线方向常规方向图峰值与第一零限之间的角度间隔。这产生了如式（4.21）所示的单个超视距雷达分辨单元杂波地表面积的近似表达式。

$$A = \Delta R \times \Delta L = \frac{c}{2B}\cos\psi \times \frac{\lambda}{D}R \qquad (4.21)$$

式（4.19）、式（4.20）和式（4.21）中相对简单的公式表明，给定分辨单元内 SCR 与带宽和雷达系统的（电）孔径之积成正比。对一个信号带宽为 $B = 10\,\text{kHz}$、孔径长度为 $D = 3\,\text{km}$ 的超视距雷达，分辨单元面积 A 依据工作频率 f_c 和距离 R 不同大致在 80～90 dBm² 之间变化。若归一化后向散射系数 $\sigma_0 = -20\,\text{dB}$，则 $\sigma_c = 60 - 70\,\text{dBsm}$。战斗机大小飞机的指标 RCS 可能为 $\sigma = 10 - 20\,\text{dBsm}$。因而该目标 SCR 的估计可能为 -40～-60 dB，这比多普勒处理前（即单个脉冲）稳定检测所需的低 60～80 dB。这里的关键并不在于这一估计有多精确，而是它展示了通过增加距离和方位分辨来抑制杂波以实现检测（不通过多普勒处理）对超视距雷达来说是不现实的。而且，由于不同电离层模式下同一分辨单元非独立杂波分量的叠加，多径传播还会增加杂波的平均功率。而式（4.19）、式（4.20）和式（4.21）显然没有计入多径效应的影响。

陆地的归一化后向散射系数 σ_0 与几个因素有关。相同电特性条件下，诸如粗糙地面或山区地形等不规则地貌特征将具有比平地更高的后向散射系数。在居民区或工业区，建筑物或其他大型人造物体也会增加后向散射系数。另一方面，地表导电率的空时变化，如降雨等原因，会显著改变相同地形地面的后向散射系数。陆地表面的导电率主要取决于地面土壤中盐分的集中程度以及潮湿程度。水汽分离电解质，使水溶液中的离子更易移动，这增加了导电性，因为在外加电场影响下电荷可通过离子的运动传导。并不意外，干燥的沙地和冰雪覆盖的平地表现出较低的 σ_0，而大城市和山区（尤其在热带）的 σ_0 较高。

典型超视距雷达视角下，地表面的归一化后向散射系数会在 -40～10 dB 或更高范围内变化。因 σ_0 在空间上相对周围背景的突然变化（增加），城市会使接收杂波功率突然变化，这种在特定分辨单元内杂波功率的"不连续"并将其与某地理已知参考点（KRP）联系起来，就可以用在超视距雷达的坐标转换中。在以可辨识特征标示雷达回波的 KRP 附近检测到的目标，可以获得更高的精度定位（相对定位误差可远小于绝对误差），坐标转换问题将在本章结尾处讨论。

由于超视距雷达面临的超低 SCR，杂波回波的重要特征与其多普勒频谱特性有关。在频率稳定的电离层环境下，大部分地杂波功率通常集中在零频附近相对较小的多普勒频带内。地杂波频谱并不一定在 0 Hz 最强，因为电离层会对其产生或正或负的频移。大小通常与方位距离和传播模式有关。这一现象将与某一特定传播模式相关的杂波多普勒频谱中心或谱峰搬离 0 Hz 一定位置（通常在高频频段中部时少于 1～2 Hz）。另一方面，CPI 过程中信号相位路径的随机变化引起地杂波能量在多普勒频域内展宽。这可解释为展宽杂波多普勒谱的乘性噪声，展宽量也通常与距离、方位和传播模式有关，尤其是 F 层反射。

考虑一单层传播模式，在某一特定分辨单元和时间上接收到的杂波多普勒频率搬移和展宽特性，可用一功率谱密度函数 $s(f)$ 表示，其中 f 为多普勒频率。地杂波 $s(f)$ 的简单参数模型可近似用式（4.22）表示。该函数包括频率偏移参量 f_m，定义了平均多普勒偏移或分布的中心频率；频率展宽参数 f_w，表征分布的谱宽；幅度 α_c 定义了 $f = f_m$ 处的谱密度最大值，决定了杂波功率；参数 n 定义了 $s(f)$ 峰值随频率的衰落特征（n 越大，衰落越快）。

$$s(f) = \frac{\alpha_c}{1 + [(f - f_m)/f_w]^n} \tag{4.22}$$

在靠近 HF 中部（15 MHz），由 F 层在静态日间中纬电离层路径上（远离晨昏圈）传播的天波信号，其平均频谱搬移少于 2 Hz。而且对空模式的 CPI 为 1～4 s，此时在频率稳定电离层条件下的地杂波功率谱在 5 Hz 范围内会从其峰值衰落 60～80 dB。另一方面，匀速运动的飞机产生的不模糊多普勒频移通常为 5～50 Hz，也就是说，在离地杂波峰值数个 Hz 范围内，多普勒处理相对单个脉冲就可以提高 SCR 60～80 dB。实际上，对快速运动的目标来说，SCR 不再是限制检测性能的主要因素，因为此时回波通常落入噪声占优环境中。

地杂波脉冲间的相关特性可用随机过程来近似。该随机过程的实现可通过相对低阶的自回归（AR）模型产生（Marple 1987）。最简单的（一阶）AR 模型由式（4.23）所示。通常用来表示地杂波信号 $c(t)$ 的基带复包络。其中 T 为脉冲重复间隔，$\rho(T) \in [0,1]$ 为脉冲间复相关系数；$\xi(t)$ 为零均值白高斯激励噪声（循环对称），其方差等于杂波功率。对 PRI 小于 T=0.01 s，$\rho(T)$ 的值在频率稳定电离层条件下通常高于 0.99。Marple（1987）提出，采样一阶 AR 过程的功率谱密度期望具有（周期）洛伦兹形似，与式（4.22）中 n=2 的功率函数相关。

$$c(t) = \rho(T)c(t - T) + \sqrt{1 - |\rho(T)|^2}\xi(t) \tag{4.23}$$

实际中，不同电离层的存在（还有磁离分裂）导致多径现象。由于不同的反射虚高，在特定空间分辨单元的杂波，可能是多个不同地表区域散射的贡献。这一场景如图 4.4 所示，散射区 1 和区 2 在相同的雷达分辨单元（相同的斜距和方位）产生杂波，而这两个区域的类型可能完全不同（如一个为陆地另一个为海洋）。而且，由于传播路径不同，不同区域散射的杂波可能受到不同的多普勒搬移和展宽。不同传播模式杂波的叠加会使某分辨单元内杂波占据的多普勒区域相对于单条路径上存在的多普勒污染更大。

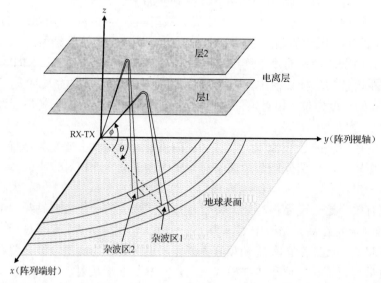

图 4.4 超视距雷达接收 ULA 沿 x 轴排列时两杂波散射区在不同高度电离层反射信号照射示意图。杂波区大小由系统距离和横截距离分辨率决定。从区 1 和区 2 散射的杂波回波有着相似的斜距和到达锥角，因而在同一空间分辨单元被雷达接收。然而，此散射区相对雷达的地面距离和大圆角并不相同。换句话说，当多径存在时，从地球表面不同地理区域散射的杂波可能落入同一雷达空间分辨单元

4.1.2.2 海杂波

理解高频海杂波特性对超视距雷达舰船目标检测极为重要。海军实验室的测量试验表明，从大西洋表面返回的杂波功率，通常比美国中部区域返回杂波功率平均高一个数量级（Skolnik 2008b）。之所以存在这一区别，是因为海水的导电率更高，同时海面浪高的特定频谱分量还会产生布拉格谐振，这一点后续还将详细描述。

海面后向散射杂波的功率和多普勒谱特征很大程度上取决于电离层条件和海况，后者是盛行的海面风速和风向的函数。当风向近似平行于雷达波束时，由其充分激发的海面归一化后向散射系数在雷达工作频率上约为 $\sigma_0 = -20$ dB。当海面风向从平行变成垂直于雷达波束时，该值可能会减小几个分贝。

尽管充分激发海面的归一化后向散射系数要比干燥平地的高 10 dB，但比粗糙/山区地形要低 10 dB 或更多。另一方面，σ_0 的值在海面格外平静时还可能低于 -40 dB。这时天波信号以低倾角入射到如镜子般平滑的海面上，几乎以镜面反射的方式向前辐射，极少的能量后向返回雷达。在超视距雷达的陆地监测区域内，σ_0 的值会因城市的存在等原因发生突然变化，但在开阔的海面上，其空间变化相对平稳，这是因为海面接近单位值的导电率和海况的变化相对缓和。

除了不同的杂波功率特性，在多普勒频谱特性上地海杂波也存在着明显区别。这些区别在多普勒分辨率较高（如超视距雷达探测舰船任务中，常采用 20 s 甚至更高的 CPI）时格外明显。图 4.5（a）展示了一幅超视距雷达某个方位上强度调色的距离-多普勒谱图，其距离覆盖区穿过了地海边界。注意，当距离门从陆地移动到海上时，杂波多普勒谱结构从单一谱峰转变成两个分辨清晰的谱峰。

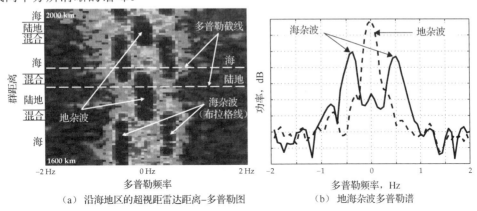

(a) 沿海地区的超视距雷达距离-多普勒图　　(b) 地海杂波多普勒谱

图 4.5　天波超视距雷达特定波束内接收杂波功率和多普勒谱特征随斜距变化图。数据载频为 19.440 MHz。显示斜距范围约 1600～2000 km，多普勒频率间隔±2Hz，对应不模糊速度区间为±55km/h

图 4.5（b）所示多普勒谱是从图 4.5（a）中包含陆地和海面杂波的距离单元提取出来的，提取位置为图 4.5（a）中虚线所示。在该例中，地杂波强于可比较位置处的海杂波。正如预料的那样，地杂波集中在 0 Hz 附近的多普勒频率窄带内。另一方面，海杂波具有两个分辨清晰的成分，分别处于零多普勒频率两边。地海杂波多普勒频谱明显不同的这一特征，为分辨雷达坐标系中地海边界提供了有用的标示。将这些边界和海岸线地图相关联，就能为超视距雷达坐标转换提供另一（空间分布的）KRP。

那么问题来了，产生成对出现海杂波谱成分的机理又是什么呢？答案就在海面水波运动及高频雷达信号和水波相互作用的物理过程中。其中涉及的基本现象将在下面解释，更为详细的描述则在第 5 章中。

海面可合理地近似分解成满足式（4.24）所示色散关系的表面重力波谱。其中，ω 和 κ 分别为水波的角频率和波数，g 为重力加速度，d 为水深。

$$\omega^2 = g\kappa \tanh(\kappa d) \tag{4.24}$$

换句话说，海面可表示为表面重力波，或正弦"傅里叶曲面"的叠加，这些曲面由不同波数和传播方向参数化，并由连续的方向性浪高谱加权。在深水区，对波长小于 $2d$ 的水波，色散关系退化为更为简单的式（4.25）。对那些能在高频（波长为 5～50 m）产生谐振散射的水波，将离海岸不太近开阔海域的海面高度建模成满足式（4.25）深水色散关系的表面重力波方向谱是可以接受的。

$$\omega^2 = g\kappa \tag{4.25}$$

Barrick 研究了电磁波和海面之间的相互作用（Barrick 1972a, b），得出了散射区域内多普勒功率谱密度的结构。结论表明，当浪高远小于辐射波波长，海面可认为是雷达信号的略粗反射面。在高频频段，这一条件在海面不是太起伏时通常是可以满足的。在此条件下，散射电磁波的多普勒谱可表示为海洋方向性浪高谱扰动级数的扩展形式（Barrick 1972a）。

Barrick 的海洋回波多普勒谱模型在第 5 章中还将详细讨论。本节简要描述级数中主（一阶）分量的获得，正是这一分量产生了图 4.5 中海杂波多普勒谱中的谱峰对。为了解释这一特性，从式（4.25）中可知，水波的相速 v_p 可由式（4.26）给出，其中 L 为波长。

$$v_p = \frac{\omega}{\kappa} = \sqrt{\frac{gL}{2\pi}} \tag{4.26}$$

特别说明，返回雷达的最强杂波与两个方向性浪高谱特定分量的谐振回波有关。这两个海波场的特定分量称为前向和后向布拉格波列。在后向散射条件下，布拉格波列分别朝向或远离雷达运动。

重要的是，布拉格波列波长 L 满足式后向散射（单基地）谐振条件，其中，λ 为电磁波波长，ψ 为信号入射到海面上的倾角。图 4.6 展示了高频天波雷达从前向布拉格波列反射时的情况。式（4.27）所示条件源于从水波返回回波的同相叠加，因为此时的双程路径差恰好等于波长 λ 的整数倍。

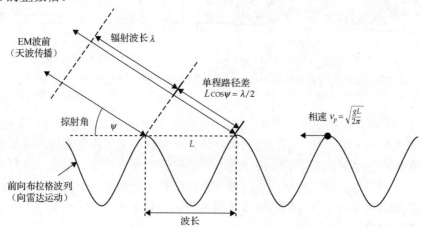

图 4.6　谐振（一阶）海杂波由前向和后向布拉格波列产生，它们在回波多普勒谱中产生两个独立的谱分量（忽略电离层展宽效应）。天波传播和朝向雷达运动的前向布拉格波列条件下产生谐振散射的条件如图所示。信号从水波反射点之间的双程路径长度差等于辐射波长 λ 的整数倍。同样的条件也适用于后向布拉格波列，其波长相同但方向相反

$$L \cos \psi = \lambda/2 \tag{4.27}$$

这一现象就好比布拉格波列对入射电磁波起到了衍射光栅的作用。扰动级数展开中二阶和更高阶项形成了海杂波多普勒谱中的连续成分，而这些项涉及方向性浪高谱（在信号返回雷达之前）中两个或更多表面重力波的散射。相关内容将在下一章中描述。将式（4.27）代入式（4.26），结果表明（深水中）布拉格波列以式（4.28）所示的相速运动。更准确地说，这是布拉格波列相对于水体本身运动的相速，由于洋流的存在，水体本身也处于运动之中。

$$v_p = \pm \frac{1}{2}\sqrt{\frac{g\lambda}{\pi \cos \psi}} \tag{4.28}$$

忽略洋流的影响，布拉格波列的速度对后向散射一阶杂波产生了 $f_b = 2v_p \cos\psi/\lambda$ 的多普勒频移。利用式（4.28），可推出一阶杂波多普勒频移 f_b，如式（4.29）所示。当倾角 $\psi \to 0$ 时，布拉格波列多普勒频移可近似写为 $f_b = \pm 0.102\sqrt{f_c}$，$f_c$ 为以 MHz 为单位的载频，得到 f_b 的单位为 Hz。总而言之，布拉格波列的散射在海杂波多普勒谱中产生了两个布拉格峰，其频率间隔为 $2|f_b|$。

$$f_b = \pm\sqrt{\frac{g \cos \psi}{\pi \lambda}} \tag{4.29}$$

图 4.5 中实验数据的频率 $f_c = 19.440$ MHz。此时形成天波传播的电离层为偶发 E 层，其单跳地面距离约 2000 km。通过多跳，偶发 E 层传播还可达到更远处的地面。由式（4.29），当 $\psi \to 0$ 时布拉格峰的多普勒频移约为 $f_b = \pm 0.45$ Hz。图 4.5（b）中布拉格峰的频率间隔与期望值 $2|f_b| = 0.9$ 吻合。然而，布拉格峰并未关于 0 Hz 对称。两个峰稍向正频率偏移，其中心约在 $\delta f = 0.05$ Hz。

由于地杂波中心非常接近于零频，而地海杂波都从同一层（偶发 E 层）返回，可以排除电离层引入多普勒频移的可能性。电离层多普勒频移为零，对 E 层和偶发 E 层来说是非常典型的。观察到的布拉格峰偏移可归结为洋流的影响，它使前后向布拉格波列的径向速度都改变了相同的量 v_s。这又使布拉格峰多普勒频移产生偏移，如式（4.30）所示。其中偏移量 $\delta f = 2v_s \cos\psi/\lambda$。对 $\delta f = 0.05$ Hz 和 $\psi \to 0$，可估计得出本例中洋流的有效径向速度 $v_s = 0.38$ m/s（0.74 kt），

$$f_b = \pm\sqrt{\frac{g \cos \psi}{\pi \lambda}} + \delta f \tag{4.30}$$

式（4.29）表明，布拉格峰多普勒频移 f_b 随着工作频率的平方根变化。另一方面，匀速运动目标回波的多普勒频移与工作频率成正比。两种多普勒频移关系的差别为通过改变工作频率来使特定频率下被强布拉格峰掩盖的低速目标显露出来成为可能。然而，在 CPI 为 20 s 和常规多普勒处理（基于 FFT）条件下，要显露一个布拉格峰掩盖下的目标，工作频率需要改变 20%甚至更多，因此这一过程仅在电离层可同时支持相隔数兆赫高频信号稳定传播条件（即多普勒频谱污染最小）下有效。尽管这一条件对 F 层来说不太常见，但对反射点处存在稠密、频率稳定、临界频率远高于 F2 层的偶发 E 层，这一方法还是可行的。关于双频率操作以显露布拉格峰下目标的话题将在下一章高频地波雷达的相关内容中讨论。

多普勒频率为正负的一阶谱分量，其功率分别与前后向布拉格波列的幅度（浪高）平方根成正比。因此，当平行于波束指向的海面风激起海波场中的布拉格波列并使充分发展时，布拉格谱峰的幅度达到最大。实际中，主要的布拉格谱峰通常很强，足以掩盖最大舰船的回波。

虽然通常比一阶杂波分量要小 20~30 dB，二阶海杂波分布在一个相当宽的连续多普勒频率范围内，涵盖布拉格谱峰内外。因此，相比一阶杂波，二阶杂波分量可能会在更大的目标速度搜索范围内遮蔽有用信号。二阶杂波分量的功率随着工作频率和海况的增加而增加。高海况情况下二阶杂波分量可能会比平静海面高 10~20 dB，这会极大影响（恶化）中小型海面舰船的检测。

单程电离层模式下，天波超视距雷达特定距离-方位单元内海杂波的脉冲间相关性（信号处理目的）最简单可用二阶 AR 过程建模，可由式（4.31）实现。其中，AR 系数 b_i（$i=1,2$）决定了单位圆内极点的位置，由此确定了杂波多普勒谱结构（包括电离层引入的多普勒展宽），而 σ_ξ^2 的值决定了杂波功率。不同距离-方位单元的 AR 模型参数是不同的，多径传播则可用更高阶的 AR 过程建模。AR 过程的更详细描述可参考 Marple（1987）。

$$c(t) = -\sum_{i=1}^{2} b_i c(t-iT) + \sigma_\xi^2 \xi(t) \tag{4.31}$$

4.1.2.3 电离层杂波

超视距雷达会接收到动态电子浓度异常和电离流星尾迹经直接或间接路径后向散射的体杂波。后者可能涉及一次或多次斜向电离层反射，还可能有斜向地面的反射。尽管这两种体杂波源的产生机理完全不同，但由此接收到的回波通常统一称为电离层杂波。

电离层杂波可能会严重限制超视距雷达的性能，因为接收到的回波能量在时间上占据大部分（或全部）超视距雷达的多普勒搜索空间。确实，上大气层中的高频信号散射源其速度比地面自然散射源的高数个数量级。这样，当电离层杂波一旦高于背景噪声基底，慢速和高速目标回波的检测性能都可能降低。现将流星和电子浓度异常引起电离层杂波的主要特性分析如下。

进入地球大气层的流星产生的回波对超视距雷达来说是无所不在的。详细的描述和数学建模可参考 Thomas, Whitham and Elford（1988），Cervera and Elford（2004）和 Cervera 等（2004），流星及其电离尾迹的物理特性可参考早期的 McKinley（1961）。读者可从这些权威文献中获取相关领域的广泛知识。

流星体可绕着太阳轨道单独而行（偶发流星），也可能是具有相同轨道的流星群中的一个。后者在地球穿过流星群时就会形成流星雨。在进入地球大气之前流星体的初始质量 m_∞ 从 10^{-10} g 到数十克都有（尽管对低概率事件并没有上限），其速度 V 则在 10~70 km/s。速度低于 10 km/s 的流星体进入以地球为中心的轨道（即空间残留），而速度高于 70 km/s 的流星则逃离太阳的引力（星际物质）。除了非常小的流星，星体在大气层中解体时几乎不减速。超过一定质量，流星的累积通量近似正比与 $1/m_\infty$，在质量谱的低段，偶发流星远远超过属群流星。

进入地球大气层的流星被加热，原子开始从星体表面逸散，这一过程称为烧蚀。通过与一中性成分的碰撞，能量原子被电离，而离子在约 10 次碰撞后加热。这一过程通常在 90~120 km 高度产生一电离增强的尾迹。一个流星尾迹通常长 10~15 km，离子柱半径则可能在流星附近 15 m 到约 1 m 之间变化。流星尾迹的特性取决于 m_∞、V 和流星路径的天顶角 χ。

对雷达来说，尾迹由其最大电离线密度 q_M 表征，单位是电子数每米。q_M 可由式（4.32）建模，其中 q_z 为最大天顶线密度，即流星体垂直进入时产生的电子线密度的最大值，$a = 0.965(V/40)^{-0.028}$，$b = 0.84 + 0.02(V/40)^{-3.5}$ 是由经验确定的常数，取决于以 km/s 表示的星体速度 V（Cervera and Elford 2004）。举例来说，最大天顶线密度 $q_z = 10^{10}$ m^{-1} 对应于流星质

量约 10^{-6} g，速度约 35 km/s。

$$q_M = q_z(\cos\chi)^b, \quad q_z \propto (m_\infty)^a \tag{4.32}$$

文献 Thomas, Whitham, and Elford（1988）提到，对于电磁波散射过程，从方便的角度，可将尾迹人为地划分为欠密尾迹（$q_M < 10^{-14}$ m^{-1}）和过密尾迹（$q_M > 10^{-14}$ m^{-1}）。从欠密到过密尾迹的转换实际上是一个线密度在 $10^{13} \sim 10^{15}$ 范围内渐变的过程。在欠密尾迹中，每一个电子可认为是一个单独的散射源，而过密尾迹的散射则更像宏观的导电曲面（和电离层类似）。对超视距雷达来说，从欠密尾迹返回的回波数量远远超过过密尾迹。流星附近的离子浓度足以产生过密散射。

流星回波有两个主要成分，即头回波和尾回波。头回波被认为是流星附近的局部电离区域（热离子）产生的，它将在星体下降至较低高度时持续产生[②]。这一回波对超视距雷达的 CPI 来说是暂态的，因为流星路径穿过雷达观测场的时间十分短暂。后者是沿流星轨迹形成的电离尾迹（冷离子云）散射而来的。流星尾迹可以产生持续时间相对较长的回波，从零点几秒到超过一秒，取决于尾迹特性和雷达频率。电离尾迹经两极扩散、湍流和化学过程消散。扩散持续数秒，而湍流是持续时间 30 s 以上尾迹的主要机理见 Thomas, Whitham, and Elford（1988）。

单独一个流星回波通常只局限在较少几个距离单元（对典型超视距雷达带宽常少于 3 个），但在全部直接和间接路径上，许多流星尾迹都可能被雷达波束照到，污染会在大范围距离段上发生。由于它们相对超视距雷达 CPI 的暂态特性，流星回波最可能在多普勒域上扩展。回波也可能出现多普勒偏移，因为尾迹电离可能在上大气层中性风的影响下漂移。

在尾迹形成以后，扩散使回波功率随时间衰减。这一衰减可由式（4.33）所示的指数规律建模，其中时间常数 τ_c 取决于尾迹特性和辐射频率，而初始化回波功率 P_0 还和雷达系统参数如辐射功率及天线增益有关。经傅里叶变换后，回波的等效多普勒带宽约为 $1/\tau_c$ Hz。τ_c 的值随频率增加而减少。高频雷达经常观察到的流星回波多普勒带宽 $10 \sim 30$ Hz，强度高出噪声基底 $10 \sim 40$ dB。尽管地杂波要比电离层杂波强得多，但前者的多普勒带宽却窄得多（稳定电离层典型超视距雷达 CPI 条件下约为 $1 \sim 2$ Hz）。

$$P(t) = P_0 \exp\left(-\frac{t}{\tau_c}\right) \tag{4.33}$$

在超视距雷达中，流星杂波的影响取决于那些足以遮蔽有用信号回波出现的频次和空间分布。对超视距雷达来说，这些频次随日时间、年时间、传播模式、工作频率、斜距和波束指向变化的规律尤其重要。通过 HF 雷达实验观测，Thomas, Whitham, and Elford（1988）建立了预测这些频次的计算模型。

偶发流星回波在一年中的出现多少有些随机：特定的天波雷达监测区域内，在 $0.1 \sim 5$ 次/秒变化。然而，流星通量及由此产生的检测回波率，会在一年中可预期的流星雨期间大幅上升，如狮子座和宝瓶座流星雨可持续数天到数十天。此时，主要的流星通量产生的回波率较平时的偶发流星背景高出一个数量级。

流星回波速率还表现出显著的日变化规律。偶发流星和流星雨回波在早晨的时段出现更为频繁。与超视距雷达波束指向（方位和俯仰）方向有关，流星雨回波的峰值速率通常在当地时间 6 点地球轨迹的顶点出现，而最小速率则在当地时间 18 点相反方向（反顶点）出现。

[②] 头回波并不是流星本身产生的，因为星体太小无法有效散射高频信号。

非各向同性偶发流星分布的其他主要成分，包括氢核，氦核和曲面源辐射可参考 Cervera 等（2004）。

当超视距雷达监测区域和工作频率受到任务需求的限制时，系统接收到的流星回波通常通过信号处理方法加以抑制。实际中，从副瓣进入的回波可通过接收空域处理进行削弱。如果天线阵列校正良好，常规波束形成就非常有效，特别是当波束方向图可在方位和俯仰上独立控制时。

对主波束进入无法用空域处理加以抑制的流星回波，唯一的选择是利用其暂态特性从时域进行消除。一种剔除雷达驻留时间内流星回波的改善时域信号处理方法将在本章后续进行讨论。随着对超视距雷达高灵敏度需求的增长，越来越小的流星回波将出现在噪声基底之上。尽管这些流星的功率相对较低，但潜在的问题是这些流星会越来越多，所产生的杂波将对更多距离、方位和多普勒单元内的目标检测产生影响。

扩展多普勒杂波（SDC）通常用来描述那些所有能量并不集中在某一多普勒频移点上的非理想杂波。当 SDC 由不同规模和速度的电离层（电子浓度）异常散射而来时，回波能量在多普勒频率上的扩展是由信号相位路径在 CPI 上迅速而随机的扰动产生的。与（暂态）流星回波相比，电离层异常散射的 SDC 在整段驻留时间上都存在。

而且，不像（空间分布集中的）单个流星回波污染，电离层异常产生的 SDC 回波通常在连续几个距离单元和方位波束中都可接收到。除了这些重要的不同，流星杂波通常不会在较多的连续驻留时间内妨碍同一个目标回波的检测。另一方面，电离层异常产生的 SDC 会在许多连续驻留时间内降低大部分雷达搜索空间中杂波中的可见度，因而更有可能影响跟踪。

对电离层异常物理机理和主要特性的介绍可参考 Davies（1990）及其参考文献。所谓的快 SDC，有时严重到可遮蔽高速飞机目标所在的多普勒区域。电离层产生 SDC 的现象更多地出现在夜间，尤其是在高低磁维度，但可能出现在中维度地区（尽管要少一些）。对主要反射点位于中纬度区域的超视距雷达，SDC 主要从那些位于雷达覆盖区域外通过雷达波形第一或高阶距离副瓣接收得到。此外，那些群距离和超视距雷达覆盖区相合但方位并不在覆盖区域内的电离层异常 SDC，可通过天线波束方向图的副瓣或背瓣进入超视距雷达。

在实际的超视距雷达系统中，通过信号处理方式来消除电离层动态异常引起的 SDC 已被证实是一个挑战。减小此类现象影响的替代方法包括合理地选择波形 PRF 以控制距离模糊，非重复波形设计以操控被距离模糊回波影响的多普勒区域（Clancy, Bascom and Hartnett 1999）。合理的波形设计和参数选择对那些覆盖区域指向赤道的超视距雷达来说十分重要，因为有时因赤道扩展 F 层现象会引起距离模糊 SDC 进入系统。

另一方面，位于更高中纬度的超视距雷达会受到北极区电离层异常 SDC 的影响。这时，和有用信号群距离相同的 SDC 会进入系统（即距离重合），但多普勒扩展回波会从有用信号不同的角度入射。显然，这样的 SDC 不可能通过控制距离模糊来消除。此时，需要设计精巧的发射和接收天线来削弱那些可从系统组合（或共阵列）方向图副瓣或背瓣进入的 SDC 的影响。

4.1.3 噪声和干扰

高频段电磁噪声构成了超视距雷达能可靠检测目标强度的下限。在超视距雷达可能的工作频率上，环境噪声（即雷达外部自然辐射源产生的噪声）几乎总是高于内部接收的热噪声。高频频段的中部，环境噪声功率谱密度的中位值通常超过-175 dBW/Hz，而 HF 接收机内噪声则为-195 dBW/Hz。也就是说，在超视距雷达可能用到的频率上，环境噪声功率谱密度的中位值比接收机内噪声高 20 dB 以上（Barnum and Simpson 1997）。

本节讨论的高频噪声大致分为两种，分别是大气和宇宙噪声，以及有意和无意人为噪声与干扰。不同噪声源对超视距雷达的相对重要性不仅随日时间、季节、地理位置而变化，而且也和频率有关。大部分飞机目标都处于外噪声背景的多普勒区域。因此理解不同高频噪声和干扰源的功率谱密度形态和空间（即 DOA）特性十分重要，尤其是它们对 SNR，由此对超视距雷达检测性能产生的潜在影响。这与快速小目标的检测直接相关。

4.1.3.1 大气和宇宙噪声

高频环境噪声的一个主要成分是闪电引起的大气噪声。闪电放电在宽频范围内产生丰富的电磁波能量。高频段闪电辐射的功率谱密度并不是最大的，而是随着频率降低而增加，在 300～3000 kHz 的中频（MF）和 30～300 kHz 的低频（LF）更大。但是，在高频段辐射的信号成分会通过天波路径传播很远。

世界范围内放电风暴产生的大气噪声通常构成了超视距雷达接收环境噪声的主要成分。更准确地讲，大气噪声一般是高频低段背景噪声功率谱的主要来源，尤其是在夜间，D 层的吸收消失使这一频段信号的电离层传播更为有效，传播得更远。

观测到的大气噪声通常表现为叠加在一段强度相对较低连续时间背景上的高幅度短时脉冲串序列。大气噪声较强的（冲激的）成分来自观测站近区或就是本地产生的雷暴活动。所谓"近区"，是指那些闪电通过一跳（或两次）传播天波路径，损耗较低的情况；而"本地"则是指通过地波或视距传播的情况。另一方面，连续时间背景成分来自大量更远处的噪声源，这些成分通常通过远距离（多跳）天波路径传播，由于扩散和吸收，其衰减通常较高。

在世界范围内，据估计每天产生约 800 万次闪电，大致相当于每秒"闪" 100 次。来自全部闪电总和的大气噪声，由于气象和电离层条件的变化，其功率谱密度随着频率、日时间、季节和地理位置而变化。

（离接收机）远区源大气噪声的和产生了随频率和时间变化相对平滑（慢）的基本功率谱密度包络。特别是在超视距雷达信号带宽和 CPI 的尺度上，这一大气噪声的背景成分表现出局部平坦的功率谱密度，当以奈奎斯特采样率采样时，可视为时域高斯白噪声。

与之不同，以接收机近区或本地为中心的强冲激噪声不会以不变速度传递能量。单个闪电持续时间约为 30 μs，通常云对地放电比地对云放电辐射更多能量。大部分闪电是由多个（3～4 个或更多）间隔相对较长（40～50 ms）的单独放电组成的。连续的放电会产生选通效应，因为接下来的放电可能和第一次共用相同的放电通道，但通常因放电源的电子逐渐耗尽而越来越弱。关于产生闪电的不同物理机理和出现的众多复杂结构，可参考 Uman（1987）。

大气噪声的非高斯成分多作为一系列脉冲或脉冲串被接收，其幅度的变化范围非常大。而且，如 Hall（1966）与 Shivaprasad（1971）所说，常常可观察到脉冲群。单个雷电的持续时间约为 100～400 ms，与超视距雷达典型 CPI 值相比较短。在雷电最为集中的热带大陆上，平均的闪电密度可达到 0.25/km^2/天或更高。对覆盖区 100 万平方千米的超视距雷达，这相当于平均每秒 3 次。随着风暴活跃程度的高低，闪电数在每秒 1～5 次变化（Barnum and Simpson 1997）。

然而，要记住，极强闪电（瞬态功率高于连续背景 20 dB 以上）的概率要远低于总体闪电概率。除了某些雷暴活跃区域，闪电发生的频率在高纬度地区和开阔的海洋上会减小。图 4.7 展示了一次实验中大气噪声功率随时间变化的记录。该记录通过一个位于澳大利亚 Darwin

区附近单极天线连接的高频接收机,在 11 月的一天采集。持续时间为 1 min,采样间隔为 250 ms。3 个高于背景 20~40 dB 的最强脉冲持续时间 1~2 个采样单元(即小于 500 ms)。

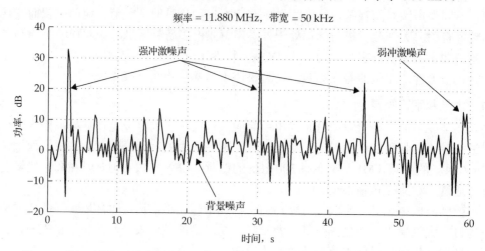

图 4.7 叠加于较低连续环境噪声背景之上的强和较弱冲激噪声脉冲串幅度包络实例。该数据由连接于单极子天线后的高频接收机记录,工作频率为 11.880 MHz、带宽为 50 kHz,位于北澳大利亚 Darwin 区。记录时间为 1998 年 11 月当地时间 15:17

除了接收站本地的闪电,对超视距雷达来说最差的冲激噪声就是那些发生在覆盖区内的闪电了。在覆盖区相同方位上,但距离位于更远两跳天波路径中的雷电,对超视距雷达性能也有显著的影响。单个冲激噪声的污染可在信号处理输出端使目标 SNR 下降 20 dB 以上。超视距雷达需要抑制那些通过单跳或两跳、视距或表面绕射传播而来的冲激噪声。解决这一问题的信号处理技术将在 4.3 节讨论。

从 20 世纪 60 年代到 80 年代,出现了一次世界范围内测量大气噪声特性及变化规律的尝试。相关结果记录在国际无线电咨询委员会(CCIR)的一系列出版物中,统一称为第 322 号 CCIR 报告(CCIR 1964、1983 及 1988)。这些报告定量描述了全球大气噪声分布随频率和时间变化的函数,以一个理想导电平面上的无损短垂直天线的环境噪声系数(单位 dB)表示。基于经验的季节性世界图模型得以提出,该模型显示了一天中 4 小时时段内大气噪声频率分布的中位数和等分值[③]。第 322 号 CCIR 报告最终被国际电信联盟(ITU)发布的标准高频大气噪声模型及其后续更新版本(ITU 1999a)所取代,但 CCIR 报告仍作为一般参考文献保留了下来。

当用于外部源时,回顾一下噪声系数与功率谱密度之间的关系是有帮助的。外部源噪声功率可表示为噪声因子 $f_a = p_n/kT_0B$,其中,p_n 为一等效无损天线得到的噪声功率变量(W),玻尔兹曼常数 $k=1.38\times10^{-23}$(J/K),T_0 为参考温度 288K(15℃),B 为有效带宽(Hz)。环境噪声系数由 $F_a = 10\lg f_a$ 给出,可写为式(4.34),其中,$S = 10\lg(p_n/B)$ 为等效无损天线的噪声功率谱密度变量,$10\lg(kT_0) = -204$ dBJ 为一常数。该公式表明单位为 dBW/Hz 的噪声功率谱密度,即 1 Hz 宽带内相对 1 W 的功率,可得 $S = F_a - 204$。CCIP 报告用理想导电平面上的无损短垂直天线的 F_a 发表了他们的噪声数据环境噪声,单位为 dB。

$$F_a = 10\lg(p_n/B) - 10\lg(kT_0) = S + 204 \tag{4.34}$$

---

③ 数据分析剔除了单个采集站的本地雷暴影响。

记录的 HF 噪声模型和那些在与形成模型所用站不同处测得的实验数据之间的吻合程度并不相同。Northey and Whitham（2000）将这种不同归结于 CCIR 模型包含的站点有限所致，特别是在南半球（第一版 CCIR 报告中南半球只有两个站，北半球有 25 个站），同时模型也没有包含与太阳周期的关联。这些不同表明，在超视距雷达系统规划和设计时进行特定站点高频噪声测量的必要性。

另一个大气噪声建模方法由 Kotaki and Katoh（1984）提出，该方法利用全球雷暴活动地图，结合高频信号传播模式来估计大气噪声。与 CCIR 报告和 ITU 模型相似，这一模型对超视距雷达而言也存在着未考虑大气噪声方向依赖的潜在缺点。背景噪声的空间谱不可能在方位和俯仰上是均匀的。没有强冲激成分的背景噪声有可能具有一定程度的空间结构。考虑到大气噪声主要来自雷暴活动的集中区域，这并不奇怪。Coleman（2000）利用闪电全球分布图结合高频射线传播来计算大气噪声的方向性模型，此类模型可用来指导超视距雷达接收天线设计。

包含了脉冲持续时间、脉冲间隔统计特性和幅度相位概率密度的传统大气噪声信号处理模型已由 Hall（1970）和 Spaulding and Washburn（1985）提出。更为详细的仿真冲激噪声脉冲结构以给出接收信号波形表达式的模型，由 Lemmon（2001）及其参考文献描述。而前面提到的大气噪声背景概略模型可用来作为雷达方程的输入，以分析某一超视距雷达系统设计的 SNR 性能指标。描述强冲激成分统计特性的模型则可用来指导抑制此类干扰信号信号处理策略的设计。

高频信号自然噪声的第二大主要来源是地外或宇宙噪声。来自太阳和银河系其他星球宇宙噪声的功率谱密度对工作频率在 15 MHz～100 GHz 的雷达系统来说十分显著。在 15 MHz 以下的频率，宇宙噪声受到电离层的限制（原因将在后面详述）；而在 100 GHz 以上，则主要受到大气吸收的限制。接收机内部噪声约在 250 MHz 以上逐渐超过宇宙噪声，因而成为 UHF 和微波波段雷达的限制。

关于超视距雷达，宇宙噪声在高频频段上端超过大气噪声，部分原因是只有足够高频率的宇宙噪声能够穿透电离层（即超过最大临界频率）到达地球表面。更低频率的宇宙噪声要么从电离层顶部反射要么被吸收。对位于电子静区（即远区）的超视距雷达接收机，宇宙噪声在高频段上端成为外部噪声源的主要类型。

图 4.8 和图 4.9 分别显示了一远区无方向性（鞭状）天线在白天和夜晚接收到的功率谱密度实验数据，该天线工作于高频段上，信道带宽为 2 kHz。图中幅度较高的钉状信号是窄带人工信号（有意辐射），这将在接下来一节中描述。背景噪声通常指大气噪声、宇宙噪声和人为噪声的总和，后者来自无意辐射。两幅图中功率谱密度的基底（环境噪声）包络粗略表明了接近当地正午和子夜时的背景噪声电平。这一包络的时间和频率依赖性十分重要，因为它提供了当超视距雷达接收机工作在干净频率信道上时无法降低的背景噪声电平估计。

从图 4.9 中可以明显看出，背景噪声功率谱密度在高频频段的高段和低段变化的范围约为 20 dB。比较图 4.8 和图 4.9 也可以发现，在本地正午和子夜高频频段低段附近，背景噪声电平变化也差不多有 20 dB。功率谱密度在一日间的显著变化，可部分解释为白天多跳天波路径上的损耗较大（由于 D 层的吸收），而这恰好削弱了从远处而来的大气噪声，尤其是在低频段。同时，夜间没有 D 层吸收，且高频段上电离层条件不适合地面源的天波传播。这些变化显示，当超视距雷达目标检测性能由 SNR 限制时，其性能是一天时间和工作频率的函数。

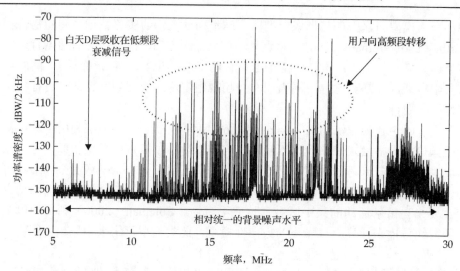

图 4.8 高频日间谱密度实例。该谱含有大量强窄带人为信号,叠加于基础环境噪声背景之上。由于 D 层的吸收,大气噪声在日间显著衰弱(特别在较低频率上),对那些经天波长距传播(多跳)的噪声源来说更是如此。另一方面,用户因日间电离层对更高频率上的天波传播更加有利而受益,这解释了此频谱在中高段的拥挤。该数据由金达莱频率管理系统的谱监测仪记录,位于南纬 23.532 度,东经 133.678 度,记录时间为 2002 年 3 月当地时间 12:31

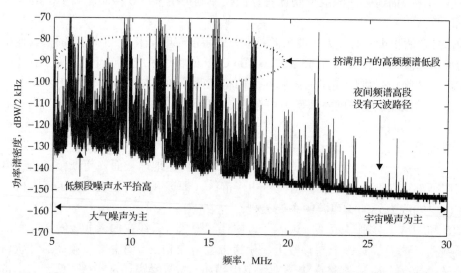

图 4.9 高频夜间谱密度实例显示出在高频低段相对日间更加拥挤的程度和更高的背景噪声。由于电离层对更高频率上天波传播的支持在夜间减小,用户不得不向较低的频率转移。另一方面,夜间 D 层的消失使得大气噪声(及人为信号)在电离层中传播的衰减要小得多,从而能够传播得很远。该数据由金达莱频率管理系统的谱监测仪记录,记录时间为图 4.8 数据记录当天的当地时间 00:31

高频接收机的噪声系数可设计得很低,其内部噪声功率谱密度可达 -195 dBW/Hz (-162 dBW/2 kHz)或更低。参考图 4.8 和图 4.9,这一接收机内部噪声电平比夜间高频低段背景噪声功率谱密度要低 30 dB,比白天高频中高端背景噪声功率谱密度要低 5 dB。注意由于电离层临界频率的降低,超视距雷达在夜间经常要工作于高频低段,但在白天利用更高频率上天波传播条件的改善,可工作于高频高段。因此,夜间快速小目标的检测对超视距雷达来说更具挑战性,因为此时系统要克服更高背景噪声的影响且高频低段目标 RCS 更小。

若夜间低频段噪声具有明显的空间结构，则可利用自适应阵列处理使外部噪声功率低于传统波束形成输出。而如果夜间背景噪声通过自适应处理后相对系统内部噪声基底减小明显，那么将有力支持超视距雷达设计中低频匹配更好的天线的使用。然而，如果外部噪声并不具有足够的空间结构，自适应处理输出也就无法取得足够高的对消比，低频匹配天线也并无 SNR 增益。这一问题的答案取决于接收站噪声的特性、采用自适应处理技术和阵列天线的特性。

4.1.3.2 人为噪声和干扰

人为辐射可大致分为有意辐射和无意辐射。为了区分人为辐射源中的噪声和干扰，将超视距雷达从有意（但非合作）辐射源接收的信号称为射频干扰（RFI），或简称为干扰，而将无意的辐射源称为人为噪声。

有意源辐射携带信息的信号来自高频谱中的注册用户，包括固定点对点通信、移动通信（在地、海或空平台）及短波广播。此类系统普遍主要以其他通信手段为主（微波链路、光纤或卫星），但保留高频通信的能力以作备份。高频频谱的不同部分被分配给不同服务，实现高频频率资源的共享。这一频段的利用效率取决于频率和发射时间的合理协调，以使互扰最小化。计划也需要设计这样系统可在传播条件变化时保持服务可接受的程度。高频频段资源在地区基础上调整，主要和次要服务经常在频谱的共享区内得到识别。

高频频段的广播站发射机功率可达 200～500 kW，天线增益为 10～20 dB。从这些发射源经天波传播接收到的信号，其功率谱密度比背景噪声高 60～80 dBW/Hz。除了扩谱信号，单个人为信号源占据的高频带宽非常窄，通常为 3～15 kHz。因此，干扰加噪声的组合谱密度表现为一些不同频率上的强"钉状信号"（由高频用户引起），叠加在较低强度的背景噪声之上，背景噪声随频率的变化相对平稳。高频雷达除了一些应急信道不可选择，在不对其他用户造成影响的前提下可使用宽带。换句话说，高频雷达基于无干扰原则，通过选择其他用户之间存在的"干净信道"（未被占据的频率）进行工作，而保护信道自动永久排除。

在高频频段中，由于要对电离层一日变化做出响应，用户占据的信道会迅速变化，特别是在靠近晨昏线时。从图 4.8 中可以明显看出，许多用户在白天电离层条件完善时利用高频频段中高段增强的天波传播。夜间，电离层对高频高段的天波传播支持下降甚至没有，因此用户不得不向高频低段转移，这在图 4.9 中很明显。高频低段的拥挤，伴随着 D 层的消失，造成了夜间用户的阻塞。这有时会使超视距雷达很难选到宽度合适的干净信道。

无意人为噪声主要来自工作中的电气设备，如电子马达、电线、车辆点火装置、电焊和霓虹灯等。人为噪声的谱密度随频率提高而下降，但在方位上变化剧烈。靠近密集居住区和工业区，人为噪声的电平在整个高频频段内都较农村或远区有所升高。实际上，在大城市中心的附近，人为噪声可在许多甚至整个高频频段上超过宇宙和大气噪声。最近几年，已有对可工作于高频频段的"宽带电力线通信"（BPL）上网所产生噪声的关注。从电力线泄漏的 BPL 信号会干扰高频系统。一些服务提供商安装了滤波器以减小这种干扰，但未被抑制的辐射据信会干扰 BPL 装置附近的高频通信系统和超视距雷达。

基于 CCIR 报告建立的不同类型区域接收站人为噪声功率谱密度模型由式（4.35）中的 $N_0(f)$ 描述，其中参数 β 取决于区域类型（居住区、农村和偏远地区），f_c 单位 MHz，ln 表示自然对数。图 4.10 画出了根据该模型导出的人为噪声功率谱密度（Lucas and Haper 1965）。将对站址敏感的接收机远离人口密集区域可减小人为噪声影响，从而提供 10 dB 以上的 SNR 增益。一般接收机和最近城区之间为 100 km 以上的干燥地面，就足以隔离人为噪声，使之不成为限制性的噪声因素。在偏远地区，人为噪声通常足够低，这样大气和宇宙噪声分别成为高频低段和高段的主要因素。

$$N_0(f_c) = -\beta - 12.6 \times \ln(f_c/3), \quad 其中 \begin{cases} \beta = 136, 居民区 \\ \beta = 148, 农村 \\ \beta = 164, 偏远地区 \end{cases} \quad (4.35)$$

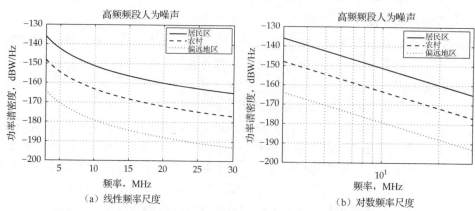

图 4.10 接收机位于居民区、农村和偏远地区时高频频段人为噪声的功率谱密度模型。为便于比较，曲线分别用线性和对数尺度画出

尽管高频频段的使用是经过管理的，不同用户间的干扰仍时有发生。这既有可能是因为规则没有得到遵守，也有可能是未被预见的传播条件。单个人为干扰源一般具有高度方向性。这一特性使具有窄主瓣和低副瓣辐射方向图的接收天线得以采用，以缩小系统的角度通带，这样任何方位偏离主瓣的干扰都被大大削弱。超视距雷达系统的这一特点对副瓣进入的偶发人为干扰提供了足够的免疫力。另一方面，可采用空域或时域自适应处理来抑制通过传统天线方向图副瓣或主瓣进入的强 RFI。干扰抑制的自适应处理将在本书的第三部分讨论。

意图干扰雷达等系统正常工作的有意干扰称为蓄意干扰。和微波雷达相似，高频敌意干扰源可位于目标自身平台上（自卫式），此时信号从主瓣进入；或位于另一单独位置（支援式），此时信号从副瓣进入。敌意干扰信号可以与雷达波形无关（即噪声式干扰），按能量分布带宽的宽窄可分为阻塞式和瞄准式。此类信号通过抬高整个目标距离和多普勒搜索空间的噪声基底来降低超视距雷达的检测性能。此外，敌意干扰信号也可与雷达波形相干，如欺骗干扰。此类干扰可用来产生多个具有真实距离和多普勒频率特征的虚假目标（诱饵）。该干扰主要降低超视距雷达系统的跟踪性能。

位于监测区域内的自卫式干扰会干扰敌方平台和其他位于干扰机方位而距离不同目标的检测。这样的信号应能通过接近最优的条件传播至雷达接收机（即平均功率较高），因为该监测区域内工作频率通常就是按照这一标准选择的。在位于任意分布于监测区域内的支援式干扰条件下（如地面发射机），传播条件一般是次优的。然而，此类信号可能有更高的功率和天线增益可供使用，使信号仍能以较强能量到达接收机。关于雷达 ECM 和 ECCM 技术深入理解可参考 Skolnik（2008c）。

4.2 标准步骤

超视距雷达的传统处理包含一系列预先确定好的信号和数据处理步骤。这些步骤将超视距雷达接收阵列天线在一些 CPI 内采集到的多通道输入数据，采样转变成目标的大地航迹，后者代表了超视距雷达系统的最终产品。图 4.11 展示了基本的信号和数据处理流程，这一流程是超视距雷达系统传统处理过程的核心。

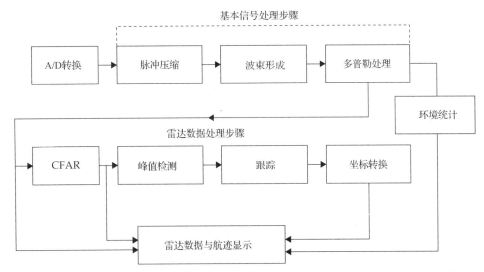

图 4.11 从 A/D 转换到显示器终端的超视距雷达基本信号和数据处理流程。信号处理步骤将输入数据立方（其三维维度分别为采样数、脉冲数和接收机数），转换为斜距、波束指向和多普勒频率三维规范雷达坐标中的输出数据立方。一系列改善处理步骤，包括瞬态干扰抑制、数据外推和电离层多普勒校正（后续将依序介绍），通常插在这一核心信号处理流程的不同点。杂波和噪声环境统计常作为常规处理的副产品加以计算并实时展示给操作员。如图所示，操作员可以观察 CFAR 处理前后的方位-距离-多普勒（ARD）数据图像，以及坐标转换后的航迹图

具体来说，信号处理过程的目的是增强有用信号的信扰比（SDR），并在斜距（脉冲压缩）、相对速度（多普勒处理）和到达角（阵列波束形成）三维坐标系内分辨目标，而数据处理（将在下一节讨论）主要负责目标检测和跟踪。本节主要回顾三个核心信号处理步骤的基本概念，这和其他类型雷达是一致的。关于雷达信号处理，可进一步参考 Skolnik（2008a），Nathanson 等（1999），Richards and Scheer（2010），Melvin and Scheer（2013）。

理论上这三个基本信号处理步骤的顺序是可交换的。然而在许多实际系统中，标准程序要考虑到计算效率的优化，因此数据量减少程度最大的步骤应先予执行。一般来说，脉冲压缩和阵列波束形成只（从全部处理数据中）保留下一些有用的距离和波束单元，相对每个接收机、每个脉冲的采样数据，这带来了数据量的巨大减少。另一方面，超视距雷达中的多普勒处理一般并不会造成数据的减少，因为频率单元数通常不会少于 CPI 中的脉冲数。在常规处理的范畴内，仅对保留下来的距离单元进行波束形成，比对 PRI 所有内 A/D 采样进行波束形成计算效率要高得多。同样，仅对监测区内波束的脉冲序列进行多普勒处理，和对所有阵列接收机的脉冲序列进行处理相比，也是如此。

除了这些基本雷达信号处理步骤，一些改善处理技术通常也用来对付那些可能降低系统性能的特定环境现象。举例来说，冲激噪声序列和暂态流星回波抑制就是超视距雷达中的一个重要考虑。本节还描述了一些传统上归于常规处理的改善处理技术。信号处理输出是一个维度远小于输入数据三维矩阵的复数三维矩阵，含有斜距、波束指向和多普勒频率规范雷达坐标的分辨单元。在信号处理的输出端，相位信息通常不再保留，只有方位-距离-多普勒（ARD）数据三维矩阵的包络送往数据处理。

如图 4.11 所示，基本数据处理步骤包括恒虚警处理（CFAR）、峰值检测、参数估计、跟踪以及坐标转换。数据处理也涉及明显的数据减少，每次驻留产生的谱峰数量约比系统一个 CPI 内输入的（A/D）数据样本少 5 个数量级。跟踪器输出代表了雷达在任务周期所获得多 CPI 数据的最终"提取物"。这一数据的巨大减少不仅使站间信息的有效传输成为可能，还可使雷达输出以一种有效的方式呈现给操作人员。除了地图跟踪显示，超视距雷达的操作员还可以观察信号处理和数据处理不同阶段的中间结果，如图 4.11 所示。在常规运行中，雷达的环境性能统计，如杂波中可见度、最小可检测径向速度和噪声电平，也可以计算得到并存储在概略数据库中，为将来的任务规划和系统设计提供指导。

4.2.1 脉冲压缩

脉冲压缩也称距离处理（这里并不区分这两个词的具体含义），对阵列中每一接收机获得的抽取 A/D 采样数据进行处理，为每一发射的雷达脉冲产生一定数量的斜距分辨单元。传统脉冲压缩利用匹配滤波器组将输入数据采样处理成一组斜距处理单元。脉冲压缩的第一个目的是增强来回传播时延与所处理斜距分辨单元相匹配的雷达回波 SNR。第二个目的则是通过来回传播时延的不同来分辨雷达回波，这样由于不同散射源回波所经虚拟路径的长度不同，处理后将落入不同的斜距分辨单元。

匹配滤波器处理提供的 SNR 增益可增强杂波和干扰背景下的目标检测性能，而在斜距上分辨不同目标回波（有可能是同一目标的多径回波）的能力增强了杂波中目标的检测性能。重要的是，脉冲压缩不仅改善了检测性能，而且使检测到目标回波的斜距能被估计出来从而实现定位。本节讨论了超视距雷达两种不同的脉冲压缩（距离处理）方法。第一种称之为线性调频脉冲去斜或伸缩处理，而第二种涉及对大量 A/D 采样数据全数字匹配滤波的直接应用。每种方法的优缺点都经过比较。

首先回顾一下对 4.1.1 节中点目标回波基带信号 $s(t)$ 的解析表达式进行匹配滤波的相关概念。参看图 4.12，接收基带信号 $x(t)$ 输入脉冲响应为 $h(t)$ 的匹配滤波器中，$h(t)$ 如式（4.36）所示。简言之，匹配滤波器（用于距离处理）的脉冲响应是脉冲波形 $p(t)$ 时域翻转的共轭形式。

$$h(t) = p(-t)^* \tag{4.36}$$

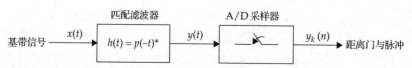

图 4.12　模拟匹配滤波器示意图。后接 A/D 转换，得到脉冲 n 的距离门样本 $k = 1,\cdots,K$。匹配滤波器冲激响应 $h(t)$ 为对脉冲波形 $p(t)$ 的时域反置和共轭。一个可实现的匹配滤波器其冲激响应 $h(t) = p(T_p - t)^*$ 是因果的，其中时延 T_p 等于脉宽，这样当 $t < 0$ 时，$h(t) = 0$。为了展示主要概念，我们可以采用非因果的冲激响应 $h(t) = p(-t)^*$ 来简化表达，将重点集中在匹配滤波器对目标回波的基带信号 $s(t)$ 而不是接收信号 $x(t)$ 的响应上，后者还包含杂波、干扰和噪声

现在，忽略 $x(t)$ 加性扰动成分（杂波和噪声）的影响，只考虑 4.1.1 节中理想目标回波 $s(t)$ 的匹配滤波器响应。此时，匹配滤波器输出 $y(t)$ 由 $s(t)$ 和 $p(-t)^*$ 的卷积给出，如式（4.37）所示。连续信号 $y(t)$ 以奈奎斯特采样率（或更高）采得的数字采样通常称为距离门。这一描

述和纯模拟实现的匹配滤波器是一致的，只是 A/D 转换输出的数字采样直接产生了斜距分辨单元。

$$y(t) = s(t) * p(-t)^* = \int_{-\infty}^{\infty} s(u)p^*(u-t)\,du \tag{4.37}$$

将目标回波表达式 $s(t) = \alpha m(t-\tau)e^{j2\pi f_d t}$ 代入式（4.37），得到式（4.38），其中，$m(t)$ 为雷达基带波形，τ 为来回传播时延，f_d 为多普勒频移。为了避免定义一些不同的尺度因子，在接下来的推导中设复幅度 α 包含了任何对原始常数合理的变动。

$$y(t) = \alpha \int_{-\infty}^{\infty} m(u-\tau)p^*(u-t)e^{j2\pi f_d u}\,du \tag{4.38}$$

雷达基带波形 $m(t)$ 包含了 N 个相似且间隔均匀的脉冲 $p(t)$。将式（4.4）表示的 $m(t)$ 代入式（4.38），得式（4.39）：

$$y(t) = \alpha \int_{-\infty}^{\infty} \sum_{n=0}^{N-1} p(u-nT-\tau)p^*(u-t)e^{j2\pi f_d u}\,du \tag{4.39}$$

对上式进行变量代换 $u' = u - nT - \tau$，输出 $y(t)$ 可写为式（4.40）。注意式（4.40）中常数 α 包含了与时延有关的相位项 $e^{j2\pi f_d \tau}$。

$$y(t) = \alpha \sum_{n=0}^{N-1} e^{j2\pi f_d nT} \int_{-\infty}^{\infty} p(u')p^*(u' - [t - nT - \tau])e^{j2\pi f_d u'}\,du' \tag{4.40}$$

式（4.40）中的积分项可视为脉冲波形 $p(t)$ 的模糊函数，当函数在时延 $t - nT - \tau$ 和多普勒频移 f_d 取值时，可表示为 $\chi_p(t - nT - \tau, f_d)$。利用这一表达式，匹配滤波输出可写为式（4.41），其中，$v_d = f_d T$ 为归一化多普勒频率。

$$y(t) = \alpha \sum_{n=0}^{N-1} \chi_p(t - nT - \tau, f_d)e^{j2\pi v_d n} \tag{4.41}$$

在每一脉冲重复周期内产生 K 个距离门，其中与来回时延 τ_k 对应的距离门由 $k = 0, \cdots, K-1$ 表示，输出 $y(t)$ 在时间 $t_{kn} = \tau_k + nT, n = 0, \cdots, N-1$ 采样。这产生了一组由脉冲数 n 和距离单元 k 指示的复采样值 $y_k(n) = y(t_{kn})$，如式（4.42）所示。距离 k 上的增量有时也称为快时间样本，而脉冲 n 则称为慢时间样本。对多普勒频移远小于脉冲周期倒数的目标回波，距离截面可近似为 $\chi_p(\tau_k - \tau, 0)$。该函数在与目标回波精确匹配的距离单元处，即 $\tau_k = \tau$，达到最大值 $\chi_p(0,0) = E_p$。

$$y_k(n) = \alpha \chi_p(\tau_k - \tau, f_d)e^{j2\pi v_d n} \tag{4.42}$$

与纯模拟匹配滤波相比，下一节描述的去斜处理和互相关接收机分别代表部分数字实现和全数字实现的脉冲压缩方法。既然目标多普勒频移通常足够小，在实际脉冲压缩中可以忽略，那么这些方案都可单独地（即重复地）对雷达波形的每一脉冲进行，称之为逐脉冲处理。

4.2.1.1 去斜处理

在早期超视距雷达系统中，A/D 转换器无法以进行有效多普勒处理所需的足够高动态范围对发射信号全带宽进行奈奎斯特采样。而且，由于当时计算资源有限的容量，还要保持较低的数据率以便信号能够实时处理。这促成了一种混合的（连续/数字）的脉冲压缩方案：线性调频信号去斜，该方案在保持距离分辨率 $c/2B$ 时避免对整个雷达信号带宽 B 直接采样。该距离处理方案的不同部分见图 4.13。

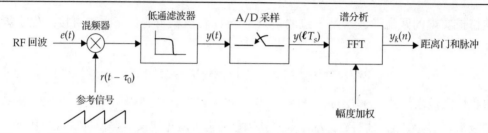

图 4.13 线性去斜（去斜处理）脉冲压缩方法示意图。该方法将接收射频信号（只考虑目标回波成分）和发射波形 $r(t-\tau_0)$ 的时延进行模拟混频。混频器输出 $y(t)$ 输入一截止频率为 f_b 的模拟低通滤波器。滤波器输出以奈奎斯特频率（或更高）被采样，对每一脉冲重复周期内得到的时间序列 $y(\ell T_s), \ell = 1, \cdots, L-1$，通常利用幅度锥削的 FFT 进行数字谱分析。每一雷达脉冲 n 中处理得到的 FFT 输出 $y_k(n)$ 的频点 $k = 1, \cdots, K$ 对应着不同的距离门。

和通过调到载频的连续波本地振荡器来对接收信号下变频不同，输入模拟混频器的参考信号是射频雷达波形 $r(t)$ 的时移，其相对发射信号的时移量 τ_0 已知。这一时延决定了关注的最近斜距 $R_0 = c\tau_0/2$，该距离实际上对应着超视距雷达监测区域最近的边界。由参考信号 $r(t-\tau_0)$ 和射频目标回波 $e(t)$ 共轭驱动的理想同相和正交混频器输出 $y(t)$ 由式（4.43）给出：

$$y(t) = e^*(t) r(t - \tau_0) \tag{4.43}$$

将注意力集中于 $r(t-\tau_0)$ 的第一个线性调频脉冲和前述目标回波 $e(t)$ 在时间段 $t \in [\tau_0 + \tau, \tau_0 + T]$ 上的解析表达式，混频器输出 $y(t)$ 可写为式（4.44）所示形式，其中回波多普勒频移因脉冲长度相对较短而忽略，α 为包含了其他相位相的复幅度。这一对 CPI 中第一个脉冲的混频过程如图 4.14 所示。实际上，模拟下变频和滤波通常在一个或多个中频阶段完成，但这里侧重描述基本概念，不关注这些实际中的操作细节。

$$y(t) = \alpha e^{j2\pi B(\tau-\tau_0)t/T} = \alpha e^{j2\pi f_e t} \tag{4.44}$$

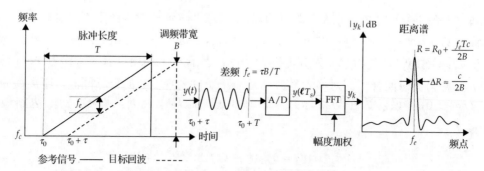

图 4.14 去斜处理脉冲压缩方案示意图。该方案依次由线性去斜（混频）、低通滤波（图中未显示）、A/D 转换和数字谱分析组成，最终形成距离谱。图中，发射开始时间为坐标原点，而参考信号延时设为 τ_0。目标回波相对发射信号的时延为 $\tau_0 + \tau$。距离谱中显示了混频器输出的差频 f_e 和相对 $R_0 = c\tau_0/2$ 的回波斜距 R 之间的关系以及斜距分辨率

对单个信号回波，解析的（I/Q）线性调频信号去斜过程在混频器输出端产生一个复指数信号 $y(t)$，其频率和输入混频器的目标回波与参考波形之间相对时延 $\tau - \tau_0$ 成正比。更准确地说，目标回波和参考信号之间的差频由式（4.45）中的 f_e 给出。当在一段连续时延段内接收到多个回波时，每一回波产生与其对应的谱分量，其频率取决于回波相对时延 $\tau - \tau_0$。

$$f_e = B(\tau - \tau_0)/T \tag{4.45}$$

第 4 章 常规处理

这一关系式表明每一回波的分量频率与散射源斜距 R 线性相关,如式(4.46)所示。该式将斜距 R,相对时延 $\tau - \tau_0$ 和时间段 $t \in [\tau_0 + \tau, \tau_0 + T]$ 上差频 f_e 联系起来。相对时延假设为正,且与脉冲宽度相比较小(即 $\tau_0 \leqslant \tau \ll T$),这样,图 4.13 中接下来的低通滤波步骤只需通过相对小的(非负)频率带宽。

$$R = R_0 + \frac{c(\tau - \tau_0)}{2} = R_0 + f_e \frac{Tc}{2B} \qquad (4.46)$$

实际上,模拟混频过程只涉及接收信号和参考信号的实数部分(同相分量)。这在混频器输出端产生了和频率和差频率,和频率通过图 4.12 中 A/D 变换前的低通滤波器去除。另外,低通滤波器截止频率 f_b 还去除了第一脉冲后每一脉冲($n>0$)的短暂失配期 $t \in [nT + \tau_0, nT + \tau_0 + \tau]$ 中产生的大(负)差频率。低通滤波器还去除了斜距落在监测区外 $R \in [R_0, R_0 + R_m]$ 回波所产生的大(正)差频。换句话说,低通滤波器截止频率 f_b 决定了可通过的最大差频 f_e,由此决定了检测区的距离深度 R_m,如式(4.47)所示:

$$R_m = \frac{f_b T c}{2B} \qquad (4.47)$$

这里的关键点在于,若信号带宽 B 受到电离层传播限制,在不明显降低距离分辨力或损失距离监测区深度的前提下,低通滤波器截止频率 f_b 可比 B 低一个数量级。举例来说,当 $B = 10$ kHz, $T = 0.02$ s($f_p = 50$ Hz)时,由式(4.47)可知,$f_b = 2$ kHz 即可提供 $R_m = 600$ km 的距离深度。去斜处理消除了在所需字长(字符位数)和充裕自由动态范围要求下的 A/D 采样率需求,也减小了数据率和实时信号处理的计算量。对斜距 $R \in [R_0, R_0 + R_m]$ 的点散射源,以奈奎斯特采样率 $f_s = 1/T_s$ 或更高频率采样的去斜滤波器输出,在单个脉冲或 FMCW 扫描期内产生如式(4.48)所示的时间序列 $y(\ell T_s), \ell = 0, \cdots, L-1$。

$$y(\ell T_s) = \alpha e^{j2\pi f_e \ell T_s} \qquad (4.48)$$

由于回波斜距 R 与下变频后信号频率 f_e 线性相关,距离处理由对采样 $\{y(\ell T_s)\}_{\ell=0}^{L-1}$ 的数字谱分析完成。距离处理后的输出 y_k 可写为式(4.49)所示的加权离散傅里叶变换(DFT)形式。实际上,采用快速傅里叶变换(FFT)算法可以更为有效地计算 DFT。幅度锥削函数 $w(\ell)$ 用来控制谱泄漏(即距离副瓣)。

$$y_k = \sum_{\ell=0}^{L-1} w(\ell) \, y(\ell T_s) \, e^{-j2\pi k \ell / L} \qquad (4.49)$$

距离单元 y_k 等于 FFT 频率单元 $f_k = k/LT_s, k = 0, \cdots, K-1$,其中,最大频率 f_K 小于等于低通滤波器带宽 f_b。如图 4.14 所示,这产生了一个距离谱,其中点目标回波的成分表现为在回波差频 f_e 对应频率单元处的最大幅度响应。FFT 频率单元 f_k 和距离谱 y_k 中斜距单元 R_k 之间的关系可由式(4.50)给出。

$$R_k = R_0 + \frac{f_k T c}{2B} \qquad (4.50)$$

对 $\tau \ll T$ 和单位(矩形)窗,DFT 积累时间 $T - \tau$ 对应的频率分辨率可近似为 $\Delta f \simeq 1/T$。注意斜距分辨率 ΔR 与 Δf 的关系可由式(4.51)描述。将 $\Delta f \simeq 1/T$ 代入意味着斜距分辨率 $\Delta R \simeq c/2B$。尽管分辨率在存在多个斜距不同的散射源回波时是重要的,这里我们将继续在单点源情况下讨论由距离谱中跨骑效应和副瓣电平引起的"扇区损失"。

$$\Delta R = \Delta f \frac{Tc}{2B} \qquad (4.51)$$

如果进行 $w(\ell)=1$ 的单位加权 L 点 FFT，差频为 f_e 的单个回波频域输出为一个尺度变换后的周期辛克函数，也被称为 asinc 函数，$S(f)$ 由式（4.52）所示，其中，$f_s=1/T_s$ 为采样频率。$S(f)$ 的最大值出现在回波差频 $f=f_e$ 处，其值为 $S(f_e)=\alpha L$。

$$S(f) = \alpha e^{-j\pi(L-1)(f-f_e)T_s} \frac{\sin[\pi(f-f_e)LT_s]}{\sin[\pi(f-f_e)T_s]}, \quad f \in [0, f_s) \tag{4.52}$$

距离单元有效地对这一响应在 FFT 频点处进行采样，即 $y_k=S(f_k)$。对 CPI 中 $n=1,\cdots,N$ 个脉冲重复这一步骤，产生了式（4.53）所示的输出 $y_k(n)$。y_k 的峰值幅度出现在 FFT 最接近 f_e 的频点 f_k 处。一般 f_e 的值并不和 FFT 的其中一个频点恰好相等。由于没有一个距离单元采样到 $S(f)$ 的最大值，这种跨骑效应导致了扇区损失。对于矩形窗，相对于 $S(f)$ 峰值的扇区功率（幅度平方）损失可能高达 3.9 dB。这与平方律检测中 SNR 的损失相当。此类损失可通过更高的处理计算量加以消除，即通过补零增加 FFT 的长度。

$$y_k(n) = S(f_k)e^{j2\pi v_d n} = y_k e^{j2\pi v_d n} \tag{4.53}$$

对于矩形窗，当 f_e 和任一 f_k 都不精确匹配时就会出现距离副瓣。当不同时延、不同强度的多个回波出现在同一方位和多普勒单元内时，高距离副瓣会带来麻烦。特别是，微弱目标回波可能被强杂波回波（如流星回波）所遮蔽。辛克函数峰值副瓣电平（SLL）的相对最大值为 −13 dB。流星回波可能比噪声基底高 30 dB 以上，因此，利用合理的锥削函数 $w(\ell)=1$ 来降低副瓣十分重要。

锥削函数的选择涉及几个相互矛盾因素之间的妥协。一方面，极低副瓣的锥削函数由于失配（后续将讨论）增加了 SNR 损失。同时，它们还会增加主瓣的半波束宽度（即主瓣响应曲线半功率点之间的频率间隔），从而降低距离分辨率。另一方面，低副瓣电平减少了差频间隔超过主瓣宽度雷达回波的谱泄漏。而且，更宽的主瓣对跨骑效应引起的扇区损失更加稳健。关于数字谱分析中窗函数的使用，包括不同窗函数的定义及其相对特性，可参考权威文献 Harris（1978）。

4.2.1.2 全数字处理

现代的直接数字接收机（DDRx）技术允许对全部高频频谱在靠近天线阵元处进行采样，其充裕的自由动态范围（以及其他性能特性）符合超视距雷达需求，因而接收到的超视距雷达回波可直接在射频或中频（在预选滤波器后）采样，经数字下变频后变至基带。这样，可采用数字滤波器来提取雷达频道中的信号并去除（削弱）其他频率的信号。数字下变频和滤波后，根据雷达信号带宽数据率可大幅下降。现代计算平台可将数字信号在 CPU 网络中分布并实时完成处理，其采样率和超视距雷达波形带宽相当，这些进步使得全数字脉压方案成为可能。

相对前面描述的去斜处理，全数字脉冲压缩的一个显著优点是可以处理重复周期内的所有距离单元，而不仅仅是由参考时延偏移和低通滤波器带宽所决定的一部分。在电离层条件满足更远距离上的目标检测时，可用扩展距离处理来增加超视距雷达覆盖区。而且，还可以用它来处理盲区内的距离单元，从而可在雷达驻留时间内避开强杂波污染对干扰和噪声进行采样，得到的距离单元样本可作为超视距雷达自适应干扰与噪声对消处理时的训练数据。

数字匹配滤波器的离散数字脉冲响应函数可通过发射脉冲波形采样 $p(\ell T_s)$ 的翻转和共轭得到，其中 ℓ 为样本数，T_s 为抽取后的采样周期。因果数字匹配滤波器脉冲响应 h_ℓ 如式（4.54）所示，其中限制 $T_p \leq T$ 表明，$\ell<0$，$h_\ell=0$。

$$h_\ell = p^*(T - \ell T_s) \tag{4.54}$$

考虑 CPI 的第一个脉冲，单个目标回波的基带样本如式（4.55）所示，其中 τ 为来回路程时延。如前所述，对逐个脉冲处理的距离处理来说，回波多普勒频移在相对较短的 PRI 上通常小到可以忽略。

$$s_\ell = \alpha p(\ell T_s - \tau) \tag{4.55}$$

数字匹配滤波器输出 y_ℓ 是 h_ℓ 和 s_ℓ 的卷积，如式（4.56）所示，其中整数 $L = T/T_s$ 定义为用采样点数表示的脉冲响应持续时间。注意，脉冲响应持续时间和脉冲重复周期 T 在 $T_p = T$ 的连续波系统中是相等的。式（4.56）中的界限 $m \in [\ell - L, \cdots, \ell]$ 是因为脉冲响应 h_ℓ 只在 $\ell \in [0, L]$ 时不为零。

$$y_\ell = \sum_{m=-\infty}^{\infty} s_m h_{\ell-m} = \sum_{m=\ell-L}^{\ell} s_m h_{\ell-m} \tag{4.56}$$

将式（4.55）中的 $s_m = p(mT_s - \tau)$ 和式（4.54）中的 $h_{\ell-m} = p^*(T - [\ell - m]T_s)$ 代入式（4.56）中的离散卷积和，得到式（4.57）。假设一时延 $\tau = 0$ 的回波，匹配滤波器输出 y_ℓ 的幅度在方括号内的 $\ell T_s - T$ 等于零时最大，即时间采样 $\ell = L$。因而，第一个（零时延）距离样本是匹配滤波器输出在时刻 $\ell = L$ 的值，这等于脉冲响应持续时间。

$$y_\ell = \alpha \sum_{m=\ell-L}^{\ell} p(mT_s - \tau) p^*(mT_s - [\ell T_s - T]) \tag{4.57}$$

一般来说，对时延 $\tau \geq 0$ 的回波，匹配滤波器输出 y_ℓ 将在时刻点 $\ell = L + k$ 达到其最大值，相对于发射信号波形的时延 kT_s 对 τ 的匹配最好。简单地说，因果距离样本是匹配滤波器输出 y_ℓ 在整数倍采样间隔 $\ell = L + k$，$k = 0, \cdots, K - 1$ 上的值。为了直接得出距离样本的表达式，对式（4.57）做变量代换 $k = \ell - L$，得到式（4.58）：

$$y_k = \alpha \sum_{m=k}^{k+L} p(mT_s - \tau) p^*(mT_s - kT_s) \tag{4.58}$$

y_k 所表示的距离样本匹配于回波延时 $\tau_k = kT_s$ 或斜距 $R_k = c\tau_k/2$。式（4.59）明显表明，匹配滤波等价于互相关接收机。换句话说，脉冲压缩是通过将一个发射脉冲波形的时延和共轭与接收到的数据样本进行互相关实现的。注意，式（4.59）中假设后者是由单个点散射源回波产生的。

$$y_k = \alpha \sum_{m=k}^{k+L} p(mT_s - \tau) p^*(mT_s - \tau_k) \tag{4.59}$$

式（4.59）中的和可表示为 $\chi'_p(\tau_k - \tau, 0)$，其中第一、第二参数是两个互相关脉冲波形之间的相对时延和多普勒频移。单个目标回波在不同脉冲 $n = 0, \cdots, N - 1$ 上的距离处理输出 $y_k(n)$ 如式（4.60）所示。数字互相关在回波时延 $\tau_k = \tau$ 的取值，在脉冲压缩器输出端产生了最大幅度响应 $\chi'_p(0, 0) = \sum_{m=0}^{L} |p(mT_s)|^2$。

$$y_k(n) = y_k e^{j2\pi v_d n} = \alpha \chi'_p(\tau_k - \tau, 0) e^{j2\pi v_d n} \tag{4.60}$$

实际上，脉冲压缩是对接收信号采样 $x(\ell T_s)$ 进行的，采样含有杂波回波、干扰加噪声，还可能有多个目标的回波。而且，相关中的求和项一般还要由一组幅度权值 $\{w(m)\}_{m=0}^{L}$ 来进行加权，从而以 SNR 和距离分辨率的轻微损失，换取更低的距离副瓣和更强的距离跨骑扇区损失稳健性。考虑到接收数据样本和窗函数，全数字脉冲压缩方案将获得的样本 $x(\ell T_s)$ 转换为距离门脉冲输出 $y_k(n)$，如式（4.61）所示。

$$y_k(n) = \sum_{m=k}^{k+L} w(m-k)x(mT_s+nT)p^*([m-k]T_s), \quad \begin{cases} k=0,\cdots,K-1 \\ n=0,\cdots,N-1 \end{cases} \quad (4.61)$$

若线性 FMCW 信号的脉冲重复周期和信号带宽积为整数，其数字脉冲压缩距离处理可通过快速算法实现（Summers 1995）。第一个处理距离单元的斜距取决于监测区域近界位置（如果盲区距离单元不需处理），而处理距离单元数由监测区的距离深度决定（该深度最终由电离层传播条件或处理计算量和操作显示器等系统限制决定）。

4.2.2 阵列波束形成

阵列波束形成对多通道（窄带）系统中单个传感器接收信号进行幅度调制和相移，经线性组合（求和）后形成波束输出信号。复权值（幅度和相位）有效修正了天线阵列的辐射方向图，并由此改变了波束输出中从不同方向进入信号的相对分量。在超视距雷达中，传统波束形成建立在对阵列不同接收机获得的，特定距离门和脉冲数内的数据采样，即"快拍"，应用空间匹配滤波进行滤波的基础上。由这一过程形成的指向不同方向的多波束，也被称为电扫描或数字波束扫描。

传统波束形成相对单个天线阵元，能够对雷达波束指向或观测方向上的信号提供相干增益，同时通过低副瓣波束方向图对其他方向进入的干扰和杂波进行削弱，由此增强了 SDR。除了增强 SDR 并根据到达角来分辨不同信号，传统波束形成的其他重要作用在于估计检测目标回波的角坐标，以此进行定位和跟踪。尽管本节描述的是超视距雷达中接收机的传统波束形成，但主要概念是互易的，也可用于发射机中。

4.2.2.1 天线阵元和子阵方向图

在某些早期的超视距雷达中，在每一阵元后都配上单独的接收机是不可行的。建设于 30 多年以前澳洲中部的 JFAS（Jindalee Facility Alice Springs）Stage B 超视距雷达就是如此。当时高质量的高频接收机十分昂贵，而且用来处理其输出的计算能力也十分有限。为了降低系统造价和处理计算量，接收天线中的阵元被分成了若干数量可处理的子阵，每一个子阵构成一个接收通道。举例来说，金达莱超视距雷达接收系统所使用的天线为 462 个阵元组成的均匀线阵（ULA）。整个阵列被分成 32 个间隔均匀的子阵，每一子阵包含 28 个双扇阵元，其中相邻子阵的阵元共用率为 50%（即一半的阵元为两边的相邻子阵所共用）。

子阵方向图通过对不同天线阵元接收到的模拟信号进行线性组合而形成。具体来说，即通过长度可调电缆组成的相加网络来实现实时的时延相加（即宽带）射频波束形成。通过调整电缆长度，使在任意两阵元间插入的相对时延抵消了以自由空间光速传播平面波从雷达波束指向入射时到达两阵元的路径差，从而线性组合器输出端的有用信号得以增强。从其他方向入射的信号，由于在线性组合器输出端不能和这些插入的时延完全匹配，相对有用信号总要受到不同程度的叠加损失和削弱。通常，模拟波束形成过程也包含了以降低子阵方向图副瓣为目的的幅度加权。

模拟波束形成在方位角 θ 和俯仰角 ϕ 上形成了子阵辐射方向图 $G_s(\theta,\phi)$，比阵元辐射方向图 $G_e(\theta,\phi)$ 具有更好的方向性。每一个子阵输出在下变频、滤波、采样后，经数字波束形成组合起来，这一过程将在下一节描述。该操作产生了阵列方向图因子 $G_a(\theta,\phi)$，该因子定义为在数字波束形成器中采用一些无方向性天线阵元时形成的辐射方向图。对相似但并非无方向的子阵方向图来说，分解定律表明接收天线总方向图 $G(\theta,\phi)$ 等于子阵方向图 $G_s(\theta,\phi)$ 和阵

列方向图因子 $G_a(\theta,\phi)$ 之积，如式（4.62）所示。

$$G(\theta,\phi) = G_a(\theta,\phi) \times G_s(\theta,\phi) \tag{4.62}$$

子阵方向图起到了调制包络的作用，而阵列方向图因子 $G_a(\theta,\phi)$ 由数字波束形成器中所选择的复权值控制。在金达莱超视距雷达设计中，接收子阵方向图 $G_s(\theta,\phi)$ 具有和发射天线方向图一样的主瓣宽度，而 $G(\theta,\phi)$ 可解释为接收中的（高分辨）指状波束方向图。对于每一个阵元后都有接收机的现代超视距雷达来说，指状波束方向图 $G(\theta,\phi)$ 由式（4.63）给出，其中 $G_A(\theta,\phi)$ 为所有天线阵元参与数字波束形成时的阵列方向图因子。因为阵元方向图 $G_e(\theta,\phi)$ 相对较宽，指状波束可在一定角度范围内数字扫描，该范围比模拟子阵方向图所展开的方位范围要宽得多。

$$G(\theta,\phi) = G_A(\theta,\phi) \times G_e(\theta,\phi) \tag{4.63}$$

接下来要讨论的数字波束形成概念在每子阵一个接收机和每阵元一个接收机架构中都适用。采用每阵元一个数字接收机的缺点在于距离处理和阵列波束形成阶段极高的数据处理量，更不用说分布式计算系统中数据传输所带来的挑战。然而，额外的空域自由度和在宽范围内同时形成多波束的能力，带来了一系列显著的优点，尤其是可利用自适应波束形成来抑制不从雷达观测方向入射的干扰和杂波信号。

4.2.2.2 数字波束形成

设一个单频远场平面波信号入射到一个阵列天线，其方位角 $\theta \in [-\pi,\pi)$，俯仰角 $\phi \in [0,\pi/2]$。采用图 4.15 中的标准右手坐标系，信号波矢量 $\mathbf{k} = [k_x, k_y, k_z]^T$ 的 3 个成分见式（4.64），其中上标 T 表示转置，λ 为波长，$\mathbf{u}(\theta,\phi)$ 为方向 (θ,ϕ) 的单位矢量。为书写方便，式中省略了 $\mathbf{k}$ 对 (θ,ϕ) 的依赖表述。

$$\mathbf{k} = -\frac{2\pi}{\lambda}\mathbf{u}(\theta,\phi) = -\frac{2\pi}{\lambda}[\cos\phi\sin\theta, \cos\phi\cos\theta, \sin\phi]^T \tag{4.64}$$

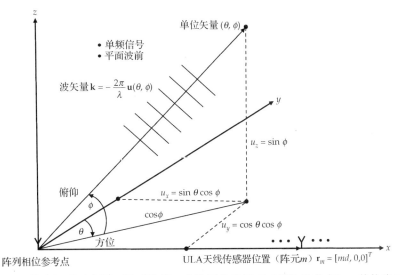

图 4.15 ULA 三维坐标系示意图。阵列的第一个阵元位于原点（相位参考点），其他阵元则沿 x 轴摆放，位置矢量为 $\mathbf{r}_m = [md,0,0]^T$，$m = 0,\cdots,M-1$。一波矢量为 $\mathbf{k}$ 的单频平面波信号入射到 ULA 上，入射俯仰角 $\phi \in [0,\pi/2]$，方位角 $\theta \in [-\pi/2,\pi/2)$。如图所示，方位角正方向设定为从 y 轴到 x 轴的顺时针方向，而俯仰角的定义与安放于 xy 平面中的地面阵列相一致

设阵列由 M 个相同阵元组成,这些阵元相对坐标原点任意分布,阵元位置矢量 $\mathbf{r}_m, m=0,\cdots,M-1$,如式(4.65)所示。图 4.15 所示的均匀线阵(ULA)是本节考虑的主要场景,尽管并不局限于这一特殊情况。不失一般性,可将阵列中第一阵元($m=0$)定为相位参考点并设其位于坐标原点,即 $\mathbf{r}_0 = \mathbf{0}$。

$$\mathbf{r}_m = [x_m, y_m, z_m]^T \tag{4.65}$$

描述时刻 t 和位置 $\mathbf{r}$ 处单频平面波信号的标量函数 $s(t,\mathbf{r})$ 如式(4.66)所示。其中,$\omega = 2\pi f_c$ 为角频率,A 为幅度,ψ 为原点处时刻 $t=0$ 的相位。$\mathbf{k}\cdot\mathbf{r}$ 为信号波矢量和位置矢量的标量积(内积)。

$$s(t,\mathbf{r}) = A\exp(\omega t - \mathbf{k}\cdot\mathbf{r} + \psi) \tag{4.66}$$

将原点处第一阵元的接收信号表示为 $s_0(t) = A\exp(j2\pi f_c t + \psi)$。实际上,频率 $f_c = c/\lambda$ 可解释为(窄带)超视距雷达信号的载频,而 (θ,ϕ) 可解释为通过单一天波信号模式传播的目标回波到达角。从式(4.66)可知,阵元 m 接收到的信号可由式中的 $s_m(t)$ 给出,该信号与原点接收信号通过由阵元位置 $\mathbf{r}_m$ 决定的相移项 $\exp(-j\mathbf{k}\cdot\mathbf{r}_m)$ 联系起来。

$$s_m(t) = s_0(t)e^{-j\mathbf{k}\cdot\mathbf{r}_m} \tag{4.67}$$

可将 M 维阵列接收信号矢量 $\mathbf{s}(t)$ 写为式(4.68)。该矢量有时称为阵列快拍矢量。这里将 $\mathbf{s}(t)$ 称为有用信号快拍,而快拍矢量则用来指全部接收信号,通常还包括杂波、干扰和噪声。

$$\mathbf{s}(t) = [s_0(t),\cdots,s_{M-1}(t)]^T \tag{4.68}$$

定义式(4.69)所示 M 维矢量 $\mathbf{v}(\theta,\phi)$,可称其为信号到达角 (θ,ϕ) 的阵列导向矢量。因为定义 $\mathbf{r}_0 = \mathbf{0}$,$\mathbf{v}(\theta,\phi)$ 的第一元素为单位 1。注意 $\mathbf{v}(\theta,\phi)$ 暗含了对频率的依赖性,包含在 $\mathbf{k}$ 的定义中。

$$\mathbf{v}(\theta,\phi) = [e^{-j\mathbf{k}\cdot\mathbf{r}_0},\cdots,e^{-j\mathbf{k}\cdot\mathbf{r}_{M-1}}]^T \tag{4.69}$$

式(4.68)中的有用信号快拍可写为式(4.70)所示的紧凑形式。该有用信号快拍的表达式具有一般性,因为其适用于任意阵列结构,其中任一阵元都可布置在一维、二维甚至三维坐标中。

$$\mathbf{s}(t) = s_0(t)\mathbf{v}(\theta,\phi) \tag{4.70}$$

对于一个安放在地面并沿 x 轴放置的 ULA,位置矢量 $\mathbf{r}_m = [md,0,0]^T$,其中 d 为相邻阵元间隔。在此情况下,导向矢量中的内积项由式(4.71)给出。

$$-\mathbf{k}\cdot\mathbf{r}_m = 2\pi md\cos\phi\sin\theta/\lambda \tag{4.71}$$

当俯仰为 0,$\cos\phi=1$ 时,ULA 导向矢量由方位角 θ 单独决定。此时,导向矢量简化成式(4.72)中 $\mathbf{v}(\theta)$ 这一熟悉的形式。在超视距雷达背景下,这一导向矢量模型仅对表面波传播适用。

$$\mathbf{v}(\theta) = [1, e^{j2\pi d\sin\theta/\lambda},\cdots,e^{j2\pi(M-1)d\sin\theta/\lambda}]^T \tag{4.72}$$

信号高度的影响在天波超视距雷达中不可忽略。对此,引入锥角 φ 更为方便,它刻画了 ULA 中所有的信号方位角和俯仰角。锥角可由式(4.73)定义。

$$\sin\varphi = \cos\phi\sin\theta \tag{4.73}$$

利用锥角的定义,ULA 导向矢量可写为式(4.74),其中 $z(\varphi)$ 为相位因子。由于不同的 ϕ 和 θ 组合可产生相同的 φ,由此产生式(4.74)中相同的导向矢量,因此对 ULA 来说在方位和俯仰之间存在着模糊。

$$\mathbf{v}(\varphi) = [1, z(\varphi),\cdots,z^{M-1}(\varphi)]^T, \quad z(\varphi) = e^{j2\pi d\sin\varphi/\lambda} \tag{4.74}$$

对于一个离轴信号（$\theta \neq 0$），方位角 ϕ 的增加会引起 φ 的减小。因此，当 φ 直接解释为视在方位角时，若没有正确的校正，当俯仰角增加时获得的信号方向会朝法线方向偏离。对于超视距雷达，为了获得正确的大圆方向，需要实时的传播路径信息以提供模式俯仰角的精确估计。

而且，事实上超视距雷达信号并不是单频的，因为它具有一个带宽 B 有限的基带调制包络 $m(t)$。当一个信号的带宽 B 远小于其载频 f_c 时，称之为窄带信号。典型超视距雷达信号波形的频宽比 B/f_c 是 10^{-3} 量级。当调制包络包括其中时，原点处接收的有用信号 $s_0(t)$ 由式（4.75）给出。

$$s_0(t) = Am(t)e^{j2\pi f_c t + \psi} \tag{4.75}$$

对于阵列波束的形成，窄带信号的另一种定义建立在时间带宽积上。特别是，信号波前传播经过阵列所需时间与信号带宽 B 的倒数相比要小的情况。信号到达接收机 m 相对到达原点的时延由式（4.76）中的 τ_m 给出。其中的负号说明，当 θ 为正时，信号波前到达原点的时间比到达 x 轴上接收机的时间要迟。

$$\tau_m = -\frac{\mathbf{u}(\theta,\phi) \cdot \mathbf{r}_m}{c} = -md\sin\varphi/c \tag{4.76}$$

在这种情况下，阵元 m 接收信号与原点接收信号如式（4.77）所示联系起来。对在带宽 B 上具有均匀谱密度的调制包络 $m(t)$，相关系数为 $\rho(\tau_m) = \mathrm{sinc}(B\tau_m)$，其中 $\mathrm{sinc}(x) = \sin(\pi x)/\pi x$ 为 sinc 函数。为了调制包络在时延 τ_m 上保持高相关性，要满足窄带条件 $B|\tau_m| \ll 1$。

$$s_m(t) = s_0(t - \tau_m) = Am(t - \tau_m)e^{j2\pi f_c (t - \tau_m) + \psi} \tag{4.77}$$

从阵列波束形成的角度来看，若对所有感兴趣锥角有 $B|\tau_M| \ll 1$，信号 $s_0(t)$ 就可被认为是窄带的。在最差的情况下，$|\sin\varphi| = 1$，对 ULA 而言有 $|\tau_M| = (M-1)d/c$。这里，$|\tau_M|$ 是信号从端射方向入射时传过整个阵列所用的时间。这意味着，如果式（4.78）的条件得到满足，所有入射角度信号都可认为是窄带的，其中 $D = (M-1)d$ 为 ULA 孔径的长度。

$$BD/c \ll 1 \tag{4.78}$$

简单地说，窄带信号的这一定义表明，信号调制包络的变化相对信号波前传过阵列所用时间是缓慢的。在这一条件下，由于对任一接收机 m 相关系数 $\rho(\tau_m) \to 1$，近似 $m(t - \tau_m) \simeq m(t)$ 是合理的。用 $m(t)$ 代替式（4.77）中的 $m(t - \tau_m)$，得到式（4.79）：

$$s_m(t) = s_0(t)e^{-j2\pi f_c \tau_m} \tag{4.79}$$

由式（4.76），易知 $2\pi f_c \tau_m = \mathbf{k} \cdot \mathbf{r}_m$。这里，式（4.77）中的表达式在窄带信号 ULA 条件下可近似为式（4.80）。然而，超视距雷达接收天线孔径可长达 3 km，因此，窄带假设在阵列两端开始不再满足，尤其是在信号带宽较大而入射角接近端射的情况下。

$$s_m(t) = s_0(t)e^{-j\mathbf{k} \cdot \mathbf{r}_m} = s_0(t)e^{j2\pi md\sin\varphi/\lambda} \tag{4.80}$$

实际上，这个问题可通过在每一个接收机中采用分数采样，数字引入一个真实时延得以解决，该时延有效地将天线孔径聚焦于监测区的图心。指状波束可在不引起空间相关性显著损失前提下围绕该图心方向扫描。有用信号快拍可近似写为式（4.81）：

$$\mathbf{s}(t) = s_0(t)\mathbf{v}(\varphi) \tag{4.81}$$

雷达的下变频、滤波及距离处理操作对阵列中所有接收机的信号都是相同的。将接收信号 $s(t)$

转变成距离门 k、脉冲 n 上数字样本 $y_k(n)$ 的变换，可用式（4.82）中的 $\mathcal{T}\{\cdot\}$ 表示：

$$y_k(n) = \mathcal{T}\{s(t)\} \tag{4.82}$$

这一转换在阵列中每一个接收信道内进行，产生了接收机 m 的距离门和脉冲。将对应的输出表示为 $y_k(n,m) = \mathcal{T}\{s_m(t)\}$。由此，将式（4.83）中 M 维矢量 $\mathbf{y}_k(n)$ 定义为阵列在距离 k 和脉冲 n 上处理得到的数字样本空间快拍。

$$\mathbf{y}_k(n) = [y_k(n,0), \cdots, y_k(n, M-1)]^T \tag{4.83}$$

利用式（4.81），快拍 $\mathbf{y}_k(n)$ 可写为式（4.84）的形式，其中为简便起见暂时省略了索引 k 和 n，即 $\mathbf{y} = \mathbf{y}_k(n)$ 和 $y_0 = y_k(n,0)$。总之，当只有一个点目标回波（有用信号）时，复值快拍矢量 $\mathbf{y}$ 等于某一特定但未命名距离门和脉冲数的阵列输出。

$$\mathbf{y} = \mathcal{T}\{\mathbf{s}(t)\} = y_0 \mathbf{v}(\varphi) \tag{4.84}$$

为了确定系统指向锥角 φ_0 时的阵列方向图响应，将常规波束形成器输出 $y(\varphi_0,\varphi)$ 用式（4.85）表示。这里，对应锥角 φ_0 的空间匹配滤波器 $\mathbf{v}(\varphi_0)$ 用在含有不同锥角 φ 信号的快拍矢量 $\mathbf{y} = y_0\mathbf{v}(\varphi)$ 上。符号 † 表示 Hermitian（复转置）操作。

$$y(\varphi_0, \varphi) = \mathbf{v}^\dagger(\varphi_0)\mathbf{y} = y_0\{\mathbf{v}^\dagger(\varphi_0)\mathbf{v}(\varphi)\} \tag{4.85}$$

利用式（4.74），波束输出 $y(\varphi_0,\varphi)$ 可写为式（4.86），其中空间相位因子 $z(\varphi) = \exp(j2\pi d\sin\varphi/\lambda)$，$z_0 = z(\varphi_0)$。将等比级数求和，波束输出可写为式（4.86）的右边部分，其中 $z = z(\varphi)z_0^{-1}$。

$$y(\varphi_0, \varphi) = y_0 \sum_{m=0}^{M-1}\left(z(\varphi)z_0^{-1}\right)^m = y_0\left(\frac{1-z^M}{1-z}\right) \tag{4.86}$$

常规波束形成器输出 $y(\varphi_0,\varphi)$ 可写为另一种形式，如式（4.87）所示，其中复标量 $z = \exp[j2\pi d(\sin\varphi - \sin\varphi_0)/\lambda]$。

$$y(\varphi_0, \varphi) = y_0 z^{(M-1)/2}\left(\frac{z^{M/2} - z^{-M/2}}{z^{1/2} - z^{-1/2}}\right) \tag{4.87}$$

式（4.87）括号内的分子可简化为式（4.88），其中用到了等式 $(e^{j\chi})^n = \cos(n\chi) + j\sin(n\chi)$。对分母简化，只需令式（4.88）中的 $M = 1$ 即可。

$$z^{M/2} - z^{-M/2} = 2j\sin[M(\pi d/\lambda)(\sin\varphi - \sin\varphi_0)] \tag{4.88}$$

将上式代入式（4.87），阵列方向图 $G_A(\varphi_0,\varphi) = y(\varphi_0,\varphi)/y_0$ 的幅度和相位响应可以写为式（4.89）的形式。与增益方向图（与功率有关）相似，ULA 方向图的幅度和相位响应等于 $G_A(\varphi_0,\varphi)$ 乘以天线单元方向图的幅度和相位响应。

$$G_A(\varphi_0, \varphi) = e^{j(M-1)(\pi d/\lambda)[\sin\varphi - \sin\varphi_0]}\left\{\frac{\sin[M(\pi d/\lambda)(\sin\varphi - \sin\varphi_0)]}{\sin[(\pi d/\lambda)(\sin\varphi - \sin\varphi_0)]}\right\} \tag{4.89}$$

式（4.90）给出了归一化阵列波束方向图 $P(\varphi_0,\varphi)$ 的定义，它代表了作为 φ_0 和 φ 函数的阵列方向图因子相对最大值 $G_A^2(\varphi_0,\varphi) = M^2$ 对功率增益的贡献，其中最大值出现在指向对准信号锥角的情况。波束方向图包括 3 dB 主瓣宽度（角分辨率），栅瓣（角度模糊）和副瓣结构（峰值电平和零陷）在内的重要特征将在下一节中讨论。

$$P(\varphi_0, \varphi) = \left\{\frac{|G_A(\varphi_0,\varphi)|}{G_A(\varphi_0,\varphi_0)}\right\}^2 = \frac{1}{M^2}\left\{\frac{\sin[M(\pi d/\lambda)(\sin\varphi - \sin\varphi_0)]}{\sin[(\pi d/\lambda)(\sin\varphi - \sin\varphi_0)]}\right\}^2 \tag{4.90}$$

式（4.85）中的常规波束形成输出，从信号处理的目的来看可写为式（4.91），其中 $y(m) =$

$y_0 e^{j2\pi f(\varphi)m}$,为快拍矢量 **y** 的样本,$f(\varphi)=d\sin\varphi/\lambda$ 是对应于锥角 φ 的归一化空间频率。该表达式说明 ULA 常规(匹配滤波器)波束形成等于阵列数据在空间维度的谱分析(即对特定距离单元和脉冲数上接收机输出进行 DFT)。

$$y(\varphi_0,\varphi)=\sum_{m=0}^{M-1}y(m)e^{-j2\pi f(\varphi_0)m} \tag{4.91}$$

实际上,超视距雷达接收阵列数字地指向一些锥角 $\varphi_b,b=1,\cdots,B$,这样形成的波束覆盖或铺满整个监测区。这一操作可通过对式(4.92)在归一化空间频率 $f(\varphi_b)=d\sin\varphi_b/\lambda\in[0,1]$ 上取值来实现,其中,锥角 $\varphi_1,\cdots,\varphi_B$ 等于所需的指状波束指向。以前下标 k 和 n 分别用来表示距离门和脉冲数,这里重新在式(4.92)中来表征。空间锥削函数 $w(m)$ 用来控制方向图副瓣响应。

$$y_k^{[b]}(n)=\sum_{m=0}^{M-1}w(m)y_k(n,m)e^{-j2\pi[d\sin\varphi_b/\lambda]m} \tag{4.92}$$

由于 $f(\varphi_b)$ 与 $\sin\varphi_b$ 而不是 φ_b 成比例,FFT 并不会产生在锥角上均匀分布的波束指向。然而,如果将系统指向角度 φ_b 与 FFT 频点 $f(\varphi_b)=b/M$ 联系起来对保留波束集 $b\in[0,M-1]$ 是可以接受的,那么 FFT 还是可用的。注意,接收天线方向图性质与波束形成步骤在信号处理流程中的位置并无关系。图 4.16 显示了在脉冲压缩后进行阵列波束形成的情况。

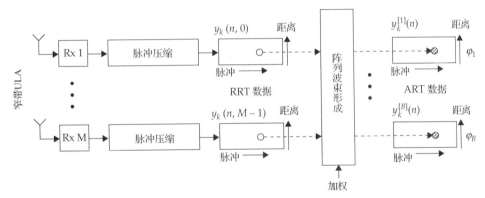

图 4.16 对阵列 M 个接收机处理的每一距离(k)和脉冲(n)数据进行阵列波束形成的示意图。在此情况下,波束形成器输入数据为接收机-距离-时间(RPT)数据,输出则为一组指向不同锥角 $\varphi_1,\cdots,\varphi_B$ 的指状波束,而所有指状波束的集合称为方位-距离-时间(ART)数据

4.2.2.3 阵列方向图性质

常规波束方向图的有用特征包括 3 dB 主瓣宽度、副瓣电平、栅瓣和零陷位置。对于 ULA,这些特征随着孔径长度、阵元间距、信号频率、指向角度和锥削函数而变化。为简化分析,集中讨论 ULA 法线方向上采用均匀锥削(矩形窗)的情况。此时,归一化常规波束方向图由式(4.93)给出。

$$P(\varphi)=\frac{1}{M^2}\left\{\frac{\sin\left[\frac{M\pi d}{\lambda}\sin\varphi\right]}{\sin\left[\frac{\pi d}{\lambda}\sin\varphi\right]}\right\}^2 \tag{4.93}$$

3 dB 主瓣宽度,也称为波束宽度,定义为方向图上半功率点之间的角度间隔。设阵列孔径远大于信号波长($Md\gg\lambda$),采用均匀锥削函数时 ULA 法线方向上的常规波束宽度可由式(4.94)近似。相对于式(4.94)中的法线方向波束宽度,ULA 的波束宽度随着指向角度靠近端射方向($\varphi\to\pm\pi/2$)而变宽。这是因为对偏离法线的角度,$\sin\varphi$ 要比 φ 变化得更慢。瑞利限 $\lambda/(Md)$,

定义为法线方向常规方向图峰值和第一零陷之间的角度间隔，通常用来作为 ULA 的波束宽度指标。

$$\Delta\varphi \simeq \frac{0.89\lambda}{Md} \text{ 弧度}, \qquad \Delta\varphi \simeq \frac{50\lambda}{Md} \text{ 度} \tag{4.94}$$

角分辨率与波束宽度成反比，因此随着天线孔径电尺寸增加而增加，或者说随孔径长度与工作频率之比成正比。一般角度分辨率越高越好，但在角度覆盖区一定的前提下，波束宽度过细需要形成更多数目的波束来有效接收监测区内的雷达回波。每次驻留期形成大数目波束会增加实时处理的数据量，给后续信号与数据处理带来困难。大数目波束也增加了操作席数据显示设计的难度。

更进一步地，由于电离层的传播效应，天波信号波前的空间相关性会随着距离增加而减小。孔径尺寸超过一定程度就会导致性能增益的减小。除了这些限制，过大的接收天线的建造与维护都十分昂贵。实际上，操作、现象和经济因素限制了阵列天线的尺寸。

对于 ULA 法线方向，只要相位因子满足条件 $z(\varphi) = e^{j2\pi d\sin\varphi/\lambda} = 1$，方向图 $P(\varphi)$ 中就会出现栅瓣。这一现象发生在角度 φ_m 上，如式（4.95）所示。其中，m 为满足 $|m\lambda/d|\leq 1$ 的整数。例如，若 $d/\lambda = 1$，则 $m = 0, \pm 1$。在此情况下，由式（4.95），$m=0$ 对应 $\varphi=0$ 时的主瓣，而 $m=\pm 1$ 对应在 $\varphi=\pm 90°$ 的栅瓣。在金达莱超视距雷达中，相邻子阵中心的间隔距离约为 $d = 84$ m，这使孔径欠采样。在该系统中，通过调整所有频率和指向角上子阵天线方向图的包络，栅瓣得到显著削弱。

$$\varphi_m = \arcsin(m\lambda/d) \tag{4.95}$$

对于 $M \gg 1$ 的大量接收机，方向图 $P(\varphi)$ 中分子的变化比分母快得多。此时，副瓣电平峰值大约在分子 $\sin(Md\sin\varphi/\lambda)$ 达到最大值时出现，即 $\varphi = \varphi_m$，φ_m 满足式（4.96）：

$$Md\sin\varphi_m/\lambda = (2m-1)\frac{\pi}{2}, \qquad m = \pm 2, \pm 3, \cdots \tag{4.96}$$

将 $\sin\varphi_m = (2m-1)\pi\lambda/(2Md)$ 代入波束方向图函数 $P(\varphi)$，得到副瓣电平的大致大小，其由式（4.97）给出。对于 $M = 10$ 的 ULA，该公式表明第一副瓣（$m=\pm 2$）的值约为 $P(\varphi_m) = -13.2$ dB。

$$P(\varphi_m) \approx \{M\sin(\pi[2m-1]/2M)\}^{-2} \tag{4.97}$$

另一方面，方向图零点 $P(\varphi_m) = 0$ 在分子等于零而分母大于零时出现。这意味着形成零点的条件如式（4.98）所示。换句话说，$\varphi_m = \arcsin(m\lambda/Nd)$ 时出现零点，此时阵列两端相位差恰好等于整数个周期。

$$Md\sin\varphi_m/\lambda = m, \qquad m = \pm 1, \pm 2, \cdots \tag{4.98}$$

虽然阵列欠采样时会出现栅瓣，对过采样天线，则会出现非物理波束或"不可见"区。ULA 的归一化空间频率 $f(\varphi) = d\sin\varphi/\lambda = \rho\sin\varphi$。这一频率的不模糊区间为 $f(\varphi) \in [-0.5, 0.5)$。然而，对物理可见锥角 $\varphi \in [-\pi/2, \pi/2)$，有 $\sin\varphi \in [-1,1]$，因此归一化空间频率 $f(\varphi) \in [-\rho, \rho)$ 张成了所有可见区。在这个过采样阵列中，$\rho = d/\lambda < 0.5$，这产生了式（4.99）所示的归一化频率区间，对应着所谓的"不可见"区。

$$\rho < |f(\varphi)| < \frac{1}{2} \tag{4.99}$$

不可见区内的归一化空间频率对应的常规波束不能从阵列外部信号源中获取能量（忽略副瓣泄漏）。对于校准良好的阵列和远场源，这一条件严格成立。形成"不可见波束"的一个优点是它们提供了运行时系统内部噪声的估计。然而，阵列校正误差和近场源会使这一估计产生偏差，因为实际中外部信号的能量会泄漏进不可见波束。

在理想情况下，天线方向图由一个高增益窄主瓣组成，没有副瓣。实际中，通过照射函数或阵列锥削函数，主瓣峰值增益和波束宽度必须和副瓣电平折中。在超视距雷达中，方向图副瓣电平要足够低以防止副瓣干扰信号（杂波、干扰和噪声）淹没从主瓣进入的微弱目标回波。当特别强的人为 RFI 存在时，在相当数量的波束中，常规（锥削）方向图副瓣电平可能不够阻止干扰信号高出白噪声基底。此时就需要运用自适应波束形成技术，相关内容将在本节第三部分讨论。

4.2.3 多普勒处理

在超视距雷达中，在给定距离-方位单元中，杂波回波的功率远强于目标回波。这意味着要检测目标必须进行多普勒处理。即使假设杂波不存在，由于超视距雷达单个雷达脉冲中 SNR 相对较低，进行稳定目标检测仍然需要多普勒处理[④]。除了改善杂波和噪声背景下目标检测性能，多普勒处理还提供了目标相对速度信息，有助于目标跟踪。

多普勒处理概指对特定距离-方位单元内接收的 CPI 脉冲串慢时间数据采样进行的时域滤波或谱分析。在超视距雷达中，多普勒处理在 N 个慢时间样本 $y_k^{[b]}(n)$ 上进行，其中，$n=0,1,\cdots,N-1$ 表示脉冲重复周期数，k 为距离门，b 为方位单元。本节讨论两种形式的多普勒处理。第一种为运动目标显示（MTI）背景下削弱杂波的时域（慢时间）滤波器，第二种为基于慢时间样本数字谱分析的相干多普勒处理。机动目标的多普勒处理也有所涉及。本节还包含了对超视距雷达实测数据进行的脉冲压缩、阵列波束形成和多普勒处理步骤实例。

4.2.3.1 MTI

在给定距离-方位单元削弱杂波的快速方法为在慢时间域内使用数字滤波器，称之为动目标显示（MTI）。由于超视距雷达杂波通常集中在零多普勒频率附近，因此要抑制杂波而不影响多普勒频率较高的目标，需要进行高通滤波。尽管也可使用递归或无限冲激响应（IIR）滤波器，MTI 滤波器通常由有限冲激响应的抽头延迟线实现。最简单的单脉冲 MTI 对消器输出如式（4.100）所示的 $z_k^{[b]}(n)$。该滤波器的多普勒频率响应在 0 Hz 有单个零点，分别去除/削弱零/低多普勒频移的杂波成分。

$$z_k^{[b]}(n) = y_k^{[b]}(n) - y_k^{[b]}(n-1) \tag{4.100}$$

这一简单的 MTI 滤波器不可能提供超视距雷达所需的高杂波抑制性能。设在特定距离-方位安远接收到杂波的多普勒频率响应 $\mathbf{H}_c(f)$ 可用一个相对低阶（$\kappa \ll N$）的自回归（AR）模型精确表示，如式（4.101）所示。这里，实数常数 α_c 由杂波功率决定，$\{b_i\}_{i=0}^\kappa$ 为 AR 过程参数，$\{p_i\}_{i=1}^\kappa$ 为频率响应模小于等于 1 的极点。注意 $b_0=1$ 和 $z=\exp(j2\pi fT)$，其中 f 为多普勒频率，T 为脉冲重复周期。

$$\mathbf{H}_c(f) = \frac{\alpha_c}{1+\sum_{i=1}^\kappa b_i z^{-i}} = \frac{\alpha_c}{\prod_{i=1}^\kappa (1-p_i z^{-i})} \tag{4.101}$$

频率响应为 $\mathbf{H}_w(f)=1/\mathbf{H}_c(f)$ 的 FIR 滤波器起到"白化"杂波的作用，可由式（4.102）所示 κ

---

④ 与超视距雷达相比，一些微波雷达系统由于空间分辨率精细得多，观测几何关系也与之不同，有时并不支持在目标检测时进行相干积累。

阶滑动平均（MA）对消器实现。可以预先将多个具有不同频率响应特性，能够应对不同多普勒谱特性杂波的滤波器计算好，然后选择信号 $z_k^{[b]}(n)$ 功率最小的滤波器输出。尽管这一方法计算量不大，但由于实际中杂波多普勒谱高度可变，有可能在预先计算的滤波器中没有一个能匹配良好的。因此，采用该方案有可能导致杂波对消性能无法容忍地下降。

$$z_k^{[b]}(n) = y_k^{[b]}(n) + \sum_{i=1}^{\kappa} b_i y_k^{[b]}(n-i) \tag{4.102}$$

另一方面，AR 参数矢量 $\mathbf{b} = [1, b_1, \cdots, b_\kappa]^T$ 可从数据中自适应地估计得到（Marple 1987）。例如，AR 参数矢量 $\mathbf{b}$ 可由求解式（4.103）所示的 Yule-Walker 方程估计得出。其中，$\mathbf{u}_1 = [1, 0, \cdots, 0]^T$ 为 $\kappa+1$ 维第一元素等于 1 的单位矢量，$\mathbf{y}_k^{[b]}(n) = \left[y_k^{[b]}(n), \cdots, y_k^{[b]}(n+\kappa) \right]^T$，$n = 0, \cdots, N-\kappa-1$ 为训练数据矢量，$\hat{\mathbf{R}}_\kappa$ 为距离单元 κ 和波束 b 内杂波时域（脉冲间）相关矩阵的采样估计。在局部均质杂波环境中，训练数据是从与待滤波单元相邻的距离-方位单元获取的，其中的原因将在第 10 章中描述。

$$\mathbf{b} = \frac{\hat{\mathbf{R}}_\kappa^{-1} \mathbf{u}_1}{\mathbf{u}_1^T \hat{\mathbf{R}}_\kappa^{-1} \mathbf{u}_1}, \quad \hat{\mathbf{R}}_\kappa = \sum_{n=0}^{N-\kappa} \mathbf{y}_k^{[b]}(n) \mathbf{y}_k^{[b]\dagger}(n) \tag{4.103}$$

式（4.102）中 MTI 输出 $z_k^{[b]}(n)$ 是慢时间域内信号，包含着杂波剩余，噪声和可能存在的一个或多个多普勒频移目标回波。在此情况下，目标检测针对这一输出的幅度包络进行：当 $\left| z_k^{[b]}(n) \right|$ 超过一定检测门限，判定信号存在。传统 MTI 方法在计算量上有优势，但同时也有一些明显的不足。

首先，它并不提供检测目标多普勒频移（相对速度）的估计，而这一信息对跟踪十分重要。其次，当判定目标存在时，它对存在目标的数目并不清楚。这使得在同一距离-方位单元内存在的多个目标无法被辨别出来。最后，相对利用 CPI 全部脉冲的相干积累，该方法对白噪声背景下目标回波提供的 SNR 增益十分有限。

由于这三条主要原因，超视距雷达并不使用 MTI 方法进行多普勒处理。然而，自适应杂波滤波的理念在超视距雷达中十分有用。后面还将讲到，它可用来检测 CPI 中被瞬态干扰（冲激噪声、流星回波等）污染的脉冲，还可用于慢时间杂波样本的内插或外推，这在本章后续介绍的两种重要改善处理步骤中十分有用。

4.2.3.2 谱分析

相对于 MTI 方法，CPI 中全部 N 个慢时间样本的谱分析多普勒处理技术提供了更好的检测性能和额外的信息，代价是更高的计算复杂度。特别是，这一方案提供：（1）更高的 SNR 增益以加强在噪声占优多普勒频率上目标回波的检测；（2）分辨同一距离-方位单元内多个具有不同多普勒频率目标回波的能力，以此确定存在回波的数目并避免因回波未分辨而引起的互扰；（3）估计每一个检测回波相对速度的符号和幅度以加强跟踪性能。

众所周知，通过计算慢时间数据的离散傅里叶变换（DFT）可对其进行数字谱分析，如式（4.104）所示，其中，$\{w(n)\}_{n=0}^{N-1}$ 为用于控制多普勒谱副瓣的窗函数。$z_k^{[b]}(n)$ 中的指标 n 为对应多普勒频移为 $n/(NT)$ Hz 的频点指标。为使不同数据长度和处理器特性条件下计算时间最少，围绕着浮点操作（加/乘）数量和内存利用的优化，许多不同的 FFT 算法得以提出（Burrus and Parks 1985）。

$$z_k^{[b]}(n) = \sum_{m=0}^{N-1} w(m) y_k^{[b]}(m) e^{-j2\pi mn/N} \qquad (4.104)$$

每个距离-方位单元内的慢时间样本依次通过 N 点加窗 FFT，得到方位-距离-多普勒（ARD）谱图，如图 4.17 所示。零多普勒频率附近的谱样本通常由强地海面杂波占据，更高多普勒频移处的频点则通常为外噪声所占据。多普勒频谱的不同频点分别被搜索以确定是否存在目标，如果某个样本存在一个超过检测门限的局部峰值，不仅可以确定该距离-方位内存在目标回波，而且也提供了该目标相对速度（靠近或远离）的估计。

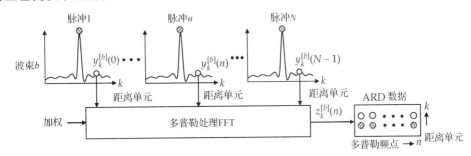

图 4.17 相干多普勒处理示意图。该处理通过对 CPI 中所有 N 个脉冲（线性 FM 扫频）进行脉冲压缩和阵列波束形成后的慢时间样本进行数字谱分析实现

在 CPI 内 RCS 和多普勒频移保持不变的单个（理想）点目标回波具有如式（4.105）所示的慢时间信号形式。其中，α 为目标回波在距离单元 k 和方位单元 b 内的复幅度。

$$y_k^{[b]}(n) = \alpha e^{j2\pi f_d nT} \qquad (4.105)$$

对于矩形窗 $w(m)=1$，这一采样信号的连续频率域输出为式（4.106）所示的周期辛克函数。其中，$f_p = 1/T$ 为脉冲重复频率。式（4.104）所示的 DFT 对函数 $S(f)$ 在多普勒频点 $f_n = n/(NT)$ 上进行采样，其中的两个区间 $n \in [0, N/2)$ 和 $n \in [N/2, N)$ 中的多普勒频点分别对应着正和负的目标相对速度。

$$S(f) = \alpha e^{-j[\pi(N-1)(f-f_d)T]} \frac{\sin[\pi(f-f_d)NT]}{\sin[\pi(f-f_d)T]}, \quad f \in [0, f_p] \qquad (4.106)$$

矩形窗的主要问题是相对较高的副瓣电平，这可能会导致 0 Hz 附近的强杂波淹没在多普勒频率上与杂波区别明显的较弱目标回波。使用矩形窗时，$S(f)$ 的最高（第一）副瓣仅比主瓣低 13 dB 左右，而多普勒分辨率（半功率主瓣宽度）约等于 $0.89/NT$。多普勒分辨率的损失，虽然会引起主杂波谱分量附近一到两个频点内检测性能的降低，但减少了杂波副瓣电平，提高了强杂波环境中多普勒频谱其他位置的目标检测性能，因而被认为是可以接受的。各种窗性能的总结可参考 Harris（1978）。

当通过加窗来控制谱泄漏时，低副瓣电平不仅要和频率分辨率折中考虑，同时还会引起 SNR 的损失。相对于单位窗，幅度上的锥削不仅降低有用信号的相干增益，也会减小多普勒处理输出端白噪声的方差，但二者降低的幅度并不相同。由加窗引起的处理损失定义为加窗时的输出信号-白噪声比（SNR_w）除以单位窗时的输出信号-白噪声比（SNR_u），二者均在谱最大值处（$f_n = f_d$）取值。某实数权值窗函数 $w(m)$ 的 SNR 损失 L_p 由式（4.107）给出。表 4.1 列出了一些常用窗函数的 3dB 主瓣宽度，SNR 损失，峰值副瓣电平和最大扇区损失。

$$L_p = \frac{SNR_w}{SNR_u} = \frac{|\sum_{m=1}^{M} w(m)|^2}{M \sum_{m=1}^{M} |w(m)|^2} \qquad (4.107)$$

表 4.1 一些常用窗函数的相关数值。副瓣更低的窗函数一般 SNR 处理损失更大，主瓣宽度更宽（分辨率下降），但在信号频率不能很好匹配处理多普勒频点时对扇区损失更稳健

窗函数	3 dB 宽度，FFT 分辨单元	SNR 损失，dB	峰值旁瓣，dB	扇区损失，dB
矩形	0.89	0	−13	3.92
Hann	1.44	−1.76	−32	1.42
Hamming	1.30	−1.34	−43	1.78
Dolph-Chebyshev(50 dB)	1.33	−1.43	−50	1.70
Dolph-Chebyshev(70 dB)	1.55	−2.10	−70	1.25
Blackmann-Harris(92 dB)	1.90	−3.00	−92	0.83

扇区损失取决于实际信号多普勒频率和最接近 FFT 频率点之间的匹配程度。当信号多普勒频率七号位于两相邻频点中间时出现最差情况。举例而言，矩形窗的最大扇区损失为 3.9 dB，而 Blackmann-Harris 窗（最小 4 个取样）的主瓣更宽，其最大扇区损失只有 0.83 dB。在 FFT 频点处对多普勒谱取值的系统，对扇区损失的稳健性意味着一种对低副瓣窗函数 SNR 损失的补偿（如 Blackmann-Harris 窗的 3 dB）。

参数化谱估计技术，如 Marple（1987）中讨论的，可用于多普勒处理。然而，由于其在信号分辨良好时的稳健性，超视距雷达常用锥削 FFT。在舰船检测时，多普勒上的高分辨率和低副瓣都很重要。另一种多普勒处理技术已用于短相干条件下的超视距雷达慢速目标检测，参考 Barnum（1986）、Root（1998）和 Fabrizio 等（2004b）。

4.2.3.3 机动目标

常规基于 FFT 的多普勒处理，建立在目标回波的多普勒频移在雷达 CPI 内保持或近似保持不变的前提下。实际上，某些目标的相对速度可能快速变化（机动或加速目标），这会引起回波能量在多普勒谱上明显展宽。回波能量展宽到多个多普勒频点会导致相干积累增益及 SNR 的显著损失。对加速目标进行常规多普勒处理所引起的 SNR 损失会超过 10 dB。除了降低目标检测性能，多普勒展宽使相对速度的估计更加复杂。回波的多普勒-时域特征通常含有此类目标有价值的信息。因此，估计目标时变多普勒频率（多普勒定律）的能力可对目标分类提供重要的参考。

在此情况下，联合时频分析提供了有效机动目标检测和包括回波多重多普勒特征在内的瞬时多普勒频率估计的另一途径。针对时频分析技术学界已取得丰硕成果。对不同时频变换及其特征的详细描述，读者可参考 Cohen（1989）、Cohen（1995）及 Qian（2002）。在分辨率、集中度、计算量及共项干扰等方面，每一种变换或分布都有其独特的优缺点。有些技术的分辨率高但计算量大，有的分辨率低但计算相对较快，有些方法兼具高分辨率和运算速度，但却易受共项的干扰。

超视距雷达中特定距离-方位单元内慢时间采样序列的时频分析可用于机动飞机和舰船，或中初段火箭目标的观测（Zhang, Amin, and Frazer 2003）。该应用的一个关键难点在于通常比目标回波强 40~80 dB 杂波的存在。基于实测 HF 雷达数据，Thayaparan and Kennedy（2004）描述并比较了 12 种在海杂波背景下分辨数个加速飞机目标回波多普勒-时间特征的不同时频变换。

在高频视距雷达中利用 Wigner-Ville 分布来测量发射阶段弹道导弹的研究，可参考 Frazer（2001）。在这一实际应用中，导弹的多普勒律在存在瞬态流星回波情况下以约 20 ms 的时域

分辨率得以估计。低 SCR 条件下估计时变目标回波多普勒特征的稳健技术在 Zhang, Amin and Frazer（2003）和 Wang 等（2003）中也有所报道。

为了有效观察机动目标回波的多普勒-时间特征，超视距雷达可连续驻留在单个监视区域内，没有驻留间隔。未经打断的相干雷达波形脉冲不仅可作为非独立 CPI，也可作为一系列部分重叠的 CPI 加以处理，这样多普勒谱就能在一小部分相干积累时间上得到更新。而且，注意力也可集中到一个特定区域，如某一波束内的一个或多个距离门上。单个距离-方位单元内更新的多普勒谱可按 CPI 一个一个垂直叠放起来，显示出目标相对速度随时间的变化。图 4.18 列出了一个距离-方位单元内多普勒频率随时间变化的实例，其中包含了一个机动目标的回波。这种形式的显示方式可称为瀑布显示。

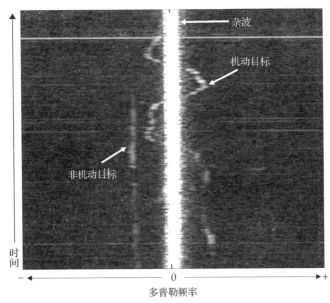

图 4.18　瀑布图显示了在单个距离-方位单元内多个连续 CPI 的超视距雷达实测多普勒谱的垂直堆叠。本图显示了机动和非机动飞行目标产生的航迹。此类显示能够帮助操作者将穿过含有强地面杂波 0 Hz 多普勒频率线（盲速）的检出回波关联起来

4.2.3.4　实例

图 4.19 分别画出了将超视距雷达单个 CPI 内接收机-快时间-慢时间维度输入数据转变为方位-距离-多普勒（ARD）输出数据过程中脉冲压缩、多普勒处理和阵列波束形成的中间结果。其中，为了更清楚地表明阵列波束形成对目标回波的影响，后两者的顺序相对前述步骤有所交换。该实例中的第一次转换（从图 4.19 的左图到中图）表明了多普勒处理的有效性，将所有接收机的地海杂波和一个（微弱的）飞机目标回波区分至不同的频点。阵列波束形成提供了进一步的相干增益，增强了目标回波的 SNR，同时也将其在方位上进行了定位（从图 4.19 的中图到右图）。

在多普勒处理中采用低副瓣窗函数的重要性在图 4.20 中得到展示。单位窗导致真实飞机目标回波被高杂波副瓣所淹没，该副瓣扩展至所有的多普勒频点（见左图）。而合适窗函数的使用降低了杂波副瓣，使得目标回波清晰地显示出来（见右图）。这一结果清楚表明真实应用中使用窗函数，在分辨率和副瓣电平之间折中的好处。

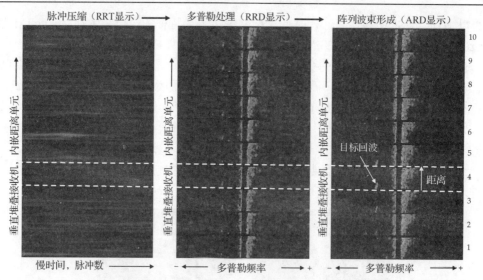

图 4.19 输入单个 CPI 内超视距雷达数据立方经过脉压、多普勒处理和阵列波束形成后的分步结果。最左边的图为接收机-距离-时间（RRT）图，其中被垂直堆叠起来的接收机（子阵天线）输出内含距离单元和脉冲（慢时间样本）。中图为接收机-距离-多普勒（RRD）图，经过多普勒处理后其水平轴已从脉冲数转换成了频点。杂波聚集在零多普勒频率附近，接收机输出中一个飞行目标回波微弱可见（阵列中仅有部分接收机显示出来）。最右边的图为方位-距离-多普勒（ARD）图，其中接收机输出经阵列波束形成后转换为 10 个垂直堆叠的指状波束（只有部分指状波束得到展示）。飞机目标回波在最终的 ARD 图中清晰可辨

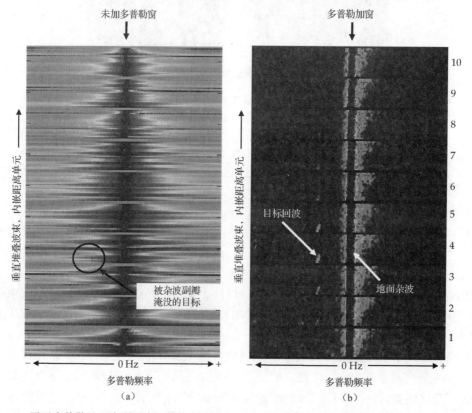

图 4.20 展示多普勒处理中利用窗函数控制（降低）杂波副瓣水平的实例图。采用均匀窗使 ARD 图（图（a））中目标回波被高杂波副瓣掩盖，而低副瓣窗的使用使目标回波清晰可辨（图（b））

图 4.21 在顶部放大了图 4.20 中包含有目标回波波束的距离-多普勒图,图中显示出了多径效应下单个目标的多个回波。注意,此时不同的回波可在距离或多普勒上被超视距雷达分辨。3 个分辨清楚的目标回波分别对应着图 4.21 左边标注的双程传播模式。每个字母前的数字 1 表示单跳天波传播,而由折线分开的第一和第二个字母分别表示在雷达-目标和目标-雷达路径上反射信号的电离层。

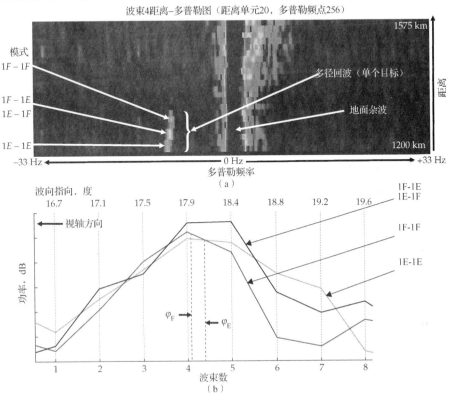

图 4.21 图(a)的超视距雷达波束输出显示了一个真实飞机目标产生距离和多普勒可分辨多径回波的实例。相对 1E-1E 模式,1F-1F 模式的斜距更长、多普勒频移更小,而 1E-1F 模式和 1F-1E 模式由于二者的斜距和多普勒频移相似而不能分辨。图(b)展示了每一种可分辨目标回波多径成分的波束响应(偏离法线方向的锥角度数用波束数目的函数表示)。由于锥角效应,1F-1F 模式的内插峰值相对 1E-1E 模式更靠近法线方向,该效应表现为某一模式随着回波俯仰角的增加,其视在方位角向 ULA 法线方向偏移

在图 4.21 中,斜距从约 1200 km 延伸至 1575 km,而±33 Hz 的多普勒频率范围在 f_c = 15.979 MHz 的工作频率上对应±1115 km/h 的不模糊相对速度。雷达信号带宽为 8 kHz,形成约 19 km 的距离分辨率。距离单元数目为 $K = 20$,重复频率 $f_p = 66$ Hz,积累脉冲数 $N = 256$,对应 CPI 约为 4 s。这些参数接下来将用于解释多径目标回波结构的基本特征。

图 4.21(b)显示了 3 种可分辨传播模式目标回波的波束谱。每个响应为包含目标回波距离-多普勒单元内波束输出的幅度方根。与 1E-1E 和 1F-1F 模式不同,由于 1E-1F 和 1F-1E 在距离和多普勒上都是不可分辨的,这两种模式的波束谱不能单独观察。在图 4.21 中,1E-1E 和 1F-1F 模式锥角的内插估计分别由 φ_E 和 φ_F 表示。F 层模式从比 E 层更高的俯仰角入射,这解释了为何 F 层模式以更加靠近 ULA 法线方向的视在方位角(锥角)接收。

图 4.22 展示的场景有助于解释在图 4.21 实测数据显示中观察到的多径目标回波距离和方位特征。利用 E 层和 F 层反射虚高的典型值,大地距离 1200 km 的(低高度)飞机目标在

不同传播模式下对应的斜距列于图 4.22。采用球面地球几何关系计算，入射 E 层和 F 层的俯仰角约为 6.7 和 19.5 度。对于一个径向速度为 400 km/h 的水平飞行目标，当工作频率为 16 MHz 时沿不同（双程）模式俯仰角投影的多普勒频移列于图 4.22。

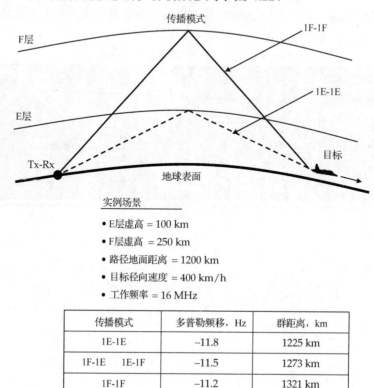

实例场景
- E 层虚高 = 100 km
- F 层虚高 = 250 km
- 路径地面距离 = 1200 km
- 目标径向速度 = 400 km/h
- 工作频率 = 16 MHz

传播模式	多普勒频移, Hz	群距离, km
1E-1E	−11.8	1225 km
1F-1E 1E-1F	−11.5	1273 km
1F-1F	−11.2	1321 km

图 4.22　在雷达和一个远去目标之间多径（E 层和 F 层）传播示例。利用所列参数，计算得到不同目标回波传播模式的斜距和多普勒频移如表所示。这一结果建立在球形地面和电离层模型上，目标飞行高度较低且保持不变

在这一简例中，降序排列的相邻模式间多普勒频移差约为 0.3 Hz，略大于 CPI 为 4 s 时的一个多普勒频点。尽管没有该实例场景的先验知识加以对照，这一不同模式目标回波之间的多普勒频移间隔与图 4.21 中观测到的间隔一致。注意，斜距最小模式的多普勒频移最大。这一关系有助于辨别速度模糊目标，因为经过多普勒频率折叠后的回波将表现出相反的模式斜距和多普勒频移关系。

简例中模式之间的最大斜距差约为 96 km。这对应大约 5 个斜距分辨单元，或距离处理深度的四分之一，这也与图 4.21 实测数据显示结果中观察到的回波距离展宽相符。参考图 4.22 表中列出的数值，从图 4.21 中明显看出，真实目标传播模式的多普勒频移集中在约 −11 Hz，斜距范围大致在 1220～1320 km。该简例的目的并不是证实实测数据的测量结果（因为没有真实信息），而在于展示多径目标回波距离和多普勒结构是如何与电离层传播几何关系发生联系的。

4.3　操作方法

空中和海面目标探测任务的成功依赖于超视距雷达系统设计与操作等几个因素。事实上，

空中和海面目标探测任务的有效执行取决于不同的条件，即在系统层面上优化一个任务或另一个任务的性能时，会导出两种截然不同的超视距雷达设计。实际上，飞机、舰船和其他种类目标通常需要使用一个单独的系统探测和跟踪。在这种情况下，超视距雷达体系结构代表与两种完全不同类型任务相关的竞争目标之间的折中。超视距雷达设计在不同方面的衡量反映了针对空中和海面任务的相对优先级。一旦系统基于这些优先级被配置，剩下的灵活性就在于操作参数的选择。

考虑到不可避免的信号和数据处理的局限性，特定超视距雷达任务的成功在很大程度上取决于有用信号的属性、杂波和接收到的数据中的噪声。毫不奇怪，这些属性关键取决于载波频率和雷达波形参数的选择。载波频率和波形参数需要通过选择来实现对环境条件和感兴趣目标的最佳匹配。4.3.1 节论述了对于空中和海面任务，影响超视距雷达载波频率、波形带宽、脉冲重复频率、相干积累时间选择，以及阵列孔径使用的主要操作因素。系统设计相关内容在第 3 章中已有所涉及。

一旦数据被接收，完全依靠前面描述的基本的信号处理步骤，有时会导致在 ARD 数据立方（data cube）的大部分范围内出现信扰比的下降。出于这个原因，基本处理还需要许多改善的信号处理步骤来支持。这些步骤包括提高雷达在不利的杂波和噪声条件下的稳健性，如严重的冲激噪声或短暂的流星余迹回波。其他插入到雷达信号处理环节的步骤将有利于提高雷达覆盖范围或覆盖率。4.3.2 节和 4.3.3 节将讨论两种改良的信号处理步骤，其通常被认为是对于提高超视距雷达运行有效性而不可或缺的，因此被视为标准处理的一部分。

4.3.1 空中和海上任务

监视雷达的目标可能使用许多不同的标准分类。例如，目标可能通常依据雷达工作频率 RCS 值（小或大）和它们的预期速度范围（慢或快）而被分类。通常，水面舰艇划入缓慢、大型 RCS 目标类，而飞机划入快速移动、小型 RCS 目标类。大部分情况是这样，它已成为将超视距雷达任务划分为空中或海面任务模式的一般标准。这种自然的目标分类可能不恰当地导致超视距雷达操作参数要么被优化检测飞机、要么被优化检测水面舰艇的观念，而不考虑它们的 RCS 和速度特征。

事实上，载波频率和波形参数无法对物理实体目标（飞机或水面船舶）尽可能优化，主要是因为限制目标探测的主要因素可能是噪声或者杂波。在超视距雷达操作参数的仪器化范围内，对于目标探测的载波频率和波形设计优化通常有两个定义场景：（1）在背景噪声中较难检测的快速移动且 RCS 可能较小的目标；（2）通常混在杂波干扰中相对缓慢移动且 RCS 较大的目标。

举一个例子，小快艇的检测可能会受到噪声而不是电离层混乱的限制。在这种情况下，载波频率的选择可能是基于通常用于空中模式的任务标准，而不是海面模式的任务。换句话说，目标 RCS 和速度对参数的选择有更大的影响力，而不是因为目标是不是飞机或船舶。接下来，为了方便讨论，我们继续遵循通常的惯例，涉及不同的超视距雷达任务仅分为空中和海上任务。然而，应该记住的是，从雷达的角度来看，载波频率和波形参数优化实际上是为了在噪声或杂波中的目标探测。

4.3.1.1 载波频率

对于空中任务，载波频率的选择主要是基于最大限度地提高信噪比。这就必须选择能够使监测区域内空中目标平均信噪比最高的频率。在实践中，最大化来自监测区域后向散射信号的平均能量和适当带宽下干净频率信道中的背景噪声之间的比率，这代表了基于信噪比准则的频率最佳选择的标准方法。

微妙之处起因于，信噪比依赖于覆盖监视区域的天线波束指向输出（高分辨率）的背景噪声功率，而不是被一个全向"鞭子"天线或子阵列衡量。此外，目标RCS特征和入射的平均功率密度（与监视区域的后向散射相反）通常在这个过程中不直接考虑，一般考虑测量杂噪比而非目标信噪比。然而，这些因素一般都是次要效应，不是频率选择的主要驱动力。

最大限度提高信噪比的需求，往往意味着选择载波频率略低于最接近相关监测区域范围的最高可用频率（MUF）。这种选择实际上位于最近的覆盖范围且略超出盲区的边缘，这种试图利用自然聚焦获得的增益由紧靠着跳跃区的电离层反射区域提供。电离层条件的变化会导致最高可用频率（MUF）下降而使最近的覆盖范围落入跳跃区内，必须小心选择，避免太过靠近前沿。幸运的是，由电离层返回地面的高频信号平均功率密度，没有随着频率降低到前面定义的MUF之下而迅速衰减。这将产生宽达1 MHz的频率间隔，在此间隔内，传播到感兴趣区域的雷达信号，从目标照射平均功率的角度来看近似最优。除了信号功率，杂波（和目标）回波的多普勒一致性也会影响检测性能。

按照超视距雷达非干扰的政策，载波频率的选择也受制于必须在其他高频波段用户利用之外的干净频道内进行选择。在理想情况下，一个或多个适当干净的频率通道带宽能够在雷达信号传输最佳频率间隔内被鉴别。在这种情况下，一个或多个候补频率在雷达重访监视区域时可能被轮流使用。当用户聚集度很高时，可能需要使用一个次优频率进而屈从于一个较低的信噪比。可以想象的是，一些次要的因素如系统增益和空间分辨率等，可以用更明确的方式加以考虑，但我们在这里不关心这种级别的细节。

实际上，超视距雷达操作员针对某一特定监测区域接收来自实时频率管理系统（FMS）的详细频率建议，该建议基于信噪比性能指标自动排序。在此系统中，监视区域方向上的后向散射探测器（BSS）提供一个函数，该函数指示了在监视地区不同范围内信号平均功率随频率的变化。这些数据结合了频谱监测系统的干净频道建议，以及使用来自波束覆盖监测区域定向天线的背景噪声谱密度估计。来自这些不同子系统的FMS数据被自动处理给操作员，提供可使监视区域的平均信噪比最大化的未占用频率信道（其带宽至少满足要求）。

来自监测区域的后向散射最高平均杂波功率通常出现在一个略低于BSS电离图前缘的频率上，往往伴随着更高的信号衰落率和深度。从紧靠盲区距离上返回的信号，相对更远量程返回的信号，往往表现出更高的多普勒频谱污染，这是因为更远处高射线的影响通常不那么重要。然而，这样的效果对于相对速度较大且由此产生多普勒频移的飞机目标检测的信噪比性能指标而言，往往是次要关注的。经验证据表明，当信噪比是频率选择的主要性能指标时，平均信号功率的增强重于信号一致性减少的效果（例如，接收的杂波和目标回波的多普勒谱扩展特性）。

正如前面提到的，那些将监视最近距离紧靠盲区的频率也是可通过电离层常规反射过程而用于提供照射整个监测区域的最高频率。一个干净的略低于MUF频道在实践中被选择用来优化信噪比和优化在噪声限制环境中的目标探测性能。相对于选择低频率（远低于前沿）的不同做法，一个略低于MUF的频率从目标RCS的角度来看是有利的。尤其是对于尺寸较小的目标，情况更是如此，因为小目标的平均RCS（可能在较低频率即将落入瑞利散射状态），倾向于以更高操作频率删除以进一步向共振区域转移。

除了上述电离层聚焦增益和目标 RCS 可能更高的优点，环境噪声的功率谱密度在较高工作频率上通常更低。虽然背景噪声谱密度在白天可能表现为一个轮廓相对不变的频率函数，但在夜间，随着频率的增加，噪声等级的降低对于前面描述的种种原因是有意义的。在这种情况下，监视区域最近量程下接近 MUF 的操作，也会趋向于与最低环境噪声谱密度相符。对于空中模式任务的最佳载波频率选择，其一般性原则可总结为，信噪比代表了主要的目标探测性能指标。

慢速移动目标的检测更有可能受限于杂波而不是噪声。在舰船检测情况下，一阶和二阶海杂波组合都可以掩盖目标回波。海面模式任务的载波频率选择主要是为了最大化信杂比，而首要基于后向散射回波的多普勒频谱污染最小化准则。对于海面模式任务，照射雷达覆盖区的雷达信号功率密度和噪声功率谱密度不能完全忽略，但是相对于杂波限制环境下缓慢移动目标检测时相干积累时间内信号相位路径的时域一致性，这些则成为次要因素。图 4.23 形象地描述了一个真正海杂波多普勒频谱下基于多普勒频移回波和目标 RCS（回波强度）的目标可见性程度。

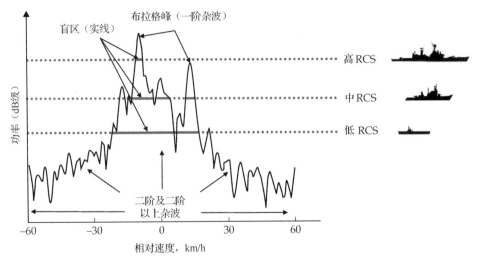

图 4.23　由一部超视距雷达记录的海杂波多普勒频谱真实数据例子和目标盲速间隔的插图作为回波强度的函数。非常高 RCS 的目标（40～50 dBsm）只能被布拉格峰掩盖，且有一个狭窄的盲速区间，而对于回波幅度可比拟二阶连续杂波的较低 RCS 目标，可能被掩盖在一个更宽阔的多普勒频率波段（相对速度），特别是在高阶海态下

当考虑 F 层传播时，多径污染与信号衰落减少的天波传播出现在远低于前沿的频率上。这些频率通常低于给定监视区域和时间内用于空中模式任务的频率。在更低频率上，高射线经历更大的衰减，而主要贡献来自低射线的寻常波和非常波，它们倾向于在电离层 F 层反射环境中提供更好频率的稳定性传播。对于大型水面舰艇，低频率的使用不会导致目标 RCS 落入瑞利区，而夜间较低的频率遭遇到的较高噪声谱密度背景，不会影响杂波限制环境中的检测性能。

随着信号频率降低到略低于点对点环路 MUF，强度相当的多径回波的接收越来越复杂。原因是低高倾角射线分离，以及 F 层高射线 O 波 X 波的分离。来自同一雷达分辨单元的不同电离层频移与扩展的多径分量可以显著促进杂波多普勒频谱展宽，并因此遮蔽慢速移动目标回波。随着频率下降至低于前沿，高射线减弱更加显著从而多径的贡献不再那么重要。然而，在低频段，同时通过 E 层和 F 层区域的不同电离层传播的可能性更高，而这也可能导致杂波多普勒谱的多径引入谱污染提升。

图 4.24 显示了多径传播和电离层相位路径变化（距离依赖多普勒频移和扩展）对接收杂波多普勒频谱的影响。多径的主要问题之一是被干扰（或弱的）的传输模式不能顾及目标检测，然而能够在目标回波可能存在的多普勒区域上叠加杂波，该区域对应着那些足够强且频率稳定的传播模式。这种情况在实际中频繁出现，因为电离层常常将不定的多普勒频移和传播强行加入不同的传播模式中，作为主要和次要模式都在图 4.24 中有明显表明。另一个特征是，电离层利用多普勒频移和扩展的距离相关性施加影响于个别传播模式。这种现象导致布拉格峰在多普勒频率上的偏差，改变了图 4.24 中标注的每种模式的展宽，使之随距离变化而变化。

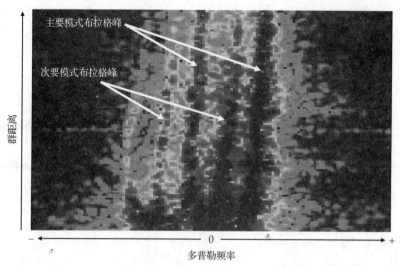

图 4.24 距离-多普勒图表明了杂波多普勒谱上多径的有害影响。更多的干扰或较弱的模式可能不支持目标探测，但来自这种模式的杂波可能模糊被提出的主要频率稳定模式的目标回波多普勒区域。区分被主要和次要电离层模式强加的多普勒频移的不同点在这个例子中被阐明，对于两种传输模式中的每一个，多普勒频移和扩展布拉格峰的重要距离相关性都被研究

偶发 E 层经常提供频率稳定传播，并且这一层有时比 F2 层临界频率更高，即使它可能不会被覆盖。在这种情况下，（一跳）地面距离不到 2000 km 的监测地区可能通过谱污染相对较低的偶发 E 层传播进行有效照射。强烈的 E 层电离有时通过多跳传播扩展覆盖更大的地面距离。然而，这种传播模式并非完全可预测的，可能只持续相对较短的一段时间，通常几个小时或更短。标准 E 层通常也是频率稳定的，并且提供了一个覆盖不到 2000 km 地面距离的可选择方案，但仅限白天，F 层电离层传播由于其较高的临界频率也可能存在（超出限制范围）。

当不存在临界频率高于 F2 层的偶发 E 层时，海面模式任务的最佳频率选择很难单独从 BSS 电离图确定。出于这个原因，操作者通常参考微型雷达，后者以若干适当间隔的载波频率，在不同的波束方向和地面距离上对后向散射杂波多普勒频谱进行传统测量。尽管敏感性低于主超视距雷达，微型雷达在海面任务频率选择时，仍被认为是最可靠的信息来源。倾斜入射电离图表示点对点电离层回路的单向模式结构，也可以用于对最小化多模入射谱污染指导频率选择。

基于信噪比或信杂比优化的频率选择分别代表了两个极端情况——空中和海面模式任务。在某些实际情况下，需要在并不是占主导地位的强烈噪声或杂波干扰背景中检测出目标。

总的来说，频率选择需要考虑这两个标准，而不是只优化一个而忽略另一个。例如，对于检测一个小型海面舰船（由于杂波多普勒谱在选定频率上的极好的纯度）信干比足够的情况，仅仅关注这一个标准而导致了一个对于目标探测过低的信噪比。在许多情况下，对于成功的超视距雷达运行，在两个优化标准中做一个适当的平衡是必需的。信噪比、信杂比不应当被认为是独家性能指标，而应根据手头的任务来作为主要或次要的性能指标。

4.3.1.2 带宽

电离层是频率色散传播的介质，并且有时这个属性可在传输信号带宽的尺度上表现出来。具体地说，一个高频信号的不同频率分量可以在通过电离层传输中发生群路径、多普勒频移和极化状态的分散。这种现象对提高超视距雷达系统距离分辨率（没有使用某种形式的补偿）的高频信号带宽产生一个上界，这一限制有时用来定义随电离层状态变换的相干带宽。对超视距雷达来说，使用标准处理来提高距离分辨率的最大化可用带宽，通常被认为是在 F 层电离层传播下大约 100 kHz 或更少。在这一物理限制所允许的界限内，产生了为空中和海上任务选择超视距雷达信号带宽所需考虑的因素问题。

更高的雷达信号带宽提供更好的距离分辨率。从减少系统空间分辨率单元尺寸，由此减小后向散射杂波有效 RCS 的角度来看，这一点是理想的，后者往往与（慢速移动）目标回波检测进行竞争。需要在噪声背景下进行检测的快速目标，精细的距离分辨率对分辨同一目标回波（由于多径）或区分目标和流星等独立散射源提供更大的范围。当扩展多普勒杂波存在于整个雷达速度搜索空间时，好的距离分辨率也可以减少与快速移动目标竞争检测的杂波功率。

总之，较大的信号带宽通过提高单个超视距雷达分辨单元的信杂比，可改善杂波背景下目标的检测。重要的是，更宽的信号带宽也可以提高雷达坐标系中目标回波检测的定位精度，而不受限于群距离。这是因为为了准确估计参数，距离、方位和多普勒的峰值插值程序要求目标回波的 3 个典型雷达维度中至少有一个是可分辨的。更高的距离分辨率有助于分辨目标回波，这不仅缓解了未分辨多径带来的快速衰落，而且可供更精确的参数估计使用。

另一方面，使用更高带宽的愿望，可能致使在拥挤的高频波段内找到清晰的适合雷达使用的频率信道任务更加困难，尤其是在夜间较低的高频频谱变得非常拥挤的情况下。随着带宽需求的增加，被认为适合雷达使用的干净的频率通道数量迅速减少。可用的干净频道减少，致使传输到监视区域的超视距雷达信号特性或背景噪声谱密度降低的可优化余地减少，这两者都对信噪比有影响。此外，雷达带宽的开发增加了接受偶然性人为干扰的可能性。本书的主要观点是，使用大的信号带宽，相对较低带宽，可能会使可获得的最大信噪比显著下降。

最终的结果是，空中模式任务往往采用相对较窄的带宽，通常约为 5～15 kHz。这主要反映了最大化信噪比对于较低 RCS 的快速移动目标检测的重要性。5～15 kHz 带宽区间也被认为能为雷达目标回波检测和坐标定位中提供足够的群距离分辨率（10～30 km）。距离折叠和扩展多普勒杂波往往是夜间空中模式任务的更大担忧，但是，由于较低高频波段的占用率密度，此时增加带宽导致信噪比的损失是严重的。出于这个原因，夜间通常使用比白天（8～15 kHz）更窄的带宽（5～8 kHz）。

相比之下，海面任务倾向于使用更高的带宽，通常为 15～30 kHz。这主要反映了在每一个雷达分辨单元中杂波功率最小化的重要性。除了降低杂波 RCS，小尺寸距离单元为慢速移动目标探测提供了另一个重要的好处。具体来说，当多普勒分辨率非常精细时（如 20 s 相干积累时间的 0.05 Hz），杂波多普勒谱特性可能随群距离显著变化。这可能是由于雷达覆盖区内陆海边界的存在而出现，或者随信号路径群距离变化的电离层多普勒频移和扩展。较小的距离单元限制了延迟的收集间隔，因此减少了在特定的空间分辨单元获得的杂波多普勒谱的变化程度。图 4.25 展示了一个超视距雷达数据实例，为了检测，其中不同速度的舰船要和海洋和陆地混合杂波竞争，杂波多普勒谱特性显然与范围和波束相关。相似的概念也适用于系统的角分辨率。更大的接收天线孔径可降低雷达分辨单元的横截距离尺寸。这增强了慢速移动目标检测的信杂比，并且可能减少由杂波多普勒谱特性角度变化而引起的杂波多普勒谱扩展的数量。超视距雷达接收天线的全孔径通常用于船舶检测。然而，在不影响杂波限制环境中检测性能的前提下，为了提供更宽的覆盖范围，发射波束可能被扩展（使用适当的渐变或半孔径操作）。发射天线增益可以在某些情况下影响信杂比的情况值得注意。为了增加覆盖范围或覆盖率，单独的半孔径超视距雷达操作（发送和接收）通常更适合空中模式任务，但代价是较低的信噪比。在可达到的信噪比较高和扩展多普勒杂波影响较小的情况下，这种模式操作更适合白天。

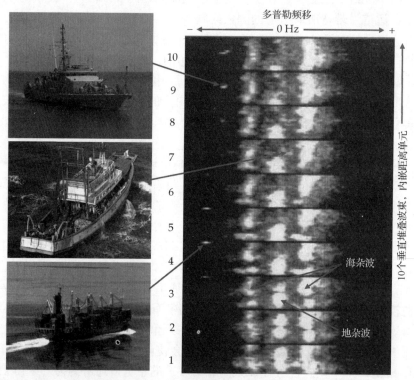

图 4.25 巡逻艇、渔船、集装箱船的真实超视距雷达检测数据显示。返回的一阶杂波多普勒扩展主要是由超过相参处理间隔的双向电离层（天波）传播造成被强加于雷达信号的不规则相位-路径变化引起的。这一现象，结合地杂波的存在，有效地限制了布拉格峰之间较低的、使目标探测成为可能剩余杂波的多普勒频谱区域。这两种效应导致在波束 7 的布拉格峰之间检测渔船的困难

4.3.1.3 脉冲重复频率

使用具有不变脉冲重复频率（PRF）的单一（周期）雷达波形在群距离与多普勒频率（相对速度）模糊度之间必然需要一个妥协。对于单站雷达，第一群距离和相对速度模糊度，分别用 R_{amb} 和 v_{amb} 表示，在式（4.108）中定义，其中 f_p 表示波形 PRF 和 f_c 表示载波频率。高阶模糊出现在 R_{amb} 和 v_{amb} 的整数倍数。为便于讨论，我们定义低 PRF（$f_p<10\,\text{Hz}$）、中 PRF

(f_p=10～40 Hz)、高 PRF（f_p>40 Hz）三种超视距雷达操作方式。

$$R_{amb} = \frac{c}{2f_p}, \quad v_{amb} = \pm \frac{cf_p}{4f_c} \qquad (4.108)$$

距离模糊度可能会给超视距雷达带来问题，因为通过天波传播的远距杂波会折叠回来。这可能包括一跳或多跳路径、跨越赤道传播和似弦的模式。虽然远距离的模糊杂波回波通常比监测地区的后向散射回波较弱，但是它们可以显著扩展多普勒频率，特别在传播路径包括（不规则场）电子密度的动态不规则散射时。对于一部指向赤道区域的超视距雷达，这一般发生在夜间，后向散射雷达信号通过低磁纬度的电离层干扰区域（如扩展 F 层）。重要的是，当通过距离折叠而落入雷达监测地区时，多普勒扩展杂波可能足够强大以致遮蔽目标回波。

虽然也存在叠目标回波距离折的可能性（特别在非常靠近的距离），实际中这个问题相对于接收扩展多普勒杂波被认为影响较小。通过天波路径传播很长距离（多跳）的目标回波通常被淹没在噪声之中，尤其是当 D 层吸收高时。另一方面，监测地区内目标回波的多普勒模糊会引发问题。快速移动目标可能绕不模糊多普勒空间折叠，并且叠回 0 Hz 附近的杂波区域。所谓的第一盲速发生于相对速度 $v=2v_{amb}$，此时目标回波多普勒频移等于 PRF，因而绕多普勒谱折叠落在 0 Hz 上。

就超视距雷达的舰船探测而言，实际上使用一个不变的 PRF，即可兼顾距离和速度的模糊，不需要妥协。这是因为确保大多数水面舰艇速度不模糊的 f_p 值通常都属于 PRF 状态。例如，一个 f_p=5Hz 的 PRF 在 f_c=15 MHz 下，产生一个明确的相对速度间隔 $v_{amb}=\pm 90$ km/h。对于这个 PRF，第一群距离模糊度是 R_{amb}=30 000 km。除了环地球传播（地球的周长大约是 40 000 km）的可能性，这个距离模糊如此之远，以致于在海面模式任务下不太被关心。

然而，使用一个波形进行飞机检测时，有时可能需要折中。当可能从监视区域外返回扩展多普勒杂波的远程（多跳）后向散射由于多次通过 D 层而经历较高衰减时，高 PRF 状态通常在白天最适合空中模式任务。此外，源于场向不规则结构的赤道扩展多普勒杂波通常是一个在傍晚和夜间发生的现象。例如，f_p=50 Hz 的 PRF 在 f_c=15 MHz 产生一个不模糊的 $v_{amb}=\pm 900$ km/h 相对速度间隔，对于许多（但不是全部）飞机目标是足够的。另一方面，对于这个 PRF 的第一群距离模糊度（相对于第一个群距离的监测地区）是 R_{amb}=3000 km。对于给定数目的脉冲（扫描），更高的 PRF 降低了 CPI，增加了覆盖范围或覆盖率。

当衰减很高或相对于后向散射监视区域多普勒频率扩展不显著时，距离叠回杂波是一个较小的问题。这种情况通常允许超视距雷达在白天对于空中模式任务以高 PRF 状态运行（速度不模糊）。然而，到了夜间，扩展多普勒杂波更为普遍，并且 D 层吸收消失，这使雷达更易受到强距离重叠扩展多普勒杂波的影响。因此，中间 PRF 状态可能更适合夜间的空中模式任务。在这种情况下，速度模糊的可能性对于更快的飞机目标可能会接受，以避免被距离模糊扩展多普勒杂波污染，这会降低速度相对较低飞机的检测性能。对于给定数量扫描，较低 PRF 也可增加信噪比。

原则上，具有不同 PRF 的多波形可以用来解决距离和多普勒的模糊性。一种方法是改变一个驻留期间 CPI 中的 PRF 来解决模糊性。然而，这种方法极大地复杂化了多普勒处理。另一种方法是在特定的 CPI 中保持一个恒定的 PRF，而在扫描间抖动 PRF。这使得多普勒处理更加简单，但是解决模糊性需要驻留多倍时间。PRF 抖动使目标回波多普勒或距离模糊性被鉴别成为可能。然而，这样一个计划可能不代表距离模糊扩展多普勒杂波问题的解决办法。这是因为杂波问题通常发生在相当大的范围，所以抖动 PRF 仅仅使得受污染区域在距离多普勒平面上移动,但没有发现有用的信号。其他类型的(非重复的)波形可用来操作处理距离多普勒区域搜寻已被距离模糊和扩展多普勒杂波占用的空间,这样,这个干扰就不会掩盖有用信号(Clancy, Bascom, and Hartnett 1999)。

4.3.1.4 相参处理间隔

很长的相参处理间隔(雷达驻留时间)可提高信号-白噪声比和系统多普勒频率分辨率。对常规多普勒处理,这两个量在速度恒定的非闪烁目标和通过频率稳定电离层的天波传播情况下,对于超视距雷达驻留时间是直接成正比例的。长时间驻留的主要缺点是极大地消耗雷达资源。对于给定的由超视距雷达实时搜索的覆盖区域,长时间驻留导致地区重访率降低,导致跟踪性能降低。另外,对于给定的区域重访率,长时间驻留会减少可同时被雷达时间表安排的总覆盖面积。

对于空中任务,较低的驻留时间下界主要取决于对潜在的低 RCS 目标检测提供足够信噪比的需要,以及将目标回波从杂波(及其他目标回波)中分离的足够的多普勒分辨率。后者需要识别目标的数量和精确估计它们的相对速度。空中任务驻留时间的上界主要受限于覆盖率和覆盖率的要求。在正常情况下,空中模式 CPI 较少受到(电离层)信道相干时间、CPI 内目标加速等问题的限制。一方面,1~4 s 的空中模式驻留时间被认为是在目标信噪比增益和多普勒分辨率之间的一个合理折中,另一方面,在于覆盖范围和覆盖率的折中。

海面模式任务适用的考虑截然不同。驻留时间的下界主要受能将慢速移动目标回波从陆地和海洋杂波中分离出来的高多普勒分辨率要求的驱动。在舰船检测情况下,海洋表面谐振水波成分可以有非常接近目标的速度,这意味着高多普勒分辨率是必需的。另一方面,驻留时间的上界可能受到电离层传播信道的相干时间的限制,或者受到需要同时安排(交叉)空中任务的限制。除非目标回波比包含目标回波多普勒频点上的杂波能更有效地积累能量,延长驻留时间超过某特定点对于提高 SCR 不会提供额外的好处。此外,非常低的区域重访率对舰船跟踪性能的影响不应被忽略。

尽管这些船舶通常移动相对缓慢,目标回波还会叠加电离层变化引起的斜距和多普勒频移。对于重访时间很长的海面任务,电离层路径变化对目标回波的多普勒和距离参数的贡献可以比那些船舶本身的运动更显著。目标回波路径可能在一次驻留重访到下一次驻留重访之间,经历来自电离层中信号反射点移动的群距离和多普勒频移的不规则变化。电离层的作用被雷达作为一种叠加但虚构的目标"机动"(即使目标运动稳定)而有效地感知。因此,非常低的区域重访率对舰船跟踪性能有不利影响。

对于海面模式任务,超视距雷达在大约 20~60 s 的重访时间通常被认为是合适的。表 4.2 列出了一些对于空中和海面模式任务有代表性的超视距雷达操作参数,包括相关分辨率和模糊度。需要强调的是,没有针对每个任务类型的标准操作参数设置。在实践中,根据雷达任务的具体性质和当时环境条件使用的实际参数,可能明显不同于这些标称数值。

表 4.2 超视距雷达对空和对海任务操作参数。从左到右,下表列出了一些典型值超视距雷达信号带宽、距离分辨率、孔径长度、横向距离分辨率、脉冲重复频率、第一距离模糊度、第一速度模糊度、相参处理间隔、速度分辨率。参数依赖于已被计算为中频带 15 MHz 和地面 1500 km 范围的载波频率和地面范围。这些都是一个假设的(原型)超视距雷达系统的典型参数值

任务	B, kHz	ΔR, km	D, m	ΔL, km	f_p, Hz	R_{amb}, km	v_{amb}, km/h	T_{CIT}, s	Δv, m/s
对空	10	15	1000	30	50	3000	±900	1	10
对海	30	5	3000	10	5	30000	±90	20	0.5

4.3.2 瞬态干扰抑制

改善对持续时间相对 CPI 时间尺度来说较为短暂的强干扰信号的免疫力,对超视距雷达系统而言十分重要。高频干扰信号种类包括闪电放电产生的冲激噪声、瞬态流星回波、叠加在雷达带宽上的瞬时人为干扰信号(如一个电离层扫频探测仪信号),这些干扰的接收无法经频率选择或雷达波形参数调整来避免,这推动了改进瞬态扰动信号抑制处理技术的发展。这些冲激噪声消除技术代表了历史上首次出现的数据依赖处理步骤之一,后来广泛应用于现役超视距雷达系统中。

"冲激噪声"一词通常是指受到雷击干扰的幅度远高于底层背景噪声水平。尽管冲激(大气)噪声现象完全不同于流星回波和短期人为干扰,干扰信号的瞬态性质仍然是一个共同的因素,这个共同属性意味着用于减轻这些瞬态干扰的改进信号处理技术的基本原理非常相似。瞬态干扰抑制的改善处理通常与冲激噪声抑制相关联,因为这些技术最初就是为这个目的而引入的。因此,我们应当使用冲激噪声作为描述这些处理主要原理的一种工具,可理解这些适用于暂态流星回波和短期人为干扰的相似概念。明显不同的例外将在下面的讨论中指出。

一个或多个爆发在 CPI 内的闪电,可以显著降低常规处理中整个距离-多普勒搜索空间的信噪比。冲激噪声信号与雷达波形不相干,所以它的能量分布在经过脉冲压缩后的整个距离单元。另一方面,多普勒扩散是因为由傅里叶变换的慢时间数据采样的谱分析被冲激能量污染而产生的效果。类似理由可用于短时人为干扰(独立于雷达波形)。瞬态流星回波的多普勒扩展也是上述同样原因,不过这些回波通常在距离域上有较好的聚集性,因为散射信号与雷达波形相干。

在没有补偿的情况下,闪电带来的冲激噪声可能会降低雷达灵敏度多达 10 dB。具体来说,在受到严重污染的雷达驻留波束内,SNR 相对平静情况可能会减少 30 dB 以上,而当活跃风暴位于监测地区范围内天波覆盖方向一跳或者两跳距离上时,平均信噪比退化约 10~20 dB 并不少见,雷达灵敏度如此显著的降低可有效地阻碍许多飞机目标的检测。

如前所述,一个闪电的时间也许是 100~400 ms,而发生概率在或大或小的风暴里可能会有每秒 1~5 次放电。虽然不是所有放电都会大幅增加接收到的噪声水平,但是 SNR 下降有时会在一定数量的连续雷达驻留时间内持续。在一个特定监测区域和波束内,当没有采用改进信号处理措施进行补偿时,数个连续空中模式 CPI 被冲激噪声污染的概率有时可以高到足以损害或破坏目标跟踪。

通过一跳传播模式收到的远场单个冲激噪声通常在到达方向上聚集性较好。一个低旁瓣水平的接收天线方向图一般可以有效抑制方位偏离冲激噪声信号。然而,空间处理不能在没有显著降低接收有用信号的前提下抑制从接收天线主瓣模式进入的冲激噪声。对于通过一跳电离层路径传播的单个远场冲激噪声源,在单层电离层模式下,受到影响的波束数量通常在 1~3 之间。

当在同一 CPI 之内收到多个空间独立的冲激脉冲,或者当 ULA 波偏离了视轴,而锥角较大的多路径传播出现,或者冲激强到足以提高天线旁瓣区域的噪声水平时,会有超过 3 个波束受到影响。事实上,来自近场源的强冲激噪声可能会阻止受影响 CPI 内所有常规波束、距离单元和多普勒频点上的检测。因此,需要改进处理技术来提高检测性能以对抗流星回波、短期人为干扰等瞬态干扰。

4.3.2.1 原理和技术

在图 4.11 的信号处理链中，瞬态干扰抑制步骤通常位于脉冲压缩和阵列波束形成之后，但在多普勒处理之前（例如，在每个距离-方位单元中的慢时间采样上）。其合理性在于，这些处理被用来抑制那些常规波束形成不能充分抑制的瞬态干扰。换句话说，这些对指向波束和监测区域距离单元内慢时间数据采样所进行的操作，主要是为了消除来源于主瓣天线波束方向图的瞬态干扰。

具体的实现细节各有不同，但许多技术的关键细节非常相似。第一步通常包括识别慢时间域内受影响的数据。那些被破坏的慢时间采样通常设置为 0 或从慢时间数据中"剥离"。最后，为了重构被检出污染数据段的杂波一致性，使用基于线性预测的插值方法进行缺失数据重建。一般来说，为了更加有效地抓住那些空间聚集的污染，这个步骤在距离-方位上的每个单元不断重复，比如在特定距离上形成的流星回波。

许多缓解超视距雷达瞬态干扰的研究在文献中被提出和报道。读者可参考 Barnum and Simpson（1997），Lu, Kirlin, and Wang（2003），Kramer and Williams（1994）， Guo, Sun, and Yeo（2005），Turley（2003），其中列举的参考文献不限于"消除-插入"步骤。另一种冲激噪声抑制方法在 Guo, Sun and Yeo（2005）中被提出。这种方法建立了一个杂波信号和冲激噪声的参数模型，然后从接收的数据中估计模型参数。模型成分中有符合冲激噪声特征的参数将被识别和从数据中去除。

对传统消除-插入方法，替代模型可能更适合于瞬态干扰影响 CPI 很大部分的情况。然而，基于模型的技术存在着假设信号解析表示和实际收到数据特征之间不匹配的缺点，以及从有限的数据记录中准确估计模型参数的困难。下面以 Turley（2003）描述的冲激噪声抑制技术为例，对"消除-插入"方法进行简要讨论。

第一步冲激噪声检测往往不能直接在慢时域中应用，因为污染信号通常被强大的表面杂波回波掩盖。为了识别被冲激噪声破坏的数据样本，一种常见的方法是应用（高通）FIR 陷波-滤波器抑制主要的表面杂波回波。这种滤波器的系数可通过，正如在前一节中所讨论的，基于慢时间杂波采样的第 κ 阶 AR 模型适当地加以推导。Turley（2003）提出了 κ =5。另一种方法是对数据进行预多普勒处理，通过归零集中于 0 Hz 附近的窄带多普勒谱移除主要杂波分量，然后将修正多普勒谱逆傅里叶变换回去以进行冲激噪声检测（Barnum and Simpson 1997）。前面的技术经常被采用，不仅因为它是有效率和有作用的，而且也因为杂波 AR 系数是随后插值步骤所需的。

盲区的距离单元慢时间采样可被用来直接识别污染的而不需要经过杂波滤除。盲区距离单元的杂波水平和背景噪声较低，允许逐个脉冲地检测冲激噪声。这种方法适用于闪电或人为干扰而不是流星回波污染检测，这是因为要移除的瞬态后向散射包含在观测距离单元中（通常存在杂波）。

一旦每个距离-方位单元内含有最低表面杂波剩余的慢时间采样序列被获得，就可基于瞬态干扰持续时间短但振幅相对于样本序列均值或中值高的简单性质来检测污染样本。因此可以为识别并移除受到瞬态干扰污染的慢时间采样设置适当的阈值。需要注意的是，移除步骤是在原始慢时间数据上而不是在用于污染样本位置检测的数据上进行的。

假定未被污染的数据可以被一个相对低阶的 AR 模型准确地描述，被剥离的部分数据样本可能被相邻未受影响样本的加权组合线性预测取代。在 Turley（2003）中，通过 Nuttall 方法结合 Burg 最大熵谱分析技术的 Andersen 方法，AR 模型参数（线性预测系数）b_i, i=1, …

κ，从"好的"（未被污染的）数据样本中加以估计，以确保滤波系数是稳定的。

移除慢时间样本特定片段的替代样本通过将相邻未被污染的数据窗输入回归过程得到。具体来说，缺失或"坏"的数据样本被估计得到的回归系数所替换，以此对污染数据段进行前后向预测，如式（4.109）所示，$y_k^{[b]}(n)$是在波束b、距离k和脉冲n获得的数据样本。

$$\text{前向：} \hat{y}_k^{[b]}(n) = \sum_{i=1}^{K} b_i y_k^{[b]}(n-i) \quad \text{后向：} \check{y}_k^{[b]}(n) = \sum_{i=1}^{K} b_i^* y_k^{[b]}(n+i) \quad (4.109)$$

显然，当分别进行后续前后向预测时，$\hat{y}_k^{[b]}(n)$和$\check{y}_k^{[b]}(n)$的预测随后由式（4.109）中$y_k^{[b]}(n)$的两个递归关系式表示。然后，前后预测使用加权平均结合形成内插数据样本$\tilde{y}_k^{[b]}(n)$，如式（4.110）所示。而相对权重$w(n)$的应用是因为两个方向上估计误差都会随着预测样本数目的增加而增加。对于超过一定长度的内插数据段，倾向于使用替代数据更短那个方向的预测。Turley（2003）提出了一种升余弦锥削加权函数$w(n)$，以平滑过渡到污染数据段。

$$\tilde{y}_k^{[b]}(n) = w(n)\hat{y}_k^{[b]}(n) + [1-w(n)]\check{y}_k^{[b]}(n), \quad w(n) \in [0,1] \quad (4.110)$$

4.3.2.2 真实数据的例子

图 4.26（a）的顶部显示了一个被冲激噪声污染的雷达驻留数据，经传统处理后得到某指向波束内幅度调色的距离-多普勒显示图。由于收到的闪电污染信号提高了整个距离-多普勒图的噪声水平，波束中真实飞机目标回波的 SNR 显著降低。图 4.26（a）底部面板显示了在多普勒处理之前进行瞬态干扰抑制后，平均噪声水平减少和目标回波 SNR 改善。在这个例子中，将这个改善处理步骤加入超视距雷达信号处理链，可使真实飞机目标回波较容易发现。图 4.26（b）对比了目标方位-距离单元有无瞬态干扰抑制的多普勒谱。这样处理的实际好处是显而易见的。

图 4.27（a）的顶部展示了一个被瞬态流星回波污染的超视距雷达波束的距离-多普勒结果。对于雷达 CPI 的量度而言流星体回波是短暂的，然而电离尾迹可能持续较长时间且可能和雷达相干。一个持续时间相对雷达 CPI 量度而言较长的尾迹回波可能产生多普勒频移，因为在电离层上部风的影响下电离漂移增强了。当一个持续的尾迹回波持续时间超过大部分或全部 CPI 时，它将产生一个多普勒频率集中的目标类回波。

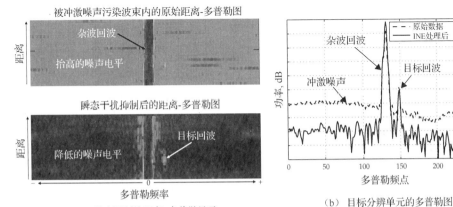

(a) 强度调制的距离-多普勒显示　　(b) 目标分辨单元的多普勒图

图 4.26　图（a）的调辉显示器显示一个伴有冲激噪声污染的空中模式驻留的传统距离-多普勒图（顶部），以及瞬态干扰抑制应用于包含一个真实飞机目标回波的超视距雷达指向波束的输出结果（底部）。图（b）的多普勒谱证实了在瞬态干扰抑制步骤应用后，目标的距离方位单元上的 SNR 改善

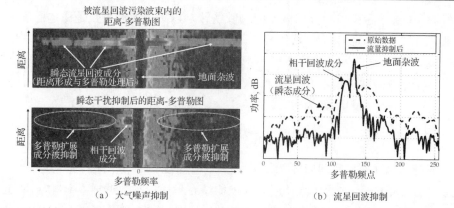

(a) 大气噪声抑制　　　　　(b) 流星回波抑制

图 4.27　图（a）的距离多普勒显示了流星回波污染出现时常规处理的输出结果（顶部），以及应用瞬态瞬态干扰抑制后的输出结果（底部）。改善处理有效地消除了流星回波分量的多普勒扩展，但留下多普勒频移（相干回波）部分，其与目标类似。图（b）的多普勒谱说明在瞬态干扰抑制应用后，杂波之下可见性的改善

图 4.27（a）的底部图表明，流星回波的多普勒扩展部分被瞬态干扰抑制步骤有效地移除。在这个例子中，还存在一个相干（目标类）流星回波成分，其多普勒频移与大约 50 km/h 相对速度相当，显示在图 4.27（a）的底部。图 4.27（b）对比了距离方位单元上包含流星回波的有无改善处理的多普勒谱。可观察到相干部分（目标类）经处理后没有减弱，而在整个速度搜索空间多普勒扩展部分得到减少。

瞬态干扰抑制技术同样适用于暂态人为干扰，但是对于与接收机带宽重叠、占据大部分或全部 CPI 的持续干扰是无效的。图 4.28 展示了间隔约一个主瓣宽度的 4 个相邻指向波束的距离多普勒图。这个例子展示了存在于整个驻留时间的连续波（CW）人为射频干扰（RFI）。这个（未调制的）RFI 在方位和多普勒表现为垂直"条纹"，但分布在所有距离单元。这时，由于多普勒频率的差异，RFI 没有影响一对（多径）更弱的目标回波。调制的人为信号产生所谓的宽频 RFI 信号，扩展到整个多普勒单元。可以消除连续波和宽频 RFI 的自适应处理技术将在第三部分讨论。

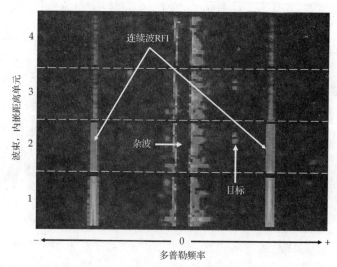

图 4.28　一部相当于一个主瓣宽度部分的 4 个相邻指向波束的超视距雷达处理后的多普勒图展示了位于方位和多普勒上但分布在所有距离单元的连续波（CW）射频干扰（RFI）。这种情况下，因为连续波 RFI 和两个目标回波（多径）的多普勒频率差异，干扰没有掩盖目标回波

4.3.3 数据外推和信号调节

在没有明显损失性能的前提下，增加超视距雷达系统的覆盖范围或覆盖率，这一需求催生了数据外推（DATEX）技术的发展。当应用于慢时间域，这些技术试图在仅使用CPI一小部分长度（通常是正常驻留的一半）的情况下保持正常驻留的相干集成增益和多普勒频率分辨率属性。DATEX方法的关键要素将在本节关于多普勒处理的应用中讨论，此方法旨在改善超视距雷达的覆盖范围或覆盖率。

DATEX方法也可以应用于孔径外推法（APEX）或者带宽外推法（BANDEX）。前者应用于改善孔径使用，通过利用全孔径接收系统提高SNR增益和角分辨率，或使用半孔径得到类似全孔径性能，从而使雷达资源可转向其他任务。另一方面，后一应用通过通常所需带宽的一半提供了类似的脉冲压缩增益和距离分辨率，提高了在拥挤的高频频带的频谱使用效率。DATEX方法最初是在Swingler and Walker（1988）中描述的。

另一个插入雷达信号处理链的步骤，通常被称为电离层失真校正（IDC）。对于空中和海面任务，IDC旨在补偿通过电离层时强加于雷达回波中的距离和波束多普勒频移（也可能是扩展，取决于使用的算法类型）。IDC改善后续的恒虚警率（CFAR）处理步骤性能，因为它在多普勒维度用CFAR有效地"对齐"不同距离和波束的杂波谱。IDC有利于降低虚警，改善有用信号检测和目标相对速度估计。

4.3.3.1 数据外推法（DATEX）

在目标SNR或多普勒分辨率没有损失或损失很少的前提下降低一半CPI，对于超视距雷达意义重大。具体来说，这种能力让雷达资源的覆盖率翻倍，这激发了替代传统多普勒处理的谱分析方法的发展。基于参数的高分辨率谱估计技术（AR）模型曾被认为是超视距雷达多普勒处理（Barnum 1986）。然而，这些技术的性能对AR模型的阶数选择较为敏感。此外，当试图在AR模型中捕捉较低SNR信号成分时，可能会遇到明显的性能衰减。这种情况对于回波相对较弱的目标可能是一个问题，它可能不会在AR多普勒谱结果中表现出来。

另一种方法是利用AR模型参数估计，通过线性预测对超出CPI末端的数据进行外推。类似的方法还可用在CPI内部污染数据样本的插值上。数据外推法可将接收到的CPI原始长度的慢时间采样序列扩展一半。换句话说，这个过程引入了与获取数据谱特征相似的数据，就好像它是在实际CPI前后收集到的一样。这实际上将多普勒处理积累的慢时间样本数量翻了一番而没有消耗额外的雷达资源。相对只含实测数据的等长雷达驻留时间，这种技术的性能如何成为一个问题。

考虑一个在距离k和波束b内的N点慢时间序列实测数据样本$\{y_k^{[b]}(n)\}$，其中$n=N/2+1,\cdots,3N/2$，N为偶数。DATEX方法使用估计的线性预测系数$\{b_i\}_{i=1}^k$外推CPI，如式（4.111）所示，得到一个$2N$个样本的慢时间数据序列。这里，我们分别定义将来和过去的样本区间为$\mathcal{F}=[3N/2+1,2N]$，$\mathcal{P}=[1,N/2]$。DATEX可解读为一种预多普勒处理步骤，其使用相对较低阶$k\ll N$的AR模型，将收到的（真实数据）CPI扩展到过去和将来。小于或大于两倍的外推法因子显然是可能的，但实验结果表明，对于超视距雷达多普勒谱估计，因子2在分辨率和方差之间提供了一个很好的折中。

$$y_k^{[b]}(n) = \sum_{i=1}^{K} b_i y_k^{[b]}(n-i), \quad n \in \mathcal{F}, \quad y_k^{[b]}(n) = \sum_{i=1}^{K} b_i^* y_k^{[b]}(n+i), \quad n \in \mathcal{P} \quad (4.111)$$

对于通过向前和向后两个方向将数据外推$N/2$个采样，而不是只在一个方向上外推N个采样有两个主要优势。首先，CPI 内真实数据的任一端扩展 $N/2$ 长度后，总样本长度达到 $2N$。第二，真实数据样本位于被扩展 CPI 的中间部分，多普勒处理中所用滑窗对真实数据的权重相对外推合成数据提供了更高的重要性。这使得 CPI 任意一端的外推数据贡献相对较少的能量给合成的多普勒频谱。同时，这种贡献对于控制最主要的杂波频谱分量的多普勒旁瓣十分关键。

DATEX 技术对于模式阶数选择具有稳健性，因为仅有主杂波分量的多普勒谱特性需要在 AR 模型估计中被表现。这足以保留主杂波分量的谱特性，就好像它们是在两倍于实际长度的间隔上收集到的一样。AR 模型参数估计对获取相对较弱目标回波，从而在外推数据中表现出这些分量的能力不足，在这里并不是问题，因为目标回波多普勒谱的峰值主要由扩展 CPI 中间部分的真实数据控制。这不仅使该技术对于在外推数据中目标回波分量的缺乏更具稳健性，而且也提高了相对于长度为 N 的驻留时间内目标回波的相干增益。这个改进是因为在扩展驻留中间部分的窗口幅度相对较高。虽然目标回波多普勒谱旁瓣可能升高，但这在实际中并不被关注，因为–30 dB 左右的旁瓣水平通常足以令目标多普勒旁瓣降到噪声基底之下。

相对传统多普勒处理，应用 DATEX 的主要好处可以总结如下。首先，相对原始 CPI，它为白噪声背景下的目标回波提供了大约 2~3 dB 的额外相干增益。其次，它使与主杂波分离目标回波的多普勒分辨率翻倍而没有增加雷达驻留时间。从操作角度看，这允许超视距雷达覆盖范围或覆盖率翻了一番，而在性能上没有显著损失。相对于标准的 AR 谱估计技术，DATEX 在 AR 参数估计中对于模式阶数选择和捕捉低 SNR（目标回波）分量更具稳健性。由高动态范围和有限带宽表征的杂波多普勒谱较适合于通过 DATEX 增强稳健性能。这种方法在天线单元和快时间采样域分别应用于 APEX 和 BANDEX 时，有相似的结论成立。

DATEX 方法由 Turley and Voight（1992）首次引入天波超视距雷达。Gadwal and Krolik（2003）报道了 DATEX 与 Frazer（2001）所描述相关技术的对比。为了提高 DATEX 在实际中的性能，需要注意减少 AR 参数估计中由于冲激噪声污染所产生的一些偏差。使用 Nuttall 的方法（Nuttall 1976）可以减少异常值的影响。另一个改进与处理雷达驻留时间内 AR 参数非平稳的可能性有关，这可能是 CPI 相对较长的海面模式所关注的。AR 模型系数的时间变化可以通过基于（真实数据）收集间隔的前后半段分别进行未来和过去预测（推断）来减少。

由位于 CPI 末端附近被污染的实际数据样本引起的较差外推质量，可利用 Turley and Voight（1992）讨论的最小化滤波误差技术避免。此外，需要应用 DATEX 的 AR 模型参数估计也可用于滤除杂波和对 CPI 内瞬态干扰污染的数据采样样本进行内插。这对于执行 DATEX 和瞬态干扰抑制提供了一种高效计算框架。由 Sacchi, Ulrych, and Walker（1998）提出的另一种（非参数）处理技术也可被数据外推法和插值法使用。这种迭代技术需要解决一系列的加权最小平方问题，并在实际例子中与 DATEX 进行了对比（Turley 2008）。

4.3.3.2　电离层失真校正

天波雷达回波可能受到 CPI 内规则和随机相位-路径变化的影响，这些变化可以显著改变不同空间分辨单元收到的杂波多普勒谱特性。具体来说，在一个特定的距离-方位单元的杂波多普勒谱，由于在 CPI 内存在规律的相位-路径分量变化，可能受到平均多普勒变化（频率平移）的影响，而任何随机相位-路径分量的变化导致杂波多普勒频谱模糊（频率扩展）。通过某个特定（双程）电离层模式接收的超视距雷达回波，叠加的多普勒频移和扩展通常是距离和方位依赖的。电离层多普勒频移和扩展的空间变化也依赖于传播模式，而且通常对 F 层反射的传播模式更加明显。

在超视距雷达中，电离层多普勒频移和扩展会对有用信号检测、虚警率、目标的相对速度估计产生不利影响。电离层引起的高频信号严重多普勒扩展可能给杂波中快速移动目标（如飞机）的探测带来问题（如赤道扩展 F 层）。然而，大多数发生在相对平稳中纬度地区的电离层多普勒展宽机制更多地对海面模式任务造成影响。在每一距离-方位分辨单元进行电离层多普勒频移和扩展的估计和校正，有助于进行更有效的多普勒处理和 CFAR 处理。电离层失真校正（IDC）的目的是在每一空间分辨单元估计和消除电离层多普勒频移，如果可能，为减小电离层多普勒扩展的影响而进行补偿。

一些 IDC 技术被提出，以在相干处理前弥补 CPI 内信号多普勒频率的变化。这些技术包括由 Parent and Bourdillon（1987）以及 Abramovich, Anderson, and Solomon（1996）提出的杂波"反扩展"方法。该技术在由一个慢变相位-路径污染函数引起的谱污染情况下最有效，该函数是由单个扰动电离层引入信号的。对不同分辨率单元的污染函数进行估计和校正可以显著减少杂波多普勒频谱展宽，从而改善慢速移动目标探测。

在待测空间分辨单元接收杂波存在显著多径传播的情况下，这些技术通常被认为是不适用的。这是因为每个电离层传播模式会有不同的污染函数，所有这些不能通过对每个脉冲应用一个综合（增益和相位）而同时加以修正弥补。不幸的是，修正电离层多普勒展宽的 IDC 技术，到目前为止还没有在超视距雷达系统中得到广泛使用，这也许是因为其有效的条件所限。

IDC 的另一个目的是消除电离层多普勒频移平均值，以使不同空间分辨率单元内的主地海杂波频谱分量沿着同一 0 Hz 参考排成直线。电离层多普勒频移校正在每个距离-方位单元分析杂波多普勒谱的峰值，以将其分为是否存在地或海杂波。电离层频移的平滑估计在局部相邻的距离和方位单元中计算得到，其利用的模型中引入了一个参数来解释洋流运动。在覆盖区包括沿海地区时，这个参数可将地杂波作为静态多普勒参考加以计算。

在不同邻域的平均多普勒频移测量结果用来匹配所有分辨单元的多普勒谱，这不仅提高了 CFAR 处理的效率，而且为传给跟踪器的信号检测提供了校正的多普勒频率估计。除了检测和跟踪性能的提高，电离层多普勒频移消除也提高了 ARD 数据显示给操作者的可解释性。本节其余部分说明了 DATEX 使用真正的超视距雷达数据的实际好处。

4.3.3.3 实测数据举例

图 4.29 中的距离-多普勒说明了 DATEX 在飞机检测应用中的两个主要优点。顶部显示了对由 64 次扫描（实际数据）构成的 CPI 处理的常规波束输出的距离-多普勒图。这 64 次扫描从原始超视距雷达 CPI 的中央部分提取，实际上包含 128 次真实数据扫描。

目标 A 的强多径回波的多普勒频移较低，靠近 0 Hz 附近的强表面杂波谱峰。较短的 CPI（64 个周期）约等于 1 s，在为了检测多普勒频移较大但更弱的目标回波（目标 B）而在相干处理种采用低副瓣锥削的情况下，这并不足以将目标 A 的多径回波与杂波有效分辨开来。目标 B 明显能和杂波区分开，但其 SNR 较低，处于无法在背景噪声下被检出的边缘。

在图 4.29 的中间部分显示了外推输出的距离-多普勒结果，在这一结果中，DATEX 将同一真实数据的 64 个脉冲周期进行外推，在 CPI 两侧各推 32 个周期，产生一个约为 2 s（128 次扫描）的有效驻留时间。值得强调的是，外推数据由软件生产，并且实际只需要 1 s 的雷达时间给收集输入到 DATEX 的数据。中间部分说明 DATEX 提供增强的多普勒分辨率，这有助于从接近零多普勒频率的强表面杂波中分离目标 A 的多径回波，并提高 SNR，便于从较高多普勒频率背景噪声中检测较弱的回波 B。

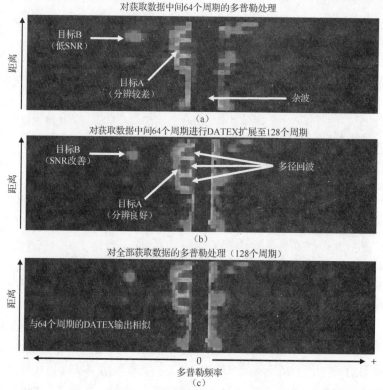

图 4.29 图（a）显示了在一个包含两个目标回波真实数据的波束中使用 64 次扫描的距离-多普勒图。来自一个相对速度较低的真正飞机目标的多径回波，从更强大的接近零多普勒频率（目标 A）杂波回波中被勉强分辨。另一相对速度较高的目标回波可从杂波中较好地分辨，但其 SNR 较低（目标 B）。图（b）显示了距离-多普勒图结果，当在多普勒处理之前真实数据的相同 64 次扫描被外推至 128 次扫描时。增强的多普勒分辨率和 SNR 增益分别使目标 A 和 B 更清晰地区别于噪声和杂波。图（c）显示了距离-多普勒图的结果（当实际数据的 128 次扫描被相干处理时）。几乎相同的中间和底部情况说明 DATEX 可使雷达驻留时间减半，而对性能没有明显影响

图 4.29（c）显示了获得实际数据完整 CPI 内的 128 次扫描被用于多普勒处理结果的距离-多普勒图。这一数据的 CPI 使用雷达驻留 2 s 时间收集，但几乎与 DATEX 的输出结果没有区别，而后者仅需要雷达收集 1 s 数据。图 4.30 中的多普勒谱从图 4.29 的距离-多普勒图中提取而来，清楚地显示了 DATEX 在同一距离-方位单元检测目标 A 和 B 回波的两个主要好处。

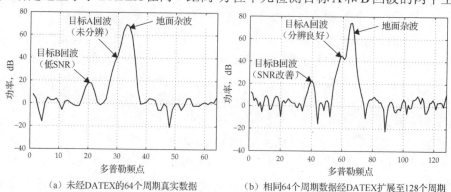

图 4.30 在没有和有外推至 128 次扫描的情况下，使用获得数据的 64 次扫描的传统多普勒谱。增强的多普勒分辨率可使强大的飞机目标回波从更强大的表面杂波（目标 A）中分辨出来。DATEX 提供的信噪比增益也增加了较弱的飞机目标回波在噪声（目标 B）中的可见性

4.4 检测和跟踪

在信号处理输出端，ARD 数据的相位信息通常被丢弃，而样本包络以 ARD 图的形式输入到数据处理流程。该流程的主要步骤是恒虚警率（CFAR）处理、峰值检测、参数估计，以及随后的跟踪和坐标配准。本节的第一部分对超视距雷达 CFAR 处理相关的主要概念加以概述，包括扰动概率密度函数的选择、参考数据核心设计，以及单元平均和阈值估计有序统计方法。本节的第二部分描述峰值检测和参数估计步骤，其生成输入数据用于跟踪。这一节的最后一部分总结了一些超视距雷达跟踪和坐标配准方法。

4.4.1 恒虚警率处理

传统 CFAR 处理的主要目的是将 ARD 数据中某分辨单元复样本 x 的幅度 $y=|x|$ 或平方模值 $y=|x|^2$ 进行转变，以产生一个统计检验 $z = T(y)$，其参考分布已知，这样就可以在整个数据立方上利用一固定的阈值来实现不变且可预期的虚警概率，同时对目标类信号保持可接受的检测概率。CFAR 处理的另一个好处是，它使目标回波作为产生的"白化"ARD 图像 z 的主要特征凸现出来，这通常可被雷达操作员与跟踪显示关联起来。一个主题为"自动检测" CFAR 的综合处理由 Minkler and Minkler（1990）提出。CFAR 原理和技术的深入报道也可以在 Levanon（1988），Nathanson, Reilly, and Cohen（1999）和 Richards（2005）等一些优秀文献中找到。

图 4.31 所示为传统 CFAR 处理的三个主要元素。没有特定的顺序，第一个元素是确定一个合适的密度函数，可灵活地通过使用一个或多个参数来捕捉干扰统计特性变化。无分布的 CFAR 技术也存在，但它们往往需要大量数据且恒虚警率相对较低（Sarma and Tufts 2001）。第二个元素是内核设计，指的是 CFAR 窗口选择，其可能包括一个或多个 ARD 数据维度。CFAR 窗口的形状和大小决定了被用于对同一采样 PDF 参数进行未知分布评估的样本邻域参考单元。第三个元素是用于从参考数据计算白化参数的方法。

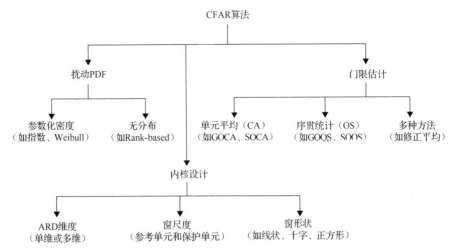

图 4.31 经典 CFAR 算法的主要元素包括：(1) 确定带有一个或多个自由参数来捕获干扰统计特性变化的合适概率密度函数；(2) 使用测试样本附近的参考单元，选择一个适当的内核设计来估计未知扰动 PDF 参数；(3) 一个用于估计未知 PDF 参数扰动和参考数据阈值的稳健性技术的详细说明。这些元素可能适合基于在 ARD 数据体内部的测试样本定位。在实践中，白化转换通常包含实验样本的数据标准化

用来评估一种 CFAR 技术性能的主要标准如图 4.32 所示。在一个带有已知 PDF 但参数未知的均匀干扰环境中，CFAR 检测伴随着对扰动 PDF 参数缺乏先验知识引起的处理损失。这个损失表现为相对干扰 PDF 参数完全已知的情况下有效 SNR 的损失，为了获得不变和可预计的虚警概率（均匀条件下），会造成检测概率的某种程度的下降。

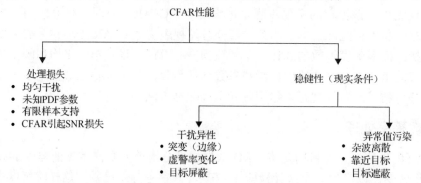

图 4.32 评估 CFAR 性能的主要性能指标包括：（1）因为未知的 PDF 参数扰动造成均匀干扰环境中（即因 CFAR 处理导致的实际 SNR 损失）的处理损失；（2）对干扰特性可能急剧变化（如干扰功率波动超过数据三次方）的稳健性；（3）抗由参考单元内的离散杂波或目标回波造成的异常污染，以避免有用信号遮蔽的能力来衡量

其他 CFAR 性能指标对现实干扰环境中的稳健性很重要。实用 CFAR 技术需要一定程度的局域化，以应对贯穿整个数据的干扰统计非均匀性。例如，良好的边缘性能对处理杂波脊附近干扰属性的急剧变化是必要的。对干扰异质性的稳健性，通过虚警率变化和干扰能量急剧变化附近的目标扫描敏感性来衡量。另一个重要的问题是参考单元中异常值的存在，对空间密集目标，它可以显著使 PDF 估计呈现偏差。异常值消除通常是以抗有用信号遮蔽为条件来判断的。

4.4.1.1 检测和虚警概率

用复标量 x 表示 ARD 数据的某一分辨单元内的信号处理输出结果。对于该测试样本是仅包含干扰 $x=d$，还是包含一个有用信号 $x=s+d$，需要判断。平方律检测器基于二元假设检验式（4.112）对非负标量 $y=|x|^2\in[0,+\infty)$ 进行处理以决定一个目标是存在还是消失。在虚假设 H_0，y 的值归因于杂波、干扰和噪声的总和。备选假设 H_1，y 的值归因于干扰之外还有有用信号的存在。

$$\begin{cases} H_0: y = |d|^2 \\ H_1: y = |s+d|^2 \end{cases} \quad (4.112)$$

判定这两个假设的标准程序是式（4.113）中的阈值检测。如果 y 超过所选阈值 T（即 H_1 被接受为真），目标检出。如果 $y \leq T$，目标被认为是消失的，即 H_0 被认为是真的。在虚警概率和检测概率方面，分别用 P_{FA} 和 P_D 进行检测性能评估。前者是一个目标被宣布出现而事实上不存在（即 H_1 被接受，而 H_0 实际上是真的或"有效的"时），后者是目标实际存在时，目标被宣布存在的可能性（即 H_1 被接受，当 H_1 是有效的）。

$$y \underset{H_0}{\overset{H_1}{\gtrless}} T \quad (4.113)$$

对于一个给定的阈值 T，P_{FA} 和 P_D 可由 y 分别在 0 和备选假设测量情况下的概率密度函数所计算。前一个密度用 $p_y(y|H_0)$ 表示，而后一个用 $p_y(y|H_1)$ 表示。对于一方验收试验，这些

概率由式（4.114）定义。显然，P_D 和 P_{FA} 需要相互权衡，因为它们随 T 的变化而一起增减。随着被称为接收器特征（ROC）曲线中 T 的改变，P_D 与 P_{FA} 曲线相对改变。对于特殊的 ROC 曲线，阈值 T 的选择决定了操作点及试验性能指标（P_{FA} 和 P_D）。

$$P_D = \int_T^\infty p_y(y|H_1)\mathrm{d}y, \quad P_{FA} = \int_T^\infty p_y(y|H_0)\mathrm{d}y \tag{4.114}$$

为了进行 CFAR 处理，假设复扰动过程 d 的实部和虚部满足独立同分布（IID）的零均值高斯分布，方差 $\sigma^2/2$ 未知。需要明确的是，我们假设 d 由周期对称复正态分布描述，其相关特性由式（4.115）表示。在这种情况下，$|d|$ 满足瑞利分布，并且 $|d|^2$ 满足两个自由度的 x 检验分布。后者也称为指数分布。

$$\mathrm{E}\{dd^*\} = \sigma^2, \quad \mathrm{E}\{d^2\} = 0 \tag{4.115}$$

平方律测量 $y=|x|^2$、扰动 PDF $p_y(y|H_0)$ 和相关的累计密度 $f_y(y|H_0)$ 由式（4.116）给出，那里唯一的自由参数是干扰功率或方差 σ^2。采集超视距雷达数据的经验分析表明，紧靠杂波占据多普勒空间外功率较低的 ARD 样本往往趋向于遵循这种分布。这些样本主要由外部背景噪声主导。

$$p_y(y|H_0) = \frac{1}{\sigma^2}\mathrm{e}^{-y/\sigma^2}, \quad f_y(y|H_0) = 1 - \mathrm{e}^{-y/\sigma^2}, \quad y \in [0, \infty] \tag{4.116}$$

阈值 T 的 P_{FA} 值由式（4.117）给出。依赖于 σ^2 的 P_{FA} 的指数表明虚警率对干扰功率的变化比较敏感，实际上这发生在 ARD 数据的不同区域。例如，表面杂波能量远高于背景噪声，但其区域影响力通常限于一定数量的多普勒通道。方向性 RFI 可能明显提高干扰等级超过背景噪声，但也许只在几个波束内出现。暂态流星回波也可以提高干扰功率，但通常只在一组 ARD 分辨单元中。

$$P_{FA} = 1 - f_y(T|H_0) = \mathrm{e}^{-T/\sigma^2} \tag{4.117}$$

原始测量 y 与固定阈值 T 的直接比较将导致 P_{FA} 在 ARD 数据中和驻留间大幅变化。此外，在原始测量 y 中，低的阈值水平足以检测目标回波，但在其他数据区域内将导致非常大量的由杂波和干扰触发的不必要检测。如果每个测试样本 y 的干扰功率 σ^2 是已知先验的，阈值 $T=\alpha\sigma^2$ 可能会通过式（4.118）为所有 ARD 样本提供一个固定的、可预测的虚警率。在这种（假想的）情况下，阈值倍增器 $\alpha = -\ln P_{FA}$ 可以根据所需 P_{FA} 设置。

$$P_{FA} = \mathrm{e}^{-\alpha} \tag{4.118}$$

与之等效，可通过如式（4.119）所示的简单白化（标准化），这样运用到 z 的固定的检测阈值 $T=\alpha$ 保持了式（4.118）的恒虚警率，即使从一个测试样本到另一个样本的 σ^2 不断变化。实际上，干扰功率是先验未知的，必须从样本数据中估计得到。自适应估计阈值的 CFAR 技术或者等效的白化将在本节的后续部分讨论。

$$z = T(y) = \frac{y}{\sigma^2} \tag{4.119}$$

确保虚警率保持在可接受的范围内对雷达系统至关重要。虚警率太大可能导致一个高的错误跟踪率和在后续数据处理步骤中难以处理的计算需求，然而，一个非常低的虚警率可能会不必要地降低目标回波检测的可能性。此外，实际跟踪滤波器通常是基于近似预期的虚警概率和检测概率设计和优化的。就后者而言，可以表明，若设信号处理输出的单个分辨单元的 SDR $\chi = |s|^2/\sigma^2$，P_D 可由式（4.120）给出（Richards 2005）。

$$P_D = \mathrm{e}^{-\alpha/(1+\chi)} \tag{4.120}$$

4.4.1.2 单元平均 CFAR

为设置适当的阈值,需要知道 σ^2 的值。这一参数要对 ARD 输出的每个检测样本,使用从检测样本 y 领域内的一组 N 个参考单元 $\{y_i\}_{i=1}^{N}$ 的"训练"数据进行估计。CFAR 窗口定义了参考单元内核,假设其中包含着与检测样本中干扰统计特性相同的独立样本。在这种情况下,σ^2 的最大似然估计由参考单元(平方率)测量的平均 $\hat{\sigma}^2$ 给定,见式(4.121):

$$\hat{\sigma}^2 = \frac{1}{N}\sum_{i=1}^{N} y_i \tag{4.121}$$

在每个 CFAR 窗口的维度,一个或多个直接毗邻检测样本的"保护"单元通常被排除在参考内核外。为了减少目标信号成分由于频谱泄漏的影响而进入参考单元的可能性,这些单元应该被排除,因为这会导致干扰估计偏差。保护单元的数量取决于目标回波点扩散函数,该函数也解释了跨骑效应。大部分用于常规处理的锥削造成大约 3 个单元扩展,所以在 CFAR 窗口的每个维度,检测样本每边一个保护单元通常就足够了。单元平均检测阈值可以由式(4.127)的 $\hat{T}$ 估计:

$$\hat{T} = \alpha \hat{\sigma}^2 \tag{4.122}$$

因为 $\hat{\sigma}^2$ 和 $\hat{T}$ 是随机变量,所以虚警概率 $\hat{P}_{FA} = e^{-\hat{T}/\sigma^2}$ 也将是随机变量。如果虚警率的预期值独立于 σ^2,则检测器被认为是具有未知扰动 PDF 参数(在这种情况下即干扰功率 σ^2)的 CFAR。它表明统计预期虚警率可由式(4.123)的 P_{FA} 给出(Richards 2005)。倍增器 α 可以用式(4.123)选择,产生一个可预见的和不变(统计预期)的虚警率。这种方法被称为单元平均(CA)CFAR 方案。随着 $N \to \infty$,$\bar{P}_{FA}$ 趋向由式(4.118)提供的渐近预期值。

$$\bar{P}_{FA} = E\{\hat{P}_{FA}\} = \left(1 + \frac{\alpha}{N}\right)^{-N} \tag{4.123}$$

同样,检测概率 $\hat{P}_D = e^{-\hat{T}/(1+\chi)}$ 也是一个随机变量。对干扰高斯分布模型和单个单元 SDR χ,$\hat{P}_D$ 的预期值是由式(4.124)的 $\bar{P}_D$ 提供。当 $N \to \infty$,$\bar{P}_D$ 的数量也趋向式(4.120)所示的渐近预期值。

$$\bar{P}_D = E\{\hat{P}_D\} = \left(1 + \frac{\alpha}{N(1+\chi)}\right)^{-N} \tag{4.124}$$

结合式(4.123)与式(4.124),消除 α,使 χ 为主,生成 χ_N 表达式,如式(4.125)所示。变量 χ_N 为获得某个 $\bar{P}_D$ 和 $\bar{P}_{FA}$ 所需的 SDR,是平均独立采样数目 N 的函数。利用式(4.118)和式(4.120),推导在渐变情况下如 $\chi_\infty = \ln(\bar{P}_{FA}/\bar{P}_D)/\ln \bar{P}_D$ 需要的 SDR 是相对简单的。

$$\chi_N = \frac{(\bar{P}_D/\bar{P}_{FA})^{1/N} - 1}{1 - \bar{P}_D^{1/N}} \tag{4.125}$$

在理想均匀干扰条件下,CA-CFAR 方法的处理损失由式(4.126)中的比率 ρ_N 给出。对于一个常数 $\bar{P}_D$,处理损失随着 N 和 $\bar{P}_{FA}$ 的值减少而减少。举例来说,当 $\bar{P}_D$=0.9,对于 N=10~20 个独立样本的间隔和 $\bar{P}_{FA}$=10^{-4}~10^{-6},CA-CFAR 处理损失在 ρ_N=1 dB 和 ρ_N=3 dB 之间变化。

$$\rho_N = \frac{\chi_N}{\chi_\infty} \tag{4.126}$$

实际上,上述理想条件很少遇到。内核通常不包含统计独立和均匀扰动样本。统计独立假设即使对白噪声也会因为在信号处理中锥削的采用而被破坏,而均匀扰动假设通常因为参考单元中扰动 PDF 及其参数的变化并不成立。此外,一些参考单元可能受到在测试样本中与扰动无关的奇异值污染（如其他目标类信号）。CFAR 性能对内核设计是敏感的，需要根据干扰环境的特点而制定。内核也可以根据检测单元在 ARD 数据内的位置通过调整窗口形状和大小参数适应匹配预期干扰现象。

大尺度的 CFAR 窗口更可取，因为它们包含更多数量的参考单元来估计扰动 PDF 参数。这减少了在均匀环境中由于样本支持有限造成的统计错误。大尺寸的 CFAR 窗口在内核包含异常值时对偏离估计也能提供更大的抗扰性。然而，均匀干扰环境假设在实践中往往是不现实的。随着窗口大小的增加，干扰的统计特性在内核中变化明显。这可能导致虚警率变化，因为内核中样本集干扰的统计特性并不代表检测样本中的干扰。包含较小样本集的内核可更好地保存本地信息，因此较少受到非均匀干扰的影响。然而，包含少量样本的 CFAR 窗口更容易受到异常值引起的统计错误和偏离效应的影响。

为了说明这些影响，考虑检测样本前后各带有 $N/2$ 单元以及每边一个保护单元的一维 CFAR 窗口。图 4.33 显示了 $N=20$ 和 $\bar{P}_{FA}=10^{-3}$ 下的 CA-CFAR 技术性能。4 个目标分别在样本位置 50、115、200 和 205 处注入。当 CA-CFAR 阈值（虚曲线）低于目标峰值时，一个目标检出。另有一功率从 $\sigma^2=10$ dB 到 $\sigma^2=40$ dB 急剧变化的模拟干扰，如图 4.33 所示。

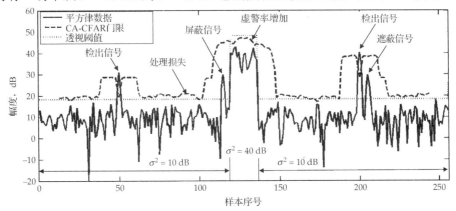

图 4.33 CA-CFAR 处理性能仿真例。内核有 20 个参考单元在前后沿窗口等分，并且在测试样品每边都有一个保卫单元。为了模拟急剧变化的干扰（如杂波）特征，干扰功率从 $\sigma^2=10$ dB 瞬间变化到 $\sigma^2=40$ dB，然后回到 $\sigma^2=10$ dB。4 个信号加入低功率扰动区域，但只有两个检测到高于 CA-CFAR 阈值。其他两个由于屏蔽效应而没有发现

出现处理损失是因为为了保持同质条件下给定的虚警率，CA-CFAR 阈值平均将超过的透视阈值（虚线）。发现和屏蔽（未被发现的）目标分别显示在样本 50 和 115，都有 20 dB 的 SDR。屏蔽的发生是由于内核窗口前后沿干扰功率的变化。一个较弱的目标（在样本 205）被一个靠近的更强目标（在样本 200）掩盖，说明了在内核中"异常值"的不利影响。在高功率扰动区域，CA-CFAR 阈值低于透视曲线值。这就增加了虚警率，尽管这个例子中没有虚假检测发生。

最小单元平均（SOCA）CFAR 方法旨在通过独立估计窗口前后沿干扰功率来减少信号遮蔽效应，然后通过式（4.127）的 $\hat{\sigma}^2_{min}$ 最小值计算阈值 $\hat{T}_{so}$。另一方面，最大单元平均（GOCA）CFAR 方法旨在通过基于 $\hat{\sigma}^2_{max}$ 最大值估计阈值 $\hat{T}_{go}$ 来减少由于突然干扰功率变化导致的虚警率。对于 SOCA 和 GOCA 方法，获得与 CA-CFAR 相同的 $\bar{P}_{FA}$ 所需的阈值乘子 α_{so} 和 α_{go} 并不相同。而为了产生所需的虚警率，计算合适乘数的表达式由 Weiss（1982）给出。

$$\hat{T}_{so}=\alpha_{so}\hat{\sigma}^2_{min}, \quad \hat{T}_{go}=\alpha_{go}\hat{\sigma}^2_{max} \tag{4.127}$$

图 4.34 与图 4.33 形式相同，表明为了更大的抗信号遮蔽效果特性，SOCA-CFAR 处理非均匀干扰环境中在虚警稳健性方面的折中。虽然从信号检测的角度来说，SOCA-CFAR 方法不太容易受到剧烈干扰功率变化和异常值存在的影响，如图 4.34 所示的 4 个目标的检测，但当非均匀干扰环境中虚警稳健性是主要关注点时，这种技术不被推荐。在这个例子中，SOCA-CFAR 在干扰功率较高的区域引发了众多的虚警。GOCA-CFAR 对干扰功率突然变化造成的虚警更具稳健性，但容易受到信号遮蔽效应影响，如图 4.34 所示。

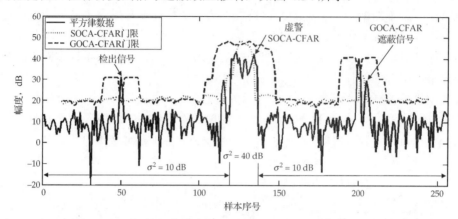

图 4.34　SOCA 和 GOCA-CFAR 处理性能的仿真例。内核设计、干扰特性和加入信号与图 4.33 中 CA-CFAR 方案的那些描述完全相同。以高功率干扰区域大量虚警为代价，SOCA-CFAR 检测所有 4 个信号。GOCA-CFAR 对于干扰功率急剧变化造成的虚警具有稳健性，但容易受到信号屏蔽效应的影响

图 4.35 概念性地展示了一个具有距离和多普勒参考单元的十字形 CFAR 窗口，中心就在检测样本（当前）位置。对这一个二维 CFAR 窗口，根据检测样本在距离-多普勒图中位置，干扰统计在垂直（距离）和水平（多普勒）窗口内明显不同。例如，表面杂波属性在多普勒频率上急剧变化，但在距离上相对更均匀。在特定检测样本的表面杂波统计也因 CFAR 处理内核垂直窗口参考单元的使用而更易获得。另一方面，短暂的流星回波往往被限制在多普勒距离上，所以这种扰动类型的统计数据更易被样本内核的水平窗口所获得。

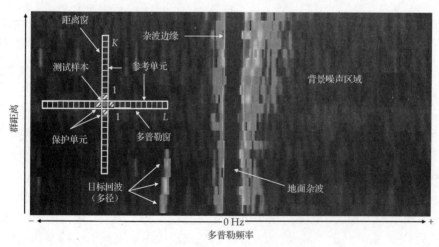

图 4.35　二维（十字形）CFAR 窗口在距离和多普勒上扩展展示图。被检测的样本在每个维度都有一个保护单元包围。根据检测样本的位置，内核在距离和多普勒上变换，但显然需要在距离-多普勒图的边缘附近进行改进，因为那里没有有效的数据用来填补长度为 K 和 L（前后沿）的距离和多普勒窗口

当采用两维（十字形）距离-多普勒内核和垂直与水平窗口独立计算干扰功率估计时，GOCA-CFAR 方法超视距雷达中是有效的。在这种情况下，对测试样本白化（即正常化）的转换是基于最大值的，其定义见式 (4.128)。在这里，r 和 d 是当前样本的距离和多普勒单元标志，而 K 和 L 分别是垂直和水平窗口的参考单元数量。$|k|>1$ 和 $|\ell|>1$ 条件将检测样本及每边各一个保护单元排除在 α_r 和 α_d 计算之外。$\max(\alpha_r,\alpha_d)$ 表示局部干扰水平估计的最大值，用来对每个样本依次归一化。这个操作产生了白化的 ARD 输出结果 $z(d,r)$。

$$z(d,r) = \frac{y(d,r)}{\max(\alpha_r,\alpha_d)}, \quad \alpha_r = \sum_{k=-K}^{K} \frac{y(d,r+k)}{2(K-1)}, \quad \alpha_d = \sum_{\ell=-L}^{L} \frac{y(d+\ell,r)}{2(L-1)}, \quad \begin{cases} |k|>1 \\ |\ell|>1 \end{cases} \quad (4.128)$$

相对于 CA-CFAR，二维 GOCA-CFAR 方法在内核方向上提供了一定程度的、对检测单元位置的自适应性。当主要干扰能量分布在距离或多普勒的单一维上时，这提供了对虚警的稳健性。采用的选大基本原理反映了最小化虚警的重要性，其代价是比距离-多普勒图均匀区域 CA-CAFR 方法更大的处理损失，以及更弱的抗异常值遮蔽效应特性（Turley 1997）。

实际上，内核尺寸大于 20 个样本的窗口长度更为合适。在超视距雷达中，在距离-多普勒图中的噪声主导区域，为了减少处理损失，CFAR 窗口尺寸可以变得更大，这主要是因为这一区域相对于包含表面杂波的区域更加均匀。对于更大的抗信号遮蔽性，可以通过使用多程平衡平均技术，有条件地排除任何检测到的异常值获得，如 Ritcey（1986 和 1989）中所述。

4.4.1.3 序贯统计

在非常不均匀的干扰环境中，需要使用小窗口 CFAR 从范围高度集中的数据中进行计算评估。在这种情况下，对于 CA-CFAR 和它的扩展 SOCA-CFAR 或 GOCA-CFAR，样本支撑可能成为一个问题。更具体地说，当有必要采用小样本集时，在这种情况下它们的存在可能显著偏离干扰估计，GOCA-CFAR 技术则变得非常容易受到异常值影响。基于序贯统计（OS）的方法对不限于指数 PDF（Rohling 1983）的单模分布，可提供更稳健的估计。OS-CFAR 按上升幅度顺序排列参考单元样本 $\{y_i\}_{i=1}^{N}$ 形成一个 $\{y_{(1)},\cdots,y_{(N)}\}$ 序列。序列 $y_{(k)}$ 的元素 k 被称为第 k 个序贯统计。在 OS-CFAR，第 k 个序贯统计被选为干扰估计，并且阈值被设置为式 (4.129) 中值的倍数。

$$\hat{T}_{os} = \alpha_{os} y_{(k)} \quad (4.129)$$

特定 k 值达到一定虚警率的阈值乘子表达式由 Richards（2005）提供。序贯参数或阶数 k 的选择为经验或自适应调整提供了空间。对于给定的 PDF，可能挑选阶数来估计平均值，从而提供稳健版本的 CA-CFAR 测试统计。例如，中值可能被选中，因为它表现出良好的边缘检测性能，且对异常值具有稳健性。

将选大原理、OS 方法和十字形内核（距离-多普勒）结合起来就得到了二维最大序贯统计（GOOS）2D-CFAR 方案。例如，数据白化可通过选择距离维和多普勒维数据中值间的大者来对振幅进行归一化，分别用 β_r 和 β_d 表示。在式 (4.130) 中，GOOS2D-CFAR 白化在超视距雷达中的应用表现值得期待。

$$z(d,r) = \frac{y(d,r)}{\max(\beta_r,\beta_d)} \quad (4.130)$$

到目前为止，我们假设干扰服从振幅包络为瑞利分布的复杂高斯分布。这个描述通常适用于距离-多普勒图中的噪声主导区域。另一方面，杂波主导样本的振幅往往更倾向于服从

Weibull 分布。式（4.131）给出了 Weibull 分布 PDF，其中 $y=|x|$，是（线性测量）复 ARD 数据样本 x 的大小，B 为尺度参数，C 为形状参数。瑞利分布对应于式（4.131）中 $C=2$ 的特殊情况，在杂波主导的干扰样本中观测到 $C=0.33$（Turley 2008）。这个双参数分布相对用于超视距雷达系统 CFAR 处理的瑞利分布提供了额外的灵活性。

$$p(y) = \frac{C}{B}\left(\frac{y}{B}\right)^{C-1} \exp\left[-\left(\frac{y}{B}\right)^C\right], \quad x \geq 0 \tag{4.131}$$

Weibull 比例和形状参数的估计方法见 Turley（2008）。为了减少处理损失，该方法具备在均匀（噪声主导）区域自适应增加样本大小，同时在非均匀（杂波主导）区保持良好边界性能的能力。一旦 PDF 参数被估计，CFAR 处理将每个数据样本 $y(d,r)$ 转变为检验统计量 $z(d,r)$，其 PDF 满足单位方差瑞利分布。对 Weibull 分布，式（4.132）给出了 $z=T(y)$ 的转换，$B(r,d)$ 和 $C(r,d)$ 分别表示局部尺度和形状参数估计。基于 OS 方法的估计可用于如 Weibull 分布这样的双参数 PDF 中（Rifkin 1994）。

$$z(d,r) = \left(\frac{y(d,r)}{B(d,r)}\right)^{C(d,r)/2} \tag{4.132}$$

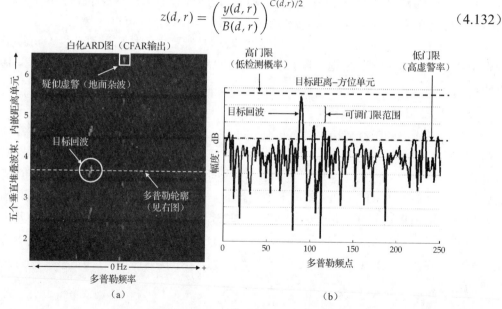

图 4.36 GOOS-CFAR 技术超视距雷达实测 ARD 数据应用实例。该技术使用一个距离和多普勒域 2D（十字形）内核。图（a）显示了一个包含真实飞机目标回波的白化 ARD 图像，及由于杂波引起的一些虚警。图（b）显示了距离-方位单元的包含一个目标回波的增白多普勒剖面。一个合适的阈值设置可使这种回波在多普勒剖面被检测到而没有虚警

在这一节主要考虑的是，双参数 PDF 结合二维内核以匹配预期杂波、干扰和噪声的使用情况，其阈值估计基于单元平均统计或选大序贯统计。这总结了对于超视距雷达传统 CFAR 处理的主要元素。图 4.36（a）说明了 GOOS 白化方法应用于先前图 4.19 中使用超视距雷达实测数据的情况。

图 4.36（b）显示了在距离-波束单元包含一个飞机目标回波的多普勒剖面。为了在这个距离-方位单元检测目标回波不引起虚警，可设置一个合适的阈值。虽然表面杂波相对背景水平显然是标准化的，但是白化 ARD 图像展示了少数零多普勒频率附近的虚警。重要的是，上述目标回波在一个相对均衡背景上面是清晰可见的，这使得在整个 ARD 图像上可使用一个常数阈值来实现近似 CFAR 检测。

4.4.2 阈值检测与峰值估计

实际上，白化的 ARD 图像 $z(d,r)$ 并不直接传递到阈值检测回路中。原因之一是，如果在距离、多普勒或波束的一个或多个相邻峰值采样也超过检测阈值，多个检测信号可能为一个目标回波结果（多解）。这通常发生在目标回波横跨两个分辨单元时，特别是锥削的使用，展宽了点扩展函数（PSF）的主瓣宽度。

为了解决这个问题，并进一步减少数据处理量，只有在所有三维数据通道上均符合局部峰值特征的白化 ARD 样本才考虑给阈值检测（即仅对振幅高于近邻距离、多普勒和波束的数据样本）。只考虑 CFAR 输出的局部峰值不仅可以确保一个目标回波的单一检测（分辨良好），也在不改变检测概率情况下减少了虚警和后续数据处理步骤的计算量。结合样本的峰值要求和 CFAR 检测统计特性，我们得到式（4.133）所示的混合探测器，其中只有峰值 $z_p(d,r)$ 被检测。

$$z_p(d,r) \underset{H_0}{\overset{H_1}{\gtrless}} \gamma, \quad z_p(d,r) = \begin{cases} z(d,r) & \text{局部峰值} \\ 0 & \text{其他} \end{cases} \quad (4.133)$$

当一个 CFAR 输出样本被看作局部峰值，并且其数值超过了阈值，则对其进行进一步的处理以形成峰值信息输入跟踪器。感兴趣目标的主要参数是 ARD 坐标中峰值位置和峰值振幅。目标回波通常不完全落在 ARD 数据的分辨单元中。如果被检测到峰值样本的整数坐标被直接作为目标参数，则估计误差可能在每个雷达处理维度多达一半量化间隔。由于传统 ARD 分辨单元的间隔会相对粗糙，因此在 3 个雷达维度中的估计误差积累可能较为显著。

对一个 ARD 分辨单元进行内插以获得更细致的空间网格是可行的（如在多普勒通过对数据补零来计算一个更长的 FFT）。然而这种方法是低效的，因为它在整个频谱插值，而仅在检测到峰值的位置需要更大的估计精度。一个相对简单和有效的技术分别在每一数据维度对峰值样本 z_p 及其两个相邻点（z_{p-1} 和 z_{p+1}），进行抛物线拟合。具体来说，这 3 个样本点的幅度用分贝刻画时用抛物线进行拟合。这种分析插值方法相当于通过一个抛物线来局部逼近用分贝刻度表示的点扩展函数（PSF）主瓣。

使用这种方法时有几点需要注意。首先，只有在用于拟合的 3 个点确实位于 PSF 主瓣的前提下，用抛物线来拟合 PSF 才是合适的。只要输入数据未欠采样，谱分析输出样本间隔不超过 FFT 频点间隔，且使用以主瓣扩展为代价来降低旁瓣水平的窗函数，这个条件是满足的。重要的另一点是，这个过程建立在单一分辨良好的目标回波和常规处理 PSF 主瓣结构设定上。未分辨目标回波的存在，或者可能扭曲主瓣特性自适应处理的使用，都可能降低该方法的有效性。

连续变量 f（由单元宽度归一化）的内插抛物线系数 $z(f)=a_0+a_1f+a_2f^2$ 由式（4.134）中线性等式的唯一解给出。这里，向量 $\mathbf{z}=[z_{p-1}, z_p, z_{p+1}]^T$ 包含峰值样本 z_p，设其集中在原点 $f=0$，及紧邻峰值的两个样本，设其位于单元间距 $f=\pm 1$。向量 $\mathbf{a}=[a_0, a_1, a_2]^T$ 包含抛物线系数，而 $\mathbf{M}$ 是 3 个样本点的坐标矩阵。

$$\mathbf{z}=\mathbf{Ma}, \quad \mathbf{M}=\begin{bmatrix} 1 & f-1 & (f-1)^2 \\ 1 & f & f^2 \\ 1 & f+1 & (f+1)^2 \end{bmatrix} \quad (4.134)$$

内插尖峰相对最大值样本的位置坐标（非整数）由式（4.135）中的 $\hat{f}_p$ 给出。换句话说，$\hat{f}_p$ 是在包含峰值样本单位位置和更准确真实峰值位置估计之间的位移。内插峰值的振幅 $\hat{z}_p$ 通过对抛物线驻点估值得到，即 $\hat{z}_p = z(\hat{f}_p)$。建议对已白化 ARD 中检出峰值位置对应的未白化（CFAR 之前）ARD 样本的振幅包络执行内插。这是因为 CFAR 处理可能扭曲预期目标回波 PSF 的结构。

$$\hat{f}_p = \frac{-a_1}{2a_2} = \frac{-[z_{p+1} - z_{p-1}]}{2(z_{p-1} - 2z_p + z_{p+1})} \quad (4.135)$$

图 4.37 说明了对图 4.21 所示 1E-1E 模式中的一个真实目标回波频谱进行插值的过程。当这个过程分别应用于 3 个数据维度时，输出是一个内插的峰值振幅估计和更精确的峰值 ARD 坐标（非整数）估计。对每一个在白化 ARD 图像中检出的峰值，这些信息被组装到一个结构数据中，传递给跟踪器。

可用于跟踪的另一峰值参数是定义于式（4.136）的峰值曲率。该参数的 PDF 对超视距雷达接收的目标和杂波回波来说差异显著，特别是在多普勒域。这种差异可被用于在高杂波环境中（Colegrove and Cheung 2002）减少错误跟踪率。

$$a_2 = \frac{z_{p-1} - 2z_p + z_{p+1}}{2} \quad (4.136)$$

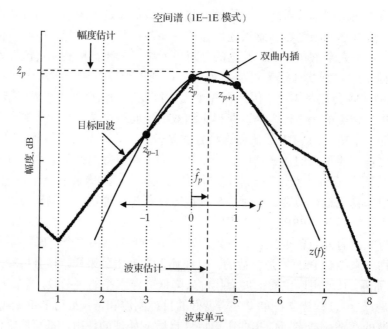

图 4.37 说明了在尖峰采样和线束谱中其领域之间使用二次插值的目标回波参数估计。当应用在所有 3 个 ARD 数据维度时，将在距离、多普勒、波束以及峰值振幅或 SNR 获得更准确（非整数）的目标尖峰定位估计给跟踪器

4.4.3 跟踪和坐标配准

超视距雷达需要建立和维护大量目标的航迹，同时以被称为"边跟踪边扫描"的模式继续搜索监视区域的新目标。数据处理流程倒数第二步是对每次雷达扫描中提取的坐标峰值数据在雷达坐标系中进行跟踪。尽管具体算法实现细节变化很大，但是绝大多数的多目标跟踪系统基本上由 3 个核心组成，即跟踪滤波器、数据关联和跟踪管理。本节的第一部分已简要概述了每个组件的基本作用，分析了一些可能在超视距雷达跟踪中用到的一般方法。

对一些多目标跟踪系统所用方法的细节描述，可以在几篇很好的文章中找到，包括

Bar-Shalom and Fortmann（1988），Stone, Barlow, and Corwin（1999），Blackman and Popoli（1999），以及 Ristic, Arulampalam, and Gordon（2004）。当跟踪在雷达坐标中进行时，需要根据可用的传播路径信息进一步将航迹转换为地理坐标。一般来说，还需要将可分辨多径回波形成航迹关联到单个目标。本节的第二部分简要讨论了超视距雷达中的坐标配准和跟踪关联。

4.4.3.1 跟踪

Colegrove and Davey（2003）的多模统一概率数据关联滤波或 MM-UPDAF 算法提出了一个超视距雷达系统基准跟踪方法，这种方法有效地结合了由 Bar-Shalom 发展的概率数据关联滤波（针对 PDAF）和 Tse（1975）的一些基于实践经验和大量数据分析的附加特征。

具体来说，MM-UPDAF 算法在交互式多模型（IMM）框架中综合了一定数量（$m=1,\cdots,M$）的目标运动模型以描述目标状态向量 $\mathbf{x}_m(k)$ 随着时间或驻留数目 k 的变化。目标状态向量 $\mathbf{x}_m(k)$ 通常包括群距离 r、群距离率 $\dot{r}$、方位角 θ、方位角率 $\dot{\theta}$ 和振幅 A，如式（4.137）所示。

$$\mathbf{x}_m(k) = [r, \dot{r}, \theta, \dot{\theta}, A]^\mathrm{T} \tag{4.137}$$

状态向量由式（4.138）中的目标动态模型来更新，其中，$\mathbf{F}_m(k)$ 是一个已知的状态转移矩阵，体现了每个模型 m 的运动方程，包含目标机动的模型误差由均值为零、协方差已知的高斯分布噪声向量 $\mathbf{u}_m(k)$ 表示。由于监测区域远离雷达，在超视距雷达中可将状态矢量更新近似为线性模型区。尽管可能存在不断加速和其他目标动态模型的情况，我们在这里讨论的模型被看作恒定的速度模型。

$$\mathbf{x}_m(k+1) = \mathbf{F}_m(k)\mathbf{x}_m(k) + \mathbf{u}_m(k) \tag{4.138}$$

在 IMM 框架内，根据目的的不同可引入多个模型。例如，它们可能用来解释目标跟踪起始时速度模糊的可能性。它们也可通过定义不同处理噪声协方差的多个模型来增强机动目标跟踪。在后一种情况下，多模型方法的灵活性原则上可以在目标机动期间保持较低的估计误差，同时在跟踪中的非机动部分保持高精确性。

MM-UPDAF 中的"统一"表明了与多分量非均匀杂波分布、目标可见性和每个目标模型最近邻方法有关的进一步推广。有关 MM-UPDAF 算法的细节参见 Colegrove and Davey（2003）。测量向量 $\mathbf{y}(k)$，作为一个在驻留 k 中检测到的特定（未标注）峰值的结果，通常由内插峰值坐标方位角 $\theta(k)$ 和群距离 $r(k)$，以及内插多普勒频移的 $f_d(k)$ 和峰值振幅 $A(k)$ 的估计组成。

$$\mathbf{y}(k) = [\theta(k), r(k), f_d(k), A(k)]^\mathrm{T} \tag{4.139}$$

用于执行递归目标状态估计跟踪滤波器的选择在一定程度上取决于选择的跟踪坐标系统。在超视距雷达中，跟踪通常在雷达坐标中以航迹建立，随后转换为地理位置。这个过程往往简化了测量模型，它将传感器测量向量与目标状态向量联系起来。为了提高数学上的易处理性、减少处理计算量，用线性等式（4.140）来近似测量模型，$\mathbf{y}_m(k)$ 在时间 k 上是测量向量，$\mathbf{H}_m(k)$ 是一个已知模型 m 的测量矩阵，而 $\mathbf{v}_m(k)$ 是一个零均值高斯分布测量噪声向量，其协方差已知但可能改变。

$$\mathbf{y}_m(k) = \mathbf{H}_m(k)\mathbf{x}_m(k) + \mathbf{v}_m(k) \tag{4.140}$$

最常用的执行递归目标状态估计的跟踪滤波器是 Kalman 滤波器（KF）。这个完美而高效的算法在处理和测量噪声均为高斯线性模型的假设下被认为在贝叶斯设置中最优。滤波过程由卡尔曼滤波器组实现，每个模型 $m=1,\cdots,M$ 对应一个滤波器。

当在笛卡儿坐标中进行跟踪时，测量模型非线性[5]。在这种情况下，使用一个扩展 Kalman 滤波（EKF）是比较合适的。EKF 利用当前状态估计的一阶泰勒级数扩展，对非线性过程和测量函数进行解析线性化，例如，EKF、粒子滤波等非线性滤波器在 KF 无法最佳发挥的情况下可实现重要的角色，但是这些滤波器在这里并不展开讨论。

数据关联，指将 t 时刻一组离散测量值与已有航迹组中的一条航迹或一条新起始航迹，联系起来或不将其与航迹联系起来的过程。在实际运行系统中，一个真实目标的检测概率小于 1，而虚警率则不可避免地大于 0。前者意味着源于真实目标的峰值检测（已存航迹中的），不可能在每个时刻 k 都能获得。而且，由于检测区域内还存在其他几个目标，也会产生信号检测事件的发生，或者由于杂波、干扰和噪声导致虚警。因此，对于将哪一个测量值归因于哪一个目标（如果有的话），在实际中也不是那么简单。特别是，当独立目标有着相似的雷达坐标，或者存在靠近目标位置的虚警时，其困难程度还将升高。

这一数据关联的问题，通常涉及在航迹与测量值之间距离测度的定义与评估。流行的数据关联算法包括总体最近邻（GNN）、联合概率数据关联（JPDA）和多重假设概率跟踪（PMHT）。GNN 算法首先执行测量值筛选以去掉航迹更新中不可能的候选者。换句话说，相对于滤波预测的特定误差没有落入一个允许范围内的测量值，将被排除在航迹更新的候选点之外。然后，根据确定的距离测度选择最近的筛选后（有效的）检测，并使用该测量值执行航迹更新。

当有多个有效候选者时，GNN 算法在特定测量值的挑选中忽略任何的不确定。JPDA 方法的不同之处在于，它基于指定邻域内所有有效测量值的相对重要性来评估航迹更新。通过对所有有效测量值的加权平均来形成一个质心提供给跟踪滤波器。滤波协方差也是根据离散有效测量值的分布进行调整。在超视距雷达应用中，当跟踪器运行于杂波环境中时，JPDA 方法比 GNN 数据关联算法更具稳健性。JPDA 法与 PMHT 法的对比在 Colegrove, Davey, and Cheung（2003）中被提及，其中用于评价性能的度量主要是：（1）航迹建立，（2）航迹保持，（3）航迹误差，（4）虚假航迹。

航迹状态通常按 3 个存在阶段加以定义，一般称为假设、验证与消除。一个假设航迹可由一个与任何已知航迹不相关的测量值初始化。航迹确认建立在一段时间或数个扫描期间内某条假设或待定航迹执行的更新数量上。在航迹可靠性落到一个不可接受的低水平后，根据没有航迹更新的时间或扫描数进行航迹消除。跟踪可靠性或质量的概念通常被引入到航迹管理，作为在不同航迹存在阶段之间转换的准则。

图 4.38 中的地理图展示了一个空中目标可分辨多径回波在雷达坐标中形成的真实超视距雷达航迹的例子。这个特别的例子显示了由可能存在电离层行波扰动（TID）所引起的与模式相关的距离和方位显著起伏。单个目标多条航迹的存在激发了目标航迹关联的需要。通过坐标配准，将雷达坐标中的多径航迹转换为单一航迹，将估计的目标地理位置提供给雷达操作员。当传输路径因（大小规模）TID 出现波动而需要校正时，坐标配准任务是相当具有挑战性的。

到目前为止，跟踪器的输入被假定为一组点测量值（有效峰值），来自每次扫描白化 ARD 图像进行的门限检测。跟踪算法不断将测量值连接起来以估计感兴趣的目标参数。换句话说，标准跟踪方法交替执行检测与估计功能。这个方法适合于 SNR 相对较高的目标。然而，对于

---

[5] 这在表面波雷达中可能用到，不需要天波传播路径信息。

低 SNR 目标，要获得足够高的检测概率，需要降低检测门限。这将提高虚警检测率，并使跟踪器产生错误航迹。一个备选的方法是取消扫描间二元硬判决，直接在 ARD 图像上进行跟踪。这一研究领域被称为检测前跟踪（TkBD）。

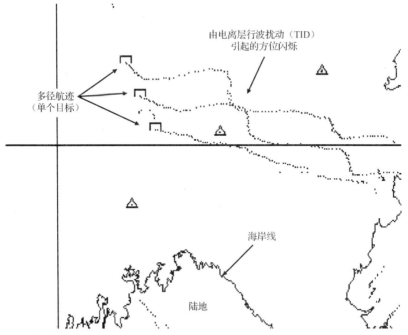

图 4.38 地理航迹展示了来源于一个目标的多径回波形成的三条航迹，显示了由可能存在电离层行波扰动（TID）所引起的与模式相关的距离和方位显著起伏。距离海岸线（最低群距离）最近的相对直的航迹对应于 1E-1E 传输模式，其不受 TID 影响。中间航迹出现是由于混合模式（1E-1F 和 1F-1E），而带有最高群距离航迹是由于 1F-1F 模式。这些航迹至少包含了 F 层反射，并且因此受到 TID 通过 F 层的影响

在 TkBD 框架中，并不在每个雷达驻留期间做出检测判断，而是从跟踪器输出中推断得出。原则上，这使算法可以利用目标 ARD 图像上的 PSF 特征和时域相关来同时改进检测性能和跟踪-估计精度。相对于标准跟踪，TkBD 方法有望提高低 SNR 目标的工作性能。相关技术的讨论，有可能利用了未白化 ARD 中的相位信息，已经超出本书的讨论范围。对于使用复数和仅利用数据测量值幅度 TkBD 技术的详细描述，读者可查阅 Davey（2009）和其中的参考文献。

4.4.3.2 坐标配准和航迹关联

坐标配准（CR）使用已知的天波传播路径信息以有效确定以群距离和锥角（也称为斜距和视方位角）表示的雷达坐标与地球表面经度和纬度的地理位置（或相当于地面雷达距离和大圆方位）之间的映射。对每个电离层模式，需要确定通过双程路径把雷达系统连接到监测区域内某点的映射。可提出多种解决 CR 问题的不同方法。一般来说，这些方法可分为两大类：（1）依赖电离层模型构成信息从射线追踪过程中推断信号传输路径信息的方法（Dyson and Bennett 1992）；（2）利用地球表面机会散射源或自然地貌特征，使可辨识雷达回波参考已知地理位置的方法。实际中更倾向于综合运用上述方法。

在第一类方法中，可以选择使用一个基于历史天气数据的平滑电离层模型，该历史天气数据统计说明了感兴趣地区的季节性和日常电离层变化。然而，由于电离层行为固有的不可

预知性，这些模型无法预测天波传播的详细特征以满足精确 CR 的高标准保真度需求。更具稳健性的 CR 系统建立在特定地点的实时电离层模型（RTIM）上，而该模型由感兴趣地区的实验测量所构造。这避免了 CR 对一个平滑的电离层模型的完全依赖，并因此减少了电离层状态不确定性的程度。出于经济和逻辑上的考虑，当可获得实测数据点的空间（和时间）间隔增加时，通常需要将平滑电离层模型融入 RTIM。

基于多层准抛物（MQP）表示的电离层高度剖面 RTIM 参数可通过探测器网络收集的解释数据中得到估计，该探测器专门部署到探测区域内对不同信号反射点进行日常探测。例如，这可能包括一组垂直和倾斜入射探测器，以及信标或转发器，定期收集不同地点的电离层数据（Cameron 1995）。RTIM 精确性取决于几个因素，包括布置地理位置和网络的密度、RTIM 相对于电离层发生变化的更新速度、传感器数据的质量、数据解析技术的效率，以及用于表示电离层结构（高度轮廓）的适当参数模型。一个重要的实际问题是，一个密度有限的探测器网络只能对超视距雷达探询区域内非常小的部分采样。

另一个选择是，使用主超视距雷达本身利用机会信息源为 CR 收集信息。根据这个特定的方法，可能会也可能不会形成影响系统执行其主要监视任务的代价。例如，地理已知参考点（KRP）的回波信号特征识别可被纳入 CR 过程，作为正常运行的副产品。这可能包括某些目标的检测，如民用航线或集装箱船，其位置可分别由 ADS-B 或 AIS 自报告系统获得。飞机目标航迹起始和终结的中心点可与已知的有关机场位置相关联。由 RCS 增强引起的后向散射杂波功率大幅空间变化也可与已知位置的散射体相关联，如城市（Barnum and Simpson 1998）。

与这些局部 KRP 相比，地球表面监测地区后向散射特性的变化提供了空间分布定位源，这时 CR 也利用得上。例如，当雷达覆盖区穿过地海交界范围时，表面杂波多普勒谱特征变化，可与海岸线地图比对以导出 CR 转变。CR 系统原则上可融合来自专用传感器的信息和覆盖范围内的机会 KRP 源，以获得 RTIM 并为每种出射入射组合传播模式估计相关的雷达-地面坐标修正 CR 图表。一个具有在其可用时能实时集成多源信息灵活性的 CR 系统架构，将可提供最佳的性能（即从雷达到地面坐标最稳健的转换）。CR 的更多信息可以在第 3 章中找到。

如之前阐明的，双向传输天波路径中存在的多径信号传输导致从单个目标返回多个雷达回波。这些回波通常在不同的地面距离、多普勒频移和锥角坐标上被收到。在许多情况下，多径回波数据三维数据中至少一个可被分辨。可分辨多径的存在常常导致特定目标在不同雷达坐标上独立的峰值检测。接着，通过对不同模式检测到的峰值进行滤波，跟踪器发起不同的航迹。

既然真实目标数量目前是未知的，就可能存在各种似是而非的目标航迹关联。在实践中，通常希望对每一个目标展示一个唯一准确的地面配准航迹。这就产生了将多径航迹关联到个体目标这一具有挑战性的问题。解开航迹-目标模糊的过程被称为航迹关联，而相关的航迹的结合则被称为"航迹融合"。一种方法试图通过在地面坐标直接进行目标跟踪来解决这个问题（Pulford and Evans 1998）。更常见的是，跟踪融合算法基于已形成于雷达坐标中的目标航迹进行关联，或使用 CR 信息或没有使用。

例如，Percival and White（1997，1998）提出的技术，循环构造所有航迹到目标的关联假设并评估每个假设的概率，以此来决定航迹-目标的分配任务。在这种方法中，每个航迹更新都由之前的更新独立处理，这将导致一个纯粹基于空间关系的"瞬时的"跟踪融合估计。为了说明关联过程中的时空联系，历史航迹可以被另外并入，见 Sarunic and Rutten（2001）。坐标配准不确定情况下目标-模式的联系问题（即需要联合估计电离层和目标状态）在 Rutten and Percival（2001），Pulford（2004），Anderson and Krolik（2002）中得到解决。

第 5 章 表面波雷达

尽管天波超视距雷达是唯一能够探测和跟踪距离数千千米目标的地基传感器（不需要卫星的帮助），高频双程表面波传播提供了另一种可用于大范围监视的手段，虽然其探测距离比天波近，但仍然是超视距的，其距离大约可达数百千米。这种超视距雷达通常称为高频表面波（HFSW）雷达或地波雷达。高频表面波雷达系统用垂直极化信号，其典型工作频率为高频波段较低的下半段，在这个频段，海水相对较高的电导率使得表面波模式可有效地在海面传播，照射视距以外的目标。除了警戒监视，高频表面波雷达还常用来遥感海态和绘制风场图。

本章的重点是用于监视的高频表面波雷达，其主要和次要的探测和跟踪目标分别是舰船和飞机。通常，高频表面波雷达系统有空间波传播模式（类似于常规微波雷达系统）和表面波传播模式（主要在视线路径被地球曲率遮蔽的绕射区）。这里对高频表面波雷达的超视距性能特别感兴趣，本章的重点是表面波模式的目标探测与跟踪。虽然天波和地波超视距雷达系统有些共同特性，但它们在一些重要方面有明显差别。前面讨论的是天波雷达系统，本章主要是对高频地波超视距雷达的原理和技术给出全面的介绍，同时认识和讨论区别两种超视距雷达系统的关键特性。

本章分为 5 部分。5.1 节介绍高频表面波雷达的工作原理、系统一般特性和性能及其在军事和民用中的作用。5.2 节进一步探究表面波传播模式的特性，特别是近距离和远距离传播的衰减特性、大气折射、海面粗糙度的影响，以及陆地-海洋混合路径的传播特性。5.3 节探讨各种可能限制高频表面波雷达性能的环境因素，包括海面和电离层杂波散射、高频干扰和噪声。5.4 节探讨高频表面波雷达系统的设计和工程实现，包括雷达构成、站址选择、发射和接收系统、信号处理和数据处理的设计构造。5.5 节阐述为使高频表面波雷达有效工作的频率选择准则，并介绍双频或多频工作的好处。本章最后介绍澳大利亚、加拿大和英国等国家的典型高频地波雷达系统。

5.1 一般特性

高频表面波雷达系统的权威描述可在 Sevgi, Ponsford, and Chan（2001），及 Ponsford, Sevgi, and Chan（2001）两篇文献中找到。读者也可分别参考近年 Ponsford and Wang（2010）、Apaydin and Sevgi（2010）总结高频表面波雷达性能和传播模型的文献。本节将回顾高频表面波雷达的基础知识，介绍其基本工作原理、系统特性、基本性能和高频表面波雷达系统的实际应用。

5.1.1 工作原理

在介绍高频表面波雷达前，需知道沿地表面传播的地波主要由两部分组成，即空间波和表面波模式。这些地波传播组成将在本节的第一部分简要阐述。本节的第二部分将对照空间传播特性，阐述表面波传播的一般特性。本节第三部分介绍高频表面波雷达工作原理。

5.1.1.1 地波传播

假设发射天线位于理想导电地平面上的 T 点,如图 5.1 所示。位于 R 的接收天线的感应电压 V 是直达波和地面反射波的矢量和,如式(5.1)所示。这里,r_1 和 r_2 分别是直达波和反射波(总的)路径长度。$k_0 = 2\pi/\lambda$ 是无线电波数,I 为发射天线电流,K 为常数,U_1 和 U_2 考虑天线方向图的影响,R 为菲涅耳平面波反射系数(Barclay 2003)。式(5.1)中直达波和地面反射波的总和称为空间波传播。

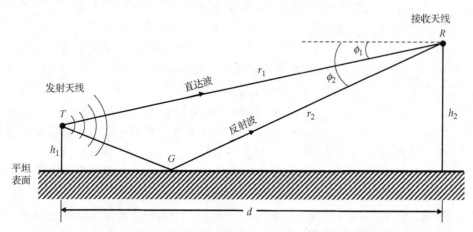

图 5.1 平面上发射天线(T)和接收天线(R)之间的直达和反射信号路径

$$V = KI \left\{ U_1 \frac{\exp(-jk_0 r_1)}{r_1} + U_2 R \frac{\exp(-jk_0 r_2)}{r_2} \right\} \tag{5.1}$$

实际地球表面的导电率是有限的。在这种情况下,为了准确描述距离 R 处的场强,需增加第 3 个因素,即式(5.2)中的反射系数,它与电波极化形式、发射频率、地表面电性能以及在反射点 G 的反射角度相关。式(5.2)中的最后一项必须满足麦克斯韦方程象征表面波模式的边界条件。式中的衰减因子 F 将在适当的时候讨论。

$$V = KI \left\{ U_1 \frac{\exp(-jk_0 r_1)}{r_1} + U_2 R \frac{\exp(-jk_0 r_2)}{r_2} + (1-R)F \frac{\exp(-jk_0 r_2)}{r_2} \right\} \tag{5.2}$$

对于有限导电率的表面,地波传播既有空间波也有表面波传播。式(5.2)中包含的表面波项要求 R 点的场强在高频波段及以下频率有适当表示方法,特别当一个或两个天线(收、发天线)距地面的高度在几个波长以内时。对于高于高频波段的无线电频率,式(5.1)的传统表示法在许多应用中是合适的。

当天线接近地面时,$R \to -1$,接收到的直达和反射路径(空间波)信号趋于相互对消,因此 T 和 R 之间的有效传播仅源于表面波模式。因此,这个传播模式对于工作在高频及以下频段的无线电系统非常重要,因为在没有空间波的情况下,表面波模式成为地波信号能在 T 和 R 之间传播的唯一途径。例如,中频/低频广播和低频/甚低频通信就是利用表面波传播。重要的是,表面波模式传播也支持高频波段的超视距雷达系统工作。

5.1.1.2 表面波特性

表面波传播模式的主要特性是:第一,在衍射区或天线接近地面高度直达波和反射波相互抵消的较近距离,只有垂直极化信号才能产生一定的场强。在水平极化情况下,地面的边界条件实际上阻止了无线电波通过表面波传播机理在陆地和海洋的有效传播。水平极化信号表面波传播的衰减非常大，因此其在雷达和通信系统中的用处受到限制或者没有实际用处，但其空间波或天波传播模式是可以满足工作需要的。

第二，不要将表面波模式与大气折射引起的"异常传播"即大气波导现象相混淆，人们通常在微波雷达文献中考虑这种大气波导现象。表面波传播模式是由流过有限电导率地面的电流产生的。因此，这种传播模式并不依赖于大气层是否存在。事实上，在没有大气层的情况下，表面波能够实现超视距传播是由于衍射效应。但在实际应用中，为了精确计算 R 点的地波传播场强，必须考虑对流层中无线电折射指数随高度变化的影响。5.2 节将进一步探讨这个问题。

第三，通过表面波模式传播的信号比天波信号的衰落速度慢，因此高频表面波雷达对慢速海面目标的探测具有明显优势。表面波在地面传播的信号非常稳定，而在海面传播时受潮汐效应和水波引起的慢衰落影响。第四，表面波传播的带宽相对较大（可超过 100 kHz），其引起的色散可忽略不计。表面波传播模式相对于天波传播有大的相干带宽，可用大信号带宽工作而不需要在接收时进行色散补偿。

表面波传播的路径损耗表达式，不仅是数学物理学家的重大理论课题，对系统工程师也有重要的实际意义。表面波功率密度的衰减速率随距离变化明显，并随着距离的增加，逐渐比距离平方呈反比的衰减更大（与距离平方呈反比的衰减是自由空间扩散衰减）。对于垂直极化信号，表面波随距离的衰减量由许多因素决定，包括：（1）无线电频率；（2）地、海面导电率；（3）终端高度；（4）表面粗糙度；（5）表面不均匀性；（6）大气折射。5.2 节将讨论表面波传播损耗表达式。

总的来说，对于终端高度一定、导电率均匀的表面，表面波场强衰减速率随距离的增加而增大。在高频波段的低段，当地面距离超过 200 km 后，衰减速率的变化非常快。在这些远距离上，表面波实际上进入了"1 dB/km"的功率损耗区域。这个衰减区随着频率的升高或表面导电率的下降而减小。对于高频表面波雷达，这意味着在远距离上增大发射功率只能增加很小的探测距离。例如，在 1 dB/km 功率损耗区域，发射功率增大一个数量级，最大探测距离可能只增加 10 km。

5.1.1.3 高频表面波雷达基本原理

英国二战期间应用的本土链高频雷达利用机翼对水平极化波产生的强反射对视距飞机进行探测，并利用仰角波束帮助提供目标的高度信息。如前所述，天波超视距雷达采用垂直极化或水平极化信号，但无论系统发射垂直极化或水平极化信号，电离层传播媒介通常将高频信号的极化状态变成椭圆极化。而另一方面，如果利用表面波传播来探测和跟踪几百千米外的海面目标，高频表面波雷达必须采用垂直极化信号。

图 5.2 给出了单站表面波雷达的工作原理，以及发射和接收垂直极化信号的双程（后向散射）路径。如图 5.2 所示，雷达在不同的距离和高度，通过空间波和表面波传播照射目标并接收目标回波。双站（双基地）高频表面波雷达配置也很常见，这种配置可能出现发射-目标、目标-接收两条路径传播机理不同的情况。高频表面波雷达的工作频率一般是 3～15 MHz，当然，可根据目标类型、探测距离和当地环境条件的不同用高一些或低一些的频率。在实际应用中，为了使雷达信号与在导电海面上的表面波传播模式最大限度地耦合，高频表面波雷达系统通常建在海岸线上或离海岸线很近。

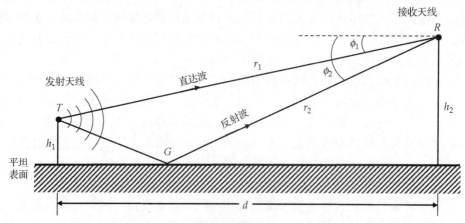

图 5.2 高频表面波雷达工作原理。用空间波探测在干涉区内的高空飞机，而用表面波传播探测在衍射区的海面舰船和低空飞机

与常规雷达类似，高频表面波雷达可用空间波传播探测视距（即在干涉区内）的目标。对这种目标，高频表面波雷达可用高频波段的高端频率以提高对小飞机目标回波（低 RCS）的探测、定位性能。然而，对于一个天线高度接近海平面的雷达系统，由于直达波和反射波信号在接近海面时趋于相互对消，空间波传播对探测低空飞机或海面舰船就不那么有效了。而且，在常规大气条件下，空间波传播完全不能到达视距以外的区域。特别是出于对后一种情况的考虑，我们将重点放在高频表面波雷达的表面波传播，它使得这种雷达与高频雷达的天波（和微波）雷达的工作有明显区别。

表面波传播为有效地探测衍射区的海面舰船和低空飞机提供了一条途径。在高频段，只有用较低的频率才能使表面波传播模式在良导电（含盐的）海面有效地超视距传播。特别是，这种"有导向的"模式使得雷达信号在海-空界面上沿着地球表面的弯曲传播，可照射到几百千米外的目标。对单站雷达系统，目标后向散射回波的垂直极化分量也是因相同的物理机理，沿着几乎相反的路径传播回到高频表面波雷达的接收系统。目标回波与杂波、人为干扰和环境噪声一起被接收机截获后用于目标探测和跟踪处理。

与天波超视距雷达一样，用多普勒处理来提高信杂比（SCR）和信噪比（SNR）是必不可少的。特别是，必须将目标回波从（以擦地入射）强海杂波后向散射回波中分离出来，有时还会收到接近垂直入射的电离层体杂波反射信号。为了使雷达能在高频波段低段的强干扰和噪声（通过表面波和天波模式收到）情况下顺利工作，对有用信号进行相干积累也是必需的。

探测 200～400 km 的大型海面舰船一般要求高频表面波雷达工作频率的范围在 3～7 MHz，以减小表面波路径损耗。较高的频率更适合探测距离较近的、在海面上的或距海面高度不高的小目标。很明显，作为海岸监视系统的高频表面波雷达，与陆基微波雷达相比的主要优势在于其能探测地平线以下的海面船舶和低空飞机。

5.1.2 构成和性能

本节第一部分将阐述高频表面波雷达系统的主要构成特征，初步了解实际发射、接收站的概貌，同时还将阐述雷达的结构外形和站址选择。第二部分将探讨高频表面波雷达方程，并将关注在考虑地面影响情况下的天线增益和目标散射截面积（RCS）定义等敏感问题。第三部分将关注高频表面波雷达性能,包括典型雷达系统对不同类型目标的标称探测和跟踪能力、距离和方位覆盖范围、分辨率和精度。其中许多话题在后面的章节将进一步讨论。

5.1.2.1 基本系统概述

高频表面波雷达系统大致可分为两类,低功率系统主要用于海洋学研究,包括海态遥感和测量风场图,高功率系统专门用于监视(探测和跟踪人造目标)。前一类雷达系统有许多商用系统目前仍在使用,而后一类雷达系统,开发的实用系统相对较少,目前还在工作的更少。主要用于遥感的低功率高频表面波雷达系统,由于其具有有限的目标探测能力,有时还作为两用系统。

为了便于介绍用于监视的高频表面波雷达系统一般特性和性能,我们需要用能代表当今实际使用的高频表面波雷达基本特性的典型系统。因此,用澳大利亚的 Iluka 和 SECAR 系统,或加拿大的 SWR-503 系统作为例子开始介绍是合适的。本节的最后将讨论(过去和现存)两类高频表面波雷达之间系统构成和工作性能的特别不同之处。需要指出,用于海态遥感的高频表面波雷达系统与监视系统的特征(除了发射功率)有明显的区别。

高频表面波雷达系统的主要任务是探测海面目标,次要任务是探测空中目标,其构成有单站(如 SWR-503)和双站(如 Iluka 和 SECAR)两种。通常,这些单站和双站系统(或准单站)分别采用相位编码脉冲波形和调频连续波(FMCW)。在上述系统中,发射天线单元采用垂直极化对数周期偶极天线,接收天线采用由一个或多个组合单级天线单元构成的均匀线阵。特别是,接收天线单元一般采用端射两个一组或四个一组的单极子而不是用单个单极子,以提供接收天线前后比的方向性。图 5.3 是 Iluka 高频表面波雷达的对数周期偶极(LPDA)发射天线和均匀线阵(ULA)接收天线的图片,它位于澳大利亚北部的 Darwin 附近。

(a) 发射天线:
垂直极化对数周期偶极天线

(b) 接收天线:
32个单极子组成的均匀线阵

图 5.3 位于澳大利亚北部 Darwin 附近的 Iluka 高频表面波雷达发射天线和接收天线。发射天线是单个垂直极化对数周期偶极天线(LPDA)单元,接收天线是由 32 个单极子组成的均匀线阵(ULA),单元间距约为 16 m,天线口径为 500 m

在双站系统中,收、发站一般相距 50~100 km,为连续波工作提供足够的隔离度。理想的情况是,两个站的高度都接近海面并在海岸附近,最好接近高潮水位,使得系统发射信号更有效地耦合到表面波模式传播,接收站更有效地从表面波模式耦合信号。发射站一般需要 200×200 m 的面积,用来安装体积庞大的对数周期天线(LPDA)单元,因其需要在高频波段低端频率上有良好的阻抗匹配。另一方面，接收站需要一块沿海岸长为 500 m（宽约为 50 m）的较直海岸线，以满足较大的接收天线口径的需要。

对数周期发射天线的水平面波瓣较宽，可覆盖 90°～120°扇区。在上述高频表面波雷达系统中，发射波束用一个频率就能够同时覆盖整个雷达探测区。与天波雷达系统不同，在这种情况下，发射波束不需要在方位和距离上步进扫描。另外，均匀线阵接收天线的每个单元都接一部多通道数字接收机。一组方位分辨较高的子波束同时接收宽发射波束照射区内不同方向的回波。在这种情况下，重访时间等于相干处理间隔（CPI），由于表面波信号的高稳定性，相干处理间隔可长达数百秒。

表面波传播特性相对可预测的特性（相对天波传播），使得大多数高频表面波雷达系统都没有频率管理辅助探测设备，除了确保雷达工作在无干扰频率所需的频谱监视器。因此，高频表面波雷达是一种相对简单、低成本、可在短时间内建成并对沿海的海面舰船和低空飞机进行超视距探测的雷达。能够提供实时电离层状况的辅助探测器可帮助高频表面波雷达进行频率选择，特别有利于减少经天波路径返回的杂波信号。

在不利的环境条件下，自适应信号处理对减轻杂波、干扰和噪声的影响，使高频表面波雷达系统有效工作至关重要。我们将在 5.3 节中讨论环境因子及其影响。双频或多频工作是改善高频表面波雷达性能的手段，相对于天波模式，这种工作方式更适合表面波模式下的目标探测。5.3 节和 5.4 节将进一步讨论高频表面波雷达自适应信号处理、多频工作，包括频率选择准则。

5.1.2.2 高频表面波雷达方程

在噪声背景中检测目标的单站高频表面波雷达方程如式（5.3）所示，式中，由 S/N 表示检波电路上的信噪比（SNR），P_t 是平均发射功率（W），G_t 和 G_r 分别是发射和接收天线增益，σ 是目标后向散射雷达截面积（m^2），T 是有效积累时间（s），L_b 是雷达与目标间的单程基本传播路径损耗，L_s 是总的雷达系统损耗，λ 是无线电波长（m），N_o 是雷达工作带宽内总的（外部加内部）噪声谱密度（W/Hz）。很明显，S 和 N 分别表示雷达接收的目标回波功率（P_r）和噪声功率（P_n），分别由式（5.3）中间项的分子和分母表示。由于其假设表面波是唯一有效的传播路径，所以式（5.3）在衍射区依然有效。本节后面将给出在杂波中检测目标和双站系统的高频表面波雷达方程。

$$\frac{S}{N} = \frac{P_t G_t G_r \sigma / \left[L_s L_b^2 \lambda^2 / (4\pi)\right]}{N_o/T} = \frac{P_t G_t G_r \sigma T 4\pi}{L_s L_b^2 \lambda^2 N_o} \tag{5.3}$$

式（5.4）给出了基本传播路径损耗 L_b 的定义。注意，这个定义包含了表面波衰减因子 $A<1$，和目标在距离 d 的单程自由空间扩散损耗（Sevgi, Ponsford, and Chan 2001）。高频表面波雷达方程与常规雷达方程的区别在于它包含了垂直极化表面波（场强）衰减因子 A，衰减因子 A 的大小与无线电频率、地面距离、天线/目标高度以及传播路径上表面的电性能、粗糙度和均匀性有关。表面波传播相对自由空间传播的附加衰减用 A 表示，它是高频表面波雷达方程中的关键要素。

$$L_b = \left(\frac{4\pi d}{\lambda A}\right)^2 \tag{5.4}$$

人们可在 Milsom（1997）中找到对高频表面波雷达方程的详细讨论，文中认真分析了式（5.3）中容易造成困惑的与天线增益和目标 RCS 定义有关的几个因素。在典型的高频表面波雷达中，天线和目标的地面高度一般不到一个波长，而雷达与目标间的距离远大于此。在这种情况下，天线增益和目标RCS大小都应考虑地面的影响。正如Milsom（1997）所述，在式（5.3）中一些参数的定义不一致，可造成SNR的预计误差达10 dB以上。

第一个影响是，当垂直极化天线在反射面上辐射信号时，沿反射面水平方向传播的信号场强是原来的一倍。这种现象称为"地平面"效应，它使得其功率密度是天线在自由空间情况下的4倍，或者说天线增益比自由空间情况下增加了6 dB。由于这种效应在发射和接收信号路径都存在，发射、接收的天线增益值相对于自由空间都需要做出调整。在雷达方程中，来回双程路径的地平面效应既可加在收发天线增益的定义中，也可放在传播因子中考虑。这里采用前一种方法。

对于有限导电率地面，垂直极化波电场强度的加倍与菲涅尔平面波反射系数有关，这个系数在平坦反射面近擦地角入射时接近于-1。当终端在地面上时（距地面高度为零），它使得直达波和表面反射波（空间波）信号路径相互抵消，但它又使式（5.2）中的表面波场强项加倍。对理想导电地平面，反射系数为1，表面波消失（表面波项为零）。在这种情况下，场强加倍是直达波和地面反射波相干叠加的结果，如Milsom（1997）所述。

第二个现象与天线及其在地面下镜像的互耦有关，这使天线辐射阻抗比在自由空间时的值大。这种"近地面"效应对目标的影响也是一样的，但只有当天线或目标高度小于一个波长时才变得明显。高频波段低段频率的波长较长（最长达100 m），通常在这种情况下不能忽略与地面的互耦效应。我们将先讨论式（5.3）中地平面和近地面效应对天线增益G_t和G_r定义的影响，然后讨论在σ定义中考虑近地面效应后对自由空间目标RCS的修正。

对有限导电率地平面上的垂直极化天线，式（5.5）给出了有效天线增益。式中，g_t和g_r分别表示发射和接收天线相对于各向同性天线在相同位置的增益，称为RISP增益①。发射、接收天线增益式中分别都包含了4，这是考虑发射和接收信号路径地平面效应带来的6 dB功率密度增益，而Δ_t和Δ_r分别表示由近地面效应引起的有效天线增益损耗。

$$G_t = g_t \frac{4}{(1+\Delta_t)}, \quad G_r = g_r \frac{4}{(1+\Delta_r)} \tag{5.5}$$

对于一个在理想导电（PEC）地平面上的垂直极化赫兹偶极子，Δ值由式（5.6）给出，式中，$k_0 = 2\pi/\lambda$是无线电波数，h是偶极子离地面的高度（Milsom 1997）。当离地高度h大于一个波长时，$\Delta \to 0$；而当（发射或接收）天线紧挨着理想导电（PEC）平面放置时，$\Delta=1$。对于有限导电平面，通过改变Δ_t和Δ_r的值将附加损耗项引入到G_t和G_r中。

$$\Delta = [3/(2k_0h)^2][\sin(2k_0h)/(2k_0h) - \cos(2k_0h)] \tag{5.6}$$

根据Shearman（1983）的定义，目标在反射面上的有效RCS与其自由空间值σ'的关系见式（5.7），式中，当目标离地高度大于一个波长时，$\Delta_x \to 0$；而当目标紧贴理想导电（PEC）平面时，$\Delta_x=1$。对于后一种情况，由于目标与其在理想导电地面下镜像的互耦，目标的RCS减小6 dB。由于近地面效应作用于目标截获和再辐射功率的性能，对式（5.7）的分母$(1+\Delta_x)$求平方。与天线一样，有限导电表面通过Δ_x项来修正目标的有效RCS。

$$\sigma = \frac{\sigma'}{(1+\Delta_x)^2} \tag{5.7}$$

---

① 例如，一个在PEC平面（理想导电平面）上的垂直极化赫兹偶极子的RISP增益是1.5，而在PEC平面上的垂直极化$\lambda/4$单极子的RISP增益是1.64。Milsom（1997）进一步探讨了优先使用RISP增益而不是dBi值的原因。

式（5.8）给出了自由空间目标 RCS σ' 的表达式，它是代表后向散射方向目标回波特性的等效（匹配的）天线 RISP 增益 g_x 和自由空间（匹配的）各向同性单元的散射截面积的乘积，自由空间各向同性单元的散射截面积等于 $\lambda^2/(4\pi)$。当用高频表面波雷达方程式（5.3）时，式（5.7）的 σ 定义与式（5.5）的天线增益定义相一致，L_b 由式（5.4）给出。有损耗地面的 A 小于 1，这项被称为 Norton 表面波衰减函数。强调一下，这个高频表面波雷达方程形式适用于在衍射区噪声背景下目标探测的单站系统，并假设没有空间波（和天波）传播到衍射区。

$$\sigma' = g_x^2 \left(\frac{\lambda^2}{4\pi}\right) \tag{5.8}$$

如 Milsom（1997）指出的，国际公认的基本传播损耗（BTL）定义是当用各向同性天线来替代同一位置的实际天线时，辐射功率与匹配天线收到的功率之比。根据这个定义，式（5.9）给出了理想导电（PEC）地平面上终端间距为 d 的单程路径基本传播损耗 ℓ_b。这里，式（5.6）给出的 Δ_T 和 Δ_R 分别取决于发射、接收天线的地面高度。注意，当接收、发射天线都紧贴理想导电地平面时，$\Delta_T=\Delta_R=1$，ℓ_b 等于自由空间基本传播损耗，即 $(4\pi d/\lambda)^2=(2k_0d)^2$。

$$\ell_b = \left(\frac{2\pi d}{\lambda}\right)^2 (1+\Delta_T)(1+\Delta_R) \tag{5.9}$$

现在考虑来回双程雷达信号路径每一条路径的基本传播损耗。对于发射-目标路径，将 $\Delta_T=\Delta_t$ 和 $\Delta_T=\Delta_x$ 代入式（5.9），对于目标-接收路径，将 $\Delta_T=\Delta_x$ 和 $\Delta_T=\Delta_r$ 代入式（5.9）。假设发射、接收天线由于近地面效应带来的增益损耗相同（即与地面互耦），即 $\Delta_t=\Delta_r$，这意味着由式（5.10）给出的 ℓ_b 对于收、发信号路径完全一样。

$$\ell_b = \left(\frac{2\pi d}{\lambda}\right)^2 (1+\Delta_a)(1+\Delta_x), \text{ 这里 } \Delta_a = \Delta_t = \Delta_r \tag{5.10}$$

根据式（5.10）的基本传播损耗，高频表面波雷达方程式（5.3）可写成等效的式（5.11），式中，$l_b = \ell_b/A^2$ 是有限导电地面基本传播损耗，其 Δ_a 项做了相应调整。A^2 代表单程表面波功率损耗。（Milsom 1997）指出，若有人想用 RISP 天线增益 g_t 和 g_r，则雷达方程式（5.11）比式（5.3）更方便，因为式中用了国际电信联盟（ITU-R）在（Int. Telecomm. Union 1994）中的基本传播损耗（BTL）ℓ_b 定义，以及与目标高度无关的自由空间雷达截面积 σ'。再者，利用 Rotheram（1981b）的 GRWAVE 程序对于任意路径 ℓ_b 的计算都很方便，它是由 ITU-R 推荐的，并对所有与式（5.9）相关的互耦项进行了自动处理。

$$\frac{S}{N} = \frac{P_t g_t g_r \sigma' T 4\pi}{l_b^2 L_s \lambda^2 N_o} \tag{5.11}$$

假设噪声谱密度 $N_0=kT_eF_a$ 在雷达信号带宽内是均匀的，式中，k 是玻尔兹曼常数（1.38×10^{-23} J/K），T_e 是有效系统温度（290 K），F_a 是以外界噪声为主的噪声因子。在外部环境噪声为主的情况下，接收天线增益对 SNR 的影响通常被忽略。大多数高频表面波雷达接收天线阵天线单元的水平方向图较宽。通过空间处理，接收波束的增益 $G_r=G_eG_a$，其中 G_e 和 G_a 分别是目标方向的天线单元增益和天线阵因子增益。

若天线阵单元间收到的外界噪声弱相关，且其在接收机的谱密度远高于内部（热）噪声电平，则提高天线单元增益 G_e 对接收 SNR 的影响不大，因为它使有用信号（目标回波）和外界噪声增大的量几乎一样。在这种情况下，接收天线增益 G_r 中的阵因子分量 G_a 将有效地提高高频表面波雷达方程式（5.3）中的 SNR。由于在实际工作中通常是外界噪声制约的情况

(特别是夜间用高频波段的低端频率时),因此,当试图通过用匹配更好的接收天线单元来提高 SNR 时,必须对这个问题进行权衡。

举一个简单的例子,高频表面波雷达的工作频率为 5 MHz,平均发射功率为 1 kW(30 dBW)。假设发射、接收天线增益积(包括地面影响)为 25 dB,在距雷达 200 km 处有一条船,其有效 RCS 为 30 dBsm、以相对于雷达 15 节的速度运动。假设目标回波的多普勒频移足够高、海面相对平静且无电离层杂波干扰,使得雷达在噪声背景下检测目标。用下一节中的光滑海面表面波衰减曲线,式(5.3)中 $L_b(\lambda^2/4\pi)$ 的衰减量大约等于 230 dB。对于单站系统,根据互易定律,双程路径损耗是单程路径损耗分贝数的一倍。式(5.12)给出了接收到的目标回波功率 P_r,式中所有量都用 dB 表示。

$$P_r = P_t + (G_t + G_r) + \sigma - 230 = 30 + 25 + 30 - 230 = -145 \text{ dBW} \quad (5.12)$$

对于一个距离居民区不是很近的岸基雷达站,其夜间的噪声谱密度取 N_0=155 dBW/Hz,假设相干处理间隔(CPI)为 100 s(20 dBs),则接收的噪声功率为 P_n = –155–20= –175 dBW。假设全系统损耗不超过 L_s=12 dB,式(5.13)给出了预计的 SNR。

$$S/N = P_r - P_n - L_s = -145 + 175 - 12 = 18 \text{ dB} \quad (5.13)$$

当距离超过 200 km、工作频率低于 F2 层临界频率时,由于存在电离层杂波,在噪声背景下检测目标的高频表面波雷达方程形式可能不适用了。白天通过 E 层传播,电离层杂波在较近的距离(约为 100 km 左右)也能收到,在夜间通过突发 E 层传播,杂波可能扩散到整个目标速度搜索范围。另外,高海态可提高海杂波电平和增加其多普勒频谱的扩散。表面波路径损耗明显受到表面粗糙度的影响,特别是在工作频率较高和探测距离较远的情况下。在许多情况下,杂波背景下检测目标的雷达方程形式更适合用来预测高频表面波雷达的探测性能,特别是对海面目标。

还要注意,由于受单站高频表面波雷达脉冲信号工作时的遮蔽影响,其近距离的系统损耗可能较高。由于接收机在脉冲发射期间必须保持关闭状态,因此在近距离的遮蔽损失很高,单站系统的最小目标探测距离一般是几十千米(取决于波形,典型值是 20~50 km)。由于下一个脉冲的发射遮蔽 PRI 末端的目标回波,因此遮蔽同样影响对远距离的探测。在某种程度上,它的影响可能更大,因为远距离的目标回波信号已非常弱,而在近距离目标的回波信号还很强。在单站系统中,这种损耗用 L_s 表示。双站配置避免了遮蔽问题,并在发射机额定峰值功率不变的情况下,通过用连续波信号波形来增加平均发射功率。

式(5.14)给出了双站雷达收到的目标回波功率 P_r,式中,σ 是双基地目标 RCS,L_t=$[4\pi d_t/\lambda A_t]^2$ 是发射天线到目标距离 d_t 的基本传播损耗(BTL),L_r=$[4\pi d_r/\lambda A_r]^2$ 是目标到接收天线距离 d_r 的基本传播损耗(BTL)。式(5.14)已假设发射、接收信号传播路径都是表面波传播。接收的噪声功率 P_n 与单站雷达一样。对于总路径长度 d_t+d_r 一定的双站配置,在最小距离或最大不模糊距离附近的灵敏度(SNR)都有提高。

$$P_r = \frac{P_t G_t G_r \sigma (4\pi/\lambda^2)}{L_s L_t L_r} \quad (5.14)$$

当目标相对速度小于 15 节时,一般用杂波背景下探测目标的雷达方程。对于中、高海态且距离小于 100 km 左右时,海杂波二阶谱在白天和夜间都高于外界噪声和电离层杂波。对于每个发射脉冲,系统增益对目标和海杂波回波功率的放大几乎一样,因此 SCR 可近似表示成与一阶海杂波之比,如式(5.15)所示。式中,σ_c 是进入目标回波所在的距离-方位-多普勒分辨单元的有效海杂波 RCS。假设在相干处理间隔（CPI）内，目标的雷达截面积 σ 不变，且相对速度为匀速，这样目标回波信号积累没有损失。

$$\frac{S}{C} = \frac{\sigma}{\sigma_c} \tag{5.15}$$

对于单站雷达，海杂波有效 RCS 可以写为式（5.16）的形式，式中，$\Delta R=c/(2b)$ 是雷达信号带宽为 B 的距离分辨率，$\Delta L=R\Delta\theta$ 是接收天线波束宽度为 $\Delta\theta$、距离 R 的横向分辨率。$\sigma_{vv}^0(\omega_d)$ 定义为雷达多普勒分辨率相应的、对分析带宽内海面积分的单位有效截面积。

$$\sigma_c = \sigma_{vv}^0(\omega_d)\Delta R \Delta L \tag{5.16}$$

特别是，常规积分式（5.17）给出了 $\sigma_{vv}^0(\omega_d)$ 的大小。根据 Barrick（1972b）的定义，垂直极化信号以擦地角入射海面产生的后向散射，$\sigma_{vv}^0(\omega_d)$ 是海面单位面积、单位 rad/s 带宽归一化多普勒频谱截面积。$W(\omega)$ 是功率谱密度的归一化多普勒处理窗函数，总杂波功率不变（Maresca and Barnum 1982）。省略对杂波强度影响较小的高阶项，$\sigma_{vv}(\omega) = \sigma_1(\omega) + \sigma_2(\omega)$ 是一阶杂波 $\sigma_1(\omega)$ 和二阶杂波 $\sigma_2(\omega)$ 之和，一阶杂波包含两个离散的布拉格峰分量，二阶杂波是在一定多普勒频率范围的扩展。$\sigma_1(\omega)$、$\sigma_2(\omega)$ 为海面定向波高谱的函数，Barrick（1972b）推导了其理论表达式，这将在 5.3 节中讨论。

$$\sigma_{vv}^0(\omega_d) = \frac{1}{2}\int_{-\infty}^{\infty}\sigma_{vv}(\omega)W(\omega-\omega_d)\mathrm{d}\omega \tag{5.17}$$

波束宽度近似为 $\Delta\theta=\lambda/D$，D 接收天线口径，将前面定义的参数代入式（5.15），得到 SCR 的表达式（5.18）。式（5.18）表明，SCR 与系统的带宽-口径积成正比，与目标距离成反比。只要目标回波的多普勒频率不是正好落在布拉格峰频率上，理论上讲，增加相干处理间隔（CPI）可将目标回波从一阶杂波中分离出来，并可使包含有用信号的多普勒通道分析带宽变窄，从而减小二阶海杂波的单位面积散射截面积（Maresca and Barnum 1982）。对没有积累损失的目标，SCR 与相干处理间隔（CPI）的关系已隐含在 $\sigma_{vv}^0(\omega_d)$ 中。

$$\frac{S}{C} = \frac{\sigma}{\sigma_{vv}^0(\omega_d)}\frac{2B}{c}\frac{D}{R\lambda} \tag{5.18}$$

举一个简单的例子，假设高频表面波雷达工作频率为 5 MHz（λ=60 m），信号带宽为 B=20 kHz，接收天线口径为 D=500 m，相干处理间隔（CPI）为 T=100 s。若海面舰船的有效 RCS 为 σ dBsm，距离雷达为 100 km。将这些参数代入式（5.18），得到的空间分辨单元面积约为 80 dBsm。式（5.19）给出了对这样大小散射面积的 SCR，式中所有量都用 dB 表示[②]。

$$\frac{S}{C} = \sigma - \left(\sigma_{vv}^0(\omega_d) + 80\right) \tag{5.19}$$

在杂波背景下检测目标，当 SCR 小于检测门限时，就会产生目标盲速。Maresca and Barnum（1982）给出了目标 RCS 分别为 σ=30 dBsm 和 σ=50 dBsm 在一阶、二阶海杂波下 S/C<10 dB 为盲速的仿真结果，其中一阶杂波和二阶杂波用理论表达式 $\sigma_1(\omega)$ 和 $\sigma_2(\omega)$。正如 Maresca and Barnum（1982）指出的，较长的相干处理间隔（CPI）既能使一阶杂波在频域变窄，又能减小落入目标多普勒通道内，影响目标检测的二阶海杂波。

---

② 天线增益定义如式（5.3）所示，对于完全发育海态和半各向同性角展宽函数，当 ω_d 落在布拉格峰谱线的多普勒频率上时，$\sigma_{vv}^0(\omega_d)$ 大约是-32 dB。根据 $\sigma_2(\omega)$ 的类型，当相干处理间隔（CPI）T=100 s 时，二阶杂波连续谱的 $\sigma_{vv}^0(\omega_d)$ 的值可能比一阶杂波低 20~40 dB（或更多）。

5.1.2.3 标称系统性能

高频表面波雷达可填补沿海国家岸基微波雷达的最大探测距离与 200 海里专属经济区之间的重要监视空白。与陆基微波雷达相比，高频表面波雷达是可选的，探测和跟踪几百千米远空、海目标的系统。在常规大气条件下，其对低空飞机和大型海面舰船的探测距离可比常规视距雷达高一个数量级。单站高频表面波雷达因采用脉冲波形工作，其最小探测距离为几十千米。这个最小探测距离可与微波雷达的覆盖互补，但其引起了是否要将高频表面波雷达和微波雷达系统在同一地点部署（联合使用）的激烈争论。

与天波超视距雷达系统相比，高频表面波雷达小得多、便宜得多，且操作不那么复杂。此外，如第 2 章所述，由于存在跳距现象，天波超视距雷达的最小探测距离一般大于 1000 km。雷达站址距探测区边缘需要的最小距离，对于国土面积小的国家，要满足这个限制条件有一定困难。与天波系统相比，另一个明显的优势是高频表面波雷达不依赖电离层作为传播媒介。电离层扰动有时会使天波超视距雷达系统在所有距离上都不能探测舰船目标。

表面波传播相对稳定的特性（频率稳定）对在海杂波中探测低速海面舰船目标十分有利。相对于天波系统，高频表面波雷达为专属经济区海岸监视提供更可靠的性能。另外，表面波传播的确定性更好，高频表面波雷达定位和跟踪目标的精度就更高。高频表面波雷达很少有多径问题，特别是在没有空间波的超视距距离上。这就消除了多路径航迹与目标的配对问题，这对天波系统是个难题。然而与天波雷达一样，高频表面波雷达也不能提供目标的高度信息。Howland and Clutterbuck（1997）提出了一种高频表面波雷达估计目标高度的方法。

在介绍了高频表面波雷达相对于视距雷达和天波超视距雷达系统的优势后，本节的剩余部分将阐述高频表面波雷达的标称系统性能。先讨论典型系统的距离、方位和多普勒覆盖和分辨率。接着总结标称探测性能，一般是用不同类型目标在不同海态、白天或夜晚工作的最大探测距离来表示。然后讨论跟踪性能，特别是用稳态均方根表示的目标距离和方位的定位精度。

高频表面波雷达提供的覆盖区是指系统在此区域内可完成探测和跟踪目标任务。其典型的最大探测距离为 400~500 km。单站系统典型的最小探测距离为 20~50 km，小于这个距离是直达波路径，双站系统可探测这个距离段的目标。高频表面波雷达典型的方位覆盖范围是 90°~120°，取决于发射/接收天线设计和雷达配置。根据监视区的面积，方位覆盖可大可小。按照上述距离和方位覆盖范围计算，覆盖区面积达 10 万平方千米的级别。

分辨率通常定义为在不加权、匹配滤波情况下的 -3 dB（半功率）主瓣宽度。高频表面波雷达典型的距离分辨率在 15 km（$B=10$ kHz）到 3 km（$B=50$ kHz）之间，然而，由于高频频谱的通道拥挤，在实际工作中距离分辨率一般不会优于 5 km。多普勒分辨率在 0.001~1 Hz 之间，对应的相干处理间隔（CPI）为 1~1000 s。一个口径为 500 m 均匀线阵的接收波束宽度一般是 6°~10°，并且是工作频率和波束指向的函数。

高频表面波雷达的最大探测距离不仅取决于系统特性，还取决于目标类型、海态、电离层条件和外界噪声。后两个因素表现出明显的白天/夜晚差别，而高海态是由大范围、长时间的海面强风形成的。相对速度低的海面舰船回波的多普勒频率落入二阶杂波连续谱中。若要在虚警率可接受的条件下可靠地检测此类目标，要求 SCR 门限大于 10 dB。图 5.4 给出了几种目标类型的预计最大探测距离（Ponsford, D'Souza and Kirubarajan 2009）。列出的距离是理想环境条件下的标称值。注意，在不利的环境条件下，雷达探测性能将显著下降。

白天，高频表面波雷达在大部分专属经济区可实现对超大型远洋船舶探测的全覆盖。高频表面波雷达通常用较低的工作频率（3～7 MHz）以减小远距离表面波路径传播损耗，同时不改变这类目标的 RCS 散射区域。高频表面波雷达在二阶海杂波背景下探测大于 3000 吨排水量的大型海面船舶与海态的关系不大。这是因为只有一阶海杂波的强度才足以遮蔽大型海面目标回波。在夜晚，高频波段低段的环境噪声电平变高，并且电离层杂波通常更加难以避免。与白天相比，在夜间这些影响的叠加会限制超大型船舶的最大探测距离。

频率	3～7 MHz			3～7 MHz			3～7 MHz			7～15 MHz			7～15 MHz		
夜晚	280	260	240	250	210	140	190	90	—	30	—	—	120	110	90
白天	400	380	360	330	230	140	210	110	—	60	—	—	220	190	160
海态	1～2	3～4	5～6	1～2	3～4	5～6	1～2	3～4	5～6	1～2	3～4	5～6	1～2	3～4	5～6
目标类型	大型货轮（40～50 dBsm）			远洋拖网渔船（30～40 dBsm）			中型拖网渔船（20～30 dBsm）			快船 径向速度>20 节（0～10 dBsm）			低空飞机（10～20 dBsm）		
干扰	二阶海杂波和电离层杂波									外界噪声和干扰					

图 5.4 当今最先进的高频表面波雷达在不同的海态、白天/夜晚、以最佳工作频率工作和理想环境条件下对不同类型目标的最大探测距离参考值（单位：km）。同时给出了典型工作频率范围和主要干扰类型，注意，白天/夜晚分别在 90 km 和 210 km 以外可能存在电离层杂波，当杂波在多普勒上明显扩散时可能影响对飞机的探测。它们是类似于 SECAR 和 SWR-503 的实际系统的最大探测距离。SECAR 系统的平均发射功率为 5kW，其有效接收天线口径约是 8 个 5 MHz 波长（480 m）

另一方面，高频表面波雷达在二阶海杂波背景下探测大中型渔船的最大探测距离受海态的影响很大。二阶海杂波的单位截面积随着海态和工作频率的升高而增大。再者，雷达分辨单元面积（即杂波 RCS）正比于探测距离。对于长度为 20 m 左右木质或玻璃钢船体的小船，人们可能试图通过提高工作频率来增大目标 RCS 和目标回波多普勒频移，但这些得益通常被二阶海杂波电平的提高和多普勒频谱的扩展抵消。与上述原因相同，这些目标夜间的最大探测距离也将减小。

飞机和快船等快速目标回波有较大的多普勒频移，使高频表面波雷达在环境噪声背景中检测目标。但是，若电离层杂波在频域上严重扩散、电离层杂波强度超过环境噪声，雷达将在杂波背景中检测目标。高频表面波雷达用较高的工作频率，可在较近的距离探测长为 5～7 m 的快船，工作频率一般是 15～20 MHz 或更高，这避免了目标落入瑞利区使其 RCS 大幅下降，但代价是表面波传播损耗增加，特别在距离超过 60 km 后。这种船在高海态下的航行速度通常不足以使其回波的多普勒频率脱离二阶海杂波连续谱。尽管高海态时海面粗糙度增加使路径损耗大大提高，特别是在频率较高的情况下，高频表面波雷达探测 RCS 较大的远距离低空飞机通常受制于 SNR。

现代高频表面波雷达可实时进行航迹自动起批、维持和终止处理。跟踪器在每个相干处理间隔（CPI）可能需对 1000 个点迹进行处理，并能在下一个相干处理间隔（CPI）结束前同时维持和更新多达 500 批以上的航迹。对一个近似匀速运动的目标，最大稳态均方根（rms）跟踪误差为距离小于 1 km，方位小于 1°。白天的高频波段频谱不是很拥挤，允许使用较宽的信号带宽，因此距离均方根误差一般较小（500 m）。当波束指向接近均匀线阵端射方向时，方位均方根误差增大，一般可达 2°。

雷达对飞机目标航迹的更新时间间隔一般是 1～10 s，对海面船舶是 50～250 s。这些更新速率分别与一般探测飞机和船舶的相干处理间隔（CPI）相等。如果用交叠或并行的相干处理间隔（CPI），更新速率可进一步提高。对于用一个宽发射波束覆盖整个探测区的高频表面波雷达，这个更新速率是对整个探测区的目标航迹而言的。在已确认的航迹达到高置信度的基础上，确认目标真实存在。雷达每天的航迹虚警率少于 5 条。

更重要的是，对于传播路径上的小岛或突起地貌（包括其他船舶），高频表面波雷达的探测区不会被遮挡，而陆基微波雷达会产生强阴影区。显然，高频表面波雷达不受降雨和冰雹的影响，而这些对常规雷达系统可产生强气象杂波。据称，高频表面波雷达可每天 24 小时、每周 7 天全天候地自主工作，并且是所有雷达中单位探测面积工作费用最低的雷达之一（Thayaparan and MacDougall 2005）。

与常规微波雷达相比，这种技术的缺点有：空间分辨率相对较差，需要在海岸进行较大规模的基础建设，对不利海态和电离层条件高度敏感。后一种情况会造成杂波电平因多普勒展宽而升高，外界噪声和雷达收到的人为干扰电平增大，从而使雷达性能下降。虽然与岸基微波雷达相比，其空间分辨率和目标定位精度低一些，但其超视距的特性使其对探测专属经济区仍具有吸引力。然而，据报道，全球只有少数几部以监视为主要任务的高频表面波雷达装置在运行，这种雷达还没有作为商品真正进入市场。

5.1.3 实际应用

联合国海洋公约（UNCLOS）规定，所有沿海国家对其专属经济区（EEZ）的海域拥有主权，这个区域为从海岸向外延伸 200 海里（约 370 km）。作为回报，要求沿海国家对这片区域进行管理、执法和环境保护。在专属经济区（EEZ）行使管辖权的责任要求实时地对船舶活动进行持续监测。没有一种传感器可单独完成对合作和非合作海面船舶连续实时的探测和跟踪、明确的识别以及确定活动目的等所有要求。因此，人们对如何将高频表面波雷达的独特性能作为一部分结合到传感器系统中，以帮助海洋国家安全部队保卫其专属经济区的主权很感兴趣。

本节的重点是讨论高频表面波雷达作为综合海洋监视系统（IMS）组成部分的潜在作用，综合海洋监视系统将几种不同传感器提供的数据进行融合，提供专属经济区内活动情况的认知海图（RMP）。本节的第一部分探讨高频表面波雷达在建立认知海图中的潜在作用，本节第二部分将讨论认知海图在军、民领域的几个应用。读者可参考 Ponsford, D'Souza, and Kirubarajan（2009），资料中描述了通过"分层监视"方法建立有效认知海图所需的成分和方法。本节第三部分将简要介绍高频表面波雷达的另一个应用——海态遥感。

5.1.3.1 海洋监视

为了在专属经济区建立综合认知海图，需对探测区内合作和非合作的海面船舶进行持续监测，实时提供目标位置、速度、航向和历史航迹信息，以及正确识别及其活动情况。由于每一种传感器都有其优点与不足，通过对有源和无源传感器集成网络收集的实时信息的获取和分配建立认知海图，集成网络中的每个传感器都具有独特的功能。在 Ponsford, D'Souza, and Kirubarajan（2009）中，综合海洋监视的定义是：系统地从一定范围内的传感器和辐射源收集数据，形成合作和非合作船舶的位置和活动情况图。现在讨论为实现这个目标不同传感器可利用的性能和不足。

在平均大气条件下，距海面几十米高的微波雷达，对海面目标的探测距离一般只有 20～30 km。海岸边的雷达若能将天线架设到更高的位置，对海面目标探测距离可增加到 40～60 km。超折射或"波导"等异常传播可显著增加对海面目标探测距离，但这种现象是不可控和不可靠的。机载雷达可提供对海面目标的较大探测距离，但若用它连续地对专属经济区进行监视，则其获取、运行和维护的成本很高，特别是对拥有较长海岸线的国家。海岸警卫队对海面和空中的巡逻可监视海上交通，但这样的监视既不连续，单位面积的费用也很高。天波超视距雷达可提供大范围监视，但需要巨大的安装场地，且其对海面船舶的探测易受电离层扰动的影响。另外，如果只用星载雷达，则既不能在空间分辨率也不能在时间分辨率上满足专属经济区监视的要求。

有源传感器的优点在于不需要船舶的合作信息就能提供目标的位置和航迹信息。雷达等有源传感器的明显缺点是不能提供船舶识别，虽然在一定条件下可对目标进行一定程度的分类。正识别可通过合作船舶自己报告、海空巡逻直接观察、无源传感器（它依赖船舶"故意"或非故意地广播其所在位置）获得。"故意系统"包括自动识别系统（AIS），它用甚高频广播船舶的识别信息、速度、航向、转向速度和其他信息，标称距离约为 40 km。如 Ponsford, D'Souza, and Kirubarajan（2009）所述，"非故意方法"通过截获射频辐射信号定位船舶位置。

高频表面波雷达为专属经济区提供成本低的监视，能够全天候地探测和跟踪海面船舶。高频表面波雷达具有大范围持续监视的独特能力，这个重要特性使其在综合海洋监视系统中具有显著的作用。特别是，高频表面波雷达可提供当前和过去目标活动情况（用航迹数据）的背景图层，其他有源和无源传感器数据或信息可关联和映射到这个背景图层上。例如，高频表面波雷达的航迹可与用 AIS 数据明确识别的船舶相关联（Ponsford, D'Souza, and Kirubarajan 2009）。当二者不一致时，如有雷达航迹但无对应的 AIS 数据，或有 AIS 数据而无雷达航迹，则可用侦察设备进行探测验证。

高频表面波雷达的航迹精度对引导精度更高的设备（其覆盖范围相对较小）到可疑活动区对目标进行正识别已足够了。高频表面波雷达可根据探测目标的尺寸（RCS）、历史航迹、航向和速度对其进行粗分类。通过提供不明目标的当前位置信息和航迹，高频表面波雷达可提高巡逻船和飞机等侦察资源的利用率和效率。高频表面波雷达在上述方面对认知海图（RMP）有重要作用，当前要求在专属经济区提供执法和环境保护的沿海国家都对其非常感兴趣。

5.1.3.2 军用和民用

前面讨论了高频表面波雷达的海洋监视用途，这里介绍其另一个军事用途——飞机目标探测。1967 年，用于导弹防御的第一部军用高频表面波雷达项目酝酿时，得到了 DARPA 和美国海军的资助（Barrick 2003）。对高频表面波雷达来说，探测导弹是严峻的挑战。原因是，为了使表面波能够有效进行超视距传播，工作频率一般较低，此时掠海飞行导弹的雷达截面积非常小。要探测导弹，可能要求高频表面波雷达工作频率提高到近 20 MHz，这时，它对导弹的探测距离比理想条件下的陆基微波雷达最多远 40%。

人们已看到高频表面波雷达对低空飞机的探测距离比微波雷达远。但迄今为止，这个早期预警优势还没有被充分认识到或重视不够，因此，对高频表面波雷达技术这方面的应用没有得到足够投资。虽然陆基微波雷达对低空飞机的探测距离相对较近，但能提供更多情报，具有更好的精度和更快的更新速率。美国最后一个高频表面波雷达项目于 1989 年结束，没有一个系统交付使用。雷声公司随后将其高频表面波雷达股份转让给加拿大的合作伙伴。

高频表面波雷达的监视应用更适合在专属经济区内超视距地探测和跟踪船舶，这是因为远洋船舶的雷达截面积比其他军用目标更大。另外，目标的运动相对平稳，这使雷达能够用长相干处理间隔进行有效的多普勒处理。虽然高频表面波雷达探测和跟踪大型船舶的距离超过 400 km，但其较高的造价及大面积海岸的阵地需求使其被排除在主流应用之外。高频表面波雷达能否在军用或其他应用中得到广泛应用，最终取决于其性价比（Barrick 2003）。

除了军用，高频表面波雷达也可用于民用。用途包括近海资产如油气钻井平台的保护，它们可能会遭到冰山等自然灾害的威胁（Sevgi, Ponsford, and Chan 2001）。其他应用包括：对海难中船舶的搜索和营救，探测/阻止走私、毒品交易、非法捕鱼和倾倒污染物等非法活动（Anderson et al. 2003）。以及与保护高风险海洋航线上的客轮和商船免遭海盗威胁相关的应急应用。

5.1.3.3 遥感

在遥感应用中，高频雷达可用海面散射信号回波来估计海洋方向性浪高谱，同时可绘制洋流和风场的速度和方向图。其实，海面洋流可通过测量海面一阶回波散射的多普勒频移来估计（Essen, Gurgel, and Schlick 2000），而方向性浪高谱需对测量的二阶连续谱通过反推来估计（Lipa 1977）。风场的测量要求综合一阶和二阶谱信息，以及基于（假设的）本地风驱动海浪的模型匹配技术（Wyatt et al. 2006）。

海面和风场参数的估计精度取决于许多因素，包括雷达系统的距离、方位和多普勒分辨率，在探测分辨单元内测量参数时间和空间的变化、信号与干扰加噪声总和之比、不想要的船舶目标回波（Gurgel and Schlick 2005），以及基本模型假设的精度，基本模型假设对特殊的工作频率和浪高谱以及浅水区域不适用（Lipa and Barrick 1986）。通常用有交叠覆盖区的高频表面波雷达网来提高估计精度，并对洋流和风场的参数解模糊。

全球各地已部署了一大批试验和商用的遥感高频表面波雷达系统。如沿海海洋动态应用雷达（CODAR）或 Seasonde（Lipa and Barrick 1983），及 Wellen Radar（WERA）高频雷达（Gurgel et al. 1999）。应用于海洋地理的高频雷达技术超出了本书的范围，读者可参考 Skolnik（2008b）的著作及其参考文献，获得有关此学科更加详细的论述。值得注意的是，将海洋地理高频表面波雷达探测到的杂波以外信息加以利用的趋势越来越强烈，因此可将它们作为遥感和船舶探测两用雷达。

5.2 传播机理

1907 年，德国数学物理学家 Johann Zenneck 分析了垂直极化平面波在自由空间与有限电导率的半空间边界上的麦克斯韦方程的解（Zenneck 1907）。他发现，除了人们熟悉的空间波传播模式（直达波和反射波），当表面边界条件为有限电导率时，麦克斯韦方程的解有一种特征为表面波的传播模式。实际上，Zenneck 分析的平面波情况需要有一个假设无限接近表面的源。不管怎样，这个结果具有重大的理论意义，开启了表面波理论的进一步发展。

马可尼在 1901 年 12 月进行了著名的无线电报试验，那时人们还不知道（或没有证实）电离层的存在，科学家首先试图用表面波模式来解释接收到的横跨大西洋的无线电波。虽然这种传播模式没有正确解释马可尼的发现，Zenneck 的解却是符合沿有限电导率平（曲）面传播，使其能超视距接收无线电信号的传播模式。不仅数学物理学家对这种传播机理感兴趣，对工作在高频、中频、低频和甚低频波段的广播、通信和雷达也有巨大的实际价值。

在可探测的有用距离上，只有垂直极化才能在有限电导率表面附近产生明显的表面波场强。水平极化无线电波由于传播衰减极高，其边界条件有效地阻止了通过这种物理机理在邻近表面区域的传播。实际上,表面波能量并非局限于表面上狭小的空间内。除了表面,大部分表面波能量在距地面较高的区域内。有限导电表面的作用是在距离辐射源一定距离后,场强随高度的分布都趋向于紧贴在交界面上。

数学家描述的表面波传播通常是复杂的,不深入研究复杂的公式是难以理解的。本节的目的是阐述表面波模式的基本原理和特性。表面波传播最令人关注的特性是路径衰减。人们对表面波衰减函数在不同情况下的变化进行了研究。图 5.5 给出了公式中需要考虑的主要方面,包括规定无线电波的源、媒介的电特性、终端相对位置关系及界面和路径特性。

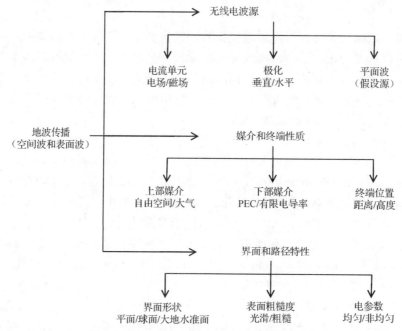

图 5.5 地波传播理论相关的问题多种多样,大致分为:无线电波源、媒介和终端性质,以及界面和路径特性。对每种情况,分析通常又取决于一些物理假设和数学近似。图中每个分支下列出的类别用以确定一些要素,这些要素可能用来区分不同公式。这个简单的分类不能将文献中研究的情况全部进行分类,或者处理问题的细节,因而不能说是推导出结果的详细条件

根据所考虑的特殊情况和所做的近似,推导出表面波场强的几种数学模型。第一个公式是由 Sommerfeld(1909)给出的平坦地面公式,但第一个解析解由 Norton(1937)给出,他提出了对 Sommerfeld 公式的工程近似。随后,均匀电导率球形地面路径损耗公式由 Van der Pol and Bremmer(1937a)、Norton(1941)和 Fock(1945)给出。Berry and Chrisman(1966)用 Fortran 语言实现了 Norton 的均匀球形地面公式。后来的模型加入了海面粗糙度(Barrick 1972a)、对流层反射(Rotheram 1981b)和 Norton 公式对不均匀电导率的不规则地形的分段计算(Ott 1992)。

本节分为三部分。第一部分是介绍终端在光滑均匀有限电导率表面上自由空间、垂直极化信号的表面波传播,对近距离和远距离传播分别考虑了平面和球面情况。第二部分叙述对流层反射对高频表面波传播的影响,讨论了众所周知的 GRWAVE(Rotheram 1981b)地波传播模型的关键特征,目前此模型是 ITR-R 标准。最后一部分分别解释了当表面波在高海态下或地-海混合路径传播时,表面粗糙度和不均匀性对路径损耗的影响。

5.2.1 近距离和远距离

Zenneck 在最初的地波传播研究工作后，开始考虑将产生无线电场强的短垂直电流单元作为更实际的电波辐射源，这个源可认为是点源。这里将首先介绍在均匀有限电导率平面上自由空间的垂直电流单元辐射的球面波，通过地波传播到接收点位于两种介质界面上的电场和磁场特性。在发射与接收间隔相对较近的情况下，假设地面为平面，后面将给出这个距离的量化值。

在较远的距离上，当收、发终端高度不在视距范围内时，接收点的场强必须考虑球面绕射的影响。在这种情况下，地波传播场强完全是通过表面波模式传播的。用光滑均匀有限电导率的球面替代平面是推导适用于较远距离传播模型的关键一步。在分析平界面后，将讨论由垂直电流单元产生的、有限导电地表面（实际地面常数）上的场强衰减函数。地波传播模型进一步的改进，包括对流层反射、表面粗糙度和不同类型地面特性，将在后续各节中陆续加入到模型中。

5.2.1.1 平面

如图 5.6 所示，Sommerfeld（1909）第一个推导出了发射、接收两点都位于均匀有限电导率平面上自由空间，短垂直电流单元（电偶极矩）T 点辐射的电磁场在 R 点场强的表达式。通常，R 点电场是空间波（包括直达波和反射波）与表面波的矢量和，表面波是麦克斯韦方程要满足有损耗地面（如非理想导电地面）的边界条件而产生的结果。Sommerfeld 的方法是将由电偶极矩 $Id\ell$ 产生的球面波（即辐射源的电流和长度积）表示为柱面波。Sommerfeld 原始公式的详细考虑，以及 Weyl 关于均匀有限导电率平面的传播公式可在 Maclean and Wu（1993）中找到。

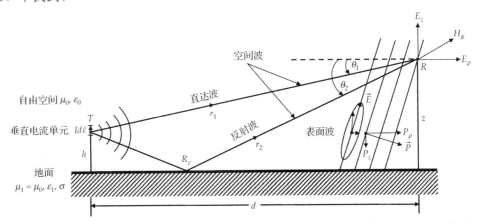

图 5.6 在平坦均匀的两种不同电性能介质表面上的地波传播示意图。R 点产生的电磁场场强是由 T 点短垂直电流单元辐射产生的。示意图显示除表面波模式外，还有空间波（直达波和反射波）对 R 点场强的贡献。假设两个终端都位于自由空间，电常数为 μ_0、ε_0 和 $\sigma_0=0$。用圆柱形坐标系（z,ρ,ϕ），z 是垂直方向（高度）的偏移量，ρ 是到位于两种介质上源点的径向距离，ϕ 是在这个平面相对于参考方向的夹角。这里我们规定这个源点是发射点 T 在平面上的投影，d 是 T 与 R 两终端在径向 ϕ 的地面距离

Norton（1936，1937）给出了工程计算方法，它是与 Sommerfeld 和 Weyl 的表达式一致的近似场强表达式。在这些近似表达式中，垂直和径向电场场强分量分别用 E_z 和 E_p 表示，磁场的水平分量为 H_ϕ，这里只给出表达式，不进行推导。这些公式的推导，包括如何近似，

可在 Maclean and Wu（1993）中找到。式（5.20）特别给出了 R 点的垂直极化电场分量 E_z 的表达式。式（5.20）中，方括号中的第一项和第二项分别表示空间波传播的直达和反射路径，第三项表示表面波模式。

$$E_z = \frac{\mathrm{j}k_0 I d\ell Z_0}{4\pi} \left[\cos^2\theta_1 \frac{\exp(-\mathrm{j}k_0 r_1)}{r_1} + R_v \cos^2\theta_2 \frac{\exp(-\mathrm{j}k_0 r_2)}{r_2} \right. $$
$$\left. + (1-R_v)F(w)\cos^2\theta_2 \frac{\exp(-\mathrm{j}k_0 r_2)}{r_2} \right] \quad (5.20)$$

k_0、Z_0、R_v、$F(\omega)$ 和 ω 的定义将在 R 点的另外两个场强分量公式之后给出。式（5.21）给出了电场径向分量 E_ρ 的场强。在上述假设条件下，垂直电流单元不产生水平电场分量，即 $E_\phi = 0$。就高频表面波雷达的实际表面和地面距离而言，由（垂直方向放置的）实际天线在 T 点辐射的任何水平极化表面波电场分量到 R 点的衰减都很大。

$$E_\rho = \frac{-\mathrm{j}k_0 I d\ell Z_0}{4\pi} \left[\cos\theta_1 \sin\theta_1 \frac{\exp(-\mathrm{j}k_0 r_1)}{r_1} + R_v \cos\theta_2 \sin\theta_2 \frac{\exp(-\mathrm{j}k_0 r_2)}{r_2} \right.$$
$$\left. - (1-R_v)\Delta_0 F(w)\cos\theta_2 \frac{\exp(-\mathrm{j}k_0 r_2)}{r_2} \right] \quad (5.21)$$

式（5.22）给出了水平磁场分量 H_ϕ。虽然可将对磁场敏感的铁氧体磁棒设计到接收机中，但大多数无线电系统的设计还是基于对电场的预测。对于表面波模式及导电率相对较高的表面（如海面），H_ϕ 与主要电场分量 E_z 间的关系近似为 $H_\phi = -E_z/Z_0$，Z_0 是自由空间阻抗。正如 Barclay（2003）指出的，用电场进行设计就足够了，因此，我们将不对 H_ϕ 作进一步讨论。

$$H_\phi = \frac{-\mathrm{j}k_0 I d\ell}{4\pi} \left[\cos\theta_1 \frac{\exp(-\mathrm{j}k_0 r_1)}{r_1} + R_v \cos\theta_2 \frac{\exp(-\mathrm{j}k_0 r_2)}{r_2} \right.$$
$$\left. - (1-R_v)F(w)\cos\theta_2 \frac{\exp(-\mathrm{j}k_0 r_2)}{r_2} \right] \quad (5.22)$$

由图 5.6 的几何路径可见，从 T 到 R 的直达波和反射波路径长度分别为 $r_1 = [d^2+(z-h)^2]^{1/2}$ 和 $r_2 = [d^2+(z+h)^2]^{1/2}$。显而易见，$\cos\theta_1 = d/r_1$，$\cos\theta_2 = d/r_2$，$\sin\theta_1 = (z-h)/r_1$，$\sin\theta_2 = (z+h)/r_2$。$k_0$ 是自由空间电波数，由式（5.23）给出，式中，λ 和 f 分别是无线电波的波长和频率。这里，$\omega = 2\pi f$ 是角频率，$c = (\mu_0 \varepsilon_0)^{-1/2}$ 是真空中的光速。自由空间的磁导率和介电常数分别是 $\mu_0 = 4\pi \times 10^{-7}\,\mathrm{T\cdot m/A}$ 和 $\varepsilon_0 = 8.85 \times 10^{-12}\,\mathrm{C^2/N\cdot m^2}$。

$$k_0 = \frac{2\pi}{\lambda} = \frac{\omega}{c} = 2\pi f(\mu_0 \varepsilon_0)^{1/2} \quad (5.23)$$

为了定义剩余项，我们想起有限导电率平面是一个复数的介电常数，如式（5.24）所示，式中 ε_r 是下半空间介质的相对介电常数，σ 是导电率，单位为 S/m。ε_1 的虚部前的符号为负，与 $\mathrm{e}^{\mathrm{j}\omega t}$ 一起表示无线电波的谐波变化。如 Barrick（1971）所述，在式（5.24）中用 $\mathrm{e}^{-\mathrm{j}\omega t}$，则 ε_1 虚部前符号为正。这里，式（5.24）采用前一种形式。

$$\varepsilon_1 = \varepsilon_r \varepsilon_0 - \mathrm{j}\sigma/\omega \quad (5.24)$$

在后续讨论中，定义 $v = k_0/k_1$ 是很有用的，式中 $k_1 = \omega(\mu_1 \varepsilon_1)^{1/2}$，与 k_0 的形式类似，k_1 表达式中的复介电常数 ε_1 由式（5.24）给出。考虑此问题时，假设 $\mu_1 = \mu_0$，因此显而易见 $v = (\varepsilon_0/\varepsilon_1)^{1/2}$。根据式（5.24），$v$ 可写为式（5.25）的形式，式中，$\chi = \sigma/(\omega \varepsilon_0)$。

$$v = \left(\frac{\varepsilon_0}{\varepsilon_1}\right)^{1/2} = \frac{1}{(\varepsilon_r - j\chi)^{1/2}} \quad (5.25)$$

自由空间阻抗 $Z_0 = (\mu_0/\varepsilon_0)^{1/2} = 120\pi\,\Omega$,归一化表面阻抗定义为 $\Delta_0 = Z_s/Z_0$,式中,Z_s 为表面阻抗,单位是 Ω。对于光滑表面,归一化表面阻抗可用式(5.26)的形式表示,如 Wait(1964)和 Maclean and Wu(1993)所述。

$$\Delta_0 = \frac{1}{Z_0}\left(\frac{\mu_1}{\varepsilon_1}\right)^{1/2}\left(1 - \frac{\varepsilon_0\mu_0}{\varepsilon_1\mu_1}\cos^2\theta_2\right)^{1/2} \quad (5.26)$$

在前面考虑的情况中,$\mu_1 = \mu_0$,显而易见 Δ_0 可写为式(5.27)的形式。对于导电率相对高的表面,如海面,v 小于 1。在这种情况下,归一化的表面阻抗近似为 $\Delta_0 \simeq v$。在本章的后续部分,我们将用这个表达式来描述表面波传播的一些特性。

$$\Delta_0 = v[1 - v^2\cos^2\theta_2]^{1/2} \quad (5.27)$$

回顾电场公式(5.20)和式(5.21),R_v 的定义是垂直极化平面波的菲涅耳复反射系数,如式(5.28)所示。式(5.28)右侧的表达式是通过用式(5.27)和式(5.25),将 Δ_0 写成表面电常数的形式而得到的。表达式的形式与 Barclay(2003)第 6 章中平行传播的特殊情况完全一样。

$$R_v = \frac{\sin\theta_2 - \Delta_0}{\sin\theta_2 + \Delta_0} = \frac{(\varepsilon_r - j\chi)\sin\theta_2 - [(\varepsilon_r - j\chi) - \cos^2\theta_2]^{1/2}}{(\varepsilon_r - j\chi)\sin\theta_2 + [(\varepsilon_r - j\chi) - \cos^2\theta_2]^{1/2}} \quad (5.28)$$

根据 Maclean and Wu(1993)报道的推导可知,衰减函数 $F(\omega)$ 的自变量 ω 由式(5.29)给出。在式(5.29)的右侧,复标量 ω 通过用式(5.28)将 $(\sin\theta_2 + \Delta_0)^2 = 4\Delta_0^2/(1-R_v)^2$ 代入,然后用式(5.27)替代 Δ_0。

$$w = \frac{-jk_0 r_2}{2\cos^2\theta_2}(\sin\theta_2 + \Delta_0)^2 = \frac{-j2k_0 r_2 v^2}{\cos^2\theta_2(1-R_v)^2}(1 - v^2\cos^2\theta_2) \quad (5.29)$$

最后,式(5.30)给出了表面波衰减函数 $F(\omega)$,式中,$\mathrm{erfc}(\cdot)$ 为误差余函数,见 Abamowitz and Stegan(1964),它分别对近似式(5.20)和式(5.21)中的垂直和径向电场分量进行了完整的定义。现在,我们将注意力转向实际的高频表面波雷达感兴趣的空间波和表面波的影响和贡献。

$$F(w) = 1 - j\sqrt{\pi w}\exp(-w)\mathrm{erfc}(j\sqrt{w}) \quad (5.30)$$

在收发终端都紧贴地面的特殊情况下,$\theta_1 = \theta_2 = 0$,对有限导电率表面,由式(5.28)可得 $R_v = -1$。这导致式(5.20)中的直达波和反射波相互抵消,使得空间波对 R 点场强的贡献可忽略不计。这就使得表面波分量的贡献在合成场强中占绝对优势。这种情况出现在岸基高频表面波雷达探测舰船目标的时候。在这种情况下,场强 E_z 和 E_ρ 可近似成相对简单的式(5.31),只有表面波分量。

$$E_z = j60k_0 Id\ell F(w)\frac{\exp(-jk_0 r_2)}{r_2}, \quad E_\rho = j60k_0 Id\ell \Delta_0 F(w)\frac{\exp(-jk_0 r_2)}{r_2} \quad (5.31)$$

由于表面波的磁场分量是水平方向的,如图 5.6 所示,表面波垂直和径向电场分量坡印廷矢量的方向分别是向前和向下的。对于位于地面、高度为零的发射和接收终端,衰减函数 $F(\omega)$ 的自变量 ω 也可被简化。特别是在 $R_v = -1$ 和 $\theta_2 = 0$ 时,ω 可由式(5.29)简化为式(5.32)。

$$w = \frac{-jk_0 r_2 v^2}{2}(1 - v^2) \quad (5.32)$$

对高导电率表面,v 远小于 1,$\Delta_0 \simeq v$,因此用式(5.31)和式(5.27),径向与垂直表面波电场分量之比可近似为式（5.33）。对有限导电率界面，v 通常是复数（实部和虚部都不等于零），由于 E_z 和 E_ρ 间的相对相移，合成的表面波电场是椭圆极化的。E_z 和 E_ρ 相对幅度和相位使其合成椭圆极化的主轴向传播方向倾斜，如图 5.6 所示。

$$\frac{E_\rho}{E_z} \simeq v = \frac{1}{[\varepsilon_r - j\sigma/(\omega\varepsilon_0)]^{1/2}} \tag{5.33}$$

表 5.1 列出了频率 3～10 MHz 各种表面类型 $\varepsilon_r - j\chi$ 和 $|v|$ 的典型值。不同地区地球表面的电参数可在 Int. Telecomm. Union（1999b）中查到。从式（5.33）清楚可见，表面波极化的椭圆率和传播波前的前倾角取决于下层介质的电参数（ε_r，σ）以及角频率 ω。对良好导电表面，如海水，$|v|$ 在高频波段非常小，因此合成的电场几乎是线极化的，波前向传播方向只是略微有点倾斜。

表 5.1 列出了 2 个高频波段低段频率在不同类型表面的复介电常数值（表中导电率 σ 的单位是 S/m，ε_r 是相对介电常数。表中列出的是典型值。对系统设计而言，可用发表在 ITU-R 推荐上的导电率地理图，查询不同类型地面、特殊路径的数据

表面类型	$\varepsilon_r - j\chi$，3MHz	$\|v\|$，3MHz	$\varepsilon_r - j\chi$，10MHz	$\|v\|$，10MHz
大西洋（$\sigma=4.0$，$\varepsilon_r=80$）	80–j24 000	0.0065	80–j7200	0.012
淡水湖（$\sigma=10^{-1}$，$\varepsilon_r=80$）	80–j600	0.04	80–j180	0.07
很潮湿的土壤（$\sigma=10^{-2}$，$\varepsilon_r=10$）	10–j60	0.13	10–j18	0.22
很干燥的土壤（$\sigma=10^{-3}$，$\varepsilon_r=5$）	5–j6	0.36	5–j1.8	0.43

注意，坡印廷矢量向前的分量与电场垂直分量以及从 T 到 R 沿表面的能量流有关。坡印廷矢量的向下分量与电场径向分量以及进入表面的能量流有关。坡印廷矢量向下分量的存在是因为存在感应到下层介质中的电流，这是因为地球表面不是理想的反射面的缘故。坡印廷矢量的向下分量在表面波传播时引起一部分电波能量的损耗。正是这部分在有限导电率地面中的电波能量吸收损耗，使得表面波功率的衰减比自由空间与距离平方成反比关系的衰减更快。

对于固定频率，导电率高的表面，其电场径向分量相对较小，更多的能量为传播需要的垂直电场分量，垂直电场分量允许能量沿表面传播。相反，对于导电率低的表面，如贫瘠干燥土壤，其电场径向分量相对较大，使得极化变成椭圆极化，且波前的倾斜角增大，导致表面波衰减较大。对给定的（有限导电率）表面，当无线电频率变化时，从式（5.33）可得到类似的证据。在 Sommerfeld-Norton 理论中，在终端间隔大于几个波长的情况下，相对于自由空间传播（场强与距离成反比），表面波垂直电场分量的附加衰减用 $F(\omega)$ 表示。

在实际工作中，给出性能为人们熟悉的参考辐射器垂直电场强度 $|E_z|$ 的曲线是非常有用的。这就使得不同于参考辐射器天线增益和发射功率的系统很容易按比例确定其 E_z 的绝对值。根据式（5.31）E_z 公式，垂直场强大小取决于赫兹垂直偶极子的电流-长度积。ITU-R 选择的标准赫兹垂直偶极子的电流-长度积为 $Idl = 5\lambda/(2\pi)$，这样，赫兹垂直偶极子的特性与辐射功率为 1 kW 的短垂直单极子完全相同。在理想导电平面上沿平面 1 km 处，这样的单极子产生的场强为 300 mV/m。因此，相对于这个参考辐射器，辐射功率为 P（kW）、距离为 d（km）处的表面波场强由式（5.34）给出，式中 $\mathcal{F} = |F(\omega)|$。

$$|E_z| = \frac{300}{d}\sqrt{P}\,\mathcal{F} \tag{5.34}$$

若 P 定义为平均功率（单位：kW），则 $|E_z|$ 为电场强度（单位：mV/m）的均方根值（rms）。在距离辐射源几个波长内 $|F(\omega)| \simeq 1$，注意，在 $\omega = 0$ 时衰减函数 $F(\omega) = 1$。在这样近的距离，场强的衰减近似于 $1/d$（与距离成反比），类似于自由空间电磁场。距辐射源超过几个波长后，可看到 $F(\omega)$ 按 $-1/(2\omega)$ 衰减。由式（5.32）可见，在远一点的距离上，$|F(\omega)| \propto 1/d$。也就是说，在距离大于几个波长后，场强变为与距离的平方成反比，在式（5.34）中，$\mathcal{F} \propto 1/d$。

对于地面传播，这个衰减区域对近距离及低高度终端仍然有效，这时 Sommerfeld-Norton 理论是适用的。特别是，这个理论成立的约束条件是距离小于 $10\lambda^{1/3}$ km，终端高度小于 $35\lambda^{2/3}$ m，λ 为波长（单位：m）Barclay 2003。例如，当频率在 3～10 MHz（$\lambda = 30$～100 m）范围内时，这个理论依然有效的最远距离为 30～45 km，终端的最大高度为 340～750 m。

虽然在 $\mathcal{F} \propto 1/d$ 区域，表面波场强下降比自由空间大得多，高频及以下波段的垂直极化信号仍然能在有用的距离上产生相当大的场强，可支持广播、通信和雷达系统以地波传播模式工作。Norton（1935）给出了工程近似的平面衰减因子 $\mathcal{F}$ 的经验公式，如式（5.35）所示。式中，p 为数值距离，b 为相位常数。

$$\mathcal{F} = \frac{2 + 0.3p}{2 + p + 0.6p^2} - \left(\frac{p}{2}\right)^{1/2} \exp(-5p/8)\sin b \tag{5.35}$$

对垂直极化信号，数值距离和相位常量由式（5.36）给出近似表达式，式中，$x = 60\sigma\lambda$，λ 是波长（m），σ 是地面导电率（S/m），ε_r 是地面相对介电常数。在（Norton 1935）中规定式（5.35）适用的限制条件为 $b < 30°$，即对频率小于 10 MHz 的在平均导电率表面上的传播。这些条件适用于对海探测的岸基表面波雷达。注意，对 $p = 0$ 时，$\mathcal{F} = 1$，当 p 趋于无穷大时，$\mathcal{F} \to 1/(2p)$。

$$p = \frac{\pi d}{\lambda x}\cos b, \quad b = \tan^{-1}\left(\frac{\varepsilon_r + 1}{x}\right) \tag{5.36}$$

由离辐射源较近时的场强衰减与距离成反比，到大的 p 时与距离平方成反比的转换点，取决于终端间距 d 和地面的电特性。从后面的论述可以看到，对高导电率表面这个转换点距辐射源的距离更远。根据 Norton（1941），直到距离 $80/f^{1/3}$ km（f 为频率，单位：MHz），式（5.35）都适用于球形地面，其误差很小。这个表达式近似等效于 $10/\lambda^{1/3}$（λ 的单位：m）。

当发射和接收天线离地面的高度都上升到大于 $35\lambda^{2/3}$ m 时，表面波的影响变得极小，通常可被忽略，R 点的合成场强主要源于空间波传播，即直达波与反射波之和。在这种情况下，可用经典的射线理论或几何光学计算合成场强。在高频波段，适合这种情况的是高空飞机与飞机间的链路，飞机上的终端距地面的高度是很多个波长。对工作于 VHF 或更高频率的系统来说，在大多数应用情况下，表面波模式的影响都可忽略。

5.2.1.2 球面

对于距离远、两个终端不在视距内的情况，为了导出更实际的沿地表面传播的表面波模型，必须用球面代替平面，如图 5.7 所示。Watson（1919）最先推导出了两个终端都位于理想导电球面上的自由空间、垂直电流单元 $Id\ell$ 产生的 P 点电磁场公式。对更实际的地球表面特性，即有限导电球面，van der Pol 和 Bremmer 在一系列的高等数学著作中对其场强进行了计算，例如，van der Pol and Bremmer（1937a）、van der Pol and Bremmer（1937b）、van der Pol and Bremmer（1938）、van der Pol and Bremmer（1939）。Bremmer（1949）进行了理论总结，用于解决当时认为在数学物理界最具挑战性的问题。

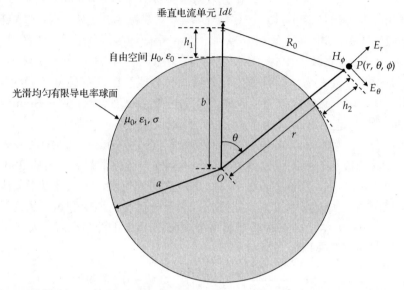

图 5.7　光滑均匀有限导电率球面上的地波传播示意图。位于自由空间的垂直电流单元 $Id\ell$，方向沿 $\theta = 0$ 轴，在半径为 a 的球面上，高度为 h_1（半径为 b）。定义球面中心为原点（O 点），接收点 P 距表面的高度为 h_2（半径为 r），其球坐标为（r,θ,ϕ）。垂直电流单元到接收点的弦长为 R_0

随后，Norton（1941）发明了用图解计算地波场强的方法，因此，系统工程师可方便地将球形地面复杂的理论结果应用到实际中。其后，苏联的 Fock（1945）和美国的 Wait（1964）更进一步帮助人们认知了光滑有限导电球面上的无线电传播。在 Fock 的第二个方法中，他求解了相对于自由空间电磁场的衰减因子抛物型二阶差分方程，并满足球面及电流单元的边界条件。Leontovich and Fock（1946）的解与 Fock 早先的分析是一致的，且其代数方法与 van der Pol 和 Bremmer 的发现完全相同。这一节将简要阐述著名的（表面波衰减因子）陈留级数公式，它是基于 Fock 的第二个方法。读者可参考 Maclean and Wu（1993）以全面了解其推导过程。

定义复函数 W 为附加衰减因子，附加衰减因子是经过地球表面传播后 P 点的径向电场分量 $|E_r|$ 相对于自由空间传播该点场强的衰减。换句话说，$|E_r|$ 乘以 W 等于无地面影响时 P 点的径向电场场强。注意，球坐标系中的径向电场分量 E_r 相对于地面在垂直方向上有旋转。不要将前面定义的平面径向电场分量 E_p 与 E_r 相混淆，E_p 在方向上平行于地面。这个公式就是陈留（Residue）级数。

$$W = \exp[j(k_0(R_0 - d) - \pi/4)]2\sqrt{\pi x}\sum_{s=1}^{\infty}\frac{\exp(-jxt_s)}{t_s - q^2}\frac{w_1(t_s - y_1)}{w_1(t_s)}\frac{w_1(t_s - y_2)}{w_1(t_s)} \quad (5.37)$$

参照图 5.7，公式中的各项为 $A = (k_0 a/2)^{1/3}$，$x = A\theta$，$\theta = d/a$，$q = -jA\Delta_0$，$y_1 = k_0 h_1/A$，$y_2 = k_0 h_2/A$，$R_0 = (b^2 + r^2 - 2br\cos\theta)^{1/2}$，而 t_s 为复差分方程（5.38）的根。

$$w_1'(t) - qw_1(t) = 0 \quad (5.38)$$

函数 $\omega_1(t)$ 可用 Airy 函数表示，标记为 Ai[·]。读者可参考 Abramowitz and Stegan（1964），其中介绍了 Airy 函数如何扩展到复平面。

$$w_1(t) = 2\sqrt{\pi}\exp(-j\pi/6)\text{Ai}[t\exp(-j2\pi/3)] \tag{5.39}$$

式（5.38）的根取决于 q 值，q 一般为复数。将 t_s^0 和 t_s^∞ 分别定义为真值为 $q=0$ 和 $q=\infty$ 的根非常有用，即 t_s^0 是 $\omega_1'(t)=0$ 的根，t_s^∞ 是 $\omega_1(t)=0$ 的根。Maclean and Wu（1993）给出了 t_s^0 和 t_s^∞ 随 s 增大的值，如表 5-2 所示。

表 5.2 差分方程 $\omega_1'(t) - q\omega_1(t) = 0$ 的根（真值 $q=0$、$q=\infty$ 分别由 t_s^0、t_s^∞ 表示）

s	t_s^0	t_s^∞
1	1.01879exp(-jπ/3)	2.338107exp(-jπ/3)
2	3.24820exp(-jπ/3)	4.087949exp(-jπ/3)
3	4.82010exp(-jπ/3)	5.520560exp(-jπ/3)
4	6.16331exp(-jπ/3)	6.786708exp(-jπ/3)
5	7.37218exp(-jπ/3)	7.944134exp(-jπ/3)
≥6	$[1.5(s-3/4)\pi]^{2/3}\exp(-j\pi/3)$	$[1.5(s-1/4)\pi]^{2/3}\exp(-j\pi/3)$

对满足 $|q|<|t_s^0|$ 的小 q 值，式（5.38）的根 $t_s(q)$ 可用 $q=0$ 左右的泰勒级数表达式来计算，即表达式的前 5 项，如式（5.40）所示。这个表达式适用于频率低和表面导电率高的情况，如用于频率在高频波段低端时的海面。在这种情况下，用式（5.40）计算的根对绝大多数实际应用来说足够精确了。

$$t_s(q) = t_s^0 + q/t_s^0 - q^2/2(t_s^0)^3 + q^3\{1/[3(t_s^0)^2] + 1/[2(t_s^0)^5]\} \\ - q^4\{7/[12(t_s^0)^4] + 5/[8(t_s^0)^7]\} + \cdots \tag{5.40}$$

对于大 q 值，可用 $q^{-1}=0$ 左右的泰勒级数来计算根 $t_s(q)$。表达式的前 6 项如式（5.41）所示。此公式多适用于表面导电率低和频率高的情况。因此，电波在海面传播的高频表面波雷达对此式不感兴趣。然而，式（5.41）可用于计算双站雷达系统收发站间低导电率地面的传播损耗。

$$t_s(q) = t_s^\infty + 1/q + t_s^\infty/(3q^3) + 1/(4q^4) + (t_s^\infty)^2/(5q^5) + 7t_s^\infty/(18q^6) + \cdots \tag{5.41}$$

计算表面附加衰减 W 的陈留级数公式适用于下列情景：(1) 接收点 P 位于辐射电流单元的几何阴影区，(2) 表面距离 d 大于 $10\lambda^{1/3}$ km，式中 λ 为自由空间波长（单位：m）。若不满足式（5.42）规定的任一条件，陈留级数的收敛性可能很差，且结果不可靠。在这种情况下，Maclean and Wu（1993）提出了另一公式如下：

$$\text{阴影区：} d > (2a)^{1/2}(\sqrt{h_1}+\sqrt{h_2}), \quad \text{远距离：} d > 10\lambda^{1/3} \tag{5.42}$$

主要结论是，在高频及其以下波段，地球曲率引起了显著的绕射效应。在远距离和阴影区接收的电场强度表示方法，显示有第三种表面波衰减区域，在那里陈留级数公式预测的场强衰减为距离的指数函数。在两个终端都在球面上的特殊情况下（即 $r=a=b$），由 Maclean and Wu（1993）可见，接收点的径向电场强度 E_r 可用式（5.43）近似，式中 W 由式（5.37）给出（$y_1=y_2=0$）。在终端位于表面上、地面距离小于几百千米的情况下，弦长 R_0 可用弧长 d 来近似，用来表示与距离成反比的场强衰减分量。

$$E_r = \frac{jk_0 Z_0 Id\ell}{4\pi}\frac{\exp -jk_0 R_0}{d}W \tag{5.43}$$

将 $Z_0=120\pi$ 和参考辐射偶极矩 $Id\ell=5\lambda/(2\pi)$ 代入式（5.43），地面径向电场强度 $|E_r|$ 可写成

式（5.44）（式中，$|E_r|$ 的单位是 mV/m，d 的单位是 km，P 为辐射功率，单位是 kW）。根据实际辐射功率和发射天线增益相对于 1 kW 参考辐射器的变化，可很容易得到接收点的场强。

$$|E_r| = \frac{300}{d}\sqrt{P}\left|\sqrt{\pi x}\sum_{s=1}^{\infty}\frac{\exp(-\mathrm{j}xt_s)}{t_s - q^2}\right| = \frac{300}{d}\sqrt{P}\mathcal{W} \tag{5.44}$$

除用式（5.45）的陈留级数衰减公式 $\mathcal{W} = |W|$ 替代 Sommerfeld-Norton 平面衰减因子 $\mathcal{F} = |F(\omega)|$ 外，这个方程与式（5.34）类似。从后面论述可见，在接近 $10\lambda^{1/3}$ km 左右的距离范围有一个明显的交叠区，在这个区域，两种方法都认为是有效的，$\mathcal{F}$ 和 $\mathcal{W}$ 非常一致。这意味着两个理论结果之间不需要有任何外推。在规定的条件下，当距离小于 $10\lambda^{1/3}$ km 时，表面波场强衰减可用 $\mathcal{F}$ 来近似；当距离大于 $10\lambda^{1/3}$ km 时，表面波场强衰减可用 $\mathcal{W}$ 来近似。

$$\mathcal{W} = \left|\sqrt{\pi x}\sum_{s=1}^{\infty}\frac{\exp(-\mathrm{j}xt_s)}{t_s - q^2}\right| \tag{5.45}$$

对紧贴球面的发射和接收终端，$\mathcal{F}^2$ 和 $\mathcal{W}^2$ 项代表超过自由空间扩散损耗（与距离平方成反比）的附加表面波功率衰减。雷达方程中的基本传输损耗 L_b 由自由空间基本传输损耗（BTL）$L_{fs} = (2k_0 d)^2$ 加上因有限导电球面的存在而产生的附加功率损耗 A^2，如式（5.46）所示，式中，A 为表面波场强衰减。在 Sommerfeld-Norton 平面理论的距离内，用 $\mathcal{F}$ 替代式（5.46）中的 A；而在更远距离上，使用陈留级数时，则用 $\mathcal{W}$ 替代 A。

$$L_b = \frac{L_{fs}}{A^2} = \left(\frac{2k_0 d}{A}\right)^2 \tag{5.46}$$

用 dB 表示的基本传输损耗（BTL）为 $L_b(\mathrm{dB}) = L_{fs}(\mathrm{dB}) - 20\lg A$。用 dB 表示的自由空间基本传输损耗（BTL）可写成 $L_{fs}(\mathrm{dB}) = 32.44 + 20\lg f + 20\lg d$，式中，$f$ 是频率（单位是 MHz），d 是距离（单位是 km），见 Barclay（2003）。由式（5.44）可见，对参考辐射体有 $20\lg d - 20\lg A = 109.54 - 20\lg E$（式中，$E$ 为电场强度，单位是 μV/m；A 等于 $\mathcal{F}$ 或 $\mathcal{W}$，这取决于距离）。接下来式（5.47）将 L_b（用 dB 表示）与电场 E（单位是 μV/m）的垂直分量联系起来。这个公式将参考曲线与基本传输损耗（BTL）的定义联系起来。用场强形式给出的参考曲线通常用于广播和通信系统设计，而基本传输损耗（BTL）常用于预测雷达性能的距离或 SNR 方程。

$$L_b(\mathrm{dB}) = 142.0 + 20\lg f(\mathrm{MHz}) - 20\lg E(\mu\mathrm{V/m}) \tag{5.47}$$

图 5.8 分别给出了距离横坐标为线性和对数刻度、频率 10 MHz、终端紧贴球形海面、海面电导率 $\sigma = 4\,\mathrm{S/m}$、相对介电常数 $\varepsilon_r = 80$ 的基本传输损耗（BTL）。图中，用对应于 $q = 0$ 的泰勒级数表达式的前 16 个根来计算陈留级数（图中短画线）。注意，当基本传输损耗（BTL）和距离都用分贝表示时，自由空间基本传输损耗（BTL）曲线（点虚线）的斜率为 2（与距离的平方成反比定律）。图中实线和短画线分别对应于 A 是 $\mathcal{F}$ 和 $\mathcal{W}$ 时的 L_b。当距离大于 $10\lambda^{1/3} \approx 30$ km 后，Sommerfeld-Norton 平面理论（实线）变得不适用了，必须用陈留级数公式（短画线）来考虑绕射效应。当距离小于约 30 km 时，陈留级数的收敛性较差，这时可用 Sommerfeld-Norton 平面公式，如前所述。

如图 5.8 下部所示，Sommerfeld-Norton 曲线在 0 附近的斜率为 2，在超过极限距离后斜率为 4，极限距离随频率和表面电性能的不同而变化。另外，陈留级数曲线的路径损耗呈指数变化，其斜率与距离的增加成正比。这有时被称为"分贝每千米"路径损耗区。图 5.9 与图 5.8

形式相同，是终端紧贴光滑球面、表面电导率 $\sigma = 0.01$ S/m、介电常数 $\varepsilon_r=10$ 的良导电土壤的基本传输损耗曲线。通过对比图 5.8（b）和图 5.9（b）中的实线，对于距离较近、低电导率表面的基本传输损耗 BTL 斜率从自由空间的 2（场强与距离成反比）变成 4（场强与距离的平方成反比）。

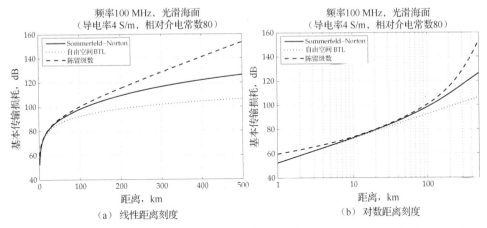

图 5.8 频率为 10 MHz 光滑球形海面的基本传输损耗（BTL）曲线，$\sigma = 4$ S/m 和 $\varepsilon_r=80$

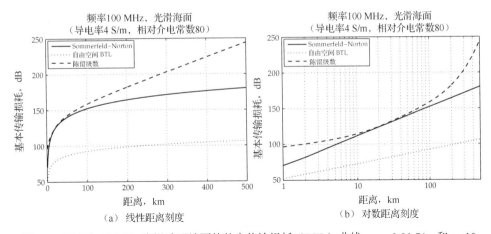

图 5.9 频率为 10 MHz 光滑球形地面的基本传输损耗（BTL）曲线，$\sigma = 0.01$ S/m 和 $\varepsilon_r=10$

对于使用陈留级数公式的绕射区表面波传播，图 5.10（a）给出了终端紧贴光滑海面时基本传输损耗 BTL 是如何随不同频率、距离变化的。为了考虑对流层折射效应的影响，这些曲线都假设有效地球半径因子为 4/3，正如后面将讨论的一样。对于给定的距离，由于是双程传播，岸基（单站）高频表面波雷达系统与海面目标间的基本传输损耗 BTL 需要加倍。从图 5.10（a）显而易见，因表面波路径损耗的减小，较低的工作频率优势明显。但这个得益应当在较低的工作频率导致的发射天线尺寸增大、夜间噪声谱密度升高以及潜在的小目标 RCS 下降之间折中。

图 5.10（a）也揭示了距离超过 200 km 后信号强度很快加速下降的情况。在这些高频表面波雷达覆盖的最远距离，若发射功率增大一个数量级，在噪声限制条件下，最大探测距离仅能增加 10 km。从图 5.10（b）可见，表面波在低电导率光滑球面上传播的基本传输损耗值 BTL 比在海面上传播高。重申一下，在双程传播时，用分贝表示的基本传输损耗 BTL 需要

加倍。从干燥/潮湿土壤和淡水湖面的典型曲线可以理解，为什么高频表面波雷达只能在海面传播时能够有效探测到远距离目标。

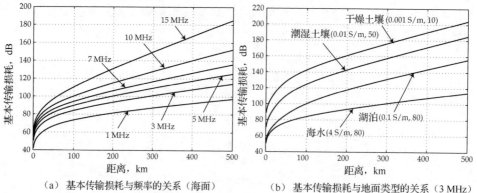

(a) 基本传输损耗与频率的关系（海面）　　(b) 基本传输损耗与地面类型的关系（3 MHz）

图 5.10　图（a）是终端紧贴表面、不同频率的光滑球形海面基本传输损耗（BTL）曲线，电导率 $\sigma = 4$ S/m、介电常数 $\varepsilon_r = 80$。图（a）是频率为 3 MHz、不同电参数的光滑球形表面基本传输损耗的对比

淡水和咸水混合的内（陆）海的电导率取决于水中溶解的电解质类型和浓度。在电解质为氯化钠的情况下，电导率近似正比于盐的浓度，但是，电导率随盐的浓度增加不是对所有电解质类型都是如此。当雷达为了在连续波下有效工作需要收、发站隔离时，干燥地面高的基本传输损耗 BTL 是利于隔离的。电导率较低地面的曲线，是用陈留级数公式中对应 $q = \infty$ 的泰勒级数的前 16 个根计算的。对频率在高频段低端、电导率比海面低的地面，有效地球半径因子也需要稍做修正（Rotheram 1981b），原因将在下一节给出。

5.2.2　对流层折射

Sommerfeld、Norton、Van der Pol、Bremmer 和 Fock 等的早期工作假设地波传播发生在自由空间，这实际上忽略了大气层的存在。地球大气层的折射指数受气压、温度和湿度的影响，而气压、温度和湿度随高度、时间、位置的不同而变化。在标准（全球平均）大气条件下，无线电折射指数随高度升高而下降，这使无线电波向地面折射。大气折射效应的加入进一步提高了地波传播模型的精度。在这种情况下，不再假设无线电波在上层介质中以直线传播。

折射指数随高度的变化平均近似服从指数分布。当两个终端高度都贴近地面时，假设（当地）折射指数随高度线性变化，在这种情况下，只要对前面讨论的自由空间传播理论进行简单的修正，就能够将大气层对信号传播的影响考虑在内。特别是，在这种情况下，对流层折射的影响可通过将一个大于实际值的等效地球半径替代真实的地球半径来解决，这个等效地球半径是真实地球半径乘以一个随频率不同而变化的因子。对频率高于高频波段的信号，通常用的修正因子近似为 4/3，它可用来补偿由对流层折射（折射指数随高度线性变化模型）引起的射线路径弯曲。

对于高频及以下波段，在标准大气条件下，这个因子随频率单调下降，直到频率低于 10 kHz 时折射可忽略不计。在标准大气条件下，在 VLF 及 VHF 波段，等效地球半径因子的标称变化范围为 1～4/3（Rotheram 1981b）。当存在异常传播时，由于超折射或欠折射现象，根据实际情况，修正因子可能需要调整超出这个范围（1～4/3）。

Bremmer（1958）和 Wait（1956）改进了 Sommerfeld-Norton 的平面理论，他们将电离层折射指数随高度线性变化的因数考虑进去，得到的公式由一系列项组成，第一项是原来的平面地球表达式,后续项与有效地球半径的幂成反比。值得注意的是,当终端贴近地球表面且无线电频率高于 10 MHz 时,可通过用有效地球半径的方法修正自由空间传播理论。现在讨论当终端升高或信号频率低于 10 MHz 时,如何应用这个简便的修正方法。

在标准大气层条件下,无线电折射指数 $n(h)$ 的高度分布可用式(5.48)的指数模型来近似,式中,两个(全球平均的)参数是表面折射率 $n_s = 1.000315$ 和比例高度 $h_s = 7.35$ km。当终端中的任一个或两个都不贴近地球表面时,信号传播路径经过的折射率分布是非线性的。更准确地说,任意一个或两个终端都上升到离地面 1 km 以上之后,折射指数分布线性变化的假设变得不那么精确了,并且不再对所有频率都有效。

$$n(h) = 1 + (n_s - 1)\exp(-h/h_s) \tag{5.48}$$

在这种情况下,无线电波传播模型就不能用自由空间理论加等效地球半径的方法来考虑对流程折射效应。当无线电频率低于 10 MHz、两个终端都贴近地球表面时,基于这种传统方法的计算可能也不可靠了,特别是在低导电率地面上传播的情况下(Rotheram 1981b)。为了提高地波场强预测的准确性,开发了另一个 GRWAVE 传播模型,并由 Rotheram(1981b)用 Fortran 语言实现计算机编程。GRWAVE 不仅考虑了指数形式的折射率高度分布,而且结合了空间波和表面波传播的贡献,它对终端是任何距离和高度的光滑均匀有限导电率球面上的表面波传播都适用。

另外,Rotheram(1981b)的 GRWAVE 模型不仅只局限于 HF 波段,它可用的频率范围非常宽。在表面波传播情况下,它集成了上述与距离成反比、与距离平方成反比以及指数型场强衰减区域等随两个终端间距增大的变化情况。其实,GRWAVE 可理解为满足空间波和 3 种表面波场强衰减区域一系列方法间的无缝插值。请注意,指数型折射率高度分布和光滑均匀有限导电率球面的假设。下面总结一下应用不同方法的标称距离和高度边界条件:

- 几何光学(射线理论):这个方法用于发射和接收在视距范围内的直达波辐射区或干涉区。在这个区域,合成信号仅由空间波传播形成,两个终端距地面足够高,表面波的贡献可忽略不计。其适用条件是终端高度大于 $35\lambda^{2/3}$ m 且距离小于 $10\lambda^{1/3}$ km 的情况,无线电波长 λ 的单位为米。当距离增大时,升高终端使其高度大于 $35\lambda^{2/3}$ m、发射接收在视距范围内,用几何光学计算场强的方法也适用。在这种情况下,场强与距离成反比,接收端合成信号是直达波和反射波信号的复振幅和。射线路径计算是根据反射系数(复数)和用指数型折射率分布对流程折射效应完成的。

- 扩展 Sommerfeld-Norton(平面理论):这种方法适用于发射或接收在有限导电表面上的高度不大于 $35\lambda^{2/3}$ m、终端间距小于 $10\lambda^{1/3}$ km 左右的情况。在这种情况下,表面波的贡献变得明显,因此,除空间波传播外,必须考虑其影响。用三阶的扩展平面公式提供距离可到 $15\lambda^{1/3}$ km 左右的精确结果,它提供了相当大的与陈留级数收敛区的交叠区域(以后讨论)。对终端紧贴有限导电率表面的情况,直达波和反射波路径趋于对消,表面波传播成为地波的主要因素。在这种情况下,场强与距离的平方成反比,直到上述平面理论的极限距离,在此之前沿球形表面的绕射效应都可以忽略不计。

- 陈留级数(模式和):这个最终的方法适用于终端超出无线电视距外的最远距离,也称为绕射区或阴影区。对于在有限导电率表面上高度都很低的两个终端,用 9 项陈留级数可覆盖的距离超过 $10\lambda^{1/3}$ km。对于更普遍的发射或接收离地面高度升高的情况,若终端间距足够大使得收发间不存在视线路径,可用此方法的距离大于 $10\lambda^{1/3}$ km。在这个第 3 种最远的(超视距)区域,陈留级数公式预测表面波场强随距离呈指数衰减。

幸运的是，对计算不同终端位置场强的各种方法，在距离和高度域有相当大的有效性和收敛交叠区。不同方法在这些交叠区的计算结果都很一致。也许，对升高终端的唯一例外是在无线电地平线之内、距离大于 $15\lambda^{1/3}$ km 的区域。扩展 Sommerfeld-Norton 理论对这种场景不能精确覆盖。对这种情况，几何光学和陈留级数公式不像在其他交叠区那样接近，特别是当一个终端（发射或接收）贴近地面时（Rotheram 1981b）。

对地基终端且在良好导电海面传播的情况，相对于那些指数型折射率分布的结果，用 4/3 有效地球半径因子修正自由空间理论的方法可非常准确地预测频率为 3～10 MHz 的绕射区场强。然而，这个简单的改进对低导电率表面不适用，如 Rotheram（1981b）所述。4/3 有效地球半径方法对频率低于高频波段的所有（地海）表面都不适用。

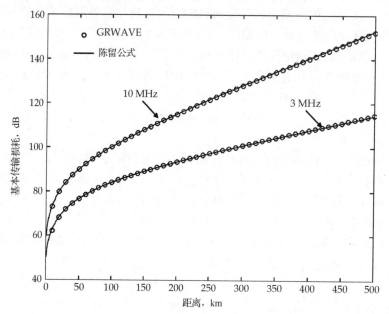

图 5.11　频率为 3 MHz 和 10 MHz 的 GRWAVE 基本传输损耗（BTL）与陈留级数公式计算结果的对比曲线。注意，基本传输损耗（BTL）是单程损耗。假设表面是光滑均匀的，导电率为 4 S/m、介电常数（相对介电常数）为 80 来模拟平静海面的传播损耗。假设两个终端都紧贴球面，等效地球半径因子为 4/3

如图 5.11 所示，当频率为 3 MHz、距离超过 40 km、两个终端紧贴光滑表面、电参数为典型的大西洋海水时，用式（5.45）的陈留级数公式以及等效地球半径 4/3 的计算结果与 GRWAVE 计算结果的一致性非常好。目前，GRWAVE 被 ITU-R 采用为预测基于指数型折射率高度分布的地波传播的标准方法，因这些结果与某些条件下的线性模型的结果有着明显的不同。在不同条件下用 GRWAVE 画出的详尽参考曲线见 Rotheram（1981b）。

用式（5.45）和 4/3 等效地球半径计算的基本传输损耗，也可与 Skolnik（2008b）中的双程路径损耗预计结果做比较。图 5.12 左侧摘自 Skolnik（2008b），其结果是基于 Berry and Chrisman（1966）的传播码的。图 5.12 右侧是利用陈留级数公式计算的高频波段低端的 3 个频率的双程衰减。从距离超过 20 海里（37 km）陈留级数公式收敛开始，直到 200 海里（370 km）专属经济区的最远边界，两个图上曲线的一致性优于 1 dB。这些结果不仅证明数值计算的有效性，而且显示可用相对简便的方法为超视距范围的高频表面波雷达性能建模，来预测终端贴近平静海面的基本传输损耗（双程路径损耗）。

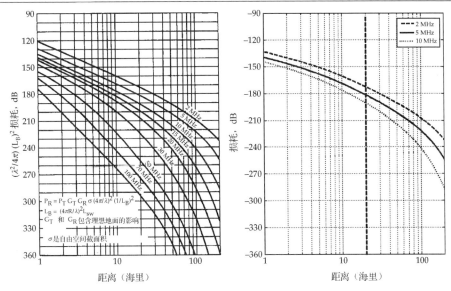

图 5.12 用陈留级数公式和 4/3 等效地球半径因子计算的双程路径损耗与用于高频表面波雷达性能分析的 Berri-Chrisman 传播码预测的双程路径损耗的对比。假设表面是光滑的，目标和天线高度为 2 m，海水导电率为 5 S/m，介电常数为 80。正如期望的，陈留级数公式在距离超过 20 海里后是适用的，两者一致性极好

图 5.13 给出了由 GRWAVE 模型预测和试验测量的两个频点信号强度随距离变化的一致性实验结果，摘自 Skolnik（2008b）。试验数据由岸基高频表面波雷达系统记录，为单程路径传播，发射机安装在小船上向外移动，最远距离达 110 km 左右。为了消除试验中天线增益、系统损耗测量的归一化问题，按比例调整 GRWAVE 曲线使其与任意选择的 40 km 距离上的测量值相等。一旦这样归一化后，很明显，在整个测量距离范围内，模型预测值与试验测量值的一致性很好。正如 Skolnik（2008b）指出的，GRWAVE 似乎对 7.72 MHz 预测的衰减值偏小，而对 12.42 MHz 预测的衰减值偏大。当时，海面的粗糙度很低（海态 1～2 级）。

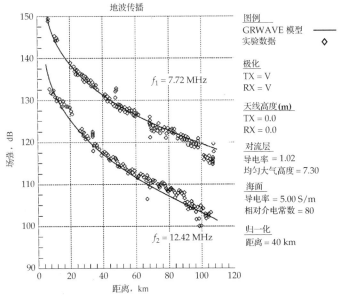

图 5.13 两个频点单程表面波场强衰减的试验测量，试验用岸基高频表面波雷达接收阵接收、发射天线装在海面船上。试验数据与 GRWAVE 模型预测结果进行对比，模型的参数列在图右侧

5.2.3 表面粗糙度和混合路径

实际上，由于不规则的地形和海浪，沿传播路径的地球表面可能不是光滑的，不规则地形和海浪都会使空-地界面变得粗糙。高频表面波雷达特别关注海态对表面波场强衰减（路径损耗）与距离函数关系的影响。Barrick（1971）对以擦地角入射的垂直极化信号课题进行了研究，主要的发现简要总结如下。

预测由非光滑平面引起的附加路径损耗从考虑空气与有限导电介质间略微粗糙界面的情况开始。假设：（1）表面高度相对于平均高度的变化比波长小；（2）表面的坡度很小，可以忽略非线性效应；（3）界面以下的介质是高导电性的，因此可应用 Leontovich 边界条件。实际上，直到频率达到 VHF 中段区域，所有海态都满足上述假设。

Barrick 用的方法是根据表面高度空间谱推导出有效表面阻抗，然后，用这个有效表面阻抗的光滑平面替代略微粗糙表面，并用标准方法计算基本传播损耗。Barrick 推导了两个经验的空间高度谱模型的有效表面阻抗，它们是方向 Neumann-Pierson 模型和半各向同性 Phillips 风波谱模型。有效表面阻抗包含两项，第一项是完全光滑表面的阻抗，第二项是粗糙度效应，它取决于表面高度谱分量的幅度。

对于给定的无线电频率和海态，由海面粗糙度引起的相对于光滑海面的附加损耗（用 dB 表示）的定义是：粗糙海面基本传输损耗预测值减去光滑海面计算的标称值。Barrick（1971）给出了以无线电频率和海态为参变量的附加损耗随距离变化的一族曲线（发射和接收紧贴地海表面），距离为 10～1000 km。由曲线可见，当频率低于 2 MHz 时，一般的海态变化不会引起明显的附加损耗。然而，当频率高于 2 MHz 时，附加损耗随海态和距离的增加显著增大。由曲线可见，因海面粗糙度引起的附加损耗在 10～15 MHz 达到峰值（Barrick 1971），一般情况下，这也接近了大多数高频表面波雷达系统频率的上限。

图 5.14 所示为频率为 10 MHz、来回双程路径由粗糙表面引起的附加损耗与风速的函数关系。计算时假设：终端紧贴海面，海面的电导率 $\sigma = 4$ S/m，相对介电常数 $\varepsilon_r = 80$，地球半径为 6370 km，有效地球半径因子为 4/3，用有效归一化表面阻抗表示每一种风速相对应的 Phillips 半各向同性风波谱模型（Barrick 1971）。附加损耗的计算是根据陈留级数公式、对非光滑海面采用有效归一化表面阻抗进行的，其光滑海面值用的是相同的电参数。

由图 5.14（b）可见，在 2 级海态（10 节风速）时，即使距离超过专属经济区（370 km），预计的双程附加损耗也很小。然而，当海态较高、频率为 10 MHz 时，附加损耗就不能忽略了。特别是，海态达 4 级以上，当频率为 10 MHz 时，在专属经济区最远处的双程附加损耗的预计值达 17 dB 以上。图 5.14（b）给出了单个频率在不同海态下的附加损耗。下面我们来看海态一定情况下不同频率的附加损耗。

图 5.15 给出了 4 级海态（20 节风）下、无线电频率为参变量的双程附加损耗预计。曲线显示，4 级海态下，当频率低于 5 MHz 时，由海面粗糙度引起的附加损耗预计值相对较小。然而，当频率升高到 10 MHz 和 15 MHz 后，附加损耗显著增加，在 200 km 时分别达到约 12 dB 和 20 dB。主要结论是，由海面粗糙度引起的附加损耗对高频表面波雷达具有潜在的重要影响，特别在频率高于 5 MHz、风速大于 10 节的情况下。根据普遍经验，附加损耗随海面粗糙度增大、频率升高、距离增大而增加。

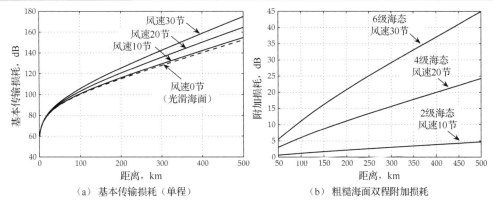

(a) 基本传输损耗（单程）　　　　　　　　(b) 粗糙海面双程附加损耗

图 5.14　由海洋表面粗糙度引起的基本传输损耗（图（a））和双程附加损耗（图（b））的预测结果，频率为 10 MHz、风速为 10、20 和 30 节（分别对应 2 级、4 级和 6 级海态），假设用 Phillips 风波谱模型、终端紧贴海面，海面的电导率 σ=4 S/m 和相对介电常数 ε_r=80，地球半径取 6370 km，有效地球半径因子为 4/3，曲线用陈留级数公式计算

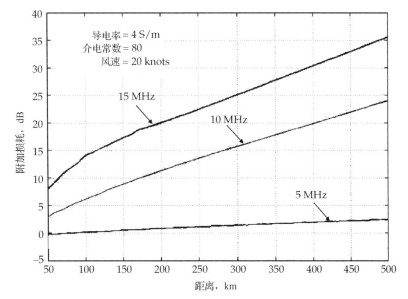

图 5.15　风速 20 节（4 级海态）海面粗糙度下，对不同频率双程附加损耗的预测，假设 Phillips 半各向同性海洋波谱模型

最后，还有两个有趣的例外情况。第一，Barrick（1971）给出了高海态下频率接近高频最低端（3 MHz）时，预测有临界负附加损耗（即信号由于粗糙度而增强）。当海洋波浪相对无线电波长较小时，人们认为信号增强是由纯电抗性的阻抗增大导致的。当然，这种预测的信号强度增加非常小（小于 1 dB），不太可能探测到。第二，当频率高于 15 MHz 后，预测的海态损耗减小。产生这种情况的原因是频率超过 15 MHz 后，光滑海面表面阻抗的增大使其成为总有效阻抗中更主要的部分，因而，由粗糙度引起的附加损耗相对减小。

Barrick（1971）也计算了给定距离的粗糙海面上附加损耗随接收机高度变化的函数关系。图 5.16 给出了频率为 10 MHz、发射机紧贴光滑海面，在不同的距离、用分贝表示的预计"高度增益"（即相对于接收机紧贴海面基本传输损耗的减小值）。由于收发互易性，当接收机和发射机的位置互换，这些曲线也一样有效。在距离一定时，终端高度升高，就能观测到高度增益效应。在一开始的 500 m 上升阶段,对于所有距离,基本传输损耗相对接收机在海面时最大增加了 2~3 dB。这表明表面波能量不是被限制在临近海面的很小高度范围内,而是扩展到相当大的高度区间,并能有效照射地平线以下的低空飞机目标。

当高度接近 1 km,因接收点开始移出阴影区进入直射区或干涉区,信号单调增强。图 5.16(b)给出了当光滑海面由风速 25 节风完全发展的粗糙海面替代后,不同距离的附加损耗与接收高度的函数关系,假设是 Phillips 风波谱模型。在表面波为主的区域,相对于光滑海面,附加损耗最大增加约 2~3 dB。在更大的高度上,随着接收点移向直达波区域,附加损耗单调下降直到为零。在这种情况下,与紧贴粗糙海面到几百米高度相比,海面粗糙度产生的附加损耗(2~3 dB)相对较小。

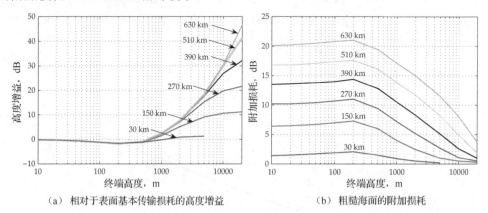

(a)相对于表面基本传输损耗的高度增益　　　　(b)粗糙海面的附加损耗

图 5.16　发射机紧贴海面($\sigma = 4$ S/m,ε_r=80),接收机在不同距离和高度的高度增益效应。图(a)是以不同距离为参变量、相对于接收机紧贴光滑海面时的基本传输损耗的高度增益效应(分贝)。图(b)是假设 Phillips 海洋波谱模型、5 级海态(风速 25 节)下不同距离的预测附加损耗与接收机高度的函数关系。数据源于 Barrick(1971a)

实际上,地波传播可能不是全程都在单一电导率的均匀表面上传播。例如,表面波在海面传播时,在某些情况下可能被收发终端间的岛屿或陆地隔断。在电特性变化的地面上传播通常称为混合路径传播。Eckersley(1930)研究了表面波在两段或多段不同电导率表面传播的场强预测问题。

Eckersley 提出的方法是将对不同均匀段地面分别计算的衰减曲线在沿路径的变化点连接起来。这种方法看起来合理,但预测结果却与用实验方法得到的实际混合路损耗不一致。另外,这种方法不满足互易性原理,互易性原理要求发射、接收位置互换后衰减完全相同。

为了改进非均匀电参数地段的表面波衰减的估计,Millington 提出用两次 Eckersley 方法,一次前向,一次反向,用两次不同预测值的平均确保满足互易性(Millington 1949)。用可控的实验对这种凭直觉的技术进行了仔细测试,通过实验精确地预测了路径为 210 km 的场强,路径中地-海边界距发射机约为 80 km(Millington and Isted 1950)。

为了计算包含多种表面类型变化的复杂路径,Millington 的程序通过对每个均匀部分的分别计算来估算整个路径的衰减值。图 5.17 为用 Millington 方法预测包含一个陆地-海洋变化路径的表面波衰减示意图,图中也给出了 Millington 估计与 Eckersley 前向和反向预测的关系。Millington 两个结果的平均值(用分贝表示)可看成使互易性成立的约束条件。

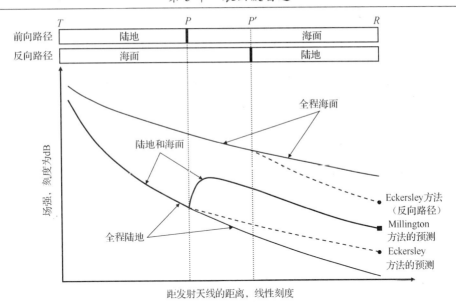

图 5.17 用 Millington 方法预测表面波场强衰减示意图，传播路径两端的发射（T）和接收（R）位于地面上，表面导电率转换在 P 点。假设 P 点与 T 和 R 都充分隔离，且两种地面的电特性都是均匀的。粗实线表示用 Millington 方法预测前向路径的场强，两条细实线代表传播路径为单一均匀的地/海表面时的场强。虚线表示用 Eckersley 方法预测的前向路径场强，以及用 Eckersley 方法预测的反向路径场强（即发射和接收位置对调）。在后一种情况，表面导电率转换点相对于发射的位置为 P' 点

正如可能预料的那样，当无线电波由高电导率表面向低电导率传播到陆地表面后，近地面的场强在通过交界线后迅速下降。这并不奇怪，因为低导电性的地面使得表面波衰减增加。人们一般不会想到，当电波由低电导率表面向高电导率表面传播时，近表面的场强在通过交界线后立刻陡然增大。这种现象称为 Millington 效应。例如，人们发现当无线电波从海面向陆地传播时，表面波场强在通过交接线后迅速下降，在陆地上继续传播衰减很快，但从陆地向海面传播通过交界线后陡然增大或"恢复"。

Millington 对"恢复"的解释是：在表面导电率变化的交界线，其垂直面（波前的上空部分）能量的重新分布。在陆地上，更多能量分布在距地面较高的空间，当传播路径遇到海面时，能量重新分布到接近表面的空间。当然，这个"恢复"并不是全部恢复。相对于相同长度的纯海面路径，路径上陆地的存在导致了净附加衰减。对于离接收或发射不太近的少量稀疏小岛，附加衰减可能较小。相反，路径上若存在又宽又长的岛屿，就能严重阻碍表面波信号传播。

Millington 预测地由导电率变化的混合路径表面波衰减的方法在实践中被广泛应用，并被 ITU-R 推荐使用。Millington 提出的方法没有数学分析或证明，这种方法是现有表面波传播理论、科学的直觉以及满足互易性原理的物理要求的结合。最后一条是用 Eckersley 方法进行前向和反向预测，并取均值（用分贝表示）来实现。Millington 方法吸引人之处是其在实际应用中固有的简易和适用性。

对于不规则地形上（非均匀导电率）的表面波传播，精确实现 Norton 方程的其他模型可在 Ott（1992）中找到。对于要进一步钻研的读者，Maclean and Wu（1993）给出了正式的数学理论，它是包含 2~3 段混合路径的非均匀球面传播。Sevgi（2003）开发了模拟表面波在非均匀地面传播的计算机程序，并注重路径上有多个岛屿的海面混合路径传播。

5.3 环境因素

在雷达探测过程中,目标回波对抗的干扰信号分为:(1)杂波,如以近擦地角入射的海面和地面的直接散射,或者来自大气层之上的电离层和流星近似垂直入射的体散射,以及来自表面与体散射组合的不想要的雷达回波;(2)自外部(自然和人为)源的干扰和噪声,它们的谱密度部分或全部覆盖雷达的工作频段。

高频表面波雷达探测性能受目标回波所在的波束、距离和多普勒分辨单元的主要干扰类型限制。这不仅取决于雷达工作参数,而且取决于主要的环境条件,包括海态、电离层结构及干扰和噪声。了解产生各种干扰信号特征的物理现象,为减轻它们对高频表面波雷达性能的影响提供基础。

本节讨论可能影响高频表面波雷达系统性能的一系列环境因素。第一部分讨论海杂波,在没有电离层杂波的情况下,它通常是影响低速(中小)海面船舶探测的最大因素,距离可达 150~200 km。第二部分讨论电离层杂波,它能够同时遮蔽慢速和快速目标回波,距离超过 100 km。第三部分讨论外部干扰和噪声,它是全距离段限制飞机和相对速度超过 20 节的快速海面船舶的典型干扰类型(假设电离层杂波的多普勒扩展在这些分辨单元不是限制因素的情况下)。在夜晚,当距离超过 150~200 km、电离层杂波不大时,背景噪声电平的上升也限制了对大型船舶的探测(当船舶没有被布拉格峰遮蔽时)。

5.3.1 海杂波

垂直极化雷达信号因海浪散射引起的海杂波已成为理论和实验研究的广泛课题。虽然许多研究表面波后向散射海洋回波的文献直接来自海态遥感的高频表面波雷达,当从目标探测的观点来解释时,这些结论也与监视雷达应用相关。对于海浪物理特性与(统计期望的)海杂波特性关系的认识可用于指导高频表面波雷达的设计和使用。Barrick 等人在这个领域进行了开创性的工作,例如,可在(Barrick 1972a)和(Barrick 1972b)中找到海洋回波模型的权威描述。

本节分为三部分,第一部分简要回顾关于风驱动水波物理特性的基本海洋学原理,了解这些原理对理解海浪回波的结构是不可缺少的。对这个课题感兴趣、希望获得更多信息的读者,可在 Kinsman(1965)中找到详细的风驱动水波物理特性的描述。第二部分通过回顾从第一和第二阶海杂波多普勒谱散射截面积导出的数学模型,总结 Barrick 等人的主要成果。第三部分讨论海杂波特性对高频表面波雷达系统探测低速目标的影响。

5.3.1.1 基本海洋波浪原理

要定量解释高频表面波雷达收到的海杂波的基本特性,必须建立海洋表面模型,并回顾某些风驱动水波的物理特性。为此目的,设标量 $z(\mathbf{r},t)$ 为随机过程,代表位置 $\mathbf{r}$ 和时刻 t 相对 xy 水平面的实际海面高度,它是在感兴趣的有限区域 S 的平均海面高度。

$$\{z(\mathbf{r}, t), \ \mathbf{r} = [x, y]; \ \mathbf{r} \in S\} \tag{5.49}$$

为了讨论方便,假设这个过程的二阶统计在有限的观测时间 $t \in (t_0, t_0+T_0)$ 是暂时平稳的,并在表面面积 S 内是空间均匀分布的。当假设雷达接收天线为窄波束时,表面 S 可定义为雷达空间分别单元。标准模型用方向波高谱或功率谱密度 $S(\mathbf{\kappa})$ 来表示海面的统计特性,如式(5.50)

所示,式中,$\boldsymbol{\kappa}$为方向海波矢量,ω为相关水波的角频率,$<\cdot>$表示总集平均。

$$S(\boldsymbol{\kappa}) = \iint d\mathbf{s} \int <z(\mathbf{r},t)z(\mathbf{r}+\mathbf{s},t+\tau)> e^{j(\boldsymbol{\kappa}\cdot\mathbf{s}-\omega\tau)} d\tau \tag{5.50}$$

众所周知,由风驱动的、产生高频海杂波的海浪是表面重力波,因为被搅动水体的回复力是重力。由风驱动的波长大于 1.73 cm 的海浪是重力波(Phillips 1966)。这里我们只关心这种波浪,相反,表面张力是表面张力波(波长较短)的回复力。海浪的产生可能还有其他机理,包括地震和行星引力,但这里只考虑由风驱动的波浪。

特别地,对于波长 L 和连续波峰间周期为 T 的水波,角频率 $\omega=2\pi/T$ 不是自由变量而是取决于波数 $\kappa=|\boldsymbol{\kappa}|=2\pi/L$。这种关系由式(5.51)的色散关系来描述,式中,g 是重力加速度,d 是水的深度。这说明了为什么式(5.50)中的频谱 $S(\boldsymbol{\kappa})$ 是唯一的 $\boldsymbol{\kappa}$ 的函数。

$$\omega^2(\kappa) = g\kappa \tanh(\kappa d) \tag{5.51}$$

在 $d>L/2$ 的深水区,$\tanh(\kappa d)$ 项趋于 1,色散关系简化为式(5.52)的公式,这样 κ 与 ω 的关系变得十分简单。严格地说,式(5.52)的深水色散关系最适合远离海岸、在开阔海面传播的小波浪(Barrick 1972b)。

$$\omega^2 = g\kappa \tag{5.52}$$

对于高频海杂波贡献最大的是波长为 $L=\lambda/2$,即等于无线电波长一半的水波,其原因将在后面给出。因此,对于高频波段的无线电波长,产生高频海杂波的水波波长范围是 5~50 m。因此,当水深为 $d>25$ m 时,对于这些最长的波长,深水色散关系是有效的,海底的影响可以忽略不计。注意,认为式(5.52)的深水色散关系有效的条件是,波长为 L 的水波,其相速 v 如式(5.53)所示。

$$v = \frac{\omega}{\kappa} = \sqrt{\frac{gL}{2\pi}} \tag{5.53}$$

简单地说,水波的相速度与其波长的平方根成正比,且对于一定波长的波,其相速是唯一的。海浪的这一物理特性在决定海洋回波的多普勒频谱特征时起重要作用。上面阐述了深水区单一表面重力波的基本特征,下面我们将探讨式(5.50)定义的方向性波高谱 $S(\boldsymbol{\kappa})$ 的形成和特性。

当海面风开始吹向镜面般光滑的海面时,一开始产生几厘米长的小波浪(Miles 1957)。由于风压,这些短波浪在幅度上变大,直到达到一极限的谱密度。超过这个极限,在量化过程中,能量通过这些波浪非线性波浪相互作用的传递,产生稍长一点的波浪(Hasselmann 1961)。在发育中的海洋,这些稍长的波浪在幅度上变得更长,最终达到这些波长相应的极限谱密度。波浪相互作用持续产生越来越长的波浪,直到波浪的相速度接近产生波浪的风速。当某一长度的所有波浪都达到典型的极限谱密度后,可认为这组波浪被风完全激发。

对一个有足够行程距离和持续时间、速度恒定的风,一定长度的海浪不能无限增长,而是达到一个平衡点,在这个点海浪从风得到的能量等于海浪断裂及其他损耗现象所产生的损失。在此过程中,非线性波浪相互作用持续,从达到平衡的波浪向较长的波浪传递能量。这个过程一直持续到所有海浪被风完全激发成截断频率,此时,最大波浪的相速度约等于风速。当风完全激发所有海浪成截断频率时,方向性波高谱达到饱和,可以说对一定的风速,海面已完全发展。

在平衡点，海浪体系达到稳定状态，$S(\kappa)$ 可用式（5.54）的形式表示，式中，$F(\kappa)$ 是无方向波谱，$G(\kappa,\phi)$ 是描述相对于参考方向的波能量在方位上分布的角扩散函数。为了方便起见，定义 ϕ 为海浪传播方向与雷达波束方向的夹角，并将波束指向取为正 x 轴方向（$\phi=0$）。注意，$\phi\in(-\pi,\pi)$ 表示海浪传播的去向，而不是来向。方向性波谱 $S(\kappa)$ 通常写成 $S(\kappa,\phi)$，式中 $\kappa=|\kappa|$ 是波数，或写成 $S(\kappa_x,\kappa_y)$，式中 $\kappa_x=\kappa\cos\phi$，$\kappa_y=\kappa\sin\phi$。

$$S(\kappa)=F(\kappa)G(\kappa,\phi) \tag{5.54}$$

式（5.55）给出了均方表面高度 $h^2=<z(\mathbf{r},t)^2>$ 的归一化表达式。式（5.55）中右侧积分项 $\kappa\equiv(\kappa_x^2+\kappa_y^2)^{1/2}$ 是将变量由笛卡儿坐标转换成极坐标形式的结果。特别是，κ 是与此转换相关的雅克比矩阵（导数矩阵）行列式。

$$h^2=\int_{-\infty}^{\infty}\int_{-\infty}^{\infty}S(\kappa_x,\kappa_y)\,d\kappa_x\,d\kappa_y=\int_{0}^{\infty}\int_{-\pi}^{\pi}S(\kappa,\phi)\,\kappa\,d\kappa\,d\phi \tag{5.55}$$

在详细讨论 $F(\kappa)$ 和 $G(\kappa,\phi)$ 之前，本节回顾了无方向性波谱 $F(\kappa)$ 的定义是方向性波谱 $S(\kappa,\phi)$ 对所有角度 ϕ 的积分。这个定义意味着角分布函数 $G(\kappa,\phi)$ 是归一化的，因此其对所有角度的积分等于 1，如式（5.56）所示。

$$F(\kappa)=\int_{-\pi}^{\pi}S(\kappa,\phi)\,d\phi \Rightarrow \int_{-\pi}^{\pi}G(\kappa,\phi)\,d\phi=1 \tag{5.56}$$

在理论分析和经验观测的基础上，提出了各种无方向性波高谱模型（Kinsman 1965）。两个较普遍应用的、完全发展海态的无方向性风波谱模型是 Phillips 模型（Phillips 1966）和 Pierson-Moskowitz 模型（Pierson-Moskowitz 1964）。这里选这两个模型分析的原因是其用简单的方法来表达基本概念。

在式（5.57）中，用 $F(\kappa)$ 给出了 Phillips 模型，式中，u 为风速，B 是在空间波数谱中称为 Phillips 常数的无量纲量。在等效暂态波数谱中（将在后面导出），Phillips 常数有时定义为 $\alpha=2b$（Maresca and Barnum 1982）。无论什么情况，都广泛采用 $B=0.005$ 的近似值。

$$F(\kappa)=\begin{cases}\alpha/(2\kappa^4)=B/\kappa^4 & \text{for } \kappa\geq g/u^2 \\ 0 & \text{for } \kappa<g/u^2\end{cases} \tag{5.57}$$

Pierson-Moskowitz 模型可写成式（5.58）的 $F(\kappa)$ 形式，式中，$\alpha=0.0081$ 和 $\beta=0.74$ 是无量纲常数，$\kappa_c=g/u^2$ 是截断空间波数，u 是距海面 19.4 英尺高处的风速。从式（5.57）和式（5.58）可清楚地看出两个模型的不同主要在其低端截断的假设形式。式（5.58）中指数项表示对于相速度大于风速的波浪，其谱密度快速衰减。

$$F(\kappa)=\frac{\alpha}{2\kappa^4}\exp\left[-\beta\left(\frac{\kappa_c}{\kappa}\right)^2\right] \tag{5.58}$$

根据式（5.55），可将 h^2 写成式（5.59），式中，$\mathcal{S}(\omega,\phi)=\mathcal{F}(\omega)\mathcal{G}(\omega,\phi)$ 是表示成角频率（暂态波数）ω 函数的方向性波谱。$\kappa\,\partial\kappa/\partial\omega$ 项等于雅可比矩阵行列式，与从空间到暂态波数的方向波谱转换有关。

$$h^2=\int_0^{\infty}\int_{-\pi}^{\pi}S(\kappa,\phi)\,\kappa\,\frac{\partial\kappa}{\partial\omega}\,d\omega\,d\phi=\int_0^{\infty}\int_{-\pi}^{\pi}\mathcal{F}(\omega)\mathcal{G}(\omega,\phi)\,d\omega\,d\phi \tag{5.59}$$

用深水色散关系 $\kappa=\omega^2/g$，可得到 $\kappa\,\partial\kappa/\partial\omega=2\omega^3/g^2$，而从式（5.54）可得 $S(\kappa,\phi)=F(\omega^2/g)G(\omega^2/g,\phi)$。把这些表达式代入式（5.59），很容易得到 $\mathcal{F}(\omega)=F(\omega^2/g)2\omega^3/g^2$ 和 $\mathcal{G}(\omega,\phi)=G(\omega^2/g,\phi)$。

根据式（5.58），随之而来的是，在暂态波数域的 Pierson-Moskowitz 波谱模型的等效形式为 $\mathcal{F}(\omega)$，如式（5.60）所示；而 Phillips 模型在 $\omega \geqslant g/u$ 时可写成 $\mathcal{F}(\omega) = \alpha g^2/\omega^5$，在 $\omega < g/u$ 时，$\mathcal{F}(\omega) = 0$。

$$\mathcal{F}(\omega) = \frac{\alpha g^2}{\omega^5} \exp\left[-\beta \left(\frac{g}{\omega u}\right)^4\right] \qquad (5.60)$$

$\mathcal{F}(\omega)$ 在平衡区域的 $1/\omega^5$ 包络反映了作为频率函数的特有的极限海浪谱密度。更复杂的多参数模型可用来表示有限行程和有限持续时间的风产生的波浪谱（Hasselmann et al. 1976）。

图 5.18（a）给出不同风速下 Pierson-Moskowitz 谱的结构，同时给出了 $1/\omega^5$ 的 Phillips 平衡极限（谱密度渐近线）。而图 5.18（b）根据深水色散关系画出了海浪相速度（虚线）和长度（实线）与海浪频率的函数关系。在图 5.18（b）中的实线上还标出了无线电频率 3 MHz、4 MHz、6 MHz 和 15 MHz 的谐振波长度（$L=\lambda/2$）。图 5.18（b）中垂直坐标轴的线性刻度是两条曲线共用的，波相速度的单位是节，波长度的单位是米。

由图 5.18（a）可见，风速增大并没有使平衡区的波浪谱密度增大。风速增强有助于建立低频较长和较快波浪的谱密度，直到这些波浪达到平衡极限。很明显，小于 15 节的中等风速足以完全激发无线电频率大于 4 MHz 的谐振海浪。然而如前所述，除非在近似恒定风下持续吹足够长的时间和足够长的行程（定义为接近恒定风吹过的水平距离），这些谐振海浪将不能被完全激发。Barrick（1972b）中有给定风速下完全激发海面所需的持续时间和行程的对应关系表。

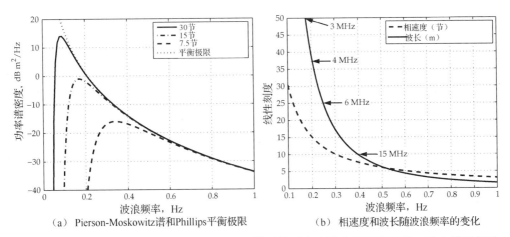

(a) Pierson-Moskowitz 谱和 Phillips 平衡极限　　(b) 相速度和波长随波浪频率的变化

图 5.18　不同风速下基于 Pierson-Moskowitz 模型的无方向波高谱密度函数。这个模型假设接近恒定速度的风以足够长的持续时间和行程吹过完全激发的海面，这与本地风（非浪涌）产生的风驱动的单一波浪体系是一样的。右侧绘出了海浪的相速度和长度与频率的函数关系，垂直坐标轴是共用的，并用实线标出了不同无线电频率的谐振波长度

本地风产生的海浪导致海面粗糙，接着与风相互作用，并改变接近海面的气流特性。即使由于大气不稳定和风切变效应产生的风并不湍急，当风吹过粗糙海面时，这个相互作用使得海面上的气流变得湍急。对每个高于低端截断频率的波浪频率，涡旋风产生的海浪向平均风对应的主要方向周围扩散。角扩散函数 $G(\kappa, \phi)$ 描述了方向性风浪谱模型的极坐标图。

此时，为了方便起见，通过定义 $G(\kappa, \phi) = G'(\kappa, \phi')$ 来改变变量，式中，$\phi' = \phi - \phi_\omega$ 是相对于平均风方向 ϕ_ω 的海浪传播角。式（5.61）中的 $G'(\kappa, \phi')$ 是半各向同性分布、相对简单的模

型。在这个模型中,半平面(180°扇区)内的所有角度以 ϕ_ω 为中心对称分布,并在幅度上同样受到海浪的作用。

$$G'(\kappa, \phi') = \begin{cases} 1/\pi & \phi' \in [-\pi/2, \pi/2] \\ 0 & 其他 \end{cases} \quad (5.61)$$

一个被更加普遍采用的角扩散函数是基于心形剖面的,如式(5.62)所示,式中为了符号表示的方便隐去了从变量 κ。扩散参数 s 是风速和波长(κ)的函数。这个参数取偶整数值 $\{s=2n, n \in Z^+\}$,式中 n 从 1 到 15 左右(Shearman 1983)。s 较小的值一般与较短的海浪相关,而 s 的最大值一般发生在长波浪截断附近。

$$G'(\phi') = A\cos^s(\phi'/2), \quad \phi' \in [-\pi, \pi] \quad (5.62)$$

归一化 A 是满足方程式(5.56)右侧条件的常数。对应于 $s=2$、4 和 8,A 分别为 $A=1/\pi$、$4/(3\pi)$ 和 $64/(35\pi)$。正如 Maresca and Barnum(1982)所述,其他 A 值可用式(5.63)来计算。

$$A = \frac{1}{\pi} 2^{s-1} \frac{\Gamma^2(s/2+1)}{\Gamma(s+1)} \quad (5.63)$$

高频雷达的灵敏度足以测量来自逆风海浪的海杂波分量。这种浪可由非线性海浪相互作用、反射波作用、洋流相互作用及浪涌产生(Skolnik 2008b)。通过对心形极坐标图进行修正,可以解释逆风传播的海浪。例如,Tyler 等(1974)描述了扩散角函数模型,如式(5.64)所示。

$$G'(\phi') = A'[\varepsilon + (1-\varepsilon)\cos^s(\phi'/2)], \quad \phi' \in [-\pi, \pi] \quad (5.64)$$

正标量 ε 代表逆风方向传播的小部分海浪能量,ε 可能是典型逆风传播海浪的百分之一量级。这个更改解释了高频表面波雷达即便是在雷达波束平行于平均风方向时也可在频域观测到两个布拉格峰谱线的事实。相关的归一化因子 A' 由式(5.65)给出。图 5.19 列举了 $\varepsilon = 0.01$、扩散参数 $s=2$、8、30 时的 $G'(\phi')$。Long and Trizna(1973)给出了其他 $G'(\phi')$ 模型。

$$A' = (2\pi\varepsilon + (1-\varepsilon)/A)^{-1} \quad (5.65)$$

总之,这些描述深水表面重力波体系的方向性波谱模型,其波浪是由(接近常数)足够持续时间和行程的本地风驱动,并且本地风完全激发海面波浪直到平均风速决定的最小截断频率(即不增大或减小海浪)。特别是,这些风浪是一个平衡的海洋波浪体系,由吹过海面的风产生。形成的波浪体系引起十分紊乱的或"随机出现"的海洋表面高度剖面(Barrick 1972b)。

当海浪移出其最初被风激发的海域后,这些海浪改变了形状,并且慢下来变成浪涌。浪涌的随机性减少而变得更接近于正弦曲线,这是由于不同频率的波浪以不同的速度从其产生的海域传播而来。浪涌可由几千英里外的风暴引起,并加入本地的风驱动波浪区,产生附加的海浪体系。当存在多种海浪体系时,海洋方向性浪高谱不能用本节给出的简单模型来表示。在这种情况下,要将海浪体系分区,使得海面可由不同的方向性浪高谱之和来模拟。

5.3.1.2 一阶与二阶回波

为了得到高频表面波雷达海洋回波的数学表示,需要建立一个在有关散射几何关系下动态海洋水面和入射波之间的交互物理模型。使用经典物理学和几何光学的方法能对粗糙表面的电磁散射建立模型。然而,这种方法仅能在表面半径的曲率远大于入射波长时使用。当无线电波的波长为 10 m 量级时,这一条件不再成立。因此,这些方法不适合从空海交界表面散射的高频信号模型。

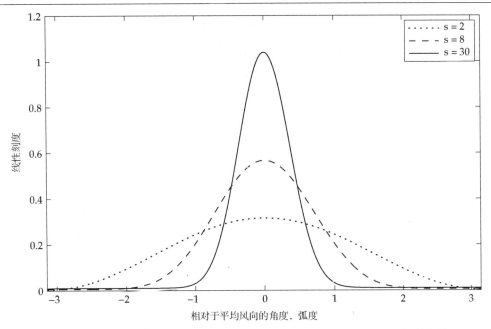

图 5.19 根据式（5.64）的海浪能量角扩散函数 $G'(\phi')$ 计算的几个示例，$\varepsilon=0.01$、扩散参数 $s=2$、8、30

另一方面，可通过将 Rice 所用的边界扰动法（Rice 1951）从静态粗糙表面扩展至动态海面，得到海洋表面散射的高频无线电波多普勒谱的近似表达式。基于这个方法，照射海洋水面每个单位区域的一阶和二阶回波频谱由以下 3 个条件导出（Barrick 1972a）和（Barrick 1972b）：(1) 水面高度与入射波波长相关性要小；(2) 与整体相比水面斜率很小；(3) 相对自由空间波的阻抗来讲，水面的阻抗很小。在高频频段，还应假设海洋表面不能太粗糙。

再将注意力转到高频表面波雷达的应用上，当入射波水平入射海洋表面时，我们应该考虑垂直极化波发射和接收的情况。式（5.66）给出了在全部多普勒频率上累积的单位区域 $\sigma^0(m^2/m^2)$ 杂波截面积，其中，ω 是以弧度每秒为单位的多普勒频率，$\sigma^0(\omega)$ 是垂直极化波水平入射时单位带宽（rad/s）内单位面积的杂波总截面积，如 Barrick (1972a) 中所定义的那样。需要指出的是，$\omega = \omega_s - \omega_i$，这里 ω_s 和 ω_i 分别是入射波和回波的弧度频率。这和上一节里海洋波的角频率不可混淆。

$$\sigma^0 = \frac{1}{2}\int_{-\infty}^{\infty} \sigma^0(\omega)\mathrm{d}\omega \tag{5.66}$$

如式（5.67）所示，每一单位区域的频谱截面积 $\sigma^0(\omega)$ 可被分解为一阶 $\sigma_1^0(\omega)$、二阶 $\sigma_2^0(\omega)$ 和高阶 $\sigma_h^0(\omega)$ 分散量的和。将式（5.67）代入式（5.66），可得到相对应的一阶、二阶和高阶（多普勒累积）单位区域截面积，分别记为 σ_1^0、σ_2^0 和 σ_h^0。对于海洋回波来讲，高阶回波提供的能量相对较少，因此不予考虑，重点描述一阶和二阶分量。

$$\sigma^0(\omega) = \sigma_1^0(\omega) + \sigma_2^0(\omega) + \sigma_h^0(\omega) \tag{5.67}$$

在历史上，Crombie (1955) 第一个正确地推断出海洋表面波实质上表现为无线电波的衍射光栅，其主要回波由布拉格散射机理引起，类似于被衍射光栅散射的光线。在前述条件下，海洋的一阶频谱截面积 $\sigma_1^0(\omega)$ 如式（5.68）所示，由 Barrick (1972a, 1972b) 得出。

$$\sigma_1^0(\omega) = 2^6 \pi k_0^4 \sum_{m'=\pm 1} S(m'[\mathbf{k}_s - \mathbf{k}_i])\delta(\omega - m'\omega_B) \tag{5.68}$$

在式（5.68）中，$\mathbf{k}_i$ 和 $\mathbf{k}_s$ 分别代表入射波和散射波，$k_0 = |\mathbf{k}_i| = 2\pi/\lambda$ 代表波数，$\delta(\cdot)$ 是冲激函数，且 $m' = \pm 1$。$\omega_B = \sqrt{g|\mathbf{k}_s - \mathbf{k}_i|}$ 代表布拉格角频率。在 Barrick 的推导中，由 Rice（1951）定义的三维（空时）对称表面粗糙谱 $W(\kappa_x, \kappa_y, \omega)$ 被海洋学者测量的波高谱所代替，在式（5.68）里用 $\mathcal{S}(\boldsymbol{\kappa})$ 表示。

在一个单基地系统中，海杂波经后向散射后被接收，这样 $\mathbf{k}_s = -\mathbf{k}_i$。检查式（5.68）可发现，一阶散射仅产生于整个谱 $\mathcal{S}(\boldsymbol{\kappa})$ 中的两个海洋波。对于后向散射情况，有关波向量由式（5.69）给出。这两个海洋波有相同的波数 $\kappa = 2k_0$，空间长度等于发射波波长的一半 $L = \lambda/2$。$m' = \pm 1$ 分别对应着直接靠近（$m' = 1$）和远离（$m' = -1$）雷达天线波束指向这一波长的水波。

$$\kappa = m'(\mathbf{k}_s - \mathbf{k}_i) = -2m'\mathbf{k}_i \tag{5.69}$$

这些特定的方向性波谱成分被称为布拉格波序列或者"谐波"。布拉格波列的相位速度产生了一阶杂波回波的多普勒频移，由 $m'\omega_B = \omega_s - \omega_i$ 给出。将 $\mathbf{k}_s = -\mathbf{k}_i$ 代入表达式 $\omega_B = \sqrt{g|\mathbf{k}_s - \mathbf{k}_i|}$，从而产生如式（5.70）所示的后向散射布拉格角频率多普勒频移。

$$\omega_B = \sqrt{2gk_0} \tag{5.70}$$

使用式（5.69）和式（5.70），可以写出每个成分的后向散射一阶谱，如式（5.71）所示。注意，这个表达式适用于单基地雷达结构中垂直极化和水平入射的散射情况。一般惯例假设雷达波束指向 x 轴方向，所以提出的波向量 $\kappa = -2\mathbf{k}_i$ 等价于 $(\kappa_x, \kappa_y) = (-2k_0, 0)$，或者 $\kappa = 2k_0$ 和 $\phi = \pi$，同时还有 $\phi' = \phi - \phi_w = \pi - \phi_w$。类似结论适用于回波向量 $\kappa = -2\mathbf{k}_i$ 的情形。

$$\sigma_1^0(\omega) = 2^6\pi k_0^4[S(-2\mathbf{k}_i)\delta(\omega - \omega_B) + S(2\mathbf{k}_i)\delta(\omega + \omega_B)] \tag{5.71}$$

由先前描述的乘积模型 $\mathcal{S}(\boldsymbol{\kappa}) = F(\kappa)G(\kappa, \phi)$ 可得 $\mathcal{S}(2\mathbf{k}_i) = F(2k_0)G(2k_0, 0)$ 和 $\mathcal{S}(-2\mathbf{k}_i) = F(2k_0)G(2k_0, \pi)$。同时注意到在由式（5.64）描述的心形角分布函数中 $G(2k_0, 0)$ 等价于 $G'(2k_0, -\phi_w)$ 或者 $G'(2k_0, \phi_w)$，相似地，有 $G(2k_0, \pi) = G'(2k_0, \phi_w + \pi)$。将后一表达式代入式（5.71）从而得到式（5.72）。

$$\sigma_1^0(\omega) = 2^6\pi k_0^4 F(2k_0)[G'(2k_0, \phi_w)\delta(\omega - \omega_B) + G'(2k_0, \phi_w + \pi)\delta(\omega + \omega_B)] \tag{5.72}$$

设布拉格波列展开充分，且无向谱由式（5.57）中的 Phillips 模型描述，则式（5.72）中的 $\sigma_1^0(\omega)$ 可简化至式（5.73）。注意到式（5.72）中谱密度在平衡限制点上 κ^{-4} 的下降在乘上一阶散射系数 $\sigma_1^0(\omega)$ 的 k_0^4 后被抵消。

$$\sigma_1^0(\omega) = 4\pi B[G'(2k_0, \phi_w)\delta(\omega - \omega_B) + G'(2k_0, \phi_w + \pi)\delta(\omega + \omega_B)] \tag{5.73}$$

这意味着在一个谐振布拉格波序列能被充分展开或者近似充分展开的频率范围里，每一单位区域的一阶截面积是近似不变的。特别地，累积单位一阶截面积由式（5.74）给出。

$$\sigma_1^0 = \frac{1}{2}\int_{-\infty}^{\infty} \sigma_1^0(\omega)\mathrm{d}\omega = 2\pi B[G'(2k_0, \phi_w) + G'(2k_0, \phi_w + \pi)] \tag{5.74}$$

对于半全向模型和风向指向 x 轴正方向，即 $\phi_\omega \in [-\pi/2, \pi/2]$，我们有 $G'(2k_0, \phi_w) = 1/\pi$ 和 $G'(2k_0, \phi_w + \pi) = 0$。显然，相反地情形适用于风向指向 x 轴的负方向的情形。替换后可得式（5.75），能够看出在这些条件下每个单元区域的一阶后向散射截面积等于 $2B$，或等于式（5.74）中定义的 Phillips 常数 α（Maresca and Barnum 1982）。在 Barrick（1972a）的原文里，Barrick 推导出 $\sigma^0 = -17\mathrm{dB}$，与之相对应的 $B = 0.01$。在实际中，B 的值可以从 $0.004 \sim 0.04$ 变化，这由

实际情况决定,其中,$B = 0.005$ 是一个较好的近似值。此时式(5.75)确定的值是–20 dB,后面将这个值作为半全向模型的参考值。

$$\sigma_1^0 = 2B = \alpha \tag{5.75}$$

这些分析建立在 Barrick 对入射电场强度的定义之上,其中假设了自由空间天线增益。σ_1^0 的另一定义建立在导电表面的有效天线增益上。后一定义同时在照射和回波信号路径上将双倍表面波电场强度并入天线增益而不是 σ_0,这导致 σ_1^0 的一个值比 Phillips 角 α 小 16 倍,参见 Teague, Tyler, and Stewart(1975)和 Shearman(1983)。如 Milsom(1997)所述,这两个值都是正确的,只要在雷达方程中采用一致的定义即可。

真实截面积远远小于理论预期值,这是因为谐振波没有充分展开,或者布拉格波数上波系统的方向分布并未沿天线波束指向而实现最大。后一效果由式(5.76)中的比例关系引起。当这一情况发生时,一阶海面回波单位截面积大致不变的特性在该区域内提供了一个自然的参考散射点,这对估计路径损失和目标 RCS 十分有用(Barrick 1977)。

$$\sigma_1^0 \propto [G'(2k_0, \phi_w) + G'(2k_0, \phi_w + \pi)] \tag{5.76}$$

总之,一阶海洋回波表现为两个离散的谱分量,通常称为布拉格线。每个分量的能量与对应布拉格波矢量处的波高方向谱成正比。由式(5.73),布拉格线峰值之间的比率由式(5.77)给出。

通过采用合适的 $G'(2k_0, \phi')$ 模型,然后再给出最符合观测布拉格线比率的 ϕ 值,就可以推断出平均风向。

$$\frac{\sigma_1^0(\omega_B)}{\sigma_1^0(-\omega_B)} = \frac{G'(2k_0, \phi')}{G'(2k_0, \phi' + \pi)} \tag{5.77}$$

现在深入分析布拉格线多普勒频移与辐射频率之间的关系。在深水区,波长 $L = \lambda/2$ 的相速由式(5.53)中的色散关系得到,即 $v_B = \sqrt{g\lambda/(4\pi)}$。以此相速径直朝向和远离雷达运动的海浪,其后向散射回波的多普勒频率等于 $m'f_B$,其中,$f_B = \pm 2v_B/\lambda$。将 $v_B = \sqrt{g\lambda/(4\pi)}$ 代入表达式中,得到如式(5.78)所示多普勒频移 f_B 的值。注意到对 $L = \lambda/2$,$\omega_B = \sqrt{2gk_0} = 2\pi f_B$,符合预期。

$$f_B = \sqrt{\frac{g}{\pi\lambda}} \tag{5.78}$$

f_B 的简化表达式如式(5.79)所示(f_B 的单位是 Hz,而 $f_o = c/\lambda$ 的单位是 MHz)。不像与载频成线性关系的目标回波多普勒频移,一阶杂波的多普勒频移随载频的平方根变化。后面将举例说明,多普勒频移与载频成线性和平方根关系的差别在实践中能被用来改善高频表面波雷达系统一阶海杂波背景下目标探测和追踪性能。

$$f_B \simeq 0.102\sqrt{f_o(\mathrm{MHz})} \tag{5.79}$$

当存在相对平均速度为 v_s 的表层流时,布拉格波列的运动会叠加在这一洋流之上。此时,布拉格线的多普勒频移并不关于载频对称而要偏移 $f_s = 2v_s/\lambda$,如式(5.80)所示。从不同距离-方位单元及不同时间的多普勒频谱记录中估计得到的这一频偏,形成了表层流图的基础。

$$f_B = f_s \pm \sqrt{\frac{g}{\pi\lambda}} \tag{5.80}$$

实际上,一阶海杂波在相对较长的高频表面波雷达 CPI 中通常不是完全相干的。雷达分辨单元中表层流紊乱、非线性波流的相互影响、近海岸的深度影响,包括海床会影响谐振波动态的浅水区的存在,都可能会引起布拉格线的多普勒展宽。对此,我们将注意力转向对二阶杂波的描述。

Barrick 的二阶海杂波单位区域单位带宽(rad/s)散射截面积方程由式(5.81)中的 $\sigma_2^0(\omega)$ 给出。该项由电磁波和水波动态效应结合产生。形成 $\sigma_2^0(\omega)$ 物理过程的图形表示可以在 Lipa and Barrick (1986) 中找到。形成二阶海杂波的两个主要机理如图 5.20 所示,这里简要说明如下。

$$\sigma_2^0(\omega) = 2^6 \pi k_0^4 \sum_{m_1, m_2 = \pm 1} \iint |\Gamma(m_1\kappa_1, m_2\kappa_2)|^2 S(m_1\kappa_1) S(m_2\kappa_2)$$
$$\times \delta(\omega - m_1\sqrt{g\kappa_1} - m_2\sqrt{g\kappa_2}) \mathrm{d}\kappa_1 \mathrm{d}\kappa_2 \tag{5.81}$$

对于电磁效应情况,二阶杂波的产生是由于信号首先从一个海浪波列经布拉格散射到另一个海浪波列,再次散射后,信号返回至雷达。特别地,如果沿雷达波束指向看过去,一个海浪波列波峰和波谷之间的距离为雷达发射波长的一半,则沿镜面反射锥面就会发生衍射散射。如果这些散射雷达波碰见第二个有合适波长和方向的二海波,那么信号将通过相似的方式返回到雷达中。这就是电磁二阶离散机理,如图 5.20 中两个靠近海波的情况所示。

不像一阶海杂波仅由方向性波高度谱中两个特定分量所产生,二阶杂波是不同分量的和,这些分量由不同的海浪波列对所引起。重要的是,整个方向性浪高谱 $\mathcal{S}(\kappa)$ 都与这一、二次散射过程有关。这是因为每一对能形成二阶海杂波的不同海浪波列对,其参数由波长和传播方向的连续集合联合确定。

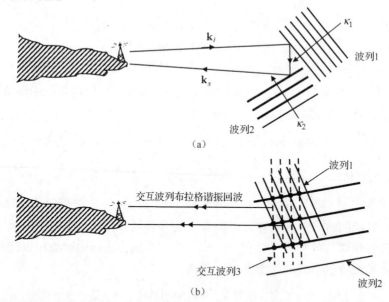

图 5.20 主要电磁波和水动二阶离散量机制的概念图。图(a)显示了当两个波的角度合适时的"角度反射"离散量。图(b)显示了波列 3 中的布拉格谐振散射,它是波列 1 和波列 2 相互作用的结果

然而,$\mathcal{S}(\kappa)$ 中只有特定波长和传播方向组合的海浪波列能够联合地产生中间和二次散射雷达波,后者朝向雷达方向。尤其是,在这一两次反射过程中,两个波列必须匹配,从而能通过每一波列沿镜像反射角的衍射散射将入射电磁波返回雷达。用数学语言描述,若两个海浪波矢量 κ_1 和 κ_2 满足后向散射的条件,就能产生一个二阶杂波分量,如式(5.82)所示。

$$\mathbf{k}_s - \mathbf{k}_i = -2\mathbf{k}_i = \kappa_1 + \kappa_2 \tag{5.82}$$

特别地，被称为"角反射器"衍射谐振散射的电磁二阶后向散射机理由两个以合适角度相交的波列产生，需要附加式（5.83）所示条件。与角反射模型有关的波数关系可从中间和二次散射波散射过程中动量保存的规律得到，如 Trizna（1982）所描述。

$$\kappa_1 \cdot \kappa_2 = 0 \tag{5.83}$$

参考图 5.20，返回雷达回波的多普勒频移取决于"角"相对于视角的方向。当从有向浪高谱中选择满足式（5.82）和式（5.83）的合适海波对而使角发生转动时，在入射波列的一阶和二阶衍射分量上累积的多普勒频移随着式（5.84）中的 $\omega_1 + \omega_2$ 而变化。这一过程在雷达波束指向等分角，即 $\varphi = \pi/4$ 时出现拐点（最大值），并经常在回波多普勒谱上一阶布拉格频率 ω_B 的 $2^{3/4}$ 倍处出现峰值。这里 φ 为后向散射电磁波和海浪波矢量 κ_1 之间的夹角。

$$\omega_1 + \omega_2 = \omega_B(\sqrt{\cos\varphi} + \sqrt{\sin\varphi}) \tag{5.84}$$

水动效应是由两个相交海浪 κ_1 和 κ_2 相互作用后，产生二次波 $\kappa_1 \pm \kappa_2$ 而引起的。两列相交海浪中循环粒子运动之间的耦合产生了这些（短暂的）交互波浪。交互波浪并不像重力波那样自由传播，但却能通过布拉格机理（Barrick 1972b）产生二阶散射。在这种情况下，κ_1 和 κ_2 必须满足式（5.82），但是没有式（5.83）的限制。正如图 5.20 所示，如果由两个海浪相互影响产生的第三列波垂直于雷达照射方向而且满足条件 $L = \lambda/2$，那么就会产生布拉格谐振后向散射。

交互海浪正好朝着或远离雷达运动的谐振二阶散射是水动机理的特殊情况。由于粒子运动是循环的，并不会横在水波方向上，因此波浪形状并非正弦形，而是具有尖波峰和浅波谷特征的摆线轮廓。该形状可分解为正弦基分量和一些谐波分量。对特定的辐射波长 λ，对那些满足长度 $L = n\lambda/2, n \in Z^+$ 的基底和谐波分量，就会发生谐振后向散射。这些海浪相对一阶项（$L = \lambda/2$）的相速和多普勒频移分别为 $v_B\sqrt{n}$ 和 $\omega_B\sqrt{n}$。对 $n = 2$ 的谐波分量，其离散的谱线分量有时可在海洋回波多普勒谱中观察到。

电磁和水动二阶离散机理中电磁波和海浪波向量的关系都可由图 5.21 中的矢量图表示。其中，空间波数分量 p 沿雷达波束放置，q 在垂直方向上。图 5.21 中 κ_1 和 κ_2 的定义确保对任意点 (p,q) 二阶后向散射条件均能满足，这代表了 κ_1、κ_2 的交点以及中间辐射波 $\mathbf{k}_m$ 的波向量。随着点 (p,q) 移动，不同的波长和方向受式（5.82）约束的海浪波对牵涉，并导致二阶散射过程的发生（Lipa and Barrick 1986）。

式（5.81）中的积分反映出能够满足这一矢量三元组的海浪波对 κ_1 和 κ_2 是无穷的。p 和 q 这两个坐标有时用来代替式（5.81）中的 κ_1 和 κ_2，以强调 κ_1 和 κ_2 受到式（5.82）的限制。由于相互作用的海浪对可能有趋向或者远离雷达的径向速度成分，在方向性波高谱中交互波列有 4 种可能的组合，分别由 $m_1\kappa_1$（$m_1 = +1$）和 $m_2\kappa_2$（$m_2 = \pm 1$）表示。正号表示有靠近径向相速成分的波列，而负号表示有远离径向相速成分的波列。

由海洋波 $m_1\kappa_1$ 和 $m_2\kappa_2$ 引起的二阶量的多普勒角频率 ω_D 由式（5.85）给出，其中，ω_s 和 ω_i 是散射和入射雷达波的角频率，而 $k_1 = |\kappa_1|$ 和 $k_2 = |\kappa_2|$ 是两波列的波数。换句话说，第一衍射的多普勒频移在幅度上等于频率 $\omega_1 = \sqrt{g\kappa_1}$ 而等于 $\pm\omega_1$ 则取决于波列 1 的方向。相似地，第二次衍射产生了频移 $\pm\omega_2$，其中 $\omega_2 = \sqrt{g\kappa_2}$，这样总累积多普勒频移如式（5.85）所示。

$$\omega_D = \omega_s - \omega_i = m_1\sqrt{g\kappa_1} + m_2\sqrt{g\kappa_2} \tag{5.85}$$

正如 Lipa and Barrick（1986）所指出的，$m_1 = m_2$ 决定了对应多普勒频率在布拉格线以外的二阶散射，$\omega_D^2 > 2gk_0$，而 $m_1 \neq m_2$ 决定了对应多普勒频率在布拉格线以内的二阶散射，$\omega_D^2 < 2gk_0$。二阶后向散射可解释为满足条件 $\kappa = -2\mathbf{k}_i$ 一阶（单波）后向散射的双波延伸。在这种情况下，直接靠近和后退的谐波 $m'k$ 产生了多普勒频移 $\omega_D = m'\omega_B$，其中，$m' = \pm 1$，$\omega_B = \sqrt{gk} = \sqrt{2gk_0}$。

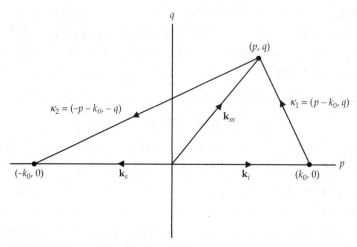

图 5.21　在二阶散射过程中，入射雷达波 ($\mathbf{k}_i$) 与第一个海洋波列 κ_1 相互影响产生一个中间散射雷达波 ($\mathbf{k}_m$)。中间与二阶海洋波 κ_2 相互影响产生了一个雷达后向散射量 ($\mathbf{k}_s$)。有这个过程有关的成对海洋波向量满足向量三阶方程组 $\kappa_1 + \kappa_2 = \mathbf{k}_s + \mathbf{k}_i = -2\mathbf{k}_i = (-2k_0, 0)$。能产生二阶散射量的成对海洋波既可能从趋向也可能远离雷达的方向进行传播 ($m_{1,2} = \pm 1$)。在个积分点 (p,q) 上，这导致了方向性波高谱中 4 种可能的相互作用波列组合

二阶散射核或者耦合系数 $\Gamma(m_1\kappa_1, m_2\kappa_2)$ 可分解为一个电磁 $\Gamma_{EM}(m_1\kappa_1, m_2\kappa_2)$ 和水动 $\Gamma_H(m_1\kappa_1, m_2\kappa_2)$ 的和，如式（5.86）所示。极化的影响通过 $\Gamma(m_1\kappa_1, m_2\kappa_2)$ 体现，互耦系数两大分量的表达式见 Barrick（1972b）。在近似水平入射时，一个如海面这样的高传导表面其垂直极化的散射系数远大于水平极化。交叉极化散射系数则通常在二者中间（Skolnik 2008b）。

$$\Gamma(m_1\kappa_1, m_2\kappa_2) = \Gamma_{EM}(m_1\kappa_1, m_2\kappa_2) + \Gamma_H(m_1\kappa_1, m_2\kappa_2) \tag{5.86}$$

对此，有必要通过海杂波多普勒谱实例来体现上述结论。图 5.22 画出了某单基地高频表面波雷达在单个距离-方位分辨单元内接收的实际海回波多普勒谱，信号频率为 4.1 MHz。图中分别标出了由前向和后向的布拉格波列引起的一阶谱线与二阶连续谱。后者占据了两个布拉格谱线中间及外部的多普勒范围。在这一情况下，谱线位于 $2^{1/2}$ 倍布拉格频率 f_B 处的二阶杂波离散成分能够在图 5.22 中清楚地识别并标记出来。

虽然二阶杂波连续谱的能量通常弱于一阶海杂波 20~30 dB，但它会限制慢动水面目标回波所处多普勒频率范围内的检测性能。更重要的是，相对于能量更大但是离散的一阶回波 $\sigma_1^0(\omega)$，二阶分量 $\sigma_2^0(\omega)$ 能在很宽的多普勒频率（径向速度）分布中掩盖目标回波。为了在速度未知的情况下对检测性能建模，海洋回波的理论多普勒谱可在设定的有向浪高谱 $S(\kappa)$ 条件下通过 $\sigma^0(\omega)$ 的估计来加以计算，如 Maresca and Barnum（1982）所述。不同风速和风向条件下海面回波多普勒谱的例子，在 Ponsford, Sevgi, and Chan（2001）中进行了说明，而对于不同发射和接收极化方式的频谱例子可见 Skolnik（2008b）。

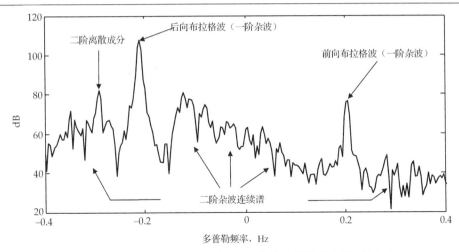

图 5.22 由一单基地高频表面波雷达系统所接收的多普勒谱实例,频率为 4.1 MHz。一阶回波的幅度分别与海洋浪高谱 $S(\kappa)$ 在布拉格波数 $\kappa = \pm 2\mathbf{k}_i$ 的值成正比。二阶回波连续谱的幅度和结构由包含所有频率和方向的海洋浪高谱来确定

海面有向波高谱 $S(\kappa)$ 与垂直极化条件下海洋回波多普勒谱的关系,给高频表面波雷达提供了一个通过逆向反推来远程估计海态参数的机会。这种方法十分复杂,这里不再详述,但是该问题已在诸如 Hisaki(1996)等文献中得到阐述。在海浪由本地风驱动的前提假设下,$S(\kappa)$ 与风速和风向的关系可被用来推断海面风场。图 5.23 总结了海面回波多普勒谱的关键特征和可能获得的信息。更高阶海杂波的描述和非 Barrick 的一阶和二阶理论不在本书讨论的范围内。

5.3.1.3 对高频表面波雷达的影响

在监视系统应用中,高频表面波雷达接收的舰船回波可能在较大距离和多普勒范围内都被海杂波掩盖。目标探测可能在一个有限的频谱范围内受到强大的一阶谱成分(布拉格峰)的限制,或者在一个较宽频带内受强度相对较低的二阶谱成分的限制。一般来说,相对速度小于 20 节的水面舰船就有可能被海杂波回波所遮蔽。由于表面波随着距离增加衰减严重,在长距离上外噪声最终会大大超过海杂波(就二阶杂波而言,通常在约 150~250 km 以上距离)。图 5.24 给出的高频表面波雷达距离-多普勒谱展示了一个海杂波特性的实例,其中一个舰船目标回波在靠近布拉格峰的位置上。

当风速增加到超出充分发展谐振波所需的程度,在给定的无线电频率上达到饱和后,一阶回波预计将不再增强。然而,二阶连续谱包含整个浪谱,包括波长大于谐振波的海浪。强风可以激发和提高那些比谐振波更长更快的波浪的谱密度,这为二阶连续谱提供了额外的贡献。通常情况下,在给定无线电频率的情况下,二阶杂波连续谱的功率和频率范围将增加,例如,在低海态下经常出现在布拉格峰旁的波谷在高海态下易被二阶杂波填充。

对于那些平均 RCS 在 40~50 dBsm 的超大型舰船,其检测性能主要受确定多普勒区域内强一阶回波的限制。高频表面波雷达通常能检测二阶杂波中的大型船,因此其检测性能只是一个关于海态的弱函数。对于大型舰船(通常大于 1000 t)的检测,当其没有被布拉格峰掩盖时,主要受外噪声的限制。因此,增加辐射功率或系统增益可以扩展这类目标的检测范围。

另一方面,海况能强烈地影响低速小型和中型水面舰艇的检测,此处通常指的是排水量小于 1000 t、平均 RCS 在 30 dBsm 或者更小的舰船。这类目标的检测性能是一个关于目标径

向速度的强函数,由雷达频率以及风速、相对于雷达波束的风向等共同决定。因此,低速的中小型舰船的检测性能受风速、风向以及工作频率选择的影响。

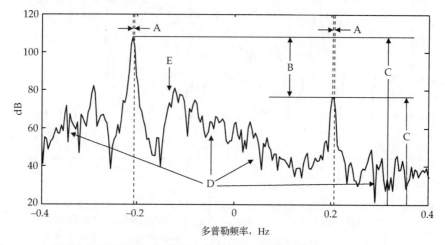

图 5.23　高频雷达海平面回波频谱特性与海态和表面风况的关系。(a)一阶布拉格峰与其期望值多普勒频移之差:洋流的径向分量。(b)前后向一阶布拉格峰之比:风动海波的平均方向与海面风向。(c)一阶布拉格峰的幅度:在两个方向上的谐振波频率的海洋波高度谱值。(d)二阶连续谱的大小和形状:海洋浪高谱的波频率和方向。(e)二阶结构的内边界与一阶布拉格谱线的间隔:海洋浪高谱的低截止频率

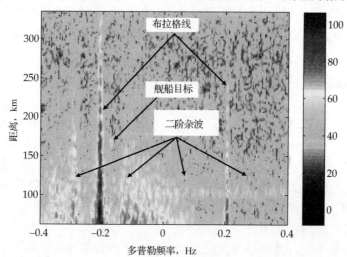

图 5.24　加拿大东海岸的一部高频表面波记录海杂波的距离-多普勒特性。该数据中某距离单元的多普勒谱如图 5.22 所示。可以看出,在 160 km 处靠近二阶杂波波谷的地方有一个舰船回波是清晰可见的。在高海态情况下,这个波谷可能将被更高幅度的二阶杂波填充

当径向速度大于 20 节时,逆风行驶的小型舰船是可以检测的。然而,当目标移动方向与风向一致,或风向平行于雷达波束时,小的水面舰艇的检测将变得更加困难。在这种情况下,在低海态(2 级海态或更小)下有可能实现目标检测,但是在高海态下检测较为困难,除非目标以超过 20 节的径向速度移动。关于目标速度盲区作为目标 RCS、海态、工作频率以及相干积累时间的函数的定量分析可见 Maresca and Barnum(1982)。虽然这种分析是基于天波超视距雷达系统进行的,但其在较低(夜间)频率的一般结论也和高频表面波雷达相关。

当海态给定时,相对于布拉格峰,二阶连续杂波的功率在雷达频率超过谐振波达到极限

平衡时仍会随着雷达频率的增加而增大。换句话说,在给定的海态下,单位面积的二阶连续波的横截面往往随着工作频率的增大而增大,而一阶回波的横截面积在谐振波充分发展的区域则可保持相对稳定。

当使用较低的无线电频率时,因为此时海面对电磁波而言更显平滑,且谐振波不太可能得到充分的发展,单位面积海平面的一阶和二阶散射截面积会减少。在高频段,谐振布拉格波具有更短的波长,相对容易饱和,其二阶杂波的多普勒谱的幅度通常具有较高的水平,且具有对风速和风向更为敏感的特性。

如果雷达工作在低频段,其海态没有充分发展,包含在布拉格峰和二阶连续的能量将显著降低。在这种情况下,经常可以在比高频段更大的范围内检测低速中小型舰船。但对太小的船只,则可能会因 RCS 落入瑞利区而出现例外。

尽管较低的工作频率通常是高频表面波雷达舰船检测的首选,但使用更高的频率可能在某些情况下提高目标的 SCR。基本依据是高载频可以将目标回波从靠近或位于布拉格峰的位置拉到布拉格峰以外的区域。在载频增加情况下,布拉格峰以外的二阶杂波水平也会增大,但在目标回波所在多普勒频率的杂波谱密度仍小于相应的低载频情形。

由于波束形成的角度分辨力更好,更高的工作频率可以减小散射区域面积,还可以改善目标 RCS,尤其是小型的海面舰船目标。由于更高的多普勒频移、更小的分辨单元大小以及可能更高的 RCS 会超过二阶杂波单位横截面积的增加,使用较高的频率来实现杂波中目标检测对短距离上的小目标会更有优势。这里假设在目标距离上检测仍受到二阶杂波的限制,尽管在更高的频段还存在额外的表面波衰减。

众所周知,在杂波环境下,通过减小空间分辨单元面积可以提高对点目标的检测性能。不幸的是,由于高频波段的低频段较为拥挤,信号带宽不能超过几十千赫。此外,通过增加接收天线的孔径使之超出几百米的范围也是不可行的,一方面成本太高,另一方面实现较为困难,其中包括由海岸线地区的地形地貌导致的场地限制。这些因素限制了高频表面波雷达提高空间分辨力的能力。

若目标回波多普勒频移与布拉格峰不重合,则可以通过增加积累时间来提高目标的 SCR。二阶杂波是一个有限带宽信号,其时间相干性相对目标回波较短,此处假设目标在一个 CPI 内做匀速运动。通过缩小分析带宽,较长的相干积累时间可以减小在特定频率上与相干积累目标相竞争的二阶杂波能量。

在海杂波背景下,使用较长的 CPT 来进行目标检测的优势可以见 Maresca and Barnum (1982) 的分析预测,Menelle, Auffray, and Jangal (2008) 也通过实际观察加以验证。为解决不同类型目标的 CPI 优化问题,接收到的脉冲序列可在信号处理系统内被分割,使用许多不同的 CPI 来进行分析。尽管如此,雷达 CPI 的优化通常根据待检测目标类别分类,受其他问题诸如距离走动、目标机动(导致多普勒扩展)等的限制,不能无限制增加 CPI 而导致检测与跟踪性能的下降。因此,选择长的 CPI 会受到一定的限制。从整个系统性能出发考虑,通过增加 CPI 来提高 SCR 最终只会适得其反。

如前所述,在给定的无线电频率下,二阶杂波的能量相对于布拉格峰的能量随海态升高有增加的趋势。Leong (2002) 做了一个关于平均波高(海态的指标)和布拉格峰谱峰间二阶杂波平均能量之间关系的实验研究,其中无线电频率选取为 3.1 MHz。当两个变量都用分贝表示时,两者大致成线性关系。具体来说,平均波高增加一倍,布拉格峰内的平均二阶杂波能量增加 13 dB。

Leong and Ponsford（2008）使用 3.1 MHz 和 4.1 MHz 研究了海态对大型和小型舰船的影响。试验中选取了两个不同类的舰船：吨位在几万吨的大型舰船和大约为 1000 t 的小型舰船。两者角度平均 RCS 的差异大致在 10 dBsm。他断定由于超大型舰船具有较高的 RCS（在 40 dBsm），因此无论在什么海态下超大型舰船都能被检测。大型舰船在任何距离上都可能因受到布拉格峰的遮蔽，或在夜间距离超过 150 km 时因低信噪比而无法检测。

研究发现，在高海态情形下，二阶海杂波对小型舰船的检测具有重大的影响。具体结论是，在浪高为 5.5～6.5 m 时，小型舰船的检测十分困难。在浪高为 3.6～4.2 m 的粗糙海平面，超过 150 km 范围相同目标同样难以检测。杂波的有效 RCS 随着距离的增大而增加，这是由于随着距离增大距离单元也随之增大，而点目标的 RCS 由于其恒定的方位和速度保持不变。因此，粗糙及非常粗糙海面散射的海杂波对远距离上高于噪声水平的小型舰船的检测有较强的影响。

Leong and Ponsford（2008）的研究结果表明，对于海杂波中目标的检测，相对于频率 4.1 MHz 的工作频率，雷达在更低的频率 3.1 MHz 具有更好的目标检测性能。在实际中，海杂波背景下工作频率的最优选择不仅取决于海面方向浪高谱，还取决于目标自身特性，包括 RCS 特性、径向速度、距离和相对平均风向的方位等。信号频率代表了优化小型目标检测性能的主要雷达参数。然而，对于一个实际的海洋波浪高度谱，没有一个单一频率可以最大化所有位置和速度上目标的统计 SDR。

5.3.2 电离层杂波

尽管高频表面波雷达不依靠天波传播来实现超视距探测，但在系统实际运行中显然也不可能简单地"关掉"电离层。不幸的是，并不是所有由高频表面波雷达发射的无线电波能量都符合表面波模式，部分辐射信号不可避免地向上传播并冲激电离层。在某些情况下，通过电离层反射或散射的天波能量被接收机接收。对高频表面波雷达来说，从电离层反射的回波代表了一种干扰源，我们将通过电离层接收的不需要的回波统称为电离层杂波。

电离层杂波对高频表面波雷达是有害的，因为它可能掩盖从 90 km 到 EEZ 限以上的目标回波。当电离层散射发生在电子密度不规则的动态电离层时，返回回波在多普勒域发生显著扩展，并污染整个速度搜索空间。在距离和多普勒频率上扩展的电离层杂波能严重损害高频表面波雷达的目标检测性能或遥感能力。

许多研究者认为，电离层杂波是高频表面波雷达检测超过 90 km 范围目标的最大阻碍。鉴于这个原因，电离层杂波的特性和减少电离层杂波对系统影响的方法引起了广泛的关注。本节讨论电离层杂波路径种类、距离-多普勒特性、频率特性以及抑制方法等。

5.3.2.1 路径类型

雷达信号在几个不同的路径传播会产生电离层杂波。一项关于最有效电离层路径（即那些最有可能对高频表面波雷达产生干扰的路径）的研究可见 Sevgi, Ponsford, and Chan（2001）使用 ICEPAC 仿真软件包的研究成果，从中可以识别三个主要的自干扰路径类别。第一个为直接天波路径，指的是发射信号通过一个或多个电离层从一个虚拟高度（90～400 km 以上）反射至接收机，即单路传播的发射机-电离层-接收机的天波路径。

对工作频率低于电离层临界频率的单基地高频表面波雷达，这种路径与在接近垂直入射（NVI）仰角的电离层反射有关。显然，站间距离相对较小的双基地高频表面波雷达系统在斜射最高可用频率下同样易于受到通过 NVI 路径接收的电离层杂波的影响。在实际中，电离层直接后向散射的回波有时能从不同于"镜面"反射的方向接收到。以单基地系统为例，电离层杂波可能从其他方向而非 NVI 路径接收到，这是由于大规模电离和电子密度的不规则，以及从高层大气层中流星轨迹散射的瞬态回波的影响。

第二种信号路径包括从地球表面散射回来的双向天波传播路径。在这种情况下，由于从远距离陆地或海平面散射的雷达回波信号的存在，电离层杂波可以在低仰角下被接收。地球表面后向散射（ESB）路径的一个例子是发射机-电离层-海平面-电离层-接收机。工作频率高于最大电离层临界频率，有助于减轻从直接 NVI 路径返回雷达回波的影响，但由于超出跳跃区边缘的地表散射，它不一定会消除从远距离通过倾斜 ESB 路径接收的电离层杂波。

第三种所谓的"混合路径"类型是发射机和接收机之间的天波和表面波的联合传播。这与先前讨论的在陆地和海洋的表面波传播混合路径是不同的，这一类路径最简单的例子就是发射机-电离层-海平面-接收机，即最后一个环节是表面波模式；反之亦然，即发射机-海平面-电离层-接收机路径，其中第一个环节也是表面波模式。因为接收到的扰动和目标回波具有相同的极化和掠射仰角，前者可能特别难以察觉。

5.3.2.2 距离范围

在白天，从正常的 E 层或偶发 E 层以及从 D 层或中间层反射的雷达回波可能影响高频表面波雷达在 90～130 km 的性能。这一距离区间在电离层杂波从 D 和 E 层区域通过直接 NVI 路径被接收时适用于单基地系统。更远距离的雷达分辨单元可能被通过 ESB 路径传播的电离层杂波占据。尽管 D 层和正常 E 层在日落之后实际上消失，但偶发 E 层在白天或晚上都是存在的。

在 F 层，电离水平足够高以至于在低频段也可以发射信号。通过 NVI 和混合路径从 F 层接收的电离层杂波可能污染 200～400 km 或更远距离范围的回波。通过 ESB 路径从 F 层接收的电离层杂波将不在高频表面波雷达覆盖范围之内，但是，当这类回波在距离模糊时可能产生折叠，从而掩盖目标回波。

在任何给定的雷达驻留时间内，电离层杂波不可能占据前文所述 E 层、F 层和 NVI 路径传播的整个距离范围。例如，从一个相对较薄的偶发 E 层接收的电离层杂波可能仅污染 90～130 km 范围内 10～15 km 的距离带。此外，不是所有的电离层区域都会同时形成电离层杂波，因为限制检测性能的干扰类型通常只在特定的工作频率存在。例如，白天当工作在 E 层临界频率之下，尽管 F 层同样存在，但主要接收 E 层回波。

此外，当信号从 F 区返回时，电离层杂波的距离范围随着时间的变化而变化。图 5.25 显示了加拿大东海岸的一个单基地高频表面波雷达在夜间接收的从 F 层返回的电离层杂波功率。可以看出，在午夜 00:00 至凌晨 05:00 的 5 小时内，通过 NVI 路径接收的回波距离在 250～400 km 范围。通过混合路径接收的 UT 电离层杂波在图中也较为明显。

在不利的条件下，电离层杂波范围易被展宽，从而污染从 90 km 到 200 海里专属经济区（370 km）的整个距离范围。特别地，之前描述的 ESB 和混合路径将显著增加电离层占用的距离范围。区分距离一致的电离层杂波和距离模糊的电离层杂波十分重要，前者指距离或虚拟路径长度小于第一距离模糊雷达波形，而后者由于一次和多次距离模糊可以从远距离折叠回雷达覆盖距离范围。后者也被称为"距离折叠"或"距离偏移"杂波。在下面的内容中，重点研究通过 NVI 路径接收的距离一致电离层杂波。

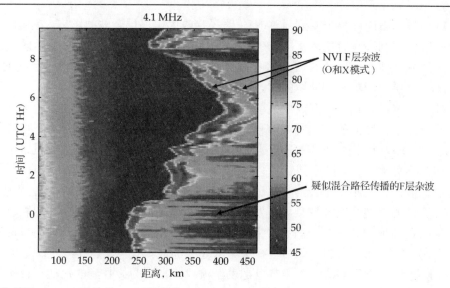

图 5.25 单基地 HTSW 雷达从 F 区接收的夜间电离层杂波功率。幅度调制显示器用分贝显示了频率为 4.1 MHz 时布拉格峰平均杂波功率。最近回波（NVI 路径）的距离在 5 小时内的变化大于 150 km 的范围。天波信号磁离子成分分为正常波（O）和异常波（X），在不同距离产生多个 NVI 回波，这一点也可以从图中看出。在远距离上连续分布相对较弱的电离层杂波有可能是通过混合路径接收的

5.3.2.3 多普勒特性

实验研究证实，电离层杂波的多普勒特性在频率扩展和均值上均会发生剧烈的变化。电离层杂波的频谱轮廓可以定性地归因于由镜面反射引起或由漫散射引起。前者对应于频率稳定的电离层对雷达信号的反射，这会给目标回波带来多普勒频移，但相对于波形 PRF 其多普勒扩展较小。

在这种情况下，接收到的信号在多普勒域几乎是离散的，此时杂波和目标回波具有类似的频谱特性。虽然回波谱的能量十分强大，但经相干积累后，大部分能量集中在一个非常狭窄的多普勒区域。在考虑杂波掩盖目标时，这些电离层杂波回波通常不是问题，但它们可能导致监控系统的虚警，或在海洋回波谱的遥感应用中引起误解。

另一方面，当雷达信号在电子密度不规则分布的动态电离层发生散射，扩散电离层杂波可能占据较宽的多普勒范围，该频带范围接近或超过波形 PRF。由所谓扩展多普勒杂波造成的污染有时会掩盖径向速度约 100～200 m/s 的飞机目标。扩散电离层杂波的存在显著增加目标回波的遮挡范围。图 5.26 说明了这两种形式的电离层杂波，两者都是在整个 CPI 内接收的连续时间信号。由持续时间较 CPI 短导致杂波在多普勒发生扩展的情形（即瞬态流星回波）在第 4 章进行讨论。

产生扩散电离层杂波的物理机理可以通过实验分析和模拟仿真相结合的方法来进行识别，一种扩展多普勒杂波被认为是由电子密度不规则的动态小规模磁场散射引起的，相关内容见 Kelvin-Helmholtz 的研究（Abramovich et al. 2004）。扩展多普勒杂波也可能由大尺度大气重力波或电离层扰动引起，在时间上对信号相位路径进行调制。另一种可能的机理是未分辨电离层传播模式之间的干涉，该模式包括从一个电子密度分布不均匀电离层散射的"微多径"射线。

E 层、赤道、极光区或中纬度电离层的 F 层区域产生扩展多普勒杂波的物理机理有显著差异，但通常都在太阳周期的黑子活动高年份相对普遍，此时耀斑比较活跃，磁暴的可能性

最大。虽然 E 层回波通常比 F 层回波具有较高的频率稳定性，显著扩展的扰动电离层杂波也可能来自正常 E 层和偶发 E 层的不规则电子密度的散射（Thayaparan and MacDougall 2005）。读者可参考 Davies（1990）对电离层不同高度扩展多普勒杂波的物理机理进行的深入研究，其中也包括了天气时段、季节、太阳活动周期和磁纬度等的影响。

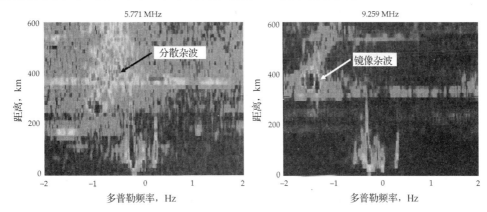

图 5.26　澳大利亚 Iluka 的高频表面波雷达在固定的波束指向频率为 5.771 MHz 和 9.259 MHz 时的距离-多普勒谱。接收到的电离层杂波的频率依赖特性在图中清晰可见，记录时间约为 20 min

在实践中，一部雷达可能同时接收到镜面反射电离层杂波和漫反射电离层杂波。值得注意的是，严格来说，纯净的镜面发射（即完全相干）的电离层杂波在实际中是不存在的。在好（频率稳定）的电离层条件下，可能接收到由空间不完全相干引起的扩展多普勒杂波，这类杂波通常比多普勒谱中最强的反射峰低几十分贝。然而，由于高频表面波雷达系统极高的压缩增益，同时使用数百秒的相干积累时间来检测慢速目标，这些成分仍比噪声基底要高，从而给检测性能带来影响。

如 Abramovich（2004）阐述的，许多现有的电离层探测器不能在这样一个宽的动态范围内捕获电离层特性。诸如 ICEPAC 等纳入软件包的当前电离层模型，无法精确描述与现代高频表面波雷达系统接收的电离层杂波特性。

遗憾的是，在目前的监视应用中，能够代表电离层杂波特性的实验验证模型无法得到。一个特殊的情况是，从电离层的热带或极地区域接收的杂波，其产生扩展多普勒杂波的物理机理比中纬度地区更加普遍。这些模型对于基于自适应处理的杂波抑制方法具有重大的指导意义。

5.3.2.4　频率依赖性

电离层杂波的接收及其距离-多普勒特性在很大程度上取决于工作频率的选择。在白天，E 层和 F 层可能会引起电离层杂波，而 D 层主要是对天波信号进行衰减。E 层和 F 层的电离层杂波要至少通过两次 D 层传播才能被接收。在工作频率低于 D 层临界频率时，由于电磁波在 D 层被大量吸收，因此不能有效支持天波传播模式。当工作频率低于 3 MHz 时，回波趋于高度衰减，因此工作频率低于 D 层临界频率，或在接近高频频段的低频端，可以大大减少白天从 E 层和 F 层接收的电离层杂波。

在晚上，由于电子离子中和，D 层消失，一部高频表面波雷达可工作在电离层最大临界频率之上，代价是更大的表面波路径损耗。这个频率通常对应 F2 层的临界频率，虽然偶发 E 层有时是电子密度最大的层。原则上，最大临界频率的无线电波垂直入射时将穿透电离层。

在实际中，即使工作频率大于 F2 层的临界频率，电离层杂波也可能通过 NVI 路径被接收，这是由电子密度不规则而引起的（Abramovich et al. 2004）。

此外，在工作频率高于 F2 层临界频率时，倾斜反射可能通过 ESB 路径和混合路径产生电离层杂波。工作频率可增大至超过最高可用频率（MUF），从而使倾斜反射路径达到一定的距离。这将在发射机周围产生一个跳跃，跳跃区内将没有通过电离层常规反射的地表后向散射回波被接收。不幸的是，这往往需要使用很高的频率，以至于不能有效支持远距离的表面波传播。

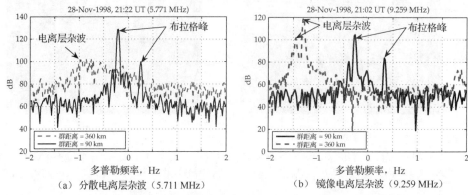

图 5.27 漫反射和镜面反射的电离层杂波的多普勒谱，距离为 360 km（虚线）。作为对比给出的 90 km 处的多普勒谱主要包含没有电离层杂波污染的海杂波（实线）。数据来图 5.26 中的距离-多普勒谱

在白天，可以选择一个工作频率，使得在该频率下从 E 层和 F 层接收的电离层杂波较小，但不是同时最小。例如，选择工作频率接近但不高于 E 层临界频率，将主要产生 E 层回波，因为将从 E 层反射，而不会达到 F 层的高度。另一方面，频率高于 E 层截止频率（但是在 F2 层截止频率之下）的信号将有效穿透 E 层，从 F 层进行反射。

在夜间，由于吸收 D 层和反射 E 层的消失，电离层杂波是一个很大的问题，这是因为在白天 D 层和 F 层可以作为一层屏障来减少来自 F 层的污染。偶发 E 层可能是一个例外，晚上只有 F2 层存在，且容易产生分散（多普勒扩展）电离层杂波。

F2 层电离层杂波的距离范围和多普勒特性随着工作频率的变化而变化。图 5.27 给出了一部高频表面波雷达在相同距离-方位单元上工作频率不同时接收到的 F2 层电离层杂波多普勒谱。不依靠频率选择（如天线设计、自适应处理和多频工作等）解决电离层杂波的方法也十分必要，这将在本章后面讨论。

5.3.2.5 空间和极化特性

设由 NVI 返回的天波回波构成电离层杂波主要来源，则使用在高仰角上有着既宽且深零陷的发射和接收阵列，提供了一个主要的杂波抑制策略。然而，天线阵元的设计不可能完全消除所有 NVI 电离层杂波。基于不同信号 DOA 的差异或波前结构的不同，自适应波束形成提供了额外的方法来区分电离层杂波和目标回波。电离层杂波具有低秩的空间协方差矩阵，扰动不会通过天线方向图主瓣进入，因此可以通过自适应波束形成提高信杂比。

研究者认为，天线阵元在地面上按照二维排列（如 L 形、T 形等）可以在高垂直角度上提供较强的俯仰选择性，以更好地对消通过 NVI 路径接收的电离层杂波。然而，这样的阵列结构难以满足海岸线区域的地理限制。此外，如果有电离层杂波在近掠角（由于混合路径传播）通过表面波模式到达接收机，二维阵列设计带来的成本和复杂度的增加可能不足以达到

性能的预期改善。利用二维的（非线性）接收和发射阵列以及选择合适的"正交"波形的MIMO雷达技术可提供一种解决电离层杂波问题的方法。上述系统已经由Frazer, Abramovich, and Johnson 在2007年的天波雷达研究中进行了讨论。

电离层杂波的实验分析表明，其空间特性随着情况的不同而不同，详情可见Xianrong, Feng, and Hengyu（2006a）。有时，镜面电离层杂波或分散电离层杂波回波在波达方向上十分集中，而有时无论其多普勒特性如何，干扰在方位上被展宽。一个普遍的特性是电离层空间特性在时间延迟上是异构的，因此需要基于距离来估计。此外，在一个单一距离单元，电离层杂波的空间特性随着多普勒频率的脉冲个数的不同而不同。这些特性会增加电离层杂波自适应抑制的复杂度，尤其是在收集足够和适合的训练数据上。

接收到的电离层杂波信号的极化特性取决于传播路径。一般而言，通过NVI和ESB路径接收到的回波会是椭圆极化的，因为这样的路径直接涉及天波传播。另一方面，通过表面波传播模式传播的混合路径电离层杂波将是垂直极化的。在这种情况下，占主导地位的电离层杂波是椭圆极化，辅助水平天线可以通过自适应空间-极化滤波来提高信杂比。

原则上，这种滤波可以抑制从接收方向图主瓣进入的椭圆极化电离层杂波，后者通过在阵列中使用垂直极化天线形成。在实际中，极化域电离层杂波的有效抑制要求干扰信号的水平和垂直极化分量之间具有非常高的相关性。如果相关性不够强，或者混合路径接收的表面波电离层杂波较强，则潜在的可利用电离层杂波的极化特性将减弱。

在Abramovich等（2004）中，利用水平圆环辅助天线连接一个32元双偶极子ULA来测试这个抑制方案。理想情况下，环形天线不接收纯表面波信号，但在实际中，互耦和其他因素限制了环形天线的隔离度，如同Abramovich, Anderson, Gorokhov, and Spencer（2004）指出的，实验结果证明，多普勒扩展杂波的内部极化相关性太低以至于不能提供任何实质性的抑制能力。然而，在垂直和水平极化成分中均发现极化内空间相关性较高，这引出了使用自适应波束形成来抑制旁瓣电离层杂波的方法。

5.3.3 干扰和噪声

雷达带宽内的外部噪声功率谱密度，是大型舰船及径向速度约为20节以上较小的（空中和海面）目标最大探测距离的最终限制。背景噪声的主要成分在第4章已经详细介绍，即大气噪声、雷雨噪声及人为无意噪声等。在低频段，大气噪声在农村或偏远地区夜间占据主导地位，并且在赤道附近比在极地具有更高的功率水平。取决于接收站位置，低频段的人为无意噪声可能在白天起限制作用。

实际中，高频表面波雷达通常要求工作在HF频段的低段（3～7 MHz）以减小表面波传播模式的路径损耗，特别是超过200 km的远距离舰船的检测。高频表面波雷达工作于这个频段的一个潜在缺点是用户堵塞、背景噪声水平高于高频段的噪声水平。CCIR报告（1964，1983，1988）和CCIR报告（1970）提供了不同时间不同季节随接收机位置变化而变化的高频噪声谱密度估计，人为噪声源单独考虑。由于用户拥挤程度的增加，夜间工作在低频段格外困难，且背景噪声谱密度比白天也要高出许多。

日间对低频段干净信道可用性的重要依赖和噪声谱密度，与电离层传播环境的变化紧密相连。在白天，3～7 MHz的多跳天波路径由于D层的吸收而损耗较大。在这样的频率上，来自远距离通过多跳路径传播的高频干扰和噪声源在白天衰减严重。此外，许多基于天波模式的高频服务，在白天通常工作在更高的频率以增加电离层传播的支持。相对于夜间的低频段,白天低频段远距离天波路径的损耗和这个时段用户的迁移,都有减少信道占用和外噪声谱密度的效果。

夜间 D 层实际上消失,通常允许 3~7 MHz 的高频信号进行远距离低衰减传播。此外,由于高频段天波路径的减少,许多高频系统夜间不得不工作在低频段。换句话说,夜间 F 层离子密度的减小导致许多用户向低频段拥挤,在那里天波传播模式仍然是可能的。

在夜间,这些因素综合起来导致大量的干扰和噪声源进入高频表面波雷达的"视野"。夜间低频段的高拥堵使得难以找到一个适合雷达工作的干净通道,而高的外噪声功率谱密度会在相对较短距离范围限制快速和慢速目标的检测性能。在固定的低频段频率下,白天和夜间外噪声谱密度水平的差异可以达到 20 dB 或者更高。

图 5.28 给出了工作频率为 4.1 MHz 在 4 个小时内的噪声图,其数据基于加拿大东海岸的试验报告(CCIR 1964,1983,1988),观测到的最大噪声水平发生在当地时间的 20:00 至 04:00(图中列 3 和列 4 所示)。最小噪声水平发生在 08:00 至 16:00,如图中列 1 和列 6 所示。

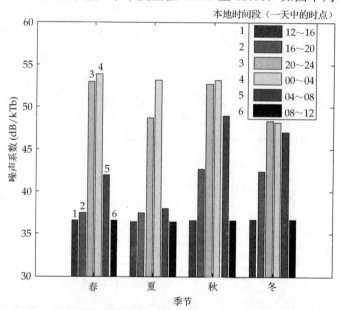

图 5.28 加拿大东海岸一个站点在 4 MHz 处的噪声图

日落后不久,D 层吸收消失,夜间外噪声水平相对于白天上升约为 15 dB。由于这些噪声在时间和空间上是非结构化的,因此难以通过信号处理方法来显著降低其电平。因此,高频表面波雷达在夜间性能下降,这不仅由于夜间 SNR 的降低,还因为从远距离 F 层接收的电离层杂波可能发散,难以抑制。原因如前所述。

其他带宽重叠高频用户的无意干扰通常具有较高的指向性,有时在时间上具有一定的规律性。工作在时域、空域、极化域,用来抑制人为无意干扰的各种信号处理技术已经得到广泛研究。例如,来自诸如扫频电离层探测仪等这类发射源的短暂干扰可以使用时域处理技术进行消除,这和第 4 章介绍的用于抑制大气噪声的技术相似。Lu 等(2010)分析了这类方法的理论和实践性能,并和试验数据进行了对比。

对于高频表面波雷达 CPI 内连续时间或长期存在的干扰,自适应波束形成代表了一类方法,以抑制覆盖雷达带宽但并非从接收天线方向图主瓣进入的信号(旁瓣干扰)。若这类干扰通过天波模式传播,则在干扰抑制时需要考虑发射信号的空间非平稳特性。一种适用于实际应用环境的鲁棒自适应波束形成得以提出并进行了实验验证（Fabrizio, Gershman, and Turley 2004）。

Ponsford, Dizaji, and McKerracher（2005）使用失配信号处理方法有效抑制了窄带干扰。在处理过程中，使用正交相位编码来构造一个对雷达回波、外噪声和干扰较为敏感的匹配通道，同时失配信道仅对外噪声和干扰信号敏感。两个信道的输出互相关后得到匹配通道干扰噪声的估计，从匹配通道中减去该估计值即可抑制窄带干扰。相关研究成果可见 Ponsford, Dizaji, and McKerracher（2003）的报道。

由于法拉第旋转随着时间和空间的不同而变化，天波干扰一般会表现出椭圆极化状态。然而，表面波模式仅能传播垂直极化的高频信号。通过在垂直极化主天线上引入辅助水平极化接收天线，原则上高频表面波雷达可以采用自适应时空极化滤波，消除由接收天线主瓣进入的天波干扰。理论上，这种技术提供了一种抑制和目标回波方向相近（即在主瓣内）天波干扰的方法，这种潜在的能力代表了表面波雷达系统和天波雷达系统的鲜明特征，相关内容将在下一节进一步讨论。

5.4 实际实现

高频表面波雷达系统的实际实现是由一系列因素决定的，这些因素影响了雷达配置选择的参数，如雷达地点的选择、天线单元和阵列的设计，还有发射和接收子系统的体系结构，后者包括雷达波形和信号、数据处理技术，这是高频表面波雷达系统能成功运行的最重要的因素。考虑到先前关于天波超视距雷达的讨论，本节着眼于与高频表面波雷达相关的实际实现。本节第一部分涉及高频表面波雷达配置和地点的选择，第二部分着眼于发射和接收子系统，第三部分讨论信号和数据处理。

5.4.1 配置和选址

雷达配置问题涉及接收机和发射机的相对位置。例如，在单站配置中，发射机和接收机位于同一位置，而双站配置中，发射机和接收机位于两个彼此分离的不同位置。多站高频表面波雷达是由一个发射机服务于多个接收机，这被认为可提高跟踪精度，但这种配置方案在这里不予考虑。考虑到设计系统主要目的是监视 EEZ，本节的第一部分简要论述高频表面波雷达单站和双站配置的优点和缺点，这两种配置方案都能实现这一目标。第二部分讨论地基高频表面波雷达的选址和场址的准备，这两方面是有效运行的先决条件。

5.4.1.1 雷达配置

对于高频表面波雷达来说，单站配置通常不是指共用天线既用来接收又用来发射，而是使用同一站址，该站包含着实际不同但有效配合的发射和接收系统。单站高频表面波雷达相对于双站系统的显著好处是扩展了地理覆盖范围的选择。双站系统的视场受限于发射和接收天线角度重叠覆盖范围。这样的辐射模式在方位上的波束宽度是狭窄的，而在单站配置中重叠的面积/体积明显得以最大化。此外，单站配置通常使操作系统更加经济，维护更方便，在短时间内更容易展开，而且沿海布置时只占用一处站址。

除了这些不可否认的优点，双站系统在一些情况下更为适合。双站配置允许使用连续波形，这种波形比单站系统使用的脉冲波形能提供更高的发射平均功率（在给定发射峰值功率比的情况下）。双站系统的站间隔离取决于一些因素，包括接收机动态范围、辐射信号功率、直达波路径方向的地面传导率、连接双站方向上收发天线的模式。在理想情况下，雷达覆盖方位角扇区外接收机方向上的地面路径大部分是传导率较低的干燥陆地。实际上，高频表面波雷达发射机和接收机之间 40～100 km 的距离能提供足够的隔离。远离的两个站之间的同步通常用 GPS 时间作为参考。

原则上，当单站系统中使用脉冲波形时发射机和接收机不需要完全隔离。然而，观察发现隔离数十或数百千米仍是必要的，以阻止所谓发射机在关闭状态下产生的"暗噪声"在接收回波时进入接收机。也许和直觉相反，这样的需求通常意味着：提供给单站系统的海岸长度和表面区域，实际上会超过双站配置中两个分离的雷达场址加起来的海岸长度和表面区域。在 Marrone and Edwards（2008）中，对比分析了高频表面波雷达单站和双站配置，涉及波形特点、覆盖区域、探测性能和场址选择等方面。

双站系统的接收到的雷达回波并不像单站系统那样，来自目标和海面的后向散射，而是通过侧向进行散射。监视区域内雷达回波测量出来的表面（点）目标的侧向散射群距离，是从发射机到目标和目标到接收机的路径长度的和。因此，测量出的回波群距离将目标定位在以发射机和接收机位置为两个焦点的椭圆上。从接收机位置发出的沿着目标回波估计方位角的线，与椭圆的交点的位置（对应于测量的回波群距离），决定了目标的位置。图 5.29（a）的平面概略图说明了这一原理。

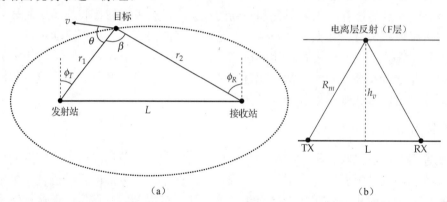

图 5.29　图（a）表示了双站雷达表面目标散射的几何平面图。发射机和接收机相距 L，目标处的双站角为 β，目标回波总的路径长度为 r_1+r_2。测量的回波群距离$(r_1+r_2)/2$ 把目标定位于椭圆，到达回波角 ϕ_R 决定目标在椭圆上的位置。图（b）显示的是双站雷达配置时，准垂直入射的电离层杂波路径侧视图。单一 F 层反射虚高为 h_v，总（直线波）路径长度为 R_m

在评估高频表面波雷达单站配置和双站配置的相对价值时，需要基于设定高频表面波雷达覆盖范围和任务优先等级，考虑不同的观测几何关系对目标回波和海杂波的期望多普勒频谱特性的影响。这是因为对于某类任务和覆盖区域，观测几何关系能显著影响目标探测和跟踪性能，见 Wang, Dizaji, and Ponsford（2004）。参照图 5.29，目标回波双站多普勒频移（定义为群距离变化率）由式（5.87）中的 f_D 给定，λ 是辐射波长，v 是目标速度。另一方面，布拉格线的多普勒频移由式（5.87）中的 f_B 给定，$\beta = \phi_T + \phi_R$ 是双站角。对于给定的基线 L，式（5.87）表明随着双站角的增加，布拉格线在多普勒频率上的间隔更近。这解释了为什么双站系统当群距离减小时，在多普勒频率上分离的布拉格线就会更加狭窄。的确，在双站系统中，当群距离趋向于直达波时，即当 $\beta=\pi$ 时，可以观察到布拉格线是合并的（在零多普勒频率处）。

$$f_D = \frac{2v}{\lambda} \cos(\theta + \beta/2) \cos(\beta/2), \qquad f_B = \pm\sqrt{\frac{g}{\pi\lambda}\cos(\beta/2)} \qquad (5.87)$$

关键一点在于，为特定部署优化雷达配置时需考虑兴趣目标预期的速度和方向，并适当考虑监视区域内地、海表面特性，包括洋流的大致传播方式和波高谱的方向。在一、二阶海杂波背景下估计目标的检测概率，这些信息是优化高频表面波雷达设计和观测几何量的重要输入。较差的雷达配置（和场址）选择明显降低高频表面波雷达系统的性能（Anderson 2007）。

单站和双站系统的电离层杂波群距离和到达角分布也不同。根据 Pythagoras 的理论，在基线长度相对较短（小于 200 km）的假设下，图 5.29（b）的略图表明，NVI 电离层杂波路径的群距离 $R_m/2$ 大致与站间隔的距离 L 和信号反射虚高 h_v 有关。Leong（2006）分析了在夜间 F 层反射且被 NVI 电离层杂波污染的情况下，站间隔离对高频表面波雷达覆盖范围的影响。得出的结论是，在夜间当电离层杂波起限制作用时，相对于单站系统，双站配置可能有检测出更大范围内船只的潜力。Leong（2006）认为，双站高频表面波雷达的椭圆不变群距离轮廓线更适合监视沿着海岸线的入水口区域。

5.4.1.2 选址

高频表面波雷达的关键要求是把垂直极化信号（由系统发射和接收）有效耦合到表面波传播模式。在海面上，主要影响发射波能量耦合到表面波模式的因素是天线单元相对于高传导咸海水表面的位置。具体来说，天线的海拔高度和天线距海岸线的距离代表了高频表面波雷达选址的重要标准。这是因为，发射和接收站点尽量靠近海岸线，是把天线的地平面波有效耦合到海洋表面的不可缺少的条件。

在理想情况下，天线应该放置在尽可能接近高潮水位标记的地方，以改善发射和接收信号与表面波模式的耦合。把天线定位于高于海平面一到两个波长的地方会引入明显的站址损失（Berry and Chrisman 1966）。天线高度对路径损耗的不良影响在实验中已经得到验证。业已发现，将发射天线的高度升高至海拔 35 m（接收机位于海平面），在单程 140 km 的路径上带来大约 6 dB 的附加损耗。天线进一步升高 35 m，实践中也并不会带来更多的损耗（Anderson et al. 2003）。

一部高频表面波雷达的接收站址，通常需要相对海岸线向纵深延伸至少 200～500 m 的距离，以容纳天线阵列的主要尺寸。考虑到天线偶极子的间距、地网和隔离走廊的长度，接收站大约需要 50 m 宽，这相当于沿海地区大约 1～4 万平方米的面积。此外，一个有着相对均匀的地形和均匀的地面电气性能的站址更为合适，这尤其能减少阵列校准错误的来源。上述因素的结合，往往意味着高频表面波雷达选址在实践中会受到严重限制。远程海况传感系统，如 CODAR，采用紧凑天线只需要占据一个小得多的面积，大大简化了对场址的限制。

高频表面波雷达接收机的站址应该与住宅区和工业区隔离（即足够远），以将高频波段低端的人为噪声的频谱密度水平降低到大气噪声以下。如果可能，高频表面波雷达系统最好不要设置于雷暴密集活动的区域，这样的区域背景噪声水平往往较高。干扰和噪声对场址位置的影响，还取决于监视区域内接收波束对主要干扰源的覆盖情况，以及这些源通过表面波或天波传播达到雷达的情况。电离层随磁维度和一天内时间发生变化的特点，也需要在站址选择时加以考虑，因为电离层杂波多普勒扩展的发生和严重程度强烈依赖于这两个因素。

高频表面波雷达能在开放海域有效地运作，特别是在海水盐度高、高海态发生频率较低的地区。海面粗糙度可以显著衰减表面波信号，特别是在高频波段的中央频率附近。在检测慢动的目标回波时，高海态也增加了在多普勒间隔内接收的海面杂波功率。当地的水深对收到杂波属性的影响，包括覆盖区域内主要洋流和潮汐，都应该在雷达选址时予以考虑。还需要注意陆地或岛屿的存在，尤其是那些较长或较宽且与发射机或接收机接近的陆地或岛屿，因为在显著延伸的地形上传播时，表面波的衰减明显增加。导电率相对较低的淡水湖泊或内海（它是海水与淡水的混合），可能会妨碍高频表面波雷达系统的有效运行。出于这个原因，面对着开阔的海域但毗邻大量流出淡水的站址可能是次优的。

高频表面波雷达几乎都是地面系统。然而，人们对评估移动舰载高频表面波雷达装置的可行性产生了相当大的兴趣。由于在高频段低端的辐射波长较长，整个船舶将作为辐射天线，这会降低产生的天线增益和辐射方向图性能。与其他舰载系统相互的电磁干扰（EMI）也是一个重要的问题。Li 等（1995）开展了电磁兼容（EMC）的研究，研究了高频天线安装在海军舰艇的情况。对移动平台上高频表面波雷达海杂波回波的实验分析出现在 Xie, Yuan, and Liu（2001）。Baixiao 等（2006）讨论了包含舰载站的多基地系统的可能性。

5.4.2 雷达子系统

一部高频表面波雷达主要由 3 个子系统组成：发射系统、接收系统和为获得干净信道建议的高频频谱占用监视器。后者可被认为是接收信号处理系统的一部分，之前把它作为天波超视距雷达频率管理系统中的一部分已经讨论了，这里不再详细描述。由于超视距雷达和高频表面波雷达在主要的子系统设计理念上存在大量的重叠，这里主要简要介绍发射/接收天线阵列的设计和信号处理。

5.4.2.1 发射系统

使用垂直或水平极化天线的天波超视距雷达已经实现，因为电离层传播可以支持这两种极化方式，但高频表面波雷达发射天线必须是垂直极化的以有效支持表面波在超视距范围内的传播。关于发射天线阵元的选择，主要关注在设计频率范围内天线的效率、照射监视区域覆盖的范围、为有效耦合表面波模式所需的低仰角高增益、为减少天波杂波来源的高仰角低增益，以及为只向前观测目标的系统提供的足够前后比。

其他重要的考虑包括天线结构对风噪声的敏感性，风噪声由风引起的机械振动所产生，在沿海地区可能非常强；辐射所需功率高频信号，同时不能有电弧放电和其他非线性现象带来的严重失真；还要考虑成本和易于部署。地网、径向线或反平衡通常用于改善天线的低仰角增益。

许多过去和现在的系统，包括 Iluka 高频表面波雷达的大功率站点，选用垂直对数周期偶极子阵列（LPDA）作为发射天线单元。为了在 5~15 MHz 频率范围内得到最大的效率，谐振天线单元需要大型的结构。LPDA 天线的辐射单元可能有 10~40 m 高，需要一个面积约为 200 m×200 m 的区域来安装，包括支撑结构、地网和装备设备。高频表面波雷达使用单个 LPDA 发射天线单元照射整个覆盖区域，使用方位上约为 90°~120°（在低仰角）相对较宽的波束。与天波超视距雷达不同，这使得整个监测区域同时被照射，代价则是噪声限制环境中灵敏度的降低。基于多个发射天线阵元和在每个阵元中采用数字波形产生器的结构有利于实现波束电扫，这样的高频表面波雷达系统也得到了发展，将在本章的最后一节说明。

设计用于监测整个 EEZ 区域的高频表面波雷达系统的平均发射能量通常在 1~10 kW 之间。高频表面波雷达在应用中需要在宽频带内快速变换频率，用固态设备替代真空管放大器是一个有前景的发展方向。例如，这一能力适合用来实现交替发射载频相差较大雷达脉冲的双频操作（Leong and Ponsford 2004）。相比之下，用于远程海况感知的高频表面波雷达的发射功率低，功耗通常低一个量级。例如，Iluka 高频表面波雷达的低功率站只有一个简单的镖形天线和功率 100 W 的发射机，而其他低功耗系统，如 OSMAR 使用三单元 YagiUda 天线，由 200 W 功率放大器驱动。

当高频表面波雷达被海洋包围（如位于一个狭窄的半岛或装在船上），发射天线应具有良好的前后比，这对于减少从后至前的散射是很重要的。这一机制，称为二阶杂波的第二部分（Ponsford 1993），会在布拉格线以外的频域显著提高杂波多普勒频谱的"翅膀"。这严重影响了慢动目标的检测，其程度取决于海况和观测几何关系。Ponsford（1993）描述的实验结果表明，对于主要被海包围的高频表面波雷达，8 字形发射天线方向图相比于心形方向图，使布拉格线外的杂波谱密度增加 9 dB。

双站高频表面波雷达系统主要使用周期线性调频连续波形。占空比为 1 的恒模波形，不仅在给定发射峰值功率时使平均功率最大，而且放宽了对功率放大器的线性度要求。周期线性调频连续波形，在时域或频域锥削加权后，也可以保持良好的模糊函数性质，这样的锥削加权可降低带外频谱的发射。此外，在快速匹配滤波技术中，可以应用此类波形，如第 4 章所述。

另一方面，单站系统则采用相位编码脉冲序列波形，如二进制或弗兰克正交相位编码（Ponsford, Dizaji, and McKerracher 2003）。在 CPI 的连续脉冲中使用相位编码，可以减轻由远程（天波）杂波源产生的距离模糊（二次叠回）雷达散射回波。在任何情况下，高频表面波雷达中有效的多普勒处理需要具备高频谱纯度的发射波形。在载波外 1 Hz 的相位噪声特性必须优于 $80 \sim 100$ dBc/Hz，以避免设备（相对于物理）对系统性能的限制。

5.4.2.2 接收系统

大多数用于监视的高频表面波雷达的接收天线采用均匀线阵（ULA）形式，阵元可以是垂直极化单极子、偶极子或四联单极子单元。相对二维阵，在高频表面波雷达系统中广泛使用 ULA 几何结构，是由于相对简单的阵列校准和数据处理，以及方便于部署在绵延伸直的海岸线上，阵列可以向着海滨，天线的视轴垂直于水的边缘。例如，澳大利亚 Iluka 系统基于一个 32 单极子天线的 ULA，天线的孔径为 500 m，每一阵元采用数字接收机架构。这样的 ULA 在操作频率为 6 MHz 的情况下，接收波束主瓣在方位上宽约为 5°。两个空阵元（未连接到接收机）通常放置在 ULA 的两端以改善相互耦合的均匀性，特别是对于第一个和最后一个接收阵元。

接收天线单元不必像发射单元那样完全匹配设定的频率范围。主要理由是雷达工作在外部噪声限制的环境（可能很少或根本没有空间结构）。在这种情况下，一个良好匹配的接收天线单元会同时增加雷达信号和外部噪声增益，而不改善信噪比。在接收端使用（相对较短的）单极子单元，显著减少了天线阵列的成本和占地面积，而且对风噪更加稳健。然而有人认为，当外部噪声场表现出显著的空间结构并使用自适应波束形成时，接收端采用更有效的（宽带）天线阵元可以提高信噪比。

在理想情况下，接收天线阵元需要在一个宽方位扇区内（等于覆盖区宽度）提供低仰角上的高增益，需要一个适当的前后比，以及对准垂直入射信号的宽零陷。在完全传导表面上的理想垂直单极子天线方位上具有全向方向图，在掠射方位得到最大增益。增益随仰角升高而下降，当接近垂直入射时为零。基于垂直单极子天线阵元的 ULA 以偶极子形式（在高频波段低段，距离大约 15 m 以提供足够的前后比）排列在地网屏上，后者能稳定垂直辐射器的输入阻抗并改善天线地平面与表面波模式的耦合，这代表了一种能满足前述目标的经济方案。

地网一般都放置在接收阵列前面。为了提高在低俯仰角上的天线增益，某些高频表面波雷达系统的地网一直铺设延伸到大海。另一方面，要削弱通过 NVI 路径接收到的电离层杂波，就需要获得高俯仰角上的低增益。在实际中，天线设计不足以消除头顶和接近头顶的强烈回波，或天波干扰和噪声的接收，因为这些信号可能在一定的俯仰角范围内入射。需要用天线设计、频率管理和信号处理的综合措施，减少实际系统中由天波干扰信号带来的性能限制。

除了接收阵列中的主（垂直极化）天线单元，可以并入一些辅助的水平极化天线以加长接收阵列（可能在两个维度）。由于电离层杂波和通过天波模式接收到的干扰信号为椭圆极化，原则上可以用辅助天线抵消通过极化滤波器主阵接收到的电离层传播扰动，这一问题将在下一节的抗干扰方法中讨论。虽然二维阵，如 L 形和 T 形等几何结构，有可能在抑制通过天波模式接收到的杂波和干扰时产生优越性能，但至今尚无用于监视的高频表面波雷达系统具备这一特点。

在先进的高频表面波（HFSWR）雷达系统中，经典的超外差式接收机已经被直接数字接收机（DDRx）取代，它能在经过带通预选或过滤后，在天线单元的整个高频波段采样。多个窄带频率通道的下变频和低通滤波可以数字实现，从而使多频率同时运行成为可能。其他雷达支持功能，如与环境噪声监测共用孔径也可借此实现。就自适应处理而言，DDRx 架构相对不易受因接收通道传递函数（频率响应）不一致造成天线阵列空间动态范围降低的影响，这通常发生在经典超外差式接收机的选择（模拟 IF）部分中。

5.4.3 信号和数据处理

在前面的章节所描述的，天波超视距雷达基本的常规信号和数据处理步骤也适用于高频表面波雷达。脉冲压缩、阵列波束形成和多普勒处理步骤遵循相同的原则，所以这里不再赘述。本节将简要总结与系统分辨率和精度有关的主要区别，同时讨论高频表面波雷达中迄今尚未详细讨论的两个特殊信号处理应用，即自适应处理抑制 NVI 电离层杂波和极化滤波抗天波干扰的过程。此外，在高频表面波雷达中前景广阔的 CFAR 和跟踪技术也将被讨论。

表面波模式比天波传播在频率上更加稳定，这允许高频表面波雷达有更长的 CPI 以得到足够的增益。这对于大型水面舰艇的检测非常重要，此时目标速度也能长时间近似保持均匀。在许多高频表面波雷达系统中，发射机照射整个覆盖区域，如此，CPI 就等于回访率。相对于波束指向覆盖区域内不同方向的步进扫描发射机，在给定重访率条件下，这允许更长的目标驻留时间和更好的多普勒频率分辨率，从而能在杂波制约的环境下提高检测性能。高频表面波雷达的舰船检测的 CPI 可能达到数百秒，而飞机目标检测的 CPI 范围通常为 2～10 s。

表面波模式的频率色散也低于天波模式。原则上，这使雷达带宽能达到 100 kHz 甚至更高，从而得到更加精细的距离分辨率（1.5 km）。就相干带宽引入的传播信道物理限制而言，高频表面波雷达比天波超视距雷达要少得多。然而在实际中，在高频段低段，用户拥挤通常限制了群距离的最大分辨率，大约为 5 km（30 kHz）。虽然高频表面波雷达的距离和多普勒分辨率通常高于天波超视距雷达，但由于采用相对较小的接收孔径和通常较低的操作频率，它的角度分辨率相对较低。接收波束的主瓣半功率宽度约为 5°～10°。这提供了 50 km 处约 4～8 km、300 km 处 25～50 km 的横向分辨率。

区分空间分辨率单元尺寸和目标的定位精度同样重要。若目标回波能在雷达 3 个维度（方位、距离或多普勒）中的至少一个上与其他雷达目标回波分辨出来，那么通过在最高幅度样本与其相邻样本之间插值来估计峰值坐标，由此获得的高信噪比目标回波定位精度是每个处理维度分辨率的 5～10 倍。突出的一点是，高频表面波雷达高多普勒分辨率可以从杂波和其他目标回波中分辨出高信噪比下的目标回波，从而间接地在距离和方位上增强目标回波位置估计的精度。

已有数个专门针对高频表面波雷达信号环境的 CFAR 技术被提出，并用元素数目可能超过 100 万的单个 CPI 真实数据经过了测试。要了解 CFAR 具体实现细节和真实数据应用的读者，可以参考 Wang, Wang, and Ponsford（2011）和 Lu 等（2004），以及 Dzvonkovskaya and Rohling（2006）和 Dzvonkovskaya and Rohling（2007）及其参考文献。CFAR 处理后，航迹提取器检测并估计所有超过预定门限谱峰的参数，包括距离、方位和多普，继而将每个 CPI 中提取的点迹送至跟踪器，在其中连续的检测关联形成航迹。跟踪器要不断剔除很多虚警以维持较低的航迹虚警率，同时保持一个合适的检测概率。

多假设跟踪器（MHT）已经成功应用于实际运行的高频表面波雷达系统中。如 Ponsford, Sevgi, and Chan（2001）所阐释的，这个跟踪器包含了一个决定推断方法，在一段更新周期内保持多航迹选项，直到建立起足够的置信度后才确定一个航迹并去除其他竞争性备选。确认一个航迹所需关联检测点的最小数目，通常受到低航迹错误率的限制。

航迹确认程序的输出是一组确认的航迹，它满足航迹建立的逻辑（如用两个关联检测来做试探性的判断，5 个关联检测确认跟踪，7 个关联检测删除未命中的跟踪）。大多数错误航迹的出现由电离层杂波和海洋杂波的谱峰所引起。在一次系统成功地跟踪到所有报告目标的实验中，错误航迹概率优于每小时 0.25，这一指标引自 Ponsford, Dizaji, and McKerracher（2003）。

由于表面波传播路径更大的确定性，相对于天波超视距雷达，坐标配准对于高频表面波雷达来说是一个相对简单的问题。对于一个已建立的航迹，跟踪精度通常在距离上大于 0.5 km，方位上大于 0.5°（Ponsford, Dizaji, and McKerracher 2003）。跟踪位置误差主要由系统偏差引起，这可以用校准来消除。此外，一个目标通常只产生一个表面波回波，而不是数个可分辨的回波，这通常由天波传播信道的多径所引起。这一现象有效地消除了天波超视距雷达系统中存在的多个航迹中的目标分配问题。

5.4.3.1 电离层杂波抑制

自适应处理结合多频操作以及接收和发射天线设计，可作为完整电离层杂波抑制策略的一部分。在缺乏经实验验证的电离层杂波信号处理模型的情况下，对这种现象的一些经验观察有助于指导自适应处理器设计。NVI 电离层杂波对高频表面波雷达 90 km 以外的距离范围影响巨大，其信号在距离-多普勒上通常是分布的，并在 CPI 内连续分布。出于这个原因，空间和空-时自适应处理已成为抑制这种分布类型杂波的主要信号处理技术。

虽然可以预见，电离层杂波在某一距离单元内表现出一定程度的方向性，但出人意料的是，电离层杂波的空间结构从一个距离单元到另一个距离单元会显著变化。换句话说，电离层杂波在覆盖范围内的空间特性往往是高度异质的。这对自适应性滤波器的设计有一些影响。首先，自适应滤波器需要逐个距离单元进行更新，只能从工作距离单元内获得训练数据。这意味着，没有"无目标"（有监督）辅助数据可用于训练自适应滤波器，在 CPI 中或多普勒单元里的所有脉冲都用来估计干扰协方差矩阵。

无监督训练数据和有限的样本支持使收敛速度变慢并且使目标易自动对消，尤其是在存在阵列校准错误的情况下。若有用信号回波向量不能准确匹配实际（接收）信号，目标被自适应处理器解释成干扰，就会被对消。另外，训练数据还可能包含本不需要自适应滤波器抑制的强大一阶海杂波，因为这些回波会在多普勒域被有效处理。但在训练数据中，强大海杂波的存在导致自适应滤波器优先对消海面回波而不是电离层杂波，这消耗了自适应自由度却没有提供明显的性能提升。

出于这个原因，后多普勒技术得以采用，这样只有没有主海杂波回波的多普勒单元用于训练（Abramovich, Anderson, Lyudviga, Spencer, Turcaj, and Hibble 2004）。然而，潜在的问题在于：最活跃的电离层杂波分量通常占据低速多普勒单元，这里也存在着二阶海杂波和目标回波。而且，电离层杂波角度分布的异质性可能不仅仅局限于距离范围内，也可能存在跨多普勒单元内。当给定距离上用于训练的多普勒单元不同于自适应滤波器处理的单元时，就可能导致性能的损失。当特定距离上电离层杂波的角分布在相对较长的高频表面波雷达 CPI 时间内非平稳时，后多普勒技术的有效性也会降低。另一种电离层杂波抑制的后多普勒技术参见（Fabrizio and Holdsworth 2008）。

5.4.3.2 极化滤波

天波干扰是椭圆极化的，因而一般情况下，可以通过垂直和水平极化天线接收。另一方面，只有垂直极化天线单元能接收表面波模式的雷达信号传播。利用一个水平极化的辅助天线，Madden（1987）把自适应极化滤波抑制天波干扰应用于实际的高频表面波雷达。另一项实验调查由 Leong（1997）开展，将 4 个水平偶极子配置为两个独立的十字架结构，置于由 6 个垂直极化单元组成的主阵后。

在实际中，由于这些阵元的缺陷或失调，并不是完全没有水平极化天线输出的雷达信号。为有效进行自适应极化滤波，辅助天线出现的海杂波和目标回波需要最小化。因此，要精心设计和安装水平天线以最小化接收到的有用信号。Leong（1997）利用样本矩阵求逆（SMI）方法，从最远的距离单元（如接近脉冲重复间隔的末端）获得训练样本，估计自适应处理器在每个波形重复周期的权值，它包含天波干扰而只有极少的表面波杂波。

使用更多的水平天线能使系统性能得到改善。Leong（1997）指出，使用 4 个水平天线，干扰抑制水平大于 13 dB。基于两个辅助天线的系统，使用方向正交的水平偶极子的配置性能是最好的。在这种情况下，偶极子的位置似乎对性能影响甚微（即无论正交天线分开放置或同地放置）。根据水平单元的取向，只使用一个水平偶极子天线能得到 4~6 dB 的干扰抑制。

Leong（2000）也比较了使用垂直的和水平的天线单元作为辅助天线的性能差别。只用垂直单极子作为辅助单元时，当目标回波和干扰从同一方向入射，目标回波及干扰都被消除，这是因为干扰上形成的零点也对消了目标。然而，当用水平天线作为辅助单元时，在主瓣干扰场景下，目标回波可以被保护（即未对消）。这一结果是在水平天线输出中仍可见布拉格线（比在垂直天线中观察到的低 6~8 dB）的情况下获得的，这代表了空间极化滤波器的一个重要优点。

研究得出的结论是，当使用水平（而非垂直）天线作为辅助天线时，不能有效地抑制干扰。这是因为由垂直天线组成的主阵接收到的天波干扰，与垂直辅助天线收到的干扰相较水平天线有更好的相关性。在另一个独立的实验研究中有类似的报道，该实验中 ULA 由 16 个提升馈电的垂直单极子和 16 水平线圈天线组成，长约 300 m（Abramovich, Spencer, Tarnavskii, and Anderson 2000）。

5.5 实际因素

为了获得最佳性能，高频表面波需要根据感兴趣的目标种类，期望目标回波的距离多普勒区域和当时的环境条件来调整运行，后者包括海况和电离层的结构，以及高频频谱占用和背景噪声谱密度。与天波超视距雷达类似，选择适宜的载波频率是高频表面波成功运行的基础。载频应该权衡几个影响目标检测和参数估计性能的重要因素。具体来说，载波频率的选择影响表面波路径损耗（与距离有关）、目标 RCS 特征、海洋和电离层杂波特性、背景噪声谱密度以及系统增益和方位分辨率。

本节第一部分回顾与高频表面波相关的一些基本的 RCS 概念，其中极化的主要部分只限于垂直极化，并且对水面舰艇和低空飞机来说目标与海面的耦合不容忽视。关于 RCS 的完整分析，读者可以参考 Knot, Shaeffer, and Tuley（1993）和 Ruck, Barrick, Stuart, and Krichbaum（1970）。本节第二部分描述高频表面波雷达频率选择的主要标准，并且阐述双重和多重频率选择的明显优势，它们已经应用在许多实际系统中。本节第三部分对比分析 3 个具有代表性的高频表面波雷达系统的设计和性能，它们具有不同的结构特点。

5.5.1 雷达截面积

目标的 RCS，如舰船或飞机，取决于许多因素，包括目标尺寸和结构、建造材料的电气性能、照射频率、观察的几何结构、用于传输和接收的极化特性。目标 RCS 出现在噪声和杂波约束的雷达方程中。目标 RCS 的真实估计值对于在雷达设计阶段计算出所需的能源需求，或者针对一类特定目标预测出既定系统的探测性能是十分有意义的。

对 RCS 特性的详细了解也可以帮助确定检测某类目标最有利的操作模式。此外，了解频域或极化域内 RCS 的识别标志也许可以用来进行目标的判别分类（Strausberger, Garber, Chamberlain, and Walton 1992）。期望的目标 RCS 波动信息也可能有助于确定将回波振幅作为关联检测跟踪系统额外参数的潜在价值。因此已投入相当大的努力对监视雷达目标的 RCS 特性建模并进行测量。

在天波超视距雷达中，由于电离层的（非平稳）法拉第旋转，照射到目标上的信号极化是时变的。在这种情况下，各种结构的目标，如机翼或飞机的机身，随着极化旋转或多或少地和目标的不同规范结构相匹配，可以在不同的时间构成整体 RCS 中的主体。在高频表面波雷达中情况一般并不如此，因为只有垂直极化表面波才能有效传播，到达目标并反射回来。所以，接收到的回波主要是从目标结构中垂直（传导）部分散射回来的。因此，海面舰船对于目标在海面上的高度特别敏感。

金属桅杆或框架能有效地增加海上船舶的高度，当表面波传播时有可能大大增加 RCS。例如，Trizna（1982）显示，一个小的水面舰艇的 RCS（渔船）主要受四分之一波长单极天线所支配，由一个长为 16.6 m 的金属桅杆所贡献，谐振频率为 4.5 MHz 时 RCS 峰值接近 30 dBsm。由于该阵元的这个特点，当频率间隔谐振频率 1 MHz 时，RCS 值迅速下降 10 dBsm。表面波的垂直极化意味着在高频表面波雷达中照射频率和几何外形在定义目标 RCS 特征空间具有重要的作用（Wu and Deng 2006）。

5.5.1.1 瑞利-谐振区

目标的 RCS 特性高度依赖于导电部分相对于雷达波长 λ 的主要尺寸 D。一般来说有 3 种散射区域，其 RCS 特征有性质和数量上的差异。低频区域，其间目标尺寸远小于雷达波长，称为瑞利散射区域（$D \ll \lambda$）。中频区域的目标尺寸和雷达波长为同一级数，称为谐振或米氏散射区域（$D \approx \lambda$）。高频区域，目标尺寸远大于雷达波长，称为光学散射区域（$D \gg \lambda$）。虽然大致可以认为谐振区的频率间隔为 $0.1 \leq \lambda/D \leq 10$，然而在不同散射区之间没有明显界限。从物理的角度来看，一个目标的 RCS 特性是随着频率的变化从一个区域逐渐过渡到另一个区域的。

高频表面波雷达一般运行在高频频段（3～15 MHz）的低段，相当于波长范围 20～100 m。在这样的频率，大多数飞机和水面舰艇的主要尺寸与雷达波长相当，相当于谐振散射区域的 RCS。更准确地说，大型舰船（远洋）的 RCS 特性位于整个高频波段的谐振区。然而，小型飞机、巡航导弹和高速船只的 RCS 特征则位于高频频段低段相对应的瑞利区。

在瑞利区，RCS 受到目标总尺寸而不是具体结构或形状的强烈影响。RCS 也容易受到照射几何关系的影响。照射目标的 RCS 在低频段的特征变得更像一个各向同性散射体。或许最重要的是，在瑞利区，目标 RCS 随着频率的四次方（非常近似）快速降低。

在谐振区域，目标上大量不同的部分都（导电部分）对 RCS 有着强烈的影响。根据雷达的照射几何关系和目标主要散射点的相对位置，对于固定操作频率而言，目标的 RCS 会随着方位角度的变化明显地起伏。另一方面，对给定雷达的照射几何关系和目标方位角，目标不同部分散射点的矢量和会在一个频率上叠加干涉，而在另一个频率上抵消干涉。这将导致目标 RCS 会随着操作频率的改变，在一个有限的范围内产生波峰和波谷（加强或削弱）。作为谐振区内目标方位角和照射频率的函数，后向散射目标 RCS 和单站高频表面波雷达接收到的回波功率变化会非常明显（超过 10 dB）。

自由空间目标 RCS 的估计可能适合应用于某些雷达，特别是对于工作在 UHF 和微波频段的系统。在高频频段低段，当考虑到对目标实际 RCS 的影响时，高导海面和海面舰船的耦合是不能忽略的。除了平静的海面对海面舰船目标产生近似的镜像，海洋的粗糙度和海面上的船只运动对于高频表面波雷达观察到的目标 RCS 也具有不小的影响。下一章会在平静海面稳定舰船目标的情况下，对目标 RCS 在方位角和照射频率方面的特征进行仿真。当考虑舰船运动（包括俯仰和旋转）和不同海态情况时，对目标的 RCS 进行建模会变得很困难。

大型船舶的高频雷达截积（>1000 t）非常复杂，但是角度平均值可以通过经验公式 $\sigma = 52 fD^{3/2}$ 大致计算出来，其中，σ 是船的空间 RCS（m^2），f 是雷达频率（MHz），D 是以千吨为单位的船的大小。中小型船舶的 RCS（< 1000 t）是由它们的垂直金属上层结构决定的。如果这个上层结构与海洋表面相接，或与地面隔离，那么舰船的 RCS 可以分别通过接地的单极天线或者双极天线大致近似得到。

谐振偶极子的 RCS 接近 λ^2，而等效谐振单极子的 RCS 比其低 6 dB。低于谐振的 RCS 呈现 f^4 的下降。由于在高频段的大波长（10 m），高度较低的小船 RCS 会很小。这样的目标可能在噪声背景下检测，这需要它们的径向速度足够高，这样才能与海洋杂波多普勒频率上区分开来。

5.5.1.2 建模方法

目标可以通过几个简单的典型结构来合理建模，基于几何光学、物理光学和几何绕射理论的分析技术可以用来粗略估计目标的 RCS 值。简单结构的 RCS 特性包括一个完全导电的圆柱、磁单极子元素和半球（Skolnik 2008b）。

对目标 RCS 更精确的建模常常需要求助于数值方法。在这种情况下，有限差分时域

（FDTD）或矩量法（MOM）技术可以用来计算 RCS 的估计值。这些数值技术分别使用时域和频域的公式，能在 3 个维度上提供麦克斯韦方程组的全波解。

基于 MOM 公式的流行程序是数值电磁代码（NEC）。有几个版本的 NEC，NEC-2（1981）是可公开获得代码的最新版本。为模拟复杂的金属结构，飞机或轮船的实际设计图纸通常用来构造一个目标的线栅模型。网格通常被假设为由完全导电材料（PEC）组成，并针对目标模型给出关于区段长度网格间距和线半径的选择。针对大型海面舰船，下面给出一个利用 NEC-2 进行 RCS 实验测量和仿真结果的比较例子。

数值 RCS 模型不仅要说明复杂的目标结构，同时要说明和海面的相互影响。海面舰船的网格模型通常加上一个无限 PEC 平面以模拟完全导电的海洋平面，这可捕捉目标镜像的散射影响以及任何可能的耦合。另一种方法是用网格模型计算目标自由空间 RCS，然后连接其水平面反射点。包含海洋粗糙度和处理动态目标与水面的交互更加困难，没有高导电表面的目标模型同样如此。为验证模拟 RCS 的估计值，通常用不同的数值技术比较获得的结果，或重建具有可用的（实验测量）RCS 值目标的复杂模型。

5.5.1.3 RCS 的交互

相比于目标尺寸，高频表面波雷达的空间分辨率的单元尺寸非常大，所以经常一个距离-方位分辨单元包含不止一个目标。在这种情况下，未分辨的目标相互作用，其交互 RCS 从检测或分类的角度来看十分重要。在实践中，当不同目标的回波出现在高频表面波雷达相同的距离-方位和多普勒单元时，交互 RCS 的影响变得十分明显，如附近的固定目标。

Sevgi（2001）述及，在加拿大东海岸的近海，当穿梭油轮靠近近海平台加油时，其回波很容易观察到强烈的信号强度波动。石油钻井平台 100 多米高，其 RCS 在 50 dBsm 这一级，而油轮离石油钻塔的距离约 400 m，角度平均的 RCS 约 40 dBsm。由于油轮的存在，通常稳定的石油钻井平台回波变化会超过 10 dB。RCS 交互效应引起的回波功率波动通常与那些单个机动目标所呈现出的衰落特性不同。这可用来推断同一雷达分辨单元多个目标的存在。

Guinvarch 等（2006）考虑了利用 RCS 耦合通过目标背后第二个目标的前向散射来检测后者的概念。作者推测，对于传统的 X 波段沿海雷达，附近的大型船只在拥挤的港口或在一个狭窄的海峡集合排队可以形成一个"电磁屏障"，它可以使小目标的探测位于阴影区域。若考虑区域不是正处于大型船舶的背后，阴影区域在高频频段就不太明显。

后向散射的 RCS 往往在低频占优，随着频率的增加，前向散射 RCS 开始占优。Solomon, Leong, and Antar（2008）的一项研究表明，对于所有双基地视角，前向散射产生最可能在某一频率上产生匹配或超过单站（后向散射）的 RCS 值，不管目标视线角如何。对于大型水面舰艇，目标 RCS 相对增加高达 30 dB 的侧向是保持前向/后向散射 RCS 相等的唯一方向，并且 RCS 不随频率更高而增加。虽然对于大型舰船这个特点存在于整个高频段，对于小船只，该特性只存于几个频率点，之后前向散射一直保持优势。

5.5.1.4 实验测量

虽然船只和飞机在光学区的 RCS 已得到广泛研究，但在高频段只进行有限的调查。经验公式导出的微波段船只自由空间 RCS 无法准确转化为高频表面波雷达观测到的部分。例如，完全基于船舶总吨位和雷达频率的 RCS 表达式，没有明确考虑舰船高度的意义或导电海面对高频表面波雷达 RCS 的影响。

测量高频段 RCS 的现场实验可通过使用具有已知 RCS 的自然参考散射点进行，如布拉格峰（Leong 2006），或与目标位于同样区域且具有相同多普勒补偿的校准转发的参考信号。当试图衡量 RCS 对目标角度的关系时，该船的距离必须足够近，这样即使在 RCS 通过潜在的深零陷时，也可以可靠地检测到高于背景干扰水平的回波。

Leong and Wilson（2006）对表面波模式照射的大型和小型船只的高频 RCS 进行了研究。特别将通过数字仿真获得的 RCS 模型结果与实际通过高频表面波雷达获得的数据相比较。其中，高频表面波雷达工作分别于 3.1 MHz 和 4.1 MHz，目标为两艘已知舰船：2405 t 的加拿大海岸警卫队（Teleost）和 36 kt 的货船（Bonn Express），如图 5.30 所示。测量假设在工作频率上，海情已发展完整，并在此基础上进行了校正，此时一阶的散射系数（回波横截面单位面积）和含有测试船只的雷达分辨单元海面面积是已知的。

(a) Bonn Express　　　　　　　　(b) Teleost

图 5.30　图（a）为 Bonn Express，一艘 36 kt 的货船，长 236 m，估计桥高为 30 m。图（b）为 Teleost，一艘中型（2405 t）海岸警卫船，长为 63 m，宽为 14.2 m，最大桅杆高度为 24 m

由于它们的多普勒频率频移不同，舰船的回波可从布拉格峰中分离并与布拉格峰的强度进行比较，后者作为进行校准 RCS 测量的自然参考。当风以足够速度持续并在雷达工作频率上充分发展海情的时候，这种估算目标 RCS 的实验方法是恰当的。当在布拉格波列频率上的角度扩展函数不可获知时，如果波束方向接近与平均风向角平行，这也很方便。工作频率越低，在多普勒谱上产生布拉格峰所需的海浪波长和速度约大，海态越不可能完全发展。

尽管 Teleost 总吨位不到货船的 15 分之一，但在 3.1 MHz 和 4.1 MHz 时两船的平均角度 RCS 差不多都是 40 dBsm。这个结果是由 Teleost 的尖顶引起的，尖顶的高度是 24 m，在 3.1 MHz 时接近谐振波长四分之一。图 5.31 显示了在 4.1 MHz 时，NEC 准确估计出了 Bonn Express 的测量 RCS 值，包括 RCS 与获得的实验数据时视线角的关系。对 RCS 与目标视线角的函数关系的预测与测量值十分接近，这在 Podilchak, Leong, Solomon, and Antar（2009）中也进行了报道。

图 5.31 底部吻合的实验和模拟结果有力证明，在频率为 4.1 MHz 时，后向散射 RCS 是目标视线角的函数，它有波峰和波谷。比较图 5.31 顶部和底部的模型结果可以预见，在高频段低段载波频率间隔 1 MHz 时，波峰和波谷的位置差异非常明显。

对某些目标，这两个频率的 RCS 差异可能使得接收到的回波功率增强或降低超过 10 dB。通过双频操作，目标 RCS 与这一频率范围的关系可用来提高检测性能。Leong and Wilson（2006）指出，近似侧向大型舰船的目标 RCS 会提高，这解释了为什么切向运动的舰船在很远的距离能够偶然地被高频表面波雷达检测到。

在极端情况下，大型渡轮船只的测量 RCS 接近 50 dBsm（Menelle et al. 2008），同时在高频段低段,长度从 5~8 m 的小船 RCS 典型值为 0~10 dBsm(或更少)。对于 3~5 MHz 的操作频率,从船尾或迎面方向视线角低于 25°的角度上,吨位为 1000 t 左右的中等尺寸舰船的 RCS 估计值约为 25~30 dBsm(Leong 2007)。在实际中,对平均 RCS 值进行解释时应特别谨慎,因为谐振区实际目标 RCS 根据操作频率和目标视线角其幅度相对均值的变化可在一个量级以上。

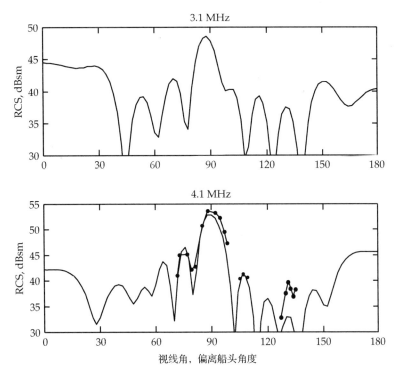

图 5.31 在 3.1 MHz 和 4.1 MHz 时 Bonn Express 雷达截面是视线角的函数。数值模拟结果如实线所示,测量数据用点与实线表示。当视线角接近 62°、70°、100°、105°时,双频高频表面波雷达在保持跟踪方面性能更优

对小型海面舰船,如快速船(GFB)(Dinger et al. 1999),或者刚性气垫船(RIB)(Blake 2000),由于它们速度高、持续力好,较低的外形轮廓使得它们能够快速隐秘地运动较长的距离,对它们进行检测和跟踪对于边界保护十分重要。除了船高较低(通常离海面小于 1m),这些船只的金属部分通常也很少。通过设计和布局,这类目标可能只有一个或者两个明显的导电部分。其他材料,如玻璃纤维和木材,通常用于地板或船体,而塑料充气管可用于提供浮力。这种属性使得任何类型的雷达对这些船舶进行探测都具有挑战性,特别是当海面不平静的时候。

这类目标 RCS 的详细的实验和模拟研究见 Dinger 等(1999)。在相对高频表面波雷达接收机的迎面和船尾方向测量出的两艘快船 RCS 是工作频率的函数,船的速度大约是 20 节。对于一个 25 英尺的 GFB,RCS 值逐渐增加,6 MHz 时约为 0 dBsm,15 MHz 时约为 9 dBsm。一个 21 英尺的 GFB 随着频率变化也类似增长,但 RCS 低 7~10 dB。

当频率变化时,两船的 RCS 变化没有观察到峰值或谐振结构,这符合瑞利散射区的特点。在 Blake(2000)中,设只有一个金属的尖顶的尾部反射了雷达信号,此时 5.4 m 长 RIB 在 20 MHz 的 RCS 估计约为 5 dBsm。虽然 RCS 低,但是对于检测的一个重要的考虑就是这样

的目标可以以很高的速度运行,在低海态的情况下可能有20～40节。

GFB高速行驶排出的高导电海水也被认为有助于提高实际RCS值相对静态场景数值建模观察到的。此外,不同于在海杂波下检测慢速舰船目标,GFB/RIB目标回波的多普勒频移通常在二阶连续杂波之外。在这一多普勒谱区域,扰动水平主要和距离上独立的背景噪声基底有关。Dinger等(1999)和Blake(2000)证明,当高频操作时,在相对较短的几十千米上,高频表面波雷达在超出二阶连续杂波的多普勒频域对小型海面目标进行超视距探测和追踪是可行的。

对于这类目标,可以用10～15 MHz或更高的频率来增加RCS和降低背景噪声谱密度。在相对较近的几十千米上,当探测性主要被SNR限制时(Emery 2003),高频频段较高的目标RCS和较低的噪声基底带来的增益通常超过了增大的表面波损耗,尤其是在海面粗糙度带来的路径损失微不足道的低海态下。

长CPI能够增加噪声背景下的回波目标检测的相干增益。在实践中,考虑到目标加速会引起多普勒扩展,30～60 s的CPI是对这类目标的折中。Blake(2000)指出,在正常大气状况下,典型的海事雷达最大探测距离为15～20 km,而且对RIB类目标的探测在的更短距离下也会失败。因此,可在传统雷达视距内甚至超过这一范围的短距离上检测小型快速舰船的高频表面波雷达,提供了一种替代的岸基监测系统。

5.5.2 多频操作

与前面讨论的天波超视距雷达相比,高频表面波雷达的频率选择涉及一些不同因素。显然,一个共同的要求是在拥挤的高频频段内选择载频以避免干扰。如天波超视距雷达所述,接收处的频谱实时监测系统能够辨别干净信道,这是高频表面波雷达成功运行的先决条件。

本节第一部分描述的是高频表面波雷达在探测两类广义目标时频率选择的主要因素,即快速运动低RCS目标和低速运动高RCS目标。本节第二部分解释了多频操作对提高高频表面波雷达系统性能的优点,尤其在目标RCS波动、布拉格峰展宽和电离层杂波污染的时候。

5.5.2.1 频率选择

高频表面波雷达超视距探测目标时频率选择的主要因素包括:(1)表面波衰减或路径损耗;(2)背景噪声谱密度;(3)目标角平均RCS;(4)目标多普勒频率;(5)接收的方位分辨率;(6)电离层杂波污染。所有这些因素都随工作频率变化。

对视线之外的目标,表面波经过海洋传播的路径损耗随着无线电频率急剧增加。换句话说,在衍射区照射目标的信号功率密度在低频时明显更大。这是高频表面波雷达操作在低频运行的主要原因。

在更高的频率运行通常是和较低的背景噪声谱密度水平与增多的干净信道有关,尤其是在夜晚。使用更高频率也能降低被电离层杂波污染的可能性,特别是直接通过NVI天波路径进入的杂波。在更高的频率接收天线波束的主瓣宽度更窄,有利于提高方位分辨率和精度。高分辨率降低了雷达分辨单元内海面杂波的RCS并且增加了系统针对空间结构干扰的抵抗力。

尤其对小目标而言,通常频率越高角度平均RCS越大。此外,载频增加,目标回波的多普勒频移变大,通过将有用信号置于扰动水平更低的频域,可提高在海杂波背景下慢速目标的探测性能。图 5.32 表明,高频表面波雷达频率的选择应该考虑降低表面路径损失(通常在低频下有利)和其他先前提到过的在高频下有利的因素。

频率选择	信号衰减	方位分辨率	目标 RCS	目标多普勒	外部噪声	电离层杂波
较低(3~7 MHz)	更高的超视距场强	定位准确度更低	一般瑞利	较低的频偏	很难发现干净的频道	更易受到外界影响
较高(7~15 MHz)	信号快速衰减	更高的指向性	一般谐振	较高的频偏	通常降低外部噪声	增加系统抵抗力

图 5.32 高频表面波雷达频率的选择需要折中考虑减少表面波衰减(在较低频率有利)和所有其他上面提到的竞争性因素(在较高的频率有利)

为了简化讨论,我们主要分别考虑高频表面波雷达在 3~7 MHz、7~15 MHz 的"低"和"高"频率区的操作。高频表面波雷达通常不运行在高频段上边界,除非存在视线内目标的空间波。我们也可以考虑两个高频表面波雷达任务,即对 200~400 m 远距离上慢速运动的高 RCS 目标(如大舰船),以及在 50~100 km 或者 100~200 km 的中间段距离上快速运动低 RCS 目标(如小型舰船)的探测。我们还可以定义一个小于 50 km 的近距离范围,注意这些只具象征价值。

对快速移动目标的检测通常受限于背景噪声而不是多普勒处理后的杂波,除非扩展多普勒电离层杂波污染了包含目标的距离-方位单元。先避开这种可能性不谈,这类目标的频率选择本质上可简化为 3 个相互竞争的目标之间的折中:(1)表面波路径损耗;(2)目标 RCS;(3)背景噪声谱密度。对小型飞机(战斗机尺寸),目标 RCS 往往随着频率而增加,但路径损耗也会如此。在中间距离段,这两个影响大致倾向于互相抵消,这样他们的积不会明显改变"低"和"高"频区的均值。然而,背景噪声谱密度中不能减少的(空间不相关的)部分通常在高频时降低,尤其是在晚上。

此外,通常更容易在更高的频率上找到适合带宽的干净信道,尤其是在晚上。事实上,7~15 MHz 固定带宽的频道数几乎是 3~7 MHz 频道数的两倍。NVI 路径上的电离层杂波在高频时问题更少。这意味着针对中间距离段快速运动的低 RCS 目标,最好在 7~15 MHz 的频率区域运行。使用高频段上端频率,当距离超过 50 km 时,路径损耗显著增加。在这样的距离上,额外的路径损耗不太可能通过增加目标 RCS 被抵消掉。总之,"高"频区通常被认为是更适合探测中间距离段上快速移动的小型目标。

在近距离上,相比远距离,表面波路径损耗随着频率缓慢增加。在不到几十千米距离上,15 MHz 以上的频率更有可能改善目标 RCS 和路径损耗之间的净积,尤其是对于比海面高 1 m 左右的 GFB 目标。因此,15 MHz 以上的频率可认为最适合探测小型(低空飞行)飞机或者近距离段上的 GFB 目标。

另一方面,在"低"频区(3~7 MHz)运行是在远距离上保持路径损耗在可控的范围内的必要措施。不幸的是,小目标的这个频率落在瑞利散射区,其 RCS 急剧下降。因此,在远距离上,许多高频表面波雷达系统难以可靠地探测快速移动的小型目标。

整个高频段内大型船舶的 RCS 落在谐振区,因此在高频区运行不太可能增加此类目标的 RCS。为了优化对远距离段上大型舰船目标的探测,通过在低频区(3~7 MHz)运行来减小表面波路径损失是增加目标接收回波功率的主要选择。在低频远距离段上,低速目标通常在二阶海杂波和电离层杂波背景下来进行探测。根据海况,当工作频率降低时,二阶海杂波多普勒谱的功率和展宽程度一般会减小。另一方面,在"高"频区(7~15 MHz),远距离上的表面波衰减非常大，尤其是高海态的情况下。在这种情况下，远距离上的路径损失非常大，足以使大型船只和二阶海杂波回波淹没在背景噪声中。

由于这些原因，"低"频区通常被认为是更适合大型船舶的检测范围。然而，在 E 层或 F 层最大临界频率下运行的主要问题是电离层杂波。有时候使用更高的运行频率来探测远距离段上的大型舰船目标，尤其是在晚上，此时若频率低于 F2 层临界频率就会接收到扩展多普勒杂波。提高工作频率来降低通过 F2 层 NVI 路径回来的扩展多普勒杂波要以更高的表面波衰减为代价，并因此而降低探测距离。在白天，当 E 层电离比较活跃时，双频操作可用来解决电离层杂波的问题，这将在下一节中描述。

高频表面波雷达有时负责搜索一个已知 RCS 特性的特定类型目标。例如，感兴趣的目标可能是一艘特定类型的渔船，如 Trizna（1982）中考虑的那样。在这个特定的例子中，垂直极化的目标 RCS 由谐振频率为 4.5 MHz 的金属桅杆产生。Trizna（1982）表明，目标 RCS 在 3~7 MHz 的低频区变化高达 10~15 dB。当目标 RCS 特征的先验知识已知时，操作频率可以通过使回波功率最大来调整。显然，在这些特定情况下，使用"低"和"高"频区的分类来进行频率优化就太粗糙了。

5.5.2.2 双频操作

高频表面波雷达双频或多频操作有别于在交叉脉冲上分时实现的传统频率捷变技术，它能同时而不是顺序地传输和接收不同载频信号。每个频率通道获得的数据流是独立处理的（脉冲压缩、瞬时切除、多普勒处理、波束形成、CFAR 和峰值检测）。每一载频的波形参数可针对船舶或飞机目标检测和跟踪进行优化，但不是同时。这主要是因为这两种类型的目标对于实现有效跟踪有着非常不同的速度和检测更新率要求。

当设置不同频率的波形参数检测同类目标（船舶或飞机）时，多个处理数据流产生的峰值检测结果，可以送到一个对其进行关联的共同跟踪器。利用一个频率探测舰船而利用另一个探测飞机提供了显著的灵活性，但它不能对不同频率照射的相同目标产生叠加增益。为简单起见，为了检测和追踪单个种类的目标，我们限制只使用两个频率（双频操作）。这里主要考虑对舰船的检测和跟踪，因为水面舰艇被认为是高频表面波雷达的主要目标。

同时使用两个载波频率可以为高频表面波雷达提供几个优势（Leong and Wilson 2006）。第一个主要优势是可以提高一阶和二阶海杂波中舰船的跟踪能力。由于布拉格峰的多普勒频率和雷达载频存在平方根的关系，在多普勒谱上目标和最近的布拉格峰的相对间隔是载频的函数。当高频表面波雷达运行在两个分隔良好的载频时，若目标回波在一个载频被强大的布拉格峰所掩盖，而在另一个载频就可以和布拉格峰的多普勒频率分隔开。

考虑一个实际的例子，一个相对速度 9 m/s（17.5 节）的水面舰艇。对于单站雷达，3 MHz 的载波频率，目标多普勒频移是 0.18 Hz。最近的布拉格峰频率和目标回波的频率只有 0.004 Hz 的间隔，在这种情况下，小于 200 s 的 CPI 不能提供足够的分辨率。载频为 4 MHz 时，目标回波多普勒频移是 0.24 Hz，而布拉格峰多普勒频率大约是 0.20 Hz。这就增加了 0.04 Hz 的一阶多普勒频率间隔。100 s 的 CPI 提供 0.01 Hz 的多普勒频率分辨率。对于这个 CPI，目标回波和布拉格峰之间的间隔在 4 MHz 时等于 4 个 FFT 频率窗，但在 3 MHz 时不到半个频率窗。高频表面波雷达的实测数据说明了双频操作的实际优势，如图 5.33 所示。

总而言之，同部雷达在不同载频获得的特定种类目标回波不会都落在多普勒谱的布拉格峰内。在高频表面波雷达中，通过恰当选择载频间隔和 CPI 的长度来实现双频操作可以解决布拉格峰遮掩的问题。具体来说，频率间隔和 CPI 长度分别与多普勒频率成平方根和线性关系，据此可以分辨出感兴趣目标的相对速度。

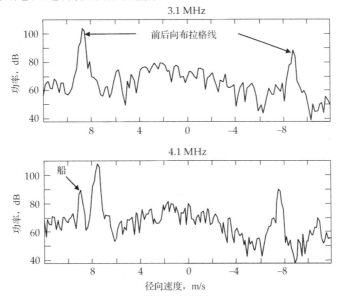

图 5.33　当回波的多普勒频率与布拉格峰频率相近时，可能检测不到船舶的目标回波。上半部分显示了在 3.1 MHz 时，舰船目标的回波被占优的布拉格峰掩盖。双频操作使得 4.1 MHz 操作频率下的目标回波明显区别于占优的布拉格峰（下半部分）

此外，这两个频率不应离最佳频率较远，这样，在布拉格峰没有掩盖目标时，两个频道都可以可靠地检测到目标回波。这使得高频表面波雷达能够探测二阶杂波和噪声背景下的舰船回波，而不管目标的相对速度如何。类似的结论适用于目标回声被海杂波谱中某种离散的二阶部分所掩盖的情况，和布拉格峰一样遵循平方根关系。

双频操作的第二个优点是它为减少 NVI 路径电离层杂波提供了一种替代办法。白天选择一个低于 E 层临界频率的操作频率，另一个超过它。以下讨论的重点是 NVI 电离层杂波，因为这条道路通常产生最强的回波，并且在高频表面波雷达覆盖范围内遮蔽目标的问题最多。

电离层杂波在较低的工作频率时（在当地时间中午通常低于 4 MHz）是通过 E 层返回的，这反射所污染的距离段起点约 100 km。第一个影响范围取决于 NVI 路径的虚拟反射高度以及收发间隔距离。重要的是，当低于 E 层临界频率工作时，E 层阻止了从较高 F 层的反射。

另一方面，更高频率的信号通过 E 层在接近垂直方向穿过。这个信号可以由 F 层反射，可以观察约 220 km 距离外的杂波。原则上，较低和较高的频率分别受到从电离层 E 层和 F 层返回杂波的影响，但是不会同时从两层返回。因此，原则上在给定距离的目标回波至少有一个频道不受电离层杂波污染。图 5.34 显示了一个白天两个不同频率工作的高频表面波雷达同时受到电离层杂波污染的实际例子。

晚上电离层杂波的抑制更具挑战性，因为日落之后 D 和 E 层消失，但是 F 层仍然有足够的离子来反射高频信号。晚上利用双频操作时，通过 F2 层返回的超过 200 km 范围上的电离层杂波污染不可避免，除非操作频率比 F2 层临界频率更高。然而，在 F2 层临界频率以上频率操作时，由于表面波会发生更严重的路径损失，这似乎是不可行的方法。换句话说，使用更高频率来探测远距离上的大型舰船会带来相当大的性能损失。图 5.35 说明了晚上从 F2 层反射回来的远距离电离层杂波。

正如先前所显示的，在高频段低段，大型水面舰艇 RCS 值表现出显著的视线角和频率依赖性。在给定的工作频率，随着视线角的变化，目标 RCS 将穿过（并不精准）零点然后增加。当方位角使得 RCS 位于深零陷内时，高频表面波雷达探测不到大型舰船目标。重要的是，在接近高频段低段，当操作频率改变大约 1 MHz 时，RCS 出现零陷的方位角就大为不同。在图 5.31 中，很明显地显示了 3.1 MHz 和 4.1 MHz 时，基于 NEC 模型（实线）大型货船的 RCS 随着方位角的变化，以及在 4.1 MHz 时确凿的实验测量（虚线）。

在 28°、45°、62°、70°、75°、100°、105°、110°、130° 和 150° 目标方位角，可以从模型上观察到 RCS 在一个操作频率出现相对低值，而另一个频率却有所提高。具体来说，在某些方位角，3.1 MHz 和 4.1 MHz 操作频率下 RCS 的差别可以高于 10 dB。请注意，最深的 RCS 零陷很少出现在不同频率的相同角度。因此，同时在两个分隔良好的频率工作的雷达，可以减小因 RCS 零陷遗漏目标的可能性。通过 RCS 零陷追踪舰船目标被认为是双频操作的第三个主要优势，另一个潜在的好处是暂态窄带干扰只会影响一个频道。

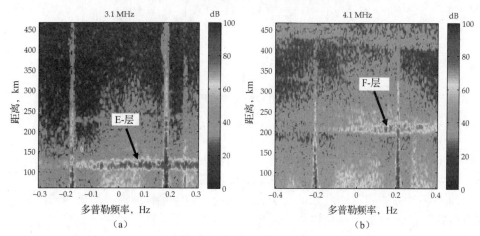

图 5.34　距离-多普勒谱谱图显示了 2002 年 2 月 20 日白天同时接收到的两个频率的电离层杂波，左图(a)（3.1 MHz）显示通过 E 层返回的 110～130 km 距离上的扩展多普勒电离层杂波。F 层返回的电离层杂波很难被注意到。图（b）（4.1 MHz）显示的通过 F 层返回的扩展多普勒杂波，最强的回波距离在 200～250 km。当用更高的频率操作时，通过 E 层传播的电离层杂波是不可见的

5.5.3　系统实例

目前，全球也许有十几个或者更多的国家进行过或正在进行高频表面波雷达项目，包括加拿大、美国、澳大利亚、英国、德国、法国、中国、俄罗斯、日本和土耳其。本节选择了一些具有代表性的高频表面波雷达系统加以描述，它们以监视应用作为设计和运行的首要任务。这里引用了文献所载这些系统针对不同种类目标的性能，以说明它们的指标能力。这里详细讨论的高频表面波雷达包括澳大利亚的双站 Iluka 和 SECAR 系统，加拿大的准单站 SWR-503 系统以及英国的单站 BAE 表面波雷达。

感兴趣的读者可进一步在大量优秀的文献中查阅其他早前和当前高频表面波雷达系统的信息。例如，由 ONERA 研发的坐落在法国比斯开湾的高频表面波雷达演示型，以及 Menelle 等（2008）描述的法国 MOD（DGA）等。Wellen 雷达（WERA）系统最初由德国汉堡大学研发，在 Dzvonkovskaya 等（2008）中被描述和引用，同时中国的高频表面波雷达研究进展在 Liu, Xu and Zhang（2003）和 Liu（1996）中有所体现。

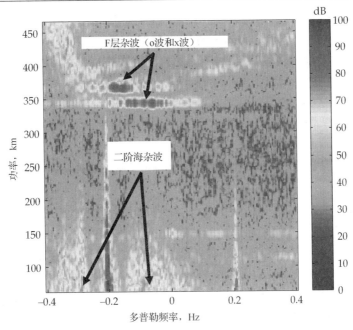

图 5.35 在 4.1 MHz 频率运行，从 F2 层返回的晚间电离层杂波的距离-多普勒谱。
说明存在普通（o）和特别的（x）磁离子成分，前者在较低范围内被接收到

5.5.3.1 Iluka 和 SECAR 系统

澳大利亚政府于 1993 年开始高频表面波雷达研发，这个实验系统由南澳大利亚国防科学与技术组织（DSTO）（Anderson, Bates, and Tyler 1999）进行设计和部署，坐落在 Adelaide 以北。这个试验系统的试验成功后，在澳大利亚北部的达尔文设计、建立、部署了一个规模更大性能更强的 Iluka 雷达。几个不同的组织参与了 Iluka 项目，包括 DSTO、澳洲电信应用技术（TAT）、信号与信息处理传感器中心（CSSIP）。

1998 年，利用 Iluka 系统进行了一系列的科学实验。TAT 随后将高频表面波雷达授权给 Daronmont Technologies（DarT），发展出扩展岸基雷达（SECAR）的一个产品版本。2000 年，DarT 同 DSTO 和 CSSIP 的科学家和工程师一起，对距离 Darwin 北部的 Bathurst 岛接收站的 SECAP 进行了大量的实验。Iluka 和 SECAR 系统目前没有部署运行，但是两个系统都是专属经济区内设计对空海监视的双基地高频表面波雷达的代表。

Iluka 高频表面波雷达操作频率范围为 5～15 MHz，如果需要，可以在更高的频率工作。该系统由一个位于 Stingray Head（Darwin 西南 65 km 处）大功率发射主站，以及一个在 Lee Point（Darwin 东北 10 km）低功耗发射辅站组成。接收站点位于 Gunn Point（Darwin 东北 30 km），离大功率发射站相隔约 95 km，离低功耗发射站约 18 km。二级低功耗网站主要用于调查海杂波特性与照射几何特征的关系。

接收站与两个发射站隔开，使用调频连续波（FMCW）进行操作。Iluka 接收系统采用 500 m 长、32 个垂直磁单极子的均匀线阵，每个都连接到一个标校良好的高频接收机，其视轴方向向西（与海岸线成直角）。在低功耗站，250 W 放大器驱动一对间隔 20 m 的单极子，并以反相的方式进行传输。高功率站使用一个连接到 10 kW 发射机的对数周期偶极子阵列（LDPA）天线。这个雷达例行检测 150 km 外 42 m 的巡逻船，探测 200 km 外海面 20 m 上的小型低空飞机。由于伴随着空间波传播，高空的商业飞机可以在更大的距离上被探测到。

SECAR 雷达的结构特点总结在表 5.3 中,而图 5.36 展示了 SECAR 传输天线和接收机阵列。SECAR 系统的全面描述可见 Anderson 等(2003)。SECAR 系统验证了对大型水面舰艇的探测性能,如超出专属经济区限制(370 km)的离岸拖网渔船和护卫舰。小渔船和 GFB 分别可以在 120 km 和 70 km 的范围探测到,低空飞行的战斗机般大小的飞机可以在超过 200 km 的范围探测到。FMCW 双站高频表面波雷达架构的突出优点是可以在近(长)距离(几十千米)范围内有效探测到如 GFB 这样的目标。这对使用脉冲波形的准单站或真正的单站高频表面波雷达系统而言是存在问题的,因为脉冲持续时间有限,在短距离段和长距离段会有显著的重叠损失。

5.5.3.2 SWR-503

雷声加拿大系统有限公司(RCSL)和加拿大国防部(DND)开发了两部准单站高频表面波雷达,于 1999 年在纽芬兰东海岸的 Cape Race 和 Cape Bonavista 开始运行。这两部雷达被命名为 SWR-503,大致沿西经 53°线布置,间隔为 226 km,为重要的区域提供重叠覆盖。操作频率范围为 3～5 MHz,最适合对中长距离中大型海面舰船进行探测。在这些低频率上对小型私人飞机和 GFB 的探测和跟踪则更具挑战性,这是由于这类目标 RCS 明显更小,而且要使用短 CPI 来进行多普勒处理和快速探测更新。

表 5.3 SECAR 高频表面波雷达系统体系结构和运行参数

系统	SECAR
制造商	澳大利亚 Daronmont 技术机构
布局	收发分置高频表面波雷达
站址间隔	50～150 km
平均功率	5 kW
发射天线	地面上的单垂直对数周期天线
接收天线	地面上 16 或 32 单极子天线对
均匀线阵孔径	200～500 m
波束宽度	3～9°(500m 孔径)
频率范围	4～16 MHz
波形	重复线性调频连续波
带宽	10～50 kHz
波形重复频率	4～50 Hz
相干处理间隔	1～120 s(等于重访率)
覆盖方位范围	120°
瞬时距离纵深	100～500 km
主要任务	舰船检测
次要任务	飞机探测,遥感

在 Ponsford, Sevgi, and Chan(2001)、Leong(2002)及 Leong, Helleur, and Rey(2002)中可以找到 SWR-503 的具体描述。表 5.4 列出了这些文献里引用的 SWR-503 雷达的关键运行参数。在 Cape Race 的高频表面波雷达采用对数周期天线和 16 对偶极子均匀线阵接收天线,每两个棍一样的单极子组成的接收偶极子是端射馈相的,相邻偶极子间隔 33.33 m。在 4.5 MHz 时,接收对间隔为雷达频率半波长。电扫接收波束主瓣宽度大约 9°,但对于可分辨的雷达回波方位估计误差一般小于 1°。覆盖弧是视轴方向±60°。Cape Bonavista 的高频表面波雷达和 Cape Race 系统相似,除了接收天线每对是 4 个,而不是 2 个。

发射机产生 1.6 kW 的平均功率，白天当距离超过 350 km 时，海杂波通常成为制约性扰动（使用数百秒的相参处理间隔）。而夜间约 150 km 以上，雷达通常受到外部噪声限制。系统发射时采用 8 位的相位编码互补序列，它能通过降低距离旁瓣和提高脉冲重复频率（PRF）来对距离折叠电离层杂波进行抑制。如相位编码脉冲长度为 400 μs，每位持续 50 μs（Leong 2002）。雷达同样能够使用"不匹配"的相位编码序列来抑制同频的强窄带干扰信号（Ponsford, Dizaji, and McKerracher 2003）。

（a）对数周期天线传输

（b）一对单极接收阵列

图 5.36 SECAR 高频表面波的发射天线是单一垂直对数周期偶极子阵列（LDPA），同时为了提供前后方向性，接收天线采用两个单极元素构成的均匀线阵

表 5.4 加拿大纽芬兰开普雷斯（46:39:07 N，53:05:24 W）的高频表面波雷达的设计参数。接收阵列的视线是与正北按顺时针旋转 121°

SWR-503	纽芬兰，开普雷斯
雷达布局	单站
发射功率	峰值 16 kW，均值 1.6 kW
发射天线	7 个元素的对数周期单极天线（增益 8 dBi）
接收天线	16 对棍状均匀线阵
每对间隔	33.33 m
波束宽度	9°
频率范围	3~5 MHz
波形	相位编码脉冲序列
脉冲重复频率	250 Hz
脉宽	20 kHz
采样率	100 kHz
相干处理间隔长度	10~1000 s
最大距离	500 km（大型表面目标）
覆盖方位范围	120°

指标上 20 kHz 的带宽可提供 7.5 km 的距离分辨率，当过采样周期为 10 μs 时，对可分辨雷达回波可以产生约 0.3 km 的测量精度。横截距离的分辨率在 200 海里（370 km）的 EEZ 界限处大致等于 50 km。在 3 MHz 时使用 10 s（空中模式）、100 s（舰船模式）和 1000 s（平稳目标）这些相参处理间隔，提供大约 5 m/s、0.5 m/s 和 0.05 m/s 的相对速度分辨率。广泛的实验已经证明可以超越视距，对 300 km 的飞机、500km 的海面舰船和 300 km 的冰山进行探测。中型尺寸的舰船如 Ville de Quebec（长为 436 英尺，高为 140 英尺），最远可以在 235 km 距离被探测到，而小型舰船如 Anne S. Pierce（长为 117 英尺，高为 55 英尺）和 Artic Pride（长为 64 英尺，高为 45 英尺），可以在约 110 km 处被探测到（Leong, Helleur, and Rey 2002）。

5.5.3.3 BAE SWR 系统

由英国 BAE 系统研发的高频表面波雷达系统在 Dickel, Emery, and Money（2007）中有所描述，其前一个版本可见 Emery, Money, and Matthewson（2004）。该系统的第一个显著特点是使用单个均匀线阵（ULA）天线来发射和接收。这个真正的单站雷达高频表面波无需对发射天线进行隔离或第二个雷达站点，具有占地相对较小的优势。真正的单站或单系统，不会因覆盖范围内不同点引起双基地角的变化而导致性能发生变化。BAE 高频表面波雷达阵列如图 5.37 所示。

该 ULA 由 16 个相同的天线阵元组成，每一个阵元由一对端射馈相的四面体偶极子组成，其前后比约为 15 dB（Boswell, Emery, and Bedford 2006）。所有的阵元都用来接收，而中间的 6 个阵元连接着一组固态高功率双工器，这使得这 6 个阵元即可用于发射也可用来接收（即互易）。小的发射孔径在方位角上提供的波束相对较宽，与单个 LPDA 天线相似。除了占地比 LPDA 天线小，使用刚性发射天线阵列可降低在风压下由辐射阵源震动引起的风噪（相位噪声）。它还允许对发射波束进行数字化波束形成。然而，这些好处的代价就是相对于 LPDA 降低了频率范围，因为紧凑的天线阵元通常会在一个倍频程表现出宽带性能。

阵列中部的 6 个四面体偶极天线阵元，是由连接到 1kW 固态功率放大器的单个数字波形发生器驱动的。波形发生器完全可编程为同时发射不同波形的多输入多输出（MIMO）架构。例如，系统可以编程合成一个简单脉冲、线性或者非线性调频以及最大带宽 30 kHz 的步进频率信号。

图 5.37　BAE 表面波雷达中使用的 16（对）四面体偶极均匀线阵天线。中间的 6 个部分是大功率双工器，它用来作为发射和接收的共用天线

中间 6 个天线在不同载频独立发射不同雷达波形的能力代表该系统的另一个特色。每一个阵元的数字波形产生器能将发射资源在多个频率中进行分配，而不会降低杂波制约环境中的性能。即在每个频率，只使用 6 个发射阵元的部分子集进行低功率的宽泛照射。在噪声制约的环境中可使用"聚光灯"模式，该模式利用全部 6 个辐射阵源形成电子指向的窄发射波束，增益更高。

如 Dickel, Emery, and Money（2007）所述，阵列一端的偶极子配置了一种相反的方向图来作为后瓣匿影（RLB）天线，而阵列另一端偶极子用来环境监测同时参与波束形成。利用在射频元件层面进行信号采样的宽带接收机，可同时进行每个阵元多达 4 个频道的数字下变频和处理。在 4 个下变频信道中，直到航迹提取的信号和数据处理都是并行处理的。例如，每个频道可以同时用不同的处理步骤/参数来执行空中或海面目标监视。4 通道的峰值数据在最终的处理阶段融合进行目标跟踪。

同时使用 4 个不同的载频，以及将不同频道处理后的输出进行融合，可以提高对偶然的人为干扰、目标 RCS 衰落和布拉格峰掩盖问题的抵抗力。多频操作同样为现行电离层环境下不同种类、距离和速度目标的最优频率选择提供了更大的范围。BAE 高频表面波雷达频率范围是 8~16 MHz，并且可以提供 110° 的覆盖范围。可以在 30000 平方千米范围内跟踪到 220 km 距离上的海面舰船目标，同时在两倍的覆盖区内可以跟踪 350 km 的飞机（大型商用客机）。

在 Dickel, Emery, and Money（2007）中，比对空中交通管制（ATC）雷达，飞机目标距离定位精度约 1 km 的范围，方位上是 0.5°。在 Emery, Money, and Matthewson（2004）中，比对已知的 GPS 真实地面信息，高频表面波雷达对渡船测量的均方根误差在距离上是 1.3 km，方位上是 0.7°。这种精度对空间分辨率较粗的远距离传感器来说是良好的。在近距离上，目标回波会被发射脉冲部分遮蔽，探测性能会降低。由于遮蔽损失，SNR 下降在低于 20 km 时十分显著（Emery, Money, and Matthewson 2004），这表明 20 km 是系统的最小探测距离指标。

第二部分 信号描述

第 6 章 波干涉模型

第 7 章 统计信号模型

第 8 章 高频通道模拟器

第 9 章 干扰对消技术分析

第6章 波干涉模型

有许多高频系统以电离层作为电波传播介质,实现超视距的远距离电波传播。例如,在遥远站点之间实现数据或语音传输的高频通信链,对远程辐射源的定位网络,以及用于大区域早期预警的超视距雷达。实际上,高频系统利用电离层的效果,不仅取决于对工作参数的选择,还取决于传播介质的特性。电离层对系统的性能有潜在的限制,基于这些原因,十分有必要对经电离层折射的高频信号进行分析建模。

对天波雷达天线阵所接收高频信号的一个通用建模方法,是将其作为自电离层不同反射点散射的平面波的叠加。特别地,经典信号处理模型假定一个信号以镜面反射,使得平面波分量经由独立的不同传输模式被天线阵接收。这样的模型相当简单,不能用于描述实际高频阵列接收到的实际信号频谱。典型的情况是,高频信号经过了大量存在于电离层中的漂移变化区域的漫反射。问题是,接收信号的复杂衰落特性,是否可分解为相对较少的平面波分量,这些平面波分量的到达角和多普勒频移差异较小,这样可以在一段有限的时间内,对这些信号进行相关处理,精确获得所观察信号的衰落模式。

本章的主要目的是定量评估采用信号波形相关模型的方法描述所观察到的信号随时间、空间衰落现象的优势和限制。6.1 节讨论波干涉模型在不同背景下的应用,并定义了基于本章目的的模型适用范围。6.2 节描述使用多通道散射函数证明波前失真的存在及其时变特性,以用于对宽阵面口径上所接受到电离层模式的判别。6.3 节采用数学方法描述波干涉模型和对相近射线分量的超分辨参数估计技术,还讨论了一种合适的精度测量方法,用于以实测数据评估波干涉模型的性能。6.4 节给出一批试验结果,用以说明波干涉模型在用于相对宁静的中纬度电离层传输信道时的应用范围和缺点。

6.1 定性描述

对传播效应引起的损耗和劣化进行补偿通常使用信号处理的办法,这种损耗或劣化较理想条件而言,会显著恶化接收信号的频谱。现代信号处理算法通常基于数学模型进行设计与优化,这种模型假设实际接收发射信号的参数是确定的或具有统计意义的。毫不奇怪是,对于实际系统而言,基于模型算法的有效性将取决于代表实际数据特性的假设模型具有多大的保真程度,特别是能够获取接收信号精细结构特性的现代系统,需要有相当复杂度和精度的模型用于信号处理机的设计。

通常,作为许多传统信号处理技术研发基础的模型都太简单了,特别是对代表高频系统现状水平的超视距雷达而言,在这些系统中信号经校准良好的宽口径阵面,由具备高动态、高频谱纯度的接收机所接收。在许多重要的信号处理应用软件中,传统建模无法为接收信号提供精确完备的描述,同时,超视距雷达领域一个重要的发展前沿就是提升接收信号建模水平,以及基于这些先进模型研发更为先进的信号处理技术来提升系统能力。综合考虑电离层的物理特征,推导出的高频传播模型看起来可以获得对接收信号的精确描述。然而,这样的模型所基于的物理参数很大程度上是不确知的，在大部分情况下，这些数学公式复杂且不易处理，难以用于对实时处理算法的研发和优化。这些因素限制了这类模型的实际应用，特别是基于物理特性的模型很难为信号分析处理产生与真实数据一致的仿真数据。

另一种方法是从单纯信号处理角度出发，对接收信号进行特征提取，而不考虑基本原理之外的物理特性。尽管这样的建模便于分析，但有时过于简单，不能表征实际数据。这将导致实际系统性能与预期值存在显著的差异。在这两种极端之间，可以构建一种改进的信号处理模型，较其传统模型在表征信号特征上更为精确。同时仍保留了数学解析式，有助于对先进信号处理算法的研发。

6.1.1 背景和范围

电离层通常包括了多个反射区域或反射层。因此，这样的介质中，一般为多路径或多信号模式传播。详细来说，信号自各区域或各层的反射过程绝非"镜面"反射，有时各独立的信号模式或产生显著的失真。由电离层不同区域反射引起的多径传播，以及各反射点对信号漫反射引起的模式失真，这些现象均会潜在的削弱和降低系统性能。

当每个传播模式被认为是由理想的电离层中的反射层以镜面反射所产生时，反射层呈理想化的球对称，其折射率作为反射高度的函数而平滑变化，这样的接收信号模型最为简单。在这种情况下，忽略了漫散射过程，远区源所产生的接收信号按照不同传播模式所产生的平面波的叠加来建模，每个平面波分量均由幅相、波达角、多普勒偏移和极化等参数描述。这种模型可以作为高频天波雷达信号结构的粗略模型。在很多方面，这种确定性模型不仅在天波雷达系统，而且在其他高频系统的信号检测参数估计等技术研发中扮演了重要角色。

在实践中，对高频信号而言，电离层对电波的折射率受其不均匀性、动态性、色散性、各向异性等影响。为了研发更复杂的高频系统建模与处理技术，有必要摒弃那种认为电离层像光滑铜皮反射信号这种理想化的观点。更为精确地，电离层对入射高频波的反射为漫散射并使得射线束可以返回地面。电离层和地磁场所引入的这种复杂的形态，会在时间和空间上引起反射信号在幅度、相位、极化等方面的失真。实际信号参数与在理想镜面反射条件下信号参数间的差异，为每一个传播模式提供了精确的结构。

已有多种模型对电离层每个独立模式结构进行精确描述。一种描述精确结构的流行模型是，将一组具有相近波达角和相似多普勒频域的射线或模式进行叠加。这种模型中的不同射线，假定是由因电子浓度分布随时间变化所引起不规则电离层中相当少的镜面反射点所引起。不同射线间干涉在地面上产生复杂的衰落模式（幅度和相位），并由此推导出信号模式的精细结构。这种模型描述电离层精细结构所达到的精度，取决于假设射线的数量和观测的间隔，这也是本章主要讨论的问题。

联合应用实验和数学程序的方法对射线分量的参数进行估计，这种方法称为波前分析技术。在实际中，波前分析方法通常用于在假设传播模式为镜面反射的前提下，对接收信号的多径粗略结构模型进行分析。由于缺少对单个电离层模型的分析，这将导致关于波干涉模型对精细结构描述效果上的争论。下一节给出了概略模型和精细模型分析的试验结果摘要，作为在此方面研究的大纲并推导出主要结论。

本章的焦点是对波干涉模型描述信号精细结构的能力进行量化分析。为此，需要清晰地定义许多相应的边界条件。首先，分析认为，窄带高频信号由位于远区的信号源经倾斜的电离层信道传输至接收天线阵列。第二，我们只考虑天波单跳的情况而不考虑地面反射，第三，天波信号在每个天线单元上（此处为垂直极化）仅为一个极化分量接收（线极化），对于使用宽口径、多通道接收经电离层点对点传播窄带信号的研究，不仅对于高频通信和定位系统有重要意义，而且与超视距雷达高频干扰抑制密切相关。

此外，对于一个点源至一个传感器阵列单程传输的深入理解，将成为双程传输通道特征分析的基础，也就是相应的雷达目标反射回波信号的建模。对于收发单站体制雷达，发射和接收信号传输函数往往因为互易定理而具有相似性，但准单站体制的双站高频雷达系统则必须考虑一定的近似。此外，双程射线模型可以与表面散射模型联合应用，以描述陆海面散射。

很自然地，可以从最简单单跳传输的单程电离层路径特征分析上入手。本章主要关注带宽为数十千赫的窄带信号传输。尽管有宽带 HF 系统存在，值得注意的是，大部分超视距雷达和 HF 阵列使用窄带信号。特别是本章提出的模型专用于描述垂直极化天线单元所接收信号的空时特性。不同极化的潜在优势仍在研究中，目前应用的天波超视距雷达一般只接收一个极化分量（垂直/水平）。

从实验数据来看，重点是中纬度电离层路径而非更为混乱的两极赤道电离层。低纬或高纬电离层更为显著复杂，这也就部分解释了为何目前大多超视距雷达所用的电离层反射点均位于中纬地区。总而言之，本章的主要目的是，对于在中纬地区经单跳单程传输并被垂直极化阵列所接收的独立窄带高频信号，评估使用波干涉模型描述该信号幅相采样的精度。

6.1.2 合成波场概略结构

求解并评估信号经电离层折射多重传播模式参数的能力，是许多 HF 系统正常工作的重要基础。举例来说，当多路径不能正确分辨时，基于干涉定位原理的 HF 定位系统将产生波动，甚至错误的到达角估计结果，导致定位错误。在高频通信系统中，具有相近强度但时延和频移不同的多径分量，可以引起接收信号包络大幅度或快速的频率选择性衰落，这种类型的衰落会显著提高数据通信误码率。在超视距雷达系统中，多径不仅会影响目标检测和跟踪，而且是影响自适应抗干扰处理效果的主要因素。

一直以来，HF 天线阵系统通常采用经典波束形成技术，通过估计每个信号模式的波达角来解决多径传输的概略结构问题。这种系统最主要的障碍是，许多阵面口径并非足以大到分辨出各种传播模式。因此，最初的重点通常更在于避免多径的产生，而非通过阵列处理的手段分离不同的传播模式。Treharne（1967）提出了波前测试法。近期 Warrington, Thomas, and Jones（1990）也给出了这一方法。当接收阵面非常近似于平面波时，可以由此估计 HF 定位系统的波达角，这种技术严重依赖于不同模式间近似单峰传播间的衰落。这就严重限制了在这种条件下的应用难以获得合适的数据，因此，Hayden（1961）认为这种方法效果有限。

20 世纪 80 年代早期，阵列超分辨算法兴起，用于提升传感器阵列的分辨率。例如，多信号分类（MUSIC）技术（Schmidt 1979）对于子空间技术给予了巨大的关注，并引领了多项超分辨技术的发展。与大量已发表的该领域理论分析和计算仿真相对比的是，在实践中，对于高频环境下，传播模式的 DOA 估计算法还鲜有应用的报道。以下描述的试验研究揭示了实际高频多径环境中超分辨算法面临的巨大困难。

Creekmore, Bronez, and Keizer（1993）应用一个 16 单元 120 m 口径的线阵，评估已知公开广播站 AM 信号的传播模式 DOA。采用 MUSIC 及其他 3 种超分辨算法，对每一个信号源所假定的电离层传播模式进行分辨。作者得出结论，传播模式似乎因电离层时变特性而变得"空间扩展"，换句话说，所采用的技术预期出现的分离平面波并未在试验中出现。所观察到精细结构明显增大了正确估计模式数目和估计模式对应角度的复杂程度，因为两者都在随时间波动。

Tarran（1997）使用一个 8 单元、8 个波长口径的非规则二维阵，分辨在 1235 km 中纬度路径上一个已知发射机给出信号模式的方位和俯仰角。MUSIC 算法对两个主要模式的波达角方向进行了评估，对方位/俯仰角的测量速率是每秒 30 次。尽管测量速度快，但获得的俯仰和方位角散射图表明对于每个模式在方位、俯仰上仍散布有好几度，作者因此得出结论，电离层折射对模式的 DOA 会产生快速而显著的影响。这些研究提供了更多的证明，即具有固定波达角的平面波模式，即使在短时间周期内也不具备信号传播模式的代表性。

Moyle and Warrrington（1997）使用一个规则的 6 单元圆阵，直径为 50 m，对一个受控的 778 km 中纬度电离层路径模式传播 DOA 进行估计。之所以称之为受控的电离层传输，是因为在试验中采用了其他探测方法来分辨主要模式结构。尽管在系统工作频率上，通过电离图在距离上区分出了三个明显的传播模式，但 MUSIC 和一些其他的超分辨算法无法对这三个传播模式进行方位分辨。作者给出结论，无法分辨的原因可能是接收通道校准不佳，以及相对较小的口径。

使用一个 7 单元 V 形阵，最大尺寸为 350 m，对可能的高频发射信号进行多模分辨，MUSIC 算法和 Zatman and Strangeways（1994）提出的 DOSE 算法被用来估计不同模式信号的来波方向和俯仰角。但两个算法均效果不佳。结论是，MUSIC 对于路径分辨率的失败原因可能是不同路径间的高相关性、额外的数据噪声以及天线单元的耦合效应。

Fabrizio 等（1998）使用一个 1.4 km 口径的精确校准线阵，接收两个强广播信号。一个信号通过一个受控的中纬度电波路径传播，另一个则通过经赤道的路线传播。为了分辨高相关模式，16 位接收机按子阵进行划分，每子阵 12 个接收单元用于对 MUSIC 谱的空间平滑。空间平滑显著提高了 MUSIC 算法分辨模式的能力，这被另一路径探测记录设备所证明。MUSIC 谱的时变表明，在一个典型天波雷达相参处理周期内，所有发生信号的传播模式，其到达锥角在发生渐变。在中纬传播路径上，几秒的变化在 1 度以内，而在经赤道路径传播中，这样的变化达到几度。

还有一些报道的试验给出了一些重要结论。首先，传统的波束形成方法通常难以进行多径分辨。在口径 100 m 以下难以进行不同模式的 DOA 估计。MUSIC 以及其他子空间方法理论上可以较传统波数形成方法具有更高的分辨率，但此类技术最主要的障碍是对平面波假定的强敏感度，其结果是这些超分辨算法的实际应用必然受限于传播效应（模式的精细结构）以及工程实现性（阵列校准误差）。前者将不仅破坏基于平面波信号假定的空间谱结构，也将增强时变或非平稳特性引入的误差。

一般来说，对于信号经电离层折射的多径结构的分辨，需要一个宽口径且精确校准的阵列、相当低的噪声水平，在短周期内且对模式间相关性不敏感的超分辨技术的应用。现代高频系统的建立，得益于对模式精细结构的深入认知，特别是因为这种现象有时可以成为限制高频系统当前水平的因素。因此，应特别对降低阵列非理想性位置误差以及噪声的影响给予更多关注。

6.1.3 单个模式的精细结构

有两种方法在基于分离模式下观察并分析接收信号波阵面。一种是利用信号不同模式到达时间，也就是传播群距离的差异来分辨模式，另一种则通过电离层相位路径变化的规则成分，从多普勒域加以区分。前者需要调制的波形，具有在短脉冲条件下实现分辨的优点（如脉冲周期）。然而，需要使用大带宽实现群路径微小差异模式的分辨，这对电离层频率离散特性以及拥挤的高频频段来说都是问题。后者可以应用连续波信号，对干扰不敏感也不易发散，但需要长时间积累以在相近的多普勒频移上分辨模式，这增加了连续观测模式下的观测时间，不适合对短时尺度内变化的观测（在 CPI 内）。

1970 年在 Sweeney 的试验是最早采用宽口径阵列研究精细结构的试验之一。一个 2.5 km 的规则线阵用来对在 2550 km 地距离外经中纬度路径传播的信号幅相进行采样，这个线阵由 8 个不重叠的子阵组成，每个包括 32 个垂直鞭天线，每个相距 10 m 放置，每一组子阵中 32 个垂直鞭天线连接一个模拟的波束合成器，形成一个子阵输出，8 个子阵输出由 8 部独立的并经精细校准的接收机下变频并采样。在试验中，使用了一个线性调频连续波信号，用于在时延上进行传播模式的分离。在另一个试验中则采用了连续波信号，在多普勒域进行模式分离。试验分析的主要目的是在方位、电离层及多普勒域上检查接收模式的分量（谱纯度）。

需要对模式的波前结构给予特别关注，对于一个非常宽的宽口径阵列而言，这将决定模式结构所导致的方向图恶化程度。对于阵列分辨率而言，单跳传播模式看起来在方位、距离和多普勒域上是集中的。注意，对于双跳模式则在这 3 个维度上显示出相当的扩展特征。基于这些结果可得出结论，即对于单跳模式，模式精细结构的存在不对宽口径天线阵产生显著的性能影响，作者认为，观察到的双跳模式产生的扩散是路径中点附近的粗糙地表反射引起的。

一个宽口径阵列的性能，一定意义上取决于有用信号是由天线方向图主瓣接收还是作为干扰而由副瓣接收。当信号作为干扰而被自适应波束形成（ADBF）抑制掉时，精细结构的影响体现在自适应方向图更为陡峭的零点附近而不是在宽得多的主瓣上。在这种情况下，性能的度量将用输出信噪比而非波形失真所引起的相参积累损失来描述，此参数对于天线方向图零点与干扰信号波前结构间的失配具有高度敏感性。

Fabrizio 等（1998）报告了一个大宽口径天线阵采用 ADBF 进行干扰抑制对模式精细结构的影响，发现波束形成系统的效果严重依赖于自适应权系数的更新速度，该更新速率在一个平衡点上是最佳的，即较慢更新而增加训练样本，或较快更新以抑制模式精细结构所引起的干扰变化。作者得出结论，在与超视距雷达 CPI 相当的时间间隔内，电离层模式精细结构的变化，可能导致宽口径自适应阵列干扰抑制性能的严重下降。

另一项研究精细结构的试验由 Rice（1973）完成，其使用了一个 32 单元的 1.2 km 口径阵列，用于测量 911 km 中纬度路径的电离层传播模式的相位波前。采用调频连续波信号在波达时间上分辨不同模式，并通过斜测数据进行验证。来源于 6 个传播模式所收到的未解释相前显示了不同的相位非线性程度，来源于 F2 层的信号相前比其他同时在较低层反射的模式线性度更好。可推导出导致相位恶化损失的发生机理与反射高度现象有关，而非因射线经过电离层较低区域的衍射效应引起。在这些区域上，其他的一些模式在此折射传播。作者将观察到的现象归结为模式之内的信号干涉效应。这样的解释认为每种模式都由大量子模式构成，这些子模式传播时间相近（距离上无法区分），但其到达角和多普勒频移具有微小差异，这样说明了 Rice 在 1 分钟的时间内所观测到的非线性相前的变化。

基于波干涉精细结构的解释得到了 Felgate and Golley（1971）所做的垂直入射测量结果的支持。作者应用一个 89 单元阵，填满了一块圆形区域，其直径约为 1 km。采用持续周期 70 ms，重复频率 50 Hz 的脉冲波形，用于在群路径中进行传播模式的分辨与识别，地上传播的每个模式所产生的幅度谱经时域采样，并按明暗亮度进行调制显示。独立模式中包含明亮条带交替变化的周期性穗状图案频繁出现。作者提出这些穗状图案的规律，是由经电离层反射层中不同镜面反射点返回地面的少量离散射线间的干涉所引起的。地面上条纹随时间的运动被认为是这些镜面反射点在水平或垂直方向上的变化，这改变了不同射线间的相位关系。

1978 年，Clark 和 Tibble 也提出了假设，即一个模式是由一些具有相似多普勒频移和相近到达角的镜面反射射线所组成的。一个 8 单元垂直天线阵，高为 74 m，用基于多普勒频移来测量连续波在电离层中的传播模式的俯仰到达角。试验发现，在 90 s 的测量周期内，某一模式的俯仰角在大于 5°的范围内呈连续正弦特征的波动。作者评价这样的结果似乎并不太真实，对俯仰角如此大的偏移量，最可能的解释是，所分析的模式对具有精细结构的射线缺乏分辨能力。

很明显，几个独立的试验研究都证明了模式精细结构的波干涉模型。这样确定性的描述从信号处理角度来说具有在数学上易于处理的优势，特别是用来描述观察到的衰落模型所需的射线数量较少的时候，当射线数量较少时，模式精细结构在物理学角度上也易于解释。然而，还需要通过评估射线干涉的空间和时间参量，以及将模拟的精细结构与用宽口径天线阵实际记录的测量结果进行直接比较。用这样具有说服力的试验性分析，来确定波干涉模型的有效性和精度。

6.2 通道散射函数

本节描述的多传感器通道散射函数试验用于在典型天波超视距雷达脉冲重复周期内，对模式精细结构进行空间和时间域上的分析。分析的目的首先是证明现象的存在及其特征，其次则是评估波干涉模型描述所观测到模式特征的能力和效果。试验的特殊之处在于，基于模式分离的幅相测量是在一个具有高时空精度的宽口径阵列上进行的，稍后进行评述。

试验数据通过位于澳大利亚中部 Alice Springs 的金达莱雷达接收机所获得，这一设施是具有长为 2.8 km、32 个接收通道的均匀线阵，其主要结构组成在第 3 章描述。一个测试发射机放置于远离阵列的位置，通过 1 个垂直宽天线辐射已知信号，用来探测电离层。雷达发射机位于达尔文附近，大约位于接收站以北 1265 km 处，离探测法向偏移近 22°。试验也使用了一个斜测接收器，作为金达莱频管系统的一部分，可以例行记录电离图，用来决定这条特定电离层路径上的模式分量。

阵列已调谐用于接收测试发射机发出的窄带调频连续波信号，该信号线性带宽 20 kHz，每秒 60 脉冲，固定频率为 16.11 MHz，一个通信链路使发射 FMCW 信号与其在接收端的相参信号保持同步，这样可根据时延进行信号分辨，可以对每个传播模式估计出其绝对的群路径。金达莱频率管理系统所给干净频率链路建议，确认中心频率为 16.11 MHz，带宽为 20 kHz，通道在试验中不会受到其他使用者的干扰。

接收机数据按相参处理周期（CPI 或帧）进行记录，每帧数据大约为 4.2 s，其中共有 256 个相位相关的 FMCW 脉冲被系统反射、接收。相邻帧由大约 0.5 s 的帧间空隙进行区分，这也是正常工作过程的一部分。1998 年 4 月 1 日的试验一共记录了 47 帧的数据，从 06:17 至 06:21。斜测电离图同日在 06:23 时进行了记录，稍晚于通道散射函数数据。

采用 20 kHz 的带宽提供了单程 15 km 的群路径分辨率，由于使用汉明窗加权控制距离副瓣的原因，这一分辨率将会劣化至 20 km 左右，在有限一段时间内，群路径上出现的不同传播模式仅有部分距离谱需要保留以进一步处理,这样,共有 42 个覆盖 1055～1670 km 共 615 km 距离段的距离单元需要进一步处理。实际的电离层传播带宽近 60 kHz,可获得单程约 5 km 的群路径分辨率。

6.2.1 电离层模式识别

图 6.1 给出了 Darwin 到 Alice Springs 天波链路的斜向探测电离图。电离图的描迹可以用来确定电离层路径所包含的模式,包括确定传播模式数量,以及相应的电离层反射区域,对一个窄带信号,所含模式可以用工作频点上垂直于频率轴的直线与电离图描迹的交叉点来评估。在图 6.1 中可以很清楚地看出模式分量随工作频率变化而变化。传播模式数量及其相应群路径随频率的变化很好地说明了天波传播通道的色散特性。

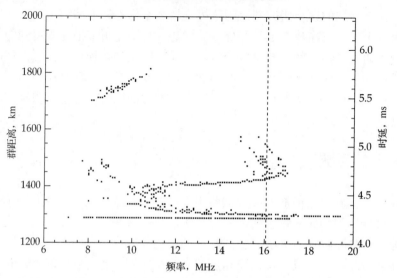

图 6.1 1998 年 4 月 1 日 06:23 以载频为函数反映 Darwin 到 Alice Springs 的电离层回路上模式信息的斜测电离图

在通道散射函数试验中,工作频率为 16.110 MHz,电离图包括 5 个独立的传播模式,对应群路径分别为 1290 km、1300 km、1430 km、1475 km 和 1540 km,为了对导致模式产生的电离层分层结构进行区分,对每个传播模式计算其电离层反射虚高。假设有一个球形地球模型,且经由一个同轴的电离层反射信号,则电离层反射虚高 h_v 由式(6.1)给出,此处 $h_e = 6372$ km,为地球半径;$d = 1265$ km,为路径地距离;g_r(km)为从电离图中测得的模式群路径。使用式(6.1)计算每一个传播模式的虚高,分别为 99 km、122 km、303 km、349 km 和 408 km,公式如下:

$$h_v = \frac{g_r \sin[\pi - d/2r_e - \arcsin(2r_e \sin(d/2r_e)/g_r)]}{2\sin(d/2r_e)} - r_e \quad (6.1)$$

虚高为 99 km 的最低反射层称为中纬突发 E 层,这一层通常形成于高度 90～110 km,在电离图中随频率呈现出相对扁平的描迹。虚高 122 km 对应的模式在图中随频率呈现扁平结构,也可能同样由中纬 E 层所反射,为何相同的反射层会产生不同的群路径或群时延反射信号?一个可能的原因是,信号可以被并非位于大圆平面上的电离层的某点反射,因此,其射线路径要比其他较短群路径上的信号长。这种状况能在 E 层中发生,应归因于信号被非大圆平面上的电离层的云所反射。

群路径为 1430 km、虚高为 303 km 对应的传播模式,由 F2 层低角射线的寻常波和非寻常波组成,其磁离分量相当接近,很难被斜测设备所区分。群路径为 1475 km、虚高为 349 km 对应的传播模式,由在 F2 层高角射线上的寻常波磁离分量所产生。最后,最大的 1540 km 群路径、模式虚高为 408 km 对应的传播模式,则由 F2 层高角射线的非寻常波磁离分量产生。E 层单跳用 $1E_s$ 表示,F2 层低角射线用 $1F_2$ 表示,高角射线的寻常波和非寻常波分量分别用 $1F_2(o)$ 和 $1F_2(x)$ 表示。

6.2.2 模式参数

当分辨单元为 20 km 量级时,从电离层局部所反射的一个单程路径传播模式一般表现为分离的群路径。通常情况下,这样的群路径分辨率已经足够用来将反射于电离层不同区域的不同传播模式解析在不同的距离单位内。图 6.2 显示了数据采集周期内阵列所有接收机所收到信号的幅度-时延均值图。谱图中距离轴上单元 12 之前的平坦部分显示了噪声水平,也表明了数据采集期间每个可分辨模式的信噪比。

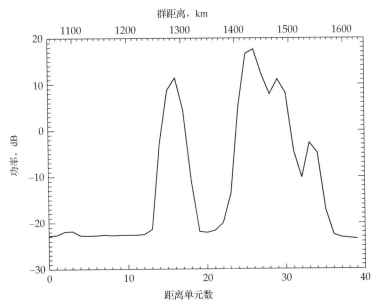

图 6.2　1998 年 4 月 1 日 06:17 至 06:21 间在频率 f_c=16.110 MHz 上金达莱阵列所记录的 Darwin 到 Alice Springs 电离层链路上的平均功率-时延图(群距离功率谱)

图 6.2 中存 4 个峰,其路径分别为 1290 km、1435 km、1480 km 和 1540 km。这些峰的位置和电离图中解析出的模式对应的群路径具有很好的一致性。由于能量-路径图上群路径分辨率为 20 km 左右,还不足以分辨 E_s 层中产生的 1290 km 和 1300 km 两个模式。能量-距离谱图中每个峰所对应模式的平均信噪比,可以由峰值与基于 1200 km 以内距离单元评估出背景噪声水平的比值来确定。很显然,在 1265 km 大圆路径内这些距离单元上并没有传播模式。按群路径升序排列 4 个传播模式的信噪比依次大约为 34.5 dB、40.5 dB、34.0 dB 和 20 dB。

阵列可以将传播模式分布按不同距离单元进行分辨,这样的能力使得可以对每个独立模式开展与其他模式相区别的时-空特性研究。特别地,在某一特定距离单元内,依次对脉冲进行顺序等间隔的采样,可以获得该模式在此距离单元上所包含的多普勒特征。反之,在一个特定脉冲内,对不同接收机进行的阵面快拍采样,可以获得相应距离单元内模式的空间的特征，在开始精细结构分析前，评估电离层传输回路的概略结构参数亦是有意义的。除了评估信噪比和时延，还包括评估试验期间每个模式的平面波达角和多普勒频偏。

可以通过计算常规的角度和多普勒谱的方法，评估一个传播模式的平均到达锥角和多普勒频移，角度和多普勒谱图可以通过在试验周期内，提取出包含感兴趣模式的距离单元内数据，进行平均处理后所获得。图 6.3～图 6.6 给出含有 4 种信号模式的距离单元角度谱和多普勒谱，距离单元分别为 $k=16$、26、29、33，模式的每个距离单元的平均到达锥角和多普勒频移分别通过角度谱和多普勒谱的峰值位置来估计。估计值均列于表 6.1，概括了高频链路的多径概略结构参数。

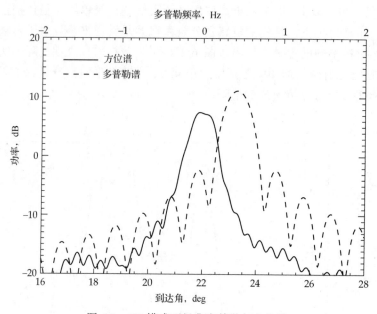

图 6.3 $1E_s$ 模式下经典多普勒与方位谱

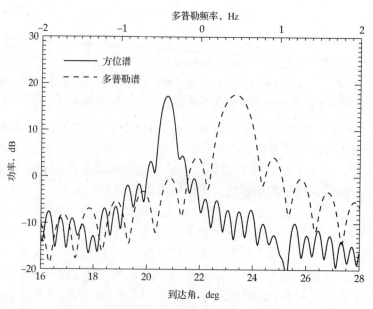

图 6.4 $1F_2$ 模式下经典多普勒与方位谱

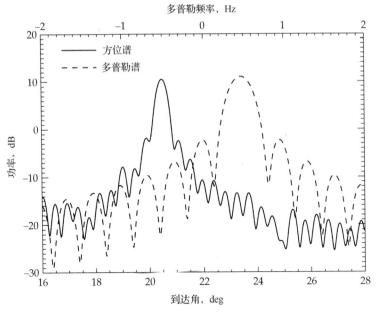

图 6.5　$1F_2(o)$ 模式下经典多普勒与方位谱

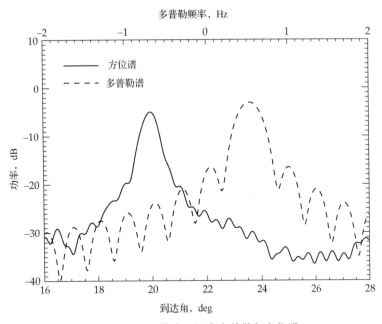

图 6.6　$1F_2(x)$ 模式下经典多普勒与方位谱

表 6.1　1998 年 4 月 1 日 06:17 至 06:21 Darwin 到 Alice Springs 天波高频链路上描述多径传输总体结构的参数

模式	g_r, km	H_v, km	SNR, dB	Δf, Hz	θ, deg
$1E_S$	1290	99	34.5	0.42	21.9
$1F_2$	1430	303	40.5	0.44	20.8
$1F_2(o)$	1475	349	34.0	0.46	20.5
$1F_2(x)$	1540	408	20.0	0.53	19.9

6.2.3 精细结构观测

图 6.7～图 6.10 给出了在一个 CPI 内模式波场的时空采样强度调色图。这 4 幅图显示了以图 6.2 中 4 个峰值位置一致的距离单元 16、26、29、33 内接收机和脉冲的波场复采样数据实部。这些图中出现了类似于二维（空-时）正弦曲线分布的镜面反射信号模式（平面波），正弦曲线在空间维的频率与到达锥角相关，时间维的频率与多普勒频移相关。在镜面反射的理想条件下，波前的峰具有相同的幅度，并在这些图中显示为一条直的连续斜线（完美的线性相前）。

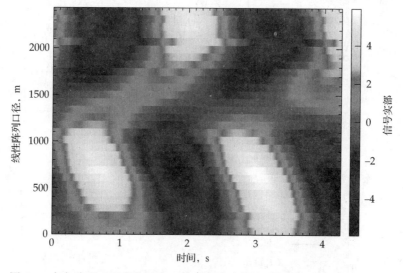

图 6.7 在主阵列（距离单元 $k=16$）时间和空间上采样的 $1E_s$ 模式信号实部

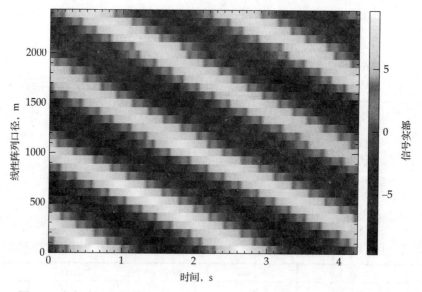

图 6.8 在主阵列（距离单元 $k=26$）时间和空间上采样的 $1F_2$ 模式信号实部

图 6.7 中显示出高度的非平坦波前，这是因为此距离单元中的波场是由未分辨偶发 E 层模式混叠而成，这些模式很可能具有不同的到达方向。图 6.8 中观察到的 $1F_2$ 模式波前呈平坦结构，与一个二维正弦波形十分类似。图 6.9 和图 6.10 分别给出了 $1F_2(o)$ 和 $1F_2(x)$ 磁离分量

结果，$1F_2(o)$模式显示出相对平坦的波前，但显然$1F_2(x)$模式由于电波折射而被劣化，这种劣化归因于电离层不规则体的存在，如果是一个平滑的电离层，理论上一个独立的磁离分量（F2层高角射线的非寻常波）会被有效分离，并不会被其他分量所污染。

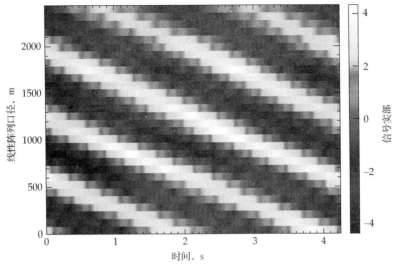

图 6.9　在主阵列（距离单元 $k=29$）时间和空间上采样的$1F_2(o)$模式信号实部

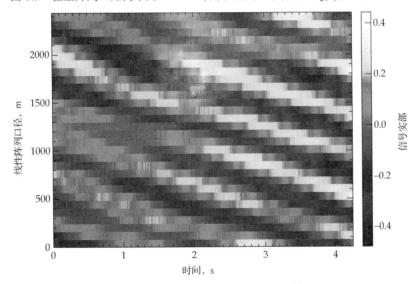

图 6.10　在主阵列（距离单元 $k=33$）时间和空间上采样的$1F_2(x)$模式信号实部

Rice（1976）和 Sweeney（1970）在基于一个宽口径阵列的试验观测报告中建议，一个模式的波前常可被认为是包括或多或少的大尺寸平面波结构，且在相位和幅度上存在一些层间起伏。在指定时刻，这些起伏可以看作电离层在一个理想的镜面反射平面波上引入的空间调制。波前测试可以用来检测短时周期内模式精细结构的存在，它可以用来量化：（1）特定时间内模式波前与最佳平面波模型的差异程度；（2）由于接收机输出信号之间增益与相位变化所引起的模式波前随时间的变化动态。

定义 $x_k(t) \in C^N$ 作为在 PPI 和距离单元内所记录的 N 维阵列快拍复矢量。对同一距离单元 k 的不同脉冲 t 和 $t+\Delta t$ 阵列快拍数据的空间结构进行相似性测量，以幅度平方相干函数

(MSC) 即式 (6.2) 给出。当快拍数据 $x_k(t)$ 和 $x_k(t+\Delta t)$ 复相关 (具有相同的空间结构) 时，MSC 等于 1；而当两个快拍数据正交时，等于 0。处于这两个极值之间的值，表明了在 Δt PRI 内信号空间结构的变化程度。这一时间可以用 $\tau = \Delta t / f_p$ 来表示（f_p =60 Hz），不同于 Rice (1976) 使用的测量相位偏移的均方根误差，MSC 同时考虑了模式波前的幅度和相位因素。而且，MSC 的归一化条件不会受阵列校准误差、本地散射效应以及电离层引入的多普勒偏移所产生的突发相位旋转等因素的变化。

$$\xi_k(\Delta t) = \frac{|\mathbf{x}_k^\dagger(t)\mathbf{x}_k(t+\Delta t)|^2}{\mathbf{x}_k^\dagger(t)\mathbf{x}_k(t)\ \mathbf{x}_k^\dagger(t+\Delta t)\mathbf{x}_k(t+\Delta t)}, \quad 0 \leq \xi_k(\Delta t) \leq 1 \quad (6.2)$$

图 6.11～图 6.14 给出了评估不同模式和时间 τ 内的 MSC 积累分布情况。

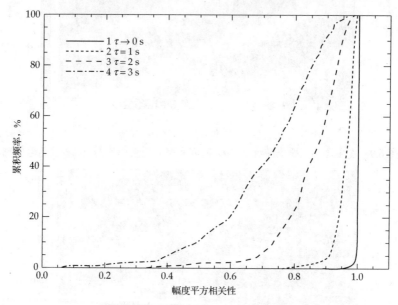

图 6.11　$1E_s$ 模式下 MSC 的累积分布

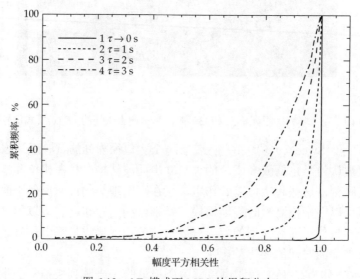

图 6.12　$1F_2$ 模式下 MSC 的累积分布

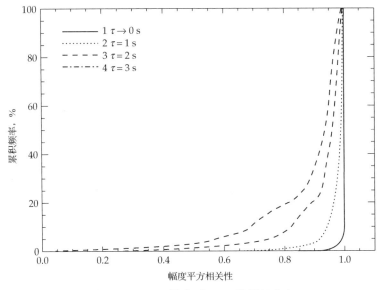

图 6.13　$1F_2(o)$ 模式下 MSC 的累积分布

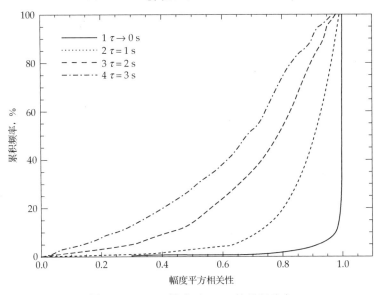

图 6.14　$1F_2(x)$ 模式下 MSC 的累积分布

这些数据分布来自对 47 帧数据中每一组按 $\pi = \Delta t / f_p$ 间隔采样的阵列快拍数据的 MSC 计算，每帧数据包含 $P = 256$ 个快拍数据。所有图中最小的时间间隔 $\tau = 1/60$ s 对应的曲线 1，可以认为是 MSC 的准实时测量，更长时间间隔 1 s、2 s、3 s 的 MSC 分布分别为曲线 2、3 和 4。

由于附加噪声的存在，即使模式波前形状严格保持稳定，MSC 值也并非精确为 1。附加噪声对 MSC 分布的影响体现在所有图中的曲线 1 上。

这假定物理现象引起的波前形状变化对 $\tau = 1/60$ s 来说是可以忽略的，那么 MSC 对 1 的偏移则由附加噪声所引起。如果在长时间间隔 τ 内，模式波前仍能保持相同的形状，MSC 分布将会类似于所有图中的曲线 1，这是由于 MSC 分布在时间间隔内未发生变化。这个结果清楚地证明 MSC 高度依赖于时间间隔。这不仅确认了模式精细结构引起的波前随时间而劣化，而且表明模式波前的发展与时间存在相应关系，且随着时间间隔的增大，其差异也越来越大。

曲线 1 到曲线 2 中 MSC 显著的减少表明，空间结构的变化，即使在短为 1 s 的时间内也是明显的。图 6.13 中的曲线 1 表明，在 $\tau = 1/60$ s 的条件下，$1F_2(o)$ 模式的 MSC 值中 99% 都大于 0.9 s。而当时间间隔提高到 3 s 时，有大约 70% 的 MSC 值小于 0.95（图 6.13 中曲线 4）。基于这个结果，有 99% 的把握可以说，当时间间隔 $\tau = 3$ s 时，有 70% 的阵列快拍数据，其空间结构的相似度无法达到相同数据在间隔 $\tau = 1/60$ s 条件下的相似度水平。

关键点在于，对非常小的时间间隔，即超视距雷达 PRI 量级的间隔条件下，模式波前结构基本保持稳定。但当时间间隔由几分之一秒增加到数秒时，波前结构之间的差异程度就将逐渐增长，并变得显著。尽管这些结果给出了模式波前结构基于时间间隔的量化测量，但无法给出这一变化的机理。

这有助于理解，不管这样的变化是基础平面波前的视在到达角发生变化引起的，还是主要由波前幅相起伏波动引起的。

一个可提供这种变化机理信息的变形的 MSC 方程见式（6.3），此处 $s(\theta)$ 为波达锥角 θ 的平面波阵列导向矢量。使得 $\rho_k(t,\theta)$ 在 t 时刻取得最大平面波到达锥角的 θ 值记为 θ_{max}，表征了基于最小二乘法的与阵列快拍 $x_k(t)$ 值最优拟合平面波模型间拟合度的测量值，即 MSC 最大值 $\rho_k(t,\theta_{max})$ 为阵列快拍数据和最优拟合平面波模型间一致性的量测。简言之，$\rho_k(t,\theta_{max})$ 表征了波前幅度和相位的起伏程度。值"1"仅在 $x_k(t)$ 为平面波时才能得到，而更低的值表明了 $x_k(t)$ 和平面波阵列流型最接近点之间的差异程度。

$$\rho_k(t,\theta) = \frac{|\mathbf{s}^\dagger(\theta)\mathbf{x}_k(t)|^2}{\mathbf{s}^\dagger(\theta)\mathbf{s}(\theta)\ \mathbf{x}_k^\dagger(t)\mathbf{x}_k(t)}, \quad 0 \leq \rho_k(t,\theta) \leq 1 \tag{6.3}$$

基于 4 个连续的 CPI 计算了每种模式的 θ_{max} 和 $\rho_k(t,\theta_{max})$，并按标准时间 t 给出了图 6.15～图 6.18 所示的曲线。注意到每帧数据间有约 0.5 s 的空缺。这些曲线说明了变量 θ_{max} 最大化的时域特性，该变量用于定义最优拟合的平面波模型，以及 MSC 函数 $\rho_k(t,\theta_{max})$。该函数用于测量与典型超视距雷达 CPI 相匹配的帧时间内的拟合度。

为了清楚显示不同模式的变化，采取了不同的纵坐标标尺。

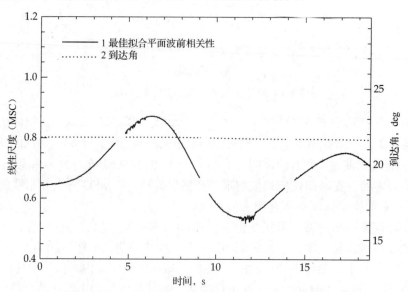

图 6.15　包含 $1E_s$ 模式（$k=16$）的阵列采样 $x_k(t)$ 的平面性分析

第 6 章 波干涉模型

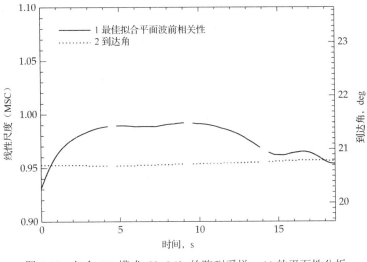

图 6.16　包含 $1F_2$ 模式（$k=26$）的阵列采样 $x_k(t)$ 的平面性分析

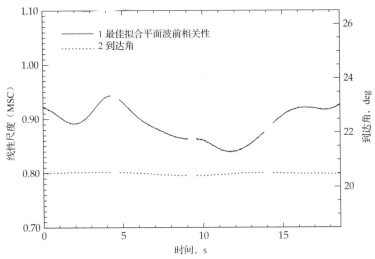

图 6.17　包含 $1F_2(o)$ 模式（$k=29$）的阵列采样 $x_k(t)$ 的平面性分析

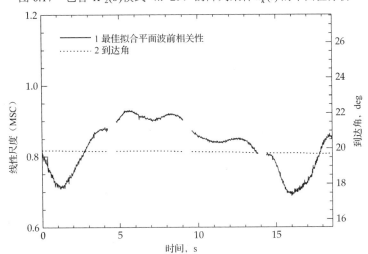

图 6.18　包含 $1F_2(x)$ 模式（$k=33$）的阵列采样 $x_k(t)$ 的平面性分析

除了图 6.15 关于混叠的 ES 层模式，$\rho_k(t, \theta_{\max})$ 的值相当接近 1，这支持了波前本质为平面波的观点。此外，模式波前的平面波最优拟合，在数秒内保持相当稳定的波达角，这表明它是随时间变化的主要波前畸变或起伏。同样很显然，在脉冲重复周期采样的平面波最优匹配的拟合度呈相当平滑的变化特征。这表明，当以 1/60 s 时间分辨率从一个 PRI 观测到另一个 PRI 时，最佳拟合的平面波的幅度和相位调制以一种相关的方式变化。

$\rho_k(t, \theta_{\max})$ 的值还受制于附加噪声以及阵列流型误差。附加噪声引起的变化从一个 PRI 到另一个呈随机特征，并叠加于电离层物理变化过程所产生的平稳变化上。图 6.18 中的噪声影响最显著，这是由于该模式的信噪比最低，而在其他三张图中则很难看出来。阵列流型误差假设在一个数秒的观测周期内保持固定，因此会作为 $\rho_k(t, \theta_{\max})$ 的一个偏差而不是一个变化量引入。

对 $\rho_k(t, \theta_{\max})$ 观测到的变化，可归因于不同传播模式在电离层中反射过程所包含的空间畸变。一个重要观点是，这些变化的精确形式从本质上区分模式之间的差异，这强烈表明，一个经电离层特定区域反射的模式其空间畸变与另外在一个物理上独立的电离层区域反射的模式的空间畸变不存在关系。这个观察结果的实际意义将在本文的最后章节予以具体应用。

本节所展示的一些试验结果证实，一个模式的波前可以被描绘为叠加了一定幅相起伏而本质上为平面的空间结构。分析也给出了一些关于与典型超视距雷达 CPI 相当的时间间隔内，独立模式的波前随时间的变化的信息。基础的平面波波前在数秒内的变化并不明显，但波前畸变的尺寸和形状仍发生相关变化。这就解释了电离层反射导致平面波前幅相畸变的发展与时间并无关联。

6.3 精细结构解析

为了解析精细结构，有必要描述高频通道的波干涉模型在一定的假设和近似条件下，该模式可以用来描述天线阵对信号的时空采样。首先基于每个电离层区域镜面反射的思想，描述接收信号概略结构的数学模型。接着，将这一传统模型按与每个传播模式的多条干涉射线结合，形成精细结构的参数模型。鲁棒的超分辨技术适用于评估精细结构参数，稍后将描述证明。

6.3.1 信号描述

式（6.4）中 $g_m(\ell, t, n)$ 表示传播模式 $m = 1, 2, 3, \cdots, M$ 被系统所接收到的基带实时采样数据的复包络。快速采样要求在 1 个脉冲重复周期内完成，采样序列 $\ell = 0, 1, \cdots, L-1$，此处 L 为 320，为本次实验中每个扫描的 A/D 采样数索引。$t = 0, 1, 2, \cdots, P-1$ 代表在每个 CPI 中的正常采样数，此处 $P = 256$ PRI。索引 ℓ 和 t 均代表时间采样，而 $n = 0, 1, \cdots, N-1$ 代表由 $N = 32$ 的接收阵列所做的空间采样。T_s 和 f_p 分别代表以秒表示的快采样周期和以赫兹表示的脉冲重复频率。数据采集时，$T_s = 52$ ms 和 $f_p = 60$ Hz。

$$g_m(l, t, n) = A_m \exp(j2\pi\{\Delta u_m \ell T_s + \Delta f_m t / f_p\} + j\{k_m \cdot r_n + \gamma(\tau_m)\}) \tag{6.4}$$

在给定的 PRI 内，1 个正斜率调频连续波信号模式经去斜处理后，频率与参考信号的时延 τ_m 成正比。对于一个大地距离为 1265 km 的单跳传播模式，τ_m 的典型值为 4~6 ms，差频或拍频在式（6.5）中定义为 Δu_m，FMCW 扫频带宽 $f_b = 20$ kHz，$LT_s = 1/f_p$ 为 PRI 时间，单位为秒。式（6.4）中基于频率的群路径可以表征为在每个扫频周期内快采样的相位常量 $e^{j2\pi\Delta u_m \ell T_s}$。与距离单元的大小相比，由电离层在典型的超视距雷达 CPI 周期内的运动所引起的信号模式群路径的变化相当小。距离单元的漂移在此不做讨论，那么去斜后的差频 Δu_m 可被认为在一个 4.2 s 的 CPI 周期内保持固定。

$$\Delta u_m = \frac{f_b \tau_m}{L T_s} \tag{6.5}$$

一个电离层可能出现大尺度的一致性运动，即在反射信号模式内引入一个规则的多普勒频移。电离层对模式 m 所产生的 f_d 在式（6.6）中定义为 Δf_m，此处 f_c =16.110 MHz，为载频；c = 3.0×10^8 m/s，为自由空间光速；v_m 为模式的相对速度（群路径变化率），正向多普勒偏移表示等效反射点"向下"移动，使得相对时间的模式相位路径变短，负向多普勒偏移则正相反。

$$\Delta f_m = \frac{2v_m f_c}{c} \tag{6.6}$$

平稳的中纬度路径所产生的反射点相对速度一般小于 10 m/s，等效于在 15 MHz 载频上的反射信号多普勒偏移为 1 Hz。在一个 4.2 s 的 CPI 时间内，等效反射点位移在此速度下为 42，这将使得 CPI 的截止点间产生一个微小的时延 $\delta \tau_m$ =1.4 ns，当时宽带宽乘积满足式（6.7）的要求，则多普勒效应可以表示为式（6.4）中的有规律相位变化，或频率偏移 $e^{j2\pi \Delta f_m t / f_p}$。假定 v_m =10 m/s，则使得模式能产生一个距离单元的偏移，其反射虚高要变化达 15 min。

$$\delta \tau_m f_b \ll 1 \tag{6.7}$$

对线性 FMCW 信号，模式 m 在 CPI 起点相对于发射信号的初始相位由式（6.8）中的 $\gamma(\tau_m)$ 给出。这个参量取决于在参考接收机由一个 CPI 起始时的模式时延 τ_m，并决定了模式间的初相关系，常量 A_m 是考虑到所有收发之间的模式损耗的衰减因子。

$$\gamma(\tau_m) = e^{j2\pi \left\{ f_c \tau_m + \frac{f_b \tau_m^2}{L T_s} \right\}} \tag{6.8}$$

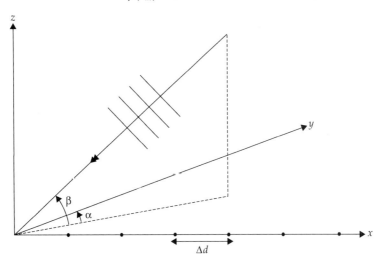

图 6.19 显示一束平面波从方位角 α 和俯仰角 β 入射至沿 x 轴排布均匀线阵的三维坐标系

如图 6.19 所示，均匀线阵沿 x 轴自原点排列，金达莱阵列的 N 个子阵中心间隔间距 Δd =84 m。假定一个来自电离层镜面反射的平面波，相对于法向以方位角 α_m 仰角 β_m 入射该均匀线阵。试验中，发射机的大圆方位为 22°，仰角 β 取决于反射虚高，对于 1265 km 中纬度电离层单跳传播路径而言，其典型值在 5°～35° 间变化。定义 $\mathbf{k}_m = \frac{2\pi}{\lambda}\mathbf{u}(\alpha_m, \beta_m)$ 为信号波矢量，其中，$\mathbf{u}(\alpha_m, \beta_m) = [\cos\beta_m \sin\alpha_m, \cos\beta_m \cos\alpha_m, \sin\beta_m]^T$ 是波传播方向的单位矢量，$\lambda = c/f_c$ 为载波波长，阵列中第 n 个接收机相对于位于原点的参考接收机所收到的载频的相对相位由式（6.9）中的内积 $\mathbf{k}_m \cdot \mathbf{r}_n$ 计算出。此处 $\mathbf{r}_n = [n\Delta d, 0, 0]^T$ 为第 n 个接收机的位置矢量。

$$\mathbf{k}_m \cdot \mathbf{r}_n = \frac{2\pi}{\lambda} n\Delta d \cos\beta_m \sin\alpha_m = \frac{2\pi}{\lambda} n\Delta d \sin\theta_m \tag{6.9}$$

式（6.10）给出了阵列相对两端的时延差分，对于 $\alpha_m = 22°$、$\beta_m = 3°\sim 35°$、$(N-1)\Delta d = 2.8$ km 的阵列而言，一般为 2～3 μs 量级。这些延时与信号带宽 $f_b = 20$ kHz 更为相关而非信号的时宽带宽积。因此，不同接收机的相位关系可以基于带宽特性表示为 $\gamma(\tau_m) = e^{j\mathbf{k}_m \cdot \mathbf{r}_n}$，空间相位差异可以由模式波矢量与 x 轴间形成的到达锥角 θ_m 来表示。当锥角可看作为源偏离视轴的方位时，接近于视轴的源其视在方位角随着模式仰角的增加而增加。锥角效应允许来自单一源的不同传播模式通过 ULA 用锥角来分辨。

$$\mathbf{u}(\alpha_m, \beta_m) \cdot \mathbf{r}_{N-1}/c = (N-1)\Delta d \cos\beta_m \sin\alpha_m / c \tag{6.10}$$

距离处理是对每个 PRI 进行加权的 FFT 处理，上述处理中的距离单元以 $k=0, 1, \cdots, K-1$ 为序号，$K=42$ 时，表示距离范围为 630 km，对式（6.4）的所有脉冲和接收单元距离 FFT 处理得到输出 $s_m(k,t,n)$，见式（6.11），其中，$c_m = A_m e^{j\gamma(\tau_m)}$ 为模式复幅度，$\psi_m(k) = f(\frac{k}{LT_s} - \Delta u_m)$ 为加汉宁窗的傅里叶变换所获得的距离谱点扩展函数，该方程归一化后 $f(0)=1$。

$$s_m(k, t, n) = c_m \psi_m(k) \exp(j2\pi\{\Delta f_m t/f_p + n\Delta d \sin\theta_m/\lambda\}) \tag{6.11}$$

接收数据 $x(k,t,n)$ 是 M 个模式 $s_m(k,t,n)$ 的总和，$m=1,2,\cdots,M$，以及一些非相关噪声。天线阵列所获得的第 k 个距离单元和第 t 个 PRF 的阵列快拍数据 $\mathbf{x}_k(t) = [x(k,t,0), \cdots, x(k,t,N-1)]^T$ 可写为式（6.12）。此处 $f_m = \Delta f_m/f_p$ 为采用 PRF 归一化的模式多普勒频移，$\mathbf{s}(\theta_m) = [1, z_m, \cdots, z_m^{N-1}]^T$ 为平面波阵列，传播矢量以 $z_m = e^{j2\pi\Delta d \sin(\theta_m)/\lambda}$ 表示。

$$\mathbf{x}_k(t) = \sum_{m=1}^{M} c_m \psi_m(k) \mathbf{s}(\theta_m) e^{j2\pi f_m t} + \mathbf{n}_k(t) \tag{6.12}$$

附加噪声通常建模为在空间时间上均匀的白噪声及其二次统计量[由式（6.13）给出]。式中，$\mathbf{n}_k^{[n]}(t)$ 表示为 $\mathbf{n}_k(t)$ 的第 n 个分量，$E\{\}$ 为其数学期望，$\delta(\cdot)$ 为克罗内克函数，此处忽略了 FFT 窗函数引入的距离噪声剩余。

$$E\{\mathbf{n}_{k_1}^{[n_1]}(t_1)\mathbf{n}_{k_2}^{[n_2]*}(t_2)\} = \sigma_n^2 \delta(k_1 - k_2) \delta(t_1 - t_2) \delta(n_1 - n_2) \tag{6.13}$$

设 k_m 为与模式 m 最匹配的距离单元，若不同模式场可以在群延时上很好地分辨出来，在忽略相近模式间的污染时，则 M 个模式波形可被有效地分为不同距离单元 $\{k_m\}_{m=1}^{M}$。换句话说，k_m 中忽略了模式不匹配的贡献。当距离上的谱泄漏分量低于噪声水平时，可以近似为 $\psi_m(k) = \delta(k - k_m)$。$\mathbf{x}_{k_m}(t)$ 由式（6.14）给出。

$$\mathbf{x}_{k_m}(t) = c_m \mathbf{s}(\theta_m) e^{j2\pi f_m t} + \mathbf{n}_{k_m}(t) \tag{6.14}$$

有推测认为，一个独立的传播模式也是由一小部分（近似为镜面反射）分量或子模式组成的，其无法在时延上进行分辨，但有不同的多普勒偏移，以及较近的到达角。对于一个光滑层混叠的子模式，可以相应地分为 4 个理论上的预期射线（高/低、寻常/非寻常）或其子集。然而，对于单个分辨出的磁离分量，这些子模式仅可由电离层电子浓度的不规则分布所产生。精细结构的波干涉模型用 R_m 个子模式或射线式（6.15）来描述了距离 k_m 的模式。

$$\mathbf{x}_{k_m}(t) = \sum_{r=1}^{R_m} c_{mr} \mathbf{s}(\theta_{mr}) e^{j2\pi f_{mr} t} + \mathbf{n}_{k_m}(t) \quad (6.15)$$

在距离上分辨出的一个独立传播模式概略结构和精细结构的差别，是后者在波干涉模型中包含不止一个分量（即 $R_m > 1$）。式（6.15）给出的波干涉模型是确定性的，然而，多普勒频偏、波达角以及真实电离层模型的其他参数是预期为时变的，这样模式精细结构模型的尺度则因此被限制于一段相当于典型超视距雷达 CPI 的时间内。

6.3.2 参数估计

用 NP 维堆叠列矢量 $\mathbf{z}_{k_m} = [\mathbf{x}_{k_m}^T(0), \mathbf{x}_{k_m}^T(1), \cdots, \mathbf{x}_{k_m}^T(P)]^T$ 表示 CPI 周期内第 k_m 个距离单元内的接收机和脉冲的空-时采样数据。对单个距离单元，模式分辨的数据矢量可以简单地用 $\mathbf{z}$ 表示，$\mathbf{z}$ 中的信号分量认为是信号模式精细结构的 R 条射线干涉产生的，与式（6.15）一致。数据矢量可写为式（6.16）的形式，式中，$\mathbf{A}(\varphi)$ 是一个 $NP \times R$ 维的混合矩阵，随后将给出定义。矢量 $\mathbf{c} = [c_1, \cdots, c_R]$ 包含了射线的复幅度（幅度和初相），$\mathbf{n}$ 为与 $\mathbf{z}$ 一致的附加噪声矩阵。

$$\mathbf{z} = \mathbf{A}(\varphi)\mathbf{c} + \mathbf{n} \quad (6.16)$$

矩阵 $\mathbf{A}(\varphi)$ 的 R 列包含了射线空时方向矢量 $\mathbf{a}(\theta_r, f_r) \in C^{NP}$，$r = 1, \cdots, R$，矩阵 $\mathbf{A}(\varphi)$ 因此可由空-时流型 $\mathbf{a}(\theta, f)$ 和精细结构参数矢量 $\varphi = [\theta_1, \theta_2, \cdots, \theta_r, f_1, f_2, \cdots, f_r]$ 的函数来定义。包含了 R 条射线的到达锥角和归一化多普勒偏移。

$$\mathbf{A}(\varphi) = [\mathbf{a}(\theta_1, f_1), \mathbf{a}(\theta_2, f_2), \cdots, \mathbf{a}(\theta_R, f_R)] \quad (6.17)$$

NP 维空-时流型 $\mathbf{a}(\theta, f)$ 可以由前述定义的 N 维空间方向矢量 $\mathbf{s}(\theta)$ 和 P 维时间方向矢量 $\mathbf{v}(f) = [1, e^{j2\pi f}, \cdots, e^{j2\pi(P-1)f}]$ 的卷积（$\otimes$）来表示。流型 $\mathbf{a}(\theta, f)$ 为范德蒙结构，这表明流型中任一给定的方向矢量无法由其他方向矢量的线性变换而得到。

$$\mathbf{a}(\theta, f) = \mathbf{s}(\theta) \otimes \mathbf{v}(f) \quad (6.18)$$

在理想条件下，射线参数的最大似然估计由式（6.19）给出，然而，通常对参数矢量和射线复幅度分别进行估计而非联合估计。如下节所述，假设选定了估计方法并正确使用，这样的方法可以获得与 ML 方法相当的估计，而计算效率更高。

$$\{\hat{\mathbf{c}}, \hat{\varphi}\}_{ML} = \arg\min_{\mathbf{c},\varphi} \|\mathbf{z} - \mathbf{A}(\varphi)\mathbf{c}\|^2 \quad (6.19)$$

对于假定的射线数 R，首先需要从数据 $\mathbf{z}$ 中估计参数矢量 φ，对此，用 $\hat{\varphi}$ 表示，可以重构混合矩阵 $\mathbf{A}(\hat{\varphi})$，射线的复幅度可估计为矢量 $\hat{\mathbf{c}}$，并由式（6.20）提供测量值 $\mathbf{z}$ 的最佳最小二乘拟合，此处 $\|\cdot\|^2$ 代表 L^2 范数（亦称弗洛然尼乌斯范数 $\|\cdot\|_F$），$\mathbf{A}^+(\hat{\varphi}) = [\mathbf{A}^{\perp}(\hat{\varphi})\mathbf{A}(\hat{\varphi})]^{-1}\mathbf{A}^{\perp}(\hat{\varphi})$ 为 $\mathbf{A}(\hat{\varphi})$ 的 M-P 逆变换，换句话书，射线复幅度 $\hat{\mathbf{c}}$ 按测量值 $\mathbf{z}$ 和模型 $\hat{\mathbf{z}} = \mathbf{A}(\hat{\varphi})\hat{\mathbf{c}}$ 之间的残差平方最小来估计。

$$\hat{\mathbf{c}} = \arg\min_{\mathbf{c}} \|\mathbf{z} - \mathbf{A}(\hat{\varphi})\mathbf{c}\|^2 = \mathbf{A}^+(\hat{\varphi})\mathbf{z} \quad (6.20)$$

一旦确定了模型的阶数，估计了射线参数，接下来的任务是评估代表真实电离层模型精细结构实时采样的波干涉模型的精度，需要一种仿真空-时数据和实测接收采样数据间吻合度的定

量测量来评估波干涉模型的应用效果。同时，建立使用与否的准则，有效性度量直观且相对简单的计算，是残差 $\|\mathbf{z}-\hat{\mathbf{z}}\|^2$ 与实测数 $\|\mathbf{z}\|^2$ 的比率。模型拟合精度（MFA）的度量由式（6.21）给出，表征了按百分比给出的该准则条件下的模型与数据的拟合度。

$$\mathrm{MFA}(\%) = \left\{1 - \frac{\|\mathbf{z} - \mathbf{A}(\hat{\varphi})\hat{\mathbf{c}}\|^2}{\|\mathbf{z}\|^2}\right\} \times 100 \tag{6.21}$$

当 MFA 充分接近其上限 100%时，模型 $\hat{\mathbf{z}} = \mathbf{A}(\hat{\varphi})\hat{\mathbf{c}}$ 被认为与接收数据 $\mathbf{z}$ 良好吻合。此处"充分接近"必须考虑到信噪比的影响，由于附加噪声的存在，即使模型与接收数据精确吻合，MFA 也达不到 100%。从式（6.21）可以相对简单地获得在信号被良好建模并加入非相关噪声 SNR / (SNR +1) 情况下的预期 MFA 值。此处 SNR 为信噪比。对于高信噪比的分析数据，MFA 更受限于模型误差而非附加噪声。

至于考虑对传播模式精细结构的分辨，射线参数矢量及复幅度的估计问题在现实中成为一大挑战。这是由于模式中的射线具有相近的多普勒偏移和达到锥角。两条多普勒偏移相同但到达角不同的射线在接收阵面上形成一个非平面波，且不随时间变化而改变；另一方面，具有相同到达角但多普勒偏移不同的两条射线将产生一个平面波，并随时间的变化而起伏。总的来说，不同的射线具有多普勒偏移和到达角的轻微差异，并引起时变的非平面波，这种关于波前的定性解释，与 6.2.3 节中的试验观察结果相一致。

基于 FFT 算法（周期图）的经典谱估计技术具有高的计算效率。但这些算法的缺陷在于其谱线主瓣的宽度，阻碍了对于两个或更多较近频率分量的分辨。这些频率分量的间隔比信号数据长度的倒数更小。另一个缺陷是，强信号可从副瓣进入，并对较强的主瓣信号产生遮蔽，图 6.3～图 6.6 清楚地表明，由于前述缺陷，强信号尖峰使得对一个模式中多条射线路径按经典的角度和多普勒偏移估计方法已经不能分辨了。因此，这样的技术已不适用于高频环境下传播模式精细结构的分辨。

可以考虑另一种基于 Marple（1987）提出的线性预测或 Capon（1969）提出的无失真响应最小方差（MVDR）估计的方法，但是，最好的频率分辨和估计是基于样本协方差矩阵的特征结构的。性能提高的基础，特别是在低信噪比的条件下，源自将样本协方差矩阵所包含的信息划分为信号矢量子空间和噪声矢量子空间。对子空间方法的巨大吸引力主要源自多信号分类技术（MUSIC）最初的发展。自从 MUSIC 算法诞生，一大批不同的超分辨算法被提出，对这些算法及其之间优缺点的精彩综述可以从 Krim and Viberg（1996）获得。对 MUSIC 算法的描述，此处不再赘述，可参考 Marple（1987）。

前述的最大似然估计（ML）法作为一种参数法较 MUSIC 为优，特别是当两个或多个射线在观察周期内相干或具有高相关性时，见 Krim and Viberg（1996）。然而，ML 计算与 MUSIC 密切相关，且可能更为重要的是，其并不能保证按式（6.19）中的目标函数收敛至全局最优。另外，Pillai（1989）描述的子阵平滑技术可以用于提高 MUSIC 在到达波相关条件下的性能。在此应用中，MUSIC 被认为是平衡了分辨率、计算复杂度以及联合空-时频率估计能力等方面要求的合适算法。

虽然 MUSIC 本来是对不同射线的参数分别进行估计的，但也可对特定射线同时完成空-时域频率估计。空-时 MUSIC 算法的应用允许对不同的射线同时进行二维而非一维分辨。举例来说，两个具有几乎相同多普勒频频的射线是不可能从时间-频率上进行分辨的，但如果其到达锥角有足够的区分度，则理论上可以在空-时域上获得两个尖峰，以区分两个射线。联合空-时处理的另一优势在于射线在二维域上进行解析，到达角和多普勒频偏可以同时被估计。该方法的缺陷在于，进行更高维计算时需要在协方差矩阵的应用上增加运算量，建立精确的矩阵需要大量数据，并要同时进行二维搜索，而非两次一维搜索。

6.3.3 空-时MUSIC

为了描述空-时 MUSIC 技术，设 $\mathbf{x}_k(s,t)$ 为一个 N_s 维阵列快拍矢量，由阵列中从第 s 号接收机开始的 N_s 个接收机所记录。此处 $s \in [0, N-N_s]$ 且 $N_s < N$，与全阵快拍数据 $\mathbf{x}_k(t) \in C^N$ 包含了所有接收数据不同，$\mathbf{x}_k(s,t) \in C^{N_s}$ 代表 N_s 单元的 ULA 子阵面接收数据输出，其初始数据从序号 s 开始。式（6.22）中的空-时数据矢量 $\mathbf{z}_k(s,t,\Delta t) \in C^{N_s N_t}$ 由 N_s 维数据矢量 $\mathbf{x}_k(s,t)$ 按 Δt 的采样间隔采样 N_t 次而组成，$t \in [0, P-N_t \Delta t]$ 且 $N_t \Delta t < P$，假设选择适当的 N_s 和 N_t，使得 $N_s N_t > R$，则 R 条射线拥有不同的参数集 $\{\theta, f\}$。

$$\mathbf{z}_k(s,t,\Delta t) = [\mathbf{x}_k^T(s,t), \mathbf{x}_k^T(s,t+\Delta t), \cdots \mathbf{x}_k^T(s,t+(N_t-1)\Delta t)]^T \quad (6.22)$$

空-时数据矢量 $\mathbf{z}_k(s,t,\Delta t)$ 可被写为式（6.23），此处 $\mathsf{A}(\varphi)$ 为降维 $N_s N_t \times R$ 混合矩阵，为避免复杂的符号，式（6.23）中的子阵面射线混合矩阵与前式（6.17）中的全阵面矩阵一致。

$$\mathbf{z}_k(s,t,\Delta t) = \mathsf{A}(\varphi)\mathbf{s}_k(t) + \mathbf{n}_k(s,t,\Delta t) \quad (6.23)$$

式（6.24）中的 M 维信号矢量 $\mathbf{s}_k(t)$ 包括了自 s 号接收机所接收每条射线的复波形形式 $s_m(k,t,s)$，按式（6.22）的形式构建了非相关白噪声空-时矢量 $\mathbf{n}_k(s,t,\Delta t)$，表示空-时矢量 $\mathbf{z}_k(s,t,\Delta t)$ 中包含的附加噪声。

$$\mathbf{s}_k(t) = [s_1(k,t,s), s_2(k,t,s) \cdots s_M(k,t,s)]^T \quad (6.24)$$

传统上，被用来计算 MUSIC 谱的空时采样协方差矩阵采用全阵口径来估计，当两条或更多的射线相干时（多普勒偏移相同），标准 MUSIC 谱无法全部提供所有射线到达角和多普勒频偏的估计，这导致信号子空间维度缺秩，如 Pillai（1989）所述。为了矫正这一情况，Shan, Wax, and Kailath（1985）提出空间平滑思路，用于在保留角度和多普勒频偏信息的前提下对信号进行解相关。特别地，在式（6.25）中，前后空间平滑技术用于生成空间采样矩阵 $\hat{\mathsf{R}}_z(k)$，式中，$P' = P - N_t \Delta t$、$N' = N - N_s$ 以及 J 为 $N_s N_t \times N_s N_t$ 维交换矩阵，其反斜对角元素为 1，而其他元素为 0。

$$\hat{\mathsf{R}}_z(k) = \sum_{t=0}^{P'} \sum_{s=0}^{N'} \mathbf{z}_k(s,t,\Delta t)\mathbf{z}_k^\dagger(s,t,\Delta t) + \mathsf{J}\mathbf{z}_k^*(s,t,\Delta t)\mathbf{z}_k^T(s,t,\Delta t)\mathsf{J} \quad (6.25)$$

统计意义上所期望的空-时协方差矩阵 $\mathsf{R}_z(k)$，如式（6.26）所示，此处 $\mathsf{S}_k \in C^{R \times R}$ 用于表示空域平滑源协方差矩阵，尽管当两个或多个信号相关时，真实源的协方差矩阵 $E\{\mathbf{s}_k(t)\mathbf{s}_k^\dagger(t)\}$ 并非满秩，但空域平滑源的协方差矩阵的秩可能随着每个空间均值而增加（Pillai 1989）。这样的特性使得 MUSIC 在存在两条或更多射线相干或高度相关时，可以对射线参数进行联合估计，子阵平滑的代价是分辨率的下降，以及最多可分辨射线数量的减少。

$$\mathsf{R}_z(k) = \mathsf{A}(\varphi)\mathsf{S}_k \mathsf{A}^\dagger(\varphi) + \sigma_n^2 \mathsf{I} \quad (6.26)$$

假设 S_k 满秩为 R，正定的共轭矩阵 $\mathsf{R}_z(k)$ 的特征值分解可由式（6.27）表示，其中，Q_s 的 R 列特征分量张成了信号子空间，其与 $\mathsf{A}(\varphi)$ 张成的子空间相同。另一方面，Q_n 矩阵的 $N_s N_t - R$ 列式为噪声特征矢量，张成子空间与 Q_s 和 $\mathsf{A}(\varphi)$ 张成的子空间正交。对角线矩阵

$\Lambda = \text{diag}[\lambda_1, \cdots, \lambda_R]$ 包含了与 R 主特征向量相关的最大特征值，而较小的（噪声）特征值则等于 σ_n^2。

$$R_z(k) = Q_s \Lambda Q_s^{\dagger} + \sigma_n^2 Q_n Q_n^{\dagger} \tag{6.27}$$

由于信号子空间的特征矢量与噪声子空间的特征矢量相正交，射线矢量 $\mathbf{a}(\theta_r, f_r)$ 同样与噪声子空间的特征矢量相正交。换句话说，当参量 $\theta = \theta_r$、$f = f_r$，此处 $r = 1, 2, \cdots, R$ 时，$Q_n^{\dagger} \mathbf{a}(\theta, f) = 0$，此外，与 R 射线相关的参数集 $\{\theta_r, f_r\}$ 成为仅有的可能满足这样正交条件的锥角和多普勒频偏集合，这是由于任何一个由单独的定时信号矢量 $\mathbf{a}(\theta, f)$ 所形成的的集合，可以形成相关的线性集合。因此，式（6.28）中的空间平滑 MUSIC 谱 $p_{mu}(\theta, f)$ 可以通过将一个信号矢量 $\mathbf{a}(\theta, f)$ 映射至噪声估计子空间 $\hat{Q}_n$ 而计算获得。$\hat{Q}_n$ 由式（6.25）中的样本空时协方差矩阵 $\hat{R}_z(k)$ 计算而得。

$$p_{mu}(\theta, f) = \frac{\mathbf{a}^{\dagger}(\theta, f) \mathbf{a}(\theta, f)}{\mathbf{a}^{\dagger}(\theta, f) \hat{Q}_n \hat{Q}_n^{\dagger} \mathbf{a}(\theta, f)} \tag{6.28}$$

MUSIC 谱给出了具有相邻到达角和多普勒频偏的真实射线所形成的尖峰，这些尖峰的坐标给出了参数矢量估计 $\hat{\varphi}$，MUSIC 谱中尖峰的幅度并非代表射线信号的幅度，信号的复幅度将在式（6.20）中分别采用最小二乘法进行估计。

6.4 试验结果

前述空-时 MUSIC 技术要求指定模式的模型阶数或射线数，Wax and Kailath（1985）提出了一种基于信息论的使用采样协方差矩阵特征值来估计射线数量的方法。尽管有此方法，但值得注意的是，如何用较少的射线来描述模式的精细结构才是最终目标。一个有大量射线的模型理论上可以用来很精确地描述模式，但这样的模型实际效用却非常有限。原因很多，首先，用少量射线来描述数据特征对于反映模型的物理意义更为容易；其次，模型阶数越高，数学处理难度越大，且有更多的变量需要确定。

从另一个极端来说，单射线模式过于简单，无法充分描述 HF 传输信道特性。对传输介质复杂度的建模，在比较而非否定各算法的应用效果方面有着很大的吸引力，这使得其在实际应用中有很大优势。问题在于如何对"相当少射线"或"较少射线"进行定义。Gething（1991）对 2 射线波场和 3 射线波场进行综合，用来比较不同波前分析技术的应用效果。Rice（1982）就采用了相同模型阶数来对给定的波前平坦度推导其概率密度函数。本节中，对模式精细结构最多达 4 条射线的模型进行了分析。之所以最多为 4 条射线，是其与理论上经单一平缓电离层反射所预期形成的射线数量相一致。

6.4.1 数据预分析

除模型阶数 R 外，子阵口径的大小也需要由接收机数量 N_s、时域快拍数 N_t 和其间隔 Δt 来确定。N_s、N_t 和 Δt 值越高，分辨率越高，采样协方差矩阵维度越大，使得采用有限定时数据进行 MUSIC 估计的方差变大。并不推荐采用多个 CPI 数据来平滑估计，这是因为，随着观察时间的增长，射线参数也会发生很大变化。

由于信号环境不可预知，并不存在一个明确用来确定"最优"子阵口径维数的准则。在以下分析中，对空-时 MUSIC 谱按下列参数进行估计，N_s 取 16 个接收机，N_t 取 16 个快拍数，Δt 取 12 个 PRI（如 0.2 s 间隔）。在限制分析周期为一个 CPI 数据的前提下，根据经验，选择这些数据可以在分辨率和估计参量方差间取得折中，以获得满意的性能。

为了比较在分辨模式精细结构问题中一维 MUSIC 和二维 MUSIC 的实际应用情况，设 $N_t=1$、$N_s=16$ 获得平滑的 MUSIC 空间谱，$N_s=1$、$N_t=16$ 及 $\Delta t=12$ 获得时域谱，第一个例子考虑了在特定 CPI 中接收的 $1E_s$ 模式，接收到的该模式空-时波场数据的实部如图 6.7 所示。

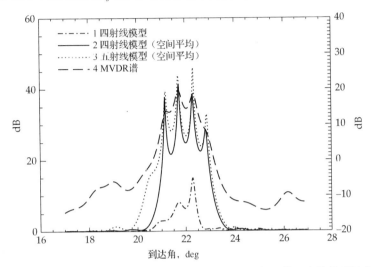

图 6.20　$1E_s$ 模式（$k=16$）的空间 MUSIC 谱。对应曲线 2 的 4 个峰值到达角分别为 21.2°、21.7°、22.3° 和 22.8°。右边纵轴尺度仅对应 MVDR 谱（曲线 4）

图 6.20 中的曲线 2 和 3 分别表明一个具有 4 条和 5 条射线模型阶数的 MUSIC 空间谱，注意到 $M=4$ 时所分辨出的尖峰要较 $M=5$ 时更宽，并未显现出第 5 个峰，这就表明，通过到达角可以分辨出 4 条主要的射线。曲线 1 表明了同样数据但未采用空间数据平滑的标准 MUSIC 谱线（如 $N_s=N=30$）。按右侧纵坐标的曲线 4 给出了用于计算曲线 2、3 MUSIC 谱的空间平滑后样本空域协方差矩阵的 MVDR 谱（无失真最小方差）。

图 6.20 中的曲线 2、4 表明，MUSIC 空间谱可以分辨出 4 条靠近的射线，而 MVDR 仅能分辨 3 条。在未分辨出的第 4 条射线角度上，MVDR 曲线仅有一个轻微的鼓包，表明了第 4 条射线的存在，如预期一致，这表明了子空间方法分辨率的优势。

图 6.20 中的曲线 1、2 表明了采用空间平滑后有利于第 4 条射线的分辨。此例中，非平滑的标准 MUSIC 算法的较差性能也暗示了观察周期内还会有一些高度相关的回波，这表明这些射线可能具有非常接近的多普勒频偏。

使用相同的数据，图 6.21 曲线 1、2、3 分别给出了模型阶数为 1、2、3 条射线的时域 MUSIC 谱，此 3 条曲线与左纵轴关联，对 $N_t=16$、$\Delta t=12$ 的时域样本协方差矩阵进行估计。曲线 4 与右侧纵坐标相关联，给出了与 MUSIC 同样样本协方差矩阵的 MVDR 谱，与 MUSIC 谱在角度上分辨 4 条射线不同，MUSIC 谱在多普勒域上仅能分辨出 2 条射线，时域 MUSIC 谱难以分辨更多射线的原因，可能是前述这些射线具有非常相近的多普勒频偏。

尽管 MVDR 谱经常作为一种高分辨估计方法，但其无法像图 6.21 中 MUSIC 谱一样区分 2 条射线。这更表明了 MUSIC 超分辨算法的优良性能。此外，MVDR 重要性在于揭示了回波能量主要分布于多普勒频偏在 0.4～0.6 Hz 的信号中。如果存在 4 条主要射线，这些射线亦预期在此区间内。

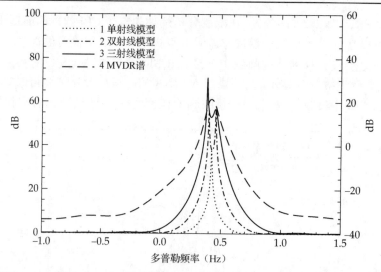

图 6.21　$1E_s$ 模式（$k=16$）的时间 MUSIC 谱。对应曲线 2 的 2 个峰值多普勒频率分别为 0.40 Hz 和 0.46 Hz。右边纵轴尺度仅对应 MVDR 谱（曲线 4）

到达角域和多普勒域分辨出射线数量的差异，在研究波场时将产生一个问题，即无法清晰地对每条射线给出其空-频和时-频参数。这个真实数据的例子说明了使用空-时 MUSIC 方法而不是两个一维 MUSIC 谱进行参数估计的主要动机。采用同样的数据，其参数为 $N_t=16$、$N_s=16$ 以及 $\Delta t =12$ 并假设为 4 条射线，其空-时 MUSIC 谱估计见图 6.22 中的三维图。

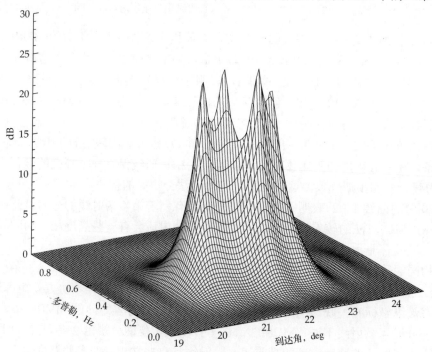

图 6.22　假定 4 条射线的 $1E_s$ 模式空-时 MUSIC 谱

在图 6.22 中，对 $1E_s$ 模式进行空-时 MUSIC 谱估计所获得的 4 条射线参数列于表 6.2 中，也包括了采用式 6.20 最小二乘法所获得的每条射线幅度与初相。注意，采用空域 MUSIC 和时域 MUSIC 所获得的谱峰，和采用空-时 MUSIC 所获得的 4 个谱峰其坐标相一致。采用空-时

MUSIC 谱可以确认 4 条射线中的 3 个,其多普勒频偏几乎完全一致,这 4 条射线难以在时域 MUSIC 谱中分辨,但可以根据其到达角的差异通过采用数据平滑的空间 MUSIC 谱或空-时 MUSIC 技术进行分辨。

图 6.23 给出了对 $1F_2$、$1F_2(o)$ 和 $1F_2(x)$ 的空-时谱估计结果,对于每一个模式,通过在 47 个 CPI 中数据所获得的用于描述射线数的模型阶数可以达到 90% 以上的拟合精度,表 6.2 同样给出了这些空-时 MUSIC 谱估计获得的射线参数。

表 6.2 利用单个 CPI 数据计算 $1E_s, 1F_2, 1F_2(o)$ 和 $1F_2(x)$ 模式的 MUSIC 谱,并估计得到的射线参数

模式	到达角(°)	多普勒(Hz)	幅度(线性)	相位(°)
$1E_s$ 射线 1	21.2	0.43	1.10	77.3
$1E_s$ 射线 2	21.7	0.44	2.57	−174.8
$1E_s$ 射线 3	22.4	0.40	2.16	−8.8
$1E_s$ 射线 4	22.8	0.43	0.65	−127.4
$1F_2$ 射线 1	20.1	0.50	0.54	141.4
$1F_2$ 射线 2	20.7	0.48	2.76	54.5
$1F_2$ 射线 3	21.3	0.37	0.64	104.7
$1F_2(o)$ 射线 1	20.4	0.48	3.93	−50.0
$1F_2(x)$ 射线 1	19.7	0.51	0.67	61.4
$1F_2(o)$ 射线 2	20.1	0.52	0.88	160.8

6.4.2 模型拟合精度

图 6.26~图 6.29 通过展示基于射线数和特定 CPI 数据的各模式拟合精度,总结了这些数据的分析结果。注意到图 6.26~图 6.29 中的特定 CPI 并非包括所有模式阶数的度量,这是由于空-时 MUSIC 对谱峰的分辨并非总是与设定的射线数量一致。当模型阶数估计过高或射线存在但无法分辨时,这种情况就会发生。谱峰数量与假定的模型阶数不一致时,无法获得满意的拟合精度。

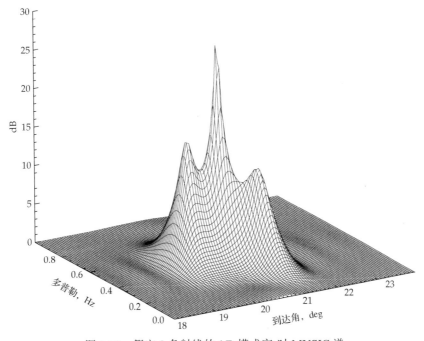

图 6.23 假定 3 条射线的 $1F_2$ 模式空-时 MUSIC 谱

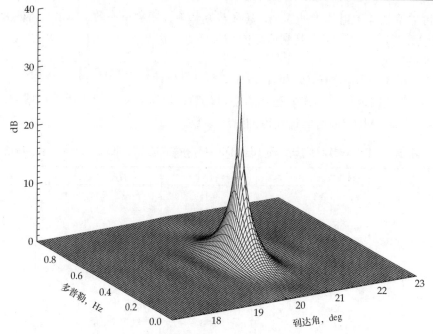

图 6.24 假定 1 条射线的 $1F_2(o)$ 模式空-时 MUSIC 谱

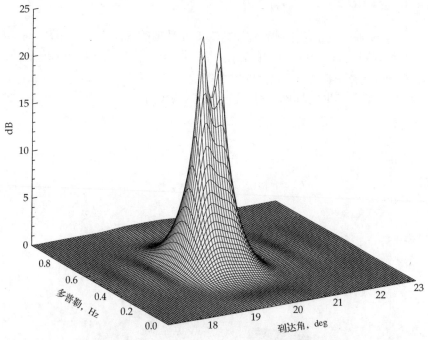

图 6.25 假定 2 条射线的 $1F_2(x)$ 模式空-时 MUSIC 谱

特别要注意的是，MISIC 无法分辨预期的谱峰并非表明射线数少于预期的波干涉模型无法充分描述样本数据。例如，第 22 个脉冲中 $1F_2$ 模式假设包括了 2 或 3 条射线，并分别给出了 1 或 2 个谱峰。因此，图 6.27 脉冲 22 中并未给出相应模型阶数的符号。然而，在假设为 3 条射线的条件下，用 2 条射线获得的拟合精度可达到 93%。

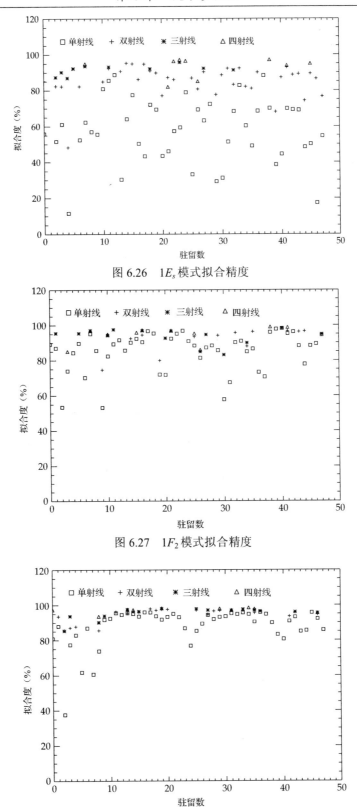

图 6.26 $1E_s$ 模式拟合精度

图 6.27 $1F_2$ 模式拟合精度

图 6.28 $1F_2(o)$ 模式拟合精度

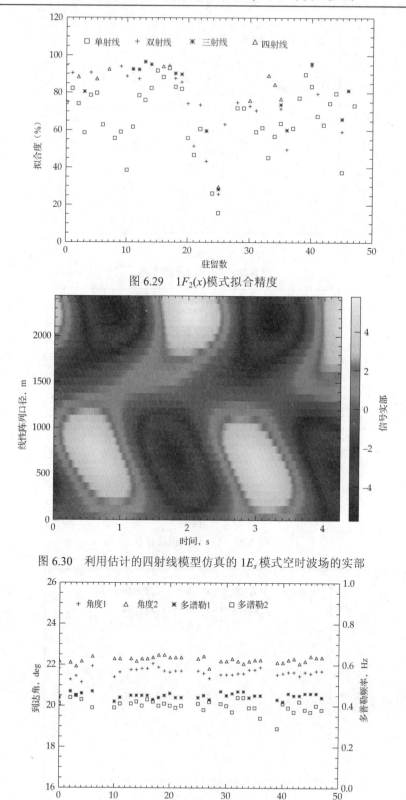

图 6.29　$1F_2(x)$ 模式拟合精度

图 6.30　利用估计的四射线模型仿真的 $1E_s$ 模式空时波场的实部

图 6.31　$1E_s$ 模式双射线模型估计的到达角和多普勒漂移在驻留之间的变化

图 6.30 给出了使用表 6.2 中 $1E_s$ 模式射线估计参数所得模型波场的实部分量,看起来,该波场仿真结果与图 6.7 所示试验结果非常相似。采用 6.3.2 节中定义的模型拟合误差来定量比较复波场的真值与仿真值。在本例中,4 射线相干模型估计的拟合精度达到 96%,从物理意义上说,锥角与发射机所在大圆方位偏离 22°以下的 2 条射线以及 22°以上的 2 条射线,很可能是从突发 E 层的不同区域反射而来的。

至少有 2 条射线为 $1F_2$ 模式,理论上,该模式在低角路径上包括了寻常波和非寻常波分量。如图 6.27 所示,该模式有 3 条射线被分辨出,而非通常的 2 条。此外,3 射线模型的拟合精度有时会显著高于 2 射线模型。例如,图 6.23 中采用空-时 MUSIC 谱估计的 3 射线模型,其拟合精度为 95%,而 2 射线模型为 87%。分辨出的第 3 条射线主要由 F 层中的电离层不规则体所产生。

无电离层不规则体时,有望采用单射线模型精确的描述由单磁离分量所产生的波场。如图 6.28 所示,在 $1F_2(o)$ 模式下,大部分 CPI 的分析结果证明了这一点。但射线的高拟合精度也表明,ULA 的方向性矢量在工作频率上与不考虑阵列校准误差的理想欠量高度一致。图 6.24 中的示例,对于 $1F_2(o)$ 模式,单射线模型的拟合精度高达 95%。

图 6.29 表明,单射线无法像用于 $1F_2(o)$ 模式一样适用于 $1F_2(x)$ 模式的波场。非寻常波的磁离分量的区域扰动更大,对于 $1F_2(x)$ 模式而言,需要 2~3 条射线来获得 90% 以上的拟合精度。在此特定模式下,一般分辨出 2 条射线而非 3 条或 4 条。采用 2 射线模型其拟合精度一般较单射线为高。例如,图 6.25 中谱的 2 射线模型漆拟合精度达 94%,而单射线模型拟合精度为 82%。

为了说明脉冲之间射线参数的时变性,考虑 $1E_s$ 模式的双射线模型,图 6.31 给出了拟合精度大于 85% 时,双射线模型给周期之间的锥达角和多普勒估计的变化情况。47 个 CPI 的分析周期内射线到达角的时变大约为 0.5°的量级,多普勒频偏大约为 0.1 Hz。观察周期之间的射线参数变化一般来源于数分钟内的电离层等效反射点的运动。

6.4.3 总结与讨论

一些研究者认为,电离层不同反射层所反射信号模式的精细结构源自非镜面反射射线的混叠,这些射线由相似的多普勒频偏(所引起的时域衰落)和相近的到达角(所引起波前失真)。然而,将大口径天线阵复空-时模式波场分解为一系列射线分量在实际应用中还没有获得足够的关注。这样的分析是有价值的,它为对一个有着宽口径、典型超视距雷达 CPI 周期内接收的信号模式波场模型的准确度量给出了定量的信息。

模式精细结构解释了在典型超视距雷达 CPI 周期内波前畸变的存在与特征,在对其进行初步分析后,采用金达莱雷达在中纬度传输路径上采集的独立电离层模式数据,利用 MUSIC 空时参数估计技术进行精细结构分辨,并给出性能测量方法来评估模型与实测波场见的拟合精度。基于路径斜测电离图的试验也说明了所分辨出射线的物理意义。

试验结果表明,在数秒的时间周期内,金达莱雷达所接收的模式数据中,大部分可由 4 条或更少的射线进行建模,其模型拟合精度可达 90% 以上。然而,电离层运动会导致不同 CPI 之间射线参数的变化,这种变化意味着,随着 CPI 的增加,需要保证建模精度的射线数量也要增加。因此,波干涉模型可以在几秒量级之内近似描述中纬度 HF 信道特性,而并不适用于描述在数分钟量级上的信号特性。

第7章 统计信号模型

在超视距雷达应用中,建立一个精确的模型来反映高频反射信号的空-时复衰落(幅度和相位)是有用的,这些反射信号是从不同的电离层区域或不同电离层经过较长时间间隔(大于几秒)反射回来的。因为前面章节已经提到,当观察时间间隔从几秒延长到几分钟时,精细结构模式的波干扰特性会变得不可靠,更加难以直观解释。如果在几分钟的时间间隔内电离层的环境相对稳定,那么复衰落过程可以认为是一个平稳随机过程,于是有可能方便地对统计意义上的接收信号的空时特性建模。

本章主要关注宽口径天线阵在数分钟时间间隔内接收的、经电离层单跳斜反射后的、可分辨高频信号模式的空-时统计模型,关注其发展与实验论证。在一个超视距雷达系统中,这样的时间间隔,通常与用于特定任务的超视距雷达所选择的最佳工作频率的典型有效时间相当。目的是开发在数学上便于分析,并能精确描述实验观察到的不同传播模式的二阶量的统计模型,该模型使用较少的参数且其物理意义很容易解释。

7.1 节阐述背景知识,并简要回顾用于表征经电离层反射回地面的高频信号的统计模型,讨论各种根据实践经验和基于物理知识描述的从不规则动态电离层反射高频信号回波的模型,其中特别值得注意的是经实验验证的统计模型。7.2 节描述从随机波动电离层反射的高频信号模式的复衰落统计模型,并讨论确定性波干扰模型和这些(固定的)统计模型之间的关系。

需要强调的是,验证电离层对观察到的信号的衰落特性超出了本书的内容范围。本章主要致力于比较提出模型和接收信号统计特性的差异,描述假设检验模型并应用于实验数据,该检验模型可以用于接受或拒绝基于样本实际衰落过程构建的统计模型的有效性。7.3 节验证阵列中所有接收机的解析信号模式的时域二阶统计量模型,7.4 节验证可分辨信号模式的空域和空时相关特性。

7.1 平稳过程

本节的第一部分阐述由电离层反射高频信号的统计模型的背景知识,并确定本章考虑的静态统计模型的范围。第二部分对文献报道的具体高频信号统计模型进行回顾。特别感兴趣的是那些可以用来描述单个接收机信号时域采样或者天线阵列信号空时采样统计特性的模型。这些回顾提供了一种契机,借此获得从电离层局部区域或层反射模式的高频信号更为详尽的空间或空时统计特性。第三部分讨论一些可将这些性质整合进现实多传感器高频通道模型的拓展知识,这些多传感器高频通道模型,既可以用于信号处理设计,也可以用于信号处理分析。

7.1.1 背景和范围

经局部电离层反射回地面的高频信号模型,其幅度和相位在空间和时间上存在相对于理想假设条件下镜面反射信号结构的扰动。从这一观察现象可推出结论,电离层的独立区域或分层不能被认为是静止的或球面对称的，而是时间变化的和空间非均匀的。简单地讲，通常被认为是单一的下行平面波，事实上是一些散射波的集合，这些散射波由电离层电子浓度不规则体的存在及其运动或电离层扰动所造成。

在之前的章节中，用数量相对较少、具有不同波达方向和多普勒频移平面波的叠加，对数秒时间间隔内由不同电离层反射的高频信号模式的空-时复衰减进行建模。尽管波干涉模型通常能准确呈现不少于 4 条射线的实验观察的衰落过程，但是研究发现，当观测时间间隔大于几秒时，这一模型的参数变化明显。

所以，对于超过几分钟的时间间隔，要得到这些衰落过程的精确表示，只能通过规律地更新模型参数或显著增加模型阶数来得到。这两种方法都将导致难以直观解释的衰落过程。由于这个原因，对于需要用更简洁的方式和相对少的物理意义参数来描述数分钟完备数据的场合，波干涉模型是不适合的。

显然，从前面的实验数据分析可以看出，当观察间隔超过数秒时，经电离层反射过程产生的地面信号衰落更适合作为随机过程予以处理。不同于波干涉模型，随机过程对应的衰减不能完全预测到。这些过程通常具有特定的统计特性，其中，最重要的就是空间维、时间维和空时维的自相关函数。例如，这些二阶统计量可以完全确定一个高斯分布的随机过程。

如果衰减的统计特性由随机过程的联合概率密度函数表示，并且在观察间隔内不变化，则把这种衰减过程称为静态过程。如果随机过程的联合密度在感兴趣范围内不同地点的测量值相同，则把这一过程称为空间均匀过程。在给定方向上，两个有着固定距离的分离地点观察到的联合密度完全不依赖于地点位置，那么这个随机过程可以被认为是空间平稳的。当这个密度函数只依赖于两点之间的距离，而与从一点到另一点的相对方向无关时，这一过程被认为是各向同性的。

信号传播模式的衰减被认为是频率色散和空时非平稳的。但是，如果严格约束为带宽小于 20 kHz 的窄带信号，时间间隔为数分钟，且天线口径不大于几千米，则天线阵列在相对安静的中纬度电离层路径上收集到的信号采样，更有可能被描述为空时平稳复随机过程。在这样的时间和空间范围内，窄带信号的统计特性与天波雷达系统的运行有关。特别是，能精确表达实际系统采样数据的静态特性模型，对超视距雷达等高频系统的自适应阵列信号处理算法的设计和优化有指导作用。

信号模型大致可分为经验模型和物理模型，经验模型主要建立在实验数据分析的基础上，物理模型是从假设能产生观察数据特性的自然现象中得到的。Watterson, Juroshek, and Bensema（1970）提出了一种经实验证明有效的经验模型，用来描述单个接收机系统的高频信号模式的时间特性。特别地，单一传播模式的幅度和相位衰减可用平稳复高斯随机过程的时间自相关函数或高斯形式的功率谱密度完整描述。

这样描述的好处是为用户精确地提供信号模式的多普勒频移和扩展，二者均有可能影响系统性能。对于使用天线阵列的高频系统，从局部电离层区域反射高频信号模式的空时统计模型代表了沃特森实证时间模型（Watterson et al. 1970）的自然扩展。为了补偿该扩展缺乏的实验分析，本章将分析中纬度斜射电离层单跳路径传播的高频信号模式的空时统计模型的数学描述和实验有效性。

7.1.2 高频信号测量

现已发表了大量关于电离层反射的高频信号统计特性的实验测量。因此，有必要建立一个对这些测量方法进行粗分类的方案。例如，有人可能会问，是否已在一个天线或多个间隔开的天线上完成测量，并且接收信号的振幅或相位是否已被记录下来。影响数据特性的其他重要因素是测量的时间分辨率和孔径长度，以及数据是由单个磁离分量（寻常波或异常波）、单个模式的 O 波和 X 波，还是由两个及两个以上的模式叠加而成的。一般来说，测量特性也将取决于观测是由单跳电离层路径还是多跳电离层路径、E 层、Es 层或 F 层区域是否参与信号反射，以及反射点的地理位置是在中纬度、极光区域还是赤道区域。

CCIR 报告（1970）中包含了关于单天线幅度衰落的大量实验和理论结果的引用列表。在许多研究中，接收信号的振幅都被视为一个随机变量，并分配一个概率密度函数。实验证据表明，在间隔几分钟的时间间隔下振幅衰减可以由瑞利分布或 Nakagami-Rice 分布来近似，见 Bames（1992）。事实上，当接收到信号包含非稳定或非确定振幅分量时，瑞利分布是 Nakagami-Rice 分布的一个特例。这两个参数分布已被广泛接受为各种条件下振幅衰减模型的代表。

信号幅值的概率密度函数是必要的，但还不足以建立一个令人满意的衰落过程。描述信号的衰落率还需要不同时间间隔接收到的振幅样本之间的相关性。在 1970 年的 CCIR 报告中，振幅波动的自相关函数被假定为高斯分布，其衰落周期被定义为最匹配观察结果的高斯自相关函数的标准差。在多模条件下，其典型值是 0.5～2.5 s，而对于单个磁离成分，其衰减周期由 Balser and Smith（1962）发现。这清楚地表明需要区分不同种类的测量。

Balser and Smith（1962）在 1600 km 的中纬度路径通过实验测量了由不同接收阵元同时接收的信号幅度空间相关系数。实验中采用脉冲波形来区分不同的传播模式，幅度采用通过间隔 610 m 的 6 单元鞭状天线均匀线性阵列采样。对于单个传播模式，他们发现其分集距离（分集距离定义为相关系数下降到 0.5 的空间距离）在单跳路径下为 40 个波长，多跳路径下为 10 个波长。正如 Sweeney 在 1970 年指出的，这些值分别对应一个 0.2°和 1°的角度扩展。这些测量结果和更早文献（Booker, Ratcliffe, and Shinn 1950）中的结果，使得研究者将单一电离层传播模式绘制为由一个平滑电离层反射的单一射线，并被粗糙电离层产生的锥形非相干射线簇所包围。前者通常被称为由镜面反射产生的镜面分量，而后者被称为衍射分量（如由"微多径"射线产生的漫反射）。某个特定模式的相干比定义为镜面反射分量和衍射分量的功率比，同时也是反射信号波前的振幅和相位"皱纹"的度量。

几名研究者已通过单个天线的幅度测量或一对间隔天线的相位差测量来估计电离层模式的相干比。当镜面反射分量存在时，振幅被假定为服从 Nakagami-Rice 密度分布，其中的参数由相干比获得。一种更加精确的估计相干比的方法是基于相互间隔的接收阵元间的相位测量，具体方法见 Whale and Gardiner（1966）。基于 Nakagami-Rice 分布，作者推导出由两个间隔天线的相干比和衍射成分的空间自相关函数来衡量的相位差的标准差曲线。

Gething（1991）给出了一份关于相干比试验测量的详细总结。比如，Bramley（1951）引用比 $b=2.5$ 来作为相干比的平方根的典型值，而 Hughes and Morris（1963）则计算出 b 的范围为从 $b=0.4$ 到 $b=1.9$。后一种情况使用了连续波信号，数据可能包含不止一个传播模式。Warrington, Thomas, and Jones（1990）通过分析得出结论，在确知的单模传播下相干比为 0～7，但当相同的数据被认为是可变来向的镜面反射分量和一个锥形衍射分量簇的集合时其估计值将大于 40。不同研究者针对相干比的估计相差较大。这使得 Gething（1991）评论说，"即使考虑到电离层每天的预期变化，通过各种调查所获得的结果似乎并不完全一致"。

Boys（1968）推断没有镜面反射分量，而只是一组方向非常相似的射线。换句话说，Boys

认为真正的相干比为零，这意味着反射信号被认为是一个完全散射波，其空间相关函数取决于由粗糙电离层反射的衍射分量的角功率谱。这一观点得到了澳大利亚无线电广播（17.870 MHz）实验测量的支持，该实验在超过 2700 km 的中纬度路径上通过单跳传播在 F2 层反射来完成。相位测量利用 10 个与提供参考相位的中央天线间隔 50 m 的垂直鞭状天线完成。Boys 指出，在 5 min 的时间间隔内最匹配实测数据的平面波不会发生波达方向的漂移。作者得出结论，在这样的时间间隔内，波前失真的角功率谱是接收波场特性的最佳表示。该功率谱被假定为高斯分布，其标准差在 0.1°～0.3°之间。

反射波的纯粹统计表示与 Booker 等人在 1950 年提出的理论是一致的。作者认为电离层是一个不规则的相位屏或衍射光栅，它随机地改变表面辐射的电场分布。数学上表明，在离相位面有限距离上（如在地面上）的平行平面接收到的电场的广义空间自相关函数，和刚超出屏的水平表面产生的电场的自相关函数是一致的。换句话说，地面接收到的信号的角功率谱，由刚刚超出粗糙表面产生电场的空间自相关函数的傅里叶变换给出。

就电离层而言，相位变化的表面是通常的条件，这一点参见 Whale and Gardiner（1966）。如 Boys（1968）解释的那样，电子密度的变化引起折射率实数部分的变化，进而导致相位变化。从物理观点来看，相位变化屏看起来更加接近真实情况，因为大多数的不规则情形发生在 E 层和 F 层区域，这些区域里碰撞较为频繁，因此衰减很小（Boys 1968）。然而，Bowhill（1961）把这种不规则情形看成是形成了一个"弯曲"的镜面反射器，作为垂直入射和斜射波的相位面。在倾斜入射时，强加在波的相位变化减少了 $\cos\theta_i$，其中 θ_i 是相对于正常入射的角度。这与一个光学表面在掠射时变得接近镜面反射器的光学现象有关。Bowhill（1961）指出，在瑞利粗糙表面观察到的无线电波也有同样的效果。

许多研究者关注基于相位变化面的电离层模型，但应注意的是，Booker 等（1950）提出的不规则电离层的衍射理论是基于单一电离层的穿透或反射。这个理论适合一个静态电离层，因为静态电离层通常认为是光滑的，而不是一个包含连续不规则变化的高扰动区域，例如扩展 F 层。此外，远距离信号源的回波信号通常包含多次电离层与地面或海面之间的反射和散射。这些信号不满足这个理论要求，因此并不期望服从这些模型。通常假设相位屏的二维空间自相关函数服从二维高斯分布，以 Bramley（1955）和 Bowhill（1961）为例，然而这些空间模型还没有得到实验数据的验证。

利用 Booker 等（1950）中的理论，可以将不规则情形的数字特征定义为地面两点信号之间的广义自相关下降值为 0.5 时两点之间的地面距离，Briggs and Phillips（1950）也采用了这种方法。在 Briggs and Phillips（1950）的研究中，3 个接收器被放在边长为 130 m 的等腰直角三角形的角落，用来观察使用脉冲波形发射机时电离层垂直入射的"单一回波"的幅度衰减。通过假设衰落主要是由匀速飘离地面的不变衍射模型引起的，接收器的时间自相关函数可以转化为空间自相关函数，由此估计的 F 层不规则体尺寸为 100～200 m。

Watterson 等（1970）报道了第一个确知窄带高频信号天波模式瞬时幅度和相位特性的静态统计模型试验证明，该试验中确知天波模式是通过信号在中纬度电离层路径传播的几分钟时间内获得的。作者用正式的假设检验表明，单一接收阵元的基带信号采样可以用产生瑞利幅度衰落的零均值复高斯过程来充分描述。该模型和一个完全散射波的解释是一致的。由电离层对个别信号模式所施加的瞬时调制序列也被认为是统计独立的。观察到的复波动（幅度和相位）的特性可以用它们的多普勒频谱表示，通常被证明是两个频率高斯函数的和，每个函数对应一个磁电离分量。

7.1.3 天线阵列拓展

一个经试验验证的、可以精确描述经许多不同局部区域电离层反射的窄带 HF 信号的复衰落的空时统计模型，对于推动像超视距雷达这类 HF 系统的稳健空域自适应和空时自适应算法的发展和实际应用，将有极重要的意义。Watterson 等（1970）提出的单个接收机系统的试验模型，主要确认了在几分钟内经电离层反射的窄带 HF 信号模式的复杂衰落统计特性的 3 个相关假设。这 3 个主要的有效假设可以总结如下：

- 假设单个传播模式的幅度和相位的波动特性可用实部和虚部独立同分布的稳定（循环对称）复高斯随机过程来描述，该过程产生瑞利衰减。
- 对经电离层中物理分层清晰但空间上位置相同的局部区域（层）反射的不同传播模式，对其进行时域调制的复高斯随机过程相互间是独立的。
- 对单一信号传播模式引入的随机调制过程，其功率谱密度可认为是频域高斯函数，参数由多普勒频移和多普勒展宽决定。

在一段时间里，如何拓展沃特森模型以描述由天线阵列接收的窄带 HF 信号模式的统计属性是不明确的，部分归因于缺少专门为这一目的而进行的实验数据分析。本章旨在通过分析一个稳定的中纬度 HF 信道的空域和空时域统计特性，来拓展 Watterson 等（1970）的工作。以 Watterson 等（1970）已验证的高斯散射假设为基础，构建在已知置信水平下接受或拒绝已知传播模式下空域和空时域的二阶统计量的假设检验模型。特别地，主要目的是在模式分离的基础上确定以下假设的有效性。

- 空域均匀性：对于一个大宽口径阵列的所有接收机，假设信号模式的时域自相关函数的结构是一样的，而不同接收机间数值范围的变化（功率差异）可能是唯一的例外。
- 空域平稳性：假设幅度和相位的波阵面波动仅依赖于接收机的间隔，而不是在阵列中的绝对位置。
- 平均平面波前：假设解析信号模式的平均波前具有平面波结构，其参数取决于波达方向，在几分钟的观测间隔内可视为固定值。
- 空域相关系数：假设阵列中一对接收机的相关系数为以接收机间隔为自变量的指数衰减函数。
- 空时分离性：假设信号模式的空时二阶统计量由时域和空域的自相关函数的 Kronecker 积精确描述。

用于描述几秒内短数据序列的波干涉模型和用于描述几分钟内长数据序列的平稳统计模型之间的联系，是一个值得考虑的问题。为了给出一个参考答案，比较两种模型的物理解释是有益的。在波干涉模型中不同镜面反射成分的一般解释为，它们来自某一特定电离层中空间独立的反射点，在至少一个菲涅耳区假设为有效平滑的。统计模型的一般物理解释为，发生在可被认为是粗糙反射表面的电离层连续局部区域上的有效信号反射。这两种解释是基于电离层反射过程的不同概念的表示。

在某一特定时刻，就表示对信号反射的影响而言，电离层中粗糙的反射表面可以由同等意义的相位变化面来取代。然后，这个相位面可以被解析为空间傅里叶分量。每个（二维）空间频率分量代表了镜面反射信号分量，其反射方向由相位面的二维空间频率决定。在任一方向上，如果不规则电离层表面上的槽纹或"带扣"不随距离的变化而迅速变化，那么仅需要很少的空间频率分量就可准确接近反射表面特性和等效的相位面。在某一时刻，接近这一结构的主要空间频率分量将各自辐射它们的镜面反射分量，它们相互叠加从而在地面产生波干涉的衰减模式。

由于表面形状是时变的，它的特性由不同的空间频率分量代表。然而，当信号经一个安静的中纬度电离层传播，并在几秒的时间间隔内以独立的模式被接收时，该表面的结构将发生缓慢变化。因此在几秒内，决定当前时刻表面结构的空间频率分量不发生严重变化似乎是合理的，这样，表面的时间演化可由这些分量叠加描述，只是相对相位是变化的。与主要的空间频率分量有关的多普勒频移决定上述相对相位，这是一种针对缓慢变化的、非规则表面反射的空时波干涉模型的可能解释。

在大约几分钟长时间周期内，表面将由不同的大量空间频率分量描述，这些空间频率分量在一段分布或连续方向上辐射能量。在观测间隔内，如果该信号被认为是统计平稳的，那么，辐射分量在波达方向和多普勒频移的概率密度函数可以形成信号的空时功率密度。这是统计信号模型描述的本质。除了这个波干涉模型和统计信号模型之间联系的定性解释，对于两个不同模型本身的物理解释，显然通过已有数据不能得到明确结论。因此，波干涉模型物理本源的证明和它与统计模型之间的联系超出了本书讨论的范围。

7.2 漫散射

考虑一部地基高频发射机照射一块电离层，由于出现了动态等离子体聚集扰动或不规则运动，它的电子密度分布不是静态的或水平均匀（球面对称）的。假设入射信号从空间延伸单一电离层的局部区域通过单跳的倾斜路径漫散射返回到地面，返回的信号模式被发射机视距外的地基接收天线阵列在幅相上采样，如此则可认为发射机位于接收阵列的远场。

为了用不规则反射表面或等效相位面变化来描述随机电离层对返回信号的作用，本节第一部分给出地面接收信号在特定时刻的基本数学表达式，本节第二部分体现电离层的变化性，用一个基本表达式来描述接收信号在空间和时间上的衰减。在某种简化的假设下，这个表达式后来被用在本节第三部分，以推导更为一般化的经不规则反射表面或等效相位变化屏的接收信号的广义空-时自相关函数。为了避免复杂描述，忽略了电离层中地球磁场对无线电波传播的影响。

值得强调的是，本节用来描述接收信号的数学表达式不是从电离层或无线电波散射的物理模型中导出的。推导这些表达式的基本原理，可认为是考虑接收信号统计特性后对电离层真实存在的类比替代。这种方法经常用来以一种相对简单的方式推导代表接收信号特性的数学模型，具体理论见 Budden（1985），有兴趣的读者可以进一步研究。换句话说，这部分内容并不试图描述已实际发生的复杂衰落现象的物理特性，而是使用一些众所周知的理想化原则，推导接收信号和其空时二阶统计的原始表达式。

电离层在现实中是厚介质，无线电波在其中是逐层折射的，我们可以在概念上把漫散射过程认为是在信号模式的虚拟反射高度（即虚拟传播路径的顶点）的不规则反射表面，或等价的水平相位面的镜面反射，且这些反射点集中在电离层中路径的中点或控制点。正如在第 2 章中讨论的，由于多层特性的存在，在地面两点之间，电离层一般支持多于一个传播模式。电离层的每一层依次可以支持高仰角和低角射线以及 O 和 X 磁离成分。在这种情况下，每一种模式最少需要一个薄相位面模型来表示。用于连接参考电离层的射线追踪过程能为出现在特定路径和给定时间的传播模式提供指示。对于用来表示通过电离层反射至接收机的信号散射的非规则时变反射表面，假定具有有限的空间范围，实验结果表明，在相对稳定的电离层环境下，它的边界尺寸的典型值通常为几千米（Gething 1991）。非规则表面的平均水平面的大范围规则垂直运动。在时间上可以被解释为强加在信号上的平均多普勒频移，而不规则表面的这种水平面的"弯曲"或空间结构的变化导致地面接收信号的衰减。

为使接收信号的统计特性与非规则反射面的统计特性相关联，对给定的具体表面，首先要建立一个等式来表示地面场。如前所述，时间上非规则的变化可以认为是散射射线路径上的相位变化，于是粗糙散射表面可以用一个引起相同相位变化的屏来代替，这个屏从平均水平面向下辐射信号。

如 Booker 等（1950）所述，非规则屏引起的衍射模式可以用来描述经电离层穿透或返回地面的无线电波传播过程中的复杂衰减。尽管这种方法可以提供有效的接收信号的统计表达式，但相位面方法仍不能被认为是漫散射过程的物理模型。因此，相位面的统计特性不能用来推断实际电离层变化的详细信息。

7.2.1 数学表达式

考虑一个单频横向电磁平面波，其波矢量为 $\vec{k}_i$，以相对于正常反射表面 xy 平面的角度 θ_i 入射。假定这个水平面位于信号的虚高反射高度，并以天波路径的控制点为中心。在反射表面上，位置 $\vec{r}_s$ 处的电场 $\vec{E}_i(\vec{r}_s)$ 由下式给出：

$$\vec{E}_i(\vec{r}_s) = \vec{E} \exp(-j\vec{k}_i \cdot \vec{r}_s) \tag{7.1}$$

式中，$\vec{E}$ 表示经发射机路径损耗后的电场强度矢量。在理想条件下，从平坦表面发生的完美镜面反射，表面反射的场分布 $\vec{E}_r(\vec{r}_s)$ 可以由式（7.2）表示，其中，$\vec{k}_r$ 是反射波矢量，同时有入射角等于反射角，即 $\theta_i = \theta_r$。

$$\vec{E}_r(\vec{r}_s) = \vec{E} \exp(j\vec{k}_r \cdot \vec{r}_s) \tag{7.2}$$

假设来自非规则电离层的接收信号的特性能用"弯曲的"的反射表面来建模，且规定它相对平均水平面的垂直位移函数为 $z_s(x,y)$。该表面实质上是用来表示信号特性而不是电离层反射过程的，从这一意义上说它是概念上的。然而，把信号特性与实际反射面属性联系起来是有益的。

另一种可供选择的方法是，把发生在给定时刻的有效表面位移 $z_s(x,y)$ 解释为强加于经平均水平面反射的场的等效相移。换句话说，这个理念是用一个固定于 xy 平面的等效"相位面"平面来代替非规则反射面。强加于屏上每点的相位调制量，由该点的实际非规则反射表面的位移来决定。

在传播方向 $\vec{k}_r$ 上，垂直于 xy 平面的某辐射点的位移 $z_s(x,y)$ 能用一个等同的 xy 平面的辐射点代替，该点的位置为 $\vec{r}_{xy}=[x,y,0]^T$，相移为 $\exp\left\{-j\dfrac{2\pi}{\lambda}z_s(x,y)\cos\theta_i\right\}$。这种转换只有在接收位置远离辐射表面的情况下且在镜面反射方向上才严格有效，$z_s(x,y)\cos\theta_i$ 是实际辐射点和替代辐射点到这个位置的路径长度差。经过这一转换，反射信号可被认为是由 xy 平面内的辐射相位面产生的，其场分布为：

$$\vec{E}_r(\vec{r}_{xy}) = \vec{E} e^{-j\frac{2\pi}{\lambda} f(\vec{r}_{xy},\theta_i)} \exp(j\vec{k}_r \cdot \vec{r}_{xy}) \tag{7.3}$$

式中位置矢量 $\vec{r}_{xy}$ 在 xy 平面有限空间延伸的相位屏上扩展,且 $f(\vec{r}_{xy},\theta_i) = z_s(x,y)\cos\theta_i$ 。如 Booker 等(1950)所述的一样,反射信号角度谱 $P(\vec{k})$ 由相位面上的电场分布 $\vec{E}_r(\vec{r}_{xy})$ 的空间傅里叶变换得出。当忽略损耗波,由波矢量 $\vec{k}$ 传播的波的角度谱 $P(\vec{k})$ 可根据式(7.4)中的空间傅里叶变换计算得出。

$$P(\vec{k}) = \int_{\text{screen}} \vec{E}_r(\vec{r}_{xy}) e^{-j\vec{k}\cdot\vec{r}_{xy}} d\vec{r}_{xy} = \vec{E} \int_{\text{screen}} e^{-j\frac{2\pi}{\lambda}f(\vec{r}_{xy},\theta_i)} e^{-j(\vec{k}-\vec{k}_r)\cdot\vec{r}_{xy}} d\vec{r}_{xy} \tag{7.4}$$

在完全平坦的反射面情况下,函数 $f(\vec{r}_{xy},\theta_i) = 0$ 。当面的尺寸相对于波长 λ 来说大很多时,可以从式(7.4)推出反射波的角度谱趋于 δ 函数,即当 $f(\vec{r}_{xy},\theta_i) = 0$ 时, $P(\vec{k}) \to \delta(\vec{k}_r)$ 。这和入射波镜面反射的期望是一致的。

式(7.4)也证明了角度谱上的粗糙反射表面的效果取决于入射角 θ_i ,对于给定的表面位移 $z_s(x,y)$,相位调制量取决于 θ_i ,即 $f(\vec{r}_{xy},\theta_i) = z_s(x,y)\cos\theta_i$ 。当光线趋于掠射($\theta_i \to 90°$)时,等效屏传递的相位调制以因子 $\cos\theta_i$ 减小。这使得反射表面对无线电波来说,出现相对较少"粗糙",因此,越接近掠入射则越可能发生镜面反射。

对于给定的表面位移函数,一旦返回信号的角度谱已知,就有可能用平面波叠加来表示 $z = z_g$ 平面的阵列的接收信号。

$$\vec{E}_r(\vec{r}_g) = \int P(\vec{k}) e^{j\vec{k}\cdot\vec{r}_g} d\vec{k}, \quad \vec{r}_g = [x, y, z_g] \tag{7.5}$$

对于超视距传播,通过阵列测量的唯一场是反射场 $\vec{E}_r(\vec{r}_g)$,因为在发射机和接收机之间没有传播视线,对于一个分量为 $\vec{k} = [k_x k_y k_z]^T$ 的波矢量,将式 $\vec{k}\cdot\vec{r}_g = \vec{k}\cdot\vec{r}_{xy} + k_z z_g$ 代入式(7.5)中得到:

$$\vec{E}(\vec{r}_g) = \int Q(\vec{k}, z_g) e^{j\vec{k}\cdot\vec{r}_{xy}} d\vec{k}, \quad \vec{r}_{xy} = [x, y, 0] \tag{7.6}$$

式中, $Q(\vec{k}, z_g) = P(\vec{k}) e^{jk_z z_g}$ 。从式(7.6)可见 $Q(\vec{k}, z_g)$ 代表平面 $z = z_g$ 上的场的空域傅里叶变换,其中包含天线阵列。

当 $z_g \to \infty$ 时,平面上观察到的电场强度被认为是衍射研究中的 Fraunhoffer 模式。菲涅耳模式适用于有限的 z_g ,这种模式相应地更接近于电离层反射形成的地面上的场。本节后面部分将研究相位面上的场与距离此屏有限距离的平行平面上场的空间傅里叶变换之间的关系,并得到阵列接收信号广义空-时自相关函数。

7.2.2 时变的电离层结构

本节在前面分析的基础上扩展到时变结构不规则反射表面的解释,这使得地面接收信号的空-时统计特性可以写成时变表面或等效相位面统计特性的形式。这表明在某种条件下,菲涅耳衍射模式的广义空-时自相关与形成它的面场分布是相同的。后续的分析与 Booker 等(1950)从事的研究相似,他们的研究是针对距二维随机衍射屏有限距离平面上产生的电场的空间自相关函数进行的。

7.2.2.1 二阶统计量

考虑非规则反射表面的时间变化,引入 $P(\vec{k},t)$ 这个量来定义场的角度谱,该场是时变表面位移 $z_s(x,y,t)$ 和相屏函数 $f(\vec{r}_{xy},\theta_i,t) = z_s(x,y,t)\cos\theta_i$ 的结果。这个角度谱可根据式(7.4)计算，其中，用 $P(\vec{k},t)$ 代替 $P(\vec{k})$，$f(\vec{r}_{xy},\theta_i,t)$ 代替 $f(\vec{r}_{xy},\theta_i)$。关系式 $Q(\vec{k},z_g) = P(\vec{k})e^{jk_zz_g}$ 遵循如上一节所述的类似结论，为表达方便省略了 $Q(k,t)$ 对 z_g 的依赖。

尽管电离层的变化是连续的，但相对于电离层表面到地面的传播时间（通常是几微秒），或是相对于这种模式下的超视距雷达脉冲重复间隔（通常是少于 0.1 s）来说，它的变化是非常缓慢的。因此，产生在特定时刻 t 的反射场将传播到阵列所在的平面，且在一段有限的时间内或多或少保持不变。这使得阵列可以在场变化到测量仪器足以感知前，测量实际的"冰冻"电离层结构所产生的场。

空-时傅里叶变换 $P(\vec{k},f_v)$ 描述了式（7.7）中给出的相屏处场分布的空间和时间变化，其中，f_v 代表不同频率分量在该屏处电场分布的时间起伏。

$$P(\vec{k}, f_v) = \int_{-\infty}^{\infty} P(\vec{k}, t) e^{-j2\pi f_v t} dt \tag{7.7}$$

同样，在平面 $z = z_g$ 处的场的空-时傅里叶变换由式 $Q(\vec{k},z_g) = P(\vec{k})e^{jk_zz_g}$ 给定。Wiener-Khintchine 理论表明，自相关函数由它自身功率谱的反傅里叶变换给出。在这种情况下，我们得到该屏处的场的角频率功率谱 $|P(\vec{k},f_v)|^2$，于是在 $r(\vec{\Delta}d,\Delta t)$ 处的屏的场广义自相关函数由下式给出：

$$r(\vec{\Delta}d, \Delta t) = \frac{\iint |P(\vec{k}, f_v)|^2 e^{j\vec{k}\cdot\vec{\Delta}d} e^{j2\pi f_v \Delta t} d\vec{k} df_v}{\iint |P(\vec{k}, f_v)|^2 d\vec{k} df_v} \tag{7.8}$$

式中，Δt 是时间间隔，$\vec{\Delta}d = [\Delta x, \Delta y, 0]^T$ 是屏上的位移矢量。在平面 $z = z_g$ 处，自相关函数由同样的理论给出：

$$r_z(\vec{\Delta}d, \Delta t) = \frac{\iint |Q(\vec{k}, f_v)|^2 e^{j\vec{k}\cdot\vec{\Delta}d} e^{j2\pi f_v \Delta t} d\vec{k} df_v}{\iint |Q(\vec{k}, f_v)|^2 d\vec{k} df_v} \tag{7.9}$$

$|P(\vec{k},f_v)|^2 = |Q(\vec{k},f_v)|^2$ 暗含着条件 $r_z(\vec{\Delta}d,\Delta t) = r(\vec{\Delta}d,\Delta t)$。换言之，平面 $z = z_g$ 处（例如，菲涅耳衍射模式）测量得到的场分布，与该屏处产生的场的分布的广义空-时自相关函数是相同的。Booker 等（1950）给出了关于一维空域结果的空时概括的重要结论。严格来讲，广义（归一化）自相关函数的等效，只有当反射信号从相屏传播到阵列所在平面时，场强幅度减小条件下才成立。

为了计算天线阵列接收的场的广义空-时自相关函数，引入屏处的时变场 $\vec{E}_r(\vec{r}_{xy},t)$。该场由式（7.3）给出，并用相应的时变函数 $f(\vec{r}_{xy},\theta_i,t)$ 代替"冻结"表面的位移函数 $f(\vec{r}_{xy},\theta_i)$，一旦做了这样的置换，屏处的场分布的空-时自相关函数就可以由下式给出：

$$r(\vec{\Delta}d, \Delta t) = \frac{\iint \vec{E}_r(\vec{r}_{xy}, t) \vec{E}_r^*(\vec{r}_{xy} + \vec{\Delta}d, t + \Delta t) d\vec{r}_{xy} dt}{\iint |\vec{E}_r(\vec{r}_{xy}, t)|^2 d\vec{r}_{xy} dt} \tag{7.10}$$

从上面提到的等效关系 $r(\vec{\Delta}d,\Delta t) = r_z(\vec{\Delta}d,\Delta t)$，展开式（7.10），阵列处测量到的场的空-时自相关函数可以写成式（7.11），其中，载频依赖项 $e^{-j\omega\Delta t}$ 被忽略，为了表示方便，函数 $f(\vec{r}_{xy},t)$ 对入射角 θ_i 的依赖也忽略不计。

$$r_z(\vec{\Delta}d, \Delta t) = \exp(-j\vec{k}_r \cdot \vec{\Delta}d) \iint e^{j\frac{2\pi}{\lambda}[f(\vec{r}_{xy}+\vec{\Delta}d, t+\Delta t) - f(\vec{r}_{xy}, t)]} d\vec{r}_{xy} dt \tag{7.11}$$

电离层是色散的、各向异性的、非平稳的无线电波传播介质。但是，如果限制为窄带信号（带宽小于 20 kHz），在几分钟的时间间隔内，电离层局部区域的统计特性可近似为无色散、均匀、平稳的。均匀性（同质性）意味着表面位移函数空间变化的统计特性独立于平面上空间参考点位置，平稳性意味着这些变化的统计量集与时间起点是独立的。

第 7 章 统计信号模型

这样就有可能把概率密度函数（PDF）$p[\delta(\vec{\Delta}d, \Delta t)]$ 与表面位移函数的差量 $\delta(\vec{\Delta}d, \Delta t) = f(\vec{r}_{xy} + \vec{\Delta}d, t + \Delta t) - f(\vec{r}_{xy}, t)$ 联合起来，这与绝对位置 $\vec{r}_{xy}$、时间 t 是独立的，但与空间间隔 $\vec{\Delta}d$ 和时间间隔 Δt 是有关的。一旦这样的描述被认可，服从式（7.12）所示 PDF 的总体统计量与式（7.10）中对表面的特定空-时实现赋值的统计量是相同的。

$$r_z(\vec{\Delta}d, \Delta t) = \exp(-j\vec{k}_r \cdot \vec{\Delta}d) \int e^{j\frac{2\pi}{\lambda}\delta(\vec{\Delta}d, \Delta t)} p[\delta(\vec{\Delta}d, \Delta t)] d\delta(\vec{\Delta}d, \Delta t) \quad (7.12)$$

式（7.12）表明，对于在统计意义上静止的、空间同质的不规则反射表面，地面阵列处场的广义空-时自相关函数是概率密度的特征函数，该概率密度描述的是反射表面上差动位移的空-时统计特性。为了得到自相关函数的模型，有必要假设一个模型，使该模型的相对表面位移能够表示成连接点处空-时概率密度函数 $p[\delta(\vec{\Delta}d, \Delta t)]$ 的形式。

7.2.3 自相关函数

可以为 $p[\delta(\vec{\Delta}d, \Delta t)]$ 提出许多模型。例如，如果不规则体存在一个平稳漂移，即以速度 $\vec{v}_p$ 穿越反射区域，则表面可以建模为一个水平位置随时间变化的恒定形式。这样的模型将导致一个在地面上以速度 $\vec{v}_p$ 移动的不变衍射模式。在这种情况下，时间间隔 Δt 的时间自相关函数与空间间隔 $\vec{\Delta}d = \vec{v}_p \Delta t$ 的空间自相关函数是相同的。

尽管这样的模型在一些研究中被考虑，但通常总有一个随机分量随着时间改变表面结构。这些随机起伏也可能叠加在平稳漂移分量上。如果没有平稳漂移只有随机起伏，那么比起其他因素，这些起伏可能与方向相关，这意味着阵列测量的空间自相关函数取决于它在平面 $z = z_g$ 中的方向。这对于二维和线性天线阵的抗干扰有着重要的意义。

当表面起伏的空间自相关只与距离 $|\vec{\Delta}d|$ 有关（如各向同性表面），且其空-时概率密度函数可分离时，便会出现最简单的模型，这表明 $p[\delta(\vec{\Delta}d, \Delta t)] = p_s[\delta(|\vec{\Delta}d|)] p_t[\delta(\Delta t)]$，其中 $p_s[\delta(|\vec{\Delta}d|)]$ 是空间概率密度函数，$p_t[\delta(\Delta t)]$ 是时间概率密度函数。实际上，在没有大规模的诸如移动电离层扰动（TID）时（这有望加强空间和时间概率密度函数之间的耦合）这种模型是恰当的。

可分离模型在实际中可能会因一些原因而不适用，但是从相应的概率密度函数中求出一维相关函数 $r_s(|\vec{\Delta}d|)$ 和 $r_t(\Delta t)$ 可以作为一个有用的起点。依据式（7.12），可分离 PDF 模型表明空时自相关函数可由空间和时间的自相关函数的乘积得出，即 $r_z(|\vec{\Delta}d|, \Delta t) = r_s(|\vec{\Delta}d|) r_t(\Delta t)$。

让我们考虑两种这些相关函数与相对表面位移 PDF 相关的极限情况。第一种情况，时间间隔 Δt 大于垂直于 xy 平面表面上的点速度保持不变的时间间隔。这种情况下，假定表面位移概率 $p_t[\delta(\Delta t)]$ 是围绕着一个规则平均运动速度 v_z 随机游走的，方向垂直于 xy 平面。

$$p_t[\delta(\Delta t)] = \frac{1}{\sigma_t(\Delta t)\sqrt{2\pi}} \exp - \left\{ \frac{(\delta(\Delta t) - v_z \Delta t \cos\theta_i)^2}{2\sigma_t^2(\Delta t)} \right\} \quad (7.13)$$

方差的分布 $\sigma_t^2(\Delta t) = D_t |\Delta t| \cos\theta_i$ 被假定为与时间间隔成线性变化。正常量 D_t 是表面变化快慢的度量。对 $\cos\theta_i$ 的依赖源于相对位移的定义式 $\delta(\Delta t) = f(\vec{r}_{xy}, \theta_i, t + \Delta t) - f(\vec{r}_{xy}, \theta_i, t)$ 和 $f(\vec{r}_{xy}, \theta_i, t) = z_s(x, y, t) \cos\theta_i$。由概率密度所得的时间自相关函数由式（7.14）给出，其中，$\Delta f_d = v_z \cos\theta_i / \lambda$ 是多普勒频移中的规则成分，且 $|\vec{k}_s|^2 = \left(\frac{2\pi}{\lambda}\right)^2$。

$$r_t(\Delta t) = \int_{-\infty}^{\infty} e^{j\frac{2\pi}{\lambda}\delta(\Delta t)} p_t[\delta(\Delta t)] d\delta(\Delta t) = e^{j2\pi \Delta f_d \Delta t} e^{-|\vec{k}_s|^2 D_t \cos\theta_i |\Delta t|} \quad (7.14)$$

从式（7.14）中可以看出，$r_t(\Delta t)$ 的幅值是随时间常量衰减的指数函数，取决于 D_t 和 $\cos\theta_i$。$r_t(\Delta t)$ 的相位是线性的，取决于多普勒频移 Δf_d 的规则成分。

在另一极限情况下，假定时间间隔 Δt 小于垂直于 xy 平面的表面上点的速度保持有效恒定的时间间隔。速度概率分布 $p(v)$ 假定为高斯分布，其均值为 v_z，均方根速度为 σ_v。

$$p(v) = \frac{1}{\sigma_v \sqrt{2\pi}} \exp - \left\{ \frac{(v-v_z)^2}{2\sigma_v^2} \right\} \tag{7.15}$$

在这种情况下，相对位移概率分布与相对速度概率分布相关关系可通过式 $p_t[\delta(\Delta t)] = p(v\Delta t \cos\theta_i)$ 表示。把此关系式代入式（7.16）的积分式中，得到如下的时间自相关函数。

$$r_t(\Delta t) = \int_{-\infty}^{\infty} e^{j\frac{2\pi}{\lambda}\delta(\Delta t)} p_t[\delta(\Delta t)] d\delta(\Delta t) = e^{j2\pi \Delta f_d \Delta t} e^{-|\vec{k}_s|^2 \sigma_v^2 \cos\theta_i^2 \Delta t^2} \tag{7.16}$$

从式（7.16）是可以看出，$r_t(\Delta t)$ 的幅值是由一个高斯幅度包络来描述的，其方差取决于 σ_v^2 和 $\cos\theta_i^2$，$r_t(\Delta t)$ 的相位是线性的，取决于多普勒频移 Δf_d 的均值成分。

空间自相关函数 $r_s(|\vec{\Delta}d|)$ 可以用定义空间概率分布 $p_s(|\vec{\Delta}d|)$ 相似的方式确定，因为在时刻 t 存在着围绕平均水平面的随机游走。

$$p_s[\delta(|\vec{\Delta}d|)] = \frac{1}{\sigma_s(|\vec{\Delta}d|)\sqrt{2\pi}} \exp - \left\{ \frac{\delta(\vec{\Delta}d)^2}{2\sigma_s^2(|\vec{\Delta}d|)} \right\} \tag{7.17}$$

等离子体位移的方差被假定为距离的线性函数 $\sigma_s^2(|\vec{\Delta}d|) = D_s |\vec{\Delta}d|$，常量 D_s 是粗糙表面的量度。在这种情况下，空时自相关函数可以由下式表示：

$$r_s(|\vec{\Delta}d|) = e^{-j\vec{k}_r \cdot \vec{\Delta}d} \int_{-\infty}^{\infty} e^{j\frac{2\pi}{\lambda}\delta(|\vec{\Delta}d|)} p_s[\delta(|\vec{\Delta}d|)] d\delta(|\vec{\Delta}d|) = e^{-j\vec{k}_r \cdot \vec{\Delta}d} e^{-|\vec{k}_s|^2 D_s |\vec{\Delta}d|} \tag{7.18}$$

它的幅值是距离 $|\vec{\Delta}d|$ 的指数衰减函数，而对于阵元间距为 $\vec{\Delta}d$ 的均匀线阵其相位是线性的。如果方差 $\sigma_s^2(|\vec{\Delta}d|) = D_s' |\vec{\Delta}d|^2$ 与距离间隔成平方变化关系，那么空间自相关函数的幅度就会呈现高斯形式。

$$r_s(|\vec{\Delta}d|) = e^{-j\vec{k}_r \cdot \vec{\Delta}d} \int_{-\infty}^{\infty} e^{j\frac{2\pi}{\lambda}\delta(|\vec{\Delta}d|)} p_s[\delta(|\vec{\Delta}d|)] d\delta(|\vec{\Delta}d|) = e^{-j\vec{k}_r \cdot \vec{\Delta}d} e^{-|\vec{k}_s|^2 D_s' |\vec{\Delta}d|^2} \tag{7.19}$$

回顾一下，对应于指数衰减的功率谱具有洛伦兹轮廓，而具有高斯幅度包络的自相关函数产生高斯分布的功率谱（Kreyszig 1988）。幅度包络随着时间或空间迅速减少的相关函数能产生宽的功率谱，反之亦然。自相关函数的线性相移只是简单地把功率谱的中心（这种情况下，其形状仅由自相关函数的幅度包络决定）移动到相对的平均多普勒频移或信号的到达方向上。

7.3 时域统计特性

为验证提出的信号衰落二阶统计模型的有效性，有必要分析假设的自相关函数和实测数据估计值之间的差异。如果这些差异可能产生的影响在模型正确的假设条件下是已知的，那么就可以准确地获得可信度，并由此决定得到的误差是可以合理地归于有限采样数据引起的统计误差，还是舍弃假设的自相关函数模型更为合理。

Watterson 等（1970）通过实验的方式验证了天波信号模型在时域中的衰落可以由一个自相关函数为高斯形式的随机过程表示。事实上，接收信号模式的高斯自相关函数参数不是先验已知的，因此必须由可获得的信号进行估计。估计得到的参数可以用来定义一个统计期望自相关函数的假设模型。然后，通过比对数据采样自相关函数进行模型的验证。本节第一部分介绍如何设定理论上的时域自相关函数模型的参数，使其最接近数据的采样自相关序列（ACS）。

本节第二部分在假设模型正确的基础上，获得采样 ACS 的理论概率密度函数的幅值和相位。仿真验证这些理论结果后，通过构建和应用假设检验来拒绝或接受所提出时域 ACS 模型的有效性。除了通过分析数据集来验证由 Watterson 提出的高斯时域 ACS 模型，这些假设也决定了是否有理由相信模型参数在一个非常宽的孔径天线阵列中不同接收机上是保持不变的。这一信号模式被称为时域 ACS 的空间同质性，它代表了大线阵列模型的一个很重要的方面，而该特性在前述讨论（单接收机情况）中是不可验证的。

7.3.1 参数估计方法

一个时域采样随机过程的自相关函数通常在多个采样点上赋值，而这些采样点是由采样周期的整数倍分割而成的，等同于脉冲重复间隔（PRI）。采样 ACS 用来描述采样自相关函数（ACF）在多个延迟间隔上的值。由第 n 个接收机在 PRI $t=1,2,\cdots,p$ 时刻的第 k 个距离单元的复随机过程 $x_k^{[n]}(t)$ 的时域 ACS 采样可被估计为式（7.20）中的无偏样本 ACS $\hat{r}_n(\tau)$。当分别考虑在不同距离单元中可分辨的模式时，依赖于参数 k 的 $\hat{r}_n(\tau)$ 急剧减小。

$$\hat{r}_n(\tau) = \frac{1}{P-\tau} \sum_{t=1}^{P-\tau} x_k^{[n]}(t) x_k^{[n]*}(t+\tau) \quad \begin{cases} \tau = 0, 1, \cdots, Q-1 \leqslant P \\ n = 0, 1, \cdots, N-1 \end{cases} \quad (7.20)$$

统计期望 ACS $r_n(\tau)$ 的参数模型可以写成式（7.21）的形式，其中，标量参数 a、b 和 c_n 是二阶多项式 $P_n(\tau)$ 在延迟为 τ 时的系数。如上所述，在两种特殊情况下，可以对多项式系数进行约束以描述高斯或指数衰减的自相关函数。显然，高阶多项式函数可能已被提出，但这里不考虑。

$$r_n(\tau) = \mathrm{e}^{P_n(\tau)} = \mathrm{e}^{a\tau^2 + b\tau + c_n} \quad (7.21)$$

第 n 个接收机接收的信号能量等于 ACS 在零延迟的值，即 $r_n(0) = \mathrm{e}^{c_n}$，其中，$c_n$ 被限定为一个可以随接收机序号 n 变化的实数值。如果多普勒功率谱模型假设为一个以平均多普勒频移为中心的高斯函数，那么 ACS $r_n(\tau)$ 的幅度包络则是一个关于自变量为 τ 的高斯函数，其相位和 τ 是线性相关的且其斜率由平均多普勒频移决定，在式（7.21）中，这一相当流行的模型对应着 a 为实数、b 为虚数。

另一方面，如果假设多普勒功率谱模型为以多普勒频移为中心的洛伦兹函数，则要求 ACS $r_n(\tau)$ 的幅度包络为关于 τ 的指数衰减函数，并且其相位也是斜率由平均多普勒频移决定的线性函数，在式（7.21）中，对应有 $a=0$、b 为复数。对于平均多普勒频移 f（以脉冲重复频率做归一化）的高斯功率谱和洛伦兹功率谱而言，加在多项式 $P_n(\tau)$ 的系数如式（7.22）所示。$\mathfrak{R}\{\}$ 和 $\mathfrak{I}\{\}$ 分别为取实部和虚部运算。在任何情况下我们都令 $\mathfrak{I}\{c_n\}=0$ $\mathfrak{I}\{c_n\}=0$，在零延迟时 ACS 等于信号功率。

$$r_n(\tau) = \mathrm{e}^{a\tau^2} \mathrm{e}^{b\tau} \mathrm{e}^{c_n} \quad \begin{cases} a < 0, \mathfrak{R}\{b\}=0, \mathfrak{I}\{b\}=2\pi f & \text{Gaussian} \\ a = 0, \mathfrak{R}\{b\}<0, \mathfrak{I}\{b\}=2\pi f & \text{Lorentzian} \end{cases} \quad (7.22)$$

以上提到的两种模型早先被用于描述经不规则电离层倾斜后向散射的高频信号 ACS，见 Villain 等（1996）和 Hanuise 等（1993）。由于以上提到的两种模型在延迟域中区别加大而易于分辨，故相比于功率谱，作者更偏向于使用 ACS 来表示数据的统计特性。不论是从参数估计还是统计检验的角度，基于 ACS 的模型描述和分析都有着很大的优势。

采样 ACS $\hat{r}_n(\tau)$ 也可以表示为式（7.23）的形式，其中，复函数 $\hat{P}_n(\tau) = \ln\{\hat{r}_n(\tau)\}$ 通常情况下与假设的二阶多项式模型[如式（7.21）] $P_n(\tau)$ 不是特别匹配。ACS 多项式模型的阶数可能会大于 2，且式（7.22）中的约束参数可能被放宽以允许 ACS 模型有更大的变化范围。因此，ACS 模型将不再是高斯的或指数衰减的形式。尽管还有更复杂的形式更具适应性，但这里不考虑。虽然很容易提出更准确的、适合采样 ACS 的高阶模型，但是从实测数据估计得到的 ACS 具有统计不确定性和变化性，往往不能保证对特别精确模型的搜索。而且，更加复杂的模型通常会变得难以直观理解，并且在计算机仿真产生采样数据时经常难以实现。

$$\hat{r}_n(\tau) = e^{\hat{P}_n(\tau)} \tag{7.23}$$

在描述两种备选 ACS 模型的参数估计方法前，先对接收功率 e^{c_n} 对接收机数 n 的依赖性进行说明。不同接收机的能量不同有两个原因：第一，存在潜在的、能够影响到测量幅度的系统误差，如各个天线的传感器或增益的不同也可以影响到 e^{c_n}，导致需调整其他模型参数来适应采样 ACS 的形式或结构；第二，最感兴趣的是确定 ACS 或者功率谱结构是否对应于给出的参数模型，以及是否所有接收机的模型可以假设为相同。当考虑时域处理的情况时，各个接收机的能量级别和放大比例虽然可能有所不同，但已经不是最重要的了。然而，在空域或空-时域的处理应用中，放大比例的差异很关键，这将在 7.4 节中介绍。

当采样 ACS 无偏时，采用最小平方准则进行时域 ACS 模型的参数估计似乎是合理的，如式（7.24）所示，其中，$\mathbf{v} = [a\ b\ c_1\ \cdots\ c_n]^T$ 是模型参数向量，$\|\cdot\|_F$ 表示 L_2 范数或佛罗比尼乌斯范数，对式（7.22）中 $\mathbf{v}$ 元素进行条件最小化，$\mathbf{v}$ 取决于采用何种模型。对于所有接收机而言，模型中参数 a 和 b 对于最匹配采样 ACS 结构的估计是没有影响的，而不同接收机的采样 ACS 的不同尺度信息全部包含于参数 c_n（$n=0,1,\cdots,N-1$）中。

$$\hat{\mathbf{v}} = \arg\min_{\mathbf{v}} \sum_{n=0}^{N-1}\sum_{\tau=0}^{Q-1} \|\hat{r}_n(\tau) - r_n(\tau)\|_F \tag{7.24}$$

将假设的模型 $r_n(\tau) = e^{P_n(\tau)}$ 和采样 ACS $\hat{r}_n(\tau) = e^{\hat{P}_n(\tau)}$ 代入式（7.24）得到式（7.25）。这一非线性的优化问题可以采用迭代法求解，然而，如果模型和采样 ACS 的最小值很相近，那么 $P_n(\tau) - \hat{P}_n(\tau)$ 的值将接近 0，$e^{P_n(\tau) - \hat{P}_n(\tau)}$ 的值将接近 1。

$$\hat{\mathbf{v}} = \arg\min_{\mathbf{v}} \sum_{n=0}^{N-1}\sum_{\tau=0}^{Q-1} \|\hat{r}_n(\tau)[1 - e^{P_n(\tau) - \hat{P}_n(\tau)}]\|_F \tag{7.25}$$

在这种情况下，表达式 $e^{P_n(\tau) - \hat{P}_n(\tau)}$ 可以由一阶泰勒级数展开式 $1 + P_n(\tau) - \hat{P}_n(\tau)$ 准确近似。将一阶泰勒级数展开式代入式（7.25），得到一个对应接近最小平方准则的修正代价函数，如下所示。

$$\tilde{\mathbf{v}} = \arg\min_{\mathbf{v}} \sum_{n=0}^{N-1}\sum_{\tau=0}^{Q-1} \|\hat{r}_n(\tau)\|_F \|P_n(\tau) - \hat{P}_n(\tau)\|_F \tag{7.26}$$

通过把 $P_n(\tau) = a\tau^2 + b\tau + c_n$ 和 $\hat{P}_n(\tau) = x_n(\tau) + jy_n(\tau)$ 代入目标函数式（7.26），其中，$x_n(\tau) = \Re\{\hat{P}_n(\tau)\}$ 和 $y_n(\tau) = \Im\{\hat{P}_n(\tau)\}$ 分别为 $\hat{P}_n(\tau)$ 的实部和虚部，可以把参数估计问题重写为式（7.27）的形式。

$$\tilde{\mathbf{v}} = \arg\min_{\mathbf{v}} \sum_{n=0}^{N-1}\sum_{\tau=0}^{Q-1} \|\hat{r}_n(\tau)\|_F \|\{a\tau^2 + b\tau + c_n\} - \{x_n(\tau) + jy_n(\tau)\}\|_F \tag{7.27}$$

这一无约束优化问题可以表达为更简洁的形式，如式（7.28）所示，其中，$\mathbf{p}=[\mathbf{q}_1^T,\cdots,\mathbf{q}_N^T]$ 为各个接收机的长度为 Q 的接收数据 $\mathbf{q}_n=[\hat{P}_n(0),\cdots,\hat{P}_n(Q-1)]^T$ 组成的 NQ 维的堆叠向量，$NQ \times NQ$ 维的对角矩阵 $\mathbf{W}=\mathrm{diag}[\mathbf{w}_1^T,\cdots,\mathbf{w}_N^T]$ 由权重元素构成，权重元素 $\mathbf{w}_n=[|\hat{r}_n(0)|^2,\cdots,|\hat{r}_n(Q-1)|^2]$（$n=0,\cdots,N-1$）为各个接收机的采样 ACS 的模平方。

$$\tilde{\mathbf{v}}=\arg\min_{\mathbf{v}}\ (\mathbf{p}-\mathbf{M}\mathbf{v})^{\dagger}\mathbf{W}(\mathbf{p}-\mathbf{M}\mathbf{v}) \tag{7.28}$$

式（7.28）中的矩阵 $\mathbf{M}$ 如式（7.29）所示，$\mathbf{M}$ 的每一个 NQ 维列向量都由 N 个 Q 维列向量叠加而成，记为 $\mathbf{a}$，$\mathbf{b}$，$\mathbf{1}$，$\mathbf{0}$，并且其元素由式（7.29）分别取 $\tau=0,1,\cdots,Q-1$ 时给出。缩写形式为 $\mathbf{M}=[\mathbf{1}\otimes\mathbf{a},\mathbf{1}\otimes\mathbf{b},\mathbf{I}_N\otimes\mathbf{1}]$，其中，符号"$\otimes$"表示克罗内克积，$\mathbf{I}_N$ 为 N 阶单位矩阵。

$$\mathbf{M}=\begin{bmatrix}\mathbf{a}&\mathbf{b}&1&0&\cdots&0\\ \mathbf{a}&\mathbf{b}&0&1&\cdots&0\\ \vdots&\vdots&\vdots&\vdots&\ddots&\vdots\\ \mathbf{a}&\mathbf{b}&0&0&\cdots&1\end{bmatrix},\quad \begin{cases}\mathbf{a}^{[\tau]}=\tau^2\\ \mathbf{b}^{[\tau]}=\tau\\ \mathbf{1}^{[\tau]}=1\\ \mathbf{0}^{[\tau]}=0\end{cases} \tag{7.29}$$

式（7.28）这一无约束权二次最小二乘优化问题的解由式（7.30）的最小幅角 $\tilde{\mathbf{v}}$ 给出。这个无约束解对应于 $\mathbf{v}$ 中复参数的实部和虚部无限制条件的情况。

$$\tilde{\mathbf{v}}=(\mathbf{M}^{\dagger}\mathbf{W}\mathbf{M})^{-1}\mathbf{M}^{\dagger}\mathbf{W}\mathbf{p} \tag{7.30}$$

当前情况关注的是如何对 $\mathbf{v}$ 中的参数值进行约束，产生与假设高斯或衰减指数形式一致的 ACS 模型。当 $\mathbf{v}$ 中的一个或多个参数要求为纯实数或纯虚数时，正如关心的模型中的形式一样，最好是把实部和虚部分别当成一个最小平方优化问题。因此，我们将定义测量向量 $\mathbf{p}$ 的实部和虚部分别为 $\mathbf{p}_r=\Re\{\mathbf{p}\}$ 和 $\mathbf{p}_i=\Im\{\mathbf{p}\}$。这便允许任一模型的参数估计划分为两个独立的（实数的）无约束最小平方问题，如式（7.31）所示。

$$\begin{cases}\tilde{\mathbf{v}}_r=\arg\min_{\mathbf{v}_r}\ (\mathbf{p}_r-\mathbf{M}_r\mathbf{v}_r)^{\dagger}\mathbf{W}(\mathbf{p}_r-\mathbf{M}_r\mathbf{v}_r)\\ \tilde{\mathbf{v}}_i=\arg\min_{\mathbf{v}_i}\ (\mathbf{p}_i-\mathbf{M}_i\mathbf{v}_i)^{\dagger}\mathbf{W}(\mathbf{p}_i-\mathbf{M}_i\mathbf{v}_i)\end{cases} \tag{7.31}$$

将式（7.30）这一通解变为由所考虑模型实部和虚部引起的特殊形式，则这些问题得以解决。在高斯情况下，当 $\mathbf{M}_i=[\mathbf{1}\otimes\mathbf{b}]$ 且 $\mathbf{v}_i=[b_i]^T$ 时，有 $\mathbf{M}_r=[\mathbf{1}\otimes\mathbf{a},\mathbf{I}_N\otimes\mathbf{1}]$ 和 $\mathbf{v}_r=[a,c_1,\cdots,c_N]^T$。另一方面，在指数衰减情况下，当 $\mathbf{M}_i=[\mathbf{1}\otimes\mathbf{b}_i]$ 且 $\mathbf{v}_i=[b_i]^T$ 时，由 $\mathbf{M}_r=[\mathbf{1}\otimes\mathbf{b}_r,\mathbf{I}_N\otimes\mathbf{1}]$ 和 $\mathbf{v}_r=[b_r,c_1,\cdots,c_N]^T$，其中 b_r 和 b_i 分别为多项式系数 b 的实部和虚部。在拓展形式中，这些情况对应于最小平方问题，如式（7.32）所示，它们能够准确地从采样 ACS 中估计出高斯模型 $\tilde{\mathbf{v}}_G=[a,b_i,c_1,\cdots,c_N]^T$ 和洛伦兹模型 $\tilde{\mathbf{v}}_L=[0,b,c_1,\cdots,c_N]^T$ 的参数向量。

$$\begin{aligned}\tilde{\mathbf{v}}_G&=\arg\min_{\mathbf{v}}\sum_{n=0}^{N-1}\sum_{\tau=0}^{Q-1}\|\hat{r}_n(\tau)\|_F[(x_n(\tau)-a\tau^2-c_n)^2+(y_n(\tau)-b_i\tau^2)^2]\\ \tilde{\mathbf{v}}_L&=\arg\min_{\mathbf{v}}\sum_{n=0}^{N-1}\sum_{\tau=0}^{Q-1}\|\hat{r}_n(\tau)\|_F[(x_n(\tau)-b_r\tau-c_n)^2+(y_n(\tau)-b_i\tau)^2]\end{aligned} \tag{7.32}$$

注意到线性约束的复数最小均方问题可以用 Kay（1987）描述的理论来分析处理，但是该方法不能对复数的实部和虚部分别进行约束，导致这些标准结果在这一特殊应用中不能用来估计模型参数。

7.3.2 假设接受检验

一旦估计出参数，便可以产生一个对应于期望 ACS 的假设模型，也可以评估模型 ACS 与采样 ACS 之间的差异性。如果这些差相对较小（例如，小到有理由把它归于估计误差的影响），那么模式中的时域二阶统计量的衰减便具有空间同质性，除非有理由否定假设的时域

ACS 模型，该模型在阵列所有接收机中的参数相同，除了尺度上会有变化。

从统计意义上量化偏差的"严重性"是很重要的，表述比较实测数据二阶统计量和假设 ACS 模型所得相关结论的可信度亦是很重要的。采样 ACS 的幅度和相位的边缘渐近分布可以从附录 A 中能够产生瑞利衰减的平稳复高斯随机过程获得。采样 ACS 的分布依赖于式（7.20）中用于求平均的采样数 P，对于随机过程的统计期望 ACS 也是一样。利用附录 A 中的大采样分布，可以推导包含 90% 估计值的假设 ACS 模型的幅度和相位误差范围。

如果采样 ACS 中一个特定延迟的幅度或相位处于已建立的误差范围之外，那么可以认为该偏差很严重且有理由舍弃该假设 ACS 模型。如果整个 ACS 都位于误差范围内，那么就没有理由舍弃假设 ACS 模型，而被视为 90% 置信水平的有效模型。该标准用于判别是否舍弃假设的高斯或指数衰减、具有空间同质性的时域 ACS 模型。对于分析的每种传播模式，由于其采样 ACS 的分布和相应的误差范围依赖于假设模型的形式和相关参数，所以它们的计算需具体分析。

在给出实验结果之前，通过仿真大量的、已知二阶统计量的复高斯随机过程，可以确认从附录 A 中得到的采样 ACS 分布的有效性。因为每次实现都要计算采样 ACS，所以对于每一个 ACS 的延迟分量，都可以计算其统计分布的估计。在大运算量的情况下，幅度和相位的（或者实部和虚部的）数值计算的分布可能比理论上获得的概率密度函数更为直接。为此，一个稳定的一阶自回归（AR）高斯过程 $z(t)$ 可以根据式（7.33）的递归关系计算。

$$z(t) = \alpha z(t-1) + \sqrt{1-|\alpha|^2}\, n(t), \quad t = 0, 1, \cdots, P-1 \quad (7.33)$$

复数 α 是 AR(1) 随机过程的参数，选取 $|\alpha|<1$ 以确保稳定性（即极点在单位圆内），而新息 $n(t)$ 用一个复（循环对称）高斯白噪声过程来描述，其二阶统计量为

$$E\{n(t)n^*(t+\tau)\} = \delta(\tau), \quad E\{n(t)n(t+\tau)\} = 0 \quad (7.34)$$

AR(1) 随机过程 $z(t)$ 的 ACS 对应于前面章节描述的指数衰减模型。从式（7.33）和式（7.34）可以看出，$z(t)$ 的统计期望自相关函数由式（7.35）给出。

$$r_z(\tau) = E\{z(t)z^*(t+\tau)\} = \alpha^\tau \quad (7.35)$$

在仿真分析中，取 $P=10000$，$\alpha=0.99$，总共实现 10000 次。在每次实现中，取延迟 $\tau=0,1,\cdots,Q-1$，$Q=30$，以估算无偏采样 ACS $\hat{r}_z(\tau)$。可以选取 $\tau=20$ 作为采样 ACS 的示例延迟，以比较理论的和从仿真计算的累积密度函数。

当取延迟间隔 $\tau=20$ 时，ACS 的期望为 $r_z(20)=\alpha^{20}=0.818$，由于采样 ACS 是无偏的，这对应于无限实现次数时 $\hat{r}_z(20)$ 的平均值。由于采样有限，通常情况下采样 ACS 的测试延迟分量将是复值，所以累计密度可能会表达为实部和虚部的形式，或者为幅度和相位的形式。

图 7.1 和图 7.2 分别显示了延迟成分 $\tau=20$ 时，采样 ACS 实部和虚部理论的和仿真计算的累计密度。理论曲线对应于高斯概率密度函数。图 7.1 和图 7.2 中理论曲线的均值为在这一延迟成分条件下实部和虚部的统计期望值。理论曲线的方差由附录 A 中的表达式决定。显然理论曲线准确地对应着仿真曲线。图 7.3 和图 7.4 显示出关于幅度和相位累计分布的类似结果。

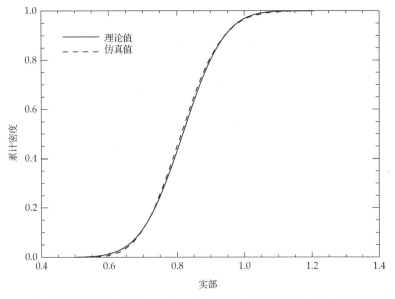

图 7.1 一个 AR(1)过程（$\alpha=0.99$，$\tau=20$，$P=10000$）的采样 ACS $\hat{r}_z(\tau)$ 实部的累积密度

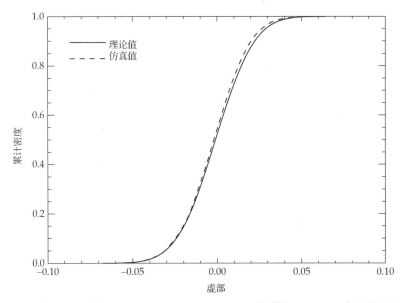

图 7.2 一个 AR(1)过程（$\alpha=0.99$，$\tau=20$，$P=10000$）的采样 ACS $\hat{r}_z(\tau)$ 虚部的累积密度

7.3.3 空间同质性假设

天波信号模型时域 ACS 的高斯模型由 Watterson 等（1970）通过实验方式确定，但是对于所有宽孔径阵列的接收机而言，该作的作者不能确定该模型参数是否可以假设为常量。在这一试验中，每一个可分辨传播模式的时域 ACS 都分别在接收机个数 $N=30$、时长约为 4 min 的 47 个 CPI 的数据计算得到。每个接收机中可用于估计时域 ACS 的样本总数为 $47\times 256=12\,032$。通过对延迟输出的总和求平均，计算出一组以 $Q=30$ 均匀间隔采样的延迟。ACS 从零延迟开始并以 6 个 PRI（0.1 s）等间隔延迟。

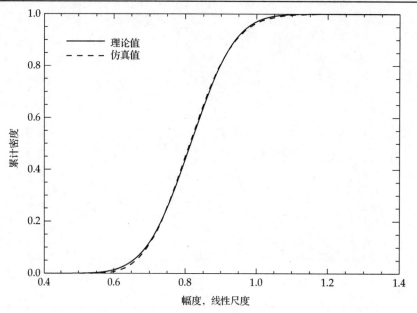

图 7.3 一个 AR(1)过程（$\alpha=0.99$，$\tau=20$，$P=10000$）的采样 ACS $\hat{r}_z(\tau)$ 幅度的累积密度

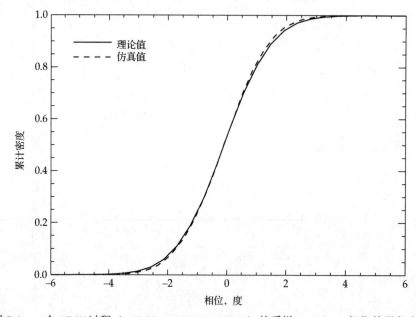

图 7.4 一个 AR(1)过程（$\alpha=0.99$，$\tau=20$，$P=10000$）的采样 ACS $\hat{r}_z(\tau)$ 相位的累积密度

利用 $N=30$ 个接收机分别计算得到的 ACS 估计量，使用 7.3 节中描述的方法可以估算每个可分辨传播模式的高斯模型参数。表 7.1 给出了时域 ACS 参数的估计量。在空间同质性的假设条件下，对于由规模因子 c_n 决定的 $N=30$ 个接收机，其在某一特定模式下的高斯时域 ACS 模型被假定为具有相同的形式。表 7.1 虽未给出不同接收机 $n=1,\cdots,N$ 的 ACS 规模估计 c_n，但在下一节中会通过空间统计量对其进行分析。

表 7.1 亦列出了描述对应于所估计时域 ACS 模型的多普勒功率谱的两个参数。特别地，参数 f 和 B_t 分别表示高斯功率谱平均多普勒频移（频率移位）和多普勒带宽（频率延展）。由于

模型参数 b 表示相位在一个单位延迟间隔中的变化,平均多普勒频移是按照 $f=b/\mathrm{j}2\pi\Delta t$ 计算得到的,其中延迟间隔 $\Delta t=0.1\,\mathrm{s}$。表 7.1 中的平均多普勒频移事实上等同于在相同模式下采用前面章节中传统处理方法得到的估算值。时域自相关函数模型的幅度减小到原来的 $1/e$ 所对应的延迟时间的倒数即为多普勒带宽。对于高斯模型,$B_t=\{\Delta t\sqrt{1/a}\}^{-1}$。表 7.1 中的多普勒带宽与 Shepherd and Lomax(1976)、Watterson 等(1970)在中纬度电离层信道得到的测量结果是同阶的。

表 7.1　不同传播模式下的高斯时域 ACS 模型和多普勒功率谱模型的参数估计

模式	a	b	B_t, Hz	f, Hz
$1E_s$	-2.09×10^{-4}	$j\times 0.268$	0.145	0.43
$1F_2$	-2.24×10^{-4}	$j\times 0.277$	0.149	0.44
$1F_2(o)$	-9.06×10^{-5}	$j\times 0.294$	0.095	0.47
$1F_2(x)$	-1.97×10^{-4}	$j\times 0.332$	0.140	0.53

基于对每个接收机的统计期望时域 ACS 结构模型的假设,可以利用附录 A 中的理论结果得到在各个延迟点上实验测量采样 ACS 的置信区间。当随机过程的统计特性可由假设模型描述时,每个延迟点的上边界和下边界所指示的间隔包含一定比例的采样 ACS。如果采样 ACS 中一个或多个延迟成分没有被包含在 90% 的置信区间,就有理由相信所假设的模型并不适合用于描述数据。相反,如果整个采样 ACS 都处在置信区间内,则没有理由舍弃所假设的模型,而可以接受该模型。

基于表 7.1 中 $1E_s$ 模式参数的估计,图 7.5 中的实线表示该模式下高斯 ACS 模型的实部。当有 $47\times 256=12\,032$ 个数据点用于估算采样 ACS 时假设模型是有效的,虚线表示该模型下每个延迟的采样 ACS 的期望分布的上限和下限。每个接收机的实验采样 ACS 首先用估计的功率缩放比例因子 $\mathrm{e}^{c_n}(n=1,2,\cdots,N)$ 做归一化处理。使用每个时域延迟的实验数据计算得到的 $N=30$ 个采样 ACS 值在图 7.5 中用符号"+"绘出。图 7.6 采用和图 7.5 相同的形式,它显示了 $1E_s$ 模式下时域 ACS 的虚部结果。

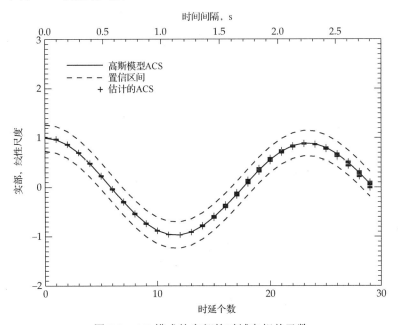

图 7.5　$1E_s$ 模式的实部的时域自相关函数

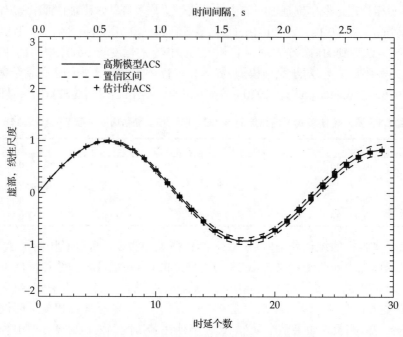

图 7.6　$1E_s$ 模式的虚部的时域自相关函数

和延迟数有关的实部和虚部的振荡现象归因于平均多普勒频移,即平均多普勒频移越大,振荡频率越大。实部和虚部的幅度包络衰减速度归因于多普勒展宽,多普勒展宽越严重,和延迟数有关的 ACS 幅度下降得越快。图 7.7～图 7.12 用相同的形式显示了在其他模式下的结果。在所有情况下,由表 7.1 中各模式估算的高斯时域 ACS 模型与由所有接收机($N=30$)测得的采样 ACS 值是一致的。

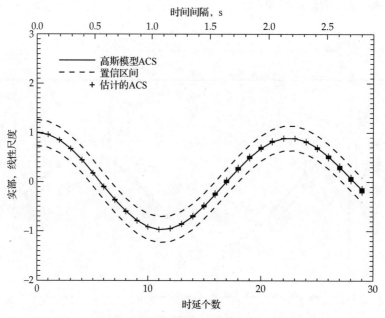

图 7.7　$1F_2$ 模式的实部的时域自相关函数

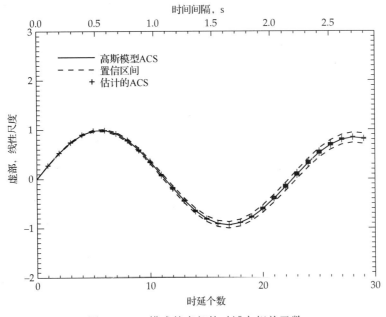

图 7.8　$1F_2$ 模式的虚部的时域自相关函数

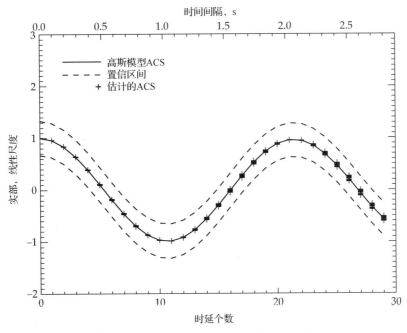

图 7.9　$1F_2(o)$ 模式的实部的时域自相关函数

基于这些结论,对于经相对安静的中纬度电离层反射的 HF 信号模式,没有较强的理由舍弃高斯时域 ACS 模型。这再一次确认了 Watterson 等(1970)基于信号接收机数据获得的发现。此外,所有不同接收机的归一化时域采样 ACS 的变化几乎都处在置信区间的上下限之间。这些观察在 Watterson 等(1970)用单个接收机的条件下不可能获得,导致没有较强的理由舍弃通过中纬度 HF 信道传播的信号模式的空间同质性假设。换言之,对于一个延伸近 3 km 的宽口径天线阵列,已经证明,通过阵列分离阵元接收的模式的时域 ACS,可以描述为具有相同平均多普勒频移和相同多普勒展宽参数的高斯模型。除了不同接收机的 ACS 可能存在不同功率水平和尺度，这些结论亦意味着，对于相对安静的中纬度 HF 信道的宽口径，时域模式衰减统计量可以假设为空间同质的。

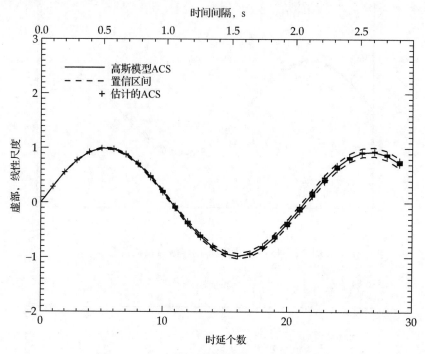

图 7.10　$1F_2(o)$ 模式的虚部的时域自相关函数

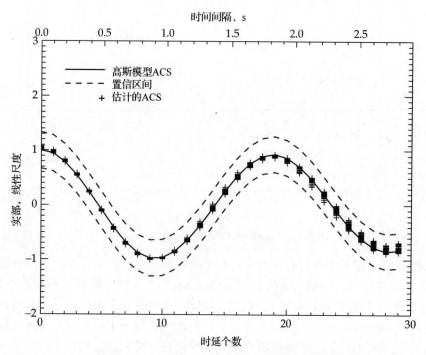

图 7.11　$1F_2(x)$ 模式的实部的时域自相关函数

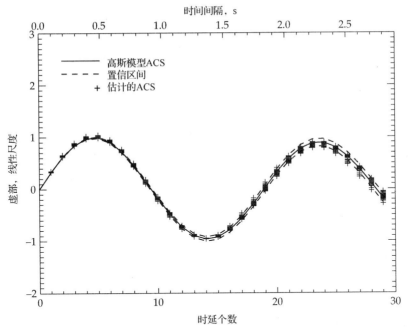

图 7.12 $1F_2(x)$ 模式的虚部的时域自相关函数

7.4 空间和空时统计

雷达信号通常在一个电离层局部区域反射，由此接收到的模式波前表现出的平均结构是时变幅度和相位调制平面波的叠加。时变波前的"皱纹"可理解为一个随机的空间衰落过程，它导致所接收信号模式的角度谱在平均到达方向（DOA）的周围扩散（就像时间衰落引起多普勒频谱在平均多普勒频率周围扩散一样）。通常假设空间衰落过程在数分钟的观察时间内是静止的，而感兴趣的是确定式（7.36）所描述空间协方差矩阵模型的有效性。这个模型很好地解释了上述空间衰落过程，Paulraj and Kailath（1988）就引用该模型来描述空间扩展信号，随后 Ringelstein, Gershman, and Bohme（1999）也引用这个模型来描述空间扩展信号。

$$\mathbf{R}_x = E\{\mathbf{x}_k(t)\mathbf{x}_k^H(t)\} = \sigma_s^2[\mathbf{s}(\theta)\mathbf{s}^H(\theta)] \odot \mathbf{B} \tag{7.36}$$

在式（7.36）中，"$\odot$"表示哈达玛德积，σ_s^2 表示均方误差或信号模式的功率，这里假设所有的接收机是一致的，$\mathbf{s}(\theta)$ 表示 θ 方向的导向矢量，$\mathbf{B}$ 表示一个扩展矩阵，它的每一个元素 (i,j) 等于接收机 i 和 j 的空间相关系数的幅度，这个系数如式（7.37）中定义所示，其中，$r_x^{[i,j]}$ $(i,j=0,\cdots,N-1)$ 表示统计期望空间协方差矩阵 $\mathbf{R}_x$ 的 (i,j) 个元素。

$$\mathbf{B}^{[i,j]} = \rho_{ij} = \frac{|r_x^{[i,j]}|}{\sqrt{r_x^{[i,i]} r_x^{[j,j]}}} \tag{7.37}$$

在这个模型中，假设平均的平面波前有一个固定的 DOA，因此空间协方差矩阵的元素 $r_x^{[i,j]}$ 的相位被唯一确定，正如时间 ACS 的相位仅由平均多普勒频移来确定。这相当于定义了一个信号模式的平均波前，从而使随机调制过程的实分量和虚分量相互统计独立。在这种情况下，空间调制仅对 $\mathbf{R}_x$ 中二阶统计量的幅度产生影响。对于一个任意定义的 N 维平均波前向量 $\mathbf{s}$，其空间协方差矩阵的元素由式（7.38）给出，其中，$\mathbf{s}^{[n]}$ 表示向量 $\mathbf{s}$ 的第 n 个元素。

$$r_x^{[i,j]} = \sigma_s^2 \rho_{ij} \mathbf{s}^{[i]} \mathbf{s}^{[j]*} \tag{7.38}$$

当假设平均波前是一个平面波时，空间协方差矩阵 $\mathbf{R}_x$ 可以用唯相位矩阵 $\mathbf{s}(\theta)\mathbf{s}^H(\theta)$ 表示，其中，$r_x^{[i,j]}$ 的相位由平均 DOA 估计参数 θ 确定，$r_x^{[i,j]}$ 的幅度由实值矩阵 $\mathbf{B}$ 的参量相关系数模型来确定。定义相位 $\angle \mathbf{s}^{[n]}(\theta) = \phi_n$，提出的模型可以用空间协方差矩阵中元素的幅度和相位来表示，如式（7.39）所示。

$$|r_x^{[i,j]}| = \sigma_s^2 \rho_{ij}, \quad \angle r_x^{[i,j]} = \phi_i - \phi_j \tag{7.39}$$

宽孔径天线阵的空间相关系数 ρ_{ij} 模型，尚未针对可分辨高频信号模式通过正式的假设检验来验证。同时，将从局部电离层反射的高频信号模型的平均波前假设为平面波模型也还未得到试验验证。在信号代表系统要接收期望信号的实际应用中，波前的相位结构十分重要。当信号代表干扰时，我们感兴趣的是波前的相关特性，因为此时相关系数将严重影响自适应空间处理系统的可实现对消比。

综合平均波前模型和相关系数模型可以得到阵列数据的空间协方差矩阵模型。对于一个平稳高斯分布过程，该模型完整地定义了信号的空间统计模式。本节设计了一个可用于拒绝或接受已知置信水平的平均波前和空间相关系数模型的假设检验框架。同时展开了一个传播模式下通过空间自相关序列模型和时间自相关序列模型之积推导空时二维自相关序列的试验，并对试验测量的精度进行量化分析，这里假设空时统计特性可分。

7.4.1 相关系数

假定乘性的幅度和相位调制用一个在空间维度产生瑞利衰减的零均值复高斯过程来描述。这一统计描述遵循了 Watterson 等（1970）证明的高斯散射假设理论。在开始验证之前，首先需要描述矩阵 $\mathbf{B}$ 的相关系数 ρ_{ij} 模型。对于时间 ACS，此处主要考虑高斯模型和指数衰减模型下的相关系数的幅度包络。

$$\rho_{ij} = e^{P(|i-j|)} \quad \begin{cases} P(d) = e^{ad^2} & \text{高斯} \\ P(d) = e^{bd} & \text{指数衰减} \end{cases} \tag{7.40}$$

按照平稳过程的假设，这些模型假设空间衰落过程的二阶统计量只取决于接收机之间的间距 $d = |i-j|$，而不是在阵列中的具体位置 (i, j)。在实际中，式（7.40）中属于某一特定传播模式的实值模型参数 $a<0$ 或 $b<0$ 无先验信息。这些参数可以从无偏的空间样本协方差矩阵（SCM）$\hat{\mathbf{R}}_x$ 估计得到，$\hat{\mathbf{R}}_x$ 可以通过实时数据进行计算，如式（7.41）所示。

$$\hat{\mathbf{R}}_x = \frac{1}{P} \sum_{t=0}^{P-1} \mathbf{x}_k(t) \mathbf{x}_k^H(t) = [\hat{r}_x^{[i,j]}]_{i,j=0}^{N-1} \tag{7.41}$$

对于多元高斯快拍 $\mathbf{x}_k(t)$，空间 SCM 代表 $\hat{\mathbf{R}}_x$ 的最大似然估计。利用最大似然估计器的不变性（Kay 1987），认为相关系数幅度的最大似然估计式可以由 $\hat{\rho}_{i,j} = \left[\hat{r}_x^{[i,j]}\right] / \sqrt{\left[\hat{r}_x^{[i,i]}\right]\left[\hat{r}_x^{[j,j]}\right]}$ 给出。由于假设了 $\mathbf{R}_x$ 为托普利兹矩阵，可以利用相互间距 $d = |i-j|$ 的不同接收机对对估计量进行进一步平均处理，产生的相关系数函数 $\hat{\rho}(d)$ 如式（7.42）所示，和空间 ACS 的归一化包络特性一样有 $\hat{\rho}(0) = 1$。

$$\hat{\rho}(d) = \frac{1}{N-d-1} \sum_{i=0}^{N-d-1} \hat{\rho}_{i,i+d} \tag{7.42}$$

在实际数据测量 $\hat{\rho}(d) = e^{\hat{P}(d)}$ 和式（7.40）所示相关系数模型 $\rho_{ij} = e^{P(d)}$ 之间提供最好的最小均

方匹配的 a 或 b，其值可以通过式（7.43）描述的时间 ACS 参数估计方法来计算。然后通过对假设模型和样本估计之间的差异进行重点评估，从而决定接受还是拒绝已知置信水平的假设模型。

$$\tilde{b} = \arg\min_b \sum_{d=0}^{N-1} \|\hat{\rho}(d)\|_F [\hat{P}(d) - bd]^2 \tag{7.43}$$

对于多元复高斯分布过程，Goodman（1963）发现了幅度平方相干系数 $\hat{\rho}^2$ 的最大似然估计的采样特性。如果用 n 个统计独立的样本来估计一个接收机对的幅度平方相干系数 ρ^2，则样本估计 $\hat{\rho}^2$ 的分布由式（7.44）给出，其中 ρ^2 是统计期望值。

$$p(\hat{\rho}^2) = (n-1)(1-\rho^2)^n(1-\hat{\rho}^2)^{n-2} F(n, n; 1; \rho^2\hat{\rho}^2) \tag{7.44}$$

$F(x, y; w; z)$ 是经典超几何函数，其定义见式（7.45），其中我们定义序列 $(x)_k = x(x+1)\cdots(x+k-1)$。该序列在函数参量 z 模值小于 1 的情况下保证收敛，在这种情况下我们有 $z = \rho^2\hat{\rho}^2 < 1$，因此函数总是收敛的。Carter（1971）用密度函数 $p(\hat{\rho}^2)$ 估计频域相干系数。相同的分布可以用于推导接受或拒绝空间相关系数的参数模型的置信区间。

$$F(x, y; w; z) = \sum_{k=0}^{\infty} \frac{(x)_k (y)_k}{(w)_k} \frac{z^k}{k!} \tag{7.45}$$

由于显著的时间相关性，连续阵列快拍不是统计独立的，因此有必要确定式（7.44）中统计独立的观察值 n 的大小。对于一个大样本数据 P，Priestly（1981）描述了一种确定相关高斯随机过程的统计独立样本量的方法。第一步是计算样本方差的方差。对于复随机过程，这由式（7.46）中的 σ_r^2 给出，式中，$r(k)$ 是间隔 k 个样本的数据点之间的期望相关系数，$\hat{r}(0)$ 是随机过程的样本方差，具体描述见 Thierren（1992）。

$$\sigma_r^2 = E\{[\hat{r}(0) - r(0)]^2\} = \frac{1}{P} \sum_{k=-(P-1)}^{P-1} \left(1 - \frac{|k|}{P}\right) |r(k)|^2 \tag{7.46}$$

由式（7.46）可以看出，当独立统计样本数 P 趋于无穷时，样本方差的方差为 $r^2(0)/P$。因此，对于一个相关过程，其有效的独立观测量由 $P_e = r^2(0)/\sigma_r^2 \leq P$ 给出。与 P 的计算值最接近的整数可以代替式（7.44）中的独立样本数 n，得到更精确的置信区间。如果所有接收机对的估计量 $\hat{\rho}_{ij}$ 落在指定的范围内，那么空间相关系数模型被接受，否则被拒绝。

用于计算各相关系数的样本空间协方差矩阵 $\hat{\mathbf{R}}_x$ 由 $N=30$ 的接收阵元利用式（7.41）估计得到，其中阵列快拍数 $P=12032$（持续 47 个记录时间）。对于接收阵元间距 d，相当于试验中 $d \times 84.0$ m，利用 $P=12032$ 的阵列快拍可以形成 $N-d$ 个相关系数。这 $N-d$ 个相关系数可以通过式（7.42）进行进一步平均，以形成用于模型参数估计的包络 $\hat{\rho}(d)$。它假定了一个接收机间隔的指数衰减函数来描述期望空间相关系数的统计性。由于用于形成样本空间协方差矩阵的阵列快拍是相关的而不是统计独立的，因此利用前面段落中描述的方法来计算有效的独立样本数。

一旦从 SCM 中估计到模型参数 b，基于有效统计独立样本量的相关系数的置信区间随之被确定，而所关心的是分析所估计模式的空间相关系数的表现特征，这个相关系数是接收阵元间距和阵元在阵列中的绝对位置的函数。对于一个空间平稳过程，两个接收机的输出的相关系数只取决于阵元间距而不是在阵列中的绝对位置。因此，本节分析和下一节的平均波前分析一起，将表明空间平稳性假设和空间 ACS 包络的指数衰减模型的有效性。

图 7.13～图 7.16 给出了不同传播模式的假设模型和相应的置信区间（上下限），分别用实线和虚线表示。在每幅图中，通过实验数据估计的空间相关系数的估计值用"+"表示。当接收机间距较小时有更多用"+"表示的估计值，这是因为此时在阵列中有更多的接收机对具有这样的间距特性。显然，只有一个估计值可用于该阵列的第一个和最后一个接收机之间最大的空间间隔。

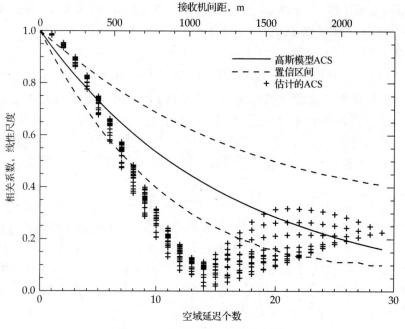

图 7.13　$1E_s$ 模式的空间相关系数

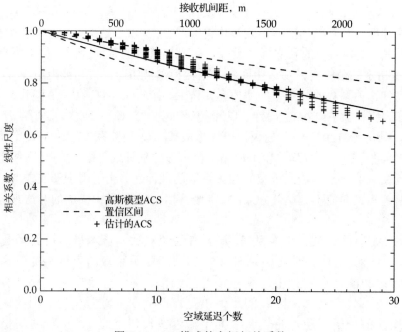

图 7.14　$1F_2$ 模式的空间相关系数

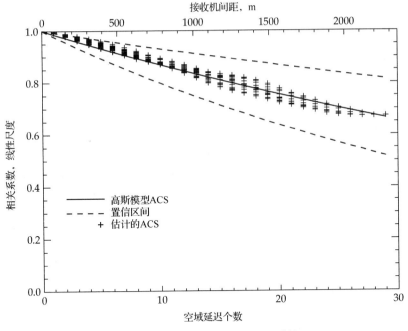

图 7.15　$1F_2(o)$ 模式的空间相关系数

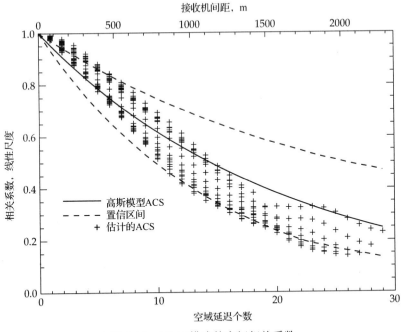

图 7.16　$1F_2(x)$ 模式的空间相关系数

从图 7.13 可以明显看出，空间平稳指数衰减模型不能很好地描述 $1E_s$ 模式相关系数。这并不奇怪，因为在前一章我们已经提到，这个模式可能是由两个来自不同区域的电离层分散反射构成的，这两个电离层距离不能分辨，但其到达角显著不同。假定两个不同空间频率的叠加将在空间的 ACS 产生规则的间隔空值（跳动）。第一个（不完善）空值很明显地出现在接收机间距约 1150 m 处，而看起来相关系数下降到 2500 m 的第二个空值。与 $1E_s$ 模式相比，剩余的信号模式与假设的统计模型非常吻合。其他3个模式的绝大多数测量值都落在了置信区间的范围之内。因此，对于从电离层局部区域反射的分辨良好的信号模式，对于一个相对干净的中纬度路径，没有强烈的理由拒绝相关系数的空间平稳指数衰减模型。

7.4.2 平均平面波前

平面波 $\mathbf{s}(\theta)$ 是单一传播模式的平均波前的假设模型。由于阵列误差的存在，系统接收到的平均波前可能不是平面的。即使没有这样的误差，电离层现象也可能导致平均波前和平面波前有所差异。要验证平均平面波前假设的有效性，首先需要估计最适合平均波前 $\hat{\mathbf{s}}$（从样本空间协方差矩阵中提取）的到达角 θ 和幅度 A，通过最小二乘准则进行估计，如式（7.47）所示。

$$\hat{A}, \hat{\theta} = \arg\min_{A,\theta} \|\hat{\mathbf{s}} - A\mathbf{s}(\theta)\|_F \tag{7.47}$$

由式（7.38）可以看出，阵元 n 的平均波前 $|\mathbf{s}^{[n]}|$ 可以用式（7.48）中 $|\hat{\mathbf{s}}^{[n]}|$ 估计得到，由于定义了 $\rho_{nn}=1$，功率衰减系数 σ_s^2 通过式（7.47）中的幅度参数 A 来加以考虑。相位 $\angle \hat{\mathbf{s}}^{[n]} = \phi_n$，$n=1,2,\cdots,N$ 可以通过求解一组满足式（7.48）中相位差的线性方程来获得，计算中使用空间样本协方差矩阵的上三角或下三角元素。当所有元素都被使用时，由于 $N>3$，这些方程将变成超定方程，因此可用最小均方方法来估计平均波前的相位结构。

$$|\hat{\mathbf{s}}^{[n]}| = \sqrt{\hat{r}_x^{[n,n]}}, \quad \angle \hat{r}_x^{[i,j]} = \phi_i - \phi_j \tag{7.48}$$

一旦从样本空间协方差矩阵中提取出平均波前，最佳匹配的平面波参数可以通过到达角 θ 和振幅 A 的最小化一维搜索来估计得到。为评估 N 个接收机的样本方差 $\hat{r}_x^{[n,n]}$ 和假设模型的期望值 $\hat{A}^2$ 之间差异的大小，可以用附录 A 中的分布来计算测试该模型的置信区间。如果接受平均平面波前的模型，则要求所有的样本方差落入分布的上和下十分位数以内。假定接收信道良好匹配，且没有补偿不同接收通道增益的潜在差异。

图7.17～图7.20给出了每种传播模式的最佳匹配平均功率 $\hat{A}^2$（实线）、置信区间（虚线），以及不同接收机的实际功率估计（"+号"）。可以看出，$1E_s$ 和 $1F_2(x)$ 反射模式有多次测量存在于置信区间之外。这表明平面波前模型不能代表这些传播模式的平均波前。对于 $1E_s$ 模式，由于两个不能分离的发射区的存在，出现这种结果是可以理解的。但是对于 $1F_2(x)$ 模式，这个结果有点出乎意料，这说明传播这种单一磁离信号的空间电离层结构出现了比 $1E_s$ 模式和 $1F_2(o)$ 模式更为严重的扰动。图7.16中 $1F_2(x)$ 模式的相关系数测量相比于 $1F_2$ 模式和 $1F_2(o)$ 模式更加分散也证明了上述结论。$1F_2$ 模式和 $1F_2(o)$ 模式满足平均平面波前模型的功率不变条件。

为完全验证所提出的空间协方差矩阵的模型，还需要研究阵列孔径相位的线性度。附录 A 中推导的时间 ACS 的相位分布同样可以用于空间 ACS。后者为接收阵元个数的线性函数，其斜率取决于最佳匹配到达角 $\hat{\theta}$。值得注意的是，当空域和时域的期望相关系数相同且样本数量相等时，样本空间延迟的期望值相位分布和样本时间延迟是一致的。基于这一等价特性，样本空间相位延迟的置信区间可以由附录 A 推导出。

利用相应的最佳匹配波达角可以计算每种模式下空间 ACS 的期望线性相位，由于空间样本协方差矩阵是厄米特矩阵，所有的信息都包含矩阵的上三角或下三角元素（包括主对角线）。因此，要检查空间 SCM 的上三角或下三角的各列元素的相位级数是否完全落在既定置信区间内。对于被接收的平面波前模型，要求所有的样本空间延迟相位落入相对于最佳匹配线性相位波前的置信区间内。

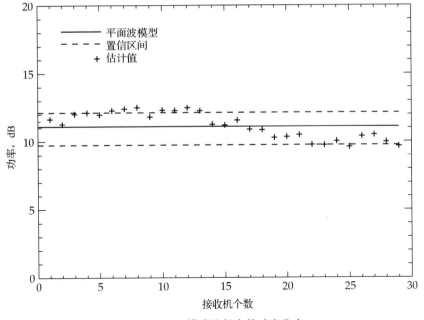

图 7.17　$1E_s$ 模式孔径上的功率分布

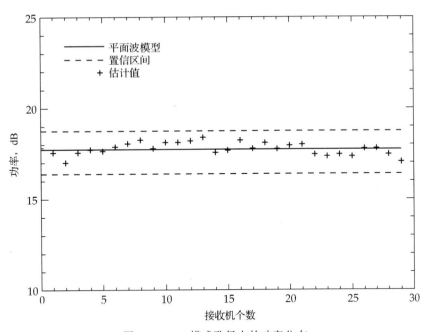

图 7.18　$1F_2$ 模式孔径上的功率分布

图 7.21～图 7.24 给出了不同传播模式下的平均线性相位面（实线），上下置信区间（虚线），以及不同的空间延迟和参考接收单元对应于的相位估计（"+"标志）。除了最大的延迟数据，所有图中都出现了多个符号，这是因为阵列中每一个接收阵元都可能被指定为空间相位参考。在所有图中，右纵轴表示波达角，其大小取决于线性相位波前的斜率。对于一个特定的传播模式，最佳匹配角度由一条从原点出发直线与右纵轴的交点给出。

对于功率测量，应该牢记诸如不同接收通道的相位失配这种仪器误差同样影响相位的测量。尽管存在这些不匹配,但假设接收单元是一致的,且没有对通过加宽置信区间来对校准误差的潜在影响进行补偿。如果模型是有效的且这些误差也存在,超过预期比例的测量值将落在利用无误差假设计算出的置信区间之外。因此,接收信道的响应之间的增益和相位失配的存在将倾向于拒绝平面波前模型。

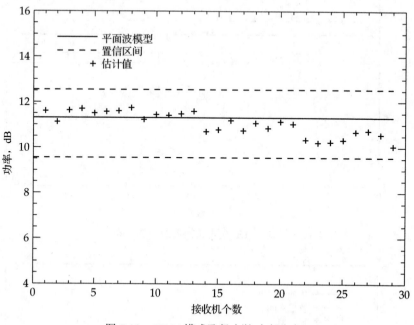

图 7.19　$1F_2(o)$模式孔径上的功率分布

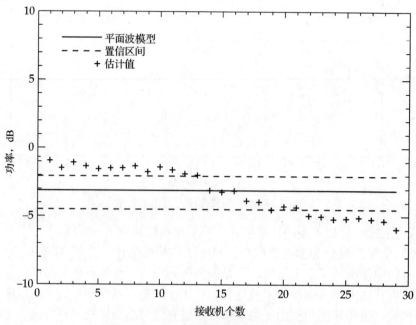

图 7.20　$1F_2(x)$模式孔径上的功率分布

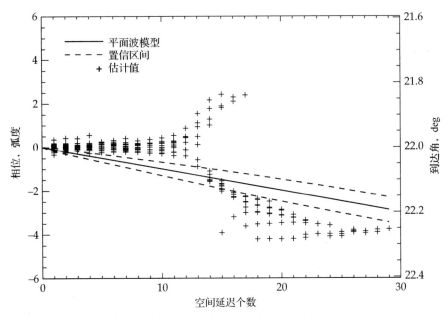

图 7.21 不同阵列接收单元用作空间参考时 $1E_s$ 模式孔径上的相位测量值

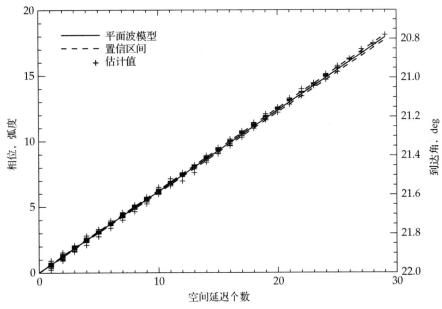

图 7.22 不同阵列接收单元用作空间参考时 $1F_2$ 模式孔径上的相位测量值

从图 7.21 可以明显看出,$1E_s$ 模式不具有平面相位波前的特性,这是由于存在两个有显著波达角差异的反射区。图 7.22 和图 7.23 表明,$1F_2$ 和 $1F_2(o)$ 模式的平均波前具有更多的线性相位波前特性。这两种模式的大部分相位测量值都落入了置信区间内。由于已经证明了 $1F_2$ 和 $1F_2(o)$ 模式的恒功率假设,所以没有理由拒绝这两种模式的平均平面波模型。$1F_2(x)$ 模式的相位估计可以由图 7.24 观察得到,大部分的测量值落入了置信区间,这说明平面波模型对 $1F_2(x)$ 模式也有效,尽管这种模式的功率变化超出了阵列孔径的置信区间。

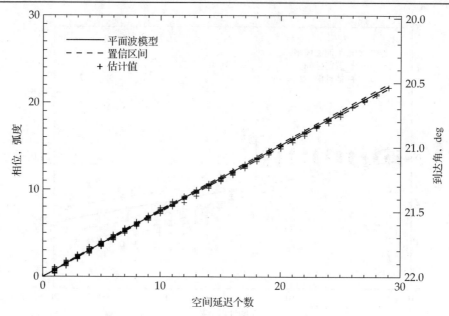

图 7.23 不同阵列接收单元用作空间参考时 $1F_2(o)$ 模式孔径上的相位测量值

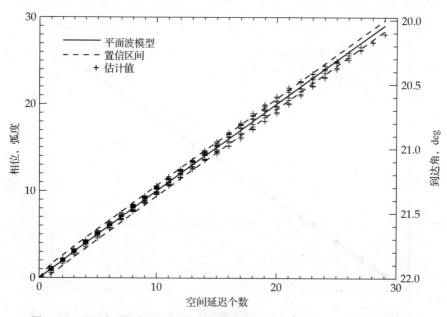

图 7.24 不同阵列接收单元用作空间参考时 $1F_2(x)$ 模式孔径上的相位测量值

表 7.2 列出了所有模式的空间 ACS 模型参数。其中,参数 b 是间距为 84 m 的接收机利用式(7.40)估计的指数衰减函数的系数。参数 θ 为根据式(7.47)估计的最佳匹配到达角。信号模式的空间带宽 B_S 由空间 ACS 的幅度衰减 $1/e$ 时的间隔来计算。这个距离的倒数即为空间频率,其单位为 m^{-1}。这个空间频率可以用均匀直线阵在某工作波长下的锥角来表示。这个锥角是角度谱宽度的单边测量,其 2 倍即为空间带宽或由 $B_S = 2 \times \arcsin(b\lambda/\Delta d)$ 给出的角度扩展的测量。当工作频率为 16.110 MHz 时,空间带宽大约在 1°左右,这与本章开始部分描述的试验结果是一致的。

表 7.2 不同传播模式下指数衰减空间 ACS 的参数估计。空-时分离的 ACS 模式的精确匹配值也一起列出

模式	b	B_s (°)	θ (°)	FA (%)
$1E_s$	−0.0628	1.58	22.20	24.0
$1F_2$	−0.0126	0.32	20.75	97.8
$1F_2(o)$	−0.0141	0.36	20.48	98.9
$1F_2(x)$	−0.0483	1.22	19.98	94.0

7.4.3 空-时分离特性

考察从实验数据测量的样本空时 ACS $\hat{r}(\Delta d, \Delta t)$ 是否可以由精确有效的时间 ACS $r_t(\Delta t)$ 和空间 ACS $r_s(\Delta d)$ 来表示是一件有趣的事情。当一个平稳空时随机过程的空-时 ACS $r(\Delta d, \Delta t)$ 可以表示为时间 ACS 和空间 ACS 的乘积时,如式(7.49)所示,则该随机过程的期望二阶统计量是可分离的。

$$r(\Delta d, \Delta t) = r_s(\Delta d) \times r_t(\Delta t) \tag{7.49}$$

利用附录 A 的结果可以构建假设检验来接受或拒绝空-时可分离模型。一种测量一个可分离模型是否准确的简单方法,是对式(7.49)所示的可分离 ACS $r(\Delta d, \Delta t)$ 模型和从实验数据估计得到的样本空-时 ACS $\hat{r}(\Delta d, \Delta t)$ 的匹配准确度进行量化。当式(7.50)定义的匹配准确度超过 95%时,则认为该可分离模型是准确的。匹配准确度根据式(7.49)合成一个空-时 ACS 模型来计算,其中分别利用前面估计的每个传播模式的高斯时间 ACS 和指数衰减空间 ACS 模型。表 7.2 还列出了在多于 900 个空-时延迟(30 个空间延迟乘以 30 个时间延迟)的条件下不同传播模式的匹配准确度。

$$\text{匹配准确度} = 1 - \frac{\sum_{\Delta d=0}^{N-1} \sum_{\Delta t=0}^{Q-1} |\hat{r}(\Delta d, \Delta t) - r(\Delta d, \Delta t)|^2}{\sum_{\Delta d=0}^{N-1} \sum_{\Delta t=0}^{Q-1} |\hat{r}(\Delta d, \Delta t)|^2} \tag{7.50}$$

如期望的那样,$1E_S$ 模式的空时 ACS 不能由可分离模型来较好地表示,因为其空间 ACS 模型先前已经被拒绝。$1F_2$ 模式和 $1F_2(o)$ 模式可以由可分离的空时 ACS 模型来表示,这表明这两种模式的样本空时 ACS 模型,可通过实验验证的时间 ACS 模型和空间 ACS 模型以较高精度推出。$1F_2(x)$ 模式也可以很好地表示为可分离模型,但是它与 $1F_2$、$1F_2(o)$ 两种模式不同。这可能是由于 $1F_2(x)$ 模式存在更多的扰动特性,从而导致对这一单磁离成分平均平面波前的模型被拒绝。

图 7.25~图 7.32 描述了不同传播模式下实验样本空-时 ACS 模型与一个可分离的时空 ACS 模型的实分量和虚分量的匹配程度。尽管利用 900 个空-时延迟来计算匹配精度,但为使数据清晰可见,仅画出了 100 个空-时延迟(10 个空间延迟乘以 10 个时间延迟)的情形。空-时域内这 10 个延迟的选择是每三个延迟取一个,这样画出的成分可由式 $\hat{r}(i,j) = \hat{r}(3i\Delta t, 3j\Delta d)$(其中 i,j=0,1,…,9)给出。这些数据点被排成一个一维矢量,其元素位置可以通过空时延迟 $l = i \times 10 + j$ 索引。在图 7.27 和图 7.28 中,参数化的可分离空时 ACS 模型几乎完全复制了由 900 个延迟的实验样本空-时 ACS 模型,这表明在超过几分钟的时间间隔内,经中纬度电离层反射的单一模式的二阶统计量可以由假定平稳的可分离空-时 ACS 模型来表示。

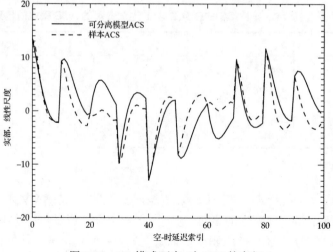

图 7.25　$1E_s$ 模式下空-时 ACS 的实部

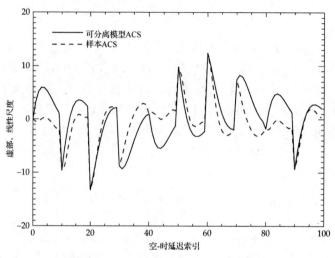

图 7.26　$1E_s$ 模式下空-时 ACS 的虚部

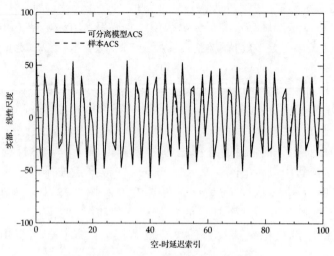

图 7.27　$1F_2$ 模式下空-时 ACS 的实部

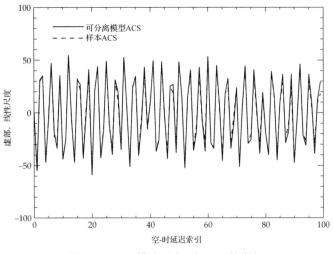

图 7.28　$1F_2$ 模式下空-时 ACS 的虚部

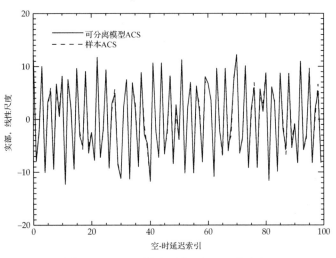

图 7.29　$1F_2(o)$ 模式下空-时 ACS 的实部

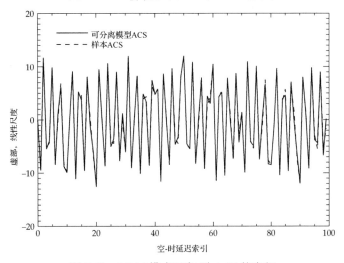

图 7.30　$1F_2(o)$ 模式下空-时 ACS 的虚部

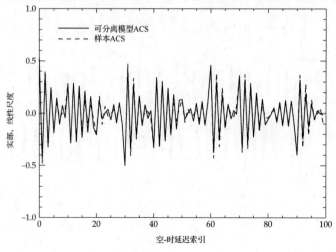

图 7.31　$1F_2(x)$ 模式下空-时 ACS 的实部

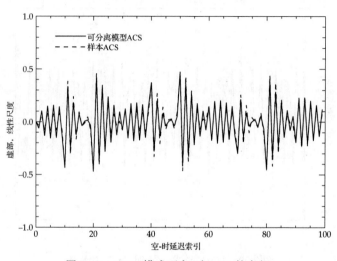

图 7.32　$1F_2(x)$ 模式下空-时 ACS 的虚部

第8章 高频通道模拟器

前面分析的确定性波干涉模型，可以表述为基于平面波信号叠加的传统阵列信号处理模型。虽然这种表达方式便于模型识别，同时便于数值仿真计算，但对于由电离层反射的高频信号而言，该模型并不是最合适的。在一些重要的超视距雷达自适应信号处理应用中，该模型与实际有较大差异。本章采用另一种阵列信号处理模型，在统计意义下描述从电离层反射的高频信号的空时特征。另外，本章提出该模型的参数估计方法，并采用实际数据对模型进行验证。

该模型采用广义平稳的多通道高斯随机过程来模拟一个信号模式的精细结构，这种随机过程由二阶统计量定义，能较好地与前述真实电离层模式观察数据相吻合。除此以外，通过调整模型的参数可以表征多种统计特性，其他特征还包括：（1）基于有限数据的模型识别简化，便于数学处理；（2）通过简要描述模型中具有重要物理意义的参数集指导信号处理算法；（3）能够通过简单的软件工具进行计算机模拟，便于评估不同信号处理技术的性能。通过确定模型数学表达式中的某些参数，可以将传统的阵列信号处理模型转化为具体的应用。

本章共分为4节。8.1节对点信号源和扩展信号源模型进行简要的回顾，并介绍现有的相参和非相参分布信号的参数估计方法。8.2节介绍广义Watterson模型，该模型可模拟由电离层反射的窄带高频信号。8.3节描述两种应用于广义Watterson模型的参数估计方法。在8.4节中，采用一些实际数据对这些方法的有效性进行验证，这些数据包括未分辨的混合空时分布信号模式。

8.1 点源和扩展源

在许多阵列处理系统中，通常假定接收信号来自远场的点源，且传播信道使得不同方向入射的均为平面波前。然而，不仅仅局限于雷达，在更广泛的现实应用中，阵列天线接收到的源往往是一个或多个空间扩展区域漫反射形成的。在这种情况下，传播信道会将单个点源转化为一个或多个接收端扩展信号。本节主要对传统阵列处理模型与扩展或分布信号模型进行物理意义、数据建模和参数估计方面的比较。

8.1.1 传统阵列处理模型

20多年来，阵列信号处理的研究主要集中在出现附加噪声时如何估计平面波信号的波达方向（Krim and Viberg 1996）。研究该问题必须满足点源相对于传感器阵列的远场假设条件，此时，空间信号数据的快拍 $x(t) \in C^N$ 可以根据传统信号模型用式（8.1）表示。

$$\mathbf{x}(t) = \mathbf{A}(\underline{\theta})\mathbf{s}(t) + \mathbf{n}(t) \tag{8.1}$$

式中，$\mathbf{A}(\underline{\theta}) = [\mathbf{a}(\theta_1), \cdots, \mathbf{a}(\theta_M)]$ 为信号波达方向（DOA）参数向量 $\underline{\theta} = [\theta_1, \cdots, \theta_M]$ 的引导矩阵，$\mathbf{s}(t) = [s_1(t), \cdots, s_M(t)]$ 为信号向量，$\mathbf{n}(t)$ 为附加噪声。目的是通过有限数量的快拍，从干扰数据集 $\mathbf{x}(t)$ 中估计信号DOA向量 $\underline{\theta}$，假设信号源 $s_m(t)$（对于 $m=1,\cdots,M$）未知。因此，DOA估计可用于经典信号复制以估计 M 个源的方位（$M < N$）（Schmidt 1981）。

最大似然（ML）DOA 估计器通常被认为是最优估计器，但求解最大似然准则函数需要大量迭代运算，有时并不能保证解的收敛，或者不能达到全局最优（Ottersten, Viberg, Stoica, and Nehorai 1993）。MUSIC（Schmidt 1979）等谱方法具有较低的复杂度，并能在非相干源的渐进条件下达到与 ML 估计器相当的性能（Stoica and Nehorai 1989）。然而，该方法并非联合估计信号参数，而是独立估计各个信号参数，这样，在数量样本有限条件下性能下降，特别在信号源高度相干或者信噪比很低的条件下，性能下降更为严重。

对于非均匀线性阵列而言，二次迭代最大似然方法（Bresler and Macovski 1986）通过迭代求解一系列二次最优问题获得与 ML 方法相似的性能（Viberg and Ottersten 1991）。基于加权子空间拟合思想的 IQML 改进方法由 Stoica and Sharman（1990b）提出。因此，得到的方向估计算法（MODE）本质上呈现为一种闭合形式，即估计值经过 IQML 迭代计算后不断逼近最优解。仿真结果显示 MODE 算法性能优于 MUSIC 算法，且接近 ML 方法。从计算复杂度和性能两方面综合考虑，MODE 是非均匀线性阵列条件下的最佳 DOA 估计算法之一。

在多径环境中，平面波假设属于镜面反射的理想情况，对于以电离层为信道传播的高频信号，这种情况极为少见。DOA 估计算法出现后，可以将模式的精细结构分解为一组传统阵列流形向量的和，能够处理更多波前"皱缩"的情况。这也是第 6 章中描述的波干涉模型的前提。该模型中，每一个模式均视为少量具有多普勒偏移平面波分量的和，且这些平面波分量具有恒定 DOA 和确定性复振幅。由于这种传统模型可以利用较少数量的分射线（可根据参数估计进行分辨）对接收信号进行精确的描述，因此，它具有以一种确定性方式复现接收信号的显著优势（忽略噪声影响）。

然而，这种模型也具有一些缺陷。对高频信号而言，主要表现为每个模式均隐含着大量包含时变参数的紧密空间射线。在第 6 章中，射线参数通常变化较快，因此，在 M 值较小时，有时难以精确拟合波干涉模型以分离信号模式。

当在时延和多普勒偏移上难以对多种信号模式进行分辨时，模型识别任务难以完成。如果不设定有限的阵列传感器数量和有效的空间分辨率，对所有信号模式包含的射线进行 DOA 估计将难以完成。即使该模型能够精确估计所有模式的参数，但由于定义的参数过多，故过于复杂而难以实现，这与采用相对较少的平面波分量来简单描述接收信号的初衷是相矛盾的。

8.1.2　相干和非相干射线分布

对于保真度要求较高的一些应用场合，由于高频信号模式呈现出非平面和时变波，因此，相对于式（8.1）模型，其空时特性更适合采用分布式信号模型。在 DOA 谱估计方面，分布式信号能够用来处理连续体方位角度的扩展问题。瞬时波前可以表示为无限多个射线的叠加，这些射线具有不同的 DOA 和复振幅，由信号角分布确定。

通常，角分布特性可以由一个对称的空间功率密度函数进行描述。该函数中，DOA 均值表示分布的中心，角度扩展参数表示以 DOA 均值为中心的源的空间扩展。分布式模型特点在统计意义下精确描述高频信号特性，而非以确定方式描述信号的某个特殊现象。

不同方向入射波的复振幅相关程度决定着由阵列天线接收的分布信号的空时特性。信号源带宽、传播介质散射的电磁波时间散布，以及一个观测周期内的介质运动特征均会使得分布信号的入射波的相干度在全相干到非相干之间变化。

前者对应信号相干分布（CD），产生的条件如下：（1）电磁波的最大时间散度远小于信号带宽的倒数；（2）在一个观测周期内，源和散射区近似稳定，电磁波复振幅时不变。后者对应非相干分布源（ID），在一个观测周期内，电磁波复振幅随机变化。

通常，相干分布信号随机接收，但其波前具有严格的相参性，从而使得接收数据的空间协方差矩阵增加秩 1 元素。这种时不变的波前可以适应与阵列导向矢量流形上的平面波差异较大的情况。在短时间帧内，如一个脉冲重复间隔内，电离层反射的高频信号模式适合由相干分布信号形式描述，在此期间，通常认为电磁波参数本质上是"冻结"的。

非相干分布源在观测周期内产生时变的波前，这可以视为由空间功率密度函数定义的稳态随机过程的独立事件。在高频环境中，时间间隔较大时会出现这种情况，如一个相干处理间隔（CPI）到下一个相干处理间隔（CPI）之间，电磁波参数几乎全部解相关。与相干分布信号不同，非相干分布信号与满秩（秩为 N）的空间协方差矩阵紧密相关。

在超视距雷达的 CPI 内，介于全相干和非相干之间的情况经常出现。一个特例是信号模式由一组接收波前表示，这些波前在 CPI 内平稳变化且在 PRI 之间相关。通常称这种信号为部分相干分布信号（PCD）。PCD 信号的能本质上为空间协方差矩阵的多阶子空间，其有效维度在 $1 \sim N$。

8.1.3 分布信号的参量化

当空间谱模型参数和相干分布信号波前之间存在一对一的映射关系时，所有相干分布信号的"空间标记"集合对应着一个非模糊的广义阵列流形，该阵列流形由空间谱模型参数定义。假设已知所有相干分布信号的空间谱参量模型，且相干分布信号的数量少于传感器数量，则由阵列数据估计得到的空间协方差矩阵可以分割为信号与噪声子空间，这使得 MUSIC 等算法能够应用于相干分布信号的参量化。Valaee, Champagne, and Kabal（1995）提出了这类方法，但假设条件是搜索维数等于空间谱模型参数的个数。

然而，这种方法需要假定已知相干分布信号空间谱的参数模型。实际上，由于相干分布信号实际的空间谱通常为复值（幅度和相位）且为带有功率谱密度二阶统计量的随机过程，该假设条件难以满足。Goldberg and Messer（1998）提出了一种多项式求方根算法来进行相干分布信号的参量化，该算法不需要定义参量化的空间谱模型，而是采用截断傅里叶序列来近似相干分布源"流形"上的空间特征向量。

Trump and Ottersten（1986）提出用高斯型的空间功率密度函数模拟移动通信中的非相干分布信号。ML 估计器可用来处理该类信号，但采用的牛顿型搜索算法需要精确的初始值且计算量巨大。基于此，人们提出了一种针对协方差矩阵模型参数的穷举方法以获得最优样本矩阵的最小方差拟合，但在该方法中，搜索维数为源数量的两倍，容易造成计算量的爆炸式增长。Gersham, Mecklenbrauker, and Bohme（1997）提出了一种相关空间协方差矩阵拟合方法，在该方法中，不论信号的 DOA 均值是否相同，"相干性损耗"和角度扩展对于所有信号均具有相同的表达形式。在高频环境中，这种假设并不符合实际情况，这是由于相干性损耗会受到提供传播信道的电离层影响。另外，该方法也需要计算量较大的遗传算法来解决严重非线性的参数估计问题。

Meng, Stoica, and Wong（1996）和 Valaee, Champagne, and Kabal（1995）分别提出了类 MUSIC 算法估计器用于非相干分布信号定位。两种方法均基于空间协方差矩阵进行处理，该协方差矩阵没有严格遵循非相干分布源纯噪声子空间。两个关键的假设条件分别为：所有源的角度扩展较小；信号的大部分能量集中在空间协方差矩阵的少量特征值上。将这些特征值定义为信号子空间的"有效"维度,同时,"类噪声"子空间也能被识别出来。这类方法的主要思想是,在平均和扩展非相干分布源模型参数网格上形成一组模型化空间协方差矩阵。通过将模型矩阵的类噪声子空间投影到样本协方差矩阵和其逆矩阵上,非相干分布源参数能够根据谱的局部峰值点确定。这类方法的一点考虑是倾向于使用空间协方差矩阵,对于非相干分布信号,存在一个退化的噪声子空间。

Abramovich, Gorokhov, and Demeure(1996)提出适合高频环境的 Watterson 模型。可以证明,该模型在高频环境应用中是一个优选的分布式信号模型。首先,可通过调整该模型的参数来描述相干分布信号、非相干分布信号或者传统的点源信号;其次,用于分布式信号的有理(具有极-零点)通道传输函数具有充分的灵活性,仅采用少量的参数可近似多种功率谱密度函数;最后,该模型能够用于分布式信号的计算机模拟产生,模型的参数估计在数学上也易于处理。

这个模型潜在的不足是它没有充分考虑数据的高阶统计量信息。在广义 Watterson 模型中采用的标量型多通道随机过程适用于空时可分的统计量,但并不适用于那些带有角度-多普勒耦合的功率谱密度的信号,比如从移动平台反射的信号。广义 Watterson 模型没有合适的参数估计方法,另外,上文提到的相干分布/非相干分布参量化方法并没有基于该模型。因此,本章的一个重要部分是详细介绍该模型,并使用实际数据讨论其参数估计问题。

8.2 广义 Watterson 模型

能够在统计意义上精确仿真高频信号经电离层反射后,被大孔径天线在特定时间空间内采样接收,满足这样条件的数学模型为研究和测试超视距雷达信号处理算法提供了宝贵的工具。传统的天波高频信道模拟器能够验证 Watterson, Juroshek, and Bensema(1970)提出的单通道窄带接收系统,随后由 Abramovich, Gorokhov, and Demeure(1996)推广到窄带阵列天线(多通道)应用系统。所谓的广义 Watterson 模型(GWM),足够灵活的模拟前面章节中分析的高频通道统计特性。这种仿真模型还有一个优点,在用于计算机模拟时,它能够很容易地实现高频信道和信号接收的计算机模型。

本节第一部分描述了 Watterson 模型并对各参数的意义进行解释,为超视距雷达系统的各类接收信号的建模提供思路。天波传输信道具有多种不同的传播模式,模拟由此产生的时空波动将在本节第二部分进行阐述。这些涨落反映高频信号模式的"精细结构"。本节第三、四部分推导出 Watterson 模型预期的二阶统计,体现数据的时空自相关序列(ACS),并作为模型参数的一个函数。

为了引出下面的讨论,需要强调的是,Watterson 模型主要基于经验观察,并不试图模拟电离层中发生的地球物理现象。该模型的主要目的是模拟实际的高频阵列天线接收到的信号的测量统计特性。它的目的不是表述场景相关的细节,而是比传统的阵列信号处理模型更真实地描述数据的测量特征,同时尽量降低数学处理的难度。因此,GWM 提供了标准平面波模型的一种替代方案,因为平面波模型不适用于对超视距雷达和其他高频系统的信号处理技术进行评估。

8.2.1 数学公式和解释

这里认为采用一个 N 单元阵列天线用于接收远区高频信号经电离层二跳反射后接收的窄

带信号。点源被假定为电离层中许多空间上独立而延伸的漫反射,这样在接收端诞生了多分布信号模型。在这种情况下,天线阵列快照 $\mathbf{x}_k(t) \in C^N$ 记录快速采样 k 和慢速采样 t,可被认为是 M 分布信号模型的叠加,表示为 $\{\mathbf{s}_{km}(t)\}_{m=1}^M$,该信号时信号源沿着不同路径传播到接收机,并叠加了额外的噪声信号 $\mathbf{n}_k(t)$。

$$\mathbf{x}_k(t) = \sum_{m=1}^{M} \mathbf{s}_{km}(t) + \mathbf{n}_k(t) \quad \begin{cases} t = 1, 2, \cdots, N_p \\ k = 1, 2, \cdots, N_k \end{cases} \quad (8.2)$$

假定每种分布信号模型包括大量离散或连续的、从电离层某区域散射回的信号,使得信号的最大时间色散显著小于信号带宽的倒数。简单来说,不同的射线可被认为是微多径分量,这些分量相对紧密地集中于某个传播模式的特殊路径。因此,模型中不同信号模式 M 反映了电离层中局部反射区域的数量。如果只关注主导的多径分量,沿不同传输路径传输的信号模式数量通常相对较少。如 $M=5$,在第 6 章的分析中进行了实验检测。CWM 模型在数学上描述了不同信号模型的形式,如下所示:

$$\mathbf{s}_{km}(t) - A_m \mathbf{S}(\theta_m) \mathbf{c}_m(t) g_k(t - \tau_m) \mathrm{e}^{\mathrm{j}2\pi f_m t} \quad (8.3)$$

式中,复数标量函数 $g_k(t)$ 表示转化后的基带源波形,τ_m 是特定模式延时,f_m 是由脉冲重复频率 f_p 归一化后特定多普勒频移,A_m 是该模式的振幅均方根(RMS)。$N \times N$ 对角矩阵 $\mathbf{S}(\theta_m)$ 的元素由阵列导向矢量定义,与模式 m 的特定 DOA θ_m 相关联。对于相同传感器的窄带 ULA 和到达信号 θ_m 的椎角,式(8.4)给出元素的 d 是接收机之间的距离,λ 是载波波长。模式 m 的平均 DOA、平均多普勒频移、RMS 幅度代表多径高频信道信号的总体分布。

$$\mathbf{S}(\theta_m) = \mathrm{diag}[1, \mathrm{e}^{\mathrm{j}2\pi d \sin\theta_m / \lambda}, \cdots, \mathrm{e}^{\mathrm{j}2\pi(N-1)d \sin\theta_m / \lambda}] \quad (8.4)$$

式(8.3)中采用的高斯分布静态平稳信道响应向量 $\mathbf{c}_m(t) \in C^N$,完成对电离层传播模式 m 的随机时空起伏进行建模。这种起伏代表信号传输模式多普勒和角度扩展,用于反映高频信道的精细结构。这种精细结构并不代表传统阵列信号处理模型。在一般情况下,这种信道响应向量表示为式(8.5)的形式,$f_m(\theta, t)$ 表示时变的角度信息,表征时间 t 椎角 θ 对应的复幅度。

$$\mathbf{c}_m(t) = \int f_m(\theta, t) \, \mathbf{s}(\theta) \, \mathrm{d}\theta \quad (8.5)$$

相干分布信号对应于在观测间隔和固定信道响应向量下的一个时间不变角谱。这个假设适用于在特定脉冲重复间隔 t 下的快速时间样本 k,因为相对于电离层起伏引起时间,典型超视距雷达脉冲持续时间较短。非相干分布的意义是相对于统计独立的角谱和时间上不相关的信道响应向量的,它在实际中既适用于超视距雷达相干处理间隔,又适用于其他系统。PCD 模型对应于逐渐变化的波前畸变,它以慢速信道响应向量的形式,将一个脉冲和下一个脉冲关联起来。PCD 模式最适合于测量脉冲相干处理间隔内不同传播模式的波前变化。

对于信号 $\mathbf{c}_m(t)$ 的功率谱密度而言,两种最常见的参数功率谱密度是洛伦兹函数和高斯函数。对空间或时间频率 ω,其对应的功率谱密度如式(8.6)以 $p_m(\omega)$ 形式给出的,可以为不同的传播模式 m 制定一个平均参数 ω_m,ω_m 决定分布函数的中心和扩展参数 a_m,a_m 决定分布的宽度。因此,GWM 模型对于每种传播模式总共需要 5 个参数,这 5 个参数就能确定模型的最简形式。即在时空范围内,平均和扩散参数都叠加了一个幅度均方根。

$$p_m(\omega) = \begin{cases} a_m / \{a_m + (\omega - \omega_m)^2\} & \text{Lorenzian} \\ \exp\{-a_m(\omega - \omega_m)^2\} & \text{Gaussian} \end{cases} \quad (8.6)$$

为模拟接收信号,需要定义信号源的波形 $g_k(t)$。既然根据定义信号功率等于 A_m^2,信号源的

波形 $g_k(t)$ 被归一化为单位方差。需要注意的是，$g_k(t)$ 是独立于传播效应的辐射波形，它在 Watterson 模型中以其他形式被考虑进来。广义上讲，需要考虑两种替代分类。第一种分类涉及独立于雷达信号的波形，比如干扰；第二种分类涉及与雷达信号相干的波形，如点散射和目标散射。

对于一个在接收机带宽内具有均匀功率谱密度的非相干干扰源，波形 $g_k(t)$ 可在统计学基础上建模为快时或慢时白噪声，具有式（8.7）所示的相关特性，在这里 $\delta_{ii'}$ 简写为克罗内克函数 $\delta(i-i')$。由于脉冲压缩窗函数的引入，在快速变化 k 中忽略剩余的相关性。使用函数 $\operatorname{sinc}(x) = \frac{\sin(\pi x)}{\pi x}$ 描述模式间相关系数隐含了假设"干扰的功率谱密度在接收机带宽 f_b 内是平坦的"。

$$E\{g_k(t-\tau_m)g_{k'}^*(t'-\tau_{m'})\} = \operatorname{sinc}(f_b[\tau_m - \tau_{m'}])\delta_{kk'}\delta_{tt'} \tag{8.7}$$

当源信号与雷达信号相干时，$g_k(t)$ 是关于范围 k 的确定性函数并且独立于脉冲数 t。具体地讲，$g_k(t-\tau_m)$ 可定义为式（8.8），式中，$W(f)$ 指范围处理点扩散函数归一化后的单位功率，f_b 为雷达信号的带宽，f_p 为雷达脉冲重复频率。如果信号根据奈奎斯特采样定理进行采样，并且模式延迟 τ_m 恰好落在快时（范围）k_m，当忽略范围窗函数引起的频谱泄漏时，可得 $g_k(t-\tau_m) = \delta(k_m)$。

$$g_k(t - \tau_m) = W(f_p[k - \tau_m f_b]) \tag{8.8}$$

附加噪声 $n_k(t)$ 被认为与源波形 $g_k(t)$ 不相关。在一般情况下，它由接收机内部噪声和外部环境噪声综合引起，其中外部环境噪声是主要成分。在一个纯净的频道，没有雷电引起的脉冲噪声，一般附加噪声呈高斯分布，由独立同分布的实部和虚部及式（8.9）所示的二阶统计特征决定。在这里，$n_k^{[n]}(t)$ 表示矢量 $n_k(t)$ 的元素 n，*是指复共轭。

$$E\{\mathbf{n}_k^{[n]}(t)\mathbf{n}_{k'}^{[n']*}(t')\} = \sigma_n^2 \delta_{kk'}\delta_{tt'}\delta_{nn'} \tag{8.9}$$

对模型特定场景可进一步假设源波形和附加的噪声。换句话说，Watterson 模型可容易地拓展到前面介绍的白噪声和相干、非相干信号之外。这些假设仅适用于简化模型的解释。更一般的情况下，这个模型可被视为信号处理框架，框架具有一系列设置点，这些设置点可以根据需要调整得与特定场景相适应。

8.2.2　时-空起伏

高频信道起伏在统计学上可以通过随机过程 $\mathbf{c}_m(t) \in C^N$（$m = 1, 2, \cdots, M$）来描述，该模型综合了各类信号模型的衰落。参数 $\mathbf{c}_m(t)$ 随时间 t 的变化，反映了由电离层传播模式 m 引起的时间-幅度变化和相位上的调制。这种多普勒维的调制表现在所有接收通道。另一方面，$\mathbf{c}_m(t)$ 各参数随时间在幅相关系上的变化，可用来对电离层传播模式 m 引起的波前失真进行建模。这种失真导致模式 m 的角度扩散。Abramovich, Gorokhov, and Demeure（1996）提出了采用序列 L 的多变量自回归（AR）过程对时空随机参量 $\mathbf{c}_m(t)$ 进行建模。

$$\mathbf{c}_m(t) = \sum_{\ell=1}^{L} \alpha_{m\ell}(f_p)\mathbf{c}_m(t - \ell) + \mu_m \underline{\varepsilon}_m(t) \tag{8.10}$$

当脉冲重复频率远大于传输模式 m 引起的多普勒带宽时，相对于快速时变 k，可以假设慢速随机矢量 $\mathbf{c}_m(t)$ 是不变的。以脉冲重复时间为间隔采样，模式 m 的多普勒频谱分布由标量 AR

的系数 $\alpha_{m\ell}(f_p)$，$\ell=1,\cdots,L$ 决定。另一方面，新引入的白噪声幅度 $\underline{\varepsilon}(t)\in C^N$ 决定了多普勒谱的幅度。多普勒带宽 $B_t(m)$ 由时延的倒数决定。对于一阶 AR 模型，这种定义也就意味着 AR 参数 $\alpha_{m\ell}(f_p)$ 是由式（8.11）给出的。

$$\alpha_m(f_p) = e^{-B_t(m)/f_p} \tag{8.11}$$

一阶 AR 模型最适合于 $1/f_p < 0.1\,\text{s}$，对应于中纬度缓慢变化的电离层。在这种情况下，Abramovich, Gorokhov, and Demeure（1996）观测发现 $\alpha_{m1}(f_p) \to 1$ 且 $\alpha_{m\ell} \to 0$，$\ell=2,\cdots,L$。假设一阶 AR 过程取参数 $\alpha_m(f_p)$，容易发现式（8.12）给出了信道矢量 $\mathbf{c}_m^{[n]}(t)$ 中的参数的功率。

$$E\{\mathbf{c}_m^{[n]}(t)\mathbf{c}_m^{[n]*}(t)\} = \frac{\mu_m^2 E\{\underline{\varepsilon}_m^{[n]}(t)\underline{\varepsilon}_m^{[n]*}(t)\}}{1-|\alpha_m(f_p)|^2} \tag{8.12}$$

假定对每一个 N 的取值，高斯白噪声 $\underline{\varepsilon}_m^{[n]}(t)$ 都具有单位功率，并且不同传播模式都相互独立，则有 $E\{\underline{\varepsilon}_m^{[n]}(t)\underline{\varepsilon}_{m'}^{[n]*}(t')\} = \delta_{mm'}\delta_{tt'}$。在这种情况下，如式（8.12）所示，信道矢量 c_m 的缩放比例 $\mu_m = \sqrt{1-|\alpha_m(f_p)|^2}$ 也具有单位方差。这种归一化与模式 m 的幅度均方根功率 A_m 是一致的。因此，信道响应函数的一阶 AR 模型如下式所示：

$$\mathbf{c}_m(t) = \alpha_m(f_p)\mathbf{c}_m(t-1) + \sqrt{1-|\alpha_m(f_p)|^2}\,\underline{\varepsilon}_m(t) \tag{8.13}$$

在类似的方式中，造成椎角扩散的空间信道起伏可以概括为一阶 AR 模型，如式（8.14）所示。这里，$\beta_m(d)$ 是由阵列天线间距决定的空间 AR 模型参数。复数标量 $\gamma_{mn}(t)$ 是由单位方差造成的高斯白噪声。因此，白噪声矢量 $\underline{\varepsilon}_m^{[n]}(t)$（$n=1,\cdots,N$）的参数由空间一阶 AR 过程联系起来。$\gamma_{mn}(t)$ 的比例系数 $v_m = \sqrt{1-|\beta_m(d)|^2}$ 确保了引入噪声的分量具有单位方差。

$$\underline{\varepsilon}_m^{[n]}(t) = \beta_m(d)\underline{\varepsilon}_m^{[n-1]}(t) + \sqrt{1-|\beta_m(d)|^2}\,\gamma_{mn}(t) \tag{8.14}$$

当波束的平均到达角在地平线以上时，信道 $B_s(m)$ 的角度带宽由距离的倒数定义，分子为传播模式的空间自相关序列 ACS 除以 e。在式（8.15）中，空间相关系数 $\beta_m(d)$ 不仅取决于天线间隔 d 和角带宽 $B_s(m)$，还取决于传播模式 m 的平均到达椎角 θ_m。换句话说，$B_s(m)$ 的定义类似 $B_t(m)$ 对于 $\theta_m = 0$。由于平均到达椎角趋近于端射 $\theta_m \to \pi/2$，所以可检测到的角度扩散也随着 $|1-\sin\theta_m| \to 0$ 逐渐下降。这是因为波前的时间波动可在端射方向中体现出来。

$$\beta_m(d) = e^{-B_s(m)|1-\sin\theta_m|d} \tag{8.15}$$

标量白噪声序列 $\gamma_{mn}(t)$ 定义为零均值复数高斯过程，该高斯过程由具有独立同分布的实部和虚部组成，具有式（8.16）所示的相关性。该描述与瑞利衰落过程相符，但具有相互独立的模式，如 Watterson 等（1970）的实验结果。

$$E\{\gamma_{mn}(t)\gamma_{m'n'}^*(t')\} = \delta_{mm'}\delta_{nn'}\delta_{tt'} \tag{8.16}$$

一阶 AR 信道模型对于每种模式都有一个平均和扩散参数，在时间和空间上都叠加了一个幅度均方根（即 5 个实数参数）。至于时间波动，平均多普勒频移 f_m 和扩散参数 $B_t(m)$ 可以结合到一个复数参数，如式（8.17）中的 $z_m = \alpha_m(f_p)e^{j2\pi f_m}$。

$$z_m = e^{-B_t(m)/f_p + j2\pi f_m} \tag{8.17}$$

这可以理解为模式 m 在复平面上的时极，所有这些点都集中在单位圆上或内部。z_m 的模由阻尼因子 $e^{-B_t(m)/f_p} \leq 1$ 确定，它的参数 $2\pi f_m$ 取决于传播模式的归一化多普勒频移 f_p。当 $B_t(m)$

增大时，极点 z_m 向复平面的原点移动，多普勒频谱带宽随之增加。另一方面，参数 f_m 变化可使极点 z_m 的参数变化，因此决定多普勒频谱的中心。

同理，平均到达角 θ_m 和空间传播参数 $B_s(m)$ 可结合为一个复值参数 $w_m = \beta_m(d) e^{j2\pi d \sin\theta_m/\lambda}$，如式（8.17）所示。

这可认为是复平面上单位圆内模式 m 的空间极点。w_m 的阻尼因子 $e^{-B_s(m)|1-\sin\theta_m|d}$ 和相位 $2\pi d \sin\theta_m/\lambda$，分别可以确定模式 m 空间谱的宽度和质心。最简单的一阶 AR 模型具有一个显著特征，每种传播模式的一对复数极点和均方根幅度能够确定传输信道的参数。这是一个相当精巧的描述。此外，该参数值能够解释为：其物理意义与极点的模量和参数是相互关联的，分别对应模式谱密度的宽度和偏移。

$$w_m = e^{-B_s(m)|1-\sin\theta_m|d + j2\pi d \sin\theta_m/\lambda} \tag{8.18}$$

一阶 AR 模型和 Watterson 模型对时间起伏描述最大的不同在于，多普勒功率谱具有洛伦兹分布而非高斯分布。当需要重点关注多普勒功率谱的分布时，高阶 AR 模型能够用来精确地近似高斯分布的频率。然而，对于许多实际需求，平均和扩展参数值的确定比选择高斯分布还是洛伦兹分布显得更重要。对于空间波动，AR 模型对 ACS 包络以指数距离为自变量进行参数化建模，如第 7 章分析电离层模式的实验证据。

8.2.3 期望的二阶统计

对于第一阶 AR 模型 $L=1$，通过将时间和空间 AR(1) 模型中的系数 $\alpha_m(f_p)$ 和 $\beta_m(d)$，替代为此前定义的复值参数 z_m 和 w_m，各模式的多普勒频移和波达方向估计能够整合到信道向量 $\mathbf{c}_m(t)$ 中。这导致了 Watterson 模型的简式，如式（8.19）所示。

$$\mathbf{x}_k(t) = \sum_{m=1}^{M} A_m \mathbf{c}_m(t) g_k(t-\tau_m) + \mathbf{n}_k(t) \tag{8.19}$$

在统计意义上，预计 $x_k(t)$ 的空-时自相关序列（ACS）如式（8.20）所示。具体地说，反映距离单元 k（以 jd 为距离间隔）与数据样本（以 i/f_p 为采样时间间隔）的相关性。注意式（8.20）中的 j 是用来索引各接收机的。

$$r_k(i,j) = E\{\mathbf{x}_k^{[n]}(t)\mathbf{x}_k^{[n-j]*}(t-i)\} \quad \begin{cases} i = 0, \cdots, L_t - 1 \\ j = 0, \cdots, L_s - 1 \end{cases} \tag{8.20}$$

由于不同传播模式具有统计独立的信道，且附加噪声与信号波形不相关，接收数据的时空自相关序列由各模式相关性和附加噪声一起确定，如式（8.21）所示。所有模式 m 的信号波形 $g_k(t)$ 和随机空-时信道向量 $c_m(t)$ 的独立性，能够将式（8.20）所示的统计期望分解为两个部分，如式（8.21）所示。

$$r_k(i,j) = E\{g_k(t)g_k^*(t-i)\} \sum_{m=1}^{M} A_m^2 E\{\mathbf{c}_m^{[n]}(t)\mathbf{c}_m^{[n-j]*}(t-i)\} + \sigma_n^2 \delta_{ij} \tag{8.21}$$

从源波形和信号波形的相干或非相干方面，式（8.21）可分为两部分。考虑到一个相干信号可能是由点散射体反射回来的，而非相干信号是由独立干扰源产生的。在前一种情况下，脉冲间波形很好地相干，这时不考虑信道的影响，后一种情况是完全不相干的。这两种典型情况如式（8.22）所示。

$$E\{g_k(t)g_k^*(t-i)\} = \begin{cases} 1 & \text{相干} \\ \delta(i) & \text{非相干} \end{cases} \tag{8.22}$$

如附录 B 所示，模式 m 的空间-时间二阶统计可以表示为它的时间和空间自相干序列的产物。Watterson 模型的空-时分离性属性与第 7 章独立传播模式的测量结果一致，并可以将式（8.21）改写为式（8.23）。

$$E\{c_m^{[n]}(t)c_m^{[n-j]*}(t-i)\} = E\{c_m^{[n]}(t)c_m^{[n]*}(t-i)\} \times E\{c_m^{[n]}(t)c_m^{[n-j]*}(t)\} \tag{8.23}$$

空-时分离性是 Watterson 模型的固有属性。该属性与引入标量型自回归过程有关，并适用于所有自相关模型的序列。使用标量型多通道自回归过程同时也意味着一个信号模式的时间自相关序列对于所有天线单元（$n = 1, \cdots, N$）是相同的。这个模式符合空间同质性假设，该假设在第 7 章通过实验验证了电离层的分层结构。

一阶自回归模型能够容易地证明，每种信号模式的 ACS 结构由复数 AR 参数组 $\{w_m, z_m\}$ 和模式功率缩放比例 A_m^2 决定。具体地，模式 m 的空间 ACS 结构由 $E\{c_m^{[n]}(t)c_m^{[n]*}(t-i)\} = z_m^i$ 决定，模式 m 的时间 ACS 结构由 $E\{c_m^{[n]}(t)c_m^{[n-j]*}(t)\} = w_m^j$ 确定。将这些函数代入式（8.23），得到模式 m 信道的时空自相关序列结构，如式（8.24）所示。

$$E\{c_m^{[n]}(t)c_m^{[n-j]*}(t-i)\} = z_m^i w_m^j \tag{8.24}$$

将式（8.24）和式（8.22）代入式（8.21），接收数据的空-时自相关序列可以表示为式（8.25）的形式。其中 $h_m = A_m^2$ 为模式 m 的功率。非相干源仅允许观察高频信道的空间统计，因为对于所有时间延迟 $i > 0$ 的取值，空-时 ACS 具有期望值零。此外，由于非相干信号源不能区分独立模式，因此，这些属性必须结合起来整体进行研究。

$$r_k(i, j) = \sigma_n^2 \delta_{ij} + \begin{cases} \sum_{m=1}^M h_m z_m^i w_m^j & \text{相干} \\ \delta(i) \sum_{m=1}^M h_m z_m^i w_m^j & \text{非相干} \end{cases} \tag{8.25}$$

该模型的一个重要方面是，当将信号模式 m 的瞬时空间协方差矩阵以单脉冲重复间隔平均后，矩阵具有单元秩。该矩阵的渐近形式，用 $R_m(t)$ 表示，如式（8.26）所示。发生这种情况是由于每一个分布的信号模式作为一个相干分布信号出现，相对于较短的脉冲重复时间，它具有一个刚性的波前 $c_m(t)$。在一般情况下，这个波前是不平坦的，并且给出一个空间协方差矩阵 $R_m(t)$，这个矩阵以单脉冲重复间隔平均后，矩阵具有单元秩。

$$R_m(t) = \lim_{K \to \infty} \frac{1}{K} \sum_{k=1}^K s_{km}(t)s_{km}^\dagger(t) = h_m c_m(t) c_m^\dagger(t) \tag{8.26}$$

另一方面，当在一个相对较长的时间间隔内研究慢时间变化信道向量 $c_m(t)$ 时，如相干处理间隔，模式 m 的空间协方差矩阵 R_m 呈现出预计的统计形式——Teoplitz 形式，如式（8.26）所示。Teoplitz 形式由式（8.25）所示的空间自相关序列维度定义。

$$R_m = \lim_{P \to \infty} \frac{1}{P} \sum_{t=1}^P R_m(t) = h_m \text{Toep}[1, w_m, w_m^2, \cdots, w_m^{N-1}] \tag{8.27}$$

统计期望矩阵 R_m 可以表示为式（8.28），式中，$s(\theta_m)$ 为模式 m 的平均波达方向角的导向矢量，$\odot$ 表示 Hadamard（元素级）乘积，B_m 是 $N \times N$ 空间"传播"矩阵，其元素由 $B_m^{[i,j]} = \beta_m(d)^{|i-j|}$，$i, j = 1, \cdots, N$ 定义。

$$R_m = s(\theta_m)s^\dagger(\theta_m) \odot B_m \tag{8.28}$$

以类似的方式，模式 m 的统计期望时间协方差矩阵具有如式（8.29）所示的形式 Q_m，其中

$\mathbf{v}(f_m) = [1, e^{j2\pi f_m}, \cdots, e^{j2\pi f_m(p-1)}]$ 是一个平均多普勒频率为 f_m 的复杂的正弦曲线，$\mathbf{A}_m$ 是 $P \times P$ 维的空-时扩展矩阵，其元素由 $\mathbf{A}_m^{[i,j]} = \alpha_m(f_p)^{|i-j|}$，$i, j = 1, \cdots, p$ 定义。

$$\mathbf{Q}_m = \mathbf{v}(f_m)\mathbf{v}^\dagger(f_m) \odot \mathbf{A}_m \tag{8.29}$$

从 Watterson 模型的分离性属性考虑，模式 m 的统计期望空-时协方差矩阵 $\mathbf{S}_m$ 是空间协方差矩阵和时间协方差矩阵的克罗内克积 $\otimes$，如式（8.20）所示，其中，$\bar{\mathbf{c}}_m$ 为空-时堆叠矢量 $\{\mathbf{c}_m(1), \cdots, \mathbf{c}_m(P)\}$。显然，此时 Watterson 模型将恢复为单色平面波模型，参数选择为 $\beta_m(d) = 1$ 和 $\alpha_m(f_p) = 1$。

$$\mathbf{S}_m = \mathrm{E}\{\bar{\mathbf{c}}_m \bar{\mathbf{c}}_m^\dagger\} = \mathbf{R}_m \otimes \mathbf{Q}_m \tag{8.30}$$

在空-时 ACS 模态分解时，参数 M 假定对应于存在的信号模式，这些模式对应于相对安静单跳天波传播路径下不同的电离层反射区域。在低纬度和高纬度地区的地磁场情况下，电离层典型干扰更严重，接收模式的功率谱密度与洛伦兹轮廓显著不同。在这种情况下，多个用于 ACS 的模态分解的 M 可用于一个特定传播模式的建模。从信号处理的角度来看，M 可认为是 ACS 模型的 M 个数，这种情况没有与之相关联的物理解释。

GWM 的数学形式确实能为更复杂的（可能是不对称的）时间、空间上的频谱密度函数分布信号提供额外的灵活性，而当独立模块不能在距离上求解时，联合模型参数到传递模块的能力则丢失了。此外，由于明显的等离子体转化现象常常出现在中低纬度地区，GWM 不能对模块功率谱密度函数的角度-多普勒建模。对强大的角度-多普勒对建模需要多变量，而不是标量类型的 AR 过程。这类过程这里不做考虑。

8.3 参数估计技术

本节介绍闭合形式的频谱方法，当 M 个模式重叠在一起且在距离上无法分辨时，从样本空-时 ACS $\hat{r}_k(i,j)$ 估计出所有模式 $m = 1, \cdots, M$ 中的模型对 (z_m, w_m) 和关联残差 h_m。上节导出的统计期望 ACS 的模型结构，可用于推导一种新的子空间参数估计技术，称为匹配场（MF）MUSIC 算法。该算法是一种基于最小二乘优化准则、计算上具有吸引力的闭合形式参数估计方法。在介绍这些替代技术之前，将讨论从样本空-时 ACS 估计混合一阶 AR 信号参数的现有方法。

8.3.1 标准识别过程

有理系统（零极）模型经常用于推断随机过程的功率谱密度的参数。最一般的有理系统模型称为自回归移动平均 ARMA (p,q) 模型，包含有 p 个极点和 q 个零点（Marple 1987）。附录 C 显示，M 个独立一阶 AR 过程叠加成一个信号，这在统计上等效于 ARMA $(M, M-1)$ 模型的识别问题。

ARMA 模型识别的最大似然参数（ML）估计技术是存在的（Kay 1987），但即使对于一维数据序列，这些迭代过程也需要承担高额的计算负担，且收敛性得不到保证。我们已经知道了一种 ARMA $(M, M-1)$ 模型的 ML 估计方法（Kumaresan, Scharf, and Shaw 1986），但该过程依赖于待识别过程的脉冲响应的测量，而不是任意输入信号产生的输出数据的统计值。实际上，可能只能观察到后者。在这种情况下，从接收数据计算样本自相关序列（ACS），进而估计模型参数，是相当常见的。

尽管有限长度的样本 ACS 向量并不是识别 ARMA 模型的充分统计量（Arato 1961），但基于二阶统计量的次最优方法之所以流行，是因为参数估计的待解方程是相当简单的系统。Bruzzone and Kaveh（1984）发现，样本 ACS 中保留的统计信息取决于内含的时延和 ARMA 过程的特征。样本 ACS 的特征最适合用于估计窄带 ARMA 过程。当在推广的估计方程中增加的统计变异性能被后续时延引入的信息增益抵消时，相比处理顺序，使用更多时延在一定程度上是值得推荐的。

扩展的 Yule-Walker 方程组是多种 ARMA 参数估计技术的骨干部分（Cadzow 1982）。Porat and Friedlander（1985）提出的超定 Yule-Walker 方程首先利用无偏样本 ACS 估计 ARMA 模型的 AR 参数。用估计的 AR 变换函数（Marple 1987）的逆对原始数据进行滤波，随后可以估计出 MA 的参数。这种识别 ARMA 模型的非迭代最小二乘法对 AR 和 MA 参数分别求解，而不是联合求解，因此也是关于样本 ACS 的次最优估计。

为了最有效地利用样本 ACS 中保留的统计信息，需要对 ARMA 模型参数进行联合估计，而 ARMA 模型参数能提供无偏样本时延的最佳最小二乘法拟合。正如 Beex and Scharf（1981）所发现的，这种方法会导出非线性方程。为了采用类似 Prony 法（de Prony 1795）的技术来解析地估计模型参数，可能要修改最小二乘准则，尽管其性能不如真实的最小二乘估计。无论一维数据还是二维数据，到目前为止，还没有一种在计算上有吸引力的封闭形式的过程，能够对 ARMA 模型参数联合求解，以得到无偏样本 ACS 的严格最小二乘拟合。

然而，在 ARMA（$M, M-1$）过程参数的联合估计问题和从加性零均值高斯噪声中估计叠加指数衰减复数正弦波参数的问题之间，存在着一种显式的联系。其中，ARMA 过程参数能提供无偏样本延迟的最佳最小二乘法拟合。尽管在数学上这些问题是相关的，但是一个重要的区别是，后一种情况中参数估计是在数据样本上进行的。由于样本有限，破坏 ACS 测量的统计噪声往往被认为是零均值高斯分布的。根据中心极限定理，对于样本时延，这种假设是渐近成立的。

估计噪声中的重叠指数信号的严格最小二乘法方法是存在的（Bresler and Macovski 1986）。也许鲜为人知的是，这种数学技术对于利用样本 ACS 估计 ARMA（$M, M-1$）模型参数的问题也是可用的。然而，对于二维（空时）数据的情形，由于对包含多个变量的多项式缺乏基本的代数理论，这种方法没有直接的一般形式。Clark and Scharf（1994）研究了二维模型的分析问题，但在模式配对时碰到了难题。另外一些方法将固有的二维问题分解成两个一维问题，如 Sacchini, Steedly, and Moses（1992），但这些估计量中没有一个是二维最小二乘准则函数的极小值。

本节将深入跟踪这两个问题的相似性，以得到一个混合结构，而将分布式信号限制在一个单一维度的子空间。在相对温和的条件下，只有噪声的子空间是存在的。这又反过来允许应用一般的"匹配场"（MF）-MUSIC 过程来估计参数。重要的是，MF-MUSIC 算法可以以允许模式自动配对的方式扩展到二维情形，以求解时空参数估计问题。在这种情况下，可以从角度和多普勒两个维度用平均展宽的传播信道参数对频谱流行进行参数化，如 Fabrizio, Gray, and Turley（2000）所述。

从计算量的观点看，四维流形是非常不可取的。一种替代的封闭形式的方法是将二维最小二乘问题分成两个一维最小二乘问题，然后使用统计、一致的方法对跨越两个维度的模式配对。在最佳最小二乘方式下，采用样本空-时 ACS，该方法可以用来对二维 ARMA（$M, M-1$）参数进行联合估计。此外，对基于最大似然准则的二维模型分析而言，该方法也可直接用于数据样本。

8.3.2 匹配场 MUSIC 算法

采用基于数据协方差矩阵的子空间技术对 ID 源参数进行估计存在一个潜在问题，即，这类源经常占用协方差矩阵的满秩。对于带有小角度或多普勒扩展的单 ID 源情况，低秩的有效信号子空间可能定义为允许使用类似 MUSIC 的估计方法。然而，当存在多 ID 源或信号模式且带有尽可能大的展宽时，这种近似分解就不成立了。在这种情况下，协方差矩阵的噪声子空间将退化。本节研究替代的矩阵结构，用一阶 AR 模型描述的 ID 信号模式占据单个子空间维度。矩阵结构的这一属性允许采用基于子空间的参数估计技术，即使在出现带有尽可能大的角度或多普勒扩展的多 ID 信号模式时也是这样。

用于参数估计的样本 ACS $\tilde{r}(i,j)$ 通过计算式（8.31）中延时乘积和的第一次平均值求得，在 CPI 上构成 $\hat{r}(i,j)$，其中，$N_t = P - i + 1$，$N_s = N - j + 1$。随后在数据收集期间对这些估计求平均，以在不同的 CPI 上形成样本均值 ACS $\tilde{r}(i,j)$。当一次只关注单个单元时，下标 k 可以忽略。

$$\hat{r}_k(i,j) = \frac{1}{N_t N_s} \sum_{t=1}^{N_t} \sum_{d=1}^{N_s} \mathbf{x}_k^{[d]}(t) \mathbf{x}_k^{[d+j]*}(t+i) \quad \begin{cases} i = 0, \cdots, L_t - 1 \\ j = 0, \cdots, L_s - 1 \end{cases} \tag{8.31}$$

为了介绍替代的二维（空-时）参数估计技术，我们首先如式（8.32）定义 $(L_s - P_s + 1) \times P_s$ 阶矩阵 $\mathbf{C}(i)$ 和相关的 $(L_t - P_t + 1)(L_s - P_s + 1)_s \times P_t P_s$ 阶分块矩阵 $\mathbf{D}$，其中，$M < P_t < L_t$ 且 $M < P_s < L_s$。

$$\mathbf{C}(i) = \begin{bmatrix} \bar{r}(i, P_s - 1) & \cdots & \bar{r}(i,1) & \bar{r}(i,0) \\ \bar{r}(i, P_s) & \cdots & \bar{r}(i,2) & \bar{r}(i,1) \\ \vdots & & & \\ \bar{r}(i, L_s - 1) & & & \end{bmatrix} \quad \mathbf{D} = \begin{bmatrix} \mathbf{C}(P_t - 1) & \cdots & \mathbf{C}(1) & \mathbf{C}(0) \\ \mathbf{C}(P_t) & \cdots & \mathbf{C}(2) & \mathbf{C}(1) \\ \vdots & & & \\ \mathbf{C}(L_t - 1) & & & \end{bmatrix} \tag{8.32}$$

假设当前时刻无模型误差并忽略加性噪声，对于大量数据均值而言，样本 ACS 的均值趋向于其统计期望的形式 $\bar{r}(i,j) = \sum_{m=1}^{M} h_m z_m^i w_m^j$。在这种情形下，矩阵 $\mathbf{D}$ 可因式分解为 $\mathbf{D} = \mathbf{FG}$，其中，$(L_t - P_t + 1)(L_s - P_s + 1) \times M$ 阶矩阵 $\mathbf{F}$ 由式（8.33）定义。

$$\mathbf{F} = [h_1 \mathbf{z}_1' \otimes \mathbf{w}_1' \cdots h_M \mathbf{z}_M' \otimes \mathbf{w}_M'] \quad \begin{cases} \mathbf{z}_m' = [z_m^{P_t - 1} \ z_m^{P_t} \cdots z_m^{L_t - 1}]^T \\ \mathbf{w}_m' = [w_m^{P_s - 1} \ w_m^{P_s} \cdots w_m^{L_s - 1}]^T \end{cases} \tag{8.33}$$

$M \times P_t P_s$ 阶矩阵 $\mathbf{G}$ 由式（8.34）定义。在式（8.33）和式（8.34）中，符号 $\otimes$ 表示克罗内克积。

$$\mathbf{G} = [\mathbf{z}_1'' \otimes \mathbf{w}_1'' \cdots \mathbf{z}_M'' \otimes \mathbf{w}_M'']^\dagger \quad \begin{cases} \mathbf{z}_m'' = [z_m^0 \ z_m^{-1} \cdots z_m^{-(P_t - 1)}]^\dagger \\ \mathbf{w}_m'' = [w_m^0 \ w_m^{-1} \cdots w_m^{-(P_s - 1)}]^\dagger \end{cases} \tag{8.34}$$

由于矢量 $\mathbf{z}_m' \otimes \mathbf{w}_m'$ 和 $\mathbf{z}_m'' \otimes \mathbf{w}_m''$ 具有范德蒙结构，且假定对 $m = 1, 2, \cdots, M$ 的模式参数对 (z_m, w_m) 是有区别的，则矩阵 $\mathbf{F}$ 和 $\mathbf{G}$ 都具有满秩 M。因此，$M \times M$ 阶厄特米矩阵 $\mathbf{F}^\dagger \mathbf{F} \mathbf{G} \mathbf{G}^\dagger$ 是正定的，且带有满足式（8.35）的 M 个特征值 λ_m 和特征向量 u_m。

$$(\mathbf{F}^\dagger \mathbf{F} \mathbf{G} \mathbf{G}^\dagger) \mathbf{u}_m = \lambda_m \mathbf{u}_m, \quad m = 0, 1, \cdots, M \tag{8.35}$$

式（8.35）左乘 $\mathbf{G}^\dagger$ 可导出式（8.36），其中 $\mathbf{D}^\dagger \mathbf{D} = \mathbf{G}^\dagger \mathbf{F}^\dagger \mathbf{F} \mathbf{G}$ 和 $\mathbf{q}_m = \mathbf{G}^\dagger \mathbf{u}_m$ 是 $\mathbf{D}^\dagger \mathbf{D}$ 的一个特征向量，对应的特征值是 λ_m。

$$(\mathbf{G}^\dagger \mathbf{F}^\dagger \mathbf{F} \mathbf{G}) \mathbf{G}^\dagger \mathbf{u}_m = (\mathbf{D}^\dagger \mathbf{D}) \mathbf{G}^\dagger \mathbf{u}_m = (\mathbf{D}^\dagger \mathbf{D}) \mathbf{q}_m = \lambda_m \mathbf{q}_m \tag{8.36}$$

换句话说，$(P_t P_s) \times (P_t P_s)$ 阶 Hermitian 矩阵 $\mathbf{D}^\dagger \mathbf{D}$ 是半正定的，对 $m = 1, 2, \cdots, M$ 有 M 个正特征值 λ_m，其余 $(P_t \times P_s) - M$ 个特征值等于零。此外，矩阵 $\mathbf{D}^\dagger \mathbf{D}$ 的 M 个主特征向量 $\mathbf{q}_m$ 由矩阵 $\mathbf{G}^\dagger$ 中的列向量线性组合而成，而矩阵 $\mathbf{G}$ 由 M 个空-时信号向量 $\mathbf{z}_m'' \otimes \mathbf{w}_m''$ 构成。当存在延时估计误

差和加性噪声时,这些属性虽不严格成立,但趋向于近似正确。为了估计参数对 (z_m, w_m),样本时延 $\bar{r}(i,j)$ 用于构成式(8.32)中的矩阵 $\mathbf{D}$。随后,Hermitian 矩阵 $\mathbf{D}^\dagger \mathbf{D}$ 的特征分解可由式(8.37)中的信号和噪声的子空间来表示。

$$\mathbf{D}^\dagger \mathbf{D} = \mathbf{Q}_s \mathbf{\Lambda}_s \mathbf{Q}_s^\dagger + \mathbf{Q}_n \mathbf{\Lambda}_n \mathbf{Q}_n^\dagger \tag{8.37}$$

在式(8.37)中,$P_t P_s \times M$ 阶矩阵 $\mathbf{Q}_s$ 容纳 M 个信号子空间的特征向量为列向量,$M \times M$ 阶对角阵 $\mathbf{\Lambda}_s$ 包含 M 个相应的特征值。$P_t P_s \times (P_t P_s - M)$ 阶矩阵 $\mathbf{Q}_n$ 和 $(P_t P_s - M) \times (P_t P_s - M)$ 阶对角阵 $\mathbf{\Lambda}_n$ 以相似的方式定义,且分别包含噪声子空间的特征向量和特征值。信号向量 $\mathbf{v}(\phi) = \mathbf{z}''(\alpha, f) \otimes \mathbf{w}''(\beta, \theta)$ 与由 $\mathbf{Q}_n$ 的列向量张成的噪声子空间之间的近似正交性,可用于形成类似 MUSIC 的代价函数 $p(\phi)$,如式(8.38)所示,其中参数向量 $\phi = [\alpha, \beta, \theta, f]^T$。鉴于流行 $\mathbf{v}(\phi)$ 的参数是由通道模型 $[\alpha, \beta]$ 和规则(确定)组件 $[\theta, f]$ 的统计属性推断而来的,该技术被视为"匹配场"(MF)版的 MUSIC 算法,称为 MF-MUSIC 算法。

$$p(\phi) = \{\mathbf{v}^\dagger(\phi) \mathbf{Q}_n \mathbf{Q}_n^\dagger \mathbf{v}(\phi)\}^{-1} \tag{8.38}$$

在由参数向量 ϕ 定义的四维流行上,寻找 MF-MUSIC 代价函数 $p(\phi)$ 的峰值可以同时产生复极点位置 (z_m, w_m) 和配对。一旦估计出这些参数,相应的残差 h_m 就可以由样本 ACS 的最小二乘拟合估计得到。当 ARMA(M, M–1)过程是 M 个独立一阶 AR 过程的和时,对 $m=1,2,\cdots,M$,残差 h_m 限制为实数。这是因为第 m 个 AR 过程的功率由 $h_m = A_m^2$ 给定。为了估计残差,定义了一个层叠的 $(L_s L_t)$ 维特征向量以容纳空-时样本 ACS。

$$\tilde{\mathbf{r}} = [r(0,0), \cdots, r(0, L_s-1), r(1,0), \cdots, r(1, L_s-1), \cdots, r(L_t-1, 0), \cdots, r(L_t-1, L_s-1)]^T \tag{8.39}$$

同理,式(8.40)定义了 $L_s L_t \times M$ 阶矩阵 $\tilde{\mathbf{V}}$ 以容纳空-时信号向量。对于模式 m,空-时信号向量已经由 MF-MUSIC 技术得以估计。

$$\tilde{\mathbf{V}} = [\mathbf{z}_1 \otimes \mathbf{w}_1 \cdots \mathbf{z}_M \otimes \mathbf{w}_M] \quad \begin{cases} \mathbf{z}_m = [z_m^0 \, z_m^1 \cdots z_m^{(L_t-1)}]^T \\ \mathbf{w}_m = [w_m^0 \, w_m^1 \cdots w_m^{(L_s-1)}]^T \end{cases} \tag{8.40}$$

根据最小方差准则,计算该模型与样本 ACS 之间差异的最小值,对应的变元即为残差向量 $\mathbf{h} = [h_1 h_2 \cdots h_M]^T$ 的估计,见式(8.41)。这里,实值向量 $\mathbf{r}$ 和矩阵 $\mathbf{V}$ 都分别由 $\tilde{\mathbf{r}}$ 和 $\tilde{\mathbf{V}}$ 的实部 $\Re\{\cdot\}$ 和虚部 $\Im\{\cdot\}$ 构成。

$$\hat{\mathbf{h}} = \arg\min_{\mathbf{h}} \|\mathbf{r} - \mathbf{V}\mathbf{h}\|^2, \quad \mathbf{r} = \begin{bmatrix} \Re\{\tilde{\mathbf{r}}\} \\ \Im\{\tilde{\mathbf{r}}\} \end{bmatrix}, \quad \mathbf{V} = \begin{bmatrix} \Re\{\tilde{\mathbf{V}}\} \\ \Im\{\tilde{\mathbf{V}}\} \end{bmatrix} \tag{8.41}$$

极小值变元 $\hat{\mathbf{h}}$ 由著名的公式给出,见式(8.42),其中,$\mathbf{V}^+ = [\mathbf{V}^\dagger \mathbf{V}]^{-1} \mathbf{V}^\dagger$ 是 $\mathbf{V}$ 的 Moore-Penrose 伪逆矩阵。

$$\hat{\mathbf{h}} = [\mathbf{V}^\dagger \mathbf{V}]^{-1} \mathbf{V}^\dagger \mathbf{r} = \mathbf{V}^+ \mathbf{r} \tag{8.42}$$

一旦估计出所有的模型参数,就可以量化估计精度,并根据该精度将模型 ACS 与从数据计算得来的样本 ACS 进行拟合。建模的性能可由式(8.43)定义的拟合精度进行评估。

$$FA = 1 - \frac{\|\tilde{\mathbf{r}} - \tilde{\mathbf{V}} \hat{\mathbf{h}}\|^2}{\|\tilde{\mathbf{r}}\|^2} \tag{8.43}$$

该估计 ACS 模型可扩展到无限数量的空-时延时,并采用 AR 递归关系和傅里叶变换以估计角度-多普勒域中的功率谱密度。导出的二维频谱可为分解信号模式的角度-多普勒展宽提供一种度量值。

MF-MUSIC 也可以用于估计噪声中的二维指数衰减正弦信号的参数。这两个问题之间的重要区别是，在当前应用中矩阵 **D** 包含估计数据的协方差或时延，而在后一种情形中，矩阵 **D** 包含真实的数据样本，其中的信号是被加性噪声干扰了的。在四维流型上估计代价函数的计算复杂度令人望而却步。这促使人们寻找一种替代的闭合形式的参数估计技术，而不需要在四维流型上进行搜索。

8.3.3 多项式求根法

为了介绍基于多项式求根的二维最小二乘法，我们定义 $L_t \times L_s$ 阶矩阵 **T**，其中第 (i,j) 个元素等于 $r(i,j)$。

$$\mathbf{T} = \begin{bmatrix} r(0,0) & r(0,1) & \cdots & r(0, L_s-1) \\ r(1,0) & r(1,1) & \cdots & r(1, L_s-1) \\ \vdots & & \ddots & \vdots \\ r(L_t-1, 0) & \cdots & \cdots & r(L_t-1, L_s-1) \end{bmatrix} \quad (8.44)$$

基于 $r(i,j) = \sum_{m=1}^{M} h_m z_m^i \omega_m^j$ 的模型分解，可将矩阵 **T** 进行因式分解，如式（8.45）所示，其中 $\mathbf{z}_m = [z_m^0, z_m^1, \cdots, z_m^{L_t-1}]^T$，$\mathbf{w}_m = [w_m^0, w_m^1, \cdots, w_m^{L_s-1}]^\dagger$，$\mathbf{Z} = [\mathbf{z}_1, \mathbf{z}_2, \cdots, \mathbf{z}_M]$ 为 $L_t \times M$ 阶矩阵，$\mathbf{W} = [\mathbf{w}_1, \mathbf{w}_2, \cdots, \mathbf{w}_M]$ 为 $L_s \times M$ 阶矩阵，$\mathbf{H} = \mathrm{diag}[h_1, h_2, \cdots, h_M]$ 为 $M \times M$ 阶对角矩阵。

$$\mathbf{T} = \sum_{m=1}^{M} h_m \mathbf{z}_m \mathbf{w}_m^\dagger = \mathbf{Z}\mathbf{H}\mathbf{W}^\dagger \quad (8.45)$$

实际上，我们有一个包含样本空-时延时的估计量 $\hat{\mathbf{T}}$。甚至在没有模型失配和加性噪声的情况下，尽管 $L_t > M$ 和 $L_s > M$，矩阵 $\hat{\mathbf{T}}$ 一般也会由于样本延时中出现的估计误差而满秩。与 Cadzow, Baseghi, and Hsu（1983）的方法类似，通过对 $\hat{\mathbf{T}}$ 的一种降秩近似使用截尾的奇异值分解（SVD），我们可以尝试减少统计误差对参数估计的影响。假设模式数目已知，但可被估计为基于 SVD 的秩缩小变换的一部分，见式（8.46）。

$$\tilde{\mathbf{T}} = \sum_{m=1}^{M} \sigma_m \mathbf{u}_m \mathbf{v}_m^\dagger = \mathbf{U}_s \mathbf{\Sigma}_s \mathbf{V}_s^\dagger \quad (8.46)$$

式中，σ_m 定义为 $\hat{\mathbf{T}}$ 的主奇异值，$\mathbf{u}_m$ 对应为 L_t 维左奇异向量，而 $\mathbf{v}_m$ 为 $m=1,\cdots,M$ 上的 L_s 维右奇异向量。矩阵 $\mathbf{U}_s = [\mathbf{u}_1, \cdots, \mathbf{u}_M]$ 和 $\mathbf{V}_s = [\mathbf{v}_1, \cdots, \mathbf{v}_M]$ 分别包含左奇异向量和右奇异向量，而 $M \times M$ 维对角阵 $\mathbf{\Sigma}_s = \mathrm{diag}[\sigma_1, \cdots, \sigma_M]$ 包含奇异值。本节提出的参数估计方法目的是寻找模型参数 $(h_m, z_m, w_m) \forall m$，这些模型参数通过最小化式（8.47）中准则函数的 Frobenius 范数 $\|\cdot\|_F$，提供 $\tilde{\mathbf{T}}$ 的最佳最小二乘拟合。

$$f_{cr}(\mathbf{Z}, \mathbf{H}, \mathbf{W}) = \|\tilde{\mathbf{T}} - \mathbf{Z}\mathbf{H}\mathbf{W}^\dagger\|_F \quad (8.47)$$

这个多维优化问题是可分离的。给定矩阵 **Z**，使准则函数最小的变元 **H** 和 **W** 满足式（8.48），其中 $\mathbf{Z}^+ = (\mathbf{Z}^\dagger \mathbf{Z})^{-1} \mathbf{Z}^\dagger$ 是 **Z** 的 Moore-Penrose 伪逆。

$$\mathbf{H}\mathbf{W}^\dagger = (\mathbf{Z}^\dagger \mathbf{Z})^{-1} \mathbf{Z}^\dagger \tilde{\mathbf{T}} = \mathbf{Z}^+ \tilde{\mathbf{T}} \quad (8.48)$$

将式（8.48）代入式（8.47），产生如式（8.49）所示的准则函数。该准则函数仅取决于矩阵 **Z**。此处，$\mathbf{P}_z = (\mathbf{I} - \mathbf{Z}\mathbf{Z}^+)$ 是正交投影到 $\mathbf{Z}^\dagger$ 的零空间。

$$\hat{\mathbf{Z}} = \arg\min_{\mathbf{Z}} \|(\mathbf{I} - \mathbf{Z}\mathbf{Z}^+)\tilde{\mathbf{T}}\|_F = \arg\min_{\mathbf{Z}} \|\mathbf{P}_z \tilde{\mathbf{T}}\|_F \quad (8.49)$$

使用关系式 $\|\mathbf{Q}\|_F = \mathrm{Tr}\{\mathbf{Q}\mathbf{Q}^\dagger\}$，其中 $\mathrm{Tr}\{\}$ 代表迹算子，可将式（8.49）改写为式（8.50），这是

由于循环旋转迹运算 Tr{·} 中的元素不影响迹的值。

$$\hat{\mathbf{Z}} = \arg\min_{\mathbf{Z}} \mathrm{Tr}\{\mathbf{P}_z\tilde{\mathbf{T}}\tilde{\mathbf{T}}^\dagger \mathbf{P}_z^\dagger\} = \arg\min_{\mathbf{Z}} \mathrm{Tr}\{\mathbf{P}_z^\dagger \mathbf{P}_z \tilde{\mathbf{T}}\tilde{\mathbf{T}}^\dagger\} \tag{8.50}$$

投影矩阵是对称的 $\mathbf{P}_z = \mathbf{P}_z^\dagger$，且是幂等的 $\mathbf{P}_z^2 = \mathbf{P}_z$，所以式（8.50）可以简化为下列紧凑表达式：

$$\hat{\mathbf{Z}} = \arg\min_{\mathbf{Z}} \mathrm{Tr}\{\mathbf{P}_z \tilde{\mathbf{T}}\tilde{\mathbf{T}}^\dagger\} \tag{8.51}$$

假设模式 M 的数量是已知的，或者可以使用 $\hat{\mathbf{T}}$ 的奇异值通过合适的方法估计出来，当关于 $L_t \times (L_t - M)$ 阶 Toeplitz 矩阵 $\mathbf{A}$ 重新参数化投影矩阵时，求解 $\mathbf{Z}$ 比较容易（Stoica and Sharman 1990b）。其中，矩阵 $\mathbf{A}$ 定义如下：

$$\mathbf{A} = \begin{bmatrix} a_M & a_{M-1} & \cdots & a_0 & \cdots & 0 \\ & \ddots & \ddots & & \ddots & \\ 0 & & a_M & a_{M-1} & \cdots & a_0 \end{bmatrix}^\dagger \tag{8.52}$$

其中，元素 $a_0 a_1, \cdots, a_M$ 是特征多项式 $p(z)$ 的系数。

$$p(z) = a_0 z^M + a_1 z^{M-1} + \cdots + a_M = \prod_{m=1}^{M}(z - z_m) \tag{8.53}$$

由于矩阵 $\mathbf{A}$ 具有满秩 $(L_t - M)$，并且通过构造很明显可得 $\mathbf{A}^\dagger \mathbf{Z} = 0$。矩阵 $\mathbf{A}$ 的列实际上形成了张成 $\mathbf{Z}^\dagger$ 的零空间的基。因此，投影矩阵可重新参数化为 $\mathbf{P}_z = \mathbf{A}(\mathbf{A}^\dagger \mathbf{A})^{-1}\mathbf{A}^\dagger$，由此导出关于多项式系数向量 $\mathbf{a} = [a_0, a_1, \cdots, a_M]^\mathrm{T}$ 的准则函数。

$$\hat{\mathbf{a}} = \arg\min_{\mathbf{a}} \mathrm{Tr}\{\mathbf{A}(\mathbf{A}^\dagger\mathbf{A})^{-1}\mathbf{A}^\dagger\tilde{\mathbf{T}}\tilde{\mathbf{T}}^\dagger\} \tag{8.54}$$

正如 Krim and Viberg（1996）指出的，依次求解式（8.55）中的两个二次优化问题，最小化式（8.54）的系数向量 $\mathbf{a} = [a_0, a_1, \cdots, a_M]^\mathrm{T}$ 可得到解析的估计。这两个优化问题都服从线性约束 $\hat{\mathbf{a}}^\dagger \mathbf{e} = 1$，其中 $\mathbf{e} = [1, 0, \cdots, 0]^\mathrm{T}$ 保证是一个非凡解。$m = 1, 2, \cdots, M$ 的时极 $\hat{z}_m$ 的最小二乘估计，由所估计的特征多项式 $\hat{p}(z)$ 的根给出。这些多项式的根可采用确保收敛的 Aurand（1987）算法找到。

$$\begin{aligned}(1)\ &\hat{\mathbf{a}} = \arg\min_{\mathbf{a}} \mathrm{Tr}\{\mathbf{A}\mathbf{A}^\dagger\tilde{\mathbf{T}}\tilde{\mathbf{T}}^\dagger\} \\ (2)\ &\hat{\mathbf{a}} = \arg\min_{\mathbf{a}} \mathrm{Tr}\{\mathbf{A}(\hat{\mathbf{A}}^\dagger\hat{\mathbf{A}})^{-1}\mathbf{A}^\dagger\tilde{\mathbf{T}}\tilde{\mathbf{T}}^\dagger\}\end{aligned} \tag{8.55}$$

根据式（8.52），式（8.55）中第一个二次方程的解 $\hat{\mathbf{a}}$ 的元素可构造出第二个方程中的矩阵 $\hat{\mathbf{A}}$。换句话说，在第二个二次问题中，$(\hat{\mathbf{A}}^\dagger\hat{\mathbf{A}})^{-1}$ 是取决于数据的加权矩阵。对矩阵 $\hat{\mathbf{T}}$ 使用截尾的奇异值分解，不需要两次以上迭代。对于 DOA 估计问题，尽管已经在仿真中得到证明（Stoica and Sharman 1990b），上文描述的两步法中令人满意的特性将进一步在后续章节用实验数据加以证明。

在某些情况下，需要应用更复杂的约束集，以确保对应于估计多项式系数向量的根 $\hat{\mathbf{a}}$ 在单位圆上。Stoica and Sharman（1990b）假定接收信号为平面波，对于文中考虑的波达方向的估计问题，这些约束是有用的。因为假设接收信号分布在角度和多普勒域，则不应在这种情况下使用这类约束。对模式 m 多普勒分布的宽度是由极 $\hat{z}_m$ 与单位圆之间的距离来确定的。换言之，$\hat{z}_m$ 的模可以给出模式多普勒展宽的估计，而变元 $\hat{z}_m$ 则给出多普勒频移均值的估计。

如 Bresler and Macovski（1986）所示，对于通过协方差方法导出的线性预测系数，式（8.55）中的二次问题都可以用同样的技术求解。式（8.55）中第一个问题的解可由下式给出：

$$\hat{\mathbf{a}} = \frac{[\sum_{j=0}^{L_s-1} \mathbf{Y}^\dagger(j)\mathbf{Y}(j)]^{-1}\mathbf{e}}{\mathbf{e}^T[\sum_{j=0}^{L_s-1} \mathbf{Y}^\dagger(j)\mathbf{Y}(j)]^{-1}\mathbf{e}}, \quad \mathbf{Y}(j) = \begin{bmatrix} \hat{r}(M,j) & \cdots & \hat{r}(1,j) & \hat{r}(0,j) \\ \hat{r}(M+1,j) & \cdots & \hat{r}(2,j) & \hat{r}(1,j) \\ \vdots & & & \\ \hat{r}(L_t-1,j) & & & \end{bmatrix} \quad (8.56)$$

根据式（8.52），第一步所估计的系数 $\hat{\mathbf{a}} = [\hat{a}_0 \cdots \hat{a}_M]^T$ 可用来构建矩阵 $\hat{\mathbf{A}}$。式（8.55）中第二个二次问题可用与第一个问题相似的方法求解：

$$\hat{\mathbf{a}} = \frac{[\sum_{j=0}^{L_s-1} \mathbf{Y}^\dagger(j)(\hat{\mathbf{A}}^\dagger\hat{\mathbf{A}})^{-1}\mathbf{Y}(j)]^{-1}\mathbf{e}}{\mathbf{e}^T[\sum_{j=0}^{L_s-1} \mathbf{Y}^\dagger(j)(\hat{\mathbf{A}}^\dagger\hat{\mathbf{A}})^{-1}\mathbf{Y}(j)]^{-1}\mathbf{e}} \quad (8.57)$$

以相似的方式，按照式（8.58）估计准则函数极小时的变元 $\mathbf{W}$，其中 $\mathbf{P}_w = (\mathbf{I} - \mathbf{WW}^+)$ 是零空间 $\mathbf{W}^\dagger$ 上的正交投影，$\mathbf{W}^+ = (\mathbf{W}^\dagger\mathbf{W})^{-1}\mathbf{W}^\dagger$ 是 $\mathbf{W}$ 的 Moore-Penrose 伪逆。

$$\hat{\mathbf{W}} = \arg\min_{\mathbf{W}} \mathrm{Tr}\{\mathbf{P}_w \tilde{\mathbf{T}}^\dagger \tilde{\mathbf{T}}\} \quad (8.58)$$

在这种情况下，投影矩阵重新参数为 $\mathbf{P}_w = \mathbf{B}(\mathbf{B}^\dagger\mathbf{B})^{-1}\mathbf{B}^\dagger$，其中，

$$\mathbf{B} = \begin{bmatrix} b_M & b_{M-1} & \cdots & b_0 & \cdots & 0 \\ & \ddots & \ddots & & \ddots & \\ 0 & & b_M & b_{M-1} & \cdots & b_0 \end{bmatrix}^\dagger \quad (8.59)$$

从空间特征多项式系数 $q(w)$ 构造，

$$q(w) = b_0 w^M + b_1 w^{M-1} + \cdots + b_M = \prod_{m=1}^{M}(w - w_m) \quad (8.60)$$

类似地，多项式系数向量 $\mathbf{b} = [b_0, b_1, \cdots, b_M]^T$ 通过求解下列服从线性限制 $\hat{\mathbf{b}}^\dagger\mathbf{e} = 1$ 的二元二次优化问题进行估计：

$$\begin{aligned}(1) \quad \hat{\mathbf{b}} &= \arg\min_{\mathbf{b}} \mathrm{Tr}\{\mathbf{BB}^\dagger\tilde{\mathbf{T}}^\dagger\tilde{\mathbf{T}}\} \\ (2) \quad \hat{\mathbf{b}} &= \arg\min_{\mathbf{b}} \mathrm{Tr}\{\mathbf{B}(\hat{\mathbf{B}}^\dagger\hat{\mathbf{B}})^{-1}\mathbf{B}^\dagger\tilde{\mathbf{T}}^\dagger\tilde{\mathbf{T}}\}\end{aligned} \quad (8.61)$$

式（8.61）中第一行所列问题的解向量 $\hat{\mathbf{b}}$ 用下式给出：

$$\hat{\mathbf{b}} = \frac{[\sum_{i=0}^{L_t-1} \mathbf{X}^\dagger(i)\mathbf{X}(i)]^{-1}\mathbf{e}}{\mathbf{e}^\dagger[\sum_{i=0}^{L_t-1} \mathbf{X}^\dagger(i)\mathbf{X}(i)]^{-1}\mathbf{e}}, \quad \mathbf{X}(i) = \begin{bmatrix} \hat{r}(i,M) & \cdots & \hat{r}(i,1) & \hat{r}(i,0) \\ \hat{r}(i,M+1) & \cdots & \hat{r}(i,2) & \hat{r}(i,1) \\ \vdots & & & \\ \hat{r}(i,L_s-1) & & & \end{bmatrix} \quad (8.62)$$

根据式（8.59），可用第一步中估计的多项式向量 $\hat{\mathbf{b}}$ 取代真值以形成矩阵 $\hat{\mathbf{B}}$。该矩阵在式（8.61）第二行中要用到。求解这个问题的多项式系数向量 $\hat{\mathbf{b}}$ 计算为：

$$\hat{\mathbf{b}} = \frac{[\sum_{i=0}^{L_t-1} \mathbf{X}^\dagger(i)(\hat{\mathbf{B}}^\dagger\hat{\mathbf{B}})^{-1}\mathbf{X}(i)]^{-1}\mathbf{e}}{\mathbf{e}^\dagger[\sum_{i=0}^{L_t-1} \mathbf{X}^\dagger(i)(\hat{\mathbf{B}}^\dagger\hat{\mathbf{B}})^{-1}\mathbf{X}(i)]^{-1}\mathbf{e}} \quad (8.63)$$

通过寻找估计多项式 $\hat{q}(w)$ 的根，导出空间极 $\hat{w}_m$。值得注意的是，除了最初的 SVD 和最终的多项式求根，该算法基于最小二乘准则以闭合形式从样本空-时延时 M 个模式的估计时间极 z_m 和空间极 w_m。

一旦在每个数据维估计出 M 个复数根，在估计残差 h_m 之前，关于每个模式正确配对时

间极 z_m 和空间极 w_m 是必要的。强制配对方法尝试所有可能的组合，并选择误差最小的一组，其中误差是根据式（8.47）中的准则函数。对于 M 个模式，组合数目为 $M!/(2(M-2)!)$，当 M 大于 5 时，该组合数是一个相当大的值。

另一种空-时极配对方法采用信号向量 $\mathbf{z}''_m \otimes \mathbf{w}''_m$ 和列向量 $\mathbf{Q}_m$ 张成的噪声子空间（8.3.2 节描述）之间的近似正交性。换言之，与特殊的参考时极 z_{m_r} 配对的（$m=1,\cdots,M$ 个模式的）空极 w_m 是最小化式（8.64）中代价函数 $\mathrm{cost}\, c(m)$ 的。

$$c(m) = (\mathbf{z}''_{m_r} \otimes \mathbf{w}''_m)^\dagger \mathbf{Q}_n \mathbf{Q}_n^\dagger (\mathbf{z}''_{m_r} \otimes \mathbf{w}''_m) \tag{8.64}$$

8.4 实测数据应用

当特定距离单元只存在一个传播模式时，空-时 AR 模型的参数估计相对简单，并且不需要上一节中介绍的技术。然而，第 6 章和第 7 章分析的 CSF 数据包含一个实际的例子，从电离层斜测图已知两个突发 E 层模式是存在的，但由于 GSF 数据距离分辨率较低，不能在时滞系统中分解出来。因为这些模式可能有交叠的角度和多普勒功率谱密度，从接收的混合信号估计各个模式的参数不再是直观的了。

在这种情况下，替代参数估计技术需要识别模式的谱密度。本节对 MF-MUSIC 方法和闭合形式的最小二乘法进行了比较，两种方法都采用包含未分解的突发 E 层模式的真实数据。我们测量了性能，以评价估计的模型 ACS 表达实际样本 ACS 的准确性。关于假定空-时 ACS 模型的有效性和所提参数估计技术的鲁棒性，这种比较提供了有用信息。

8.4.1 闭合形式的最小二乘法

式（8.65）中样本的 ACS $\hat{r}(i,j)$ 是对时延乘积和求平均得到的，其中 CPI 间隔是 $i\Delta_t/f_p$（单位：s）和 $j\Delta_d$（单位：m），Δ_t 和 Δ_d 分别表示 PRI 和接收机的个数。在含有 P 个脉冲和 N 个接收器的 CPI 中，空-时数量的平均值分别由 $N_t = P - i\Delta_t + 1$ 和 $N_s = N - i\Delta_d + 1$ 给出。这些样品时延 $\hat{r}(i,j)$ 随后在数据集中的所有 CPI 上求平均，以形成数据收集采集周期上的平均 ACS $\bar{r}(i,j)$。平均 ACS 用于参数估计。

$$\hat{r}_k(i,j) = \frac{1}{N_t N_s} \sum_{t=1}^{N_t} \sum_{d=1}^{N_s} \mathbf{x}_k^{[d]}(t) \mathbf{x}_k^{[d+j\Delta d]*}(t+i\Delta t) \quad \begin{cases} i = 0, \cdots, L_t - 1 \\ j = 0, \cdots, L_s - 1 \end{cases} \tag{8.65}$$

时间滞后以 0.1 s（如 $f_p = 60$ Hz 时 $\Delta_t = 6$）的时间间隔计算，而空间滞后之间的距离为 84 m。使用所有 $P = 256$ 个 PRI 和 $N = 30$ 路接收机，在每个维度估计 $L_t = L_s = 30$ ACS 滞后的总数。该滞后在距离单元 $k = 16$ 中估计，其中包含未分解的突发 E 层模式。每个驻留的估计 $\hat{r}(i,j)$ 在 47 个 CP 上求平均，以形成后续处理中要用的平均 ACS $\bar{r}(i,j)$。

表 8.1 列出了使用闭合形式的最小二乘技术估计的参数，其中假定有 $M = 2$ 个模式。对每个时极和空极采用式（8.64）中的函数 $c(m)$ 进行评估，实现时间和空间参数配对，其中 $\{m_r, m\} = 1,2$。这一步是必要的，因为估计多项式 $\hat{p}(z)$ 和 $\hat{q}(w)$ 的根没有顺序。对 $P_s = P_t = M + 1$ 计算值 $c(m)$ 填入表 8.1，以保证在没有建模误差时仅有噪声的子空间是存在的。两极关联成对，为产生该函数的最低值。换句话说，第一时极 $m_r = 1$ 与第一空极 $m = 1$ 配对。正如所料，组合 $m_r = 2$ 与 $m = 2$ 也使得 $c(m)$ 取极小值，而形成另一对。

在表 8.1 中，两种模式下到达锥角 θ_m 与多普勒频移 Δf_m 的均值与先前由（标准）时-空

MUSIC 算法（见图 6.31）所估计的值非常类似。然而，最小二乘技术假定一个统计信号模型，并估计两种模式的时间和空间延展参数 $\{\alpha_m(\Delta t), \beta_m(\Delta d)\}_{m=1,2}$，用于估计两种模式中的多普勒和角度功率谱密度。使用附录 C 中的式（C.7）和表 8.1 中的模型参数，两个突发 E 模式下估计的功率谱密度如图 8.1 所示。

表 8.1　分布的信号模式参数。由采用真实数据的平均样本 ACS $\bar{r}(i\Delta t, j\Delta d)$ 估计得到，已知真实数据中包含两个重叠的突发 E 模式

模式	Δf_m, Hz	$\alpha(\Delta t)$	θ_m, deg	$\beta(\Delta d)$	h_m	$m=1$, dB	$m=2$, dB
$m_r=1$	0.46	0.998	22.2	0.920	9.46	−56.1	−39.3
$m_r=2$	0.39	0.997	21.7	0.963	5.23	−40.3	−62.7

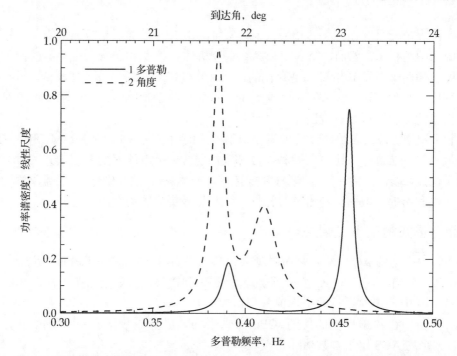

图 8.1　两种模式在距离单元 $k=16$ 时的空-时功率谱密度。这些密度通过拓展模型 ACS 和性能谱分析而计算得到，该模型的参数从有限长度的实验数据样本 ACS 估计得到。纵坐标上的线性刻度是无标定的，因为信号功率的绝对值未知。角度谱（虚线）对应的是顶部的横坐标，而多普勒谱（实线）是底部的横坐标

曲线 1 显示，这两种模式下的多普勒展宽都是 0.1 Hz。尽管对于经 F 层传播 4100 km 的中纬度路径的干净单模式，这些结果与 0.18 Hz、0.07 Hz 和 0.16 Hz 的多普勒扩展（Shepherd and Lomax 1967）没有什么不同，但是对于中纬度斜测路径突发 E 模式下的多普勒展宽，上述结果很难找到。角度展宽约 0.2°，与文献 Balser and Smith（1962）中提到的吻合得很好。使用非常宽的天线阵列（2000 英尺），对于 1566 km 中纬路径，单跳 E 和 F 区域模式下测得多普勒展宽约为 0.4°。

估计的模型 ACS 与实验样本 ACS 的拟合精度为 97%。图 8.2 和图 8.3 分别用模型空-时 ACS 的实部和虚部与样本平均 ACS 比较。图中，$L_t L_s$=900 个空-时延迟堆在式（8.39）中，形成矢量 $\tilde{r}$。正如预期的高拟合精度，模型 ACS 酷似真实数据的 ACS。实测 ACS 仅使用 $M=2$ 个模式，每个模式 5 个参数，共 900 个点求得。这一显著结果可以用来说明，模型的精度和

闭合形式的最小二乘参数估计技术的有效性。该模型描述由电离层通过相当安静的中纬路径反射的空-时 ACS 信号模式。当 ACS 是由未分解的（空-时）分布的信号模式产生时，用最小二乘参数估计技术进行模型识别。

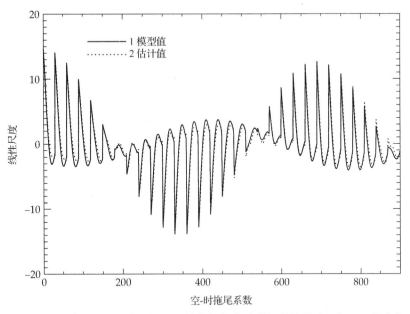

图 8.2 对比模型推导的空-时 ACS 的实部与实验数据估计的空-时 ACS 的实部

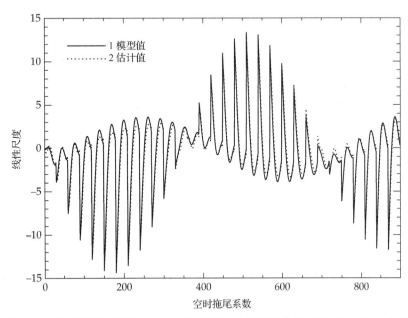

图 8.3 对比模型推导的空-时 ACS 的虚部与实验数据估计的空-时 ACS 的虚部

97%的模型拟合采用两步二次最小化过程实现，如式（8.55）和式（8.61）所示。可以重复这个过程两次以上，每次迭代更新加权矩阵中的多项式系数估计。图 8.4 显示，在不同的迭代中，关于时间和空间的参数估计问题，准则函数值最小。很明显，仅需要两次迭代即可在每种情况下都达到最小值。

第一次和第二次迭代之间的下降对应所述技术相对 Prony 方法的改进。Prony 方法通常用于估计噪声中的阻尼正弦信号参数。虽然其他研究者基于理论分析仿真数据证明仅需两步,本书作者还没发现任何关于这类方法采用真实数据的实际验证。

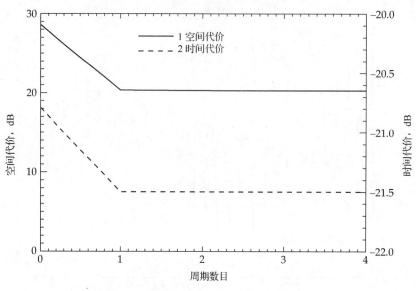

图 8.4 空间代价 $\mathrm{Tr}\{\mathbf{P}_w\tilde{\mathbf{T}}^\dagger\tilde{\mathbf{T}}\}$ 与时间代价 $\mathrm{Tr}\{\mathbf{P}_z\tilde{\mathbf{T}}\tilde{\mathbf{T}}^\dagger\}$ 最小值在两次迭代后得到,正如所期望的那样

8.4.2 基于子空间的方法

MF-MUSIC 要求指定空间维 P_s 和时间维 P_t,用于设定式(8.32)中数据矩阵 $\mathbf{D}$ 的大小。同传统的 MUSIC 算法类似,期望更大的维度以分解空间上紧密重叠的信号,但实际上这通常意味着可用于估计的数据"快拍"更少,且估计参数的方差增大了。作为分辨率和方差之间的折中,当前应用选择 $P_s = P_t = 6$。

图 8.5 和图 8.6 显示绘于角度-多普勒域 $p(\phi)$ 的 MF-MUSIC 频谱 $(\theta, \Delta f)$,假定有 $M=2$ 个模式,根据式(8.38),当参数向量 $\phi = [\alpha(\Delta t), \beta(\Delta d), \theta, \Delta f]^\mathrm{T}$ 时,有衰减项 $[\alpha(\Delta t), \beta(\Delta d)]$。在表 8.1 中为模式 1 和 2 分别设定估计值。二模式的光谱在平均多普勒频率和 DOA 上具有相同的顶点坐标。对于表 8.1 中的模式 1 和 2 而言,MF-MUSIC 的峰值点估计 $[\Delta f, \theta] = [0.46, 22.2]$ 与最小二乘估计技术的估计值 $[\Delta f, \theta] = [0.39, 21.7]$ 实际上是相等的。

MF-MUSIC 空间谱峰值的幅度可以度量估计噪声子空间和信号向量之间的正交度。换句话说,峰值越高意味着基于参数化流形的假设模型 ACS 与其测量样本的匹配度更高。需要强调的是,峰值的幅度并不体现信号的强度,它表征了估计噪声子空间与信号向量的正交程度。因此,也可以说,利用峰值幅度可以度量信号向量与估计信号子空间匹配程度。

在图 8.5 中,将衰减因子设置为第一种模式估计的 $[\alpha, \beta] = [0.998, 0.920]$。在这种情况下,第一种模式角-多普勒坐标中的峰值幅度(40.5 dB)相对第二种模式要高(33.1 dB),这说明将阵列流型的通道扩展参数与一种特定模式进行匹配后性能更优。当阵列流型的通道扩展参数匹配到第二种模式时,即设置 $[\alpha, \beta] = [0.997, 0.963]$,从图 8.6 中可以看到,模式 2 中的角-多普勒峰值幅度由 33.1 dB 增加到 38.5 dB,而模式 1 的峰值幅度由 40.5 dB 下降到 31.3 dB。

利用这种由衰减系数引起的明显峰值变化可以在衰减因子域中分辨模式，该衰减域由通道角度和多普勒扩展参数定义。

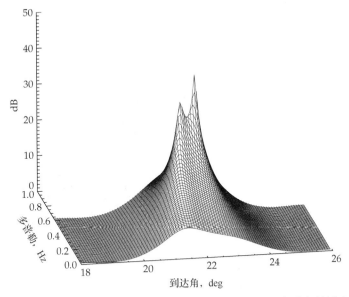

图 8.5　角度-多普勒域的 MF-MUSIC 频谱，参数 $[\alpha,\beta]=[0.998,0.920]$，衰减参数设为 $m=2$。其中较高的峰（40.5 dB）的坐标为 $[\Delta f,\theta]=[0.45, 22.2]$，次高峰（33.1 dB）的坐标为 $[\Delta f,\theta]=[0.39, 21.7]$

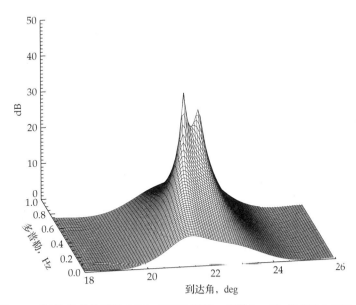

图 8.6　角度-多普勒域的 MF-MUSIC 频谱，参数 $[\alpha,\beta]=[0.998,0.920]$，衰减参数设为 $m=2$。两个峰值对应的坐标都与图 8.5 所示的完全一样，但幅度则 40.5 dB 和 33.1 dB 分别变为 31.3 dB 和 38.5 dB

另一种描绘 MF-MUSIC 谱的方法是设置平均多普勒偏移和角度参数 $[\Delta f,\theta]$ 为恒量，并在随多普勒-角扩展参数 $[\alpha,\beta]$ 变化的阵列流型上估计 $p(\phi)$。图 8.7 和图 8.8 分别表示 $[\Delta f,\theta]$ 取 $[0.46,22.2]$ 和 $[0.38,21.7]$ 两种条件下的空间谱，如表 8.1 所示，前者为模式 1 条件下的多普勒偏移和角扩展参数估计值，后者为模式 2 条件下的估计值。利用这种空间谱差异可以分辨具有相似多普勒偏移和波达锥角均值但从不同电离层区域反射的模式，因为不同的电离层区域会引起不同的角度和多普勒扩展量。理论上，采用 MF-MUSIC 方法能够较好地分辨具有以上特征差异的模式。

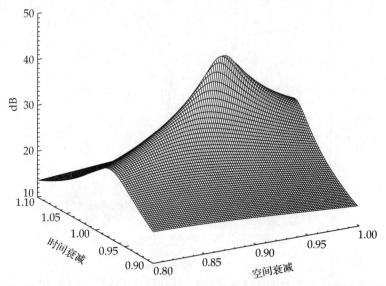

图 8.7　不同空-时衰减因子下的 MF-MUSIC 谱估计，角度多普勒坐标为 $[\Delta f,\theta]$=[0.46, 22.2]。峰值（45.3 dB）出现在=[0.996,0.992]

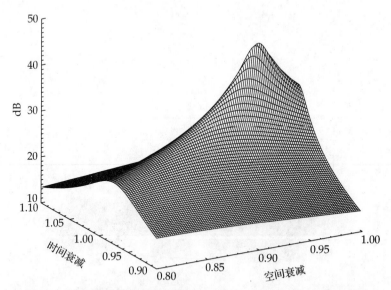

图 8.8　不同空-时衰减因子下的 MF-MUSIC 谱估计角度多普勒坐标为 $[\Delta f,\theta]$=[0.39, 21.7]。峰值（45.3 dB）出现在=[0.998,0.952]

在这种情况下，两种不规则 E 模式有明显不同的多普勒偏移和波达角，所以如图 8.7 和图 8.8 所示，每个模式仅能看到一个单谱峰。图中，每种模式的峰值位置由采用最小方差法估计的衰减因子值决定。结果表明，两种方法均能利用样本 ACS 来估计分布式信号模型参数。另外，锥角和多普勒偏移均值的估计与空-时衰减因子的紧密关联性使得这些改进方法在模拟不确定统计误差和附加噪声方面具有良好的一致性和鲁棒性。

8.4.3 总结与讨论

空-时参量信号处理模型-GWM 可以表征远场点源假设条件下的单跳多路径高频阵列接收信号的统计特性。该 GWM 采用可调（极点-零点）统计公式来构造具有多种角度-多普勒功率谱密度函数的分布式信号。对于每个模式而言，GWM 可以通过仅带有 5 个重要参量的一阶 AR 模型实现。除此以外，GWM 随机过程的递归结构便于计算机模拟产生和处理多传感器数据的统计量。虽然 GWM 是针对高频环境应用提出的，但可以想象，这种模型在不限于雷达的其他应用中，也可表征分布式信号。

针对前述实验结果中以相对平静的中纬度电离层为传播路径的单个信号模式，可采用一阶模型。M 个带有独立洛伦兹型角-多普勒功率谱密度的 AR 模式的叠加，形成一个由 ARMA (M, M–1) 模型描述的复合随机过程。本章介绍了一种闭合型参数估计方法来估计空-时域中的模式复参数元（均值和扩展参数），该方法提供一种针对样本 ACS 的最优最小方差拟合。本章还介绍了另一种参数估计方法——匹配场 MUSIC。两种方法均具有分辨信号模式的均值参数（多普勒偏移和锥角）和扩展（时间和空间）参数的能力，这些参数由传播通道起伏的统计特性决定。

这里，通过实验来验证 GWM 和改进的空-时参数估计方法的有效性，即验证这些方法是否能有效分辨两种时延上（群距离）无法分辨的分布式信号。特别地，不规则 E 层传播的电离层模式无法通过天线阵列在距离上分辨，虽然该模式能够通过电离图记录的形式被验证。假设存在两种模式，采用改进的参数估计方法得到的估计值，不仅彼此间相互一致，而且能精确模拟由模式混合计算得到的空-时样本 ACS。实验结果证明了模型的有效性以及改进参数估计方法在实测数据中的有效性。

本章描述的高频信号通道模拟器可用于电离层气候模型和数字射线追踪的联合领域，以便预测点对点连接的电离层传播模式结构。为了对感兴趣的实际场景进行建模，在给定传播路径、时间间隔和载频条件下，可以对主导模式的数量与模式的均值参数（功率、多普勒偏移和波达角）进行预测。漫散射或者微多径效应会产生多种传播模式的空时复衰落（如精细结构），它能够用带有角度和多普勒扩展参数的 GWM 表示，这些参数值可以由自然界存在的小范围电离结构的 WBMOD 气候模型推导得出（Secan 2004）。Nickisch, St. John, Fridman, and Hausman（2011）基于 WBMOD 提供的小范围电离结构，采用等离子体漂移速度模型和相位屏衍射方法，提出了信号闪烁过程的物理表达式。

单向电离层通道模型可应用于两个地面站之间的高频通信，或模拟天波雷达接收到的射频干扰。将其扩展到双向模型（后向散射），则可用于模拟目标回波和杂波信号，这也引起了人们极大的关注。在点散射体和单基地雷达条件下，如果假设输出（发射机到散射体）和输入（散射体到接收机）信号路径具有互易性，则单向路径模型到双向路径模型的转换过程十分简单。在简单条件下，目标回波通道模型可以看作单向通道脉冲响应函数与自身的卷积。模拟从大范围地面和海面后向散射的杂波需要构建面散射模型，并且找出每种模式下发射和接收天线单元的所有连接路径。通过射线追踪技术，杂波回波可以模拟为一个合适（陆地或者海面）的后向散射模型下，如第 5 章中描述的近切向入射情况，大量双向点对点路径回波信号的和。

第 9 章　干扰对消技术分析

第 6 章到第 8 章从信号处理的角度对电离层反射高频信号的空-时特性进行了分析与建模。虽然产生被观察空-时特性的物理现象无疑是科学家的一个兴趣所在，但更加实际的问题还是空-时信号扰动对超视距雷达系统工作的影响。本章的第一个目的是，给出一个实例研究结果，该实例展示了这些扰动对一个关键超视距雷达信号处理应用的影响。具体来讲，这一实例通过实验，定量描述了用于超视距雷达系统干扰对消的不同自适应波束形成技术的性能。

第 8 章描述的高频信道模型，经实验验证展示了其表征电离层反射信号模式统计特性的精确性。虽然对实验验证来说条件是必要的，但为了描述处理实测数据的信号处理技术的性能，还要实现该模型。具有这种能力的仿真器不仅有助于指导算法设计，还便于评估不同信号处理技术的优缺点。因而还需确定该模型的可信度，在高可信度情况下，前述多变量高频通道模型和参数估计技术，可以预测现代超视距雷达信号处理技术的实验性能。本章的第二个目的是，度量并比较不同波束形成技术分别用于仿真数据和实测数据时的性能。

9.1 节简要介绍用于高频干扰抑制的自适应波束形成技术，不熟悉这一领域的读者可以参考第 10 章，第 10 章对相关重要概念做了更加详细的介绍。9.2 节描述多种适合超视距雷达实际应用的自适应波束形成算法。9.3 节和 9.4 节给出这些算法性能的量化实验结果。

9.5 节给出利用前述高频通道模型估计自适应波束形成算法实际性能的精度。这是通过产生干扰信号并把同一算法应用于仿真和实测数据来实现的。本章的第三个也是最后一个目的是，促进稳健自适应波束形成算法的开发，并引出第 10 章。

9.1　干扰和噪声抑制技术

虽然无干扰的高频环境几乎是不存在的，但是几乎没有公开文献给出不同自适应波束形成算法性能与限制因素的定量统计描述，在大孔径阵列天线和电离层反射干扰源背景下更是如此。本节简要介绍这一领域，并简述多个高频雷达系统自适应波束形成干扰对消实验。后续讨论是在假设读者对这一领域熟知的基础上进行的。读者可在第 10 章查阅相关重要概念的详细论述。

9.1.1　空域处理技术

众所周知，在期望信号导向矢量已知和白噪声背景下，常规波束形成器或者空域匹配滤波器输出 SNR 最优。在超视距雷达中，因为大气和银河辐射源的各向异性，周围噪声场具有一定的空间结构，或者说是"有色的"；同时考虑到电离层反射传播的远距离特点，难以避免来自其他高频用户的方向性干扰。当存在同信道干扰时，干扰信号可能通过天线方向图的旁瓣进入雷达系统，严重污染常规波束估计。这种"谱泄漏"效应可能遮蔽弱目标，并降低超视距雷达系统的实际性能。

在常规波束形成技术的基础上，采用加窗技术可降低波束旁瓣，但是波束主瓣会展宽。

为了进行谱分析，可用多种窗函数遮蔽阵列旁瓣输出（Harris 1978）。具体选择何种窗函数是一种折中考虑，对于期望的干扰条件，这种折中使得加窗波束形成器应能获得最好的信号检测和估计性能。加窗的或者"失配的"常规波束形成器性能更优。其原因是，它对旁瓣干扰具有更高的免疫性，且对波束指向误差具有更好的稳健性。虽然加窗方法在运算量方面具有吸引力，但是在持续强干扰背景下，特别是当阵列未精确校正时，数据独立波束形成算法的次优性能会达到一个无法容许的程度。

另一种选择是数据相关的或者自适应波束形成方法，与常规波束形成相比，理论上它可以在空间结构性干扰环境下改善信号检测和参数估计性能。自适应波束形成方法能够自适应调整阵列的方向响应函数，使之适应接收数据特性，从而可能在干扰和噪声环境中更加有效地滤出期望信号。在实际应用方面，只有当自适应波束形成带来的性能改善明显大于常规波束形成时，其高运算成本才具有意义。其性能改善通常用信干噪比（SINR）来表述。

本质上，自适应波束形成问题就是尽可能精确地估计阵列处理最优权值。在信号和干扰占优环境下，通过最优权值可获得最大 SINR。简言之，与常规波束形成相比，自适应波束形成能够在强干扰方向形成深零陷，并在期望观测方向对期望信号保持固定增益，从而改善 SINR。最优权值通常由对应目标信号的已知导向矢量模型和干扰加噪声协方差矩阵包含的信息综合而成，干扰加噪声协方差矩阵由接收数据估计而得。就抑制干扰而言，典型的自适应波束形成算法并不依赖于平面波假设。

公开文献中尚无关于宽孔径高频天线阵列自适应波束形成干扰对消性能的定量实验结果。特别是时变干扰波前扰动对自适应波束形成算法的影响，应受到更加细致的关注。本章通过实验，定量描述多种自适应波束形成算法相对于常规波束形成算法的输出 SINR 改善情况，这些自适应波束形成器用来抑制宽口径天线阵列接收的实际高频干扰。另外，本章还回顾了前述的空-时高频通道模型，目的是确定这种模型在预测实验测试 SINR 改善方面的精度。

9.1.2 流行的自适应波束形成技术

在自适应波束形成领域的文献量非常之大，全面列出这些文献超出了本章的范围。对于想要深入探究的读者，大多文献可以在一些文本，如 Monzingo and Miller（1980）、Hudson（1981）、Compton（1988a）和 Li and Stoica（2006），以及经典的综述文献如 Van Veen and Buckley（1988）和 Steinhardt and Van Veen（1989）中查找。本节只对适用于超视距雷达的自适应波束形成技术进行概括性分类，目的是解释选择这些波束形成技术的根本原因。

在多种多样的广泛实际应用中，经常把 Capon（1969）给出的最小方差无失真响应（MVDR）谱估计器作为自适应波束形成器设计的基本框架。MVDR 方法是在设定天线指向方向的增益为单位增益的线性约束条件下，通过使处理器的输出功率最小来求取最优阵列权值。最优权值的解析解表示为干扰加噪声空域协方差矩阵的逆和期望信号导向矢量乘积的形式。就很多方面而言，这一最优波束形成解代表了实际超视距雷达系统中自适应算法发展的基础。

为认识自适应波束形成技术的实际优点，有两个基本问题需要说明。第一个问题是处理器结构的选择和自适应处理自由度的确定[①]，这归因于均匀的干扰训练数据有限。第二个关键问题是选择用于估计最优权值的自适应算法。干扰加噪声空域协方差矩阵是未知的，需要

---

① 文献 Steinhardt and Van Veen（1989）提出了确定自适应自由度的方法。

由接收数据对其进行估计。另外，由于设备与环境的不确定性，期望信号的导向矢量可能偏离假定模型。计算复杂度也是需要考虑的一个主要问题，因为系统工作实时性要求影响自适应算法的实际选取。

Reed, Mallet, and Brennan（1974）后续提出的采样矩阵求逆（SMI）方法是一种流行的方法，该方法用采样协方差矩阵直接代替 MVDR 方法中的真实协方差矩阵。通常认为 SMI 方法优于迭代梯度下降方法，如 LMS 方法。LMS 方法不需要矩阵求逆，但是当协方差阵的特征值严重扩展时，LMS 算法收敛速度较慢。SMI 方法一个引人注意的优点，是该算法的快速收敛率与特征值扩展不相关。另外，因为运算速度更快计算机的出现，矩阵求逆的计算需求在当前系统中已不像过去那样成问题了。

需要指出的是，当干扰加噪声快拍数据为广义平稳多变量高斯随机过程时，SMI 方法与最大似然估计（ML）方法一致。在该干扰假设条件下，Reed, Mallet, and Brennan（1974）提出了一个保证 SMI 算法输出 SINR 平均损失比最优值小 3 dB 的简单准则。该准则指出，用于计算采样协方差矩阵的统计独立干扰加噪声快拍个数要大于 2 倍的自适应权值矢量维数。该准则假定训练数据中不含期望信号，且导向矢量完全已知。因此，通常选择无期望信号快拍数据估计自适应波束形成权矢量。

在很多自适应波束形成算法研究中，各研究成果的改善程度大多通过理论分析或者计算机仿真来说明，信号环境和假设传感器阵列特性在很大程度上受到约束。例如，很多文献假设期望信号和干扰信号具有时不变平面波结构。在与典型超视距雷达 CPI 相当的时间内，电离层反射的高频信号显然与这种非常理想的假设不符。另外，不同算法的优点通常是在最佳的工作环境和设备因素假设下进行分析和比较的，在真实系统中，这些因素共同限制自适应波束形成器的实际性能。

虽然基于合成数据对自适应波束形成器进行数值分析，在辨别不同算法的特定应用潜在可用性方面给出了有价值信息，但是还要谨慎阐述基于仿真结果的性能改进，因为这些假设不一定能代表实际情况。针对自适应波束形成相对常规波束形成输出 SINR 的改进，对其更加直接的定量描述方法是，对宽孔径高频阵列天线雷达系统实测数据应用相关算法。

9.1.3 高频应用

Sweeney（1970）利用宽孔径高频阵列天线分析了波前扰动对期望信号的影响。然而，这与扰动对宽孔径高频阵列天线干扰抑制算法性能的影响问题有重要区别。前者通过天线方向图的主瓣观测信号扰动，而后者的特点是用旁瓣观测信号扰动（忽略主瓣干扰情况）。在应用自适应波束形成技术时，干扰波前由天线方向图的零点附近接收，阵列响应对于接收信号空间结构的变化更加敏感。

另外，超视距雷达接收的期望信号与射频干扰（RFI）一般经由不同电离层路径传播，这使得它们的扰动特点不同。一般通过选择雷达的工作频率来优化雷达信号到期望探测地理区域的传播效果。而同信道干扰源相对于监视区域是任意分布的，所以干扰信号可能通过高扰动电离层，如赤道或者极区电离层，进行传播。在这些环境下，干扰信号空间结构在一个 CPI 之内的时域变化特性，比经由相对稳定电离层传播的期望信号更加显著。干扰波前在一个 CPI 之内起伏对自适应波束形成性能影响很大。

Washburn and Sweeney（1976）提出了一种用于高频后向散射雷达 2.5 km 长均匀线阵（ULA）天线的在线自适应波束形成方法。该 ULA 由 8 个 32 元子阵构成，每个子阵输出至一路数字接收机。期望信号是飞机目标回波,干扰信号是接收的高频段其他用户信号和地面雷达应答器信号。收敛于最优 MVDR 解的时域迭代自适应波束形成器和采用−25 dB Dolph 窗函数的常规波束形成器进行了性能比较。虽然自适应波束形成器对非期望信号的抑制性能是变化的,但是同等条件下的并列比较表明,与常规波束形成相比,自适应波束形成器的干扰抑制性能提高 20 dB。然而,Washburn and Sweeney(1976)未给出其他一些重要的定量描述,例如,输出 SINR 平均改善及其相对于不同数据集、不同 CPI 长度和不同波束指向的变化情况。

可以想象,在估计自适应波束形成权值之前,采用时域滤波抑制干扰信号更加有效。因为多普勒处理通常能够分辨杂波和运动目标信号,所以滤除杂波使得所有空域自由度都能应用于干扰抑制。在 Washburn and Sweeney(1976)的研究中,抑制杂波之后,自适应波束形成的权值在时域进行调整,目的是跟踪干扰特性在 CPI 之内的时变情况。保存这些时变的自适应权值矢量,而后用于处理原始数据。时变权值对原始数据的处理结果表明,目标和杂波的多普勒谱会被明显展宽。

在另一篇文献(Griffiths 1976)中也出现了类似现象。多普勒谱展宽会降低多普勒处理后的目标检测性能。为避免这种不利副作用,Washburn and Sweeney(1976)固定采用在训练时间段最后得到的权值。虽然这消除了多普勒谱展宽,但是在一个 CPI 内使用固定权值降低了干扰抑制性能。Games, Townes, and Williams(1991)也研究了这一问题,文中所得结论指出,秒级变化的高频信号环境明显影响自适应波束形成算法的干扰抑制性能。

在考虑更加复杂的自适应波束形成算法之前,首先要定量分析标准自适应波束形成技术的有效性,并评估其性能损失是否需要用其他先进处理方法进行补偿。Fabrizio 等(1998)给出了固定权值 SMI-MVDR 自适应波束形成输出 SINR 性能改善在不同 CPI 长度情况下的实验分析结果。该实验分析是在配有 16 路数字接收机的 1.4 km 长 ULA 上进行的。实验中考虑了两个随机的干扰源,一个经由相对稳定的中纬度电离层路径单跳传播,另一个经由扰动较为剧烈的赤道电离层路径多跳传播。

在很短的时间间隔内(小于 0.1 s),自适应波束形成的性能受到训练样本个数(即小训练样本产生的估计误差)的限制。当 CPI 由 0.1 s 增加至 4 s 时,训练样本数不再限制其性能。在这样的时间间隔内,固定权值自适应波束形成算法能够有效抑制经由稳定中纬度路径传播的干扰。但是,对于经由赤道电离层传播的干扰,同样的自适应波束形成方法有 4~5 dB 的性能损失。虽然在该实验中这种程度的输出 SINR 损失不大,但是还需要深入分析,从而进一步理解时变干扰对自适应波束形成性能的影响。

9.2 标准自适应波束形成

本节给出多种适用于超视距雷达实际应用的标准自适应波束形成算法。每种算法的性能,都通过在处理含有一个干扰源的实测数据时,其相对于常规波束形成算法的输出 SINR 改善进行定量描述。性能改善通过各种自适应算法对干扰加噪声的抑制水平进行测量,其中各算法对期望信号方向都是相同的单位增益响应。如果雷达系统工作于被动模式下,即在关掉发射机的情况下只对干扰和噪声数据进行采样,则这种方法便于进行算法性能评估。因为实际测量中的杂波和实际目标回波信号,会降低自适应波束形成相对于常规波束形成的性能改善,所以,这种被动模式的实验使得各种自适应算法能够获得最大 SINR 改善。

9.2.1 采样矩阵求逆技术

用于定义最优阵列权值矢量 $\mathbf{w}_{opt}$ 最常用的准则是使波束形成器的输出 SINR 最大。令 $\mathbf{x}_k(t)$ 表示第 k 个距离单元、第 t 个 PRI 的 N 元阵列快拍数据矢量。假设该矢量中包含一个期望信号 $\mathbf{s}_k(t)$ 和不相关的干扰加噪声 $\mathbf{n}_k(t)$，如式（9.1）所示。

$$\mathbf{x}_k(t) = \mathbf{s}_k(t) + \mathbf{n}_k(t) = g_k(t)\mathbf{s}(\theta) + \mathbf{n}_k(t) \tag{9.1}$$

复标量 $g_k(t)$ 为期望信号波前，$\mathbf{s}(\theta) = [1, e^{j2\pi d \sin\theta/\lambda}, \cdots, e^{j2\pi(N-1)d\sin\theta/\lambda}]^T$ 为 ULA 对应于入射方向为 θ 的平面波导向矢量。其中，λ 为波长，d 为阵元间距。波束形成器 $y_k(t)$ 为权矢量 $\mathbf{w}_{opt}$ 和数据矢量 $\mathbf{x}_k(t)$ 的内积，如式（9.2）所示。

$$y_k(t) = \mathbf{w}_{opt}^\dagger \mathbf{x}_k(t) = g_k(t)\mathbf{w}_{opt}^\dagger \mathbf{s}(\theta) + \mathbf{w}_{opt}^\dagger \mathbf{n}_k(t) \tag{9.2}$$

对于满足线性约束 $\mathbf{w}^\dagger \mathbf{s}(\theta) = 1$ 的任意矢量 $\mathbf{w}$，输出功率如式（9.3）所示。假定干扰加噪声为广义平稳过程，其期望协方差矩阵为 $\mathbf{R}_n = E\{\mathbf{n}_k(t)\mathbf{n}_k^\dagger(t)\}$。最优权值矢量 $\mathbf{w}_{opt}$ 使得阵列输出功率在单位增益约束 $\mathbf{w}_{opt}^\dagger \mathbf{s}(\theta) = 1$ 下最小，从而使得阵列对期望信号为无失真响应。

$$E\{|y_k(t)|^2\} = \sigma_g^2 + \mathbf{w}^\dagger E\{\mathbf{n}_k(t)\mathbf{n}_k^\dagger(t)\}\mathbf{w} = \sigma_g^2 + \mathbf{w}^\dagger \mathbf{R}_n \mathbf{w} \tag{9.3}$$

在式（9.3）中，$\sigma_g^2 = E\{|g_k(t)|^2\}$ 表示单一接收机中的期望信号功率，在波束形成器输出中保持该值不变。$\mathbf{w}^\dagger \mathbf{R}_n \mathbf{w}$ 为干扰加噪声的剩余功率，为使得输出 SINR 最大，要求该值最小。MVDR 方法通过下述线性约束优化问题求得最优权值 $\mathbf{w}_{opt}$。

$$\mathbf{w}_{opt} = \arg\min_{\mathbf{w}} \mathbf{w}^\dagger \mathbf{R}_n \mathbf{w}, \quad \mathbf{w}^\dagger \mathbf{s}(\theta) = 1 \tag{9.4}$$

利用拉格朗日乘子方法，在上述条件下使得输出 SINR 最大的闭式解表述如式（9.5）所示，通常称之为 Capon 最优波束形成器（Capon 1969）。

$$\mathbf{w}_{opt} = \frac{\mathbf{R}_n^{-1}\mathbf{s}(\theta)}{\mathbf{s}^\dagger(\theta)\mathbf{R}_n^{-1}\mathbf{s}(\theta)} \tag{9.5}$$

实际上，干扰加噪声协方差矩阵 $\mathbf{R}_n$ 是未知的，需要用接收数据对其进行估计。一种常用的估计最优权值矢量 $\hat{\mathbf{w}}_{opt}$ 的方式是 SMI 方法（Reed, Mallet, and Brennan 1974）。该方法把式（9.5）中的 $\mathbf{R}_n$ 用式（9.6）所示的采样协方差矩阵（SCM）代替。SMI 方法假设训练样本数据 $\mathbf{n}_k(t)$ 中只含有干扰和噪声。在理想情况下，这些训练样本来自不含杂波和信号的 Δ_k 个距离单元和 Δ_p 个 PRI。为保证 $\hat{\mathbf{R}}_n^{-1}$ 存在，要求 $\Delta_k \Delta_p \geq N$。

$$\hat{\mathbf{R}}_n = \frac{1}{\Delta_k \Delta_p}\sum_{k=1}^{\Delta_k}\sum_{t=1}^{\Delta_p}\mathbf{n}_k(t)\mathbf{n}_k^\dagger(t) \tag{9.6}$$

虽然 SMI 方法看似是一种专用方法，但是它有很多重要性质。当训练样本有限时，特别是当 $\mathbf{R}_n$ 受低秩强干扰支配时，SMI 方法收敛于最优解的速度比 LMS 等梯度下降算法快。此外，$\mathbf{n}_k(t)$ 服从零均值复高斯分布，SCM 是 $\mathbf{R}_n$ 的 ML 估计，且根据不变性原理，式（9.7）中的 $\hat{\mathbf{w}}$ 是 $\mathbf{w}_{opt}$ 的 ML 估计。

$$\hat{\mathbf{w}} = \frac{\hat{\mathbf{R}}_n^{-1}\mathbf{s}(\theta)}{\mathbf{s}^\dagger(\theta)\hat{\mathbf{R}}_n^{-1}\mathbf{s}(\theta)} \tag{9.7}$$

若 $\hat{\mathbf{w}}$ 是由 $\Delta_k \Delta_p > 2N$ 个统计独立训练样本 $\mathbf{n}_k(t)$ 计算而得，$\hat{\mathbf{w}}$ 估计误差带来的输出 SINR 损失小于 3 dB，且与干扰加噪声协方差矩阵 $\mathbf{R}_n$ 的形式无关（Reed, Mallet, and Brennan 1974）。Cheremisin（1982）和 Abramovich（1981b）的研究结果表明，采用合适的采样方差矩阵对角

加载，满足输出 SINR 损失小于 3 dB 的独立快拍数降低为 $2N_e$，其中，$N_e < N$ 为干扰子空间维数。式（9.8）中对角加载因子为 α，这可在采样数受限的情况下明显改善收敛速度。

$$\tilde{\mathbf{R}}_n = \hat{\mathbf{R}}_n + \alpha \mathbf{I} \tag{9.8}$$

9.2.2 算法的实际应用

实际工作中需要考虑的因素影响自适应波束形成的运行方式。一个重要的问题是，在正常工作时，超视距雷达系统除接收期望信号和干扰外，还接收强杂波。为有效估计干扰加噪声协方差矩阵 $\mathbf{R}_n$，训练样本中应无反射雷达回波。一种可能的方法是，在每个主动探测 CPI 之前预先设置一个短时间间隔，用来被动接收训练样本数据。用接收的无杂波数据训练处理后续 CPI 接收数据的自适应波束形成器。

在每个主动 CPI 之前关闭发射机是一种可能的选择。但是这种方法并不可取，因为这有损毁硬件设备的危险。另一种选择是特意设置发射机在一个不同载频工作一段时间间隔，从而使得杂波回波暂时处于频段之外，不会在干扰和噪声采样期间被雷达接收。这使得发射机在固定功率值信号的驱动下持续工作。

利用被动接收训练时间间隔内获得的快拍数据计算干扰加噪声 SCM，这一估计值用于根据 SMI 或者对角加载 SMI 算法计算自适应波束形成权值。用计算得到的空域滤波器处理随后整个主动 CPI 内的数据。自适应波束形成器不抑制 CPI 内的杂波数据。用自适应波束形成之后的多普勒处理，可在不同多普勒频率单元分辨杂波和信号。自适应波束形成技术主要抑制干扰并接收期望信号。重复上述过程可处理下一 CPI 和其他 CPI 内的数据，从而针对外部干扰加噪声环境的空间特性做出自适应响应。

把该方法记为方法 1，如图 9.1（a）所示。假设 $\mathbf{n}_k(t)$ 的空域统计特性在距离维和较少的 Δ_p 个 PRI 内保持不变，接收的快拍数据 $\mathbf{n}_k(t)$（$k=1,\cdots,\Delta_k$，$t=1,\cdots,\Delta_p$）可看作是局部平稳随机过程的不同实现。假设干扰带宽大于或等于雷达带宽，且接收机根据奈奎斯特采样率采样，则可认为这些干扰加噪声采样独立。各数据矢量之间的独立程度通常取决于干扰波形特性和用于脉冲压缩的窗函数。窗函数在临近距离单元之间引入了相关性。

在方法 1 中，用两个主动 CPI 之间的被动接收时间内的所有可用训练数据计算 SCM。这些训练数据通常也被称为参考数据。自适应波束形成方法 1 的权值 $\hat{\mathbf{w}}_1$ 如式（9.9）所示。在这种情况下，SCM 用所有 $\Delta_k = K$ 个距离单元和 Δ_p 个连续 PRI 计算 $\hat{\mathbf{R}}_n$。驻留时间内的其他 PRI（$t = \Delta_p+1, \Delta_p+2, \cdots, P$）除干扰和噪声外，还含有杂波和期望信号。

$$\hat{\mathbf{w}}_1 = \frac{\hat{\mathbf{R}}_n^{-1}\mathbf{s}(\theta)}{\mathbf{s}^\dagger(\theta)\hat{\mathbf{R}}_n^{-1}\mathbf{s}(\theta)}, \quad \hat{\mathbf{R}}_n = \frac{1}{K\Lambda_p}\sum_{k=1}^{K}\sum_{t=1}^{\Delta_p}\mathbf{n}_k(t)\mathbf{n}_k^\dagger(t) \tag{9.9}$$

在可用快拍数较小情况下，采用合适的对角加载 $\tilde{\mathbf{R}}_n = \hat{\mathbf{R}}_n + \alpha\mathbf{I}$，并在式（9.9）中用 $\tilde{\mathbf{R}}_n$ 代替 $\hat{\mathbf{R}}_n$，可改善这种方法的性能。如何确定最佳的 α 值取决于样本数据。采用典型方法，令加载量大于白噪声功率而恰好小于干扰子空间特征值，可获得最好的处理结果。采用方法 1 实现波束形成器，其输出由式（9.10）给出，其中，$k=1,\cdots,K$，$t=\Delta_p+1,\Delta_p+2,\cdots,P$。

$$y_k^{[1]}(t) = \hat{\mathbf{w}}_1^\dagger \mathbf{x}_k(t) \tag{9.10}$$

当干扰的空域特性在 CPI 内起伏变化，改进方法 1 把主动 CPI 前后两端的 SCM 进行平均，可改善自适应波束形成的性能。该方法即为图 9.1（b）所示的方法 2，其基本原理是通过对两个 SCM 进行平均，权值向量能够更好地捕获一个 CPI 内的干扰加噪声变化情况。把这种自适应波束形成方法的权值记为 $\hat{\mathbf{w}}_2$，如式（9.11）所示。其标量输出为 $y_k^{[2]}(t) = \hat{\mathbf{w}}_2^\dagger \mathbf{x}_k(t)$，假设 Δ_p 为偶数，则 $k=1,\cdots,K$，$t=\Delta_p/2+1,\cdots,P-\Delta_p/2$。

$$\hat{\mathbf{w}}_2 = \frac{\hat{\mathbf{R}}_n^{-1}\mathbf{s}(\theta)}{\mathbf{s}^\dagger(\theta)\hat{\mathbf{R}}_n^{-1}\mathbf{s}(\theta)}, \quad \hat{\mathbf{R}}_n = \frac{1}{K\Delta_p}\sum_{k=1}^{K}\left\{\sum_{t=1}^{\Delta_p/2}\mathbf{n}_k(t)\mathbf{n}_k^\dagger(t) + \sum_{t=P-\Delta_p/2+1}^{P}\mathbf{n}_k(t)\mathbf{n}_k^\dagger(t)\right\} \quad (9.11)$$

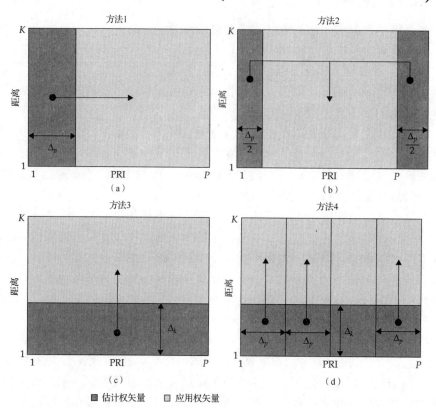

图 9.1　四种自适应波束形成方法的概念插图。每一张图表示用阵列快拍数据估计自适应权矢量的 PRI 的区域和范围，以及雷达波束形成数据用空间滤波器处理的结果

定义匹配滤波波束形成器为 $N^{-1}\mathbf{s}(\theta)$，用 N 进行归一化，可在波束指向方向获得单位增益，即 $N^{-1}\mathbf{s}^\dagger(\theta)\mathbf{s}(\theta)=1$。通常用加窗降低旁瓣水平。在这种情况下，失配的常规波束形成器 $\mathbf{v}(\theta)$ 如式（9.12）所示，其中，对角矩阵 $\mathbf{T}=\text{diag}[w_1,\cdots,w_N]$ 包含窗函数值 $\{w_n\}_{n=1}^{N}$。与方法 1 和方法 2 类似，式（9.12）所示的常规波束形成器同样需要进行归一化处理，从而使得波束指向方向的单位增益，即 $\mathbf{v}^\dagger(\theta)\mathbf{s}(\theta)=1$。常规波束形成器的输出为 $y_k(t)=\mathbf{v}^\dagger(\theta)\mathbf{x}_k(t)$。

$$\mathbf{v}(\theta) = \frac{\mathbf{T}\mathbf{s}(\theta)}{\mathbf{s}^\dagger(\theta)\mathbf{T}\mathbf{s}(\theta)} \quad (9.12)$$

因为上述所有波束形成器对理想期望信号响应为单位增益，从而可以用式（9.13）估计方法 1 和方法 2 相对于常规波束形成器的 SINR 改善，分别记为 $\hat{q}_1$ 和 $\hat{q}_2$。在被动模式下的测量数据为 $\mathbf{x}_k(t)=\mathbf{n}_k(t)$，因此式（9.13）描述的量表示干扰加噪声抑制比。至此，给出的两种自适应波束形成方法属于一类算法，我们称之为分幅方法。

$$\hat{q}_1 = \frac{\sum_{k=1}^{K}\sum_{t=\Delta_p+1}^{P}|y_k(t)|^2}{\sum_{k=1}^{K}\sum_{t=\Delta_p+1}^{P}|y_k^{[1]}(t)|^2}, \quad \hat{q}_2 = \frac{\sum_{k=1}^{K}\sum_{t=\Delta_p/2+1}^{P-\Delta_p/2}|y_k(t)|^2}{\sum_{k=1}^{K}\sum_{t=\Delta_p/2+1}^{P-\Delta_p/2}|y_k^{[2]}(t)|^2} \quad (9.13)$$

干扰和噪声与雷达信号不相干，且存在于所有距离单元，而期望信号和杂波通常只出现在有限的部分距离单元之内，另一种实现自适应波束形成的方法就利用了这一特点。具体来讲，杂波和期望信号主要是出现在跳跃距离之外的一段距离内，天波信号经过电离层反射传播后在这一距离段传播。由此，在跳跃距离之内的近距离单元（$k=1,\cdots,\Delta_k<K$），接收到的信号主要是干扰和噪声。跳跃现象使得可以用图9.1所示的跳跃距离所对应CPI内的采样，估计干扰加噪声协方差矩阵。这种方法记为方法3。方法3的权值向量如式（9.14）所示。

$$\hat{\mathbf{w}}_3 = \frac{\hat{\mathbf{R}}_n^{-1}\mathbf{s}(\theta)}{\mathbf{s}^\dagger(\theta)\hat{\mathbf{R}}_n^{-1}\mathbf{s}(\theta)}, \quad \hat{\mathbf{R}}_n = \frac{1}{P\Delta_k}\sum_{k=1}^{\Delta_k}\sum_{t=1}^{P}\mathbf{n}_k(t)\mathbf{n}_k^\dagger(t) \quad (9.14)$$

方法3的标量输出SINR改善如式（9.15）所示。在这种情况下，待处理的实测数据$\mathbf{x}_k(t)$来自跳跃距离之外的距离单元$k=\Delta_k+1,\cdots,K$，除干扰和噪声外，它还含有杂波和期望信号。方法3相对于分幅方法的一个重要优点是，自适应波束形成的权值是由一个CPI之内数据干扰加噪声协方差矩阵计算而得的。跳跃区域是否出现及跳跃区域距离单元的个数取决于电离层的状态和雷达工作频率。方法3的一个潜在缺点是，在实际工作中不是一直存在这种距离单元。

$$y_k^{[3]}(t) = \hat{\mathbf{w}}_3^\dagger\mathbf{x}_k(t), \quad \hat{q}_3 = \frac{\sum_{k=\Delta_k+1}^{K}\sum_{t=1}^{P}|y_k(t)|^2}{\sum_{k=\Delta_k+1}^{K}\sum_{t=1}^{P}|y_k^3(t)|^2}\begin{cases}k=\Delta_k+1,\Delta_k+2,\cdots K\\ t=1,2,\cdots,P\end{cases} \quad (9.15)$$

对改善因子$\hat{q}_{1,2,3}$的实验分析可以比较不同自适应波束形成方法。还令人感兴趣的是，是否能够用上述章节给出的高频通道仿真器精确预测自适应波束形成的性能。为达到这两个目的，把$\hat{q}_{1,2,3}$的统计分布确定为CPI长度的函数。特别还要计算这些分布的均值和十分位数，从而展示各波束形成方法干扰抑制性能。

9.2.3 另一种时变方法

电离层反射高频信号的空间结构在与典型超视距雷达 CPI 相当的时间范围内会有非常明显的变化。然而，观测结果表明，单一传播模式下接收信号波前的变化在 CPI 之内高度相关。换言之，当用小于十分之一秒的时间间隔观测时，接收波前变化相对平缓[②]。在与超视距雷达 PRI 相当的足够短的时间间隔内，经过相对稳定的局部电离层区域反射的高频信号，会表现出几乎稳定的空间结构。因此，在"准瞬态"PRI 内，这种信号的空域协方差矩阵具有低秩特点。另一方面，在较长 CPI 内进行平均的空域协方差矩阵收敛于其统计期望形式，这是因为角度扩展信号起伏变化在时间上去相关，它的秩可能增加至满秩。

由此，在一个CPI之内估计干扰加噪声采样协方差矩阵，便可得到一种降低干扰子空间维数并改善干扰抑制性能的方法。换言之，在一个CPI之内多次调整天线方向图，从而自适应"跟踪"干扰的空间动态变化，有效抑制这种干扰的概率较大。该方法的这一能力在以下几种情况下很重要：（1）独立干扰源和模式的数量与自适应处理的自由度相近；（2）干扰波前的空域特性快速变化；（3）需要处理的是长CPI。在这些情况下，在一个CPI内多次改变自适应权值可能使得干扰抑制更加有效。

一种明显合理的随干扰特性变化而调整天线方向图的方式是，用跳跃距离段内由时间 t 起始的 Δ_p 个 PRI 估计慢时间变化 SCM $\hat{\mathbf{R}}_n(t)$。根据公认的准则，计算自适应权值 $\hat{\mathbf{w}}_4$ 如

---

② 这适用于在相对稳定的中纬度电离层路径单跳传播的情况。

式（9.16）所示。用时变权值 $\hat{\mathbf{w}}_4$ 在标号为 $t, t+1, \cdots, t+\Delta_k-1$ 的当前 PRI 批次中的工作距离单元 $k = \Delta_k+1, \Delta_k+2, \cdots, K$ 形成波束 $y_k^{[4]}(t) = \hat{\mathbf{w}}_4^\dagger \mathbf{x}_k(t)$。称这种时变方法为方法 4，无重叠批次的情况如图 9.1（d）所示。

$$\hat{\mathbf{w}}_4(t) = \frac{\hat{\mathbf{R}}_n^{-1}(t)\mathbf{s}(\theta)}{\mathbf{s}^H(\theta)\hat{\mathbf{R}}_n^{-1}(t)\mathbf{s}(\theta)}, \quad \hat{\mathbf{R}}_n(t) = \frac{1}{\Delta_k \Delta_p} \sum_{k=1}^{\Delta_k} \sum_{t'=t}^{t+\Delta_p-1} \mathbf{n}_k(t') \mathbf{n}_k^\dagger(t') \tag{9.16}$$

当自适应权值序列对全部 CPI 数据完成波束形成处理后，再对其标量输出进行多普勒处理，从而分辨期望信号和强杂波回波。虽然这种方法有望有效抑制干扰，但由于 CPI 内天线方向图起伏与输出结果中未被抑制杂波回波信号的交互影响，这种方法会出现严重问题。特别需要指出的是，CPI 内自适应方向图调整对自适应波束形成器输出杂波剩余回波有调制作用，这使得杂波谱在经过后续多普勒处理时被展宽，这是非常不利的。这一实际工作问题能使多普勒处理后的目标回波被杂波能量遮蔽，该问题将在下文详述。

9.3 瞬时性能分析

为观测自适应波束形成方法瞬时性能在一个 CPI 之内各 PRI 之间的变化情况，把不同自适应波束形成方法干扰抑制性能量化表述为慢时间的函数。对干扰抑制比进行分析，可说明不同自适应波束形成方法抑制电离层反射干扰的性能。该分析的主要目的是展示常规模型仿真结果无法预测的多个重要特性。

9.3.1 实测数据采集

实验数据的采集通过被动接收合作高频干扰源辐射的带限白信号得到。采用垂直极化各向同性鞭形天线发射射频干扰（RFI）信号，干扰信号经过中纬度单跳电离层路径传播至金达莱超视距雷达接收系统。合作 RFI 辐射源设置在 Darwin 附近，它位于金达莱接收阵列天线的远场区。具体来讲，RFI 辐射源位置与接收站地面距离 1265 km 处，与 ULA 轴向夹角为 +22°。在 1998 年 4 月 1 日 06:22～06:32（UT），专门用于实验的 16.05 MHz 频率处的 3 kHz 带宽干净无干扰。

注意，在第 6 章到第 8 章分析的通道散射函数（CSF）数据对应的中纬度电离层路径与之相同，并且就在本次实验之前（06:17～06:21UT）的相邻频道（16.110 MHz）被记录下来。因此，由 CSF 估计的高频通道模型参数与实验中涉及的参数相关。

根据实时频率管理系统（FMS），实验所用频率在记录时刻接近最优传播条件。因此，基于该干扰数据的实验结果，适用于估计时变干扰波前扰动对自适应波束形成器性能的影响，且保守地认为 RFI 辐射源经过扰动电离层传播。

经过常规处理，在多个波束中都可观测到金达莱 ULA 的 32 路接收机接收的带限白噪声信号在整个距离多普勒图上扩展。每个 CPI 包含 P=256 个 PRI 和 K=42 个距离单元。虽然低 PRF（如 1 Hz）可保证在长 CPI（达到 256 s）研究干扰抑制性能，但是它限制了考察干扰特性的时间间隔，在此情况下最小只能到 1 s。另一方面，如果把 PRF 增加至 50 Hz，虽然能够在 0.02 s 的高时间分辨率下观测性能，但是限制了最大 CPI 长度，这种情况下约为 4 s。

在该实验中，选择 PRF 为 5 Hz，这是两个相互矛盾目标之间的折中。由此可获得 50 s

的 CPI 和 0.2 s 的时间分辨率。基于前述 CSF 数据分析结果，可认为研究的电离层通道在 0.2 s PRI 内无明显变化。在实验期间，为记录同一频率通道内的背景噪声，还不时关闭 RFI 源辐射。该数据用来作为确定自适应波束形成抑制干扰有效性的参考。

9.3.2 CPI 内性能分析

式（9.17）中的 SINR 改善因子 $\hat{q}_m(t)$ $m=1,\cdots,4$ 表征了自适应波束形成方法 m 的相对输出 SINR 改善（RFI 抑制性能）与慢时间 t 的关系。在常规波束形成器 $\mathbf{v}(\theta)$ 中使用了汉明窗。需要注意的是，瞬时性能改善取自 $\Delta_k=16$ 个训练距离单元之后的 $K'=16$ 个距离单元计算，即交叉抑制而不是自抑制。

$$\hat{q}_m(t) = \frac{\mathbf{v}^\dagger(\theta)\hat{\mathbf{R}}_n(t)\mathbf{v}(\theta)}{\hat{\mathbf{w}}_m^\dagger \hat{\mathbf{R}}_n(t)\hat{\mathbf{w}}_m}, \quad \hat{\mathbf{R}}_n(t) = \frac{1}{K'}\sum_{k=\Delta_k+1}^{\Delta_k+K'} \mathbf{n}_k(t)\mathbf{n}_k^\dagger(t) \tag{9.17}$$

令 $K=32$，$\Delta_p=6$，计算式（9.9）中权值 $\hat{\mathbf{w}}_1$。图 9.2 中的曲线 1 给出了 $\hat{q}_1(t)$ 与慢时间 t 在 50 s CPI 内的关系，此时波束指向为 $\theta=21.6°$（接近 RFI 辐射源方向）。该曲线表明，滤波器 $\hat{\mathbf{w}}_1$ 初始干扰抑制效果好，在 CPI 初始处相对于常规波束形成的性能改善达到 30 dB，但是在不到 2 s 内，改善因子下降至 3 dB 以下。20 s 之后，滤波器 $\hat{\mathbf{w}}_1$ 衰变至比常规波束性能还要差。在平稳条件下，当训练样本为 $K\times\Delta_p=6N$ 时，自适应波束形成器性能变化超过 30 dB 是难以预计的。在常规模型下，假定干扰模式具有时不变空间结构，可以预计该滤波器在整个 CPI 内性能接近最优。

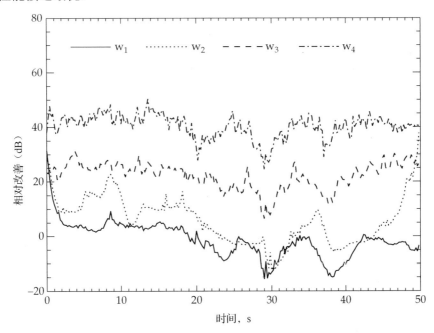

图 9.2　四种自适应波束形成方法得到的相对性能改善是 CPI 中 PRI 数量的函数

$\hat{q}_1(t)$ 的小尺度变化可能是由有限采样引起的，它叠加在相对平滑的大尺度变化上，在 20～50 s 表现为类似波状的物理特性。标准模型不能预测抑制性能的大尺度变化，只能归因于干扰空间结构在 CPI 内的变化。基于该实验结果可得，当 CPI 长度超过 0.5 s 时，方法 1 显然不适用于天波高频干扰抑制。

在图9.2中，曲线2给出了$\hat{q}_2(t)$的结果，其中，$\hat{\mathbf{w}}_2$是根据式（9.11）计算得到的，参数与方法1相同，$K=32$，$\Delta_p=6$。用于估计$\hat{\mathbf{w}}_1$和$\hat{\mathbf{w}}_2$的训练样本数相同。$\hat{\mathbf{w}}_1$和$\hat{\mathbf{w}}_2$处理的距离单元相同，所以$\hat{q}_1(t)$和$\hat{q}_2(t)$可以进行有意义的比较。显然，方法2是块处理算法，需要数据存储器；而方法1是流算法，接收数据就可应用该算法。比较方法1和方法2可见，实际上在整个CPI内方法2的性能都优于方法1。

需要特别指出的是，在CPI末端的几秒内，方法2的性能比方法1高20~30 dB。这是符合预期的，因为方法2是基于CPI前后干扰空间特性的平均值估计协方差矩阵，而方法1只是基于CPI之前的进行估计。在CPI的中段，方法2的性能比其极大值降低约20 dB。这也是符合预期的，因为方法2没有CPI中段RFI空域特定的"知识"。通常，CPI之内的时变干扰空域特性不能用该CPI之外的数据进行推断或估计。

对由CPI前后附近数据估计所得SCM进行平均，看似能比只用CPI之前数据的SCM更好地对接收的干扰进行估计。方法2性能比方法1在CPI中段高10 dB验证了这一结论。然而，实验结果表明，当CPI长度大于1 s时，方法2也不适用于天波高频干扰抑制。这些观测结果促使应用在一个CPI之内估计干扰空间协方差矩阵的自适应方法，如方法3。

图9.2中的曲线3给出了自适应方法3的相对性能改善$\hat{q}_3(t)$。式（9.14）中的自适应权值$\hat{\mathbf{w}}_3$由$\Delta_k=16$个距离单元并综合所有PRI的SCM估计而得，之后用得到的时变空域滤波器处理工作单元$k=\Delta_k+1,\cdots,\Delta_k+K'$数据。与分幅方法不同，自适应方法3是基于待处理CPI内干扰SCM估计的。

在所有CPI内，方法3的性能比方法2提高15~20 dB。该方法可能非常适合用于抑制天波高频干扰，特别是对于超视距雷达使用短CPI探测飞行目标的情况。然而，在长CPI（如探测船舶目标）的情况，或者干扰受电离层影响而快速变化的情况，方法3可能无法有效抑制干扰。

在空间结构起伏变化的背景下，最后一种可选方法是在CPI之内更新自适应权值。图9.2中的曲线4给出了方法4慢时间变化权值矢量$\hat{\mathbf{w}}_4$对应的性能改善$\hat{q}_4(t)$。空域滤波器序列通过式（9.16）计算而得，其中，在各段$\Delta_p=4$的无重叠子CPI内，训练单元数为$\Delta_k=16$个。方法4相对于常规波束形成器的性能增益达到30~40 dB。比较时变权值$\hat{\mathbf{w}}_3$（曲线3）和时变权值$\hat{\mathbf{w}}_4$（曲线4）的结果可得，在CPI内重新调整自适应权值能够额外获得15~20 dB的干扰抑制性能。下文将指出，方法4把干扰抑制到背景噪声水平。

虽然空域处理器$\hat{\mathbf{w}}_3$和$\hat{\mathbf{w}}_4$的维数明显相同，$N=16$，但是有效抑制干扰需要的自由度随积累时间的增加而增加。这主要是因为电离层传播过程把时变波前扰动调制到了接收的射频干扰上。因为这种扰动随时间变化是相关的，所以限制积累时间能有效降低干扰子空间维数。在一般情况下，这使得自适应波束形成器能更加有效对干扰进行抑制。但是在主瓣干扰情况或者RFI通过更加稳定的表面波传播的情况下，可能会出现一些例外。

图9.3与图9.2的曲线标注相同，图9.3给出了对应于后续CPI数据的类似结果。在这一实例中，波束指向角为$\theta=20.8°$，偏离RFI方向稍大。虽然对应曲线的细节不同，但是图9.3中4条曲线的定性特征与图9.2中的相似。为定量分析这种变化，需要通过在不同的指向和CPI处理大量实测数据，从而评估4种方法的统计性能。之后可给出不同波束形成方法的平均性能或者期望性能与CPI长度的关系。

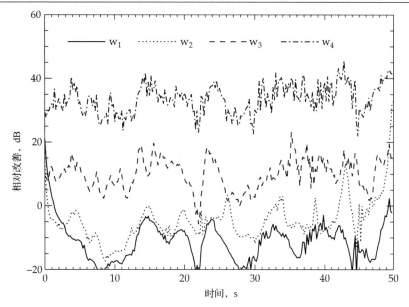

图 9.3 同一自适应方法，在不同的 CPI 和波束传播方向下的相对性能改善

9.3.3 输出 SINR 改善

在进行统计性能分析之前还有一个问题：方法 4 是否能将干扰抑制到背景噪声水平呢？为回答这一问题，考虑图 9.4 所示的多普勒图。曲线 1 和曲线 3 分别对应于有干扰和无干扰情况下常规波束形成处理后的多普勒谱。在两种情况下都添加了归一化多普勒频率为 0.5 的合成目标。在只有噪声背景的情况下，目标清晰可见（如曲线 3 所示）。这是在同一工作频率记录的以实际噪声背景为干扰的情况，因为在实验中关闭了 RFI 辐射源。当 RFI 出现时，如曲线 1 所示，目标被淹没，在常规波束形成输出结果中无法检测。

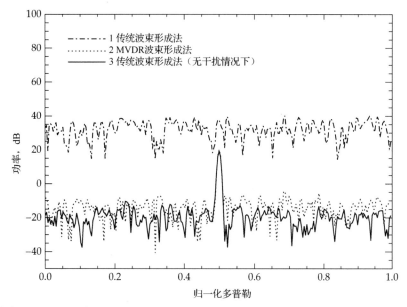

图 9.4 在真实高频干扰下，模拟目标信号的传统多普勒谱（曲线 1）和在真实背景噪声下，模拟目标信号的传统多普勒谱（曲线 3）。曲线 2 表示当自适应方法 4 应用于所述的干扰时，多普勒谱的结果

图 9.4 中的曲线 2 给出了 RFI 存在时方法 4 输出的多普勒谱。在这种情况下，对各 PRI 更新自适应权值 $\hat{\mathbf{w}}_4$，并应用对角加载改善其收敛性。而后把自适应权值用于处理含有合成目标的距离单元，训练样本中不含该距离单元。比较图 9.4 中的曲线 1 和曲线 2 可得，在 CPI 之内调整自适应权值，自适应波束形成比常规波束形成的干扰抑制能力提高 40 dB。

图 9.4 中的曲线 2 和曲线 3 清楚表明，自适应与常规波束形成对目标的响应相同。实验中考虑的几种方法均假定处理的期望信号是理想的，因而这验证了干扰抑制比与相对 SINR 改善之间的等价性。假设训练样本中不含有理想期望信号，干扰抑制比可转化为 SINR 改善因子。重要的是，曲线 2 和曲线 3 还表明，自适应方法 4 把干扰抑制到了背景噪声水平。因此，应用方法 4 能够使输出 SINR 恢复至常规波束形成在无干扰的干净频率通道的水平。从干扰抑制和理想信号接收的角度看，自适应方法 4 的性能已经达到最好。

9.4 统计性能分析

虽然上述实验结果详细阐明了多个关键点，但是还要用更加全面的性能分析定量描述不同自适应波束形成算法的优点和缺点。既然相对改善因子 $\{\hat{q}_m(t)\}_{m=1}^4$ 是随机变量，那么令人感兴趣的就是，通过分析更多数据，测量其分布的均值和上下十分位数与 CPI 长度的关系。

9.4.1 分幅方法

图 9.5 给出了分布均值和上下十分位数与不同 CPI 长度的关系。对于需要研究的每个 CPI 长度，总共用 10 个相互正交的波束各处理 40 个不同的 CPI，因而对应每个 CPI 长度的性能分布是基于 400 个改善因子采样而得的。图 9.5 表明，当 CPI 由零点几秒增加到 40 s 时，相对改善因子的均值从 30 dB 迅速降至 0 dB。自适应方法 1 的性能下降很快，在不到 2 s 的时间内，干扰抑制的平均损失超过 20 dB。根据这些实验结果，相对于常规波束形成，自适应方法 1 的计算量大，没有适用于超视距雷达实际应用的理由。

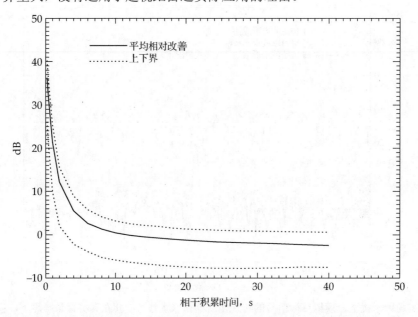

图 9.5　自适应方法 1 相对于传统波束形成方法在干扰情况下，均值和上下界的性能改善是 CPI 长度的函数

图 9.6 的曲线标注与图 9.5 相同，该图给出了改善因子 $\hat{q}_2(t)$ 的均值和十分位数，从而确定自适应方法 2 的性能。对于很短的 CPI，其平均相对性能改善超过 40 dB，但仅在 2 s 内就衰减至 25 dB，当 CPI 达到 30 s 时，几乎下降至 0 dB。虽然与方法 1 相比，方法 2 的性能下降不是很快，但是当存在强干扰时，对于 CPI 长度大于 2 s 时出现的明显性能下降是不能容忍的。基于这些实验结果，很明显方法 2 也不能充分证明它适合在实际中应用。

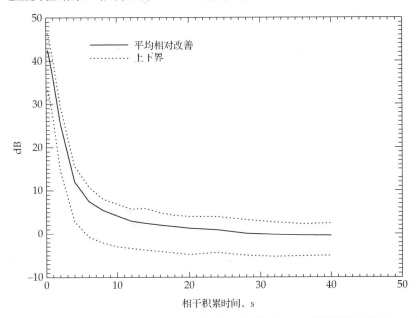

图 9.6 自适应方法 2 相对于传统波束形成方法在干扰情况下，均值和上下界的性能改善是 CPI 长度的函数

9.4.2 分批方法

图 9.7 给出了方法 3 改善因子 $\hat{q}_3(t)$ 的均值和十分位数。其均值的最大值出现在 CPI 长度略大于 1 s 处。因为训练样本数有限，在更短的 CPI 上其性能下降达到 8 dB。而对于更长的 CPI，其性能下降是由干扰的空间结构起伏变化所致。因此，如果在某一 CPI 长度处方法 3 的性能达到最佳，则表明这是在短 CPI 训练样本数限制带来的收敛损失和长 CPI 干扰起伏带来的动态损失之间的最优折中。对于实验分析所用数据集，当 CPI 长度小于 4 s 时，自适应方法 3 表现出了可接受的性能。

此外，可用对角加载技术降低训练样本数有限带来的损失，如图 9.8 所示。图中使用 −20 dB（$\alpha = 0.01$）的加载因子重新计算了方法 3 的性能。当 CPI 小于 1 s 时，这种简单的改进使得平均相对 SINR 改善因子由 35 dB 提高至 45 dB，与无对角加载方法相比，性能显著提高了 10 dB。然而，这不能恢复当 CPI 由 1 s 增加至 8 s 时自适应方法 3 表现出的 10 dB 性能下降，因为这种性能下降是由干扰空间结构起伏变化引起的。当 CPI 长度达到 50 s 时，出现 25 dB 左右更明显的性能下降，这给需要高多普勒分辨率的超视距雷达实际应用带来了问题。

因此，确定方法 4 的潜在有效性令人感兴趣。方法 4 调整空域滤波器，从而分批次处理由较少连续 PRI 组成的数据。由图 9.7 也可推断出自适应方法 4 的性能，因为可认为每个 PRI 批次是整体 CPI 中的子 CPI。换言之，如果自适应方法 4 在每一秒内更新自适应权值，由图 9.7 可得，对于任意长度的 CPI，以这种权值更新率可以获得 43 dB 的平均相对性能改善因子。

例如，对于 50 s 的 CPI，与常规波束形成器相比，可以获得额外 43 dB 的干扰抑制能力，因为自适应方法 4 的性能取决于分批的长度，而不是 CPI 的长度。

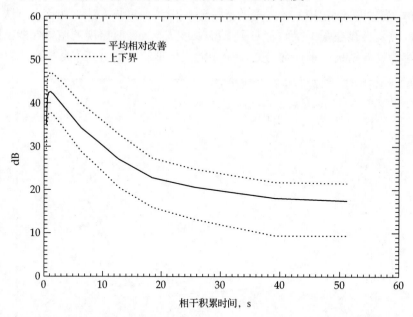

图 9.7 自适应方法 3 相对于传统波束形成方法在干扰情况下，均值和上下界的性能改善是 CPI 长度的函数

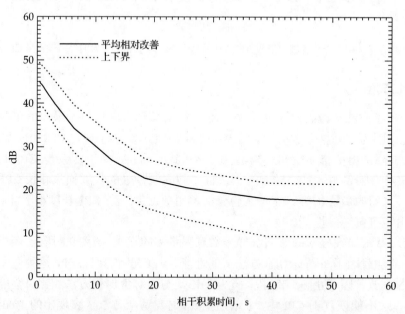

图 9.8 自适应方法 3 采用对角加载后相对于传统波束形成方法，在干扰情况下，均值和上下界的性能改善是 CPI 长度的函数

9.4.3 实际工作问题

关于方法 4，主要的实际工作问题是应用时变权值向量处理的 CPI 数据包含杂波。超视距雷达发射波束覆盖角度范围相对较宽，因为后向散射是从占据大部分接收天线方向图的连

续方向角入射，所以杂波具有空域宽带特性。CPI 内不受约束的接收方向图起伏，对输出的杂波信号附加了时间调制，导致在多普勒处理后杂波扩展至目标速度搜索空间[③]。这一问题是在雷达实际工作中应用方法 4 的主要障碍。

因此，需要面对的问题不仅仅是为提高干扰抑制能力在 CPI 内调整自适应权值，还要同时对这些变化进行控制，从而保证在波束形成器输信号中后向散射杂波的相关性。描述这一问题的另一种方法将在下一章给出。其他可能限制干扰抑制性能的实际问题包括，缺少无杂波训练样本和期望信号导向矢量与假设信号导向矢量模型之间的失配。这些问题也将在下一章进行讨论。显然，方法 4 的计算复杂度高于方法 1~3，这可能限制其实际应用范围。在处理批次长度和算法性能之间进行折中，能够降低方法 4 的计算复杂度。

9.5 仿真性能预测

可用上述几章阐述的空-时高频通道模型对金达莱阵列天线接收干扰的统计特性进行仿真。高频通道模型的时间参数是无法由干扰进行估计的，因为这种信号与雷达波形不相干。然而，干扰以与第 6 章到第 8 章 CSF 数据分析相似的时间和频率，经过相同传播路径后被雷达接收。因而，可用由 CSF 估计所得通道参数对干扰进行仿真。这样，可以对高频通道模型预测自适应波束形成性能的能力进行评估，其结果可在实验数据中观测到。

9.5.1 多通道模型参数

表 9.1 列出了用于仿真的模型参数。在仿真中，假设不同干扰模型的相对功率比与 CSF 数据模型相同，但做了绝对尺度调整，从而使得建模干扰的功率与系统接收实际干扰测量功率相等。接收干扰功率是通过下述方法估计而得：对每一路接收机所接收数据在数据采集间隔内计算均方值，并对各接收机上的计算结果进行平均。接收干扰平均功率为 30.2 dB。

表 9.1 通过通道散射函数数据估计出来的 5 种传播模式和高频通道模型的干扰仿真参数。常量是 $K_1=2\pi/f_p$，其中 f_p=5 Hz；$K_2=2\pi\Delta d/\lambda$，其中 Δd=84 m，$\lambda=c/f_c$=18.7 m，子阵列指示方向为 θ_s=22.0°

模式	功率，dB	时域极点 α	空域极点 β
$1E_s(a)$	20.5	$0.998e^{jk_1 0.46}$	$0.920e^{jk_2\sin(22.2-\theta_s)}$
$1E_s(b)$	17.9	$0.997e^{jk_1 0.39}$	$0.963e^{jk_2\sin(21.7-\theta_s)}$
$1F_2$	28.6	$0.994e^{jk_1 0.44}$	$0.988e^{jk_2\sin(20.7-\theta_s)}$
$1F_2(o)$	21.8	$0.997e^{jk_1 0.47}$	$0.986e^{jk_2\sin(20.5-\theta_s)}$
$1F_2(x)$	7.9	$0.994e^{jk_1 0.53}$	$0.953e^{jk_2\sin(19.9-\theta_s)}$

需要注意的是，表 9.1 列出的模式功率不等于模式干扰噪声比（INR），因为在测量中单个接收机多普勒处理之前的背景噪声水平约为 –27 dB。因此模式 INR 可通过把表 9.1 中列出的功率值增加 27 dB 进行计算。在仿真的干扰中添加的噪声，为无干扰情况下在相同的频率通道记录的实际背景噪声。仿真中其他需要说明的还有时延为 τ_m 干扰模式波形 $gk(t-\tau_m)$ 的产生及不同模式间的相关性。

干扰信号带宽为 $f_b=3$ kHz，其功率谱密度相对均匀。干扰波形的时间自相关序列为 sinc

[③] 自适应天线方向图只在波束指向方向受到约束，阵列对期望信号输出固定的单位增益。在其他方向，因考虑到是自适应方法，接收天线方向图无约束。

函数,第一个零点位置是在 $\tau = 1/f_b = 0.33$ ms。因为不同模式的延时由为进行 CSF 数据分析而记录的斜向探测电离图获得,所以可以根据干扰自相关函数分配每对模式的自相关系数。把各对模式相关系数 $\rho_{i,j}$, $i,j=1,2,\cdots,M=5$,代入式(9.18)中的源协方差矩阵 $\mathbf{R}_s$。$\mathbf{R}_s$ 的对角元素为 1,因为根据模型的定义,$g_k(t-\tau_m)$ 被归一化为单位方差。

$$\mathbf{R}_s = E\{\mathbf{g}_k\mathbf{g}_k^\dagger\} = [\rho_{i,j}]_{i,j=1}^M, \quad \mathbf{g}_k = [g_k(t-\tau_1)\cdots g_k(t-\tau_M)]^T \tag{9.18}$$

确定源协方差矩阵之后,可根据式(9.19)产生干扰模式波形。其中,$\mathbf{R}_s^{1/2}$ 为源协方差矩阵的 Hermitian 平方根。对应距离单元 k 和慢时间 t 的零均值高斯矢量 $\mathbf{n}_k(t)$ 的统计独立性表明,在某一模式下产生的干扰样本是白的,因而这些数据在距离和慢时间维均不相关。

$$\mathbf{g}_k(t) = \mathbf{R}_s^{1/2}\mathbf{n}_k(t), \quad E\{\mathbf{n}_{k_1}(t_1)\mathbf{n}_{k_2}^\dagger(t_2)\} = \delta(k_1-k_2)\delta(t_1-t_2)\mathbf{I} \tag{9.19}$$

9.5.2 波形扰动的影响

在传统阵列处理模式中,假设干扰波形在 CPI 内是严格不变的。接收的干扰模式无时变扰动表明,模型的空域极点位于单位圆上。因而可以通过把表 9.1 中干扰模式的空域极点估计幅度设置为 1,从而恢复到传统模型。在这种情况下,干扰模型为平面波,其多普勒频移和多普勒扩展是由时变通道起伏导致的。基于这一模型,图 9.9 给出了仿真处理改善因子的均值和十分位数,其中仿真数据处理方法与图 9.8 中实测数据处理方法相同。

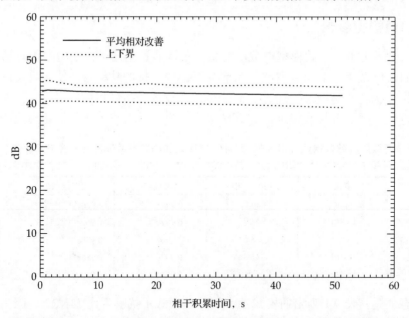

图 9.9 自适应方法 3(对角加载后)得到的时间畸变但空间不变的高频干扰仿真的相对改善

因为在传统模型中假设干扰模式的空间结构是时不变的,所以无论 CPI 长度如何,干扰子空间的维数不可能大于 $M=5$。这就解释了为什么图 9.9 中的相对改善因子均值随 CPI 长度的增加而近似为不变常数。与图 9.8 中的处理方法一样,该处理方法也使用了对角加载技术。显然,对于图 9.8 中的实验结果,传统的平面波干扰模型不能给出合理的解释。图 9.8 和图 9.9 表现出的本质不同表明,这一仿真结果对于超视距雷达系统的价值有限,因为它不能精确显示处理方法在实际高频环境中的实际性能。图 9.10 给出了采用由表 9.1 所示参数所得时变扰动模型时的仿真统计特性,图 9.10 所示的仿真结果表明,相对改善因子均值在 CPI 为 1 s 时为 46 dB，而在 CPI 为 50 时降至 18 dB。虽然图 9.8 和图 9.10 所示曲线的细节明显不同，但是仿真所得高频通道模型和参数估计能够很精确地描述自适应波束形成器在高频环境中的性能。另一个相似的实验采用不同的 CSF 数据和干扰数据，给出了对应于自适应方法 1 的与实验性能吻合的仿真结果，见 Fabrizio 等（1998）。

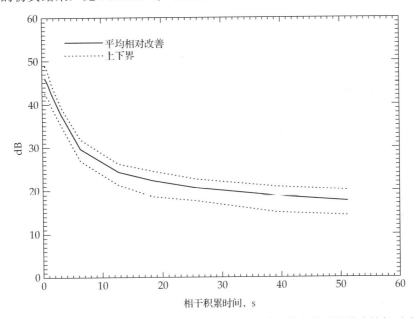

图 9.10　自适应方法 3（对角加载后）得到包含空时畸变的高频干扰仿真的相对改善

9.5.3　总结与讨论

第 6 章到第 8 章验证了波形扰动的出现及其特性对电离层反射高频信号模式的影响，并对其进行了分析与建模。本章的研究定量分析了此类现象对 4 种可用于超视距雷达系统干扰抑制问题的标准自适应波束形成方法的实际影响。期望信号是通过方向图相对较宽的主瓣被接收的，而干扰信号与期望信号不同，它的特点是在自适应方向图的零点被接收。在零点处阵列响应对时变波前扰动非常敏感。本章第一个重要的实验观测结果是，在使用时不变自适应波束形成方法处理各 CPI 数据时，调制到干扰上的动态波前扰动使得高频雷达系统的干扰抑制性能明显下降。

本章的第二个重要结果表明，传统阵列信号处理模型不能较好地描述高频环境中的自适应波束形成器性能，因而这种模型不适合在实际超视距雷达系统中指导算法设计或者预测算法实际性能。对于高置信度实际应用，研究表明，可用前述经过验证的高频通道模型对宽孔径阵列天线接收的高频干扰信号进行仿真，并精确验证自适应波束形成器的统计性能与 CPI 长度的关系。

本章的最后一个重要观测结果是，为在实际的超视距雷达系统中开发有效的自适应波束形成算法时，需要考虑出现的时变干扰波前扰动。特别需要注意的是，为有效抑制干扰，需要在 CPI 内多次更新自适应波束形成权值，此时要求自适应算法能够稳定后向散射杂波的多普勒谱统计特性。若无这种算法，则实际上无法获得在 CPI 之内更新空域滤波器所带来的潜在处理收益。这就要求寻找其他适合超视距雷达实际应用的自适应波束形成技术。

第三部分 处理技术

第 10 章 自适应波束形成
第 11 章 空-时自适应处理
第 12 章 GLRT 检测架构
第 13 章 盲波形估计

第 10 章　自适应波束形成

超视距雷达在工作中经常受到统计上具有结构性或称"有色"高频的干扰，使用自适应处理技术能够显著提高雷达的目标探测和跟踪性能。事实上，与传统的数据独立的处理技术相比，空域、时域或空-时联合的自适应处理技术能够更有效地抑制包括杂波在内的各种强干扰。本章将着重讨论超视距雷达中如何应用自适应波束形成技术来提高输出信干比（SDR）。

在超视距雷达自适应波束形成应用中，有两个重要问题需要特别指出。第一个和独立于雷达波形的高频干扰在电离层的传播有关，这里我们假设干扰从天线副瓣进入雷达系统，从主瓣进入接收波束的情况在下一章中讨论。超视距雷达需要克服电离层扰动引起的相干积累周期内干扰空间特征时变（非平稳）。第二个问题是杂波的起伏，当考虑一个相干积累周期内的某个距离单元时，杂波可认为是统计上均匀的，但是由于不同散射体的散射特性随时延变化，不同距离上的杂波显示出高度的统计非均匀性。

本章分为 4 节。10.1 节简要介绍最优和自适应滤波的几个重要概念，以帮助不熟悉此领域的读者。10.2 节详细阐述超视距雷达中空间非平稳高频干扰的抑制方法，并指出其中要解决的几个关键问题。10.3 节描述两种有效的时域（多普勒处理前）自适应波束形成算法，并用实验数据进行评估。10.4 节引入 HF 超视距无源相参定位（PCL）系统来展示上述杂波起伏问题，该节还特别讨论一种频域（多普勒后）自适应波束形成技术，并用精心标校过的数据进行实际效果验证，该数据包含空间特性随距离变化的杂波以及空中合作目标。

10.1　基本概念

最优和自适应滤波的基本概念可以总结为几个通用的条目，适用于本章讨论的自适应波束形成和下一章将要讨论的空时二维自适应处理（STAP）。本章的重点是给出超视距雷达应用最优和自适应滤波的关键点，同时本章还定义了后面章节会用到的术语和备注。

即使只着眼于雷达系统，自适应滤波也是一个相当大的领域，本书不对自适应滤波基本理论做详细阐述，只关注其在超视距雷达中的应用。想深入了解自适应滤波理论及其在时域、空域、空-时二维处理中的应用的读者，可以很容易地找到很多不错的文献，如 Haykin（1996）、Li and Stoica（2006）和 Klemm（2004），在下面的研究过程中也会适时给大家提供一些其他参考文献。

10.1.1　最优和自适应滤波

假设雷达系统在 CPI（相干积累周期）即 T_0（s）内采集数据，它包含了雷达发射波形以脉冲重复频率 f_p（Hz）发射的 P 个脉冲（扫描）。接收天线为 N 维线阵，其实现可以用阵元或者子阵的形式，比如在用阵元实现时，每个天线单元后面都连接一个单独的数字接收机，经下变频和基带滤波，I/Q 正交接收机以奈奎斯特频率 f_r（Hz）输出采样信号，每个 PRI（脉冲重复间隔）包含 K 个复杂数字采样。在特定 PRI 中，以 f_s 频率获得 K 个采样被称为快采样（即多距离单元），在特定距离单元上以重复频率 f_p 收集到序列 P 个采样（即贯穿 PRI）称为慢采样。基于以上定义，雷达在一个 CPI 内获得的采样数据可用三维复矩阵 $N \times P \times K$ 表示，脉冲雷达（PW）和连续波雷达（CW）均是如此。

在式（10.1）中，列矢量 $\mathbf{z} \in C^N$ 包含 N 个数据采样 $\{z(n)\}_{n=1}^N$，这些数据均从三维采样矩阵 $N \times P \times K$ 中抽取，不同的滤波应用抽取方法不同。例如，在阵元级波束形成中，$\{z(n)\}_{n=1}^N$ 对应于 N 个天线上同一距离的采样，而在空-时二维滤波应用中 $\{z(n)\}_{n=1}^N$ 则对应于 N 个矢量，每个矢量由 CPI 周期内的快采样或慢采样组成。有用信号存在于一组由采样点组成的矢量中，这些矢量在雷达术语中被称统称为主要数据或"测试单元"，我们暂且不区分矢量组中的成员间差别，仅着眼于单个主数据矢量 $\mathbf{z}$。

$$\mathbf{z} = [z(1),\cdots,z(N)]^T \tag{10.1}$$

前面已经定义了 N 为天线单元数目，是因为我们将要以更容易理解的空间波束形成为例来讲述最优和自适应滤波器，实际上，我们将要描述的基本概念在滤波器应用中是通用的。$\mathbf{z}$ 可以看做是一个随机矢量，其均值 $\mathbf{m}$ 和协方差矩阵 $\mathbf{Q}$ 定义如下。

$$\begin{cases} \mathbf{m} = E\{\mathbf{z}\} \\ \mathbf{Q} = E\{(\mathbf{z}-\mathbf{m})(\mathbf{z}-\mathbf{m})^\dagger\} \end{cases} \tag{10.2}$$

主数据矢量 $\mathbf{z}$ 用式（10.3）表示，包含了干扰信号 $\mathbf{d}$ 和有可能存在的有用信号 $\mu e^{j\phi}\mathbf{s}$，式中，$\mu > 0$ 和 $\mu = 0$ 分别对应着有用信号的有和无，有用信号 $\mathbf{s}$ 为归一化后的信号导向矢量，$\mathbf{s}^\dagger \mathbf{s} = 1$，$a = \mu e^{j\phi}$ 为 $\mathbf{s}$ 的复加权。

$$\mathbf{z} = \mu e^{j\phi}\mathbf{s} + \mathbf{d} \tag{10.3}$$

总干扰 $\mathbf{d} = \mathbf{e}+\mathbf{n}$ 是一个零均值多变量随机过程，它代表所有外部非有用信号 $\mathbf{e}$（比如杂波、干扰、外部环境噪声）和内部热噪声 $\mathbf{n}$ 的总和。在这种情况下，主数据矢量 $\mathbf{z}$ 具有均值 $\mathbf{m} = a\mathbf{s}$ 和协方差矩阵 $\mathbf{Q} = E\{\mathbf{dd}^\dagger\}$，由于方差为 σ_{2n} 的热噪声和与其他所有信号都不相关，故 $\mathbf{Q}$ 可写成式（10.4）的形式，式中，$\mathbf{M} = E\{\mathbf{ee}^\dagger\}$，代表外部干扰协方差矩阵。

$$\mathbf{Q} = \mathbf{M} + \sigma_n^2 \mathbf{I} \tag{10.4}$$

最优滤波器是统计意义上使输出信号 $y_o = \mathbf{w}_o^\dagger \mathbf{z}$ 的信干比（SDR）最大化的一组复加权矢量 $\mathbf{w}_o \in C^N$，$\mathbf{w}_o$ 的解是广为人知的式（10.5），式中，β 是一个标量，不影响输出信号的 SDR。对于一个高斯类型的干扰，已经证明，输出信号 SDR 最大化等价于门限检测过程中在给定虚警概率 P_{FA} 的情况下最大化发现概率 P_D（Brennan and Reed 1973）。

$$\mathbf{w}_o = \beta \mathbf{Q}^{-1} \mathbf{s} \tag{10.5}$$

通常最优滤波器至少要保证有用信号具有确定增益，最小均方误差（MVDR）准则滤波器 $\mathbf{w}_a$ 就定义为在保证有用信号具有单位增益 $\mathbf{w}_a^\dagger \mathbf{s} = 1$ 的同时，令输出干扰功率最小。数学上，MVDR 准则可以归结为下面的最优化问题（Capon 1969）：

$$\mathbf{w}_a = \arg\min_{\mathbf{w}} \mathbf{w}^\dagger \mathbf{Q}\mathbf{w} \quad \text{subject to}: \mathbf{w}^\dagger \mathbf{s} = 1 \tag{10.6}$$

MVDR 滤波器的解由式（10.7）给出，式中，$\{\mathbf{s}^\dagger \mathbf{Q}^{-1} \mathbf{s}\}^{-1}$ 对应于式（10.5）中的 β，其作用是保证有用信号的响应 $\mathbf{w}_a^\dagger \mathbf{s} = 1$，而无论干扰协方差矩阵 $\mathbf{Q}$ 具有何种规模和结构特性。此约束可以使滤波器输出的有用信号无畸变。特别地，当协方差矩阵 $\mathbf{Q}$ 中没有干扰只包含白噪声时，即 $\mathbf{Q} = \sigma_n^2 \mathbf{I}$，MVDR 最优滤波器的解 $\mathbf{w}_a$ 见式（10.7），变为常规匹配滤波器 $\mathbf{s}$。

$$\mathbf{w}_a = \mathbf{Q}^{-1}\mathbf{s}\{\mathbf{s}^\dagger \mathbf{Q}^{-1}\mathbf{s}\}^{-1} \tag{10.7}$$

MVDR 滤波器输出 $y_a = \mathbf{w}_a^\dagger \mathbf{z}$ 中的干扰剩余功率由式（10.8）的 p_a 给出。可以看到，p_a 依赖于干扰协方差矩阵 $\mathbf{Q}$。同样，在使用 MVDR 准则进行门限检测时，对于固定的检测门限，由于 $\mathbf{Q}$ 的变化，虚警概率也会随之显著变化。因此，在进行门限检测时，首先要进行恒虚警（CFAR）处理，以保证 $\mathbf{Q}$ 变化时虚警概率 P_{FA} 依然不变。

$$p_a = \mathbf{w}_a^\dagger \mathbf{Q}\mathbf{w}_a = \{\mathbf{s}^\dagger \mathbf{Q}^{-1}\mathbf{s}\}^{-1} \tag{10.8}$$

MVDR 准则可扩展为多个线性约束，被称为线性约束最小均方误差准则（LCMV），LCMV 准则可以用式（10.9）表示，此时，在满足 M 个线性约束 $\mathbf{w}^\dagger \mathbf{C} = \mathbf{f}^\dagger$ 的同时使输出干扰功率最小，式中，$\mathbf{C} \in \mathcal{C}^{N \times M}$ 是约束矩阵，$\mathbf{f}^\dagger \in \mathcal{C}^{1 \times M}$ 是约束响应矢量。M 个线性约束中通常包括单位增益的约束 $\mathbf{w}^\dagger \mathbf{s} = 1$，用于保护有用信号，剩下还有 $M-1$ 个附加约束可用。在一般情况下，$M \ll N$，附加约束的目的和实现取决于应用需求，10.3 节中会举例分析。

$$\mathbf{w}_b = \arg\min_{\mathbf{w}} \mathbf{w}^\dagger \mathbf{Q}\mathbf{w} \quad \text{subject to}: \mathbf{w}^\dagger \mathbf{C} = \mathbf{f}^\dagger \tag{10.9}$$

LCMV 最优滤波器可以用拉格朗日算子（Frost 1972）求解，其解 $\mathbf{w}_b$ 由式（10.10）给出。当约束条件只有一个，即 $M=1$ 时，LCMV 滤波器等同于 MVDR 滤波器，此时 $\mathbf{C} = \mathbf{s}$ 且 $\mathbf{f} = 1$。然而，当干扰协方差矩阵中只有噪声时即 $\mathbf{Q} = \sigma_n^2 \mathbf{I}$，如果线性约束的个数 $M > 1$，LCMV 的解变为 $\mathbf{w}_b = \mathbf{C}[\mathbf{C}^\dagger \mathbf{C}]^{-1}\mathbf{f}$，不同于常规匹配滤波器的解 $\mathbf{s}$。

$$\mathbf{w}_b = \mathbf{Q}^{-1}\mathbf{C}[\mathbf{C}^\dagger \mathbf{Q}^{-1}\mathbf{C}]^{-1}\mathbf{f} \tag{10.10}$$

LCMV 滤波器输出的干扰剩余功率 p_b 由式（10.11）给出，此时 $p_b \geq p_a$。在某些情况下，新增的附加约束会使 p_b 显著高于 p_a（译者注：附加线性约束会占用自由度，导致用于干扰抑制的自由度减少），因此，应用中应该权衡附加线性约束带来的好处和自由度减少带来的干扰抑制性能下降。

$$p_b = \mathbf{f}^\dagger [\mathbf{C}^\dagger \mathbf{Q}^{-1}\mathbf{C}]^{-1}\mathbf{f} \tag{10.11}$$

损失因子 $\varrho(\mathbf{w}) \in [0,1]$ 是一个常用的衡量最优滤波器有效性的参数，其定义如式（10.12）所示，当 $\mathbf{w}^\dagger \mathbf{s} = \mathbf{s}^\dagger \mathbf{s} = 1$ 时，损失因子表示相较于没有干扰时的匹配滤波器输出信噪比 SNR，使用最优滤波器（如 $\mathbf{w} = \mathbf{w}_a$ 或 $\mathbf{w} = \mathbf{w}_b$）后的信干噪比 SDR 损失。损失因子为 1，表示最优滤波器把外部干扰抑制到了白噪声水平 σ_n^2。

$$\varrho(\mathbf{w}) = \frac{\sigma_n^2}{\mathbf{w}^\dagger \mathbf{Q}\mathbf{w}} \tag{10.12}$$

应用最优滤波器的前提是准确知悉有用信号 $\mathbf{s}$ 和干扰协方差矩阵 $\mathbf{Q}$，这相当于要求未卜先知。很明显，由于实际应用中不可能获取 $\mathbf{s}$ 和 $\mathbf{Q}$ 的确切值，最优滤波器无法直接使用。未知变量 $(\mathbf{s},\mathbf{Q})$ 通常使用其估计值来代替，表示为 $(\mathbf{v},\hat{\mathbf{R}})$，用 $(\mathbf{v},\hat{\mathbf{R}})$ 代替式（10.5）中的 $(\mathbf{s},\mathbf{Q})$，得到最优滤波器的近似解 $\hat{\mathbf{w}}_o$，如式（10.13）所示，β 为标量。

$$\hat{\mathbf{w}}_o = \beta \hat{\mathbf{R}}^{-1}\mathbf{v} \tag{10.13}$$

对于未知变量的估计，可以基于已知数据或者基于符合物理规律的解析模型，术语"自适应"就是指这种估计技术，比如从已知数据中估计干扰协方差矩阵 $\mathbf{Q}$。由于自适应滤波器基于并不精确的估计值，其统计意义上的输出信干噪比 SDR 必然要比最优滤波器 $\mathbf{w}_o$ 有更多损失，公式（10.14）定义了自适应滤波器的 SDR 损失 $\mathcal{L}(\mathbf{v},\hat{\mathbf{R}})$，此时，用 $\mathbf{v}$ 代替实际信号 $\mathbf{s}$，用 $\hat{\mathbf{R}}$ 代替干扰协方差矩阵 $\mathbf{Q}$，得到的滤波器为估计值 $\hat{\mathbf{w}}_o$。

$$\mathcal{L}(\mathbf{v}, \hat{\mathbf{R}}) = \frac{|a\hat{\mathbf{w}}_o^\dagger \mathbf{s}|^2}{\hat{\mathbf{w}}_o^\dagger \mathbf{Q}\hat{\mathbf{w}}_o} = \frac{\mu^2 |\mathbf{v}^\dagger \hat{\mathbf{R}}^{-1}\mathbf{s}|^2}{\mathbf{v}^\dagger \hat{\mathbf{R}}^{-1}\mathbf{Q}\hat{\mathbf{R}}^{-1}\mathbf{v}} \tag{10.14}$$

相对于最优滤波器，由于存在估计误差，自适应滤波器输出 SDR 会产生损失，称为相对损失，SDR 相对损失非常重要，用因子 $\rho(\mathbf{v}, \hat{\mathbf{R}}) \in [0,1]$ 来表示，其定义为式（10.15），分母可简化为 $\mathcal{L}(\mathbf{s}, \mathbf{Q}) = \mu^2 \mathbf{s}^\dagger \mathbf{Q}^{-1}\mathbf{s}$，它代表了自适应滤波器输出最大 SDR 与理想情况下 SDR 的比值。

$$\rho(\mathbf{v}, \hat{\mathbf{R}}) = \frac{\mathcal{L}(\mathbf{v}, \hat{\mathbf{R}})}{\mathcal{L}(\mathbf{s}, \mathbf{Q})} = \frac{|\mathbf{v}^\dagger \hat{\mathbf{R}}^{-1}\mathbf{s}|^2}{\{\mathbf{v}^\dagger \hat{\mathbf{R}}^{-1}\mathbf{Q}\hat{\mathbf{R}}^{-1}\mathbf{v}\}\{\mathbf{s}^\dagger \mathbf{Q}^{-1}\mathbf{s}\}} \tag{10.15}$$

自适应滤波器的协方差矩阵 $\mathbf{Q}$ 的估计通常由可实际获取的辅路数据矢量也称为参考单元来构造。这些辅路数据矢量从原始三维复矩阵抽取而来，类似于主路数据矢量 $\mathbf{z}$，但是其仅抽取被测单元附近的距离单元。令 $\mathbf{x}_k \in \mathcal{C}_N$，$k=1,\cdots,K$，$K \geq N$，为一组用于生成 $\mathbf{Q}$ 的辅路数据矢量。在理想情况下，这组矢量包含了统计上平稳的干扰过程的部分实现，$\mathbf{x}_k = \mathbf{d}_k$，在这种情况下，通常用辅路数据矢量 $\mathbf{x}_k$ 来估计采样协方差矩阵（SCM），如式（10.16）所示。尽管前面定义 K 为快采样的数目，现在我们可以把它看为自适应滤波器中可用的辅路数据矢量数目，不必将其指定为三维数据矩阵中的特定维。

$$\hat{\mathbf{R}} = \frac{1}{K}\sum_{k=1}^{K} \mathbf{x}_k \mathbf{x}_k^\dagger \tag{10.16}$$

信号矢量 $\mathbf{s}$ 传统上用确定的导向矢量模型来近似，该模型是一个或多个目标变量的函数，如式（10.17）所示。这种近似在比较理想的情况下是非常有效的，$\mathbf{v}(\vec{\psi})$ 作为矢量参数 $\vec{\psi}$ 的解析函数，可以包括目标回波的方向信息、目标多普勒偏移信息或其他信息。

$$\mathbf{v} = \mathbf{v}(\vec{\psi}_0) \tag{10.17}$$

在全部参量 $\vec{\psi} \in \mathcal{D}$ 构成的域中找出所有可能的导向矢量 $\mathbf{v}(\vec{\psi})$，即构成一个 N 维空间，称为阵列流形。典型的雷达系统仅在包含 L 个变量的子集中搜索目标，用 $\vec{\psi}_0 = \vec{\psi}_1, \cdots, \vec{\psi}_L$ 表示，相当于对阵列流形进行了离散采样，这有助于雷达在不失可靠性的同时实现高效搜索。

10.1.2 平稳高斯情况

现在我们进一步讨论公式（10.15）中定义的相对 SDR 损失，并从中引出几个重要的自适应滤波器的收敛特性。需要特别指出的是，相对 SDR 损失是一个随机变量，在平稳高斯干扰假设下，其概率密度函数受两个因素影响，一个是训练采样 $\mathbf{x}_k$ 的监督性，另一个是信号 $\mathbf{v}$ 的匹配性。训练采样可以是有监督的，也可以是无监督的；有用信号可以是匹配的，也可以是失配的。

具体来说，辅助采样 $\{\mathbf{x}_k\}_{k=1}^K$ 可认为是独立同分布的 0 均值 N 变量高斯过程，有监督训练场景指的是，辅助采样矢量中仅包含干扰，即 $\mathbf{x}_k = \mathbf{d}_k$，此时由辅助采样矢量生成的协方差矩阵等价于由原始采样矢量生成的协方差矩阵，无监督训练场景指的是辅助采样数据中包含统计独立的有用信号成分 $\mathbf{s}_k = a_k\mathbf{s}$，其中，$a_k \sim \mathcal{CN}(0, \sigma_s^2)$ 为具有正态分布的信号复幅度，即 $\mathbf{x}_k = \mathbf{s}_k + \mathbf{d}_k$，有监督和无监督辅助采样数据协方差矩阵如式（10.18）所示。

$$\begin{cases} \mathrm{E}\{\mathbf{x}_k\mathbf{x}_k^\dagger\} = \mathbf{Q} & \text{有监督} \\ \mathrm{E}\{\mathbf{x}_k\mathbf{x}_k^\dagger\} = \mathbf{Q} + \sigma_s^2 \mathbf{s}\mathbf{s}^\dagger & \text{无监督} \end{cases} \tag{10.18}$$

假定的信号矢量 $\mathbf{v} = \mathbf{v}(\psi_0)$ 和真实信号矢量 $\mathbf{s}$ 有可能相同也有可能不同，这就产生了式（10.19）

中匹配和失配两种情况。此处,为保持通用性,暂不考虑失配的情况。在实际中,由于仪器的缺陷,如阵列校准误差或环境因素、扩散多径传播,都可能会产生失配。匹配和失配的有用信号对输出 SDR 的潜在影响也是非常重要的。4 种不同的监督或非监督训练和匹配或失配的有用信号的组合,现在将被视为解释在实际雷达系统中使用的自适应算法的主要特征。

$$\begin{cases} \mathbf{v} = \mathbf{s} & 匹配 \\ \mathbf{v} \neq \mathbf{s} & 失配 \end{cases} \quad (10.19)$$

10.1.2.1 有监督训练且信号匹配

本节我们只关注平稳高斯过程,场景为有监督训练,且用辅路数据采样协方差矩阵 $\hat{\mathbf{R}}$ 取代最大似然估计(MLE)$\mathbf{Q}$。当干扰协方差矩阵为满秩 N,并且辅路数据的样本数量 $K \geqslant N$ 时,逆矩阵 $\hat{\mathbf{R}}^{-1}$ 必定存在,从而可以用采样矩阵求逆(SMI)技术(Reed, Mallet, and Brennan 1974)得到滤波器的解 $\hat{\mathbf{w}}_1 = \beta \hat{\mathbf{R}}^{-1} \mathbf{s}$。

SMI-MVDR 自适应滤波器用 $\beta = \{\mathbf{s}^\dagger \hat{\mathbf{R}}^{-1} \mathbf{s}\}^{-1}$ 来对有用信号增益进行归一化。此时,假设信号 $\mathbf{v}$ 与有用信号 $\mathbf{s}$ 完全匹配。滤波器 $\hat{\mathbf{W}}_1$ 和最优滤波器 $\mathbf{w}_o$ 的信干噪比的比值可以用 SDR 损失因子 $\rho_1 \in [0,1]$ 来表示,见式(10.20)。损失因子 $\rho_1 \to 1$,当 $K \to \infty$ 时 $\hat{\mathbf{R}} \to \mathbf{Q}$。

$$\rho_1 = \rho(\mathbf{s}, \hat{\mathbf{R}}) = \frac{\mathcal{L}(\mathbf{s}, \hat{\mathbf{R}})}{\mathcal{L}(\mathbf{s}, \mathbf{Q})} \quad (10.20)$$

Reed、Mallet 和 Brennan(RMB)在他们的著作中指出了 ρ_1 的概率密度函数为 beta 分布,他们证明了一个重要事实,即 ρ_1 的分布仅取决于系统的维数,也就是采样数量 K 和滤波器长度 N,如式(10.21)所示,式中,$B(M,L) = (M-1)!(L-1)!/(M+L-1)!$。

$$f_1(\rho_1) = [B(N-1, K+2-N)]^{-1} \rho_1^{K-N+1} (1-\rho_1)^{N-2}, \quad 0 \leqslant \rho_1 \leqslant 1 \quad (10.21)$$

随机变量 ρ_1 的一阶和二阶矩(均值和方差)的表达式如式(10.22)所示。由此可见,SMI 算法的一个重要特性就是 ρ_1 的均值和方差的收敛速度和 $\mathbf{Q}$ 无关,这一点和迭代的 LMS 算法的性能差异很大,当 $\mathbf{Q}$ 的可用性很差时(如 $\mathbf{Q}$ 中存在很大的特征值分离度),其收敛速度相对要慢。SMI 算法的这个重要特性提供了与干扰协方差矩阵无关的快速收敛速度。

$$E\{\rho_1\} = \frac{K-N+2}{K+1}, \quad \text{Var}\{\rho_1\} = \frac{(K-N+2)(N-1)}{(K+1)^2(K+2)} \quad (10.22)$$

ρ_1 取值小于 $1-\delta$ 的概率用 $P[\rho_1 < 1-\delta]$ 表示,如式(10.23)所示,此时 $b(m; K, \delta) = \binom{k}{m} \delta_m (1-\delta)^{K-m}$。

对于特定的采样数量 $K = 2N-3$,概率密度函数 $f_1(\rho_1)$ 是关于 1/2 对称的,所以 $P[\rho_1 < 1/2] = 1/2$,从式(10.22)可以验证以上结论,当 $K = 2N-3$ 时 $E\{\rho_1\} = 1/2$,频繁被引用的 RMB 经验准则就来源于这种关系,它说的是,当采用 $K > 2N$ 个独立同分布高斯训练样本训练长度为 N 的自适应滤波器时,SMI 算法相对于最优滤波器有平均信噪比损失 $E\{\rho_1\} < 1/2$(也就是平均损失低于 3 dB)。

$$P[\rho_1 < 1-\delta] = \sum_{m=0}^{N-2} b(m; K, \delta) \quad (10.23)$$

图 10.1(a)中的实线显示了 $N = 16$ 时 $E\{\rho_1\}$ 的收敛速度,而图 10.1(b)显示了 $K = 2N-3$ 时的 $f_1(\rho_1)$,其对称于 1/2。需强调的是,本节公式适用于交叉抑制场合,此时自适应滤波器的权值是由另外的数据快拍计算得来的,那些计算权值和应用权值都是同一批数据的场合

被称为自抑制应用。当采样点数有限时,自适应滤波器在后一种情况下提供了比最优滤波器更强的干扰抑制能力(Abramovich, Mikhaylyukov and Malyavin 1992a),所以基于自抑制条件的性能评估应该被小心使用。

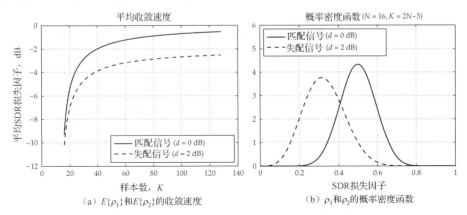

图 10.1 图(a)显示了有监督训练情况下信号匹配 E{ρ_1}和信号失配 E{ρ_2}且 $d = 2$ dB 时平均 SDR 损失的收敛速度,图(b)显示了有监督训练情况下 $K = 2N-3$ 时 SDR 损失因子 ρ_1 和 ρ_2 的概率密度函数。所有的自适应滤波器维数均为 16

10.1.2.2 有监督训练且信号失配

在实际应用中,$\mathbf{Q}$ 和 $\mathbf{s}$ 都是不能准确预知的,当有用信号存在失配的时候,SMI-MVDR 自适应滤波器的解为 $\hat{\mathbf{w}}_2 = \beta \hat{\mathbf{R}}^{-1} \mathbf{v}$,此时 $\mathbf{v}$ 是我们预设的信号矢量,如果矢量 $\mathbf{v}$ 和真实信号矢量 $\mathbf{s}$ 不一致,估计出来滤波器 $\hat{\mathbf{w}}_2$ 将偏离最优滤波器 $\mathbf{w}_o = \beta \mathbf{Q}^{-1} \mathbf{s}$,即使我们采样无限采样序列,也就是在 $\hat{\mathbf{w}}_2 \to \beta \mathbf{Q}^{-1} \mathbf{v}$ 中使用很大的 K 值生成采样矩阵。在有监督、信号失配情况下的 SDR 损失因子定义为 $\rho_2 \in [0,1]$,见式(10.24)。

$$\rho_2 = \rho(\mathbf{v}, \hat{\mathbf{R}}) = \frac{\mathcal{L}(\mathbf{v}, \hat{\mathbf{R}})}{\mathcal{L}(\mathbf{s}, \mathbf{Q})} \quad (10.24)$$

按比例的 SDR 损失因子 $d\rho_2 \in [0,d]$ 的概率密度函数(PDF)是由 Boroson(1980)分析推出的,由式(10.25)的 $f_2(d\rho_2; d)$ 给出,这里比例参数 $d = [(\mathbf{s}^\dagger \mathbf{Q}^{-1} \mathbf{s}) \cdot (\mathbf{v}^\dagger \mathbf{Q}^{-1} \mathbf{v})]/|\mathbf{v}^\dagger \mathbf{Q}^{-1} \mathbf{s}|^2$。$d \in [1,\infty]$ 的逆可以理解为一个广义的幅度平方相干性,这常常写为方向余弦的平方项 $\cos^2 \Upsilon = 1/d$,这里 Υ 是矢量 $\mathbf{v}$ 和 $\mathbf{s}$ 在白化数据空间的夹角(即在矢量 $\mathbf{Q}^{-1/2}\mathbf{v}$ 和 $\mathbf{Q}^{-1/2}\mathbf{s}$ 之间)。

$$\begin{aligned}f_2(d\rho_2;d) = &\frac{d^{N-2K-1}}{B(N-1, K+2-N)} \sum_{\ell=0}^{K+1-N} \\ &\times \left\{ \binom{K+1-N}{\ell}^2 / \binom{N-2+\ell}{\ell} \right\} (d-1)^\ell (d-d\rho_2)^{N-2+\ell}(d\rho_2)^{K+1-N-\ell}\end{aligned} \quad (10.25)$$

Boroson(1980)给出了如式(10.26)所示的随机变量 ρ_2 的均值和方差,在没有信号失配($\mathbf{v} = \mathbf{s}$)的情况下,我们令 $d = 1$ 且 $f_2(\rho_2; 1) = f_1(\rho_1)$,和预期的一样。对于 $d = 1$,变量的方差按 $1/K^2$ 的比例递减,而当 $\mathbf{Q}^{-1/2}\mathbf{v}$ 和 $\mathbf{Q}^{-1/2}\mathbf{s}$ 发散时,$d > 1$ 并且 Var{ρ_2} 按 $1/K$ 的比例递减。

$$\begin{aligned}\mathrm{E}\{\rho_2\} &= \frac{K+1-N+d}{d(K+1)}, \\ \mathrm{Var}\{\rho_2\} &= \frac{(K-N+2)(N-1)+(d-1)K[d-1+2(K+2-N)]}{d^2(K+1)^2(K+2)}\end{aligned} \quad (10.26)$$

从式(10.22)和式(10.26)可以看出,有用信号失配造成滤波器权值 $\hat{\mathbf{w}}_2$ 的 SDR 损失偏离了自适应滤波器权值 $\hat{\mathbf{w}}_1$ 的 SDR 损失,该偏离受乘性因子 $b \leq 1$ 控制,如式(10.27)所示,式中

$\xi = d-1$。当 $K \to \infty$ 时,可以看到 $b \to (1+\xi)^{-1} = 1/d$,因此,假设 $\mathbf{v}$ 是 $\mathbf{s}$ 经过变换 $\mathbf{Q}^{-1/2}$ 得到的一个合理估计,d 的值将不会很大,由信号失配引起的相对于自适应滤波器的附加 SDR 损失在所有 $K \in [N, \infty)$ 的情况下将不会超过 d。例如,$d < 2$ 时平均附加损失小于 3 dB。由此,信号失配在一定程度上可以容忍,使得附加 SDR 损失在所有 K 取值下相比信号匹配的情况不超过 3 dB,这是一个有用的经验公式,但仅限于有监督的场景。

$$b = \frac{\mathrm{E}\{\rho_2\}}{\mathrm{E}\{\rho_1\}} = \frac{1 + \xi/(K+2-N)}{1+\xi} \quad (10.27)$$

正如 Boroson(1980)所描述的,随机变量 $d\rho_2$ 取值小于 $1-\delta$ 的概率 $P[d\rho_2 < 1-\delta; d]$ 由式(10.28)决定,由于 SDR 损失因子 ρ_2[见式(10.24)]的定义是相对于最优滤波器的,所以式(10.28)实际涵盖了自适应和信号失配两种情况的相对损失。另一方面,$d\rho_2$ 可以理解为自适应滤波器本身的 SDR 损失因子,因为其值是相对于失配情况下的近似滤波器,换句话说,$d\rho_2 = \mathcal{L}(\mathbf{v},\hat{\mathbf{R}})/\mathcal{L}(\mathbf{v},\mathbf{Q})$,可以写成 $\rho_2 = \mathcal{L}(\mathbf{v},\hat{\mathbf{R}})/\mathcal{L}(\mathbf{s},\mathbf{Q})$ 和 $d = \mathcal{L}(\mathbf{s},\mathbf{Q})/\mathcal{L}(\mathbf{v},\mathbf{Q})$。

$$P[d\rho_2 < 1-\delta; d] = \sum_{\ell=0}^{K+1-N} \sum_{n=0}^{N-2+\ell} b(n; K, \{\delta + d - 1\}/d) \, b(\ell; K+1-N, \{d-1\}/d) \quad (10.28)$$

图 10.1(a)中的虚线描绘了 $N = 16$ 且 $d = 2$ dB 时 $\mathrm{E}\{\rho_2\}$ 的收敛速度,实线则描绘了与信号匹配时的 $\mathrm{E}\{\rho_1\}$ 相比,在 K 很大时附加损失 $d = 2$ dB。图 10.1(b)中的虚线描绘了 $K = 2N-3$ 时 ρ_2 的概率密度函数,注意,信号失配带来的影响不仅是平均 SDR 损失增加,也增加了特定采样数量下 SDR 损失的方差(Boroson 1980),换言之,对于任意小于 d 的平均 SDR 损失,有监督的场景下,信号失配的情况比信号匹配的情况需要增加更多的采样点才能达到相同的性能。这在图 10.2(a)和图 10.2(b)中可以反映,图中绘制了 ρ_1 和 ρ_2 各自的累加概率密度函数随采样数量 K 的变化。

尽管 $K = 2N-3$ 时 $\mathrm{E}\{\rho_1\} = 1/2$,并且有一半的机会 $\rho_1 < 1/2$,即 $P[\rho_1 < 1/2] = 1/2$。很多情况下我们还是需要更高的性能要求,比如当 $K = 3N$ 时,图 10.2(a)显示 $P[\rho_1 < 1/2]$ 的概率可以降低到 1% 以下,这种选择可以保证在 99% 的情况下都能够实现 SDR 损失因子 ρ_1 在 3 dB 以内。这个例子仅用于说明平均损失,并没有涉及损失因子的概率分布特性,这样看滤波器性能还是比较理想的。

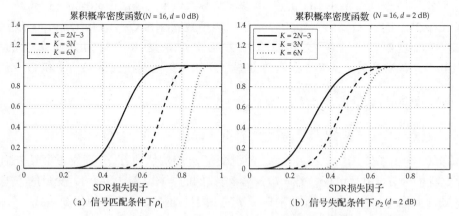

图 10.2 图(a)为信号匹配时不同 K 值 SDR 损失因子 ρ_1 的累积概率密度函数,图(b)为信号失配且 $d = 2$ dB 时不同 K 值 SDR 损失因子 ρ_2 的累积概率密度函数,分别取 $K = 2N-3$,$K = 3N$,$K = 6N$,应用场景为有监督的情况

10.1.2.3 无监督训练且信号匹配

自适应权矢量的目的是从干扰环境中过滤有用信号,所以在实际应用中,无法得到理想

的训练数据不足为奇，总是会有信号掺杂其中。在这种无监督训练场景下，用来形成协方差矩阵的辅路数据通常被认为除了干扰还包含有用信号。

为避免与前面定义的采样协方差矩阵 $\hat{\mathbf{R}} = K^{-1}\sum_{k=1}^{K}\mathbf{d}_k\mathbf{d}_k^{\dagger}$ 混淆，我们定义无监督训练的辅路数据采样协方差矩阵为 $\hat{\mathbf{P}}$，见式（10.29），此处，$\mathbf{s}_k = a_k\mathbf{s}$，且复幅度的分布服从 $a_k \sim \mathcal{CN}(0, \sigma_s^2)$。

$$\hat{\mathbf{P}} = \frac{1}{K}\sum_{k=1}^{K}[\mathbf{s}_k + \mathbf{d}_k][\mathbf{s}_k + \mathbf{d}_k]^{\dagger} \tag{10.29}$$

假设干扰 $\mathbf{d}_k$ 和有用信号 $\mathbf{s}_k$ 不相关，当 K 很大时，无监督的辅路数据采样协方差矩阵 $\hat{\mathbf{P}}$ 的期望趋近于 $\mathbf{P} = \mathbf{Q} + \sigma_n^2\mathbf{s}\mathbf{s}^{\dagger}$，使用矩阵求逆引理，$\mathbf{P}$ 的逆矩阵可以写成式（10.30）的形式，并可立即得出 $\mathbf{P}^{-1}\mathbf{s} = \beta\mathbf{Q}^{-1}\mathbf{s}$ 且 $\beta = (1 + \sigma_n^2\mathbf{s}^{\dagger}\mathbf{Q}^{-1}\mathbf{s})^{-1}$。因此，在 K 很大时，无监督训练场景下的 SMI 自适应滤波器趋近于最优滤波器，前提是有用信号 $\mathbf{s}$ 是精确已知的，即信号匹配。

$$\mathbf{P}^{-1} = \mathbf{Q}^{-1} - \frac{\mathbf{Q}^{-1}\mathbf{s}\mathbf{s}^{\dagger}\mathbf{Q}^{-1}}{1/\sigma_s^2 + \mathbf{s}^{\dagger}\mathbf{Q}^{-1}\mathbf{s}^{-1}} \tag{10.30}$$

无监督训练且信号匹配情况下最主要的问题是，用采样协方差矩阵 $\hat{\mathbf{P}}$ 代替 $\mathbf{P}$ 求解自适应滤波器 $\hat{\mathbf{w}}_3 = \beta\hat{\mathbf{P}}^{-1}\mathbf{s}$ 时与收敛速度有关。这种情况下的相对 SDR 损失因子定义为 ρ_3，如式（10.31）所示。Miller（1976）指出，这个变量可以写成 $\rho_3 = \rho'/[1 + p_s(1 - \rho')]$，此处，$\rho' = |\mathbf{s}^{\dagger}\hat{\mathbf{P}}^{-1}\mathbf{s}|_2 / [(\mathbf{s}^{\dagger}\mathbf{P}^{-1}\mathbf{s}^{-1})(\mathbf{s}^{\dagger}\hat{\mathbf{P}}^{-1}\mathbf{P}\hat{\mathbf{P}}^{-1}\mathbf{s}^{-1})]$ 是由协方差矩阵 $\mathbf{P}$ 的自适应性引入的损失因子，而 $p_s = \sigma_n^2\mathbf{s}^{\dagger}\mathbf{Q}^{-1}\mathbf{s}$ 是信号在白化数据空间中的功率。ρ' 的概率分布函数与 ρ_1 相同，因为在一个独立同分布零均值高斯过程中，概率分布仅取决于系统的维度信息（K 和 N），而与协方差矩阵（$\mathbf{P}$ 或 $\mathbf{Q}$）无关。

$$\rho_3 = \rho(\mathbf{s}, \hat{\mathbf{P}}) = \frac{\mathcal{L}(\mathbf{s}, \hat{\mathbf{P}})}{\mathcal{L}(\mathbf{s}, \mathbf{Q})} \tag{10.31}$$

因此，ρ_3 取值小于 $\epsilon = 1 - \delta$ 的概率，由式（10.32）中的 $P[\rho_3 < \epsilon]$ 给出，式中的 $P[\rho_1 < \epsilon(1 + p_s)/(1 + p_s\epsilon)]$ 可由式（10.23）计算得出，注意 $p_s = 0$ 对应着有监督训练。

$$P[\rho_3 < \epsilon] = P[\rho_1 < \epsilon(1 + p_s)/(1 + p_s\epsilon)] \tag{10.32}$$

图 10.3（a）展示了无监督训练、固定采样数目场景下相对 SDR 损失随功率 p_s 变大而增加的情况。训练数据中有用信号的存在带来的收敛速度恶化效果可以用图 10.3（b）和图 10.2（a）对照分析，如图 10.3（b）中在 $K = 6N$ 时 $P[\rho_3 < 1/2] \approx 0.1$，而在有监督训练的图 10.2（a）中，在 $K = 3N$ 时 $P[\rho_1 < 1/2] \approx 0.01$。

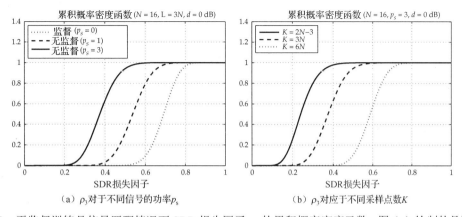

(a) ρ_3 对于不同信号的功率 p_s　　(b) ρ_3 对应于不同采样点数 K

图 10.3　无监督训练且信号匹配情况下 SDR 损失因子 p_3 的累积概率密度函数。图（a）绘制的是固定采样点数 $K = 3N$ 时不同信号功率（在白化数据空间中）p_s 对应的曲线；图（b）绘制的是固定有用信号功率 $p_s = 3$ 时不同采样点数 K 对应的曲线。所有曲线中自适应滤波器维数均为 $N = 16$

10.1.2.4 无监督训练且信号失配

当存在信号失配时，$\mathbf{P}^{-1}\mathbf{v}$ 不再近似于 $\mathbf{Q}^{-1}\mathbf{s}$，因为 $\mathbf{Q}$ 可认为是满秩的，从而当 K 很大时自适应滤波器 $\hat{\mathbf{w}}_4 = \hat{\mathbf{P}}^{-1}\mathbf{v}$ 也不趋近于最优滤波器。无监督训练且信号失配情况下的 SDR 损失因子 ρ_4 见式（10.33）。

$$\rho_4 = \rho(\mathbf{v}, \hat{\mathbf{P}}) = \frac{\mathcal{L}(\mathbf{v}, \hat{\mathbf{P}})}{\mathcal{L}(\mathbf{s}, \mathbf{Q})} \tag{10.33}$$

Boroson（1980）利用和 Miller（1976）相似的分析方法证明了 $P[d\rho_4 < \epsilon; d]$ 的表达式，见式（10.34），此处，$P[d\rho_2 < \epsilon(1+p_s)\{1+p_s(d-1)/d\}/(1+p_s\epsilon/d); d]$ 可以从式（10.28）中计算得出。

$$P[d\rho_4 < \epsilon; d] = P[d\rho_2 < \epsilon(1+p_s)\{1+p_s(d-1)/d\}/(1+p_s\epsilon/d); d] \tag{10.34}$$

图 10.4 使用与图 10.3 相同的方法，显示了 ρ_4 的累积概率密度函数。给定采样数量 $K = 3N$ 时，图 10.4（a）和图 10.3（a）的区别说明了无监督训练时有用信号失配引起的显著性能恶化。重要的是，这种恶化不能通过增加采样点数来缓和，正如图 10.4（b）所示，这是因为在无监督训练时，失配信号被"积极的"（actively）按照 p_s 的变化给抑制了，即使在无穷采样的极限情况下也是如此。

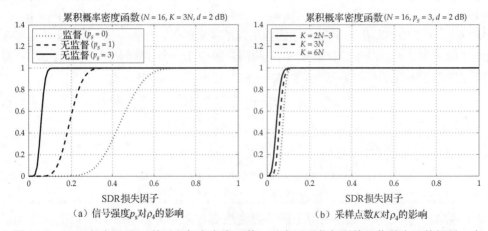

（a）信号强度 p_s 对 ρ_4 的影响　　（b）采样点数 K 对 ρ_4 的影响

图 10.4　SDR 损失因子 ρ_4 的累积概率密度函数，对应于无监督训练且信号失配的场景。左图是固定采样点数 $K = 3N$ 时不同信号功率 p_s 对应的曲线，右图是固定信号功率 $p_s = 3$ 时不同采样点数 K 对应的曲线。所有曲线中自适应滤波器维数均为 $N = 16$

从上面的描述很明显可以看到无监督训练且信号失配会导致最差的自适应滤波器性能，所以，在应用中经常需要采取一些可行的方法尽量避免采样数据中有用信号的存在，比如，可以精心选取用于估计干扰协方差矩阵的参考单元。当训练数据中信号的存在难以避免时，为避免滤波器性能明显恶化，使信号失配最小化变得尤为重要。

正如前面论述的结果，在有监督训练的情况下，如果能使用一个合理的信号矢量估计，那么信号失配的影响是很小的。当然，最好的滤波器性能总是出现在有监督训练且信号匹配的情况，假如能获取足够的独立同分布辅路数据来估计干扰协方差矩阵。

SDR 损失因子 $\{\rho_i\}_{i=1}^4$ 的收敛速度和分布特性可以直接应用于 SMI-MVDR 自适应滤波器，因为自适应滤波器权矢量 $\{\hat{\mathbf{w}}_i\}_{i=1}^4$ 乘以任意标量不会影响输出 SDR，而 SMI-LCMV 应用中则必须把 $M-1$ 个附加线性约束考虑进去。Abramovich（2000）已经证明，SMI-LCMV 算法的收敛速度可以在 $\{\rho_i\}_{i=1}^4$ 的推导中通过替换滤波器维数 N 为有效维数 $N' = N - (M-1)$ 来获得，这等价于把滤波器维数减少了与附加线性约束相同的数目 $M-1$。

10.1.2.5 最优滤波器的性能

到目前为止，我们讨论的自适应滤波器性能都是以最优滤波器为参考，分析其在有监督或无监督、信号匹配或失配情况下的表现。作为参考对象的最优滤波器，其性能也应该通过参考白噪声背景下的匹配滤波器来量化。可以用总性能损失因子来描述自适应滤波相对于白噪声背景下匹配滤波器的性能损失，它是自适应滤波器相对最优滤波器的损失因子与最优滤波器相对于白噪声背景下匹配滤波器的损失因子的乘积。利用式（10.12），总性能损失因子可以表示为 $\{\eta_i(\mathbf{w})\}_{i=1}^4$，如式（10.35）所示。此处，对于 SMI-MVDR 滤波器，$\mathbf{w} = \mathbf{w}_a$；而对于 SMI-LCMV 滤波器，$\mathbf{w} = \mathbf{w}_b$。

$$\eta_i(\mathbf{w}) = \varrho(\mathbf{w})\rho_i, \quad i = 1, \cdots, 4 \tag{10.35}$$

SMI 损失因子 $\{\rho_i\}_{i=1}^4$ 的概率密度函数对应于我们前面讨论的 4 种平稳高斯干扰场景，不管是否含有附加线性约束。接下来，问题就集中到 $\varrho(\mathbf{w})$ 的特性。损失因子 $\varrho(\mathbf{w}_a)$ 高度依赖干扰协方差矩阵 $\mathbf{M}$[式（10.36）]的特征结构，尤其是特征值 $\lambda_1, \cdots, \lambda_N$ 和矢量 $\mathbf{s}$ 在对应特征矢量 $\{\mathbf{q}_n\}_{i=1}^N$ 上投影的幅度大小。

$$\mathbf{M} = \sum_{n=1}^{N} \lambda_n \mathbf{q}_n \mathbf{q}_n^\dagger \tag{10.36}$$

总而言之，如果外部干扰分量的有效秩 $N_e < N$，并且 $\mathbf{s}$ 基本上被限制在由 $N-N_e$ 个特征矢量张成的噪声子空间里（也就是外部强干扰分量从滤波器的副瓣进入并且有足够的自由度可用于有效抑制干扰），那么损失 $\varrho(\mathbf{w}_a)$ 将会很小。

另一方面，如果 $N_e = N$，或者 $N_e < N$ 但干扰子空间中 $\mathbf{s}$ 的影响不可忽略（也就是外部强干扰是满秩的或者至少有一个强干扰从主瓣进入滤波器），损失 $\varrho(\mathbf{w}_a)$ 将会很大。LCMV 滤波器的损失 $\varrho(\mathbf{w}_b)$ 情况更为复杂，取决于附加线性约束的数量和定义。

尽管 $\mathbf{M}$ 在实际应用中是未知的，但根据我们要去除的不同的干扰类型还是可以定性的推断出一些基本的结构特征。比如，方向性点源发出的类噪声干扰的协方差矩阵空间秩相当低，但是在快时间域或慢时间域则表现为满秩。很明显这种干扰比较适合用空间类处理方法来抑制。

大面积地物后向散射杂波构成的协方差矩阵通常具有很高的秩甚至满秩，但在固定雷达平台的慢时间域却显示出很低的秩，显然，这种类型的干扰更适合用多普勒处理来抑制。

通过分析外部干扰和三维数据矩阵的相关特性，可以指导我们选择合适的滤波器结构并合理分配自由度。尽管在之前的理论分析中这种定性描述和假设并不能准确地反映真实环境，它还是给自适应滤波器的实际应用提供了很多重要的指导性准则。

10.1.3 真实环境

主路数据或者辅路数据矢量中，干扰的独立高斯同分布假设是理想化的，在实际应用中几乎不可能实现。至少某些用于训练自适应滤波器的辅路数据，在统计上经常表现出与被测单元的干扰不同的特性。这些异质性或者奇异性表现在：（1）存在于辅路数据中；（2）仅存在于被测单元；（3）污染了主路数据和辅路数据。

异质性干扰是非常隐蔽的，因为它具有系统性，不同于干扰协方差矩阵中的静态随机误差期望，它无法通过采样平均来减少。实际上，辅路数据采样协方差矩阵和被测单元干扰分量的协方差矩阵的静态期望在参考单元数目增加时反而是加剧了相异性。不同类型异质性的可能原因和影响将在本节简要讨论，同时本节还将简要讨论一些有代表性的异质性环境下训练数据选择方法，以及欠采样情况下提高收敛速度的方法。

10.1.3.1 幅度及谱失配

在实际应用中，异质性引起的辅路数据干扰协方差矩阵的范围或结构变化比起主路数据中的干扰更值得关注，因为这种现象能严重恶化自适应滤波器的性能。幅度异质性指的是外部干扰的幅度在辅路数据中和测试单元中不一致，此时，辅路数据干扰协方差矩阵的有式（10.37）的形式，$\mathbf{M}$是辅路数据中的外部干扰的协方差矩阵，矢量$\{\gamma_k\}_{k=1}^K$代表相对于测试单元，辅路数据$k = 1, \cdots, K$的变化量。

$$E\{\mathbf{x}_k \mathbf{x}_k^\dagger\} = \gamma_k \mathbf{M} + \sigma_n^2 \mathbf{I} \qquad (10.37)$$

在这种情况下，外部干扰的功率水平在不同的雷达距离分辨单元上是变化的，但是其谱结构保持不变，一个实际的例子是由于地表反射率的空间起伏引起的杂波起伏。已经有一些文献论述了所有随机变量$\{\gamma_k\}_{k=1}^K$的边缘及联合概率密度用于对幅度失配做统计意义上的描述，例如，Gini and Farina（2002a）在其著作里建议用Weibull分布、Gamma分布和K分布来模拟联合高斯杂波。

当采样数目K很大时，辅路数据采样协方差矩阵将趋近于式（10.38）所示的期望值，此处，$\bar{\gamma}$代表被测单元外部干扰幅度起伏的均值。当存在幅度异质性时，干扰幅度的均值通常与任意被测单元（$\bar{\gamma} \neq 1$）的干扰幅度都失配，这种失配会引起自适应滤波器中凹口深度的次最佳性（sub-optimality）。

当被测单元的干扰幅度被严重低估（如$\bar{\gamma} \ll 1$）时，自适应零深不够深，被测单元的干扰会被抑制不足（under-nulled），这将显著增加虚警水平。另一方面，如果被测单元的干扰幅度被严重高估（$\bar{\gamma} \gg 1$），自适应零深会比实际需要还深，这时自适应滤波器的范数变大，从而噪声增益变大，在极端情况下，过抑制（over-nulling）引起噪声增益提高会产生大量漏警。

$$\mathbf{Q} = \bar{\gamma} \mathbf{M} + \sigma_n^2 \mathbf{I} \qquad (10.38)$$

谱异质性指的是干扰协方差矩阵的结构性失配，而不仅仅是幅度上。最通用的情况是，辅路数据中每一个外部干扰在统计上都对应一个单独的协方差矩阵，用$\mathbf{M}_k$来表示，见式（10.39）。这种情况有可能发生在杂波谱突变时，比如滨海地区的海陆交界处，也可能发生在长观测时间内干扰出现空间非平稳的情况。

$$E\{\mathbf{x}_k \mathbf{x}_k^\dagger\} = \mathbf{M}_k + \sigma_n^2 \mathbf{I} \qquad (10.39)$$

尽管主要干扰成分通过有限的训练数据时常可以被看成局部平稳的，主路数据或辅路数据还是有可能被其他的相干信号或杂波的突变（discretes）所污染，它们都存在于雷达距离分辨单元内（不考虑谱泄漏）。例如，这种污染可能来自潜在的均匀散射特性引起的局部RCS增强。

独立散射体引起的杂波突变通常会对应不同的特征矢量，用$\mathbf{u}_k$表示，式（10.40）给出了这种情况以及均匀情况下的表达式。杂波突变引起的辅路数据污染主要影响被测单元干扰抑制的效果，有可能产生漏检。杂波突变引起的主路数据污染有可能产生虚警，而不管辅路数据中是否包含污染数据，这是因为突变的特性决定了它只被限制被测单元中，从而不受辅路训练数据影响。

$$E\{\mathbf{x}_k \mathbf{x}_k^\dagger\} = \begin{cases} \mathbf{M} + \sigma_n^2 \mathbf{I} & \text{非独立} \\ \mathbf{M} + \sigma_n^2 \mathbf{I} + \mathbf{u}_k \mathbf{u}_k^\dagger & \text{独立} \end{cases} \qquad (10.40)$$

10.1.3.2 训练数据选择

训练数据通常从三维雷达数据矩阵中抽取与被测单元相邻的有限的参考单元。测试单元以及一端或两端的若干个保护单元,一般不出现在辅路数据中,以避免有用信号出现在辅路数据中引起的信号相消。这相当于模拟有监督训练的场景,这种在被测单元附近选择辅路数据的方式被称为局部训练(localized training)。

被测单元的邻近单元在相对短时的训练周期内构造的辅路数据协方差矩阵,可以近似为均匀平稳的,与被测单元的矩阵特性相同。因此,局部训练是一种尽量减少干扰协方差矩阵幅度和谱异质性的方法,在异质性杂波环境中,这种方法需要在被测单元附近有限的单元中取平均协方差矩阵,在空间非平稳干扰情况下,这种方法需要在较短时间内取平均采样矢量。

虽然局部训练能减少干扰异质性的影响,但是一般来说当训练数据中存在突变的时候就没什么效果了。一种称为非平稳性检测,即 NHD(Non-Homogeneity Detection)的预处理方法,可以用来探测和去除与辅路数据统计特性上不同的辅路矢量。

一旦这些异常单元被检测出来,它们将被从辅路数据中剔除,以免其影响最终的采样协方差矩阵。一种常用的 NHD 度量方法叫做广义内积(即 GIP)测试,用式(10.41)中的 ς_k 表示,那些具有最大 ς_k 值的若干个(数量可预设)训练单元将被从最终的采样协方差矩阵中剔除(Chen, Melvin, and Wicks 1999)。

$$\varsigma_k = \mathbf{x}_k^\dagger \hat{\mathbf{R}}^{-1} \mathbf{x}_k \tag{10.41}$$

NHD 机制可以有效辨别包含杂波突变的辅路单元,通过功率选择训练(Power-Selected Training,PST)可以进一步简化采样矢量,它有针对性地选择强采样矢量来减少幅度异质性引起的零深不足的可能性。另一种策略是通过内积使采样协方差矩阵中的矢量标准化减少过抑制的可能性。

从数据库或其他传感器获取的先验知识也可用于提高辅路数据的选择质量,见 Melvin, Wicks, Antonik, Salama, Li, and Schuman(1988)及其参考文献。有关超视距雷达利用地理信息辅助收集训练数据用于增强滨海地区舰船目标探测的方法见 Fabrizio, Farina, and De Maio(2006)。

10.1.3.3 欠采样时的技术

为了使辅路数据中的干扰均匀平稳,我们付出的代价是采样数量的显著减少。在高度异质性的环境中,合格的训练数据极度缺乏,使自适应滤波器处于饥饿(starve)状态。简单地说,从被测单元附近选取训练数据的要求有可能因为训练样本少而产生更大的估计误差。为获得最佳性能,需要在这两种互斥的选择中做一个折中。

在欠采样的情况下防止滤波器性能下降的方法在实际应用中非常重要。一个通用的方法是对角加载矩阵求逆(LSMI)技术,与标准采样协方差矩阵 $\hat{\mathbf{R}}$ 不同的是,它采用了式(10.42)中 $\hat{\mathbf{R}}$ 的形式。正实数 α 被称为加载因子。

$$\tilde{\mathbf{R}} = \hat{\mathbf{R}} + \alpha \mathbf{I} \tag{10.42}$$

恰到好处的对角加载能有效提高滤波器的收敛速度,尤其是当满足以下 3 个条件时。首先,干扰子空间的有效维数远小于滤波器维数 $N_e \ll N$;其次,干扰的主特征值远大于噪声特征值 $\{\lambda_n\}_{n=1}^{N_e} \gg \sigma_n^2$;最后,附加线性约束的个数 M 应小于剩余自由度,即 $M > N - N_e$。

当以上条件都满足时,就可以用区间 $\sigma_{n2} < \alpha \ll \{\lambda_n\}_{n=1}^{N_e}$ 内的加载因子达到减少独立同分布采样点数的目的,同时保证相比于 $K = 2N$ 到 $K = 2N_e$ 时最优滤波器的 SDR 损失不大于 3 dB,

有监督训练时的 MVDR 和 LCMV LSMI 算法均适用。详见 Abramovich（1981b）、Cheremisin（1982）和 Gierull（1996）。

此外，对角加载能够同时防止主瓣畸变和控制副瓣电平，这提供了对抗信号失配的鲁棒性和对抗主路数据杂波突变的更强免疫力。有兴趣的读者可以参阅 Carlson（1988），获得关于对角加载技术的好处的详细描述。

同对角加载技术一样有效的还包括非数据依赖的滤波器降维技术，比如波束空间或者频域变换，以及前/后向子阵平滑（Pillai, Kim, and Guerci 2000），为了获得估计的准确性作为代价它们都损失了滤波器的分辨率性能。

基于奇异值分解（SVD）的自适应降秩技术也可以用来提高滤波器的收敛性能（Guerci, Goldstein, and Reed 2000）。在超视距应用中，降秩最优滤波的性能通常比完整的最优滤波器性能要差，但是在有限采样情况下其更优的收敛速度在实践中有时候更重要。

基于多通道 AR 过程的干扰协方差矩阵的参量化模型也被用于提升有限采样情况下的性能（Michels, Himed, and Rangaswamy 2002），如果参量化模型是准确的，这种方法可以有效减少待估计的协方差矩阵参量个数，从而在欠采样的情况下获得更快的收敛速度。

10.2 问题形成

超视距雷达的工作环境中包含大量外部干扰和噪声，其功率水平远大于内部噪声（热噪声）。在 HF 频段，人为干扰有可能来源于有意识的辐射源（如无线电和广播电台），也有可能来源于无意识的辐射源（如电子设备和工业处理流程），自然界的 HF 噪声源包括雷电产生的大气噪声，以及太阳和其他星系引起的宇宙噪声。

超视距雷达接收站使用实时频谱监测手段帮助选取干净或未被占用的频段，这是最主要的减少干扰加噪声功率谱密度的方法，同时能避免高频段用户间的互相干扰。因为除了需要获得干净频段以提高自身性能，超视距雷达还必须遵守互不干扰的大原则。

适合于超视距雷达的干净频段的可用度可能会随时间显著变小，高密集度的 HF 频段用户实际上削弱了超视距雷达的性能，因为它们限制了选频系统的可用范围。更具体一点，适合于目标探测的优选频段有可能包含了同频干扰，或者是很高的背景噪声，然而，此时干净频段却很可能不适合于目标区域雷达回波的电离层传播。

这种情形经常出现在夜晚，此时较高频段的天波传播效率降低，迫使用户选择较低的频段，再加上夜间的大气层由于 D 层吸收效应更容易把干扰传播很长的距离，这进一步降低了频段的可用性，因为有更多的干扰进入到雷达接收机。在夜间经常很难找到适合雷达的干净信道和足够的带宽。

信道占用的问题虽然在白天没那么明显，某个时刻看上去适合超视距雷达的干净频段仍然难以保证在整个任务期间不受偶发干扰的影响。空域和频域特性频繁变化的高频信号环境，加上天波在电离层传输的不稳定性，意味着实际应用中接收机不可避免地接收到偶发的无线电干扰，即 RFI（Radio Frequency Interference）。

接收到的 RFI 可能是瞬态的，会污染相干积累周期中的某些时间段，也可能在某个时刻突然出现，持续很长时间，甚至跨越多个相干积累周期。重点是，RFI 造成的负面影响通过频率选择虽然可以减少，但很难完全避免，因此，人们对自适应信号处理在超视距干扰和噪声抑制方面的应用格外感兴趣。

10.2.1 干扰与杂波抑制

与雷达波形无关的方向性干扰都具有典型的空间相关性（天线阵元间），但是在慢时间域（脉冲间）和快时间域（脉冲内）上的相关性很弱或者几乎没有。如果回波中的干扰分量与目标来向不同（也就是副瓣方向），且系统的空间自由度大于有效干扰的数量，原则上应该使用自适应波束形成来取代传统的波束形成，以提高输出信干噪比（SINR）。

另一方面，超视距雷达的杂波是典型的从广域连续空间的不同方向入射到系统里，因而在天线阵元间的相关性很低。这种空域上的宽带结构是由发射机的主瓣相对较宽引起的。然而，超视距雷达杂波通常在相干积累周期内的脉冲之间具有很强的相关性，因此最适于在慢时间域上采用滤波器或多普勒处理。在用的许多超视距雷达系统，采用自适应波束形成去除干扰，而后级联多普勒处理来抑制杂波，从而在干扰加杂波的复杂环境中检测有用信号。STAP 似乎能实现这两种处理的联合处理，但在实现上，比起级联或分立的处理方式，STAP 会大幅增加运算复杂度（有时伴有更差的性能）。

在超视距雷达体系中，自适应波束形成可以看成在优选频段内去除空间结构性干扰及噪声的一种方法，这种方法对于倚仗自适应处理和频率管理的超视距雷达来说尤为重要。可以相信，将来的超视距雷达每个阵元都会配备宽带直采数字接收机，可以对信道内信号的方向特征进行常规性的分析，选频和自适应波束形成处理将统一在一起，从而在接收波束方向获得最大的信干噪比 SINR。

10.2.2 多通道数据模型

为了把这个问题用数学描述，我们定义 $\mathbf{z}(t) \in \mathcal{C}^N$ [见式（10.43）] 为 N 维天线阵在 CPI 周期内某个脉冲中的某个距离单元的复数采样，通常 $\mathbf{z}(t)$ 包含了海洋或陆地的后向散射杂波 $\mathbf{c}(t)$、自然界或人为的外部同频干扰 $\mathbf{i}(t)$、接收机内部热噪声 $\mathbf{n}(t)$ 以及点目标产生的回波信号 $\mathbf{s}(t)$。

$$\mathbf{z}(t) = \mathbf{s}(t) + \mathbf{c}(t) + \mathbf{i}(t) + \mathbf{n}(t) \tag{10.43}$$

一个比较理想的窄带均匀线阵（ULA），接收到的入射角为 θ 的远场点目标信号回波有式（10.44）的形式，标量函数 $g(t)$ 代表有用信号在慢时间域 t 的变化特征，$\mathbf{v}(\theta) \in \mathcal{C}^N$ 代表入射角为 θ 时均匀线阵上的空间响应（导向矢量），为了更容易理解，这一章中把 θ 简单地认为是方位角。

$$\mathbf{s}_k(t) = g_k(t)\mathbf{v}(\theta) \tag{10.44}$$

一个反射率固定的理想径向目标在 CPI 期间的时变函数为 $g(t) = \mu e^{j(2\pi f_d t + \phi)}$，$f_d$ 是经脉冲重频 f_p 归一化后的多普勒频移，$a = \mu e^{j\phi}$ 是复幅度，最简单的信号模型可以表示为式（10.45），式中，d 是均匀线阵中的阵元间距，λ 是载波波长。

$$\mathbf{s}(t) = g(t)\mathbf{v}(\theta) = \mu e^{j(2\pi f_d t + \phi)}[1, e^{j2\pi d \sin\theta/\lambda}, \cdots, e^{2\pi(N-1)d\sin\theta/\lambda}]^T \tag{10.45}$$

接收机内部噪声可认为与信号中的其他成分相互独立，不同通道和不同脉冲间的噪声互不相关，换句话说，在空间和时间上都可以认为它是白噪声，其相关特性由式（10.46）给出，式中，σ_n^2 是热噪声功率，δ_{rs} 是克式函数（Kronecker delta function）。

$$E\{\mathbf{n}(r)\mathbf{n}^\dagger(s)\} = \delta_{rs}\sigma_n^2 \mathbf{I} \tag{10.46}$$

应该被去除的所有干扰成分之和可表示为 $\mathbf{e}(t) = \mathbf{c}(t) + \mathbf{i}(t)$。然而，自适应波束形成的作用是提高信干噪比，要去除的是干扰加噪声，也就是 $\mathbf{j}(t) = \mathbf{i}(t) + \mathbf{n}(t)$，而不包括杂波，杂波需要通过后续的多普勒滤波器来滤除。

10.2.2.1 外部干扰

尽管电磁信号从雷达到监测区域再返回的过程都在选频操作的基础上,但其 RFI 传播路径是任意的,且有可能包含剧烈扰动的电离层区域,比如赤道附近或极光引起的等离子体。由于电离层的动态特性,接收到的干扰经常表现出空间非平稳特性,该非平稳特性可以用一个 CPI 内的时变空间协方差矩阵来描述,时变空间协方差矩阵也可能由雷达接收天线和干扰源的角度差引起(Gershman, Nickel, and Bohme 1997),或者由干扰源的冲击特性引起(Turley and Lees 1987)。

为了说明"空间非平稳"现象,定义 $\mathbf{R}(t) = \mathrm{E}\{\mathbf{j}(t)\mathbf{j}^\dagger(t)\}$ 为时间慢变干扰加噪声空间协方差矩阵,如式(10.47)所示,这里假设干扰波前在雷达重复周期内是基本不变的。脉冲间 $\mathbf{R}(t) = \mathrm{E}\{[\mathbf{i}(t)+\mathbf{n}(t)][\mathbf{i}(t)+\mathbf{n}(t)]^\dagger\}$ 的差异显然是由外部干扰 $\mathbf{M}(t) = \mathrm{E}\{\mathbf{i}(t)\mathbf{i}^\dagger(t)\}$ 的空间非平稳特性引起的。$\mathbf{R}(t)$ 在慢时间域上的变化速度及其在不同脉冲间的相似性,会因为干扰空间非平稳特性的程度不同而显著不同。

$$\mathbf{R}(t) = \mathrm{E}\{\mathbf{i}(t)\mathbf{i}^\dagger(t)\} + \mathrm{E}\{\mathbf{n}(t)\mathbf{n}^\dagger(t)\} = \mathbf{M}(t) + \sigma_n^2 \mathbf{I} \quad (10.47)$$

一般来说,被电离层反射的干扰模式是严格的平面波前与增益及相位"扰动"(corrugations)的叠加,"扰动"的起伏在 CPI 内的脉冲之间具有相关性。这意味着干扰空间协方差矩阵 $\mathbf{R}(t)$ 在较少的 Q 个连续 PRI 内可认为是局部平稳的,用式(10.48)表示,$Q \ll P$,但由于干扰波前在 CPI 内的变化,$\mathbf{R}(t)$ 随时间逐步变化。在 CPI 之间,$\mathbf{R}(t)$ 的结构变化非常显著。

$$\mathbf{R}(t) \approx \mathbf{R}(t+q), \quad q = 1, \cdots, Q \quad (10.48)$$

地表后向散射回来的超视距雷达杂波通常只覆盖 PRI 周期内有限的距离段,另一方面,干扰信号和噪声信号与雷达波形不相干,脉冲压缩后它们存在于 PRI 周期内的所有距离单元。因此,在 PRI 周期内有可能在辅路数据中找到一些距离单元,它们仅包含干扰和噪声而不包含杂波和有用信号。

这些距离单元能够用于有监督训练的自适应滤波器。这时未知量 $\mathbf{R}(t)$ 可以用采样空间协方差矩阵 $\hat{\mathbf{R}}(t)$ 来估计,如式(10.49)所示,从 K 个辅路距离单元 $k = 1, \cdots, K$ 中抽取仅包含干扰加噪声的快拍数据 $\mathbf{j}_k(t)$,由于在特定 RPI 内干扰和噪声功率分布于所有距离单元,RFI 空间特性被认为是距离上均匀平稳的,所以在所有距离 k 上有 $\mathbf{R}(t) = \mathrm{E}\{\mathbf{j}_k(t)\mathbf{j}_k^\dagger(t)\}$。

$$\hat{\mathbf{R}}(t) = \frac{1}{K}\sum_{k=1}^{K} \mathbf{j}_k(t)\mathbf{j}_k^\dagger(t) \quad (10.49)$$

如果每个脉冲中的采样点数比较少,可以把 CPI 分成 M 个子段,每段包括 Q 个脉冲($M = P/Q$),这样 ADBF 的权矢量 $\mathbf{w}_m \in \mathcal{C}^N$, $m = 1, \cdots, M$,可以每个字段更新一次,而不用每个脉冲更新一次。子段处理方法意味着需要在快速更新以抑制 RFI 非平稳性和慢速更新以提高辅路数据采样点及减少运算量之间做折中。

对于一个包含 Q 个脉冲、每个脉冲包含 K 个采样的辅路数据,采样数量需要满足 $KQ > 2N$,才能满足 SMI 技术的性能要求(Reed et al. 1974),子段 $m = 1, \cdots, M$ 中的自适应权矢量 $\mathbf{w}_m$ 可以用式(10.50)中的 $\hat{\mathbf{R}}_m$ 来生成。

$$\hat{\mathbf{R}}_m = \frac{1}{Q}\sum_{t=Q(m-1)}^{Qm-1} \hat{\mathbf{R}}(t) \quad (10.50)$$

在收发站离得很远的连续波超视距雷达中,对于地波雷达,训练自适应滤波器的辅路数可以从小于收发两站间距的距离采样点中抽取；对于天波雷达，应该在跳跃区内选取。PRI 内的起始距离单元一般都不包含杂波。上述方法不适用于脉冲体制 mono-static 地波雷达，这种雷达中最近的距离单元往往包含最强的杂波。

不过，地波随距离而迅速衰减，比视线距离内的距离平方衰减规律严重得多，所以有可能从 PRI 内最远的距离单元附近选取无杂波采样点。当由于不满足传播条件或处理限制无法直接获取合适的无杂波数据时，必须通过预处理去除杂波（Abramovich, Spencer, and Anderson 2000）。

10.2.2.2 杂波

在天波和地波超视距雷达中都会遇到多种杂波模型，这里我们主要讨论高频地波雷达（HFSW），因为本章后面的实验结果验证了自适应波束形成对 HFSW 中非平稳干扰对消的有效性。然而，其思想不止局限于高频地波雷达，同样可应用于天波超视距雷达，尽管本章没有提供天波超视距雷达的实验数据结果，后面一章会讨论天波雷达的杂波模型并使用仿真数据说明问题。

对于 HFSW 雷达，海杂波的主要成分是海洋表面波的特定频谱成分的一阶散射，也就是人们所说的正负布拉格峰。这些表面波的波长 ℓ 为雷达波长 λ 的一半，运动方向可以是远离或者面向雷达，在水深 $h > \ell/2$ 时，布拉格峰具有径向速度 $v_g = \pm\sqrt{g\ell/2\pi}$，其中，$\ell = \lambda/2$ 是布拉格波长，g 是重力加速度，被布拉格波从掠射角顺序返回散射的雷达回波相对于载波具有多普勒偏移 $f_b = \pm\sqrt{g/\lambda\pi}$（Lipa and Barrick 1986）。当洋流具有平均径向速度 v_s 时，正负布拉格谱都会产生多普勒频移 $f_s = 2v_s/\lambda$。

令 $r_i(t)$ 为天线阵列中首单元（即参考单元）接收到的由雷达距离分辨率和方向 θ_i 上方位分辨率决定的分辨单元上返回的海杂波，根据 Hickey, Khan, and Walsh（1995）的研究，其对全时间域上的杂波贡献可以用式（10.51）来建模。正负一阶海杂波谱的幅度正比于海浪中的布拉格波成分，而一阶谱附近的连续杂波谱 $e_i(t)$ 是高阶散射的结果，主要是海浪中不同成分相互作用产生的二阶谱。

$$r_i(t) = A_i e^{j\{2\pi(f_s+f_b)t+\phi_i(t)\}} + \tilde{A}_i e^{j\{2\pi(f_s-f_b)t+\phi_i(t)\}} + e_i(t) \tag{10.51}$$

单一分辨单元内的洋流也可能有相对平均速度 v_s 不一致的运动成分或者含有扰动，不同分辨单元内情况各不相同。洋流扰动在布拉格反射杂波上施加了一个相位调制 $\varphi_i(t)$，其展宽了一阶峰的频谱。实际观测到的情况是，由 CPI 内洋流时变带来的相位调制在正负布拉格峰上产生的频谱恶化，在形状上是完全一样的（Parkinson 1997）。

从时变自适应波束形成的角度来看，最关心的是如何不破坏一阶谱的天然相关性。通常一阶谱的对数幅度比附近的谱高出两个量级。出于这个原因，我们重点关注一阶散射体的特性且暂时不考虑微弱的 $e_i(t)$ 的影响。整体上被测分辨单元中的一阶海杂波是收发交叠方位上 I 个方位分辨单元的矢量和，一阶海杂波可用式（10.52）来表示。

$$\mathbf{c}_s(t) = \sum_{i=1}^{I}[A_i e^{j\{2\pi(f_s+f_b)t+\phi_i(t)\}} + \tilde{A}_i e^{j\{2\pi(f_s-f_b)t+\phi_i(t)\}}]\mathbf{v}(\theta_i) \tag{10.52}$$

由于覆盖区内的陆地或者岛屿的后向散射，也可能产生具有零多普勒频移的地杂波 $\mathbf{c}_g$，$\mathbf{c}_g$ 的确定性意味着我们不考虑地面散射体的运动，比如风的影响，以及其他非理性因素的影响。把地面和海面的影响统一考虑，$\mathbf{c}(t) = \mathbf{c}_g + \mathbf{c}_s(t)$，就得到式（10.53）所示的杂波模型，式中，$\mathbf{c}_a(t) = \sum_{i=1}^{I} A_i e^{j2\pi\phi_i(t)}\mathbf{v}(\theta_i)$ 和 $\mathbf{c}_r(t) = \sum_{i=1}^{I} \tilde{A}_i e^{j2\pi\phi_i(t)}\mathbf{v}(\theta_i)$ 代表施加在正负布拉格峰上的复调制。

$$\mathbf{c}(t) = \mathbf{c}_g + \mathbf{c}_a(t)e^{j2\pi(f_s+f_b)t} + \mathbf{c}_r(t)e^{j2\pi(f_s-f_b)t} \qquad (10.53)$$

由于布拉格频率的变化相对缓慢，可以在足够短的 CPI 子段中认为其是准平稳的。若假设在 Q 个连续 PRI 内布拉格频率不变，杂波可被表示为复正弦函数在子段内的叠加，这种模型已经被用来对洋流进行参量估计（Hickey et al. 1995），并且用于短于 3 s（Root 1998）的 CPI 的杂波抑制。这种假设也暗含了 $\mathbf{c}_a(t)$ 和 $\mathbf{c}_r(t)$ 可以写成式（10.54），式中，$\tau_m = Q(m-1)$ 表示第 m 个子段的第一个脉冲的索引，$t = Q(m-1),\cdots,Qm-1$ 表示第 m 个子段中 Q 个连续脉冲的索引，δf_m 代表布拉格峰从一个子段到另一个子段间的瞬时频率变化，这种慢变导致一阶海杂波在 CPI 内的非相干性。

$$\mathbf{c}_a(t) = \mathbf{c}_a(\tau_m)e^{j2\pi\delta f_m t}, \quad \mathbf{c}_r(t) = \mathbf{c}_r(\tau_m)e^{j2\pi\delta f_m t} \qquad (10.54)$$

定义 $N \times L$ 维矩阵 $\mathbf{A}_m = [\mathbf{c}_g, \mathbf{c}_a(\tau_m), \mathbf{c}_r(\tau_m)]$ 为杂波子空间，其中，$L = 3$，定义矢量 $\mathbf{p}(t) = [1, e^{j2\pi(f_m+f_b)t}, e^{j2\pi(f_m-f_b)t}]^T$，其中，$f_m = f_s + \delta f_m$，一阶杂波采样可以用式（10.55）的动态子空间（dynamic spatial subspace）模型来描述，本例中，$L = 3$ 包含了地杂波和正负布拉格峰，CPI 子段（$Q > L$）中的杂波采样 $\mathbf{c}(t)$，由一个低秩（$L \ll N$）的子空间 $\mathbf{A}_m$ 扩展而来，低秩特性意味着在 CPI 子段内杂波的主要分量相关性很强。另一方面，$\mathbf{A}_m$ 随 m 的时变性，意味着在较长时间内杂波协方差矩阵的统计期望具有较高的秩，通常是满秩 N。

$$\mathbf{c}(t) = \mathbf{A}_m \mathbf{p}(t), \quad t = Q(m-1),\cdots,Qm-1 \qquad (10.55)$$

一般来说，L 的最小值由多普勒域上杂波主要分量的个数决定，例如，$L = 3$ 对应两个布拉格峰和一个地杂波，前提是它们在 CPI 子段内的频谱是平稳的。而 $L > 3$ 则可用于子段内非线性相位调制引起的子空间泄漏，或者海杂波中包含一定的二阶谱的情况。典型应用中 $L \ll N$。条件 $L \leq \min(Q,N)$ 必须满足，Q 个 N 维采样总是能用维数小于等于 $\min(Q,N)$ 的子空间来表示。

10.2.3 标准自适应波束形成

也许对付空间非平稳干扰最简单的方法是，在当前 CPI 之前和之后一小段时间内取干扰加噪声样本，避免杂波和信号（在很短的时间内关闭发射机或者切换到另外的频率），用其来估计采样协方差矩阵和自适应权矢量。得到的权矢量将被存储下来，用于整个当前 CPI 周期。第 9 章方案 1 和方案 2 提到了这种方法，实验研究表明，该方法对于离采样数据较远时间段内的非平稳干扰基本无效。由于超视距雷达的 CPI 周期都比较长，因此这种方法不具备什么实用性。

另一个可用的办法是从 CPI 周期内选取有限的无杂波样本点，这样得到的训练样本反映的是 CPI 周期内主要干扰和噪声的平均效果。这种方法的自适应权矢量如式（10.56）所示，在第 9 章方案 3 中也讨论过，尽管这种方法比上一段中的方法更有效，但第 9 章的实际案例分析显示，在超视距应用中仍然有相当的干扰抑制损失。总的来说，对于空间非平稳高频干扰，所有基于帧内时不变权矢量的自适应波束形成方法都经常出现失效。超视距雷达相对较长的驻留时间决定了它容易受到该方面的影响。

$$\bar{\mathbf{w}} = [\mathbf{v}^\dagger(\theta)\bar{\mathbf{R}}^{-1}\mathbf{v}(\theta)]^{-1}\bar{\mathbf{R}}^{-1}\mathbf{v}(\theta), \quad \bar{\mathbf{R}} = \frac{1}{M}\sum_{m=1}^{M}\hat{\mathbf{R}}_m \qquad (10.56)$$

剩下的选择就是在 CPI 周期内更新自适应权矢量。正如第 9 章方案 4 中描述的那样，传统上的时变权矢量处理方法，是把 CPI 周期分成 M 个子段，每段对应一个自适应权矢量 $\hat{\mathbf{w}}_1,\cdots,\hat{\mathbf{w}}_M$，及其相应的采样协方差矩阵，以在子段内获得最大的信干噪比 SINR。由于在连续若干个脉冲组成的子段内干扰和噪声可认为是局部平稳的,时变自适应权矢量比时不变权矢量对于干扰抑制有很大程度的提升。根据 SMI-MVDR 准则,第 m 个自适应波束形成权矢量 $\hat{\mathbf{w}}_m$ 可以表示成式（10.57）。

$$\hat{\mathbf{w}}_m = [\mathbf{v}^\dagger(\theta)\hat{\mathbf{R}}_m^{-1}\mathbf{v}(\theta)]^{-1}\hat{\mathbf{R}}_m^{-1}\mathbf{v}(\theta) \tag{10.57}$$

然而,有效的干扰抑制性能并不一定意味着目标检测性能的提升,主要问题在于 CPI 内 ADBF 权矢量 $\{\hat{\mathbf{w}}_m\}_{m=1}^M$ 的变化破坏了观察距离上杂波回波的相关性。超视距雷达杂波来自很宽广的连续方位,而固定增益（单位增益）约束仅仅保证雷达观测方向的回波信号在相关处理时无畸变,结果,段间权矢量的变化对观测方向外的杂波进行调制,破坏了杂波的相关性,引起多普勒处理性能的严重下降,其表现是副杂波可见度（SCV）严重下降。简单地说,就是杂波能量在多普勒域上的展宽。

使 CPI 内自适应特性平稳的标准方法,是使用对角加载或者规范化采样协方差矩阵并用 LSMI 方法,其权矢量为式（10.58）。很明显,随着加载因子 α 增大,LSMI 权趋近于传统（匹配）波束形成权 $\mathbf{v}(\theta)$。因此,因子 α 代表着抑制杂波展宽和增加干扰抑制自由度之间的折中,尽管较少的加载量能够在采样不足时有效提高收敛速度,一般来说还不足以抑制杂波展宽引起的明显的 SCV 恶化。另一方面,很大的加载量可以防止 SCV 恶化,但通常也破坏了自适应波束形成的干扰抑制能力[①]。因为经常找不到一个合适的 α 同时满足两方面的要求,因此这种 LSMI 算法并不是一个有效的解决方案。

$$\hat{\mathbf{w}}_m = [\mathbf{v}^H(\theta)\{\hat{\mathbf{R}}_m + \alpha\mathbf{I}\}^{-1}\mathbf{v}(\theta)]^{-1}\{\hat{\mathbf{R}}_m + \alpha\mathbf{I}\}^{-1}\mathbf{v}(\theta) \tag{10.58}$$

如果杂波是少量散射点产生的,理论上有可能通过若干明确的线性约束在这些散射点的方向上保持自适应权的稳定性,剩下那些方位的权可以自由应对 RFI 干扰（Griffiths 1996）。然而,超视距雷达杂波是由很宽的方位上无数连续散射点的回波信号组成的,可以从方向图的各个方位进入系统。因此,无法使用固定的自适应权矢量应对所有方向上的杂波,同时又保持干扰抑制所需的足够自由度。

我们的目标是找到一种鲁棒的高频雷达自适应波束形成方法,在满足运算效率和现实可行的前提下,既能够抑制非平稳 RFI 同时又保持杂波的相关性,标准自适应波束形成方法在平稳 RFI 的情况下很有效,但在高频环境中却因为无法解决这两个相斥的目标而失效。

10.3 时变方法

幸运的是,至少有两种富有成效的方法可以解决前述问题,它们都可以在 CPI 内随着 RFI 变化改变权矢量同时保持杂波多普勒特性不变。这两种时域（即前多普勒）自适应波束形成方法分别为随机约束（SC）方法和时变空间自适应处理（TV-SAP）,将在本节描述。后面用实验数据对这两种可行方法在 HFSW 雷达系统中的实用性、运算实时性以及对不同强度非平稳 RFI 的适应性进行评估。

10.3.1 随机约束方法

学术上最早的算法突破来自 Abramovich 等,他们是随机约束方法的先驱。这种方法在几

---

① SCV 定义为多普勒域上杂波的峰值功率与1/2多普勒频率（相对于最高径向速度）处的平均干扰功率的比值。

篇里程碑式的论文中有所论述，包括 Abramovich, Mikhaylyukov, and Malyavin（1992b）、Abramovich, Gorokhov, Mikhaylyukov, and Malyavin（1994），以及 Klemm（2004），所以，我们这里仅简要讨论 SC 方法的基本原理和重要特性，有兴趣的读者可以参阅 Klemm（2004）获得更加深入的算法分析及其应用实现，它可应用于空间及空时自适应处理。因为后面章节会讨论 SC 方法在空时自适应处理中的应用，接下来的相关论述仅作简要说明。

SC-SAP 算法依赖于多通道杂波随机过程 $\mathbf{c}(t)$ 的低阶标量自回归模型，据此，式（10.59）中的 AR 参数 $\{b_i\}_{i=1}^{L}$，$L \ll N$ 决定了杂波的多普勒特性。根据递归公式（10.59），当前时刻 t 的杂波采样 $\mathbf{c}(t)$ 可以用过去 L 个杂波采样（同一距离单元）线性组合加上随机噪声来表示，这里，$\epsilon(t) \in \mathcal{C}^N$ 是一个零均值的白噪声复矢量，其相关特性为 $E\{\epsilon(i)\epsilon^\dagger(j)\} = \delta_{ij}\mathbf{R}_c$，其中，$\mathbf{R}_c$ 是非观测距离单元上杂波的空间协方差矩阵。AR 模型阶数 L 可认为是已知的，AR 参数 b_i, $i=1,\cdots,L$ 是未知的，该模型可应用于地波和天波超视距雷达系统接收到的杂波建模。

$$\mathbf{c}(t) + \sum_{i=1}^{L} b_i \mathbf{c}(t-i) = \epsilon(t) \tag{10.59}$$

SC-SAP 的核心思想是通过 L 个"随机约束"来保证慢时间域上输出杂波的相关性。这些附加的线性约束依赖于采样数据，并被设计成能调整方向图使输出杂波统计上可认为是由固定的标量参数 $\{b_i\}_{i=1}^{L}$ 确定的多变量过程，其实现方法是用方程（10.60）来估计慢时间（和距离）域上的自适应权矢量 $\hat{\mathbf{w}}(t)$。

$$\hat{\mathbf{w}}(t) = \arg\min_{\mathbf{w}} \mathbf{w}^\dagger \hat{\mathbf{R}}(t) \mathbf{w} \qquad \text{其中}: \mathbf{C}^\dagger(t)\mathbf{w} = \mathbf{f}(t) \tag{10.60}$$

$\hat{\mathbf{R}}(t)$ 是干扰加噪声空间协方差矩阵的局部估计，用来抑制 t 时刻的 RFI，而线性约束由 $N \times (L+1)$ 维矩阵 $\mathbf{C}(t) = [\mathbf{v}(\theta) \ \mathbf{c}(t-1) \ \cdots \ \mathbf{c}(t-L)]$，以及 $(L+1)$ 维矢量 $\mathbf{f}(t) = [1 \ \mathbf{w}_0^\dagger \mathbf{c}(t-1) \ \cdots \ \mathbf{w}_0^\dagger \mathbf{c}(t-L)]^\dagger$ 来确定，$\mathbf{w}$ 序列中的第一个权矢量 $\mathbf{w}_0$ 是用 CPI 内前 $L+1$ 个脉冲的平均采样协方差矩阵得到的，不使用 L 个线性约束。SC 权可用式（10.10）来计算，在 CPI 内每脉冲更新一次。特别地，该波束形成器的杂波输出为式（10.61），式中，$y_c(t) = \mathbf{w}_0^\dagger \mathbf{c}(t)$。

$$y_c(t) = \hat{\mathbf{w}}^\dagger(t)\mathbf{c}(t) = -\sum_{i=1}^{L} b_i y_c(t-i) + \eta(t) \tag{10.61}$$

附加约束保证了波束形成器的输出杂波是前 L 个输出杂波的线性函数，且具有相同的 AR 参数，即初始多通道杂波过程参数 $\{b_i\}_{i=1}^{L}$ 再加上噪声 $\eta(t)$。因此，这样的约束的确能自适应的抑制 CPI 内的 RFI 同时保证输出杂波的谱特性。当然，用于构造随机约束方程（10.60）仅含杂波的采样数据在实际应用中无法获取，有监督场景下获取近似数据的可行方法在 Abramovich, Spencer, and Anderson（1998）中有所描述，无监督场景下的可行方法见 Abramovich, Anderson, and Spencer（2000）。本节后续会对有监督场景下 SC-SAP 可行方法的性能进行展示。

10.3.2 时变空间自适应处理

SC-SAP 方法的出发点是保护随干扰特性变化的自适应波束形成器输出杂波在 CPI 内保持 AR 谱特性的稳定，每一个 PRI 内 SC 方法通过基于采样数据的线性约束构造一个新的自适应空间滤波器，以保持杂波稳定。换句话说，SC 自适应波束形成的权矢量是通过滑窗的方式实现的。因此，对于一个阶数为 L 的 AR 过程，在 CPI 内，SC 权矢量将更新 $P-L$ 次（Abramovich, Gorokhov, Mikhaylyukov, and Malyavin 1994）。

重要的是，SC-SAP 方法中，权更新的速度取决于 AR 多普勒谱的保护需求，不考虑占主要成分的空间非平稳干扰，而后者才应该是权更新的根本原因。在我们感兴趣的很多应用场合，自适应滤波器的更新速度可以远低于每 PRI 一次，而不会引起干扰抑制性能的下降，从这方面来说，SC-SAP 方法有两个主要缺陷。

首先，处理过程的运算代价太高，有可能无法实现实时处理。其次，权矢量每次更新时的估计误差会累积，引起后多普勒处理时的 SCV 性能下降。这两个原因驱使我们去研究其他时变自适应波束形成方法，其既要有和 SC 算法相当的滤波器性能，又要具有高效的运算性能。

下一节将介绍的 TV-SAP 方法与 SC-SAP 方法具有相同的基本思想，但结构上的不同使它缓解了 SC 方法中的弊端。TV-SAP 方法的基本原理是以和非平稳干扰相称的速度在无交叠的脉组内更新权矢量，数据驱动的附加约束根据前述的动态子空间模型来保护主杂波分量。TV-SAP 方法在运算复杂度方面比 SC-SAP 表现好得多，后面会用图表说明。

10.3.2.1 替换算法

Fabrizio, Gershman, and Turley（2004）描述的 TV-SAP 方法，基于把 CPI 分成无交叠的子段，子段内占主导的杂波成分被限制在一个较低秩的子空间内。TV-SAP 方法的主要思想就是自适应权矢量在子段间的变更正交于当前段的杂波子空间。通过这种方法，相当于在 CPI 内给最强的杂波分量一个稳定的空间滤波器，同时自适应权矢量能够根据子段内的干扰特性进行有效抑制。

要特别指出，自适应权矢量序列 $\mathbf{w}_1,\cdots,\mathbf{w}_M$ 中的第一个权 $\mathbf{w}_1$，根据 SMI-MVDR 准则 $\mathbf{w}_1 = [\mathbf{v}^\dagger(\theta)\mathbf{R}_1^{-1}\mathbf{v}(\theta)]^{-1}\mathbf{R}_1^{-1}\mathbf{v}(\theta)$，处理第一个子段内的采样协方差矩阵 $\mathbf{R}_1$ 以获得最大 SINR，这个权用来形成第一个子段内 Q 个脉冲的波束数据 $y(t) = \mathbf{w}_1^\dagger \mathbf{z}(t)$, $t = 0, \cdots, Q-1$，如式（10.62）所示。在我们继续讨论 TV-SAP 算法之前，需要先解释清楚为什么对于其他子段 $m = 2,\cdots,M$，不能使用相同的公式 $\mathbf{w}_m = [\mathbf{v}^\dagger(\theta)\mathbf{R}_m^{-1}\mathbf{v}(\theta)]^{-1}\mathbf{R}_m^{-1}\mathbf{v}(\theta)$，以及式（10.62）。为了表达简洁，这一节中我们把权矢量 $\mathbf{w}_m$ 和采样协方差矩阵 $\mathbf{R}_m$ 的期望的上标（$\hat{\ }$）省略掉。

$$y(t) = g(t) + \mathbf{w}_m^\dagger \mathbf{c}(t) + \mathbf{w}_m^\dagger \mathbf{j}(t) \quad \begin{cases} m = 1, \cdots, M \\ t = Q(m-1), \cdots, Qm - 1 \end{cases} \quad (10.62)$$

考虑前 CPI 中的前两个子段，在第一个子段中，前 $t = 0,\cdots,Q-1$ 个脉冲内杂波 $y_c(t)$[见式（10.63）]的相关性被保留，因为它们使用相同的权矢量 $\mathbf{w}_1$。第二个子段中同样如此，段内 Q 个脉冲 $t = Q,\cdots,2Q-1$ 中的杂波 $y_c(t)$[见式（10.63）]相关性被保留，因为它们也使用相同的权矢量 $\mathbf{w}_2$。然而，这 $2Q$ 个杂波采样是 CPI 的组成部分，如果 $\mathbf{w}_2$ 和 $\mathbf{w}_1$ 不同或者是完全无关的，那么 $2Q$ 个杂波采样中的相关性就被破坏了，尤其是第一段最后的杂波和第二段起始的杂波（即段间的交接部分），这是因为方向图的改变相当于在输出波束上又附加了一个调制，更准确地说，$\mathbf{w}_2^\dagger \mathbf{c}(t) \neq \mathbf{w}_1^\dagger \mathbf{c}(t)$, $t = Q, \cdots, 2Q-1$。

$$y_c(t) = \begin{cases} \mathbf{w}_1^\dagger \mathbf{c}(t), & t = 0, \cdots, Q-1 \\ \mathbf{w}_2^\dagger \mathbf{c}(t), & t = Q, \cdots, 2Q-1 \end{cases} \quad (10.63)$$

为了校正第一段和第二段之间的相关性中断，在不强制 $\mathbf{w}_2 = \mathbf{w}_1$ 的情况下，$\mathbf{w}_2$ 必须和 $\mathbf{w}_1$ 保持一定的关系，以保证权矢量的变化与杂波子空间正交。从数学上表示，TV-SAP 的主要思想就是尽可能准确地保证式（10.64）成立。

$$(\mathbf{w}_2 - \mathbf{w}_1)^\dagger \mathbf{A}_2 = 0 \quad (10.64)$$

这个公式允许 $\mathbf{w}_2$ 不同于 $\mathbf{w}_1$，以适应干扰的变化，同时保证权矢量的变化部分 $\Delta\mathbf{w}_{1,2} = \mathbf{w}_2 - \mathbf{w}_1$

不影响第二段内主杂波采样 $\mathbf{c}(t) = \mathbf{A}_2\mathbf{p}(t)$ 的输出。之所以能实现,是因为式(10.64)保证了第二段的杂波 $\mathbf{c}(t) = \mathbf{A}_2\mathbf{p}(t)$ 的滤波输出 $y_c(t)$,在使用 $\mathbf{w}_2$ 和 $\mathbf{w}_1$ 时有完全一样的结果,其表达式见式(10.65)。

$$\Delta \mathbf{w}_{1,2}^{\dagger}\mathbf{c}(t) = (\mathbf{w}_2 - \mathbf{w}_1)^{\dagger}\mathbf{A}_2\mathbf{p}(t) = 0, \quad t = Q, \cdots, 2Q-1 \tag{10.65}$$

实现式(10.64)所示的约束条件意味着第二段的自适应权 $\mathbf{w}_2$ 有式(10.66)所示的形式,式中,$\mathbf{w}_1$ 是 SMI-MVDR 滤波器的标准输出,这样,既能够保证有用信号没有畸变 $\mathbf{w}_1^{\dagger}\mathbf{v}(\theta) = \mathbf{w}_2^{\dagger}\mathbf{v}(\theta) = 1$,又能保证主杂波没有畸变,因为在所有 $t = 0, \cdots, 2Q-1$ 上 $y_c(t) = \mathbf{w}_1^{\dagger}\mathbf{c}(t)$。

$$\mathbf{w}_2 = \arg\min_{\mathbf{w}} \quad \mathbf{w}^{\dagger}\mathbf{R}_2\mathbf{w}$$

$$\text{其中}\begin{cases} \mathbf{w}^{\dagger}\mathbf{v}(\theta) = 1, \\ \mathbf{w}^{\dagger}\mathbf{A}_2 = \mathbf{w}_1^{\dagger}\mathbf{A}_2 \end{cases} \tag{10.66}$$

实际应用中,杂波子空间 $\mathbf{A}_2$ 的信息是无法获取的,因为接收到的采样数据被附加的干扰污染了。由于杂波子空间无法直接获取,因而不能直接应用式(10.66)。然而,自适应权 $\mathbf{w}_1$ 仍然可以有效应用于第二段数据中的前 L 个脉冲,L 为低秩杂波子空间的维数,像式(10.67)那样把 $\mathbf{w}_1$ 应用于前 L 个脉冲,和保留下来的杂波 $\mathbf{w}_1^{\dagger}\mathbf{c}(t)$ 相比,滤波器输出中的干扰剩余和噪声输出可忽略不计。

$$\mathbf{w}_1^{\dagger}\mathbf{z}(t) \approx g(t) + \mathbf{w}_1^{\dagger}\mathbf{c}(t), \quad t = Q, \cdots, Q+L-1 \tag{10.67}$$

同样的原因可得,$\mathbf{w}_2^H\mathbf{x}(t) \approx g(t) + \mathbf{w}_2^H\mathbf{c}(t)$,其中,$t = Q, \cdots, Q+L-1$,假设第二个权 $\mathbf{w}_2$ 对有用信号同样具有单位增益。现在,如果第二个权满足式(10.68)中的 L 个数据驱动的附加线性约束,那么从式(10.67)可以得出第二个滤波器输出的杂波同用第一个滤波器处理的结果近似,因为这 L 个数据驱动的附加线性约束使得 $\mathbf{w}_2^{\dagger}\mathbf{c}(t) \approx \mathbf{w}_1^{\dagger}\mathbf{c}(t)$,其中,$t = Q, \cdots, Q+L-1$。重要的是,两个权矢量都满足式(10.68),但对于 $L \ll N$,为了应对非平稳干扰,其形式可以完全不同(即 $\mathbf{w}_1 \neq \mathbf{w}_2$)。

$$\mathbf{w}_2^{\dagger}\mathbf{z}(t) = \mathbf{w}_1^{\dagger}\mathbf{z}(t), \quad t = Q, \cdots, Q+L-1 \tag{10.68}$$

此外,这 L 个杂波采样 $\mathbf{c}(t) = \mathbf{A}_2\mathbf{p}(t)$ 可认为是线性独立的,$t = Q, \cdots, Q+L-1$,它们共同张成矩阵 $\mathbf{A}_2$ 的列空间。因而,这 L 个施加在 $\mathbf{w}_2$ 上的数据驱动的约束同样有利于权矢量向杂波子空间的正交空间变化,即 $(\mathbf{w}_2-\mathbf{w}_1)^{\dagger}\mathbf{A}_2 \approx \mathbf{0}$。在这种情况下,整个第二段数据中 $t = Q, \cdots, 2Q-1$,用第二个滤波器输出的杂波就像也使用了第一个滤波器,因此,如式(10.69)所示,不仅在 $L < \min(Q,N)$ 时成立,而且在整个子段都成立。

$$\mathbf{w}_2^{\dagger}\mathbf{c}(t) \approx \mathbf{w}_1^{\dagger}\mathbf{c}(t), \quad t = Q, \cdots, 2Q-1 \tag{10.69}$$

因此,为了得到与第一个自适应权 $\mathbf{w}_1$ 不同的第二个自适应权矢量 $\mathbf{w}_2$,使它既能有效抑制非平稳干扰,又能保证脉冲间输出杂波的相关性,我们需要解以下最优化问题,见式(10.70)。

$$\mathbf{w}_2 = \arg\min_{\mathbf{w}} \quad \mathbf{w}^{\dagger}\mathbf{R}_2\mathbf{w}$$

$$\text{其中}\begin{cases} \mathbf{w}^{\dagger}\mathbf{v}(\theta) = 1, \\ \mathbf{w}^{\dagger}\mathbf{z}(t) = \mathbf{w}_1^{\dagger}\mathbf{z}(t), \quad t = Q, \cdots, Q+L-1 \end{cases} \tag{10.70}$$

定义 $N \times L$ 维线性约束矩阵如下:

$$\mathbf{C}_2 = [\mathbf{v}(\theta), \mathbf{z}(Q), \cdots, \mathbf{z}(Q+L-1)] \tag{10.71}$$

定义 $L \times 1$ 维响应矢量如下：

$$\mathbf{f}_2 = [1, \mathbf{w}_1^\dagger \mathbf{z}(Q), \cdots, \mathbf{w}_1^\dagger \mathbf{z}(Q+L-1)]^\dagger \tag{10.72}$$

对于第二个子段 $m = 2$，式（10.70）描述的问题可以用更简洁的方式来表示，如式（10.43）所示。

$$\mathbf{w}_2 = \arg\min_{\mathbf{w}} \mathbf{w}^\dagger \mathbf{R}_2 \mathbf{w} \quad 其中：\quad \mathbf{w}^\dagger \mathbf{C}_2 = \mathbf{f}_2^\dagger \tag{10.73}$$

立即可以发现，这就是线性约束最小均方误差（LCMV）最优化问题，它有如下形式的解（Frost 1972）：

$$\mathbf{w}_2 = \mathbf{R}_2^{-1} \mathbf{C}_2 [\mathbf{C}_2^\dagger \mathbf{R}_2^{-1} \mathbf{C}_2]^{-1} \mathbf{f}_2 \tag{10.74}$$

CPI 内其他子段 $m = 2, \cdots, M$ 可以用同样的方式迭代获得，如第 m 个权 $\mathbf{w}_m$ 有如下的形式：

$$\mathbf{w}_m = \mathbf{R}_m^{-1} \mathbf{C}_m [\mathbf{C}_m^\dagger \mathbf{R}_m^{-1} \mathbf{C}_m]^{-1} \mathbf{f}_m \tag{10.75}$$

式中对应的第 m 个约束矩阵和响应矢量如式（10.76）所示。

$$\begin{aligned}\mathbf{C}_m &= [\mathbf{v}(\theta), \mathbf{z}(Q(m-1)), \cdots, \mathbf{z}(Q(m-1)+L-1)] \\ \mathbf{f}_m &= [1, \mathbf{w}_{m-1}^\dagger \mathbf{z}(Q(m-1)), \cdots, \mathbf{w}_{m-1}^\dagger \mathbf{z}(Q(m-1)+L-1)]^\dagger\end{aligned} \tag{10.76}$$

也就是说，要在 CPI 内的 M 个子段间进行迭代。再明确一点说，TV-SAP 算法的迭代过程以 MVDR 权矢量 $\mathbf{w}_1$ 开始，后续子段 $m = 2, \cdots, M$ 的权使用前述方法依次计算获得，每次计算都采用式（10.75）中 LCMV 的解析解形式。

10.3.2.2 运算复杂度

表 10.1 和表 10.2 总结了 TV 和 SC-SAP 算法的运算复杂度，第一列中用方括号标注了每一步运算涉及的矩阵的维数，第二列给出了每一步中复乘运算的数量，S_1、S_2 和 S_3 分别是每一步骤在 CPI 内重复相应次数后的复乘数量。第三列中的案例反映的是下一节实验数据分析过程中相应的具体数值。

复乘数量被广泛应用于不同算法间矩阵运算负载的近似评估和比较。TV-SAP 算法和 SC 算法的运算复杂度比较在表 10.1 和表 10.2 中一目了然，TV-SAP 算法的运算量约为 SC-SAP 算法的十五分之一，且没有额外的内存需求。从运算效率的角度看，TV-SAP 算法比 SC-SAP 算法更吸引人，因为在实时应用中它能够节省一个数量级的运算负载。

表 10.1 用 CPI 内需要的复乘数量来衡量的 TV-SAP 算法运算复杂度。案例项基于以下参数：接收阵元数量 $N = 20$，每脉冲训练数据 $K = 10$，子段内脉冲数量 $Q = 16$，子段数量 $M = 16$（CPI 内脉冲数量为 $P = MQ = 256$），数据驱动的线性约束个数 $L = 3$，距离单元个数 $N_R = 60$，波束个数 $N_B = 16$，矩阵求逆的运算量在 $N = 20$ 时是矩阵乘法的 4 倍，在 $L + 1 = 4$ 时是矩阵乘法的 6 倍

运算步骤	复数乘法	案例
选择训练数据 $\mathbf{D}_m [N \times KQ]$	-	-
评估矩阵 $\mathbf{R}_m = \mathbf{DD}^H [N \times N]$	$N^2 \times KQ$	64000
矩阵求逆 $\mathbf{R}_m^{-1} [N \times N]$	$O(N^3)$	32000
M 批重复	$S_2 = M \times \{(N^2 \times KQ) + O(N^3)\}$	1536000
方向矢量 $\mathbf{v}(\theta) [N \times 1]$	-	-
公式 $\mathbf{z}_1 = \mathbf{R}_1^{-1} \mathbf{v}(\theta) [N \times 1]$	N^2	400
公式 $z_1 = \mathbf{v}^H(\theta) \mathbf{z}_1 [1 \times 1]$	N	20
第一权重矢量 $\mathbf{w}_1 = \mathbf{Z}_1 / z_1 [N \times 1]$	N	20
运算 $y(t) = \mathbf{w}_1^H \mathbf{x}(t) \quad t = 0, \cdots, Q-1$	NQ	320
对 N_R 距离单元数和 N_B 波束数重复	$S_2 = N_R N_B \times \{N^2 + 2N + NQ\}$	729600

续表

运算步骤	复数乘法	案例
公式 $\mathbf{C}_m[N\times(L+1)]$	-	
公式 $\mathbf{f}_m[(L+1)\times 1]$	NL	60
公式 $\mathbf{M}_1 = \mathbf{R}_m^{-1}\mathbf{C}_m[N\times(L+1)]$	$N^2(L+1)$	1600
公式 $\mathbf{M}_2 = \mathbf{C}_m^H\mathbf{M}_1[(L+1)\times(L+1)]$	$N(L+1)^2$	320
逆矩阵 $\mathbf{M}_2^{-1} = [(L+1)\times(L+1)]$	$O((L+1)^3)$	96
相乘 $\mathbf{M}_3 = \mathbf{C}_m\mathbf{M}_2[N\times(L+1)]$	$N(L+1)^2$	320
相乘 $\mathbf{M}_4 = \mathbf{R}_m^{-1}\mathbf{M}_3[N\times(L+1)]$	$N^2(L+1)$	1600
计算 $\mathbf{w}_m = \mathbf{M}_4\mathbf{f}_m[N\times 1]$	$N(L+1)$	80
第 m 批运算 $y(t) = \mathbf{w}_m^H\mathbf{x}(t)$	NQ	320
对剩余批次重复 $M-1$ 次，对 N_R 距离单元数和 N_B 波束数也须重复	$S_3 = (M-1)\times N_R N_B \times \{NL + 2N^2(L+1) + 2N(L+1)^2 + N(L+1) + MQ + O((l+1)^3)\}$	63302400
总复杂性	$T = S_1 + S_2 + S_3$	65568000

表 10.2 用 CPI 内需要的复乘数量来衡量的 SC-SAP 算法运算复杂度。案例项基于以下参数：接收阵元数量 $N = 20$，每脉冲训练数据 $K = 10$，CPI 内脉冲数量 $P = 256$，使用 3 阶（$L = 3$）AR 模型，距离单元个数 $N_R = 60$，波束个数 $N_B = 16$，矩阵求逆的运算量在 $N = 20$ 时是矩阵乘法的 4 倍，在 $L+1 = 4$ 时是矩阵乘法的 6 倍

运算步骤	复数乘法	案例
选择训练数据 $\mathbf{D}_m[N\times K(L+1)]$	-	
评估矩阵 $\mathbf{R}_i = \mathbf{D}\mathbf{D}^H[N\times N]$	$N^2\times K(L+1)$	16000
矩阵求逆 $\mathbf{R}_i^{-1} = [N\times N]$	$O(N^3)$	32000
对 $i = 1,\cdots,P-L$ 重复	$S_2 = (P-L)\times\{N^2 K(L+1) + O(N^3)\}$	12144
方向矢量 $\mathbf{v}(\theta)[N\times 1]$	-	-
公式 $\mathbf{z}_1 = \mathbf{R}_i^{-1}\mathbf{v}(\theta)[N\times 1]$	N^2	400
公式 $z_1 = \mathbf{v}^H(\theta)\mathbf{z}_1[1\times 1]$	N	20
第一权矢量 $\mathbf{w}_1 = \mathbf{Z}_1/z_1[N\times 1]$	N	20
运算 $y(t) = \mathbf{w}_1^H\mathbf{x}(t) \quad t = 0,\cdots,Q-1$	$N(L+1)$	80
对 N_R 距离单元数和 N_B 波束数重复	$S_2 = N_R N_B \times \{N^2 + 2N + N(L+1)\}$	499200
公式 $\mathbf{C}_i[N\times(L+1)]$	-	
公式 $\mathbf{f}_i[(L+1)\times 1]$	NL	60
公式 $\mathbf{M}_1 = \mathbf{R}_i^{-1}\mathbf{C}_i[N\times(L+1)]$	$N^2(L+1)$	1600
公式 $\mathbf{M}_2 = \mathbf{C}_i^H\mathbf{M}_1[(L+1)\times(L+1)]$	$N(L+1)^2$	320
逆矩阵 $\mathbf{M}_2^{-1} = [(L+1)\times(L+1)]$	$O((L+1)^3)$	96
相乘 $\mathbf{M}_3 = \mathbf{C}_i\mathbf{M}_2[N\times(L+1)]$	$N(L+1)^2$	320
相乘 $\mathbf{M}_4 = \mathbf{R}_i^{-1}\mathbf{M}_3[N\times(L+1)]$	$N^2(L+1)$	1600
计算 $\mathbf{w}_i = \mathbf{M}_4\mathbf{f}_i[N\times 1]$	$N(L+1)$	80
对 i 的窗口进行运算 $y(t) = \mathbf{w}_i^H\mathbf{x}(t)$	$N(L+1)$	80
对剩余窗口重复 $P-L$ 次，对 N_R 距离单元数和 N_B 波束数也须重复	$S_3 = (P-1)\times N_R N_B \times \{NL + 2N^2(L+1) + 2N(L+1)^2 + 2N(L+1) + O((l+1)^3)\}$	1009409280
总复杂性	$T = S_1 + S_2 + S_3$	1009920624

10.3.3 实验结果

我们使用以前架设在澳大利亚北部 Darwin 市的 Iluka HFSW 雷达实测数据来比较分析标

准自适应波束形成方法和本章介绍的其他方法。Iluka HFSW 雷达有两个发射站,即 Stingray Head(Darwin 市西南 65 km)的高功率发射站,使用 10 kW 对数周期天线,和 Lee Point(Darwin 市东北 10 km)的低功率发射站,该站在我们的实验中不发射。接收站位于 Gunn Point(Darwin 市东北 30 km),使用 500 m 长的 32 阵元垂直极化均匀线阵,每个阵元连接一个宽动态范围接收机。收发站分开使得可以使用全占空比波形,用这种方式,雷达以中心频率 f_c = 7.719 MHz 在 CPI 内重复发射线性调频信号(FMCW)。

数据是从一次白天进行的演习中获取的,在此期间干扰背景是未知的,有可能包含人为干扰或者自然界干扰。相干积累周期 CPI 长 32 s,包含 P = 256 个线性调频连续波(FMCW)脉冲或者叫重复周期,带宽 B = 50 kHz,脉冲重频(PRF)为 f_p = 8 Hz。数据分析基于 N = 20 个单元组成的幅相校准过的子阵,因为之前的实验显示某些阵元的输出不正常,所以后续的处理需要把这些阵元剔除。脉冲压缩后总共保留 60 个距离单元,前 12 个不包含杂波,因为它们对应的距离位于收发站之间,这一小部分距离单元数据可认为只包含干扰加噪声,我们用它来训练自适应波束形成滤波器。

10.3.3.1 传统方法和时变 SMI-MVDR 波束形成

使用式(10.57)所示的标准时变 SMI-MVDR 波束形成器,把 CPI 分成 16 个子段(M = 16),每个子段内有个 Q = 16 PRI(即 2 s),每个子段更新一次权矢量。辅路数据从每个 PRI 的前 10 个距离单元抽取,即 K = 10,每个子段共 KQ = 160 = 8N 个训练采样,用于生成干扰加噪声采样协方差矩阵 $\mathbf{R}_1,\cdots,\mathbf{R}_M$。

图 10.5 比较了多普勒域上第 12 个无杂波的距离单元在两种算法下的输出,分别是加汉明窗的传统波束形成,及式(10.57)所示的无附加约束的时变自适应波束形成。此距离单元虽然仅包含杂波和噪声,但训练数据中不包含它。传统波束形成权和自适应权都在导向矢量方向归一化为单位增益。可以看到,时变自适应波束形成对干扰加噪声的抑制在整个多普勒域上约为 15~20 dB。

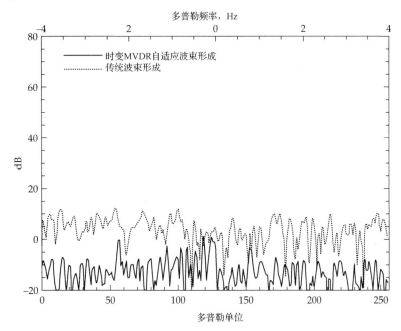

图 10.5 传统波束形成(汉明窗)和无约束时变 SMI-MVDR 自适应波束形成条件下干扰加噪声在多普勒域上的输出。自适应方式对 RFI 的抑制性能平均提高约 15~20 dB

图 10.6 显示了同样两种算法在距离单元 16 上的多普勒谱，该距离单元包含杂波和一个真实空中目标，其径向多普勒单位为 38。地杂波谱在多普勒单位 128（0 Hz），地杂波两侧的正负布拉格峰在传统波束形成（虚线）时清晰可辨。虽然图 10.5 中时变 SMI-MVDR 算法有效抑制了干扰，但图 10.6 中的实线波形显示，由于杂波在整个多普勒域展宽引起目标检测性能的严重下降。这是因为方向图的变化与导向矢量没有对应，破坏了杂波和有用信号之间的相关性。

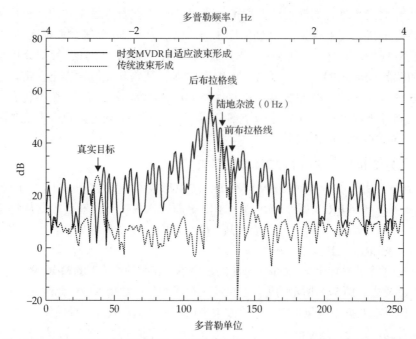

图 10.6 传统波束形成（汉明窗）和无约束时变 SMI-MVDR 自适应波束形成条件下有效距离单元上的多普勒输出。CPI 内自适应波束形成权矢量的变化引起杂波在整个多普勒域上展宽，屏蔽了多普勒单位 38 上的真实空中目标

图 10.7 展示了时变自适应波束形成权矢量对匹配和失配有用信号的影响。此处，两个具有相同功率、不同多普勒偏移的仿真信号被注入到无杂波的距离单元 12 中，然后使用同图 10.5 和图 10.6 相同的传统波束形成和自适应波束形成权矢量。频谱左侧的匹配信号的方向特性与导向矢量完全一致，右侧的失配信号在导向矢量基础上偏移了半瑞利波束宽度（即正好处于两个常规相邻交叠波束中间）。

和预计的一样，理想目标的回波信号在多普勒域没有畸变，因为波束形成器在导向矢量方向具有固定的单位增益。而失配目标由于被时变的自适应权调制，其频谱在多普勒域上展宽，目标峰值比传统波束形成的输出要低，同时两侧副瓣明显抬升。

10.3.3.2 时变 LSMI-MVDR 波束形成

对于 LSMI-MVDR 技术[见式（10.58）]中的对角加载因子 α，可以用干扰加噪声采样协方差矩阵的特征值来协助确定其取值，图 10.8 中实线显示的是 CPI 周期内 M 个采样协方差矩阵的特征值的均值 $\mathbf{R}_0 = M^{-1}\sum_{m=1}^{M}\mathbf{R}_m$，虚线显示的是第一个子段内采样协方差矩阵 $\mathbf{R}_1$ 的特征值。两种情况下用来估计特征值的采样点数量是足够大的（即大于 $2N$）。在干扰加噪声平稳的理想情况下，$\mathbf{R}_0$ 和 $\mathbf{R}_1$ 最终将收敛于几乎相同的形状，图 10.8 中两个曲线的明显差异显示出干扰的空间非平稳性。随着综合时间的增加,干扰子空间并没有趋于一致,R_0 的有效秩要大于 R_1。子空间泄漏效应令基于 R_0 调整整个 CPI 内权矢量的自适应滤波器在应对时不变(相对于时变)干扰时变得更加困难。

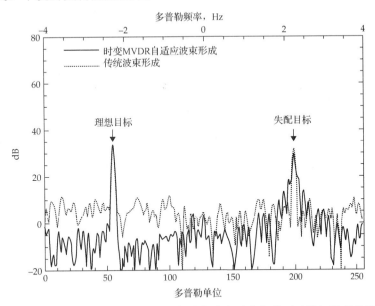

图 10.7　传统波束形成和时变 MVDR 自适应波束形成条件下干扰加噪声多普勒频谱,这里注入了理想和失配合成的目标信号。与匹配有用信号相比,变化的方向图对失配信号进行了调制,导致其峰值降低、多普勒副瓣抬高

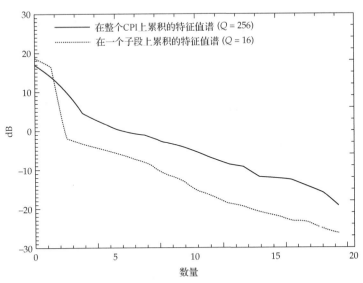

图 10.8　2 s(虚线)和 32 s(实线)时间段内干扰加噪声采样协方差矩阵特征值谱。由于空间非平稳的原因,干扰子空间的维数随着累积时间从 2 s 增加到 32 s 而变大

参考图 10.8 中虚线特征值谱,分别使用中等加载因子 $\alpha = 1$(0 dB)和重加载因子 $\alpha = 10$(10 dB),实现式(10.58)的时变 LSMI 自适应权。图 10.9 显示了两个权矢量的处理结果,处理的数据同图 10.6 中的输入数据相同。可以看出,中等加载因子明显没能阻止杂波展宽,且令目标不易分辨;重加载情况下杂波的大体形状得以保存,使得目标相对清晰,但仍然存在可辨的谱畸变。

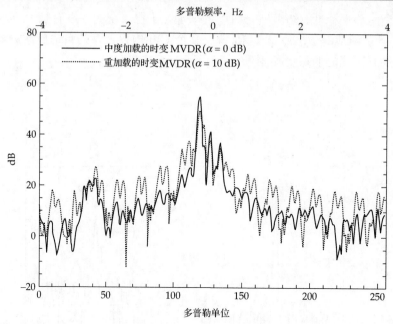

图 10.9　中度加载和重加载情况下时变 LSMI-MVDR 自适应波束形成多普勒谱（有效距离单元）。中度加载（虚线）对于保护 SCV 没什么效果；重加载能改善杂波谱，但多普勒副瓣仍然很高

图 10.10 所示为同样的 LSMI-MVDR 权应用于两个仿真目标的结果。与图 10.7 中的实线相比，由于加载水平的提高失配目标的畸变明显减少，然而，对于图 10.7 中的负多普勒目标，对角加载的代价是 5~10 dB 的干扰抑制性能损失。因此，尽管对角加载能在有限采样情况下（即估计误差不可忽略且决定性能损失）提高收敛速度，它也会在比较理想的采样协方差矩阵情况下造成干扰抑制性能下降，因为对角加载使得 LSMI 权比 SMI 权更加偏离理想值。

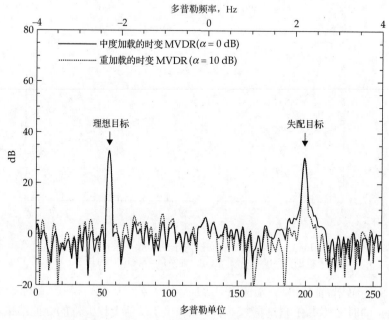

图 10.10　中度加载和重加载情况下 LSMI-MVDR 权应用于两个仿真目标的结果。重加载使失配目标频谱优化，但作为代价，相对于没有加载的情况，其干扰抑制想能有 5 dB 的损失

10.3.3.3 附加数据驱动约束的 TV-SAP 方法

图 10.11 显示了距离单元 16 在 TV-SAP 方法下的频谱输出，分别附加了 $L=1$ 和 $L=2$ 的数据驱动的约束。$L=1$ 时的效果较差，$L=2$ 时尽管一阶海杂波仍然扰动明显，但目标回波相比传统波束形成变得清晰了。

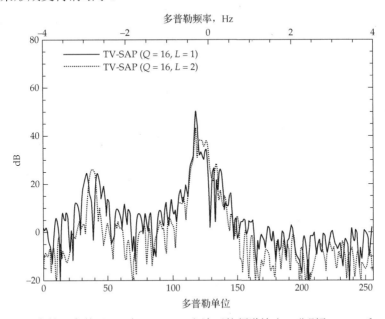

图 10.11 有效距离单元 16 在 TV-SAP 方法下的频谱输出，分别取 $L=1$ 和 $L=2$ 个数据驱动的约束。这些数目的附加约束不足以保护 3 个主杂波分量

继续使用 $L=3$ 个数据驱动的附加约束，分别对应于杂波中占主导地位的 3 个已知地杂波、海杂波分量。从图 10.12 可以看出，真实目标处的 SINR 相对于传统波束形成提高了约 20 dB。当 $L=3$ 时，在 TV-SAP 的频谱输出中几乎看不到明显的副杂波恶化，比图 10.9 所示的 LSMI 方法有实质性的性能提升。CPI 内顺序使用一组 TV-SAP 权矢量，可以有效抑制空间非平稳干扰，同时，权矢量的变化保持和相应的杂波子空间正交（或者近似如此），因此，TV-SAP 在 CPI 内是实质上的平稳滤波器。

对于完全匹配于导向矢量的目标，TV-SAP 方法对时变信号 $g(t)$ 的具体形式并不敏感，当目标具有多普勒展宽（目标具有加速度或者反射系数在 CPI 内变化）时，其具体形式可能不同于复正弦。我们还需要进一步了解 TV-SAP 方法对失配于导向矢量的目标的影响。图 10.13 显示出，相比于重加载 LSMI 方法，TV-SAP 方法不仅更好地控制了杂波展宽，还获得 5~10 dB 的干扰抑制性能提升。这证明在此应用中 TV-SAP 是比 LSMI 更优的方法。

为了验证弱目标和主杂波附近的的目标检测效果，在距离单元 33 处人为加入 3 个理想的仿真信号"T1"、"T2"和"T3"。图 10.14 是 TV-SAP（$Q=16$，$L=3$）和时不变或称固定自适应波束形成的性能比较，两种方法都取 $K=10$，固定自适应波束形成在整个 CPI 内使用同一权矢量（即固定 SAP，其中 $Q=256$，$L=0$）。只有 TV-SAP 方法能从非平稳干扰背景中检测出弱目标 T3，且没有削弱对于强目标和布拉格峰附近的目标 T2 的检测能力。TV-SAP 方法比固定自适应波束形成方法的 SINR 提高了 15~20 dB，这也可以在图 10.8 的特征值谱图中有所反映，因为 CPI 内所有子段平均后的采样协方差矩阵比单独某一子段的采样协方差矩阵有更高的有效秩。

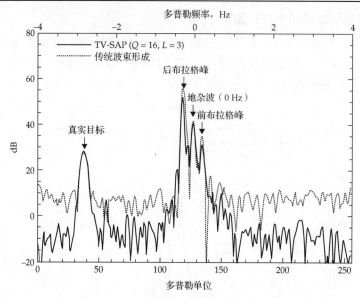

图 10.12 传统波束形成（汉明窗）和 TV-SAP（附加数据驱动的约束 $L = 3$）情况下的多普勒谱（有效距离单元）。对于真实空中目标的 SINR，TV-SAP 比传统波束形成显著提高了 20 dB

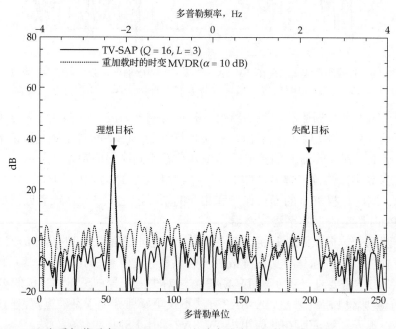

图 10.13 TV-SAP 和重加载时变 LSMI-MVDR 方法中仿真目标的多普勒谱。TV-SAP 方法不仅保护了失配目标的多普勒副瓣，两个目标的 SINR 还比 LSMI-MVDR 方法提高了约 5 dB

10.3.3.4 和随机约束方法的比较

TV-SAP 方法和 SC-SAP 方法的主要差异在于，前者可以根据干扰特性自由选择自适应权的更新时间，后者需要在每个 PRI 都更新权而不管干扰的空间特性，因为它要保证杂波谱的 AR 特性。图 10.15 比较了 TV-SAP（$Q = 16, L = 3$）方法和 SC-SAP（3 阶 AR 模型）方法（Abramovich, Gorokhov, Mikhaylyukov, and Malyavin 1994）的多普勒谱图，两者的干扰抑制性能基本上相同，在这个实际例子中明显可以看出，相比于 TV-SAP，SC 方法更快的权更新速度并没有带来干扰抑制性能的提升。这也说明，从干扰抑制的角度看，SC 方法相对巨大的运算量没有什么意义。接下来就涉及基于不同杂波模型和约束结构的两种方法对 HFSW 雷达杂波的保护效果。

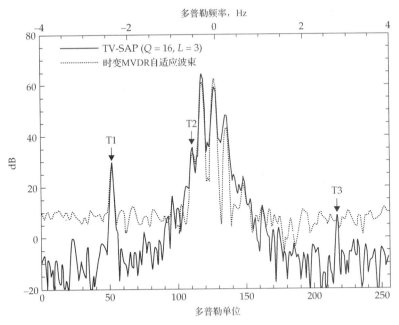

图 10.14 3 个仿真信号在 TV-SAP 方法和固定 MVDR 自适应波束形成（即整个 CPI 使用相同的权矢量）方法中的输出频谱。TV-SAP 方法中弱目标 T3 能明显从杂波和干扰背景中分离出来，为检测创造了有利条件

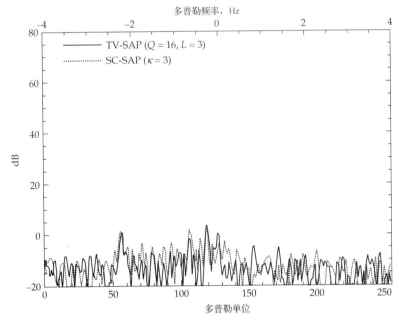

图 10.15 TV-SAP 和 SC-SAP 方法下干扰加噪声多普勒谱。两者干扰抑制能力相当，但 SC-SAP 方法每 PRI（即 0.125 s）更新一次权矢量，而 TV-SAP 方法只需要每 2.0 s 更新一次

图 10.16 比较了 TV-SAP（$Q=16$，$L=3$）方法和 SC-SAP（3 阶 AR 模型）方法在杂波环境下的性能。可以看到，TV-SAP 方法的鲁棒性更好，它的布拉格峰更陡，使得峰值附近

的慢速目标 T2 可以被检出。而权更新速度更快（0.125 s）的 SC-SAP 方法不仅展宽了布拉格峰，还使杂波能量扩散到其他频谱区域，这令高速目标 T3 的检测更加困难。为了从杂波多普勒谱污染的角度量化 TV-SAP 和 SC-SAP 方法的鲁棒性，有必要在若干距离单元上得到统计意义上较理想的杂波作为参考对象。

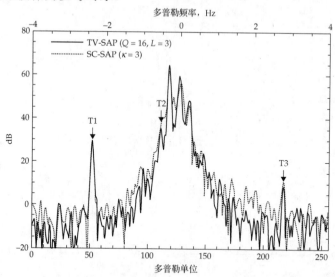

图 10.16 TV-SAP 和 SC-SAP 方法下包含仿真目标的多普勒谱图。TV-SAP 方法比 SC-SAP 方法在保护 SCV 时具有更好的鲁棒性，且节省了一个数量级的运算量，这种鲁棒性使得负布拉格峰附近的目标 T2 被检测出来，也使得弱目标 T3 更容易区分

10 个不包含有用信号（目标回波）的连续距离单元分别用 TV-SAP 和 SC-SAP 方法进行处理，参数选择同图 10.16，只是没有目标注入。图 10.17 显示了各距离单元杂波输出的中值（中位数）。很明显，TV-SAP 方法具有 3~5 dB 的 SCV 提升（提高了高速目标的检测性能），且具有更陡的布拉格峰（提高了低速目标检测性能）。图 10.18 和图 10.19 分别给出了杂波谱的上位值和下位值谱图。

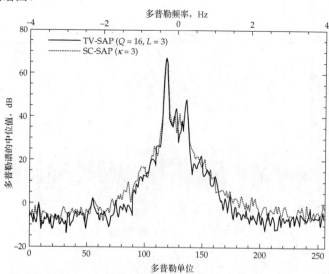

图 10.17 TV-SAP 和 SC-SAP 方法下 10 个连续距离单元杂波多普勒谱的中位值。TV-SAP 方法的鲁棒性更好，带来了 3~5 dB 的 SCV 提升和更陡的布拉格峰

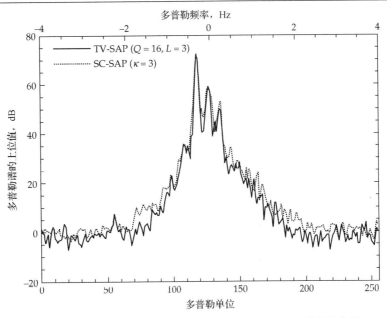

图 10.18　TV-SAP 和 SC-SAP 方法下 10 个连续距离单元杂波多普勒谱的上位值。TV-SAP 方法输出的杂波基本上在可进行目标检测的所有区域上都要低 3~5 dB

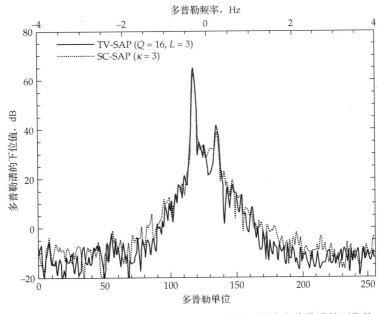

图 10.19　TV-SAP 和 SC-SAP 方法下 10 个连续距离单元杂波多普勒谱的下位值。TV-SAP 方法输出的杂波基本上在可进行目标检测的所有区域上都要低 3~5 dB

实验结果表明，TV-SAP 方法比 SC-SAP 方法具有更好的性能，且运算量小得多。因此，无论是从性能角度还是运算角度，在需要实时处理的实际应用中，TV-SAP 都是一个有吸引力的可选方法。TV-SAP 相对于 SC-SAP 方法的这些好处基于不同的权更新策略，一个是为了与空间非平稳干扰相匹配，一个是为了满足杂波 AR 模型而频繁更新。前面证实了权矢量的频繁更新对干扰抑制不仅没有额外的好处，相比 TV-SAP 还引起了 3~5 dB 的 SCV 损失。TV-SAP 方法相对于其他自适应波束形成方法的优势已经用 HFSW 超视距雷达数据在前面章节进行了证明。实际上，TV-SAP 同样可以应用于高频天波超视距雷达或其他类型的雷达，它还可以延伸到空-时自适应处理（即 TV-STAP），关于 TV-STAP，将在下一章描述。

10.4 后多普勒技术

迄今，自适应波束形成被应用于对消与雷达波形不相干的干扰和噪声。在这种情况下，不管信号路径的实际距离以及多普勒频移，干扰能量通常都散布在匹配滤波后的整个距离-多普勒搜索空间。

匹配滤波器对不相干信号的输出与信号实际的群距离-多普勒频移能量分布并不相符，这时每个独立分辨单元都是无数个干扰分量的叠加。因此，上一节介绍的由不同距离单元的阵列快拍取平均值来形成干扰+噪声样本空间协方差矩阵是可行的。

然而，如果要削弱的干扰信号与雷达信号是相干的，那么由空间分离散射源引起的能量分布，原则上在匹配滤波后应该可以分解为不同的时间延迟和多普勒频率区。如果时间延迟和多普勒频移在物理上与信号传播通道有关，那么每个距离-多普勒分辨单元将包含一个干扰分量子集，这些干扰分量共同组成整个干扰信号。特别地，干扰空间协方差矩阵将随着距离和多普勒快速变化，因为每个分辨单元里的干扰可能源于不同到达方向的散射源。这种干扰的空间特性称为不同分辨单元间的统计异质。

这种现象可能发生在有源和无源雷达系统中。无源雷达用机会发射机代替专用雷达发射机对目标检测和跟踪。与有源雷达类似，无源雷达一般接收环境中被发射机照射到的散射体在空间散射的杂波。重要的是，散射体位于不同的距离可以产生目标达波方向不同的回波，它使杂波干扰的空间统计在距离上是异质的。从自适应波束形成的角度来看，这种干扰的削弱需要以一个与上一节完全不同的方法来进行。

10.4.1 应用背景

从发射机到接收机的全部散射杂波信号的空间协方差矩阵，可以表示为匹配滤波后位于不同距离和多普勒单元的散射源的不同空间协方差矩阵的和。重要的是，在特定分辨单元接收的杂波分量的空间协方差矩阵，往往比在整个分辨单元上积累的复合杂波信号的空间协方差矩阵，具有较低的有效秩。

这在概念上类似于前面讨论的空间非平稳问题，其中，在一个相对长的相参处理间隔上积累的干扰空间协方差矩阵，可以看作是具有较低有效秩的许多准瞬时空间协方差矩阵随时间变化的总和。在这种情况下，干扰的空间非平稳性由滤波器在时间上的重新调整而缓和。类似地，异质杂波问题促使匹配滤波后自适应波束形成应用的研究，使自适应权重矢量可以在距离和多普勒单元上更新。

通过把相参处理单元的数据分割成距离和多普勒块这一方法，多普勒后自适应波束形成技术可以使处理器提高相干干扰的低空间秩。换言之，距离和多普勒局部训练策略可用于匹配滤波后自适应波束形成，这一方法被用于阵列的所有接收机中。为消除无源雷达系统统计异质杂波干扰，本节研究一种距离和多普勒依赖的自适应波束形成方法，并进行实验评估。

虽然下面我们以一个高频无源雷达系统来说明多普勒后自适应波束形成方法的实际性能，但应指出的是，匹配滤波后用局部训练的距离和多普勒依赖自适应处理的想法，同样可用于有源雷达中消除空间异质干扰。特别地，这种技术已用于减轻高频地波雷达中的电离层杂波，见 Abramovich, Anderson, Gorokhov, and Spencer（2004），Fabrizio and Holdsworth（2008），以及它们的参考文献。

10.4.1.1 无源雷达研究背景

利用不合作源发射的波形开发飞机目标的探测和跟踪系统，这个国际倡议已经催生了许多不同无源雷达系统的出现，通常也被称为无源双基地雷达（PBR）、无源隐蔽雷达（PCR）或无源相干定位（PCL）。相对于传统的单基地有源雷达，这种系统有一些固有的优点，包括显著较低的成本、更小的物理尺寸，电子对抗威胁有更高免疫力，对频谱资源没有额外的要求，对辐射许可没有要求，并由于双基地配置及相对于微波雷达的较低频带，使得目标可能有更高的雷达横截面。

虽然无源雷达概念在几十年前就被提出了（Circa 1935），但是在工业、国防和学术界，仍然对无源相干定位系统有很大的兴趣[见 Griffiths and Baker（2005），Baker, Griffiths, and Papoutsis（2005）]。原因有很多，其中包括：(1) 高动态范围的数字接收机的发展，计算机技术在实际无源相干定位系统中实时操作的进步；(2) 更大范围照射源的可用性——结合高带宽和功率为无源相干定位系统提供更合适的波形（主要是由于数字广播的趋势）；(3) 鲁棒自适应处理技术的进步和成熟，特别是矩阵处理算法在异质干扰环境中目标检测与参数估计上的发展。

然而，无源相干定位系统所使用辐射源的地理位置和天线方向图属性远不是最优的，并且重要的是所发射波形的特征不可控。这带来许多重大技术挑战，在无源相干定位概念变成有效和可靠的检测工具之前，这些技术挑战需要克服。首先，有必要在所谓的参考通道获得未知源波形的原始副本。此副本作为参考信号在监视通道中完成相参处理，相参处理通过在延迟和多普勒上的匹配滤波来进行。理想的情况是，参考信号应与多径污染、有用信号（目标回波）及与同波道干扰无关，这些干扰来自机会源频带重叠的其他发射器。

由于直接从发射机接收的信号及其他强大杂波回波，第二个关键问题是防止强直达波干扰过度泄漏到有目标回波的监视通道里。这通常是必需的，因为在匹配滤波器的输出时，大部分杂波旁瓣可能比对应雷达波形的旁瓣更高。做相参处理的原波形的次最优模糊函数特征，有可能掩盖许多弱目标回波，即使这些回波与主杂波峰有较大的距离延迟和多普勒频差。

无源相干定位已经成为固定及移动平台空中监视的补充传感器。特别是以经济的方式增强常规雷达对低空目标的覆盖，如 Kuschel, Heckenbach, Muller, and Appel（2008）中所述，或者执行无线电静默时的监视。而实际的无源相干定位系统操作已经在各种频带上被成功地证明，绝大多数当前系统利用 VHF 和 UHF 频带的发射器，例如，有基于模拟 FM 广播的无源相干定位系统（Howland, Maksimiuk, and Reitsma 2005；Di Lallo, Farina, Fulcoli, Genovesi, Lalli, and Mancinelli 2008；Bongioanni, Colone, and Lombardo 2008），基于模拟电视传输的无源相干定位系统（Griffiths and Long 1986；Howland 1999）。

最近，具有 1.5 MHz 带宽、频率略高于 200 MHz 的数字音频广播（DAB），及在 UHF 频段 7 MHz 带宽的地面数字视频广播（DVB-T），成为能提供良好距离分辨力的、有吸引力的选择[见 Poullin（2005），Saini and Cherniakov（2005）]。用于在多基地单频网络（SFN）商业数字广播的，功率为 1~10 kW 的编码正交分频多元（COFDM）信号，对无源相干定位目的也是有吸引力的，因为这些信号可以容易地解码以获得源波形的精确副本。利用 GSM

基站的移动通信信号（Tan, Sun, Lui, Lesturgie, and Chan 2005）、全球导航卫星系统（GNSS）信号（Cherniakov, Zeng, and Plakidis 2003）、卫星通信系统信号（Cherniakov, Nezlin, and Kubin 2002）等许多无源相干定位系统得到发展。

1935年2月著名的"达文特里实验"，利用短波BBC电台检测到一架轰炸机，是公认的第一个无源雷达实验（Willis 1991）。自这个实验以来，有少量的HF波段无源相干定位（3～30 MHz）研究得以完成。美军开发了一个称为"Sugar Tree"的高频超视距无源相干定位系统，在1962—1970年间工作，它利用位于可能发射区附近的非合作调频无线电广播传送器，来检测导弹发射（多普勒时间）的特征。在这个实现中，照射路径通过表面波或视距传播，而"参考信号"路径（发射机到接收机）和"目标回波"路径——从导弹发射区到接收机，是通过天波传播到远程单级天线相控阵的。尽管"Sugar Tree"系统已经拆除了30多年，但"Sugar Tree"的性能细节并不易得到（Willis and Griffiths 2007）。

在过去的几年中，数字广播（DRM）的出现，展现了无源相干定位系统在HF频段的新潜力（然而，迄今为止，DRM信号的模糊函数分析表明，HF-PCL系统无法可靠地检测空中目标）。

基于机会AM广播的初步可行性分析，在Durbridge（2004）中得到研究。其采用常规处理方法，但这种信号的模糊函数性能差，限制了系统性能（Ringer and Frazer 1999）。最近的论文（Fabrizio, Colone, Lombardo, and Farina 2009）旨在补偿HF频段无源相干定位研究的缺乏，特别是关于自适应波束形成在直达波抑制中的应用。

10.4.1.2 高频超视距无源相干定位系统

高频超视距无源相干定位系统的工作原理如图10.20所示。与"Sugar Tree"系统的不同之处在于，这样的机会发射机通过天波传播模式照射监视区域，而目标回波通过视距传播（LOS）到接收天线阵列。图10.20还示出了直达波干扰和目标回波的多径传播，多径传播是由电离层中有多个反射层产生的。相对于"Sugar Tree"结构，将接收站放在监视区域使得发射的信号和目标回波到达的入射角度不同，这可以有效地利用空间处理将有用信号和杂波区别开来。

在接收站点，多通道天线阵列在发射方向数字地形成参考波束，来估计相参处理单元上的辐射波形副本。理想情况下，参考波束应最小化对原波形估计的污染，这些污染是由多径传播、目标回波以及干扰和噪声信号造成的。同时也在不同目标搜索方向上形成一个或多个监视波束，并转向不同目标搜索方向。监视波束旨在通过消除杂波、干扰和噪声，尽可能最大化信干比。

参考波束输出依次与每个监视波束输出进行互相关，利用一个匹配滤波器组为每个监视波束产生一个双基地距离-多普勒图。然后将匹配滤波器输出样本的幅度包络提供给恒虚警率（CFAR）处理和阈值检测。每个相参处理单元的峰值信息作为输入提供给跟踪滤波器，并将生成的轨迹显示给操作者。这里不考虑跟踪组件。

高频无源相干定位接收系统，基于北澳大利亚邻近Darwin处的一个二维L形天线阵列。图10.21（a）表示接收天线阵列的一支臂，其每支臂配置为间隔8 m的8个垂直单级天线。该阵列每个阵元配一个数字接收机，形成共16个空间通道。每支臂的端部加一个空单元以减少互耦合的影响。图10.21（b）定义了二维阵列的几何关系与指向，其允许数字波形在方位角和仰角独立扫描。在实验过程中，每个接收通道在62.5 kHz（等于接收机的通带）的采样率下同时获得同相和正交（I/Q）信号分量。采样数据作为一组连续的 2 s CPI 的脉冲串进行处理，这是典型的超视距雷达飞机检测。

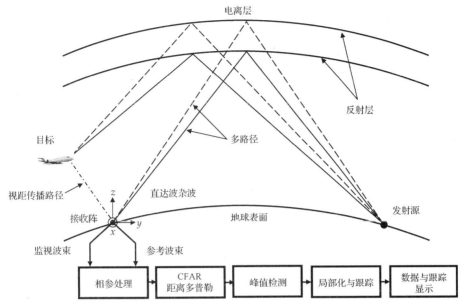

图 10.20 图示为 HF 频段利用监视区的机会发射机的 PCL 系统的工作原理及信号处理流程。尽管是垂直呈现的，但坐标系统的 z 轴指向地球的中心，使地面接收阵的天线元在 xy 平面展开

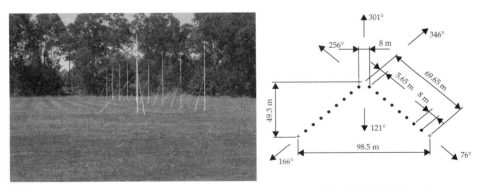

(a) 视距高频接收天线阵列的一支臂　　(b) 单极天线的几何形状和方位

图 10.21 二维（L 形）视距接收机阵列，展示了单极子阵元的布局和方位，角度是顺时针偏离正北的大小

在 2004 年 4 月进行的实验中，用一架合作飞机作为专门的测试目标，图 10.22(a) 显示了本次实验的飞机目标——西风 IL24 里尔喷气机。合作目标上配备了机载 GPS 数据记录器，记录其每 2 s 的位置、高度和姿态。在 31000 英尺（其已知的巡航高度），目标直视距离下约 350 km。飞机要求每 10~15 min 完成 360° 转动，用雷达回波的已知多普勒时变特征进行标记。图 10.22(b) 中的 GPS 数据显示了相对于视距接收机位置的一个目标航迹计划图。

飞机的 GPS 数据被转化成雷达坐标——目标到达角（方位角/仰角）和双基地差分距离/多普勒随时间变化的曲线。这里，"差分"一词指的是目标回波相对于直接从发射器接收的信号所走的额外路径，后者用作零延迟参考。图 10.22(b) 中标记的 A 至 D 各点，与图 10.23 中相应时间的方位角和仰角相对应。双基地距离和多普勒曲线稍后会给出来。360° 的大转弯大约在 06:25 开始，而传达到接收器大约在 06:36。

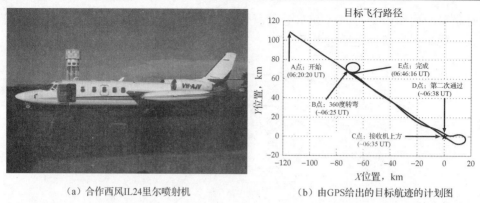

(a) 合作西风IL24里尔喷射机

(b) 由GPS给出的目标航迹的计划图

图10.22 此次试验作为合作目标的私人飞机,及以GPS数据为基础给出的相对于视距接收机位置的航迹

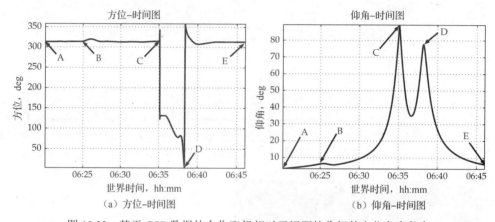

(a) 方位-时间图

(b) 仰角-时间图

图10.23 基于GSP数据的合作飞机相对于视距接收机的方位角和仰角

多个信号源被记录在以21.639 MHz为中心频率的接收机带宽中。图10.24的频谱示出了由单个接收器获取的信号。表10.3给出了各信号源的源位置和波形类型。图10.25示出了经数字下变频到基带和低通滤波提取的10 kHz带宽的线性调频连续波信号,该信号具有对于无源相干定位最可取的模糊函数特征。鉴于以上原因,且由于监视和远程海况传感雷达系统的存在,这种信号经常出现在高频频谱,下面将进一步集中研究关于此信号的应用。

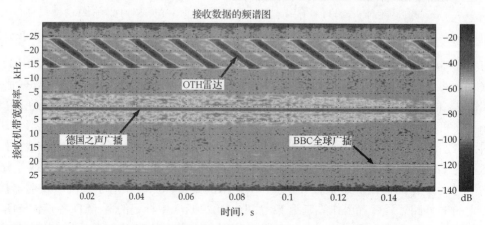

图10.24 单个接收器输出的原始数据频谱,展示了来自不同机会源的在接收频带的3个波形

表 10.3 不同发射源的主要特征,一个来自澳大利亚 Longreach 的 HF 雷达源,两个 AM 无线电广播,德国之声来自斯里兰卡 Trincomalee,BBC 全球广播来自新加坡 Kranji

发射源	频率,MHz	地面距离,km	方位,°	功率,kW
HF 雷达	21.620	1851	134	200
德国之声	21.640	5980	290	250
BBC	21.660	3400	295	100

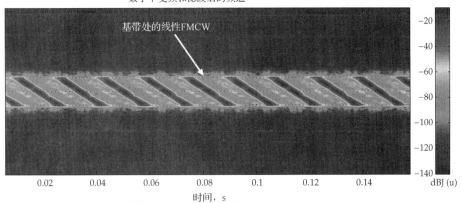

图 10.25 数据与图 10.24 中相同,是数据经数字下变频到基带和低通滤波的频谱

一个线性调频连续信号,当源波形的参数已知时,该信息可以在实际的高频超视距雷达系统用作参考估计。然而,对一个实际高频无源相干定位系统,在多普勒后自适应波束形成技术开发及评估的预备步骤中,对发射信号的结构没有假设任何信息。虽然在本例中可用知识没有得到充分利用,但它有助于对不同自适应波束形成技术的相对优点和缺点进行深入了解。这样的见解可以在基于更一般机会高频超视距信号的无源雷达系统中,用于指导自适应波束形成方法的选择,其中关于源信号结构没有任何可用信息。

10.4.1.3 传统处理方法

对任意单元几何形状的窄带天线阵列,平面波关于方位角 θ 和仰角 ϕ 的转向矢量如式(10.77)所示,其中,$\mathbf{r}_n = [x_n, y_n, z_n]^T$ 是第 n 个天线单元相对于相位基准(取作坐标系的原点)的位置矢量,$k(\theta, \phi) = \dfrac{2\pi}{\lambda}[\cos(\phi)\sin(\theta), \cos(\phi)\cos(\theta), \sin(\phi)]^T$ 是波矢量。设第一个接收器的位置在原点($\mathbf{r}_1 = 0$),方位角 θ(大圆方位)是相对于正北的常规定义。

$$\mathbf{s}(\theta, \phi) = [e^{j\mathbf{k}(\theta,\phi)\cdot\mathbf{r}_1}, e^{j\mathbf{k}(\theta,\phi)\cdot\mathbf{r}_2}, \cdots, e^{j\mathbf{k}(\theta,\phi)\cdot\mathbf{r}_N}]^T \quad (10.77)$$

参考波束位于方向 $\{\theta_r, \phi_r\}$,是最大化接收功率的方向(即空间频谱峰值的达波方向坐标)。这样,$\{\theta_r, \phi_r\}$ 代表了主要的直达波信号模式的常规达波方向估计。设 $x(t)$ 是通过天线阵列收到的标引为 $t = 0, 1, \cdots, M-1$ 的 A/D 采样的 N 维复矢量。参考波形估计为输出的时间标量系列 $y_c(t)$,见式(10.78),其中,$\mathbf{v}^\dagger\{\theta_r, \phi_r\} = N^{-1}\mathbf{s}^\dagger\{\theta_r, \phi_r\}$ 提供了指向上的单位增益 $\mathbf{v}^\dagger\{\theta_r, \phi_r\}\mathbf{s}\{\theta_r, \phi_r\} = 1$。传统的参考估计 $y_c(t)$ 可能无法分辨在到达波方向上密集分布的多径直达波分量。不解决相近 DOA 的多路径问题的主要后果是,参考估计将受到不同的延迟和可能的多普勒频移的源波形副本的叠加污染。这会导致匹配滤波后出现比单个物理目标的多径分量更多的回波。

$$y_c(t) = \mathbf{v}^\dagger(\theta_r, \phi_r)\mathbf{x}(t), \quad t = 0, 1, \cdots, M-1 \quad (10.78)$$

一组监视波束通常被引导以快速而可靠地覆盖所需的角扇区。用$\{\theta_s, \phi_s\}$表示雷达搜索方向，监视通道输出也可以使用常规波束形成器生成，见式（10.79）。很显然，参考和监视输出是由相同相参处理单元上的数据形成的，但是监视波束的指向一般与参考波束的指向不同。常规监视波束的形成有一个潜在的缺陷，即强大的DWI可能并不能有效衰减。强大的DWI通过传统天线方向图旁瓣进入监视波束，会减低匹配滤波后的目标检测性能。

$$z_c(t) = \mathbf{v}^\dagger(\theta_s, \phi_s)\mathbf{x}(t), \quad t = 0, 1, \cdots, M-1 \tag{10.79}$$

常常用匹配滤波器组对相关的监视和参考波束输出$z_c(t)$和$r_c(t)$做相参处理，参考波束在一组双基地距离和多普勒单元上有延迟和频率偏移，时间延迟通常是采样间隔的整数倍，而多普勒偏移通常由FFI滤波器组定义。对于任意参考和监视通道输出，分别简记为$y(t)$和$z(t)$，匹配滤波器的输出由式（10.80）给出，其中$f(t)$是一个锥削加权函数，复量$c(\ell,k)$表示双基地距离（ℓ）和多普勒地图（k）上的一个分辨单元，符号*表示复共轭。

$$c(\ell, k) = \sum_{t=0}^{M-\ell-1} f(t) \cdot z(t) \cdot y^*(t-\ell) \cdot e^{j2\pi kt/M} \tag{10.80}$$

匹配滤波器采用单位函数$f(t)=1$。在图10.26（a）中，强度调制的距离-多普勒图表示了记录在CPI上06:40:44时刻的一个匹配滤波器输出$|c(\ell,k)|$的包络。在这种情况下，监视波束指向合作目标方向$\{\theta_s = 309°, \phi_s = 20°\}$，也就是已知的图10.23（a）和图10.23（b）中的GPS数据。里尔喷气机在6:40:44的双基地距离差$\Delta r = 61$ km，以及双基地多普勒频移$\Delta f = -29$ Hz。

合作目标的回波在图10.26（a）中不可见，因为它被更强大的杂波的高距离-多普勒副瓣遮蔽。图10.26（b）表示在相同的数据下，用式（10.81）定义的Blackman-Harris的-92 dB副瓣窗的效果。虽然杂波中可见度有很大的提高，但是在0～125 km的污染距离观察时，目标回波仍不能从残余"扩展多普勒"杂波中区分出来。

$$f(t) = 0.35875 - 0.48829\cos\left(\frac{2\pi t}{M-1}\right) + 0.14128\cos\left(\frac{4\pi t}{M-1}\right) - 0.01168\cos\left(\frac{6\pi t}{M-1}\right) \tag{10.81}$$

为评估无源相干定位系统的性能，匹配滤波器包络$|c(\ell,k)|$被传输到CFAR处理，CFAR用单元平均法处理（Turley 1997）。CFAR输出中的峰值，即选出那些比相邻波束、距离和多普勒单元大得多的点。使用最适合峰值及其相邻点的三维二次插值技术估计每个峰的坐标。在常规处理方案中，从超过25 min的实验数据产生的峰值估算被储存下来。下面所述的各种自适应方案中也实施了这一处理，以在本节的最后部分进行检测性能的比较。

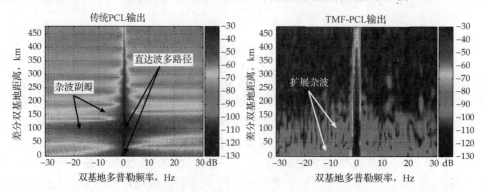

图10.26 对转向目标方向的监视波束用传统渐变匹配滤波器形成的双基地距离-多普勒图。渐变滤波器大量减少杂波副瓣，但是不能检测目标回波

10.4.2 距离相关自适应波束形成

时域自适应处理技术被提出用于去除监视通道中的直达波干扰。这包括大量基于不同批次和阶段最小二乘的对消算法（Lombardo, Colone, Bongioanni, Lauri, and Bucciarelli 2008），以及其他方法（Kulpa and Czekala 2005；Gunner, Temple, and Claypoole 2003；Saini, Cherniakov, and Lenive 2003）。

然而，如果参考信号被多径污染，在目前的情况下，这些算法的对消能力受到严重限制（见 Lombardo et al. 2008）。基于源信号的先验知识，多路径去除和波形估计也可以进行（Treichler and Agee 1983），但是这往往限定于实际中某些特定类型的信号。这些不同的问题催生了采用自适应波束形成方法来减弱高频超视距无源相干定位系统中监视通道里的直达波干扰。

10.4.2.1 传统的自适应波束形成

图 10.27 所示为无源相干定位处理（PCL）中对角加载 LSMI-MVDR 技术的时域实现的示意图。具体而言，参考通道 $y_c(t)$ 是由前述传统波束形成产生的，而监视波束是使用式（10.82）中自适应加权矢量 $\mathbf{w}(\theta_s, \phi_s)$ 形成的。如前所述，$\hat{\mathbf{R}} = \frac{1}{M}\sum_{t=1}^{M}\mathbf{x}(t)\mathbf{x}^{\dagger}(t)$ 是接收数据样本空间协方差矩阵，α 是对角负载系数。所有时域快拍在 CPI 中的积累相当于通过匹配滤波后平均所有距离-多普勒单元的快拍形成的估计 $\hat{\mathbf{R}}$（忽略加权函数的影响）。

$$\mathbf{w}(\theta_s, \phi_s) = [\hat{\mathbf{R}} + \alpha\mathbf{I}]^{-1}\mathbf{s}(\theta, \phi)\{\mathbf{s}^{\dagger}(\theta_s, \phi_s)[\hat{\mathbf{R}} + \alpha\mathbf{I}]^{-1}\mathbf{s}(\theta_s, \phi_s)\}^{-1} \quad (10.82)$$

这个加权矢量用于产生监视通道的输出，见式（10.83）。上述过程很容易推导，但是有两个潜在的缺点。首先，它试图对消全局干扰能量，尽管它们几乎全都集中在匹配滤波后的零多普勒频率周围，不会妨碍多普勒频移目标的检测，但是这种"过度归零"会导致较高的白噪声增益。其次，目标包含在训练数据里，因此容易产生自相消。一个好的加载系数会降低这些副作用的敏感性。基于经验的最佳加载因子在分析中被采用。

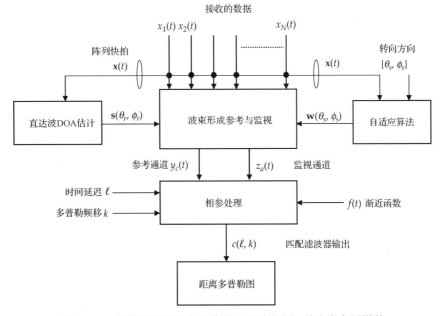

图 10.27 传统无源相参定位信号处理流程图，结合参考通道的传统波束形成和监视通道上的标准自适应波束形成

$$z_a(t) = \mathbf{w}(\theta_s, \phi_s)^\dagger \mathbf{x}(t), \quad t = 0, 1, \cdots, M-1 \tag{10.83}$$

在我们继续讨论多普勒后处理方法之前,需要指出的是,图10.29(a)与图10.26(a)是相同CPI的数据,显示了LSMI-MVDR自适应波束形成器代替传统的波束形成器以产生监视通道时所形成的距离-多普勒图。因为接近零多普勒频率的直达波杂波与监视通道转向方向有不同的达波方向,与图10.26(a)相比,直达波干扰被自适应波束形成器大大减弱了。在多普勒频率远离 0 Hz 的干扰程度也被 LSMI-MVDR 方法减少,特别是 0~125 km 的距离波段。但是尽管这样,仍然不能发现目标,原因在下面会看到。

10.4.2.2 多普勒后距离相关空间自适应处理

与前不同,多通道的数据可以通过对每个接收机输出逐单元用匹配滤波,使得在自适应波束形成之前转化成距离-多普勒域。这就产生了阵列快拍矢量 $\mathbf{c}(\ell,k)$,以距离单元 ℓ 和多普勒单位 k 为索引,见式(10.84)。在这种方法下,用传统参考信号估计 $y(t) = y_c(t)$ 和 N 个接收机输出做相参处理,以产生 N 个距离-多普勒图,记为 $c_n(\ell,k)$($n = 1, \cdots, N$)。在一个特定的距离-多普勒单元,N 个不同接收机的输出形成一个阵列快拍矢量 $\mathbf{c}(\ell,k) = [c_1(\ell,k), \cdots, c_N(\ell,k)]^T$。图 10.28 展示了这一处理方法。

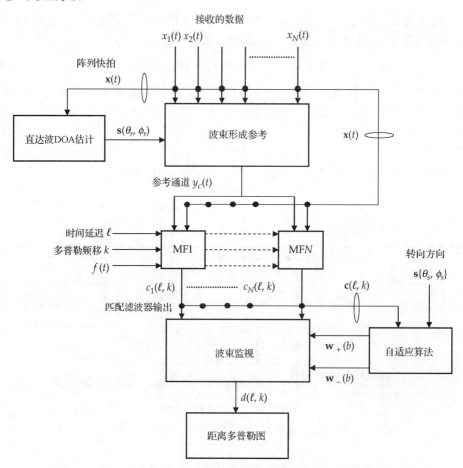

图 10.28 另一种信号处理架构,其在每个接收机中进行匹配滤波后,针对监视信道完成后多普勒-距离相关的自适应波束形成

$$\mathbf{c}(\ell,k) = [c_1(\ell,k),\cdots,c_N(\ell,k)]^T = \sum_{t=0}^{M-\ell-1} f(t).\mathbf{x}(t).y^*(t-\ell).e^{j2\pi\frac{tk}{M}} \quad (10.84)$$

匹配滤波器不仅集中了零多普勒频率附近的强大杂波分量，也有效分解了杂波在不同距离-多普勒单元的总的角度占用量。这使得局部样本空间协方差矩阵可以用精挑细选的测试单元附近的二次距离-多普勒组来估计。这种训练方法更有可能提供干扰协方差矩阵的局部同质估计。

除了统计期望局部干扰协方差矩阵相对于全局干扰协方差矩阵（所有处理距离-多普勒单元上的积累）有效秩更低，这种估计更能代表测试单元附近的干扰。原则上，这种局部处理策略有望实现更有效的干扰对消，并因此提高检测性能。这种方法形成了下面将介绍的自适应波束形成技术的基础。

具体而言，自适应波束形成技术致力于满足三个主要目标，即：（1）充足的训练数据与测试单元（CUT）的干扰是统计同类的；（2）假设存在于测试单元的有用信号排除在训练数据之外，以避免潜在的目标自相消问题；（3）自适应算法并不过分复杂，以便进行性能诊断和实时操作。基于这些目标，一个距离依赖空间自适应处理算法以下面三个步骤的形式提出来。

第一步：将距离单元 L 的总数据分成 N_b 个不重叠的批次，其中，每个批次包含 Q 个连贯距离单元，使得所有距离能被分为整数个批次，即 $N_b = L/Q$。自适应算法可以推广，并不限制在这种假设上，这里仅仅用来简化对它的描述。在每一组 $b=1,2,\cdots,N_b$ 中，定义一个包含大部分直达波能量、中心在零多普勒频率附近的杂波防护频段（也就是指定杂波的左右边界）。这些边界用正整数 g_l 和 g_r 来表示，为了描述方便，假设这些边界对不同组号保持不变。这带来两个训练数据区域，一个由正多普勒频率单位组成的集合 $k \in G^+ \equiv \{g_r, g_r+1, \cdots, K\}$ 来表示，另一个由负多普勒频率单位组成的集合 $k \in G^- \equiv \{-g_l, -g_l-1, \cdots, -K\}$ 来表示。一般设置 $\{g_l, g_r\} \ll K$ 以排除大部分强杂波。对于第 b 组，取自正多普勒和负多普勒区间的训练数据用来形成两个样本空间协方差矩阵，见式（10.85）。注意，这些矩阵包含了对本地的干扰统计。为了避免产生大的收敛损失，适当的估计需统计意义上数目足够多的训练快拍 $Q[K - \max(g_r, g_l)] > 2N$（Reed et al. 1974）。对于 $Q=1$，$K=62$，$g_r=g_l=4$，有 $K - \max(g_r, g_l) = 58$，当 $N=16$ 时，其大于 $3N$。

$$\mathbf{R}_+(b) = \sum_{\ell=(b-1)Q}^{bQ-1} \sum_{k \in G^+} \mathbf{c}(\ell,k)\mathbf{c}(\ell,k)^\dagger, \quad \mathbf{R}_-(b) = \sum_{\ell=(b-1)Q}^{bQ-1} \sum_{k \in G^-} \mathbf{c}(\ell,k)\mathbf{c}(\ell,k)^\dagger \quad (10.85)$$

第二步：式（10.86）中的 $\mathbf{w}_+(b)$ 和 $\mathbf{w}_-(b)$，用来对监视方向 $\{\theta_s, \phi_s\}$ 作自适应波束形成，这里为了简化符号，加权矢量 $\mathbf{w}_+(b)$ 和 $\mathbf{w}_-(b)$ 的括号中没有加上 $\{\theta_s, \phi_s\}$。这些加权矢量随着组号 $b=1,2,\cdots,N_b$ 不断更新，以减小因干扰的空间协方差矩阵的统计不均匀性带来的性能损失。相对于前述的标准 LSMI 方法，这个流程额外的计算负担主要在于式（10.86）中对每组两个 $N\times N$ 矩阵的求逆。由于这些矩阵是中等维度 $N=16$，且所有对准不同方向的监视波束不需要进一步求逆操作就能产生[②]，这种方法的计算负担可以通过适当选择组大小 Q 来缩放，以适应实时处理。

$$\begin{cases} \mathbf{w}_+(b) = \mathbf{R}_+^{-1}(b)\mathbf{s}(\theta_s,\phi_s)\{\mathbf{s}^\dagger(\theta_s,\phi_s)\mathbf{R}_+^{-1}(b)\mathbf{s}(\theta_s,\phi_s)\}^{-1} \\ \mathbf{w}_-(b) = \mathbf{R}_-^{-1}(b)\mathbf{s}(\theta_s,\phi_s)\{\mathbf{s}^\dagger(\theta_s,\phi_s)\mathbf{R}_-^{-1}(b)\mathbf{s}(\theta_s,\phi_s)\}^{-1} \end{cases} \quad (10.86)$$

第三步：关键点是矢量 $\mathbf{w}_+(b)$ 被用来形成波束指向有负多普勒频率的目标，而 $\mathbf{w}_-(b)$ 被用

[②] 一旦 $\mathbf{R}_+(b)$ 和 $\mathbf{R}_-(b)$ 的逆矩阵求出，可以将它们代入式（10.86），以得到所有要求的监视方向 $\{\theta_s, \phi_s\}$ 上的自适应波束形成加权向量。

来形成波束指向有正多普勒频率的目标,以使式(10.87)中的标量输出 $d(\ell,k)$ 形成监视波束的距离-多普勒图。这里的正-负交换保证了被自适应滤波器处理的测试单元不被包含在训练数据中。该流程大幅降低了目标消失的可能性。另外,由于特定距离单元的直达杂波的空间结构,在匹配滤波后会扩展到正多普勒频率和负多普勒频率,所以这种训练方法提供了一个对多普勒频谱交替部分本地干扰特性的合理估计。RD-SAP 算法在理解和实现方面要相对简单些,就是要不断重复这三个步骤,直到所有的距离单元 $\ell=(b-1)Q,\cdots,bQ-1$ 和组号 $b=1,2,\cdots,N_b$ 都被处理。

$$d(\ell,k) = \begin{cases} \mathbf{w}_-(b)^{\dagger}\mathbf{c}(\ell,k), & k=1,\cdots,K \\ \mathbf{w}_+(b)^{\dagger}\mathbf{c}(\ell,k), & k=0,-1,\cdots,-K \end{cases} \quad (10.87)$$

图 10.29(b)给出了与例子中相同 CPI 下使用 RD-SAP 算法的距离-多普勒图,其中,$Q=1$,$g_r=g_l=4$。此时,在飞机的期望距离-多普勒坐标上,目标回波能从本地背景中清晰地分辨出。在 RD-SAP 的输出中,两个有着相近多普勒频移但距离上更近或者更远的较弱回波也是可见的。这些输出的产生是因为参考信道和监视信道中存在多径。基于两种主导的电离层模式的存在,"早到的回波"(图 10.29(b)中标记为 A)是由监视信道中较小延迟的目标回波和参考信道中较大延迟的直达波的时间对齐所导致的。相反,"迟到的回波"(图 10.29(b)中标记为 B)是由监视信道中较大延迟的目标回波和参考信道中较小延迟的直达波的对齐导致的。这个例子阐释了两种主导的传播模式导致的匹配滤波输出中多径对参考波形估计和监视波束下目标回波的影响。

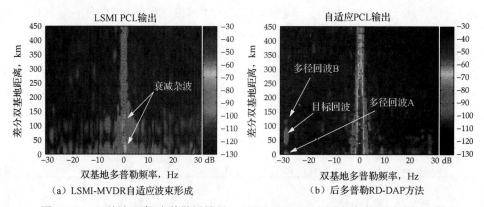

(a) LSMI-MVDR自适应波束形成 (b) 后多普勒RD-DAP方法

图 10.29 双基地距离-多普勒图结果,LSMI-MVDR 自适应波束形成器和后多普勒距离相关的空间自适应处理器(RD-SAP)分别用来产生监视信道

图 10.30 比较了不同处理方法下真实目标所在距离范围内的多普勒谱(图 10.29(b)中标记为"目标回波")。明显可以看到,传统的处理方法不能提供足够的对直达杂波的抑制,以获得对残留背景干扰下目标的检测(也就是图 10.30 中的点划线和点线)。标准 LSMI-MVDR 自适应波束形成器结合了整个 CPI(也就是整个距离-多普勒图)上的干扰空间结构,能大幅消除零多普勒频率附近最强直达杂波的能量,见图 10.30 中的虚线。

然而,这些强分量使得自适应处理器消耗额外的自由度来消除局限于较窄多普勒频段上的杂波。在这一小频段上取得的对杂波的高抑制水平,对目标检测来说不太有用,因为这是以对感兴趣的高多普勒频率部分的低抑制能力为代价的。另外,相对于 RD-SAP 方法(见图 10.30 中的实线),LSMI 方法下因为自消回波峰值明显有 5 dB 的损失。

相比 LSMI 方法,RD-SAP 对 0 Hz 附近直达杂波的抑制要少得多,重要的是,RD-SAP

降低了大量多普勒组中的背景干扰水平，使得目标回波能被更容易地分辨出。关键点是尽管输出的总干扰功率要比 LSMI 方法下高得多（这是因为 RD-SAP 对零多普勒频率附近的直达波杂波的抑制相对较差），但 RD-SAP 能使比特定距离单元多得多的多普勒频率段上的目标检测概率得到提高。

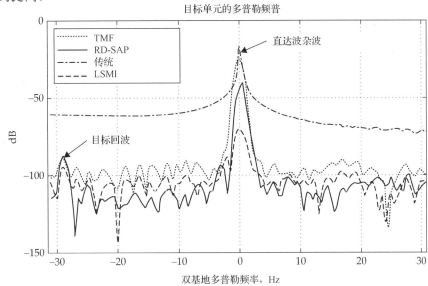

图 10.30　真实目标所在距离范围内不同 PCL 处理方法下的多普勒谱，用来说明仅当所提出的自适应波束形成器（RD-SAP）应用到这个例子中时，目标回波在本地背景下才可以被清晰检测到

总的看来，RD-SAP 能更有成效地使用自适应自由度，并在对目标检测必需的搜索区域上更多地消除干扰。另外，RD-SAP 通过交换用来处理正多普勒组及负多普勒组的自适应滤波器，能够保护目标回波不被消除。

虽然可以提出更加复杂的自适应处理方案，但这里提出的 RD-SAP 版本，旨在阐述主要的概念，以及基于本地训练的后多普勒自适应波束，形成在不同类型干扰环境下的优势。所描述的方法试图在性能（在下一节有更正式的评估）、实现和理解的简易程度，以及可缩放以适应实时处理的计算负担上取得平衡。

在更具同质性的干扰环境中，计算负担可以通过增加距离组大小（$Q>1$）来减小，因为矩阵求逆的次数是与 Q 直接成比例的。杂波边界 g_l 和 g_r 可以基于实验观察预先设置，或者在线估计，它们仅需要将最强的杂波成分（通常包含在以 0 Hz 附近为中心的一小段多普勒频率中）排除在外。

10.4.3　扩展数据分析

虽然对数据的一个 CPI 进行分析能够进行详细性能比较，进而有利于算法的开发和测试，但是对操作者来说，能基于扩展数据集合表征 PCL 系统性能的统计特性才是更感兴趣的。本节基于包含 322 个 CPI 的扩展数据集合，定量分析前述的传统的和自适应的处理方案下的性能。

具体来讲，性能统计特性分两个距离段来计算，其中"短"距离段的双基地距离差 $\Delta r \in \mathcal{R}_1 \equiv [0,125)$ km，"长"距离段的双基地距离差 $\Delta r \in \mathcal{R}_2 \equiv [125,250)$ km。使用里尔飞机作为测试目标，使飞机按照设定好的路线飞行（已知路径 GPS 信息），短距离段和长距离段的性能统计特性分别通过对 153 和 169 个 CPI 评估得到。

对于这两种距离段，从如下几个方面的实验结果来说明 PCL 系统的性能：（1）实验得到的接收机工作特性（ROC）曲线，即目标正确检测的相对频率随虚警密度的变化曲线；（2）目标正确检测（和漏检）随时间的分布图，并且将通过 PCL 系统估计得到的目标坐标同 GPS 真实数据比较；（3）对目标航迹建立概率的一阶表征，即观察到的从 n 个连续的 CPI 中至少有 m 次检测到目标的可能性。

10.4.3.1 实验得到的接收机工作特性

图 10.31（a）和图 10.32（a）分别展示了在短距离段和长距离段的不同处理方法下实验得到的 ROC 曲线。产生这些曲线的方法如下。对于每个 CPI，一个目标被认为检测到的条件是，CFAR 输出中超过阈值的峰出现在目标本应所处的坐标上（从 GPS 数据计算得到），但是允许在距离和多普勒频率上有小的偏差。在距离-多普勒图（也就是对应每个 CPI 的总数为 $K \times L = 12500$ 单元）上，其他超过阈值的任何峰被认为是虚警。因为其他真实而未被确认的目标可能存在，这种方法代表了对虚警密度的保守估计。

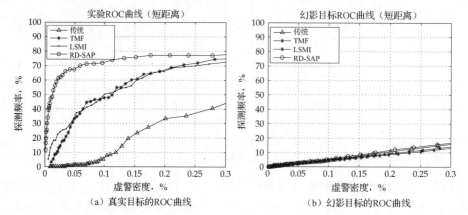

图 10.31　实验得到的接收机工作特性曲线，其中之一是针对短距离段 $\mathcal{R}_1 \in [0 \sim 125)$ km 的真目标，另一个是针对同真目标轨迹相似但多普勒频率有微小偏移的"影子目标"

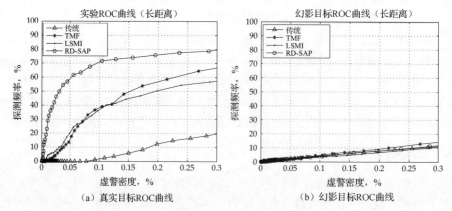

图 10.32　实验得到的接收机工作特性曲线，其中之一是针对长距离段 $\mathcal{R}_2 \in [125 \sim 250)$ km 的真目标，另一个是针对同真目标轨迹相似但多普勒频率有微小偏移的"影子目标"

对于每个距离段，让阈值从超过平均背景水平 25 dB 开始每次下降 0.5 dB，记录这些不同阈值时目标能被检测到的 CPI 所占百分比。对于每个阈值，每个 CPI 的虚警密度也被以百分比的形式记录下来，并且这些数据在所有处理的 CPI 上求平均。被处理的数据量很大，使得虚警密度的鲁棒估计可以小到 10^{-4}（0.01%）。因此，图 10.31（a）和图 10.32（a）中 ROC

曲线上的单个点，表示在特定阈值时目标正确检测的相对频率和同时能达到的虚警密度。ROC 曲线就是这些点的集合，而这些点是针对不同阈值所作的。

ROC 曲线从实验上指出了每个距离段内的目标在许多实际可行的"虚警率"时的"检测概率"。当虚警率为 10^{-3}（0.1%）时，在长距离段上，传统的处理方法在 39% 的时间上可能检测到目标，而 RD-SAP 方法在 72% 的时间上可检测到目标。当远距离较使得目标回波较弱时，相对于锥形匹配滤波器（TMF）这是一个很大的改进。在短距离段 $\mathcal{R}_1$，改进虽然不如较长距离段时那么大，但相对于传统处理 RD-SAP 还是能取得可观的改进，如表 10.4 所示。

表 10.4 在长距离段和短距离段上，传统 TMF 和 RD-SAP 两种
处理方法下的检测性能，不同段使用一个固定的阈值

处理	阈值	$P_D \in \mathcal{R}_1$	$P_{FA} \in \mathcal{R}_1$	$P_D \in \mathcal{R}_2$	$P_{FA} \in \mathcal{R}_2$
RD-SAP	11 dB	76%	0.15%	72%	0.10%
传统 TMF	9.5 dB	66%	0.19%	39%	0.10%

为了让 ROC 曲线有个对比，通过从多普勒中搜寻目标峰而不是基于 GPS 的预测，故意使得目标的预期坐标不同于真实坐标。然后，系统在同样的数据集合上搜寻同真实目标有相似轨迹的"幻影目标"。针对幻影目标按照同样的方式重新计算统计特性，并且对一系列不同幻影目标的这些数据进行平均。这样得到的对应两种距离段的 ROC 曲线分别在图 10.31（b）和图 10.32（b）中给出。这些曲线表明，在没有真实目标时，记录到有目标被检测到的百分比很小，并且不同处理方法下几乎相同。

10.4.3.2 检测的分布

图 10.33 针对传统的处理方法（TMF），展示了目标检测在时间上和差分双基地距离上的分布，还给出了根据 GPS 数据得到的分布以作对比。图中空心的圆表示目标被检测到时的时间和坐标，覆盖在实线（表示根据 GPS 数据得到的分布）上的实心正方形表示漏检发生。图 10.34 同图 10.33 中的做法一样，展示了 RD-SAP 下的结果。在给出这些图时使用了表 10.4 中的检测阈值。这些阈值为传统处理方法和自适应处理方法在 $\mathcal{R}_2$ 上提供了相同的虚警率 0.1%，而在 $\mathcal{R}_1$ 上则更有利于传统方法（其虚警率 0.19% 相对更高）。

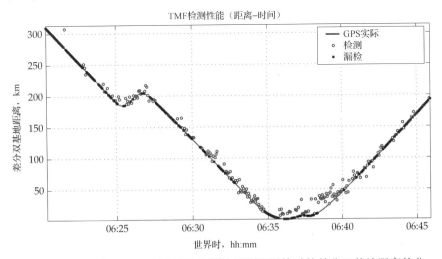

图 10.33 在传统 TMF 方法下飞机被检测到和漏检时的差分双基地距离的分布，阈值设为 9.5 dB（即虚警率在 $\mathcal{R}_1$ 下为 0.19%，在 $\mathcal{R}_2$ 下为 0.1%）

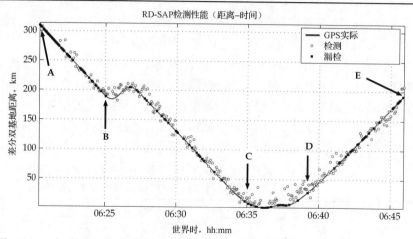

图 10.34 在 RD-SAP 方法下飞机被检测到和漏检时的差分双基地距离的分布，阈值设为 11 dB（即虚警率在 $\mathcal{R}_1$ 下为 0.15%，在 $\mathcal{R}_2$ 下为 0.1%）

类似地，图 10.35 和图 10.36 展示了双基地多普勒频率随时间的分布，这里应该看到检测到的峰的坐标，具有与预期的 GPS 坐标更接近的精度。需要注意的是，当目标的双基地多普勒频率接近 0 Hz 时（即处于强杂波的脊附近），两种方法下都有很多漏检发生；当差分双基地距离大于 250 km 时也有这种现象，这是因为天线在低俯仰角时的增益减小，这种情况显著地限制了在较长距离上的系统性能。将对目标估计到的坐标值与真实值接近一致的频率作为性能来考察，通常能发现在飞行路线的几乎所有段上，使用 RD-SAP 相对传统 TMF 处理相等或更低的虚警率时可以大幅改善性能。

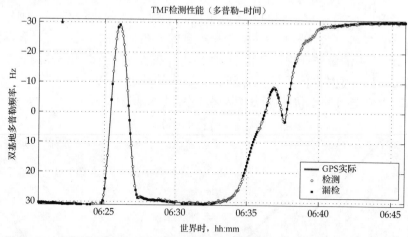

图 10.35 在传统 TMF 方法下飞机被检测到和漏检时的目标双基地多普勒频率的分布，阈值设为 9.5 dB（即虚警率在 $\mathcal{R}_1$ 下为 0.19%，在 $\mathcal{R}_2$ 下为 0.1）

10.4.3.3 航迹建立的表征

一个普遍使用的为目标航迹建立概率提供一阶表征的方法是：确定在 n 个连续的 CPI 中至少有 m 次检测到目标的频率。这种"n 分之 m"的检测逻辑，为一种特定的处理方法在时间上的检测连贯性提供了有价值的信息。虽然这种度量不评估跟踪性能，因为它是与航迹滤波器不相关的，但是检测连贯性对航迹的建立和维持有着根本性的作用。图 10.37 和图 10.38 分别展示了 TMF 和 RD-SAP 处理方法下，在 $n=5$ 个连续的 CPI 中至少有 $m=3$ 次检测出目标的结果。

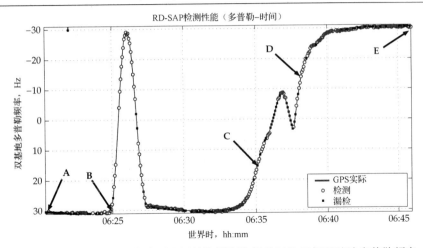

图 10.36 在 RD-SAP 方法下飞机被检测到和漏检时的目标双基地多普勒频率的分布，阈值设为 11 dB（即虚警率在 $\mathcal{R}_1$ 下为 0.15%，在 $\mathcal{R}_2$ 下为 0.1%）

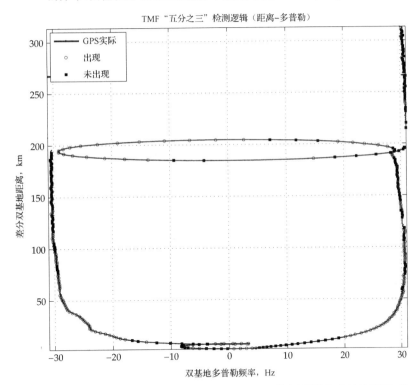

图 10.37 在传统 TMF 处理方法下，满足"五分之三"检测逻辑的事件的距离-多普勒分布，该分布图覆盖在根据目标 GPS 得到的分布图上，阈值设为 9.5 dB

图中的实线表示试验中目标的 GPS 位置对应的双基地距离-多普勒坐标。空心的圆表示 5 个 CPI 形成的窗中至少有 3 次检测到目标时该窗的时间中心的情况，实心的正方形表示在 CPI 窗中检测到目标的次数不足 3 次时的情况。生成这些结果所使用的检测阈值同表 10.4 中所列的一样。表 10.5 列出了以百分比表示的两种处理方法下满足"五分之三"检测逻辑的事件的发生次数。从这些结果也可以从图 10.37 和图 10.38 明显看出，在长距离段和短距离段上，RD-SAP 相比传统 TMF 方法能大幅提高航迹建立概率。

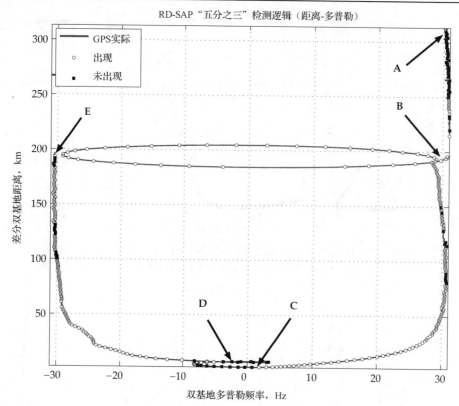

图 10.38 在 RD-SAP 处理方法下，满足"五分之三"检测逻辑的事件的距离-多普勒分布，该分布图覆盖在根据目标 GPS 得到的分布图上，阈值设为 11 dB

表 10.5 在传统 TMF 和 RD-SAP 处理方法下，基于"五分之三"检测逻辑的飞机航迹建立概率（P_{TI}）的表征

处理方案	阈值（dB）	$P_{TI} \in \mathcal{R}_1$（%）	$P_{TI} \in \mathcal{R}_2$（%）
RD-SAP	11	84	83
传统 TMF	9.5	69	32

在长距离段 $\mathcal{R}_2$ 上改善尤其明显，采用 RD-SAP 时满足检测逻辑的时间占 83%，而采用传统的 TMF 处理时仅有 32%。还值得注意的是，当目标在差分双基地距离近似为 200 km 处作 360 度机动时，仅有 RD-SAP 方法能满足前述的检测逻辑。由于没有引入航迹滤波器，所以要了解错误跟踪的性能是比较困难的，但是这里考虑的虚警率（0.1%）被认为是足够小的，可以为这里所研究的 HF-超视距 PCL 应用提供可接受的错误跟踪结果。

考虑到在时间上检测的高密度（即连贯性），以及谱峰位置的估计值同基于 GPS 的数据的近似程度（特别是在多普勒维度上），RD-SAP 自适应波束形成器很可能实现对里尔飞机的有效跟踪，直到飞机离接收机相当远（到视距范围内接收机的距离大于 100 km）。

但是，这里的结果不应该推广到去推断使用其他信号形式的系统所能获得的性能；还需要对不同的机会信号进一步分析，以得到更一般的关于这种 HF-超视距 PCL 系统性能的表述。虽然这里的分析指出了后多普勒自适应波束形成在实际系统中检测目标时存在的优势，并且有可能用于指导 HF-超视距 PCL 系统中训练策略的选择，但依然有若干问题需要考虑，包括评估采用 HF 频段下的其他信号类型时的系统性能。

第 11 章 空-时自适应处理

空-时自适应处理（STAP）是一类多维度自适应滤波器设计技术。在雷达应用中，STAP 同时将阵列天线每个阵元的接收数据，与雷达一个相干处理间隔内慢时间或者快时间维度上获取的样本进行联合处理，产生一个滤波器标量输出。STAP 滤波器最初的设计目的是，通过对每个待处理的方位-距离-多普勒单元进行杂波和干扰抑制，实现输出信干比（SDR）的最大化。在强干扰信号存在时，STAP 与常规处理相比，可显著改善雷达系统的目标检测性能。

STAP 是一个在学术界受到极大关注的研究方向。特别是经过最近 20 年的持续研究，针对不同雷达系统、特定应用背景和工作场景的各式各样的 STAP 技术大量涌现。本章的重点不在于对 STAP 已有理论和实验研究成果进行广泛收集和整理，而是关注天波超视距雷达系统中最有应用前景的 STAP 技术的具体实现。

关于 STAP 专题的一般性介绍，有大量的权威性学术著作可供读者参考，如 Klemm（2002）、Guerci（2003）的经典教科书，以及 Melvin（2004）；Wicks, Rangaswamy, Adve, and Hale（2006）的综述性文献及其延伸性文献。Ward（1994）的技术报告以及 Brennan and Reed（1973）的论文也很值得推荐。

在雷达操作员感兴趣的某些实际场景中，STAP 与单独进行空域处理或时域处理相比，具有更有效的干扰对消能力。与使用的处理架构相关，STAP 利用天线阵元或者波束作为空域通道，同时使用空域通道上获取的时域或者频域样本。仅考虑天线阵元-时域采样结构，STAP 实现可以结合慢时间采样或快时间采样，抑制本质上具有不同相关性的杂波或干扰等外部干扰源。

STAP 相比于序贯或者"分离"空-时处理的优势，体现在运动平台雷达抑制后向散射地杂波（慢时间 STAP），以及通过天线方向图主瓣接收到的漫散射多径干扰（快时间 STAP）方面。最一般的"全自适应"STAP 处理方法，同时利用信号的天线阵元域采样、慢时间采样和快时间采样进行联合处理，又称为 3D-STAP。该结构最早由 Fante and Torres（1995）研究机载雷达地杂波和离散地形干扰联合抑制问题时提出。

影响 STAP 应用的重要因素包括充足的统计特性、均匀的训练数据需求和实现实时处理的低计算量负荷。考虑到这些因素，部分自适应 STAP 算法分成降维 STAP 和降秩 STAP 两大类（Goldstein and Reed 1997）。能够对系统误差和多变的环境条件具备稳健适应能力的自重构 STAP 技术（不需要雷达操作员干预），在实践中也是非常值得考虑的。

本章的第一节给出天线阵元-慢时间域内三种不同的 STAP 结构，同时讨论与待抑制干扰源特性相关的每一种结构设计的研究动机。这一节的主要目的是挑选出最适合超视距雷达应用的 STAP 方法，同时给出在超视距雷达中使用 STAP 遇到的问题不同于机载微波雷达系统的特性描述。

第二节主要讨论数据模型，该模型可以对超视距雷达接收到的经电离层反射而来的表面散射杂波信号与弥散多径干扰信号特征进行描述。第三节给出标准 STAP 和改进的 STAP 技术，以解决超视距雷达在非平稳的漫反射多径干扰或热杂波抑制方面存在的问题。算法性能通过由数据模型产生的仿真数据进行验证。

最后一节给出一种多普勒后处理 STAP 技术，用于同时抑制距离上统计特性非均匀的窄带干扰和多普勒展宽的地杂波。考虑到实际应用，将该方法与降维的波束域空间结构相结合以减小对支撑样本和计算负荷的要求。

11.1 STAP 架构

为了理解不同天线单元-时域 STAP 结构，有必要回想一下对雷达数据块的结构"剖析"。雷达系统通过接收一个相干处理间隔（CPI）内的数据进行工作。数据由脉冲重复频率 f_p 发射的 P 个发射脉冲或者扫描周期构成。接收系统由 N 个空域通道构成，其中空域通道可由天线单元或子阵构成，每个接收通道后单独连接一部数字接收机。

经下变频和滤波处理，接收到的基带信号的 I/Q 正交双通道成分，以奈奎斯特采样率 f_t 进行采样，从而每个脉冲重复间隔（PRI）内获得 K 个复采样。因此，在一个 CPI 内以这种方式得到的原始数据块由 $N \times P \times K$ 个复样本构成。在一个特定脉冲重复间隔（PRI）内，以奈奎斯特采样率获得的增量单元称为"快时间"样本或者距离门，而那些在同一个 CPI 的不同 PRI 上获得的采样单元称为"慢时间"样本（Griffiths 1996）。

本节分成三个部分，分别给出慢时域、快时域和全自适应 3D-STAP 技术的主要特点。这里从每种 STAP 技术在超视距雷达中的潜在应用前景角度进行研究。图 11.1 概括了三种 STAP 技术的滤波器维度和输入/输出数据格式，同时介绍了每种 STAP 技术的典型应用。下面将深入分析每种 STAP 技术的典型应用场景。

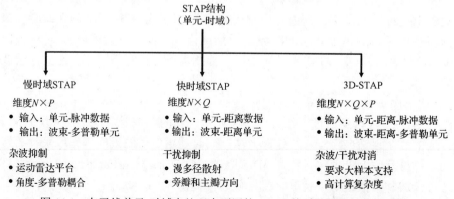

图 11.1 在天线单元-时域中处理中不同的 STAP 体系结构及其典型应用。所使用的快速时间样本的数量通常小于可用的最大数目，即 $Q < K$

11.1.1 慢时域 STAP

慢时域 STAP 依次对单个的距离单元进行处理并产生输出结果。输出结果是天线阵列不同阵元上接收到的空域采样与一个 CPI 内在多个雷达相干脉冲中得到的时域采样的加权线性组合。因此，对应于全自适应的慢时域 STAP 架构的滤波器维度是 $N \times P$。针对给定的距离单元，通过调整 STAP 权值以获得被检测目标所在波束的指向和回波多普勒频率的输出。理想情况下，STAP 权可按照某种特定方式进行综合以获得输出波束-距离-多普勒单元上的最大信干比。这里，有用信号是指空域和多普勒域信息与被检测方向和多普勒频率相匹配的目标回波。干扰源一般指杂波和干扰。

当需要减小 STAP 处理的自由度时，部分自适应的慢时域 STAP 结构可以用于多普勒处理之后，或者用在波束空间域。另外，还可以使用基于奇异值分解的更先进的降秩变换方法。无论如何，慢时域 STAP 技术利用了雷达数据块接收通道数据和脉冲中的全部或部分信息。这里暂不考虑全自适应与部分自适应慢时域 STAP 的区别，也不考虑训练数据和计算负担的相关问题。尽管这些因素在慢时域 STAP 的实际实现中非常重要，但是在辨识处理器自身的主要作用时不会有本质的影响。

慢时域 STAP 方法在机载微波雷达系统中的应用研究受到广泛关注。问题集中于在此类系统中为何要采用这一两维处理架构的动因，以及在何种条件下慢时间 STAP 可获得比单独采用波束形成和多普勒技术更高的性能。

对于运动雷达平台，问题的绝大部分答案归因于地表后向散射的雷达信号在空间到达方向和多普勒频率之间的强耦合关系。更明确地讲，雷达主波束接收到的微弱目标回波，淹没在与目标具有相同多普勒频率、距离簇（模糊或者非模糊）但入射角度与雷达波束指向不同的地表散射强杂波中。

慢时域 STAP 在机载雷达系统中应用的一个重要目的就是消除旁瓣杂波，其中旁瓣杂波由于平台运动在多普勒域是分布式的。在实际应用中，由于受到阵列校准的不确定性和载机引起的局部散射作用影响，常规波束形成很难做到超低的副瓣水平。此外，传统的处理方式以主波束展宽为代价来实现低副瓣水平。自适应波束形成能够减小上述某些因素的影响，因此有理由质疑为何采用慢时域 STAP 而不是自适应波束形成与多普勒处理的组合。

与自适应波束形成相比，慢时域 STAP 的主要优势体现在地表散射杂波由空间连续的方向入射，因此在空域具有满秩特性。这使得仅利用空域处理进行杂波抑制的方法失效。然而，由于地表后向散射杂波在空间到达方向和多普勒频率之间的强耦合关系，回波信号中包含的杂波能量趋向于集中在空时协方差矩阵相对低维度的子空间中，其中空时协方差矩阵由天线阵元-慢时域联合形成。这一特性使得利用慢时域 STAP 实现有效的旁瓣杂波抑制成为可能。

慢时域 STAP 提供了一种同时抑制一定数量干扰源的可能方法。干扰源可能占据所有的距离-多普勒单元（如宽带干扰），但在空间上与目标回波来自不同的入射方向（即非主瓣进入）。对机载雷达系统而言，这种干扰通常包含直接和镜像反射的多路径干扰，但不包括主波束方向进入的漫散射成分。当存在旁瓣干扰时，慢时域 STAP 相比于自适应波束形成的优势在于，即使不能获得不含杂波的训练数据样本，原则上也可以实现干扰的有效抑制。

超视距雷达多数采用固定的地面接收和发射系统进行工作，但安装在运动舰载平台上的高频表面波雷达是一个例外，这里并不考虑该特例。一般来讲，超视距雷达接收到的后向散射地表杂波呈现出较弱的（如果存在）、因电离层引起的波达角-多普勒耦合特性[①]。在给定的距离单元上，超视距雷达发射覆盖范围内后向散射的主瓣杂波和副瓣杂波占据相近的多普勒频率带，通常情况下在 0 Hz 附近。换句话说，在超视距雷达中，目标回波与主瓣杂波和副瓣杂波的多普勒偏移量相比近似相同。在这种情况下，慢时域 STAP 与分离的空-时处理相比没有明显优势。

标准的多普勒处理通常可以有效地将动目标回波和伪平稳的地杂波回波（从所有方向入

---

① 这种情况通常发生在较为平稳的中纬度电离层。但是，举例说，在极光区域，对流产生的等离子体高速漂移现象会导致散射回来的天波信号呈现出可观的波达角-多普勒耦合。在这种情况下，雷达平台固定但传播媒介是运动的。

射)分离到不同的多普勒门,因此,在超视距雷达系统中,慢时域 STAP 的应用需求并不明显。用于自适应波束形成的训练数据被杂波污染会导致自适应权的估计偏差,从而降低对干扰和噪声的抑制性能。尽管在实际应用中有不同的方法来获得训练数据,但慢时域 STAP 在超视距雷达系统中并未得到广泛应用。

11.1.2 快时域 STAP

图 11.2 给出了依次在每个单一脉冲的数据上进行处理的快时域 STAP 架构示意图。在这里,STAP 输出结果是天线阵列接收阵元上获得的空域采样,与一个 PRI 内对应于不同距离门单元的多个快时域采样的加权线性组合。需要注意的是,相邻两个快时域样本间的时间延迟量为 $T_s = 1/f_s$。当接收机带宽为 B 时,时宽-带宽积的典型值满足 $BT_s \leqslant 1$。

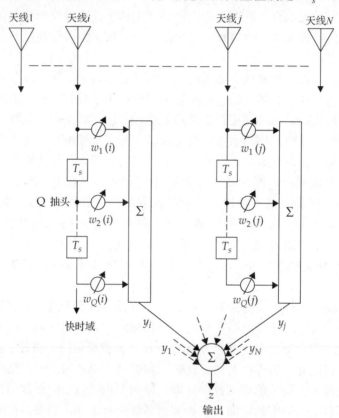

图 11.2 在单元-时域上实现的快时域 STAP 结构,结合了来自 N 个天线传感器和 Q 个快速时间样本的数据

全自适应的快时域 STAP 架构对应的滤波器维度可以达到 $N \times K$,当有大量距离单元需要处理时,滤波器维度将会很大。在实际应用中,为了获得这样的滤波器,距离抽头 $Q \ll K$ 只能选择为距离门数 K 的一个很小的子集,以便滤波器的维度降到可接受的阶数 $N \times Q$。在理想条件下,可调整快时域 STAP 权值,以便在每一个待处理的波束指向方向和距离门上获得最大的输出信干比(SDR)。由于快时域 STAP 的输出采样相当于波束-距离-脉冲数据,从这个意义上讲,快时域 STAP 可以看作自适应波束形成技术的扩展。

与慢时域 STAP 对每个处理的距离单元产生一个波束-多普勒域输出不同,快时域 STAP 输出在脉冲重复间隔(CPI)域,并且需进行连续的多普勒处理以实现 CPI 内的脉冲相干积累。可以参考 Fante and Torres（1995）；Kogon, Williams, and Holder（1998）；Jouny and Culpepper（1995）；Griffiths（1997），以及它们的参考文献，以获取更多与快时域 STAP 架构有关的信息。

机载雷达系统中的快时域 STAP 结构是为了解决一类称为地形散射干扰（TSJ）或者"热杂波"的干扰抑制问题而提出的。雷达接收到的、从天线方向图旁瓣入射的干扰信号，通常并非简单的秩 1 空域干扰。除非干扰机的发射方向图具有假想的（现实中并不存在）"笔状波束"形状，并且无天线副瓣，使得只有径直路径的干扰被雷达接收到。真实的天线都是有副瓣的，因此，大量的干扰能量经过地球表面的散射后进入雷达接收机，导致雷达接收到的干扰既包含平面内也包含平面外的多径干扰。

地表和海面并非完全平整的光滑表面，干扰信号在广阔的地形范围内并非镜面反射而是漫散射，从而覆盖很宽的角度区域。结果，大量的干扰能量从接收天线方向图的主瓣和副瓣同时进入。一般来讲，只在空域中的自适应处理不能解决热杂波的抑制问题，因为这种类型的干扰仅通过在接收天线方向图上形成"零陷"并不能实现有效对消。

多径漫散射的结果导致所有独立干扰源总的干扰路径之和，显著地超过可用的空域自由度数目（即天线阵元数目 N）。换句话说，待对消的干扰组成中线性独立干扰源的数目将超过处理器的维度，最终的干扰空域协方差矩阵是 N 满秩的。更进一步，由于径直路径和镜面反射路径干扰可能会由天线副瓣方向接收，漫散射的多径成分可能由主瓣方向进入，特别是粗糙表面的漫散射，将使信号在空间分布上连续占据一个很宽的角度区域。即使干扰协方差矩阵是低秩的，主瓣干扰的存在也会对空域自适应处理性能造成不利影响。

在干扰协方差矩阵满秩或主瓣干扰存在时，自适应波束形成不能有效抑制接收回波中的热杂波成分。通常假定干扰机发射的信号波形与雷达的信号波形是不相关的，并且干扰波形带宽与雷达信号带宽相当。由此得出结论，脉冲间的时间间隔比干扰波形的相关时间较长，导致慢时域 STAP 结构中可用的时域自由度不能用来对消上述干扰。但是，热杂波的多径成分之间在系统带宽倒数的时间间隔内高度相关，因此，利用快时域抽样的 STAP 结构可有效去除热杂波。

因此，机载雷达系统中快时域 STAP 的最初目的不是用来去除后向散射的杂波信号，而是用来对消从天线方向图的主波束和副瓣进入接收到的漫散射多径干扰。在相对较短的脉冲重复间隔内，来自特定源的热杂波可以描述为信源波形的延时复制和复加权的线性组合。在快时域 STAP 结构中，每个天线阵元后面的 FIR 抽头延迟线滤波器，从原理上讲可以抵消地形散射干扰造成的影响。在单一信源情况下，系统辨识需要 FIR 滤波器的长度与传播信道的最大脉冲响应持续时间相当。就像将在后面看到的那样，对来自一个或多个源的热杂波的抑制，可以在相对放宽快时域抽样数目要求的条件下实现。

问题的关键点在于，每个快时域延时线在一个时间分辨单元内需要获取的热杂波信道的时间分布，其中时间分辨单元需确保干扰未被欠采样，即 $BT_s \leq 1$（Fante and Torres 1995）。从本质上讲，提出该结构的想法源于从位于主波束方向的散射体接收到的干扰成分可以通过同一个信号的多径形式实现对消的事实。其中，用到的信号由位于波束主瓣外但在快时间抽头延时线内同时被捕获到的同一信源的高度相关的散射体后向散射产生。这种快时域 STAP 的概念在后面部分将详细介绍。

超视距雷达应用中使用快时域 STAP 方法在 Anderson, Abramovich, and Fabrizio（1997）；Abramovich, Anderson, Gorokhov, and Spencer（1998）；Abramovich, Anderson, and Spencer（2000）中给出了相关介绍。在超视距雷达应用中，反射高频（HF）干扰信号的不同的电离

层是造成漫散射多径现象的原因。各式各样的电离层可看作是将干扰信号沿着多条传播路径从信源漫散射到雷达接收机的非规则反射面。此外，在一个相对较长的相干处理间隔（CPI）内（超视距雷达特性决定的），定义这些散射表面的恒定电子密度轮廓并不能维持刚性结构。举例来说，受到电离层中平均或规则部分的内部运动影响，接收到的干扰模式通常是有多普勒频移的。更重要的是，这些波形之间任何不同的多普勒频移都会造成热杂波信道，继而造成最优快时域 STAP 滤波器在 CPI 之间不相关。

如果传播路径包括来自高度扰动的电离层区域，比如在低磁纬度和高磁纬度经常遇到的情况，通道内明显的随机起伏也可能导致在一个相干处理间隔（CPI）内干扰的空间/快时域协方差矩阵的非平稳性。这也要求在超视距雷达中要使用快时域 STAP，并且在相干处理间隔（CPI）内滤波器权值要多次迭代更新，以对抗非平稳的多径干扰。

本章的大部分篇幅用来描述能够有效解决该实际问题的时变快时域 STAP 算法。由于机载雷达平台和干扰源之间的相对运动，类似的结果也可以在机载雷达系统中观察到。但是，机载雷达在某些重要方面又有所不同，本章只讨论适合超视距雷达应用的相关算法。

11.1.3 3D-STAP

最一般的全自适应 STAP 对整个数据块的阵元、距离和脉冲三个维度同时进行处理。该处理器最初是针对机载雷达系统提出的，文献 Fante and Vacarro（1998），Rabideau（2000），Seliktar, Williams, and Holder（2000）都对其进行了分析，处理器结构框图见图 11.3。这类方法在理论上可解决热杂波和冷杂波同时抑制的问题。冷杂波是指一般的后向散射雷达信号杂波。为了同时抑制热杂波和冷杂波，无论是快时域 STAP 还是慢时域 STAP，除了空域自由度，都需要一定的时域自由度。在雷达中，同时对数据块的三个维度进行联合处理又称为 3D-STAP。不幸的是，在实际应用中，处理器维度过大带来的问题使得高效的全自适应 3D-STAP 几乎是不可能实现的。在 3D-STAP 处理器当中，自适应处理自由度的数值增长到 $N \times Q \times P$，其中 Q 表示在锥削延迟线结构中使用到的快时间样本数或距离门数。对超视距雷达的典型参数 $N=32$，$P=128$，当采用 4 阶快时间锥削时，将产生一阶的超大维度加权向量。自适应自由度巨大的 STAP 架构，最大的问题在于缺乏足够多的、统计均匀的训练数据来有效估计自适应滤波器系数。另一个重要问题是，计算全自适应 STAP 最优解带来的高计算负荷。在机载动目标显示（MTI）应用中，相对较低的系统维度（如 $P \leq 3$，$N \leq 16$）可以保证 3D-STAP 的有效实现（Abramovich et al. 1998）。

Guerci, Goldstein, and Reed（2000）中提出的降秩变换可以用来减小自适应自由度。超视距雷达中也可以提出降秩 3D-STAP，但是对该方法的基本原理研究缺乏动机主要包括以下两个原因。首先，在超视距雷达中，原始杂波没有展现出明显的角度-多普勒耦合特性，因此相比于标准的多普勒处理，空域-慢时域联合处理似乎不能提供显著的冷杂波抑制性能。其次，冷杂波通常是通过相对稳定的电离层传播路径接收的，选择的工作频率通常是最优的。但是，热杂波通常来自相对于监视区域任意分布的源，因此可能通过高度扰动的电离层区域反射进入雷达接收机。从而导致这样一种情形，即在一个相干处理间隔内，热杂波统计特性是非平稳的，需要基于时间自适应的 STAP 滤波器实现热杂波的有效抑制；同时，冷杂波是相对平稳的，不需要自适应滤波器的实时更新。

在超视距雷达中，通常并不考虑热杂波和冷杂波的联合抑制。冷杂波的存在，使得仅含热杂波的训练数据在所有可达距离上都难以获取的情况是一个例外。这种特殊的场景是导致在超视距雷达中考虑使用 3D-STAP 的动因，Abramovich, Anderson, and Spencer（2000）对该问题进行了研究，但在这里我们并不讨论这种情况。从整体上讲，对超视距雷达实际应用而言，快时域 STAP 是所有 STAP 结构中最具有可行性的一类算法。基于这个原因，本章重点考虑此类 STAP 技术。

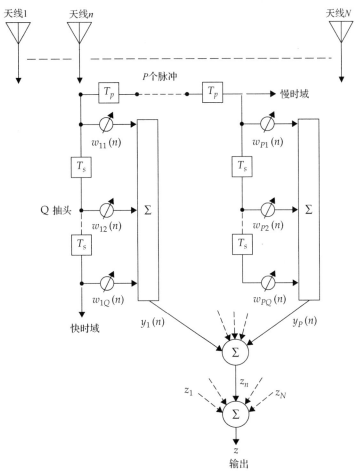

图 11.3　在单元-时域中实现的一般全自适应 STAP 结构结合了 N 个天线传感器、Q 个快时域采样（距离单元）和 P 慢时域采样（相干脉冲）的数据。抽头延迟使得 $BT_s<1$，$T_s \ll T_p = 1/f_P$

11.2　数据模型

　　超视距雷达系统需要在复杂信号环境中工作。复杂信号环境中的复合干扰通常由所有与待检测目标的微弱回波信号相竞争的地表散射杂波、漫散射多径干扰（来自一个或多个源）和加性噪声组成。本节给出超视距雷达接收的各种信号成分的三维数据块模型。目标和加性噪声的建模相对简单，因此将更多的注意力集中在地表散射杂波和漫散射多径干扰的建模上，它们也是要从接收信号中消除的最重要的成分。

　　公式化的数据模型一个重要的应用是，能够实现超视距雷达数据的快速模拟产生，以便用计算机仿真手段评估信号处理性能。11.3.3 节关于各种快时域 STAP 算法性能的仿真结果所用到的人造仿真数据，都是利用本节提出的数据模型产生的。

11.2.1 复合信号

令 $x_k(t) \in \mathcal{C}^N$ 是一个 N 元复数据矢量，表示单个 CPI 内第 k 个快时间采样、第 t 个慢时间采样上，由天线阵列的 N 个传感器接收到的空域快拍数据，其中，$k=1,\cdots,K$；$t=1,\cdots,P$。一般来说，$\mathbf{x}_k(t)$ 可以写成式（11.1）的形式，其中，$\mathbf{c}_k(t)$ 表示由地表后向散射产生的原始雷达杂波（冷杂波），$\mathbf{j}_k(t)$ 表示由所有的干扰源漫散射多径干扰成分（热杂波），$\mathbf{n}_k(t)$ 表示由其他源产生的内部和外部加性噪声的总和。可能存在的点目标回波信号记作 $\mathbf{s}_k(t)$，即有用信号。

$$\mathbf{x}_k(t) = \mathbf{s}_k(t) + \mathbf{c}_k(t) + \mathbf{j}_k(t) + \mathbf{n}_k(t) \tag{11.1}$$

对于一维均匀线阵，雷达波束指向锥角为 φ_0，从雷达波束指向方向入射的有用信号可表示为式（11.2）的形式。其中，a 表示复幅度，ψ_k 表示信号波形，f_d 表示由 PRF 归一化的目标多普勒频移。$\mathbf{s}(\varphi_0)$ 表示均匀线阵阵列流形的一组导向矢量。γ_k 表示与距离相关的相位。也可以建立结合空域扩展和时域衰减的更复杂模型，同时其他的实际因素如距离和距离副瓣也可以加入到模型当中。同样地，也可以建立有用信号波达角方向失配模型，或者扩展模型为方位角 θ_0 和俯仰角 φ_0 为导向矢量参量的二维面阵模型。但是，这些推广减弱了描述问题关键点的主要目的，所以出于该目的，采用了式（11.2）的最简单的目标模型。举例来说，对脉冲系统而言，距离门 k_0 上的信号有快时间特征 $\psi_k = \delta(k-k_0)$，对连续波系统而言，$\psi_k = u_p(k-k_0)$，其中，$u_p(k)$ 为发射信号脉冲。考虑前一种情况是方便的，这有利于直接将快时间采样理解为距离门。但是，下面讨论中阐述的主要概念同样适用于连续波系统，我们将在后续讨论中涉及该系统方式。

$$\mathbf{s}_k(t) = a\psi_k \mathbf{s}(\varphi_0) \exp\{\mathrm{j}2\pi f_d t + \gamma_k\} \tag{11.2}$$

加性噪声 $\mathbf{n}_k(t)$ 通常是由内部接收机噪声（热噪声）和外部自然界噪声（环境噪声）混合而成的。为了下面分析方便，我们避免钻入对物理噪声进行精细化建模的牛角尖，并简单地假定整个过程中雷达数据块所有维度上的噪声是服从复高斯分布的白噪声。换句话说，加性噪声具有式（11.3）的空时相关特性，其中，σ_n^2 是每个天线阵元上的噪声能量。$\mathbf{I}_N$ 是 N 维单位矩阵。在式（11.3）中，E{} 表示统计期望，† 是 Hermitain 算子（共轭转置），$\delta_{kk'}$ 是 δ 函数 $\delta(k-k')$ 的简写。由于冷杂波和热杂波干扰比加性噪声能量强很多，干扰信号中的加性噪声成分或"有色性"就变得微不足道了，因为当热杂波存在时，$\mathbf{n}_k(t)$ 不是限制性能的重要贡献部分。

$$\mathrm{E}\{\mathbf{n}_k(t)\mathbf{n}_{k'}^\dagger(t')\} = \delta_{kk'}\delta_{tt'}\mathbf{I}_N \tag{11.3}$$

这里考虑的快时域 STAP 结构，同时处理阵列天线的 N 个传感器上获得的数据和 Q 个连续的快时域样本是距离门。其中，Q 是每个天线传感器的时间延迟线上的快时间抽头数目。这些复采样的集合可以方便地表示为式（11.4）所示的 NQ 维的"堆叠"数据矢量 $\tilde{\mathbf{x}}_k(t)$。有用信号 $\tilde{\mathbf{s}}_k(t)$、冷杂波 $\tilde{\mathbf{c}}_k(t)$、热杂波 $\tilde{\mathbf{j}}_k(t)$ 和加性噪声 $\tilde{\mathbf{n}}_k(t)$ 的堆栈矢量表示均以模拟形式构成。

$$\tilde{\mathbf{x}}_k(t) = \begin{bmatrix} \mathbf{x}_k(t) \\ \mathbf{x}_{k-1}(t) \\ \vdots \\ \mathbf{x}_{k-Q+1}(t) \end{bmatrix} = \tilde{\mathbf{s}}_k(t) + \tilde{\mathbf{c}}_k(t) + \tilde{\mathbf{j}}_k(t) + \tilde{\mathbf{n}}_k(t) \tag{11.4}$$

式（11.5）给出了由 NQ 维的 STAP 滤波器权 $\tilde{\mathbf{w}}_k(t)$ 处理得到的标量输出 $z_k(t)$，其中，$s_k(t) = \tilde{\mathbf{w}}_k^\dagger(t)\tilde{\mathbf{s}}_k(t)$ 是有用信号部分。其他部分也可以用类似的方式定义。快时域 STAP 最优权

矢量的目的在于保护有用信号的同时尽可能地衰减热杂波和噪声。在超视距雷达应用中，标量序列 $z_k(t)$ 对应于"针状波束"的输出，后续需经过在一串间隔脉冲重复间隔（CPI）内采样数据的相干处理，以便在快时域 STAP 滤波器输出上实现动目标回波与残留冷杂波信号的分离（即多普勒谱分析）。

$$z_k(t) = \tilde{\mathbf{w}}_k^\dagger(t)\tilde{\mathbf{x}}_k(t) = s_k(t) + c_k(t) + j_k(t) + n_k(t) \tag{11.5}$$

11.2.2 冷杂波

Abramovich 等（1998）的研究文献中，将一个特定相干处理间隔（CPI）内接收到的后向散射冷杂波快拍建模为平稳的多变量高斯随机过程，其二阶统计量由式（11.6）给出。这里，$\mathbf{R}_c(\tau)$ 是慢时间点 $\tau = t' - t$ 上 $N \times N$ 阶的冷杂波空域协方差矩阵。在该表达式中，假定不同距离门 k 上接收到的杂波快拍数据 $\mathbf{c}_k(t)$ 是统计独立的（忽略距离副瓣影响）。

$$E\{\mathbf{c}_k(t)\mathbf{c}_{k'}^\dagger(t')\} = \delta_{kk'}\mathbf{R}_c(\tau) \tag{11.6}$$

相比于机载雷达中大线平台快速移动造成的杂波能量谱具有角度-多普勒耦合特性，超视距雷达接收到的在发射波束覆盖范围内的杂波回波，其多普勒谱特征与空间波束指向之间显示出较弱的依赖性。倘若角度-多普勒依赖性可以忽略，慢时间间隔上的杂波空域协方差矩阵 $\mathbf{R}_c(\tau)$ 可以用式（11.7）的特殊形式表示。也就是说，$\mathbf{R}_c(\tau)$ 可分离且可以分解为杂波空域协方差矩阵 $\mathbf{R}_c$ 和标量函数 $r(\tau)$ 两部分，其中，$r(\tau)$ 表示杂波慢时域自相关系数，且由定义可知 $r(0) = 1$。

$$\mathbf{R}_c(\tau) = \mathbf{R}_c r(\tau) \tag{11.7}$$

从式（11.7）可知，杂波互谱矩阵 $\mathbf{S}_c(f)$ 可以用式（11.8）表示，其中，$\mathbf{R}_c$ 定义为冷杂波的空间分布，$r(\tau)$ 决定了与标量函数 $s_c(f)$ 相对应的多普勒能量谱结构。传统波束形成输出的杂波多普勒能量谱记为

$$p(\varphi_0, f) = \mathbf{s}^\dagger(\varphi_0)\mathbf{S}_c(\varphi_0)\mathbf{s}(\varphi_0) = [\mathbf{s}^\dagger(\varphi_0)\mathbf{R}_c\mathbf{s}(\varphi_0)]s_c(f)$$

由于 $\mathbf{R}_c$ 通常不等于单位矩阵，谱的强弱尺寸可能会随着雷达指向角 φ_0 的不同取值而改变。但是，与雷达指向角 φ_0 无关，谱结构有相同的形式 $s_c(f)$。从物理学的角度看，这意味着冷杂波谱中不存在角度-多普勒耦合。这种模型从近似逼近的角度上很适合超视距雷达[②]，但明显地不适用于机载微波雷达情形。尽管 Abramovich 等（1998）的研究文献中通过两种雷达系统的类比研究了热杂波抑制问题，但是，并不能期望任何一种高度依赖于上述类型的杂波模型的快时域 STAP 方法可以直接适用于机载雷达。

$$\mathbf{S}_c(f) = \mathbf{R}_c \sum_{\tau=-\infty}^{\infty} r(\tau)e^{-j2\pi f\tau} = \mathbf{R}_c s_c(f) \tag{11.8}$$

只要式（11.7）或者等价的式（11.8）中的杂波相关性质模型被确立，服从高斯分布的杂波过程 $\mathbf{c}_k(t)$ 的统计实现就可以用多变量的自回归模型来产生，如式（11.9）所示。模型中的阶数 κ 取决于杂波慢时域自相关系数函数 $r(\tau)$。基于对天波超视距雷达杂波的实验观测数据，经验分析表明，快拍 $\mathbf{c}_k(t)$ 在统计意义下可以用低阶的自回归模型进行精确建模，其中 $\kappa \ll N$，正如文献（Abramovich et al. 1998）中所述。

[②] 在慢速移动目标检测应用中，由于有用信号通常靠近主杂波脊，超视距雷达的角度-多普勒耦合影响会变得尤为重要。

$$\mathbf{c}_k(t) + \sum_{i=1}^{\kappa} b_i \mathbf{c}_k(t-i) = \varepsilon_k(t) \tag{11.9}$$

在上述杂波模型中,复标量系数 $\{b_i\}_{i=1}^{\kappa}$ 是对应距离单元 k 的时域自回归模型参数,而 $\varepsilon_k(t) \in \mathcal{C}^N$ 是时域白噪声矢量,其相关特性由式(11.10)给出。接下来将讨论 σ_ε^2 和 $\mathbf{R}_c$。由于超视距雷达中为覆盖监视区域所采用的发射波束相当宽,接收到的某一簇距离上的杂波来自于地表的很大一片地域。结果是,任意给定距离单元上接收到的后向散射杂波,在空域上散布于一个相当大的角度区域方位内,这使得 $\mathbf{R}_c$ 的有效秩是满秩的。对一个空域平稳的杂波过程,$\mathbf{R}_c$ 是一个 Toeplitz 矩阵,其对角线元素等于每个天线阵元接收到的杂波能量 σ_c^2。

$$\mathrm{E}\{\varepsilon_k(t)\varepsilon_{k'}^{\dagger}(t')\} = \delta_{kk'}\delta_{tt'}\sigma_\varepsilon^2 \mathbf{R}_c \tag{11.10}$$

前面提到标量自回归参数 $\{b_i\}_{i=1}^{\kappa}$ 满足式(11.11)中所示的 $\kappa+1$ 阶 Yule-Walker 方程,其中方程等号左边的矩阵满足广义平稳随机过程的共轭对称性质。根据定义,由于零延迟相关系数 $r(0) = 1$,σ_ε^2 定义为相应于单位变量自回归过程输出的激励噪声能量。

$$\begin{bmatrix} r(0) & r(1) & \cdots & r(\kappa) \\ r^*(1) & r(0) & & \vdots \\ \vdots & & \ddots & \vdots \\ r^*(\kappa) & \cdots & & r(0) \end{bmatrix} \begin{bmatrix} 1 \\ b_1 \\ \vdots \\ b_\kappa \end{bmatrix} = \begin{bmatrix} \sigma_\varepsilon^2 \\ 0 \\ \vdots \\ 0 \end{bmatrix} \tag{11.11}$$

在式(11.11)中,由杂波时域自相关系数构造的 $\kappa+1$ 阶 Toeplitz 矩阵定义为 $\mathbf{R}_\tau = \mathrm{Toep}[r(0), r(1), \cdots, r(\kappa)]$。相关的自回归参数矢量 $\mathbf{b} = [1, b_1, \cdots, b_\kappa]^\mathrm{T}$,激励噪声能量项 σ_ε^2 由式(11.12)中 Yule-Walker 方程的解给出,式中 $\mathbf{u}_1 = [1, 0, \cdots, 0]^\mathrm{T}$,表示($\kappa+1$)维单位矢量(第一个元素等于单位1),T 表示转置运算符。

$$\mathbf{b} = \sigma_\varepsilon^2 \mathbf{R}_\tau^{-1} \mathbf{u}_1, \quad \sigma_\varepsilon^2 = \{\mathbf{u}_1^\mathrm{T} \mathbf{R}_\tau^{-1} \mathbf{u}_1\}^{-1} \tag{11.12}$$

自回归模型的多普勒谱结构由参数化模型 $s_c(f) = \{|B(\mathrm{e}^{\mathrm{j}2\pi f})|^2\}^{-1}$ 给出,其中,$B(z) = 1 + \sum_{i=1}^{\kappa} b_i z^{-i}$ 是特征根均在单位元内部的关于 $z = \mathrm{e}^{\mathrm{j}2\pi f}$ 的 κ 阶特征多项式。特征多项式也可以写为 $B(z) = \prod_{i=1}^{\kappa}(1 - p_i z^{-1})$,其中,极点 p_i($i = 1, \cdots, \kappa$)取值不超过单位1。将参数表达式代入式(11.8)中得到式(11.13)的杂波互谱矩阵模型,其中,$f \in [-1/2, 1/2)$ 是由重频 PRF 归一化的多普勒频率。

$$\mathbf{S}_c(f) = \frac{\mathbf{R}_c}{|1 + \sum_{i=1}^{\kappa} b_i \mathrm{e}^{-\mathrm{j}2\pi i f}|^2} = \frac{\mathbf{R}_c}{\prod_{i=1}^{\kappa} |1 - p_i \mathrm{e}^{-\mathrm{j}2\pi i f}|^2} \tag{11.13}$$

在文献 Abramovich 等(1998)中,作者假定杂波快拍 $\tilde{\mathbf{c}}_k(t)$ 也可以由一个标量形式的自回归随机过程进行描述。假设式(11.9)中自回归杂波参数在有限的 Q 个快时间采样时间内是局部均匀的,杂波快拍 $\tilde{\mathbf{c}}_k(t)$ 也将服从式(11.14)的递归关系。总体上讲,上述建立的杂波模型适合于杂波多普勒谱结构,可看作在 Q 个相邻距离门上是不变的,并且在雷达波束覆盖范围内空域锥角分布是空间均匀的情况。

$$\tilde{\mathbf{c}}_k(t) + \sum_{i=1}^{\kappa} b_i \tilde{\mathbf{c}}_k(t-i) = \tilde{\varepsilon}_k(t) \tag{11.14}$$

定义满足 $\varepsilon_k(t) = \sigma_\varepsilon \boldsymbol{\eta}_k(t)$ 的 N 维激励噪声矢量 $\boldsymbol{\eta}_k(t)$ 将会带来很多方便。此时,NQ 维的堆叠噪声矢量可写为 $\tilde{\varepsilon}_k(t) = \sigma_\varepsilon \tilde{\boldsymbol{\eta}}_k(t)$,其中,$\tilde{\boldsymbol{\eta}}_k(t)$ 表示 Q 个独立的噪声矢量 $\{\boldsymbol{\eta}_k(t), \boldsymbol{\eta}_{k-1}(t), \cdots, \boldsymbol{\eta}_{k-Q+1}(t)\}$ 的

堆叠矢量,且单位协方差矩阵 $\mathbf{R}_c = E[\boldsymbol{\eta}_k(t)\boldsymbol{\eta}_k^\dagger(t)]$。$\tilde{\varepsilon}_k(t)$ 的二阶统计量可以表示为式(11.15)的形式,其中,$NQ \times NQ$ 维的块对角矩阵 $\tilde{\mathbf{R}}_c = E\{\tilde{\boldsymbol{\eta}}_k(t)\tilde{\boldsymbol{\eta}}_k^\dagger(t)\}$ 由 $\tilde{\mathbf{R}}_c = \mathrm{diag}[\mathbf{R}_c,\cdots,\mathbf{R}_c]$ 产生。

$$E\{\tilde{\varepsilon}_k(t)\tilde{\varepsilon}_{k'}^\dagger(t')\} = \delta_{tt'}\delta_{kk'}\sigma_\varepsilon^2 \tilde{\mathbf{R}}_c \tag{11.15}$$

最简单的一阶($\kappa+1$)自回归模型如式(11.16)所示,可用来描述地形散射杂波。结合式(11.11)~式(11.14),可以证明脉内杂波自相关系数满足 $\rho_t = r(1) = -b_1 = p_1$。对于平稳的自回归随机过程,参数 ρ_t 位于单位圆内部。模值 $|\rho_t|<1$ 决定了电离层传播导致的杂波谱宽度(多普勒频率扩展)。当 $\kappa=1$ 时,杂波谱可由 Lorentzian 函数描述。幅角 $\angle \rho_t$ 决定了反映电离层多普勒频移平均量的频率谱中心位置。对于使用高重频的应用场景(如机载探测任务),在平稳电离层条件下 $|\rho_t| \to 1$,并且 50 Hz 重频下其典型值为 0.999。由式(11.12)可知,对于一阶自回归模型,有 $\sigma_\varepsilon = \sqrt{1-|\rho_t|^2}$。

$$\tilde{c}_k(t) = \rho_t \tilde{c}_k(t-i) + \sqrt{1-|\rho_t|^2}\tilde{\eta}_k(t) \tag{11.16}$$

一个针对后向散射冷杂波的空域分布的简单模型可以假定协方差矩阵满足 $\mathbf{R}_c = \sigma_c^2 \mathrm{Toep}[1, \rho_s, \cdots, \rho_s^{N-1}]$,其中,复标量 ρ_s 表示杂波内部传感器的空域自相关系数。该参数决定了(洛伦兹形)空域谱的角度覆盖宽度和相比于侧面方向的平均波达角。举例来说,在文献 Abramovich, Gorokhov, Mikhaylyukov, and Malyavin(1994)和 Abramovich(1992)中,一部波束覆盖向侧面的超视距雷达,其 ρ_s 的取值假定为 $\rho_s = 0.5$。在式(11.16)中,用于构造 $\tilde{\eta}_k(t)$ 的 Q 个独立噪声矢量可由式(11.17)所示的阵元域一阶自回归随机过程模型产生,其中,上标 $[n], n=1,\cdots,N$ 表示 $\boldsymbol{\eta}_k(t)$ 的 N 个元素。这里,$\gamma_n(t,k)$ 表示满足相关性质 $\mathbf{R}_c = E\{\boldsymbol{\eta}_k(t)\boldsymbol{\eta}_k^\dagger(t)\}$ 的复高斯白噪声。

$$\eta_k^{[n]}(t) = \rho_s \eta_k^{[n-1]}(t) + \sqrt{1-|\rho_s|^2}\gamma_n(t,k) \tag{11.17}$$

对于海面散射情形,二阶 AR 模型($\kappa=2$)可用于表示杂波多普勒中的两条主要的布拉格峰。因此 $\kappa=1$ 和 $\kappa=2$(分别对应于最简单的地面散射和海杂波 AR 模型)是模型所需阶数的最小值。实际上,高阶模型通常用来更精确地刻画接收杂波的多普勒谱。文献 Abramovich(1992)和 Abramovich(1994)中给出了在约 5 Hz 重频的低重频(舰船探测)场景下海面杂波模型的一组基本的参数,分别为 $b_1 = -1.9359$,$b_2 = 0.998$,$\sigma_\varepsilon^2 = 0.009675$。

尽管可事先根据杂波的期望特征选定 κ 值,模型参数 $\{b_i\}_{i=1}^\kappa$ 一般情况下却是未知的。另外,在一个实际操作系统中,冷杂波信号部分或者全部被热杂波淹没。在这种情况下,直接通过对仅含冷杂波的快拍进行评估以确定(估计)AR 模型参数在实际中是不可行的。

11.2.3 热杂波

热杂波通常被认为是由 M 个独立外部干扰源卷积叠加生成的。这些独立发射的复标量波形被记为 $g_{mk}(t)$,其中,$m=1,\cdots,M$。接收到的热杂波空间快拍 $\mathbf{j}_k(t)$ 可以写成式(11.18)的多通道离散卷积形式,其中,L 是最大多径时间分布源在快时域采样中热杂波通道内冲激响应的最大持续时间。换句话说,由 M 个热杂波源接收到的多径成分包含在一组不同的距离区间 $\Delta R = cL/f_s$ 内。尽管 L 可近似地认为是所有 M 个源的最大路径数或电离层模式数,更准确地说,可以将 L 理解为在连续分布的散射点情况下,路径时延为常数的轨迹的最大快时间采样间隔。将源 m 与 N 个天线单元联系起来的复数形式的多通道 FIR 函数,可表示为一包含 N 个变量的向量函数 $\mathbf{h}_{m\ell}(t)$,其中 $\ell=1,\cdots,L$。$\mathbf{h}_{m\ell}(t)$ 中的通道冲激响应系数在快时间 k(比如在一个非常短的脉冲重复间隔内)内可以被认为是不变的,但是它们可能会随着每一条常数路径时延的轨迹上的散射点之间的最大多普勒频移差而波动。

$$\mathbf{j}_k(t) = \sum_{m=1}^{M} \sum_{\ell=1}^{L} \mathbf{h}_{m\ell}(t) g_{mk-\ell+1}(t) \tag{11.18}$$

热杂波阵列快拍矢量 $\mathbf{j}_k(t)$ 可以用式（11.19）更方便地表达。这里，M 维信号矢量 $\mathbf{g}_k(t) = [g_{1k}(t), \cdots, g_{Mk}(t)]^T$ 包含了在快时间 k 和慢时间 t 内接收到的源波形复信号，其中 $N \times M$ 矩阵 $\mathbf{H}_\ell(t) = [\mathbf{h}_{1\ell}(t), \cdots, \mathbf{h}_{M\ell}(t)]$ 表示在快时间延迟 l 内热杂波通道的总的瞬时冲激响应。这个矩阵在准瞬时的 PRI 内是保持不变的，但会随着一个 CPI 内慢时间 t 上的通道起伏而改变。更具体地说，$\mathbf{H}_\ell(t)$ 的第 (n, m) 个元素表示在重复周期 t 内发射源 m 到接收机 n 的第 ℓ 个相关时延的复标量通道系数。在没有多径的假设下，即 $L=1$ 时，式（11.19）退回到常规的瞬时混合模型 $\mathbf{j}_k(t) = \mathbf{H}(t) \mathbf{g}_k(t)$，其中混合矩阵 $\mathbf{H}_\ell(t) = [\mathbf{h}_1(t), \cdots, \mathbf{h}_M(t)]$ 的列可被视为慢时间 t 处收到的 M 个干扰波形前沿。

$$\mathbf{j}_k(t) = \sum_{\ell=1}^{L} \mathbf{H}_\ell(t) \mathbf{g}_{k-\ell+1}(t) \tag{11.19}$$

根据式（11.20）的相关性质，源波形 $g_{mk}(t)$ 通常被认为是互相独立的，其中，r 是第 m 个杂波源的快时间自相关函数，*表示复共轭算子。不失一般性，当之后的通道冲激响应定义中需考虑每个热杂波信号（模式）的功率时，源波形可表示为归一化的单位变量。除非另有说明，我们将假定宽频带源信号在干扰机带宽 $B_m > f_s = 1/T_s$ 上具有平坦的功率谱密度，此时有 $r_m(k) = \delta(k)$。在本章的最后一节，我们将考虑在时间间隔 $1/T_p = f_p \gg B_m < f_s$ 内的窄带干扰源信号，此时可知，当 $kT_s \ll T_p$ 时，$|r_m(k)| \to 1$。

$$\mathrm{E}\{g_{mk}(t) g_{m'k'}^*(t')\} = \delta_{mm'} \delta_{tt'} r_m(k - k') \tag{11.20}$$

现在考虑具有 NQ 维的热杂波矢量 $\tilde{\mathbf{j}}_k(t)$，其简化形式如式（11.21）所示。其中，$\tilde{\mathbf{g}}_k(t)$ 是含有 $M(L+Q-1)$ 个元素的矢量函数 $\{\mathbf{g}_k(t), \mathbf{g}_{k-1}(t), \cdots, \mathbf{g}_{k-L+1-Q+1}(t)\}$，$\hat{\mathbf{H}}(t)$ 是由矩阵组 $\{\mathbf{H}_1(t), \cdots, \mathbf{H}_L(t)\}$ 构成的一个包含 $NQ \times M(L+Q-1)$ 个块的 Sylvester 矩阵。容易验证，式（11.21）中 $\tilde{\mathbf{j}}_k(t)$ 的表达式与构成堆叠热杂波矢量的式（11.19）中特定空间快拍 $\{\mathbf{j}_k(t), \mathbf{j}_{k-1}(t), \cdots, \mathbf{j}_{k-Q+1}(t)\}$ 的定义是一致的。

$$\tilde{\mathbf{j}}_k(t) = \hat{\mathbf{H}}(t) \tilde{\mathbf{g}}_k(t) = \begin{bmatrix} \mathbf{H}_1(t) & \cdots & \mathbf{H}_L(t) & \mathbf{0} & \cdots & \mathbf{0} \\ \mathbf{0} & \mathbf{H}_1(t) & \cdots & \mathbf{H}_L(t) & \ddots & \vdots \\ \vdots & \ddots & \ddots & \ddots & \ddots & \mathbf{0} \\ \mathbf{0} & \cdots & \mathbf{0} & \mathbf{H}_1(t) & \cdots & \mathbf{H}_L(t) \end{bmatrix} \times \begin{bmatrix} \mathbf{g}_k(t) \\ \mathbf{g}_{k-1}(t) \\ \vdots \\ \mathbf{g}_{k-L+1-Q+1}(t) \end{bmatrix} \tag{11.21}$$

利用式（11.21），$NQ \times NQ$ 热杂波协方差矩阵由式（11.22）给出，其中，$\tilde{\mathbf{G}} = \mathrm{E}\{\tilde{\mathbf{g}}_k(t) \tilde{\mathbf{g}}_k^\dagger(t)\}$ 是相关的信号源协方差矩阵。矩阵 $\tilde{\mathbf{R}}_k(t)$ 表示由单个相干处理间隔内动态信道脉冲响应引起的慢时域变化。这可以等效地看作通道起伏的准瞬时快拍。

对于相互独立的宽带干扰信号，源协方差矩阵是满秩的，其秩为 $\mathcal{R}\{\tilde{\mathbf{G}}\} = M(L+Q-1)$，其中，算子 $\mathcal{R}\{\}$ 表示一个矩阵的秩。由系统矩阵 $\hat{\mathbf{H}}(t)$ 的维度为 $NQ \times M(L+Q-1)$，可以得出（无噪声）$NQ \times NQ$ 热杂波协方差矩阵 $\tilde{\mathbf{R}}_h(t)$ 在 $NQ > M(L+Q-1)$ 时一定是不满秩的，回想一下，L 定义为所有 M 个源上的最大冲激响应持续时间。

$$\tilde{\mathbf{R}}_h(t) = \hat{\mathbf{H}}(t) \mathrm{E}\{\tilde{\mathbf{g}}_k(t) \tilde{\mathbf{g}}_k^\dagger(t)\} \hat{\mathbf{H}}^\dagger(t) = \hat{\mathbf{H}}(t) \tilde{\mathbf{G}} \hat{\mathbf{H}}^\dagger(t) \tag{11.22}$$

维度参数满足式（11.23）条件的矩阵 $\tilde{\mathbf{R}}_h(t)$ 的不满秩对热杂波抑制性能有很重要的影响。具体地说，它意味着基于脉冲间更新滤波器权矢量的维度为 NQ 的快时域 STAP 架构有足够的自由度来有效抑制热杂波。在 $L=1$ 没有多径的条件下，式（11.23）只在天线单元数量大于独立信号源的个数时才成立，这意味着快时域 STAP 在没有多径时与 SAP 的性能没有本质区别。事实上，式（11.23）仅当 $N>M$ 时成立，而与 L 和 Q 的值无关。能够被 SAP 和快时域 STAP 有效抑制的独立信号源的最大个数必须小于天线单元的个数。仅考虑 SAP（$Q=1$）时，式（11.23）意味着，$N>LM$ 时热杂波可以被有效抑制。由于在实际中并不是所有的源信号都有最大的冲激响应长度 L，通常采用适当放宽的条件 $N > \sum_{m=1}^{M} L_m$，其中，L_m 表示信号源 m 的持续时间。还有一个微妙之处，尽管式（11.23）表明了利用在慢时域更新的快时域 STAP 滤波器实现热杂波对消的潜在可行性，但遗憾的是，一种普遍存在的主波束场景经常发生，此时积累后的有用信号矢量正好由热杂波子空间生成，即 $\tilde{\mathbf{s}}_k(t)$ 可以表示为 $\tilde{\mathbf{H}}(t)$ 的线性组合。在这种情况下，热杂波对消仍然是可行的，但是信杂比会降低。

$$NQ > M(L + Q - 1) \tag{11.23}$$

在仅考虑空域条件时，利用 SAP 实现干扰源有效抑制的必要条件是 $N>M$。式（11.23）可理解为该条件在快时域 STAP 的推广形式。这个表达式可以被重新表述为式（11.24）的形式，这可以允许设计师来决定最小所需的快时域抽头阶数，以保证对于给定的信源个数 M 和最大冲激响应时间 L，（准同时）积累后的仅包含热杂波成分的协方差矩阵是不满秩的。通常采用经验方法给出的抽头数 $Q=L$，只能保证 $M<N/2$，即独立信源个数小于天线阵元个数一半的情况下 $\tilde{\mathbf{R}}_h(t)$ 是不满秩的。当 $M \ll N/2$ 时，满足 $Q<L$ 的值足够多，这是一个比经验法则宽松得多的限制条件。而对于可被对消的最大独立信源个数 $M_{\max}=N-1$，确保 $\tilde{\mathbf{R}}_h(t)$ 不满秩所需的快时域抽头数是 $Q_{\max}=M_{\max}(L-1)$，在实际中该数据远大于 L。显然，根据式（11.24），为保证矩阵不满秩需要 $Q>1$ 阶抽头，在这种情况下，SAP 方法将失效。

$$Q > \frac{M(L-1)}{N-M} \tag{11.24}$$

在讨论了快时域 STAP 可以有效抑制热杂波并达到 SAP 同等性能的基本条件后，现在来考虑可以用于模拟热杂波信号的特定模型。在 Abramovich, Spencer, and Anderson（1998）的工作基础上，利用在本节第二部分给出的针对电离层高频通道的实际数据处理结果，广义沃特森模型（GWM）的修正版可用来模拟表征"非平稳"热杂波现象的信道矢量 $\mathbf{h}_{m\ell}(t)$。在阵列处理术语中，式（11.25）表示的模型中的 $\mathbf{h}_{m\ell}(t)$ 可被视为在脉冲重复间隔 t 内由具有相对时延的信源 m 接收到的热杂波波形前沿。请注意，求和是对于所有信源的最大路径数，其中 $\ell=1,\cdots,L$。但很明显，$\mathbf{h}_{m\ell}(t)=0$ 对所有 $\ell > L_m$ 成立。即快时间延迟超过信源 m 的冲激响应时间。

$$\mathbf{j}_k(t) = \sum_{m=1}^{M} \sum_{\ell=1}^{L} \mathbf{h}_{m\ell}(t) g_{mk-\ell+1}(t) \tag{11.25}$$

不同信源和模式的慢时域可变信道矢量 $\mathbf{h}_{m\ell}(t)$ 被假定是随机和统计独立的。在式（11.26）的 GWM 模型中，$A_{m\ell}$ 和 $f_{m\ell}$ 分别表示信源 m 的调制 ℓ 下的均方根幅度和均方根多普勒频移，而 $N \times N$ 矩阵 $\mathbf{S}_{m\ell}$ 表示一个 CPI 内当前调制下的平均合成波前（如下所述）。服从多元复高斯分布的 n 维矢量 $\mathbf{c}_{m\ell}(t)$ 表示接收到的热杂波波前信号的随机空时起伏，这些构成了各种信源和传播模式下的波达角和多普勒扩展。在第 8 章，$\mathbf{c}_{m\ell}(t)$ 的最简化模型描述为一个由双参数定义的马尔可夫链，两个参数分别为时间相关系数 $\alpha_{m\ell}$ 和空间相关系数 $\beta_{m\ell}$，均为在 $[0, 1]$ 区间内取值的实数值。小的 $\alpha_{m\ell}$、$\beta_{m\ell}$ 值对应具有更快的时间波动和更大的波前变化的漫散射模型。也就是说，

参数 $\alpha_{m\ell}$、$\beta_{m\ell}$ 代表了不同电离层传播路径产生的热杂波信号的普遍特征。具体的 $\alpha_{m\ell}$、$\beta_{m\ell}$ 取值将在 11.3.3 节介绍特定的热杂波模型时给出。

$$\mathbf{h}_{m\ell}(t) = A_{m\ell}\mathbf{S}_{m\ell}\mathbf{c}_{m\ell}(t)\exp\{j2\pi f_{m\ell}t\} \qquad (11.26)$$

第 8 章中给出的对 GWM 模型的唯一修正与 $\mathbf{S}_{m\ell}$ 的定义有关。当漫散射发生在电离层的粗糙表面时,产生的热杂波"调制"并不是来自单个点源的反射,因此平均的等效波前并不是平面的。在这种情况下,具有近似到达路径延迟 ℓ 的信号成分可能包含空间分布在一个扩展地区内的连片点散射体回波。这些由沿着具有常数路径时延的轨迹接收到的"微多径"成分相互重叠产生合成后的等效波前,这可能与平面波存在显著偏差。因此平均等效平面波前模型假设不适合这些热杂波模型。

Abramovich 等(1998)提出基于式(11.27)的在无限时间间隔内平均后的热杂波模型空域协方差矩阵 $\mathbf{F}_{m\ell}$ 的 Karhunen-Loève 展开式,来定义 $\mathbf{S}_{m\ell}$。单个热杂波模型的空域秩被假定在任意给定的重复周期内是一致的,这意味着,单个调制的热杂波时间平均的空域协方差矩阵,在一个相对长的 CPI 内叠加后是趋于满秩的,因为体现在慢时域时变信道矢量 $\mathbf{h}_{m\ell}(t)$ 中调制后的等效波前结构各不相同。

$$\mathbf{F}_{m\ell} = \mathbf{S}_{m\ell}\mathbf{S}_{m\ell}^{\dagger} = \lim_{P\to\infty}\sum_{t=1}^{P}\mathbf{h}_{m\ell}(t)\mathbf{h}_{m\ell}^{\dagger}(t) \qquad (11.27)$$

基于叠加后的热杂波加噪声矢量 $\tilde{\mathbf{i}}_k(t) = \tilde{\mathbf{j}}_k(t) + \tilde{\mathbf{n}}_k(t)$ 定义的 $NQ \times NQ$ 空间-快时域协方差矩阵 $\tilde{\mathbf{R}}(t) = E\{\tilde{\mathbf{i}}_k(t)\tilde{\mathbf{i}}_k^{\dagger}(t)\}$,具有式(11.28)所示的 Toeplitz 块结构,其中,维度 $N \times N$ 的块由快时域延迟的热杂波加噪声空域协方差矩阵 $\tilde{\mathbf{R}}_q(t) = E\{\tilde{\mathbf{i}}_k(t)\tilde{\mathbf{i}}_{k-q}^{\dagger}(t)\}$ 给出,$q = 0,1,\cdots,Q-1$ 表示在快时域抽头延迟线上的采样延迟量。

$$\tilde{\mathbf{R}}(t) = \text{Toep}[\mathbf{R}_0(t), \mathbf{R}_1(t), \cdots, \mathbf{R}_{Q-1}(t)] \qquad (11.28)$$

具体来说,矩阵块由 $\mathbf{R}_q(t) = E[\mathbf{j}_k(t) + \mathbf{n}_k(t)][\mathbf{j}_{k-q}(t) + \mathbf{n}_{k-q}(t)]$ 确定,并在式(11.29)中进一步展开,其中热杂波信号和加性噪声之间的独立假设用来分离两个期望信号。

$$\mathbf{R}_q(t) = E\left\{\left(\sum_{m=1}^{M}\sum_{\ell=1}^{L}\mathbf{h}_{m\ell}(t)g_{mk-\ell+1}(t)\right)\left(\sum_{m=1}^{M}\sum_{\ell=1}^{L}\mathbf{h}_{m\ell}(t)g_{mk-\ell-q+1}(t)\right)^{\dagger}\right\} + E\{\mathbf{n}_k(t)\mathbf{n}_{k-q}^{\dagger}(t)\} \qquad (11.29)$$

单个热杂波源和模式之间的相互独立性意味着式(11.29)中的所有交叉项为零。去掉这些项,并用式(11.26)中对 $\mathbf{h}_{m\ell}(t)$ 的定义替换 $\mathbf{h}_{m\ell}(t)$,对应于零快时域延迟($q=0$)的标准空间协方差矩阵由式(11.30)给出。回顾之前,加性噪声 $\mathbf{n}_k(t)$ 被假定是功率为 σ_n^2 的空间白噪声,其中满足 $E\{\mathbf{n}_k(t)\mathbf{n}_k^{\dagger}(t)\} = \sigma_m^2\mathbf{I}_n$。

$$\mathbf{R}_0(t) = \sum_{m=1}^{M}\sum_{\ell=1}^{L}A_{m\ell}^2\mathbf{S}_{m\ell}\mathbf{c}_{m\ell}(t)\mathbf{c}_{m\ell}^{\dagger}(t)\mathbf{S}_{m\ell}^{\dagger} + \sigma_n^2\mathbf{I}_N \qquad (11.30)$$

对于 $q = 1,\cdots,Q-1$,快时域延迟的空间协方差矩阵 $\mathbf{R}_q(t)$ 由式(11.31)给出。加性噪声成分不会出现,因为 $E\{\mathbf{n}_k(t)\mathbf{n}_{k-q}^{\dagger}(t)\} = \mathbf{0}$ 对 $q > 0$ 成立。由于热噪声源波形在宽带的情况下被认为是瞬时白化的,因此对 $\mathbf{R}_q(t)$ 唯一有贡献的热杂波成分来自 q 个快时域样本的具有不同路径时延的模式对。显然,$\mathbf{R}_q(t) = \mathbf{0}$ 对所有 $q \geq L$ 成立,因为没有模式对具有超过热杂波信道最大冲激响应时间的不同时延。

$$\mathbf{R}_q(t) = \sum_{m=1}^{M}\sum_{\ell=1}^{L-q}A_{m\ell}A_{m\ell+q}\mathbf{S}_{m\ell}\mathbf{c}_{m\ell}(t)\mathbf{c}_{m\ell+q}^{\dagger}(t)\mathbf{S}_{m\ell+q}^{\dagger} \qquad (11.31)$$

11.3 对消技术

关于热杂波和冷杂波对消的大多数方法采用级联处理。其中，热杂波对消器，典型的如快时域 STAP 技术，会预先采用慢时域 STAP 技术或标准的多普勒处理进行冷杂波抑制。在机载雷达应用中，这个处理过程在很大程度上依据实际情况而定，包括训练策略和计算复杂度。在超视距雷达中，这样的处理还额外受到冷杂波性质的影响，它通常可利用标准的多普勒处理进行有效抑制。出于这个原因，用于热杂波对消的快时域 STAP 后级联抑制冷杂波的多普勒处理的方法被广泛使用。

标准的快时域 STAP 技术可以根据滤波器权在一个 CPI 内是保持固定还是会更新进行区分。CPI 内滤波器自适应处理，主要是出于在时间相对较长的雷达帧时间内跟踪热杂波的空域-快时域协方差矩阵的时间相关性或非平稳性的需要而提出的。

然而，在一个 CPI 内改变冷杂波抑制后的 STAP 滤波器所带来的不利影响，并不总是考虑在内的。本节主要涉及脉冲波形（PW）和连续波波形（CW）超视距雷达系统中用于热杂波对消的快时域 STAP 技术。如何调整这些技术以适用于特定的机载雷达系统，将不在这里展开讨论。

只有少数研究具体解决级联方法的设计问题，通过设计用于热杂波抑制的慢时域可变的 STAP 滤波器，以适当的综合考虑其对后续冷杂波抑制的性能影响。

本节的第一部分主要回顾在一个 CPI 内基于静态和动态过滤器的标准快时域 STAP 技术。本节的第二部分主要描述克服标准处理方法中存在缺陷的替代快时域 STAP 技术。本节第三部分主要通过仿真数据比较标准处理方案和替代处理方案的性能优劣。

11.3.1 标准方案

有两种基本类型的标准快时域 STAP 滤波器。一种在一个 CPI 内采用固定的权矢量 $\tilde{\mathbf{w}}$ 处理所有距离门和脉冲。这种滤波器只在雷达探测方向 φ_0 改变时改变，但这种依赖关系是暗含的，为方便起见在这里省略。另一种是基于慢时域的滤波器 $\tilde{\mathbf{w}}(t)$，其在脉冲 t（$t=1,\cdots,P$）内所有距离门上进行处理。最一般的 STAP 滤波器记作 $\tilde{\mathbf{w}}_k(t)$，是与距离相关且随慢时间变化而改变的。这种类型的滤波器将在本节的第二部分讨论，称为非传统的 STAP 技术。

公开文献中给出的大部分 STAP 技术，都是基于求解一个带有线性约束最小方差（LCMV）的优化问题，这包含了多个线性约束。LCMV 是更为大家熟悉的只包含一个线性约束的最小方差无畸变响应（MVDR）方法的一种推广形式。LCMV 优化问题可以写成式（11.32）的形式。在这里，参数 $\mathbf{w}\in\mathcal{C}^{NQ}$ 是（常规）快时域 STAP 滤波器的权矢量，$\mathbf{R}$ 通常表示一个 $NQ\times NQ$ 热杂波加噪声的协方差矩阵，而 $NQ\times q$ 维的约束矩阵 $\mathbf{C}$ 和 q 维的响应矢量 $\mathbf{f}$，定义了作用于滤波器 $\mathbf{w}$ 上的 q 个线性约束。

$$\mathbf{w}_o = \arg\min_{\mathbf{w}} \mathbf{w}^\dagger \mathbf{R}\mathbf{w} \quad \text{subject to}: \mathbf{w}^\dagger \mathbf{C} = \mathbf{f}^\dagger \tag{11.32}$$

最优解 $\mathbf{w}_o$ 是使得 STAP 的输出结果在满足 q 个线性约束 $\mathbf{w}^\dagger \mathbf{C} = \mathbf{f}^\dagger$ 的条件下干扰的能量 $\mathbf{w}^\dagger \mathbf{R}\mathbf{w}$ 最小的加权矢量。这个过滤器由式（11.33）给出，其中，假定矩阵 $\mathbf{R}$ 为正定矩阵，从而 $\mathbf{R}^{-1}$ 存在。使用拉格朗日乘子法求解该问题的详细推导可在文献 Frost（1972）中找到。我们会发现，回到式（11.33）的一般表达式中，给不同的项赋予具体的定义将是十分有用的。这里 $\mathbf{R}$、

C、f 通常作为"占位符"使用。这些不同的定义及其滤波器实现的方式,给出了标准的和非常规的快时域 STAP 方法的不同之处。

$$\mathbf{w}_o = \mathbf{R}^{-1}\mathbf{C}[\mathbf{C}^{\dagger}\mathbf{R}^{-1}\mathbf{C}]^{-1}\mathbf{f} \tag{11.33}$$

11.3.1.1 线性确定性约束

传统上,线性约束的主要目的是确保滤波器对从探测方向 φ_0 进入的有用信号具有恒定增益和无失真处理。标准的快时域 STAP 技术通常采用确定性约束。各种不同的方法被提出以在快时域 STAP 输出中保护有用信号不发生衰减和畸变。受这些方法启发,利用式(11.34)的形式来表示积累后的有用信号矢量 $\tilde{\mathbf{s}}_k(t)$ 是很有意义的。参照式(11.2)的空间快拍模型,含有 Q 个变量的快时域矢量 $\boldsymbol{\psi}_k = [\psi_k, \psi_{k-1}, \cdots, \psi_{k-Q+1}]^T$ 包含 STAP 滤波器的 Q 阶抽头延迟线中的有用信号样本,其中,$NQ \times Q$ 矩阵 $\mathbf{A}_Q(\varphi_0)$ 满足关系 $\mathbf{A}_Q(\varphi_0) = \mathbf{s}(\varphi_0) \otimes \mathbf{I}_Q$,$\otimes$ 表示克罗内克积。

$$\tilde{\mathbf{s}}_k(t) = a \exp\{j2\pi f_d t + \gamma_k\} \mathbf{A}_Q(\varphi_0) \boldsymbol{\psi}_k \tag{11.34}$$

现在来考虑 $q = Q$ 个线性确定性约束的情况,其中,约束矩阵定义为 $\mathbf{C} = \mathbf{A}_Q(\varphi_0)$。为了确定其对有用信号的影响,假设有用信号向量 $\tilde{\mathbf{s}}_k(t)$ 经过了一个满足约束 $\mathbf{w}^\dagger \mathbf{C} = \mathbf{f}^\dagger$ 的常规快时域 STAP 过滤器 w。利用式(11.34),很容易得出式(11.35)所示的标量输出 $s_k(t) = \mathbf{w}^\dagger \tilde{\mathbf{s}}_k(t)$。其中约束条件 $\mathbf{w}^\dagger \mathbf{A}(\varphi_0) = \mathbf{f}^\dagger$ 由约束矩阵 $\mathbf{C} = \mathbf{A}(\varphi_0)$ 得出。在这种情况下,很容易得出 STAP 输出 $s_k(t)$ 通过内积 $\mathbf{f}^\dagger \boldsymbol{\psi}_k$ 的形式依赖于 Q 维的响应矢量 $\mathbf{f}$。正如在文献 Griffiths(1996)中指出的,复标量 $\mathbf{f}^\dagger \boldsymbol{\psi}_k$ 可被理解为应用于快时间采样域上的相关接收机的输出,其中该接收机的滤波器系数由响应矢量 $\mathbf{f}$ 的元素得出。

$$s_k(t) = a \exp\{j2\pi f_d t + \gamma_k\} \mathbf{f}^\dagger \boldsymbol{\psi}_k \tag{11.35}$$

有两种情况值得特别注意。一种是匹配滤波接收机,对任意常数 α,$\mathbf{f} = \alpha \boldsymbol{\psi}_k$ 使得输出 $s_k(t)$ 获得最大信噪比。另一种是通过固定单位增益和无畸变相干处理,产生如式(11.36)所示输出 $s_k(t)$ 的接收机。后者显然是通过设置 $\mathbf{f}$ 的第一个元素为单位 1、其他 $Q-1$ 个元素为零,即 $\mathbf{f} = \mathbf{e}_Q = [1, 0, \cdots, 0]^T$,从而满足条件 $\mathbf{f}^\dagger \boldsymbol{\psi}_k = \psi_k$ 所得出的。在理想情况下,不考虑距离旁瓣时,脉压后的有用信号在快时域是一个冲激信号。当这样一个信号匹配当前距离门 k 时,有 $\boldsymbol{\psi}_k = [1, 0, \cdots, 0]^T$。在这种情况下,匹配滤波接收机与无畸变响应接收机 $\mathbf{f} = \mathbf{e}_Q$ 一致。

$$s_k(t) = a \exp\{j2\pi f_d t + \gamma_k\} \psi_k \tag{11.36}$$

因此,由 $\mathbf{C} = \mathbf{A}_Q(\varphi_0)$ 定义的 Q 个线性确定性约束和 $\mathbf{f} = \mathbf{e}_Q$,代表了确保快时域 STAP 滤波器输出的理想有用信号,具有恒定增益和无失真处理的最低要求。如果想使输出有用信号 $s_k(t)$ 具有更稳健的容错能力,还必须增加一个相应的偏导数约束,例如,通过定义式(11.37)中的 $\mathbf{c} = \mathbf{A}_{2Q}(\varphi_0)$ 和 $\mathbf{f} = \mathbf{e}_{2Q}$,这里 $\dot{\mathbf{s}}(\varphi) = \partial \mathbf{s}(\varphi) / \partial \varphi$。在 $q > Q$ 个线性确定性约束的一般情况下,我们可以写成 $\mathbf{C} = \mathbf{A}_q(\varphi_0)$ 和 $\mathbf{f} = \mathbf{e}_q$。

$$\mathbf{A}_{2Q}(\varphi_0) = \begin{bmatrix} \mathbf{s}(\varphi_0) & \dot{\mathbf{s}}(\varphi_0) & 0 & 0 & \cdots & 0 & 0 \\ 0 & 0 & \mathbf{s}(\varphi_0) & \dot{\mathbf{s}}(\varphi_0) & & & \\ \vdots & & & & \ddots & & \\ 0 & 0 & & & & \mathbf{s}(\varphi_0) & \dot{\mathbf{s}}(\varphi_0) \end{bmatrix} \tag{11.37}$$

在一些 STAP 研究中也提倡使用单个线性确定性约束条件。受此启发,利用式(11.38)的形式表示有用信号矢量 $\tilde{\mathbf{s}}_k(t)$ 将会更加方便,其中,NQ 维矢量 $\boldsymbol{\psi}_k \otimes \mathbf{s}(\varphi_0)$ 代替式(11.34)中与

之等价的矩阵乘 $\mathbf{A}_Q(\varphi_0)\psi_k$。对于当前距离单元 k 上的理想目标回波，我们将约束 $\psi_k = \mathbf{e}_Q$ 代入式（11.38）中，这样有 $\tilde{\mathbf{s}}_k(t) = a\exp\{j2\pi f_d t + \gamma_k\}\mathbf{v}(\varphi_0)$，其中，矢量 $\mathbf{v}(\varphi_0) = \mathbf{e}_Q \otimes \mathbf{s}(\varphi_0)$ 为空/快时域导向矢量。

$$\tilde{\mathbf{s}}_k(t) = a\exp\{j2\pi f_d t + \gamma_k\}\psi_k \otimes \mathbf{s}(\varphi_0) \tag{11.38}$$

看起来式（11.39）中定义的单线性约束在这种情况下就足够了。事实上，这样一个约束只能保证对当前距离门 k 上有用信号的增益不变。然而，在处理不同的距离单元 k 时，随着快时域 STAP 滤波器"滑窗"经过不同的快时间采样，当前冲激响应的位置进入到滞后于当前被处理单元的后续的抽头延迟线中。在这些滞后的抽头中，如果只采用式（11.39）中的约束，那么天线的空域响应权矢量在 φ_0 方向是无约束的。这些抽头中处理器对有用信号的空间响应一般是非零的，并且，如果在一个 CPI 内权矢量是更新的，则可能在脉冲间产生波动。这将导致快时域 STAP 输出中的有用信号距离旁瓣抑制性能损失。视觉上，在整个长 Q 的快时域抽头延迟线内，经过处理的目标回波可能在距离维度上出现扩展或"混叠"。对于脉冲间更新的动态滤波器情况，一个脉冲重复间隔内的距离旁瓣结构的时变性将导致这些旁瓣出现额外的多普勒扩展。

$$\mathbf{w}^\dagger \mathbf{v}(\varphi_0) = \mathbf{w}^\dagger [\mathbf{e}_Q \otimes \mathbf{s}(\varphi_0)] = 1 \tag{11.39}$$

总之，一个线性约束可以使得有用信号获得单位增益，但不能保证对信号进行无畸变处理。出于这个原因，快时域 STAP 通常建议采用前面定义的 Q 个线性确定性约束组。这些线性约束中的第一个线性约束，确保从探测方向 φ_0 进入的有用信号具有恒定增益。这不仅保护了当前的距离门上的有用信号不被无意中衰减，同时也保证了目标回波在一个 CPI 内不同重复周期间的多普勒相干积累。另一方面，其余 $Q-1$ 约束确保快时域 STAP 滤波器在滞后的抽头延迟线上的雷达探测方向上具有零响应，以避免在距离上输出的有用信号能量混叠（时变滤波器的多普勒上）。

11.3.1.2 时不变 STAP

首先给出的标准快时域 STAP 方法是基于权矢量在一个 CPI 内保持固定不变的时不变加权矢量方法。最优（时不变）STAP 滤波器由式（11.40）中的 $\tilde{\mathbf{w}}$ 给出，其中，$\tilde{\mathbf{R}} = \sum_{t=1}^{P}\tilde{\mathbf{R}}(t)$ 表示一个 CPI 内热杂波加噪声的平均协方差矩阵。为了获得最优解 $\tilde{\mathbf{w}}$，式（11.33）中的项 $\mathbf{R}$ 被 $\tilde{\mathbf{R}}$ 代替，线性确定性约束被定义为 $\mathbf{C} = \mathbf{A}_q(\varphi_0)$ 和 $\mathbf{f} = \mathbf{e}_q$。此时滤波器 $\tilde{\mathbf{w}}$ 在所有的时不变滤波器中输出信杂噪比是最优的。

$$\tilde{\mathbf{w}} = \tilde{\mathbf{R}}^{-1}\mathbf{A}_q(\varphi_0)[\mathbf{A}_q(\varphi_0)^\dagger \tilde{\mathbf{R}}^{-1}\mathbf{A}_q(\varphi_0)]^{-1}\mathbf{e}_q \tag{11.40}$$

积累后的热杂波加噪声训练快拍需要用来估计未知的矩阵 $\tilde{\mathbf{R}}$。在天波超视距雷达系统中，由于跳跃区现象的存在，不含杂波的快拍数量十分有限，且只能从 PRI 的起始部分（也就是近程距离）获得。而在 HFSW 雷达系统中，长距离的较高表面波衰减通常允许不含杂波的快拍在接近 PRI 的尾端处获得。无论哪种情况，都使得在每个 PRI 内只使用 N_k 个热杂波加噪声快拍 $\tilde{\mathbf{x}}_k(t) = \tilde{\mathbf{j}}_k(t) + \tilde{\mathbf{n}}_k(t)$ 完成指导训练是可行的，其中 $N_k < K$。例如，利用开始的 N_k 个距离单元，未知矩阵可以通过式（11.41）中的 $\hat{\mathbf{R}}$ 估计得到。

$$\hat{\mathbf{R}} = \sum_{t=1}^{P}\sum_{k=1}^{N_k}\tilde{\mathbf{x}}_k(t)\tilde{\mathbf{x}}_k(t) \tag{11.41}$$

样本协方差矩阵在整个 CPI 内取平均时对角加载通常是不必要，因为典型情况下 $PN_k \gg 2NQ$。主要问题在于，在相对较长的 CPI 内，$\tilde{R}$ 的秩扩展以及相应的 STAP 滤波器无法有效对消非平稳热杂波。具体地说，第一个标准方法的自适应实现，被定义为式（11.42）所示的时不变 STAP 滤波器 $\tilde{w}$，用于处理在 CPI 内的所有距离单元和脉冲。这种方法之后也被称为定常 STAP 方法。正如前面所讨论的，确定性约束的个数可能是 $q = Q$ 或 $q = 2Q$，这取决于是否有必要考虑波束指向误差的稳健性。

$$\hat{w} = \hat{R}^{-1} A_q(\varphi_0)[A(\varphi_0)^\dagger \hat{R}^{-1} A_q(\varphi_0)]^{-1} e_q \qquad (11.42)$$

与上面描述的 PW 系统相似的概念在距离处理以后也适用于 CW 系统。Abramovich 等（2000）表明，在实际中通常成立的相对宽松的假设条件下，频率调制连续波去斜处理和基于 FFT 的频谱分析等距离处理，并不影响式（11.22）中热杂波加噪声的协方差矩阵模型。因此，这里和下面章节中所述的快时域 STAP 技术，同时适用于脉冲波形和连续波超视距雷达，只要指导训练是可行的。

根据系统特点和传播条件，所有的距离门都可能包含明显的冷杂波成分。在这个非监督训练的场景中，需要在进行热杂波协方差矩阵估计前执行预处理来减弱冷杂波信号。文献 Abramovich 等（2000）给出了一种利用 MTI 杂波抑制滤波器获得合适训练数据的方法。

11.3.1.3 无约束 STAP

现在让我们将注意力转向记作 $\tilde{w}(t)$ 的最佳慢时域可变的 STAP 滤波器的定义。在这种情况下，式（11.33）中的术语 R 代替式（11.28）中定义的准瞬时热杂波加噪声的协方差矩阵 $\tilde{R}(t)$。而线性确定性约束和之前一样，由 $C = A_q(\varphi_0)$ 和 $f = e_q$ 给出。依赖于慢时间的最佳滤波器 $\tilde{w}(t)$ 由式（11.43）给出。

$$\tilde{w}(t) = \tilde{R}^{-1}(t) A_q(\varphi_0)[A_q(\varphi_0)^\dagger \tilde{R}^{-1}(t) A_q(\varphi_0)]^{-1} e_q \qquad (11.43)$$

由于在准瞬时 PRI 内热杂波被假定是平稳的，STAP 滤波器 $\tilde{w}(t)$ 在输出信杂噪比准则下是最优的。在实际应用中，热杂波加噪声的协方差矩阵 $\tilde{R}(t)$ 是未知的，但可通过式（11.44）中的 $\tilde{R}(t)$ 进行估计。这里，只有当前 PRI 内的训练距离单元被使用。通常应用适当水平 σ^2 的对角加载来改善 $N_k < 2NQ$ 的低样本支持条件下的收敛速度。

$$\hat{R}(t) = \sum_{k=1}^{N_k} \tilde{x}_k(t) \tilde{x}_k(t) + \sigma^2 I_{NQ} \qquad (11.44)$$

在产生式（11.45）中的自适应 STAP 滤波器 $\tilde{w}(t)$ 的过程中，可以用式（11.43）中的最优滤波器表达式中修正后的样本估计值 $\tilde{R}(t)$，代替真实的协方差矩阵 $\tilde{R}(t)$。这个实际的滤波器用于处理在当前 PRI t 内的检测距离单元 $k = N_k +1,\cdots,K$。这种方法的特点是，与时不变 STAP 相比计算复杂度相对较高，但在条件 $NQ > M(L+Q-1)$ 满足时可以更有效抑制非平稳热杂波。第二个标准方法被称为无约束 STAP，因为在去除 q 个线性确定性约束后，权值在慢时域 t 内可以任意改变。

$$\hat{w}(t) = \hat{R}^{-1}(t) A_q(\varphi_0)[A_q(\varphi_0)^\dagger \hat{R}^{-1}(t) A(\varphi_0)]^{-1} e_q \qquad (11.45)$$

虽然确定性线性约束可以保护来自雷达探测方向的信号的增益和多普勒谱，在 CPI 内（否则无约束），$\tilde{w}(t)$ 的变化将在时间上对从其他方向进入的冷杂波回波产生调制。这是因为，$\tilde{w}(t)$ 的响应在除探测方向外的所有方向上是不受约束的，因此，脉冲间的起伏是随意的，不受控制。

11.3.1.4 优缺点对比

综上,给出了两种标准的可操作的快时域 STAP 技术。第一个称为标准的时不变 STAP 方法,对应式(11.42)所示的静态自适应滤波器 $\tilde{\mathbf{w}}$。这种方法的优点是相对较低的计算复杂度,且可降低实际实现过程中要求的样本支持数目。重要的是,在处理一个 CPI 时,使用固定滤波器也保留了快时域 STAP 输出结果中冷杂波的脉内时域相关特性。这在随后的多普勒处理步骤中,对于冷杂波抑制至关重要。

这种方法的主要问题是,它往往不能有效抑制非平稳的热杂波,因为在一个典型的超视距雷达 CPI 内,平均后的样本协方差矩阵 $\tilde{\mathbf{R}}$ 具有大的秩或者是满秩的。在实践中,这个方法只有在多个 CPI 时长内热杂波的非平稳性不明显时才被认为是合适的。实际数据处理结果表明,这对于超视距雷达的 CPI 长度来说通常太短,特别是(但不限于)用于舰船探测时。

另外一种标准方法,称为无约束 STAP,是基于式(11.45)的慢时域可变自适应滤波器 $\tilde{\mathbf{w}}(t)$。虽然这种方案通常能够有效抑制热杂波,由于 STAP 滤波器更新导致的冷杂波输出上的慢时域调制通常会妨碍通过多普勒处理抑制冷杂波的有效性。事实上,标准的无约束 STAP 的应用常常对多普勒处理后的 SCV 有灾难性的影响。对角过加载以提高收敛速度的方法可用于稳定 $\tilde{\mathbf{w}}(t)$ 的起伏。该方法可以改善冷杂波在 STAP 输出端 PRI 内的相关特性。然而,对于严重非平稳的热杂波,对角加载无法同时实现热杂波有效抑制和对冷杂波信号的无失真处理。

如果冷杂波是由少量的散射点产生的,则其多普勒频谱特性可以通过附加有限数量的线性确定性约束,冻结 STAP 滤波器在每个散射点进入方向的响应的方式保留下来(Griffiths 1996)。正如 Abramovich 等(2000)所述,冷杂波的空间分布通常是相当广泛的,因此后向散射雷达信号从接收天线方向图的很大一部分进入,而不是只从几个离散方向。因此,增加确定性线性约束并不是一个可行的解决方案,因为它不可能使得天线方向图的所有或绝大部分保持不变,而不会引起非平稳热杂波抑制性能的显著恶化。

11.3.2 替代过程

只有少数研究具体解决在保留空间广泛分布的冷杂波在 STAP 滤波器输出端慢时域相关特性的同时,更新抑制非平稳热杂波的慢时域权矢量的问题。也许第一个尝试解决该问题的研究报告来自 Anderson 等(1997)。Abramovich, Spencer, and Anderson(1998)研究了有监督的训练场景,随后 Abramovich 等(2000)研究了无监督训练。Abramovich 在这一领域的开创性工作,来自对 Abramovich 等(1994)中给出的空域自适应处理方法的一个具体的推广。这种方法的主要目的,即随机约束快时域 STAP 或 SC-STAP 方法,在于有效地抑制非平稳热杂波,同时保留杂波输出结果的慢时域相关特性以便进行后续相干多普勒处理。本节简要回顾 SC-STAP 方法。更多的细节可以在 Klemm(2004)中找到。

出于对实际情况和 SC-STAP 的高计算复杂度的考虑,这部分引入一个称为时变 STAP 或 TV-STAP 的新方法,它提供一个在实时性上有吸引力的替代方法。与 SC-STAP 方法相比,TV-STAP 方法可以显著减少计算复杂度,同时 STAP 滤波器可以在比每个 PRI 时间短得多的时间内更新,以实现热杂波的有效抑制。重要的是,这种情况下减少的计算复杂度并不影响热杂波的对消性能。

SC-STAP 和 TV-STAP 都是出于对超视距雷达实际应用考虑而设计的,它们都在一定程度上依赖上述提到的冷杂波模型。因此,下面描述的 SC-STAP 和 TV-STAP 技术并不直接适用于机载雷达系统,此时冷杂波由于平台运动存在角度-多普勒强耦合,多变量(而非单标量类型) AR 模型可以提供更准确的描述。理论上已经证明依赖于慢时域的 STAP 滤波器可以有效解决机载雷达的问题;可以参见 Abramovich 等(1998)。然而,这里不讨论这种方法。

11.3.2.1 随机约束 STAP(SC-STAP)

为简便起见,基于快时域 STAP 的随机约束(SC)技术的全部细节在这里不再重复。但这里给出了方法的概述,两个主要原因为:(1)为后续的 TV-STAP 算法提供研究动机;(2)解释 TV-STAP 和 SC-STAP 方法之间的异同。

SC-STAP 背后的关键思想是,应用 PRI 可变和距离依赖的滤波器 $\tilde{\mathbf{w}}_k(t)$,以在冷杂波输出端保护 SCV 的统计近似条件 $\tilde{\mathbf{w}}_k^\dagger(t)\tilde{\mathbf{c}}_k(t) \approx \tilde{\mathbf{w}}_0^\dagger \tilde{\mathbf{c}}_k(t)$,其中 $\tilde{\mathbf{w}}_0$ 是一个固定的参考 STAP 权矢量以实现无失真冷杂波抑制。显然,SC-STAP 滤波器 $\tilde{\mathbf{w}}_k(t)$ 与 $\tilde{\mathbf{w}}_0$ 不同,它在整个 CPI 内是可变的,以有效抑制非平稳的热杂波。利用 κ 阶标量 AR 模型表示式(11.14)中的冷杂波快拍,SC-STAP 滤波器的标量冷杂波输出 $c_k(t)$ 如式(11.46)所示。

$$c_k(t) = \tilde{\mathbf{w}}_k^\dagger(t)\tilde{\mathbf{c}}_k(t) = \tilde{\mathbf{w}}_k^\dagger(t)\tilde{\varepsilon}_k(t) - \sum_{i=1}^{\kappa} b_i \tilde{\mathbf{w}}_k^\dagger(t)\tilde{\mathbf{c}}_k(t-i) \tag{11.46}$$

检查式(11.46)可以发现,求和项等效于那些经稳定的滤波器 $\tilde{\mathbf{w}}_0$ 处理过的项之和,假定权矢量 $\tilde{\mathbf{w}}_k(t)$ 满足式(11.47)中的 κ 个线性随机约束。如果这个权向量也满足二次约束 $\tilde{\mathbf{w}}_k^\dagger(t)\tilde{\mathbf{R}}_c\tilde{\mathbf{w}}_k(t) = \tilde{\mathbf{w}}_0^\dagger\tilde{\mathbf{R}}_c\tilde{\mathbf{w}}_0$,其中,$\tilde{\mathbf{R}}_c = \mathrm{E}\{\tilde{\varepsilon}_k(t)\tilde{\varepsilon}_k^\dagger(t)\}$,如式(11.46)所示输出激励噪声的功率也是平衡的。激励标量 $\tilde{\mathbf{w}}_k^\dagger(t)\tilde{\varepsilon}_k(t)$ 和 $\tilde{\mathbf{w}}_0^\dagger(t)\tilde{\varepsilon}_k(t)$ 对应不同的白噪声过程,即 $\tilde{\mathbf{w}}_k^\dagger(t)\tilde{\varepsilon}_k(t) \neq \tilde{\mathbf{w}}_0^\dagger\tilde{\varepsilon}_k(t)$,但是,确保冷杂波处理的随机约束 $\tilde{\mathbf{w}}_k^\dagger(t)\tilde{\varepsilon}_k(t)$ 和 $\tilde{\mathbf{w}}_0^\dagger(t)\tilde{\mathbf{c}}_k(t)$,在该条件下在统计意义下是等价的。

在这种情况下,由滤波器 $\tilde{\mathbf{w}}_k(t)$ 处理后的标量冷杂波输出 $c_k(t)$ 与稳定滤波器 $\tilde{\mathbf{w}}_0$ 的冷杂波输出结果在统计意义下是等价的。因此,$c_k(t)$ 可用一个固定阶数的 κ 阶 AR 模型来建模,其中模型的参数 $\{b_i\}_{i=1}^{\kappa}$ 与式(11.14)中定义的冷杂波堆叠矢量的慢时域输入序列相同。关键的一点是,要保持冷杂波在 STAP 滤波器输出端的自回归相关特性,并不一定意味着 STAP 滤波器必须是时不变的。

$$\tilde{\mathbf{w}}_k^\dagger(t)\tilde{\mathbf{c}}_k(t-i) = \tilde{\mathbf{w}}_0^\dagger \tilde{\mathbf{c}}_k(t-i) \quad i = 1, \cdots, \kappa \tag{11.47}$$

Abramovich 等(1998)及更早的一些关于纯空域滤波的相关文献给出这些基本的观点,为提出新的方法以达到应对热杂波的非平稳性而实现权矢量 $\tilde{\mathbf{w}}_k(t)$ 在一个 CPI 内可变,同时维持冷杂波在快时域 STAP 滤波器的输出端的自回归特性提供了研究思路和方向。由此可见,最优的 SC-STAP 滤波器可根据式(11.48)结合式(11.49)中定义的矩阵 $\tilde{\mathbf{R}}_k(t)$ 综合考虑后得出。

$$\tilde{\mathbf{w}}_k(t) = \arg\min_{\mathbf{w}} \mathbf{w}^\dagger \tilde{\mathbf{R}}_\kappa(t)\mathbf{w}$$

$$\text{其中,} \begin{cases} \mathbf{w}^\dagger \mathbf{A}_q(\theta_0) = \mathbf{e}_q^\mathrm{T}, \\ \mathbf{w}^\dagger \tilde{\mathbf{c}}_k(t-i) = \tilde{\mathbf{w}}_0^\dagger \tilde{\mathbf{c}}_k(t-i), \quad i = 1, \cdots, \kappa \end{cases} \tag{11.48}$$

应用线性确定性约束 $\mathbf{w}^\dagger \mathbf{A}_q(\theta_0) = \mathbf{e}_q^\mathrm{T}$ 的原因与上述两种标准 STAP 方法中给出的原因相同。在式(11.49)中,$\tilde{\mathbf{R}}_\kappa(t)$ 被定义为在相邻 $\kappa+1$ 个重复周期内平均后的热杂波加噪声协方差矩阵。这个滑窗平均终止于脉冲 t 并且每次推进一个脉冲,直到达到 CPI 的结束点,即 $t = \kappa+1, \cdots, P$,序列中的第一个矩阵记作 $\tilde{\mathbf{R}}_\kappa = \tilde{\mathbf{R}}_\kappa(\kappa+1)$。由于 $\kappa \ll N$,平均只在很少数量的相邻脉冲上执行,此时真实的热杂波加噪声协方差矩阵可被认为是局部平稳的,即 $\tilde{\mathbf{R}}_\kappa(t-\kappa) \approx \tilde{\mathbf{R}}_\kappa(t-\kappa+1) \cdots \approx \tilde{\mathbf{R}}_\kappa(t)$。

$$\tilde{\mathbf{R}}_\kappa(t) = \frac{1}{\kappa+1} \sum_{i=t-\kappa}^{t} \tilde{\mathbf{R}}(i) \tag{11.49}$$

如式（11.50）所示，SC-STAP 序列的初始滤波器 $\tilde{\mathbf{w}}_0$，由开始的 $\kappa+1$ 个 PRI 上平均得到的矩阵 $\tilde{\mathbf{R}}_\kappa$ 得出，并未用到随机约束。这个过滤器与 k 无关，并且用来处理开始 $\kappa+1$ 个 PRI 上所有操作范围内的距离单元，即 $\tilde{\mathbf{w}}_k(t) = \tilde{\mathbf{w}}_0$，其中，$t = 1, \cdots, \kappa+1$，且 $k = N_k+1, \cdots, K$。如果 $NQ > (\kappa+1)M(L+Q-1)$ 成立，那么在 κ 个相邻 PRI 上的平均处理，并不排除初始滤波器 $\tilde{\mathbf{w}}_0$ 可以在前 $\kappa+1$ 个脉冲上有效抑制热杂波的能力。因为热杂波子空间维度每次平均都会严格增长 $M(L+Q-1)$。

当调制波前在相邻的 PRI 内以高度相关的方式改变时，可适当减少用在热杂波协方差矩阵的有效秩上的限制条件。$N > (\kappa+1)P$ 的条件仍然是必要的，因为在 $\kappa+1$ 个 PRI 上的平均处理使得独立信号源的数据明显倍增（Abramovich et al. 1998）。

$$\tilde{\mathbf{w}}_0 = \tilde{\mathbf{R}}_\kappa^{-1} \mathbf{A}_q(\varphi_0) [\mathbf{A}_q(\varphi_0)^\dagger \tilde{\mathbf{R}}_\kappa^{-1} \mathbf{A}_q(\varphi_0)]^{-1} \mathbf{e}_q \tag{11.50}$$

慢时域序列 $t = \kappa+2, \cdots, P$ 中的其余 SC-STAP 滤波器 $\tilde{\mathbf{w}}_k(t)$ 是依赖于距离并受随机约束的。这些 SC-STAP 滤波器由式（11.51）给出，约束矩阵增加了 κ 个随机约束 $\mathbf{A}_{q+\kappa}(\varphi_0) = [\mathbf{A}_q(\varphi_0), \tilde{\mathbf{c}}_k(t-1), \cdots, \tilde{\mathbf{c}}_k(t-\kappa)]$，其中，响应矢量扩展为 $\mathbf{e}_{q+\kappa} = [\mathbf{e}_q^T, \tilde{\mathbf{w}}_0^\dagger \tilde{\mathbf{c}}_k(t-1), \cdots, \tilde{\mathbf{w}}_0^\dagger \tilde{\mathbf{c}}_k(t-\kappa)]^T$ 的形式。前面提到的二次约束在 SC-STAP 方法中还没有实现。已经表明，在大多数情况下它的影响可以忽略不计，因为冷杂波协方差矩阵通常是良态的，且 AR 激励噪声功率的起伏对权矢量的影响很小（Abramovich 1992）。

$$\tilde{\mathbf{w}}_k(t) = \tilde{\mathbf{R}}_\kappa^{-1} \mathbf{A}_{q+\kappa}(\varphi_0) [\mathbf{A}_{q+\kappa}(\varphi_0)^\dagger \tilde{\mathbf{R}}_\kappa^{-1}(t) \mathbf{A}_{q+\kappa}(\varphi_0)]^{-1} \mathbf{e}_{q+\kappa} \tag{11.51}$$

问题变成了在实际操作系统中如何综合出一个滤波器，特别是热杂波存在时无法直接获取纯冷杂波快拍以形成随机约束的情况。一个近似理想的可操作算法可根据式（11.52）中给出的 SC-STAP 派生而来。距离单元 k 的 SC-STAP 滤波器慢时域序列针对 CPI 内每个脉冲依次产生，而当前脉冲上的滤波器 $\hat{\mathbf{w}}_k(t)$ 通过式（11.52）中的 κ 个随机约束，依赖于前一个脉冲的滤波器 $\hat{\mathbf{w}}_k(t-1)$。

$$\hat{\mathbf{w}}_k(t) = \arg\min_{\mathbf{w}} \mathbf{w}^\dagger \hat{\mathbf{R}}_\kappa(t) \mathbf{w}$$
$$\text{subject to} \begin{cases} \mathbf{w}^\dagger \mathbf{A}_q(\theta_0) = \mathbf{e}_q^T, \\ \mathbf{w}^\dagger \tilde{\mathbf{x}}_k(t-i) = \hat{\mathbf{w}}_k(t-1)^\dagger \tilde{\mathbf{x}}_k(t-i), \ i = 1, \cdots, \kappa \end{cases} \tag{11.52}$$

在式（11.53）中，$\hat{\mathbf{R}}_\kappa(t)$ 定义为热杂波加噪声协方差矩阵的修正滑窗估计，估计时利用前 N_k 个距离单元作为训练数据在一个长为 $\kappa+1$ 的重复周期内做统计平均。像之前一样，这个滑窗平均处理终止于脉冲 t 并且每次推进一个脉冲，直到达到 CPI 的结束点。序列的第一个矩阵记作 $\hat{\mathbf{R}}_\kappa = \hat{\mathbf{R}}_\kappa(t+1)$。同样地，SC-STAP 序列的初始滤波器在无随机约束的条件下生成，$\hat{\mathbf{w}}_0 = \hat{\mathbf{R}}_\kappa^{-1} \mathbf{A}_q(\varphi_0) [\mathbf{A}_q(\varphi_0)^\dagger \hat{\mathbf{R}}_\kappa^{-1} \mathbf{A}_q(\varphi_0)]^{-1} \mathbf{e}_q$。自适应滤波器与距离门 k 无关且用于处理 CPI 内开始的 $\kappa+1$ 个 PRI，即 $\hat{\mathbf{w}}_k(t) = \hat{\mathbf{w}}_0$，其中，$t = 1, \cdots, \kappa+1$，且 $k = N_k+1, \cdots, K$。

$$\hat{\mathbf{R}}_\kappa(t) = \frac{1}{(\kappa+1)N_k} \sum_{i=t-\kappa}^{t} \sum_{k=1}^{N_k} \tilde{\mathbf{x}}_k(i) \tilde{\mathbf{x}}_k(i) + \sigma^2 \mathbf{I}_{NQ} \tag{11.53}$$

在慢时域序列 $t = \kappa+2, \cdots, P$ 中，其余的 SC-STAP 滤波器 $\hat{\mathbf{w}}_k(t)$ 是依赖于距离并受随机约束的。这些 SC-STAP 滤波器由式（11.54）给出，其中，约束矩阵增加了 κ 个随机约束

$\hat{\mathbf{A}}_{q+\kappa}(\varphi_0) = [\mathbf{A}_q(\varphi_0), \tilde{\mathbf{x}}_k(t-1), \cdots, \tilde{\mathbf{x}}_k(t-\kappa)]$，响应矢量扩展为 $\hat{\mathbf{e}}_{q+\kappa} = [e_q^T, \tilde{\mathbf{w}}_k(t-1)^\dagger \tilde{\mathbf{x}}_k(t-1), \cdots, \tilde{\mathbf{w}}_k(t-1)^\dagger \tilde{\mathbf{x}}_k(t-\kappa)]^T$ 的形式。相应于式（11.51）给出的最优 SC-STAP 滤波器，式（11.54）所示的自适应实现，包含了对局部完整的热杂波加噪声的协方差矩阵 $\hat{\mathbf{R}}_\kappa(t)$ 的修正样本估计，以及由 $\hat{\mathbf{A}}_{q+\kappa}(\varphi_0)$ 和 $\hat{\mathbf{e}}_{q+\kappa}$ 确定的理想随机约束的估计。

$$\hat{\mathbf{w}}_k(t) = \hat{\mathbf{R}}_\kappa^{-1}(t)\hat{\mathbf{A}}_{q+\kappa}(\varphi_0)[\hat{\mathbf{A}}_{q+\kappa}(\varphi_0)^\dagger \hat{\mathbf{R}}_\kappa^{-1}(t)\hat{\mathbf{A}}_{q+\kappa}(\varphi_0)]^{-1}\hat{\mathbf{e}}_{q+\kappa}, \quad t = \kappa+2, \cdots, P \quad (11.54)$$

式（11.52）中给出的可操作的随机约束与式（11.47）中给出的理想情况是不一样的。但是，当热杂波成分被一个窗长为 κ 个 PRI 的加权矢量 $\hat{\mathbf{w}}_k(t)$ 有效抑制后，可操作的随机约束就可以很好地逼近理想情况。假设残留的热杂波加噪声与待处理的冷杂波相比小得多，自适应 SC-STAP 滤波器的输出，就可以近似为式（11.55）的形式。通过对 $i = 1, \cdots, \kappa$ 和 $t = \kappa+2$ 设置 $\hat{\mathbf{w}}_k^\dagger(t)\tilde{\mathbf{x}}_k(t-i) = \hat{\mathbf{w}}_0^\dagger \tilde{\mathbf{x}}_k(t-i)$，SC-STAP 序列中的第二个权矢量给出了对式（11.47）中理想情况的很好的近似。对 SC-STAP 滤波器组中其余慢时域序列 $t = \kappa+3, \cdots, P$，上述关系同样成立，这是因为链中所有加权矢量通过各种迭代处理最终都与 $\hat{\mathbf{w}}_0$ 有关。对有用信号而言，确定性线性约束确保 $\tilde{\mathbf{w}}_k^\dagger(t)\tilde{\mathbf{s}}_k(t-i) = \tilde{\mathbf{w}}_0^\dagger \tilde{\mathbf{s}}_k(t-i)$ 对所有 SC-STAP 权矢量成立。

$$\hat{\mathbf{w}}_k^\dagger(t)\tilde{\mathbf{x}}_k(t-i) \approx \hat{\mathbf{w}}_k^\dagger(t)\tilde{\mathbf{c}}_k(t-i), \quad i = 1, \cdots, \kappa \quad (11.55)$$

主要的一点是，在该操作过程中，只含杂波的快拍没有必要满足随机约束条件。此外，为保留冷杂波输出的相关特性，未知的 AR 杂波参数只需满足在 $\kappa+1$ 个连续脉冲上是局部平稳的即可。

11.3.2.2 时变 STAP（TV-STAP）

为了保持冷杂波输出结果稳定的 AR 谱特征，SC 方法利用一组不同的线性随机约束，以"滑窗"方式在每个 PRI 上形成一个新的自适应滤波器，使得对于一个 κ 阶 AR 过程，SC-STAP 的权矢量在 CPI 内总共更新 $P-\kappa$ 次。这实际上意味着滤波器系数以等于 PRF 的速度更新，而不管波形重复周期的长度如何，也不论主热杂波的特性怎样。自适应的速度主要取决于保护冷杂波 AR 特性的需求，而不去理会如此快速的自适应处理对有效抑制热杂波是否必要，这恰恰是更新权矢量的主要原因。

在高重频（对空探测）应用中，或者当电离层传播通道变换不快时，热杂波可能存在时长明显超过一个 PRI 的局部平稳区间。这一点可以加以利用以在整个 CPI 内以较低的频率更新权矢量，而保证热杂波抑制性能几乎没有损失。

在这种情况下，SC-STAP 技术至少有一个大的缺陷。那就是该过程需要的计算量代价巨大，因为它需要对整个 CPI 内的每个 PRI 和距离单元单独完成一次权矢量求解计算。毫不奇怪，这种方法在可操作系统中通常是难以实时实现的，特别是在信号处理步骤的完整环节，包括必须在短于一个 CPI 的时间间隔内完成的其他算法的时候。这个问题强烈激发了对可以有效解决非平稳热杂波对消问题的计算高效的快时域 STAP 技术的研究。

第二个可能的局限性在于（以前面章节中提到的纯空域自适应处理情形的实例加以说明），相比理想解而言，在每次滤波器更新时产生的权矢量估计误差在整个 CPI 内的积累效应。由于这些估计误差最终导致多普勒处理后的 SCV 减少，因此，从计算复杂度以及杂波多普勒频谱展宽的鲁棒性的角度考虑，减少自适应滤波器的数量通常是更可取的。

这一节介绍的 TV-STAP 方法与 SC 技术的基本思路是相同的，但结构上有所不同，以消除原始 SC 方法存在的上述限制。TV-STAP 背后的思想是，以与热杂波非平稳性变化的主要水平相当的速度，在非交叠分组上实现权矢量更新。按照如下提出的另一种杂波模型，数据驱动的约束条件用于保护冷杂波输出结果的频谱完整性。TV-STAP 的主要目的在于，在条件允许的情况下打破实现实时处理的技术瓶颈的同时，达到与 SC-STAP 相同的性能。

TV-STAP 将一个脉冲重复间隔划分为 N_b 个更小的子脉冲重复间隔或包含 N_p 个脉冲的分组，然后在分组之间而非脉冲重复间隔之间更新快时域 STAP 权值。为简单起见，假设分组数 $N_b = P/N_p$ 是整数。分组长度 N_p 的选择，意味着在较小值（快速更新）以对抗热杂波非平稳性和较大值（慢速更新）以减小计算复杂度之间的折中。

更具体地说，TV-STAP 权矢量通过式（11.56）中给出的分组间积累后的热杂波加噪声协方差矩阵 $\tilde{\mathbf{R}}_b$ 进行调整，其中，$b = 1, \cdots, N_b$。式（11.56）的一个显著特征是紧接着当前分组的下一分组的前 κ 个脉冲也用于上述求和式当中。这样可以确保 TV-STAP 滤波器对下一个分组的前 κ 个脉冲具有好的热杂波抑制效果（原因见后）。这样的修正显然不适用于最后一个分组 $b = N_b$，因为没有这样的可用脉冲（即已到该 CPI 的尾端）。

$$\tilde{\mathbf{R}}_b = \frac{1}{N_p} \sum_{t=(b-1)N_p+1}^{bN_p+\kappa} \tilde{\mathbf{R}}(t) \quad (11.56)$$

TV-STAP 算法主要基于式（11.57）给出的动态子空间冷杂波模型。在此表达式中，在分组 b 的距离单元 k 上接收到的 N_p 个堆叠的冷杂波快拍 $\tilde{\mathbf{c}}_k(t)$，被认为是由一个秩为 κ 的堆叠矢量子空间张成的，在式（11.57）中将其记作 $NQ \times \kappa$ 矩阵 $\tilde{\mathbf{Q}}_k(b)$。这里，κ 是在冷杂波多普勒谱中占主导地位的频谱成分的数目。这 N_p 个接收到的冷杂波快拍，被近似认为落入 $\tilde{\mathbf{Q}}_k(b)$ 的距离空间内，通常 $P > N_p > \kappa$。含 κ 个变量的参数矢量 $\tilde{\mathbf{p}}_k(t)$，包含了定义在距离 k 和脉冲 t 时合成杂波波前的瞬时结构的线性组合系数。

$$\tilde{\mathbf{c}}_k(t) = \tilde{\mathbf{Q}}_k(b)\tilde{\mathbf{p}}_k(t), \quad t = (b-1)N_p + 1, \cdots, bN_p \quad (11.57)$$

动态子空间模型的物理依据是，占主导地位的冷杂波多普勒谱成分的瞬时频率通常在相邻脉冲间以高度相关的方式变化，这样的变化使得在足够短的子脉冲重复间隔（分批处理）内，每个组成部分在慢时域的相位-路径的变化是近似线性的。如果传播冷杂波的电离层路径是频率恒定的，这样的模型可能会为一定脉冲数 N_p 内接收到的杂波快拍提供相当准确的近似，即 $N_p \gg \kappa$。或者，当导致 κ 个占主导地位的冷杂波频谱分量产生明显多普勒扩展的快速和不规则的电离层变化使得相位-路径起伏时，上述近似只对相对较小的脉冲数成立（可能不超过 κ）。

研究式（11.57）中的动态子空间表示和式（11.58）中给出的适用于天波超视距雷达的平稳的标量 AR 冷杂波模型之间的联系十分有趣。在不考虑激励噪声 $\tilde{\varepsilon}_k(t)$ 时，两种表达方式被视为是等同的，因为由不含激励噪声的递归序列得到的任何快拍，都可以由相同序列的任意 κ 个（线性独立）快拍的线性组合完全表示出来。

AR 模型中满秩激励噪声的存在意味着，式（11.57）在 $N_p > \kappa$ 时最多只能近似由式（11.58）产生的冷杂波快拍。由于激励噪声使得 AR 模型动态子空间表述之间存在了差异性，在 $N_p > \kappa$ 时，两者之间的逼近精度将随着激励噪声功率下降或者分批处理时长 N_p 变短而得到提升。问题在于，当杂波恰好遵循式（11.58）中的 AR 模型时，式（11.57）的使用是否会导致与可操作的随机约束所引起的误差相当的权值估计误差。这个问题将在 11.3.3 节的仿真分析部分进行研究。

$$\tilde{\mathbf{c}}_k(t) = -\sum_{i=1}^{\kappa} b_i \tilde{\mathbf{c}}_k(t-i) + \tilde{\varepsilon}_k(t), \quad t = 1, \cdots, P \quad (11.58)$$

目前，假设式（11.57）中的冷杂波模型是适当的。如果 $\tilde{\mathbf{Q}}_k(b)$ 已知，则有可能通过引入一组辅助线性约束 $\tilde{\mathbf{w}}_k^\dagger(b)\tilde{\mathbf{Q}}_k(b) = \tilde{\mathbf{w}}(1)^\dagger \tilde{\mathbf{Q}}_k(b)$，其中，$b = 2, \cdots, N_b$，将 TV-STAP 滤波器的响应 $\tilde{\mathbf{w}}(b)$ 应用于分组 b 中接收到的杂波合成波前。这里，$\tilde{\mathbf{w}}(1)$ 是式（11.59）给出的 TV-STAP 序列的第一个加权矢量，该权矢量用于处理第一个包含 N_p 个脉冲的分组中的一距离单元。

$$\tilde{\mathbf{w}}(1) = \tilde{\mathbf{R}}_1^{-1} \mathbf{A}_q(\varphi_0)[\mathbf{A}_q(\varphi_0)^\dagger \tilde{\mathbf{R}}_1^{-1} \mathbf{A}_q(\varphi_0)]^{-1} \mathbf{e}_q \qquad (11.59)$$

这样一组约束确保占主导地位的杂波分量在整个 CPI 内始终通过一个平稳的滤波器 $\tilde{\mathbf{w}}(1)$，只要输出的冷杂波贡献被考虑在内，而留下 $NQ-(q+\kappa)$ 个备用自适应自由度在每次权矢量更新时有效抑制非平稳热杂波。最优 TV-STAP 权矢量 $\tilde{\mathbf{w}}_k(b)$ 可根据式（11.60）获得。

$$\tilde{\mathbf{w}}_k(b) = \arg\min_{\mathbf{w}} \mathbf{w}^\dagger \tilde{\mathbf{R}}_b \mathbf{w}$$
$$\text{subject to } \begin{cases} \mathbf{w}^\dagger \mathbf{A}_q(\theta) = \mathbf{e}_q^T \\ \mathbf{w}^\dagger \tilde{\mathbf{Q}}_k(b) = \tilde{\mathbf{w}}_k^\dagger(b-1)\tilde{\mathbf{Q}}_k(b) \end{cases} \qquad (11.60)$$

这推出了对分组 $b = 2, \cdots, N_b$ 的如式（11.61）给出的权矢量解，其中，约束矩阵和响应矢量分别定义为 $\mathbf{C}_k(b) = [\mathbf{A}_q(\theta_0), \tilde{\mathbf{Q}}_k(b)]$ 和 $\mathbf{f}_k(b) = [\mathbf{e}_q^T, \mathbf{w}_k^\dagger(b-1)\tilde{\mathbf{Q}}_k(b)]^T$。类似于 SC-STAP 方法，这组数据驱动的约束意味着，除第一个外，所有 TV-STAP 滤波器是依赖于距离的。

$$\tilde{\mathbf{w}}_k(b) = \tilde{\mathbf{R}}_b^{-1} \mathbf{C}_k(b)[\mathbf{C}_k^\dagger(b)\tilde{\mathbf{R}}_b^{-1}\mathbf{C}_k(b)]^{-1}\mathbf{f}_k(b), \quad b = 2, \cdots, N_b \qquad (11.61)$$

如前所述，准瞬时冷杂波子空间 $\tilde{\mathbf{Q}}_k(b)$ 在实际应用中由于热杂波的存在是不能直接获取的，所以不能实现理想的辅助约束。其次，分组积累的协方差矩阵 $\tilde{\mathbf{R}}_b$ 是未知的，且在每个 PRI 内必须使用训练距离单元来估计。可操作 TV-STAP 过程利用式（11.62）中的修正样本估计 $\tilde{\mathbf{R}}_b$ 替代了未知矩阵 $\tilde{\mathbf{R}}_b$。

$$\hat{\mathbf{R}}_b = \frac{1}{N_p N_k} \sum_{t=(b-1)N_p+1}^{bN_p+\kappa} \sum_{k=1}^{N_k} \tilde{\mathbf{x}}_k(t)\tilde{\mathbf{x}}_k^\dagger(t) + \sigma^2 \mathbf{I}_{NQ} \qquad (11.62)$$

当考虑约束条件时，可操作程序的开发主要基于两个关键的观点。首先，分组 b 中前 κ 个脉冲上接收到的冷杂波的线性独立性意味着 $NQ \times \kappa$ 矩阵 $\tilde{\mathbf{Q}}_k(b)$ 的距离空间是由矢量集合 $[\tilde{\mathbf{c}}_k(N_p(b-1)), \cdots, \tilde{\mathbf{c}}_k(N_p(b-1)+\kappa-1)]$ 而成的。其次，对数据矩阵 $\tilde{\mathbf{D}}_k(b) = [\tilde{\mathbf{x}}_k(N_p(b-1)), \cdots, \tilde{\mathbf{x}}_k(N_p(b-1)+\kappa-1)]$ 中的堆叠矢量，假定在分组 b 中 TV-STAP 滤波器可有效抑制热杂波，则近似 $\hat{\mathbf{w}}_k^\dagger(b)\tilde{\mathbf{D}}_k(b) \approx \tilde{\mathbf{w}}_k^\dagger(b)\tilde{\mathbf{Q}}_k(b)$ 是准确的，即 $\hat{\mathbf{w}}_k^\dagger(b)\tilde{\mathbf{x}}_k(t) \approx \tilde{\mathbf{w}}_k^\dagger(b)\tilde{\mathbf{c}}_k(t)$。因此，可操作的 TV-STAP 算法可由式（11.63）给出的 q 个确定的线性约束和 κ 个数据驱动的辅助线性约束构成。

$$\hat{\mathbf{w}}_k(b) = \arg\min_{\mathbf{w}} \mathbf{w}^\dagger \hat{\mathbf{R}}_b \mathbf{w}$$
$$\text{subject to } \begin{cases} \mathbf{w}^\dagger \mathbf{A}_q(\theta) = \mathbf{e}_q^T \\ \mathbf{w}^\dagger \tilde{\mathbf{x}}_k(t) = \hat{\mathbf{w}}_k^\dagger(b-1)\tilde{\mathbf{x}}_k(t), \quad t = N_p(b-1), \cdots, N_p(b-1)+\kappa-1 \end{cases} \qquad (11.63)$$

由此推导出式（11.64）所示的可操作 TV-STAP 的 $b = 2, \cdots, N_b$ 分组的求解方法，其中，约束矩阵为 $\tilde{\mathbf{C}}_k(b) = [\mathbf{A}_q(\theta_0), \tilde{\mathbf{x}}_k(N_p(b-1)), \cdots, \tilde{\mathbf{x}}_k(N_p(b-1)+\kappa-1)]$，并且响应矢量为 $\hat{\mathbf{f}}_k(b) = [\mathbf{e}_q^T, \mathbf{w}_k^\dagger(b-1)\tilde{\mathbf{x}}_k(N_p(b-1)), \cdots, \mathbf{w}_k^\dagger(b-1)\tilde{\mathbf{x}}_k(N_p(b-1)+\kappa-1)]^T$。

与前面章节中提到的 SAP 类似，TV-STAP 相比于 SC-STAP 复数乘运算的数量减少了近 N_p 倍，这恰好是分组处理的分组长度。举例来说，如果热杂波在重频 $f_p = 4\,\text{Hz}$ 的典型对地模式 PRI 内是局部平稳的，那么在物理时间间隔不变的前提下，相同的信号在重频 $f_p = 60\,\text{Hz}$

的对空模式下连续 15 个 PRI 内是平稳的。在该假想的例子中，使用 $N_p = 16$ 的 TV-STAP，可实现与 SC-STAP 相同的热杂波对消性能，同时计算复杂度减少一个数量级。

$$\hat{\mathbf{w}}_k(b) = \hat{\mathbf{R}}_b^{-1} \hat{\mathbf{C}}_k(b) [\hat{\mathbf{C}}_k^\dagger(b) \hat{\mathbf{R}}_b^{-1} \hat{\mathbf{C}}_k(b)]^{-1} \hat{\mathbf{f}}_k(b), \quad b = 2, \cdots, N_b \tag{11.64}$$

可以证明，选择参数 $N_p = 1$ 时，TV-STAP 算法退化为 SC-STAP 方法，尽管应用于数据的慢时间顺序是相反的。在这种情况下，TV-STAP 能够以类似于 SC-STAP 方法的方式保留冷杂波的 AR 谱特征。因此，TV-STAP 可视为 SC-STAP 的推广，它提供了一种在主要干扰环境允许（即接收的热杂波保持平稳性的有效时间间隔超过一个 PRI）的情况下减轻计算负担灵活可用的方法。显然，标准时不变 STAP 对应 $N_p = P$，而标准的时间相关 STAP 方法对应 $N_p = 1$ 和 $\kappa = 0$。通过选择适当的参数 N_p 和 κ，所有上述 STAP 方法，即两种标准 STAP 方法和 SC-STAP 方法，都可以作为 TV-STAP 算法的特例。表 11.1 给出了本节描述的快时域 STAP 技术的概述。

表 11.1 对所考虑的快时域 STAP 的总结。时不变和无约束的 STAP 是标准方法。SC-STAP 和 TV-STAP 可考虑作为替代技术。TV-STAP 是最普遍的技术，其他技术通过选择适当的参数都可以视为 TV-STAP 的特殊情况

快时域 STAP 技术	优化加权	自适应加权
时不变	$\hat{\mathbf{w}}$ 式（11.40）	$\hat{\mathbf{w}}$ 式（11.42）
无约束	$\hat{\mathbf{w}}(t)$ 式（11.43）	$\hat{\mathbf{w}}(t)$ 式（11.45）
随机约束	$\hat{\mathbf{w}}_k(t)$ 式（11.51）	$\hat{\mathbf{w}}_k(t)$ 式（11.54）
时变	$\hat{\mathbf{w}}_k(b)$ 式（11.61）	$\hat{\mathbf{w}}_k(b)$ 式（11.64）

11.3.3 仿真结果

这里重现了 Abramovich 等（1998）中报告的仿真实例，以重新产生文中描述的数值结果。除了要确保与 Abramovich 等（1998）中的基准测试结果一致，使用了相同的热杂波和冷杂波模型参数，以在新提出的 TV-STAP 算法与 SC-STAP 方法不等价的情况下，为两者的对比提供一个公平的前提条件。

一旦冷、热杂波模型确定，且超视距雷达的数据块维度给定，那么数值分析就分 3 个阶段进行。第一阶段检查每个处理方案在热杂波抑制方面的最大潜能。这些方法包括常规处理、空域适应性处理（SAP）和之前给出的 4 种快时域 STAP 技术。抑制性能分析基于真实的热杂波加噪声协方差矩阵是事先准确已知的。这样做的主要目的在于，量化分析各种方法在热杂波抑制方面能达到性能上限。

第二阶段研究这些能够有效抑制热杂波的方法对冷杂波处理的影响，尤其是对多普勒处理后保留 SCV 的影响。第一阶段和第二阶段的综合结果就可以筛选出适用于超视距雷达热杂波和冷杂波对消的可用方法。最后一个阶段对这些确定出的方法在整个操作过程中的性能进行比较。在这种情况下，训练数据用来估计热杂波协方差矩阵，而冷杂波样本并不能直接用于形成基于数据的约束。

仿真中考虑一个由 $N = 16$ 个半波长间距排布的相同天线阵元组成的均匀线阵（ULA）。波束指向正侧视方向，即 $\varphi_0 = 0$。如 Abramovich 等（1998）指出的那样，单个的远场热杂波源被假定具有 4 种传播路径，即 $M = 1$ 且 $L = 4$。描述 4 种热杂波路径的空域参数和时域参数如表 11.2 所示。第一个热杂波路径的波达角被故意选在主波束中，以便在该场景下展示快

时域 STAP 相比于 SAP 的优势。在表 11.2 中，时域参数具体地分为低重频和高重频两种模式，其中相应地 $f_p = 5$ Hz 和 $f_p = 50$ Hz，分别为超视距雷达舰船探测和对空飞机探测任务的典型值。

表 11.2 对于单个（$m=1$）热源和 4 种（$L=4$）传播模式的热杂波参数

热杂波	$\theta_{m\ell}$,deg.	$\alpha_{m\ell}, f_p = 5$ Hz	$\alpha_{m\ell}, f_p = 50$ Hz	$\beta_{m\ell}$	HCNR, dB
模型 1	0.5	1.00	1.00	1.00	30
模型 2	20.5	0.90	0.98	0.91	25
模型 3	39.3	0.88	0.97	0.90	20
模型 4	44.9	0.91	0.99	0.90	35

假设雷达在一个 CPI 内发射 $P = 256$ 个脉冲。冷杂波模型参数在表 11.3 中给出，其中地面散射对应 $\kappa = 1$，海面散射对应 $\kappa = 2$。回想一下，在 $\kappa+1$ 个重复周期上平均得到的热杂波空/快时域协方差矩阵的秩为 $(\kappa+1)M(L+Q-1)$。为了应对主波束热杂波的情况，需要 $Q \geqslant 2$ 个快时域抽头。在海面散射情形下，选择 $Q = 3$，这样 $NQ = 48 \gg 18 = (\kappa+1)M(L+Q-1)$。该快时域抽头的数量足以确保快时域 STAP 具有有效抑制热杂波的能力。

表 11.3 对于地面（$\kappa = 1$）和海面（$\kappa = 2$）散射的冷杂波 AR 模型参数

冷杂波	b_1	b_2	σ_ε^2	$\rho_s \beta_{m\ell}$	CNR, dB
海面，$f_p = 5$ Hz	−1.9359	0.998	0.009675	0.5	50
海面，$f_p = 50$ Hz	0.999	0	0.002	0.5	50

11.3.3.1 热杂波抑制

输出信号与输出热杂波加噪声的比率（SHCR）是一个用于比较不同处理技术性能的标准指标。对于一个具有单位功率的理想有用信号，常规的匹配滤波波束形式器 $\mathbf{s}(\varphi_0)$ 产生一个如式（11.65）所示的输出 SHCR，其中，$\mathbf{R}_0(t)$ 为脉冲 t 上热杂波加噪声空域协方差矩阵的统计期望。注意，导向矢量做了归一化处理，使得 $\mathbf{s}(\varphi_0)^\dagger \mathbf{s}(\varphi_0) = N = 16$。

$$q_{CBF}(t) = \frac{|\mathbf{s}(\varphi_0)^\dagger \mathbf{s}(\varphi_0)|^2}{\mathbf{s}(\varphi_0)^\dagger \mathbf{R}_0(t) \mathbf{s}(\varphi_0)} \tag{11.65}$$

在测试验证情况下，$\mathbf{R}_0(t)$ 是已知的，且最优时变 SAP 滤波器表述为 $\mathbf{w}(t) = \{\mathbf{s}(\varphi_0)^\dagger \mathbf{R}_0^{-1}(t) \mathbf{s}(\varphi_0)\}^{-1} \mathbf{R}_0^{-1}(t) \mathbf{s}(\varphi_0)$ 的形式。这被称为标准的无约束 SAP 过滤器。对于单元阵元功率的理想有用信号，最优 SAP 滤波器产生如式（11.66）所示的最大瞬时输出 SHCR。最大的潜在性能可由只有加性白噪声存在时匹配滤波器输出端的信噪比（SWNR）作为上界。对于单元阵元功率的加性白噪声，在没有热杂波时有 $\mathbf{R}_0(t) = \mathbf{I}_N$，因此 $q_{SAP}(t)$ 和 $q_{CBF}(t)$ 的上界为 $10\log_{10} N = 12$ dB。

$$q_{SAP}(t) = \mathbf{s}(\varphi_0)^\dagger \mathbf{R}_0^{-1}(t) \mathbf{s}(\varphi_0) \tag{11.66}$$

式（11.67）给出了快时域 STAP 滤波器的最优输出 SHCR，其中，滤波器的时变加权矢量 $\tilde{\mathbf{w}}(t) = \tilde{\mathbf{R}}^{-1}(t) \mathbf{A}_q [\mathbf{A}_q^\dagger \tilde{\mathbf{R}}(t)^{-1} \mathbf{A}_q]^{-1} \mathbf{e}_q$ 只使用了一个线性确定性约束。回想一下，这个过滤器假定了在探测方向 φ_0 处理想有用信号的固定单位增益和无畸变响应，$\hat{\mathbf{R}}(t)$ 表示脉冲 t 上真实的热杂波加噪声协方差矩阵。该标准技术以前称为无约束 STAP。

$$q_{STAP}(t) = \{\tilde{\mathbf{w}}^\dagger(t) \tilde{\mathbf{R}}(t) \tilde{\mathbf{w}}(t)\}^{-1} = \{\mathbf{e}_Q^T [\mathbf{A}_Q^\dagger \tilde{\mathbf{R}}(t)^{-1} \mathbf{A}_Q]^{-1} \mathbf{e}_Q\}^{-1} \tag{11.67}$$

另一方面，基于时不变权矢量 $\tilde{\mathbf{w}} = \tilde{\mathbf{R}}^{-1} \mathbf{A}_q [\mathbf{A}_q^\dagger \tilde{\mathbf{R}}^{-1} \mathbf{A}_q]^{-1} \mathbf{e}_q$ 的最优的快时域 STAP 技术的输出 SHCR，是从热杂波加噪声协方差矩阵 $\tilde{\mathbf{R}} = \sum_{t=1}^{p} \tilde{\mathbf{R}}(t)$ 在整个 CPI 平均推导出的，即由式（11.68）

给出。该标准技术之前称为时不变 STAP。

$$q_{AVE}(t) = \left\{\tilde{\mathbf{w}}^\dagger \tilde{\mathbf{R}}(t)\tilde{\mathbf{w}}\right\}^{-1} \tag{11.68}$$

图 11.4 的仿真结果给出了常规波束形成、最优无约束 SAP 滤波器 $q_{SAP}(t)$、最优无约束 STAP 滤波器 $q_{STAP}(t)$ 和最优时不变 STAP 滤波器 $q_{AVE}(t)$ 等处理方法下的准瞬时输出 SHCR,该 SHCR 是 CPI 内脉冲数 t 的函数。回想一下,无约束是指仅使用标准的确定性约束,即 SC-STAP 和 TV-STAP 均未使用数据驱动的线性辅助约束。

图 11.4 中的曲线表明了各种标准技术在忽略有限样本估计误差前提下的最大潜能。正如所料,无约束 STAP 的性能是最好的。相比于常规波束形成,$q_{CBF}(t)$ 具有约 60 dB 的输出 SHCR 改善。此外,它的输出 SHCR 与该实例的性能上界(即 12 dB)相比相差在 6 dB 以内。

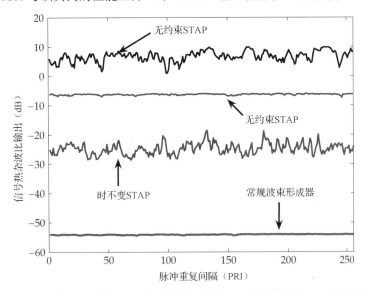

图 11.4 标准快时域 STAP 的 SHCR 优化输出,纯 SAP 方法是整个 CPI 内慢时域的函数

另一方面,在存在主波束热杂波成分时,无约束 SAP 显然失效。这表明了慢时域可变 SAP 滤波器对热杂波的敏感性,即使天线的数量超过了干扰的独立成分的数量(即 $N = 16 > 4 = ML$)。在本例中,无约束 SAP 与无约束 STAP 相比输出 SHCR 损失在 15 dB 左右。

在 CPI 内不能有效抑制非平稳热杂波的时不变 STAP 的损失更大,可达到近 30 dB。在所有考虑到的标准方法中,只有使用慢时域可变权矢量的快时域 STAP 方法,具有有效抑制非平稳热杂波的潜在能力。其他标准方法显然是不合适的,即使热杂波统计特征精确已知。这些数值计算结果同 Abramovich 等(1998)中针对这些仿真独立给出的结论是高度一致的。

11.3.3.2 冷杂波处理

从热杂波抑制的角度来看,标准的无约束 STAP 滤波器性能很好。但当权矢量组 $\tilde{\mathbf{w}}(t)$ 的慢时域序列用于处理同时包含冷杂波的距离单元时,主要问题逐渐显示出来。为了仅观察对冷杂波的处理影响,将热杂波暂时从待处理距离单元中剥离出来。图 11.5 给出了经标准的无约束 STAP 滤波器和使用二阶 AR(海面散射)模型的标准时不变 STAP 滤波器处理后,输出端的冷杂波多普勒谱对比情况。当使用无约束 STAP 处理时 SCV 明显急剧恶化。尽管 $\tilde{\mathbf{w}}(t)$ 可有效去除非平稳热杂波,很显然的是,该滤波器完全不适合处理冷杂波。$\tilde{\mathbf{w}}(t)$ 无约束的任意起伏破坏了冷杂波标量输出在脉冲间的相关特性。

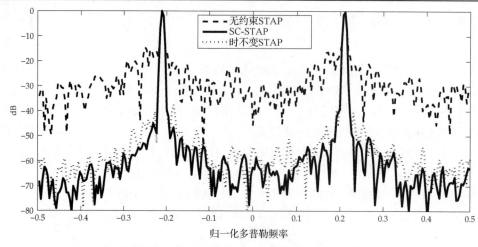

图 11.5 当这些滤波器应用于处理冷杂波时,两种标准的 STAP 技术和 SC-STAP 的输出多普勒谱显示出子杂波的能见度

超视距雷达多普勒频谱中目标回波峰值的典型值,可能低于主杂波峰值 40 dB。如图 11.5 所示,若采用无约束 STAP 方法,当 SCV 降至大约 30 dB 时,这样的目标是检测不到的。相比之下,当涉及冷杂波处理时,时不变 STAP 是可行的。这是因为,在一个 CPI 内,静态滤波器可以避免 SCV 的任何恶化。然而,这种方法需要在整个 CPI 内对热杂波协方差矩阵做平均处理,如图 11.4 所示,这导致抑制性能恶化了将近 30 dB。在这种情况下,目标回波可能不会被多普勒处理后的杂波遮蔽,但可能被高的残留热杂波所掩盖。

迄今为止的仿真结果表明,所有标准的快时域 STAP 方法(即无约束和时不变)对所考虑的问题是无效的。因为任何一种方法都无法做到有效抑制热杂波的同时对冷杂波进行无失真处理。

图 11.5 也给出了在 AR(2)海杂波散射模型中使用两个随机约束的最优 SC-STAP 技术处理后的冷杂波多普勒谱。利用纯冷杂波快拍数据建立了理想的随机约束,因此,在这个意义下是不可操作的。最优 SC-STAP 滤波器组 $\tilde{\mathbf{w}}_k(t)$ 的序列可以清楚地保留多普勒处理(类似于时不变 STAP)后的 SCV。随机约束对热杂波抑制的影响之类的问题随之产生。

在图 11.6 中,最顶部的曲线展示了基于完全已知的热杂波加噪声协方差矩阵,结合两个理想的随机约束形成的 SC-STAP 在抑制热杂波方面可达到的最大潜能。可以看出,增加的线性约束对热杂波抑制性能的影响可以忽略。换句话说,只有使用确定性约束的 SC-STAP 最优处理,可达到与无约束 STAP 方法几乎相同的热杂波抑制性能。

图 11.6 还显示了基于两个数据驱动的理想约束(利用纯冷杂波快拍)和不同分组长度 N_p 的 TV-STAP 方法的最大热杂波抑制效能。使用舰船探测实例中的仿真参数(f_p = 5 Hz),注意到相比于 SC-STAP 在每个 PRI 上更新一次滤波器,TV-STAP 每 N_p = 2 个脉冲更新一次 STAP 滤波器导致的热杂波抑制性能损失是可以忽略不计的。在这种情况下,TV-STAP 相比于 SC-STAP 只需要大约一半的计算复杂度。

增加分组长度到 N_p = 16 个脉冲,由于热杂波在当前分组内的非平稳性,导致抑制性能与 SC-STAP 处理相比损失约 10~15 dB。在这种情况下,TV-STAP 利用这些输出 SHCR 损失实现了计算复杂度一个数量级的降低,这可能对实时实现来说是必需的。

可以看出,N_p = 16 的 TV-STAP 与标准的时不变 STAP 相比,在热杂波抑制性能方面仍然有 10~15 dB 的改善。TV-STAP 的另一个问题是影响冷杂波处理。图 11.7 说明 TV-STAP 和 SC-STAP 处理后输出的冷杂波多普勒谱有近乎相同的 SCV。这说明，带有两个数据驱动约束的 TV-STAP，当权矢量在分组间更新时可以保护 SCV 不变，且冷杂波信号可以严格用标量 AR 模型来描述。

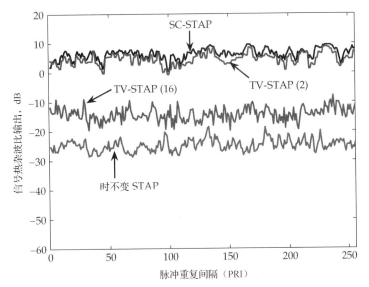

图 11.6 使用两个理想辅助约束的 SC-STAP 和 TV-SAP，以及不同批次长度 N_P 的 TV-STAP 的最优 SHCR 输出，这里还示出了供参考的标准时不变 STAP 的性能

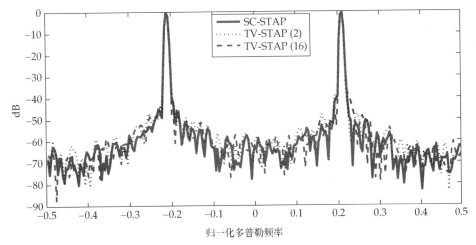

图 11.7 当应用这些滤波器处理冷杂波时，具有不同批次长度的 SC-STAP 和 TV-STAP 输出的多普勒谱显示出 SCV

基于仿真舰船探测的实例中用到的模型参数，可以预期，TV-STAP 利用一半的计算复杂度（比如，一个长为 $N_p = 2$ 的分组）就可以具有与 SC-STAP 类似的性能。在本章所讨论的快时域 STAP 技术中，SC-STAP 和 TV-STAP 是可以为当前问题提供有效解决方案的唯一方法。

11.3.3.3 完整可操作方法

图 11.8 和图 11.9 给出了可操作 STAP 方法的性能，其中热杂波协方差矩阵由训练数据估计得到，同时包含热杂波和冷杂波的数据快拍用于生成辅助的数据驱动的线性约束。在所有

例子中，每个 PRI 中的前 $N_k = 50$ 个距离单元被认为是不含冷杂波的。这些单元作为训练数据，用来估计未知的热杂波加噪声协方差矩阵。

图 11.8 给出了可操作 SC-STAP 滤波器 $\hat{\mathbf{w}}_k(t)$ 的输出结果，它可以检测高于当前检测背景干扰水平 30 dB 以上的仿真目标。相比之下，时不变 STAP 滤波器 $\hat{\mathbf{w}}$ 对热杂波抑制不足，导致目标被覆盖而无法识别出该有用信号。图 11.9 利用一个长度为 $N_p = 2$ 的 PRI 时间段，比较了 SC-STAP 与 TV-STAP 的性能。曲线显示出性能非常相似，这也证实了在仿真的舰船探测实例中，TV-STAP 具有明显的计算性能优势，同时性能损失可忽略不计。

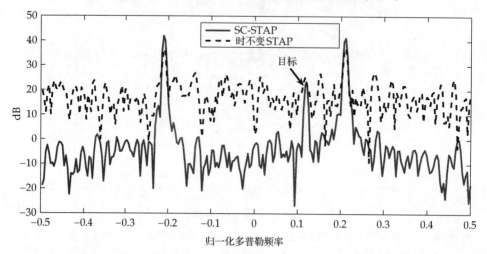

图 11.8 注入有用信号在舰船探测实例的时不变 STAP 和 SC-STAP 程序的多普勒谱

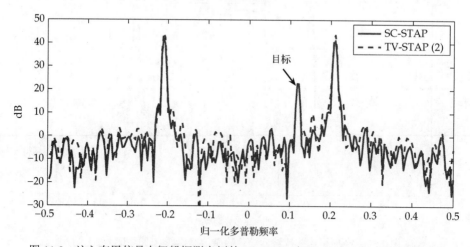

图 11.9 注入有用信号在舰船探测实例的 SC-STAP 和 TV-STAP 程序的多普勒谱

现在考虑具有地表散射冷杂波的高重频（空中探测）场景。在这种情况下，按照之前的仿真条件（舰船探测）假定，脉冲长度占脉冲重复间隔的十分之一。对单个 PRI 内热杂波调制的时域相关系数按照指数衰减模型 $\alpha(f_p) = e^{-B_t/f_p}$ 做适当调整，使其产生更高的 PRF $f_p = 50$ Hz。模型中的带宽 B_t 由表 11.2 中针对低 PRF 模式（$f_p = 5$ Hz）的热杂波参数经计算得出。该过程用来调整表 11.2 中 $f_p = 50$ Hz 情况下的热杂波系数 α_{ml}。一阶 AR 模型被用来描述使用表 11.3 中列出的参数的地表散射冷杂波。

图 11.10 和图 11.11 给出了高重频实例下可操作 STAP 方法的多普勒谱处理结果。在这种

情况下，SC-STAP 和 TV-STAP 都使用了单个辅助线性约束来保护 SCV，这符合一阶 AR 冷杂波模型的假设。从图 11.10 中可以很明显地看出，时不变 STAP 与 SC-STAP 相比热杂波抑制性能损失了约 20 dB。如图 11.10 所示，这种性能退化严重到足以掩盖有用信号，而该信号很容易在 SC-STAP 处理后被检测到。图 11.11 利用一组 $N_p = 16$ 个脉冲的时间长度比较了 SC-STAP 和 TV-STAP 的性能。结果表明，与 SC-STAP 方法相比，在热杂波抑制性能损失可以忽略不计的前提下，TV-STAP 的计算复杂度减少了一个数量级。显然，如图 11.11 所示的 SC-STAP 和 TV-STAP 都检测到了有用信号。

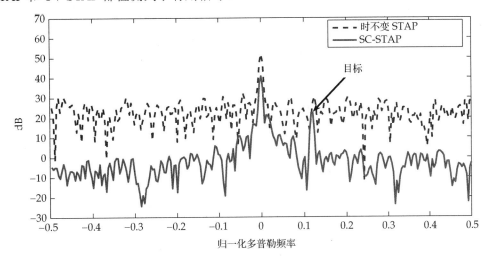

图 11.10　注入目标在飞机探测实例的可操作时不变 STAP 和 SC-STAP 程序的多普勒谱

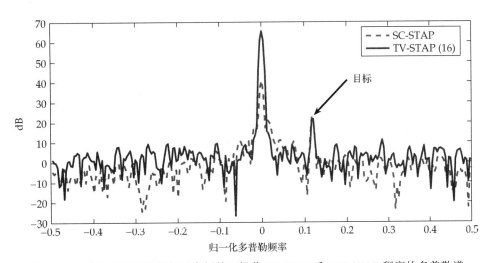

图 11.11　注入目标在飞机探测实例的可操作 SC-STAP 和 TV-STAP 程序的多普勒谱

11.4　后多普勒 STAP 处理实现

在前面的小节中，快时域 STAP 被用来抑制整个 CPI 内时间连续的热杂波，其带宽相对采样频率来说为宽带，与雷达波形不相关，并且接收到的回波包含多径效应，可能一条或多条路径从雷达波束的主瓣进入。这些有源干扰源的相关属性干扰被认为是在统计上均匀的，这使得 STAP 滤波器可通过在每个重复周期内利用不含冷杂波的有限个距离门通过二次数据有效训练获得。从被动反射或散射雷达信号而产生的不需要的信号，而不是辐射一个独立的波形，会产生相干干扰，从而造成 STAP 对消的截然不同的问题。

例如，从流星轨迹或电离层电子密度高度活跃的不规则性产生的雷达回波，可能产生显著的多普勒扩展。这样的效应有可能在多个目标速度的搜索空间掩盖有用信号。或许更重要的是，这些相干干扰信号的空间特征在距离域内是高度非均匀的。这是因为，从一个特定的散射点接收到的相干信号的能量脉冲，压缩后在距离上是局部集中的。一般而言，这意味着每个距离单元采样到的散射点空域分布特性不同。这种非均匀性的主要含义是，自适应滤波器的训练一次只能在一个距离单元上进行。在这种情况下，二次数据取自被检测单元的慢时域样本或多普勒门。

前一章给出了一种加权值与距离相关的多普勒预处理 SAP 方法。当同时存在从主瓣进入的有源干扰时，试图同时对消相干干扰和主瓣干扰的方法通常会导致对消性能下降。此外，主瓣干扰可能是通过一个占主导地位的模式，而不是多个传播路径接收到的。在这种情况下，快时域 STAP 对宽带源信号对消将失效，因为此时对消主瓣干扰依赖于多路径。然而，如果主瓣干扰的有效带宽明显小于雷达带宽，快时域采样点之间存在的显著相关性（在奈奎斯特率 f_s 下获得）可以在对消过程中加以利用。通常，在高频段的窄带干扰具有比脉冲重复频率 f_p 高的有效带宽，所以通常存在能量的多普勒扩散。因此，窄带干扰有可能在所有的距离多普勒单元上掩盖目标。

在本节中给出了一种多普勒预处理 STAP 方法用于同时对消距离非均匀、多普勒扩展的杂波和主瓣窄带（即距离相关）干扰。该架构同时处理多个辅助波束和距离门上的雷达数据。前者提供了对消旁瓣信号的空间自由度，而后者提供了在距离上相关的主瓣干扰对消的快时域自由度。最重要的一点是，由于上述原因，STAP 滤波器的训练过程在多普勒域是逐个距离门进行的。另一个关键点是，在这个应用中，不用在每一个空间自由度后面增加快时域抽头延迟线。另一种降维多普勒预处理架构将在 11.4.1 节中给出，在这种结构中，时空自由度的数量是相加而不是相乘得到的。该 STAP 替代架构在实际中的一个实时系统实现已经过实验验证。这些结果给出对合作飞机目标进行跟踪的实际性能，其中 GPS 数据用于提供真实的飞行路径。

11.4.1　算法描述

本章的第一部分使用的一些符号将在这一节中重新定义。在传统的 STAP 架构中，使用 K 个空间通道（接收机或者波束）和 L 阶的时间抽头延迟线（此情况称为快时域采样），从而空-时滤波器维度等于 $K \times L$。即使是适度的参数值，如 $K = 16$ 和 $L = 8$，这种架构也会产生一个 $K \times L = 128$ 维自由度的处理器。如此大的滤波器维度带来的问题是，基于逐个距离门自适应的方法需要在多普勒门上通过足够的样本训练获得，这在实际超视距雷达应用中通常要求 $P = 256$ 或更少。此外，由于多普勒处理中通常采用低旁瓣加窗，独立多普勒门的有效数目通常是只有上述数目的一半。

为了应对支持样本有限的问题，可以在处理数据上做基于奇异值分解的降秩处理，但这些处理用于每个距离单元则代价巨大。对角加载提供了一种提高收敛速度的替代方法，但处理器维度即计算复杂度并未减少。另一种选择是，用降维多普勒预处理 STAP 架构来解决实际中所面临的有限支持样本和计算复杂度的问题。

本节给出了一种多普勒预处理 STAP 替代形式,其使用 K 个波束做空间自适应和 L 个快时域抽头做时域自适应,后者只来自参考波束。这样,STAP 滤波器的维度由 $Q=K+L$ 给出,通常远小于 $Q=KL$。这个架构的好处主要在于,降低了对统计均匀的训练数据的需求,同时要求实时处理系统计算复杂度更低。

图 11.12 给出了使用 $K+L$ 个自由度的降维 STAP 处理结构。在我们之前的例子中,$K=16$,$L=8$,因此有 $Q=24$。这与 $K\times L=128$ 相比明显减少了很多。此外,有 $Q>5P$ 个多普勒单元,其中 $P=128$,这意味着有足够多的训练样本用于逐个距离单元的自适应处理。在此结构中,主波束和辅助波束由常规方法形成。辅助波束输出的加权组合提供了一种对消旁瓣干扰的方法。包括来自相干和非相干信号源的不需要的(旁瓣)信号。

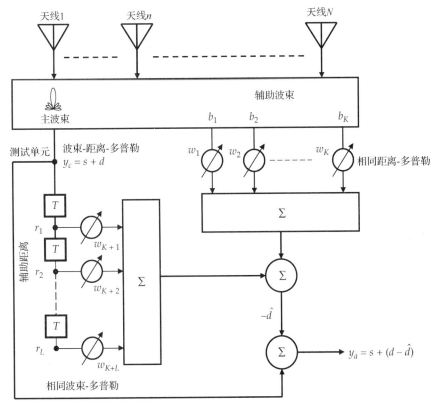

图 11.12 具有 K 个空间抽头(辅助波束)和 L 时间抽头(辅助距离)的降维 STAP 处理方案,结果用一个处理器维度 $K+L$ 来代替 $K\times L$(自由度)

另一方面,主波束输出后级联快时域抽头提供了一种抑制来自有用信号方向的距离相关干扰的方法。这可能包括在一个 CPI 内的瞬态干扰(脉冲)信号,或长时(窄带)信号。自然地,仅污染少数脉冲重复间隔的脉冲式干扰,也可以通过在慢时域上应用挖除和线性预测技术来实现对消。然而,利用这种干扰的距离相关结构,可以在一个 CPI 内大量脉冲重复间隔被影响的情况下有明显的优势。

既然在这一 STAP 架构中空间和时间支路能够用于抑制不同类型的干扰,那么也可以说,在 SAP 后级取距离维自适应处理(RAP)的分解方法,或者反过来,可以用来进一步减少支持样本需求和计算复杂度。但这样做的主要问题在于,只包含一种干扰类型的指导训练数据通常不适用于上述情况。例如,SAP 训练数据中存在主瓣干扰会使得对消旁瓣干扰的滤波器权值估计产生偏差,同时使得天线方向图主瓣产生畸变。在这种情况下,STAP 提供了一种基于训练数据实现联合对消的途径,其中训练数据中同时包含不同干扰类型的混合信号。

然而,将图 11.12 的 STAP 架构转变成一种稳健实用的技术需要克服许多重大技术挑战。与性能相关的方面包括:(1)干扰抑制的质量,这取决于自适应自由度在空域和时域上的分配和相对分布关系,以及训练数据的选择策略;(2)对有用信号的影响,包括可能产生虚警或降低目标参数估计精度的目标相消和目标复制效应,显得尤为重要。

在实际中,超视距雷达系统在不可预知的高频环境下遇到的各种实际条件下的鲁棒性也是必须考虑的。所有这些先决条件,需要在最少的或没有人工干预的情况下达到,同时算法应是计算高效的,以在不严重消耗雷达资源的条件下可应用于现有平台上的实时操作。满足这种相互依赖关系的组合通常难以直接获得,但又是有效可行的实时处理 STAP 功能所必需的。在此意义下,提出了所谓的多普勒预处理 STAP 方法,也称为距离依赖(RD)的 STAP 方法。

用 n 维复矢量 $\mathbf{x} = [x_1, x_2, \cdots, x_N]^T$ 表示阵元域某特定距离-多普勒单元上每个接收机做完匹配滤波后的空间快拍数据。对于一个二维阵列,雷达探测方向定义为由方位角 θ_o 和俯仰角 ϕ_o 所确定的指向角。主波束指向该方向的常规波束形成输出由复标量 $y_c = \mathbf{s}^\dagger(\theta_o, \phi_o)\mathbf{x}$ 表示,其中,$\mathbf{s}^\dagger(\theta_o, \phi_o)$ 为阵列导向矢量。

阵列导向矢量的参数化定义如式(11.69)所示,其中,术语 $\mathbf{k}(\theta, \phi) = \dfrac{2\pi}{\lambda}[\cos\phi\cos\theta, \cos\phi\sin\theta, \sin\phi]^T$ 表示信号波形矢量,$\mathbf{r}_n = [x_n, y_n, z_n]^T$ 是与阵元 $n = 1, 2, \cdots, N$ 的相位相关的笛卡儿坐标系下的天线位置矢量。在一个由(至少)覆盖整个监测区域的指向不同方向的波束集合构成的系统中,每个距离-多普勒单元的常规波束形成处理,形成了波束-距离-多普勒数据块。换句话说,由天线阵元、快时域、慢时域三个维度形成的原始数据块经常规处理后转变为空间波束指向、距离单元、多普勒门三个维度组成的数据块。这个常规处理后的数据块通常在通过 CFAR 处理后用于后续的峰值检测估计和跟踪处理。

$$\mathbf{s}(\theta, \phi) = [e^{j\mathbf{k}(\theta,\phi)\cdot\mathbf{r}_1}, e^{j\mathbf{k}(\theta,\phi)\cdot\mathbf{r}_2}, \cdots, e^{j\mathbf{k}(\theta,\phi)\cdot\mathbf{r}_N}]^T \tag{11.69}$$

上面提到的 RD-STAP 方法直接应用于常规 BRD 数据数据块,并可能被"切换"到信号处理链的最后阶段,即紧靠在 CFAR 处理步骤之前。一个设计良好的 STAP 过程可以大大提高干扰存在时的检测性能,但应自动恢复到无干扰条件下有效的常规处理。在这种情况下,只要计算复杂度足够低而不用在其他雷达功能或性能上做出折中,雷达操作员可以保持 STAP 处理一直进行。从本质上讲,RD-STAP 的目的就在于,数据在进行后续 CFAR 处理之前去除污染常规处理 BRP 图的残余干扰。

式(11.70)定义 $\mathbf{z} \in \mathcal{C}^{K+L}$ 为 STAP 滤波器要处理的主要数据矢量。该数据矢量的第一个标量元素 y_c 是 BRD 数据块某个特定(未知)位置处的常规处理输出结果。RD-STAP 过程依次将 BRD 图中的每个单元作为当前待检测单元。原始数据矢量的第二个组成部分包含一组由 K 个辅助波束输出构成的数据集,包含在矢量 $\mathbf{b} = [b_1, b_2, \cdots, b_K]^T$ 中,其中,每个辅助波束采样 b_k 取自与待检测单元 y_c 相同的距离-多普勒坐标,但是来自于偏离主波束方向的不同辅助波束。$\mathbf{z}$ 的第三部分包含 L 个辅助距离单元,记作 $\mathbf{r} = [r_1, r_2, \cdots, r_L]^T$,其中,每个快时域采样 r 取自与待检测单元 y_c 相同的波束-多普勒坐标,但来自不同于当前距离的快时域采样。

$$\mathbf{z} = [y_c, \mathbf{b}^T, \mathbf{r}^T]^T \tag{11.70}$$

图 11.12 给出了常规波束-距离-多普勒采样 y_c，与 y_c 在同一个波束-多普勒单元的 L 个距离采样 $r_1,\cdots,r_L$，以及与 y_c 在同一个距离-多普勒单元的 K 个辅助波束 $b_1,\cdots,b_L$。自然地，有用信号矢量需要根据波束和距离变换做出适当修正，以反映原始数据矢量 $\mathbf{Z}$ 中辅助空间波束和距离抽头的选择集合。

用 $\mathbf{T}_b$ 表示将 N 个接收机输出变换为 K 个选择的辅助波束的 $K \times N$ 矩阵，并使 $\mathbf{b} = \mathbf{T}_b\mathbf{x}$。例如，如果 K 个被选择的辅助波束是在指向方向 $\{\theta_k,\phi_k\}_{k=1}^K$ 上由常规方式形成的，则变换矩阵可被定义为 $\mathbf{T}_b = [\mathbf{s}(\theta_1,\phi_1),\cdots,\mathbf{s}(\theta_K,\phi_K)]^\dagger$。如果辅助波束由锥削函数 $\{w_n\}_{n=1}^N$ 形成以获得较低的天线旁瓣，变换矩阵变为 $\mathbf{T}_b = [\mathbf{t}(\theta_1,\phi_1),\cdots,\mathbf{t}(\theta_K,\phi_K)]^\dagger$，其中，$\mathbf{t}(\theta_k,\phi_k) = \mathbf{D}\mathbf{s}(\theta_k,\phi_k)$，$\mathbf{D} = \mathrm{diag}[w_1,\cdots,w_n]$。无论哪种情况，导向矢量的空间变换都是由式（11.71）决定的。

$$\mathbf{v}_b = \mathbf{T}_b \mathbf{s}(\theta_o, \phi_o) \tag{11.71}$$

同样，用 $\mathbf{T}_r$ 表示将一个 PRI 内的 M 维快时域采样变换为 L 个选定的辅助距离单元的 $L \times M$ 维矩阵。对于连续波超视距雷达系统来说，$\mathbf{T}_r = [\mathbf{g}(\tau_1),\cdots,\mathbf{g}(\tau_L)]^\dagger$ 的每一行是一个 M 维矢量 $\mathbf{g}^\dagger(\tau_\ell)$，其中，包含用于脉冲压缩的匹配滤波器系数，脉冲压缩即在快时域采样时延 τ_ℓ 上形成距离单元。通常，$\mathbf{g}(\tau_\ell)$ 的元素对应于延迟 τ_ℓ 个快时间采样的雷达发射波形和在幅度上进行加权以降低距离旁瓣。对于脉冲超视距雷达系统来说，快时域采样直接对应距离门，$\mathbf{g}(\tau_\ell)$ 可能被视为标准矢量，即特定位置 ℓ 处取值为 1，其他元素均为 0。对导向矢量时域部分的修正如式（11.72）所示，其中，$\mathbf{g}(\tau_o)$ 对应于当前输出 y_c 所在距离门上的时延 τ_o 的雷达波形。

$$\mathbf{v}_r = \mathbf{T}_r \mathbf{g}(\tau_o) \tag{11.72}$$

上述提出的 RD-STAP 架构中的空-时导向矢量可以构造为式（11.73）中 $\mathbf{v}$ 的形式。注意到 $\mathbf{v}$ 是空-时导向矢量的级联而非克罗内克积。简单地说，$\mathbf{v}$ 是所提出的 STAP 架构的有用信号矢量。这个矢量代表了需要在原始数据 $\mathbf{z}$ 中寻求的目标回波的时空特征。在一个检测结果中，目标出现在待检测单元 y_c 所在的波束-距离-多普勒坐标处。注意，信号矢量 $\mathbf{v}$ 对所有多普勒频率门有效，且只在选择不同的辅助波束或距离单元时才会改变。当在选定的辅助波束和距离单元内，反映目标回波的波束和距离（旁瓣）水平低于热噪声水平时，相应的向量 $\mathbf{v}_b$ 和 $\mathbf{v}_r$ 显著降低至零。在这种情况下，任何有用信号泄漏到辅助波束和距离单元的能量都小到可以忽略。

$$\mathbf{v} = [1, \mathbf{v}_b^T, \mathbf{v}_r^T]^T \tag{11.73}$$

当这些条件不成立时，可能是因为选取的辅助波束或距离的坐标，也可能是因为辅助波形和距离的形成方式（与有用信号的强度有关），都将导致向量 $\mathbf{v}_b$ 和 $\mathbf{v}_r$ 包含明显的非零元素。在这种情况下，建议将有用信号特征矢量做归一化处理，使它有恒定的单位范数 $\mathbf{v}^\dagger\mathbf{v} = 1$。如果原始数据矢量的统计期望协方差矩阵 $\mathbf{R} = \mathrm{E}[\mathbf{z}\mathbf{z}^H | H_0]$ 在零假设条件下是已知的（即只含干扰的协方差矩阵），处理数据矢量的最优 STAP 权矢量 $\mathbf{w}_{opt}$ 将由式（11.74）中众所周知的准则给出。

$$\mathbf{w}_{opt} = \frac{\mathbf{R}^{-1}\mathbf{v}}{\mathbf{v}^H\mathbf{R}^{-1}\mathbf{v}} \tag{11.74}$$

在实践中，这个矩阵事先未知，必须由 D 个二次数据矢量 $\mathbf{z}_d$ 估计得到，其中，$d = 1,2,\cdots,D$。这些二次数据矢量被假定与有用信号无关，并且与原始数据 $\mathbf{z}$ 中的干扰成分具有相同的统计特性。在当前应用中，干扰的统计特性被假定是距离非均匀的。出于这个原因，二次数据是从与被检测采样点在同一个距离单元上 P 个可用的多普勒门上提取的。用于训练的 $D<P$ 个多普勒单元，通常在选取时不包含待检测单元和其两侧的保护单元。被认为包含异常点的多普勒单元也会从训练样本集合中筛选出来。经过适当调整后的干扰采样协方差矩阵 $\mathbf{R}$ 可由选定的二次数据估计得出，如式（11.75）所示。用式（11.75）中给出的估计值 $\hat{\mathbf{R}}$ 代替式（11.74）中未知的真实协方差矩阵 $\mathbf{R}$，然后可以计算出 STAP 权 $\hat{\mathbf{w}}$。

$$\hat{\mathbf{w}} = \frac{\hat{\mathbf{R}}^{-1}\mathbf{v}}{\mathbf{v}^H \hat{\mathbf{R}}^{-1}\mathbf{v}}, \quad \hat{\mathbf{R}} = \frac{1}{D}\sum_{d=1}^{D}\mathbf{z}_d\mathbf{z}_d^\dagger + \sigma^2\mathbf{I} \tag{11.75}$$

待检测单元和保护单元被从训练数据中剔除以避免目标回波相消。在一个 CPI 内，这些回波被假定具有稳定的多普勒频移，这样强有用信号的能量不会进入保护单元以外的单元。另一方面，电离层杂波和非相干干扰等这样的干扰源，往往比目标回波具有更大范围的多普勒扩展，因此可以在训练数据中被捕获。由此产生的自适应滤波器应用于原始数据以获得由式（11.76）给出的 RD-STAP 输出 y_a。这个输出结果将直接与常规输出结果 y_c 进行比较。

$$y_a = \hat{\mathbf{w}}^\dagger \mathbf{z} \tag{11.76}$$

这样来看会产生很多问题。首先是辅助波束和距离单元的数量和坐标如何选择。其次，对于特定的待检测单元，用于训练的多普勒门的数量和坐标如何选择。这些决定需要在性能和计算复杂度之间做出平衡。至于采样矩阵求逆（SMI）技术的收敛速度，建议独立训练向量的数据至少是 STAP 滤波器维度的 2 倍（Reed, Mallet, and Brennan 1974）。这个经验公式如式（11.77）所示。考虑到用于控制频谱泄漏的加窗处理影响使得相邻多普勒单元之间并不是严格独立的，如果使用邻近多普勒门且未做适当调整，样本需求量 $D>4Q$ 可能更合适。适当的对角加载在某些情况下可以显著减少所需的独立样本数量（Cheremisin 1982）。一般来说，处理器自由度 Q 的选择，应该确保在给定多普勒门数量 P 的前提下，有足够的训练数据用于自适应处理。

$$D > 2Q \tag{11.77}$$

从计算的角度，对每一个多普勒单元更新 STAP 权是行不通的。矩阵求逆引理（Woodbury 式）可用于减少协方差矩阵的低秩更新的计算复杂度，但更快的方法是利用一组权矢量处理一组多普勒单元。类似于前一章所描述的纯空域方法，多普勒频率的正半空间和负半空间用独立的 STAP 滤波器进行处理。这意味着在一个波束-距离分辨单元上处理所有的多普勒门需要两个 $Q+1$ 维的矩阵求逆处理。虽然这种方法避免了目标污染训练数据，可用于估计的训练单元数目只有总的多普勒门数量减去异常值数据那么多。

异常值需要从训练数据中剔除，因为它的统计特性不能反映被对消的干扰的特性。在该应用中，野值主要来自集中于零多普勒频率附件的强地表杂波成分，以及包含多普勒频移的类目标回波。由于训练样本数据量需不少于 STAP 滤波器维度的 4 倍（$F=4$），根据给出的基本原理，式（11.78）中给出的 Q 值就有了一个最大上界，其中，J 表示需要从每个多普勒谱的正半部分和负半部分中剔除的最大异常样本数目，$\lfloor \cdot \rfloor$ 表示整数截断（下取整函数）。

$$Q \leq \lfloor (P/2 - J)/F \rfloor \tag{11.78}$$

这可被视为基于自适应滤波器性能考虑的 Q 值的一个上限。由于计算复杂度随着 Q 值变大而增加，可用于实时处理的 Q 值的上限会低于式（11.78）给出的值。因此，Q 值通常选择为同时满足式（11.78）的有限样本支持约束以及实时处理能力约束的最大值。如果数据矢量 $\mathbf{z}$ 中包含的波束和距离单元集在待检测单元变化时保持不变，也就是说，当一个辅助单元与待检测单元互换，或反之，没有在 $\mathbf{z}$ 中引入新的波束或距离单元时，处理复杂度会显著降低。这就使得在不计算新的矩阵求逆的前提下，同时处理一个包含 $K+1$ 个波束和 $L+1$ 个距离单元的数据块的方法具备了可行性，此时只需修改有用信号的特征向量以反映当前待检测单元的新位置即可。

例如，如果先前的检测单元成为第一个辅助波束，反之亦然，信号矢量可以变为式（11.79），其中单位元素定义了主波束的当前位置，元素 b_k 相应地进行计算。像之前一样，由此产生的信号矢量做归一化处理 $\mathbf{v}^\dagger\mathbf{v}=1$。然后对正多普勒单元和负多普勒单元部分，分别将新的信号矢量代入式（11.75）中用相同的矩阵求逆方法来计算权值即可。在将一个辅助距离单元与待检测采样点进行交换时做了类似的修正。用这种方法将一组固定的波束和距离单元作为一个整体进行处理可以节省大量计算成本。这里需要考虑的一个折中点是，对辅助波束和距离单元的选择不能完全适合个别的待检测单元。

$$\mathbf{v} = [b_1, 1, b_2, \cdots, b_K, \mathbf{v}_r^{\mathrm{T}}]^{\mathrm{T}} \tag{11.79}$$

一旦基于上述考虑选定 Q，接下来的事情主要在于自由度在空间通道和快时域抽头上的分配，以及来自常规 BRD 数据块的具体辅助波束和距离单元的选择。后者需要一种对辅助波束和距离单元进行先后排序的方法。一种合理的方法是将辅助波束按照接收到的干扰功率的估计值进行排序。例如，多普勒频谱的中值可用来给出干扰水平的一种稳健评估手段。高干扰水平的辅助波束优先于那些低干扰的被优先选出。另一方面，与待检测单元直接相邻的辅助距离单元优先被选中，因为这些"位置"单元上的干扰可能比待检测单元的干扰特性相关度更高。一旦由 Q 值确定了 K 和 L 值，这些标准就可以用来选择辅助波束和距离单元。

将 Q 分成 K 个空间通道和 L 个快时域抽头更为复杂，因为它取决于干扰区别于有用信号矢量结构的最普遍的相关属性。这个问题在 Holdsworth and Fabrizio（2008）中做了研究。一个合理的起点是，单独使用空域自由度和时域自由度来分别计算干扰对消比。相应的增益可进行比较，并可基于在每个维度的自适应得益估计分配具体的 K 和 L 值。除了对所有可能的组合进行蛮力分析，尚未找到最优的解决策略。这方面值得进一步研究。在实践中，可能需要一定的实际经验得到恰当的准则，以针对给定的 Q 值确定 K 和 L 的取值。

RD-STAP 系统维度被选定后，就需要有一个可靠的方法在每一个多普勒半空间内识别异常单元。初步步骤包括确定被相对较强的地表杂波占据的多普勒门，通常接近零多普勒频率。一旦区分需排除杂波多普勒频带的边界被确定，就可以利用所有剩余多普勒门形成一个初始的 SCM。基于广义内积（GIP）的非均匀检测器可用于确定训练数据中野值的存在。固定百分比的具有高非均匀性的少量样本，要从用于最终协方差矩阵估计的样本中剔除，而协方差矩阵将用于推导出每个多普勒半空间上的 RD-STAP 滤波器。这样可以确保一个已知数量的快拍数以用于样本训练，同时减少可能偏离滤波器估计的最强野值的影响。

总之，算法可以分为三个主要步骤：(1) 选择进行自适应处理的总的自由度 Q；(2) 将可用的自由度分为 K 个空间通道和 L 个时间抽头，并且基于排序系统从传统 BRD 数据块中进行选择；(3) 应用训练数据选择策略估计雷达威力覆盖范围内每个分辨单元上的 RD-STAP 滤波器。当这三个主要步骤的规则建立起来并自动实施后，STAP 算法本质上可以实现自我配置而不需要人工干预。

11.4.2 实验结果

本研究分析的实验数据,是由坐落在澳大利亚北部 Darwin 附近的一个二维(L 形)天线阵在 2004 年 4 月 17 日 04:45 到 05:15 采集的。天线阵列由 16 个垂直极化的"鞭状天线"为天线阵元构成,在每个手臂上以 8 m 间距均匀排布着 8 个阵元(在每个手臂的末端有一个虚拟阵元以避免互耦影响)。每个天线单元的输出连接到一个单独的高频接收机。接收系统的主要特色在前一章讨论。OTH 雷达发射器位于 Darwin 东南约 1850 km,通过电离层照射接收机周围区域,这使得前置的天线阵列能够通过直接路径接收视距目标的回波。

雷达信号是线性调频连续波(FMCW),载波频率为 f_c = 19.380 MHz,带宽为 f_b = 20 kHz,脉冲重复频率为 f_p = 62.5 Hz。相干积累时间(CIT)由 P = 248 个脉冲重复间隔组成,大约时长为 4 s。高频段频谱分析仪用来监控通道占用情况,其表明在实验进行的时间内载波频率和其他用户是不重叠的。试验包括一架里尔飞机合作目标(见图 10.22),以大约 31000 英尺的巡航高度从 Darwin 沿西北方向飞行了约 400 km。

机上 GPS 记录设备可以在整个飞行过程中确定目标的距离、方位以及双基多普勒频移。在预定的地点,飞机进行 360° 转向,凭借其独特的多普勒-时间特征,在雷达显示终端上将自身回波从其他回波中明显地区分出来。图 11.13 和图 11.14 分别给出了由机上 GPS 数据日志记录的在感兴趣的 15 min 时间(04:25 至 04:40)内,飞行路径上的距离和多普勒信息。

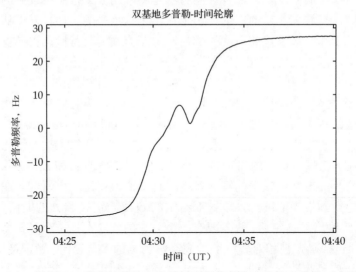

图 11.13　根据 GPS 数据计算的飞机目标飞行路径的双基地多普勒-时间轮廓

在这段时间里,从 04:29 开始,载机做了一个 360° 机动,该机动在距离和多普勒时变曲线上十分明显。

11.4.2.1　距离-多普勒图

目标发生机动时,回波在距离单元上被相对较强的多普勒扩展杂波和偶发的影响主瓣但距离相关的强射频干扰所污染。图 11.15 给出了波束指向目标所在方向时常规的距离-多普勒谱图。目标的方位角和俯仰角由当前 CPI 被记录的时刻飞机已知的位置(使用 GPS 数据确定)确定。在此图中,距离门按照从底端由近及远的垂直顺序排布。当前 CPI 代表着在不存在强射频干扰的间隔期间收集到的数据。

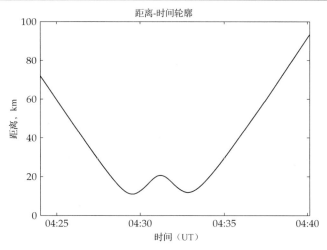

图 11.14　根据 GPS 数据计算的飞机目标飞行路径（相比 LOS 接收机）的距离-时间轮廓

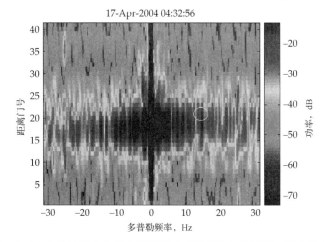

图 11.15　沿飞机目标方向控制波束的常规距离-多普勒图。预期的目标回波在环绕的位置被淹没在强大的扩展多普勒杂波中，不能被检测到

除了明显占据零多普勒频率附近所有距离门的主杂波"脊"，还存在多普勒扩展杂波，其使得第 10～25 号距离门上的整个速度搜索空间范围内整体的干扰水平抬高。根据 GPS 数据的计算结果，期望目标在雷达坐标系中的位置在大约 14 Hz 的多普勒频率和近 21 号距离门附近。然而，在当前 CPI 内，传统处理并不能明显分辨出掩盖在强多普勒扩展杂波下的微弱目标回波。

这里的 RD-STAP 技术由 $K=8$ 个辅助波束和 $L=4$ 个辅助距离门实现。辅助波束与主波束指向相同的俯仰角，在方位角上以 10 度间隔等间隔排布，使得主波束每一边有 4 个辅助波束。若从训练数据中删除 0 Hz 附近被杂波污染的多普勒门和奇异值，多普勒空间的正半部分和负半部分剩余的样本数为 $D=96$。而 $Q=K+L=12$，这正好对应于 $D=8Q$。与图 11.15 相同数据的 RD-STAP 输出结果如图 11.16 所示。造成麻烦的多普勒扩展的杂波被有效去除，从而在预期的位置很容易检测到目标。

与之类似，图 11.17 和图 11.18 给出了记录 7 min 后的 CPI 内数据的常规结果和 RD-STAP 处理结果，此时目标已经移出受多普勒扩展杂波影响的距离单元，但仍然被一个未知的强射频干扰源覆盖。

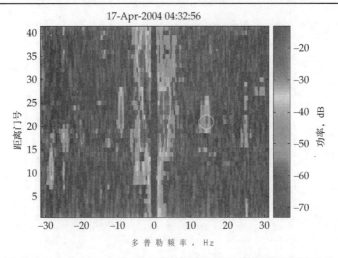

图 11.16　RD-STAP 后的距离多普勒图表明多普勒扩展杂波已明显衰减，并且目标回波可以在预期的位置清楚地发现

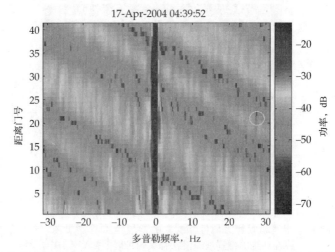

图 11.17　当目标在扩展多普勒杂波所占距离之外的常规距离多普勒图，但有时会出现强射频干扰

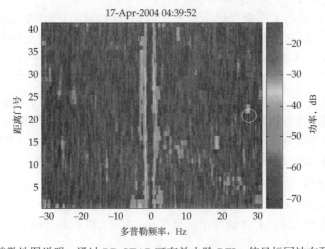

图 11.18　距离多普勒地图说明，通过 RD-STAP 可有效去除 RFI，使目标回波在预期的位置被检测出

这个信号源来自接收主波束，当应用常规处理时，几乎所有距离-多普勒门上的目标检测都会失效。图 11.17 表明，射频干扰源明显改变了距离上的谱结构，这可能破坏对消性能。事实上，图 11.18 表明，STAP 对消了射频干扰，并且在期望的多普勒频移约 28 Hz 的 22 号距离门附近明显地检测到目标，附近的一个疑似目标，也在大约 19 Hz 多普勒频移的 15 号距离门附近被检测到，但由于该候选目标是未知的，因此后面的讨论中将不再考虑。

11.4.2.2 多普勒-时域特征

在多个相干处理间隔时间内进行综合性能评估，更能有效地表现出目标在方位-距离单元上的多普勒谱的时间演变过程，这种图有时也称为瀑布图或滚动图。由于目标的距离和方位坐标随时间推移而改变，谱图只显示在一个 CPI 时间间隔内与包含目标的雷达空域分辨单元相关的多普勒谱部分。GPS 数据被用来确定每个已处理的 CPI 内包含目标的距离-波束单元，这样可以提取适当的多普勒频谱。图 11.19 和图 11.20 相应地给出了常规处理和 RD-STAP 处理后的谱图。

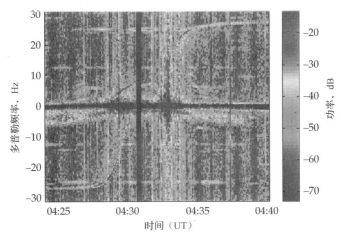

图 11.19　常规处理后的瀑布显示，在 360°转弯之前和之后都能看到目标，但在机动过程中，目标多普勒由负转正，被扩展多普勒杂波遮蔽

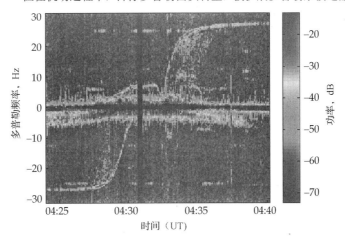

图 11.20　RD-STAP 后瀑布呈现出清晰可见的目标多普勒时间特征，可以很容易地与图 11.13 所示的轮廓图保持一致

在这些强度调制显示图中，多普勒频谱绘制在垂直方向上，每个 CPI 上有一根单独的谱

线。连续CPI的多普勒谱线作为时间的函数依次沿水平方向画出。产生这些图所分析的数据长达15 min，超过200个CPI。靠近零多普勒频率水平方向的强杂波在每幅图中都十分明显。由于目标在距离上向雷达逐步靠近，它将在04:32左右进入多普勒扩展的杂波影响区域。此时，如图11.19所示，干扰开始出现，遮蔽了目标机动的多普勒剖面。该场景的一个例子可参见图11.15所示的常规距离-多普勒图。

360°转动导致目标跟踪时目标多普勒从多普勒空间的一边变到另一边。由于这发生在目标的距离与多普勒扩展的杂波的距离相一致的时刻，在图11.19所示的常规处理输出结果中，目标机动未能清楚地观察到。另一方面，图11.20显示RD-STAP有效抑制了多普勒扩展的杂波，从而使机动目标清晰可见。图11.20所示的RD-STAP谱图显示出一个强的连续的目标多普勒特性，这与图11.13所示的由GPS数据预测出多普勒谱吻合得非常好。目标机动前后（也就是说，朝向谱图的左、右两边），回波在±28 Hz附近有一个"稳态"的双边多普勒频移。

这些部分的飞行路径内的目标距离不是多普勒扩展的杂波影响区域，常规处理获得比较好的处理性能，除了偶尔几个受到强射频干扰源干扰的CPI，如图11.17所示。如图11.18所示，RD-SAP被看作消除干扰是由于这些零星的事件。在这个数据集中，RD-STAP技术显示为雷达系统提供了更强的、对抗多普勒扩展的杂波和对抗距离上相关射频干扰的能力。前者主要用于探测靠近主杂波范围的目标，后者则主要用于在任务执行过程中某个关键时刻无法实现频率捷变，但在多个相干处理间隔内所有距离-多普勒单元上，存在妨碍目标探测持续存在的距离相关的射频干扰场景。

11.4.3 讨论

本章的第一部分讨论了三种不同的STAP架构，分别为慢时域STAP、快时域STAP和3D-STAP。文中对机载微波雷达和高频超视距雷达涉及的每种STAP架构的不同特性给出简要说明。一般认为，快时域STAP适用于超视距雷达的热杂波对消问题，而慢时域STAP主要用于机载雷达上实现冷杂波对消。在无监督训练场景下，同时进行热杂波和冷杂波抑制的3D-STAP可用于超视距雷达，但实际应用中如有限样本支持和计算复杂度等问题往往难以克服。出于这些考虑，本章的第二部分只考虑快时域STAP和进一步开发适当的数据模型。

快时域STAP为空域自适应处理（SAP）提供了两个重要的优势。第一种实际感兴趣的情况是，独立信号源广泛分散的热杂波路径数量总和超过天线阵元或空域通道的数量。在这种情况下，SAP自由度耗尽，无法有效抑制复合干扰。快时域STAP提供了一种方法来扩展自适应自由度的数量以超过热杂波子空间的秩，因此，可以比SAP更有效地对消复合干扰。第二，SAP不适合对消来自主瓣的干扰，有效抑制常常是以主波束严重畸变为代价的。快时域STAP能够探测从不同角度进入的多径散射，提供对主瓣干扰的抑制能力。在缺乏多径时，快时域STAP在窄带干扰或者脉冲噪声干扰的特殊情况下，也可以利用距离相关性来对消主瓣干扰。

在宽带干扰源的一般情况下，热杂波协方差矩阵在相对较长（OTH雷达）CPI内的非平稳性造成标准的快时域STAP处理存在问题。具体来说，基于快时域STAP过滤器的标准方法，在CPI内保持不变不能有效抑制热杂波，因为积累协方差矩阵（在整个CPI平均）通常满秩，这是非平稳的热杂波传播路径引起的。另一方面，基于时变权向量的标准方法，加权矢量在脉冲重复周期间是可变的，可有效抑制非平稳热杂波，但通常对杂波中可见度有毁灭性的影响，因为滤波器破坏了处理后输出冷杂波的慢时域相关性。

在本章的第三部分，首先介绍用于对消在一个 CPI 内非平稳热杂波的两种可选快时域 STAP 技术，方法同时保留了输出冷杂波信号的多普勒频谱特征。SC-STAP 方法每个脉冲重复间隔内更新一次权向量，但使用辅助线性随机约束来稳定输出冷杂波的自回归特性。随后出于实时操作系统中减少计算复杂度的实际实现需求，又介绍了 TV-STAP 算法。

仿真表明，通过以与热杂波非平稳性的变化速率相对应的速度更新权向量，TV-STAP 可以在保证与 SC-STAP 相同性能的同时获得快得多的计算速度优势。更重要的是，它也表明 TV-STAP 在用标量形式的自回归模型实现时，可以更好地保护冷杂波多普勒频谱。事实上，在特定的算法参数选择下，TV-STAP 算法退化为 SC-STAP。因此，TV-STAP 可被视为 SC-STAP 技术的推广形式，它给出了最优性能和计算复杂度之间的一种折中。

本章的最后一节主要考虑通过 STAP 实现与雷达波形相干的干扰信号抑制。这些信号的统计特征在距离单元上呈现明显的非均匀特性。在这种情况下，干扰的有效抑制需要自适应滤波器具备在距离单元之间实时更新的能力。

本章最后一节给出并验证了用于多普勒扩展的副瓣杂波和与距离相关的干扰源（可能来自主波束）同时抑制的多普勒预处理波束空间快时域 STAP 技术。该降维 RD-STAP 的特殊性在于，自适应滤波器维数是空时自由度之和，而不是两者的乘积。这使得处理器能够很好地应对小训练样本的情况，并且将实时处理的计算负担保持在合理的范围内。这两个方面都是非常重要的，在实际系统中必须充分考虑。

本章提出了可在现有计算平台上实时运行的 RD-STAP 方法，并使用近 200 个 CPI 内的实验数据对算法的性能与常规处理性能进行了比较。在扩展多普勒杂波和间歇射频干扰遮蔽合作目标（里尔喷气式飞机）回波的情况下，该 STAP 架构相对常规处理的优势得到明显体现。STAP 明显地揭示出合作目标在 360°转弯机动过程中的多普勒特征，而这在传统处理的输出结果中是难以发现的。STAP 处理后的输出结果中显示的目标航迹，与合作飞机目标上的 GPS 记录数据所预测出的飞行路径显著吻合。

第 12 章 GLRT 检测方案

在大多数雷达系统中，在设置阈值检测目标之前，需要对输入数据进行自适应滤波，并对滤波器输出的幅值进行 CFAR 处理这两个步骤。前一步是为了使滤波器输信号的信干比（SDR）最大化，后一步是根据杂波均值的估值使输出信号的包络归一化，随后通过设置阈值来保持恒定的虚警率。

另一种方法是将检测问题作为输入数据的二元假设检验。理论上，采用似然比检验（LRT）可以将空假设（只有干扰）和另一种假设（信号加噪声）区分开。对于给定的虚警率（PFA），LRT 适用于检测概率最大化的奈曼-皮尔逊（Neyman-Pearson）准则。然而，实际上，由于输入数据的干扰参数未知，导致 LRT 不能使用。在这种情况下，可以采用广义似然比检验（GLRT），利用接收数据的最大似然比估计来代替这些未知参数。

一般情况下，GLRT 可以看成自适应的 LRT；特殊情况下，GLRT 将一个或多个输入数据向量直接转换为检验统计量，从而在两种假设中做出判断。从这个意义上讲，GLRT 作为接收数据向量的函数，给出了一个明确判断目标存在与否的原则。这种方法虽然与自适应滤波不同，但仍可以完成检测任务。

在 Kelly（1986）的论文和 Kelly and Forsythe（1989）的技术报告里，都没有给出 GLRT 的最优属性。但是，这一检验形式可以确定检测和虚警概率。此外，GLRT 公式可以产生具有良好 CFAR 特性的检验统计量；也就是说，空假设下的检验统计量的分布与干扰模型的参数无关。GLRT 能够定性地理解为自适应滤波和 CFAR 的一种组合过程。

对于特定假设，就回波信号的控制参数（即检测概率 P_D 和虚警率 P_{FA}），或其他参量（比如一定虚警率 P_{FA} 下的 P_D 和输入信号的 SDR 曲线）而言，GLRT 的性能可以根据两种假设下的统计模型来确定。在雷达中，基于 GLRT 的检测器可能在一个或多个数据维度下应用。例如，这一过程可能被应用于根据一个天线阵的多个空间通道获得的快拍矢量，从而改善方向性噪声（可能包含干扰）下的目标检测性能。这一过程还可以用于雷达 CPI 的脉冲串从而减弱慢时间维的干扰（包括杂波或脉冲干扰）。对于方向-多普勒耦合干扰，GLRT 检测器也可以同时作用于两个维度（空间和慢时间维）。

本章的一个目的是给出二元假设检验的基本概念，并引出基于 GLRT 的自适应检测器。另一个目的是验证 GLRT 过程在实际超视距雷达系统中的实验性能，作为大量已有数值研究的补充，这些研究主要在可控条件下通过计算机仿真来分析和比较不同技术的性能。

12.1 节给出了研究背景以及假设检验与实际检测问题之间的联系。12.2 节讨论了信号和干扰的测量模型，特别是可以解释回波中某些不确定性的鲁棒模型。12.3 节叙述了一些常见的 GLRT 检测架构，并给出了若干能够提升实际性能的检验。12.4 节关注于 GLRT 设计原则在天波和地波超视距雷达实录数据的空间和时间处理中的实验应用。

12.1 问题描述

自适应信号检测理论及其在包括雷达在内的实际系统中的应用，是一个非常成熟的研究领域。Kelly（1986）开创性的研究之后发展出了众多研究成果，本节第一部分对这些研究做简要描述。讨论一些代表性的工作，从而突出主要构架，并为本章后续内容指明方向。这里将详细回顾与本章有关的自适应检测和 GLRT 的文献。关于更全面的检测理论，读者可以查阅 Kay（1998）、Scharf（1991）和 Van Trees（2002）。

本节第二部分描述与雷达有关的传统二元假设检验问题，介绍 LRT 和 GLRT 的基本概念。随后，将这一传统架构与实际超视距雷达经常遇到的控制环境做对比。这一工作推动了不同于传统架构的假设检验问题的发展。第三部分描述了这些假设检验，它们不仅具有不同的测量模型，而且具有不同假设的架构。本节最后概述对传统假设检验的改进方法，从而更贴近实际雷达系统（不局限于超视距雷达）的信号环境。

12.1.1 背景和动机

许多雷达系统都需要在杂波、干扰以及噪声叠加产生的强干扰背景下，检测有用信号（即目标回波）并估计其参数。在"白噪声"环境下，传统匹配滤波（MF）给出了一种信号检测和参数估计的高效计算方法。然而，由于超视距雷达容易受外部信号源（相对于内部噪声）的干扰，因此实际中这一噪声环境会发生变化，甚至在良好的或"安静"的环境中也是如此。在"有色"强干扰下，不依赖于数据的传统信号处理有时会导致较差的检测性能，从而促使将自适应信号处理应用于信号检测和参数估计。

通常，自适应检测方法至少包含两个关键步骤。第一步是一个合适的基于信号模型的假设检验规则，从而可以分别在信号存在与否的假设下，精确描述输入数据向量的某些特性。假设检验的构成及各成分的定义需要尽可能贴近实际情况，同时保持一定程度的数学便利性，从而促使更贴合实际的自适应检测体系的提出。GLRT 设计方法给出了特定假设检验下获得检测统计量的一种理论架构，这就是第二步。虽然也有其他的获得检测统计量的方法（如 Rao 检验和 Wald 检验），但这里不做过多讨论。

在 Reed, Mallet, and Brennan（1974）以及 Kelly（1986）开创性的文献中，分别给出了自适应滤波和自适应检测的背景。稍后会对这些工作进行更细致的描述。主数据向量中可能存在 N 维特征向量已知而复幅度未知的有效信号，假设包含一个可以用 0 均值多变量的复高斯随机过程（具有未知协方差矩阵）描述的加性干扰信号；同时具有足够数量 $K \geqslant N$ 的辅数据向量和主向量，且具有独立同分布（IID）的干扰；统计上相同的辅数据向量（也就是训练数据）可以用于产生未知干扰协方差矩阵的最大似然（ML）估计。这一协方差矩阵（SCM）的逆和已知的信号特征向量是（RMB）样本矩阵逆（SMI）自适应滤波和 Kelly 的 GLRT 的关键元素。

Reed 等（1974）指出，SMI 方法的收敛速率可以根据输出信号与干扰的比来分析，但是并没有明确给出一个根据自适应滤波器输出的信号序列来判断目标存在与否的原则。Kelly 将自适应检测问题作为假设检验的训练，并利用一系列未知分布的参数，通过分别使每个假设下的似然函数最大化来获得 GLRT。根据与 Kelly 相同的问题，Robey, Fuhrmann, Kelly, and Nitzberg（1992）、Chen and Reed（1991）以及 Cai and Wang（1990）将自适应匹配滤波器（AMF）引入进来。AMF 被理解为"两步"GLRT，第一步假设干扰协方差在是已知的，从而获得 GLRT 表达式，第二步将辅数据向量的 SCM 替换为这一表达式从而获得 AMF 统计量。

Kelly 的 GLRT 和 AMF 代表了两个著名的检测统计量，它们可以在干扰环境中有效地检测出目标。这两个自适应检测算法均具有较好的 CFAR 特性，这意味着检验统计量的虚警率与干扰协方差矩阵无关。的确，SMI 自适应滤波是 Kelly 的 GLRT 和 AMF 检测统计量的一个重要组成部分。它与 RMB 中自适应滤波的一个显著差异表现为，Kelly 的 GLRT 和 AMF 性能可以根据检测和虚警概率来确定。由于跟踪器输出受 P_D 和 P_{FA} 的影响，因此这一性能指标对于雷达系统的成功运作至关重要。

虽然 Kelly 的 GLRT 和 AMF 极具吸引力，但通常仅被作为参考自适应检测器用于性能比较，它们在实际雷达系统中的应用可能会遇到意想不到的结果。假设检验问题是在理想条件下定义的，而实际雷达系统往往与理想环境不一致，此时就容易导致这一问题。例如，多径传播、阵列流形不稳定和接收通道不匹配，以及雷达在宽的空间角度或多普勒频率上搜索时的指向（操作）误差，都会导致实际雷达接收到的目标回波的空间、时间和空时特性与假设的模型具有显著差异。

由于传统导向向量模型假设有用信号向量是完全已知的，因此它捕获这种不确定性的能力非常弱。这一模型通常表示为特征向量（假设位于一个流形上）的函数。由于阵列流形和目标回波实际特性上的差异不能够被该假设检验所解释，因此会对上述检测器的性能产生不利影响。这一问题促进了多阶子空间模型的应用，它将有用信号向量表示为已知基本向量的某种线性组合。Kelly and Forsythe（1989）研究了多阶或子空间信号模型的可行性，该模型在目标回波特征向量部分不确定性的情况下具有较大的灵活性。

除信号模型不确定性外，检测单元主数据（目标应在位置），参考单元或辅助数据中的干扰（用于训练自适应检测器），在统计上可能非均匀或不服从高斯分布。比如，接收干扰可以采用其他统计模型（如复合高斯过程）进行更精确的描述。的确，对雷达数据的分析显示，杂波通常是非高斯的，采用 Weibull 分布或 K 分布可以更好地描述杂波，而复合高斯模型同时兼容了二者。相关雷达文献对复合高斯杂波中的自适应信号检测问题进行了广泛研究。例如，Sangston and Gerlach（1994）、Conte, Lops, and Ricci（1995）、Gini（1997）、Gini and Farina（2002a）、Gini and Farina（2002b），在时域中研究了这一问题。

许多研究采用特殊形式的复合高斯模型来描述非高斯杂波向量，如球不变随机过程（SIRP）。空域处理中，SIRP 比传统均匀高斯分布更适用于表示高频天线阵列接收到的干扰向量（Fabrizio, Farina, and Turley 2003a）。当均匀 IID 高斯分布这一假设无效时，Kelly 的 GLRT 和 AMF 的 CFAR 特性便会有所损失。此时，虚警率不再仅仅是系统参数和设置的阈值的函数，并且当在这种干扰环境中应用 Kelly 的 GLRT 和 AMF 时，会产生许多不可预见性。这推动了 GLRT 的发展，通过在假设检验的定义中引入干扰模型，可以清楚地解释复合高斯或其他非高斯分布。

在协方差矩阵已知、纹理边缘密度函数[①]未知的 SIRP 干扰情况下，归一化匹配滤波器（NMF）可以作为 GLRT 得出（Conte et al. 1995）。这表明，在 SIRP 干扰下，NMF 是一种渐进最优的 CFAR 检测器，术语"渐进"是指无穷大的样本（即大数据向量长度），"最优"指 PFA 一定时使检测概率最大化，CFAR 指在空假设下，NMF 检验统计量相对于 SIRP 分布能量和纹理边缘密度函数保持不变。这一检测器的自适应形式用样本估计（可以根据辅数据进行计算）来取代真实干扰协方差矩阵，这与 Scharf and Mc Whorter（1996）提出的自适应相关估计器（ACE）一致。

在 Kraut and Scharf（2001）中，在训练和测试数据比例未知的高斯干扰模型下将 ACE

[①] 术语纹理的含义将在 12.2 节解释。

作为一种 GLRT。对于这一干扰模型，在有限长测量向量条件下，ACE 显示为一种 GLRT，并具有令人满意的（尺度不变）CFAR 特性。这类 SIPR 干扰处理满足了 Conte, De Maio, and Ricci（2001）描述的"部分均匀性"纹理模型，ACE 的 CFAR 特性被保留下来，其中纹理被假设为与辅数据完全相关，但可能与原始数据无关。对于 Richmond（1996）及 Pulsone and Raghavan（1999）描述的其他类型的非高斯干扰，ACE 也保留了 CFAR 特性。

Kraut and Scharf（1999）发现，在部分均匀的干扰环境下 ACE 的多秩扩展，也就是所谓的自适应子空间检测器（ASD），可以作为一种 GLRT。ASD 通过子空间信号表示能够处理在目标特征向量中部分不确定性。通过利用更大的子空间维度，ASD 对于有用信号不确定性的建模可以比 ACE 更为灵活，与 Kelly 的 GLRT 和 AMF 不同，ASD 的 CFAR 特性对主辅数据中干扰的独立尺度保持不变。相对 ACE、AMF 和 Kelly 的 GLRT 而言，ASD 的这些额外特性对于超视距雷达具有显著的鲁棒性含义，使 ASD 在实际应用中取得满意的结果。

雷达系统中的另一个问题，与被动（分散的）和主动（类似应答器）信号源产生的干扰信号有关。原始数据中这些干扰信号可能和有用的信号同时存在，但由于它们与雷达波形的相干性，这些信号基本被限制在单一的分辨单元内。因此，原始数据中这些干扰信号的特征不能根据辅信息来获得。迄今为止，我们讨论的基于 GLRT 的自适应检测架构都是基于假设检验的，而这一假设并没有明确考虑到可能存在的干扰信号。不难想象，这些信号的存在可能削弱上述所有检测器的性能。对于 Kelly 的 GLRT 和 AMF，由于相干干扰产生的不匹配的信号可能引发多余的检测，从而导致虚警率变大。另一方面，由于 ACE 和 ASD 能够容忍信号不匹配，因此可能导致在同一分辨单元内（但 DOA 和多普勒不同）有用信号被相干干扰所掩蔽。这一"消隐"现象明显降低了检测概率。

对于单秩（导向向量）有用信号，Pulsone and Rader（2001）最早尝试将干扰信号直接包含在假设检验中。随后，Fabrizio 等（2003a）利用子空间模型来描述有用信号和相干干扰同时存在的情况。前一种情况下，均匀高斯干扰下的 GLRT 产生了 ABORT 检测器。后一种情况下，在部分均匀干扰环境下，GLRT 拥有尺度不变的 CFAR 特性。Kalson（1992）提出的基于 Kelly 的 GLRT 的可调回波以及二阶回波，可以在对轻微不匹配的有用信号的鲁棒性以及有选择地滤除严重不匹配的干扰信号之间做出取舍。

在上述大多数工作中，每一种检测器的性能提升都仅是基于理论分析和计算机仿真结果的，信号环境特性和传感器很大程度上都要基于某些假设才能成立。这些研究对比分析了不同自适应检测架构的有效性，由于没有考虑到实际中的各种环境，因此算法的性能提升可能要打些折扣。在目前公开的文献中，缺少可以验证不同自适应检测架构性能的实验结果。另一方面，目标回波存在于多个主数据向量时的目标检测也没有受到足够关注。

本章的主要目的是研究与 4 个关键问题有关的一些内容：（1）有用信号不确定性；（2）非高斯分布过程；（3）相干干扰信号；（4）目标回波在多个主数据向量。这些研究对于自适应检测在雷达中的实际应用具有重要意义。同时，本章也描述了如何构造假设检验并建立各种假设下的信号模型，从而获得基于 GLRT 方法的鲁棒性的自适应检测架构。然后，利用地波和天波超视距雷达系统的实录数据，对比了一些自适应检测架构的性能。

12.1.2 传统假设检验

假设一次相干处理间隔（CPI）内雷达在射频（RF）发出 N_p 个脉冲串，在 N_a 个空间接收通道上，每个脉冲都包含 N_g 个复距离选通采样。回波通过天线单元（如子阵）的每个通道到达接收前端,然后对同相(I)和正交信号(Q)进行放大、滤波、转换到基带并进行脉冲压缩。根据奈奎斯特频率,将模拟信号转换为数字信号,从而产生 $N_a \times N_g \times N_p$ 维的一组 CPI 数据。检测器的主要输入为长度为 N 的复信号,表示为 $z(n) = z_I(n) + jz_Q(n)$,其中,$n = 1, \cdots, N$,$z_I(n)$ 和 $z_Q(n)$ 分别对应于 I 和 Q 两路输出。将输入信号(也就是主数据向量)表示为式(12.1)中的 N 维列向量的形式,其中,T 表示转置。

$$\mathbf{z} = [z(1), \cdots, z(N)]^T \tag{12.1}$$

根据需要,可以从空间、时间和空间-时间三个维度选取 $\mathbf{z}$ 的数据。例如,对于天线单元的空域处理,向量 $\mathbf{z}$ 的长度 $N = N_a$;对于脉冲之间的时域处理,$N = N_p$;对于空-时处理,$N = N_a \times N_p$。检测器也可能在波位-空间或多普勒域上进行处理,目前我们并不局限于某一特定的域。典型的信号检测过程是,每次只针对一个主数据向量进行检测,直到数据矩阵的所有元素都处理完成。最初,我们只关注于向量 $\mathbf{z}$。在二元假设问题中,通常假设主数据向量 $\mathbf{z}$ 具有式(12.2)的形式。

$$\begin{cases} \mathbf{z} = \mathbf{d}, & H_0: 仅有干扰 \\ \mathbf{z} = \mathbf{s} + \mathbf{d}, & H_1: 信号在干扰中 \end{cases} \tag{12.2}$$

在 H_0 假设下,$\mathbf{z}$ 只包含有干扰成分。在 H_1 假设下,$\mathbf{z}$ 中包含有用信号 $\mathbf{s}$ 和干扰 $\mathbf{d}$。这里的干扰可以描述为内部噪声 $\mathbf{n}$ 和外部干扰(包括杂波 $\mathbf{c}$ 和外部干扰 $\mathbf{i}$)的总和,如式(12.3)所示。通过在特定维度下的处理能够削弱某一种外部干扰。例如,通常采用空域处理来削弱点源产生的方向性干扰 $\mathbf{i}$,而脉冲间的时域处理用于削弱反响散射的杂波 $\mathbf{c}$。空时处理原则上能够削弱移动雷达平台接收到的杂波,或者同时虚弱杂波和干扰(当二者相当时)。

$$\mathbf{d} = \mathbf{c} + \mathbf{i} + \mathbf{n} \tag{12.3}$$

通常,将干扰向量 $\mathbf{d}$ 假设为 0 均值向量,并将其建模为 N 个变量的循环对称复高斯过程,含有未知(满秩)正定厄米特协方差矩阵 $\mathbf{R}$,如式(12.4)所示。简记为 $\mathbf{d} \sim \mathcal{CN}(0, \mathbf{R})$,$\mathbf{E}\{\cdot\}$ 表示期望,† 为厄米特或共轭转置运算符。假设各种干扰成分互不相干,$\mathbf{R} = \mathbf{R}_c + \mathbf{R}_i + \mathbf{R}_n$,其中 $\mathbf{R}_c = \mathbf{E}\{\mathbf{cc}^\dagger\}$ 和 $\mathbf{R}_i = \mathbf{E}\{\mathbf{ii}^\dagger\}$ 分别为杂波和干扰协方差矩阵,$\mathbf{R}_n = \sigma_n^2 \mathbf{I}_N$ 是能量为 σ_n^2 的白噪声。

$$\mathbf{R} = \mathbf{E}\{\mathbf{dd}^\dagger\} = \mathbf{R}_c + \mathbf{R}_i + \mathbf{R}_n \tag{12.4}$$

另一方面,将有用信号 $\mathbf{s}$ 看做一个确定性向量,H_1 假设下 $\mathbf{z}$ 的均值具有式(12.5)的形式。由于缺少目标的幅度 μ 和相位 v 信息,因此将复尺度 $\alpha = \mu e^{jv}$ 假设为未知的。用 $\mathbf{v} \in \mathcal{C}^N$ 表示目标特征向量。传统假设检验下,$\mathbf{v}$ 的结构是完全已知的。$\mathbf{v}$ 和 α 一样都是任意的自由参数,但通常设 $\mathbf{v}^\dagger \mathbf{v} = N$。

$$\mathbf{m} = \mathbf{E}\{\mathbf{z}|H_1\} = \mathbf{s} = \alpha \mathbf{v} \tag{12.5}$$

实际雷达搜索目标时,假设特征向量 $\mathbf{v}$ 依赖于 N 维空间中的一个已知流型 $\mathcal{M}$。这一流型通常根据与目标回波参数(例如,接收指向和多普勒频移)有关的导向向量模型 $\mathbf{v}(\omega)$ 来定义。流型 $\mathcal{M}$ 定义为在域 $\mathcal{D}$ 内与所有可能目标参数 ω 对应的一系列导向向量 $\mathbf{v}(\omega)$,如式(12.6)所示。条件 $\mathbf{v} \in \mathcal{M}$ 通常基于一个点目标模型,并依赖于散射过程、传播通道和接收设备理想化的物理假设。

$$\mathbf{v} \in \mathcal{M} \equiv \{\mathbf{v}(\omega); \omega \in \mathcal{D}\} \tag{12.6}$$

导向向量 $\mathbf{v}(\omega)$ 通常采用式(12.7)的形式。参数 ω 对应于脉冲间处理时的时间域角频率 $\omega = 2\pi f$(f 为 PRF 归一化后的目标多普勒频移),或对均匀直线阵(ULA)进行阵列处理

第 12 章 GLRT 检测方案

时的空间角频率 $\omega = 2\pi d \sin\varphi / \lambda$。对于空-时处理,通过时域和空域导向向量的克罗克内积来计算导向向量。导向向量的函数形式通常并不局限于式(12.7)的形式。为简单起见,这里将导向向量表示为 $\mathbf{v}(\omega)$,这一定义可能随着系统参数、目标模型和处理维度而变化。

$$\mathbf{v}(\omega) = [1, e^{j\omega}, e^{j2\omega}, \cdots, e^{j(N-1)\omega}]^T \tag{12.7}$$

在奈曼-皮尔逊准则(保持虚警率不变而使检测概率最大化)下,最佳检测器是似然比检验(LRT)。根据所给出的数据模型,式(12.8)中的 $p_\delta \mathbf{z}$ 给出了在假设 H_δ($\delta = 0$ 或 1)下主向量 $\mathbf{z}$ 的分布,其中,$\|\cdot\|$ 表示矩阵的行列式。

$$p_\delta[\mathbf{z}] = \frac{1}{\pi^N \|\mathbf{R}\|} e^{-(\mathbf{z}-\delta\mathbf{m})^\dagger \mathbf{R}^{-1}(\mathbf{z}-\delta\mathbf{m})} \tag{12.8}$$

LRT 采用一个阈值与式(12.9)中的统计量 $\ell(\mathbf{z})$(其中 $\mathbf{z}$ 为输入向量)进行比较。$\ell(\mathbf{z})$ 超过阈值即表示信号存在,否则表示信号不存在。当 H_1 和 H_0 分别为真时,信号存在的概率分别等于检测概率 P_D 和虚警率 P_{FA}。根据奈曼-皮尔逊准则,LRT 是在两种假设 H_1 和 H_0 之间做出判决的一致最大功效(UMP)检验。

$$\ell(\mathbf{z}) = \frac{p_1[\mathbf{z}]}{p_0[\mathbf{z}]} \tag{12.9}$$

检测统计量 $\ell(\mathbf{z})$ 通常表示为对数形式的似然比 $L(\mathbf{z}) = \ln\{\ell(\mathbf{z})\}$。根据对数似然比,式(12.8)可以写为式(12.10)的形式,其中 γ 为检测阈值。可是,由于 H_1 和 H_0 假设中 $\mathbf{z}$ 的干扰参数未知,导致 $L(\mathbf{z})$ 检验无法在实际中实现。也就是说,H_0 下的干扰协方差矩阵 $\mathbf{R}$,和 H_1 下的均值向量 $\mathbf{m} = \alpha \mathbf{v}$ 中 α 的复尺度均未知。

$$L(\mathbf{z}) = \mathbf{z}^\dagger \mathbf{R}^{-1} \mathbf{z} - (\mathbf{z}-\mathbf{m})^\dagger \mathbf{R}^{-1} (\mathbf{z}-\mathbf{m}) \underset{H_0}{\overset{H_1}{\gtrless}} \gamma \tag{12.10}$$

现在,假设处理器有一系列 $K_s \geq N$ 的辅数据向量,可以描述为 $\mathbf{z}_k \in \mathcal{C}^N$,$k \in \Omega_s \equiv [1,\cdots,K_s]$。根据与主向量 $\mathbf{z}$ 类似的方式(但分辨单元不同)从三维数据中提取出这些向量,通常选择待检验单元(CUT)的相邻单元。例如,联合空时处理中($N = N_a \times N_p$),可以根据 N_g 内距离单元的子集(不包括 CUT 距离段)来提取辅向量 z_k,通常取其一侧的"保护"单元。式(12.11)给出了辅数据矩阵 $\mathbf{Z}_s \in \mathcal{C}^{N \times K_s}$ 的定义。

$$\mathbf{Z}_s = [\mathbf{z}_1, \cdots, \mathbf{z}_{K_s}] \tag{12.11}$$

假设辅向量只包含干扰,$\mathbf{z}_k = \mathbf{d}_k$,并且与主数据中的干扰一样都是独立同分布的。这些辅数据被作为训练数据和参考元素,因此具有相同的协方差矩阵 $\mathbf{R}$,见式(12.12)。这一干扰模型就是均匀高斯模型。

$$\mathbf{E}\{\mathbf{z}_k \mathbf{z}_k^\dagger\} = \mathbf{R}, \quad k \in \Omega_s \tag{12.12}$$

包含辅数据的传统二元假设检验可以表示为式(12.13)中的 Test $\mathcal{A}$ 所示。为方便起见,我们定义矩阵 $\mathbf{Z} = [\mathbf{z}, \mathbf{Z}_s]$ 包含了全部输入数据集(即主数据和辅数据)。虽然仔细筛选训练数据可以减少辅数据中的信号污染,但辅数据不包含信号这一假设仍是不切实际的。本章虽然忽略了干扰信号的污染问题,但在辅数据中考虑到了这一点。

$$\text{Test } \mathcal{A}: \begin{cases} H_0: \begin{cases} \mathbf{z} = \mathbf{d}, \\ \mathbf{z}_k = \mathbf{d}_k, \quad k \in \Omega_s \end{cases} \\ H_1: \begin{cases} \mathbf{z} = \mathbf{s} + \mathbf{d}, \\ \mathbf{z}_k = \mathbf{d}_k, \quad k \in \Omega_s \end{cases} \end{cases} \tag{12.13}$$

Kelly（1986）针对 Test $\mathcal{A}$ 提出了一种解决 GLRT 的方法，该方法基于两种假设下的所有主数据和辅数据向量的联合分布。通过利用干扰向量的 IID 属性，发现在 $\mathbf{Z}$ 条件下分布参数 $(a, \mathbf{R})$ 未知时，H_δ 下数据向量的联合密度可以用式（12.14）中的 $f_\delta[\mathbf{Z};a,\mathbf{R}]$ 来表示，其中，Tr{} 为跟踪算子。H_1 假设下，密度中的未知参数为 $(a, \mathbf{R})$，H_0 假设下为 $\mathbf{R}$。

$$f_\delta[\mathbf{Z};a,\mathbf{R}] = \frac{1}{\pi^{N(K_s+1)}\|\mathbf{R}\|^{K_s+1}} \exp-\mathrm{Tr}\left\{\mathbf{R}^{-1}\left[(\mathbf{z}-\delta a\mathbf{v})(\mathbf{z}-\delta a\mathbf{v})^\dagger + \sum_{k=1}^{K_s}\mathbf{z}_k\mathbf{z}_k^\dagger\right]\right\} \quad (12.14)$$

GLRT 的推导，需要在每一种假设下（$\delta = 0, 1$）分别沿着所有未知干扰参数使联合密度 $f_\delta[\mathbf{Z};a,\mathbf{R}]$ 最大化。最大化的参数值为这些参数的最大似然（ML）估计，因此用 a 和 $\mathbf{R}$ 的最大似然估计代入密度函数就求得最大密度。干扰的样本协方差矩阵（SCM）$\mathbf{S}$ 可以根据辅数据来计算，见式（12.15），可见它仅是辅数据的干扰协方差矩阵的 ML 估计。

$$\mathbf{S} = K_s^{-1}\mathbf{Z}_s\mathbf{Z}_s^\dagger = K_s^{-1}\sum_{k=1}^{K_s}\mathbf{z}_k\mathbf{z}_k^\dagger \quad (12.15)$$

两种假设下最大密度的比就是 GLRT，见式（12.16）中的 $\mathcal{G}(\mathbf{Z})$。当 $\mathcal{G}(\mathbf{Z})$ 超过判决阈值时，认为 H_1 假设（分子为其密度）成立。

$$\mathcal{G}(\mathbf{Z}) = \frac{\max_{\mathbf{R},a} f_1[\mathbf{Z};a,\mathbf{R}]}{\max_{\mathbf{R}} f_0[\mathbf{Z};\mathbf{R}]} \quad (12.16)$$

Kelly 的 GLRT 可以简单写为式（12.17）中的 $\mathcal{L}(\mathbf{Z}) = (\mathcal{G}'(\mathbf{Z})-1)/\mathcal{G}'(\mathbf{Z})$ 的形式，其中，$\mathcal{G}'(\mathbf{Z})$ 是式（12.16）中 $\mathcal{G}(\mathbf{Z})$ 的第 K_s+1 个根，$(\mathcal{G}'(\mathbf{Z})-1)/\mathcal{G}'(\mathbf{Z})$ 是一个单调函数且不影响检测性能。$\mathcal{L}(\mathbf{Z})$ 的详细推导和 CFAR 特性的证明过程参见 Kelly（1986）。

$$\mathcal{L}(\mathbf{Z}) = \frac{|\mathbf{v}^\dagger\mathbf{S}^{-1}\mathbf{z}|^2}{\mathbf{v}^\dagger\mathbf{S}^{-1}\mathbf{v}(1+K_s^{-1}\mathbf{z}^\dagger\mathbf{S}^{-1}\mathbf{z})} \underset{H_0}{\overset{H_1}{\gtrless}} K_s\gamma \quad (12.17)$$

12.1.3 另一种二元假设

在实际中，目标参数 ω 是未知的，因此系统需要根据 $\mathbf{v} = \mathbf{v}(\omega)$ 来估计这一参数从而计算 GLRT。雷达通常在一系列不相关的 Q 的值中寻找一个 ω，见式（12.18）目标参数集 $\mathcal{B}$ 中的 ω_s。实际雷达参数 ω 在连续域 $\omega \in \mathcal{D}$ 中取值，可能与目前搜索到的参数 $\omega_s \in \mathcal{D}$ 不一致。目前，我们假设 ω_s 的一个值与实际目标参数 ω 完全一致。

$$\omega_s \in \mathcal{B} \equiv \{\omega_1, \cdots, \omega_Q\} \quad (12.18)$$

由于雷达通常需要面对不同的目标参数 $\omega_s \in \mathcal{B}$，因此搜索的目的并不仅仅是检测目标，而且需要给出目标的方位角和多普勒频率。因此，当式（12.19）中的检测器采用一个特定的 ω_s 时，目标参数被估计为目前的搜索参数 ω_s。如果存在一个具有实际参数 ω 的目标，但雷达却在"观察"其他区域，此时搜索应该是失败的，即 $\omega \ne \omega_s$。例如，一个强目标回波位于空间处理器的副瓣范围内，检测可能将其错误地认为是一个主瓣有用信号。

$$\mathcal{L}(\mathbf{Z},\omega_s) = \frac{|\mathbf{v}(\omega_s)^\dagger\mathbf{S}^{-1}\mathbf{z}|^2}{\mathbf{v}(\omega_s)^\dagger\mathbf{S}^{-1}\mathbf{v}(\omega_s)(1+K_s^{-1}\mathbf{z}^\dagger\mathbf{S}^{-1}\mathbf{z})} \underset{H_0}{\overset{H_1}{\gtrless}} K_s\gamma, \quad \omega_s \in \mathcal{B} \quad (12.19)$$

根据惯例，在 H_0 假设为真的情况下定义虚警率 P_{FA} 为接受 H_1 假设的概率，在 H_1 为真的情况下将检测概率 P_D 作为接受 H_1 的概率。然而，根据 H_1 下是否存在匹配或不匹配的信号，P_D 具有不同的含义。根据 Kalson（1995）的定义，我们将控制参数 ω_s 与信号参数不匹配时的 P_D 称为副瓣检测概率。另一方面，如果 $\omega_s = \omega$，我们称 P_{DM} 为主瓣检测概率。式（12.20）给出了这两个概率的定义。检测器获得较低的 P_{DS} 值意味着具有高的选择性，较高的 P_{DS} 值意味着高的敏感性，对于轻微失配信号的情况，12.2 节引入了鲁棒性这一概念。

$$P_{DM} = P[\mathcal{L}(\mathbf{Z}, \omega_s) > K_s \gamma \mid H_1; \omega_s = \omega], \quad P_{DS} = P[\mathcal{L}(\mathbf{Z}, \omega_s) > K_s \gamma \mid H_1; \omega_s \neq \omega] \quad (12.20)$$

考虑 H_1 假设下一个信号存在于主数据中的情况。系统通过在 Q 个候选目标参数 $\omega_s \in \mathcal{B}$ 中依次搜索来核实目标，其中只有一个参数完全与信号参数 ω 匹配。如果 $\omega_s = \omega$，此时信号 $a\mathbf{v}(\omega)$ 明显是一个有用信号 $\mathbf{s}$，从而被系统检测到。对于 $\omega_s \neq \omega$ 的情况，辅辏数据向量中的信号 $a\mathbf{v}(\omega)$ 将根据有用信号 $\mathbf{s}$ 来快速转换为干扰信号 $\mathbf{r}$，见式（12.21）。干扰信号将被系统舍弃掉从而避免一个虚警，也就是说，这样一个错误将导致系统以为出现了一个包含参数 ω_s 的目标。

$$a\mathbf{v}(\omega) = \begin{cases} \mathbf{s}, & \omega = \omega_s \\ \mathbf{r}, & \omega \neq \omega_s \end{cases} \quad (12.21)$$

式（12.13）中的 Test $\mathcal{A}$ 包含了主数据的一个有效的假设，只针对仅存在一个完全匹配的信号或信号不存在的情况。然而，当信号存在时，H_1 假设仅对于 Q 个估计参数中的一个是有效的。对于余下的 $Q-1$ 个参数，Test $\mathcal{A}$ 中没有可以反映主数据实际情况的假设。基于 Test $\mathcal{A}$ 的检测统计量并不能辨别匹配和失配信号，因此能够导致极高的 P_{DS}。

为了获得有效的检测器，失配信号存在的概率可以直接利用假设检验来解释。在 Pulsone and Rader（2001）中，设计了式（12.22）中的假设 Test $\mathcal{B}$ 来允许 H_0 假设下存在失配信号 $\mathbf{r}$，H_1 假设下存在匹配信号 $\mathbf{s}$。当信号存在于主数据中时，Test $\mathcal{B}$ 对于所有 $\omega_s \in \mathcal{B}$ 都存在一个有效的假设。下节将对干扰信号 $\mathbf{r}$ 的建模方法给出详细介绍。

$$\text{Test } \mathcal{B}: \begin{cases} H_0: \begin{cases} \mathbf{z} = \mathbf{r} + \mathbf{d}, & \text{干扰中的期望信号} \\ \mathbf{z}_k = \mathbf{d}_k, & k \in \Omega_s \end{cases} \\ H_1: \begin{cases} \mathbf{z} = \mathbf{s} + \mathbf{d}, & \text{干扰中的有用信号} \\ \mathbf{z}_k = \mathbf{d}_k, & k \in \Omega_s \end{cases} \end{cases} \quad (12.22)$$

另一种有趣的情况是主数据中会接收到多个具有不同参数的连续信号时。由于系统在候选参数集 $\omega_s \in \mathcal{B}$ 中搜索参数，因此 ω_s 的值只能与其中一个信号的参数相匹配。在这种情况下，式（12.23）中 Test $\mathcal{C}$ 的二元假设检验能够在 $\omega_s \in \mathcal{B}$ 中给出两个可能的选择。关键是，一个假设检验是否能够表示主数据的实际参数，并不仅仅取决于信号存在与否，还与信号的数目和系统目前的搜索参数有关。

$$\text{Test } \mathcal{C}: \begin{cases} H_0: \begin{cases} \mathbf{z} = \mathbf{r} + \mathbf{d}, & \text{干扰中的期望信号} \\ \mathbf{z}_k = \mathbf{d}_k, & k \in \Omega_s \end{cases} \\ H_1: \begin{cases} \mathbf{z} = \mathbf{s} + \mathbf{r} + \mathbf{d}, & \text{干扰中的有用信号和不期望的信号} \\ \mathbf{z}_k = \mathbf{d}_k, & k \in \Omega_s \end{cases} \end{cases} \quad (12.23)$$

显然，每个二元假设检验只能涵盖 Test $\mathcal{A}$、$\mathcal{B}$ 和 $\mathcal{C}$ 中 4 种可能假设中的两种。当认为主数据中存在一个信号 $a\mathbf{v}(\omega)$ 时，只有 Test $\mathcal{B}$ 可以对所有 $\omega_s \in \mathcal{B}$ 给出一个有效的假设。当主数据中存在具有不同参数的多个信号时，只有 Test $\mathcal{C}$ 能够对所有 $\omega_s \in \mathcal{B}$ 给出一个合理的假设。当主数据只包含干扰时，只有 Test $\mathcal{A}$ 能够给出一个有效的空假设。因此，与主数据中信号的数目和系统目前搜索的参数有关的多元假设检验十分必要，4 种假设中至少一种与所有条件下主数据的实际情况一致。

12.1.3.1 广义多元假设检验

目前,在单个主数据中每次只寻找一个有用信号。这是因为点目标的回波基本只存在于一个分辨单元或测量向量内(忽略频谱泄漏的影响)。当雷达距离分辨单元的大小超过目标物理尺寸时,这一假设是有效的。对于高分辨雷达,相对大的目标可能存在于多个距离单元内,因此有用信号能量同时存在于多个主数据向量上。

因此,多元假设检验应该考虑到分配于多个主向量上的目标检测概率。为此,式(12.24)给出了一个更为通用的多元假设检验,可以解释这一现象。用 z_k($k \in \Omega_p \equiv \{K_s+1,\cdots,K\}$,$K = K_s + K_p$)来表示 K_p 个主数据向量。这一广义多元假设检验(Generalized Multi-Hypothesis Tests,GMHT)自然分为两类假设,H_0 或 H_1(目标不存在)和 H_2 或 H_3(目标存在)。

$$\text{GMHT:} \begin{cases} \text{Target Absent:} \begin{cases} H_0: \begin{cases} \mathbf{z}_k = \mathbf{d}_k, & k \in \Omega_p, \\ \mathbf{z}_k = \mathbf{d}_k, & k \in \Omega_s. \end{cases} \\ H_1: \begin{cases} \mathbf{z}_k = \mathbf{r}_k + \mathbf{d}_k, & k \in \Omega_p, \\ \mathbf{z}_k = \mathbf{d}_k, & k \in \Omega_s. \end{cases} \end{cases} \\ \text{Target Present:} \begin{cases} H_2: \begin{cases} \mathbf{z}_k = \mathbf{s}_k + \mathbf{d}_k, & k \in \Omega_p, \\ \mathbf{z}_k = \mathbf{d}_k, & k \in \Omega_s. \end{cases} \\ H_3: \begin{cases} \mathbf{z}_k = \mathbf{s}_k + \mathbf{r}_k + \mathbf{d}_k, & k \in \Omega_p, \\ \mathbf{z}_k = \mathbf{d}_k, & k \in \Omega_s. \end{cases} \end{cases} \end{cases} \quad (12.24)$$

文献中描述的大多数 GLRT 架构都建立在 $K_p = 1$,$K_s \geq N$,以及式(12.24)中 GMHT 的二元假设检验之上,一个假设由 H_0 或 H_1(目标不存在)构成,另一个由 H_2 或 H_3(目标存在)构成。例如,与 H_0 或 H_2 对应的 Test $\mathcal{A}$,与 H_1 或 H_2 对应的 Test $\mathcal{B}$,与 H_1 或 H_3 对应的 Test $\mathcal{C}$,其中,均满足 $K_p = 1$,$K_s \geq N$。Kelly and Forsythe(1989)以及 Conte 等(2001)导出了 $K_p > 1$,$K_s \geq N$ 下 H_0 或 H_2 的 GLRT 表达式。

Conte 等(2001)推导出的 GLRT 假设目标成分 $\mathbf{s}_k$(只存在于主数据)具有相同的已知结构 $\mathbf{v}$,但具有不同的和任意的复尺度 a_k,见式(12.25)。这涉及非相干分布的目标。Kelly and Forsythe(1989)在均匀高斯情况下(并假设没有干扰信号)给出了相干分布目标的检测,其中,复尺度 a_k 可以用已知函数来描述。

$$\mathbf{s}_k = a_k \mathbf{v}, \quad k \in \Omega_p \quad (12.25)$$

针对雷达的实际应用,式(12.24)的 GMHT 架构包含许多假设检验的结构单元。Kelly(1986)的原论文对其进行了许多重要的改进。这些改进主要分为三类:(1)均匀高斯情况的归一化能够解释更贴近实际的干扰模型(在尺度和结构上不均匀);(2)根据多秩(即子空间)表达,扩展"导向向量"目标模型从而捕捉有用信号中的部分不确定性;(3)在主数据和可能的辅数据上由相干回波所引起干扰信号的合并(这里暂不考虑辅数据)。12.2 节讨论了干扰、有用信号和相干干扰的测量模型。

对于 GMHT,为获得检测统计量将多元假设检验问题分解为一系列二元检验。例如,第一个二元检验用于确定 $\mathbf{z}$ 是否只包含干扰(H_0),还是信号加干扰,还是不考虑是有用信号还是干扰。如果认为信号存在(H_1、H_2、H_3),第二个检验的目的为了区分不匹配(H_1)和匹配(H_2)的信号假设。如果接受 H_2,下一个检验将用于确定 $\mathbf{z}$ 是否只包含一个不匹配的信号(H_1),或是否额外包含一个被强失配信号掩蔽的匹配信号(H_3)。本章主要关注对不同二元假设检验的基于 GLRT 的检测器,因为这些统计组成了多元假设检验问题的构成模块。

12.2 测量模型

为了完整地定义检测问题，必须明确给出（每种检验假设中）不同信号成分的测量模型。本节给出了干扰、有用信号和无效成分的许多传统模型。这些模型针对二元假设 Tests $\mathcal{A}$、$\mathcal{B}$ 和 $\mathcal{C}$，或者式（12.24）的 GMHT。不同假设检验（见前一节）和这些检验的单个成分的测量模型（见本节）的组合，使得检测问题多样化，许多问题在现有文献中已经考虑到了。

在实际中，我们一般得不到关于信号环境的精确知识，基于理想假设的标准模型过于简单，并且在有些应用中不能使用。这就促使采用其他干扰和信号模型，从而可以解释接收数据特性上的高度不确定性。这些模型促成了更具鲁棒性的检测体系。本节给出多种复杂的测量模型，某些模型将用于获得基于 GLRT 的检测架构（见 12.3 节）。

12.2.1 干扰处理

多变量（循环对称）复合高斯分布通常可用于建模主数据和辅数据中收到的干扰。然而，数据分析显示，实际雷达系统接收到的主分辨单元和辅分辨单元上的干扰向量并不能采用同一个高斯分布来描述。一个最好的例子就是，高分辨微波雷达不同 CPI 脉冲接收到的杂波样本（尤其低擦地角的情况），以及高频雷达系统接收的地波和海杂波。不同距离和波位分辨单元下的时域杂波向量，明显不同于 IDD 高斯假设。

复合高斯分布对于描述实验中观测到的杂波统计量具有较大的灵活性（Gini and Farina 2002a）。与复合高斯过程对应的概率密度包括 Weibull 分布和 K 分布。球不变随机过程（SIRP）是一种重要的复合高斯模型。SIRP 在雷达中的应用具有一定物理意义，并广泛用于杂波向量的时域（脉冲串）建模。SIRP 也可以取代 IID 高斯模型，来模拟空间处理应用中的非相干干扰信号，如高频天线阵不同单元接收到的干扰。

12.2.1.1 均匀高斯

在统计均匀模型中，假设主数据和辅数据 $\mathbf{d}_k$（$k \in \Omega \equiv [\Omega_s, \Omega_p]$）中的 $K = K_s + K_p$ 维干扰向量均值为 0，且具有相同的正定厄米特协方差矩阵 $\mathbf{R}$。

$$\mathbf{R} = \mathrm{E}\{\mathbf{d}_k \mathbf{d}_k^\dagger\}, \quad \forall k \in \Omega \tag{12.26}$$

假设干扰向量 $\mathbf{d}_k$ 的边缘密度为具有 N 个变量的复正态分布 $p_d[\mathbf{d}_k]$，见式（12.27）。

$$p_d[\mathbf{d}_k] = \frac{1}{\pi^N \|\mathbf{R}\|} e^{-\mathbf{d}_k^\dagger \mathbf{R}^{-1} \mathbf{d}_k} \tag{12.27}$$

假设 K 分布向量为统计独立的，具有式（12.28）的联合密度函数 $f_d[\mathbf{d}_1, \cdots, \mathbf{d}_K]$

$$f_d[\mathbf{d}_1, \cdots, \mathbf{d}_K] = \prod_{k=1}^K p_d[\mathbf{d}_k] = \frac{1}{\pi^{NK} \|\mathbf{R}\|^K} \exp\left(-\mathrm{Tr}\left\{\mathbf{R}^{-1} \sum_{k=1}^K \mathbf{d}_k \mathbf{d}_k^\dagger\right\}\right) \tag{12.28}$$

这一干扰表达式通常被认为是均匀高斯干扰模型，该统计模型中只有干扰协方差矩阵 $\mathbf{R}$ 是未知的。

12.2.1.2 复合高斯模型

在外部干扰信号占主要地位的情况下，将干扰建模为复合高斯干扰。针对具体实例，假设不存在干扰并且（与内部噪声相比）杂波占主要地位，就可以忽略内部噪声。在这种情况下，$N = N_p$ 维的时域干扰向量 $\mathbf{d}_k$ 可以用仅包含干扰的 $\mathbf{c}_k$ 来近似，见式（12.29）。本节稍后将讨论附加热噪声的影响。

$$\mathbf{d}_k = \mathbf{c}_k \tag{12.29}$$

在复合高斯模型中，干扰向量 $\mathbf{d}_k = [d_k(1),\cdots,d_k(N)]^T$ 中的元素 $d_k(n)$ 被认为是两个不相关随机过程的乘积。它们是广义平稳（WSS）0 均值复平稳高斯过程，即斑理 $x_k(n)$，乘以来自非负相关 WSS 随机过程（具有有限均方根值）的实调制分量，即纹理 $\tau_k(n)$。这一乘积模型可以写为式（12.30）的形式。不失一般性，假设纹理具有边缘密度函数 $p_\tau(\tau)$。

$$d_k(n) = \tau_k(n) x_k(n), \quad n = 1,\cdots,N \tag{12.30}$$

该复合高斯模型显然是一个双随机过程。注意到，K 分布与这一模型完全兼容，Weibull 概率密度函数（PDF）对于形状参数在（0，2]内的复合高斯模型是合适的。干扰向量 $\mathbf{d}_k$ 可以表示为式（12.31）的元素乘积，其中，$\mathbf{x}_k = [x_k(1),\cdots,x_k(N)]^T$ 是 N 维斑理向量，$\boldsymbol{\tau}_k = [\tau_k(1),\cdots,\tau_k(N)]^T$ 是 N 维纹理向量，对干扰包络进行调制。

$$\mathbf{d}_k = \boldsymbol{\tau}_k \odot \mathbf{x}_k \tag{12.31}$$

斑理（speckle）和纹理（texture）之间相互独立，意味着干扰协方差矩阵 $\mathbf{R} = E\{\mathbf{d}_k \mathbf{d}_k^\dagger\}$ 可以表示为式（12.32）的形式。其中，$\mathbf{M}_\tau = E\{\boldsymbol{\tau}_k \boldsymbol{\tau}_k^\dagger\}$ 是具有单位对角线单元的纹理协方差矩阵，$\boldsymbol{\Sigma} = E\{\mathbf{x}_k \mathbf{x}_k^\dagger\}$ 是正定厄米特协方差矩阵。

$$\mathbf{R} = \mathbf{M}_\tau \odot \boldsymbol{\Sigma} \tag{12.32}$$

主数据和辅数据具有相同统计期望干扰协方差矩阵 $\mathbf{R}$ 的，复合高斯模型的假设实际上是合理的，前提是这两组数据集是从局部数据中有限分辨单元中提取的，且排除了异常值的干扰。

12.2.1.3 球不变随机过程（SIRP）

对实际杂波数据的分析显示，与高斯斑理分量相比，调制纹理成分变化更为缓慢。当纹理的相干时间比雷达 CPI 更大时，纹理样本 $\tau_k(n)$ 可以假设为与观测间隔 $n = 1,\cdots,N$ 完全相关。这一条件允许用标量随机向量 τ_k 来代替纹理向量 $\boldsymbol{\tau}_k$，将其与散斑向量的所有样本相乘，见式（12.33）。在该条件下，式（12.31）的复合高斯模型变成 0 均值复数球不变随机过程（SIRP）。

$$\mathbf{d}_k = \tau_k \mathbf{x}_k \tag{12.33}$$

由于纹理满足 $E\{\tau_k^2\} = 1$，式（12.33）给出了 SIRP 模型下的干扰协方差矩阵 $\mathbf{R} = \boldsymbol{\Sigma}$。采用 Yao（1973）的定理，可以将 SIRP 干扰向量 $\mathbf{d}_k$ 的边缘密度函数写为 $p_k[\mathbf{d}_k]$，见式（12.34）。

$$p_d[\mathbf{d}_k] = \frac{1}{\pi^N \|\boldsymbol{\Sigma}\|} h_N(\mathbf{d}_k^\dagger \boldsymbol{\Sigma}^{-1} \mathbf{d}_k) \tag{12.34}$$

式（12.35）给出了函数 $h_N(y)$ 的定义。假设 $\boldsymbol{\Sigma}$ 和纹理边缘密度 $p_\tau(\tau)$ 均未知。当 $p_\tau(\tau) = \delta(\tau - 1)$ 时，SIRP 公式可能变为 $\mathbf{R} = \boldsymbol{\Sigma}$ 的高斯模型。

$$h_N(y) = \int_0^\infty \tau^{-2N} \exp\left(-\frac{y}{\tau^2}\right) p_\tau(\tau) \, d\tau \tag{12.35}$$

纹理自相关函数依赖于主数据和辅数据的联合纹理 PDF $f_\tau(\tau_1,\cdots,\tau_k)$，$k \in \Omega$。在极端情况下，纹理样本 τ_k 在主单元和辅单元上可看做相互独立的，见式（12.36）给出的联合 PDF。这一模型非常适合于高分辨率系统（该系统中在单个单元的纹理对"平均值"贡献很少），以及散射表面的反射特性在雷达分辨单元的空间尺度上快速变化的情况。

$$f_\tau(\tau_1,\cdots,\tau_K) = \prod_{k=1}^{K} p_\tau(\tau_k) \tag{12.36}$$

另一极端情况下,纹理样本可能完全相关,此时对于所有 $k \in \Omega$,满足 $\mathbf{d}_k = \tau\mathbf{x}_k$。均匀高斯模型下这一结果具有随机分布的干扰能量。式(12.37)给出了纹理值为 τ 时的干扰协方差矩阵。从该式可以看出斑理协方差矩阵 $\mathbf{\Sigma}$ 包含了干扰结构或频谱形式,而且干扰能量或尺度由纹理分量 τ 所决定。

$$\mathbf{E}\{\mathbf{d}_k\mathbf{d}_k^\dagger|\tau\} = \tau^2\mathbf{\Sigma} \tag{12.37}$$

此外,存在一种中间情况,即纹理完全依赖于辅数据,且分散在主数据中(如果 $K_p > 1$),见式(12.38)。这一情况与主数据或辅数据的任意一对分辨单元之间最大间隔都小于比纹理尺度的时候一致,但此时辅向量并不与主数据直接相邻,纹理分量 τ_s 将以随机的方式不同于 τ_p。

$$\begin{cases} \mathbf{d}_k = \tau_s\mathbf{x}_k & k \in \Omega_s \\ \mathbf{d}_k = \tau_p\mathbf{x}_k & k \in \Omega_p \end{cases} \tag{12.38}$$

对于式(12.38)的模型,定义 $\mathbf{R}_s = \mathbf{E}\{\mathbf{d}_k\mathbf{d}_k^\dagger|\tau_s\}$ 作为 τ_s 条件下辅数据干扰协方差矩阵,$\mathbf{R}_p$ 为 τ_p 条件下的主数据干扰协方差矩阵,见式(12.39)。主数据和辅数据干扰协方差矩阵之间的相关尺度因子 $v = (\tau_p/\tau_s)^2$ 是随机变化的。这一简化 SIRP 模型被用作部分均匀的情况(Conte et al. 2001),也被用于训练数据和测试数据之间具有未知尺度变化的高斯干扰模型。在某些研究中,将 v 作为未知确定性参数(Kraut and Scharf 2001)。

$$\begin{cases} \mathbf{R}_s = \tau_s^2\mathbf{\Sigma} & k \in \Omega_s \\ \mathbf{R}_p = \tau_p^2\mathbf{\Sigma} = v\mathbf{R}_s & k \in \Omega_p \end{cases} \tag{12.39}$$

假设与内部加性噪声相比外部干扰占优势地位。实际上,当干扰-噪声比比较高且纹理轮廓并不十分"尖锐"时,这一近似是精确的(Michels, Himed, and Rangaswamy 2000;Michels, Himed, and Rangaswamy 2002;Liu, Chen, and Michels 2002)。当加性白噪声不能忽略时,根据式(12.40)的联合协方差矩阵可知 $\tau_s \neq \tau_p$ 时 $\mathbf{R}_p \neq v\mathbf{R}_s$。

$$\begin{cases} \mathbf{R}_s = \tau_s^2\mathbf{\Sigma} + \sigma_n^2\mathbf{I}_N & k \in \Omega_s \\ \mathbf{R}_p = \tau_p^2\mathbf{\Sigma} + \sigma_n^2\mathbf{I}_N & k \in \Omega_p \end{cases} \tag{12.40}$$

本章其余部分将重点关注前面给出的均匀高斯干扰模型的应用,以及部分均匀 SIRP 干扰模型。这两个通用模型被广泛用于推导基于 GLRT 理论的自适应检测检验。

12.2.2 有用信号

本节的目的并不是给出有用信号模型的详细分类,而是对比和描述用于二元假设检验 $\mathcal{A}$、$\mathcal{B}$ 和 $\mathcal{C}$ 中的模型 $\mathbf{s}$ 或者 GMHT 中 $\mathbf{s}_k$ 的主要方法。传统上,有用信号模型 $\mathbf{s} = a\mathbf{v}$ 由已知确定性特征向量 $\mathbf{v}$ 乘以未知确定性复尺度 a 构成,$\mathbf{v}$ 描述了目标回波结构,散射和传播的不确定性引起的 a 决定了其幅度和相位。

虽然本节重点主要关注的是确定性有用信号模型,但是 $\mathbf{s}$ 的特性可以用更广泛的术语来描述,包括统计信号的概率。如 Farina and Russo (1986),将目标信号建模为均值向量为 $\mathbf{m}_s$ 协方差矩阵 $\mathbf{M}_s$ 的多元复高斯向量,见式(12.41)。

$$\begin{cases} \mathbf{m}_s = \mathbf{E}\{\mathbf{s}\} \\ \mathbf{M}_s = \mathbf{E}\{(\mathbf{s}-\mathbf{m}_s)(\mathbf{s}-\mathbf{m}_s)^\dagger\} \end{cases} \tag{12.41}$$

具有均值和起伏分量的信号向量 **s**，可以用式（12.42）中多变量循环对称高斯复正态密度函数 $f_s[\cdot]$ 来表示，其中，$\mathbf{M}_s$ 为正定厄米特矩阵。简记为 $\mathbf{s} \sim \mathcal{CN}(\mathbf{m}_s, \mathbf{M}_s)$。虽然之前提到了非高斯多变量密度函数，如复合高斯或椭球等高分布，但直到涉及有用信号时才考虑这一函数。大多数自适应信号检测问题都假设一个完全确定的模型来表示有用信号，本章大部分内容都遵循这一惯例。

$$f_s[\mathbf{s}] = \frac{1}{\pi^N \|\mathbf{M}_s\|} e^{-(\mathbf{s}-\mathbf{m}_s)^\dagger \mathbf{M}_s^{-1}(\mathbf{s}-\mathbf{m}_s)} \tag{12.42}$$

12.2.2.1 离散目标回波

离散目标模型是建立在有用信号结构的导向向量流形之上的。这一流形通常定义为一个或多个目标参数的解析函数，这里用 ω 来表示。当 ω 取目标参数域内 $\omega \in \mathcal{D}$ 所有可能的值时，导向向量 $\mathbf{v}(\omega)$ 在 N 维空间中划出一道轨迹。所有点的集合作为导向向量流形，用式（12.43）中的 $\mathcal{M}$ 来表示。

$$\mathcal{M} \equiv \{\mathbf{v}(\omega); \omega \in \mathcal{D}\} \tag{12.43}$$

离散目标回波被定义为具有流形 $\mathcal{M}$ 上一个特征矢量 $\mathbf{v}$ 的有用信号 $\mathbf{s} = a\mathbf{v}$。也就是说，对于某些 $\omega_s \in \mathcal{D}$，$\mathbf{v} = \mathbf{v}(\omega_s)$。式（12.44）的离散目标模型不需要假设参数 ω_s 是已知的。在实际监视雷达应用中，目标参数 ω_s 是未知的，需在一些可能的域上进行搜索，如波位指向方向和多普勒频率的有限集合。

$$\mathbf{s} = a\mathbf{v}(\omega_s) \tag{12.44}$$

离散目标的信号模型可以是确定的，也可以是随机的，取决于复标量 a 的性质。确定性描述符利用均值向量 $\mathbf{m}_s$ 来表示目标信号 **s**，见式（12.45）。在这种情况下，复尺度 $a = \mu e^{j\vartheta}$ 虽然未知但具有固定值，代表了因雷达扫描过程中（不变的）散射和传播效应引起的对目标回波幅度 μ 和相位 v 的不掌握。$\mathcal{M}$ 中的特征向量通常假设为具有常数范数，如 $\mathbf{v}(\omega_s)^\dagger \mathbf{v}(\omega_s) = N$。

$$\text{deterministic} \begin{cases} \mathbf{m}_s = a\mathbf{v}(\omega_s) \\ \mathbf{M}_s = 0 \end{cases} \tag{12.45}$$

s 的完全统计描述符假设均值向量 $\mathbf{m}_s$ 为 0，协方差矩阵为 $\mathbf{M}_s = \mathbf{E}\{\mathbf{s}\mathbf{s}^\dagger\}$。对于离散目标模型，这对应于 0 均值波动复幅度 α 和一个确定性特征向量 $\mathbf{v}(\omega_s)$。当 a 具有 IID 高斯实部和虚部时，扫描时独立变化从而产生瑞利衰落，**s** 采用式（12.46）给出的斯怀林（Swerling）I 模型描述，其中，$\sigma_s^2 = \mathbf{E}\{|a|^2\}$ 为尺度波动的方差。

$$\text{Swerling I} \begin{cases} \mathbf{m}_s = 0 \\ \mathbf{M}_s = \sigma_s^2 \mathbf{v}(\omega_s) \mathbf{v}(\omega_s) \end{cases} \tag{12.46}$$

虽然下一节将涉及多阶模型，但这里讨论一种特殊情况，**s** 的尺度和结构在雷达扫描时产生波动。当信号向量 $\mathbf{s} = [s_1, s_2, \cdots, s_N]^T$ 的所有元素为 0 均值 IID 高斯随机变量时，式（12.47）的斯怀林 II 模型将产生瑞利衰落。这就产生了式（12.47）中的统计表达式，其中，$\sigma_s^2 = \mathbf{E}\{|s_n|^2\}$，$n = 1, 2, \cdots, N$。

$$\text{Swerling II} \begin{cases} \mathbf{m}_s = 0 \\ \mathbf{M}_s = \sigma_s^2 \mathbf{I}_N \end{cases} \tag{12.47}$$

IID 高斯模型中一个均值非 0 的向量（$\mathbf{m}_s \neq 0$）产生具有 Ricean 分布幅度包络的有用信号样本 $\{s_n\}_{n=1}^N$。斯怀林 III 和 IV 模型分别针对 $\mathbf{m}_s \neq 0$ 的情况，见式（12.46）和式（12.47）。

12.2.2.2 扩展有用信号

扩展的有用信号定义为特征向量 $\mathbf{v}$ 不在流形 $\mathcal{M}$ 上的目标回波 $\mathbf{s} = a\mathbf{v}$。换句话说，对于任

意 $\omega_s \in \mathcal{D}$, $\mathbf{v} \neq \mathbf{v}(\omega_s)$)。这可能是由于环境或设备导致的,这里我们并不对此进行区分。扩展信号 $\mathbf{s}$ 并不对准流形上的单个点,但可以表示为流形上许多(N_r个)相近点的和,见式(12.48),其中,ρ_r 为复幅度和 δ_r 为目标参数 ω_s 的替代量(如杂波质心)。

$$\mathbf{s} = \sum_{r=1}^{N_r} \rho_r \mathbf{v}(\omega_s + \delta_r) \tag{12.48}$$

当真实信号结构 $\mathbf{v}$ 和导向向量 $\mathbf{v}(\omega_s)$ 之间的偏差不大时,这一模型可能是最合适的。假设复幅度 ρ_r 和参数位移 δ_r 未知。对于小的位移 δ_r,导向向量 $\mathbf{v}(\omega_s + \delta_r)$ 能够用 M 阶泰勒展开来精确描述,见式(12.49)。流形 $\mathcal{M}$ 被假设为对于 ω 连续可微的,假设向量 $\mathbf{d}_m(\omega_s) = \partial^m \mathbf{v}(\omega) / \partial \omega^m |_{\omega=\omega_s}$ ($m=1,\cdots,M-1 \ll N$)是线性独立的,$\mathbf{d}_0(\omega_s) = \mathbf{v}(\omega_s)$。

$$\mathbf{s} = \sum_{r=1}^{N_r} \rho_r \left\{ \mathbf{v}(\omega_s) + \sum_{m=1}^{M-1} \frac{\rho_r (\delta_r)^m}{m!} \left[\frac{\partial^m \mathbf{v}(\omega)}{\partial \omega^m} \right]_{\omega=\omega_s} \right\} \tag{12.49}$$

如果采用式(12.49)的模型,那么有用信号可以写为式(12.50),其中,$\mathbf{d}_m(\omega_s)$($m=0,\cdots,M-1$)是线性独立的基准向量或"模式"。每个基准向量都是搜索参数 ω_s 的一个已知函数。复权重 $\theta_m = \sum_{r=1}^{N_r} \rho_r (\delta_r)^m / m!$($m=0,\cdots,M-1$)给出了未知线性组合系数。例如,一阶($M=1$)泰勒展开可以用于离散源的空间特性(Astely, Ottersten, and Swindelhurst 1998)。

$$\mathbf{s} = \theta_0 \mathbf{v}(\omega_s) + \sum_{m=1}^{M-1} \theta_m \mathbf{d}_m(\omega_s) \tag{12.50}$$

该模型并不十分适用于扩展信号 $\mathbf{s}$,其射线明显偏离导向向量 $\mathbf{v}(\omega_s)$。另一种方法是将 $\mathbf{s}$ 表示为更大间隔导向向量 $\mathbf{v}(\omega_s + \Delta_m)$ 相对小的数目 $M \ll N$ 的叠加,见式(12.51)。不同正或负的位移 Δ_m($m=1,\cdots,M-1$)可以在目标搜索参数集中 ω_s 及其附近取值,流形 $\mathcal{M}$ 的 Vandermonde 结构确保 M 个基准向量或模型是线性独立的。Fabrizio 等(2003a)提出了这一波干涉模型。

$$\mathbf{s} = \theta_0 \mathbf{v}(\omega_s) + \sum_{m=1}^{M-1} \theta_m \mathbf{v}(\omega_s + \Delta_m) \tag{12.51}$$

这两种情况下,$\mathbf{s}$ 可以表示为式(12.52)的多阶(子空间)模型,其中模式矩阵 $\mathbf{V}(\omega_s)$ 定义为 $\mathbf{V}(\omega_s) = [\mathbf{v}(\omega_s), \mathbf{d}_1(\omega_s), \cdots, \mathbf{d}_{M-1}(\omega_s)]$,或 $\mathbf{V}(\omega_s) = [\mathbf{v}(\omega_s), \mathbf{v}(\omega_s + \Delta_1), \cdots, \mathbf{v}(\omega_s + \Delta_{M-1})]$。这两种表达式相对在一系列空间导向向量上搜索要更加灵活,因为子空间模型可以表示那些不在流形上的扩展信号。显然,也可以用其他模型来表示 $\mathbf{V}(\omega_s)$。例如,将 $\mathbf{V}(\omega_s)$ 表示为特征向量 $\mathbf{v}(\omega_s)$ 的子空间归一化,M 维坐标向量 $\underline{\theta} = [\theta_0, \theta_1, \cdots, \theta_{M-1}]^T$ 是复尺度 a 从离散目标回波模型到扩展的有用信号描述的多阶扩展。对于确定性信号,通常假定 $\mathbf{V}(\omega_s)$ 已知,$\underline{\theta}$ 未知但恒定不变。

$$\mathbf{s} = \mathbf{V}(\omega_s) \underline{\theta}, \quad \mathbf{V}(\omega_s) \in \mathcal{C}^{N \times M}, \quad \underline{\theta} \in \mathcal{C}^M \tag{12.52}$$

统计信号 $\mathbf{s} = a\mathbf{v}$ 可以写为式(12.53)的形式,其中 $\mathbf{v}(\omega_s)$ 是导向向量,在最小均方误差(MMSE)下与 $\mathbf{v}$ 最为匹配,$\mathbf{b} \in \mathcal{C}^M$ 为 0 均值(复高斯分布)乘性畸变向量。符号 $\odot$ 表示单元点乘(element-wise product)。简单来说,$\mathbf{s}$ 可以认为是由归一化导向向量 $\mathbf{v}(\omega_s)$ 确定的总体结构,和由调制随机向量 $\mathbf{b}$ 确定的不确定精细结构组成。

$$\mathbf{s} = \mathbf{b} \odot \mathbf{v}(\omega_s) \tag{12.53}$$

在统计意义上,随机向量 $\mathbf{b}$ 具有 0 均值,$\mathbf{m}_s = \mathbf{0}$。式(12.54)给出了信号协方差 M_s,其中

$E[\mathbf{bb}^\dagger] = \sigma_s^2 \mathbf{B}$。矩阵 $\mathbf{B}$ 具有单位对角元素 $[\mathbf{B}]_{ii} = 1$，决定了统计信号的频谱宽度，σ_s^2 表示信号能量。$\mathbf{M}_s$ 与 ω_s 的关系并不直接，简单起见这里未做表述。

$$\mathbf{M}_s = \sigma_s^2 \mathbf{B} \odot \mathbf{v}(\omega_s)\mathbf{v}^\dagger(\omega_s) \tag{12.54}$$

通常采用的模型是相关系数 $\rho \in [0,1]$ 的高斯或指数衰减函数，$\mathbf{B}$ 的元素 (i,j) 记为 $\mathbf{B}_{ij}$，见式（12.55）。该模型分别利用具有高斯和洛伦兹包络的能量密度函数描述信号向量 $\mathbf{s}$ 的"相干损失"。有关该统计模型更详细的描述见 Paulraj and Kailath（1988）。

$$\mathbf{B}_{ij} = \rho^{|i-j|^2} \text{ (Gaussian)}, \quad \mathbf{B}_{ij} = \rho^{|i-j|} \text{ (decaying exponential)} \tag{12.55}$$

在 $\rho \to 1$ 的限制情况下，$\mathbf{M}_s$ 接近单阶（$M = 1$）模型，见式（12.56）。这是因为 $\mathbf{B}$ 趋向于一个元素均为 1 的矩阵，目标频谱趋向于中心在 ω_s 的 δ 函数。显然，$\mathbf{M}_s$ 的单阶模型就是斯怀林 I 模型，与已知形式的相干目标一致。

$$\lim_{\rho \to 1} \mathbf{M}_s = \sigma_s^2 \mathbf{v}(\omega_s)\mathbf{v}^\dagger(\omega_s) \tag{12.56}$$

当 $\rho \to 0$ 时，因为 $\mathbf{B} \to \mathbf{I}_N$ 且目标谱具有相同的包络，因此 $\mathbf{M}_s$ 接近满秩（$M = N$）模型。在式（12.56）中，$\mathbf{M}_s$ 的满秩模型等于具有完全不相关元素的有用信号向量（如有限谱宽的有用信号）和中间有效阶 $1 < M < N$ 协方差矩阵 $\mathbf{M}_s$ 的斯怀林 II 模型。ρ 的值表示了斯怀林 I 和 II 模型（两种极端情况）之间的连续变化。

$$\lim_{\rho \to 0} \mathbf{M}_s = \sigma_s^2 \mathbf{I}_N \tag{12.57}$$

半正定厄米特矩阵 $\mathbf{M}_s$ 可以近似为式（12.54）中特征分解的 M 阶截断，其中，$N \times M$ 维矩阵 $\mathbf{Q} = [\mathbf{q}_1, \cdots, \mathbf{q}_M]$ 包含特征向量 $\mathbf{q}_m$，对应于 $M \times M$ 对角阵 $\mathbf{\Lambda}_s = \text{diag}[\lambda_1, \cdots, \lambda_M]$ 的 M 维正特征值 λ_m。该近似值的精度与 M 和 $\mathbf{M}_s$（见式 12.54）的特征值谱有关。

$$\mathbf{M}_s = \mathbf{Q}_s \mathbf{\Lambda}_s \mathbf{Q}_s^\dagger + \mathbf{Q}_n \mathbf{\Lambda}_n \mathbf{Q}_n^\dagger \tag{12.58}$$

因为 ρ 接近 1，所以 $\mathbf{M}_s$ 近似于亏秩，除第一个特征值外，所有特征值迅速落向 0。这定义了一个相当低的有效秩 $M \ll N$，包含了几乎所有有用信号能量。这样，统计信号 $\mathbf{s}$ 近似位于一个低秩子空间 $\mathbf{Q}_s$ 上。因此我们可以采用式（12.52）的子空间模型来精确描述，但模式矩阵包含 M 个特征向量 $\mathbf{M}_s$，见式（12.59）。在统计意义下，假设式（12.59）的模式矩阵是已知的，而 $\underline{\theta}$ 是一个未知的 0 均值向量。

$$\mathbf{s} = \mathbf{Q}_s \underline{\theta} \tag{12.59}$$

对比确定性子空间模型的扩展信号，其中假设 $\underline{\theta}$ 一定，统计子空间模型下随机变量 $\underline{\theta}$ 导致了一个具有变尺度和结构的扩展信号。根据式（12.58）和式（12.59）、式（12.60）的协方差矩阵 $\mathbf{M}_\theta$ 给出了参数向量 $\underline{\theta}$ 的统计波动。

$$\mathbf{M}_\theta = E\{\underline{\theta}\underline{\theta}^\dagger\} = \mathbf{\Lambda}_s \tag{12.60}$$

在 Ricean 通道模型中，非 0 均值 $\mathbf{m}_s = \theta_0 \mathbf{v}(\omega_s)$ 和协方差矩阵 $\mathbf{M}_s = \sigma_s^2 \mathbf{B} \odot \mathbf{v}(\omega_s)\mathbf{v}^\dagger(\omega_s)$ 的高斯分布信号 $\mathbf{s}$ 具有式（12.42）的密度 $f_s[\mathbf{s}]$，其中 $\mathbf{M}_s$ 为正定厄米特矩阵。利用子空间模型 $[\mathbf{v}(\omega_s), \mathbf{Q}_s]$ 可以将这一信号近似表示为式（12.61），$\underline{\theta}$ 的第一个元素是确定的，其他元素是变化的。关键是可以通过假设 $\mathbf{s}$ 位于给定的低阶线性子空间上，来模拟确定的或统计的扩展信号的尺度和结构的部分不确定性。

$$\mathbf{s} = [\mathbf{v}(\omega_s), \mathbf{Q}_s]\underline{\theta} \tag{12.61}$$

下面概述了子空间模型在有用信号上的应用。有用信号中可用信息的程度包含在一个模式 $\mathbf{V}=[\mathbf{v}_1,\cdots,\mathbf{v}_M]$ 矩阵中,由 M 个已知的线性无关基准向量构成 $\mathbf{v}_m \in \mathcal{C}^N$($M \ll N$)。$\underline{\theta}$ 为一个确定性的(或统计的)未知 M 维参数向量,它表示了有用信号的部分不确定性。

在 $1 < M < N$ 范围内,部分不确定性与子空间维度数一致。$M = 1$ 与信号向量一致,在复乘常数内是完全已知的,$M = N$ 反映了被检测信号是一个完全未知的 N 维向量。简单来说,我们将子空间模型简化为 $\mathbf{s} = \mathbf{V}\underline{\theta}$,这就要求给出 $\mathbf{V}$ 和 $\underline{\theta}$ 的具体定义。

12.2.2.3 分布有用信号

目前为止,我们考虑了有用信号存在于单个主数据向量中的概率。在检测问题中,某个目标回波并不局限于单个分辨单元内,而是存在于多个单元内。Cone 等(2001)给出了高分辨率雷达的"距离走动"目标回波的一个著名例子。我们分别采用点目标和分布式目标来区分目标回波能量局限于单一主向量或存在于多个主数据向量的情况。

分布式目标和点目标的区别是值得说明的,因为文献中经常会用到这两个名词且易混淆。检测过程要求指定一个数据处理维度,根据主数据和辅数据向量(如空间或空时)或多个补充数据维度来组合数据样本,不同的分辨率单元导致的主数据和辅数据向量不同。

根据之前的定义,点目标回波的能量局限于单个分辨单元内(忽视频谱泄漏的影响),否则即为分布式目标。另一方面,分布式目标回波具有与特定数量的(在处理维度内有用信号的)导向向量流形一致的结构。虽然这并不是标准定义,但它不同于各种描述有用信号的模型。

前面讨论了点目标回波模型。这里,我们讨论分布式目标回波,并不局限于距离扩展的例子。仅接收在主数据向量中存在分布式有用信号成分 s_k($k = K_s+1,\cdots,K = K_s+K_p$)。假设式(12.62)的向量 $\mathbf{s}_k$ 具有不变的特征向量,只有目标复尺度 a_k 产生变化,或者动态的特征向量可能包含目标尺度和结构在主数据 $k \in \Omega_p$ 上的变化。实际雷达主要关注不变的特征模型,见式(12.62)。

$$\mathbf{s}_k = \begin{cases} a_k \mathbf{v} & k \in \Omega_p \\ 0 & k \in \Omega_s \end{cases} \tag{12.62}$$

这类分布式目标模型给出了 K_p 维扩展向量 $\mathbf{a} = [a_{K_s+1}, a_{K_s+2}, \cdots, a_K]^T$ 的特性。先前处理距离扩展目标的研究,假设 $\mathbf{a}$ 的元素是确定性的且完全未知的。这一特殊情况称为"无组织的(unstructured)"扩展,因为它对应于一个任意的向量 $\mathbf{a} \in \mathcal{C}^{K_p}$。某些应用中,扩展向量呈现出一个结构 $\mathbf{a} = a\mathbf{e}(\psi_s)$,具有单位范数的模板 $\mathbf{e}(\psi_s)$,$\mathbf{e}(\psi_s)$ 可解析定义为数据块中一个或多个目标参数 ψ_s 的函数。这样,扩展就可通过复乘性常数 a 参数化。这称为"有组织的"扩展,见式(12.63)。

$$\begin{cases} \mathbf{a} = a\mathbf{e}(\psi_s) & \text{有组织的} \\ \mathbf{a} \in \mathcal{C}^{K_p} & \text{无组织的} \end{cases} \tag{12.63}$$

Conte 等(2001)对于距离扩展目标,以及 Bandiera, Orlando, and Ricci(2006)对于分布式目标的相关研究中,对 $\mathbf{a}$ 采用了确定性的无组织模型。而很少有文献研究有组织扩展模型。此外,分布式目标的概念是在距离维度上提出的,目标不同"散射中心"的回波幅度是彼此独立的,或至少没有有助于检测的先验结构。Fabrizio, De Maio, Farina, and Gini(2007)研究了实际雷达中针对有组织的扩展模型的自适应信号检测问题,下节将对此开展讨论。

例如，考虑到空间处理的应用，假设目标回波只存在于一个距离单元内。此时考虑雷达 CPI 不同脉冲上同一距离单元的空间快拍记录的慢时间序列。在被检测距离单元内，所有脉冲和空间快拍都存在回波，可被看成多个数据向量。

根据先前的定义，处理维度即空间（$N = N_a$），目标扩展的补充维度为慢时间（$K_p = N_p$）。可以根据余下 $N_g - 1$ 个距离来提取辅数据。式（12.62）的 $\mathbf{v}$ 表示目标的空间特征向量，假设在 CPI 上不变，a_k 表示脉冲间目标复幅度的时域变化。对于稳定运动的具有归一化角多普勒频率 $\psi_s = 2\pi f_s$ 的目标，$a_k = a \exp[\mathrm{j}(k-1-K_s)\psi_s]$，$a$ 为第一个脉冲中的目标复幅度，见式（12.64）。

$$\mathbf{e}(\psi_s) = \frac{1}{\sqrt{K_p}}[1, \mathrm{e}^{\mathrm{j}\psi_s}, \cdots, \mathrm{e}^{\mathrm{j}\psi_s(K_p-1)}]^\mathrm{T} \tag{12.64}$$

不同雷达脉冲中接收到的干扰-噪声矩阵快照在 K_p 个主数据向量上可认为是独立的。12.3 节中将会讲到，这一特性促进了 GLRT 的应用。这是一个包含多个主向量的仅在空域处理的情况。在时域处理中存在去杂波的类似情况。对于子孔径 STAP 方法（Aboutanios and Mulgrew 2005），通过在距离单元上进行滑窗的方法提取出多个主向量，而干扰向量的彼此独立通常并没有得到应用。在该方法中，仅仅在空域和时域白噪声这一特殊情况下，干扰向量才是独立的。

12.2.3 相干干扰

除存在于主数据和辅数据中的干扰过程外，由于相干散射雷达系统也可能接收到不希望的信号。不希望的信号可能存在于 CUT，而与是否存在有用信号无关。然而，与干扰过程 $\mathbf{d}_k$ 不同，我们并不能根据辅数据来估计或"学习"主数据中相干干扰信号 $\mathbf{r}_k$ 的特性。式（12.65）反映了这一特性，其中，b_k 和 $\mathbf{u}$ 分别表示复尺度和相干干扰 $\mathbf{r}_k$ 的结构。

$$\mathbf{r}_k = \begin{cases} b_k \mathbf{u} & k \in \Omega_p \\ \mathbf{0} & k \in \Omega_s \end{cases} \tag{12.65}$$

不希望的信号通常来源于被动（散射）源，如方位角和多普勒与有用信号不一致的"副瓣目标"。在空间域处理中，超视距雷达和空管雷达使用宽发射波束搜索空域，使用宽孔径的接收阵列相控形成窄波束，因此会产生这一现象。在航空雷达中，由于主距离单元上（但不在波位指向方向）角反射器也会产生分离的"非同质性"。不希望的信号的主动源可能包含信标（如转发或应答机）或电子干扰（如欺骗式干扰）。

主数据中存在不希望的信号对性能会产生两种不利的影响：（1）掩蔽同一分辨单元内的弱目标回波；（2）引起虚警从而导致错误的航迹。由于这些原因，将不希望的信号引入假设检验问题受到了大量关注。在该问题的公式化阶段考虑不希望的信号的存在概率，可以使检测架构对目标掩蔽和虚警更具鲁棒性。

与有用信号类似，假设相干干扰 $\mathbf{r}_k$ 属于已知的线性子空间 $\mathbf{U} \in \mathcal{C}^{N \times P}$（$P \leq N - M$），其中，$M$ 是有用信号子空间的阶数。假设 $\mathbf{U} = [\mathbf{u}_1, \cdots, \mathbf{u}_p]$ 中的 P 个基本向量，以及目标子空间 $\mathbf{V} = [\mathbf{v}_1, \cdots, \mathbf{v}_M]$ 中的 $\mathbf{v}_m$ 是线性独立的。在式（12.66）中，$\underline{\phi}_k$ 是未知的 P 维参数向量，可模拟为确定或统计量。

$$\mathbf{r}_k = \mathbf{U}\underline{\phi}_k, \qquad \mathbf{U} \in \mathcal{C}^{N \times P}, \quad \underline{\phi}_k \in \mathcal{C}^P \tag{12.66}$$

有用信号的子空间模型 $\mathbf{V}$ 根据指向方向 ψ_s 来定义，$\mathbf{r}_k$ 的子空间模型实际上很难定义，因为不希望信号可能从任意"方向"到达（通常没有先验知识）。此外，$\mathbf{r}_k$ 的结构依赖于不希望信号源，它在不同分辨单元内是不同的。对于 $\mathbf{r}_k$ 缺少特定子空间模型的情况下，一种方法是通过假设 $P = N–M$，将 $\mathbf{r}_k$ 建模为与 $\mathbf{s}_k$ 正交。

Fabrizio 等（2003a）指出，如果改变检测向量使干扰空间"变白"，那么变换的期望和不期望的信号子空间可假设为正交的。例如，给定模型 $\mathbf{V}$，子空间 $\mathbf{U}$ 可以定义为式（12.67）的形式，将干扰的 SCM（采样相关矩阵）$\mathbf{S}$ 用于使数据"变白"。Bandiera, Besson, and Ricci（2008）提出可用实际干扰协方差矩阵 $\mathbf{R}$ 代替式（12.67）中的 $\mathbf{S}$。算子 $<\cdot>$ 表示矩阵的距离空间。

$$< \mathbf{S}^{-1/2}\mathbf{V} >^{\perp} = < \mathbf{S}^{-1/2}\mathbf{U} > \quad (12.67)$$

在某些情况下，模态 $\mathbf{U} = [\mathbf{u}_1,\cdots,\mathbf{u}_p]$ 是已知的，或可以使用不期望信号源的先验信息来精确模拟。例如，应答机信号可能来自一个已知方位或具有已知多普勒，而高频表面波雷达的（一阶）海杂波由具有多普勒偏移的布拉格峰构成，在不考虑表面流速的情况下，布拉格峰是发射频率的函数。在这种情况下，模态可以模拟为 $\mathbf{u}_p = \mathbf{v}(\omega_p)$，参数 ω_p（$p = 1,\cdots,P$）为引起相干干扰（$\omega_p = \omega_s$）的点分散坐标。12.4 节给出了获得这一坐标的有效方法。

12.3 处理方案

一旦确定假设检验的结构，建立信号成分的模型，就可以使用 GLRT 方法来获得检测统计。本节首先简要回顾了传统假设检验下（均匀高斯干扰）基于（1 阶或 2 阶）众所周知的 GLRT 的自适应检测架构。随后，给出自适应子空间检测器，用于解释多阶信号的概率以及部分均匀干扰。第二部分给出了一些鲜为人知的 GLRT，包含主数据中的不期望子空间信号。

GLRT 本来是针对点目标情况提出的。本节第三部分对应均匀和部分均匀干扰的情况，给出使用多个主数据和辅数据的分布式目标检测的 GLRT 过程，重点关注获得分布式目标的一阶和两阶 GLRT。12.4 节将利用实录数据研究这些 GLRT 的性能。

12.3.1 一阶和二阶 GLRT

我们首先回顾 Reed 等（1974）的公式，使用样本矩阵求逆（Sample Matrix Inverse，SMI）算法来估计自适应滤波器 $\hat{\mathbf{w}}$，并用其处理主数据向量 $\mathbf{z} = [z(1),\cdots,z(N)]^T$，见式（12.68）。

$$\hat{\mathbf{w}} = \rho \mathbf{S}^{-1}\mathbf{v} \quad (12.68)$$

RMB 过程将最优滤波器表达式 $\mathbf{w} = \rho \mathbf{R}^{-1}\mathbf{v}$ 中的未知正定厄米特干扰协方差矩阵 $\mathbf{R}$，用表示构成 K_s 个辅数据向量 $\mathbf{z}_1,\cdots,\mathbf{z}_k$ 的样本估计 $\mathbf{S}$ 来代替，其包含了主数据中具有相同统计特性的 IID 高斯干扰。假设 $K_s \geq N$，从而 $\mathbf{S}$ 为非奇异。

$$\mathbf{S} = K_s^{-1} \sum_{k=1}^{K_s} \mathbf{z}_k \mathbf{z}_k^{\dagger} \quad (12.69)$$

最小方差无失真响应（Minimum Variance Distortionless Response，MVDR）滤波器采用归一化 $\rho = (\mathbf{v}^{\dagger}\mathbf{S}^{-1}\mathbf{v})^{-1}$，确保有用信号的单位增益响应（如 $\hat{\mathbf{w}}^{\dagger}\mathbf{v} = 1$）。式（12.70）给出了该情况下滤波器标量输出样本 $z = \hat{\mathbf{w}}^{\dagger}\mathbf{z}$。众所周知，SMI 滤波器使输出样本 z 的信号-干扰比当 $K \to \infty$ 时渐进最大化。Reed 等（1974）分析了 SMI 方法的收敛特性。

$$z = \frac{\mathbf{v}^{\dagger}\mathbf{S}^{-1}\mathbf{z}}{\mathbf{v}^{\dagger}\mathbf{S}^{-1}\mathbf{v}} \quad (12.70)$$

式（12.71）中将滤波器输出的幅度包络或模的平方与一个阈值 η 相比。Kelly（1986）指出，因为式（12.71）的检测器是在干扰形式和强度未知的环境下进行的，因此没有办法直接给出一个阈值 η 从而获得给定虚警率（Probability of False Alarm，PFA）。

$$|z|^2 \underset{H_0}{\overset{H_1}{\gtrless}} \eta \tag{12.71}$$

例如，对于白噪声 $\mathbf{R} = \sigma_n^2 \mathbf{I}$（能量 σ_n^2 未知）的简单情况，最佳滤波器是传统匹配滤波器 $\mathbf{v}$，$\hat{\mathbf{w}} \to (\mathbf{v}^\dagger \mathbf{v})^{-1} \mathbf{v}$ $(K \to \infty)$。对于 $\mathbf{v}^\dagger \mathbf{v} = N$，直接在式（12.72）的匹配滤波器输出结果上进行检测。在假设仅有噪声时，$|\mathbf{v}^\dagger \mathbf{z}|^2$ 的分布仅仅取决于 σ_n^2 的值。因此，式（12.72）中无法设置阈值 η 来获得某一常数 PFA，从而导致了检测性能的不确定性。

$$|\mathbf{v}^\dagger \mathbf{z}|^2 \underset{H_0}{\overset{H_1}{\gtrless}} N\eta \tag{12.72}$$

12.3.1.1 Kelly 的 GLRT

许多实际系统都要求一个决策规则来确定目标是否存在，在干扰形式和强度未知的情况下，对于给定的阈值，我们可以确定其 PFA。Kelly（1986）将 RMB 用于这一问题，将其作为一个假设检验，见式（12.13）的 Test $\mathcal{A}$。像之前描述的那样，这就引出了 Kelly 的广义似然比检验（GLRT），为方便起见，式（12.73）重新写出了该表达式。Kelly 的 GLRT 通常被作为参考自适应检测算法用于性能对比。

$$\frac{|\mathbf{v}^\dagger \mathbf{S}^{-1} \mathbf{z}|^2}{\mathbf{v}^\dagger \mathbf{S}^{-1} \mathbf{v}(1 + K_s^{-1} \mathbf{z}^\dagger \mathbf{S}^{-1} \mathbf{z})} \underset{H_0}{\overset{H_1}{\gtrless}} K_s \gamma \tag{12.73}$$

Kelly 的 GLRT 对于该问题具有令人满意的 CFAR 特性。这意味着虚警率与干扰协方差矩阵 $\mathbf{R}$ 的形式和强度无关。Kelly（1986）分析了 Kelly 的 GLRT 的虚警率和检测概率。

可以使用高维子空间模型来增加鲁棒性从而应对轻微失配信号。与单阶有用信号模型 $\mathbf{s} = a\mathbf{v}$ 对应，多阶模型定义为 $\mathbf{s} = \mathbf{V}\underline{\theta}$，其中 $\mathbf{V} \in \mathcal{C}^{N \times M}$ 为低 $M \ll N$ 的已知模型矩阵，$\underline{\theta} \in \mathcal{C}^M$ 是未知参数向量。Kelly and Forsythe（1989）获得了多阶信号模型的 GLRT，见式（12.74）。显然，当 $M = 1$、$\mathbf{V} = \mathbf{v}$ 时，式（12.74）等价于式（12.73）。

$$\frac{\mathbf{z}^\dagger \mathbf{S}^{-1} \mathbf{V}(\mathbf{V}^\dagger \mathbf{S}^{-1} \mathbf{V})^{-1} \mathbf{V}^\dagger \mathbf{S}^{-1} \mathbf{z}}{1 + K_s^{-1} \mathbf{z}^\dagger \mathbf{S}^{-1} \mathbf{z}} \underset{H_0}{\overset{H_1}{\gtrless}} K_s \gamma \tag{12.74}$$

Kelly（1986）对比分析了给定虚警率下，当干扰协方差矩阵未知和已知时获得特定检测概率的 SNR。例如，干扰协方差矩阵未知时 SNR 必须估计出干扰协方差矩阵。二者的差异表现在两方面，一方面是由于判决规则的 CFAR 特性，另一方面是与 SMI 方法的定量分析（Reed 等 1974）类似的 SNR 损失因子。CFAR 损耗主要取决于可用辅向量的数量，与 K_s 成反比。另一方面，SNR 损失因子近似与 K_s 和 N 的比成反比。

12.3.1.2 自适应匹配滤波（AMF）

Robey 等（1992）发展了另一种自适应检测算法。第一步（来源于 GLRT）假设干扰协方差矩阵 $\mathbf{R}$ 已知。获得这一检验统计量后，第二步用辅数据的协方差矩阵 $\mathbf{S}$ 的最大似然估计替换 $\mathbf{R}$。式（12.75）中的两步 GLRT 具有归一化自适应匹配滤波器（Adaptive Matched Filter，AMF）的形式。

$$\frac{|\mathbf{v}^\dagger \mathbf{S}^{-1} \mathbf{z}|^2}{\mathbf{v}^\dagger \mathbf{S}^{-1} \mathbf{v}} \underset{H_0}{\overset{H_1}{\gtrless}} \eta \tag{12.75}$$

与 Kelly 的 GLRT 类似，这一检验也具有 CFAR 特性。然而，AMF 统计量不包含式（12.73）分母括号中的因子。因为当 K_s 非常大时，这一项趋于 1；当 $K_s \to \infty$ 时，Kelly 的 GLRT 变为 AMF 统计量。式（12.75）的检验显示出 AMF 检测器可以等效为 $\hat{\mathbf{w}}^\dagger \mathbf{z}$ 的形式，其中，$\hat{\mathbf{w}} = \rho \mathbf{S}^{-1}\mathbf{v}$ 为 SMI 自适应权重向量，采用 $\rho = (\mathbf{v}^\dagger \mathbf{S}^{-1}\mathbf{v})^{-1/2}$ 归一化而非 MVRD 归一化 $\rho = (\mathbf{v}^\dagger \mathbf{S}^{-1}\mathbf{v})^{-1}$。这一修正确保了均匀高斯情况下 AMF 检测器的 CFAR 特性。式（12.76）给出了 AMF 的多阶形式。

$$\mathbf{z}^\dagger \mathbf{S}^{-1}\mathbf{V}(\mathbf{V}^\dagger \mathbf{S}^{-1}\mathbf{V})^{-1}\mathbf{V}^\dagger \mathbf{S}^{-1}\mathbf{z} \underset{H_0}{\overset{H_1}{\gtrless}} \eta \tag{12.76}$$

对于有限辅数据集，AMF 和 Kelly 的 GLRT 的性能在匹配和非匹配有用信号的情况下呈现出不同的特性。在匹配信号的情况下，与 Kelly 的 GLRT 相比，在低 SNR 时 AMF 的 P_D 具有小的损失，但在高 SNR 时 AMF 具有更大的 P_D。GLRT 没有已知的最优特性，Robey 等（1992）的结果证实，虚警率一定时，使检测概率最小化的奈曼-皮尔逊准则下 Kelly 的 GLRT 并不是最优的。

通过对比低 SNR 性能，与 Kelly 的 GLRT 相比，AMF 通常认为是更敏感的检测器。另一种实际优势是，Kelly 的 GLRT 的内积 $\mathbf{z}^\dagger \mathbf{S}^{-1}\mathbf{z}$ 在实时系统中可以更高效地计算，因为它对于每一个新的输入向量 $\mathbf{z}$ 均需计算。然而，缺少分母这一项导致 AMF 对失配信号更为敏感。换句话说，AMF 具有更高的旁瓣检测概率，而 Kelly 的 GLRT 更趋向于扔掉不匹配的信号（Kelly 1989）。

12.3.1.3 另一种 GLRT 表达式

在均匀情况下，计算 GLRT 表达式的 Text $\mathcal{B}$ 和 Text $\mathcal{C}$ 之前需要注意，可以根据式（12.77）的检验统计量 $\ell_\mathcal{A}$ 来获得式（12.74）的 Kelly 表达式。我们定义"白的"量 $\tilde{\mathbf{z}} = \mathcal{S}^{-1/2}\mathbf{z}$ 和 $\tilde{\mathbf{V}} = \mathcal{S}^{-1/2}\mathbf{V}$，其中，$\mathcal{S} = K_s \mathbf{S}$，$\mathbf{P}_{\tilde{\mathbf{V}}} = \tilde{\mathbf{V}}(\tilde{\mathbf{V}}^\dagger \tilde{\mathbf{V}})^{-1}\tilde{\mathbf{V}}^\dagger$。正交投影矩阵 $\mathbf{P}_{\tilde{\mathbf{V}}}^\perp = \mathbf{I} - \mathbf{P}_{\tilde{\mathbf{V}}}$。

$$\ell_\mathcal{A} = \frac{1 + \tilde{\mathbf{z}}^\dagger \tilde{\mathbf{z}}}{1 + \tilde{\mathbf{z}}^\dagger \mathbf{P}_{\tilde{\mathbf{V}}}^\perp \tilde{\mathbf{z}}} \tag{12.77}$$

式（12.74）中 Kelly 的表达式，是假设多阶有用信号和均匀高斯情况下 Test $\mathcal{A}$ 的 GLRT，等价于检验统计 $\eta_\mathcal{A} = (\ell_\mathcal{A} - 1)/\ell_\mathcal{A}$，可简化表示为式（12.78）的形式。

$$\eta_\mathcal{A} = \frac{\tilde{\mathbf{z}}^\dagger \mathbf{P}_{\tilde{\mathbf{V}}}\tilde{\mathbf{z}}}{1 + \tilde{\mathbf{z}}^\dagger \tilde{\mathbf{z}}} \underset{H_0}{\overset{H_1}{\gtrless}} \gamma \tag{12.78}$$

Test $\mathcal{B}$ 的 GLRT 假设空假设下除干扰之外存在匹配信号 $\mathbf{r} = \mathbf{U}\boldsymbol{\phi}$，式（12.79）给出了均匀情况下的更具一般性的表达式。我们定义 $\tilde{\mathbf{U}} = \mathcal{S}^{-1/2}\mathbf{U}$，$\mathbf{P}_{\tilde{\mathbf{U}}} = \tilde{\mathbf{U}}(\tilde{\mathbf{U}}^\dagger \tilde{\mathbf{U}})^{-1}\tilde{\mathbf{U}}^\dagger$，$\mathbf{P}_{\tilde{\mathbf{U}}}^\perp = \mathbf{I} - \mathbf{P}_{\tilde{\mathbf{U}}}$。注意到，GLRT $\ell_\mathcal{A}$ 和 $\ell_\mathcal{B}$ 仅仅在分子上不同。

$$\ell_\mathcal{B} = \frac{1 + \tilde{\mathbf{z}}^\dagger \mathbf{P}_{\tilde{\mathbf{U}}}^\perp \tilde{\mathbf{z}}}{1 + \tilde{\mathbf{z}}^\dagger \mathbf{P}_{\tilde{\mathbf{V}}}^\perp \tilde{\mathbf{z}}} \tag{12.79}$$

根据 Kelly 的研究，我们定义 Test $\mathcal{B}$ 的统计量 $\eta_\mathcal{B} = (\ell_\mathcal{B} - 1)/\ell_\mathcal{B}$。式（12.80）给出了这一假设统计的判决规则。注意到，$\mathbf{U} = 0$（没有失配信号）时式（12.80）的检验等价于式（12.74）的 Kelly 的 GLRT。

$$\eta_\mathcal{B} = \frac{\tilde{\mathbf{z}}^\dagger \mathbf{P}_{\tilde{\mathbf{V}}}\tilde{\mathbf{z}} - \tilde{\mathbf{z}}^\dagger \mathbf{P}_{\tilde{\mathbf{U}}}\tilde{\mathbf{z}}}{1 + \tilde{\mathbf{z}}^\dagger \tilde{\mathbf{z}} - \tilde{\mathbf{z}}^\dagger \mathbf{P}_{\tilde{\mathbf{U}}}\tilde{\mathbf{z}}} \underset{H_0}{\overset{H_1}{\gtrless}} \gamma \tag{12.80}$$

另一种变换是 $\eta'_\mathcal{B} = \ell_\mathcal{B}/(\ell_\mathcal{B} + 1)$。式（12.81）给出了基于 $\eta'_\mathcal{B}$ 的决策规则。如果假设有用信号

和不期望信号是正交的，在"准白"数据空间下（$\mathbf{P}_{\tilde{\mathbf{u}}}^{\perp} = \mathbf{P}_{\tilde{\mathbf{v}}}$），式（12.8）的检验统计量简化为 $\eta'_B = (1 + \tilde{\mathbf{z}}^{\dagger} \mathbf{P}_{\tilde{\mathbf{v}}}^{\perp} \tilde{\mathbf{z}})/(2 + \tilde{\mathbf{z}}^{\dagger} \tilde{\mathbf{z}})$。这是自适应波束形成正交抑制检验（ABORT）的多阶情况，Pulsone and Rader（2001）给出了其单阶信号模型。

$$\frac{1 + \tilde{\mathbf{z}}^{\dagger} \mathbf{P}_{\tilde{\mathbf{u}}}^{\perp} \tilde{\mathbf{z}}}{2 + \tilde{\mathbf{z}}^{\dagger} \mathbf{P}_{\tilde{\mathbf{u}}}^{\perp} \tilde{\mathbf{z}} + \tilde{\mathbf{z}}^{\dagger} \mathbf{P}_{\tilde{\mathbf{v}}}^{\perp} \tilde{\mathbf{z}}} \underset{H_0}{\overset{H_1}{\gtrless}} \gamma \tag{12.81}$$

Test $\mathcal{C}$ 的 GLRT 假设两种假设下均为均匀干扰且存在适配信号 $\mathbf{r} = \mathbf{U}\boldsymbol{\phi}$，式（12.82）给出了其表达式，其中，$\tilde{\mathbf{W}} = [\tilde{\mathbf{V}}, \tilde{\mathbf{U}}]$ 为（"准白"）有用信号和不期望信号子空间的堆叠。

$$\ell_{\mathcal{C}} = \frac{1 + \tilde{\mathbf{z}}^{\dagger} \mathbf{P}_{\tilde{\mathbf{u}}}^{\perp} \tilde{\mathbf{z}}}{1 + \tilde{\mathbf{z}}^{\dagger} \mathbf{P}_{\tilde{\mathbf{w}}}^{\perp} \tilde{\mathbf{z}}} \tag{12.82}$$

式（12.83）给出了统计量 $\eta_{\mathcal{C}} = (\ell_{\mathcal{C}} - 1)/\ell_{\mathcal{C}}$。就 P_D 和 P_{FA} 而言，GLRT 中 ℓ 和 η 对 Tests $\mathcal{A}$、$\mathcal{B}$ 和 $\mathcal{C}$ 的性能是完全相同的。总的来说，表达式 $\ell_{\mathcal{A}}$、$\ell_{\mathcal{B}}$ 和 $\ell_{\mathcal{C}}$（或 $\eta_{\mathcal{A}}$、$\eta_{\mathcal{B}}$、$\eta_{\mathcal{C}}$）对应于 GLRT 的 3 种二元假设检验，它们均假设多阶信号模型和均匀高斯干扰。

$$\eta_{\mathcal{C}} = \frac{\tilde{\mathbf{z}}^{\dagger} \mathbf{P}_{\tilde{\mathbf{w}}} \tilde{\mathbf{z}} - \tilde{\mathbf{z}}^{\dagger} \mathbf{P}_{\tilde{\mathbf{u}}} \tilde{\mathbf{z}}}{1 + \tilde{\mathbf{z}}^{\dagger} \tilde{\mathbf{z}} - \tilde{\mathbf{z}}^{\dagger} \mathbf{P}_{\tilde{\mathbf{u}}} \tilde{\mathbf{z}}} \underset{H_0}{\overset{H_1}{\gtrless}} \gamma \tag{12.83}$$

12.3.2 部分均匀的情况

当干扰不服从均匀高斯模型时，AMF 和 Kelly 的 GLRT 被认为丢失了 CFAR 特性。先前章节描述的其他 GLRT 也存在这一情况。本节给出另一种基于 GLRT 的检测架构，其在部分均匀 SIRP 干扰环境（可描述为主数据和辅数据中未知尺度的变化）下仍保持了 CFAR 特性。

这些尺度不变 CFAR 自适应检测器可以采用单阶（导向向量）或多阶（子空间）有用信号模型。更具一般性的是假设检验中不期望信号的组合，或者仅在 H_0 假设下，或者在 H_0 和 H_1 假设下。部分不均匀的情况导致 3 种基本不同的 GLRT（Tests $\mathcal{A}$、$\mathcal{B}$ 和 $\mathcal{C}$），这里不对此进行讨论。

12.3.2.1 自适应相干估计（ACE）

在 SIRP 干扰模型具有部分均匀特殊情况下，也就是主数据和辅数据上具有尺度变化的高斯干扰模型，Kraut and Scharf（1999）利用自适应相干估计（ACE）给出了 Tests $\mathcal{A}$ 的 GLRT。

在部分均匀的情况下，ACE 检测器与 NAMF 接收一致（Conte et al. 1995），根据辅数据计算的 SCM 来代替实际干扰协方差。ACE 和 NAMF 检验见式（12.84）。

$$\frac{|\mathbf{v}^{\dagger} \mathbf{S}^{-1} \mathbf{z}|^2}{(\mathbf{v}^{\dagger} \mathbf{S}^{-1} \mathbf{v})(\mathbf{z}^{\dagger} \mathbf{S}^{-1} \mathbf{z})} \underset{H_0}{\overset{H_1}{\gtrless}} \eta \tag{12.84}$$

相比 Kelly 的 GLRT，ACE 在部分均匀的情况下保持了其 CFAR 特性。ACE 同时是一致最优势不变（UMPI）自适应检测统计量。这意味着它有最优性，即对于给定的虚警率具有最大的检测概率，这是由于这类检测器对于数据集的变换能保持不变，这也导致了两种假设下统计干扰的不变性。ACE 的最优性是基于最大不变的论据（Kraut, Scharf, and Butler 2005）的。

12.3.2.2 自适应子空间检测器（ASD）

ACE 的尺度不变 CFAR 特性与这一检验（可以高度允许信号失配）有关。回顾一个检验，当接收到的有用信号和假定的目标模型之间的失配程度增加时，其响应迅速减小。这一检验通常是令人满意的，因为这一特性减小了旁瓣检测概率 P_{DS}。然而，雷达系统对于轻微不匹配或"主瓣"目标信号也需要保持一个可接受的损失。这些信号可认为具有一个与当前导向向量（雷达在流形上搜寻的导向向量）最匹配的特性，但并非完全匹配。

如果主瓣目标特征模型具有较强的捕捉接收信号失真的能力，那么选择适当的检测器就可以在一定程度上防止主瓣检测概率 P_{DM} 的损失。高维子空间模型带来了系统对空域和时域有用信号的"可接受带宽"。像之前描述的那样，多阶有用信号模型可以定义为 $\mathbf{s} = \mathbf{V}\underline{\theta}$。式（12.85）将尺度不变 CFAR 自适应子空间检测器（ASD）作为广义余弦平方统计量给出。这是部分均匀情况下 Test $\mathcal{A}$ 的多阶 GLRT。

$$\mathrm{c\hat{o}s}^2 = \frac{\mathbf{y}^\dagger \mathbf{P}_\Psi \mathbf{y}}{\mathbf{y}^\dagger \mathbf{y}} \underset{H_0}{\overset{H_1}{\gtrless}} \eta \qquad (12.85)$$

式（12.85）中，$\mathbf{y} = \mathbf{S}^{-1/2}\mathbf{z}$，$\mathbf{\Psi} = \mathbf{S}^{-1/2}\mathbf{V}$ 分别为"准白"数据向量和模式矩阵。$\mathbf{P}_\Psi = \mathbf{\Psi}(\mathbf{\Psi}^\dagger\mathbf{\Psi})^{-1}\mathbf{\Psi}^\dagger$ 为 $\mathbf{\Psi}$ 距离空间上的投影矩阵。对于单阶信号模型（$M=1$），式（12.85）就变为式（12.84）（$\mathbf{V} = \mathbf{v}$）。

ASD 的 CFAR 特性对于训练和检验数据中干扰之间的独立尺度是不变的。这是相对于 Kelly 的 GLRT 和 AMF 检测器而言的，二者的 CFAR 特性对于训练和检测数据的任意但相同的尺度是不变的。ASD 对于弱失配信号具有较高的鲁棒性。ASD 也可以用式（12.86）的等效形式 $\mathcal{L}_\mathcal{A} = 1/(1-\mathrm{c\hat{o}s}^2)$ 来表示，其中，$\mathbf{P}_\Psi^\perp = \mathbf{I} - \mathbf{P}_\Psi$，$\gamma = 1/(1-\eta)$。

$$\mathcal{L}_\mathcal{A} = \frac{\mathbf{y}^\dagger \mathbf{y}}{\mathbf{y}^\dagger \mathbf{P}_\Psi^\perp \mathbf{y}} \underset{H_0}{\overset{H_1}{\gtrless}} \gamma \qquad (12.86)$$

总的来说，式（12.85）的 ASD 可以理解为 Kelly 的 GLRT 在两个方面的扩展：（1）目标特征向量并不完全明确，但可以表示为 M 个已知模式向量（$\mathbf{V}$ 的列）的线性组合，具有未知系数 $\underline{\theta}$（例如复幅度的多维归一化 $a = \mu e^{j\vartheta}$）给定的 M 个权重；（2）CFAR 特性不仅在未知形式和强度的干扰协方差矩阵 $\mathbf{R}$（统计上与辅数据有关）情况下，而且在主数据和辅数据干扰之间存在相应级别（能量等级）的差异 ν 情况下得到保持。

12.3.2.3 广义子空间检测器（GSD）

本节重点在于推导部分均匀情况下假设 Tests $\mathcal{B}$ 和 $\mathcal{C}$ 的 GLRT 表达式。部分均匀干扰环境中多阶有用信号和无效信号模型假设下 Test $\mathcal{B}$ 和 $\mathcal{C}$ 的 GLRT 表达式，被称为广义子空间检测器（GSD）。Fabrizio 等（2003a）描述了 Tests $\mathcal{B}$ 的 GLRT，Fabrizio and Farina（2007a）描述了 Tests $\mathcal{C}$ 的 GLRT。下面给出的推导过程与 Kraut and Scharf（2001）的类似，在很大程度上参考了 Kelly（1986）的原始论文。

对于 Test $\mathcal{B}$，式（12.87）给出了在 H_0 和 H_1 假设下的主数据向量 $\mathbf{z}$，其中，$\mathbf{s} = \mathbf{V}\underline{\theta}$ 为确定性多阶有用信号，$\mathbf{r} = \mathbf{U}\underline{\phi}$ 为确定性多阶不期望信号，$\mathbf{R}$ 为辅数据的干扰协方差矩阵。

$$H_0: \mathbf{z} \sim \mathcal{CN}(\mathbf{U}\underline{\phi}, \nu\mathbf{R}), \quad H_1: \mathbf{z} \sim \mathcal{CN}(\mathbf{V}\underline{\theta}, \nu\mathbf{R}) \qquad (12.87)$$

参数向量 $\underline{\theta}$ 和 $\underline{\phi}$、辅数据向量的协方差矩阵 $\mathbf{R}$ 和主数据干扰的相关尺度 $\nu > 0$ 均是未知的。式（12.88）给出了两种假设 H_δ（$\delta = 0, 1$）下主向量的密度 $p_{\mathbf{z}|H_\delta}(\mathbf{z})$，其中，$\mathbf{m}_0 = \mathbf{U}\underline{\phi}$，$\mathbf{m}_1 = \mathbf{V}\underline{\theta}$。密度 $p_{\mathbf{z}|H_\delta}(\mathbf{z})$ 与未知参数 ν、$\mathbf{R}$、$\underline{\theta}$ 和 $\underline{\phi}$ 的关系简单表示如下。

$$p_{\mathbf{z}|H_\delta}(\mathbf{z}) = \frac{1}{(\pi\nu)^N \|\mathbf{R}\|} \exp\left\{-\frac{1}{\nu}(\mathbf{z} - \mathbf{m}_\delta)^\dagger \mathbf{R}^{-1}(\mathbf{z} - \mathbf{m}_\delta)\right\} \qquad (12.88)$$

GLRT 使用 $\mathbf{Z} = [\mathbf{z}, \mathbf{z}_1, \cdots, \mathbf{z}_{K_s}]$ 中所有主数据和辅数据向量的联合密度 $f_\delta(\mathbf{Z})$，将每种假设下似

然比的未知参数替换为 ML 估计。因为干扰向量被假设为相互独立的，每种假设下的联合 PDF $f_\delta(\mathbf{Z})$ 为辅数据边缘密度和主数据的乘积，见式（12.89）。

$$f_\delta(\mathbf{Z}) = p_{\mathbf{z}|H_\delta}(\mathbf{z}) \prod_{k=1}^{K_s} \frac{1}{\pi^N \|\mathbf{R}\|} \exp\{-\mathbf{z}_k^\dagger \mathbf{R}^{-1} \mathbf{z}_k\} \tag{12.89}$$

式（12.90）给出了假设检验 Test $\mathcal{B}$ 的 GLRT。由于在未知不期望信号的参数 ϕ 上做了最大化，该表达式的分母与 Test $\mathcal{A}$ 不同。ϕ 上进行最大化的目的是产生一个更能区分 $\mathbf{s} = \mathbf{V}\theta$ 和 $\mathbf{r} = \mathbf{U}\phi$ 的检验。

$$\frac{\max_{\nu, \mathbf{R}, \theta} f_1(\mathbf{Z})}{\max_{\nu, \mathbf{R}, \phi} f_0(\mathbf{Z})} \underset{H_0}{\overset{H_1}{\gtrless}} \gamma \tag{12.90}$$

两种假设下联合密度关于未知参数 $\mathbf{R}$ 和 ν 的最大化，引出了以下表达式（Kraut and Scharf 2001）。

$$\max_{\mathbf{R}, \nu} f_\delta(\mathbf{Z}) = \frac{(K_s+1)^{(N-1)(K_s+1)}(K_s-N+1)^{K_s-N+1}(K_s N)^N}{(e\pi K_s)^{N(K_s+1)} \|\mathbf{S}\|^{K_s+1}[(\mathbf{z}-\mathbf{m}_\delta)^\dagger \mathbf{S}^{-1}(\mathbf{z}-\mathbf{m}_\delta)]^N} \tag{12.91}$$

因此，对讨论的问题来说，我们可以将中间 GLRT 写为式（12.92），其中，$\mathbf{m}_0 = \mathbf{U}\phi$，$\mathbf{m}_1 = \mathbf{V}\theta$。其分母和分子分别对于 ϕ 和 θ 减至最小，从而获得最终的 GLRT。注意到，式（12.92）中对二次形式 $(\mathbf{z}-\mathbf{m}_\delta)^\dagger \mathbf{S}^{-1}(\mathbf{z}-\mathbf{m}_\delta)$ 最小化，将式（12.91）中与 H_γ 有关的似然比函数最大化。

$$\frac{\max_{\nu, \mathbf{R}} f_1(\mathbf{Z})}{\max_{\nu, \mathbf{R}} f_0(\mathbf{Z})} = \left[\frac{(\mathbf{z}-\mathbf{m}_0)^\dagger \mathbf{S}^{-1}(\mathbf{z}-\mathbf{m}_0)}{(\mathbf{z}-\mathbf{m}_1)^\dagger \mathbf{S}^{-1}(\mathbf{z}-\mathbf{m}_1)}\right]^N \tag{12.92}$$

定义 $\mathbf{y} = \mathbf{S}^{-1/2}\mathbf{z}$，$\mathbf{\Psi} = \mathbf{S}^{-1/2}\mathbf{V}$，$\mathbf{\Omega} = \mathbf{S}^{-1/2}\mathbf{U}$，很容易通过未知参数向量的两个 ML 估计 $\hat{\theta}$ 和 $\hat{\phi}$ 最小化中间 GLRT，见式（12.93）。

$$\begin{aligned}\hat{\theta} &= (\mathbf{V}^\dagger \mathbf{S}^{-1} \mathbf{V})^{-1} \mathbf{V}^\dagger \mathbf{S}^{-1} \mathbf{z} = (\mathbf{\Psi}^\dagger \mathbf{\Psi})^{-1} \mathbf{\Psi}^\dagger \mathbf{y} \\ \hat{\phi} &= (\mathbf{U}^\dagger \mathbf{S}^{-1} \mathbf{U})^{-1} \mathbf{U}^\dagger \mathbf{S}^{-1} \mathbf{z} = (\mathbf{\Omega}^\dagger \mathbf{\Omega})^{-1} \mathbf{\Omega}^\dagger \mathbf{y}\end{aligned} \tag{12.93}$$

将这两个估计代入式（12.92）的中间 GLRT，取第 N 个根从而获得最终 GLRT，见式（12.94）。通过观察 $\mathbf{q} = \mathbf{S}^{-1/2}(\mathbf{z}-\mathbf{V}\hat{\theta}) = \mathbf{y} - \mathbf{\Psi}\hat{\theta} = (\mathbf{I}-\mathbf{P}_\Psi)\mathbf{y}$，其中 $\mathbf{P}_\Psi = \mathbf{\Psi}(\mathbf{\Psi}^\dagger\mathbf{\Psi})^{-1}\mathbf{\Psi}^\dagger$，因此 $\mathbf{q}^\dagger\mathbf{q} = (\mathbf{z}-\mathbf{V}\hat{\theta})^\dagger \mathbf{S}^{-1} (\mathbf{z}-\mathbf{V}\hat{\theta}) = \mathbf{y}^\dagger(\mathbf{I}-\mathbf{P}_\Psi)\mathbf{y}$，这一 GLRT 可以写为更简单的形式。投影算子（projection operator）的等幂特性也可以用于简化最终的 GLRT 表达式。

$$\mathcal{L}_\mathcal{B} = \frac{\mathbf{y}^\dagger(\mathbf{I}-\mathbf{P}_\Omega)\mathbf{y}}{\mathbf{y}^\dagger(\mathbf{I}-\mathbf{P}_\Psi)\mathbf{y}} \underset{H_0}{\overset{H_1}{\gtrless}} \gamma \tag{12.94}$$

总的来说，式（12.94）中 Test $\mathcal{B}$ 的 GLRT 是在以下条件下获得的：

（1）使用具有部分均匀的 SIRP 来描述主数据 $\mathbf{d}$ 和辅数据 $\mathbf{d}_1, \cdots, \mathbf{d}_{K_s}$ 中的干扰，高斯干扰模型具有未知协方差矩阵 $\mathbf{R} = E\{\mathbf{z}_k\mathbf{z}_k^\dagger\}$，训练和测试数据之间的尺度变化 ν。

（2）假设有用的和不期望的信号是确定的，并分别采用子空间模型 $\mathbf{s} = \mathbf{V}\theta$ 和 $\mathbf{r} = \mathbf{U}\phi$ 来描述。假设模式矩阵 $\mathbf{V}$ 和 $\mathbf{U}$ 是已知的，但参数向量 θ 和 ϕ 是任意的且未知的。

（3）利用辅数据 $\mathbf{S}$ 使用正定厄米特 SCM 将模式矩阵转换到"准白"数据空间，产生的子空间 $\mathbf{\Psi} = \mathbf{S}^{-1/2}\mathbf{V}$ 和 $\mathbf{\Omega} = \mathbf{S}^{-1/2}\mathbf{U}$ 可能是线性无关的，但不一定正交。

通过将不期望信号子空间设置为 0（$\mathbf{U} = \mathbf{0}$），可以发现该 GLRT 和式（12.85）的 ASD 是一致的，因此 $\mathbf{P}_\Omega = \mathbf{0}$ 且式（12.94）的检验简化为式（12.95）的形式。如果用 $\mathbf{y}^\dagger\mathbf{y}$ 来划分表达式的分子和分母，就会产生一个广义余弦平方统计量 $\hat{\cos}^2 = \mathbf{y}^\dagger\mathbf{P}_\Psi\mathbf{y}/\mathbf{y}^\dagger\mathbf{y}$ 的单调函数，等

同于式（12.85）的尺度不变 CFAR ASD。

$$\frac{\mathbf{y}^\dagger \mathbf{y}}{(\mathbf{y}^\dagger \mathbf{y} - \mathbf{y}^\dagger \mathbf{P}_\Psi \mathbf{y})} = \frac{1}{1 - \hat{\cos}^2} \quad (12.95)$$

当准白子空间 Ω 和 Ψ 相互正交（即 $\Omega^\dagger \Psi = 0$），且跨整个 N 维空间（即 $M+P=N$），那么 $\mathbf{P}_\Omega = \mathbf{I} - \mathbf{P}_\Psi = \mathbf{P}_\Psi^\perp$。此时，式（12.94）中 GLRT 采用了式（12.96）的特殊形式，它也是广义余弦平方统计量 $\hat{F} = \hat{\cos}^2/(1-\hat{\cos}^2)$ 的单调函数。在这种特殊情况下，式（12.94）的 GLRT 等价于式（12.85）的 ASD。这就解释了为什么 ASD 和对单阶信号的 ACE 是比 Kelly 的 GLRT 更适合的检测器。然而，在一般情况下，当 $\mathbf{U} \neq \mathbf{0}$ 且 $M+P<N$ 时，式（12.94）的 GLRT 与 ASD 不同。在某种意义上，将式（12.94）的 GLRT 作为广义子空间检测器（GSD），因为它包含了对特殊参数选择的 ACE 和 ASD 检验。

$$\hat{F} = \frac{\mathbf{y}^\dagger \mathbf{P}_\Psi \mathbf{y}}{\mathbf{y}^\dagger \mathbf{P}_\Psi^\perp \mathbf{y}} \underset{H_0}{\overset{H_1}{\gtrless}} \gamma \quad (12.96)$$

如果没有 $\mathbf{U}$ 的结构的可用先验信息，那么假设子空间上的不期望信号与准白数据空间上的有用信号正交是合理的，$\mathbf{P}_\Psi + \mathbf{P}_\Omega = \mathbf{I}$。此时，ASD 变为 GLRT。然而，当关于 $\mathbf{U}$ 的先验信息可用时，式（12.94）的 GSD 给出了 GLRT，这提供了另一种 ASD。

需要指出的是，式（12.94）的 GLRT 在某些方面归纳了 Pulsone and Rader（2001）的结果。对比 ABORT，GSD 具有尺度不变 CFAR 特性，并对有用信号采用子空间信号模型来增加轻微失配主瓣目标检测的鲁棒性。此外，不期望信号子空间没有与有用信号子空间正交（一阶信号模型为 N–1 阶）。后来的实验结果显示，存在一个有效的模型将 GSD 配置成为（与有用信号相比）相对低阶的不期望信号子空间。

当存在严重失配信号时，ASD 检测器的作用是一个典型的旁瓣消隐算法，来压制当主瓣和旁瓣信号的比大于一定阈值时的回波信号。换句话说，当存在强旁瓣信号时，微弱的主瓣目标可能被扔掉。此时，检测概率可能迅速减小，甚至在不存在不期望信号的情况下，ASD 检测到干扰中的有用信号也是如此（Kalson 1992）。在 Test $\mathcal{C}$ 中，H_1 假设下同时存在有用信号和不期望信号，因此 Test $\mathcal{C}$ 的 GLRT 解决了这一问题，见式（12.97）。

$$\frac{\max_{\nu, \mathbf{R}, \theta, \phi} f_1(\mathbf{Z})}{\max_{\nu, \mathbf{R}, \phi} f_0(\mathbf{Z})} \underset{H_0}{\overset{H_1}{\gtrless}} \gamma \quad (12.97)$$

在计算式（12.97）左侧部分之前，考虑到式（12.96）中 ASD 的 $\hat{F}$，会呈现出信号"掩蔽"现象。如果与准白空间内有用信号正交的子空间的能量（即分母）比信号子空间包含的能量（即分子）高出很多时，能量检验统计量 F 的值较小，没有超过检测阈值。因此，当同时存在强旁瓣信号和弱主瓣目标时，ASD 非常容易产生漏检。Test $\mathcal{C}$ 的中间 GLRT 表达式采用与式（12.92）类似的形式，不同的是 $\mathbf{m}_0 = \mathbf{U}\underline{\theta}$ 和 $\mathbf{m}_1 = [\mathbf{V}, \mathbf{U}][\underline{\theta}^T, \underline{\phi}^T]^T$。通过定义 $\mathbf{\Gamma} = \mathbf{S}^{-1/2}[\mathbf{V}, \mathbf{U}]$，$P_\Gamma = \mathbf{\Gamma}(\mathbf{\Gamma}^\dagger \mathbf{\Gamma})^{-1} \mathbf{\Gamma}^\dagger$，Test $\mathcal{C}$ 的 GLRT 采用式（12.98）的形式（Fabrizio, Scharf, Farina, and Turley 2004b）。

$$\mathcal{L}_\mathcal{C} = \frac{\mathbf{y}^\dagger(\mathbf{I} - \mathbf{P}_\Omega)\mathbf{y}}{\mathbf{y}^\dagger(\mathbf{I} - \mathbf{P}_\Gamma)\mathbf{y}} \underset{H_0}{\overset{H_1}{\gtrless}} \gamma \quad (12.98)$$

该检测器表示了 ASD 的归一化，确定性低秩子空间分量 $\mathbf{r} = \mathbf{U}\underline{\theta}$ 加上统计（可能"有色的"）的满秩分量 $\mathbf{d}$。

式（12.98）的 GSD 假设子空间 $\mathbf{U}$ 是已知的，但实际上必须估计得到。第一步通过假设

$U = 0$，GLRT 与 ACE（$M=1$）或 ASD（$M>1$）检测一致。然后在第二步中记录下第一步中的所有检测结果，并存储其坐标（如 DOA 和多普勒频移）。如果第一步检测到的坐标与第二步的有用信号坐标不同，使用式（12.98）的 GSD 和（第一步用于检测信号的）不期望的信号模型处理数据。第二步的目的是发现所有可能被（不同坐标处的）强信号掩蔽的新目标。这一步的作用是减弱信号掩蔽问题，12.4.2 节利用实测数据进行了进一步解释。

12.3.3 联合数据集检测

上述检测方案一次在一个主数据向量上进行检测。在本节中，我们考虑检测分布式目标的可能性，单个目标的回波分布在多个主向量上。传统技术利用一组训练数据将自适应检测器一次应用于一个主向量上，称为两数据集（TDS）算法。另一方面，单数据集（SDS）算法已被用来专门处理扰动统计非均匀性的问题，仅通过对测试数据进行操作即可（即不使用辅数据）。为了与运行单个主数据向量的 TDS 技术有区别，我们把同时运行多个次要和主数据向量的检测器称为混合或联合数据集（JDS）技术。

Conte 等（2001）介绍了距离分布目标的 JDS 检测器例子，其中 GLRT 都源自均匀的和部分均匀的情况。这项工作被 Bandiera, De Maio, Greco, and Ricci（2007）扩展为包括确定的子空间干扰的情况。JDS 自适应检测器被 Aboutanios 和 Mulgrew 研究用来对假设统计上均匀高斯分布且没有非期望信号进行空时自适应处理（STAP）。GLRT 来源于独立分布向量的假定，除瞬态和空间的白噪声特殊的例子外，这对 Aboutanios and Mulgrew（2010）描述的程序不需要严格控制。

这一节的第一部分在纯粹的空域或时域处理结构分散的分布式目标的例子背景下分析 JDS 检测问题。这个问题的实际表达式在细节上与 Aboutanios and Mulgrew（2010）描述的不同。特别地，在这里提出的不同表达式，允许 GLRT 基于一个更加现实的统计独立假设导出，这就支持了分布向量有任意协方差矩阵。这个问题也和 Conte 等（2011）以及 Bandiera 等（2007）的研究不同，其中 GLRT 没有假设或合并任何关于在主数据上目标复振幅结构的信息。

Kelly and Forsythe（1989）研究了在没有非期望信号的、均匀高斯分布的分布式目标的 JDS 问题。由于这个问题的 GLRT 结果没有被广泛认识，在本节的第一部分只对其进行简要的描述和讨论。本节的第二部分专注于 JDS 检测结构分散的分布式目标这个题目，问题明确包括子空间有用信号、非期望信号、一个部分均匀分布模型。后面两个扩充的一步和两步 GLRT 检测器，没有出现在 Kelly and Forsythe（1989）先前的工作中。

12.3.3.1 均匀情况

在多个主数据向量上，对确定有用信号分布的传统假设检测问题用式（12.99）表示。有用信号假设为单秩，见式（12.62）。

$$\begin{cases} H_0: \begin{cases} \mathbf{z}_k = \mathbf{d}_k, & k \in \Omega_p \\ \mathbf{z}_k = \mathbf{d}_k, & k \in \Omega_s \end{cases} \\ H_1: \begin{cases} \mathbf{z}_k = \mathbf{s}_k + \mathbf{d}_k, & k \in \Omega_p \\ \mathbf{z}_k = \mathbf{d}_k, & k \in \Omega_s \end{cases} \end{cases} \quad (12.99)$$

在这个均匀案例中，K_p 主数据向量集表示为 $\mathbf{z}_k \in \mathcal{C}^N$，其中，$k \in \Omega_p \equiv [K_s+1,\cdots,K_s+K_p]$ 假设服从相同的分布协方差矩阵 $\mathbf{R}$，且具有由式（12.100）中的 $p_\delta[z_k]$ 给出的边缘密度，其中，$\delta = 0,1$ 表示在假设 H_δ 下的分布。

$$p_\delta[\mathbf{z}_k] = \frac{1}{\pi^N \|\mathbf{R}\|} \exp\left\{-(\mathbf{z}_k - \delta a_k \mathbf{v})^\dagger \mathbf{R}^{-1}(\mathbf{z}_k - \delta a_k \mathbf{v})\right\}, \quad k \in \Omega_p \tag{12.100}$$

为简便计，我们也定义式（12.101）中的 $\mathbf{a} \in \mathcal{C}^{k_p}$ 作为在主数据 $k \in \Omega_p$ 上的未知目标复振幅 a_k 的向量。

$$\mathbf{a} = [a_{K_s+1}, \cdots, a_{K_s+K_p}]^T \tag{12.101}$$

K_s 维辅数据向量 $\mathbf{z}_k \in \mathcal{C}^N$，$k \in \Omega_s \equiv [K_s+1,\cdots,K_s]$ 假设包含一个 IID 高斯分布 $\mathbf{z}_k = \mathbf{d}_k$ 和主数据的协方差矩阵 $\mathbf{R}$ 一致。采用式（12.100），辅向量 $\mathbf{z}_k$ 的边际密度由 $p_0[\mathbf{z}_k]$ 给出，$k \in \Omega_s$。接下米对所有的 $K = K_s + K_p$ 输入向量 $\mathbf{Z} = [\mathbf{z}_1,\cdots,\mathbf{z}_k]$ 联合 PDF $f_\delta[\mathbf{Z};\mathbf{R},\mathbf{a}]$，由边际密度乘积给出，见式（12.102）。明显地，H_0 条件下的密度只依赖于 $\mathbf{R}$。

$$f_\delta[\mathbf{Z}; \mathbf{R}, \mathbf{a}] = \prod_{k=1}^{K_s} p_0[\mathbf{z}_k] \times \prod_{k=K_s+1}^{K} p_\delta[\mathbf{z}_k], \quad \begin{cases} H_0: & \delta = 0 \\ H_1: & \delta = 1 \end{cases} \tag{12.102}$$

所有数据的联合密度表达式可被使用以下等式简化考虑：对任意的矩阵 $\mathbf{M}$ 和向量，$\mathbf{t}^\dagger \mathbf{M}\mathbf{t} = \text{Tr}\{\mathbf{M}\mathbf{t}\mathbf{t}^\dagger\} = \text{Tr}\{\mathbf{M}\mathbf{T}\}$，其中，$\text{Tr}\{\cdot\}$ 表示求迹。对联合 PDF 式（12.102）应用这个等式，可以看到 $f_\delta[\mathbf{Z};\mathbf{R},\mathbf{a}]$ 被写成式（12.103）。

$$f_\delta[\mathbf{Z}; \mathbf{R}, \mathbf{a}] = \left\{\frac{1}{\pi^N \|\mathbf{R}\|} \exp[-\text{Tr}(\mathbf{R}^{-1}\mathbf{T}_\delta)]\right\}^K \tag{12.103}$$

其中，

$$\mathbf{T}_\delta = \frac{1}{K}\left(\sum_{k=1}^{K_s} \mathbf{z}_k \mathbf{z}_k^\dagger + \sum_{k=K_s+1}^{K}(\mathbf{z}_k - \delta a_k \mathbf{v})(\mathbf{z}_k - \delta a_k \mathbf{v})^\dagger\right) \tag{12.104}$$

在 H_0 条件下，密度 $f_0[\mathbf{Z};\mathbf{R}]$ 通过替代未知协方差矩阵 $\mathbf{R}$ 为它的 ML 估计 $\mathbf{T}_0$（即采样协方差矩阵由主辅数据形成）最大化。类似地，对 $\mathbf{R}$ 最大化 $f_1[\mathbf{Z};\mathbf{R},\mathbf{a}]$，用 $\mathbf{T}_1$ 代替这个矩阵。结果为式（12.105），这里 H_0 条件下的密度明显相对 $\mathbf{a}$ 是独立的。

$$\max_{\mathbf{R}} f_\delta[\mathbf{Z}; \mathbf{R}, \mathbf{a}] = f_\delta[\mathbf{Z}; \mathbf{T}_\delta, \mathbf{a}] = \left\{\frac{1}{(e\pi)^N \|\mathbf{T}_\delta\|}\right\}^K \tag{12.105}$$

H_1 和 H_0 之比的第 K 个根导出中间 GLR 表达式，即式（12.106），其中暗含矩阵 $\|\mathbf{T}_1\|$ 由 $\mathbf{a}$ 确定。

$$\lambda(\mathbf{Z}; \mathbf{a}) = \sqrt[K]{\frac{f_1[\mathbf{Z}; \mathbf{T}_1, \mathbf{a}]}{f_0[\mathbf{Z}; \mathbf{T}_0]}} = \frac{\|\mathbf{T}_0\|}{\|\mathbf{T}_1\|} \tag{12.106}$$

为了得到最终的 GLRT，记为 $\lambda(\mathbf{Z})$，要将 $\lambda(\mathbf{Z};\mathbf{a})$ 对向量 $\mathbf{a}$ 中未知参数最大化，见式（12.107）。这最后一步需要求行列式 $\|\mathbf{T}_1\|$ 对 $\mathbf{a}$ 中元素的最小化。

$$\lambda(\mathbf{Z}) = \max_{\mathbf{a}} \lambda(\mathbf{Z}; \mathbf{a}) = \frac{\|\mathbf{T}_0\|}{\min_{\mathbf{a}} \|\mathbf{T}_1\|} \tag{12.107}$$

为了完成这个最小化，通常扩展式（12.104）中的已知结构，并且把 $K\mathbf{T}_1$ 写成式（12.108）的形式，其中，调用 $K\mathbf{T}_0 = \sum_{k=1}^{K} \mathbf{z}_k \mathbf{z}_k^\dagger$。

$$K\mathbf{T}_1 = K\mathbf{T}_0 + \sum_{k=K_s+1}^{K}\left(|a_k|^2 \mathbf{v}\mathbf{v}^\dagger - a_k \mathbf{v}\mathbf{z}_k^\dagger - a_k^* \mathbf{z}_k \mathbf{v}^\dagger\right) \tag{12.108}$$

分散向量 $\mathbf{a}$ 结构已知的分布式目标，写作 $\mathbf{a} = \alpha \mathbf{e}$，其中，$\alpha = \mu e^{j\vartheta}$ 为未知的复振幅，

$\mathbf{e}=[e_{K_s+1},\cdots,e_K]^T$ 为已知单元长度 $\mathbf{e}^\dagger\mathbf{e}=1$ 的模板向量。在这里,通常定义 N 维向量 $\mathbf{g}$,如式(12.109)所示。

$$\mathbf{g} = \sum_{k=K_s+1}^{K} e_k^* \mathbf{z}_k \qquad (12.109)$$

采用这个定义,式(12.108)的右边如式(12.110)所示。

$$K\mathbf{T}_1 = K\mathbf{T}_0 + |a|^2 \mathbf{v}\mathbf{v}^\dagger - a\mathbf{v}\mathbf{g}^\dagger - a^*\mathbf{g}\mathbf{v}^\dagger \qquad (12.110)$$

通过完成式(12.110)的平方运算,上面的表达式可以写为式(12.111)。

$$K\mathbf{T}_1 = K\mathbf{T}_0 + (a\mathbf{v} - \mathbf{g})(a\mathbf{v} - \mathbf{g})^\dagger - \mathbf{g}\mathbf{g}^\dagger \qquad (12.111)$$

下一步,将 $\mathbf{M} = K\mathbf{T}_0 - \mathbf{g}\mathbf{g}^\dagger$ 代入式(12.111)得到式(12.112)。

$$K\mathbf{T}_1 = \mathbf{M} + (a\mathbf{v} - \mathbf{g})(a\mathbf{v} - \mathbf{g})^\dagger \qquad (12.112)$$

另外,我们注意到 $K\mathbf{T}_0$ 也能用 $\mathbf{M}$ 表示,如式(12.113)所示。

$$K\mathbf{T}_0 = \mathbf{M} + \mathbf{g}\mathbf{g}^\dagger \qquad (12.113)$$

一个著名的矩阵行列式定理可以用来估计 $\|\mathbf{T}_0\|$,如式(12.114)所示。

$$K^N\|\mathbf{T}_0\| = \|\mathbf{M}\|(1 + \mathbf{g}^\dagger \mathbf{M}^{-1} \mathbf{g}) \qquad (12.114)$$

式(12.112)采用同样的定理,$\|\mathbf{T}_1\|$ 产生类似的表达式,如式(12.115)所示。

$$K^N\|\mathbf{T}_1\| = \|\mathbf{M}\|[1 + (a\mathbf{v} - \mathbf{g})^\dagger \mathbf{M}^{-1}(a\mathbf{v} - \mathbf{g})] \qquad (12.115)$$

现在我们可以把似然比写成

$$\lambda(\mathbf{Z}) = \frac{1 + \mathbf{g}^\dagger \mathbf{M}^{-1} \mathbf{g}}{\min_a [1 + (a\mathbf{v} - \mathbf{g})^\dagger \mathbf{M}^{-1}(a\mathbf{v} - \mathbf{g})]} \qquad (12.116)$$

下面,简便起见,用 λ 代替 $\lambda(\mathbf{Z})$。最小化参数 $\hat{a}$ 由式(12.117)给出。

$$\hat{a} = \frac{\mathbf{v}^\dagger \mathbf{M}^{-1} \mathbf{g}}{\mathbf{v}^\dagger \mathbf{M}^{-1} \mathbf{v}} \qquad (12.117)$$

式(12.116)的分母用 ML 估计取代,产生 GLRT,如式(12.118)所示。

$$\lambda = \frac{1 + \mathbf{g}^\dagger \mathbf{M}^{-1} \mathbf{g}}{1 + \mathbf{g}^\dagger \mathbf{M}^{-1} \mathbf{g} - |\mathbf{v}^\dagger \mathbf{M}^{-1} \mathbf{g}|^2 (\mathbf{v}^\dagger \mathbf{M}^{-1} \mathbf{v})^{-1}} \qquad (12.118)$$

参考 Kelly(1986),我们可以导出 η,即式(12.119)。

$$\eta = \frac{\lambda - 1}{\lambda} = \frac{|\mathbf{v}^\dagger \mathbf{M}^{-1} \mathbf{g}|^2}{\mathbf{v}^\dagger \mathbf{M}^{-1} \mathbf{v}(1 + \mathbf{g}^\dagger \mathbf{M}^{-1} \mathbf{g})} \qquad (12.119)$$

用门限 λ_0 检测 λ 等价于用门限 $\eta_0 = (\lambda_0 - 1)/\lambda_0$ 检测 η。

$$\frac{|\mathbf{v}^\dagger \mathbf{M}^{-1} \mathbf{g}|^2}{\mathbf{v}^\dagger \mathbf{M}^{-1} \mathbf{v}(1 + \mathbf{g}^\dagger \mathbf{M}^{-1} \mathbf{g})} \underset{H_0}{\overset{H_1}{\gtrless}} \eta_0 \qquad (12.120)$$

为了简化 GLRT 的解释,注意到 $\mathbf{M}$ 可以写成式(12.121),其中,$\mathbf{S}$ 和 $\mathbf{P}$ 均为分别从辅数据和主数据集计算得到的采样协方差矩阵。

$$\mathbf{M} = K_s \mathbf{S} + K_p \mathbf{P} - \mathbf{g}\mathbf{g}^\dagger \qquad (12.121)$$

假设一个模板模型的形式为 $\mathbf{e} = [1, e^{j\psi}, \cdots, e^{j\psi(K_p-1)}]/\sqrt{K_p}$。这里,$\psi$ 视为目标分散参数。向量 $\mathbf{g}$ 由式(12.122)给出。

$$\mathbf{g} = \frac{1}{\sqrt{K_p}} \sum_{k=K_s+1}^{K_s+K_p} e^{-j\psi(k-K_s-1)} \mathbf{z}_k \tag{12.122}$$

在 TDS 问题中，$K_s \geqslant N$，且 $K_p = 1$，因此 $\mathbf{g} = \mathbf{z}_{K_s+1}$ 等价于唯一的主向量。另外，在 $K_p = 1$ 条件下，$\mathbf{M} = K_s \mathbf{S}$。把这些值代入式（12.120）和式（12.117），导出 Kelly 的 GLRT 式（12.123），这和预期的一样。还需要注意的是，这种情况下目标振幅的 ML 估计 $\hat{a} = \hat{\mathbf{w}}^\dagger \mathbf{z}$ 源自 RMB-SMI 滤波器 $\hat{\mathbf{w}} = \mathbf{S}^{-1} \mathbf{v} / (\mathbf{v}^\dagger \mathbf{S}^{-1} \mathbf{v})$。

$$\frac{|\mathbf{v}^\dagger \mathbf{S}^{-1} \mathbf{z}|^2}{\mathbf{v}^\dagger \mathbf{S}^{-1} \mathbf{v}(1 + K_s^{-1} \mathbf{z}^\dagger \mathbf{S}^{-1} \mathbf{z})} \underset{H_0}{\overset{H_1}{\gtrless}} K_s \eta_0 \tag{12.123}$$

现在考虑 SDS 问题，其中，$K_s = 0$ 且 $K_p \geqslant N$。在这种情况下，$\mathbf{M}$ 由式（12.124）给出，其中我们定义了矩阵 $\mathbf{Q} = \mathbf{P} - \mathbf{g}\mathbf{g}^\dagger / K_p$。可以看出，目标振幅的 ML 估计 $\hat{a} = \hat{\mathbf{w}}^\dagger \mathbf{z}$ 源自幅度和相位估计（APES）滤波器，即 $\hat{\mathbf{w}} = \mathbf{Q}^{-1} \mathbf{v} / (\mathbf{v}^\dagger \mathbf{Q}^{-1} \mathbf{v})$，而不是 SMI 滤波器估计。

$$\mathbf{M} = K_p \mathbf{P} - \mathbf{g}\mathbf{g}^\dagger = K_p \mathbf{Q} \tag{12.124}$$

当用 $\hat{a} = \mathbf{v}^\dagger \mathbf{Q}^{-1} \mathbf{g} / (\mathbf{v}^\dagger \mathbf{Q}^{-1} \mathbf{v})$ 代替 a 时，GLRT 对于 SDS 问题的结果为式（12.125）。这样就可以解释 GLRT 在 Li and Stoica（1996）描述的 APES 滤波器中所起到的重要作用。这和 Kelly 的 GLRT 类似，也是 RMB-SMI 自适应滤波器一个重要的组成部分。

$$\frac{|\mathbf{v}^\dagger \mathbf{Q}^{-1} \mathbf{g}|^2}{\mathbf{v}^\dagger \mathbf{Q}^{-1} \mathbf{v}(1 + K_p^{-1} \mathbf{g}^\dagger \mathbf{Q}^{-1} \mathbf{g})} \underset{H_0}{\overset{H_1}{\gtrless}} K_p \eta_0 \tag{12.125}$$

对于大的 K_p，GLRT 式（12.125）趋向于检测统计，即式（12.126）。对于 SDS 问题，这可以被认为是 TDS 问题的 AMF 等效化。这里提到的式（12.125）是指归一化 APES 或 NAPES 滤波器，对于 SDS 问题也可视作是通过两步 GLRT 导出的，对 SDS 问题的 AMF 也是类似的。

$$\frac{|\mathbf{v}^\dagger \mathbf{Q}^{-1} \mathbf{g}|^2}{\mathbf{v}^\dagger \mathbf{Q}^{-1} \mathbf{v}} \underset{H_0}{\overset{H_1}{\gtrless}} K_p \eta_0 \tag{12.126}$$

式（12.120）中更一般 JDS 问题的 GLRT，式中 $K_s > 1$，$K_p > 1$，并且 $K \geqslant N$，没有式（12.123）所述 TDS 问题的 Kelly GLRT 有名。上面介绍的 SDS GLRT 也是如此，其中，APES 滤波器的作用突出。JDS GLRT 很好地推动了分布式目标以结构化的方式分布在主数据上的问题的解决。

12.3.3.2　多秩信号和部分均匀分布

为推动 JDS 问题，考虑一个多通道雷达系统，在一个 CPI 内发射一连串的 N_p 个脉冲。在经过脉压后的 N_g 个距离单元和 N_a 个空间接收通道上接收每个脉冲的回波。在特定距离单元 r 上，我们定义一组 $K_p = N_a$ 个主向量 $\mathbf{z}_k = [z_k(1), \cdots, z_k(N_p)]^T$，其中，$k \in \Omega_p$。主向量 $\mathbf{z}_k$ 有 $N = N_p$ 个维度，包含在距离单元 r 上通过 $K_p = N_a$ 个接收机获得的脉冲串输出。除了 K_p 个主向量，我们定义一组 K_s 个辅向量 $\mathbf{z}_k$（$k = 1, \cdots, K_s$），包含从 CUT（被检测单元）附近提取的距离单元序列的脉冲串输出。

空间宽带超视距雷达杂波将产生从一个接收机到另一个接收机几乎独立的干扰脉冲列向量，而具有固定方位角（DOA）的目标的回波将具有通过接收机上的相位级数确定的阵列结构。当在 H_0 和 H_1 条件下包含非期望相干信号时，JDS 假设检测可以用式（12.127）表示。我们马上介绍有用信号 $\mathbf{s}_k$ 和无效信号 $\mathbf{r}_k$ 的子空间模型。假设这些信号在主数据上的分布在这两种情况下都是结构化的。均匀情况下为 GLRT，部分均匀情况下为两步 GLRT。

$$\begin{cases} H_0: \begin{cases} \mathbf{z}_k = \mathbf{r}_k + \mathbf{d}_k, & k \in \Omega_p \\ \mathbf{z}_k = \mathbf{d}_k, & k \in \Omega_s \end{cases} \\ H_1: \begin{cases} \mathbf{z}_k = \mathbf{s}_k + \mathbf{r}_k + \mathbf{d}_k, & k \in \Omega_p \\ \mathbf{z}_k = \mathbf{d}_k, & k \in \Omega_s \end{cases} \end{cases} \quad (12.127)$$

这里,$\mathbf{E}\{\mathbf{d}_k \mathbf{d}_k^\dagger\} = \mathbf{R}$,$k \in \Omega_p$,$\mathbf{E}\{\mathbf{d}_k \mathbf{d}_k^\dagger\} = \nu\mathbf{R}$,$k \in \Omega_s$,$\mathbf{R}$ 和 ν 都是未知的[②]。对于 M 秩模型,矩阵 $\mathbf{V} = [\mathbf{v}_1, \cdots, \mathbf{v}_M]$ 已知,坐标 $\underline{\theta}_k$ 未知,其 $\mathbf{s}_k$ 的子空间目标模型用式(12.128)表示。相似地,非期望信号 $\mathbf{r}_k$ 的子空间模型可用式(12.128)表示,这里 P 秩模型矩阵 $\mathbf{U} = [\mathbf{u}_1, \cdots, \mathbf{u}_P]$ 已知,但坐标 $\underline{\phi}_k$ 未知。约束条件为集体子空间 $[\mathbf{V}, \mathbf{U}]$ 为满秩 $M + P$,其中,$M + P \ll N$。

$$\mathbf{s}_k = \mathbf{V}\underline{\theta}_k, \quad \mathbf{r}_k = \mathbf{U}\underline{\phi}_k \quad (12.128)$$

对于在不同主向量上结构分布的目标,目标组成的矩阵 $\mathbf{F} = [\mathbf{s}_{K_s+1}, \cdots, \mathbf{s}_K]$ 可以写成 $\mathbf{F} = \mathbf{V}\Theta$,其中,$\Theta = [\underline{\theta}_{K_s+1}, \cdots, \underline{\theta}_K]$。从方位 α 和仰角 β 来的目标回波,导向向量表示为 $\mathbf{e} = [1, e^{j\mathbf{k}(\alpha,\beta) \cdot \mathbf{r}_2}, \cdots, e^{j\mathbf{k}(\alpha,\beta) \cdot \mathbf{r}_{N_a}}]^\dagger$,其中,$\mathbf{k}(\alpha, \beta)$ 为波向量,$\mathbf{r}_n$($n = 1, \cdots, N_a$)为第 n 个天线传感器相对作为相位参考的第一个传感器($n = 1$)的位置向量。利用此关系,并定义 $\underline{\theta} = \underline{\theta}_{K_s+1}$,得到 $\Theta = \underline{\theta}\mathbf{e}^\dagger$ 和 $\mathbf{F} = \mathbf{V}\underline{\theta}\mathbf{e}^\dagger$。

同样,非期望信号和目标处于相同的分辨单元,但多普勒不同(如"跨越"目标),表示为 $\mathbf{G} = [\mathbf{r}_{K_s+1}, \cdots, \mathbf{r}_K] = \mathbf{U}\underline{\phi}\mathbf{e}^\dagger$。

$$\begin{cases} \mathbf{F} = [\mathbf{s}_{K_s+1}, \cdots, \mathbf{s}_K] = \mathbf{V}\underline{\theta}\mathbf{e}^\dagger \\ \mathbf{G} = [\mathbf{r}_{K_s+1}, \cdots, \mathbf{r}_K] = \mathbf{U}\underline{\phi}\mathbf{e}^\dagger \end{cases} \quad (12.129)$$

JDS 问题没有在 Kelly 和 Forsythe(Kelly 1989)的公式中得到反映,没有考虑部分均匀情况,或包含非期望信号。类似的问题在 Aboutanios and Mulgrew(2010)中也同样存在,另外还限制于用于单秩的有用信号模型。这个问题在细节上也不同于 Conte 等(2001)和 Bandiera 等(2007)所做的研究,它利用了主数据上目标复幅度的结构。

由于在假设检测中存在各种未知情况,我们采取 GLRT 在 H_0 和 H_1 中做判决,在两个假设条件 H_δ($\delta = 0, 1$)下给出联合 PDF $f_\delta[\cdot]$。这个问题的 GLRT $\Lambda(\mathbf{Z})$ 基于式(12.130)的决策规则,其中,$\mathbf{Z} = [\mathbf{Z}_p, \mathbf{Z}_s]$($\mathbf{Z}_p = [\mathbf{z}_{K_s+1}, \cdots, \mathbf{z}_K]$),$\mathbf{Z}_s = [\mathbf{z}_1, \cdots, \mathbf{z}_{K_s}]$,$\gamma$ 为获得可接受的虚警概率的一个门限。检测统计量 $\Lambda(\mathbf{Z})$ 来自于 Fabrizio 等(2007),通过对 ν 最大化的两步 GLRT 实现。下面介绍推导的主要内容。

$$\Lambda(\mathbf{Z}) = \frac{\max_{\mathbf{R}, \underline{\theta}, \underline{\phi}, \nu} f_1[\mathbf{Z}; \mathbf{R}, \underline{\theta}, \underline{\phi}, \nu]}{\max_{\mathbf{R}, \underline{\phi}, \nu} f_0[\mathbf{Z}; \mathbf{R}, \underline{\phi}, \nu]} \underset{H_0}{\overset{H_1}{\gtrless}} \gamma \quad (12.130)$$

式(12.131)的联合 PDF 可用 $\mathbf{T}_0 = \left[\frac{1}{\nu}\mathbf{Z}_s\mathbf{Z}_s^\dagger + (\mathbf{Z}_p - \mathbf{G})(\mathbf{Z}_p - \mathbf{G})^\dagger\right]$ 和 $\mathbf{T}_1 = \left[\frac{1}{\nu}\mathbf{Z}_s\mathbf{Z}_s^\dagger + (\mathbf{Z}_p - \mathbf{H})(\mathbf{Z}_p - \mathbf{H})^\dagger\right]$ 来定义,其中,$\mathbf{H} = \mathbf{F} + \mathbf{G}$,其中 $\mathbf{F} = \mathbf{V}\underline{\theta}\mathbf{e}^\dagger$ 和 $\mathbf{G} = \mathbf{G}\underline{\phi}\mathbf{e}^\dagger$。

$$f_\delta[\cdot] = \left[\frac{1}{\pi^N \|\mathbf{R}\|}\right]^K \left(\frac{1}{\nu}\right)^{NK_s} \exp\{-\text{tr}(\mathbf{R}^{-1}\mathbf{T}_\delta)\} \quad (12.131)$$

在 H_0 条件下关于 $\mathbf{R}$ 进行最大化,涉及用协方差矩阵 $\hat{\mathbf{R}} = K^{-1}\mathbf{T}_0$ 代替真实矩阵 $\mathbf{R}$。结果为式(12.132),其中,$\mathbf{S} = K_s^{-1}\mathbf{Z}_s\mathbf{Z}_s^\dagger$,$\mathbf{G} = \mathbf{U}\underline{\phi}\mathbf{e}^\dagger$。

---

② 在本节中,为方便计,分别定义 $\mathbf{R}$ 和 $\nu\mathbf{R}$ 为主数据和辅数据的协方差矩阵。

$$f_0[\mathbf{Z}; \hat{\mathbf{R}}, \underline{\phi}, v] = \left[\frac{K}{\pi e}\right]^{NK} \left(\frac{1}{v}\right)^{NK_s} \left\{\frac{1}{||\frac{1}{v}K_s\mathbf{S} + (\mathbf{Z}_p - \mathbf{U}\underline{\phi}\mathbf{e}^\dagger)(\mathbf{Z}_p - \mathbf{U}\underline{\phi}\mathbf{e}^\dagger)^\dagger||}\right\}^K \quad (12.132)$$

通过展开行列式（12.132）中的各项，且定义 $\mathbf{P} = K_p^{-1}\mathbf{Z}_p\mathbf{Z}_p^\dagger$，$\mathbf{g} = \mathbf{Z}_p\mathbf{e}/|\mathbf{e}|$，以及 $\mathbf{M} = \frac{1}{v}K_s\mathbf{S} + K_p\mathbf{P} - \mathbf{g}\mathbf{g}^\dagger$，则行列式可表示为 $||\mathbf{M} + (|\mathbf{e}|\mathbf{U}\underline{\phi} - \mathbf{g})(|\mathbf{e}|\mathbf{U}\underline{\phi} - \mathbf{g})^\dagger||$。和上面一样采用相同的矩阵行列式的秩，则表达式可简化为③

$$f_0[\mathbf{Z}; \hat{\mathbf{R}}, \underline{\phi}, v)] = \left[\frac{K}{\pi e}\right]^{NK} \left(\frac{1}{v}\right)^{NK_s} \left\{\frac{1}{||\mathbf{M}||[1 + (|\mathbf{e}|\mathbf{U}\underline{\phi} - \mathbf{g})^\dagger\mathbf{M}^{-1}(|\mathbf{e}|\mathbf{U}\underline{\phi} - \mathbf{g})]}\right\}^K \quad (12.133)$$

对 $\underline{\phi}$ 最大化 $f_0[\cdot]$，是通过将行列式 $\hat{\underline{\phi}} = \frac{1}{|\mathbf{e}|}(\mathbf{U}^\dagger\mathbf{M}^{-1}\mathbf{U})^{-1}\mathbf{U}^\dagger\mathbf{M}^{-1}\mathbf{g}$ 最小化代入式（12.133）来获得的。这样就获得式（12.134），"白化" 向量可写成 $\tilde{\mathbf{g}} = \mathbf{M}^{-1/2}\mathbf{g}$，"白化" 非期望信号子空间 $\tilde{\mathbf{U}} = \mathbf{M}^{-1/2}\mathbf{U}$，正交投影矩阵 $\mathbf{P}_{\tilde{\mathbf{U}}}^\perp = \mathbf{I} - \tilde{\mathbf{U}}\tilde{\mathbf{U}}^\dagger$，其中 $\tilde{\mathbf{U}}^\dagger = (\tilde{\mathbf{U}}^\dagger\tilde{\mathbf{U}})^{-1}\tilde{\mathbf{U}}^\dagger$ 是 $\tilde{\mathbf{U}}$ 的 Moore-Penrose 伪逆。

$$f_0[\mathbf{Z}; \hat{\mathbf{R}}, \hat{\underline{\phi}}, v] = \left[\frac{K}{\pi e}\right]^{NK} \left(\frac{1}{v}\right)^{NK_s} \left\{\frac{1}{||\mathbf{M}||(1 + \tilde{\mathbf{g}}^\dagger\mathbf{P}_{\tilde{\mathbf{U}}}^\perp\tilde{\mathbf{g}})}\right\}^K \quad (12.134)$$

一个类似的过程可以用来最大化 H_1 的密度 $f_1[\cdot]$，除了我们结合了在增量子空间 $\mathbf{W} = [\mathbf{V}, \mathbf{U}]$ 上对 $\underline{\psi} = [\underline{\theta}, \underline{\phi}]$ 最大化的这种情况。通过定义 $\tilde{\mathbf{W}} = \mathbf{M}^{-1/2}\mathbf{W}$ 和它的正交投影 $\mathbf{P}_{\tilde{\mathbf{W}}}^\perp = \mathbf{I} - \tilde{\mathbf{W}}\tilde{\mathbf{W}}^\dagger$，得到式（12.135）。

$$f_1[\mathbf{Z}; \hat{\mathbf{R}}, \hat{\underline{\theta}}, \hat{\underline{\phi}}, v] = \left[\frac{K}{\pi e}\right]^{NK} \left(\frac{1}{v}\right)^{NK_s} \left\{\frac{1}{||\mathbf{M}||(1 + \tilde{\mathbf{g}}^\dagger\mathbf{P}_{\tilde{\mathbf{W}}}^\perp\tilde{\mathbf{g}})}\right\}^K \quad (12.135)$$

在这一点上，假设 v 是已知的，用式（12.136）估计 GLR 的 K 次根，注意到仍然依赖于驻留在 "白化" 矩阵 $\mathbf{M} = \frac{1}{v}\mathcal{S} + \mathcal{P} - \mathbf{g}\mathbf{g}^\dagger$ 中的比例因子 v，更简单的表示为 $\mathcal{S} = K_s\mathbf{S}$ 和 $\mathcal{P} = K_p\mathbf{P}$。

$$\Lambda(\mathbf{Z}, v) = \frac{1 + \tilde{\mathbf{g}}^\dagger\mathbf{P}_{\tilde{\mathbf{U}}}^\perp\tilde{\mathbf{g}}}{1 + \tilde{\mathbf{g}}^\dagger\mathbf{P}_{\tilde{\mathbf{W}}}^\perp\tilde{\mathbf{g}}} \quad (12.136)$$

这就是 v 已知的 GLRT 表达式。在均匀情况下，我们可以简单地代入 $v = 1$ 来计算 $\mathbf{M} = \mathcal{S} + \mathcal{P} - \mathbf{g}\mathbf{g}^\dagger$。对一个单秩的有用信号 $\mathbf{V} = \mathbf{v}$，没有非期望信号，并且均匀情况下 $v = 1$，这个表达式还原为式（12.137），这是式（12.118）中精确的 GLRT λ。

$$\Lambda(\mathbf{Z}, 1) = \frac{1 + \tilde{\mathbf{g}}^\dagger\tilde{\mathbf{g}}}{1 + \tilde{\mathbf{g}}^\dagger\mathbf{P}_{\tilde{\mathbf{v}}}^\perp\tilde{\mathbf{g}}} = \frac{1 + \mathbf{g}^\dagger\mathbf{M}^{-1}\mathbf{g}}{1 + \mathbf{g}^\dagger\mathbf{M}^{-1}\mathbf{g} - |\mathbf{v}^\dagger\mathbf{M}^{-1}\mathbf{g}|^2(\mathbf{v}^\dagger\mathbf{M}^{-1}\mathbf{v})^{-1}} \quad (12.137)$$

相比式（12.137），式（12.136）表示的更一般的 GLRT 能够提供对不确定有用信号和非期望信号更好的鲁棒性。如果还需对扰动尺度不变，一个可能的方法是在式（12.136）中插入一个 $\hat{v}$ 的估计。辅数据干扰采样协方差矩阵 $\mathbf{S}$ 可以用来 "白化" 主向量 $\tilde{\mathbf{z}}_k = \mathbf{S}^{-1/2}\mathbf{z}_k$。转换的信号子空间 $\tilde{\mathbf{W}} = \mathbf{S}^{-1/2}\mathbf{W}$ 中任何确定的成分可通过一个相对向量 $\tilde{\mathbf{z}}_k$ 的正交投影 $\mathbf{P}_{\tilde{\mathbf{W}}}^\perp$ 进行去除。然后产生的向量可以用来形成估计 $\hat{v}$，如式（12.138）所示。

---

③ 注意，重新考虑 $\mathbf{M}$ 在局部均匀情况下的相对比例 v。

$$\hat{v} = \left\{ \frac{1}{(N-M-P)K_p} \sum_{k=K_s+1}^{K} \bar{\mathbf{z}}_k^\dagger \mathbf{P}_{\bar{\mathbf{W}}}^\perp \bar{\mathbf{z}}_k \right\}^{-1} \quad (12.138)$$

估计 $\hat{v}$ 是一致的，即当 $K_s \to \infty$ 且 $K_p \to \infty$ 时，$\hat{v} \to v$。部分均匀情况下的两步 GLRT，首先假设 v 是已知的，然后用估计 $\hat{v}$ 替代作为结果的 GLRT 表达式中这个未知的量，由检验统计量 $\Lambda(\mathbf{Z}, \hat{v})$ 给出。统计量简单地表示为 Λ，并且定义 $\chi = (\Lambda - 1)/\Lambda$，那么采用门限 Λ_0 对 Λ 的检验和式（12.139）表示的检验是等价的，其中，$\chi_0 = (\Lambda_0 - 1)/\Lambda_0$。在这种情况下，采用矩阵 $\mathbf{M} = \frac{1}{\hat{v}} S + P - \mathbf{g}\mathbf{g}^+$ 进行各种形式的准白化操作，如式（12.139）所示。

$$\chi = \frac{\tilde{\mathbf{g}}^\dagger \mathbf{P}_{\tilde{\mathbf{W}}} \tilde{\mathbf{g}} - \tilde{\mathbf{g}}^\dagger \mathbf{P}_{\tilde{\mathbf{U}}} \tilde{\mathbf{g}}}{1 + \tilde{\mathbf{g}}^\dagger \tilde{\mathbf{g}} - \tilde{\mathbf{g}}^\dagger \mathbf{P}_{\tilde{\mathbf{U}}} \tilde{\mathbf{g}}} \underset{H_0}{\overset{H_1}{\gtrless}} \chi_0 \quad (12.139)$$

12.4 实际应用

这一节说明几种 GLRT 处理方案在试验天波和表面波超视距雷达系统实际数据中的应用。具体而言，空间处理应用是本节的第一部分，用来检测被淹没在远区与雷达波形不相干的方向性干扰中的目标。本节的第二部分介绍时域处理应用于检测地、海表面后向散射的杂波所遮盖的目标。本节的最后一部分说明 JDS 自适应检测技术同时处理多个主数据向量的应用。

12.4.1 空间处理

空间处理问题主要用来检测经过多普勒处理后没有被杂波遮盖的目标回波，此类目标有着显著的多普勒频移，但在滤波后被淹没在干扰和噪声中，后者由全部或部分覆盖雷达带宽的非相干源引起。从多普勒处理的角度来看，检测目标回波被这种形式的干扰遮盖，其具有方向性且经常占用整个距离-多普勒搜索空间，本质上是空间处理的任务。

Jindalee（金达莱）天波超视距雷达和 Iluka 高频表面波雷达，分别位于 Alice Springs（阿利斯斯普林斯，位于澳大利亚中部）和 Darwin（达尔文，位于澳大利亚北部）附近，这两个独立的试验系统用来收集实际数据进行空间处理研究。收集试验数据的步骤在后面描述，然后对 Kelly 的 GLRT、AMF、ACE、ASD 检测器的实际性能进行举例说明并比较。

12.4.1.1 Jindalee 试验

Jindalee 天波超视距雷达接收系统基于 2.8 km 长的均匀线阵，由 462 个间隔 6 m 的双扇形天线单元组成。孔径分成 $N = 32$ 个子阵，每个子阵有 28 个双扇形单元，和邻近的子阵有 50%的交叠。每个独立的子阵朝向监视区域，采用模拟（延迟线）波束形成网络。每个子阵的输出连接到各自的高频接收机，在那里射频信号被滤波，进行下变频，与线性扫频周期频率的 FMCW（调制连续波形）混频并根据奈奎斯特率数字化。在获得数据之前，所有 32 个接收机的通带通过内部校准信号归一化。关于 Jindalee 系统的更多信息见第 6 章。

为了度量在验证干扰条件下不同处理方案的信号检测和方位定位的性能以及虚警率，Jindalee 雷达工作在被动模式（即关闭发射），接收干扰和噪声加上一个有用的（类目标）从远区已知地点的合作源发射的信号。在没有杂波的情况下，虚警率由与相干回波隔离观测的干扰和噪声产生，同时，类目标信号的存在使得信号检测和方位定位性能得到评估，并与已知试验的几何信息进行比较。

第12章 GLRT检测方案

除了能对不同检测方案的空间处理性能进行有效评估，在第二个试验中，这些数据同样可用来衡量杂波的影响。Iluka 表面波雷达工作在主动模式，检测杂波、干扰和噪声中的真实目标回波。

有用的信号是一个 FMCW 信号，中心频率为 $f_c = 15.960$ MHz，带宽为 $B = 20$ kHz，波形重复频率为（WRF）$f_p = 60$ Hz，Jindalee 雷达接收，从位于 Darwin 附近的合作发射机发射，距离接收机位置以北大约 1265 km，偏离阵列法线 22°。接收点位于澳大利亚中部的 Alice Springs 西北 40 km 左右，用来解调的 FMCW 和发射信号一致，并且是时间同步的，除了在后者上加了一个正的 15 Hz 的多普勒频移。这个多普勒频移代表一个靠近的目标，速度大约为 540 km/h。

这个有用的信号经过电离层反射后于格林威治时间 1998 年 3 月 31 日 05:52 到 06:01 被 $N_a = 32$ 个子阵接收。期间录取到个别干扰，$f_c = 16.052$ MHz，并且严重影响有用信号。干扰信号为类噪声（和当前 FMCW 信号不相干）并且相对较强，比单个接收机背景噪声功率强 20 dB 以上。干扰信号是和有用信号发射源从空间分离的源发射出来的，位于 Darwin 区域，到达角（DOA）大概偏离法线方向 1°。

每个接收机处理并且保持 $N_g = 20$ 个复距离单元，距离为 1162～1447 km，在 $N_p = 128$ 的 PRI（波形重复间隔）内，对 2.1 s 的 CPI 内收集的距离单元进行多普勒处理。由于前 $L' = 6$ 个距离单元对应群距离（1162～1237 km）小于有用信号源和接收阵列之间的距离（1265 km），关联的 $PL' = 768$ 个距离多普勒单元被视作无信号，并用来训练自适应处理器的辅数据。

为了帮助数据解释，一个倾斜的探测器用来监视传播信号电离层的多径特性。这个探测器是 Jindalee FMS（频率管理系统）（Earl and Ward 1986）的一部分，该系统测量日常电离图，用来识别不同工作频率传播模式的个数和反射信号的电离层层数。

图 12.1 为 Jindalee 方位-距离-多普勒（ARD）图，图（a）由传统的锥形波束形成器，加 Hann 窗处理得到，图（b）由统一的锥削 AMF（自适应匹配滤波器）处理得到，图（c）由归一化的 ASD（自适应子空间估计）统计得到。在这些图中，横轴为多普勒单元，波束垂直堆叠，波束内嵌距离单元。总共 16 个波束，指向角度标识在图 12.1 上，覆盖感兴趣的角度范围（即靠近有用信号和干扰所在的位置）。白色表明为高功率，黑色表明为低功率。

方向性干扰非常明显地出现在 CTB 输出结果的 6～9 波束上，这些波束上显然是没有有用信号的，因为干扰遮盖了所有的距离-多普勒单元。不同距离上的干扰功率是变化的，低距离功率比高距离低。功率的变化是相对平滑的（非尖锐的），并且在 CTB 输出中，大部分可看清楚的波束很少被干扰信号污染（如波束 5 或 10）。

在讨论另外两个 ARD 输出的细节前，我们细想一下图 12.2，它显示了有用信号的斜向入射电离图。模式是通过电离图路径和工作频率垂线的交叉点。在 $f_c = 15.960$ MHz，电离图上确定了两个明显的传播模式，分别在群距离 1300 km 和 1420 km 处。这些群距离对应的电离层垂直高度各自大约为 122 km 和 292 km。短路径（参考模式 A）的模式是从 E 层的一跳反射，而长路径（模式 B）的模式是从 F2 层的一跳反射（Davies 1990）。

假设地球的模型为球形，并且忽略电离层反射点的任何大尺度的倾斜或者翘起，模式 A 和 B 入射至阵列，锥角接近 $\varphi_A = 21.7°$（方位和仰角分别为 22° 和 10.3°），$\varphi_A = 20.3°$（方位和仰角分别为 22° 和 22.4°），这是由于均匀线性阵列的锥角模糊（Gething 1991）。现在讨论 ASD 和 AMF 的性能。

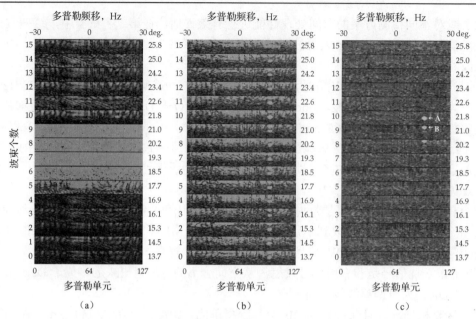

图 12.1 ARD 输出,采用常规的锥形波束形成器,加 Hann 窗处理[图(a)]。自适应匹配滤波器(AMF),采用距离单元 0~5 进行自适应训练[图(b)],采用归一化训练数据的自适应子空间估计[图(c)]。AMF 输出的虚警率是随距离变化的函数,同时在所有天线波束形成方向上检出两个有用信号模式。ASD 输出的两个主要特征:(1)噪声背景显著一致,这就允许恒虚警检测采用固定的门限;(2)两个有用信号模式被检测出来,并且和期望的方位相近,也没有在其他的波束错误的检出

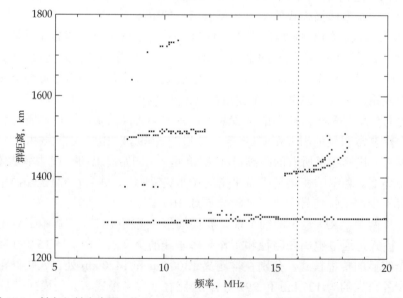

图 12.2 斜向入射电离图,从 Darwin 到 Alice Springs 电离层传播路径(和有用信号一致),格林威治时间 1998 年 3 月 31 日 6 点 34 分。频率为 15.960 MHz,从图中可有看出有两个传播模式,一个一跳在 1300 km 群距离的分散 E 反射(模式 A),另一个一跳在 1420 km 群距离的 F 层反射(模式 B)

ASD 采用一个射线数 $M=3$ 的确定(波-干扰)子空间信号模型。在 Fabrizio 等(2000)中,这种模型对个别的射频信号模式是有效的。用数学方式表述,$s=V\underline{\theta}$,其中,

$\mathbf{V} = [\mathbf{v}(\varphi), \mathbf{v}(\varphi + \Delta), \mathbf{v}(\varphi - \Delta)]$,$v(\varphi)$ 为均匀线性阵列导向向量,$\varphi = \varphi_1, \cdots, \varphi_N$ 为名义上的导向方向,Δ 为角度偏移,等于主瓣宽度的 0.2 倍。[④]

多阶信号模型可以表示有用信号和理想导向向量间的不匹配性。这种不匹配源于微小的波束指示误差、天线阵列不理想或非镜像的电离层反射处理等。

当 Δ 的值强制位于波束方向图主瓣内时,我们可以分配到达锥角 φ 指向任何检测到的信号。射线间隔 Δ 依赖于预知的空间传播离散程度。这里的选择是基于 Fabrizio 等(2000)给出的定量结果,它表明采用超分辨技术确定的单个电离层反射射线分离角通常比主瓣宽度小 20%。

射线的数量 M 也需要考虑:虽然使用更多的射线有可能提升信号模型的精度,它也增加了信号子空间的阶数,展宽了空间带宽,因而减小了相对于干扰和噪声的增益。另一方面,选择过少的射线数量,可能导致假设信号模型和系统实际收到的信号间显著失配,这会导致 ASD 的高选择性引起的期望信号的局部抑制。在这个应用中,$M = 3$ 表示这些相互矛盾因素的折中选择。

图 12.1 最右边的 ARD 图,和 F 版本的 ASD 统计量相对应,采用式(12.96),并用 $(N-M)/M$ 归一化(即一个由子空间维度形成的归一化值分别应用于 ASD 的分子和分母)。图中表明模式 A 和 B 被 ASD 明显地检测到。之前出现在波束 10 中,指向 21.8°(和期望值 $\phi_A = 21.7°$ 比较),同时后面的出现在波束 8 和 9 之间,指向 20.2°~21.0°(和 $\varphi_B = 20.3°$ 比较)。这些结果和试验的几何关系很好地保持一致,证明了被 ASD 采用的波-干扰模型能够用来精确定位两个有用信号模式的方位。图 12.3 的距离谱图表明了检测的强度,模式 A 为 24 dB,模式 B 为 21 dB。这个谱图也表明 ASD 的高空间选择性,模式 A 没有明显的泄漏到模式 B 的距离谱图的邻近波束,反之亦然。需要注意的是,这两个模式的群距离也和根据电离图预知的保持很好的一致(模式 A 和模式 B 分别为 1300 km 和 1420 km)。

在没有期望信号的 ARD 单元中,ASD 输出的噪声背景显著一致。这包括所有的辅数据(包括距离 0~5),所有的主数据(包括距离 6~19),这些地方都没有有用信号。图 12.3 在距离单元 13 和 14、模式 A 和 B 的距离旁瓣下降到噪声电平以下,这两个距离单元因此可以用来分析包含有用信号的波束的虚警率。模式 A 波束 10,在这两个距离共有 $2N_p = 256$ 个采样点可以用来计算在只有干扰假设下主要 ASD 输出的累积分布。图 12.4 比较了 $N_p \times L' = 768$ 个次要 ASD 输出的累积分布(采用距离单元 0~5),$2N_p = 256$ 个主要 ASD 输出(采用距离单元 13-14),中心 F 分布采用 $2M = 6$ 和 $2(N-M) = 58$ 的自由度。这些分布在只有干扰的假设下,理论上服从预设(大样本)情况中的复数 ASD(Scharf 1991)。

图 12.4 表明,实际数据在任何给定门限下的虚警率,与理论上预计的辅数据和主数据 ASD 输出几乎一致。这意味着,一个固定且已知的门限可以直接应用到 ASD 的输出进行检测,保持预知且稳定的虚警率。另外,解析(大样本)分布与主辅 ASD 输出的虚警率特征高度一致,暗示采样得到的辅数据的干扰样本协方差矩阵收敛于其期望值,并且主数据统计上可以用辅数据的协方差矩阵乘上一个可能的尺度来描述。每个模式的 ASD 的方位响应见图 12.5。对每个模式,每个信号只有一个尖峰在门限 $\gamma = 5$ dB(图 12.4 中 $\gamma = 3.16$ 为线性尺度)上被检出,这对应 P_{FA} 约为 1%。

[④] 这里主瓣宽度定义为名义上的导向方向 φ 和天线方向图的第一个零点之间的角度,天线方向图通过常规的统一的锥形波束得到。

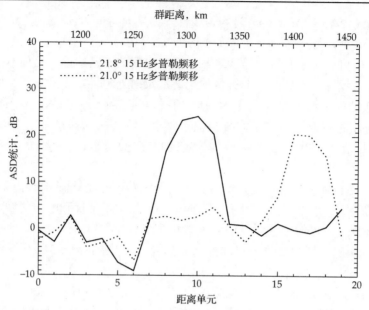

图 12.3 ASD 输出的距离谱图，在波束 10 多普勒频移 15 Hz（实线）表明 1300 km 处模式 A 被检测出来，波束 9（点线）表明 1400 km 处模式 B 被检测出来。距离谱图还表明 ASD 的高选择性，它抑制了每个模式没有指向有用信号方向的波束的方位响应

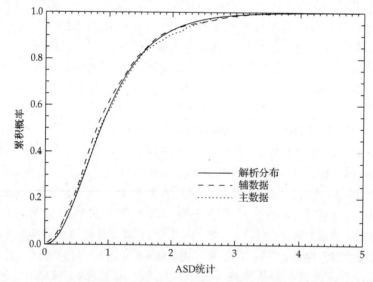

图 12.4 ARD 图中没有有用信号的区域的 ASD 统计的累积密度函数，辅数据（虚线）和主数据（点线），及自由度 6 和 58 的解析中心 F 分布（实线），在 H_0 预设的（大样本）情况下理论上服从这个统计

图 12.1（b）为 AMF 的输出，很明显噪声背景密度变化为随距离变化的函数。主数据和辅数据间虚警率的显著变化被图 12.6 的累积分布所证实，得到它们所采用的方法和图 12.4 一致。采用复数输入 AMF 输出的解析（大样本）分布为一个两阶自由度的中心卡方分布（Scharf 1991）。

解析分布之间的紧密匹配以及辅 AMF 输出和辅单元全相关干扰结构模型是一致的。然而，这个分布和主 AMF 数据之间的大的差异表明，主数据和辅数据的干扰结构并不是全相关的。干扰功率在距离上的显著变化导致 AMF 的主输出和辅输出之间的虚警率有很大的差异。

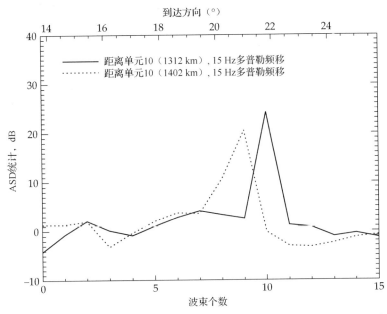

图 12.5 模式 A（实线）和模式 B（点线）的 ASD 方位响应。模式 A 的峰值出现在波束 10（21.8°），而模式 B 的峰值在波束 8 和 9 之间（20.2°～21°）。这分别与模式 A 和 B 考虑锥角效应的结果一致。二者大圆方位为 22°，仰角则分别为 10.3° 和 22.4°，忽略可能的电离层翘起

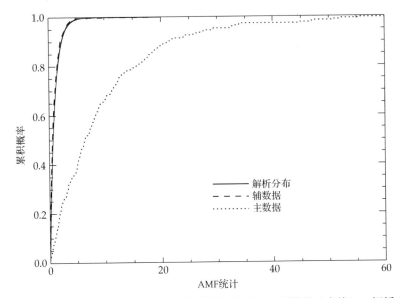

图 12.6 AMF 输出的累积密度图，主数据（点线）、辅数据（虚线）、解析中心 2 阶自由度的卡方分布（实线）。对解析分布而言，横轴被压缩了一半，因为复白化过程产生的实部和虚部方差渐进为 0.5 而不是 1

AMF 观测和之前观测的 ASD 主辅数据的实际 CFAR 输出联合表明：（1）纹理在辅数据全相关，在主数据上不同的 SIRP 模型，比 Reed 等（1974），Kelly（1986），以及 Robey 等（1992）采用的传统均匀高斯模型更加适当；（2）在这个例子中，从虚警率的观点来看，假定外部干

扰是加性噪声主要分量合理的原因,如果加性噪声分布是显著的,则 ASD 输出不应是恒虚警的(或者近似不是)。

至于 AMF 的虚警率特性,已知其在均匀高斯环境下是恒虚警的,检测门限 $\gamma = 7\,dB$(图 12.6 $\gamma = 5$ 为线性尺度)产生辅数据 1% 的虚警率,但是主数据(距离单元 13 和 14)中虚警率为 60%,无法忍受。为了使主数据虚警率为 1%,检测门限需提高到大约 $\gamma = 17\,dB$(图 12.6 中 $\gamma = 50$ 为线性尺度)。

为了在实际干扰环境下不使恒虚警偏离太远,当天线波束没有朝向这些信号的实际方向时,AMF 也能检测两个有用信号模式。这在图 12.1 中间的图上很明显,并且在图 12.7 中定量显示在距离-多普勒单元中 AMF 的方位响应,包含模式 A 和 B。在门限 $\gamma = 17\,dB$(即波束 6 中的实线)之上的几个错误的峰表明 AMF 差的选择性,ASD 比它要好。

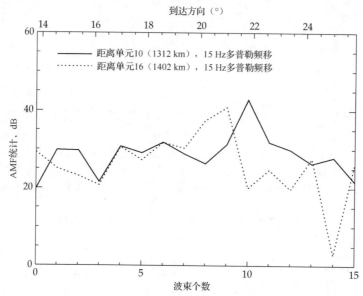

图 12.7 模式 A(实线)和模式 B(点线)AMF 的方位响应。AMF 检测出两个模式,但是它的方位响应很差,并且在噪声电平以上假的峰明显角度上和有用信号的方向不一致(将模式 A 波束 4 大约 30 dB 的输出,门限 $\gamma = 50$ 或 17 dB 之上主 AMF 输出的噪声累积密度进行对比)

然而,当波束朝向模式 A 和 B 的实际方向,AMF 的输出比 1% 的虚警门限 $\gamma = 17\,dB$ 高 20~25 dB。ASD 检测只比门限 $\gamma = 5\,dB$ 高 15~20 dB,在主数据中产生的同样是 1% 的虚警率。实际的例子证明了 AMF 在仿真中表现出的高灵敏性,同时 ASD 对恒虚警尺度不变特性进行了折中。

需要强调的是,这些观测不仅涉及有限样本支持的影响,更主要的是 AMF 和 ASD 的内在特性。特别地,在进行干扰抑制任务时,当所有的自适应自由度被吸收时,旁瓣无效信号的检测对 AMF 是一个潜在的已知难题。重要的是,这里给出的 AMF 的结果也代表 Kelly 的 GLRT,因为维度参数比 K-to-N 是 $768/32 = 24$,值很大,且两个检测器实质上趋同[⑤]。

12.4.1.2 Iluka 试验

Iluka 超视距雷达工作在常规的视线传播模式(微波雷达的标准模式),还有表面波

---

⑤ 当辅向量的数量 $K \to \infty$ 时,Kelly 的 GLRT 输出趋向于 AMF。

传输，这依赖于海水在高频频段的高传导性。表面波传播模式随着距离衰减，比按平方律衰减的视线传播更加严重。海上航行的钢铁外壳的大型船（如远洋货船），Iluka 距离覆盖从海岸向海水延伸大约为 200～300 km。关于高频表面波雷达及其性能的更多信息见第 5 章。

Iluka 雷达以前由两个发射地址组成，高功率的地址位于 Stingray Head（Darwin 西南 65 km），低功率的地址位于 Lee Point（Darwin 东北 10 km）。接收系统在 Gunn Point（Darwin 东北 10 km），远离每个发射站，允许雷达使用线性 FMCW 工作。接收系统基于长为 500 m 的均匀线阵，有 32 个垂直单柱子天线。每个天线单元连接一个被良好校准过的高频接收机，并且在天线阵的两端加了 2 个虚设的阵元，以减小相互间耦合的影响。阵列的法向朝向西方，大约和海岸线垂直。

在低功率位置，一个 250 W 的放大器驱动一对间隔 20 m 的单极天线，反向馈相使之端射。在这个试验中，系统发射一个线性 FMCW 信号，中心频率为 $f_c = 11.880$ MHz，带宽为 $B = 50$ kHz，WRF 为 $f_p = 4$ Hz。每次驻留共记录 $N_p = 128$ 个重复脉冲，CPI 为 $N_p / f_p = 32$ s。在距离多普勒处理后，获得 $N_g = 40$ 个距离单元覆盖 3～123 km 的距离。相对模糊速度为 ±91 km/h（等价于在 $f_c = 11.880$ MHz 下 ±2 Hz 收发分置的多普勒频移）。

试验期间，一艘快船目标沿着长为 2 km 的径向航线，在大约离岸 20 km 处按 20 节（37 km/h）的速度巡航。雷达距离分辨力为 3~4 km，方位分辨力为 4°~5°，这个快船目标理论上被限制在单个距离方位单元中。一套雷达校准设备和一艘停泊的支援船也在与快船目标相同的距离-方位单元内。

在名义上的巡航速度下，目标回波收发分置的多普勒频移约为 0.8 Hz，能够和海杂波很好地分开（一阶布拉格峰），理论上该杂波的多普勒频移小于单基地雷达的值 $f_d = \pm\sqrt{g/(\pi\lambda_c)}\cos\theta_g = \pm 0.35$ Hz，式中，g 为重力加速度，λ_c 为工作波长，θ_g 为电磁波相对海洋表面的入射角。最大值 ±0.35 Hz 是在入射角接近零的情况下计算得到的。因此，多普勒处理能够把快速移动船目标和一阶海杂波分开。这就使得目标回波能够在多普勒域被检测出来，这里干扰和噪声信号占检测背景的主要分量。

Iluka 试验使得 CTB、AMF 和尺度不变的 ASD 空间处理方案性能，能够在存在未知干扰、噪声和杂波条件下，基于真实目标的位置和速度的可信信息进行评估。在这个试验中，不存在仅含干扰加噪声的距离单元，因为所有的距离单元都存在杂波，所以需要不同方法来选择辅数据。一种获得辅数据的方法是选择本质上没有杂波和感兴趣的目标回波的多普勒单元，即那些超过了杂波和目标回波多普勒的单元。

例如，感兴趣的目标以小于 ±25 节（±46 km/h）的速度巡航，产生的收发分置的多普勒频移在 11.880 MHz 下大大小于 1 Hz。由于占统治地位的海杂波包含 ±1 Hz 的多普勒频率带宽，所有的多普勒频移大于 1 Hz 的距离-多普勒单元可以被用作辅数据。在这个试验中，辅数据从 64 多普勒单元（多普勒谱的一半）和 20 个距离单元中产生 64×20 = 1280 个训练快拍，其在 ±1 Hz 多普勒频率带宽以外。这些距离-多普勒单元包含干扰，但没有感兴趣目标的回波或占统治地位的海杂波。除了参考单元的选择方法，其他的数据处理保持和前面 Jindalee 试验描述的一致。

CTB 的 ARD 输出如图 12.8（a）所示，可以看出有几个波束被干扰严重污染，这使得船目标不能在期望的位置（距离单元 6 和波束 3）被检测出来。ASD 输出（图 12.8（c）所示）清楚地看到标志为"T"的快船目标在向外行驶，同时，还有边带靠近 ±1 Hz 的 RCD，在右边（正多普勒）标志为"RCD"，一个静态的目标（圆圈）位于距离单元 6 和波束 3。靠近零多普勒频率圆圈内的检测点和已知的静态的支援船向对应，位于目标和 RCD 同样的距离-

方位单元内。图 12.9 的实线代表 ASD 在目标距离-方位单元的多普勒响应,表明目标在大约 −0.78 Hz(38 号多普勒单元)处被检出。这个多普勒频移对应向外移动的目标,速度大约是 19.2 节(35.5 km/h),这和期望的快船目标巡航速度(20 节)很接近。

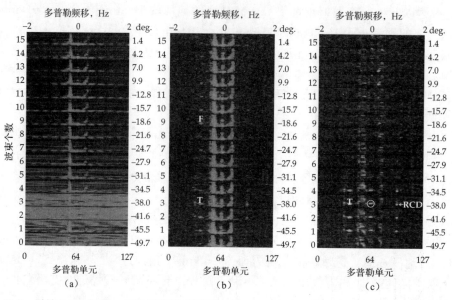

图 12.8 Iluka 雷达 ARD 数据,经过空间处理得到,加 Hann 窗的 CTB[图(a)]、AMR[图(b)]和 ASD[图(c)]。在 CTB 输出中,干扰遮盖了快船目标回波,RCD 信号边带在±1 Hz 的多普勒频移,在波束 2 和 3 的零多普勒频率处有疑似目标的回波。在 ASD 处理中,快船目标在波束 3 和距离单元 6 中清楚地检测到,标志位是"T"。RCD 的边带,接近零多普勒频移的疑似目标回波,也在同一个距离-方位单元被检测到。AMF 在波束 3 中检测到目标,标志为"T",但是在波束 6 上产生了一个强的虚警,标志位是"F",这是因为目标回波进入了 AMF 的旁瓣。占主要分量的杂波返回布拉格峰(一阶),多普勒频移大约为±0.3 Hz,在 AMF 输出中清晰可见

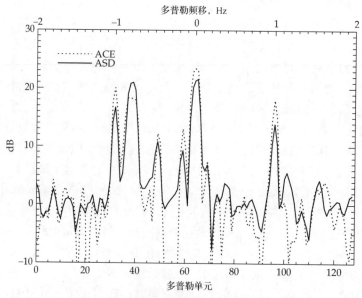

图 12.9 ASD 和 ACE 目标距离-方位单元的多普勒谱。虽然 ASD 对感兴趣的目标提供了 3 dB 的增益,但是 RCD 信号和静态的疑似目标都比 ACE 小 2~4 dB。这表明对匹配滤波增益(低模型阶数更好)和微弱失配信号(高模型阶数更好)的相干增益的一个折中

图 12.9 的点线代表 ACE 接收同一个距离-方位单元的多普勒响应。比较两个曲线，ASD 的输出比 ACE 接收对快船目标的探测强 3 dB。这表明，ASD 高维度信号子空间模型，对微弱失配信号比 ACE 能够提供更高的增益，同时，这个好处是和 ACE 对良好匹配目标更高的信扰比（SDR）得益交换的，这里采用一个单秩（导向向量）有用信号模型。因此，必须注意，不可通过在 ASD 中选择过分高的模型阶数过分模拟有用信号。由于不同目标拥有与信号滤波器组中导向向量（最佳匹配）不同阶数的失配程度，ACE 和 ASD 相对得益可以用来处理特别有用的信号，如图 12.9 所示。

图 12.8 中 AMF 输出比 CTB 更加有效地去除了干扰。这揭示了 ARD 中杂波的结构，±0.3 Hz 的一阶布拉格峰占主要分量。图 12.10 表明目标距离-方位单元的 AMF（实线）和 CTB（点线）的多普勒谱。AMF 比 CTB 的杂波可见度（SCV）提高大约 20 dB，SCV 定义为频谱上最高的杂波峰和（平均）背景电平之间的差异，这一改善使得 AMF 中目标和 RCD 返回能够被检测出来。在一个可接受的虚警率下，CTB 中这些目标不能被检测出来。AMF 检测出目标，标志位为"T"，其在正确的波束上，但是产生了一个强的虚警，标志位为"F"，在不同波束的同一个距离-多普勒单元上。这是由于，相同的目标回波从旁瓣进入 AMF，被当作了一个无效信号。

AMF 不能主动抑制这个旁瓣信号回波，因为它的特征不能从辅数据中获得，辅数据排除了±1 Hz 多普勒频带内的单元。因此，需要进一步处理以剔除有害的方向。AMF（和 ASD）中的杂波也可能产生虚警输出，这需要经过后续基于距离-多普勒图采样幅度单元平均或有序统计恒虚警的处理步骤处理得到。

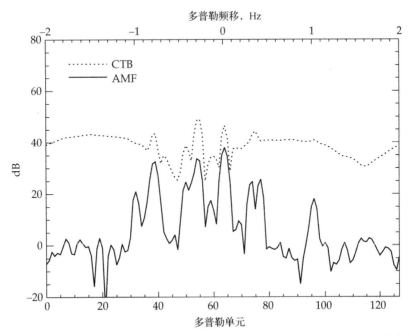

图 12.10 CTB 和 AMF 的目标距离-方位单元的多普勒谱。CTB 的 SCV 仅为 10 dB，这在合理的虚警率下无法检测目标。相应 AMF 的 SCV 大约为 30 dB，这使得船目标、RCD 和疑似支援船被检测出来

在图 12.8 中注意，ASD 的杂波布拉格峰比 AMF 的明显削弱。这个显而易见的好处仅是一种错觉，因为 ACE 和 ASD 被强杂波回波遮盖的有用信号没有包括在训练数据中（即这里

相当多普勒频率的强杂波回波和有用信号都被削弱了）。在图 12.9 中，这个"消隐"理论对多普勒单元 55 附近的 ACE 接收机明显成立。ACE 和 ASD 对目标遮盖的敏感性在下面进行举例和讲解。

12.4.2　时域处理

这一节，我们把注意力转向时域脉冲间处理，在传统多普勒处理之后检测另外那些被杂波淹没的目标，不再是干扰和噪声。此外，我们还利用这个应用程序作为一种手段来暴露 ACE 和 ASD 检测的一些潜在缺陷，这一点在上一节中对空间处理有很好的效果。特别地，我们研究目标回波掩蔽的问题，归因于主数据中含有强的非期望信号，并且突出了 GSD（常规子空间检测）检验的潜在优点。

为了促进特定条件下问题的解决，现代高频雷达系统重大的信号处理挑战是，采用不同的载波频率连续检测和跟踪舰船和飞机目标。舰船检测通常需要长的 CPI，在杂波区处理慢速目标回波，采用传统的基于 FFT 的多普勒处理（典型值为 30～60 s）。这么长的 CPI 严重消耗雷达资源，妨碍雷达执行其他活动，如以足够频率重访飞机目标进行有效跟踪。由于这个原因，现在对采用大约 10～20 s 的短 CPI 进行舰船检测很感兴趣。

除了锥削 FFT 多普勒处理有限的频率分辨率，这排除了用短 CPI 进行舰船检测，传统的处理对时域结构扰动也不是最优的。当复合扰动在慢时间域是高结构的，可以增强自适应检测器相对锥削 FFT 的性能。这一节关注自适应检测器在脉冲间域的应用，以增强在杂波和瞬态干扰环境下采用短 CPI 的慢速目标检测性能。

与 AMF 及 Kelly 的 GLRT 不同，尺度不变的 ACE 和 ASD 检测器（Kraut and Scharf 1999），在测试单元和训练数据中扰动具有相同的协方差矩阵结构时保持恒虚警特性，但是可能拥有不同的尺度。这个额外的恒虚警不变性实际应用中是诱人的，由于它提供了更高的保护，若非如此，由于这个现象恒虚警特性会丢失（正如前一节试验证明的）。

然而，我们知道 ACE 能够很好地区分失配信号（高选择性），这对和假设的信号模型不严格一致的有用信号是一个问题。ACE 针对代表 ASD 的多阶（子空间）信号的扩展对部分未知目标响应向量提供一定程度的鲁棒性，如前一节展示的一个实例（快速舰船）。

尽管普遍被 ACE 和 ASD 吸引，特别是他们对扰动尺度的恒虚警不变性，ASD 对微弱失配有用信号的迎合能力，这两种检测的一个明显的缺点是他们对主数据但不在辅数据中的非期望信号（相关干扰）敏感。这种信号的存在会导致在相同的分辨单元对有用信号的消隐（削弱），并且在实际环境中排除了他们的检测。

这个更加潜在但更重要方面的影响在文献中没有引起足够的注意。作为对有用信号掩蔽问题的可能补救方法，一个可供选择的 GSD 接收器的性能，在 12.3 节中，该接收器作为一种针对这一特定问题的 GLRT 被导出，也会被举例说明。这一不太知名的 GSD 不仅具有重要的恒虚警特性，即主辅数据间扰动尺度不变性，同样能够对有用信号微弱失配进行更稳健的建模，同时还展示出对目标消隐的高免疫性，这种情况由一个和多个主数据中无效信号在不同的 DOA 或多普勒上与有用信号同时出现所引起。GSD 比 ACE 和 ASD 的这个明显的优点，将在下面用实际数据证明。

试验数据用 Iluka 高频表面波雷达的 16 个接收通道采集，在本节的前面描述过。发射线性 FMCW 信号，中心频率为 $f_c = 7.719$ Mhz，带宽为 $B = 50$ kHz，PRF 为 $f_p = 2$ Hz。短 CPI 约为 16 s，由 $N_p = 32$ 次扫描组成。$N_p = 128$ 次扫描（长为 64 s）的高多普勒分辨率 CPI 也进行了记录,用来辨认可能目标,提供"地理真实"信息。在短和长的 CPI 中,处理总共 $N_g = 40$ 个距离单元和 16 个常规的波束。

图 12.11 是从 Fabrizio and Farina（2007 a）处复制的,展示一个强度调制的单个波束的距离-多普勒谱图,包含三个机会目标,用 $N_p = 128$ 个脉冲积累。

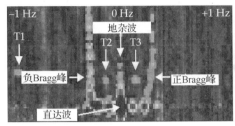 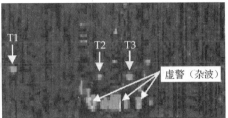

（a）含有目标的一个波束的距离-多普勒谱图　　　（b）经过单元平均CFAR处理的距离-多普勒谱图

图 12.11　高多普勒分辨率的 CPI 传统处理的距离-多普勒图和恒虚警输出。不同类型的杂波（布拉格峰、地杂波、直达波）和三个真实目标回波一起显示出来

64 s 的长 CPI 采用传统的多普勒处理,加 Blackman-Harris 窗。图中显示了几个特征。特别地,存在三个目标,各目标记为 T1、T2 和 T3。注意,T2 和 T3 在同一个距离-方位单元但多普勒频移不同,同时 T1 与 T2 和 T3 在不同的距离单元。另外,T1 是这个距离单元中唯一可见的目标。在门限检测之前在距离-多普勒谱图上进行单元平均恒虚警处理。输出见图 12.11,采用长 CPI 三个目标均被检出。指出了一些虚警,这由靠近直达波的杂波引起。

图 12.12,同样的格式,显示短 CPI（$N_p = 32$,CPI = 16 s）附加了瞬态干扰污染的传统处理输出。在这种情况下,基于 FFT 的处理经过 CA-CFAR 处理后不能检测任何目标。在图 12.12 的 CFAR 输出上只能看到直达波回波[6]。使用同样的数据,图 12.3 显示 ACE 和 ASD 接收器输出。ASD 基于 M = 3 模式,一个和名义上的搜索频率匹配,另外两个等间隔分布于这个频率的两边,位移为半个多普勒单元（$\Delta = \pi / N_p$）。扰动样本协方差矩阵 S 采用从 CUT（两维上插入一个保护单元）周围距离和波束单元上取 $4N_p = 128$ 个次要向量构成。

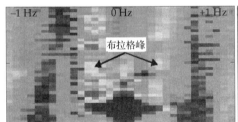 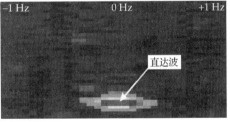

（a）含有目标的一个波束的距离-多普勒谱图　　　（b）经过单元平均CFAR处理的距离-多普勒谱图

图 12.12　短 CPI 的传统处理的距离-多普勒谱图和恒虚警输出,其中有一个附加的脉冲干扰出现

ACE 能非常轻松地检测 T1 和 T2,但是丢了 T3,如图 12.13 所示。注意 T3 和 T2 位于同一个距离单元。当 ACE 搜索 T3,T2 来的信号从不同的多普勒频率影响到当前搜索频率。在这种情况下,T2 有效地代表了一个消隐 T3 的非期望信号,阻止 T3 被检测。图 12.13 中 ASD 输出,出于相同的原因也丢失了 T3。然而,在 T1 上 ASD 的性能比 ACE 好,这又一次表明实际中子空间模型的优势。T3 的检测对 ACE 和 ASD 都遗留了一个问题。这是因为这些

---

⑥ 图 12.12 中短 CPI 比长 CPI 录取时间要稍早一点,不包含图 12.11 中的瞬态干扰。

检测器都源于 GLRT，假设检验没有明确地估计非期望信号的存在，特别是存在一个附加在 H1 下的有用信号上。ASD 也展示了相比 ACE 微弱的靠近直达波信号的次杂波抑制性能。

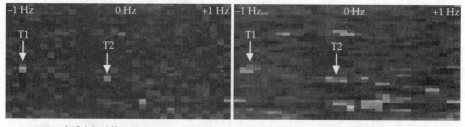

图 12.13　短 CPI 的 ACE 和 ASD 输出，含有干扰

这个例子表明微弱失配有用信号的鲁棒性是牺牲检测器的选择性得来的。

ACE 或 ASD 输出代表所提的 GSD 方案的第一次处理，这里各自表示为 G-ACE 和 G-ASD，目的是与单秩和多秩执行的 GSD 区分开。特别地，在图 12.12 和图 12.13 中 ACE 和 ASD 输出所做的检测，用来形成 G-ACE 和 G-ASD 的无效信号模型应用于第二次处理。第二次处理的目的是揭示初次通过没有检测出来的、被另外的有用信号遮蔽或消隐的有用信号（T3），另外的有用信号指同一个分辨单元中多普勒不同的信号（T2）。图 12.14 表明 G-ACE 没有成功地揭示 T3。这可能是由于这个检测器的高选择性与单秩（单个复正弦曲线）模型用于 T3 和无效信号 T2 相结合所致，也许不能充分精确地代表这些信号。

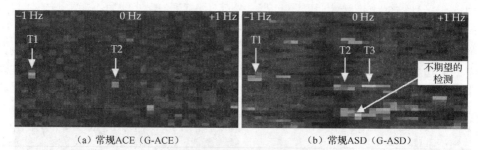

图 12.14　短 CPI 的常规子空间检测器输出，包含干扰

另一方面，图 12.14 明显看出，G-ASD 检测器检测出所有目标（T1、T2 和 T3），它的能力胜过 G-ACE 也许是由于用了更加鲁棒的子空间模式检验单元中的有用和非期望信号。图 12.15 中多普勒轮廓清楚地表明，在包含目标的两个距离单元中 G-ASD 的优势胜过 ASD。当 CUT 包含单个目标（距离 18）时 ASD（图 12.15（a））的性能很好，后者在距离 15 中没有能够检测所有目标。

G-ASD 明确地把非期望信号计算在内且能够检测 T1、T2 和 T3。特别地，常规 G-ASD 检测器清楚地表明它检测同一个 CUT 内两个目标的能力，和 ACE 或 ASD 接收器不同。在这种情况下，G-ACE 版本不像 G-ASD 一样有效，也许是因为它没有能力充分模拟好非期望信号和期望信号，同时还结合了检验的高选择性。GSD 技术的实际好处是不局限于 HFSW 雷达（或多普勒处理）。需要重视的是，这个技术可以应用于天波超视距雷达，以及其他类型的雷达系统，还可用于空间处理和空时自适应处理（STAP）。

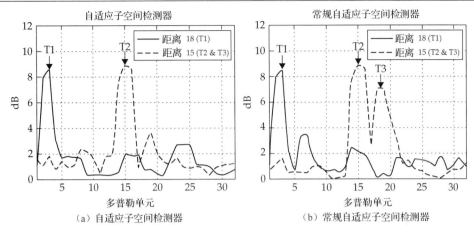

图 12.15　包含目标 T1、T2 和 T3 的两个距离单元的多普勒轮廓

12.4.3　混合技术

这里 JDS 自适应检测步骤应用于和 12.4.1.2 节描述的用来进行空间处理分析不同的 Iluka HFSW 雷达数据。此时，慢时域指定为处理维（即 $N = N_p = 32$ 脉冲），同时接收阵列的空间通道指定为补充维，用来提取多个主数据向量（即 $K_p = N_a = 32$ 阵元）。处理器应用于每 $N_g = 40$ 个距离分辨单元（依次）。和前面一样，高多普勒分辨模式下每个 CPI 包含 $N_p = 128$ 个脉冲，用来提供真实信息。

在巡航速度 20 节（37 km/h），从合作靠近目标的回波期望产生大约 0.8 Hz 的收发分置的多普勒频移，同时 RCD 信号边带出现在 ±1 Hz。不同的信号构成在图 12.16 中标识，它显示了包含目标波束的传统处理的距离-多普勒谱图，有 $N_p = 128$ 个相干脉冲的长 CPI（32 s）。图 12.16 中显示的数据清楚表明不同信号的存在。32 s 的 CPI 显著消耗雷达资源，因此对缩短表面目标检测的 CPI 有着很浓的兴趣。

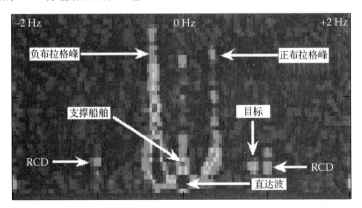

图 12.16　高分辨 CPI 经过传统处理后的距离-多普勒谱图。指示出了目标回波、海杂波（布拉格峰）和有害的信号（即从 RCD 来的），以及发射来的直达波信号

图 12.17 表明经过单元平均 CFAR 后的传统处理的输出被应用于一个更短的由 $N_p = 32$ 个脉冲组成的 CPI（即 8 s）。在这种情况下，已知的存在目标采用传统的处理没有被检测出来。采用如图 12.16 的数据，图 12.17 展示所提的两步 GLRT 程序[式（12.139）]的输出。这个自适应处理方案能够检测出被传统处理丢失的目标。

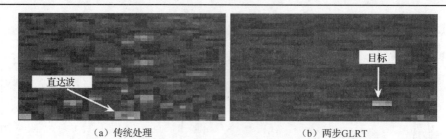

(a) 传统处理 (b) 两步GLRT

图 12.17 短 CPI 结果的距离-多普勒谱图,共 $N = 32$ 个脉冲被积累。图(a),传统的(锥形 FFT)多普勒处理不能辨别出目标;图(b),通过所提两步 GLRT 方法目标清晰的被检测到。另外,杂波和非期望信号在这个自适应检测器中被很好地抑制

一个秩 $M = 3$ 的子空间模型 V 用来实现这个检测器,这个模型包括对搜索多普勒频率的理想目标响应和分布在它的两边各半个多普勒单元的响应向量。非期望信号子空间 U 也是秩 $P = 3$ 的。在这种情况下,U 包括两个 RCD 成分,已知位于多普勒频移 ±1 Hz,以及一个零多普勒频率的成分,即地杂波。

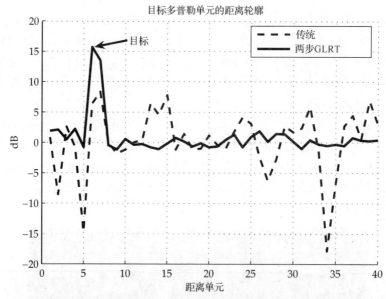

图 12.18 显示根据目标多普勒频率提取的距离轮廓,基于传统基于 FFT 处理(虚线)和两步 GLRT(实线)。采用 10 dB 的门限,被提议的自适应检测器的输出目标能够被检测,且没有虚警。同样的目标,采用这个门限目标,传统的处理方法不能检测处理。才用更低的 5 dB 的门限,传统输出目标能够检测出来,但代价仅是产生多个虚警

对于短 CPI,我们在主向量中有 $N = 32$ 个脉冲,在距离单元 CUT 中共有 $K_p = 32$ 个次要向量(接收器)。训练数据从 CUT 任意一边的两个距离单元获取,排除紧邻 CUT 的保护单元。这共产生 $K_s = 2N = 64$ 个次要向量。图 12.18 显示根据目标多普勒频率提取的距离轮廓,基于传统 FFT 处理(虚线)和根据公式(12.139)的两步 GLRT(实线)。

采用 10 dB 的门限,在两步 GLRT 距离谱中目标能够被检测,且没有虚警。在传统的距离谱图中可以采用 5 dB 的门限检测出目标,但会在 $N_g = 40$ 的处理距离单元产生 4 个虚警。在本书写作之时,这也许是基于 GLRT 的多主辅数据自适应检测器第一次成功应用于含有真实目标回波的 HF 雷达实验数据的示例。

第 13 章 盲波形估计

在实际中,传感器阵列通常用于分离和估计具有近似频谱、不同空间结构信号的波形。源波形恢复传统上是数据通信问题,但是,随着信号处理技术的发展,产生了很多雷达相关的应用。例如,外辐射源雷达系统需要非合作发射源的纯净副本进行高效匹配滤波,该系统从机会发射源接收的信号通常被独立发射源产生的多径及干扰污染。在多径及其他干扰中,精确估计未知发射源的发射信号不仅和外辐射源雷达有关,在有源雷达干扰对消中也得到重视。

在实际应用关注的很多问题中,干扰信号通常不是由同频信道的独立信源发射的,而是某个信源多径传播产生的。因此,干扰信号是由辐射源信号的幅度衰减、时延、多普勒偏移加性混合产生的复合信号,产生该情况的典型原因是到达角不同。在真实环境中,从发射到接收的多径传播主要是由不同介质的空间扩展区域漫反射产生的,而不是理想的镜面反射。例如,该场景通常在移动通信、水声和雷达系统中发生。

特殊的是,高频天波信号通常包含相对较少数量的、从信源到接收不同路径的多径分量。每个信号分量又分别由多个本地散射微小分量构成,这些微小分量以某种方式散布在分量主传播路径周围。这种现象通常称为微多径,其赋予每个传播分量细微的结构,成为双扩信道的特征。信道的大尺度时延、多普勒和到达角扩展归因于主要分量明显分离的名义多径,但是在小尺度上,扩展归因于名义多径散射微小分量的集合。

不同传播分量间的互干扰,可能在单个接收机输出端引起显著的频率选择性衰落或者信号包络畸变,显著降低甚至削弱依赖精确源波形估计的系统性能。在窄带单输入多输出系统中,通过空间滤波分离独立分量的能力,不只分离一个或多个有用路径的输出以获得高质量的波束估计,而且可以使不同信号分量正向叠加,以从每个路径提供的加性能量中获得增益。波形估计问题通过考虑 MIMO 系统可以推广到多源情况。在该情况下,有效的波形估计需要分离不同源的波形,正如分离每个源信号的多径分离。

尽管如此,传播信号特征和信号特性在实际中都不可能预知。进一步说,精确描述接收信号波形的参数化模型因环境和设备的不确定性可能不能得到,这些不确定性包括多径散射和阵列误差等。缺少源信号和传播信号的先验知识是分离波形的巨大挑战,这需要能以严格盲处理方式从接收信号中恢复源波形的处理技术。

本章基于对源信号、传播信号和传感器阵列相对适度的假设讨论盲波形估计技术,尤其是提出了广义多径信号估计算法(GEMS)。采用实验方法阐述了 GEMS 在窄带 FIR SIMO 系统和 MIMO 系统中估计随机调制源波形的能力,并和基准方法比较。

13.1 节通过描述数据模型阐明问题模型,处理目标和主要假设;13.2 节解释现有盲信号处理方法和推动 GEMS 技术产生的特殊问题;13.3 节介绍 GEMS 算法,并且和基准方法比较了计算复杂度。最后一节给出实验结果,阐明在实际高频系统中 GEMS 算法在盲波形估计和信道估计中的潜在应用。

13.1 问题描述

图 13.1 概念性的阐明了本章考虑的问题。在图左边，假定若干独立信号源发射交叠功率谱密度的窄带波形，这些信号在被远场传感器阵列接收前通过不同的多径信道传播。多径归因于相对少的名义信号分量，每个分量包含可能大量的散射微小分量，这些微小分量引起了与传播路径相关的起伏畸变波前。

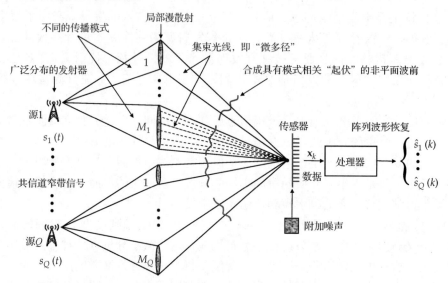

图 13.1 盲波形估计问题的概念图。该图描述了一个最一般情况的有限脉冲响应（FIR）多输入多输出（MIMO）系统。FIR 单输入多输出（SIMO）系统，即只有一个源和多个回波的系统，也会在一些实际应用中引起人们的兴趣

假定传感器阵列连接到多信道数字接收机，接收机在空时两维采样混合信号以及加性噪声。处理的目标是恢复每个发射的源波形纯净的副本。在理想情况下，每个波形估计从可能的多径、其他信号和噪声中分别进行。

本节第一部分描述了该问题对于通过天波传播接收信号的高频系统的物理意义，然后介绍了作为处理器输入的接收阵列空时采样的数学模型。该数据模型采用相对通用术语描述，并且在其他应用中也是适用的，而不仅局限于高频系统或电磁信号。第二部分定义处理的两个主要任务，即源波形恢复和信道参数估计。为了方便，主要假定条件也进行了总结。最后部分给出了简单需求实例，展示了多径散射引起波前畸变可被用来从空间上分辨到达角相近的信号分量。

13.1.1 多径模型

图 13.2 给出了接收电离层反射的高频信号图示，信号来自相隔较远距离的地基天线阵列。由于从发射到接收端，在电离层沿不同路径传播高频信号经过的电离层或区域不同，这导致多径增加。但是，每个电离层对于入射信号并不是作为标准光滑镜面反射，而是在接收端将远场点源转换为分布式信号模式的空间扩展散射层。本节第二部分的实验分析确认了独立高频信号模式中该电离层反射处理过程特征。

特别地，图 13.2 描述了在电离层中 E 层、F 层高度两个局部散射区域。对于特殊高频源，每个局部散射区产生一个单独的信号分量。这些区域的物理尺度很大程度上依赖于将源信号散射回接收端的等离子轮廓的粗糙程度。事实上，这通常是一个相对少量的主分量信号，其被从物理上分开的散射区域接收。尽管如此，两个或更多具有可比强度但具有不同时延、多普勒频移及到达角的传播分量的和，可以引起系统接收信号显著的频率选择性衰落。

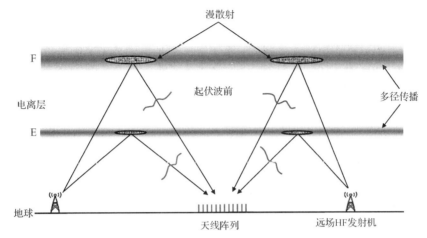

图 13.2 通过多天波路径接收短波信号的概念图示。在电离层 E 区和 F 区中，主要的模式是在相对较小的局域散射体产生的。实际上，一个层可能有一个或多个不同的散射区域，因为存在不规则/干扰、低角和高角模式，以及磁离子分裂产生普通波和非常波。这个简图说明了 E 和 F 层弥散散射每个源的两种主要模式

从每个散射区向接收端发射的散射微分量的锥面，可能互相相干或非相干结合。前一种情况引起有时变起伏波前的信号分量，这种起伏意味着产生幅度成比例、时间延迟以及可能多普勒频移的原信号的副本。该种情况下，接收端信号处理的目标是分离每个信号源的单个电离层分量，从而恢复相应的波形。例如，空间滤波可以用来从特定发射源提取要选择的分量，但是需要额外的自由度进行置零或削弱阵列接收的其他信号。

在动态传播媒介中，从局部区域散射的微分量之间的幅相关系将随时间变化。当这种变化的时间和观察间隔相对足够长，返回阵列的信号分量作为一种起伏的波前，展示了一种有效的固定空间结构（接近相干分布的情况）。但是，如果该变化的时间和观察间隔相比较短，结果将是非相干分布的信号分量，其特点是具有时变起伏的波前。

假定为传感器阵列接收的多径信号数据模型用以下四步描述。第一步，对于从单个源接收的解析连续时间信号建立相对通用表达式。第二步，合并相干分布（CD）和非相干分布（ID）微分量描述成表达式，得到 CD 和 ID 信号模型。第三步，转换连续时间模型为离散时间模型，该模型描述信号处理的数字采样输入。第四步，产生多源场景的数据模型。虽然最终结果可以表示成相对熟悉的数学形式的信号处理模型，但是，为了使该模型在实际中有效，推导过程的几个重要步骤被包含进来以突出潜在的假设前提。

13.1.1.1.1 接收信号

定义标量信号式（13.1）中 $g(t)$ 为发射源的窄带波形解析表达式。这里，f_c 为载频，$s(t)$ 为有效带宽 B 的基带复包络。窄带假设意味着相对带宽 $B/f_c \ll 1$。和模型改进相关的另一种窄带定义将在后面详细说明。首先关注单个源的情况，随后考虑推广到多源的情况。

$$g(t) = s(t)\mathrm{e}^{\mathrm{j}2\pi f_c t} \tag{13.1}$$

定义 $h_n(t,\tau)$ 为信道的时变 FIR 函数,信道在 $t \in [0, T_o]$ 时刻连接从源到传感器阵列的接收端 $n = 1, \cdots, N$,T_o 为观测间隔。变量 t 表示连续时间,τ 为冲激响应的时延变量。例如,t_0 时刻对于 $\tau \in [0, T_n]$ 冲激响应为 $h_n(t_0, \tau)$,其中,T_n 为信道 n 的冲激响应持续时间。式(13.2)中矢量 $\mathbf{h}(t,\tau) \in \mathcal{C}^N$ 表示多信道 FIR 系统函数,其中,时延间隔 $\tau \in [0, T_c]$,$T_c = \max\{T_n\}_{n=1}^N$ 为所有 N 个信道中最大冲激响应持续时间。

$$\mathbf{h}(t,\tau) = [h_1(t,\tau), \cdots, h_N(t,\tau)]^\mathrm{T} \tag{13.2}$$

传感器阵列 N 个阵元接收的复标量信号集 $\{x_n(t)\}_{n=1}^N$ 可以表示成空间快拍的矢量 $\mathbf{x}(t) = [x_1(t), \cdots, x_N(t)]^\mathrm{T}$。在式(13.3)中,该矢量被定义为源信号和多信道冲激响应函数的卷积,然后加上测量噪声 $\mathbf{n}(t) \in \mathcal{C}^N$。盲波形估计问题假定观测量 $\mathbf{x}(t)$ 为可得到的,而系统函数 $\mathbf{h}(t,\tau)$、源信号 $g(t)$ 和加性噪声 $\mathbf{n}(t)$ 不能得到。

$$\mathbf{x}(t) = \int_0^{T_c} \mathbf{h}(t,\tau)\, g(t-\tau)\, \mathrm{d}\tau + \mathbf{n}(t) \tag{13.3}$$

图 13.3 阐明了名义传播路径和序号为 m 的主分量的散射微小分量的锥面。窄带的含义需要从两个方面定义。首先,假定阵列传感器间的最大间隔 D_a 需满足式(13.5)的时间带宽积条件,其中 c 为自由空间光速。换句话说,传感器阵列阵元为某信号模式中的射线提供的口径相干。这些微分量可看做平面波分量。

$$BD_a/c \ll 1 \tag{13.4}$$

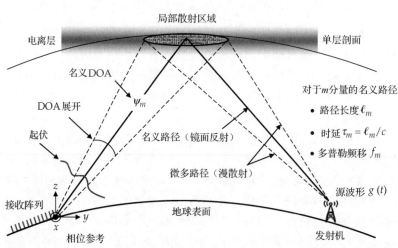

图 13.3 单一传播模式下的名义路径和漫散射波锥的示意图。图示出了名义模式传播路径的时延、多普勒频移和 DOA。多普勒频移是由于散射区大规模运动的规则分量或源的运动而产生的

第二,假定对于所有主分量 $m = 1, \cdots, M$ 散射发生在局部区域,因此,相对于分量名义传播路径时延 τ_m 的最大孔径渡越时间 Δ_m 比信号带宽的倒数足够小。换句话说,假定式(13.5)中的条件也要满足

$$B\Delta_m \ll 1 \tag{13.5}$$

倘若这些条件得到满足,$\mathbf{h}(t,\tau)$ 可以表示为式(13.6)的形式,其中,$\delta(\cdot)$ 为 Dirac delta 函数。这里,冲激响应表示成 M 个主分量信号不同的名义时延 $\{\tau_m\}_{m=1}^M$ 之和,其中,M 假定小于 N。

每个分量从发射源到接收端经过各自时变信道矢量 $\mathbf{c}_m(t)$，该矢量表示大量从局部区域散射的微小分量瞬时之和。换句话说，$\mathbf{c}_m(t)$ 表示第 m 个分量的时变起伏波前。

$$\mathbf{h}(t,\tau) = \sum_{m=1}^{M} \delta(\tau - \tau_m)\mathbf{c}_m(t) \tag{13.6}$$

将式（13.6）代入式（13.3），得到如式（13.7）所示的接收信号模型。在该模型中，模式内部分量的干涉导致相对慢的平坦衰落。平坦衰落过程包含在信道矢量 $\mathbf{c}_m(t)$ 的时变中。另一方面，时延差异明显超过 $1/B$ 的 M 个模式之和将引起相对快的频率选择性衰落，后者可能明显导致源波形的时域信号畸变。因此，在处理器输出端进行波形估计的主要目标是通过隔离主要信号分量消除频率选择性衰落。

$$\mathbf{x}(t) = \sum_{m=1}^{M} g(t - \tau_m)\mathbf{c}_m(t) + \mathbf{n}(t) \tag{13.7}$$

对于有限数量（如连续集）的散射微小分量，信道矢量可以表示成式（13.8）所示的形式。复标量函数 $f_m(\psi,t)$ 为第 m 个分量的时变角度谱，其中，DOA 参数矢量 $\psi = [\theta,\phi]$ 包含方位角 θ 和俯仰角 ϕ。矢量 $\mathbf{v}(\psi) \in \mathcal{C}^N$ 表示为平面波阵列导向矢量。该矢量表示远场点源发射的单个微分量在传感器阵列的空间响应，该微分量可视为 DOA 为 ψ 的平面波。

$$\mathbf{c}_m(t) = \int f_m(\psi,t)\mathbf{v}(\psi)\,d\psi \tag{13.8}$$

在近场散射效应以及阵列信道误差存在时，$f_m(\psi,t)$ 可表示为等效角度谱，该谱产生了接收信道矢量 $\mathbf{c}_m(t)$。但是，在这种情况下，$f_m(\psi,t)$ 失去了作为散射分量角度谱的物理意义。该函数不再表示从不同 DOA 入射传感器阵列下射射线的接收复包络。

13.1.1.2 局部散射

相干分布（CD）信号由于观察时间间隔内较为确定的散射过程而产生，因此，对于 $t \in [0,T_o)$，$f_m(\psi,t) \to f_m(\psi)$。该描述的限制是不能捕获多普勒频移，而频移在实际中经常有意义。假定阵元信号角度谱的时间变化可分离并建模，如式（13.9）所示，不同分量的多普勒频移 $\{f_m\}_{m=1}^{M}$ 则可以合并到 CD 模型中。

$$f_m(\psi,t) = e^{j2\pi f_m t} f_m(\psi) \tag{13.9}$$

通过对所有阵元信号引入线性相位路径变化，多普勒频移获取了散射区和发射源在观察间隔内大尺度运动规则分量。从式（13.8）可见，信道矢量 $\mathbf{c}_m(t)$ 可以按照式（13.10）中时变分量波前 $\mathbf{a}_m$ 和名义分量多普勒频移 f_m 来表示。矢量 $\mathbf{a}_m$ 可以解释为起伏波前，其一般不在平面波阵列流形中。

$$\mathbf{c}_m(t) = e^{j2\pi f_m t}\mathbf{a}_m, \quad \mathbf{a}_m = \int f_m(\psi)\mathbf{v}(\psi)\,d\psi \tag{13.10}$$

分量波前还可以表示为 $\mathbf{a}_m = \alpha_m \mathbf{v}_m$，其中，$\alpha_m$ 为复幅度，$\mathbf{v}_m \in \mathcal{C}^N$ 为 L_2 范数固定为 $\|\mathbf{v}_m\|^2 = N$ 的空间信号矢量。空间信号相应可表示为如式（13.11）的 Hadamard（单元方式）积，这里 $\mathbf{d}_m \in \mathcal{C}^N$ 为乘性畸变矢量，其调制了潜在的平面波前 $\mathbf{v}(\psi_m)$，其参数采用分量 m 的名义 DOA $\psi_m = [\theta_m,\phi_m]$ 表示。

$$\mathbf{a}_m = \alpha_m \mathbf{v}(\psi_m) \odot \mathbf{d}_m \tag{13.11}$$

将式（13.10）和式（13.11）代入式（13.7），得出 CD 散射多径模型，如式（13.12）所示，其已经推广包含分量多普勒频移。由于包含不同模式的散射过程以及名义分量 DOA 的不同，线性独立分量波前 $\{\mathbf{a}_m\}_{m=1}^M$ 的假设对于 $M < N$ 的主分量通常合理。

$$\mathbf{x}(t) = \sum_{m=1}^{M} \alpha_m g(t - \tau_m) \mathrm{e}^{\mathrm{j}2\pi f_m t} \mathbf{v}(\psi_m) \odot \mathbf{d}_m + \mathbf{n}(t) \tag{13.12}$$

非相干分布信号模型（ID）引起信道矢量变化，这种变化在空时上不能分离。在排除掉名义上的多普勒频移后，剩下的时变波前用 $\mathbf{a}_m(t)$ 表示。如果信道假定高斯并且在观察间隔内是广义平稳的，该波前可以统计地用平均矢量 $\mathbf{a}_m$ 和方差矩阵 $\mathbf{R}_m$ 表示，如式（13.13）所示。$\mathcal{CN}$ 表示复高斯正态分布。

$$\mathbf{a}_m(t) \sim \mathcal{CN}(\mathbf{a}_m, \mathbf{R}_m) \tag{13.13}$$

虽然 $\mathbf{R}_m$ 可能具有满秩 N，但是波前起伏大部分能量包含在 $\mathcal{I}_m < N$ 特征值内。定义有效子空间 $\mathbf{Q}_m \in \mathcal{C}^{N \times \mathcal{I}_m}$，其中，$\mathbf{Q}_m$ 列为 $\mathbf{R}_m$ 的 $\mathcal{I}_m$ 个主特征矢量，该型波前的动态成分可用 $\mathbf{Q}_m \underline{\varsigma}_m(t)$ 很好地逼近，其中，$\underline{\varsigma}_m(t) \in \mathcal{C}^{\mathcal{I}_m}$ 为时变坐标矢量。在该情况下，信号矢量表示为式（13.14）：

$$\mathbf{c}_m(t) = \mathrm{e}^{\mathrm{j}2\pi f_m t} \{\mathbf{a}_m + \mathbf{Q}_m \underline{\varsigma}_m(t)\} \tag{13.14}$$

该表达式包含纯粹统计上的零均值非相干（ID）信号和部分相干分布（PCD）信号，其中 $\underline{\varsigma}_m(t)$ 随时间平滑变化，表现出相关的特性。在下文中，没有必要调用 $\mathbf{a}_m$ 和 $\mathbf{Q}_m$ 的其他模型，因为之前已提到采用高斯模型。主要的假定为 $\mathbf{a}_m$ 与 $\mathbf{Q}_m$ 的列矢量线性独立。之前已陈述，不同模式之间需要线性独立。非相干信号 $x(t)$ 模型用式（13.15）表示：

$$\mathbf{x}(t) = \sum_{m=1}^{M} g(t - \tau_m) \mathrm{e}^{\mathrm{j}2\pi f_m t} \{\mathbf{a}_m + \mathbf{Q}_m \underline{\varsigma}_m(t)\} + \mathbf{n}(t) \tag{13.15}$$

在本章中，特别强调采用 CD 模型进行波形估计，其可以推广为在式（13.12）中包含多普勒频移。加性噪声 $n(t)$ 可能是周围环境或热源，假定空间和时间分布都是白的。不过，后续将证明采用式（13.15）描述的非相干模型描述信号，以及可被构造或有色化的加性噪声方法的稳健性。

13.1.1.3 获取的数据

接收到的信号经过下变频和基带滤波后，同相和正交（I/Q）输出在 $\{t = kT_s\}_{k=1}^{K}$ 时刻被同时采样。从式（13.1）来看，源波形的样本由式（13.16）直接给出。忽略瞬时相伴项 $\mathrm{e}^{-\mathrm{j}2\pi f_c \tau_m}$，我们可由采样的基带序列 $s(kT_s)$ 来重构连续时间信号 $g(t)$。在单一源条件下，用符号 $s_k = s(kT_s)$ 表示。

$$\{g(t - \tau_m) \mathrm{e}^{-\mathrm{j}2\pi f_c t}\}_{t=kT_s} = s(kT_s - \tau_m) \mathrm{e}^{-\mathrm{j}2\pi f_c \tau_m} \tag{13.16}$$

基于式（13.12）中的 CD 模型，式（13.17）给出了阵元快拍 $\mathbf{x}_k$，其中，$v_m = f_m / f_s$ 是由采样频率（$f_s = 1/T_s$）归一化的多普勒频移，$\ell_m = \tau_m / T_s$ 是由采样周期归一化的时延，$\mathbf{a}_m = \alpha_m \mathbf{v}(\psi_m) \odot \mathbf{d}_m$ 是接收分量的波前，而 $\mathbf{n}_k$ 是加性噪声。如果时间带宽积 BT_s 小于 1（即信号不是欠采样的），τ_m 不需要与一个时延单元完全一致，ℓ_m 是个整数。这种情况仅适用于模型的简化描述。

$$\mathbf{x}_k = \sum_{m=1}^{M} s_{k-\ell_m} \mathrm{e}^{\mathrm{j}2\pi v_m k} \mathbf{a}_m + \mathbf{n}_k \tag{13.17}$$

空域快拍 $\mathbf{x}_k$ 可用式（13.18）中熟悉的阵列信号处理模型来描述，其中，多路混合矩阵的列包含 M 分量波前 $\mathbf{A} = [\mathbf{a}_1, \cdots, \mathbf{a}_M]$，$M$ 维多径信号矢量 $\mathbf{s}_k = [s_{k-\ell_1} \mathrm{e}^{\mathrm{j}2\pi v_1 k}, \cdots, s_{k-\ell_M} \mathrm{e}^{\mathrm{j}2\pi v_M k}]^T$ 包含由不同

分量传播的源的波形。注意，该矢量的定义合并了分量时延和多普勒频移。

$$\mathbf{x}_k = \mathbf{A}\,\mathbf{s}_k + \mathbf{n}_k \tag{13.18}$$

在处理期 T_o 内，全部 K 个阵元快拍的数据可用式（13.19）矩阵符号表示，其中，$N \times K$ 数据矩阵是 $\mathbf{X} = [\mathbf{x}_1, \cdots, \mathbf{x}_K]$，$M \times K$ 信号矩阵是 $\mathbf{S} = [\mathbf{s}_1, \cdots, \mathbf{s}_K]$，$\mathbf{N} = [\mathbf{n}_1, \cdots, \mathbf{n}_K]$ 是噪声矩阵。

$$\mathbf{X} = \mathbf{A}\mathbf{S} + \mathbf{N} \tag{13.19}$$

将 $\mathbf{h}(k, \ell) \in \mathcal{C}^N$ 定义为多信道离散时间冲激响应函数，$L = [T_c/T_s]$ 是由信道最长时间间隔 $T_c = \max\{\tau_m\}_{m=1}^M$ 决定的 FIR 模型阶数，阵元快拍数可用式（13.20）表示：

$$\mathbf{x}_k = \sum_{\ell=0}^L \mathbf{h}(k, \ell)\, s_{k-\ell} + \mathbf{n}_k \tag{13.20}$$

$\mathbf{h}(k, \ell) = [h_1(k, \ell), \cdots, h_N(k, \ell)]^\mathrm{T}$ 由式（13.21）给出，其中由连续时间 FIR 信道函数 $h_n(t, \tau)$、复数标量 $h_n(k, \ell)$ 代表从源到接收阵元 n 在 k 时刻相对延迟为 l 的冲激响应。该模型表示了一个时变信道系数的 FIR-SIMO 系统。

$$\mathbf{h}(k, \ell) = \sum_{m=1}^M \delta(\ell - \ell_m)\mathbf{a}_m \mathrm{e}^{\mathrm{j}2\pi v_m k} \tag{13.21}$$

对于全部 K 个样本，时不变 FIR-SIMO 模型的观察周期 $T_o = KT_s$ 足够小，使得分量的多普勒频移效应可忽略。换句话说，对全部分量 m 需要满足条件 $v_m K \ll 1$，使 $\mathbf{h}(k, \ell) \to \mathbf{h}(\ell)$。在此情况下，时不变多信道 FIR 函数由式（13.22）给出。

$$\mathbf{h}(\ell) = \sum_{m=1}^M \delta(\ell - \ell_m)\mathbf{a}_m \tag{13.22}$$

在式（13.18）中，采用通过多普勒频移来扩展 CD 模型，以满足本节后续部分中波形估计关键点的描述。式（13.18）和式（13.20）提到的是该模型的两种数学形式，说明 13.2 节中描述的盲系统识别（BSI）和盲源分离（BSS）技术之间的关系。该模型的 ID 形式将在 13.3 节讨论，该节描述了 GEMS 算法。

13.1.1.4 多源

在有 Q 个独立源的情况下，式（13.23）的 FIR-MIMO 系统的数据模型是式（13.3）表示的 FIR-SIMO 模型的直接推广。假设 Q 个共同信道的源发射不同的窄带波形 $g_q(t)$，$q = 1, \cdots, Q$。对于源 q，多个传感器信道冲激响应函数是最大持续时间为 T_q 的 $\mathbf{h}_q(t, \tau) = [h_{q1}(t, \tau), \cdots, h_{qN}(t, \tau)]^\mathrm{T}$。假设源是宽分布的，因此，对于全部源 q 和接收机 n，FIR 信道 $h_{qn}(t, \tau)$ 肯定是完全不同的。关于识别，在 13.2 节中有更多的讨论。

$$\mathbf{x}(t) = \sum_{q=1}^Q \int_0^{T_q} \mathbf{h}_q(t, \tau)\, g_q(t - \tau)\, \mathrm{d}\tau + \mathbf{n}(t) \tag{13.23}$$

在式（13.24）中，对于接收阵数据 $\mathbf{x}_k \in \mathcal{C}^N$ 的离散时间模型，采用与前述单源情况相同的步骤。波形标量 $s_q(k)$ 由基带采样 $g_q(t)$ 形式恢复，其中对于多源情况，括号内的 K 是样本的序列变量，请勿混淆。对于源 q，沿着不同的路径传播的主分量数目用 M_q 表示。项 ℓ_{mq}、v_{mq} 和 $\mathbf{a}_{mq}$ 分别是分量的时延、多普勒频移和波前。假设加性噪声 $\mathbf{n}_k$ 与全部源不相关。

$$\mathbf{x}_k = \sum_{q=1}^Q \sum_{m=1}^{M_Q} s_q(k - \ell_{mq})\, \mathrm{e}^{\mathrm{j}2\pi v_{mq} k} \mathbf{a}_{mq} + \mathbf{n}_k \tag{13.24}$$

在采用的 FIR-MIMO 模型中,全部信号分量数是 $R = \sum_{q=1}^{Q} M_q$。进一步假设对于所有的源存在多径,即 $M_q > 1$。参考式(13.18),对于 Q 个源,阵列快拍可表示为式(13.25)。这里,对于源 q,$\mathbf{A}_q \in \mathcal{C}^{N \times M_q}$ 和 $\mathbf{s}_q(k) \in \mathcal{C}^{M_q}$ 分别是多径混合矩阵和多径信号矢量,类似于单源情况的定义。

$$\mathbf{x}_k = \sum_{q=1}^{Q} \mathbf{A}_q \mathbf{s}_q(k) + \mathbf{n}_k \tag{13.25}$$

数据可以表示为式(13.26),其中,$N \times R$ 矩阵 $\mathbf{H} = [\mathbf{A}_1, \cdots, \mathbf{A}_Q]$ 包含所有的 R 个信号分量的波前,同时扩展(源和多径)的信号矢量 $\mathbf{p}_k \in \mathcal{C}^R$ 是 $\{\mathbf{s}_1(k), \cdots, \mathbf{s}_Q(k)\}$ 的列矢量。记住,对于源 q 的全部分量 $m = 1, \cdots, M_q$,多径信号矢量含有时延 $\{\ell_{mq}\}$ 和多普勒频移 $\{v_{mq}\}$。

$$\mathbf{x}_k = \mathbf{H} \mathbf{p}_k + \mathbf{n}_k \tag{13.26}$$

在此情况下,在处理周期内获得数据的总数可表示成式(13.27)的矩阵形式,其中,$R \times K$ 维扩展信号矩阵 $\mathbf{P} = [\mathbf{p}_1, \cdots, \mathbf{p}_K]$。多源模型不在本节后续部分讨论,但将在13.2节和13.3节中用到。

$$\mathbf{X} = \mathbf{H}\mathbf{P} + \mathbf{N} \tag{13.27}$$

为了给 13.2 节的讨论做准备,FIR-MIMO 模型也在此提出另一种数学形式。对于源 q,通过定义 $\mathbf{h}_q(k, \ell) \in \mathcal{C}^N$ 为离散时间多信道冲激响应函数,且 $L_q = \lceil T_q / T_s \rceil$ 为由 $T_q = \max\{\tau_{mq}\}_{m=1}^{M_q}$ 决定的相应的 FIR 模型,阵列快拍可用式(13.28)的卷积混合模型表示。

$$\mathbf{x}_k = \sum_{q=1}^{Q} \sum_{\ell=0}^{L_q} \mathbf{h}_q(k, \ell) s_q(k - \ell) + \mathbf{n}_k \tag{13.28}$$

与连续时间 FIR 信道函数 $h_{qn}(t, \tau)$ 类似的,式(13.29)给出的 $\mathbf{h}_q(k, \ell) = [h_{q1}(k, \ell), \cdots, h_{qN}(k, \ell)]^T$,复标量 $h_{qn}(k, \ell)$ 代表与源 q 相关接收机 n 在时刻 k 的相应的延迟 ℓ 的冲激响应分量。

$$\mathbf{h}_q(k, \ell) = \sum_{m=1}^{M_q} \delta(\ell - \ell_{mq}) \mathbf{a}_{mq} e^{j 2\pi v_{mq} k} \tag{13.29}$$

观察时间足够短时,使所有源最大的信号多普勒频移可忽略,时不变 FIR-MIMO 模型成立。换句话说,对于全部 (m, q),需要满足条件 $K v_{mq} \ll 1$,使式(13.30)给出的 $\mathbf{h}_q(k, \ell) \to \mathbf{h}_q(\ell)$。

$$\mathbf{h}_q(\ell) = \sum_{m=1}^{M_q} \delta(\ell - \ell_{mq}) \mathbf{a}_{mq} \tag{13.30}$$

13.1.2 处理目标

在考虑的盲信号处理难题中,处理器的目的是从接收的含有噪声的信号中估计源输入序列和传播信道参数。通常,传感器阵列接收的信号来自许多不同的源,且每个源有多条传播路径。在第一个场景中,为了简化,本节对于单源和多个回波(分量)讨论其处理目的。涉及多源的更一般场景将在本章的后续章节中讨论。

依据问题中系统的类型,处理器的主要目标常常是估计源波形或信道参数,这取决于对哪个未知量更感兴趣。总之,通过盲信号估计一个,另一个通常在后续(非盲)处理步骤中估计。信号和信道估计难题在本章后续部分讨论。除雷达外,也将讨论几个盲信号和信道估计的实际应用。最后,总结了关于数据模型和处理的主要假设。

13.1.2.1 波形估计

波形估计的任务是,从感兴趣的源获得发射信号的清晰副本,它可以是发射的基带调制包络有幅度-缩放、时间延迟,且可能有多普勒频移的版本。信号检测和源位置可作为附加问题。从阵列处理观点看,对波形估计,在接收的波前成分中,空间滤波的主要目的是通过主要传播分量且压制其他干扰多径信号。根据式(13.18)的信号模型,波形估计等价于单源情况多径分离问题。

取决于关心的信号和系统函数之间的关系,源波形的先验知识在某些问题中是有用的。下面给出高质量波形估计带来益处的实际应用示例。虽然每种情况从信号到系统的特征完全不同,对源波形精准估计的需求却是一样的。因此,提出这问题的基础技术有很多实际应用,不局限于这里讨论的那些。

- 在通信系统中,最感兴趣的是提取信息,这些信息在发射信号的调制中被编码。在接收端减小多径引起的频率选择衰减,可降低信号包络畸变并明显改善链路性能。
- 在无源雷达系统中,辐射源波形作为参考信号用于匹配滤波。这时对外部辐射信号所搭载的数据并不感兴趣,而必须提取干净的外辐射源波形有效检测和定位目标回波。
- 在有源雷达系统中,同频信源是可能遮蔽有用信号的无效信号。当干扰通过天线波束的主瓣接收时,辐射源波形的先验信息有利于消除这类干扰。

在矩阵 $\mathbf{A}$ 已知的预设情况下,能在空间处理器输出端将模式 m 从其他模式中分离出来,权矢量 $\mathbf{w}_m \in \mathcal{C}^N$ 由式(13.31)的最小范数解给出。$\mathbf{A}$ 是前述定义的多径混合矩阵。矢量 $\mathbf{u}_m \in \mathcal{C}^M$ 在位置 m 是一,在其他位置为零,同时 β 是不影响输出信噪比(SNR)的任意复标量。符号 $\dagger$ 代表 Hermitian 运算(conjugate-transpose 共轭转置)。

$$\mathbf{w}_m = \beta \mathbf{A}(\mathbf{A}^\dagger \mathbf{A})^{-1} \mathbf{u}_m \tag{13.31}$$

从式(13.18)所示的模型,预设信号已知权矢量 $\mathbf{w}_m$ 产生式(13.32)中的输出 z_k,其中 $\beta^* s_{k-\ell_m} e^{j2\pi v_m k}$ 是描述的源波形估计,且 $n_{km} = \mathbf{w}_m^\dagger \mathbf{n}_k$ 是剩余噪声的贡献。这确定性的"零控"空域滤波器估计源信号未被多径污染的副本。全部产生的未被多径污染估计线性组合中,在空间白噪声情况下,$\mathbf{w}_m$ 有最大输出 SNR。

$$z_k = \mathbf{w}_m^\dagger \mathbf{z}_k = \beta^* s_{k-\ell_m} e^{j2\pi v_m k} + n_{km} \tag{13.32}$$

式(13.33)给出了有最大信号-干扰-噪声比(SINR)输出最佳滤波器,其中,$\mathbf{Q}_m$ 是全部不需要信号分量加噪声的统计期望空域协方差矩阵。最优滤波器一般不同于 $\mathbf{w}_m$,但当干扰分量是不相干的且在能量上远大于加性噪声时,趋向于在式(13.31)表示。

$$\mathbf{w}_m^{\text{opt}} = \beta \mathbf{Q}_m^{-1} \mathbf{a}_m \tag{13.33}$$

在空域处理中,盲源波形恢复的目的是估计权 $\mathbf{w}_m$ 以得到无多径输出,或是输出均方误差最小的 $\mathbf{w}_m^{\text{opt}}$,这取决于哪一个评价标准更为重要。完成处理目标的空域滤波器输出,在将权矢量用于阵列快拍后,产生一个幅度调制、时间延迟且可能有多普勒频移的源波形估计。

关键点是混合矩阵 $\mathbf{A} = [\mathbf{a}_1, \cdots, \mathbf{a}_M]$ 未知,且在所考虑问题中为估计 $\mathbf{Q}_m$ 有监督训练也不可能。在 13.2 节中讨论,分量阶数 M 和波前 $\mathbf{a}_m$ 在某些条件下可估计出。但是,在 $\mathbf{A}$ 的重构中,由于存在估计的不确定性或模型的失配的误差,将导致输出的衰减,衰减由干扰分量剩余引起,它可显著降低 SINR 和波形估计的质量。

13.1.2.2 信道估计

在某些应用中,对信道的冲激响应或系统函数比对源输入序列更有兴趣。在式(13.20)的模型中，信道参数是模式阶数 M、每一时延和多普勒频移 $\{\tau_m, f_m\}$，以及模式波前 $\mathbf{a}_m = \alpha_m \mathbf{v}(\psi_m) \odot \mathbf{d}_m$，从中可以推出模式的名义 DOA，$\psi_m$。

在实际中，不可能总是确定某些信道参数的绝对值（而不是相对值）。这是由于对于信道或源存在着不确定性。在没有源的更进一步信息的条件下，信道的复标量 α_m、绝对时延 τ_m 和多普勒频移 f_m 存在明显模糊，因而 $\mathbf{x}_k$ 是不可观测的。因此，信道参数估计的观测是估计 M 和相对分量的复标量、时延及多普勒频移，以及每一模式的波前结构和名义 DOA。

信道传播参数的先验信息有许多实际应用。在通信系统中，对于多信道设备，传统方法需要预先发射训练数据或试验序列以得到数据结构。这使信道参数可估计，进而可对载信信号进行多径补偿。但是，训练信号在某些情况下可能无法使用，例如，当源是非合作的或由于自然现象出现时。这促使盲系统识别技术的发展，其目标是不需要训练序列来估计信道参数。这些技术将在 13.2 节讨论。

在 HF 波段，有关模式的名义 DOA ψ_m 信息和相对时延 τ_m 与电离层的模型联合可以用估计非合作源的位置。单站未知 HF 源的地理定位是 HF 源方向估计共同关注的难题。可把位置已知的非合作 HF 源作为参考，估计电离层反射高度及可能存在的倾斜，这一过程反过来对超视距雷达坐标配准意义重大。虽然在本章的重点是盲源波形恢复问题，信道传播参数的盲估计在 HF 单站定位中的应用将在 13.6 节中讨论。

13.1.2.3 主要假设

与式（13.18）的模型相关的主要假设在此总结以完成问题的公式表示。参考式（13.18），这些假设源波形 s_k、混合矩阵 $\mathbf{A}$、分量时延 τ_m 和多普勒频移 f_m 有关。对于多源情况，这些假设将在 13.3 节阐述。

1. 源的复杂性：就源波形而言，前面阐述的窄带假设是必需的，但不是充分条件。为了确保盲信号估计问题是可识别的，源波形需要有限的带宽，如 s_k 不是常数或正弦波形。特别地，输入序列需要有线性复杂性 $P > 2L$，其中 L 是全部 N 个信道中最大 FIR 模型阶数。有限长度确定序列 $\{s_k\}_{k=1}^{K}$ 的线性复杂性定义为，对于所有 $k = 1, \cdots, K$，存在满足式（13.34）的系数 $\{\lambda_p\}_{p=1}^{P}$ 的最小整数 P。

$$s_k = -\sum_{p=1}^{P} \lambda_p s_{k-p} \qquad (13.34)$$

事实上，对于实际的 HF 信道，所有有限带宽信号满足这个线性复杂度条件，源波形可考虑成实际的任意时间特征信号。重要的是不需要更进一步假设关于确定的结构或源波形的统计性质，因此无任何特殊调制形式限制。显然，假设源是非合作的，在此情况下，训练数据或试验序列是不可用的。

2. 信道的多样性（差异性）：假设接收源波形的漫射主模式数为 M，其中，$1 < M < N$。换句话说，假设存在多路传播，但主模式数小于接收通道数。另外，模式的波形矢量 $\mathbf{a}_m \in \mathcal{C}^N$，对于 $m = 1, \cdots, M$ 是线性独立集，使多路混合矩阵是满秩的。这些需求在式（13.35）中表示，其中操作符 $\mathcal{R}\{\cdot\}$ 返回矩阵的秩。

$$\mathcal{R}\{\mathbf{A}\} = M, \quad 1 < M < N \qquad (13.35)$$

这些条件确保系统是可识别的且问题不是病态的，除此之外关于混合矩阵无其他假设。这意味着 $\{\mathbf{a}_1, \cdots, \mathbf{a}_M\}$ 是任意矢量，不限于落入或接近参数化的空间特征流形，如平面波指向矢量模型。接下来传感器阵不限于一个特定的几何形状，由于不同的阵元增益和相位响应、传感器位置误差和在可容许范围内的互耦引起阵的多种不确定性。

3. 样本支撑：该假设关系到在处理周期内有足够的采样数据，这样有充足的样本存在来决定系统的未知数。根据 Abed-Meraim, Qui, and Hua（1997），为确保识别，需要的样本数 K 应满足式（13.36）中的条件，其中 L 是前面定义的最大信道冲激响应持续时间。更进一步的关于识别问题的讨论见 13.2 节。

$$K > 3L, \quad L = \max\{\ell_m\}_{m=1}^M \tag{13.36}$$

4. 离散模式：除了上述对于 $\mathbf{A}$、s_k 和 K 的条件，模式数 M 与相应的延迟-多普勒参数 $\{\ell_m, v_m\}_{m=1}^M$ 也假设是未知的。如式（13.37）中，假设分量参数 $\underline{\rho}_m = [\ell_m, v_m]$ 之间的差别是明显的。注意，该条件用于相对较小的信号主模式数，且在每个分量内无广泛散布的射线。

$$\{\rho_i - \rho_j\}_{i,j=1}^M \neq \{\rho_n - \rho_m\}_{n,m=1}^M \quad \text{for } \{i, j\} \neq \{n, m\} \tag{13.37}$$

除了某些人为的场景，当考虑有限几个主模式时，两个离散模式之间不同的延迟及多普勒（$i \neq j$）在通常情况下将不同于另外一对模式（$n \neq m$）。

13.1.3 动机案例

漫散射信号存在于各种场景。在无线通信中，它们由移动发射机附近的"局部散射"引起，尤其在发射机和接收基站之间无视线传播，具体例子见 Zetterberg and Ottersten（1995）、Pedersen, Mogensen, Fleury, Frederiksen, Olesen, and Larsen（1997）、Adachi, Feeney, Williamson, and Parsons（1986），以及 Ertel, Cardieri, Sowerby, Rappaport, and Reed（1998）等。

在声呐中，常用大型水听器阵列对空间散布的声源进行定位，这些声源由于非均匀水下信道而出现波前畸变。在超声学中，由于通过组织的不规则传播，具有畸变幅相非平稳波前的分布信号也时常出现，其波前常常经由不同路径被接收，产生不同的畸变，见 Liu and Wang（1995, 1998）以及 Flax and O'Donnell（1988）。类似现象也在射电天文学中遇到过，通过不均匀的等离子区出现信号闪烁（Yen 1985）。因此，基于分布的多径信号模型盲空域处理技术可有不同的应用。

在开始之前先简短回顾已有的 BSI 和 BSS 技术，这里用一个简单例子来说明波前畸变是如何有助于分离两个名义 DOA 极为靠近的模式的。由于实际传感器空间分辨率有限，这成为一个普遍问题，事实上，经常从很近似的方向接收到多径分量，而 DOA 估计中超分辨技术对于模型失配很敏感。微波雷达中一个著名的例子是机载源和船载接收天线阵之间海面所遇到的低仰角多径。

下面给出的案例是与 HF 雷达有关的真实场景，其中获取和处理见 13.4 节。假使有 $M = 2$ 个信号模式，目标是通过模式 $m = 1$ 并对消模式 $m = 2$。完成该任务的最小范数预设信号矢量由 $\mathbf{w}_1 = \beta \mathbf{A}(\mathbf{A}^\dagger \mathbf{A})^{-1} \mathbf{u}_1$ 给出，其中不失一般性，$\mathbf{A} = [\mathbf{v}_1, \mathbf{v}_2]$ 由空间特征信号 $\mathbf{v}_m$ 定义，以取代模式波前 $\mathbf{a}_m$。

白噪声中的 SNR 增益，定义为模式 1 在线性组合器输出端的信噪比（用 SNR_o 表示）与阵列参考接收机（即第 1 个）的信噪比（用 SNR_i 表示）之比，由 $\text{SNR}_g = \text{SNR}_o / \text{SNR}_i = |\beta^2| / \|\mathbf{w}_1\|^2$ 给出。$\mathbf{L}_2$-norm $\|\mathbf{w}_1\|^2$ 可由 $\mathbf{A} = [\mathbf{v}_1, \mathbf{v}_2]$ 和 $\mathbf{u}_1 = [1, 0]^T$ 代入式（13.38）计算，$(\mathbf{A}^\dagger \mathbf{A})$ 的决定因素由 $\nabla = ad - bc$ 给出，其中，$a = \|\mathbf{v}_1\|^2$、$b = \mathbf{v}_1^\dagger \mathbf{v}_2$、$c = \mathbf{v}_2^\dagger \mathbf{v}_1$ 和 $d = \|\mathbf{v}_2\|^2$。

$$\|\mathbf{w}_1\|^2 = |\beta|^2 \mathbf{u}_1^\dagger (\mathbf{A}^\dagger \mathbf{A})^{-1} \mathbf{u}_1 = |\beta|^2 \|\mathbf{v}_2\|^2 \nabla^{-1} \tag{13.38}$$

根据式（13.38），$\mathrm{SNR}_g = \nabla / \|\mathbf{v}_2\|^2$，且在计算行列式 $\nabla = \|\mathbf{v}_1\|^2 \cdot \|\mathbf{v}_2\|^2 - \|\mathbf{v}_1^\dagger \mathbf{v}_2\|^2$ 之后，式（13.39）直接给出了 SNR_g。未被模式 2 污染的模式 1 在白噪声中可被估计的最大 SNR 增益，取决于空间信号之间的幅度平方相干性：$\cos^2 \Upsilon = \|\mathbf{v}_1^\dagger \mathbf{v}_2\|^2 (\|\mathbf{v}_2\|^2 \|\mathbf{v}_1\|^2)^{-1} = \mathcal{F}\{\mathbf{v}_1, \mathbf{v}_2\}$，其中 Υ 是 N 维空间中 $\mathbf{v}_1$ 和 $\mathbf{v}_2$ 之间的角。受限于无多径干扰约束的输出最高 SNR 增益是 $\|\mathbf{v}_1\|^2$，这正好是匹配滤波器增益。仅当空间信号正交时达到 $\mathbf{v}_1^\dagger \mathbf{v}_2 = 0$，此时 $\cos^2 \Upsilon = 0$。对于其他情况，SNR 增益较小且随空间信号逐渐对齐趋于 0，即 $\cos^2 \Upsilon \to 1$。

$$\mathrm{SNR}_g = \|\mathbf{v}_1\|^2 \left(1 - \frac{\|\mathbf{v}_1^\dagger \mathbf{v}_2\|^2}{\|\mathbf{v}_1\|^2 \|\mathbf{v}_2\|^2}\right) = \|\mathbf{v}_1\|^2 (1 - \cos^2 \Upsilon) \tag{13.39}$$

相对假设的镜面反射情况产生 DOA 相同的平面波（对于全向散射的 DOA），"波浪状"波前引起 SNR 增益改善，由式（13.40）中的 $\mathrm{SNR}_{\mathrm{IF}}$ 表示。这就是式（13.39）在两种情况下的 SNR 增益之比。这里，$\cos^2 \Phi = \mathcal{F}\{\mathbf{v}(\psi_1), \mathbf{v}(\psi_2)\}$ 是平面波中心 DOA 的 MSC，$\cos^2 \Upsilon$ 是存在乘性畸变 $\{\mathbf{d}_m\}_{m=1,2}$ 的模式空间信号 $\mathbf{v}_m = \mathbf{v}(\psi_m) \odot \mathbf{d}_m$ 的 MSC。当中心 DOA 接近 $\psi_1 \to \psi_2$ 时，我们有 $\cos^2 \Phi \to 1$，且因此分母 $\Delta = (1 - \cos^2 \Phi) \to 0$。由于 $\psi_1 \to \psi_2$，$\cos^2 \Upsilon \to \cos^2 \Theta$，其中 $\cos^2 \Theta = \mathcal{F}\{\mathbf{d}_1, \mathbf{d}_2\}$ 是乘性畸变矢量的 MSC。因此，$\mathrm{SNR}_{\mathrm{IF}} \to \sin^2 \Theta / \Delta$，其中，当 $\psi_1 \to \psi_2$ 时，$\Delta \to 0$。若畸变 $\{\mathbf{d}_m\}_m = 1,2$ 差异较大，输出 SNR 则可获得较大改善，此时 $\sin^2 \Theta \gg \Delta$。

$$\mathrm{SNR}_{\mathrm{IF}} = \frac{1 - \cos^2 \Upsilon}{1 - \cos^2 \Phi} \to \frac{\sin^2 \Theta}{\Delta} \text{ as } \psi_1 \to \psi_2 \tag{13.40}$$

因此，当模式名义 DOA 空间上靠近，无多径污染且输出 SNR 较高时，由独立弥散的散射过程引起的不同畸变可用于估计波形。尤其当 HF 源靠近线阵法线方向时更是如此，其中自不同层电离层分量反射具备相似的中心锥角，但由于弥散散射过程独立而呈现出不同的波前畸变。

该说明示例激发了很多不需要阵列流形的应用程序，它们利用波前畸变区分空间上靠近的信号模式。进而，当畸变存在时，对平面波模型的依赖竟然呈现大于式（13.40）中预期量的更高 SINR 改善。

13.2 标准技术

标准技术与两类问题相关，也就是多信道盲系统识别（BSI）和盲信号分离（BSS）。前者典型的假设是存在单个信号源和信道传播模型，通过不同的有限冲激响应（FIR）函数连接源到每个接收阵元。在标准的多信道 BSI 问题中，源的输入序列和 FIR 系统函数均假设为未知的。同时，与仅被作为探测信号的输入序列相反，其主要目的是估计系统函数。但是，问题很容易被用于直接估计输入序列。在任何情况下，多信道 BSI 技术常常涉及用空-时数据估计未知参数的联合处理。

正如缩写所表示的，BSS 技术假设存在多个源，这些源通过类似带通滤波这样的单一处理，不能分离发射信号。在阵列处理中，很多 BSS 技术假设瞬时的混合模型，在这其中从源到接收机信号传播是无多径的。这被称为瞬时多输入-多输出系统（I-MINO）。对于沿视线传播的应用，这类系统是适合的。另一种情况，BSS 技术用卷积信号混合来阐述问题，多径的存在给出了一个 FIR-MIMO 系统。在任何情况下，多信道 BSS 技术的目的是对来自接收的阵元数据分离和估计不同的源信号。这通常由空域处理完成，虽然空时处理也是可行的。

本节的第一个目标是提供信道 BSI 和 BSS 的相关背景和参考材料。这包括标准的 BSI

和 BSS 算法常用的数据模型，在后一种情况中有 I-MIMO 和 FIR-MIMO 系统。第二个目标是提供基于 BSI 和 BSS 技术存在的各种假设的小结，决定这些技术是否适用于前面阐明的问题。本节最后讨论新的盲波形估计技术的发展，涉及普遍的多径信号的估计（GEMS）。

13.2.1 盲系统识别

传统的多信道均衡方法需要发射训练数据，在时变环境中这将大量的消耗信道的能力和系统资源（Paulraj and Papadias 1997）。另外，当发射的有用信号是非合作源时，训练数据难以获得。这些因素导致被称为盲信道均衡或盲去卷积的 BSI 技术的发展。BSI 技术的详细论述超出本文的范围，但全面的阐述见 Abed-Meraim 等（1997）、Tong and Perreau (1998) 和 Haykin（1994）的优秀论文。

图 13.4 给出用离散时间表述的标准多信道 BSI 问题。源产生一个标量和输入序列 s_k，它由通过有冲激响应函数 $h_n(\ell)$ 的线性信道的传感器 $n=1,\cdots,N$ 接收。多信道 BSI 是一个传统的时不变 FIR 模型，每个信道 $h_n(\ell)$ 时延间隔 $\ell=0,\cdots,L$。L 定义为 N 信道系统的最大 FIR 模型阶数。根据该模型，在时刻 k 传感器 n 的复数数据样本 x_{nk} 由式（13.41）给出，其中，n_{nk} 是独立于信号的噪声。

$$x_{nk} = \sum_{\ell=0}^{L} h_n(\ell) s_{k-\ell} + n_{nk} \tag{13.41}$$

假设源输入序列 s_k 和多信道系统函数 $\mathbf{h}(\ell) = [h_1(\ell),\cdots,h_N(\ell)]^T$ 是未知的。仅由 N 个传感器阵列接收到的时间序列数据 $\mathbf{y}_n = [x_{n1},\cdots,x_{nK}]^T$ 是确认可观察的。矢量 $\mathbf{y}_n \in \mathcal{C}^K$ 可表述为式（13.42）。

$$\mathbf{y}_n = \mathcal{H}_n \mathbf{s} + \boldsymbol{\epsilon}_n \tag{13.42}$$

其中，$\mathcal{H}_n \in \mathcal{C}^{K \times (K+L)}$ 是 Sylvester 矩阵，该矩阵由式（13.43）定义的信道 n 的冲激响应构成。对于在 $\mathbf{y}_n$ 中 K 个输出样本，$\mathbf{s} = [s_{-L+1},\cdots,s_K]^T$ 是 $(K+L)$ 维矢量，由输入样本扩展最大 FIR 模型阶数 L，而 $\boldsymbol{\epsilon}_n = [n_{n1},\cdots,n_{nK}]^T$ 是 K 维加性噪声矢量。

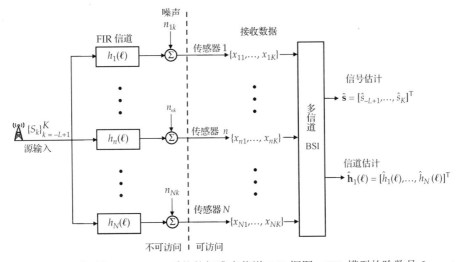

图 13.4 时不变 FIR-SIMO 系统的标准多信道 BSI 框图。FIR 模型的阶数是 L。传感器数是 N，每个传感器接收的数据样本是 K。假设输入序列，信道的冲激响应和噪声是未知的。BSI 处理器的输出是输入信号和信道系数共同决定，信道系数由含一个不确定性复数有效的空-时数据产生

$$\mathcal{H}_n = \begin{bmatrix} h_n(L) & \cdots & h_n(0) & 0 & \cdots & 0 \\ 0 & h_n(L) & \cdots & h_n(0) & \ddots & \vdots \\ \vdots & \ddots & \ddots & & \ddots & 0 \\ 0 & \cdots & 0 & h_n(L) & \cdots & h_n(0) \end{bmatrix} \quad (13.43)$$

另外，数据矢量 $\mathbf{y}_n$ 可写为式（13.44），其中，$\mathcal{S} \in \mathcal{C}^{K \times (L+1)}$ 是输入样本扩展了最大 FIR 模型阶数 L 后的 Toeplitz 矩阵，$\mathbf{h}_n = [h_n(0), \cdots, h_n(L)]^T$ 是信道 n 的冲激响应系数的 $(L+1)$ 维矢量。

$$\mathbf{y}_n = \mathcal{S}\mathbf{h}_n + \underline{\epsilon}_n \quad (13.44)$$

显然，$\mathcal{S} \in \mathcal{C}^{K \times (L+1)}$ 由式（13.45）定义。它表示用已知的输入序列获得信道估计（该式表示的是用已知的输入序列获得信道估计）。在此情况下，$\mathcal{S}$ 在训练期间期内是已知的，且由 $\mathcal{R}\{\mathcal{S}\} = L+1$ 设计。从接收数据可估计信道系数，$\hat{\mathbf{h}}_n = \mathcal{S}^+ \mathbf{y}_n = \mathbf{h}_n + \mathcal{S}^+ \underline{\epsilon}_n$，其中，$\mathcal{S}^+ = (\mathcal{S}^\dagger \mathcal{S})^{-1} \mathcal{S}^\dagger$。

$$\mathcal{S} = \begin{bmatrix} s_1 & \cdots & s_{1-L} \\ s_2 & \cdots & s_{2-L} \\ \vdots & & \vdots \\ s_K & \cdots & s_{K-L} \end{bmatrix} \quad (13.45)$$

在处理期内，由时不变 FIR-SIMO 系统获得的所有数据可写为式（13.46），其中，$\mathbf{y} = [\mathbf{y}_1^T, \cdots, \mathbf{y}_N^T]^T$ 是 NK 维空-时样本构成的列矢量，$\mathcal{H} \in \mathcal{C}^{NK \times (K+L)}$ 是由 $\{\mathcal{H}_1, \cdots, \mathcal{H}_N\}$ 排列形成的 Sylvester 矩阵，且 $\underline{\varepsilon} \in \mathcal{C}^{NK}$ 是加性噪声堆叠矢量，构成方式类似于 $\mathbf{y}$

$$\mathbf{y} = \mathcal{H}\mathbf{s} + \underline{\varepsilon} \quad (13.46)$$

用式（13.44），也可将 $\mathbf{y}$ 写成式（13.47），其中，$\mathbf{h} = [\mathbf{h}_1^T, \cdots, \mathbf{h}_N^T]^T$ 是 N 信道冲激响应函数的列矢量，且 $NK \times N(L+1)$ 矩阵 $\mathcal{S}_N = \text{diag}\{\mathcal{S}, \cdots, \mathcal{S}\}$ 是 N 个对角线块，每个块由式（13.45）定义的输入序列 $\mathcal{S}$ 的 Toeplitz 矩阵构成

$$\mathbf{y} = \mathcal{S}_N \mathbf{h} + \underline{\varepsilon} \quad (13.47)$$

当获得用于估计信道系数 $\hat{\mathcal{H}}$ 的训练数据时，线性空-时方程可用于估计输入序列，该序列来自式（13.48）的接收数据。它假设 $NK > (K+L)$，且 $\mathcal{H}$ 是 $(K+L)$ 满秩的。无论如何，当信道和源均是未知时，变量 $\mathcal{H}$ 和 $\mathbf{s}$ 的估计需要从可观察的 $\mathbf{y}$（即盲的）得到。

$$\hat{\mathbf{s}} = \hat{\mathcal{H}}^+ \mathbf{y} = (\hat{\mathcal{H}}^\dagger \hat{\mathcal{H}})^{-1} \hat{\mathcal{H}}^\dagger \mathbf{y} \quad (13.48)$$

对于加性高斯白噪声，当系统矩阵 $\mathcal{H}$ 和输入序列 $\mathbf{s}$ 均未知时，用最大似然（ML）准则估计这两者，需要求解式（13.49），这是一个非线性最优化问题。对于计算 $(\hat{\mathcal{H}}, \hat{\mathbf{s}})_{ML}$，Hua（1996）给出了极好的两步 ML 算法。如果 FIR-SIMO 系统是时变的，因多普勒频移，为消除信道变化，需要频率补偿处理。

$$(\hat{\mathcal{H}}, \hat{\mathbf{s}})_{ML} = \arg \min_{\mathcal{H}, \mathbf{s}} \|\mathbf{y} - \mathcal{H}\mathbf{s}\|^2 \quad (13.49)$$

BSI 算法的另一个特点是在可识别条件下，可估计输入序列和信道多项式系数。在无噪声条件下，系统矩阵 $\mathcal{H}$ 和输入序列 $\mathbf{s}$ 为未知复数标量，当给定输出 $\mathbf{y}$ 有唯一解时，式（13.46）描述的 FIR-SIMO 系统认为是可识别的。根据 Hua and Wax（1996），对于已知模型阶数 L 时不变 FIR-SIMO 系统，充分可识别条件是

- N 个子信道不能为 0。该条件表明 FIR 子信道的互质需求（即充分的信道差异性）。
- 输入序列线性复数 $P > 2L$。这意味着输入不能是常数或正弦函数（即充分的信号复杂性）。
- 样本总数 $K > 3L$。这反映需要足够的数据来确定系统的未知的数（即充分的样本支撑）。

总之，标准的 BSI 算法有某些已知的限制。例如，FIR 模型阶数在实际中经常是未知的，且它的估计是个难题（Abed-Meraim et al. 1997）。BSI 性能对 L 的较差估计敏感。此外，尽管可能存在少数起主要作用的模式，为了均衡少数高速时变信道，需要大的 L 值，即 $L \gg M$。这导致高维 $N(L+1)$ 多信道均衡，它既增加对样本的需求，也增大了计算量。

另外，大的多普勒频移需要采用非常短的数据结构，以满足时不变信道的假设。这限制了相参处理的观察时间（Hua 1996）。对于快速更新的需求，也减少了样本支撑并增加计算负担。这些因素限制了标准的 BSI 算法的实际应用。这激发了受限较少的替代算法研究，同时尽量保留 BSI 问题中广泛的可识别条件。

显然，从图 13.4 可见，由式（13.50）给出空间快拍数据矢量 $\mathbf{x}_k = [x_{1k},\cdots,x_{Nk}]^T$，其中，$\mathbf{h}(\ell) = [h_1(\ell),\cdots,h_N(\ell)]^T$。标准的 BSI 模型可用式（13.50）中的 CD 数据模型，只需将 $\mathbf{h}(\ell) = \sum_{m=1}^{M} \delta(\ell - \ell_m) \mathbf{a}_m$ 代入式（13.50）。这意味着对于窄带源，局部散射，和 M 个主模式接收的相参传感器阵列，且数据长度足够短使得多普勒频移可忽略，响应函数模型可从式（13.22）导出。

$$\mathbf{x}_k = \sum_{\ell=0}^{L} \mathbf{h}(\ell) s_{k-\ell} + \mathbf{n}_k \tag{13.50}$$

两个相关的说明。第一，在标准的 BSI 模型中多信道响应函数 $\mathbf{h}(\ell)$ 假设为时不变的，而多普勒频移导致响应函数 $\mathbf{h}(k,\ell)$ 为时变的。尤其是，标准的 BSI 算法不能处理在观察期间内的时变响应函数。CD 模型是可扩展为包含模式多普勒效应的情况，这对所考虑问题而言十分重要。

第二，标准的 BSI 算法不适用于多源情况，此时需要估计每个源的波形。另一方面，在 BSI 问题中，$\mathbf{h}(\ell)$ 的 FIR 模型也可用于宽带信号、扩展的散射点和有较宽空间分布传感器的接收阵元。换句话说，在图 13.4 中，$\mathbf{h}(\ell)$ 的 FIR 结构不限于式（13.22）。

13.2.2 盲信号分离

多信道 BSS 方法适用于传感器阵元接收的多源分离和恢复，这些信号在时域或频域不能区分。在空域处理中，大多数 BSS 技术涉及"无监督的"或"自恢复的"方法，主要为两类：（1）对传播信道和传感器阵列做出假设以利用待估计信号的空间特性的方法，即基于阵列流形的方法；（2）那些不是基于阵列流形模型，但利用待分离波形某些确定或统计先验信息的方法，即基于源的方法。Van Der Veen（1998）和 Cardoso（1998）分别提到了基于流形、源的盲源分离深度处理方法。

基于空间处理的 BSS 方法是一热点问题，在文献中引起极大关注。图 13.5 所示为 BSS 技术的分类，包括基于源的方法、基于流形的方法和其他利用多径作为有利物理机制的方法。本节简要概述了现有的基于流形、源的 BSS 方法的相关工作。相比之下，在公开文献中，只有相对较少的文献直接利用多径机制来使盲源分离。

重要的是，后面会证明，这种方法使关于源和流形的某些假设被放宽。在对模式波前和源波形性质作相对温和的假设下，GEMS 算法利用多径分离信号。正是这些温和的假设，使 GEMS 方法稳健而值得关注。

图 13.6 是 I-MIMO 系统的示意图，其中，传递系数 a_{qn} 是连接源 q 和信道 n 的复标量。接收阵列快拍 $\mathbf{x}_k = [x_{1k},\cdots,x_{Nk}]$ 可以表示成式（13.51）中的标准形式，此处，$N \times Q$ 维的瞬时源混合矩阵 $\mathcal{A} = [\mathbf{a}_1,\cdots,\mathbf{a}_Q]$ 包含 Q 个信道向量 $\mathbf{a}_q = [a_{q1},\cdots,a_{qN}]^T$，其中，$q=1,\cdots,Q$，而 Q 维的源

信号向量 $\mathbf{s}(k)=[s_1(k),\cdots,s_Q(k)]^T$ 包含不同的输入序列。

$$\mathbf{x}_k = \mathcal{A}\mathbf{s}(k) + \mathbf{n}_k \tag{13.51}$$

我们不应该将源信号向量 $\mathbf{s}(k)$ 和式（13.18）中的多径信号向量 $\mathbf{s}_k$ 相混淆。瞬时源混合矩阵 $\mathcal{A}$ 也有不同于式（13.18）中多径混合矩阵 $\mathbf{A}$ 的物理解释。然而，很明显，式（13.51）和式（13.18）在特殊情况下具有等效的数学形式，其中假定 Q 个源是某个共同的输入序列时延-多普勒频移后的副本，如式（13.52）所示。从 BSS 的观点看，在这种特殊情况下，式（13.51）和式（13.18）是没有区别的。

$$s_q(k) = s_{k-\ell_q} \mathrm{e}^{\mathrm{j}2\pi v_q k} \tag{13.52}$$

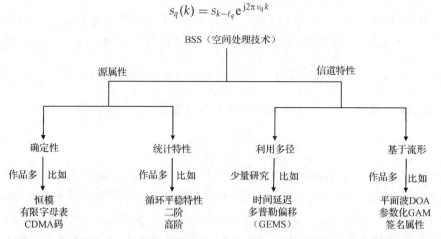

图 13.5 标准 BSS 方法的分类，根据基本假设即分离的基础，将其分类。许多文献通过假设传播信道和传感器阵列的部分信息已知，弥补源信号信息的缺乏，这样使得参数空间特征模型可用于分离。另一方面，其他办法假定源波形的某些确定性或统计特性已知，以补偿传播信道和传感器阵列特性知识的缺乏。在空间处理方面，相对较少的文献直接利用多径物理机制来做盲源分离。GEMS 算法是基于这种方法，用来同时放宽对源波形和阵列流形所做的假设

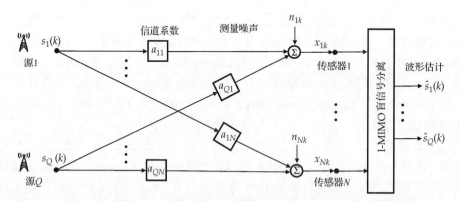

图 13.6 瞬时多输入多输出（I-MIMO）系统模型的示意图。源输入序列、复标量信道传输系数以及附加的噪声是不可得到的。BSS 处理器的目的是通过对接收阵列数据进行空间加权和组合，对所有复尺度未知的源波形进行联合估计

图 13.7 所示的 FIR-MIMO 系统模型更关注多源多径情况。事实上，FIR-MIMO 框架将图 13.4 中的 BSI 问题推广到多源情况。在图 13.7 中，定义了连接源 q 和传感器 n 的信道 FIR 函数 $h_{qn}(\ell)$，其中，$\ell=0,\cdots,L$。类似于式（13.50）中的单源表达，FIR-MIMO 空间快拍 $\mathbf{x}_k$ 如式（13.53）所示，其中，$\mathbf{h}_q(\ell)=[h_{q1}(\ell),\cdots,h_{qN}(\ell)]^T$ 和 $L=\max\{L_q\}_{q=1}^Q$ 是最大的 FIR 模型阶。

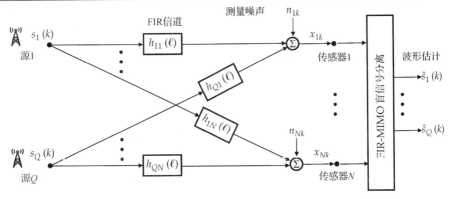

图 13.7 FIR 多输入多输出（FIR-MIMO）系统模型示意图。源输入序列、信道脉冲响应以及附加的噪声是不可得到的。BSS 处理器的目的是通过对接收阵列数据进行空间加权和组合，对所有复尺度未知的源波形进行联合估计

$$\mathbf{x}_k = \sum_{q=1}^{Q}\sum_{\ell=0}^{L}\mathbf{h}_q(\ell)s_q(k-\ell) + \mathbf{n}_k \tag{13.53}$$

如果用时变脉冲响应 $\mathbf{h}_q(k,\ell) = \sum_{m=1}^{M_q}\delta(\ell-\ell_{mq})\mathbf{a}_{mq}\mathrm{e}^{j2\pi v_{mq}k}$ 替换式（13.53）中的 $\mathbf{h}_q(\ell)$，式（13.53）和前一节介绍的多源模型式（13.51）之间的关系变得明显。替换后，接收数据快拍如式（13.54）所示，其中，$s'_q(k-\ell_{mq}) = s_q(k-\ell_{mq})\mathrm{e}^{j2\pi v_{mq}k}$。这个表达式与式（13.24）中的模型一致。需要注意的是，$s'_q(k-\ell_{mq})$ 的定义包含每个模式波形中待估计的多普勒频移。通过用不同的多普勒频移修改每个模式的波形，有效地解释了信道变化。

$$\mathbf{x}_k = \sum_{q=1}^{Q}\sum_{m=1}^{M_Q} s'_q(k-\ell_{mq})\mathbf{a}_{mq} + \mathbf{n}_k \tag{13.54}$$

式（13.54）表示基于时间不变信道模型的 BSS 技术原则上适用于其他畸变问题，因为每一个模式的波形可被认为是不同的待估计信号。这里的关键问题是，标准的 BSS 技术为复原合适波形估计所做的假设是否与先前对畸变问题的设置兼容。这一点将在 13.2.3 节中加以考虑，并参考如式（13.55）所示的多源模型和上节中描述的单源模型 $\mathbf{X} = \mathbf{AS} + \mathbf{N}$。

$$\mathbf{X} = \mathbf{HP} + \mathbf{N} \tag{13.55}$$

在单源情况下，与信道多元化相关的可辨识性条件意味着模式波前混合矩阵 $\mathbf{A}$ 是线性无关的，因此，$\mathbf{A}$ 是列满秩的，秩为 M，而与输入序列线性复杂性相关的辨识性条件意味着信号矩阵 $\mathbf{S}$ 是行满秩的，秩为 M。这引出了几乎所有 BSS 技术都以之为基础的基本特性，即矩阵 $\mathbf{X}$ 的列张成为矩阵 $\mathbf{A}$ 的列张成提供了基础，矩阵 $\mathbf{X}$ 的行张成为矩阵 $\mathbf{S}$ 的行张成提供了基础。类似的概念适用于多源情况。

13.2.2.1 基于流形的方法

一种基于流形的普遍方法通过假设一个平面波模型，并根据 DOA 差异区分信号。这样的一个模型对一个校准的传感器阵列远场处的窄带信号和点源来说是有效的。这个方法可用于解决一系列的独立信号源，或是来源于同一个信号源的多个传播模式，这个信号源作为平面波入射到阵列上。对后一种情况来说，通常需要假设多径分量的镜面反射。

超分辨技术，如 MUSIC（Schmidt 1981）、ESPRIT（Roy and Kailath 1989）、MODE（Stoica and Sharman 1990b）、WSF（Viberg, Ottersten, and Kailath 1991）、ML（Stoica and Sharman 1990b）、Krim and Viberg（1996）中描述的变型，都可用来分辨具有密间距 DOA 的信号。从源属性和混合矩阵事先未知的意义上说，这些技术被认为是"盲的"。在这种情况下，对于源属性知识的缺乏，通过假设混合矩阵中的空间特征位于参数形式已知的阵列流形来加以补偿。具体来说，平面波流形只由 DOA 参数决定。

入射信号的 DOA 预估被用于重建混合矩阵，这样就允许一个确定的置零权向量，用以估计个别源的波形，并减少来自多径分量和其他信号源的污染。这就是经典的"信号复制"过程。最理想的是，第一步是预估所有信号成分的精确 DOA，第二步是调整线性组合的权重以对所有干扰信号置零，仅留下理想的源波形和输出端的测量噪声。假如平面波信号的数目少于接收机的数目，信号 DOA 间距没有过密，模型阶数是合理选择的，并且 SNR 对可获得的训练数据量而言足够大，这种信号复制过程是有效的。在这种情况下，性能主要被统计误差限制。

然而，平面波假设是很强的，在实际情况中很少成立。特别地，由不规则传播媒介引起的漫散射，连同存在的阵列校准误差，可能会导致系统接收的信号的空间特征和假定的平面波流形模型之间有显著误差。漫反射在许多不同的领域都已经被观测到并进行了分析，并不仅限于无线通信（Zetterberg and Ottersten 1995）、射电天文学（Yen 1985）、水声学（Gershman, Turchin, and Zverev 1995）、语音识别（Juang, Perdue, and Thompson 1995）、医学成像（Flax and O'Donnell 1988）、地震学（Wood and Treitel 1975）以及雷达（Barton 1974）。

在 HF 频带，点对点通信系统和依靠天波传播的超视距雷达经历着来自于电离层中不同水平分层区域或层的漫散射（Fabrizio, Gray, and Turley 2000a）。在这种应用中，空间分布的信号表示通常比点-源模型更合适。超分辨率方法可应用于 DOA 估计，但即使是来自于平面波模型的小偏离，也可能会严重降低不必要信号的抑制和波形估计质量。对孔径小阵、密集源和强信号分量来说，性能下降往往是最明显的，例子见 Swindlehurst and Kailath（1992）和 Friedlander and Weiss（1994）。

对基于 DOA 的信号复制过程，空间分布信号的问题等同于分辨接收（非平面）波形，接收波形是平面波流形上的向量总和（Van Der Veen 1998）。对每一个分布式信号分量，估计大量漫散射线的 DOA 是一项很困难的任务。在很多情况下，由于接收机的数量和可达到的分辨率的限制，这个任务是不可行的。因此，不仅局限在平面波模型上的广义阵列流形（GAM），在空间特征估计及对相干和非相干分布源的参数定位上受到了显著的关注。关于这个观点的更多信息，读者可以参阅相关作品：Swindlehurst（1998）、Jeng, Lin, Xu, and Vogel（1995）、Lee, Choi, Song, and Lee（1997）、Raich, Goldberg, and Messer（2000）、Meng, Stoica, and Wong（1996）、Astely, Ottersten, and Swindelhurst（1998）、Trump and Ottersten（1996）、Valaee and Champangne（1995）、Fabrizio, Gray, and Turley（2000）、Besson, Vincent, Stoica, and Gershman（2000）、Besson and Stoica（2000）、Astely, Swindlehurst, and Ottersten（1999）、Weiss and Friedlander（1996）以及 Stoica, Besson, and Gershman（2001）。

尽管 GAM 模型比平面波流形更加灵活，然而许多 GAM 模型都基于一定的假设。举例来说，Astely 等（1998）提出的 GAM 是基于一阶泰勒级数展开的，为了精确建模，该模型要求信号的角度扩展较小。另一方面，在 Weiss and Friedlander（1996）以及 Stoica 等（2001）的工作中，分别假设了独立的 DOA 和仅有波前的振幅畸变。在 Valaee 等（1995）的研究中，假定名义 DOA 的角谱分布和空间扩散参数是可用的。相对于平面波流形，尽管 GAM 模型的适用域被扩大了，但这种模型不够一般化，不足以准确捕捉任意一组线性无关的空间特征。

在许多实际的环境中，空间特征可能具有较大的角度扩展。此外，相对于平面波模型中一个信号分量完全与另一个信号分量无关，所接收到的波前通常表现出增益和相位畸变的组合。由于涉及非常复杂的漫散射过程，这种畸变很难精确表征。尽管基于 DOA 和 GAM 的技术适用于某些特殊类的问题，此时提出的假设也是完全合理的，但这两类技术可能并不能用于任意一组线性无关空间特征被有效建模和分辨情况下的波形估计。这种制约因素会限制基于流形的方法在实际应用中的性能。

13.2.2.2 基于源的方法

由基于流形的方法对真实的和假设的信号空间特征之间误差的灵敏度引起的性能降低，可以使用不同的 BSS 技术来避免，而这种技术是基于信号源的属性而不是信道和阵列特性的。基于源的 BSS 技术的优点源于这样一个事实，即许多人造信号具有的某些性能在许多应用中是准确已知的。这将带来更鲁棒的算法，这种算法并不依赖可靠的阵列校准，或者容易理解的信道特性（Van Der Veen 1998）。

比如，BSS 可能是基于频率调制或相位编码信号的恒模性质，见 Treichler and Agee（1983），Van Der Veen and Paulraj（1996）和 Papadians and Paulraj（1997），或者基于已知星座的有限字母信号，如 Yellin and Porat（1993），Anand, Mathew, and Reddy（1995）和 Talwar, Viberg, and Paulraj（1994）。BSS 也可能利用已知的关于信号的二阶统计量（SOS），如循环稳态性，由于传输的波特性，这种情况常常在数字通信中遇到，见 Agee, Schell, and Gardner（1990）、Xu and Kailath（1992）和 Wu and Wong（1996）。在 Belouchrani、Abed-Meraim、Cardoso, and Moulines（1997）中，基于空间协方差矩阵联合对角化的 BSS 方法已经发展到可分辨不相关信号，但这种技术可能不适用于多径环境中，因为在多径环境中要被分离的信号通常是相关的。

确定性的性质，如参数已知的周期性雷达信号模板，或者已知脉冲形状和 CDMA 信号的编码向量，都可以用于 BSS。后者常见的例子包括 Liu and Xu（1996）、Liu and Zoltowski（1997）。对于非高斯信号，源信号的联合分布性质，如相互独立性，可以用来分离信号，这种方法是基于高阶统计量（HOS）的，比如 Cardoso and Souloumiac（1993）、Porat and Friedlander（1991）、Dogan and Mendel（1994）、Gonen and Mendel（1997）和 Yuen and Friedlaner（1996）。然而，高阶矩样本估计的较慢收敛速度通常对小数据量带来严重限制。或许更重要的是，基于累积量的方法不适用于高斯信号，而高斯信号往往从大量的具有随机振幅和均匀分布相位的叠加射线中出现。

由自然或人造源发射的许多波形不属于同一类信号，这一类信号具有已知的确定性或统计性质，并且这些性质能够用于 BSS。关于信号调制形式的特定假设限制了 BSS 的一些应用。正是这个原因，通过允许满足可识别性所需条件的波形具有一个几乎任意的时空特征来拓宽 BSS 技术的范围，是很有价值的（Hua and Wax 1996）。除了满足可识别性，没有提供关于待估计波形的确定性或统计特性的进一步知识。在这种更一般的框架里，由于上述基于源的方法都对源波形作了某些假设，因此都没法适用于这样的应用。

13.2.3 讨论

当基于流形或基于源的 BSS 方法的前提条件均不适用时，缺乏盲空间处理技术来应对这种情况。具体而言，假设平面波模型或接收波前的 GAM 表征的基于流形的方法，那么可能不能使用相对少量的参数描述一组完全任意的 M 个线性独立的空间特征。另一方面，依赖于待分离的 M 个信号的某些确定性或统计性质的基于源的方法，可能并不够灵活地处理那些满足可识别性所需的线性复杂度条件的几乎任意波形。

GEMS 背后的动机是为了利用多径传播以显著减少对源信号和空间特征的假设。另外，在 BSS 问题中，我们不将漫散射视为复杂化因素，相反对比持积极的态度，也就是由传播介质强加在信号上的波前畸变实际上可能有助于分离它们。尽管这对基于源的 BSS 方法是众所熟知的，波前畸变可被利用的概念却很少能够在基于流形的 BSS 技术背景下得到重视，这种基于流形的 BSS 技术对源的性质是不可知的。这种另类的观点需要完全不同的 BSS 方法，本章的剩余部分将解释并用实验验证这种方法。

13.3 GEMS 算法

GEMS 方法基于一个有唯一代数解的确定性优化问题，该方法识别源波形的一个复尺度变换、时延和多普勒频移后的副本。当噪声不存在时，只使用有限的数据就可识别。在这一节的第一部分考虑无噪声的情况，并为实际的 GEMS 奠定基础。我们介绍了无噪声优化准则，并将其用于单源、多源情形，以及时变模式波前的情况。

在本节中第二部分推导了满秩噪声存在时实际 GEMS 的滤波器设计原理，即无噪声优化准则的最小二乘形式，如 Fabrizio and Farina（2011a）、Fabrizio and Farina（2011b）。这种方法通常用在确定性的盲波束形成中（Van Der Veen 1998）。本节的最后部分讨论了计算复杂度，并提出了实施 GEMS 程序的替代方法。

13.3.1 无噪声情形

在无噪声的情形下，GEMS 优化准则基于 13.1 节叙述的 CD 信号模型。在下面三种情形下，我们考虑将优化准则应用于波形估计。第一种情形是单源多回波。它表明，原则上，多径自身就可以被用来估计源波形的无多径副本。GEMS 算法的本质是，由多径造成的信号畸变问题和除去畸变的物理机制是相同的。

考虑的第二种情形指出，提出的方法可以扩展至多源情况。在多源情况下，它需要估计多个不同的波形。最后，我们讨论了所提出方法求解 ID 信号模型的稳健性，ID 信号模型的特点是具有随时间变化的波前。

13.3.1.1 单源

式（13.56）中的快拍向量 $\bar{\mathbf{x}}_k \in \mathcal{C}^N$ 定义了无噪声阵列数据。根据式（13.18）可知，$\mathbf{A} \in \mathcal{C}^{N \times M}$ 是秩为 M 的多径混频满秩矩阵，$\mathbf{s}_k \in \mathcal{C}^M$ 是多径信号向量，其包含输入序列 $\{s_k\}_{k=1}^K$ 的 M 个多普勒频移 $\{v_m\}_{m=1}^M$ 和时延 $\{\ell_m\}_{m=1}^M$ 后的副本。这里，M 是主导模式的数目，且 $M < N$，$\ell_m \in (0, L)$，其中，L 是最大的 FIR 信道长度。

$$\bar{\mathbf{x}}_k = \mathbf{A}\mathbf{s}_k = \mathbf{A}[s_{k-\ell_1}\mathrm{e}^{j2\pi v_1 k}, \cdots, s_{k-\ell_M}\mathrm{e}^{j2\pi v_M k}]^\mathrm{T} \quad (13.56)$$

定义无噪声辅助数据向量 $\bar{\mathbf{u}}_k$，如式（13.57）所示，其中，$\bar{\mathbf{x}}_k$ 采样延迟为 ℓ，且频率偏移为 v。后面，我们将 $\{\bar{\mathbf{x}}_k\}_{k=1}^K$ 和 $\{\bar{\mathbf{u}}_k\}_{k=1}^K$ 分别作为无噪声基准快照和无噪声辅助快照。记 $\tilde{\mathbf{s}}_k = \mathbf{s}_{k-\ell}e^{j2\pi vk}$ 为信号向量 $\mathbf{s}_k$ 时延-多普勒频移后的向量。

$$\bar{\mathbf{u}}_k = \bar{\mathbf{x}}_{k-\ell}e^{j2\pi vk} = \mathbf{A}\mathbf{s}_{k-\ell}e^{j2\pi vk} = \mathbf{A}\tilde{\mathbf{s}}_k \tag{13.57}$$

定义 $\mathbf{w} \in \mathcal{C}^N$ 为基准权重向量，$\bar{z}_k$ 是由式（13.58）给出的基准数据输出标量。另外，通过定义 M 维向量 $\mathbf{f} = \mathbf{A}^\dagger\mathbf{w}$，复标量 $\bar{z}_k$ 可以表示为式（13.58）。

$$\bar{z}_k = \mathbf{w}^\dagger\bar{\mathbf{x}}_k = \mathbf{f}^\dagger\mathbf{s}_k \tag{13.58}$$

类似地，定义一个辅助权重向量 $\mathbf{r} \in \mathcal{C}^N$ 以及如式（13.59）所示的辅助数据输出 $\bar{y}_k$。这个输出可以类似地写成式（13.59）中的 M 维向量形式。

$$\bar{y}_k = \mathbf{r}^\dagger\bar{\mathbf{u}}_k = \mathbf{g}^\dagger\tilde{\mathbf{s}}_k \tag{13.59}$$

对于相等数量 K 的输出样本 $\bar{z}_k$ 和 $\bar{y}_k$，且 $\ell \in (0, L)$，假定可获得 $K+L$ 个数据快拍。对系统可识别性，先前要求样本总数满足 $K+L>3L$，这表示为式（13.60）。

$$K > 2L \tag{13.60}$$

令 K 维误差向量为 $\bar{\mathbf{e}} = [\bar{e}_1,\cdots,\bar{e}_K] = \bar{\mathbf{z}} - \bar{\mathbf{y}}$，其中，$\bar{\mathbf{z}} = [\bar{z}_1,\cdots,\bar{z}_K]$ 是基准输出，$\bar{\mathbf{y}} = [\bar{y}_1,\cdots,\bar{y}_K]$ 为辅助输出。利用式（13.58）和式（13.59），$\bar{\mathbf{e}}$ 可以由矩阵 $\mathbf{S} = [\mathbf{s}_1,\cdots,\mathbf{s}_K]$ 和 $\tilde{\mathbf{S}} = [\tilde{\mathbf{s}}_1,\cdots,\tilde{\mathbf{s}}_K]$ 表示成式（13.61）。

$$\bar{\mathbf{e}} = \mathbf{f}^\dagger\mathbf{S} - \mathbf{g}^\dagger\tilde{\mathbf{S}} \tag{13.61}$$

GEMS 算法建立在满足 $\bar{\mathbf{e}} = 0$ 的非平凡解 $\{\mathbf{f},\mathbf{g}\}$ 和 $\{\ell,v\}$ 之上，如式（13.62）所示。约束条件 $\|\mathbf{f}^\dagger\mathbf{S}\|^2 = 1$ 避免了平凡解 $\mathbf{f} = \mathbf{g} = 0$，其中对任意 $\{\ell,v\}$ 都有 $\bar{\mathbf{e}} = 0$。条件 $\ell \in (0,L]$ 避免了平凡解 $\{\ell = 0, v = 0\}$，其中，$\mathbf{S} = \tilde{\mathbf{S}}$ 和所有非零向量 $\mathbf{f} = \mathbf{g} \in \mathcal{C}^M$，使得 $\bar{\mathbf{e}} = 0$。

$$\bar{\mathbf{e}} = 0 \quad \text{s.t.} \begin{cases} \|\mathbf{f}^\dagger\mathbf{S}\|^2 = 1 \\ \ell \in (0, L] \end{cases} \tag{13.62}$$

下面将描述满足式（13.62）的非平凡解的含义。定义 $\underline{v} \in \mathcal{C}^{2M}$ 是 $\{\mathbf{f}, -\mathbf{g}\}$ 的堆叠向量，$\bar{\mathbf{s}}_k \in \mathcal{C}^{2M}$ 是 $\{\mathbf{s}_k, \tilde{\mathbf{s}}_k\}$ 的堆叠向量，误差 $\bar{e}_k = \underline{v}^\dagger\bar{\mathbf{s}}_k$ 可以写成简洁的形式，如式（13.63）所示，其中 $\bar{\mathbf{S}} = [\bar{\mathbf{s}}_1,\cdots,\bar{\mathbf{s}}_K]$ 是 $\{\mathbf{S}, \tilde{\mathbf{S}}\}$ 的堆叠矩阵，维数为 $2M \times K$。

$$\bar{\mathbf{e}} = \underline{v}^\dagger[\bar{\mathbf{s}}_1,\cdots,\bar{\mathbf{s}}_K] = \underline{v}^\dagger\bar{\mathbf{S}} \tag{13.63}$$

根据式（13.64），每个误差项 $\bar{e}_k = \underline{v}^\dagger\bar{\mathbf{s}}_k$ 是 $2M$ 个输入序列 $\{\mathbf{s}_k\}_{k=1}^K$ 时延和多普勒频移后的样本的线性组合。由于时延 $\{\ell_m\}_{m=1}^M \in (0, L]$ 是不同的，因此对于固定的位移 $\ell \in (0, L]$，时延 $\{\ell_m + \ell\}_{m=1}^M \in (0, 2L]$ 也是不同的。

$$\bar{\mathbf{s}}_k = \begin{bmatrix} \mathbf{s}_k \\ \tilde{\mathbf{s}}_k \end{bmatrix} = [s_{k-\ell_1}e^{j2\pi v_1k},\cdots,s_{k-\ell_M}e^{j2\pi v_Mk}, s_{k-\ell-\ell_1}e^{j2\pi(v_1+v)k},\cdots,s_{k-\ell-\ell_M}e^{j2\pi(v_M+v)k}]^T \tag{13.64}$$

考虑空假设 H_0：位移 ℓ 使 $2M$ 个时延都是不同的，如式（13.65）所示。换句话说，为产生辅助数据而施加的延迟与任何一对模式之间的时延差分都不匹配。暂时忽略多普勒频移，这意味着每个误差项 $\bar{e}_k$ 是输入序列 s_k 的 $2M$ 个不同时延后的样本的线性组合，时延的范围为 $(0, 2L]$。

$$H_0: \ell_i \neq \ell + \ell_j, \quad \forall i, j \in [1, M] \tag{13.65}$$

根据式（13.34）中的定义，对于线性复杂度为 $P > 2L$ 的输入序列 $\{s_k\}_{k=1}^K$ 且 $K > 2L$，不存在 $(2L+1)$ 维向量 $\underline{\lambda} = [\lambda_{2L},\cdots,\lambda_1,1]^T$ 满足等式（13.66），其中，$(2L+1)$ 维向量 $\dot{\mathbf{s}}_k = [s_{k-2L},\cdots,s_{k-1},s_k]^T$

包含输入序列所有可能的不同时延后的样本，时延区间为 $l \in (0, 2L)$。

$$\dot{e} = \underline{\lambda}^{\dagger}[\dot{s}_1, \cdots, \dot{s}_K] = 0 \tag{13.66}$$

换句话说，输入序列的 $(2L+1) \times K$ 维汉克尔矩阵 $\dot{\mathbf{S}} = [\dot{s}_1, \cdots, \dot{s}_K]$ 若满足 $P > 2L$ 和式（13.60），则它是行满秩的，秩为 $(2L+1)$。由此可见，$(2L+1) \times (2L+1)$ 维的样本协方差矩阵 $\dot{\mathbf{M}} = \dot{\mathbf{S}}\dot{\mathbf{S}}^{\dagger}$ 是正定埃尔米特矩阵，并且对于所有的非零向量 $\underline{\lambda}$，$\dot{e} = \underline{\lambda}^{\dagger}\dot{\mathbf{S}}$ 的 L_2 范数必定大于零，此处不考虑多普勒频移，如式（13.67）所示。

$$\|\dot{e}\|^2 = \underline{\lambda}^{\dagger}\dot{\mathbf{M}}\underline{\lambda} > 0 \tag{13.67}$$

由于在 $\bar{s}_k$ 上的 $2M$ 个不同时延是在 $\dot{s}_k$ 上的所有 $2L$ 个不同时延的子集，由此可见，在空假设 H_0 下，不存在非平凡解 $\underline{v}^{\dagger} = [\mathbf{f}^{\dagger}, -\mathbf{g}^{\dagger}]$ 使式（13.63）中的 $\bar{e} = 0$ 成立。换句话说，当所有 $2M$ 个时延不同时，我们有

$$\bar{e} = \underline{v}^{\dagger}\bar{\mathbf{S}} = 0 \iff \underline{v} = 0 \text{（在 } H_0 \text{ 下）} \tag{13.68}$$

考虑备择假设 H_1：存在任意一对模式，它们之间的时延和多普勒频移差分与位移 ℓ 和 v 相匹配，记这一对模式为 i 和 j，如式（13.69）所示。

$$H_1: \{\ell = \ell_i - \ell_j, \ v = v_i - v_j\}, \ (i, j) \in [1, M], \ i \neq j \tag{13.69}$$

根据式（13.37）中坐标差异明显不同的假设，不超过一对模式可以同时与一个特定的值 ℓ 和 v 相匹配。式（13.70）给出了 M 个模式之间不同配对的数目。因此，在假设 H_1 下，关于 $\{\ell, v\}$ 的唯一值 $\mathcal{L}$ 减少。

$$\mathcal{L} = \frac{M!}{2(M-2)!} \tag{13.70}$$

不失一般性，令 $i = M$ 且 $j = 1$，即 $\ell = \ell_M - \ell_1$ 和 $v = v_M - v_1$，使得第一个模式与最后一个模式相匹配（索引是任意的）。根据式（13.64），式（13.71）中的堆叠向量 $\bar{s}_k$ 具有两个相同的元素。具体而言，向量 s_k 的最后一个元素，即 $\bar{s}_k$ 中的第 M 个元素，与向量 $\tilde{s}_k$ 的第一个元素相同，即 $\bar{s}_k$ 中的第 $M+1$ 个元素。在一般情况下，对于 $k = 1, \cdots, K$，式（13.69）中的条件导致 s_k 中的第 i 个元素与 $\tilde{s}_k$ 中的第 j 个元素相匹配。

$$\bar{s}_k = \left[s_{k-\ell_1}e^{j2\pi v_1 k}, \cdots, s_{k-\ell_M}e^{j2\pi v_M k}, s_{k-\ell_M}e^{j2\pi v_M k}, \cdots, s_{k-2\ell_M+\ell_1}e^{j2\pi(2v_M-v_1)k}\right]^T \tag{13.71}$$

在假设 H_1 下，$\mathbf{S} = [s_1, \cdots, s_K]$ 的第 i 行与 $\tilde{\mathbf{S}} = [\tilde{s}_1, \cdots, \tilde{s}_K]$ 的第 j 行相等，这样 $\{\mathbf{S}, \tilde{\mathbf{S}}\}$ 的堆叠矩阵 $\bar{\mathbf{S}}$ 秩亏（即降秩）。$\bar{\mathbf{S}}$ 中的其他行保持线性无关，因为对于不同的模式时延差分和特定值 $\{\ell, v\}$，最多存在一对模式匹配。这意味着，$2M \times K$ 维矩阵 $\bar{\mathbf{S}}$ 的秩严格下降了 1，这一点由 $\mathcal{R}(\bar{\mathbf{S}}) = 2M - 1$ 给出。

由于模式的数量 $M \leq L$，且可辨识性要求 $K > 2L$，我们有 $K > 2M$。这意味着，在假设 H_0 下，$2M \times K$ 维的矩阵 $\bar{\mathbf{S}}$ 是满秩的，秩为 $\mathcal{R}\{\bar{\mathbf{S}}\} = 2M$，但在假设 H_1 下，其秩为 $2M - 1$。这些观察结果归纳在式（13.72）中。

$$\begin{cases} H_0: \mathcal{R}\{\bar{\mathbf{S}}\} = 2M \\ H_1: \mathcal{R}\{\bar{\mathbf{S}}\} = 2M - 1 \end{cases} \tag{13.72}$$

因为在假设 H_1 下 $\mathcal{R}\{\bar{\mathbf{S}}\} = 2M - 1$，埃尔米特矩阵 $\bar{\mathbf{M}} = \bar{\mathbf{S}}\bar{\mathbf{S}}^{\dagger}$ 是半正定的，存在非平凡解 $\underline{v}$，使 $\|\bar{e}\|^2 = \bar{e}\bar{e}^{\dagger} = \underline{v}^{\dagger}\bar{\mathbf{M}}\underline{v}$ 减少至最小特征值，在此情况下等于零。因此，在假设 H_1 下，使 $\bar{e} = 0$ 的非平凡解 $\underline{v}$ 存在。此外，非平凡解是通过 $\bar{\mathbf{M}}$ 的零特征值所对应的单一特征向量进行尺度变换后得到的，它在复数尺度固定时是唯一的。

第 13 章 盲波形估计

具体地,式(13.73)中非平凡解 υ 取决于复数尺度 β 和 M 维的单位向量 $\{\mathbf{u}_i, \mathbf{u}_j\}$,其中,$\mathbf{u}_i$、$\mathbf{u}_j$ 分别选择于 $\overline{\mathbf{S}}$ 中两个相同的行,但是符号相反。

$$\bar{\mathbf{e}} = \upsilon^{\dagger}\overline{\mathbf{S}} = \mathbf{0} \iff \upsilon^{\dagger} = [\mathbf{f}^{\dagger}, -\mathbf{g}^{\dagger}] = \beta[\mathbf{u}_i^{\dagger}, -\mathbf{u}_j^{\dagger}] \quad (\text{在 } H_1 \text{ 下}) \quad (13.73)$$

式(13.73)的解 υ 意味着 $\mathbf{f} = \mathbf{A}^{\dagger}\mathbf{w} = \beta\mathbf{u}_i$ 和 $\mathbf{g} = \mathbf{A}^{\dagger}\mathbf{r} = \beta\mathbf{u}_j$,其中 $\beta = e^{j\vartheta}/\|\mathbf{u}_i^{\dagger}\mathbf{S}\|$ 对任意的旋转 $e^{j\vartheta}$ 满足式(13.62)中的范数约束。由于 $\mathcal{R}\{\mathbf{A}\} = M < N$,这导致了满足式(13.74)的解 $\mathbf{w}$、$\mathbf{r}$ 有无限多个。这里,$\mathbf{A}^+ = \mathbf{A}(\mathbf{A}^{\dagger}\mathbf{A})^{-1}$ 是 $\mathbf{A}$ 的穆尔-彭罗斯(Noore-Penrose)伪逆,$\mathbf{P}_{\mathbf{A}}^{\perp} = \mathbf{I} - \mathbf{A}^+\mathbf{A}^{\dagger}$ 是正交投影矩阵,$\{\mathbf{q}_w, \mathbf{q}_r\}$ 是 N 维空间中的任意复向量。重要的是,式(13.74)中的最小范数解 $\mathbf{w} = \beta\mathbf{A}^+\mathbf{u}_i$ 和 $\mathbf{r} = \beta\mathbf{A}^+\mathbf{u}_j$ 分别与式(13.31)中的预设信号副本向量一致,该信号能很好地使模式 $m = i$ 和 $m = j$ 分离。

$$\mathbf{w} = \beta\mathbf{A}^+\mathbf{u}_i + \mathbf{P}_{\mathbf{A}}^{\perp}\mathbf{q}_w, \quad \mathbf{r} = \beta\mathbf{A}^+\mathbf{u}_j + \mathbf{P}_{\mathbf{A}}^{\perp}\mathbf{q}_r \quad (13.74)$$

对于 $i = M$,式(13.74)中 $\mathbf{w}$ 的所有解恰好恢复源波形 $\{s_k\}_{k=1}^{K}$ 的一个复尺度变换、时延和多普勒频移后的副本,源波形由模式 M 传播,且输出为式(13.75)中的 $\bar{z}_k$。类似地,式(13.74)中 $\mathbf{r}$ 的所有解产生与 $\bar{z}_k$ 相同的输出 $\bar{y}_k = \mathbf{r}^{\dagger}\bar{\mathbf{u}}_k$,正如预期的,$\bar{e}_k = \bar{z}_k - \bar{y}_k = 0$。然而,$\mathbf{w}$ 分离模式 i,$\mathbf{r}$ 不同于 $\mathbf{w}$,并且分离模式 j。对于 $j = 1$,将 $\mathbf{r}$ 应用到基准(非辅助)数据,得到 $\bar{z}_k' = \mathbf{r}^{\dagger}\bar{\mathbf{x}}_k = \beta s_{k-\ell_1}e^{j2\pi\nu_1 k}$,因此这两个权重向量分离相匹配的一对模式。

$$\bar{z}_k = \mathbf{w}^{\dagger}\bar{\mathbf{x}}_k = \beta s_{k-\ell_M} e^{j2\pi\nu_M k} \quad (13.75)$$

在已述的条件下,无噪声的情况可以得到下面的结论:

- 存在一个非平凡解 υ,使得满足式(13.62)的误差向量 $\bar{\mathbf{e}}$ 为零,当且仅当时延-多普勒频移 $\{\ell, \nu\}$ 一致地匹配于一对模式之间坐标的差分(H_1)。对于不匹配的 $\{\ell, \nu\}$,这样的解不存在(H_0)。
- 对于具有明显不同的时延-多普勒坐标的 M 个模式,总共有 $L = (M!/2)/(M-2)!$ 个不同的 $\{\ell, \nu\}$ 值能使 H_1 成立,并且对于每个特定的 $\{\ell, \nu\}$ 值,满足式(13.62)的非平凡解在复数比例因子固定时是唯一的。
- 对于与特定的一对模式 (i, j) 相匹配的参数值 $\{\ell, \nu\}$,其相关联的满足 $\bar{\mathbf{e}} = \mathbf{0}$ 的唯一非平凡解 υ 定义了空间滤波器 $\{\mathbf{w}, \mathbf{r}\}$ 的所有可能的解,$\mathbf{w}$、$\mathbf{r}$ 分别分离匹配模式 (i, j)。

在无噪声的情况下,由式(13.62)中的准则可以得到空间处理权重向量的解,而该解可以完全恢复输入序列的一个复尺度变换、时延和多普勒频移后的副本,这种方法没采用多径方法。在噪声存在的情况下,关于空间滤波器 $\{\mathbf{w}, \mathbf{r}\}$ 和时延-多普勒位移 $\{l, \nu\}$ 最小化误差向量的 L_2 范数提供了 GEMS 盲估计源波形的基础。

13.3.1.2 多源

单源问题中的主要假设再一次在多源情况下作出,但需要在以下三个方面进行修改。首先,假定传感器的数目大于模式的数目,即大于所有的源数目总和。在单源情况下,假设模式 R 的波前 $\{\mathbf{a}_{mq}\}$ 是线性无关的,但在其他方面则是任意的,从而使得 $\mathbf{H}$ 是满秩的。这个条件归纳在式(13.76)中。下面将叙述其余的两个条件,这两个条件涉及源波形和不同传播模式的时延-多普勒参数。有了这三个推广,先前描述的 GEMS 优化准则可以用于盲源和多径分离。

$$\mathcal{R}\{\mathbf{H}\} = R < N \quad (13.76)$$

可辨识性需要源波形具有线性复杂度 $P_q > 2L_q$，其中，$L_q = \max\{\ell_{mq}\}_{m=1}^{M_q}$ 是在源 q 的所有模式 M_q 中信道脉冲响应的最长持续时间。回想一下，对于有限长度的确定性序列 $s_q(k)$，存在系数 $\{\lambda_p\}_{p=1}^{P_q}$ 满足式（13.77）的最小整数 P_q 为其线性复杂度。另外，假定源发射不同的波形，其中术语"不同"意味着没有两个源发射的信号为某个公共信号时延和多普勒频移后的副本。除了满足线性复杂度条件和源发射不同的波形，没有假定有关信号 $s_q(k)$ 的其他信息。由于通过 FIR 信道长度 L_q 以识别源 q 所需的样本数量必须大于 $K_q = 3L_q$，（见 Hua and Wax 1996），我们假定可以获得 $K > \max\{K_q\}_{q=1}^{Q}$ 个样本，使得能识别所有的源。

$$s_q(k) = -\sum_{p=1}^{P_q} \lambda_p s_q(k-p), \quad k = 1, \cdots, K \tag{13.77}$$

除了在模式波前 $\mathbf{a}_{mq}$ 和源波形 $s_q(k)$ 上设定了相对温和的条件，我们假定 Q、M_q 以及模式时延 ℓ_{mq} 和多普勒频移 v_{mq} 是未知的。类似于单源情况，我们假定模式参数数组 $\underline{\rho}_{mq} = [\ell_{mq}, v_{mq}]$ 之间差异明显，如式（13.78）所示。对于分离源来说，这是合理的，因为当只研究较少的主导信号模式时，特定的源 q 的两个传播模式（$i \neq j$）之间的时延和多普勒频移差异，通常与另一对来自相同或不同源 q' 的模式（$i' \neq j'$）之间的时延和多普勒频移差异是不同的。显然，当 $q = q'$ 时，式（13.78）中的条件 $(i, j) \neq (i', j')$ 成立。

$$\{\rho_{iq} - \rho_{jq}\}_{i,j=1}^{M_q} \neq \{\rho_{i'q'} - \rho_{j'q'}\}_{i',j'=1}^{M_{q'}} \tag{13.78}$$

在多源情况下的无噪声数据 $\mathbf{H}\mathbf{p}_k$ 与单源情况下的无噪声数据 $\mathbf{A}\mathbf{s}_k$ 具有类似的数学形式。混合矩阵 $\mathbf{H}$ 是 $\mathbf{A}$ 的高维推广，而在已有的假设下，堆叠信号向量 $\mathbf{p}_k$ 与 13.3.1.1 节中的 $\mathbf{s}_k$ 类似。波形的不同性假设是必需的。这是因为，如果信号源发射某个共同波形时延和多普勒频移后的副本，而相对的（源间）延迟和多普勒频移值可以合理地归结于多径，这使得难以，如果不是不可能，区分一个波形是某个特定源的多径分量还是来自不同的源。

经过与 13.3.1.1 节类似的分析，可以表明，当 $\{\ell, v\}$ 与源 q 的模式 i、j 之间时延和多普勒频移差异相匹配时，极小化无噪声误差向量到零，由式（13.79）给出空间滤波器的解 $\{\mathbf{w}, \mathbf{r}\}$。这里，$\mathbf{0}_q$ 是长度为 M_q 的零列向量，$\mathbf{u}_{mq}$ 是长度为 M_q 的单位列向量，且单位元素一致地在位置 $m \in [1, M_q]$ 上。$\mathbf{H}^+$ 和 $\mathbf{P}_\mathbf{H}^\perp$ 分别表示 $\mathbf{H}$ 的穆尔-彭罗斯伪逆和 $\mathbf{H}$ 的正交投影矩阵。同之前一样，$\mathbf{q}_w$ 和 $\mathbf{q}_r$ 是 N 维空间中的任意复向量。

$$\mathbf{w} = \beta \mathbf{H}^+ \begin{bmatrix} \mathbf{0}_1 \\ \vdots \\ \mathbf{u}_{iq} \\ \vdots \\ \mathbf{0}_Q \end{bmatrix} + \mathbf{P}_\mathbf{H}^\perp \mathbf{q}_w, \quad \mathbf{r} = \beta \mathbf{H}^+ \begin{bmatrix} \mathbf{0}_1 \\ \vdots \\ \mathbf{u}_{jq} \\ \vdots \\ \mathbf{0}_Q \end{bmatrix} + \mathbf{P}_\mathbf{H}^\perp \mathbf{q}_r \tag{13.79}$$

关键的一点是，空间滤波器中多余的自由度被用来消除来自源 q 的无用（不匹配）模式，以及来自其余的 $Q-1$ 个源的信号模式，使得无噪声输出 $z_k = \mathbf{w}^\dagger \bar{\mathbf{x}}_k$ 和 $z'_k = \mathbf{r}^\dagger \bar{\mathbf{x}}_k$ 分别仅包含来自源 q 的模式 i、j 的波形。这引出了下面几个在多源情况下的结论。

- 存在一个非平凡解 $\underline{v}$，使得满足式（13.62）的误差向量 $\bar{\mathbf{e}}$ 为零，当且仅当时延-多普勒频移 $\{\ell, v\}$ 一致地匹配于信号源 q 的一对模式之间坐标的差异。对于不匹配的 $\{\ell, v\}$，这样的解不存在。

- 对于信号源 q 具有不同坐标差的 M_q 个模式，总共有 $\mathcal{L}_q = (M_q!/2)/(M_q-2)!$ 个不同的

$\{\ell, v\}$ 值能导致误差向量 $\bar{\mathbf{e}}$ 为零，并且对于每个特定的 $\{\ell, v\}$ 值，满足式（13.62）的非平凡解在复数比例因子固定时是唯一的。
- 对于与信号源 q 的某对模式 (i,j) 相匹配的参数值 $\{\ell, v\}$，其相关联的满足 $\bar{\mathbf{e}} = 0$ 的唯一非平凡解 $\underline{v}$ 定义了空间滤波器 $\{\mathbf{w}, \mathbf{r}\}$ 的所有可能的解，$\mathbf{w}$、$\mathbf{r}$ 分别隔离匹配模式 (i,j)。

在无噪声的条件下，空间滤波器的输出能够准确地恢复来自源 q 的输入序列一个复尺度变换、时延和多普勒频移后的副本，同时避免来自于多径回波和其他源的杂质。在噪声存在的情况下，关于非平凡空间滤波器 $\{\mathbf{w}, \mathbf{r}\}$ 和时延-多普勒位移 $\{\ell, v\}$ 最小化误差向量 $\|\bar{\mathbf{e}}\|^2$ 的 L_2 范数提供了 GEMS 盲目估计 Q 个源波形的基础。

13.3.1.3　ID 模式

到目前为止，重心主要集中在相干分布式（CD）信号模式，其中，模式波前是起伏的（如非平面），但在处理间隔上是时不变的。在实践中，由于漫散射过程中的随机变化，模式波前的形状在处理间隔上可能会发生变化。考虑一个具有 $m = 1, \cdots, M$ 模式的单源，根据式（13.80），ID 多径模型代表着时变的模式波前，其中，$\mathbf{a}_m$ 是稳定（非波动）部分，$\mathbf{Q}_m \underline{s}_m(k)$ 是可变（动态）部分。假设限制后者 $\mathbf{Q}_m$ 为低阶子空间，且其有效维度为 $\mathcal{R}\{\mathbf{Q}_m\} = \mathcal{I}_m \ll N$。

$$\mathbf{a}_m(k) = \mathbf{a}_m + \mathbf{Q}_m \underline{s}_m(k) \tag{13.80}$$

通过定义 $N \times \mathcal{I}$ 维矩阵 $\mathbf{B} = [\mathbf{Q}_1, \cdots, \mathbf{Q}_M]$，其中，$\mathcal{I} = \sum_{m=1}^{M} \mathcal{I}_m$，$\mathcal{I} \times M$ 维的分块对角矩阵 $\mathbf{D}_k = \mathrm{diag}[\underline{s}_1(k), \cdots, \underline{s}_M(k)]$，单个 ID 源的无噪声数据快照 $\bar{\mathbf{x}}_k$ 的形式如式（13.8）所示。在这里，我们定义增广路径混合矩阵为 $\mathbf{C} = [\mathbf{A}, \mathbf{B}]$，$\mathbf{m}_k \in \mathcal{C}^{M+\mathcal{I}}$ 是 $\{\mathbf{s}_k, \mathbf{i}_k\}$ 的堆积向量，其中，向量 $\mathbf{i}_k = \mathbf{D}_k \mathbf{s}_k$ 是源波形的任意 $\mathcal{I}$ 个调制副本，这个波形可能认为是"干扰"信号。

$$\bar{\mathbf{x}}_k = [\mathbf{A} + \mathbf{B}\mathbf{D}_k]\mathbf{s}_k = \mathbf{C}\mathbf{m}_k \tag{13.81}$$

对于 ID 多路径信号，时变的模式波前部分可能被看成是子空间的干扰，假设矩阵 $\mathbf{C}$ 是满秩的，秩为 $M + \mathcal{I} < N$，并且任意 $\mathcal{I}$ 个调制序列对任意位移 $\ell \in (0, 2L]$ 是线性无关的。在无噪声情况下的结论同样也适用于由 ID 多径模型引起的子空间干扰情况。在这样的条件下，容易知道，空间滤波器的解的形式如式（13.79）所示，其中单位向量 $\mathbf{u}_m$ 在前面已定义，$\mathbf{0}_\mathcal{I}$ 是长度为 $\mathcal{I}$ 的零向量。在这种情况下，$\mathbf{w}$、$\mathbf{r}$ 分别保留着各自不受干扰的波形，即相关联的稳定的波前 $\mathbf{a}_i$、$\mathbf{a}_j$，而多余的 DOF 常被用来排除其他所有的信号部分，包括那些携带源波形的任意调制的副本。GEMS 在处理间隔上对模式波前的波动的鲁棒性将在 13.4 节使用实验数据来说明。

$$\mathbf{w} = \beta \mathbf{C}^+ \begin{bmatrix} \mathbf{u}_i \\ \mathbf{0}_\mathcal{I} \end{bmatrix} + \mathbf{P}_\mathbf{C}^\perp \mathbf{q}_w, \quad \mathbf{r} = \beta \mathbf{C}^+ \begin{bmatrix} \mathbf{u}_j \\ \mathbf{0}_\mathcal{I} \end{bmatrix} + \mathbf{P}_\mathbf{C}^\perp \mathbf{q}_r \tag{13.82}$$

在处理间隔内模式波前的波动通过有效增大不必要信号的数量将扩大系统的秩。在既定的假设下，处理器中多余的 DOF 可以用于消除这些会降低源波形估计的不需要的部分。

尽管 GEMS 名义上是基于对 CD 多径模型的误差向量范数的最小化，可通过增加阵列中传感器的数量实现对由 ID 多径模型描述的时变波前畸变的鲁棒性。这缓和了在处理间隔上由随机信道波动造成的秩的扩张（即自由度的消耗）。类似的论点适用于多源的情况，其中一个或多个信号模式可以由 ID 模型进行说明。

13.3.2 操作过程

本节描述了一个基于无噪声情况的优化准则的可操作 GEMS 流程。为了简化记法,我们介绍了使用 CD 模型描述的单源情况的操作流程,不过这个流程同样适用于多源情况和 ID 模型。换句话说,这个 GEMS 操作流程可用于源和多径分离,而不需要根据不同的模式进行调整。这里提出了 GEMS 的全阵元版本,但降秩变换(例如,波束空间处理或截断奇异值分解)可作为数据的预处理步骤,以减少维数。

在满秩噪声存在时,由 $N \times K$ 维的矩阵 $\mathbf{N} = [\mathbf{n}_1, \cdots, \mathbf{n}_K]$ 表示噪声,我们记得式(13.83)给出了基准数据矩阵 $\mathbf{X} \in \mathcal{C}^{N \times K}$,这里 $\mathbf{A} = [\mathbf{a}_1, \cdots, \mathbf{a}_M]$ 是 $N \times M$ 维的混合矩阵,$\mathbf{S} = [\mathbf{s}_1, \cdots, \mathbf{s}_K]$ 是 $M \times K$ 的信号矩阵。

$$\mathbf{X} = [\mathbf{x}_1, \cdots, \mathbf{x}_K] = \mathbf{AS} + \mathbf{N} \tag{13.83}$$

根据式(13.84),辅助数据矩阵 $\mathbf{u}_k$ 是由基准数据向量时延及多普勒频移后的副本构成的。时延和多普勒坐标 $\{\ell, \nu\}$ 表示算法的输入参数。向量 $\tilde{\mathbf{s}}_k$ 的定义如前所述,而 $\tilde{\mathbf{n}}_k = \mathbf{n}_{k-\ell} e^{j2\pi\nu k}$。

$$\mathbf{u}_k = \mathbf{x}_{k-\ell} e^{j2\pi\nu k} = \{\mathbf{As}_{k-\ell} + \mathbf{n}_{k-\ell}\} e^{j2\pi\nu k} = \mathbf{A}\tilde{\mathbf{s}}_k + \tilde{\mathbf{n}}_k \tag{13.84}$$

通过定义 $M \times K$ 维的信号矩阵 $\tilde{\mathbf{S}} = [\tilde{\mathbf{s}}_1, \cdots, \tilde{\mathbf{s}}_K]$ 和噪声矩阵 $\tilde{\mathbf{N}} = [\tilde{\mathbf{n}}_1, \cdots, \tilde{\mathbf{n}}_K]$,辅助数据矩阵 $\mathbf{U} \in \mathcal{C}^{N \times K}$ 可以被表示为式(13.85)中的形式。注意到 $\mathbf{U}$ 是 $\{\ell, \nu\}$ 的隐函数,但为了方便表示,这种依赖性暂时不予考虑。

$$\mathbf{U} = [\mathbf{u}_1, \cdots, \mathbf{u}_K] = \mathbf{A}\tilde{\mathbf{S}} + \tilde{\mathbf{N}} \tag{13.85}$$

在基准信道中,权重向量 $\mathbf{w} \in \mathcal{C}^N$ 处理接收数据 $\mathbf{X}$,输出为时间序列 $\mathbf{z} = [z_1, \cdots, z_K] = \mathbf{w}^\dagger \mathbf{X}$。类似地,在辅助信道中,权重向量 $\mathbf{r} \in \mathcal{C}^N$ 处理数据 $\mathbf{U}$,输出为时间序列 $\mathbf{y} = [y_1, \cdots, y_K] = \mathbf{r}^\dagger \mathbf{U}$。误差向量 $\mathbf{e} = [e_1, \cdots, e_K]$ 是基准输出和辅助输出之间的差,如式(13.86)所示。

$$\mathbf{e} = \mathbf{z} - \mathbf{y} = \mathbf{w}^\dagger \mathbf{X} - \mathbf{r}^\dagger \mathbf{U} \tag{13.86}$$

回想一下,在无噪声的情况下,确保解是非平凡解的约束条件是 $\|\mathbf{w}^\dagger \overline{\mathbf{X}}\|^2 = \|\mathbf{f}^\dagger \mathbf{S}\|^2 = 1$,其中,$\overline{\mathbf{X}}$ 是无噪声数据矩阵。在满秩噪声存在的情况下,$\overline{\mathbf{X}}$ 被替换成 $\mathbf{X}$,为便于操作,非平凡约束由式(13.87)给出。

$$\|\mathbf{w}^\dagger \mathbf{X}\|^2 = \|\mathbf{f}^\dagger \mathbf{S} + \mathbf{w}^\dagger \mathbf{N}\|^2 = 1 \tag{13.87}$$

GEMS 算法是基于最小化误差向量 $\mathbf{e}$ 的 L_2 范数的二次约束优化问题,如式(13.88)所示。损失函数 $\epsilon(\ell, \nu)$ 和辅助数据矩阵 $\mathbf{U}(\ell, \nu)$ 与输入的时延和多普勒频移值 $\{\ell, \nu\}$ 的关系如式(13.88)所示。

$$\epsilon(\ell, \nu) = \min_{\mathbf{w}, \mathbf{r}} \|\mathbf{w}^\dagger \mathbf{X} - \mathbf{r}^\dagger \mathbf{U}(\ell, \nu)\|^2 \quad \text{s.t.} \quad \|\mathbf{w}^\dagger \mathbf{X}\|^2 = 1 \tag{13.88}$$

对于一个特定的(未命名)时延和多普勒频移值,目标函数 $J(\mathbf{w}, \mathbf{r}) = \|\mathbf{e}\|^2$ 可以被展开,并表示成式(13.89)中的形式,其中,样本矩阵被定义为 $\mathbf{R} = \mathbf{XX}^\dagger$、$\mathbf{F} = \mathbf{UU}^\dagger$ 和 $\mathbf{G} = \mathbf{XU}^\dagger$。

$$J(\mathbf{w}, \mathbf{r}) = (\mathbf{w}^\dagger \mathbf{X} - \mathbf{r}^\dagger \mathbf{U})(\mathbf{w}^\dagger \mathbf{X} - \mathbf{r}^\dagger \mathbf{U})^\dagger = \mathbf{w}^\dagger \mathbf{R}\mathbf{w} - \mathbf{r}^\dagger \mathbf{G}^\dagger \mathbf{w} - \mathbf{w}^\dagger \mathbf{G}\mathbf{r} + \mathbf{r}^\dagger \mathbf{F}\mathbf{r} \tag{13.89}$$

类似地,二次约束 $C(\mathbf{w}) = \|\mathbf{w}^\dagger \mathbf{X}\|^2 = \mathbf{w}^\dagger \mathbf{XX}^\dagger \mathbf{w}$ 可以写成样本协方差矩阵 $\mathbf{R}$ 的形式,见式(13.90)。

$$C(\mathbf{w}) = \mathbf{w}^\dagger \mathbf{R}\mathbf{w} \tag{13.90}$$

根据式(13.91),优化问题是联合搜寻最小化的权重向量参数 $\{\hat{\mathbf{w}}, \hat{\mathbf{r}}\}$,其中,这些权重向量对输入 $\{\ell, \nu\}$ 的依赖性是隐含的。

第 13 章 盲波形估计

$$\{\hat{\mathbf{w}}, \hat{\mathbf{r}}\} = \arg\min_{\mathbf{w},\mathbf{r}} J(\mathbf{w},\mathbf{r}) \quad \text{s.t.} \quad \mathcal{C}(\mathbf{w}) = 1 \tag{13.91}$$

求 $J(\mathbf{w},\mathbf{r})$ 对辅助权重 $\mathbf{r}$ 的微分，并令偏导数为零，得到极值点 $\hat{\mathbf{r}}$，如式（13.92）所示。在噪声是满秩的情况下，即 $K \geq N$，矩阵 $\mathbf{F}$ 是可逆的。

$$\partial J(\mathbf{w},\mathbf{r})/\partial \mathbf{r} = \mathbf{F}\mathbf{r} - \mathbf{G}^\dagger \mathbf{w} = 0 \quad \Rightarrow \quad \hat{\mathbf{r}} = \mathbf{F}^{-1}\mathbf{G}^\dagger \mathbf{w} \tag{13.92}$$

将式（13.89）中目标函数的 $\mathbf{r}$ 用极值点 $\hat{\mathbf{r}} = \mathbf{F}^{-1}\mathbf{G}^\dagger \mathbf{w}$ 替换，并化简，得到只由 $\mathbf{w}$ 表示的损失函数 $\mathcal{J}(\mathbf{w}) = J(\mathbf{w},\hat{\mathbf{r}})$，如式（13.93）所示。

$$\mathcal{J}(\mathbf{w}) = \mathbf{w}^\dagger (\mathbf{R} - \mathbf{G}\mathbf{F}^{-1}\mathbf{G}^\dagger) \mathbf{w} \tag{13.93}$$

通过定义 $\mathbf{Q} = \mathbf{R} - \mathbf{G}\mathbf{F}^{-1}\mathbf{G}^\dagger$，式（13.91）中的优化问题成为在二次等式约束条件下，最小化 $\mathbf{w}$ 的二次损失函数，如式（13.94）所示。

$$\hat{\mathbf{w}} = \arg\min_{\mathbf{w}} \mathbf{w}^\dagger \mathbf{Q}\mathbf{w} \quad \text{s.t.} \quad \mathbf{w}^\dagger \mathbf{R}\mathbf{w} = 1 \tag{13.94}$$

这个约束优化问题的解可以通过最小化式（13.95）中的函数 $\mathcal{H}(\mathbf{w},\lambda)$ 求解，其中，λ 是拉格朗日乘子。

$$\mathcal{H}(\mathbf{w},\lambda) = \mathbf{w}^\dagger \mathbf{Q}\mathbf{w} + \lambda(1 - \mathbf{w}^\dagger \mathbf{R}\mathbf{w}) \tag{13.95}$$

求式（13.95）对 $\mathbf{w}$ 的微分，并令偏导数等于零，得到式（13.96）中的广义特征值问题。拉格朗日乘子 λ 是矩阵束 $\{\mathbf{Q},\mathbf{R}\}$ 的广义特征值。

$$\partial \mathcal{H}(\mathbf{w},\lambda)/\partial \mathbf{w} = \mathbf{Q}\mathbf{w} - \lambda \mathbf{R}\mathbf{w} = 0 \quad \Rightarrow \quad \mathbf{Q}\mathbf{w} = \lambda \mathbf{R}\mathbf{w} \tag{13.96}$$

在噪声满秩（$K \geq N$）的情形下，由于 $\mathbf{R}$ 和 $\mathbf{Q}$ 均是正定的埃尔米特矩阵，因此，根据式（13.97），对于任何广义特征向量 $\mathbf{w}$，所有的广义特征值是正的实数。

$$\mathbf{w}^\dagger \mathbf{Q}\mathbf{w} = \lambda \mathbf{w}^\dagger \mathbf{R}\mathbf{w} \tag{13.97}$$

将约束条件 $\mathbf{w}^\dagger \mathbf{R}\mathbf{w} = 1$ 代入到式（13.97）中得到式（13.98）。这表明，对于任何广义特征向量 $\mathbf{w}$，损失函数 $\mathcal{J}(\mathbf{w})$ 等于相对应的广义特征值 λ。

$$\mathcal{J}(\mathbf{w}) = \mathbf{w}^\dagger \mathbf{Q}\mathbf{w} = \lambda \tag{13.98}$$

解 $\hat{\mathbf{w}}$ 是矩阵束 $\{\mathbf{Q},\mathbf{R}\}$ 的最小广义特征值 $\lambda_{\min}$ 对应的广义特征向量。将式（13.96）两边同时乘以 $\mathbf{Q}^{-1}$，得到式（13.99）。

$$\mathbf{Q}^{-1}\mathbf{R}\mathbf{w} = \frac{1}{\lambda}\mathbf{w} \tag{13.99}$$

令 $\mathbf{Z} = \mathbf{Q}^{-1}\mathbf{R}$，式（13.99）是特征方程，其中，最小的广义特征值 $\lambda_{\min}$ 对应于 $\mathbf{Z}$ 的最大特征值 $\{1/\lambda_{\min}\}$。因此 $\hat{\mathbf{w}}$ 取式（13.100）中的形式，其中，操作算子 $\mathcal{P}\{\cdot\}$ 返回一个矩阵的主特征向量。

$$\mathbf{Z}\hat{\mathbf{w}} = \frac{1}{\lambda_{\min}}\hat{\mathbf{w}} \quad \Rightarrow \quad \hat{\mathbf{w}} \propto \mathcal{P}\{\mathbf{Z}\} = \mathbf{z}_1 \tag{13.100}$$

$\hat{\mathbf{w}}$ 的比例大小由约束条件 $\mathcal{C}(\hat{\mathbf{w}}) = \hat{\mathbf{w}}^\dagger \mathbf{R}\hat{\mathbf{w}} = 1$ 决定。因此，对于一个特定值 $\{\ell, v\}$，解 $\hat{\mathbf{w}}$ 可以表示成式（13.101）中的封闭形式。根据式（13.92），最小化损失函数所对应的辅助权重由 $\hat{\mathbf{r}} = \mathbf{F}^{-1}\mathbf{G}^\dagger \hat{\mathbf{w}}$ 给出。

$$\hat{\mathbf{w}} = \mathbf{z}_1 (\mathbf{z}_1^\dagger \mathbf{R} \mathbf{z}_1)^{-1/2} \tag{13.101}$$

我们利用 $(\mathbf{z}_1^\dagger \mathbf{R} \mathbf{z}_1)^{-1/2}$ 缩小或者放大主特征向量的比例，以满足加在基准权重上的二次约束。这样的标准化并不影响输出 SINR，却非常重要，能有意义地在不同的 $\{\ell, v\}$ 值上比较损失函数 $\epsilon\{\ell, v\} = \mathcal{C}(\hat{\mathbf{w}})$ 的大小。

$$\epsilon(\ell,v) = \hat{\mathbf{w}}^\dagger \mathbf{Q} \hat{\mathbf{w}} = \lambda_{\min}(\mathbf{z}_1^\dagger \mathbf{R} \mathbf{z}_1)^{-1} \qquad (13.102)$$

由式（13.103）中 $\{\hat{\ell},\hat{v}\}$ 表征的代价函数最小值的坐标，匹配于两种最主要模式的时延和多普勒差。当以上模式的信噪比 SNR 趋于无穷大时，就接近于无噪声的情况，并且在满足条件的坐标系 $\{\hat{\ell},\hat{v}\}$ 下 $\epsilon(\ell,v) \to 0$。

$$\{\hat{\ell},\hat{v}\} = \arg\min_{\ell,v} \epsilon(\ell,v) \qquad (13.103)$$

GEMS 空间滤波器 $\hat{\mathbf{w}}_G$ 在 $\epsilon(\ell,v)$ 的全局最小值坐标系下被提取为权矢量 $\hat{\mathbf{w}}_G = \hat{\mathbf{w}}(\hat{\ell},\hat{v})$。源波形估计 $\hat{s}_k$ 通过 GEMS 空间滤波器组合处理接收数据的快拍点 x_k 计算得到，如式（13.104）所示。

$$\hat{s}_k = \hat{\mathbf{w}}_G^\dagger \mathbf{x}_k \qquad (13.104)$$

对于多于两种主要模式的单源来说，在延迟多普勒坐标系下需要一个本地最小值来匹配存在于每对模型的不同数值。然而，由全局最小值恢复的 $\hat{s}_k$ 应为最好的波形估计，因为最小值最有可能在两种最主要模式下形成。这完全定义了单源情况下可执行的 GEMS 过程。图 13.8 为 GEMS 算法的数据流示意图。以下总结了流程图的基本原理。

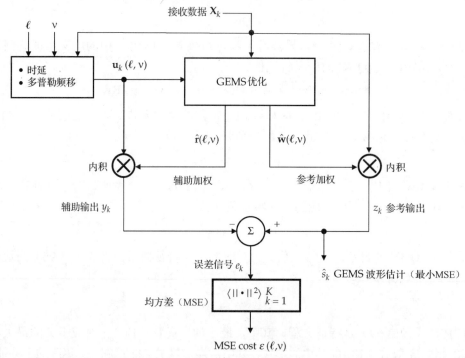

图 13.8　GEMS 算法流程图。该过程牵涉到一种最优化步骤，需要为每个设置一系列时延和多普勒频移的输入参数计算一个闭合解。具体而言，参考和辅助权向量从一块输入数据向量 x_k 中计算得出，其中每个输入值 ℓ 和 v 是一般特征值问题的解。实行空间处理以产生均方差（MSE）代价函数 $\{\ell,v\}$。在单源的情况下，GEMS 波形估计可能被提取为在时延多普勒坐标系中与 MSE 代价函数的全局最小值相关的参考输出。在多源的情况下，不同波形的估计可能被提取为在时延多普勒坐标系中与 MSE 代价函数中的不同的局部最小值相关的参考输出

- 在无噪声的情况下，当且仅当时延多普勒的偏移量 $\{\ell,v\}$ 与一对模式（H_1）的不同坐标系相匹配时，满足等式（13.62）中 $\overline{\mathbf{e}} = \underline{v}^\dagger \overline{\mathbf{S}} = \mathbf{0}$ 的非凡解 $\underline{v}$。在 H_0 下，这样的解决方法不存在，对于所有的 $\underline{v} \neq \mathbf{0}$，$\overline{\mathbf{e}}^\dagger \overline{\mathbf{e}} = \|\overline{\mathbf{e}}\|^2 > 0$。

- 在 H_1 模式下，满足等式（13.62）中 $\bar{\mathbf{e}} = \underline{v}^\dagger \overline{\mathbf{S}} = 0$ 的非凡解对于复尺度因素是唯一的。这个解决方法完全定义了所有可能空间滤波器 $\{\mathbf{w},\mathbf{r}\}$ 的设置，该设置分别分离了匹配的模式对。
- 在无噪声的情况下，由解集合范围集成的空域滤波器 $\{\mathbf{w},\mathbf{r}\}$ 将严格地恢复一个复尺度、时延和多普勒频移的复制，是满足处理目标的非多径输入序列。
- 当噪声出现时，误差矢量的标准最小值 $\|\mathbf{e}\|^2$ [如式（13.88）所示]与空域滤波器 $\{\mathbf{w},\mathbf{r}\}$ 和延时多普勒偏移量 $\{\ell,v\}$ 有关，为 GEMS 提供了源波形盲估计的基础。
- GEMS 空间滤波器 $\hat{\mathbf{w}}_G$ 的最优标准函数被用于推导波形估计 $\hat{s}_k$，见式（13.104）。自模糊函数可能被用于指出 GEMS 过程两种最主要模式之间不同的时延和多普勒。
- 当在无噪声情况下，有无限多可恢复源波形的空间滤波器时，GEMS 的唯一解在满秩噪声情况下尝试去尽可能地减少输出的噪声。

当多源存在的时候，搜寻多于一个局部最小值来恢复不同的源波形是必要的。其中一个方法是搜寻所有 GEMS 值函数的最小值。一旦从每个最小值中提取出了波形估计值，基于交叉相关分析的方法可被应用于区别对应不同源的波形估计或相同源不同模式下的波形估计。如前所述，该方法明确地假设了不同源不能发出同一波形的时延和多普勒频移版本。GEMS 对单源和多源场景的实际应用将在 13.4 节和 13.5 节分别利用实验数据进行详述。

13.3.3 计算复杂度

本节分析了 GEMS 算法相对于采用 MUSIC 估计器的经典（基于 DOA）信号复制方法的计算复杂度，以后者作为比较基准。对于单源的情况提供了数值样例，样例中只有代价函数的全局最小值被用于波形复原。然而，计算复杂度的计算可能根据包括多源在内的不同场景进行调节，后者要搜寻一系列局部最小值。分析结果的呈现方式允许 GEMS 计算复杂度容易地移植到其他实际场景而不局限于以下章节提供的例子。

当代价函数 $\epsilon\{\ell,v\}$ 的全局最小变量 $\{\hat{\ell},\hat{v}\}$ 的坐标事先不知道时，在操作系统中有如下选择：

- 详尽搜索：在一系列受限于式（13.69）似真值的时延多普勒单元上估计 $\epsilon\{\ell,v\}$。单元大小被设置为时延采样周期 T_s 和多普勒 FFT 变换 T_o^{-1}。在时不变系统中，仅需要时延的一维搜索。
- 局部搜索：对于慢变信道与模式参数平滑变化（在时延、多普勒频率上相关变化）的情况，搜索区域可以减小；当获得前一个最小值后，后面的参数可在其附近搜索。
- 点搜索：单个接收机的时序输出自模糊函数可通过计算该函数的局部峰值来估计微分时延多普勒坐标系的位置，该函数可以用来提示 $\epsilon\{\ell,v\}$ 是在哪个坐标系下被估计的。

第一个选项的计算量大，取决于单元 N 的数量、被搜索时延多普勒范围及使用的网格分辨率。第三个选项是去计算式（13.105）的参考接收机输出的自模糊函数，其中，$K' = K - N_\ell$。众所周知的是，$|\chi(\ell,v)|$ 表示模式对之间的微分时延多普勒偏移值的峰值（Zhang, Tao, and Ma 2004）。自模糊函数的全局最大值出现在最开始时，同时次高峰的坐标被期望在两种最主要模式之间的微分时延多普勒偏移处出现。$|\chi(\ell,v)|$ 的第二高峰的坐标可能被用于 GEMS 的输入（引出 GEMS 过程），在下一节将进行阐述。

$$\chi(\ell,\nu) = \sum_{k=1}^{K'} x_k x_{k+\ell}^* e^{-j2\pi\nu k/K'} \quad \begin{cases} \ell \in [0, N_\ell] \\ \nu = [-N_\nu/2, N_\nu/2] \end{cases} \quad (13.105)$$

单源情况的计算复杂度分析是基于点搜索选项的，模糊函数曲面被用来指示在最小全局变量坐标系下的 GEMS。当代价函数中仅有一个点需要为波形估计被评估和查询时，这代表了 GEMS 计算的一种高效实现。计算复杂度可容易地扩展到数个代价函数极限的估计和数个波形估计本地最小值的搜寻。换句话说，点搜索的分析元素可用来减少其他实现方法的复杂度。

表 13.1 用于 DOA 估计的 MUSIC 算法经典信号复制过程的计算复杂度

处理步骤	NCM	研究案例
取样矩阵 $\mathbf{R}[N\times N]$	$N^2 \times K$	3.2×10^7
噪声子空间 $\mathbf{U}_n[N\times N]$	$O(N^3)$	16384
MUSIC 谱 $\mathbf{v}(\psi)^\dagger \mathbf{U}_n \mathbf{v}(\psi)$	$(N_2+N)\times N_\theta \times N_\phi$	435200
混合矩阵 $\mathbf{A}[N\times M]$	—	—
计算 $\mathbf{B}=\mathbf{A}^\dagger\mathbf{A}[M\times M]$	$M^2 \times N$	64
转置 $\mathbf{B}^{-1}[M\times M]$	$O(M^3)$	32
相乘 $\mathbf{C}=\mathbf{B}^{-1}f[M\times 1]$	M^2	4
加权 $\mathbf{w}=\mathbf{AC}[N\times 1]$	$N\times M$	32
处理 $\hat{s}_k = \mathbf{w}^\dagger \mathbf{x}_k, \forall k \in [1,K]$	$N\times K$	2×10^6
总复杂度	F_C	34451716

计算复杂度的一个标准品质因数是复数乘法计算（NCM）的数量。使用 MUSIC DOA 评估器的经典信号复制过程的计算复杂度如表 13.1 所示。表中的研究案例数值反映的是实际系统的参数 $N=16$，$K=125000$，以及 $M=2$，与下一节描述的实验相关。MUSIC 谱通过 N_θ 个方位值和 N_ϕ 个俯仰值来计算，其中，$N_\theta = N_\phi = 40$。一个 $N\times N$ 矩阵的求逆或特征分解被假设需要 $4N^3$ 的 NCM。表 13.2 展示了 GEMS 的计算复杂度。通过清除不必要的计算（见 Zhang 等 2004），以及限制 $\{\ell, \hat{\nu}\}$ 的主要不确定因素，模糊函数 NCM 由式（13.106）给出。假设有 N 个 FFT 采样点数，NCM 为 $(N/2)\log_2 N$。数字 $N_\ell = N_\nu = 40$ 反映出用于实验结果的数值，公式如下：

$$f(K, N_\ell, N_\nu) = N_\ell \times \{2K + (N_\nu/2)\log_2 N_\nu\} + 2K \quad (13.106)$$

之前引用的 GAM 信号复原法需要在每个 DOA 网点计算广义特征值。因此，在计算上要比 MUSIC 复杂。为了比较，基于 DOA 的低复杂度 MUSIC 信号复原过程将被作为标准。相对复杂度 $F_R = F_G / F_C$ 被定义为 GEMS 相对于基于 DOA 的 MUSIC 信号复原过程的 NCM 比率。由于这一指数随着系统参数而变化，不同 N 值的 F_R 被绘制为 K 的函数，如图 13.9（a）所示，在图 13.9（b）中用不同的 K 值被绘制成 N 的函数。GEMS 的复杂度要高一些，但是在系统参数的范围内，其与经典的信号复原方法在相同的数量级。

表 13.2 GEMS 波形估计算法的计算复杂度

处理步骤	NCM	研究案例
模糊度 $\chi(\ell,\nu)[N\times N_\nu]$	$f(K, N_\ell, N_\nu)$	10254258
取样矩阵 $\mathbf{R}[N\times N]$	$N^2 \times K$	3.2×10^7
取样矩阵 $\mathbf{F}[N\times N]$	$N^2 \times K$	3.2×10^7
取样矩阵 $\mathbf{G}[N\times N]$	$N^2 \times K$	3.2×10^7
转置 $\mathbf{F}^{-1}[N\times N]$	$O(N^3)$	16384

续表

处理步骤	NCM	研究案例
计算 $\mathbf{B}=\mathbf{F}^{-1}\mathbf{G}^{\dagger}[N\times N]$	N^3	4096
相乘 $\mathbf{C}=\mathbf{GB}[N\times N]$	N^3	4096
公式 $\mathbf{Q}=\mathbf{R}-\mathbf{C}[N\times N]$	—	—
转置 $\mathbf{Q}^{-1}[N\times N]$	$O(N^3)$	16 384
公式 $\mathbf{Z}=\mathbf{Q}^{-1}\mathbf{R}[N\times N]$	N^3	4096
特征向量 $\mathbf{z}_1[N\times 1]$	$O(N^3)$	16 384
归一化 $\beta=\sqrt{\mathbf{z}_1^{\dagger}\mathbf{R}\mathbf{z}_1}$	(N^2+N)	272
GEMS 加权 $\mathbf{w}=\mathbf{z}_1/\beta[N\times 1]$	N	16
处理 $\hat{s}_k=\mathbf{w}^{\dagger}\mathbf{x}_k\forall k\in[1,K]$	$N\times K$	2×10^6
总复杂度	$F_{\mathcal{G}}$	108315986

下一节将描述利用实验数据来展示 GEMS 过程相对于 DOA 和 GAM 信号复原方法的性能。这样的比较使得这些真实系统中不同的技术在波形估计性能和计算复杂度两者之间得到权衡。GEMS 的计算复杂度将明显地高于多源。这样的话,相对复杂度 $F_{\mathcal{R}}$ 可由表 13.1 和表 13.2 所列出的元素来计算。GEMS 算法具有吸引力的特征是计算过程可高度并行,这样计算的负担可被多个 CPU 分担。

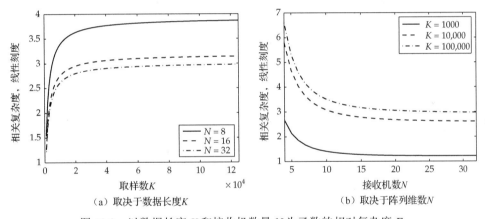

图 13.9 以数据长度 K 和接收机数量 N 为函数的相对复杂度 $F_{\mathcal{R}}$

13.4 SIMO 实验

发展 GEMS 这样的信号处理技术的主要原因是它们可以有效地应用于实践。通过在控制条件下比较不同的技术,仿真环境下的数个结果可以提供性能的有效解。然而在实际系统中,信号处理软/硬件环境总能对不同技术提出效率和稳健性方面的迫切需求。尽管仿真实验有其价值,最终用户关心的是最新技术在实际中如何运作以及在实际系统中与传统方法相比,它们可以提供多少额外的性能。

尽管许多信号处理方法已被成功开发并基于计算机仿真进行了测试,但这里选择的方法是,利用 HF 实验系统获得的真实数据来评估和比较 GEMS 和两种信号复原基准方法的性能。通过评估场内真实数据性能,许多公开发表的盲波形估计方法在缺乏实验结果方面的不足得到了弥补。

13.4.1 数据采集

实验数据由校准过的两维 HF 天线单元采集。天线单元由 $N=16$ 的垂直单极天线单元组成,每组相隔 8 m,每个单元有一个数字接收机。该系统在前面第 10 章已得到描述。地面距离 1851 km 外的源发射的感兴趣信号经电离层反射后被接收。该源发射一个线性重频调制连续波信号,中心频率是 $f_c=21.620$ MHz,带宽为 $B=10$ kHz,脉冲重复频率为 $f_p=62.5$ Hz。发射信号的波形为评估未知任何源波形先验信息的不同技术的性能提供了最真实的信息。接收系统获得了采样率 $f_s=62.5$ kHz 经下变频和基带过滤信号的 I/Q 分量。数据连续采集并按照持续时间 $T_0=2$ s 的 CPI 序列来处理。

通过重新合成已知参考信号,阵列的参考接收机 CSF 的结果见图 13.10(a),它给出了由最大值归一化的强度调制的时延多普勒显示。接收能量由 $M=2$ 的不同传播模型决定,该模型名义时延为 $\tau_1=6.54$ ms、$\tau_2=6.88$ ms。图 13.10(b)的多普勒谱取自图 13.10(a)在时延 $\tau_1=6.54$ ms、$\tau_2=6.88$ ms 时的线条,展示了两种模式的相对能量和多普勒频移。模式的 SNR 超过 50 dB,但当模式 2 被认为是干涉多径信号并在波形估计中消除后,模式 1 的 SINR 只剩 6 dB。由于反射信号的电离层中在观测期间大尺度运动的规则分量不同,两种传播模式具有不同的多普勒频移 $\{f_1=0.3$ Hz, $f_2=1.0$ Hz$\}$。

相同 CPI 的归一化传统空间谱如图 13.11(a)所示,最大值在方位仰角分别为 $\{\theta=134°, \phi=18°\}$ 的地方。方位与已知的 $134°$ 的源吻合,仰角 $18°$ 与基于几何考虑的期望角度是一致的。但是传统空间谱不能分辨中心 DOA 的两种模式。图 13.11(b)展示了相同数据假设信号 $M=2$ 的 MUSIC 谱。该空间谱在 $\{\theta=134°, \phi=18°\}$ 处被最大值归一化。

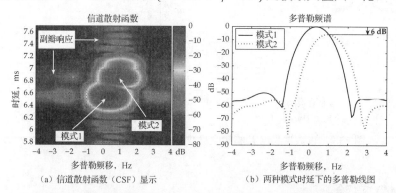

(a) 信道散射函数(CSF)显示   (b) 两种模式时延下的多普勒线图

图 13.10 两种主要传播模式在时延-多普勒平面上的位置和相对强度

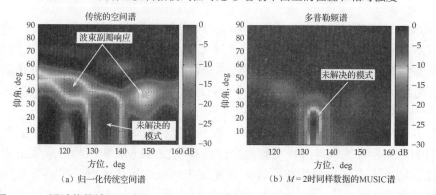

(a) 归一化传统空间谱   (b) $M=2$ 时同样数据的 MUSIC 谱

图 13.11 通过传统波形形成和 MUSIC 超分辨技术不能分解中心 DOA 的两种主要模式

当假设的信号数目增加到 $M=3$、$M=4$ 的时候，MUSIC 方法不适用于这两种主要模式。这不仅是因为非常接近的空间中心 DOA，还因为平面波模型波前的偏离。超分辨 DOA 信号估计技术的性能对模型的不匹配非常敏感，同样，基于超分辨的波形估计（信号复原）过程也是如此。

使用已知的参考波形（如 CSF）对 $N=16$ 的接收机在时延多普勒平面上分辨两种模式就可能观察到波前畸变。模型的波前被提取出来作为每个模式峰值所在时延多普勒单元接收机所接收的数据快拍，由 $\{\tau_1 = 6.54 \text{ ms}, f_1 = 0.3 \text{ Hz}\}$ 以及 $\{\tau_1 = 6.88 \text{ ms}, f_1 = 1.0 \text{ Hz}\}$ 给出。这些快拍向量表述了模型波前 $\{\mathbf{a}_m\}_{m=1,2}$，可能被归一化以满足之前定义的模型空间信号 $\{\mathbf{v}_m = \mathbf{v}(\psi_m) \odot \mathbf{d}_m\}_{m=1,2}$。最小二乘的平面波被发现在 $\psi_1 = \{\theta_1 = 134°, \phi_1 = 17°\}$ 和 $\psi_2 = \{\theta_2 = 134°, \phi_2 = 18°\}$ 处有中心 DOA。每种模式强加在这些最佳拟合平面波上的乘性幅度和相位畸变分别在图 13.12（a）和图 13.12（b）中以接收机数目为函数被描绘出来。

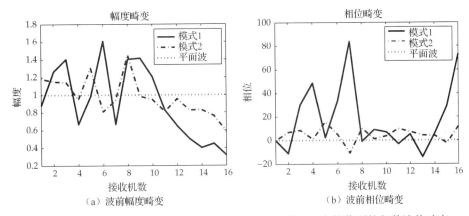

图 13.12　与最适合的平面波模式相关的模式 1 和模式 2 中接收到的复数波前畸变

相比平面波模型，幅度和相位都明显畸变。此外，两种模型的畸变相当不同（传播路径独立）。MUSIC 方法不能分辨这种模型的主要原因就是阵列导向矢量与假设不符。当 $\mathcal{F}\{\mathbf{v}(\psi_1), \mathbf{v}(\psi_2)\} = 0.98$ 时，$\mathcal{F}\{\mathbf{v}_1, \mathbf{v}_2\} = 0.71$，这表示模式空间特征在 N 维空间中最佳拟合平面波更加不同。因此，对于仅由信号 DOA 参数化的流形模型的技术，由散射引起的额外波前的形状多样性提供了空间上分辨该类模型的最大可能。表 13.3 列出的中心模型参数来自参考波形，并为以下性能评估分析提供最真实的信息。

表 13.3　传播模式 1 和 2 在名义参数值上的最真值信息

模式	时延（ms）	多普勒（Hz）	方位（°）	仰角（°）
$m=1$	6.54	0.3	134	17
$m=2$	6.88	1.0	134	18

13.4.2　信号复原方法

在非平面波前的空间扩展信号的情况下，DOA 估计过程最多能够分辨和估计接收信号最佳拟合平面波的 DOA。尽管两种主要模式的中心 DOA 利用传统波束形成或 MUSIC 无法分辨，但利用参考信号提取的最优平面波形可能被用来评估基于平面波模型的信号复原过程的性能。利用已知模型空间信号的最优平面波形来重建混合矩阵，可以提供 $M=2$ 的任何基于 DOA 的信号复原过程的性能上限。

在式（13.31）中，令 $\hat{\mathbf{A}}_{doa}=[\mathbf{v}(\psi_1),\mathbf{v}(\psi_2)]$ 和 $\mathbf{u}_1=[1,0]^T$，以保持第一个模式和消除第二个模式，这样根据式（13.31）形成了基于 DOA 的信号复原权矢量 $\hat{\mathbf{w}}_{doa}$。图 13.13（a）显示了在参考接收机中输出空间滤波器 $\hat{\mathbf{w}}_{doa}$ 可以获得 8 dB 的信噪比得益。相比模式 2，基于 DOA 的信号复原过程更适用于模式 1，这是因为这种模式与平面波更相似，可以被 ψ_2 空处的零点更有效地取消。

一种 GAM 技术也被实现以进行性能比较。在 Astely 等（1998）提出的 GAM 方法中，将分布信号的波前模型化为 $\mathbf{v}(\psi,\vartheta)=\mathbf{v}(\psi)+\vartheta\dot{\mathbf{v}}(\psi)$，其中 $\dot{\mathbf{v}}(\psi)=\partial\mathbf{v}(\psi)/\partial\psi$，且 ϑ 是自由复标量参数。利用 GAM 模型可以计算出类似 MUSIC 谱，但该技术无法分辨两种模式。GAM 的潜在效能可以利用参考波形提取出的模式波前近似评估。计算出提供模式空间特征最小均方拟合的 GAM 向量 $\{\mathbf{v}(\psi_m,\vartheta_m)\}_{m=1,2}$。为推导出基于 GAM 的信号复原权矢量 $\hat{\mathbf{w}}_{gam}$，用混合矩阵模型 $\hat{\mathbf{A}}_{gam}=[\mathbf{v}(\psi_1,\vartheta_1),\mathbf{v}(\psi_2,\vartheta_2)]$ 来代替式（13.31）的 $\mathbf{A}$。

如图 13.13（b）所示，单接收机下 $\hat{\mathbf{w}}_{gam}$ 输出获得了 16 dB 的 SINR 得益。该方法比传统信号复原方法多获得了 8 dB 的信噪比得益。这种真实的改进证实了 GAM 方法在实际应用中的潜在价值。然而，抑制后的模式始终比噪声值高 25 dB。GAM 方法不能提供更多的抑制，是因为这样的多模型仅对小的角度扩展是有效的。当应用中的角度扩展巨大时就发生了畸变，就不能用 GAM 模型来精确描述了。

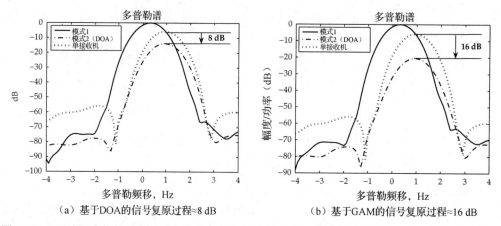

图 13.13　两种基准信号复原过程与单个接收机的多普勒谱，前者相对于后者展现出 SINR 的提升

13.4.3　GEMS 应用

GEMS 的应用分成两部分来介绍。第一部分展示了 GEMS 在受多径污染影响的源波形精确估计盲复原方面的能力，第二部分展示了 GEMS 在估计入射信号模式非屏幕波前的能力。与 DOA 和基于 GAM 信号复原方法不同，GEMS 被严格应用于盲模式，而没有用参考波形来估计模型空间信号。这展示了 GEMS 算法的真实可行性。

13.4.3.1　GEMS 波形估计

图 13.14（a）显示了 GEMS 算法的代价函数 $\epsilon(\ell,\nu)$，该结果已经通过搜索网格的最大值归一化处理。全局最小值位于 $\{34\text{ ms}, 0.7\text{ Hz}\}$ 处，与不同模式的时延 $\tau_2-\tau_1=34\text{ ms}$ 和多普勒频移 $f_2-f_1=0.7\text{ Hz}$ 相吻合（见表 13.3 的数值）。图 13.14（b）展示了参考接收机输出 $|\chi(\ell,\nu)|/\chi(0,0)$ 的归一化自模糊，图 13.14（a）中最高峰的时延多普勒坐标系与全局最小值的位置匹配。峰值 $\{\hat{\ell},\hat{\nu}\}$ 的坐标被用于源波形估计中计算 GEMS 权向量 $\hat{\mathbf{w}}_G$。

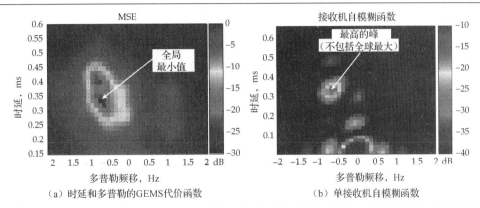

(a) 时延和多普勒的GEMS代价函数　　　(b) 单接收机自模糊函数

图 13.14　展示全局最小值位置的 GEMS 代价函数以及展示单接收机次高峰值位置的自模糊函数

图 13.15（a）展示了单个接收机输出 $\hat{\mathbf{w}}_G$ 超过 40 dB 的 SINR 得益，相比 GAM 信号复原方法有 25 dB 的好处。更重要的是，这种大幅度的改进已通过 GEMS 算法从严格盲模式下的数据直接获得，而并没有借助已知参考信号来从时延和多普勒上分辨模式。因此，与 DOA 和 GAM 信号复原过程不同，由 GEMS 方法得到的结果在实际中有真正的改进，而没有性能上限。

波形复原的影响如图 13.15（b）和图 13.16（b）所示，比较了已知参考信号的脉冲形状与由三种不同估计技术复原的脉冲形状。GEMS 估计实际上覆盖了图 15.15（b）的已知参考，图 13.16（b）则展示了基准信号复原估计中由于残留的多径污染导致的信号包络畸变。图 13.16（a）展示了当 GEMS 的限制条件 $\|[\mathbf{w}^T, \mathbf{r}^T]\|^2 = 1$ 被单位标准限制条件 $\|\mathbf{w}^+\mathbf{X}\|^2 = 1$ ［式（13.88）］代替时的估计结果。前一限制产生的最小化奇异向量试图消除所有信号并产生十分混乱的估计，这展现了 GEMS 约束的效力。

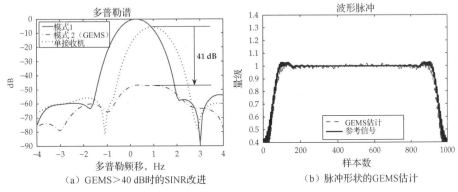

(a) GEMS>40 dB时的SINR改进　　　(b) 脉冲形状的GEMS估计

图 13.15　GEMS 的 SINR 改进以及 GEMS 估计的波形脉冲形状与已知
参考波形的对比，参考波形超过 1000 个 A/D 样本（16 ms）

参考 $\hat{\mathbf{w}}_G$ 和辅助 $\hat{\mathbf{r}}_G$ GEMS 权向量应可分离两种模式，这样早到者与晚到者分别在参考和辅助输出中被隔离。参考和辅助 GEMS 输出计算的 CSF 分别显示在图 13.17（a）和 13.17（b）中。和图 13.10（a）中单个接收机的两种 CSF 的比较结果展示了两种模式被空间滤波器 $\hat{\mathbf{w}}_G$ 和 $\hat{\mathbf{r}}_G$ 有效地分离了。较早到达的、出现在 $\hat{\mathbf{w}}_G$ 的输出，与该技术所期望的性能一致。图 13.17 中的每个中间模式污染的清除表现得十分显著，确认了 GEMS 对盲多径分离的实际效果。

图 13.18 展示了多径分离改善效果的另一种形式，该图给出了 GEMS 波形估计的自模糊函数 AF 与单个接收机输出的比较。图 13.18（b）的 GEMS 估计与重复线性 FMCW 波形的

点传播函数是一致的,同时图 13.18(a)显示了单个接收机输出中多径的有害影响。多径引起了真实点传播函数中显著的"模糊",且引起了主瓣多个分离的明显峰值。图 13.18(a)所产生的低质量图像,有助于基于接收机互相关输出来解释数据中信号分量的复杂性。参考这些 AF 图表,经多径移除,GEMS 的行为可被认为是模糊图像的自聚焦。

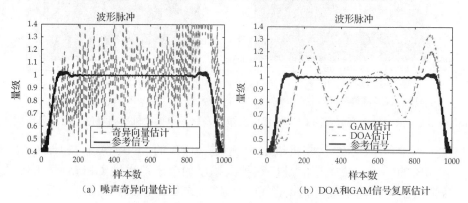

图 13.16 利用单向量方法估计波形脉冲形状与利用基于 DOA 和 GAM 的信号复原方法估计波形脉冲形状的对比图

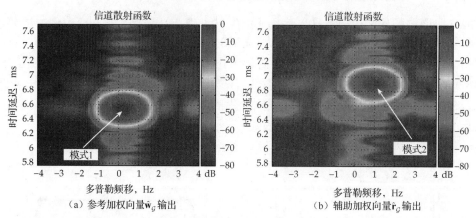

图 13.17 展示了 GEMS 加权向量 $\hat{\mathbf{w}}_G$ 的 CSF 输出在参考输出中分离出模式 1,而 $\hat{\mathbf{r}}_G = \mathbf{F}^{-1}\mathbf{G}^\dagger\hat{\mathbf{w}}_G$ 在辅助输出中分离出模式 2。比较这些结果与图 13.10 中单接收机的 CSF 展示,两种模式在输出中都存在

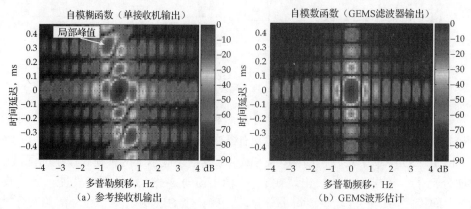

图 13.18 单接收机输出的自模糊函数以及 GEMS 波形估计的自模糊函数。前者由于多径污染呈现出严重的模糊,而后者则呈现出与发射源波形一致的、聚焦很好的点传播函数

单源场景与大量的实际应用相关,如长距离 HF 通信及超视距无源雷达(Fabrizio et al. 2009)。对于后者,来自机会源的传输波形的精确估计对匹配滤波器很重要。这样的系统试图最小化由多径引起的污染,因此可基于源波形点扩展函数进行匹配滤波,与被多径干扰的不好的情况相反。匹配波形中多径的出现可能会引起无源雷达应用中的虚假目标检测。

13.4.3.2 GEMS 波前估计

一旦使用 GEMS 来分离模式波形,就能重构之前定义的信号矩阵 $\hat{\mathbf{S}}$ 的估计。在 $M=2$ 的主要模式情况下,$\hat{\mathbf{S}} \in \mathcal{C}^{M \times K}$ 的行由输出 $z_k = \hat{\mathbf{w}}_G^\dagger \mathbf{x}_k$ 和 $z_k' = \hat{\mathbf{r}}_G^\dagger \mathbf{x}_k$,$(k=1,\cdots,K)$ 来给出,$\hat{\mathbf{w}}_G$ 和 $\hat{\mathbf{r}}_G$ 是 GEMS 代价函数全局最小值提取出的权向量。基于数据模型 $\mathbf{X} = \mathbf{AS} + \mathbf{N}$,以估计 $\hat{\mathbf{S}}$ 为条件,包含模式波形混合矩阵的最小平方估计由式(13.107)中的 $\hat{\mathbf{A}}$ 给出,这里 $\hat{\mathbf{S}}^+ = \hat{\mathbf{S}}^\dagger (\hat{\mathbf{S}} \hat{\mathbf{S}}^\dagger)^{-1}$。

$$\hat{\mathbf{A}} = [\hat{\mathbf{a}}_1, \cdots, \hat{\mathbf{a}}_M] = \mathbf{X} \hat{\mathbf{S}}^+ = \mathbf{A} \{ \mathbf{S} \hat{\mathbf{S}}^\dagger (\hat{\mathbf{S}} \hat{\mathbf{S}}^\dagger)^{-1} \} + \mathbf{N} \hat{\mathbf{S}}^+ \quad (13.107)$$

模式空间信号估计由 $\hat{\mathbf{v}}_m$ 表示,通过归一化 $\hat{\mathbf{A}}$ 的列向量获得,因此 $\hat{\mathbf{v}}_m^\dagger \hat{\mathbf{v}}_m = N$。例如,考虑第二种模式 $m=2$,其有着更平的波前。图 13.19 比较了 GEMS 对该模式的估计与基于参考信号测量的空间特征幅度,以接收机数目为函数。后者可被认为是波前结构模式的真实测量。在 $N=16$ 个接收机情况下,GEMS 估计与这些测量结果吻合得很好。

$$\hat{\mathbf{v}}_m = \frac{\hat{\mathbf{a}}_m \sqrt{N}}{\sqrt{\hat{\mathbf{a}}_m^\dagger \hat{\mathbf{a}}_m}} \quad (13.108)$$

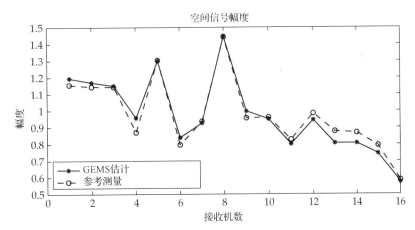

图 13.19　不同接收机数目对应空间特征在模式 2 下测量和估计的幅度比较。在每个接收机应用基于已知参考信号的匹配滤波后,参考测量值从包含模式 2 的距离多普勒滤波中提取出来。GEMS 盲空间信号估计与参考测量是一致的

相同模式的展开相位结果在图 13.20 中被比较,其中第一个接收机为相位参考。在 L 形阵列的每个臂上的相位变化是准线性的,其中接收机数 $n=1,\cdots,8$ 和 $n=9,\cdots,16$ 相互形成直角组成 ULA。每个准线性相位变化的平均斜率由模式 2 名义上的 DOA 决定,这与每个阵元的孔径相关。GEMS 相位估计与参考波形的测量方法也可以很好地吻合。这些波前估计对于推导不能够在平面波领域被分辨的模式名义 DOA 角度是有用的(如 MUSIC 方法)。如本节的最后一段所描述,模式名义 DOA 信息可能被用于与电离层模型的联合,从而利用单个的 ULA 来定位一个 HF 源。

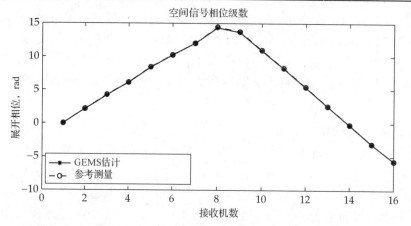

图 13.20 不同接收机数目下由 GEMS 估计与使用参考波形测量的解卷积相位比较。源自 GEMS 的相位估计与参考测量值很好地吻合,可能被用于推导模式 2 的名义 DOA

13.4.3.3 CD 和 ID 波前

尽管 GEMS 实质上是基于 CD 模式波前模型的,不过在第 13.3 节声明了 GEMS 对于 ID 模式波前是鲁棒的,只要可用的空间自由度是充足的。本节之前部分展示了 GEMS 在实际 HF 系统中,对源波形精确估计和接收模式波前的盲复原。现在有兴趣的是调研在试验数据中存在的两种主要模式由 CD 或 ID 模型描述哪种会更好。Fabrizio 等(2000a)提出的波前平面测试可用来揭示每种模式在处理间隔期间时变波前畸变的存在和特性。

利用已知的参考波形对每个 FMCW 脉冲进行距离处理,这种测试基于式(13.109)中由 $\rho_m(t_p) \in [0,1]$ 定义的统计值进行,其中,$\mathbf{y}_m(t_p)$ 是提取自距离单元 $g_m = c\tau_m/2$ 含模式 m 的阵列快拍数据向量,其采样间隔为 $t_p=1,\cdots,P$。在此情况下,对于 2 s 的 CPI,我们有 $P=125$。距离处理允许两种主要的模式被分解成不同的群距离单元。这样可以在模值分离基础之上在 CPI 中不同脉冲分析空间的特征变量。

$$\rho_m(t_p) = \max_{\psi} \left\{ \frac{|\mathbf{v}^{\dagger}(\psi)\mathbf{y}_m(t_p)|^2}{\mathbf{v}^{\dagger}(\psi)\mathbf{v}(\psi) \cdot \mathbf{y}_m^{\dagger}(t_p)\mathbf{y}_m(t_p)} \right\} \quad (13.109)$$

式(13.109)的最大值由 $\psi_m(t_p)$ 表示,表征了平面波模型 $\mathbf{v}(\psi)$ 在脉冲 t_p 处最符合接收快拍 $\mathbf{y}_m(t_p)$ 的 DOA。$\rho_m(t_p)$ 的值是评价接收自模 M 的波前在脉冲 t_p 与平面波前的匹配程度。接近 1 的值表示一个大致平坦的波前,更低的数值表示偏离平面波更大。既然统计量 $\rho_m(t_p)$ 对于 $\mathbf{y}_m(t_p)$ 的复尺度来说是不变的,它对模式的多普勒频移是不敏感的。用其他话来说,$\psi_m(t_p)$ 和 $\rho_m(t_p)$ 只对空间信号模的变化敏感。之前描述的 CD 模型对于 CPI 上的固定值 $\psi_m(t_p)$ 和 $\rho_m(t_p)$ 是一致的,而 ID 模型则会出现随脉冲变化的情况。

图 13.21 展示了 $m=1$、2 两种模型的结果 $\rho_m(t_p)$ 的轮廓。模式 1 的空间特征被观察出相比模式 2 偏离平面波流形更远,模式 2 有着更多的平面空间特征。当 $m=2$ 时,该轮廓适当的不变值表示该模式在 CPI 内有更严格的波前,即更符合 CD 模型。另一方面,由 $m=1$ 观察出的该轮廓图的平滑变量表示该模式的空间特征在 CPI 内以一种相关形式变化,这与 ID 信号模型(部分相关)更一致。换句话说,在这种情况下,多径环境最好用 CD 和 ID 混合模式来描述。这样的结果表示,反射自电离层中在物理上分隔良好区域的模式,可以展示出相当不同的结构和动态特性的波前畸变。在波形估计中使用相同数据的结果展示了 GEMS 对于 ID 模式的鲁棒性。

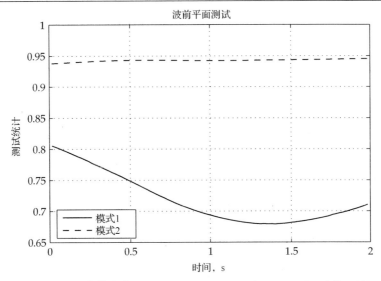

图 13.21 两种同时接收模式在 2 s CPI（125 PRI）的波前平面型测试统计的例子。该测试表示了模式 2 有着相比模式 1 更平坦、更稳定的空间信号。前者的空间信号与 CD 模型一致，后者呈现出更大的时变性，因此与 ID 模型更一致

13.5 MIMO 实验

实际中与无线通信和雷达系统有关的一种情形牵涉到相同频率信道内多源的出现。不同源假定在空间上是分离的，经历着不同多径信道系统的电磁传播。在这种情况下，传感器阵列接收到发射源信号的卷积混合。这之前被称为一个有限冲激响应多输入多输出（FIR-MIMO）系统。在移动通信中，需要分离和恢复从多源发射的信号副本，然而在主动雷达中，独立同信道源的存在可能代表着需被系统去除的干扰。

图 13.22 展示了 $Q=2$ 源情况下的 FIR-MIMO 系统。在这个例子中，一个为雷达信号源，另一个代表干扰。同信道源的偶然性干涉是 HF 环境中的常见问题。这主要是由于 HF 带宽的密集占有和电离层长距离传播 HF 信号的能力（特别是在没有吸收性 D 区的夜晚）。

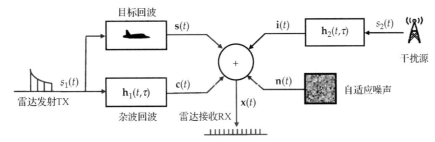

图 13.22 天线阵列经不同多径信道对两个独立源接收的 FIR-MIMO 系统图解。在这个例子中，第一个源 $s_1(t)$ 是雷达发射机，产生杂波和目标回波，而第二个源 $s_2(t)$ 代表与雷达波形不相关的同信道干扰

13.5.1 数据采集

之前描述的 L 形 HF 阵列被用来在载频 21.639 MHz、带宽 62.5 kHz 的接收机中同时接收许多不同源。图 13.23 的频谱图显示了在阵列中的单接收机所获得的一种线形 FMCW 雷达信

号，它位于两种 AM 广播信号的一侧。不同的源传播占据不交叠的频率信道以防止相互干扰。为了本研究的目的，可能把两种或更多不同信号添加到共同的中心频率上去。这为 BSS 技术实验创造了一种实际的同信道源场景。

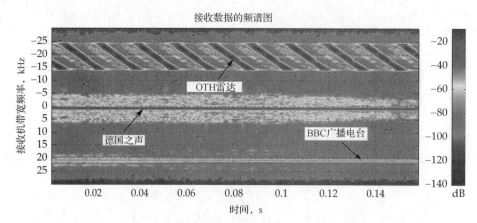

图 13.23　接收机带宽内的源包含线形 FWCW 雷达信号以及被识别为 BBC 广播电台和德国之声电台的两个 AM 源

一个 $Q=2$ 源的 FIR-MIMO 系统由数字下变频至基带的 FMCW 信号和 BBC 广播电台产生，两种接收信号叠加在一起。这样的实验技术避免了多重干扰，但有效地模仿了两种源在相同频率信道出现的情形。既然电离层信道的相关带宽是在 10 kHz 的量级，这种方法如实地复制了基于真实同信道源的数据。GEMS 和经典信号复原过程被直接应用于 AM-FM 信号的混合结果。

作为参考，发射线形 FMCW 的源是一个 HF 雷达，位于相对于接收系统 1851 km 外、北纬 134°处。AM 广播是来自新加坡 Kranji 的 BBC 世界服务站，位于离接收机约 3400 km 距离外、北纬 295°处。对于 FIR-SIMO 实验，数据连续采集而分析则以 2 s 的持续时间间隔进行相参处理。

13.5.2　源和多径分离

图 13.24 显示了特定 CPI 的 MUSIC 空间谱，画出了两种信号作为方位角 θ 和仰角 ϕ 的函数。DOA 参数矢量由 $\psi=[\theta,\phi]$ 表示。两个峰值发生在 $\psi_1=[134°,19°]$ 和 $\psi_2=[295°,16°]$ 处。方位估计与已知的 FM 和 AM 的源方位是匹配的。然而，当假设存在更多的信号时，多重传播模式不能通过 MUSIC 方法分辨仰角。这是由于仰角中靠近的间距，以及在接近平直入射的地面配置阵列中较差的仰角角度分辨。

当 $\mathbf{A}=[\mathbf{v}(\psi_1),\mathbf{v}(\psi_2)]$ 和 $\mathbf{u}_1=[1,0]$ 时，令 $\mathbf{w}_1^\dagger \mathbf{A}=\mathbf{u}_1$，得到 $\mathbf{w}_1=\mathbf{A}(\mathbf{A}^\dagger\mathbf{A})^{-1}\mathbf{u}_1^\dagger$，产生用于恢复 FM 源波形的经典置零信号复原权矢量。波形 $\tilde{s}_1(k)=\mathbf{w}_1^\dagger\mathbf{x}_k$ 的脉冲形状估计结果与真实的源波形，以及单个接收机的输出作比较。尽管零点已经减少了在 FM 源波形估计时 AM 信号的干扰效果，由于多径干涉和残留的 AM 信号能量导致严重的畸变仍然存在。图 13.25（b）稍后将提及。

图 13.26 比较了 FIR-SIMO 和 FIR-MIMO 数据的 GEMS 代价函数。图 13.26（a）是之前仅在图 13.14（a）中展示的 FM 信号代价函数的副本。图 13.26（b）中，用不同的时间延时尺度描绘出，展示了当 GEMS 被应用于 AM-FM 混合信号的代价函数。两个深的局部最小值 $\{\hat{l}_q,\hat{v}_q\}_{q=1,2}$

在后者的演示中十分明显。正如所期待的,作为全局最小值的极值出现在同一坐标系中,如图 13.26(a)所示。这在图 13.26(b)中被标记为"最小值 1",来自混合信号的 FM 源。GEMS 在包含 $Q=2$ 源的 FIR-MIMO 系统中的应用产生了另一个深入局部最小值,在图 13.26(b)中被标记为"最小值 2"。这个最小值与 FM 信号无关,而是由于 AM 信号的存在而形成的。

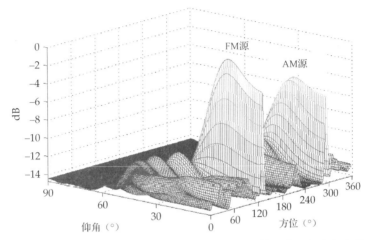

图 13.24 展示出由 L 形阵列接收到的 FM 和 AM 信号的方位和仰角的两维 MUSIC 频谱。每个 HF 源的不同传播模式在仰角上不能被分辨开

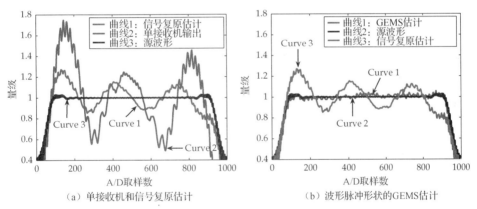

图 13.25 真实 FM 波形脉冲形状与源自单接收机输出的估计、基于 DOA 的经典信号复制过程和 GEMS 方法的比较

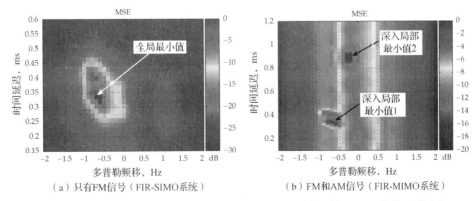

图 13.26 对于单源(仅 FM)和多源(FM 和 AM)情况的 GEMS 代价函数之间的比较。图(b)为了捕捉到第二个最小值用不同的时延尺度描绘出来

与最小值 $\{\hat{\ell}_q, \hat{v}_q\}$，$q=1,2$ 相关的 GEMS 权向量 $\hat{\mathbf{w}}_G(q)$ 被用于复原联合源波形 $\hat{s}_q(k) = \hat{\mathbf{w}}_G(q)^\dagger \mathbf{x}_k$ 的估计值。图 13.25（b）用真实的源波形比较了 GEMS 估计值 $\hat{s}_1(k)$ 和基于 DOA 的信号复原估计。明显地，GEMS 方法相比经典信号复原方法满足更精确的波形估计。实际上，由 GMES 恢复的波形展现了最小的污染，且实际上覆盖了参考波形。

没有真实的信息可以用来直接评估 GEMS 波形估计 $\hat{s}_2(k)$ 是否已经覆盖了 AM 的源信号的复原。被估计的 AM 信号的幅度包络在图 13.27（a）中以实线画出。图中的虚线展示了由 $\bar{s}_2(k) = \hat{\mathbf{r}}_G(2)^\dagger \mathbf{x}_k$ 形成的辅助输出，这里 $\hat{\mathbf{r}}_G(2)$ 是辅助权向量，产生了最小值 $\{\hat{\ell}_2, \hat{v}_2\}$。第一眼可看出，在图 13.27（a）中，参考值和辅助输出看上去并不相关。

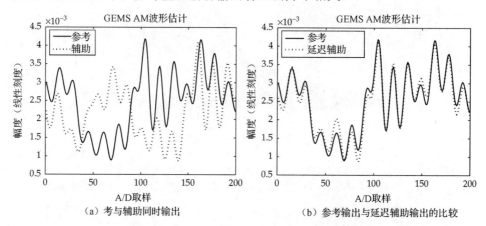

图 13.27 图为 AM 信号源的参考和辅助 GEMS 波形幅度估计。在图（b）中，辅助输出被延迟了 0.88 ms（第二最小值的位置），以展示出 AM 源的两种主要传播模式之间的匹配

然而，通过延迟辅助输出多个样本，当延时对应于最小值 1 发生时（例如，$\hat{\ell}_2$），可以去比较由多个不同传播模式携带的 AM 源信号估计值。图 13.27（b）显示了幅度包络 $\hat{s}_2(k)$ 和 $\bar{s}_2(k-\hat{\ell}_2)$ 直接明显的一致性。显然，这种输出实际上是另一个的时延复制，正如正确的源与多径分离所期望的那样。这两种输出起源于 GEMS 过程中的不同空间滤波器，这个结果让人更加相信，在 FM 源和多径存在的情况下，AM 源已经被精确估计了。

13.5.3 雷达应用

问题是 GEMS 的应用如何在雷达系统中提供得益。要明白这一点，考虑一个形成在 AM 参考源中心方向上的雷达波形。图 13.28 显示了结果波形输出的频谱图。在与 FWCW 雷达信号相同的频带中，AM 连续波信号及其边带成分是明显可见的。两个人造目标回波已经被注入了，但是与图 13.28 中更强能量的 AM 和 FMCW 信号还是不能识别，这些有用的信号在接收机采样时被注入。两个人造目标有着不同的距离和多普勒频移，但两者均从 AM 干扰信号的中心方向上入射。

图 13.29（a）展示了图 13.28 常规波束输出结果产生的距离多普勒图。图中所示的两个强大的直达波杂波峰值对应于 FMCW 雷达信号的两种主要模式，在距离多普勒图中明显看出其接近零多普勒频率。AM 信号的强大 CW 成分在多普勒频率域表现为一个垂直条纹，但经脉压过后覆盖了所有的距离范围。另一方面，AM 信号边带包含的能量分布于整个距离多普勒图。这样，CW 和 AM 源的边带成分遮盖了注入的目标。

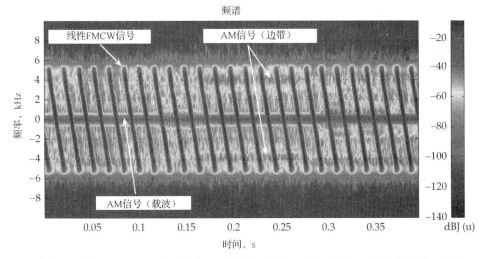

图 13.28　接收的 AM 信号源（BBC 广播电台）的频谱，其叠加在来自超视距雷达发射机的线形 FMCW 源

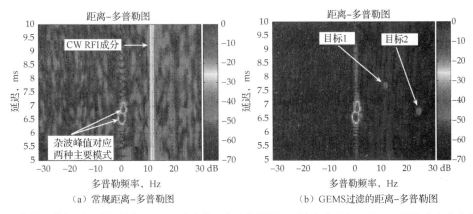

（a）常规距离-多普勒图　　　　　　　　（b）GEMS 过滤的距离-多普勒图

图 13.29　主瓣干扰场景下常规的与 GEMS 过滤的距离多普勒图，两个合作目标已从 AM 源的中心方向上被注入

　　AM 源波形用 GEMS 方法估计，如之前章节描述的。仅有的不同是 GEMS 被应用于 AM 和 FM 源信号中，增加了两个合成目标的数据，正如实际雷达应用背景中所要求的那样。一旦干扰 AM 信号模式的时间序列被 GEMS 方法盲分离和估计，这些信号估计可能被复加权线性组合，目的是提供传统波形在距离处理前 A/D 采样域输出时间序列的最小均方拟合。

　　复原 AM 信号模式的加权结合代表了由常规波形的主瓣接收到的多径干涉的估计值。接收的 AM 干涉信号的估计可从常规波形输出中被提取，这一操作被广义地称为波形过滤。一旦干涉估计已从常规波形输出中被提取（在前距离采样域），剩余信号可能会在标准方式下进行距离-多普勒处理。这样处理的结果被展示于图 13.29（b）中，图中两种合成目标被清晰地鉴别出来。

　　图 13.30 显示了基于 GEMS 波形滤波器用于 MBC（主瓣对消）前后包含两个目标的距离范围线性谱。图 13.30（a）中 CW 成分被对消约 40 dB，图 13.30（b）中信号边带能量减少约 20 dB。这更充分地显露出了目标回波，这些回波通过传统处理方法不能被检测出来。注意到图 13.29（b）中的距离多普勒图是较少受到这些处理所带来的不需要的假象或"边效应"的影响。这个实际的例子也突出了该方法对于目标的自相抵消和目标复制效应的免疫性，如第 10~12 章所讨论的。

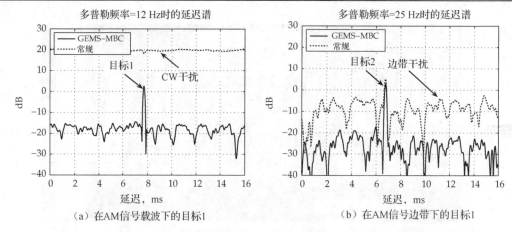

图 13.30 采用 GEMS 主瓣消除算法两个合成目标在干扰减少前后的距离频谱

总的来说，所提 GEMS 技术的主要优势在于与其他盲信号分离的空间处理方法相比，与模式波前和源波形有关的假设较为温和。GEMS 这样的特征拓展了它的应用范围，并且也增强了对仪器和环境不确定性的稳健性。从这个意义上说，GEMS 算法代表了对于被考虑的问题上当前盲空间处理技术的一种进步。

13.6 单站点地理定位

到目前为止，较少关注信道信息的利用，其能够与源波形一起被盲估计。本节提出的这个问题是 HF 的单站点定位（SSL），需要从天波传播模式接收的信号来估计位于视线范围外的非合作源的地理位置。

这个领域的大部分工作聚焦在两维孔径的利用上，可以不模糊地估计出入射信号模式的方位和仰角。本节尝试利用基于单独 ULA 天线单元的接收系统对未知源进行定位，该系统中仅输入信号模式的锥角能够被测量。

本节描述了一种利用多径来解析线性阵列的锥旋模糊度的定位方法，并用真实的数据进行测试。利用 GEMS 算法提取出来的相关模式时延信息也被合并，以使该方法在源位于接近视轴的位置处更健壮。通过结合所有多径成分中的锥旋角和时延信息，开启了利用线阵进行 HF-SSL 的可能性。描述的方法对于基于两维孔径的传统 HF-SSL 系统也是可应用的。然而，这样的好处是减少估计误差而不是解析模糊度。

13.6.1 背景及动机

图 13.31 给出了经典 HF-SSL 的概念，其中一个 2D 孔径被用于测量信号 DOA 的方位和仰角。进行定位时，源自接收站处 VIS 的实时电离层模型（RTIM）将仰角转换为地面距离。表 13.4 比较了各种定位方法的主要特性，总结了所需站点数、每个站的系统复杂度以及电离层和信号的信息需求之间的权衡。HF-DF 系统的细节性描述超出了本章节的范围，可以在 McNamara（1991）和 Gething（1991）中找出。

特别地，目前并无基于线阵的 HF-SSL 系统。线性阵因为锥角模糊而不能独立地估计方位和仰角也不奇怪。本节介绍并实验性地验证了一种定位方法，该方法能够利用多径使 HF-SSL 采用线性阵列。这个结果对于在已有线阵上实现 HF-SSL 能力有重大意义。

这项技术的潜在应用包含搜索和解救、HF 谱规定的增强，如 McNamara（1991）中的军事场景。

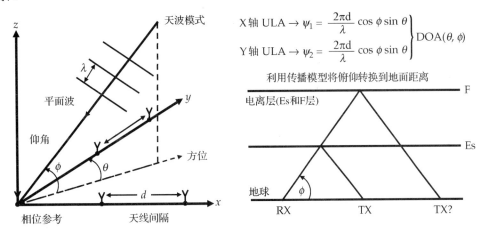

图 13.31　2D 阵列的经典 HF-SSL 的概念图。阵列两臂上测得的相位产生有两个未知量的两个方程，因此下射波的方位和俯仰能够被推断出来。一种基于反射虚高的电离层模型将俯仰角度转换为地表距离

表 13.4　不同定位方法的相关特性

地理定位方法	所需站点数	系统类型	电离层模型	源波形	模式数
多站 TDOA	4 或更多	单通道天线单元	有效独立	需要信息	全部站点 1 个或更多
HF-DF 网络	2 或更多	多通道天线阵列	要求	任意	全部站点 1 个或更多
2D 阵列 SSL（如 SkyLOC）	1	两维阵列	要求	任意	1 个或更多
1D 阵列 SSL（无系统）	1	线阵	要求	任意	2 个或更多

注：减少站点数量将会增加每个站点的系统复杂度，并增加对电离层和传播模式知识的依赖。然而，对 HF 定位来说，多通道阵列系统使用 DOA 而不是 TDOA 测量方法，其补偿特征是它们对于源波形没有需求，任意波形均可。对 HF-SSL 系统，最后一行出现了反转，因为系统复杂度由 2D 减少到了 1D（线性）阵列。我们将看到若多径存在，用线形阵列来进行有意义的 HF-SLL 是可能的，如表中最后一列所示。

这个方法的关键在于同时结合锥角和相关时延信息，这些信息包含在所有从源经天波传播接收的信号模式中。这与许多当前的 HF-SSL 系统相反，这些系统进行波前测试进程（WFT）目的是仅在准单模传播的时间产生有效的源位置估计，这等同于将多径当作是威胁而不是机会。这样的系统不仅失去了使用包含在全体路径中附加信息的机会，综合来看，需要满足准单模传播条件的数据的严格筛选也能够明显地限制那些方法被利用的次数。

在本研究中，HF-SSL 系统被设定为一个连接至多信道数字接收系统的天线阵列。特别的关注重点是在 ULA 上，但描述的方法对于微小改动的一般阵列几何也是可应用的。在 ULA 例中，天线单元被设为有前向方向性，这样视线范围被限制在视距的正负 90°范围内。源被假定处在较长距离处，因此传播仅经天波模式。换句话说，地波模式被认为是高度削弱了。短距离上地波对于方位估计是有用的，但是在长距离路径上，它的缺失使得未知发射机的定位更具挑战性。

感兴趣的源被假设为发射有限带宽的一种任意波形而不限制于某种特殊的调制形式，这种波形的线形复杂度需要超过最大信道冲激响应持续期的两倍（如同之前在识别内容中描述的盲系统识别）。重要的是，源和接收机之间的传播被假设为存在一种以上的电离层模式。多

径传播频繁发生,是由于电离层的 E 区和 F 区低和高角度射线的出现,以及电磁离子分离导致的 o 和 x 射线。经单个模式传播是特例,并不常见。

假定 RTIM 可由接收站的 VIS 得到。电离层模式的质量可通过来自空间分布的电离层探测仪网络的融合信息,或者通过使用接收站的后向散射应答器加以改进。对于长距离路径,这是有好处的,此时感兴趣信号的控制点离接收站很远。在本节,注意力被限制在小于 3000～4000 km 的路径长度上。由于多次反射引起的超长距离,电离层传播将在未来的工作中研究。

13.6.2 数据采集

图 13.32(a)展示了实验中被定位的发射机的双标天线。这个合作源位于 Broome 附近,在澳大利亚的西北海岸。图 13.32(b)展示了金达莱作战雷达网超视距雷达东部阵列的接收 ULA,该站靠近 Laverton,位于澳大利亚西部。这个 ULA 有着长为 2970 m 的天线孔径,包含 480 个连接数字接收机的单极天线单元对。该实验的几何图如图 13.33(a)所示。我们将在适当的时候重新提及图 13.33(b)所示内容。

(a)Broome 附近发射机的双标天线

(b)JORN 超视距雷达接收阵的东部阵列

图 13.32 澳大利亚的西北海岸靠近 Broome 用来发射测试信号的双标天线,以及坐落于澳大利亚西部靠近 Laverton 处的 JORN 超视距雷达线形接收阵的东部阵元

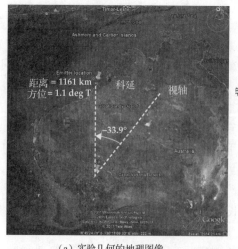
(a)实验几何的地理图像

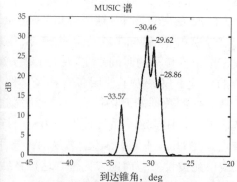
(b)采用 2.47 s 的 MUSIC 谱的例子

模式	1Es	1F(I)	1Fo(h)	1Fx(h)
平均	−33.55	−30.97	−29.79	−28.96
Std. Dev.	0.03	0.24	0.34	0.19

图 13.33 表明相对于接收 ULA 位置和视线方向,发射站的地面距离和方位的几何示意图。一个 MUSIC 谱的例子展示估计模式到达锥角以及在 1 min 的时间间隔内测量的均值和标准差

发射站位于距离接收站 1161 km、方位 1.1°N 处。信号源的方位在 ULA 视轴方向的−33.9°。图 13.34（a）展示了接收站处由 VIS 系统记录的电离图，图 13.34（b）展示了 Curtin-Laverton 路径的一个 OIS 电离图。Curtin 的位置如图 13.33（a）所示。一个多段准抛物线电离层剖面模型被手动拟合于 VIS 和 OIS 电离图。拟合模型的参数在显示 VIS 和 OIS 电离图的两幅图中相应地示出。

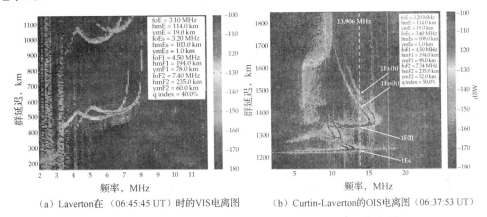

(a) Laverton 在（06:45:45 UT）时的 VIS 电离图　　(b) Curtin-Laverton 的 OIS 电离图（06:37:53 UT）

图 13.34　Laverton 的 VIS 电离图和 Curtin-Laverton OIS 电离图。QP 电离层模型参数与图中列出的每个电离图都是手动拟合的

发射源发射了一个具有平坦谱密度的窄带波形。载频是 13.906 MHz，带宽是 8 kHz。波形的谱图如图 13.35 所示。尽管源是合作的，信号的波形仍被假设为未知的。接收信号经数字下变频并且以采样频率为 31.25 kHz 采样。阵列数据在连续的约 2.5 s 持续期内被获得。这个实验从 2011 年 8 月份在 06:48（当地时间 14:48）开始进行。

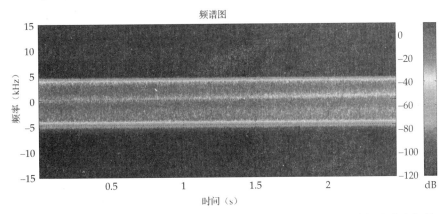

图 13.35　有着带宽限制谱密度的源信号频谱。发射波形的调制形式假定为未知的

图 13.34（b）显示对于 Curtin-Laverton 路径在 13.906 MHz 时 OIS 踪迹有 4 种可分辨的电离层模式。这些单跳模式是偶发 E 层 "1Es"，F 层的低角射线 "1F（L）" 以及 F 层高角射线，也就是，寻常波 "1Fo（h）" 和异常波 "1Fx（h）"。读者可参考第 2 章看高/低射线和 o/x 波的解释。OIS 路径中点距从源到接收路径控制点约 86 km 处。在电离层可变性的空间尺度上，这被认为是短距离。然而，电离图相对于源提前记录了接近 10 min，在电离层可变性的时间尺度上可能是一个明显的时间间隔。另一方面，VIS 被记录的提前时间少于 3 min，但是源的控制点距 VIS 约为 586 km。

13.6.3 定位方法

定位方法包括三种。第一种利用阵列天线单元相位测量,该方法可估计不同信号模式的锥角。结合了所有信号模式锥角相关相位测量与基于电离层模式预测的代价函数,可能被用来获得源位置。然而,这样的方法仅能够应用于方位不在视轴或不靠近视轴的源。为了说明这个结论,第二种方法利用 GEMS 技术提取的模式内 TDOA 信息被合并用于距离估计。第三种定位方法则融合了模式空间相位和时延信息来估计源位置。

13.6.3.1 相位测量

定义 $\mathbf{x}_k(p) = [x_k(s), \cdots, x_k(s+N_s-1)]^T \in C^{N_s}$ 为在时间采样 $k=1,\cdots,K$,接收机 $s=1,\cdots,N-N_s+1$ 处被记录的阵列快拍向量,N_s 和 N 分别是子阵和阵列的阵元数目。需要明确的是,子阵指的是在全阵中选择数目 $N_s < N$ 的邻近接收机。$\mathbf{R}$ 作为空间平滑采样协方差矩阵通过式(13.110)向前向后取平均来计算(Pillai 1989)。$\mathbf{J}$ 为反对角交换矩阵,符号 T、*和†分别表示转置、共轭和共轭转置。

$$\mathbf{R} = \frac{1}{K(N-N_s+1)} \sum_{s=1}^{N-N_s+1} \sum_{t=1}^{K} \mathbf{x}_k(s)\mathbf{x}_k(s)^\dagger + \mathbf{J}\mathbf{x}_k^*(s)\mathbf{x}_k^T(s)\mathbf{J} \quad (13.110)$$

利用基于式(13.111)中 $\mathbf{R}$ 的特征分解的 MUSIC 算法可以被用来估计模式锥角,$\mathbf{Q}_s$ 和 $\mathbf{Q}_n$ 分别代表信号和噪声子空间。子孔径平滑在相干多径鲁棒性和空间分辨率之间权衡。这里 $N=480$ 和 $N_s=240$ 被用于两种竞争目标之间的折中。模式的数目被确定为 $M=4$,因此,$\mathbf{Q}_n$ 包含 $N_s - M$ 个最小特征值对应的特征向量(Schmidt 1981)。

$$\mathbf{R} = \mathbf{Q}_s \Lambda_s \mathbf{Q}_s^\dagger + \mathbf{Q}_n \Lambda_n \mathbf{Q}_n^\dagger \quad (13.111)$$

MUSIC 谱 $p(\psi)$ 由式(13.112)计算,其中,$\mathbf{v}(\psi) = [1, e^{j\psi}, \cdots, e^{j(N-1)\psi}]^T$ 是 ULA 的导向量。正如图 13.31 所示,相位 $\psi = 2\pi d \sin\varphi / \lambda$,其中,对于 x 轴上 ULA 的 $\sin\varphi = \cos\phi$,且 φ 是锥角。图 13.33(b)中显示了 2.47 s 数据间隔期的 MUSIC 谱的结果。估计出的锥角 $\hat{\varphi}_m$ 的 4 个主峰($m=1,\cdots,M=4$)在图中被标记出。

$$p(\psi) = \frac{1}{\mathbf{v}(\psi)^\dagger \mathbf{Q}_n \mathbf{Q}_n^\dagger \mathbf{v}(\psi)} \quad (13.112)$$

这个过程可在连续的处理间隔上重复进行以获得锥角模值的一种平均估计。图 13.33(b)的表格展示了使用 1min 数据的锥角估计的平均值和标准差。接近视轴的锥角与更大的虚拟高度的模型有关。估计的相位 $\hat{\psi}_m = 2\pi d \sin\hat{\varphi}_m / \lambda$ 能排成式(13.113)所示的向量,其中,$\hat{\psi}_1 < \hat{\psi}_2 < \cdots < \hat{\psi}_M$。

$$\underline{\hat{\psi}} = [\hat{\psi}_1, \cdots, \hat{\psi}_M]^T \quad (13.113)$$

对于给定地面距离 R 以及大圆方位 θ 的源,电离层模型能够预报每个传播模式的相位角度 $\psi_m(R,\theta)$。这些预报建立在一种球状均衡 QP 轮廓的假定之上,使用分析射线跟踪和虚射线路径几何法则得到。电离层梯度变化或倾斜在定位精度上的影响,在长距离路径上比在短距离路径上要轻。忽略倾斜,模型预测见式(13.114)的 $\underline{\psi}(R,\theta)$,其中,$\psi_1(R,\theta) < \psi_2(R,\theta) < \cdots < \psi_M(R,\theta)$。

$$\underline{\psi}(R,\theta) = [\psi_1(R,\theta), \cdots, \psi_M(R,\theta)]^T \quad (13.114)$$

甚至当电离层倾斜能够能被忽略,离视轴方向最远的锥角正确地结合了偶发 E 传播模式,仍然不可能使用单个模式从线阵中获得唯一的源位置。这是由于地面上有着连续的距离方位对（本例中 $\hat{\varphi}_1 = -33.55°$）产生相同的锥角。图 13.36（a）展示了 $\hat{\varphi}_1 = -33.55°$ 的模糊度，真实的源位置由黑点指出。图 13.36 和图 13.37 以相同的形式展示了在模式对模式基础上其他被估计锥角的模糊度。

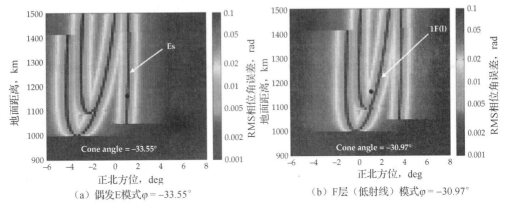

图 13.36　偶发 E 层和 F 层（低射线）模式下结合锥角估计距离方位平面的模糊度轨迹，分别由缩写的 1Es 和 1F（l）表示

最主要的是，当每种模式下的相位测量被认为是分开的且在独立的基础上进行时，这些模糊度不能够被分辨。这些模糊度可以通过在不同模式下共同进行相位计算来分辨，如通过使用多径来估计源位置。特别地，可提出式（13.115）中的 RMS 相位误差代价函数，其中 $\varepsilon_\psi(R,\theta) = \underline{\psi}(R,\theta) - \underline{\psi}$ 是测量和模型之间的误差矢量。

$$c_\psi(R,\theta) = \sqrt{\varepsilon_\psi^T(R,\theta)\varepsilon_\psi(R,\theta)/M} \qquad (13.115)$$

通过在距离方位网格上评估 $c_\psi(R,\theta)$，搜寻其最小值坐标即可估计源位置，此时相位测量在最小二乘意义上最佳拟合模型预测。使用真实数据评估的代价函数显示在图 13.38（a）中。图 13.38a 中还显示了估计和真实的源位置。在这个例子中，定位误差在 1161 km 的地表距离路径上为 25.8 km。仅基于天波传播以及单接收站点的使用，这被看作用 ULA 的 HF 源定位的新结果。

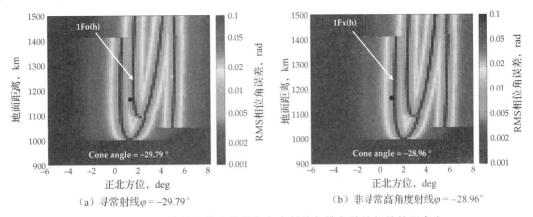

图 13.37　F 区域的寻常和异常高角度射线与锥角估计相关的距离方位平面模糊度轨迹，分别由缩写 1Fo（h）和 1Fx（h）表示

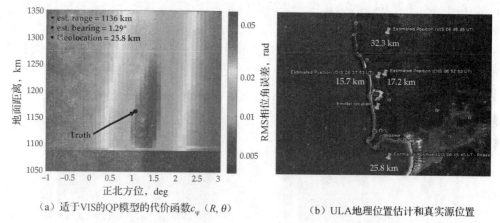

(a) 适于VIS的QP模型的代价函数$c_\psi(R,\theta)$ (b) ULA地理位置估计和真实源位置

图 13.38 适于 VIS 电离图的 QP 电离层模型的代价函数
及展示与真实源位置相关的地理位置估计的地图

13.6.3.2 时延测量

孤立地使用 $c_\psi(R,\theta)$ 的一个潜在问题是有锥角靠近视轴时无效。因为此时，代价函数将在距离上拉长而只可以得到方位估计。为了克服这个限制，可结合使用模式间的 TDOA 算法来进行距离判定。当源波形存在一个已知的参数形式（例如，线性的 FMCW）时，模式相对时间延迟可以通过交叉关联分析来估计。问题是如何估计任意波形未知源的不同时延模型。之前介绍的 GEMS 算法就是用来估计这种不同时延模型的。

图 13.39 表明，GEMS 代价函数同图 13.33 使用了相同的 2.47 s 的处理周期来计算图 13.33 中的数据。预计会有 $Q = \begin{pmatrix} M \\ 2 \end{pmatrix}$ 个最小值，除去原点的平凡解。代价函数显示 Q 最小值等于 6，对应 $M=4$ 模型，如图 13.34（b）中 OIS 电离图中所预测的。最小值的坐标也在图 13.39 中列出来了。重要的是，GEMS 利用漫散射引起的波前波纹来分辨和中心 DOA 相同或相似的模型。这使得 GEMS 能够分辨视轴上或视轴附近的源。

这些模式的群距离差估计可以使用测量向量 $\hat{\mathbf{g}} = [\hat{g}_1, \cdots, \hat{g}_Q]^T$ 来表示，$\hat{g}_1 < \hat{g}_2 < \cdots < \hat{g}_Q$，电离层模型可以用来预测在不同模式对产生的群距离差，作为虚拟源地面距离和方位的函数。由 $g_q(R,\theta)$ 表示的模型的预测结果以升序的方式组合在式（13.116）中的 $\mathbf{g}(R,\theta)$ 向量里面。

$$\mathbf{g}(R,\theta) = [g_1(R,\theta), \cdots, g_Q(R,\theta)]^T \tag{13.116}$$

RMS 群距离代价函数可以用式（13.117）中的 $c_g(R,\theta)$ 来计算。误差向量是 $\varepsilon_g(R,\theta) = \mathbf{g}(R,\theta) - \hat{\mathbf{g}}$，这个函数基本上与角度的关联并不大（由于地球磁场对信号电离层传播路径的影响）。图 13.40 展示了典型的只依赖距离的 $c_g(R,\theta)$，对所有方位来说大致相同。

$$c_g(R,\theta) = \sqrt{\varepsilon_g^T(R,\theta)\varepsilon_g(R,\theta)/Q} \tag{13.117}$$

图 13.40 的上面展示了用水平虚线标记的使用 GEMS 得到的群距离。针对每个不同模式，对组合的模型预测随地面距离的变化用实线画出。代价函数 $c_g(R,\theta)$ 作为源地面距离的函数显示在图 13.40 下方。最小值在 1195 km 左右，误差为 34 km。这种源位置的地面距离评估结果通过模式间 TDOA 信息（该信息来源于一个发射未知波形的远场源的单个站点）已经得到了，这也可以看做 HF-SSL 的一个新结果。

第 13 章 盲波形估计 601

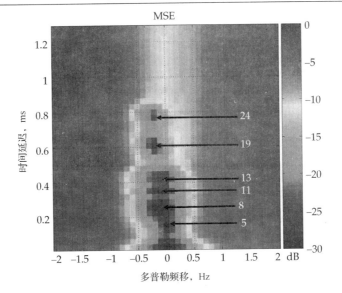

取样数	5	8	11	13	19	24
时间延迟（ms）	0.160	0.256	0.352	0.416	0.608	0.768
组距离（km）	48	77	106	125	182	230

图 13.39 GEMS 在不同的时延多普勒平面的代价函数

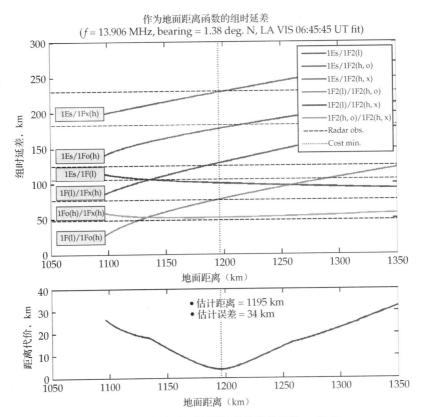

图 13.40 用来估计源地面距离的代价函数 $c_g(R,\theta)$

13.6.3.3 混合测量

单纯相位代价函数和群距离代价函数可以结合起来，发挥各自的优势。一种结合使用代价函数的方法就是，将相位 RMS 误差 $c_\psi(R,\theta)$ 通过标准转换表示为方位 RMS 误差 $c_\theta(R,\theta)$，使用 $Rc_\theta(R,\theta)$ 来计算交叉距离 RMS 误差。向下距离 RMS 误差近似于 $c_g(R,\theta)$。因此，RMS 欧几里得距离误差近似使用式（13.118）中的 $c(R,\theta)$ 表示。

$$c(R,\theta) = \sqrt{R^2 c_\theta^2(R,\theta) + c_g^2(R,\theta)} \tag{13.118}$$

图 13.41（a）展示了 $c(R,\theta)$ 的一组图，其中真实和估计源位置均已标出。当使用 VIS 的配套 QP 模型时，地理误差是 32.3 km。图 13.41（b）表明使用 OIS 配套电磁场模型时，这个误差减少到 15.7 km。图 13.38（b）显示了地理图上放大了的真实源坐标。

$$\{\hat{R},\hat{\theta}\} = \arg\min_{R,\theta} c(R,\theta) \tag{13.119}$$

另外一个在 06:52 UT（17.2 km 地理误差）记录的 OIS 电离评估结果证明了该方法的鲁棒性。需要强调的是，这些精度只是一个初步的结果，而不是定位性能能达到的上限。可以想象，在定位技术上进行一些改进可以将源位置的评估误差减少到 10 km 左右，见 Fabrizio and Heitmann（2013）。下节介绍未来的一些研究课题。

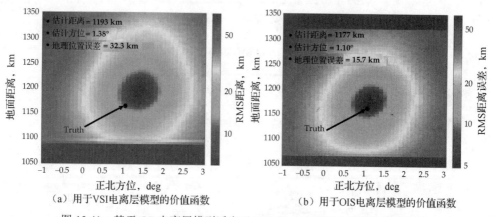

（a）用于 VSI 电离层模型的价值函数　　（b）用于 OIS 电离层模型的价值函数

图 13.41　基于 QP 电离层模型适应于 VIS 和 OIS 的混合代价函数 $c(R,\theta)$

13.6.4 总结及未来工作

本节提出了一种用于经天波路径唯一传播的远距离源定位的 HF-SSL 方法，并在 ULA 上实验性地验证了该方法。该技术本质上对于源发射的波形类型没有要求，并且利用了满足多径传播的几何关系来分辨 ULA 内在的锥旋模糊。

通过在代价函数中引入所有多径测量及相应传播的物理限制，引入的 HF-SSL 过程能够估计源位置（以及模式群距离）。这样的多径驱动 HF-SSL 方法代表了一种用于 HF 地理定位的基础新方法。

试验确认了该方法的有效性，该试验结合了所有可分辨传播模式的锥角和 TDOA 信息。描述的方法稍加改动，同样可应用于两维接收机孔径。此时最主要的好处是估计误差的减少而不是模糊度的分辨。

除了前述 HF 定位的实际应用，该方法反过来也可以用于通过已知位置发射源来估计虚高。这对利用非合作源（位置已知）来估计模式结构是非常有意义的，尤其在那些无法用专门的应答器去监测控制点的区域，这将有助于超视距雷达系统进行坐标配准。在源位置已知的情况下估计电离层倾斜是目前研究调查的主题。

未来的工作关系到性能分析，它是接收孔径长度、模式信噪比、波形带宽、源距离的函数。扩展方法包含已知参考点的融合（当可用时）、源自电离层探测装置（长距离的）网络的 RTIM 的数字射线跟踪（NRT）、电离层倾斜修正（对于短距离）、估计的时间平均以及计入电离层的不确定性代价函数表达式的改进，包含不同模式贡献的加权。可以预期的是，一种多径驱动估计方法在其他系统中可能也是有用的，而不仅限于 HF 或电磁信号。

第四部分　附　　录

附录 A　样本 ACS 分布
附录 B　空时分离性
附录 C　模型分解

附录 A　样本 ACS 分布

考虑一个时间连续的复随机过程，每隔 Δ 秒采样一次，在不同的采样时刻，复随机变量 $z(t)$ 在 $t\Delta$（$t=0,1,\cdots,P-1$）时刻的值由下式给出。

$$z(t) = x(t) + \mathrm{j}y(t) = m(t)\mathrm{e}^{\mathrm{j}\theta(t)} \tag{A.1}$$

在式（A.1）中，标量 $x(t)$ 和 $y(t)$ 分别是 $z(t)$ 的实部和虚部，$m(t)$ 和 $\theta(t)$ 是对应的幅度和相位。假设 $x(t)$ 和 $y(t)$ 是高斯分布的零均值随机变量，具有相同的方差 σ^2。进一步假设 $x(t)$ 和 $y(t)$ 是独立平稳随机过程，具有相同二阶统计特性或者自相关函数 $r(\tau)$，如式（A.2）所示。

$$r_x(\tau) = E\{x(t)x(t+\tau)\}, \quad r_y(\tau) = E\{y(t)y(t+\tau)\}, \quad r_x(\tau) = r_y(\tau) = r(\tau) \tag{A.2}$$

对于复随机过程 $z(t)$，幅度 $m(t)$ 服从瑞利分布，相位 $\theta(t)$ 在 $[-\pi,\pi]$ 上均匀分布，见 Papoulis（1984）。一般适合描述单个天线单元接收的、经电离层反射传播高频信号的统计模型，由 Watterson 等（1970）经过实验证明。

在上述假设条件下，自相关的最大似然估计是无偏样本的自相关函数。$\hat{r}_z(\tau)$ 表示估计量，用延迟积和的平均来计算，见式（A.3），其中，P 是 $z(t)$ 的有效样本数。

$$\hat{r}_z(\tau) = \frac{1}{P-\tau} \sum_{t=0}^{P-\tau-1} z(t)z^*(t+\tau) \tag{A.3}$$

估计值 $\hat{r}_z(\tau)$（$\tau=0,1,\cdots,Q-1$, $Q<P$）被统称为样本的自相关序列（ACS），见 Marple（1987）。式（A.3）中的估计量与统计上是一致的，随着样本数 P 趋于无穷大，样本的 ACS $\hat{r}_z(\tau)$ 等价于统计的 ACS $r_z(\tau) = E\{z(t)z^*(t+\tau)\}$。

把式（A.1）代入（A.3），样本的 ACS 可以分解成成实部和虚部，见式（A.4）。

$$\hat{r}_z(\tau) = [\hat{r}_x(\tau) + \hat{r}_y(\tau)] + j[\hat{r}_{yx}(\tau) - \hat{r}_{xy}(\tau)] \tag{A.4}$$

注意，$\hat{r}_x(\tau) = M\{x(t)x(t+\tau)\}$、$\hat{r}_y(\tau) = M\{y(t)y(t+\tau)\}$、$\hat{r}_{xy}(\tau) = M\{x(t)y(t+\tau)\}$ 和 $\hat{r}_{yx}(\tau) = M\{y(t)x(t+\tau)\}$，其中，$M\{\cdot\} = \dfrac{1}{P-\tau}\sum_{t=0}^{P-\tau-1}\{\cdot\}$。由于样本 ACS 是无偏估计，因此可以定义下列零均值随机变量。

$$\begin{aligned} e_x(\tau) &= \hat{r}_x(\tau) - r_x(\tau) \\ e_y(\tau) &= \hat{r}_y(\tau) - r_y(\tau) \\ e_{xy}(\tau) &= \hat{r}_{xy}(\tau) - r_{xy}(\tau) \\ e_{yx}(\tau) &= \hat{r}_{yx}(\tau) - r_{yx}(\tau) \end{aligned} \tag{A.5}$$

由于假设实部和虚部是相互独立的，显然 $r_{xy}(\tau) = E\{x(t)y(t+\tau)\}$ 和 $r_{yx}(\tau) = E\{y(t)x(t+\tau)\}$ 等于 0。这些随机变量的渐进方差（大样本）在 Muirhead（1982）中给出。式（A.6）给出具体的表达式，其中，N 定义为式（A.3）中形成样本 ACS 的 $z(t)$ 中独立的样本数。

$$\begin{aligned} E\{e_x^2(\tau)\} &= E\{e_y^2(\tau)\} = [\sigma^4 + r^2(\tau)]/N \\ E\{e_{xy}^2(\tau)\} &= E\{e_{yx}^2(\tau)\} = \sigma^4/N \end{aligned} \tag{A.6}$$

在许多实际场合，随机样本之间是相互关联而不是彼此独立的。在这种情况下，把式（A.6）中的 N 用 P 来代替，这样式（A.5）中误差项的渐进方差（大样本）就不成立。不过要注意，当 $x(t)$ 和 $y(t)$ 是独立同分布（IID）的高斯白噪声过程，连续的样本不相关而在统计上相互独立时，这种替代是有效的。随机过程中样本的相关性将会导致独立单元的数目减少，反而增加 ACS 估计值的方差。

根据 Bartlett（1946），式（A.5）中 ACS 估计值的误差项方差的精确结果是存在的。对于高斯过程，Bartlett（1946）表达式中共同的四阶积累量就会消失，因此，精确的样本 ACS 的误差项方差就如式（A.7）表示（Priestly 1981）。

$$E\{e_x(\tau)e_x(\tau+v)\} = \frac{P}{(P-\tau)(P-\tau-v)} \sum_{m=-(P-\tau)+1}^{P-\tau-v-1}$$

$$\left\{1 - \frac{\mu(m)+\tau+v}{P}\right\}[r(m)r(m+v) + r(m+\tau+v)r(m-\tau)] \quad (A.7)$$

当两个随机过程 $x(t)$ 和 $y(t)$ 同分布时，$E\{e_y(\tau)e_y(\tau+v)\} = E\{e_x(\tau)e_x(\tau+v)\}$。$\mu(m)$ 由式（A.8）给出

$$\mu(m) = \begin{cases} m, & m > 0 \\ 0, & -v \leq m \leq 0 \\ -m-v, & -(P-\tau)+1 \leq m \leq -v \end{cases} \quad (A.8)$$

观察式（A.4）中样本 ACS 的交叉项 $e_{xy}(\tau)$ 和 $e_{yx}(\tau)$，它们表示两个独立过程样本间延迟积和的平均，而在式（A.7）中表示的是一个可能相关的随机过程样本的延迟积和的平均。因此，式（A.7）不能用来表示交叉项的方差。

如果 $x(t)$ 和 $y(t)$ 是有限带宽的，那么当 $s \to \infty$ 时，$r(s) \to 0$。换句话说，当它们的间隔足够大时，任何一种随机过程的样本实际上都是不相关的，在统计上相互独立。由于 $x(t)$ 和 $y(t)$ 是独立同分布的高斯过程，当 $s \to \infty$ 时，$x(t+s)$ 可以作为 $y(t)$ 的一种有效实现方式，用来估计交叉项的方差。换句话说，当 s 较大时，$x(t)$、$y(t+\tau)$ 的样本与 $x(t)$、$x(t+s+\tau)$ 的样本中 $P-\tau$ 延迟积和的统计特性相同。因此，当 $s \to \infty$ 时，分别用 $P+s$ 和 $\tau+s$ 代替式（A.7）中的 P 和 s，那么交叉项的方差的表达式如下。

$$E\{e_{xy}(\tau)e_{xy}(\tau+v)\} = E\{e_{yx}(\tau)e_{yx}(\tau+v)\}$$

$$= \frac{P}{(P-\tau)(P-\tau-v)} \sum_{m=-(P-\tau)+1}^{P-\tau-v-1} \left\{1 - \frac{\mu(m)+\tau+v}{P}\right\} r(m)r(m+v) \quad (A.9)$$

如果 $x(t)$ 和 $y(t)$ 是白色过程，那么 $r(\tau) = \delta(\tau)\sigma^2$ 和 $N=P$ 成立，并且随着 $P \to \infty$，当 $v-0$ 时，式（A.7）和式（A.9）得到的方差与 Muirhead（1982）在式（A.6）中提出的渐进方差是一致的。从式（A.7）和式（A.9）可以观察到，对于有色高斯过程，样本之间的相关性会导致 ACS 估计值的方差变大，这是由用来估计 ACS 的统计独立样本的有效数目下降导致的（Priestly 1981）。

在确定 ACS 估计误差的幅相样本分布之前，需要提到几点。对于复 ACS 估计误差的方差，可以找到更为简洁的表达式（Thierren 1992），不过这个表达式不能用来推导出所需要的实虚部方差，来评估出样本 ACS 幅相的统计特性。对于直到四阶都是平稳的高斯过程，由式（A.7）和式（A.9）得到的方差对于任何数量的样本 P 都是很精确的，但是，随着样本 P

的数目趋于无穷大，式（A.5）中误差项趋于正态分布。由于在实验分析中用于估计 ACS 的样本量超过 $P=1000$ 是很典型的，因此下面假设这些随机变量满足正态分布。对于非高斯过程，这些变量的理论表达式不是很精确，但是在 $|\tau| \ll P$ 时，表达式可以提供一个很好的近似值（Thierren 1992）。

根据式（A.4），复 ACS 估计误差 $e_z(\tau)$ 可以写成式（A.10）的形式，其中，$a(\tau)=e_x(\tau)+e_y(\tau)$，$b(\tau)=e_{yx}(\tau)-e_{xy}(\tau)$

$$e_z(\tau) = \hat{r}_z(\tau) - r_z(\tau) = a(\tau) + \mathrm{j}b(\tau) \tag{A.10}$$

零均值的随机变量 $e_x(\tau)$ 和 $e_y(\tau)$ 具有相同的方差 $\sigma_1^2(\tau)$，方差由式（A.7）给出，在渐进的情况下趋于正态分布。同样地，零均值正态分布的随机变量 $e_{xy}(\tau)$ 和 $e_{yx}(\tau)$ 具有相同的方差 $\sigma_2^2(\tau)$，$\sigma_2^2(\tau)$ 由式（A.9）给出。

随机变量 $e_x(\tau)$ 和 $e_y(\tau)$ 不相关，$E\{e_x(\tau)e_y(\tau)\}=0$（Muirhead 1982）。因此随机变量 $a(\tau)$ 是正态分布的，均值为零且方差 $\sigma_a^2(\tau)=2\sigma_1^2(\tau)$。交叉项 $e_{yx}(\tau)$ 和 $e_{xy}(\tau)$ 是相关的，因此，零均值正态分布的随机变量 $b(\tau)$ 的方差等于 $\sigma_b(\tau)=2[\sigma_2^2(\tau)-E\{e_{xy}(\tau)e_{yx}(\tau)\}]$。随机过程 $x(t)$ 和 $y(t)$ 是同分布的，可以看出随机变量 $e_{yx}(\tau)$ 和 $e_{xy}(-\tau)$ 具有相同的统计特性。由于这两个变量的统计特性是相关的，因此可以利用变量的可交换性得到式（A.11）中 $E\{e_{xy}(\tau)e_{yx}(\tau)\}$ 的表达式。

$$E\{e_{xy}(\tau)e_{yx}(\tau)\} = E\{e_{xy}(\tau)e_{xy}(-\tau)\} = E\{e_{xy}(\tau)e_{xy}(\tau+v)\}, \quad v=-2\tau \tag{A.11}$$

利用式（A.11），在式（A.9）中替换 $v=-2\tau$，就可以计算出 $E\{e_{xy}(\tau)e_{yx}(\tau)\}$ 的值。显然，当 $\tau=0$ 时，$b(\tau)$ 的方差就会变成零，可以看到此时 $e_z(0)$ 就没有虚部，或者说 ACS 样本没有相位误差。可以预见，当 $\tau=0$ 时，$\hat{r}_z(\tau)$ 和 $r_z(\tau)$ 都是实数。

随机变量 a 和 b 的联合概率密度函数 $p(a,b)$ 由式（A.12）给出，为方便起见，τ 忽略不写，$\rho=E\{ab\}/(\sigma_a\sigma_b)$ 是相关系数（Papoulis 1984）。

$$p(a,b) = \frac{1}{2\pi\sigma_a\sigma_b\sqrt{1-\rho^2}} \exp\left\{\frac{-1}{2(1-\rho^2)}\left[\frac{a^2}{\sigma_a^2} - \frac{2\rho ab}{\sigma_a\sigma_b} + \frac{b^2}{\sigma_b^2}\right]\right\} \tag{A.12}$$

因为误差项的实部 (e_x,e_y) 和虚部 (e_{xy},e_{yx}) 彼此不相关，所以正态随机变量 a 和 b 就是不相关的（$\rho=0$）（Muirhead 1982）。利用 $a=r\cos\phi$ 和 $b=r\sin\phi$ 可以将极坐标下的随机变量（幅度 r 和相位 ϕ）转化为直角坐标系下的随机变量 a 和 b。r 和 ϕ 的联合概率密度函数由下式给出。

$$f(r,\phi) = J(a,b)p(r\cos\phi, r\sin\phi) = rp(r\cos\phi, r\sin\phi) \tag{A.13}$$

其中，$J(a,b)=r$ 是直角坐标系和极坐标系的 Jacobian 变换（Papoulis 1984）。设（A.12）中 $\rho=0$，把结果代入等式（A.13），可以得到极坐标下联合概率密度函数 $f(r,\phi)$。

$$f(r,\phi) = \frac{r}{2\pi\sigma_a\sigma_b}\exp\frac{-1}{2}\left[\frac{r^2\cos^2\phi}{\sigma_a^2} + \frac{r^2\sin^2\phi}{\sigma_b^2}\right] \tag{A.14}$$

其中，r 和 ϕ 分别是复 ACS 估计误差的幅度和相位。边缘密度 $f_1(\phi)$ 和 $f_2(r)$ 可以从式（A.14）中得到。式（A.15）给出了相位 $f_1(\phi)$ 的边缘密度。

$$f_1(\phi) = \int_{r=0}^{\infty} f(r,\phi)\mathrm{d}r = \int_{r=0}^{\infty} Cr\exp\left[\frac{-Ar^2}{2}\right]\mathrm{d}r \tag{A.15}$$

式（A.15）中 C 和 A 均为常数，且 $C=(2\pi\sigma_a\sigma_b)^{-1}$，$A=\cos\phi^2/\sigma_a^2+\sin\phi^2/\sigma_b^2$。这个积分很容易计算，可以得到式（A.16）相位误差边缘密度，

$$f_1(\phi) = \left[\frac{-C}{A}\exp\left\{\frac{-Ar^2}{2}\right\}\right]_0^\infty = \frac{C}{A} = \frac{\sigma_a\sigma_b}{2\pi\left(\cos\phi^2\sigma_b^2 + \sin\phi^2\sigma_a^2\right)} \quad (A.16)$$

当 $\sigma_a = \sigma_b$ 时，相位满足均匀分布，$f_1(\phi) = 1/2\pi$。幅度 $f_2(r)$ 的边缘密度由下式给出。

$$f_2(r) = \int_{\phi=-\pi}^{\pi} f(r,\phi)\,\mathrm{d}\phi = \int_{\phi=-\pi}^{\pi} F\exp(G\cos2\phi)\,\mathrm{d}\phi \quad (A.17)$$

进行一些变换后，常数 F 和 G 可以写成

$$F = \frac{r}{2\pi\sigma_a\sigma_b}\exp\left\{\frac{-r^2(\sigma_a^2+\sigma_b^2)}{4\sigma_a^2\sigma_b^2}\right\},\quad G = \frac{-r^2(\sigma_b^2-\sigma_a^2)}{4\sigma_a^2\sigma_b^2} \quad (A.18)$$

把式（A.17）中被积函数展开成泰勒级数，就可以计算出积分。

$$f_2(r) = F\int_{\phi=-\pi}^{\pi}\sum_{n=0}^{\infty}\frac{G^n(\cos2\phi)^n}{n!}\mathrm{d}\phi \quad (A.19)$$

可以得到下列展开式一般项的表达式

$$\int_{\phi=-\pi}^{\pi}\cos^n 2\phi\,\mathrm{d}\phi = \int_{\phi=-\pi}^{\pi}\frac{1}{2^n}[\mathrm{e}^{j2\psi}-\mathrm{e}^{-j2\psi}]^n\mathrm{d}\phi = \int_{\phi=-\pi}^{\pi}\frac{1}{2^n}\sum_{k=0}^{n}C_k^n\mathrm{e}^{j2\phi k}\mathrm{e}^{j2\phi(n-k)}\mathrm{d}\phi \\ = \frac{1}{2^n}C_{n/2}^n 2\pi = \frac{1}{2^n}\frac{n!}{(n/2)!(n/2)!}2\pi \quad (\text{for } n \text{ even}) \quad (A.20)$$

泰勒级数中的奇数项在式（A.19）边缘密度中没有作用，可以将其简化成式（A.21）中的表达式。

$$f_2(r) = F\sum_{n=0}^{\infty}\frac{1}{2^n}C_{n/2}^n 2\pi\frac{G^n}{n!},\qquad n = 0, 2, 4, \cdots \quad (A.21)$$

如果 $\sigma_a = \sigma_b$，那么 $F = \frac{r}{2\pi\sigma_a^2}\exp{-r^2/2\sigma_a^2}$ 和 $G = 0$。把这些值代入式（A.21），可以得到如下服从瑞利分布的密度函数

$$f_2(r) = \frac{r}{\sigma_a^2}\mathrm{e}^{-r^2/2\sigma_a^2} \quad (A.22)$$

上面得到的这些边缘密度公式，可以利用一个已知置信水平的样本 ACS 来做统计试验，证明或者驳斥 ACS 假设模型的实虚部或者幅度相位。

附录 B 空-时分离性

对于一个一般的一维 ARMA(p,q) 模型，当前时刻的输出 $\mathbf{c}_m^{[n]}(t)$ 可以写成现在和过去时刻输入 $\underline{\epsilon}_m^{[n]}(t)$ 的线性组合，见式（B.1），其中，复标量 $\alpha_m(k)$ 代表线性组合系数。系数与标量型广义 Watterson 模型（GWM）中接收器的数目 n 相互独立，同时假设描述多普勒频移的时间二阶统计特性对于模型中所有接收器都是相同的。

$$\mathbf{c}_m^{[n]}(t) = \sum_{k=0}^{\infty} \alpha_m(k) \underline{\epsilon}_m^{[n]}(t-k) \tag{B.1}$$

相似地，对第 $n-j$ 个接收器和第 $t-i$ 个时刻的输出 $\mathbf{c}_m^{[n-j]}(t-i)$，可以写成式（B.2）的形式，关于线性组合系数见式（B.1）。

$$\mathbf{c}_m^{[n-j]}(t-i) = \sum_{k=0}^{\infty} \alpha_m(k+i) \underline{\epsilon}_m^{[n-j]}(t-i-k) \tag{B.2}$$

与 GWM 一致，新型噪声向量 $\epsilon_m(t)$ 在时间上是白的，式（B.3）给出了输入 $\underline{\epsilon}_m^{[n]}(t)$ 的空时相关函数，其中 $\rho_s(j)$ 是新型噪声向量的空间 ACS，归一化后 $\rho(0)=1$。在 GWM 中，这个单位项是从尺度项 v_m 中得出的定义，利用 v_m 可以从（标量）单位方差的白噪声过程 $\gamma_{mn}(t)$ 中得到 $\epsilon_m(t)$。

$$E\{\underline{\epsilon}_m^{[n]}(t)\underline{\epsilon}_m^{[n-j]*}(t-i)\} = \rho_s(j)\,\delta(i) \tag{B.3}$$

应用式（B.1）和式（B.3），可以得到如式（B.4）所示信道调制的时间 ACS。注意，时间 ACS 独立于接收器的数目 n。通过定义，$E\{\underline{\epsilon}_m^{[n]}(t)\underline{\epsilon}_m^{[n]*}(t)\} = \rho_s(0)=1$，因此，时间 ACS 可以表示成线性组合系数的函数。这个函数可以用式（B.4）中的 $\rho_t(i) = \sum_{k=0}^{\infty} \alpha_m(k+i)\alpha_m^*(k)$ 项来表示。

$$E\{\mathbf{c}_m^{[n]}(t)\mathbf{c}_m^{[n]*}(t-i)\} = E\{\underline{\epsilon}_m^{[n]}(t)\underline{\epsilon}_m^{[n]*}(t)\}\sum_{k=0}^{\infty}\alpha_m(k+i)\alpha_m^*(k) = \rho_t(i) \tag{B.4}$$

由于尺度项 μ_m 使得每个接收单元的调制功率归一化，因此可得 $\rho_t(0)=1=\sum_{k=0}^{\infty}|\alpha_m(k)|^2$。通过式（B.5）中的空间 ACS 表达式可以看到，信道调制的空间 ACS 等价于新型噪声向量的空间 ACS。

$$E\{\mathbf{c}_m^{[n]}(t)\mathbf{c}_m^{[n-j]*}(t)\} = E\{\underline{\epsilon}_m^{[n]}(t)\underline{\epsilon}_m^{[n-j]*}(t)\}\sum_{k=0}^{\infty}|\alpha_m(k)|^2 = \rho_s(j) \tag{B.5}$$

结合式（B.1）和式（B.2），由于新型噪声向量在不同时刻的样本是不相关的，空时相关序列 $r(i,j)$ 可以简化为式（B.6）所示的形式。

$$r(i,j) = E\{\mathbf{c}_m^{[n]}(t)\mathbf{c}_m^{[n-j]*}(t-i)\} = E\{\underline{\epsilon}_m^{[n]}(t)\underline{\epsilon}_m^{[n-j]*}(t)\}\sum_{k=0}^{\infty}\alpha_m(k+i)\alpha_m^*(k) \tag{B.6}$$

从式（B.5）中可以看到，$E\{\underline{\epsilon}_m^{[n]}(t)\underline{\epsilon}_m^{[n-j]*}(t)\} = E\{\mathbf{c}_m^{[n]}(t)\mathbf{c}_m^{[n-j]*}(t)\} = \rho_s(j)$，同时式（B.4）中

有 $\sum_{k=0}^{\infty} \alpha_m(k+i)\alpha_m^*(k) = E\{c_m^{[n]}(t)c_m^{[n]*}(t-i)\} = \rho_t(i)$。因此，GWM 中的空-时 ACS $r(i,j)$ 可以分成时间 ACS $\rho_t(i)$ 和空间 ACS $\rho_s(i)$。GWM 信道调制的空-时 ACS 可以用式（B.7）的形式表示。

$$E\{c_m^{[n]}(t)c_m^{[n-j]*}(t-i)\} = E\{c_m^{[n]}(t)c_m^{[n-j]*}(t)\} E\{c_m^{[n]}(t)c_m^{[n]*}(t-i)\} = \rho_t(i)\rho_s(j) \quad (B.7)$$

对于一阶 AR 时间和空间过程的特殊情况，可以得到 $\rho_t(i) = \alpha^i$ 和 $\rho_s(i) = \beta^j$ 的归一化 ACS 函数，其中，α 和 β 分别是空间、时间 AR(1)过程的相关系数。由上可知，GWM 的空时可分离性不仅限于这种特殊的情况，与空间、时间 AR 过程的阶数无关。

附录 C 模型分解

ARMA($M, M-1$) 离散脉冲响应 $h(iT)$ 可以写成如式（C.1）所示的 M 阶组合，其中，T 是采样间隔（ARMA 的奈奎斯特采样率），并且当 $i<0$ 时，$h(iT)=0$（一个因果系统）（Scharf 1991）。

$$h(iT) = \sum_{m=1}^{M} c_m z_m^i \tag{C.1}$$

z_m 由 AR 特征方程的根组成，如式（C.2）所示，其中，$a_0, a_1, \cdots, a_M$ 是 AR 的系数，z_m 是 ARMA 传递函数的极点，用 $H(z) = B(z)/A(z)$ 表示。后者是脉冲响应 $h(iT)$ 的 Z 变换。

$$A(z) = a_0 z^M + a_1 z^{M-1} + \cdots + a_M = \prod_{m=1}^{M}(z - z_m) \tag{C.2}$$

式（C.1）中的 c_m 可以表示为式（C.3）中的部分分式展开式，式（C.3）表示在 $z = z_m$ 时刻的值，其中，$B(z) = \sum_{k=0}^{M-1} b_k z^{-k}$ 是 ARMA 过程的特征多项式。所描述的脉冲响应模型分解对于 ARMA($M, M-1$) 类是有效的。

$$c_m = \left[(1 - z_m z^{-1}) \frac{B(z)}{A(z)}\right]_{z=z_m} \tag{C.3}$$

ARMA($M, M-1$) 的功率谱密度 $S(z)$ 等于通过采样间隔 T 缩放后的传递函数 $H(z)$ 模的平方，并且通常利用它在区间 $f \in [-1/2T, 1/2T)$ 上对频率进行估计，其中，$z = e^{j2\pi fT}$ 是单位圆。

$$S(z) = T|H(z)|^2 = H(z)H^*(z) \tag{C.4}$$

$r(iT)$ 的自相关序列（ACS）通过周期功率谱密度函数 $S(e^{j2\pi fT})$ 的逆傅里叶变换计算出。利用式（C.4）和卷积定理，ACS 可以表示成如式（C.5）所示的脉冲响应函数，其中，$h^*(-iT)$ 是 $H^*(z)$ 的逆傅里叶变换，符号 $\oplus$ 代表卷积。

$$r(iT) = h(iT) \oplus h^*(-iT) = \sum_{j=0}^{\infty} h(j)h^*(j+i) \tag{C.5}$$

为方便起见，在式（C.5）的离散卷积和中，采样间隔 T 忽略不写。把式（C.1）代入式（C.5），并展开成式（C.6）。利用几何恒等式 $\sum_{j=0}^{\infty}(z_{m'}z_m^*)^j = (1 - z_{m'}z_m^*)^{-1}$ $\{m, m'\} \in [1, M]$ 对展开式进行简化。注意，在假设的 ACS 模型中，极点 z_m 并不在单位圆外（$|z_m| \leq 1, m = 1, 2, \cdots, M$）。

$$r(iT) = \sum_{m=1}^{M} g_m z_m^{*i}, \quad g_m = \sum_{m'=1}^{M} \frac{c_{m'} c_m^*}{1 - z_{m'} z_m^*} \tag{C.6}$$

从式（C.6）中很明显可以看到，ARMA($M, M-1$) 模型中的 ACS 也可以进行模型分解，其中，$r(iT)$ 是 $h(iT)$ 的复卷积。这个结果并没有明确地出现在 Scharf(1991)或者 Marple(1987)中，但是，可以用来同时估计参数 g_m 和 z_m，为样本 ACS 提供一个最小二乘拟合。如果将参数 g_m 和 z_m 从有限样本 ACS 中估计出来，那么就有可能将 ACS 模型扩展到无限宽度来估计功率谱密度，如式（C.7）所示。

$$S(z) = T \sum_{i=-\infty}^{\infty} r(iT)z^{-i} = \sum_{m=1}^{M} \frac{g_m}{|1 - z_m^* z^{-1}|^2} \qquad (C.7)$$

参 考 文 献

Abed-Meraim, K., Qui, W., and Hua, Y.: 1997, Blind system indentification, *Proceedings of IEEE* **85**(8), 1310–1322.

Ablett, S. J. and Emery, D. J.: 2000, Waveform parameter advice: A clutter evaluation tool for high frequency surface wave radar, *Eighth International Conference on HF Radio Systems and Techniques* **474**, 213–217.

Aboutanios, E. and Mulgrew, B.: 2005, Assessment of the single data set detection algorithms under template mismatch, *Proceedings of the Fifth IEEE International Symposium on Signal Processing and Information Technology*, Athens, Greece, 269–274.

Aboutanios, E. and Mulgrew, B.: 2010, Hybrid detection approach for STAP in heterogeneous clutter, *IEEE Transactions on Aerospace and Electronic Systems* **46**(3), 1021–1033.

Abramovich, Y., Anderson, S., Lyudviga, Y., Spencer, N., Turcaj, P., and Hibble, B.: 2004, Space-time adaptive techniques for ionospheric clutter mitigation in HF surface wave radar systems, *IEEE International Conference on Radar Systems*, Toulouse, France.

Abramovich, Y. I.: 1981a, A controlled method for adaptive optimization of filters using the criterion of maximum SNR, *Radio Engineering and Electronic Physics* **26**(3), 87–95.

Abramovich, Y. I.: 1981b, A regularised method for adaptive optimisation of filters based on the maximum signal-to-interference ratio criterion, *Radioteknika i Electronika* **26**(3), 543. (In Russian.)

Abramovich, Y. I.: 1990, Analysis of a direct adaptive tuning method for interference compensation systems with auxiliary linear constraints, *Soviet Journal of Communications Technology and Electronics* **35**(1), 30–37. (Translated from *Radioteknika i Electronika*.)

Abramovich, Y. I.: 2000, Convergence analysis of linearly constrained SMI and LSMI adaptive algorithms, *Proceedings of ASSPCC*, Lake Louise, Canada, 255–259.

Abramovich, Y. I., Anderson, S. J., Frazer, G. J., and Solomon, I. S. D.: 1995, Measurement and interpretation of phase fluctuations in HF radar echoes propagated via sporadic E layers, *Proceedings of the IPS/DSTO Conference on Solar and Terrestrial Physics*, Adelaide, Australia, 152–155.

Abramovich, Y. I., Anderson, S. J., Gorokhov, A. Y., and Spencer, N. K.: 2004, Stochastically constrained spatial and spatio-temporal adaptive processing for nonstationary hot-clutter cancellation, In R.K. Klemm (ed.), *Applications of Space-Time Adaptive Processing*, London: Springer, 603–697.

Abramovich, Y. I., Anderson, S. J., and Solomon, I. S. D.: 1996, Adaptive ionospheric distortion correction techniques for HF skywave radar, *Proceedings of 1996 IEEE National Radar Conference*, Ann Arbor, Michigan, US, 267–272.

Abramovich, Y. I., Anderson, S. J., and Spencer, N.: 2000, Stochastic-constraints method in nonstationary hot-clutter cancellation, Part 2: Unsupervised training applications, *IEEE Transactions on Aerospace and Electronic Systems* **36**(1), 132–150.

Abramovich, Y. I., Mikhaylyukov, V. N., and Malyavin, I. P.: 1992, Stabilisation of autoregressive characteristics of spatial clutters while nonstationary spatial filtering, *Soviet Journal of Communications Technology and Electronics* **37**(2), 10–19. (Translated from *Radioteknika i Electronika*.)

Abramovich, Y. I., and Gorokhov, A. Y.: 1994, Adaptive OTHR signal extraction under nonstationary ionospheric propagation conditions, *IEEE International Radar Conference (RADAR 94)*, Paris, 420–425.

Abramovich, Y. I., Fabrizio, G. A., Anderson, S. J., Gray, D. A., and Turley, M. D.: 1997, Nonstationary HF interference rejection in adaptive arrays, *IEEE International Radar Conference (RADAR 97)*, Edinburgh, UK.

Abramovich, Y. I., Frazer, G. J., and Johnson, B. A.: 2011, Principles of mode-selective MIMO OTHR, *Accepted for Publication in IEEE Transactions Aerospace and Electronic Systems*.

Abramovich, Y. I., Gorokhov, A. Y., and Demeure, C.: 1996, Experimental verification of a generalized multivariate propagation model for ionospheric HF signals, *Proceedings of the European Signal Processing Conference (EUSIPCO-96)*, Trieste, Italy 3: 1853–1856.

Abramovich, Y. I., Gorokhov, A. Y., Mikhaylyukov, V. N., and Malyavin, I. P.: 1994, Exterior noise adaptive rejection for OTH radar implementations, *International Conference on Acoustics, Speech and Signal Processing (ICASSP-94)*, Adelaide, Australia, 105–107.

Abramovich, Y. I. and Kachur, V. G.: 1987, Effectiveness of adaptive tuning of correcting filters for cyclic convolution, *Soviet Journal of Communication Technology and Electronics* 32(4), 180–186.

Abramovich, Y. I., Kachur, V. G., and Struchev, V. F.: 1984, Methods of digital channel correction in multichannel radar receivers, *Radio Engineering and Electronic Physics* 29(9), 62–68.

Abramovich, Y. I., Mikhaylyukov, V. N., and Malyavin, I. P.: 1992a, Test of interference stationarity in adaptive filtering systems, *Soviet Journal of Communications Technology and Electronics* 37(3), 1–10. (Translated from *Radioteknika i Electronika*.)

Abramovich, Y. I. and Nevrev, A. I.: 1981, An analysis of effectiveness of adaptive maximization of the signal-to-noise ratio which utilizes the inversion of the estimated correlation matrix, *Radio Engineering and Electronic Physics* 26(12), 67–74.

Abramovich, Y. I., Spencer, N. K., Anderson, S. J., and Gorokhov, A. Y.: 1998, Stochastic-constraints method in nonstationary hot-clutter cancellation, Part 1: Fundamentals and supervised training applications, *IEEE Transactions on Aerospace and Electronic Systems* 34(4), 1271–1292.

Abramovich, Y. I., Spencer, N. K., and Anderson, S. J.: 1999, Experimental trials on non-Gaussian environmental noise mitigation for surface-wave over-the-horizon radar by adaptive antenna array processing, *Proceedings of IEEE Signal Processing Workshop on Higher-Order Statistics*, Caesarea, Israel, 340–344.

Abramovich, Y. I., Spencer, N. K., and Anderson, S. J.: 2000, Experimental study of the spatial dynamics of environmental noise for a surface-wave OTHR application, *Eight International Conference on HF Radio Systems and Techniques*, Guildford, UK, 357–362.

Abramovich, Y. I., Spencer, N. K., Tarnavskii, S., and Anderson, S. J.: 2000, Experimental trials on environmental noise rejection by adaptive spatio-polarimetric processing for HF surface wave radar, *Proceedings of the International Radar Symposium (IRS-2000)*, Berlin, Germany.

Abramovich, Y. I., Turcaj, P., and Spencer, N. K.: 2008, Joint transient and CW external-noise mitigation in heavy clutter, *IEEE Radar Conference (RADARCON'08)*, Rome, Italy, 1–6.

Abramovich, Y. I., Yevstratov, F. F., and Mikhaylyukov, V. N.: 1993, Experimental investigation of efficiency of adaptive spatial unpremeditated noise compensation in HF radars for remote sea surface diagnostics, *Soviet Journal of Communications Technology and Electronics* **38**(10), 112–118.

Abramovich, Y., Mikhaylyukov, V., and Malyavin, I.: 1992b, Stabilisation of the autoregressive characteristics of spatial clutters in the case of nonstationary spatial filtering, *Soviet Journal of Communications Technology and Electronics* **37**, 10–19. (Translated from *Radioteknika i Electronika*.)

Abramowitz, M. and Stegan, I. A.: 1964, *Handbook of Mathematical Functions*, Dover Publications, Inc., Mineola, NY, US.

Adachi, F., Feeney, M., Williamson, A., and Parsons, J.: 1986, Cross-correlation between the envelopes of 900 MHz signals received at a mobile radio base station site, *IEE Proceedings Part F* **133**, 506–512.

Adve, R. S., Hale, T. B., and Wicks, M. C.: 1999, Transform domain localized processing using measured steering vectors and non-homogeneity detection, *Proceedings of the IEEE Radar Conference*, Waltham, Massachusetts, US, 285–290.

Adve, R. S., Hale, T. B., and Wicks, M. C.: 2000a, Practical joint domain localised adaptive processing in homogeneous and nonhomogeneous environments, parts 1 and 2, *IEE Proceedings—Radar, Sonar and Navigation* **147**(2), 57–74.

Adve, R. S., Hale, T. B., and Wicks, M. C.: 2000b, Practical joint domain localised adaptive processing in homogeneous and nonhomogeneous environments, part 1: Homogeneous environments, *IEE Proceedings—Radar, Sonar and Navigation* **147**(2), 57–65.

Adve, R. S., Hale, T. B., and Wicks, M. C.: 2000c, Practical joint domain localised adaptive processing in homogeneous and nonhomogeneous environments, part 2: Non-homogeneous environments, *IEE Proceedings—Radar, Sonar and Navigation* **147**(2), 66–74.

Agee, B. G., Schell, S. V., and Gardner, W. A.: 1990, Spectral self-coherence restoral: A new approach to blind adaptive signal extraction using antenna arrays, *Proceedings of IEEE* **78**, 753–767.

Agy, V.: 1954, Geographical and temporal distribution of polar blackouts, *Journal of Geophysical Research* **59**, 499.

Ahearn, J. L., Curley, S. R., Headrick, J. M., and Trizna, D. B.: 1974, Tests of remote skywave measurement of oean surface conditions, *Proceedings of IEEE* **62**, 681–686.

Albert, A.: 1972, *Regression and the Moore-Penrose Pseudoinverse*, Academic Press, New York and London.

Alebastrov, V. A., Mal'tsev, A. T., Oros, V. M., Shlionskiy, A. G., and Yarko, O. I.: 1993, Some characteristics of echo signals, *Telecommunications and Radio Engineering* **48**, 92–95.

Ames, J.: 1964, Spatial properties of the amplitude fading of continuous HF radio waves, *Radio Science* **68D**(12), 1309–1318.

Anand, K., Mathew, G., and Reddy, V. U.: 1995, Blind separation of multiple co-channel BPSK signals arriving at an antenna array, *IEEE Signal Processing Letters* **2**, 176–178.

Anderson, D. N., Forbes, J. M., and Codrescu, M.: 1989, A fully analytical, low- and middle-latitude ionospheric model, *Journal of Geophysical Research* **94**, 1520–1524.

Anderson, R. H. and Krolik, J. L.: 2002, Track association for over-the-horizon radar with a statistical ionospheric model, *IEEE Transactions on Signal Processing* **50**, 2632–2643.

Anderson, S.: 2008a, Multiple scattering of HF skywave radar signals: Physics, interpretation and exploitation, *IEEE Radar Conference (RADARCON'08)*, Rome, Italy, 1–5.

Anderson, S.: 2008b, Prospects for tsunami detection and characterisation with HF skywave radar, *IEEE International Radar Conference (RADARCON'08)*, Rome, Italy, 639–645.

Anderson, S. J.: 1985, Simulation and modeling for the Jindalee over-the-horizon radar, *Mathematics and Computers in Simulation* **27**, 241–248.

Anderson, S. J.: 1986, Remote sensing with the Jindalee skywave radar, *IEEE Journal of Oceanic Engineering* **11**(2), 158–163.

Anderson, S. J.: 2004, The Doppler structure of diffusely-scattered skywave radar echoes, *IEEE International Radar Conference (RADAR-2004)*, Toulouse, France.

Anderson, S. J.: 2007, Optimising bistatic HF radar configurations for target and environmental signature discrimination, *Conference on Information, Decision, and Control*, Adelaide, Australia, 29–33.

Anderson, S. J. and Abramovich, Y. I.: 1998, A unified approach to detection, classification, and correction of ionospheric distortion in HF skywave radar systems, *Radio Science* **33**(4), 1055–1067.

Anderson, S. J., Abramovich, Y. I., and Boerner, W.-M.: 2002, Measuring polarization dynamics of the generalized HF skywave channel transfer function, *International Symposium on Antennas and Propagation (ISAP-2000)*, Japan, 1–4.

Anderson, S. J., Abramovich, Y. I., and Fabrizio, G. A.: 1997, Stochastic constraints in non-stationary hot clutter cancellation, *IEEE International Conference on Acoustics, Speech and Signal Processing (ICASSP-97)*, Munich, Germany, 3753–3756.

Anderson, S. J., Bates, B. D., and Tyler, M. A.: 1999, HF surface wave radar and its role in littoral warfare, *Journal of Battlefield Technology* **2**(3), 1–5.

Anderson, S. J., Edwards, P. J., Morrone, P., and Abramovich, Y. I.: 2003, Investigations with SECAR: A bistatic HF surface wave radar, *IEEE International Radar Conference (RADAR 2003)*, Adelaide, Australia, 717–722.

Anderson, S. J., Mei, F. J., and Peinan, J.: 2001, Enhanced OTHR ship detection via dual frequency operation, *Proceedings of China Institute of Electronics International Conference on Radar*, Beijing, 85–89.

Antonik, P., Schuman, H., Li, P., Melvin, W., and Wicks, M.: 1997, Knowledge-based space-time adaptive processing, *Proceedings of IEEE National Radar Conference*, Syracuse, NY, 372–377.

Applebaum, S. P.: 1976, Adaptive arrays, *IEEE Transactions on Antennas and Propagation* **24**(5), 585–598.

Appleton, E. V.: 1954, The anomalous equatorial belt in the F2-layer, *Journal of Atmospheric and Terrestrial Physics* **5**, 349.

Appleton, E. V. and Barnett, M. A. F.: 1925, Local reflection of wireless waves from the upper atmosphere, *Nature* **115**, 333–334.

Apaydin, G. and Sevgi, L.: 2010, Propagation modeling and path loss prediction tools for high frequency surface wave radars, *Turkish Journal of Electrical Engineering & Computer Sciences* **18**(3), 469–484.

Arato, M.: 1961, On the sufficient statistics for stationary Gaussian random processes, *Theory of Probability and its Applications* **6**, 199–201.

ARRL: 1991, *The ARRL Antenna Book*, The American Radio Relay League, Newington, CT.

Astely, D., Ottersten, B., and Swindelhurst, A.: 1998, A generalized array manifold model for wireless communication channels with local scattering, *IEE Proceedings—Radar, Sonar, and Navigation* **145**, 51–57.

Astely, D., Swindlehurst, A., and Ottersten, B.: 1999, Spatial signature estimation for uniform linear arrays with unknown receiver gains and phases, *IEEE Transactions on Signal Processing* **47**(8), 2128–2138.

Aurand, J. F.: 1987, An algorithm for computing the roots of a complex polynomial, *IEEE Transactions on Automatic Control* **32**, 164–166.

Bailey, D. K.: 1959, The effect of multipath distortion on the choice of operating frequencies for high-frequency communications circuits, *IRE Transactions on Antennas and Propagation* **7**, 398.

Baixiao, C., Duofang, C., Shouhong, Z., Hao, Z., and Maocang, L.: 2006, Experimental system and experimental results for coast-ship bi/multistatic ground-wave over-the-horizon radar, *International Conference on Radar (CIE'06)*, Shanghai, China, 1–5.

Baker, C. J., Griffiths, H. D., and Papoutsis, I.: 2005, Passive coherent location radar systems, part 2: Waveform properties, *IEE Proceedings—Radar, Sonar and Navigation* **152**(3), 160–168.

Balser, M. and Smith, W.: 1962, Some statistical properties of pulsed oblique HF ionospheric transmissions, *Journal of Research of the National Bureau of Standards, Section D* **66-D**, 721–730.

Bandiera, F., Besson, O., and Ricci, G.: 2008, An ABORT-like detector with improved mismatched signal rejection capabilities, *IEEE Transactions on Signal Processing* **56**(1), 14–25.

Bandiera, F., De Maio, A., De Nicola, S., Farina, A., Orlando, D., and Ricci, G.: 2010, Adaptive strategies for discrimination between mainlobe and sidelobe signals, *IEEE International Radar Conference (RADAR 2010)*, Washington D.C., US, 910–914.

Bandiera, F., De Maio, A., Greco, A., and Ricci, G.: 2007, Adaptive radar detection of distributed targets in homogeneous and partially homogeneous noise plus subspace interference, *IEEE Transactions on Signal Processing* **55**(4), 1223–1237.

Bandiera, F., Orlando, D., and Ricci, G.: 2006, CFAR detection of extended and multiple point-like targets without assignment of secondary data, *IEEE Transactions on Signal Processing* **13**(4), 240–243.

Baniak, I., Baker, G., Cunningham, A., and Martin, L.: 1999, Silent Sentry passive surveillance, *Aviation Week and Space Technology*.

Bar-Shalom, Y. and Fortmann, T. E.: 1988, *Tracking and Data Association*, Academic Press, New York.

Bar-Shalom, Y. and Tse, E.: 1975, Tracking in a cluttered environment with probabilistic data association, *Automatica* **11**(5), 451–460.

Barclay, L. E.: 2003, *Propagation of Radio Waves*, 2d. ed., The Institution of Electrical Engineers, London, UK.

Barghausen, A. L., Finney, J. W., Proctor, L. L., and Schulz, L. D.: 1969, Predicting long-term operational parameters of high-frequency sky-wave communications systems, *ESSA Technical Report ERL 110-ITS 78*, US Department of Commerce.

Barnes, R.: 1996, Automated propagation advice for OTHR ship detection, *IEE Proceedings—Radar, Sonar, and Navigation* **143**, 53–63.

Barnes, R. I.: 1990, Modelling the horizontal structure of mid-latitude Es from its refraction effects on F-region echoes, *Journal of Atmospheric and Terrestrial Physics* **53**(1-2), 105–114.

Barnes, R. I.: 1992, Spread-Es structure producing apparent small scale structure in the F-region, *Journal of Atmospheric and Terrestrial Physics* **54**(3-4), 373–389.

Barnum, J., Maresca, J. J., and Serebreny, S.: 1977, High-resolution mapping of oceanic wind fields with skywave radar, *IEEE Transactions on Antennas and Propagation* **25**(1), 128–132.

Barnum, J. R.: 1973, Skywave polarization rotation in swept-frequency sea backscatter, *Radio Science* **8**(5), May, 411–423.

Barnum, J. R.: 1986, Ship detection with high-resolution HF skywave radar, *IEEE Journal of Oceanic Engineering* **11**(2), 196–209.

Barnum, J. R.: 1993, Long-range surveillance of private aircraft by OTH radar with CD applications, *Proceedings ONDCP/CTAC Tactical Technologies and Wide Area Surveillance Symposium*, Chicago, Illinois, 365–406.

Barnum, J. R. and Simpson, E.: 1997, Over-the-horizon radar sensitivity enhancement by impulsive noise excision, *IEEE National Radar Conference*, Syracuse, New York, US, 252–256.

Barnum, J. R. and Simpson, E. E.: 1998, Over-the-horizon radar target registration improvement by terrain feature localization, *Radio Science* **33**, 1067.

Barrick, D.: 2003, History, present status, and future directions of HF surface-wave radars in the US, *IEEE International Radar Conference*, Adelaide, Australia, 652–655.

Barrick, D. E.: 1971, Theory of HF and VHF propagation across the rough sea, parts 1 and 2, *Radio Science* **6**, 517–533.

Barrick, D. E.: 1972a, First order theory and analysis of MF/HF/VHF scatter from the sea, *IEEE Transactions on Antennas and Propagation* **20**, 2–10.

Barrick, D. E.: 1972b, Remote sensing of sea state by radar, Chapter 12 in *Remote Sensing of the Troposphere*, V. E. Derr (ed.), NOAA/Environmental Research Laboratories, Boulder, CO.

Barrick, D. E.: 1977, Extraction of wave parameters from measured HF radar sea-echo spectra, *Radio Science* **12**(3), 415.

Barrick, D. E., Headrick, J. M., Bogle, R. W., and Crombie, D. D.: 1974, Sea backscatter at HF: Interpretation and utilization of the echo, *Proceedings of IEEE* **62**, 673–680.

Barrick, D. and Snider, J.: 1977, The statistics of HF sea-echo Doppler spectra, *IEEE Journal of Oceanic Engineering* **2**(1), 19–28.

Barrick, E. and Evans, M. W.: 1976, Implementation of coastal current-mapping HF radar system, *Progress Report No.1 NOAA Technical Memorandum*, 373-WPL-47.

Barry, G. H.: 1971, A low-power vertical-incidence ionosonde, *IEEE Transactions* **GE–9**, 86.

Bartlett, M. S.: 1946, On the theoretical specification of the sampling properties of autocorrelated time series, *Journal of the Royal Statistical Society Supplement* **8**, 27–41.

Barton, D. K.: 1974, Low-angle radar tracking, *Proceedings of IEEE* **62**, 687–704.

Basler, R. P. and Scott, T. D.: 1973, Ionospheric structure from oblique-backscatter soundings, *Radio Science* **8**, 425.

Basler, R., Price, G., Tsunoda, R., and Wong, L.: 1988, Ionospheric distortion of HF signals, *Radio Science* **23**(4), 569–579.

Bates, H. F. and Hunsucker, R. D.: 1974, Quiet and disturbed electron-density profiles in the auroral zone ionosphere, *Radio Science* **9**, 455.

Bazin, V., Molinie, J. P., Munoz, J., Dorey, P., Saillant, S., Auffray, G., Rannou, V., and Lesturgie, M.: 2006, NOSTRADAMUS: An OTH radar, *IEEE Aerospace and Electronic Systems Magazine* **21**(10), 3–11.

Beex, A. A. and Scharf, L. L.: 1981, Covariance sequence approximation for parametric spectrum modelling, *IEEE Transactions on Acoustics, Speech and Signal Processing* **29**(5), 1042–1052.

Belouchrani, A., Abed-Meraim, K., Cardoso, J.-F., and Moulines, E.: 1997, A blind source separation technique using second-order statistics, *IEEE Transactions on Signal Processing* **45**, 434–444.

Bennett, J. A., Chen, J., and Dyson, P. L.: 1991, Analytic ray tracing for the study of HF magneto-ionic radio propagation in the ionosphere, *Applied Computational Electromagnetics Society Journal* **6**(1), 192–210.

Bennett, J. A. and Dyson, P. L.: 1986, The effect of small amplitude wave irregularities on radio wave observations of the ionosphere, *Radio Science* **21**, 375.

Bernhardt, P. A., Ganguli, G., Kelley, M. C., and Swartz, W. E.: 1995, Enhanced radar backscatter from space shuttle exhaust in the ionosphere, *Journal of Geophysical Research* **100**(23), 811–823,818.

Berry, L. A. and Chrisman, M. E.: 1966, A FORTRAN program for calculation of ground wave propagation over homogeneous spherical earth for dipole antennas, *National Bureau of Standards Report 9178*, Boulder, US.

Besson, O., Monakov, A., and Chalus, C.: 2004, Signal waveform estimation in the presence of uncertainties about the steering vector, *IEEE Transactions on Signal Processing* **52**(9), 2432–2440.

Besson, O. and Stoica, P.: 2000, Decoupled estimation of DOA and angular spread for a spatially distributed source, *IEEE Transactions on Signal Processing* **48**, 1872–1882.

Besson, O., Vincent, F., Stoica, P., and Gershman, A.: 2000, Approximate maximum likelihood estimators for array processing in multiplicative noise environments, *IEEE Transactions on Signal Processing* **48**, 2506–2518.

Bibl, K. and Reinisch, B. W.: 1978, The universal digital ionosonde, *Radio Science* **13**(13), 519–530.

Bilitza, D.: n.d., International reference ionosphere, http://modelweb.gsfc.nasa.gov/ionos/iri.html.

Black, Q. R., Wood, J. F., and Sherrill, W. M.: 1995, Mode angles of arrival in the 55 to 3500 km range, *Radio Science* **28**(1), 693–702.

Blackman, S. and Popoli, R.: 1999, *Design and Analysis of Modern Tracking Systems*, Artech House, Boston, Massachusetts.

Blake, T. M.: 2000, The detection and tracking of small fast boats using HF surface wave radar, *HF Radio Systems and Techniques, IEE Conference Publication* **474**, 219–224.

Blum, R. S. and McDonald, K. F.: 2000, Analysis of STAP algorithms for cases with mismatched steering and clutter statistics, *IEEE Transactions on Signal Processing* **48**(2), 301–310.

Bodonyi, J. and Pegram, T. W.: 1988, HF ground-wave radar: Theory and practice, *Fourth International Conference on HF Radio Systems and Techniques*, London, UK, 241–245.

Bogle, R. W., and Trizna, D. B.: 1976, Small boat HF radar cross sections, *Naval Research Laboratory Memo. Report*, NRL-MR-3322.

Bongioanni, C., Colone, F., and Lombardo, P.: 2008, Performance analysis of a multi-frequency FM based passive bistatic radar, *IEEE Radar Conference*, Rome, Italy.

Booker, H. G., Pasricka, P. K., and Powers, W. J.: 1986, Use of scintillation theory to explain frequency-spread on F-region ionograms, *Journal of Atmospheric and Terrestrial Physics* **48**, 327.

Booker, H., Ratcliffe, J., and Shinn, D.: 1950, Diffraction from an irregular screen with applications to ionospheric problems, *Philosophical Transactions of Royal Society* **A242**(856), 579–609.

Boroson, D. M.: 1980, Sample size considerations for adaptive arrays, *IEEE Transactions on Aerospace and Electronic Systems* **16**(4), 446–451.

Boswell, A.: 1995, Antennas for a 19 MHz groundwave radar, *Ninth International Conference on Antennas and Propagation (ICAP-95)* **1**, 463–464.

Boswell, A., Emery, D., and Bedford, M.: 2006, Performance of a tetrahedral antenna array in the HF band, *IET International Conference on Ionospheric Radio Systems and Techniques*, 49–53.

Bourdillon, A. and Delloue, J.: 1994, Phase correction of a HF multi-receiver antenna array using a radar transponder, *International Conference on Acoustics Speech and Signal Processing (ICASSP-94)*, Adelaide, Australia, 125–128.

Bourdillon, A., Delloue, J., and Parent, J.: 1989, Effects of geomagnetic pulsations on the Doppler shift of HF backscatter radar echoes, *Radio Science* **24**, 183–195.

Boutacoff, D. A.: 1985, Backscatter radar extends early warning times, *Defense Electronics* **17**, 71–83.

Bowhill, S.: 1961, Statistics of a radio wave diffracted by a random ionosphere, *Journal of Research of the National Bureau of Standards, Section D: Radio Propagation* **65D**(3), 275–292.

Bowman, G. G.: 1968, Movements of ionospheric irregularities and gravity waves, *Journal of Atmospheric and Terrestrial Physics* **30**, 721.

Boys, J.: 1968, Statistical variations in the apparent specular component of ionospherically reflected radio waves, *Radio Science* **3**(10), 984–990.

Bramley, E. N.: 1951, Diversity effects in spaced-aerial reception of ionospheric waves, *Proceedings of IEE, Part III* **98**, 19–25.

Bramley, E. N.: 1955, Some aspects of the rapid directional fluctuations of short radio waves reflected at the ionosphere, *Proceedings of the Institution of Electrical Engineers (London)* **122B**(4), 533–540.

Bremmer, H.: 1949, *Terrestrial Radio Waves: Theory of Propagation*, Elsevier Pub. Co., New York, US.

Bremmer, H.: 1958, Applications of operational calculus to ground wave propagation, particularly for long waves, *IRE Transactions on Antennas and Propagation* **6**(3), 267–272.

Brennan, L. E. and Reed, I. S.: 1973, Theory of adaptive radar, *IEEE Transactions on Aerospace and Electronic Systems* **9**(2), 237–252.

Bresler, Y. and Macovski, A.: 1986a, Exact maximum likelihood parameter estimation of superimposed exponential signals in noise, *IEEE Transactions on Acoustics, Speech and Signal Processing* **34**(5), 1081–1089.

Briggs, B. H. and Phillips, G. J.: 1950, A study of the horizontal irregularities of the ionosphere, *Proceedings of the Physical Society* **B63**, 907–923.

Brown, P. and Jones, J.: 1995, A determination of the strengths of the sporadic radio-meteor sources, *Earth, Moon and Planets* **68**, 223–245.

Bruzzone, S. and Kaveh, M.: 1984, Information tradeoffs in using the sample autocorrelation function in ARMA parameter estimation, *IEEE Transactions Acoustics Speech and Signal Processing* **32**(4), 701–715.

Budden, K. G.: 1985, *The Propagation of Radio Waves*, Cambridge University Press, UK.

Burke, G. J. and Poggio, A. J.: 1981, Numerical electromagnetic code (NEC)-method of moments, *NOSC Technical Document*, 116, California, US.

Burrus, C. S. and Parks, C. W.: 1985, *DFT/FFT and Convolution Algorithms*, John Wiley and Sons, New York.

Cadzow, J.: 1982, Spectral estimation: An overdetermined rational model equation approach, *Proceedings of IEEE* **70**, 907–938.

Cadzow, J. A., Baseghi, B., and Hsu, T.: 1983, Singular-value decomposition approach to time series modelling, *IEE Procedings Pt. F* **130**(3), 332–340.

Cai, L. and Wang, H.: 1990, On adaptive filtering with the CFAR feature and its performance sensitivity to non-Gaussian interference, *Proceedings of the 24th Annual Conference on Information Sciences and Systems*, Princeton, NJ, 558–563.

Cameron, A.: 1995, The Jindalee operational radar network: Its architecture and surveillance capability, *IEEE International Radar Conference (RADAR-95)*, Virginia, US, 692–697.

Capon, J.: 1969, High-resolution frequency-wavenumber spectrum analysis, *Proceedings of IEEE* **57**(8), 2408–2418.

Capraro, G. T., Farina, A., Griffiths, H., and Wicks, M.: 2006, Knowledge-based radar signal and data processing: A tutorial review, *IEEE Signal Processing Magazine*, **23**(1), 18–29.

Cardinali, R., Colone, F., Ferretti, C., and Lombardo, P.: 2007, Comparison of clutter and multipath cancellation techniques for passive radar, *IEEE International Radar Conference (RADAR 2007)*, Boston, MA, 469–474.

Cardoso, J.: 1998, Blind signal separation: Statistical principles, *Proceedings of IEEE* **86**(10), 2009–2025.

Cardoso, J.-F. and Souloumiac, A.: 1993, Blind beamforming for non-Gaussian signals, *Proceedings of the Institution of Electrical Engineers F* **140**(6), 362–370.

Carhoun, D. O., Kramer, J. D. R., and Rastogi, P.: 1995, Adaptive cancellation of atmospheric noise and ionospheric clutter for high frequency radar, *MITRE Report*, Bedford, Massachusetts.

Carlson, B. D.: 1988, Covariance matrix estimation errors and diagonal loading in adaptive arrays, *IEEE Transactions on Aerospace and Electronic Systems* **24**(4), 397–401.

Carrell, R. L.: 1961, The design of log-periodic dipole antennas, *IRE National Convention Record, Part 1*.

Carter, G. C.: 1971, *Coherence Estimation*, Naval Underwater Systems Centre, Newport Laboratory, Rhode Island.

CCIR: 1964, 1983, and 1988, World distribution and characteristics of atmospheric radio noise, *International Radio Consultative Committee (CCIR) Report 322, International Telecommunications Union*, editions 1964, 1983, and 1988.

CCIR: 1970, 12th Plenary Assembly, Volume II, part 2, New Delhi, India, 197–213.

Cervera, M.: 2010, Provision of pharlap raytracing toolbox, *Internal Communication, Defence Science and Technology Organisation (DSTO)*, Australia.

Cervera, M. A. and Elford, W. G.: 2004, The meteor response function: Theory and application to narrow beam MST radar, *Planet, Space, Science* **52**, 591–602.

Cervera, M. A., Holdsworth, D. A., Reid, I. M., and Tsutsumi, M.: 2004, Meteor radar response function: Application to the interpretation of meteor backscatter at medium frequency, *Journal of Geophysical Research, A11309* **109**, 591–602.

Checcacci, P. F. E.: 1975, Special Marconi issue, *Radio Science* **10**, 654.

Chen, J., Bennett, J. A., and Dyson, P. L.: 1992, Synthesis of oblique ionograms from vertical ionograms using quasi-parabolic segment models of the ionosphere, *Journal of Atmospheric and Terrestrial Physics* **54**(3-4), 323–331.

Chen, P., Melvin, W., and Wicks, M.: 1999, Screening among multivariate normal data, *Journal of Multivariate Analysis* **69**, 10–29.

Chen, W. S. and Reed, I. S.: 1991, A new CFAR detection test for radar, *Digital Signal Processing* **1**(4), 198–214.

Cheremisin, O. P.: 1982, Efficiency of adaptive algorithm with regularised sample covariance matrix. *Radio Engineering and Electronic Physics* **27**(10), 69–77.

Cherniakov, M., Nezlin, D., and Kubin, K.: 2002, Air target detection via bistatic radar based on LEOS communications system, *IEE Proceedings—Radar, Sonar and Navigation* **149**(1), 33–38.

Cherniakov, M., Zeng, T., and Plakidis, E.: 2003, Galileo signal-based bistatic system for avalanche prediction, *Proceedings of IGARSS-03*, Toulouse, France, 784–786.

Chunbo, L., Baixiao, C., Duofang, C., and Shouhong, Z.: 2006, Analysis of first-order sea clutter in a shipborne bistatic high frequency surface wave radar, *International Conference on Radar (CIE'06)*, Shanghai, China, 1–4.

Ciboci, J. W.: 1997, Over-the-horizon radar surveillance of airfields for counterdrug applications, *IEEE National Radar Conference*, Syracuse, New York, US, 178–181.

Ciboci, J. W.: 1998, Over-the-horizon radar surveillance of airfields for counterdrug applications, *IEEE Aerospace and Electronic Systems Magazine* **13**(1), 31–34.

Clancy, J. T., Bascom, H. F., and Hartnett, M. P.: 1999, Mitigation of range folded clutter by a nonrecurrent waveform, *IEEE Radar Conference*, Waltham, Massachusetts, US, 79–83.

Clark, M. and Scharf, L.: 1994, Two-dimensional modal analysis based on Maximum Likelihood, *IEEE Transactions on Signal Processing* **42**(6), 1443–1452.

Clark, R. H. and Tibble, D. V.: 1978, Measurement of the elevation angles of arrival of multi-component HF skywaves, *Proceedings of IEE* **125**, 17–24.

Clark, R. W.: 1971, *Sir Edward Appleton*, Pergamon Press, Oxford.

Cohen, L.: 1989, Time-frequency distributions—a review, *Proceedings of IEEE* **77**, 941–981.

Cohen, L.: 1995, *Time-Frequency Analysis*, Prentice-Hall Inc., New York, US.

Colegrove, S. B.: 2000, Project Jindalee: From bare bones to operational OTHR, *IEEE International Radar Conference*, Virginia, US, 825–830.

Colegrove, S. B., and Cheung, B.: 2002, A peak detector that picks more than peaks, *IEEE Radar Conference*, Long Beach, California, US, 167–171.

Colegrove, S. B. and Davey, S. J.: 2003, PDAF with multiple clutter regions and target models, *IEEE Transactions on Aerospace and Electronic Systems* **39**, 110–124.

Colegrove, S. B., Davey, S. J., and Cheung, B.: 2003, PDAF versus PMHT performance on OTH radar, *IEEE International Radar Conference*, Adelaide, Australia, 560–565.

Coleman, C. J.: 1993, A general purpose ionospheric ray-tracing procedure, *DSTO Technical Report SRL-0131-TR*.

Coleman, C. J.: 1997, The effect of an imperfectly conducting plane upon an incident electromagnetic field, *IEEE Transactions on Antennas and Propagation* **45**(10), 1445–1450.

Coleman, C. J.: 1998, A ray tracing formulation and its application to some problems in over-the-horizon radar, *Radio Science* **33**(4), 1187–1197.

Coleman, C. J.: 2000, The directionality of atmospheric noise and its impact upon an HF receiving system, *Proceedings of the 8th International Conference on HF Radio Systems and Techniques* **474**, 363–366.

Coleman, C. J.: 2002, A direction-sensitive model of atmospheric noise and its application to the analysis of HF receiving antennas, *Radio Science* **37**(3), 110.

Coleman, C. J., Watson, R. A., and Yardley, H.: 2008, A practical bistatic passive radar system for use with DAB and DRM illuminators, *IEEE Radar Conference*, Rome, Italy, 1–6.

Colone, F., Cardinali, R., and Lombardo, P.: 2006, Cancellation of clutter and multipath in passive radar using a sequential approach, *IEEE National Radar Conference (RadarCon 2006)*, Verona, NY, 393–399.

Compton, R. T.: 1982, The effect of random steering vector errors in the Applebaum adaptive array, *IEEE Transactions on Aerospace and Electronic Systems* **18**(5), 392–400.

Compton, R. T.: 1988a, *Adaptive Antennas—Concepts and Performance*, Prentice-Hall, Englewood Cliffs, NJ.

Compton, R. T.: 1988b, The relationship between tapped delay-line and FFT processing in adaptive arrays, *IEEE Transactions on Aerospace and Electronic Systems* **36**(1), 15–26.

Conte, E., De Maio, A., Farina, A., and Foglia, G.: 2005, Design and analysis of a knowledge-based radar detector, *IEEE International Radar Conference (RADAR 2005)*, Arlington, Virginia, US, 387–392.

Conte, E., De Maio, A., and Ricci, G.: 2001, GLRT-based adaptive detection algorithms for range spread targets, *IEEE Transactions on Signal Processing* **49**(7), 1336–1348.

Conte, E., De Maio, A., and Ricci, G.: 2002, Recursive estimation of the covariance matrix of a compound-Gaussian process and its application to adaptive CFAR detection, *IEEE Transactions on Signal Processing* **50**(8), 1908–1915.

Conte, E., Lops, M., and Ricci, G.: 1995, Asymptotically optimum radar detection in compound-Gaussian clutter, *IEEE Transactions on Aerospace and Electronic Systems* **31**(2), 617–625.

Conte, E., Lops, M., and Ricci, G.: 1996, Adaptive matched filter detection in spherically invariant noise, *IEEE Signal Processing Letters* **3**(8), 248–250.

Cook, C. E. and Bonfeld, M.: 1967, *Radar Signals: An Introduction to Theory and Application*, Acedemic Press, New York, US.

Creekmore, J., Bronez, T., and Keizer, R.: 1993, Experimental results on high frequency direction finding with modern methods, *MILCOM-93*(1), 73–77.

Croft, T. A.: 1969, A review of oblique ray tracing and its application to the calculation of signal strength, In Jones, T.B. (ed.): *"Oblique Ionospheric Radiowave Propagation," AGARD Conference Proceeding No. 13. Advisory Group for Aerospace Research and Development*, North Atlantic Treaty Organisation, p. 137.

Croft, T. A.: 1972, Sky-wave backscatter: A means for observing our environment at great distances, *Reviews of Geophysics* **10**, 73.

Croft, T. A. and Hoogasian, H.: 1968, Exact ray calculations in a quasi-parabolic ionosphere with no magnetic field, *Radio Science* **3**, 69–74.

Crombie, D. D.: 1955, Doppler spectrum of the sea echo at 13.56 Mcs., *Nature* **175**, 681–682.

Daun, M. and Koch, W.: 2008, Multistatic target tracking for non-cooperative illumination by DAB/DVB-T, *IEEE Radar Conference (RadarCon 2008)*, Rome, Italy, 1–6.

Davey, S. J.: 2009, Track-before-detect for sensors with complex measurements, *12th International Conference on Information Fusion*, Seattle, WA, 618–625.

Davies, K.: 1990, *Ionospheric Radio*, Peter Peregrinus, London, UK.

Dawber, W. N., Pote, M. F., Turner, S. D., Graddon, J. M., Barker, D., Evans, G., and Wood, S. G.: 2006, Integrated antenna architecture for high frequency multifunction naval systems, *International Conference on Radar (CIE'06)*, Shanghai, China, 1–5.

De Maio, A., Fabrizio, G. A., Farina, A., Melvin, W. L., and Timmoneri, L.: 2007, Challenging issues in multichannel radar array processing, *IEEE International Radar Conference (RADAR 2007)*, Waltham, MA, 856–862.

de Prony, B. G. R.: 1795, Essai experimental et anlaytique: sur les lois de la dilatabilite de fluides elastiques et sur celles de la force expansive de la vapour de l'eau et de la vapeur de l'alkool, a differentes temperatures, *J. E. Polytech* **1**(2), 24–76.

Di Lallo, A., Farina, A., Fulcoli, R., Genovesi, P., Lalli, R., and Mancinelli, R.: 2008, Design, development and test on real data of an FM-based prototypical passive radar, *IEEE Radar Conference*, Rome, Italy, 1–6.

Dickel, G., Emery, D. J., and Money, D. G.: 2007, The architecture and operating characteristics of a multi-frequency HF surface wave radar, parts 1 and 2, *IEEE International Radar Conference*, Edinburgh, UK.

Dinger, R., Nelson, E., Anderson, S., Earl, F., and Tyler, M.: 1999, High-frequency radar cross section measurements of surrogate go-fast boats in Darwin, Australia, *SPAWAR System Center Technical Report* (1805).

Dogan, M. C. and Mendel, J. M.: 1994, Cumulant-based blind optimum beamforming, *IEEE Transactions on Aerospace and Electronic Systems* **30**, 722–741.

Ducharme, E. D., Petrie, L. E., and Eyfrig, R.: 1971, A method for predicting the F1 layer critical frequency, *Radio Science* **6**, 369–378.

DuHamel, R. H. and Isbell, D. E.: 1957, Broadband logarithmically periodic antenna structures, *IRE National Convention Record* **5**, 119–128.

Durbridge, L.: 2002, Spectral occupancy minimization for JFAS waveforms, *DSTO Quick Report (Internal Communication)*.

Durbridge, L.: 2004, Emitters of opportunity radar, *Internal Communication, Defence Science and Technology Organization (DSTO)*, Adelaide, Australia.

Dyson, P. L. and Bennett, J. A.: 1988, A model of the vertical distribution of the electron concentration in the ionosphere and its application to oblique propagation studies, *Journal of Atmospheric and Terrestrial Physics* **50**(3), 251–262.

Dyson, P. L. and Bennett, J. A.: 1992, Exact ray path calculations using realistic ionospheres, *IEE Proceedings, Part H, Microwaves, Antennas and Propagation* **139**(5), 407–413.

Dzvonkovskaya, A., Gurgel, K.-W., Rohling, H., and Schlick, T.: 2008, Low power high frequency surface wave radar application for ship detection and tracking, *IEEE International Radar Conference*, Adelaide, Australia, 627–632.

Dzvonkovskaya, A. L.; Rohling, H.: 2006, CFAR target detection based on Gumbel distribution for HF radar, *International Radar Symposium (IRS-06)*, Krakow, Poland, 1–4.

Dzvonkovskaya, A. L., and Rohling, H.: 2007, HF radar ship detection and tracking using WERA system, *IET International Conference on Radar*, Edinburgh, UK, 1–5.

Earl, F.: 1987, The influence of receiver cross-modulation on attainable HF radar dynamic range, *IEEE Transactions on Instrumentation and Measurement* **36**, 776–782.

Earl, F.: 1991, An algorithm for the removal of radio frequency interference in ionospheric backscatter sounding, *Radio Science* **26**(3), 661–670.

Earl, G.: 1995a, HF radar receiving system image rejection requirements, *Sixth International Conference on Radio Receivers and Associated Systems*, University of Bath, UK, 128–132.

Earl, G. F.: 1991, Receiving system linearity requirements for HF radar, *IEEE Transactions in Instrumentation and Measurement* **40**(6), 1038–1041.

Earl, G. F.: 1995b, HF radar receiving system image rejection requirements, *Sixth International Conference HF Radio Systems and Techniques*, University of Bath, UK, 128–132.

Earl, G. F.: 1997, Consideration of reciprocal mixing in HF OTH radar design, *Seventh International Conference on HF Radio Systems and Techniques*, Nottingham, UK, 256–259.

Earl, G. F.: 1998, FMCW waveform generator requirements for ionospheric over-the-horizon radar, *Radio Science* **33**, 1069–1076.

Earl, G. F., Kerr, P. C., and Roberts, P. M.: 1991, OTH radar receiving system design using synoptic HF environmental database, *Fifth International Conference on HF Radio Systems and Techniques*, Edinburgh, UK, 48–53.

Earl, G. F. and Ward, B. D.: 1986, Frequency management support for remote sea-state sensing using the Jindalee sky-wave radar, *IEEE Journal of Oceanic Engineering* **11**, 164–172.

Earl, G. F. and Ward, B. D.: 1987, The frequency management system of the Jindalee over-the-horizon backscatter HF radar, *Radio Science* **22**, 275–291.

Earl, G. F. and Whitington, M. J.: 1999, HF radar ADC dynamic range requirements, *Third International Conference on Advanced A/D and D/A Conversion Techniques and Their Applications*, Glasgow, Scotland, 101–105.

Eather, R. H.: 1980, *Majestic Lights: The Aurora in Science, History, and the Arts*, American Geophysical Union, Washington, D.C.

Eckersley, P. P.: 1930, The calculation of the service area of braodcast stations, *Proceedings of IRE* **18**, 1160–1194.

Edjeou, A., Lemur, D., Bertel, L., and Cole, D.: 1994, First analysis of ionospheric tilts and their effects observed with a goniopolarimeter, *Sixth International Conference on HF Radio Systems and Techniques*, UK, 55–59.

Elfouhaily, T., Chapron, B., Katsaros, K., and Vandemark, D.: 1997, A unified directional spectrum for long and short wind-driven waves, *Journal of Geophysical Research* **102**, 15782–15796.

Elkins, T. J.: 1980, A model for high frequency radar auroral clutter, *RADC Report* **TR-80-122**.

Emery, D. J.: 2003, The choice of operating frequency in HF surface wave radar design, *Ninth International Conference on HF Radio Systems and Techniques* 493, 178–181.

Emery, D. J., Money, D. G., and Matthewson, P.: 2004, Target detection and tracking in a monostatic HF surface wave radar system, *IEEE International Radar Conference*, Toulouse, France.

Ertel, R., Cardieri, P., Sowerby, K., Rappaport, T., and Reed, J.: 1998, Overview of spatial channel models for antenna array communication systems, *IEEE Personal Communications Magazine* **5**, 10–22.

Essen, H.-H., Gurgel, K. W., and Schlick, T.: 2000, On the accuracy of current measurements by means of HF radar, *IEEE Journal of Oceanic Engineering* **25**(4), 472–480.

Evstratov, F. F., Kolossov, A. A., Kuzmin, A. A., Shustov, E. I., Yakunin, V. A., Abramovich, Y. I., and Alebastrov, V. A.: 1994, Over-the-horizon radiolocation in Russia and Ukraine (the history and achievements), *L'Onde Elecrique* **74**(3), 29–32.

Fabrizio, G. A.: 2000, Space-time characterisation and adaptive processing of ionospherically propagated HF signals, Ph.D. dissertation, Adelaide University, Australia.

Fabrizio, G. A.: 2008, High frequency over-the-horizon radar, *Tutorial presented at the 2008 IEEE Radar Conference*, Rome, Italy.

Fabrizio, G. A., Abramovich, Y. I., Gray, D. A., Anderson, S. J., and Turley, M. D.: 1998, Adaptive cancellation of nonstationary interference in HF antenna arrays, *IEE Proceedings—Radar, Sonar and Navigation* **145**(1), 19–24.

Fabrizio, G. A. and Crouch, C.: 2007, Eigenvalue shaping for robust adaptive array beamforming with finite sample support, *Proceedings of Tenth Australian Symposium on Antennas*, Sydney, Australia.

Fabrizio, G. A., Colone, F., Lombardo, P., and Farina, A.: 2008, Passive radar in the high frequency band, *IEEE Radar Conference*, Rome, 26–30.

Fabrizio, G. A., Colone, F., Lombardo, P., and Farina, A.: 2009, Adaptive beamforming for high-frequency over-the-horizon passive radar, *Proceedings of IET Radar, Sonar and Navigation* **3**(4), 384–405.

Fabrizio, G. A., De Maio, A., Farina, A., and Gini, F.: 2007, A generalized adaptive Doppler processing scheme for multi-channel radar systems, *International Radar Symposium (IRS 2007)*, Cologne, Germany.

Fabrizio, G. A. and Farina, A.: 2007a, GLRT-based adaptive Doppler processing for HF radar systems, *Proceedings of the International Conference on Acoustics, Speech, and Signal Processing, ICASSP-07*, Honolulu, Hawaii, 949–952.

Fabrizio, G. A. and Farina, A.: 2007b, A robust adaptive detection scheme for radar Doppler processing, *IEEE International Radar Conference (RADAR 2007)*, Edinburgh, UK.

Fabrizio, G. A. and Farina, A.: 2011a, An adaptive filtering algorithm for blind waveform estimation in diffuse multipath channels, *Proceedings of IET Radar, Sonar and Navigation* **5**(3), 322–330.

Fabrizio, G. A. and Farina, A.: 2011b, Exploiting multipath for blind source separation with sensor arrays, *Proceedings of IEEE International Conference on Acoustics, Speech, and Signal Processing*, Prague, Czech Republic, 2536–2539.

Fabrizio, G. A., Farina, A., and De Maio, A.: 2006, Knowledge-based adaptive processing for ship detection in OTH radar, *Proceedings of International Radar Symposium*, Krakow, Poland, 261–265.

Fabrizio, G. A., Farina, A., and Turley, M.: 2003a, Spatial adaptive subspace detection in OTH radar, *IEEE Transactions on Aerospace and Electronic Systems* **39**(4), 1407–1427.

Fabrizio, G. A., Farina, A., and Turley, M.: 2003b, Experimental performance of adaptive subspace detectors in over-the-horizon radar, *International Radar Symposium*, Dresden, Germany, 355–359.

Fabrizio, G. A., Frazer, G. J., and Turley, M. D.: 2006, STAP for clutter and interference cancellation in a HF radar system, *Proceedings of IEEE International Conference on Acoustics, Speech, and Signal Processing*, Toulouse, France, **4**, 1033–1036.

Fabrizio, G. A., Gershman, A. B., and Turley, M. D.: 2003, Non-stationary interference cancellation in HF surface wave radar, *IEEE International Radar Conference (RADAR 2003)*, Adelaide, Australia, 672–677.

Fabrizio, G. A., Gershman, A. B., and Turley, M. D.: 2004, Robust adaptive beamforming for HF surface wave over-the-horizon radar, *IEEE Transactions on Aerospace and Electronic Systems* **40**(2), 510–525.

Fabrizio, G. A., Gray, D. A., and Turley, M. D.: 1999, Using sources of opportunity to estimate digital compensation for receiver mismatch in HF arrays, *Fifth International Symposium on Signal Processing and Its Applications (ISSPA 99)*, Brisbane, Australia, **2**, 855–858.

Fabrizio, G. A., Gray, D., and Turley, M.: 2001, Using sources of opportunity to compensate for receiver mismatch in HF arrays, *IEEE Transactions on Aerospace and Electronic Systems* **37**(1), 310–316.

Fabrizio, G., Gray, D., and Turley, M.: 2003, Experimental evaluation of adaptive beamforming methods and interference models for high frequency over-the-horizon radar, *Multidimensional Systems and Signal Processing—Special Issue on Radar Signal Processing Techniques* **14**(1-3), 241–263.

Fabrizio, G. A., Gray, D. A., and Turley, M. D.: 2000, Parametric localisation of space-time distributed sources, *IEEE International Conference on Acoustics, Speech, and Signal Processing (ICASSP 2000)*, Istanbul, Turkey, 3097–3100.

Fabrizio, G. A., Gray, D. A., Turley, M. D., and Anderson, S. J.: 1998a, Adaptive correction of HF antenna arrays for nonstationary interference rejection, *Proceedings of the International Radar Symposium (IRS-98)*, Munich, Germany, 1165–1175.

Fabrizio, G. A., Gray, D. A., Turley, M. D., and Anderson, S. J.: 1998b, Modelling the spatial characteristics of ionospherically propagated HF signals, *Proceedings of the International Radar Symposium (IRS-98)*, Munich, Germany, 1187–1197.

Fabrizio, G. A. and Heitmann, A.: 2012, Single site geolocatiom method for a linear array, *IEEE Radar Conference*, Atlanta, 885–890.

Fabrizio, G. A. and Heitmann, A.: 2013, A multipath-driven approach to HF geolocation, *Signal Processing—Special Issue on Sensor Array Signal Processing*, http://dx.doi.org/10.1016/j.sigpro.2013.01.026i.

Fabrizio, G. A. and Holdsworth, D. A.: 2008, Adaptive mitigation of spread clutter in high frequency surface-wave radar, *IEEE International Radar Conference (RADAR 2008)*, Adelaide, Australia, 235–240.

Fabrizio, G. A., Holdsworth, D. A., and Farina, A.: 2007, Experimental HF radar trial of real-time STAP, *Proceedings of IEEE Waveform Diversity and Design Conference*, Pisa, Italy, 316–320.

Fabrizio, G. A., Scharf, L. L., Farina, A., and Turley, M. D.: 2004a, Robust adaptive Doppler processing for HF surface-wave radar, *Defence Applications of Signal Processing (DASP) Workshop*, Salt Lake City, US.

Fabrizio, G. A., Scharf, L. L., Farina, A., and Turley, M. D.: 2004b, Ship detection with HF surface-wave radar using short integration times, *IEEE International Radar Conference (RADAR-2004)*, Toulouse, France.

Fabrizio, G. A. and Turley, M. D.: 2001, An advanced STAP implementation for surveillance radar systems, *Proceedings of the 11th IEEE Workshop on Statistical Signal Processing*, Singapore, 134–137.

Fabrizio, G. A. and Turley, M. D.: 2002, Adaptive spatial filtering with data-dependent training for improved radar signal detection and localisation in structured interference, *IEEE International Radar Conference (RADAR 2002)*, Edinburgh, UK, 497–501.

Fante, R. and Dhar, S.: 1990, A model for target detection with over-the-horizon radar, *IEEE Transactions on Aerospace and Electronic Systems* **26**, 68–83.

Fante, R. L. and Vacarro, J. J.: 1998, Cancellation of jammers and jammer multipath in a GPS receiver, *IEEE Aerospace and Electronic Systems Magazine* **13**, 25–28.

Fante, R. and Torres, J. A.: 1995, Cancellation of diffuse jammer multipath by an airborne adaptive radar, *IEEE Transactions on Aerospace and Electronic Systems* **31**(2), 805–820.

Farina, A.: 1992, *Antenna-Based Signal Processing Techniques for Radar Systems*, Artech House, Norwood, MA, US.

Farina, A., Fabrizio, G. A., Melvin, W. L., and Timmoneri, L.: 2004, Multichannel array processing in radar: State of the art, hot topics and way ahead (invited paper), *IEEE Sensor Array and Multichannel Signal Processing Workshop*, Sitges, Barcelona, Spain, 11–19.

Farina, A. and Russo, A.: 1986, Radar detection of correlated targets in clutter, *IEEE Transactions on Aerospace and Electronic Systems* **22**(5), 513–532.

Farley, D.: 1971, Radio wave scattering from the ionosphere, *Chapter 14, Methods of Experimental Physics*, Academic, New York, **9B**, 139–187.

Farley, D. T.: 1970, Incoherent scattering at radio frequencies, *Journal of Atmospheric and Terrestrial Physics* **32**, 693.

Featherstone, W., Strangeways, H. J., Darnell, M., and Mewes, H.: 1997, The application of super resolution direction finding to a variety of channel conditions in the HF band, *HF Radio Systems and Techniques*, Nottingham, UK, 306–310.

Fejer, B. G. and Kelley, M. C.: 1980, Ionospheric irregularities, *Reviews of Geophysics and Space Physics* **18**(2), 401–454.

Felgate, D. G. and Golley, M. G.: 1971, Ionospheric irregularities and movements observed with a large aerial array, *Journal of Atmospheric and Terrestrial Physics* **33**, 1353–1369.

Fenwick, R. B. and Villard, O. G. J.: 1963, A test of the importance of ionosphere-ionosphere reflections in long distance and around-the-world high-frequency propagation, *Journal of Geophysical Research* **68**, 5659.

Ferguson, B. G. and McNamara, L. F.: 1986, Calculation of HF absorption using the international reference ionosphere, *Journal of Atmospheric and Terrestrial Physics* **48**(1), 41–49.

Fernandez, D. M., Vesecky, J. F., and Teague, C.: 2006, Phase corrections of small-loop HF radar system receive arrays with ships of opportunity, *IEEE Journal of Oceanic Engineering* **31**(4), 919–921.

Fernandez, D. M., Vesecky, J., and Teague, C.: 2003, Calibration of HF radar systems with ships of opportunity, *IEEE International Geoscience and Remote Sensing Symposium*, New York, 4271–4273.

Ferraro, E. J. and Bucknam, J. N.: 1997, Improved over-the-horizon radar accuracy for the counter drug mission using coordinate registration enhancements, *IEEE National Radar Conference*, Syracuse, New York, US, 132–137.

Field, P. R. and Rishbeth, H.: 1997, The response of the ionospheric F2-layer to geomagnetic activity: An analysis of worldwide data, *Journal of Atmospheric and Solar-Terrestrial Physics* **59**, 163–180.

Flax, S. and O'Donnell, M.: 1988, Phase-aberration correction using signals from point reflectors and diffuse scatterers: Basic principles, *IEEE Transactions on Ultrasonics, Ferroelectrics, and Frequency Control* **35**(6), 758–767.

Fock, V. A.: 1945, Diffraction of radio waves around the earths surface, *Journal of Physics (Moscow)* **9**, 256–266.

Fowle, E. N., Key, E. L., Millar, R. I., and Sear, R. H.: 1979, The Enigma of the AN/FPS-95 OTH Radar (U), *MITRE Technical Report*, May 22, 1979 *(downgraded to unclassified March 23, 1993)*.

Fox, M. W. and McNamara, L. F.: 1988, Improved world-wide maps of monthly median foF2, *Journal of Atmospheric and Terrestrial Physics* **50**(12), 1077–1086.

Frazer, G. J.: 2001, High-resolution Doppler (Hoppler) processing for skywave radar, *Internal Communication*, Defence Science and Technology Organization (DSTO), Australia.

Frazer, G. J.: 2003, SkyLOS — OTH radar augmentation using a line-of-sight receiver system, *Discussion Paper DSTO-DP-0928*, Defence Science and Technology Organization, Australia.

Frazer, G. J.: 2007, Forward-based receiver augmentation for OTHR, *Proceedings of IEEE International Radar Conference 2007*, Waltham, MA, US.

Frazer, G. J., Abramovich, Y. I., and Johnson, B. A.: 2007, Spatially waveform diverse radar: Perspectives for high frequency OTHR, *IEEE Radar Conference*, Boston, Massachusetts, US, 385–390.

Frazer, G. J., Abramovich, Y. I., and Johnson, B. A.: 2009, Multiple-input multiple-output over-the-horizon radar: Experimental results, *Proceedings of IET Radar, Sonar, Navigation* **3**(4), 287–303.

Frazer, G. J. and Anderson, S. J.: 1999, Wigner-ville analysis of HF radar measurements of an accelerating target, *Fifth International Symposium on Signal Processing and its Applications (ISSPA-99)*, Brisbane, Australia, 317–320.

Frazer, G. J., Johnson, B. A., and Abramovich, Y. I.: 2007, Orthogonal waveform support in MIMO HF OTH radars, *Proceedings of IEEE Waveform Diversity and Design Conference*, Pisa, Italy, 423–427.

Frazer, G. J., Meehan, D., Abramovich, Y. I., and Johnson, B. A.: 2010, Mode-selective OTHR: A new cost-effective sensor for maritime domain awareness, *IEEE Radar Conference*, Washington, D.C., US, 935–940.

Friedlander, B. and Weiss, A.: 1994, Effects of model errors on waveform estimation using the MUSIC algorithm, *IEEE Transactions on Signal Processing* **42**(1), 147–155.

Frost, O. L.: 1972, An algorithm for linearly constrained adaptive array processing, *Proceedings of IEEE* **60**, 926–935.

Gabel, R. A., Kogan, S. M., and Rabideau, D. J.: 1999, Algorithms for mitigating terrain-scattered interference, *Electronics and Communication Engineering Journal* **11**(1), 49–56.

Gadwal, V. and Krolik, J.: 2003, A performance evaluation of autoregressive clutter mitigation methods for over-the-horizon radar, *Thirty-Seventh Asilomar Conference on Signals, Systems and Computers*, Pacific Grove, California, US, **1**, 937–941.

Games, R., Townes, S., and Williams, R.: 1991, Experimental results for adaptive sidelobe cancelellation techniques applied to a HF array, *Record of the 25th Asilomar Conference on Signals, Systems, Computers*, Pacific Grove, California, 153–159.

Gao, H. T., Zheng, X., and Li, J.: 2004, Adaptive anti-interference technique using subarrays in HF surface wave radar, *IEE Proceedings—Radar, Sonar and Navigation* **151**(2), 100–104.

Gebhard, L. A.: 1979, Evolution of naval radio-electronics and contributions of the Naval Research Laboratory, *Naval Research Laboratory Report*, Washington, D.C., New York, 8300.

Georges, T. M. and Harlan, J.: 1994, New horizons for over-the-horizon radar, *IEEE Antennas and Propagation Magazine* **36**, 14–24.

Georges, T. M., Harlan, J. A., Leben, R. R., and Lematta, R. A.: 1998, A test of ocean surface current mapping with over-the-horizon radar, *IEEE Transactions on Geoscience and Remote Sensing* **36**, 101–110.

Gerlach, K.: 1990, Implementation and convergence considerations of a linearly constrained adaptive array, *IEEE Transactions on Aerospace and Electronic Systems* **26**, 263–272.

Gersham, A., Mecklenbrauker, C., and Bohme, J.: 1997, Matrix fitting approach to direction-of-arrival estimation with imperfect spatial coherence of wavefronts, *IEEE Transactions on Signal Processing* **45**(7), 1894–1899.

Gershman, A. B., Nickel, U., and Bohme, J. F.: 1997, Adaptive beamforming algorithms with robustness against jammer motion, *IEEE Transactions on Signal Processing* **45**(7), 1878–1885.

Gershman, A., Turchin, V., and Zverev, V.: 1995, Experimental results of localization of moving underwater signal by adaptive beamforming, *IEEE Transactions on Signal Processing* **43**, 2249–2257.

Gething, P. J. D.: 1991, *Radio Direction Finding and Superresolution*, 2d ed., Peter Peregrinus Ltd, London, UK.

Gierull, C. H.: 1996, Performance analysis of fast projections of the Hung-Turner type for adaptive beamforming, *Signal Processing* (Eurosip special issue on subspace methods for detection and estimation), *Part 1* **50**, 17–28.

Gierull, C. H.: 1997, Statistical analysis of the eigenvector projection method for adaptive spatial filtering of interference, *IEE Proceedings Radar Sonar Navigation* **144**(2), 57–63.

Gillmor, C. S.: 1998, The history of the term "ionosphere," *Nature* **262**, 347.

Gini, F.: 1997, Sub-optimum coherent radar detection in a mixture of K-distributed and Gaussian clutter, *IEE Proceedings—Radar, Sonar and Navigation* **144**(1), 39–48.

Gini, F. and Farina, A.: 1999, Matched subspace CFAR detection of hovering helicopters, *IEEE Transactions on Aerospace and Electronic Systems* **35**(4), 1293–1304.

Gini, F. and Farina, A.: 2002a, Vector subspace detection in compound-Gaussian clutter, Part I: Survey and new results, *IEEE Transactions on Aerospace and Electronic Systems* **38**(4), 1295–1311.

Gini, F. and Farina, A.: 2002b, Vector subspace detection in compound-Gaussian clutter, Part II: Peformance analysis, *IEEE Transactions on Aerospace and Electronic Systems* **38**(4), 1312–1323.

Gini, F. and Greco, M.: 2002, Covariance matrix estimation for CFAR detection in heavy tailed clutter, *Signal Processing* **82**(10), 1495–1507.

Gini, F., Greco, M., and Farina, A.: 1999, Clairvoyant and adaptive signal detection in non-Gaussian clutter: A data-dependent threshold interpretation, *IEEE Transactions on Signal Processing* **47**(6), 1522–1531.

Gini, F. and Michels, J. H.: 1999, Performance analysis of two covariance matrix estimators in compound-Gaussian clutter, *IEE Proceedings—Radar, Sonar, Navigation* **146**(3), 133–140.

Global Assimilative Ionospheric Model, JPL: n.d., *http://iono.jpl.nasa.gov/gaim/index.html*.

Goldberg, J. and Messer, H.: 1998, A polynomial rooting approach to the localisation of coherently scattered sources, *International Conference on Acoustics Speech and Signal Processing (ICASSP-98)*, Seattle, Washington, US, 2057–2060.

Goldstein, J. S. and Reed, I. S.: 1997, Reduced-rank adaptive filtering, *IEEE Transactions on Signal Processing* **45**(2), 492–496.

Gonen, E. and Mendel, J. M.: 1997, Applications of cumulants to array processing, Part III: Blind beamforming for coherent signals, *IEEE Transactions on Signal Processing* **45**(9), 2252–2264.

Goodman, N. R.: 1963, Statistical analysis based on a certain multivariate complex Gaussian distribution (an introduction), *Annals of Mathematical Statistics* **34**, 152–177.

Gooley, K. W.: 1995, Detecting and identifying spurious signals generated in radar receivers, *Sixth International Conference on Radio Receivers and Associated Systems*, 119–122.

Gorski, T., Fabrizio, G., Le Caillec, J., Kawalec, A., and Thomas, N.: 2008, Practical problems with covariance matrix estimation for adaptive MTI and space-time adaptive processing for target detection in HF surface wave radars, *International Radar Symposium (IRS 2008)*, Wroclaw, Poland, 1–4.

Goutelard, C.: 1990, The NOSTRADAMUS project: French OTH-B radar design studies, *Forty-Seventh AGARD Symposium on the Use or Reduction of Propagation and Noise Effects in Distributed Military Systems*, **CP-488**, Greece.

Goutelard, C.: 2000, STUDIO father of NOSTRADAMUS. Some considerations on the limits of detection possibilities of HF radars, *International Conference on HF Radio Systems and Techniques* (474), Guildford, UK, **474**, 199–205.

Goutelard, C., Caratori, J., and Barthes, L.: 1994, Studio—monostatic backscatter sounder father of Nostradamus French OTH radar project—new results, *International Conference on Acoustics Speech and Signal Processing (ICASSP-94)* **5**, 109–112.

Green, A. L.: 1946, Early history of the ionosphere, *A. W. A. Technical Review* **7**, 177.

Green, S. D., Kingsley, S. P., and Biddiscombe, J. A.: 1994, HF radar waveform design, *Sixth International Conference on HF Radio Systems and Techniques*, North Yorkshire, UK, 202–206.

Greenwald, R. A., Baker, K. B., Hutchins, R. A., and Hanuise, C.: 1985, An HF phased array radar for studying small-scale structure in the high latitude ionosphere, *Radio Science* **20**, 63–79.

Griffiths, H. D.: 2003, From a different perspective: Principles, practice and potential of bistatic radar, *IEEE International Radar Conference (RADAR 2003)*, Adelaide, Australia.

Griffiths, H. D.: 2013, The German WW2 HF radars ELEFANT and SEE-ELEFANT, *IEEE Aerospace and Electronic Systems Magazine* **28**(1), 4–12.

Griffiths, H. D. and Baker, C. J.: 2005, Measurement and analysis of ambiguity functions of passive radar transmissions, *IEEE International Radar Conference (RADAR 2005)*, Arlington, Virginia, US, 321–325.

Griffiths, H. D. and Long, N. R.: 1986, Television based bistatic radar, *IEE Proceedings Part F, Communications, Radar, and Signal Processing* **133**(7), 649–657.

Griffiths, H. D. and Willis, N. J.: 2010, Klein Heidelberg—the first modern bistatic radar system, *IEEE Transactions on Aerospace and Electronic Systems* **46**(4), 1571–1588.

Griffiths, J. D. and Baker, C. J.: 2005, Passive coherent location radar systems, Part 1: Performance prediction, *IEE Proceedings—Radar, Sonar and Navigation* **152**(3), 153–159.

Griffiths, L.: 1977, A comparison of quadrature and single-channel receiver processing in adaptive beamforming, *IEEE Transactions on Antennas and Propagation* **25**(2), 209–218.

Griffiths, L. J.: 1976, Time-domain adaptive beamforming of HF backscatter radar signals, *IEEE Transactions on Antennas and Propagation* **24**(5), 707–720.

Griffiths, L. J.: 1996, Linear constraints in hot clutter cancellation, *International Conference on Acoustics Speech and Signal Processing (ICASSP-96)*, Atlanta, **2**, 1181–1184.

Griffiths, L. J.: 1997, Linear constraints in pre-Doppler STAP processing, *International Conference on Acoustics Speech and Signal Processing (ICASSP-97)*, Munich, Germany, 5, 3481–3484.

Griffiths, L. J. and Buckley, K. M.: 1987, Quiescent pattern control in linearly constrained adaptive arrays, *IEEE Transactions on Acoustics, Speech and Signal Processing* **35**(7), 917–926.

Guerci, J. R.: 2003, *Space-Time Adaptive Processing for Airborne Radar*, Artech House, Norwood, MA.

Guerci, J. R., Goldstein, J. S., and Reed, I. S.: 2000, Optimal and adaptive reduced-rank STAP, *IEEE Transactions on Aerospace and Electronic Systems* **36**(2), 647–663.

Guest editorial reviewing recent progress in OTH radar technology, *Radio Science* **33**, July–August 1998.

Guinvarch, R., Lesturgie, M., Durand, R., and Cheraly, A.: 2006, On the use of HF surface wave radar in congested waters: Influence of masking effect on detection of small ships, *IEEE Journal of Oceanic Engineering* **31**(4), 894–903.

Gunner, A., Temple, M. A., and Claypoole, R. J.: 2003, Direct-path filtering of DAB waveform from PCL receiver target channel, *Electronics Letters* **39**(2), 1005–1007.

Guo, X., Ni, J.-L., and Liu, G.-S.: 2003, Ship detection with short coherent integration time in over-the-horizon radar, *IEEE International Radar Conference*, Adelaide, Australia, 667–671.

Guo, X., Sun, H., and Yeo, T. S.: 2005, Transient interference excision in over-the-horizon radar using adaptive time-frequency analysis, *IEEE Transactions on Geoscience and Remote Sensing* **43**(4), 722–735.

Guo, X., Sun, H., Yeo, T. S., and Lu, Y.: 2006, Lightning interference cancellation in high-frequency surface wave radar, *International Conference on Radar (CIE'06)*, Shanghai, China, 1–4.

Gurevich, A. V.: 1978, *Nonlinear Phenomena in the Ionosphere*. Springer-Verlag, New York.

Gurevich, A. V. and Tsedilina, E. E.: 1985, *Multiple Scattering of HF Radiowaves Propagating Across the Sea Surface*, Springer-Verlag, Berlin.

Gurgel, K. W., Antonischki, G., Essen, H.-H., and Schlick, T.: 1999, Wellen radar (WERA): A new ground-wave HF radar for ocean remote sensing, *Coastal Engineering Journal* **37**, 219–234.

Gurgel, K.-W., Barbin, Y., and Schlick, T.: 2007, Radio frequency interference suppression techniques in FMCW modulated HF radars, *OCEANS 2007 - Europe*, 1–4.

Gurgel, K. W. and Schlick, T.: 2005, HF radar wave measurements in the presence of ship echoes—problems and solutions, *Proceedings of OCEANS* **2**, 937–941.

Hall, H. M.: 1966, A new model of impulsive phenomena: Applications to atmospheric noise communications channels, *Technical Report 3412-8 and 7050-7, SU-SEL-66-052, Electronic Laboratory Stanford University*, Stanford, Calif.

Hall, H. M.: 1970, The generalized "T" model for impulsive noise, *Proceedings of International Symposium on Information Theory*, Noordwokjk, Netherlands.

Hall, M. P. M. and Barclay, L. W.: 1989, *Radiowave Propagation*, Peter Peregrinus, Ltd., London.

Hanson, W. B. and Moffett, R. J.: 1966, Ionization transport effects in the equatorial F region, *Journal of Geophysical Research* **71**, 5559.

Hanuise, C., Villain, J., Gresillon, D., Cabrit, B., Greenwald, R., and Baker, K.: 1993, Interpretation of HF radar ionospheric Doppler spectra by collective wave scattering theory, *Annales Geophysicae* **11**, 29–39.

Hargreaves, J. K.: 1979, *The Upper Atmosphere and Solar-Terrestrial Relations*, Van Nostrand Reinhold, New York.

Harris, F. J.: 1978, On the use of windows for harmonic analysis with the descrete Fourier transform, *Proceedings of IEEE* **66**(1), 51–83.

Hartnett, M. P., Clancy, J. T., and Denton Jr., R. J.: 1998, Utilization of a nonrecurrent waveform to mitigate range-folded spread Doppler clutter, *Radio Science* **33**(4), 1125.

Haselgrove, J.: 1963, The Hamilton ray path equations, *Journal of Atmospheric and Terrestrial Physics* **25**, 397–399.

Hashimoto, N. and Tokuda, M.: 1999, A Bayesian approach for estimation of directional wave spectra with HF radar, *Coastal Engineering Journal* **41**, 137–149.

Hasselmann, K.: 1961, On the non-linear energy transfer in a gravity-wave spectrum, Part 1: General theory, *Journal of Fluid Mechanics* **12**(4), 481–500.

Hasselmann, K., Ross, D. B., Muller, P., and Sell, W.: 1976, A parametric wave prediction model, *Journal of Physical Oceanography* **6**, 200–228.

Hatfield, V. E.: 1980, HF communications predictions 1978 (an economical up-to-date computer code, ambcom), *Solar Terrestrial Production Proceedings*, In F.R. Donnelley (ed.), *Prediction of Terrestrial Effects of Solar Activity*, National Oceanic and Atmospheric Administration, **4**, 1–15.

Hayden, E. C.: 1961, Instrumentation for propagation and direction finding measurements, *Journal of Research of the National Bureau of Standards* **65D**(3), 253.

Haykin, S.: 1994, *Blind Deconvolution*, Prentice-Hall, Englewood Cliffs, NJ.

Haykin, S.: 1996, *Adaptive Filter Theory*, 3d ed., Prentice-Hall, Upper Saddle River, NJ.

Hayward, S. D.: 1996, Adaptive beamforming for rapidly moving arrays, *Proceedings of the CIE International Conference on Radar* **8**(10), 480–483.

Hayward, S. D.: 1997, Effects of motion on adaptive arrays, *IEE Proceedings—Radar, Sonar and Navigation* **144**(1), 15–20.

Hazelgrove, J.: 1955, Ray theory and a new method for ray tracing, In *Physics of the Ionosphere, Physical Society,* London, UK, p. 355.

Headrick, J. M.: 1990a, HF over-the-horizon radar, Chapter 24 In *Radar Handbook*, M.I. Skolnik (ed.), 2d ed., McGraw-Hill, New York.

Headrick, J. M.: 1990b, Looking over the horizon (HF radar), *IEEE Spectrum* **27**(7), 36–39.

Headrick, J. M., Root, B. T., and Thomason, J. F.: 1995, RADARC model comparisons with Amchitka radar data, *Radio Science* **30**, 607–617.

Headrick, J. M. and Skolnik, M. I.: 1974, Over-the-horizon radar in the HF band, *Proceedings of IEEE* **62**, 664–673.

Headrick, J. M. and Thomason, J. F.: 1996, Naval applications of high frequency over-the-horizon radar, *Naval Engineers Journal* **108**(3), 353–362.

Headrick, J. M. and Thomason, J. F.: 1998, Applications of high-frequency radar, *Radio Science* **33**(4), 1045–1054.

Headrick, J. M., Thomason, J. F., Lucas, D. L., McCammon, S., Hanson, R., and Lloyd, J. L.: 1971, Virtual path tracing for HF radar including an ionospheric model, *Naval Research Laboratory Memo. Report*, **2226**.

Headrick, J. and Thomason, J.: 2008, The development of over-the-horizon radar at the Naval Research Laboratory, *IEEE Radar Conference (RADARCON'08)*, Rome, Italy, 1–5.

Herman, J. R.: 1966, Spread F and ionospheric F-region irregularities, *Reviews of Geophysics* **4**, 255.

Hickey, K., Khan, R., and Walsh, J.: 1995, Parametric estimation of ocean surface-currents with HF radar, *IEEE Journal of Ocean Engineeing* **20**(2), 139–144.

Hill, J. K.: 1979, Exact ray paths in a multisegment quasi-parabolic ionosphere, *Radio Science* **14**, 855–861.

Hisaki, Y.: 1996, Nonlinear inversion of the integral equation to estimate ocean wave spectra from HF radar, *Radio Science* **31**, 25–39.

Hocke, K. and Schlegel, K.: 1996, A review of atmospheric gravity waves and travelling ionospheric disturbances: 1982-1995, *Annales Geophysicae* **14**, 917–940.

Hoft, D. J. and Agi, F.: 1986, Solid state transmitters for modern radar applications, *Proceedings of the CIE International Radar Conference*, Beijing 775–781.

Holdsworth, D. A. and Fabrizio, G. A.: 2007, Investigation of multiple window spectrogram techniques for high frequency over the horizon radar, *Proceedings of Tenth Australian Symposium on Antennas,* Sydney, Australia.

Holdsworth, D. A. and Fabrizio, G. A.: 2008, HF interference mitigation using STAP with dynamic degrees of freedom allocation, *IEEE International Radar Conference (RADAR 2008)*, Adelaide, Australia, 317–322.

Horner, J., Kubik, K., Mojarrabi, B., Longstaff, I. D., Donskoi, E., and Cherniakov, M.: 2002, Passive bistatic radar sensing with LEOS based transmitters, *Proceedings of IGARSS-02*, Toronto, Canada 438–440.

Howland, P.: 1995, Passive tracking of airborne targets using only Doppler and DOA information, *Colloquium Digest/IEE, Institution of Electrical Engineers* **104**(7), 1–3.

Howland, P. E.: 1999, Target tracking using television-based bistatic radar, *IEE Proceedings – Radar, Sonar and Navigation* **146**(3), 166–174.

Howland, P. E. and Clutterbuck, C. F.: 1997, Estimation of target altitude in HF surface wave radar, *Seventh International Conference on HF Radio Systems and Techniques* **441**, 296–300.

Howland, P. E. and Cooper, D. C.: 1993, Use of the Wigner-Ville distribution to compensate for ionospheric layer movement in high-frequency skywave radar systems, *IEE Proceedings—Radar, Sonar, Navigation.* **140**(1), 29–36.

Howland, P. E., Maksimiuk, D., and Reitsma, G.: 2005, FM radio based bistatic radar, *IEE Proceedings — Radar, Sonar and Navigation* **152**(3), 107–115.

Hua, Y.: 1992, Estimating two-dimensional frequencies by matrix enhancement and matrix pencil, *IEEE Transactions on Signal Processing* **40**(9), 2267–2280.

Hua, Y.: 1996, Fast maximum likelihood for blind identification of multiple FIR channels, *IEEE Transactions on Signal Processing* **44**(3), 661–672.

Hua, Y., Sarkar, T. K., and Weiner, D. D.: 1991, An L-shaped array for estimating 2-D directions of wave arrival, *IEEE Transactions on Antennas and Propagation* **39**(2), 143–146.

Hua, Y. and Wax, M.: 1996, Strict identification of multiple FIR channels driven by an unknown arbitrary sequence, *IEEE Transactions on Signal Processing* **44**(3), 756–759.

Huang, C.-S., Kelley, M. C., and Hysell, D. L.: 1993, Nonlinear Rayleigh-Taylor instabilities, atmospheric gravity waves, and equatorial spread F, *Journal of Geophysical Research* **98**, 15,631–15,642.

Huba, J. D., Joyce, G., and Fedder, J. A.: 2000, Sami2 is another model of the ionosphere(SAMI2): A new low-latitude ionosphere model, *Journal of Geophysical Research* **105**, 23,035–23,053.

Hudnall, J. M. and Der, S. W.: 1993, HF-OTH radar performance results., *Naval Research Laboratory Technical Report. NRL/MR/5325-93-7326.*

Hudson, J. E.: 1981, *Adaptive Array Principles*, Peregrinus, Stevenage, UK.

Hughes, C. J. and Morris, D. W.: 1963, Phase characteristics of HF radio waves received after propagation by the ionosphere, *Proceedings of IEE* **110**, 1720–1734.

Hughes, D.: 1988, Tests verify OTH-B radar's ability to detect cruise missiles, *Aviation Week and Space Technology* **128**(12), 60–65.

Hughes, D. T. and McWhirter, J. G.: 1996, Sidelobe control in adaptive beamforming using a penalty function, *International Conference on Acoustics Speech and Signal Processing (ICASSP-96)*, pp. 200–203.

Hunsucker, R.: 1991, *Radio Techniques for Probing the Terrestrial Ionosphere*, Springer-Verlag, Berlin, Germany.

Hunsucker, R. D.: 1990, Atmospheric gravity waves and travelling ionospheric disturbances: Thirty years of research, *Ionospheric Effects Symposium (IES-90)*, Washington, DC.

International Telecommunications Union, R. I.-R.: 1994, The concept of transmission loss for radio links, *ITU-R Recommendation*, Geneva, 341–343.

International Telecommunications Union, R. I.-R.: 1999a, Radio noise, *ITU-R Recommendation*, Geneva, 372.

International Telecommunications Union, R. I.-R.: 1999b, World atlas of ground conductivities, *ITU-R Recommendation 832-2.*

International Telecommunications Union, R. I.-R.: 2003, Techniques for measurement of unwanted emissions of radar systems, *Recommendation ITU-R M.1177-3*.

International Telecommunications Union, R. I.-R.: 2006a, Out-of-band domain emission limits for primary radar systems, *Annex 8 of Recommendation ITU-R SM.1541-2*.

International Telecommunications Union, R. I.-R.: 2006b, Unwanted emissions in the out-of-band domain, *Recommendation ITU-R SM.1541-2*.

Issue, S.: 2005, Passive radar systems, *IEE Proceedings — Radar, Sonar and Navigation* **152**(3), 106–223.

Jangal, F., Saillant, S. and Helier, M.: 2007, Wavelets: A versatile tool for the high frequency surface wave radar, *IEEE Radar Conference*, Boston, Massachusetts, US, 497–502.

Japt.: 1968, Special issue on upper atmosphere winds, waves and ionospheric drifts, *Journal of Atmospheric and Terrestrial Physics* **30**, 657–1063.

Jarrott, R. K., Netherway, D. J., and Anderson, S. J.: 1989, Signal processing for ocean surveillance by HF skywave radar, *Australian Symposium on Signal Processing and Applications (ASSPA-89)*, Adelaide, Australia, 293–297.

Jeng, S., Lin, H., Xu, G., and Vogel, W.: 1995, Measurements of the spatial signature of an antenna array, *Proceeding of PIMRC*, Vol. 2, Toronto, Canada, 669–672.

Johnson, D. H. and Dudgeon, D. E.: 1993, *Array Signal Processing: Concepts and Techniques*, Prentice-Hall, Englewood Cliffs, NJ.

Johnson, J. R., Fenn, A. J., Aumann, H. M., and Willwerth, F. G.: 1991, An experimental adaptive nulling receiver utilising the sample matrix inversion algorithm with channel equlisation, *IEEE Transactions on Microwave Theory and Techniques* **39**(5), 798–808.

Johnson, R. C. and Jasik, H.: 1993, *Antenna Engineering Handbook, 3d ed.*, McGraw-Hill Book Company, New York.

Jones, J. and Brown, P.: 1993, Sporadic meteor radiant distributions: Orbital survey results, *Monthly Notices of the Royal Astronomical Society* **265**, 524–532.

Jones, R. M. and Stephenson, J. J.: 1975, A versatile three-dimensional ray tracing computer program for radio waves in the ionosphere, *Office of Telecomunications Reptort* 75–76.

Jouny, I. I. and Culpepper, E.: 1995, Modeling and mitigation of terrain scattered interference, *Proceedings of IEEE International Symposium on Antennas and Propagation* **1**, 455–457.

Juang, B., Perdue, R., and Thompson, D.: 1995, Deployable automatic speech recognition systems: Advances and challenges, *AT&T Technical Journal*, 45–55.

Kalson, S. Z.: 1992, An adaptive array detector with mismatched signal rejection, *IEEE Tranactions on Aerospace and Electronic Systems* **28**(1), 195–205.

Kalson, S. Z.: 1995, Adaptive array CFAR detection, *IEEE Transactions on Aerospace and Electronic Systems* **31**(2), 534–542.

Kay, S. M.: 1987, *Modern Spectral Estimation*, Prentice-Hall, Inc., Englewood Cliffs, NJ.

Kay, S. M.: 1993, *Fundamentals of Statistical Signal Processing: Estimation Theory*, Prentice-Hall, Inc., Englewood Cliffs, NJ.

Kay, S. M.: 1998, *Fundamentals of Statistical Signal Processing: Detection Theory*, Prentice-Hall, Inc., Englewood Cliffs, NJ.

Kazanci, O., Bilik, I., and Krolik, J.: 2007, Wavefront adaptive raymode processing for over-the-horizon HF radar clutter mitigation, *Conference Record of the Forty-First Asilomar Conference on Signals, Systems and Computers 2007 (ACSSC)*, 2191–2194.

Kelley, M. C.: 1989, *The Earth's Ionosphere*, Academic Press, Inc., San Diego, California.

Kelley, M. C.: 2009, *The Earth's Ionosphere: Plasma Physics and Electrodynamics*, Academic Press, 2d ed., Burlington, MA.

Kelley, M. C., Vlasov, M. N., Foster, J. C., and Coster, A. J.: 2004, A quantitative explanation for the phenomenon known as storm enhanced density, *Geophysical Research Letters* **31**, L19809.

Kelly, E. J.: 1986, An adaptive detection algorithm, *IEEE Transactions on Aerospace and Electronic Systems* **22**(1), 115–127.

Kelly, E. J.: 1989, Performance of an adaptive detection algorithm, *IEEE Transactions on Aerospace and Electronic Systems* **25**(2), 122–133.

Kelly, E. J. and Forsythe, K. M.: 1989, Adaptive detection and parameter estimation for multidimensional signal models, *Technical Report 848*, Massachusetts Institute of Technology Lincoln Laboratory.

Kelso, J. M.: 1964, *Radio Ray Propagation in the Ionosphere*, McGraw-Hill, New York.

Kent, G. S. and Wright, R. W. H.: 1968, Movements of ionospheric irregularities and ionospheric winds, *Journal of Atmospheric and Terrestrial Physics* **30**, 657.

Khan, R. H.: 1991, Ocean-clutter model for high-frequency radar, *IEEE Journal of Oceanic Engineering* **16**(2), 181.

Khan, R. H. and Mitchell, D. K.: 1991, Waveform analysis for high-frequency FMICW radar, *IEE Proceedings — Radar and Signal Processing* **138**(5), 411–419.

Khattatov, B., Murphy, M., Gnedin, M., Fuller-Rowell, T., and Yudin, V.: 2004, Advanced modeling of the ionosphere and upper atmosphere, *Environmental Research Technologies Report*, A550924.

Kim, A. G., Zumbrava, Z. F., Grozov, V. P., Kotovich, G. V., Mikhaylov, Y. S., and Oinats, A. V.: 2005, The correction technique for IRI model on the basis of oblique sounding data and simulation of ionospheric disturbance parameters, *Proceedings of the 28th URSI General Assembly*, New Delhi.

King, R. W. P.: 2003, Surface-wave radar and its application, *IEEE Transactions on Antennas and Propagation* **51**(10), 3000–3002.

Kinsman, B.: 1965, *Wind Waves*, Prentice-Hall, Inc., Englewood Cliffs, New Jersey.

Kirby, R. C.: 1982, Radio-wave propagation, *Section 18 in Electronics Engineer's Handbook*, D.G. Fink and D. Christiansen (eds.), **51**(5), 18-50–18-126.

Klemm, R.: 1998, *Space-Time Adaptive Processing — Principles and Applications*, IEE Publishers, London, UK.

Klemm, R.: 2002, *Principles of Space-Time Adaptive Processing*, 2d ed., IEE, London, UK.

Klemm, R.: 2004, *Applications of Space-Time Adaptive Proceesing*, The Institution of Electrical Engineers, London, UK.

Knott, E., Shaeffer, J., and Tuley, M.: 1993, *Radar Cross Section*, 2d ed., Artech House, Boston, MA.

Kogon, S. M., Williams, D. B., and Holder, E. J.: 1996, Reduced-rank terrain scattered interference mitigation, *Proc. of IEEE international symposium on Phased array systems and technology, Boston, MA*, pp. 400–405.

Kogon, S. M., Williams, D. B., and Holder, E. J.: 1996, Beamspace techniques for hot clutter cancellation., *Proceedings of ICASSP-96*, Atlanta, **2**, 1177–1180.

Kogon, S. M., Williams, D. B., and Holder, E. J.: 1998, Exploiting coherent multipath for main beam jammer suppression, *IEE Proceedings—Radar, Sonar and Navigation* **145**(5), 303–308.

Kogon, S. M. and Zatman, M. A.: 2001, STAP adaptive weight training using phase and power selection criteria, *Record of thirty-fifth Asilomar conference on Signals, Systems and Computers*, Pacific Grove, CA, **1**, 98–102.

Kolosov, A. A. E.: 1984, *Fundamentals of Over-the-Horizon Radar*, (Translated from *Radio i Svyaz* by W. F. Barton, Artech House, Norwood, MA, 1987).

Kotaki, M. and Katoh, C.: 1984, The global distribution of thunderstorm activity observed by the ionosphere satellite (ISS-B), *Journal of Atmospheric and Terrestrial Physics* **45**, 833–850.

Kramer, J. D. R. and Williams, R. T.: 1994, High frequency atmospheric noise mitigation, *IEEE International Conference on Acoustics, Speech and Signal Processing (ICASSP-94)* **6**, 101–104.

Kraut, S. and Scharf, L. L.: 1999, The CFAR adaptive subspace detector is a scale-invariant GLRT, *IEEE Transactions on Signal Processing* **47**(8), 2538–2541.

Kraut, S. and Scharf, L. L.: 2001, Adaptive subspace detectors, *IEEE Transactions on Signal Processing* **49**(1), 1–16.

Kraut, S., Scharf, L. L., and Butler, R. W.: 2005, The adaptive coherence estimator: A uniformly most-powerful-invariant adaptive detection statistic, *IEEE Transactions on Signal Processing* **53**(2), 427–438.

Kreyszig, E.: 1988, *Advanced Engineering Mathematics*, 6th ed., John Wiley and Sons, New York, US.

Krim, H. and Viberg, M.: 1996, Two decades of array signal processing research: The parametric Approach, *IEEE Signal Processing Magazine* **13**(4), 67–94.

Krolik, J. I. and Anderson, R. H.: 1997, Maximum likelihood coordinate registration for over-the-horizon radar, *IEEE Transactions on Signal Processing* **45**, 945–959.

Kulpa, K. S. and Czekala, Z.: 2005, Masking effect and its removal in PCL radar, *IEE Proceedings — Radar, Sonar, and Navigation* **152**(3), 174–178.

Kumaresan, R., Scharf, L., and Shaw, A.: 1986, An algorithm for pole-zero modeling and spectral analysis, *IEEE Transactions on Acoustics Speech and Signal Processing* **34**(3), 637–640.

Kurashov, A. G. (Ed.): 1985, *Shortwave Antennas*, 2d ed. in Russian, *Radio i Svyaz*.

Kuschel, H., Heckenbach, J., Muller, S., and Appel, R.: 2008, On the potentials of passive, multistatic, low frequency radars to counter stealth and detect low flying targets, *IEEE Radar Conference*, Rome, Italy.

Lee, Y., Choi, J., Song, I., and Lee, S.: 1997, Distributed source modeling and direction-of-arrival estimation techniques, *IEEE Transactions on Signal Processing* **45**, 960–969.

Lees, M. L.: 1987, An overview of signal processing for over-the-horizon radar, *Proceedings of the International Symposium on Signal Processing and its Applications (ISSPA-87)*, Adelaide, Australia.

Lemmon, J. J.: 2001, Wideband model of HF atmospheric radio noise, *Radio Science* **36**(6), 1385–1391.

Leong, H.: 1997, Adaptive nulling of skywave interference using horizontal dipole antennas in a coastal surveillance HF surface wave radar system, *IEEE International Radar Conference (RADAR'97)*, Edinburgh, UK, 26–30.

Leong, H.: 2000, A comparison of sidelobe cancellation techniques using auxiliary horizontal and vertical antennas in HF surface wave radar, *IEEE International Radar Conference*, Alexandria, Virginia, US, 672–677.

Leong, H.: 2002, Dependence of HF surface wave radar sea clutter on sea state, *IEEE Radar Conference 2002*, Long Beach, California, US, 56–60.

Leong, H.: 2006, The potential of bistatic HF surface wave radar system for the surveillance of water-entry area along coastline, *IEEE Radar Conference*, Verona, New York, US, p. 4.

Leong, H., Helleur, C., and Rey, M.: 2002, Ship detection and tracking using HF surface wave radar, *IEEE Radar Conference*, Long Beach, California, US, 61–65.

Leong, H. and Ponsford, A.: 2004, The advantage of dual-frequency operation in ship tracking by HF surface wave radar, *Proceedings of International Radar Conference*, Toulouse, France.

Leong, H. and Ponsford, A.: 2008, The effects of sea clutter on the performance of HF surface wave radar in ship detection, *IEEE Radar Conference (RADARCON'08)*, 1–6.

Leong, H. W.: 1999, Adaptive suppression of skywave interference in HF surface wave radar using auxiliary horizontal dipole antennas, *IEEE Pacific Rim Conference on Communications, Computers and Signal Processing*, British Columbia, Canada, 128–132.

Leong, H. W.: 2007, An estimation of radar cross sections of small vessels at HF, *IET International Conference on Radar Systems*, Edinburgh, UK, 1–4.

Leong, H. and Wilson, H.: 2006, An estimation and verification of vessel radar cross sections for high-frequency surface-wave radar, *IEEE Antennas and Propagation Magazine* **48**(2), 11–16.

Leontovich, M. and Fock, V. A.: 1946, Solution of the problem of electromagnetic waves along the Earth's surface by the method of parabolic equation, *Journal of Physics (USSR)* **10**, 13–24.

Levanon, N.: 1988, *Radar Principles*, John Wiley and Sons, New York.

Levanon, N. and Mozeson, E.: 2004, *Radar Signals*, John Wiley and Sons, Hoboken, NJ.

Lewis, B. L., Kretschmer, F. F., and Shelton, W. W.: 1986, *Aspects of Radar Signal Processing*, Artech House, Norwood, MA.

Li, B. and Yuan, Y.: 2006, A method for ship target extracting from broadened Bragg lines in bistatic shipborne SWR, *The 8th International Conference on Signal Processing* **4**, 16–20.

Li, J. and Stoica, P.: 1996, An adaptive filtering approach to spectral estimation and SAR filtering, *IEEE Transactions on Signal Processing* **44**(6), 1469–1483.

Li, J. and Stoica, P. E.: 2006, *Robust Adaptive Beamforming*, John Wiley and Sons, Hoboken, NJ.

Li, J., Stoica, P., and Zheng, D.: 1997, One-dimensional MODE algorithm for two dimensional frequency estimation, *Multidimensional Systems and Signal Processing* **8**, 449–468.

Li, L.-W.: 1998, High frequency over-the-horizon radar and ionospheric backscatter studies in China, *Radio Science* **33**(5), 1445–1448.

Li, S. T., Koyama, L. B., Schukantz, J. H., and Dinger, R. J.: 1995, EMC study of a shipboard HF surface wave radar, *IEEE International Symposium on Electromagnetic Compatibility*, Atlanta, Georgia, US, 406–410.

Liang, H. and Biyang, W.: 2006, Impulsive interference mitigation in high frequency radar, *First IEEE Conference on Industrial Electronics and Applications*, 2006, 1–4.

Lin, K. H., Yeh, K. C., Weng, A., and Yang, K. S.: 1995, Probing the ionosphere with an extremely narrow frequency separation, *Radio Science* **30**(3), 683–692.

Lipa, B.: 1977, Derivation of directional ocean-wave spectra by inversion of second order radar echoes, *Radio Science* **12**(4), 425–434.

Lipa, B. J. and Barrick, D. E.: 1983, Least-squares methods for the extraction of surface currents from CODAR crossed-loop data: Application at ARSLOE, *IEEE Journal of Oceanic Engineering* **8**(4), 226–253.

Lipa, B. J. and Barrick, D. E.: 1986, Extraction of sea-state from HF radar sea echo: Mathematical theory and modeling, *Radio Science* **21**(1), 81–100.

Liu, B., Chen, B., and Michels, J. H.: 2002, A GLRT for radar detection in the presence of compound-Gaussian clutter and additive white Gaussian noise, *IEEE Second Sensor Array and Multi-channel Signal Processing Workshop*, Washington, D.C.

Liu, D. and Waag, R.: 1995, A comparison of ultrasonic wavefront distortion and compensation in one-dimensional and two-dimensional apertures, *IEEE Transactions on Ultrasonics, Ferroelectrics, and Frequency Control* **42**(4), 726–733.

Liu, D. and Waag, R.: 1998, Estimation and correction of ultrasonic wavefront distortion using pulse-echo data received in a two-dimensional aperture, *IEEE Transactions on Ultrasonics, Ferroelectrics, and Frequency Control* **45**(2), 473–490.

Liu, H. and Xu, G.: 1996, A subspace method for signature waveform estimation in synchronous CDMA systems, *IEEE Transactions on Communications* **44**, 1346–1354.

Liu, H. and Zoltowski, M. D.: 1997, Blind equalization in antenna array CDMA systems, *IEEE Transactions on Signal Processing* **45**, 161–172.

Liu, Y.: 1996, Target detection and tracking with a high frequency ground wave over-the-horizon radar, *CIE International Radar Conference*, Beijing, China, 29–33.

Liu, Y., Xu, R., and Zhang, N.: 2003, Progress in HFSWR research at Harbin Institute of Technology, *IEEE International Radar Conference*, Adelaide, Australia, 522–528.

Lodge, O.: 1902, Mr. Marconi's results in day and night wireless telegraphy, *Nature* **66**, 222.

Lombardo, P., Colone, F., Bongioanni, C., Lauri, A., and Bucciarelli, T.: 2008, PBR activity at INFOCOM: Adaptive processing techniques and experimental results, *IEEE Radar Conference (RadarCon 2008)*, Rome, Italy.

Long, A. E. and Trizna, D. B.: 1973, Mapping of north Atlantic winds by HF radar sea backscatter interpretation, *IEEE Transactions on Antennas and Propagation* **21**, 680–685.

Lu, K., and Liu, X.: 2005, Enhanced visibility of maneuvering targets for high-frequency over-the-horizon radar, *IEEE Transactions on Antennas and Propagation* **53**(1), 404–411.

Lu, X., Kirlin, R. L., and Wang, J.: 2003, Temporal impulsive noise excision in the range-Doppler map of HF radar, *Proceedings of 2003 International Conference on Image Processing, ICIP*, **2**, 835–838.

Lu, X., Wang, J., Dizaji, R., Ding, Z., and Ponsford, A. M.: 2004, A switching constant false alarm rate technique for high frequency surface wave radar, *Canadian Conference on Electrical and Computer Engineering (CCECE)*, **4**, 2081–2084.

Lu, X., Wang, J., Ponsford, A. M., and Kirlin, R. L.: 2010, Impulsive noise excision and performance analysis, *IEEE Radar Conference*, Washington D.C., US, 1295–1300.

Lucas, D. L.: 1987, Ionospheric parameters used in predicting the performance of high frequency skywave circuits, *Interim Report on NRL Contract N00014-87-K-20009, Account 153-6943*, University of Colorado, Boulder.

Lucas, D. L. and Harper, J. D.: 1965, A numerical representation of CCIR report 322 high frequency (3-30 Mcs) atmospheric radio noise data, *National Bureau of Standards Note 318*.

Lucas, D. L. and Haydon, G. W.: 1966, Predicting statistical performance indexes for high frequency telecommunications systems, *ESSA Technical Report IER 1 ITSA 1*, US Department of Commerce.

Lucas, D. L., Lloyd, J. L., Headrick, J. M., and Thomason, J. F.: 1972, Computer techniques for planning and management of OTH radars, *Naval Research Laboratory Memo Report* **2500**.

Lucas, D., Pinson, G., and Pilon, R.: 1993, Some results of RADARC 2 equatorial spread Doppler clutter predicitions, *Proceedings of the Seventh International Ionospheric Effects Symposium*, Alexandria, Virginia, 2A5-1–2A5-8.

Lynch, J. T.: 1970, Aperture synthesis for HF radio signals propagated via the F-layer of the ionosphere, *Stanford Electronic Laboratory Technical Report 161 SU-SEL-70-066*, Stanford University.

Lyon, E. and French, M.: 1999, Detecting/tracking the A37-B aircraft with ROTHR, *Technical Memorandum to DoD Counterdrug Technology Development Program Office*.

Maclean, T. S. M. and Wu, Z.: 1993, *Radiowave Propagation over Ground*, Chapman and Hall, London.

Madden, J. M.: 1987, The adaptive suppression of interference in HF ground wave radar, *IEEE International Radar Conference*, London, UK, 98–102.

Maeda, R. and Inuki, H.: 1979, Radio disturbance warning issuance system, In R. F. Donnelly, (ed.): *Solar-Terrestrial Predictions Proceedings I*, US GPO, Washington, D.C. 20402 p. 223.

Malanowski, M. and Kulpa, K.: 2008, Digital beamforming for passive coherent location radar, *IEEE Radar Conference (RadarCon 2008)*, Rome, Italy.

Manolakis, D. G., Ingle, V. K., and Kogon, S. M.: 2000, *Statistical and Adaptive Signal Processing: Spectral Estimation, Signal Modeling, Adaptive Filtering and Array Processing*, McGraw-Hill, Boston, MA.

Maresca, J. W. and Barnum, J. R.: 1982, Theoretical limitation of the sea on the detection of low Doppler targets by over-the-horizon radar, *IEEE Transactions on Antennas and Propagation* 30, 837–845.

Markowski, S., Hall, P., and Wylie, R.: 2010, *Defence Procurement and Industry Policy: A Small Country Perspective*, Routledge, Abingdon.

Marple, S. L.: 1987, *Digital Spectral Analysis with Applications*, Prentice-Hall—Signal Processing Series, Englewood Cliffs, New Jersey, US.

Marrone, P. and Edwards, P.: 2008, The case for bistatic HF surface wave radar, *IEEE International Radar Conference*, Adelaide, Australia, 633–638.

Maslin N.: 1987, *HF Communications—A Systems Approach*, Pitman Publishing, London.

Matsushita, S.: 1976, Geomagnetic disturbances and storms, In S. Matsushita, and W.H. Campbell, (eds.): *Physics of Geomagnetic Phenomena, II* 8, 793–819.

Matsushita, S. and Campbell, W. H.: 1967, *Physics of Geomagnetic Phenomena I*, Academic Press, New York.

McKinley, D. W. R.: 1961, *Meteor Science and Engineering*, McGraw-Hill, New York.

McMillan, S. G.: 2011, OTH radar array calibration using LOS active returns, *M.S. Thesis, Department of Electrical and Electronic Engineering*, University of Adelaide, Australia.

McNamara, L. F.: 1973, Evening-type transequatorial propagation on Japan-Australia circuits, *Australian Journal of Physics* 26, 521–543.

McNamara, L. F.: 1991, *The Ionosphere: Communications, Surveillance and Direction Finding*, Krieger Publishing Company, Malabar, Florida.

Melvin, W.: 2004, A STAP overview, *IEEE Aerospace and Electronic Sytems Magazine* 19(1), 19–35.

Melvin, W. L.: 2000, Space-time adaptive radar performance in heterogeneous clutter, *IEEE Transactions on Aerospace and Electronic Systems* 36(2), 621–633.

Melvin, W. L. and Scheer, J. A.: 2013, *Principles of Modern Radar: Advanced Techniques*, SciTech Publishing, Edison, NJ.

Melvin, W. L. and Wicks, M.: 1997, Improving practical space-time adaptive radar, *Proceedings of IEEE Radar Conference*, Syracuse, New York, US, 48–53.

Melvin, W., Wicks, M., Antonik, P., Salama, Y., Li, P., and Schuman, H.: 1998, Knowlegebased space-time adaptive processing for AEW radar, *IEEE Aerospace and Electronic Sytems Magazine* **13**(4), 37–42.

Mendillo, M.: 1973, A study of the relationship between geomagnetic storms and ionospheric disturbances at mid-latitudes, *Planetary and Space Science* **21**, 349.

Menelle, M., Auffray, G., and Jangal, F.: 2008, Full digital high frequency surface wave radar: French trials in the biscay bay, *IEEE International Radar Conference*, Adelaide, Australia, 224–229.

Meng, Y., Stoica, P., and Wong, K.: 1996, Estimation of the directions of arrival of spatially dispersed signals in array processing, *IEE Proceedings—Radar, Sonar and Navigation* **143**(1), 1–9.

Mewes, H.: 1997, Long term azimuth and elevation measurements in the HF band, *HF Radio Systems and Techniques*, Nottingham, UK, 344–348.

Michels, J.: 1997, Covariance matrix estimator performance in non-Gaussian clutter processes, *IEEE National Radar Conference*, Syracuse, NY.

Michels, J. H., Himed, B., and Rangaswamy, M.: 2000, Performance of STAP tests in Gaussian and compound-Gaussian clutter, *Digital Signal Processing* **10**(4), 309–324.

Michels, J. H., Himed, B., and Rangaswamy, M.: 2002, Performance of parametric and covariance based STAP tests in compound-Gaussian clutter, *Digital Signal Processing* **12**, 307–328.

Miles, J. W.: 1957, On the generation of surface waves by shear flows, *Journal of Fluid Mechanics* **3**(2), 185–204.

Miller, D. C. and Gibbs, J.: 1975, Ionospheric analysis and ionospheric modeling, *AFCRL Technical Report 75-549*.

Miller, T. W.: 1976, The transient response of adaptive arrays in TDMA systems, *Ohio State University Electroscience Laboratory Technical Report RADC-TR-76-390*.

Millington, G.: 1949, Ground-wave propagation over an inhomogeneous smooth earth, *Proceedings of IEE* **96**, 53–64.

Millington, G. and Isted, G. A.: 1950, Ground-wave propagation over an inhomogeneous smooth earth, Part 2: Experimental evidence and practical implications, *Proceedings of IEE* **97**, 209–222.

Millman, G. H. and Nelson, G.: 1980, Surface wave HF radar for over-the-horizon detection, *IEEE International Radar Conference (RADAR-80)*, 106–112.

Milsom, J. D.: 1997, HF groundwave radar equations, *Seventh International Conference on HF Radio Systems and Techniques.* **441**, 285–290.

Minkler, G. and Minkler, J.: 1990, *CFAR. The Principles of Automatic Radar Detection in Clutter*, Magellan Book Company, Baltimore, Maryland, US.

Mitra, A. P.: 1974, *Ionospheric Effects of Solar Flares*, Reidel Publishing Company, Dordrecht, Holland.

Money, D. G., Emery, D. J., Blake, T. M., Clutterbuck, C. F., and Ablett, S. J.: 2000, HF surface wave radar management techniques applied to surface craft detection, *IEEE International Radar Conference*, Virginia, US, 110–115.

Money, D. G., Emery, D. J., and Dickel, G.: 2007, Intelligent radar management techniques in high frequency surface wave radar, *3rd Institution of Engineering and Technology Seminar on Intelligent Sensor Management*, London, UK, 1–11.

Montbriand, L. E.: 1981, *The Dependence of HF Direction Finding Accuracy on Aperture Size*, Report 343, Communications Research Center, Ottawa, Canada.

Monzingo, R. and Miller, T.: 1980, *Introduction to Adaptive Arrays*, John Wiley and Sons, New York.

Moutray, R. E. and Ponsford, A. M.: 1995, IMS integrates surface wave radar with existing assets for continuous surveillance of the EEZ, *Conference Proceedings of IEEE Challenges of Our Changing Global Environment—OCEANS95* **2**, 696–702.

Moutray, R. E. and Ponsford, A. M.: 1997, Integrated maritime surveillance (IMS) for the Grand Banks, *IEEE Conference Proceedings of OCEANS'97* **2**, 981–986.

Moutray, R. E. and Ponsford, A. M.: 2003, Integrated maritime surveillance: Protecting national sovereignty, *IEEE International Radar Conference*, Adelaide, Australia, 385–388.

Moyle, D. E. and Warrrington, E. M.: 1997, Some superresolution DF measurements within the HF band, *Tenth International Conference on Antennas and Propagation*, Edinburgh, UK, 71–73.

Muggleton, L. M.: 1975, A method of predicting foE at any time and place, *Telecommunications Journal* **42**(7), 413–418.

Muirhead, R. J.: 1982, *Aspects of Multivariate Statistical Theory*, John Wiley and Sons, New York.

Nathanson, F. E.: 1969, *Radar Design Principles*, McGraw-Hill, New York, US.

Nathanson, F. E., Reilly, J. P., and Cohen, M. N.: 1999, *Radar Design Principles: Signal Processing and the Environment, 2d ed.*, SciTech Publishing, Mendham, NJ.

Neale, B. T.: 1985a, CH – the first operational radar, *The GEC Journal of Research* **3**(2), 73–83.

Netherway, D. J. and Ayliffe, J. K.: 1987, Impulsive noise suppression in HF radar, *IREE Digest of papers, 21st International Electronics Convention and Exhibition*, Sydney, Australia, 673–676.

Netherway, D. J. and Carson, C. T.: 1986, Impedance and scattering matrices of a wideband HF phased array, *Journal of Electronics Engineering*, Australia **6**, 29–39.

Netherway, D. J., Ewing, G. E., and Anderson, S. J.: 1989, Reduction of some environmental effects that degrade the performance of HF skywave radars, *Australian Symposium on Signal Processing and Applications (ASSPA-89)*, Adelaide, Australia, 288–292.

Newton, R. J., Dyson, P. L., and Bennett, J. A.: 1997, Analytic ray parameters for the quasi-cubic segment model of the ionosphere, *Radio Science* **32**, 567–578.

Ng, B. P., Er, M. H., and Kot, C.: 1994, Array gain/phase calibration techniques for adaptive beamforming and direction finding, *IEE Proceedings—Radar, Sonar and Navigation* **141**(1), 25–29.

Nickisch, L. J.: 1992, Non-uniform motion and extended media effects on the mutual coherence function: An analytic solution for spaced frequency, position, and time, *Radio Science* **27**(1).

Nickisch, L. J., St. John, G., Fridman, S. V., and Hausman, M.: 2011, HiCIRF: A high-fidelity HF channel simulation, *Proceedings of the 2011 Ionospheric Effects Symposium*.

Northey, B. J. and Whitham, P. S.: 2000, A comparison of DSTO and DERA HF background noise measuring systems with the international radio consultative committee (CCIR) model data, *DSTO Technical Report DSTO-TR-0855*.

Norton, K. A.: 1935, The propagation of radio waves over a plane earth, *Nature* **135**, 945–955.

Norton, K. A.: 1936, The propagation of radio waves over the surface of the earth and in the upper atmosphere, Part 1: Ground wave propagation from short antennas, *Proceedings of IRE* **24**, 1367–1387.

Norton, K. A.: 1937, The propagation of radio waves over the surface of the earth and in the upper atmosphere, Part 2: The propagation from vertical, horizontal, and loop antennas over a plane earth of finite conductivity, *Proceedings of IRE* **25**, 1203–1236.

Norton, K. A.: 1941, The calculation of ground wave field intensity over a finitely conducting spherical earth, *Proceedings of IRE* **29**, 623–639.

Norton, R. B.: 1969, The middle-latitude F-region during some severe ionospheric storms, *Proceedings of IEEE* **57**, 1147.

Nuttall, A.: 1976, Spectral analysis of a univariate process with bad data points, via maximum entropy and linear predictive techniques, *Naval Underwater Systems Center, Technical Document 5303, New London, CT* **1**.

Olkin, J. A., Nowlin, W. C., and Barnum, J. R.: 1997, Detection of ships using OTH radar with short integration times, *IEEE National Radar Conference*, Syracuse, New York, US, 1–6.

Ott, R. H.: 1992, Ring: An integral equation algorithm for HF/VHF propagation over irregular, inhomogenous terrain, *Radio Science* **27**(6), 867–882.

Ottersten, B., Stoica, P., and Roy, R.: 1998, Covariance matching estimation techniques for array signal processing applications, *Digital Signal Processing* **8**, 185–210.

Ottersten, B., Viberg, M., and Kailath, T.: 1992, Analysis of subspace fitting and ML techniques for parameter estimation from sensor array data, *IEEE Transactions on Signal Processing* **40**, 590–600.

Ottersten, B., Viberg, M., Stoica, P., and Nehorai, A.: 1993, Radar array processing, Analysis of Subspace Fitting and ML Techniques for Parameter Estimation from Sensor Array Data, in Radar Array Processing, Springer-Verlag, Berlin, 99–151.

Owsley, N.: 1985, Sonar array processing, In S. Haykin (ed.), *Array Signal Processing*, Prentice-Hall, Englewood Cliffs, NJ.

Papadias, C. and Paulraj, A.: 1997, A constant modulus algorithm for multiuser signal separation in presence of delay spread using antenna arrays, *IEEE Signal Processing Letters* **4**, 178–181.

Papazoglou, M. and Krolik, J. L.: 1999, Matched-field estimation of aircraft altitude from multiple over-the-horizon radar revisits, *IEEE Transactions on Signal Processing* **47**(4), 966–976.

Papoulis, A.: 1984, *Probability, Random Variables and Stochastic Processes*, McGraw-Hill, New York.

Parent, J. and Bourdillon, A.: 1987, A method to corrrect HF skywave backscattered signals for ionospheric frequency modulation, *IEEE Transactions on Antennas and Propagation* **36**, 127–135.

Parkinson, M. L.: 1997, Observations of the broadening and coherence of MF/lower HF surface-radar ocean echoes, *IEEE Journal of Ocean Engineering* **22**(2), 347–363.

Paul, A. K.: 1979, Radio pulse distortion in the ionosphere, *Journal of Geophysical Research* **46**, 15.

Paul, A. K. A.: 1977, Simplified inversion procedure for calculating electron density profiles from ionograms to use with minicomputers, *Radio Science* **12**, 119–122.

Paulraj, A. and Kailath, T.: 1988, Direction of arrival estimation by eigenstructure methods with imperfect spatial coherence of wavefronts, *Journal of the Acoustical Society of America* **83**, 1034–1040.

Paulraj, A. and Papadias, C.: 1997, Space-time processing for wireless communications, *IEEE Signal Processing Magazine* **14**, 49–83.

Pearce, T. H.: 1991, The application of digital receiver technology to HF radar, *Fifth International Conference on HF Radio Systems and Techniques*, Edinburgh, UK, 304–309.

Pearce, T. H.: 1997, Calibration of a large receiving array for HF radar, *International Conference HF Radio Systems and Techniques*, **3**, 260–264.

Pearce, T. H.: 1998, Receiving array design for over-the-horizon radar, *GEC Journal of Technology* **15**, 47–55.

Peckham, C. D., Haimovich, A. M., Ayoub, T. F., Goldstein, J. S., and Reed, I. S.: 2000, Reduced-rank STAP performance analysis, *IEEE Transactions on Aerospace and Electronic Systems* **36**(2), 664–676.

Pedersen, K., Mogensen, P., Fleury, B., Frederiksen, F., Olesen, K., and Larsen, S.: 1997, Analysis for time, azimuth and Doppler dispersion in outdoor radio channels, *Proceedings of ACTS Mobile Communications Summit*, Aalborg, Denmark.

Percival, D. J. and White, K. A. B.: 1997, Multipath track fusion for over-the-horizon radar, *Proceedings of SPIE 3163*, San Diego, California, US, 363–374.

Percival, D. J. and White, K. A. B.: 1998, Multihypothesis fusion of multipath over-the-horizon radar tracks, *Proceedings of SPIE 3373*, Orlando, Florida, US, 440–451.

Percival, D. J. and White, K. A. B.: 2001, Multipath coordinate registration and track fusion for over-the-horizon radar, In D.A. Cochran, B. Moran, and L. White (eds.), *Defence Applications of Signal Processing*, Elsevier, Amsterdam, 149–155.

Phillips, O. M.: 1966, *The Dynamics of the Upper Ocean*, The University Press, Cambridge, UK (2d and 3d eds., 1969 and 1977).

Pierson, W. J. and Moskowitz, L.: 1964, A proposed spectral form for fully developed wind seas based on the similarity theory of S.A. Kitaigordskii, *Journal of Geophysical Research* **69**(24), 5181–5190.

Piggot, W. R. and Rawer, K. E.: 1972, *World Data Center A for Solar-Terrestrial Physics, U.R.S.I Handbook of Ionogram Interpretation and Reduction*, 2nd Edition, Report UAG-23A.

Pillai, S. U.: 1989, *Array Signal Processing*, Springer-Verlag, New York.

Pillai, S. U., Kim, Y. L., and Guerci, J. R.: 2000, Generalized forward/backward subaperture smoothing techniques for sample starved STAP, *IEEE Transactions on Signal Processing* **48**(12), 3569–3574.

Pillai, U. and Kwon, B.: 1989, Forward/backward spatial smoothing techniques for coherent signal identification, *IEEE Transactions on Acoustics, Speech Signal Processing* **37**, 8–15.

Pilon, R. O. and Headrick, J. M.: 1986, Estimating the scattering coefficient of the ocean surface for high-frequency over-the-horizon radar, *Naval Research Laboratory Memo Report*, **5741**.

Podilchak, S. K., Leong, H., Solomon, R., and Antar, Y. M. M.: 2009, Radar cross-section modeling of marine vessels in practical oceanic environments for high-frequency surface-wave radar, *IEEE Radar Conference*, Pasadena, California, US, 1–6.

Ponsford, A. M.: 1993, A comparison between predicted and measured sea echo Doppler spectra for surface wave radar, *OCEANS Conference, Institute of Electrical and Electronics Engineers* **3**(1), 61–66.

Ponsford, A. M., Dizaji, R. M., and McKerracher, R.: 2003, HF surface wave radar operation in adverse conditions, *IEEE International Radar Conference*, Adelaide, Australia, 593–598.

Ponsford, A. M., Dizaji, R. M., and McKerracher, R.: 2005, Noise suppression system and method for phased-array based systems, *United States Patent 6867731*.

Ponsford, A. M., D'Souza, I. A., and Kirubarajan, T.: 2009, Surveillance of the 200 nautical mile EEZ using HFSWR in association with a spaced-based AIS interceptor, *IEEE Conference on Technologies for Homeland Security*, Waltham, Massachusetts, US, 87–92.

Ponsford, A., Sevgi, L., and Chan, H. C.: 2001, An integrated maritime surveillance system based on high-frequency surface-wave radars, Part 2: Operational status and system performance, *IEEE Antennas and Propagation Magazine* **43**(5), 52–63.

Ponsford, A. and Wang, J.: 2010, A review of high frequency surface wave radar for detection and tracking of ships, *Turk J. Elec. Eng. & Comp. Sci.* **18**(3), 409–428.

Poole, A. W. V. and Evans, G. P.: 1985, Advanced sounding: 2. First results from an advanced chirp ionosonde, *Radio Science* **20**, 1617–1623.

Porat, B. and Friedlander, B.: 1985, Aymptotic analysis of the bias of the modified Yule-Walker estimator, *IEEE Transactions on Automatic Control* **30**, 765–767.

Porat, B. and Friedlander, B.: 1991, Blind equalization of digital communication channels using higher order moments, *IEEE Transactions on Signal Processing* **39**(2), 522–526.

Poullin, D.: 2005, Passive detection using broadcasters (DAB, DVB) with CODFM modulation, *IEE Proceedings—Radar, Sonar and Navigation* **152**(3), 143–152.

Poullin, D.: 2008, Recent progress in passive coherent location (PCL) concepts and technique in France using DAB or FM broadcasters, *IEEE Radar Conference*, Rome, Italy, 1–5.

Praschifka, J., Durbridge, L. J., and Lane, J.: 2009, Investigation of target altitude estimation in skywave OTH radar using a high-resolution ionospheric sounder, *IEEE International Radar Conference*, Bordeaux, France, 1–6.

Priestly, M. B.: 1981, *Spectral Analysis and Time Series, Volume 1*, Academic Press, Harcourt Brace Publishers, San Diego, Calif.

Prolss, G. W.: 1995, Ionospheric F Region Storms, in *Handbook of Atmospheric Electrodynamics*, H. Volland (ed.), CRC Press, Boca Raton, FL.

Pulford, G. W.: 2004, OTHR multipath tracking with uncertain coordinate registration, *IEEE Transactions on Aerospace and Electronic Systems* **40**, 38–56.

Pulford, G. W. and Evans, R. J.: 1998, A multipath data association tracker for over-the-horizon radar, *IEEE Transactions on Aerospace and Electronic Systems* **34**(4), 1165–1183.

Pulsone, N. B. and Rader, M.: 2001, Adaptive beamformer orthogonal rejection test, *IEEE Transactions on Signal Processing* **49**(3), 521–529.

Pulsone, N. B. and Raghavan, R. S.: 1999, Analysis of an adaptive CFAR detector in non-Gaussian interference, *IEEE Transactions on Aerospace and Electronic Systems* **35**(3), 903–916.

Pulsone, N. B. and Zatman, M. A.: 2000, A computationally efficient two-step implementation of the GLRT, *IEEE Transactions on Signal Processing* **48**(3), 609–616.

Qian, S.: 2002, *Time-Frequency and Wavelet Transforms*, Prentice-Hall Inc., New York.

Qiang, Y., Jiao, L. C., and Bao, Z.: 2001, An approach to detecting the targets of aircraft and ship together by over-the-horizon radar, *CIE International Radar Conference*, Beijing, China, 95–99.

Qiao, X. L. and Jin, M.: 2001, Radio disturbance suppression for HF radar, *IEE Proceedings—Radar, Sonar and Navigation* **148**(2), 89–93.

Qiao, X. and Liu, Y.: 1990, Ship detection in heavy sea clutter echoes and man-made radio noise environment for an on-shore HF ground wave frequency agile radar, *IEEE International Radar Conference*, Arlington, Virginia, US, 34–37.

Raab, F. A., Asbeck, P., Cripps, S., Kenington, P. B., Popovic, Z. B., Pothecary, N., Sevic, J. F., and Sokal, N. O.: 2002, Power amplifiers and transmitters for RF and microwave, *IEEE Transactions on Microwave Theory and Techniques* **50**(3), 814–826.

Rabideau, D. J.: 1998, Multidimensional sidelobe target editing with applications of terrain scattered jamming cancellations, *Proceedings of Ninth IEEE Statistical Signal and Array Processing Workshop*, Portland, OR, 252–255.

Rabideau, D. J.: 2000, Clutter and jammer multipath cancellation in airborne adaptive radar, *IEEE Transactions on Aerospace and Electronic Systems* **36**(2), 565–583.

Rabideau, D. J. and Steinhardt, A. O.: 1999, Improved adaptive clutter cancellation through data-adaptive training, *IEEE Transactions on Aerospace and Electronic Systems* **35**(3), 879–891.

Radford, M. F.: 1983, High frequency antennas, In A.W. Rudge, K. Milne, A.D. Oliver, and P. Knight (eds.), *The Handbook of Antenna Design*, Peter Peregrinus Ltd, London, UK.

Raghavan, R. S., Pulsone, N. B., and McLaughlin, D. J.: 1999, Performance of the GLRT for adaptive vector subspace detection, *IEEE Transactions on Aerospace and Electronic Systems* **35**(3), 903–915.

Raich, R., Goldberg, J., and Messer, H.: 2000, Bearing estimation for a distributed source: Modeling, inherent accuracy limitations and algorithms, *IEEE Transactions on Signal Processing* **48**(2), 429–441.

Rao, N. N.: 1974, Inversion of sweep-frequency sky-wave backscatter leading edge for quasi-parabolic ionospheric layer parameters, *Radio Science* **9**, 845.

Ratcliffe, J. A.: 1959, *The Magneto-Ionic Theory and Its Applications to the Ionosphere: A Monograph*, Cambridge University Press, London, UK.

Ratcliffe, J. A.: 1967, The ionosphere and the engineer, *Proceedings of Institute of Electrical Engineers*, London **114**(1).

Ratcliffe, J. A.: 1972, *An Introduction to the Ionosphere and Magnetosphere*, Cambridge University Press, London, UK.

Rawer, K. and Bilitza, D.: 1989, Electron density profile description in the international reference ionosphere, *Journal of Atmospheric and Terrestrial Physics* **51**(9-10), 781–790.

Reed, I. S., Mallet, J. D., and Brennan, L. E.: 1974, Rapid convergence rate in adaptive arrays, *IEEE Transactions on Aerospace and Electronic Systems* **10**(6), 853–863.

Regimbal, R.: 1965, A transmitter-spectrum synthesis technique for EMI prediction, *IEEE Transactions on Electromagnetic Compatibility* **7**, 125–141.

Reid, G. C.: 1967, Ionospheric disturbances, In S. Matsushita, and W.H. Campbell, (eds.): *Physics of Geomagnetic Phenomena II*, Academic Press, New York, p. 627.

Reinisch, B. W., Galkin, I. A., Khmyrov, G. M., et al.: 2009, New digisonde for research and monitoring applications, *Radio Science* **44**, 1–15.

Reinisch, B. W. and Huang, X.: 1983, Automatic scaling of electron density profiles from digital ionograms, Part 3: Processing of bottomside ionograms, *Radio Science* **18**(3), 477–492.

Rice, D. W.: 1971, The CRC high frequency direction finding research facility, *Conference Digest, 1971 International Electrical and Electronics Conference*, Toronto, IEEE, New York.

Rice, D. W.: 1973, Phase characteristics of ionospherically-propagated radio waves, *Nature Physical Science* **244**, 86–88.

Rice, D. W.: 1976, High resolution measurement of time delay and angle of arrival over a 911 km HF path, Blackband, W.T. (ed.), *Radio Systems and the Ionosphere, Advisory Group for Aerospace Research and Revelopment (AGARD) Conference Proceedings No. 173*, p. 33.

Rice, D. W.: 1982, HF direction finding by wave front testing in a fading signal environment, *Radio Science* **17**(4), 827–836.

Rice, S. O.: 1951, Reflection of electromagnetic waves from slightly rough surfaces, In M. Kline (ed.), *Theory of Electromagnetic Waves*, Interscience Publishers, New York, 351–378.

Richards, M. A.: 2005, *Fundamentals of Radar Signal Processing*, McGraw-Hill Professional, US.

Richards, W. L. and Scheer, J. A.: 2010, *Principles of Modern Radar: Basic Principles*, SciTech Publishing, Edison, NJ.

Richmond, C. D.: 1996, A note on non-Gaussian adaptive array detection and signal parameter estimation, *IEEE Signal Processing Letters* **3**, 251–252.

Riddolls, R. J.: 2006, Implementation of method for operating multiple high frequency surface wave radars on a common carrier frequency, *IEEE Conference on Radar*, Verona, New York, US, p. 4.

Rifkin, R.: 1994, Analysis of CFAR performace in Weibull clutter, *IEEE Transactions on Aerospace and Electronic Systems* **30**(2), 315–329.

Rihaczek, A. W.: 1971, Radar waveform selection—a simplified approach, *IEEE Transactions on Aerospace and Electronic Systems* **7**(3), 1078–1086.

Rihaczek, A. W.: 1985, *Principles of High Resolution Radar*, Peninsula Publishing, Los Altos, California, US.

Ringelstein, J., Gershman, A., and Bohme, J.: 1999, Sensor array processing for random inhomogeneous media, *Advanced Signal Processing Algorithms, Architectures and Implementations (SPIE-99)* **IX-3807**, 267–276.

Ringer, M. A. and Frazer, G. J.: 1999, Waveform analysis of transmissions of opportunity for passive radar, *International Symposium on Signal Processing and its Applications (ISSPA-99)* **2**, 511–514.

Rishbeth, H.: 1991, F-region storms and thermospheric dynamics, *Journal of Geomagnetism and Geoelectricity* **43**, 513–524.

Rishbeth, H. and Field, P. R.: 1997, Latitudinal and solar-cycle patterns in the response of the ionosphere F2-layer to geomagnetic activity, *Advances in Space Research* **20**(9), 1689–1692.

Ristic, B., Arulampalam, S., and Gordon, N.: 2004, *Beyond the Kalman Filter: Particle Filters for Tracking Applications*, Artech House, Boston, MA.

Ritcey, J. A.: 1986, Performance analysis of the censored mean-level detector, *IEEE Transactions on Aerospace and Electronic Systems* **22**(4), 443–454.

Ritcey, J. A.: 1989, Performance of max-mean-level detector with and without censoring, *IEEE Transactions on Aerospace and Electronic Systems* **25**(2), 213–223.

Robey, F. C., Fuhrmann, D. R., Kelly, E. J., and Nitzberg, R.: 1992, A CFAR adaptive matched filter detector, *IEEE Transactions on Aerospace and Electronic Systems* **28**(1), 208–216.

Robinson, L. A.: 1989, Summary of RCS measurements at SRI International—1982-1988, *Final Report, SRI Project 3786 for Lincoln Laboratory*.

Rohling, H.: 1983, Radar CFAR thresholding in clutter and multiple target situations, *IEEE Transactions on Aerospace and Electronic Systems* **19**(4), 608–621.

Roman, J. R., Rangaswamy, M., Davis, D. W., Zhang, Q., Himed, B., and Michels, J.: 2000, Parametric adaptive matched filter for airborne radar applications, *IEEE Transactions on Aerospace and Electronic Systems* **36**(2), 667–692.

Root, B.: 1998, HF radar ship detection through clutter cancellation, *IEEE National Radar Conference*, Dallas, US, 281–286.

Root, B. T. and Headrick, J. M.: 1993, Comparison of RADARC high-frequency radar performance prediction model and ROTHR Amchitka data, *Naval Research Laboratory Memo Report NRL/MR/5320-93-7181*.

Rotheram, S.: 1981a, Ground wave propagation, part 1: Theory for short distances, *Proceedings of the IEE, Part F: Communications, Radar and Signal Processing* **128**(5), 275–284.

Rotheram, S.: 1981b, Ground wave propagation, parts 1 and 2, *IEEE Proceedings Part F* **128**, 275–295.

Roy, R. and Kailath, T.: 1989, ESPRIT—estimation of signal parameters via rotational invariance techniques, *IEEE Tranactions on Acoustics, Speech, Signal Processing* **37**, 984–995.

Ruck, G., Barrick, D., Stuart, W., and Krichbaum, D.: 1970, *Radar Cross Section Handbook*, Volumes I and II, Plenum Press, New York.

Rumi, G. C.: 1975, Around-the-world propagation, *Radio Science* **10**, 711.

Rush, C. M., Pokempner, M., Anderson, D. N., Perry, J., Stewart, F. G., and Reasoner, R.: 1984, Maps of foF2 derived from observations and theoretical data, *Radio Science* **19**, 1083.

Rutten, M. G., Gordon, N. J., and Percival, D. J.: 2003, Track fusion in over-the-horizon radar networks, *Proceedings of Sixth International Conference on Information Fusion* **1**, 334–341.

Rutten, M. G. and Percival, D. J.: 2001, Joint ionospheric and track target state estimation for multipath OTHR track fusion, *SPIE Conference on Signal and Data Processing of Small Targets*, San Diego, US, 118–129.

Rutten, M. G. and Percival, D. J.: 2002, Fusion of multipath tracks for a network of over-the-horizon radars, *Final Program and Abstracts, Information, Decision and Control*, Adelaide, Australia, 193–198.

Sacchi, M., Ulrych, T., and Walker, C.: 1998, Interpolation and extrapolation using a high-resolution discrete fourier transform, *IEEE Transactions on Signal Processing* **46**(1), 31–38.

Sacchini, J., Steedly, W., and Moses, R.: 1993, Two-dimensional prony modelling and parameter estimation, *IEEE Transactions on Signal Processing* **41**(11), 3127–3137.

Sahr, J. D. and Meyer, M.: 2004, Opportunities for passive VHF radar studies of plasma irregularities in the equatorial E and F regions, *Journal of Atmospheric and Solar Terrestrial Physics* **66**, 1675–1681.

Saillant, S., Auffray, G., and Dorey, P.: 2003, Exploitation of elevation angle control for a 2-D HF skywave radar, *IEEE International Radar Conference*, Adelaide, Australia, 662–666.

Sailors, D. B.: 1995, Discrepancy in the international radio consultative committee report 322-3 radio noise model: The probable cause, *Radio Science* **30**, 713–728.

Saini, R. and Cherniakov, M.: 2005, DTV signal ambiguity function analysis for radar application, *IEE Proceedings—Radar, Sonar and Navigation* **152**(3), 133–142.

Saini, R., Cherniakov, M., and Lenive, V.: 2003, Direct path interference suppression in bistatic system: DTV based radar, *IEEE International Radar Conference (RADAR 2003)*, Adelaide, Australia, 309–314.

Sangston, K., Gini, F., Greco, M., and Farina, A.: 1999, Structures for radar detection in compound-Gaussian clutter, *IEEE Transactions on Aerospace and Electronic Systems* **35**(2), 445–458.

Sangston, K. I. and Gerlach, K.: 1994, Coherent detection of radar targets in a non-Gaussian background, *IEEE Transactions on Aerospace and Electronic Systems* **30**(2), 330–340.

Sarkar, T. K., Wang, H., and Park, S.: 2001, A deterministic least-squares approach to space-time adaptive processing (STAP), *IEEE Transactions on Antennas and Propagation* **49**(1), 91–103.

Sarma, A. and Tufts, D. W.: 2001, Robust adaptive threshold for control of false alarms, *IEEE Signal Processing Letters* **8**(9), 261–263.

Sarunic, P. and Rutten, M. G.: 2001, Over-the-horizon radar multipath track fusion incorporating track history, *Proceedings of ISIF*, Paris, France, 13–19.

Sato, Y.: 1975, A method of self-recovering equalization for multilevel amplitude-modulation systems, *IEEE Transactions on Communications* **23**(6), 679–682.

Scharf, L.: 1991, *Statistical Signal Processing, Detection, Estimation and Time Series Analysis*, Addison-Wesley Publishing Company, US.

Scharf, L. L. and Friedlander, B.: 1994, Matched subspace detectors, *IEEE Transactions on Signal Processing* **42**(8), 2146–2157.

Scharf, L. L. and Mc Whorter, L. T.: 1996, Adaptive matched subspace detectors and adaptive coherence, *Proceedings of 30th Asilomar Conference on Signals, Systems, and Computers*, Pacific Grove, Calif., US.

Schmidt, R. O.: 1979, Multiple emitter location and signal parameter estimation, *Proceedings of the RADC Spectral Estimation Workshop*, Rome, NY, 243–258.

Schmidt, R. O.: 1981, A signal subspace approach to multiple emitter location and spectral estimation, Ph.D. Dissertation, Stanford University, Stanford, Calif.

Schmidt, R. O.: 1986, Multiple emitter location and signal parameter estimation, *IEEE Transactions on Antennas and Propagation* **34**, 276–280.

Schunk, R. W., and Nagy, A. F.: 2009, *Ionospheres: Physics, Plasma Physics and Chemistry*, 2d ed., Cambridge University Press, Cambridge, UK.

Secan, J. A.: 2004, WBMOD ionospheric scintillation model, an abbreviated user's guide, *NWRA-CR-94 R172/Rev 7*, NorthWest Research Associates, Inc., Bellevue, WA.

Secan, J. A., Bussey, R. M., Fremouw, E. J., and Basu, S.: 1995, An improved model of equatorial scintillation, *Radio Science* **30**, 607–617.

Seliktar, Y., Williams, D. B., and Holder, E. J.: 2000, Beam-augmented STAP for joint clutter and jammer multipath mitigation, *IEE Proceedings—Radar, Sonar and Navigation* **147**(5), 225–232.

Sennitt, A. G. and Kuperus, B.: 1997, *World Radio TV Handbook*, Glen Heffernan Billboard Books, Amsterdam, Netherlands.

Sevgi, L.: 2001, Target reflectivity and RCS interactions in integrated maritime surveillance systems based on surface-wave high-frequency radars, *IEEE Antennas and Propagation Magazine* **43**(1), 36–51.

Sevgi, L.: 2003, *Complex Electromagnetic Problems and Numerical Simulation Approaches*, IEEE Press, Hoboken, NJ.

Sevgi, L., Ponsford, A., and Chan, H. C.: 2001, An integrated maritime surveillance system based on high-frequency surface-wave radars, Part 1: Theoretical background and numerical simulations, *IEEE Antennas and Propagation Magazine* **43**(5), 28–43.

Shan, T. J., Wax, M., and Kailath, T.: 1985, On spatial smoothing for direction of arrival estimation of coherent signals, *IEEE Transactions on Acoustics Speech and Signal Processing* **33**(4), 806–811.

Shearman, E. D. R.: 1983, Propagation and scattering in MF/HF ground-wave radar, *IEE Proceedings F* **130**(7), 579–590.

Shepherd, A. and Lomax, J.: 1967, Frequency spread in ionospheric radio propagation, *IEEE Transactions on Communication Technology* **15**(2), 268–275.

Sherill, W. and Smith, G.: 1977, Direcional dispersion of sporadic-E modes between 9 and 14 MHz, *Radio Science* **12**(5), 773–778.

Shimazaki, T.: 1962, A statistical study of occurrence probability of spread F at high latitudes, *Journal of Geophysical Research* **67**, 4617.

Shivaprasad, A. P.: 1971, Some pulse characteristics of atmospheric radio noise bursts at 3 MHz, *Journal of Atmospheric and Terrestrial Physics* **33**(10), 1607–1608.

Shnidman, D. A.: 2003, Expanded swerling target models, *IEEE Transactions on Aerospace and Electronic Systems* **39**(3), 1059–1069.

Shunjun, W. and Yingjun, L.: 1995, Adaptive channel equalisation for space-time adaptive processing, *IEEE International Radar Conference (RADAR-95)*, Alexandria, Virginia, US, 624–628.

Silberstein, R.: 1959, The origin of the current nomenclature of the ionospheric layers, *Journal of Atmospheric and Terrestrial Physics* **13**, 382.

Sinnott, D.: 1986, The Jindalee over-the-horizon radar system, *Conference on Air Power in the Defence of Australia*, Australian National University, Research School of Pacific Studies, Strategic and Defence Studies Centre, Canberra, Australia.

Sinnott, D. H.: 1987, Jindalee - DSTO's over-the-horizon radar project, *IREE, Digest of papers, 21st International Electronics Convention and Exhibition*, Sydney, Australia, 661–664.

Sinnott, D. H.: 1988, The development of over-the-horizon radar in Australia, *DSTO Bicentennial History Series—Australian Government Publishing Service*.

Sinnott, D. H. and Haack, G. R.: 1983, The use of overlapped subarray techniques in simultaneous receive beam arrays, *Proceedings of the Antenna Applications Symposium, University of Illinois*, Moticello, Illinois, US, 21–37.

Six, M., Parent, J., Bourdillon, A., and Delloue, J.: 1996, A new multibeam receiving equipment for the Valensole skywave HF radar: Description and applications, *IEEE Transactions on Geoscience and Remote Sensing* **34**(3), 708–719.

Skolnik, M.: 2008a, *Radar Handbook*, 3d ed., McGraw-Hill, New York, US.

Skolnik, M.: 2008b, HF over-the-horizon radar, J. M. Headrick and S. J. Anderson (Chapter 20), *Radar Handbook*, 3d ed., McGraw-Hill, New York, US.

Skolnik, M.: 2008c, Electronic counter-countermeasures, A. Farina (Chapter 22), *Radar Handbook*, 3d ed., McGraw-Hill, New York, US.

Slock, D. T. and Padias, C. B.: 1995, Further results on blind identification and equalisation of multiple FIR channels, *International Conference on Acoustics Speech and Signal Processing (ICASSP-95)*, Detroit, Michigan, US.

Smith, E. K.: 1957, Worldwide occurrence of sporadic E, *Circular 582, National Bureau of Standards*.

Smith, E. K. and Matsushita, S. E.: 1962, *Ionospheric Sporadic E*, Macmillan, New York.

Sojka, J. J.: 1989, Global scale, physical models of the F region ionosphere, *Reviews of Geophysics* **27**(3), 371–403.

Solomon, I. S. D.: 1998, Over-the-horizon radar array calibration, Ph.D. Dissertation, The University of Adelaide, Adelaide, Australia.

Solomon, I. S. D., Gray, D. A., Abramovich, Y. I., and Anderson, S. J.: 1998, Over-the-horizon radar array calibration using echoes from ionised meteor trails, *IEE Proceedings—Radar, Sonar and Navigation* **145**(3), 173–180.

Solomon, I. S. D., Gray, D. A., Abramovich, Y. I., and Anderson, S. J.: 1999, Receiver array calibration using disparate sources, *IEEE Transactions on Antennas Propagation* **47**, 496–505.

Solomon, R. C., Leong, H., and Antar, Y. M. M.: 2008, Forward scattering effects in RCS of complex targets in the 3–20 MHz high frequency range, *International Symposium of the IEEE Antennas and Propagation Society (AP-S)*, San Diego, California, US, 1–4.

Sommerfeld, A.: 1909, The propagation of waves in wireless telegraphy, *Annals of Physics* **28**, 665–736.

Somov, V. G., Leusenko, V. A., Tyapkin, V. N., and Shaidurov, G. Y.: 2003, Effect of nonlinear and focusing ionospheric properties on qualitative characteristics of radar in the decametric wave band, *Journal of Communications Technology and Electronics* **48**, 850–858.

Spaulding, A. D. and Washburn, J. S.: 1985, Atmospheric radio noise: Worldwide levels and other characteristics, *NTIA Report 85-173, National Telecommunications and Information Administration*.

Steel Yard OTH Radar: 2008, *http://www.globalsecurity.org/wmd/world/russia/steelyard.htm*.

Steinhardt, A. O. and Van Veen, B. D.: 1989, Adaptive beamforming, *International Journal of Adaptive Control and Signal Processing* **3**, 253–281.

Stimson, G. W.: 1998, *Introduction to Airborne Radar*, 2d ed., SciTech Publishing, Mendham, New Jersey, US.

Stoica, P., Besson, O., and Gershman, A.: 2001, Direction-of-arrival estimation of an amplitude-distorted wavefront, *IEEE Transactions on Signal Processing* **49**, 269–276.

Stoica, P. and Nehorai, A.: 1989, MUSIC, Maximum Likelihood and Cramer-Rao lower bound: Further results and comparisons, *IEEE Transactions on Acoustics Speech and Signal Processing* **37**, 720–741.

Stoica, P. and Sharman, K.: 1990a, Maximum likelihood methods for direction-of-arrival estimation, *IEEE Transactions on Acoustics, Speech, Signal Processing* **38**, 1132–1143.

Stoica, P. and Sharman, K. C.: 1990b, Novel eigen analysis method for direction estimation, *IEE Proceedings, Part F* **137**(1), 19–26.

Stone, L. D., Barlow, C. A., and Corwin, T. L.: 1999, *Bayesian Multiple Target Tracking*, Artech House, Boston, MA.

Stove, A.: 1992, Linear FMCW radar techniques, *IEE Proceedings F* **139**(5), 343–350.

Strausberger, D. J., Garber, F. D., Chamberlain, N. F., and Walton, E. K.: 1992, Modeling and performance of HF/OTH radar target classification systems, *IEEE Transactions on Aerospace and Electronic Systems* **28**(2), 396–403.

Summers, B.: 1995, Radar range processing, *Patent G01S1/34, International publication number WO 95/32437*.

Sweeney, L. E.: 1970, Spatial properties of ionospheric radio propagation as determined with half degree azimuthal resolution, Ph.D. Dissertation, Stanford University, Calif.

Swerling, P.: 1960, Probability of detection for fluctuating targets, *IEEE Transactions on Information Theory* **6**, 269–308.

Swerling, P.: 1997, Probability of detection for some additional fluctuating target cases, *Reprinted in IEEE Transactions on Aerospace and Electronic Systems* **33**(2), 698–709.

Swindlehurst, A.: 1998, Time delay and spatial signature estimation using known asynchronous signals, *IEEE Transactions on Signal Processing* **46**(2), 449–462.

Swindlehurst, A. and Kailath, T.: 1992, A performance analysis of subspace-based methods in the presence of model errors, Part I: The MUSIC algorithm, *IEEE Transactions on Signal Processing* **40**, 1758–1773.

Swingler, D. and Walker, R.: 1988, Linear-predictive extrapolation for narrowband spectral estimation, *Proceedings of IEEE* **76**(9), 1249–1251.

Talwar, S., Viberg, M., and Paulraj, A.: 1994, Blind estimation of multiple co-channel digital signals using an antenna array, *IEEE Signal Processing Letters* **1**, 29–31.

Tan, D., Sun, H., Lui, Y., Lesturgie, M., and Chan, H.: 2005, Passive radar using global system for mobile communication signal: Theory, implementation and measurements, *IEE Proceedings—Radar, Sonar and Navigation* **152**(3), 116–123.

Tarran, C. J.: 1997, Operational HF DF systems employing real-time super resolution processing, *HF Radio Systems and Techniques*, Nottingham, UK, 311–319.

Taylor, A. H. and Hulbert, E. O.: 1926, The propagation of radio waves over the earth, *Physical Review* **27**(2), 189–215.

Taylor, J. E.: 1902, Characteristics of electric earth-current disturbances, and their origin, *Proceedings of the Royal Society of London*, **71** (467-476), 225–227.

Teague, C. C., Tyler, G. L., and Stewart, R. H.: 1975, The radar cross-section of the sea at 1.95 MHz: Comparison of in-situ and radar determinations, *Radio Science* **10**, 847–852.

Teitelbaum, R.: 1991, A flexible processor for a digital adaptive array radar, *IEEE National Radar Conference (RadarCon-91)*, Los Angeles, US, 103–107.

Teters, L. R., Lloyd, J. L., Haydon, G. W., and Lucas, D. L.: 1983, Estimating the performance of telecommunication systems using the ionospheric transmission channel—ionospheric communications analysis and prediction program users manual, *National Telecommunications and Information Administration Report 83–127*.

Thayaparan, T. and Kennedy, S.: 2004, Detection of a maneuvering air target in sea-clutter using joint time-frequency analysis techniques, *IEE Proceedings—Radar, Sonar and Navigation* **151**, 19–30.

Thayaparan, T. and MacDougall, J.: 2005, Evaluation of ionospheric sporadic-E clutter in an Arctic environment for the assessment of high frequency surface wave radar surveillance, *IEEE Transactions on Geoscience and Remote Sensing* **43**(5), 1180–1188.

Thierren, C. W.: 1992, *Discrete Random Signals and Statistical Signal Processing*, Prentice-Hall, Inc., Englewood Cliffs, New Jersey.

Thomas, J. M., Baker, C. J., and Griffiths, H. D.: 2007, DRM signals for HF passive bistatic radar, *IEEE International Radar Conference (RADAR 2007)*, Edinburgh, UK.

Thomas, J. M., Griffiths, H. D., and Baker, C. J.: 2006, Ambiguity function analysis of Digital Radio Mondiale signals for HF passive bistatic radar, *Electronics Letters* **42**(25).

Thomas, L.: 1970, F2-region disturbances associated with major magnetic storms, *Journal of Atmospheric and Terrestrial Physics* **18**, 917.

Thomas, L. and Venables, F. H.: 1966, The onset of the F-region disturbance at middle latitudes during magnetc storms, *Journal of Atmospheric and Terrestrial Physics* **28**, 599.

Thomas, R. M., Whitham, P. S., and Elford, W. G.: 1988, Response of high frequency radar to meteor backscatter, *Journal of Atmospheric and Terrestrial Physics* **50**, 703–724.

Thomason, J. F.: 2003, Development of over-the-horizon radar in the United States, *IEEE International Radar Conference (RADAR 2003)*, Adelaide, Australia, 599–601.

Thomason, J., Skaggs, G., and Lloyd, J.: 1979, A global ionospheric model, *Naval Research Laboratory Report*(8321).

Titheridge, J. E.: 1988, The real height analysis of ionograms: A generalized formulation, *Radio Science* **23**(5), 831–839.

Tong, L. and Perreau, S.: 1998, Multichannel blind identification: From subspace to maximum likelihood methods, *Proceedings of IEEE* **86**(10), 1951–1968.

Tong, L., Xu, G., and Kailath, T.: 1994, Blind identification and equalization based on second-order statistics: A time domain approach, *IEEE Transactions on Information Theory* **40**, 340–349.

Treharne, R. F.: 1967, Vertical triangulation using skywaves, *Proceedings of the Institution of Radio and Electronics Engineers, Australia*, **28**, 419–423.

Treichler, J. and Agee, B.: 1983, A new approach to multipath correction of constant modulus signals, *IEEE Transactions on Acoustics, Speech, Signal Processing* **31**(2), 459–472.

Trenkle, F.: 1979, *Die Deutschen Funkmeverfahren bis 1945* (in German), Motorbuch-Verlag, Stuttgart.

Trizna, D. B.: 1982, Estimation of the sea surface radar cross section at HF from second-order Doppler spectrum characteristics, *Naval Research Laboratory Memo Report* (8579), 916.

Trizna, D. B. and Headrick, J. M.: 1961, Ionospheric effects on HF over-the-horizon radar, In J.M. Goodman, (ed.), *Proceedings Effect of the Ionosphere on Radiowave Systems, ONR/AFGL-sponsored*, 262–272.

Trizna, D., Moore, J., Headrick, J., and Bogle, R.: 1977, Directional sea spectrum determination using HF Doppler radar techniques, *IEEE Transactions on Antennas and Propagation* **25**(1), 4–11.

Trost, T.: 1979, Electron concentrations in the E and upper D region at Arecibo, *Journal of Geophysical Research* **84**(A6), 2736–2742.

Trump, T. and Ottersten, B.: 1996, Estimation of nominal direction of arrival and angular spread using an array of sensors, *Signal Processing* **50**(9), 57–69.

Tufts, D. and Melissinos, C.: 1986, Simple, effective computation of the principle eigenvectors and their eigenvalues and application to high-resolution of frequencies, *IEEE Transactions on Acoustics Speech and Signal Processing* **34**, 1046–1053.

Turley, M. D.: 1997, Hybrid CFAR techniques for HF radar, *Proceedings of International Radar Conference*, 36–40.

Turley, M. D.: 1999, Skywave radar spatial adaptive processing with quiescent pattern control, *Fifth International Symposium on Signal Processing and Its Applications (ISSPA-99)*, Brisbane, Australia, 337–340.

Turley, M. D.: 2003, Impulsive noise rejection in HF radar using a linear prediction technique, *Proceedings of the International Radar Conference*, Adelaide, Australia, 358–362.

Turley, M. D.: 2006, FMCW radar waveforms in the HF band, *Technical note presented at ITU-R JRG 1A-1C-8B meeting*.

Turley, M. D.: 2008, Signal processing techniques for maritime surveillance with skywave radar, *IEEE International Radar Conference (RADAR 2008)*, Adelaide, Australia.

Turley, M. D.: 2009, Bandwidth formula for linear FMCW radar waveforms, *IEEE International Radar Conference (RADAR 2009)*.

Turley, M. D. and Voight, S.: 1992, The use of a hybrid AR/classical spectral analysis technique with application to HF radar, *International Symposium on Signal Processing and its Applications (ISSPA-99)*, Gold Coast, Australia.

Turley, M. and Lees, M. L.: 1987, An adaptive impulsive noise suppressor for FMCW radar, *Proceedings of IREECON'87, 21st International Electronic Convention and Exhibition*, Sydney, Australia, 665–668.

Tyler, G. L., Teague, C. C., Stewart, R. H., Peterson, A. M., Munk, W. H., and Joy, J. W.: 1974, Wave directional spectra from synthetic aperture observations of radio scatter, *Deep-Sea Research* **21**, 989–1016.

Uman, M. A.: 1987, *The Lightning Discharge*, Academic, San Diego, Calif.

Valaee, S., Champagne, B., and Kabal, P.: 1995, Parametric localisation of distributed sources, *IEEE Transactions on Signal Processing* **43**(9), 2144–2153.

van der Pol, B. and Bremmer, H.: 1937a, The diffraction of electromagnetic waves from an electrical point source round a finitely conducting sphere – Part I, *Philosophical Magazine Series 7* **24**, 141–176.

van der Pol, B. and Bremmer, H.: 1937b, The diffraction of electromagnetic waves from an electrical point source round a finitely conducting sphere – Part II, *Philosophical Magazine Series 7* **24**, 825–864.

van der Pol, B. and Bremmer, H.: 1938, The propagation of radio waves over a finitely conducting spherical earth, *Philosophical Magazine Series 7* **25**, 817–834.

van der Pol, B. and Bremmer, H.: 1939, Further note on the propagation of radio waves over a finitely conducting spherical earth, *Philosophical Magazine Series 7* **26**, 261–265.

van der Veen, A.-J.: 1998, Algebraic methods for deterministic blind beamforming, *Proceedings of IEEE* **86**(10), 1987–2008.

van der Veen, A. and Paulraj, A.: 1996, An analytical constant modulus algorithm, *IEEE Transactions on Signal Processing* **44**, 1136–1155.

Van Trees, H. L.: 2002, *Detection, Estimation, and Modulation Theory*, John Wiley and Sons, New York, US.

Van Veen, B. D.: 1991, Minimum variance beamforming with soft response constraints, *IEEE Transacations on Signal Processing* **39**(9), 1964–1972.

Van Veen, B. D. and Buckley, K. M.: 1988, Beamforming: A versatile approach to spatial filtering, *IEEE Acoustics Speech and Signal Processing Magazine* **5**(2), 4–24.

Viberg, M. and Ottersten, B.: 1991, Sensor array processing based on subspace fitting, *IEEE Transactions on Signal Processing* **39**(5), 1110–1121.

Viberg, M., Ottersten, B., and Kailath, T.: 1991, Detection and estimation in sensor arrays using weighted subspace fitting, *IEEE Transactions on Signal Processing* **39**, 2436–2449.

Villain, J., Andre, R., Hanuise, C., and Gresillon, D.: 1996, Observation of high latitude ionosphere by HF radars: Interpretation in terms of collective wave scattering and characterization of turbulence, *Journal of Atmospheric and Terrestrial Physics* **58**(8), 943–958.

Villars, F. and Weisskopf, V.: 1955, On the scattering of radio waves by turbulent fluctuations in the ionosphere, *Proceedings of the IRE* **43**, 1232–1239.

Vizinho, A. and Wyatt, L. R.: 2001, Evaluation of the use of the modified-covariance method in HF radar ocean measurement, *IEEE Journal of Oceanic Engineering* **26**(4) 832–840.

Vorobyov, S., Gershman, A., and Luo, Z.: 2003, Robust adaptive beamforming using worst-case performance optimization: A solution to the signal mismatch problem, *IEEE Transactions on Signal Processing* **51**, 313–324.

Vozzo, A.: 1995, Performance assessment of receivers used in HF radar, *Sixth International Conference on Radio Receivers and Associated Systems*, Bath, UK, 133–138.

Wait, J. R.: 1956, Radiation from a vertical antenna over a curved stratified ground, *Journal of Research of the National Bureau of Standards* **56**(4), 237–244.

Wait, J. R.: 1964, *Electromagnetic Surface Waves, Advances in Radio Research*, Academic Press, New York.

Walton, E. K. and Young, J. D.: 1984, The Ohio State University compact radar cross section measurement range, *IEEE Transactions on Antennas and Propagation* **32**, 1218–1223.

Wan, X., Xiong, X., Cheng, F., and Ke, H.: 2007, Experimental investigation of directional characteristics for ionospheric clutter in HF surface wave radar, *IET Proceedings—Radar, Sonar and Navigation* **1**(2), 124–130.

Wang, E., Wang, J., and Ponsford, A. M.: 2011, An adaptive hierarchal CFAR for optimal target detection in mixed clutter environments, *IEEE Radar Conference*, Kansas, Missouri, US, 543–547.

Wang, G., Xia, X.-G., Root, B. T., Chen, V. C., Zhang, Y., and Amin, M.: 2003, Manoeuvring target detection in over-the-horizon radar using adaptive clutter rejection and adaptive chirplet transform, *IEE Proceedings—Radar, Sonar, Navigation* **150**(4), 292–298.

Wang, J., Dizaji, R., and Ponsford, A. M.: 2004, Analysis of clutter distribution in bistatic high frequency surface wave radar, *Canadian Conference on Electrical and Computer Engineering (CCECE)*, Niagara Falls, 1301–1304.

Ward, J.: 1994, Space-time adaptive processing for airborne radar, *MIT Lincoln Laboratory TR 1015, ESC-TR-94-109*.

Warrington, E. M.: 1995, Measurements of the direction of arrival of HF skywave signals by means of a wide aperture array and super resolution direction finding algorithms, *IEE Proceedings on Microwaves, Antennas and Propagation* **142**(2), 136–144.

Warrington, E. M., Nasyrov, I., Stocker, A. J., and Jacobsen, B.: 2003, Measurements of the delay, Doppler and directional characteristics of obliquely propagating HF signals over several northerly paths and a comparison with vertical ionosonde and HF radar observations, *Ninth International Conference on HF Radio Systems and Techniques*, **493**, 159–164.

Warrington, E. M., Thomas, E. C., and Jones, T. B.: 1990, Measurements on the wavefronts of ionospherically-propagated HF radio waves made with a large aperture antenna array, *Proceedings of IEE*, **137H**(1), 25–30.

Washburn, T. W. and Sweeney, L. E.: 1976, An on-line adaptive beamforming capability for HF backscatter radar, *IEEE Transactions on Antennas and Propagation* **24**(5), 721–732.

Watson, G. N.: 1919, The transmission of electric waves round the earth, *Proceedings of the Royal Society of London, Series A* **95**, 546–563.

Watson-Watt, R. A.: 1929, Weather and wireless, *Quarterly Journal of the Royal Meteorological Society* **55**(273).

Watterson, C. C., Juroshek, J. R., and Bensema, W. D.: 1970, Experimental confirmation of an HF channel model, *IEEE Transactions on Communications* **18**(6), 792–803.

Watts, J. M. and Davies, K.: 1960, Rapid frequency analysis of fading radio signals, *Journal of Geophysical Research* **65**, 2295.

Wax, M. and Kailath, T.: 1985, Detection of signals by information theoretic criteria, *IEEE Transactions on Acoustics Speech and Signal Processing* **33**, 387–392.

Wei, W., Yingning, P., Taifan, Q., and Yongtan, L.: 1999, HF OTHR target detection and estimation subsystem, *IEEE Aerospace and Electronic Systems Magazine* **14**(4), 39–45.

Weiner, D. D., Capraro, G. T., and Wicks, M. C.: 1998, An approach for utilizing known terrain and land feature data in estimation of the clutter covariance matrix, *Proceedings of the IEEE Radar Conference (RADARCON)*, Dallas, TX, 381–386.

Weiss, A. and Friedlander, B.: 1996, Almost blind steering vector estimation using second-order moments, *IEEE Transactions on Signal Processing* **44**(4), 1024–1027.

Weiss, M.: 1982, Analysis of some modified cell-averaging CFAR processors in multipl-target situations, *IEEE Transactions on Aerospace and Electronic Systems* **18**(1), 102–114.

Wenyu, Z. and Peinan, J.: 1994, Signal processing of skywave OTH-B radar, *IEEE International Conference on Acoustics, Speech and Signal Processing (ICASSP'94)* **6**, 117–120.

Wenyu, Z. and Xu, M.: 1991, Bistatic FMCW OTH-B experimental radar, *International Conference on Radar ICR-91*, China Institute of Electronics, 138–141.

Whale, H. A.: 1969, *Effects of Ionospheric Scattering on Very-Long-Distance Radio Communication*, Plenum Press, New York.

Whale, H. and Gardiner, C.: 1966, The effect of a specular component on the correlation between the signals received on spaced antennas, *Radio Science* **1**(5), 557–570.

Whitehead, J. D.: 1962, Distribution of echo amplitudes from an undulating surface, *Journal of Atmospheric and Terrestrial Physics* **24**, 715.

Whitehead, J. D.: 1989, Recent work on mid-latitude and equatorial sporadic E, *Journal of Atmospheric and Terrestrial Physics* **51**, 401.

Wicks, M. C., Melvin, W. L., and Chen, P.: 1997, An efficient architecture for nonhomogeneity detection in space-time adaptive processing airborne early warning radar, *Proceedings of Radar 97*, Edinburgh, UK, 295–299.

Wicks, M. C., Rangaswamy, M., Adve, R., and Hale, T. B.: 2006, Space-time adaptive processing: A knowledge-based perspective for airborne radar, *IEEE Signal Processing Magazine* **23**(1), 51–65.

Widrow, B., Mantey, P., Griffiths, L., and Goode, B.: 1967, Adaptive antenna systems, *Proceedings IEEE* **55**(12), 2143–2159.

Willis, N. J.: 1991, *Bistatic Radar*, Artech House, Norwood, MA.

Willis, N. J. and Griffiths, H. D.: 2007, *Advances in Bistatic Radar*, SciTech, North Carolina, US.

Wilson, H. and Leong, H.: 2003, An estimation and verification of vessel radar-cross-sections for HF surface wave radar, *IEEE International Radar Conference*, Adelaide, Australia, 711–716.

Wood, L. and Treitel, S.: 1975, Seismic signal processing, *Proceedings of the IEEE* **63**, 649–661.

Wu, G.-X. and Deng, W.-B.: 2006, HF radar target identification based on optimized multi-frequency features, *International Conference on Radar (CIE'06)*, Shanghai, China, 1–4.

Wu, Q. and Wong, K. M.: 1996, Blind adaptive beamforming for cyclostationary signals, *IEEE Transactions on Signal Processsessing* **44**(11), 2757–2767.

Wyatt, L. R.: 1990, A relaxation method for integral inversion applied to HF radar measurement of the ocean wave directional spectrum, *International Journal of Remote Sensing* **11**, 1481–1494.

Wyatt, L. R., Green, J. J., Middleditch, A., Moorhead, M. D., Howarth, J., Holt, M., and Keogh, S.: 2006, Operational wave, current, and wind measurements with the Pisces HF radar, *IEEE Journal of Oceanic Engineering* **31**(4), 819–834.

Wylder, J.: 1987, The frontier for sensor technology, *Signal* **41**, 73–76.

Xianrong, W., Feng, C., and Hengyu, K.: 2006a, Experimental trials on ionospheric clutter suppression for high-frequency surface wave radar, *IEE Proceedings—Radar, Sonar and Navigation* **153**(1), 23–29.

Xianrong, W., Feng, C., and Hengyu, K.: 2006b, Main beam cochannel interference suppression by range adaptive processing for HFSWR, *IEEE Signal Processing Letters* **13**(1), 29–32.

Xianrong, W., Xinlong, X., and Hengyu, K.: 2006, Ionospheric clutter suppression in HF surface wave radar OSMAR, *7th International Symposium on Antennas, Propagation and EM Theory*, Guilin, China, 1–6.

Xiaodong, T., Yunjie, H., and Wenyu, Z.: 2001, Skywave over-the-horizon backscatter radar, *CIE International Radar Conference*, Beijing, China, 90–94.

Xie, J., Yuan, Y., and Liu, Y.: 1998, Super-resolution processing for HF surface wave radar based on pre-whitened MUSIC, *IEEE Journal of Oceanic Engineering* **23**(4), 313–321.

Xie, J., Yuan, Y., and Liu, Y.: 2001, Experimental analysis of sea clutter in shipborne HFSWR, *IEE Proceedings—Radar, Sonar and Navigation* **148**(2), 67–71.

Xingpeng, M., Yongtan, L., and Weibo, D.: 2004, Radio disturbance of high frequency surface wave radar, *Electronics Letters* **40**(3), 202–203.

Xingpeng, M., Yongtan, L., Weibo, D., Changjun, Y., and Zilong, M.: 2004, Sky wave interference of high-frequency surface wave radar, *Electronics Letters* **40**(15), 968–969.

Xiongbin, W., Feng, C., Zijie, Y., and Hengyu, K.: 2006, Broad beam HFSWR array calibration using sea echoes, *International Conference on Radar, (CIE'06)*, Shanghai, China, 1–3.

Xu, G. and Kailath, T.: 1992, Direction-of-arrival estimation via exploitation of cyclostationarity: A combination of temporal and spatial processing, *IEEE Transactions on Signal Processing* **40**(7), 1775–1786.

Yakunin, V. A., Evstratov, F. F., Shustov, E. L., Alebastrov, V. A., and Abramovich, Y. I.: 1994, Thirty years of eastern OTH radars: History, achievements and forecast, *L'Onde Electrique* **74**(3), 29–32.

Yao, K.: 1973, A representation theorem and its applications to spherically invariant random processes, *IEEE Transactions on Information Theory* **19**, 600–608.

Yasotharan, A. and Thayaparan, T.: 2006, Time-frequency method for detecting an accelerating target in sea clutter, *IEEE Transactions on Aerospace and Electronic Systems* **42**(4), 1289–1310.

Yeh, K. C. and Liu, C. H.: 1972, *Theory of Ionospheric Waves*, Academic Press, New York.

Yellin, D. and Porat, B.: 1993, Blind identification of FIR systems excited by discrete-alphabet inputs, *IEEE Transactions on Signal Processing* **41**, 1331–1339.

Yen, J.: 1985, Image reconstruction in synthesis radio telescope arrays, S. Haykin (ed.), *Array Signal Processing*, Prentice-Hall, Englewood Cliffs, NJ.

Yuen, N. and Friedlander, B.: 1996, Performance analysis of blind signal copy using fourth order cumulants, *Journal of Adaptive Control and Signal Processing* **10**(2), 239–266.

Zatman, M.: 1996, Forwards-backwards averaging for adaptive beamforming and STAP, *Proceedings of IEEE International Conference on Acoustics, Speech and Signal Processing*, Atlanta, GA, **5**, 2630–2633.

Zatman, M. A. and Strangeways, H. J.: 1994, Bearing measurements on multi-moded signals using single snapshot data. *IEEE Antennas and Propagation Society International Symposium Digest* **3**(4), Seattle, Washington, 1934–1937.

Zenneck, J.: 1907, Uberdie fortpflanzungebenerelectromagnetische wellenlangseinerebenen leiterflcheund ihre beziehungzurdrachtlosen telegraphie, *Annalender Physik* **23**, 846–866.

Zetterberg, P. and Ottersten, B.: 1995, The spectrum efficiency of a base station antenna array system for spatially selective transmission, *IEEE Transactions on Vehicular Technology* **44**(3), 651–660.

Zhang, D. and Liu, X.: 2004, Range sidelobes suppression for wideband randomly discontinuous spectra OTH-HF radar signal, *IEEE Radar Conference*, Pennsylvania, US, 577–581.

Zhang, W.-Q., Tao, R., and Ma, Y.-F.: 2004, Fast computation of the ambiguity function, *Proc. International Conference on Signal Processing* **3**, 2124–2127.

Zhang, Y., Amin, M. G., and Frazer, G. J.: 2003, High-resolution time-frequency distributions for maneuvering target detection in over-the-horizon radars, *IEE Proceedings—Radar, Sonar and Navigation* **150**, 299–304.

Zhang, Z., Yuan, Y., and Meng, X.: 2001, HF shipborne over-the-horizon surface wave radar background clutter statistics, *CIE International Radar Conference*, 100–104.

Zhou, H., Wen, B., and Wu, S.: 2005, Dense radio frequency interference suppression in HF radars, *IEEE Signal Processing Letters* **12**(5), 361–364.

Zhou, W. and Jiao, P.: 1994, Signal processing of skywave OTH-B radar, *Proceedings of ICASSP-94* **VI**, Adelaide, Australia, 117–120.

Zywicki, D. J., Melvin, W. L., Showman, G. A., and Guerci, J. R.: 2003, STAP performance in site-specific clutter environments, *Proceedings of 2003 IEEE Aerospace Conference*, Big Sky, Montana.

反侵权盗版声明

电子工业出版社依法对本作品享有专有出版权。任何未经权利人书面许可，复制、销售或通过信息网络传播本作品的行为；歪曲、篡改、剽窃本作品的行为，均违反《中华人民共和国著作权法》，其行为人应承担相应的民事责任和行政责任，构成犯罪的，将被依法追究刑事责任。

为了维护市场秩序，保护权利人的合法权益，我社将依法查处和打击侵权盗版的单位和个人。欢迎社会各界人士积极举报侵权盗版行为，本社将奖励举报有功人员，并保证举报人的信息不被泄露。

举报电话：（010）88254396；（010）88258888
传　　真：（010）88254397
E-mail：dbqq@phei.com.cn
通信地址：北京市海淀区万寿路 173 信箱
　　　　　电子工业出版社总编办公室
邮　　编：100036